TRAITÉ ÉLÉMENTAIRE

DE

CHIMIE MÉDICALE

Paris. — Typographie de PILLET fils aîné, rue des Grands-Augustins, 5.

TRAITÉ ÉLÉMENTAIRE

DE

CHIMIE MÉDICALE

COMPRENANT

QUELQUES NOTIONS DE TOXICOLOGIE

ET LES PRINCIPALES APPLICATIONS DE LA CHIMIE

A LA PHYSIOLOGIE, A LA PATHOLOGIE, A LA PHARMACIE
ET A L'HYGIÈNE

PAR

AD. WURTZ

Professeur de chimie à la Faculté de médecine de Paris
Membre du Comité consultatif d'hygiène publique de France
Membre de l'Académie impériale de médecine
etc., etc.

II

CHIMIE ORGANIQUE

PARIS

VICTOR MASSON ET FILS

PLACE DE L'ÉCOLE DE MÉDECINE

M DCCC LXV

TRAITÉ ÉLÉMENTAIRE
DE CHIMIE MÉDICALE

CHIMIE ORGANIQUE

INTRODUCTION

Les substances que la nature a déposées dans les *organes* des végétaux et des animaux, et auxquelles on a appliqué d'abord la dénomination de *matières organiques*, ne renferment qu'un petit nombre d'éléments. Ces éléments sont le carbone, l'hydrogène, l'oxygène, l'azote, auxquels vient se joindre quelquefois le soufre, plus rarement le phosphore. Ils forment, en s'associant de diverses manières et en diverses proportions, une foule innombrable de combinaisons dont chacune offre une composition fixe, des propriétés définies, et constitue en quelque sorte une individualité distincte qu'on nomme une *espèce chimique*. Ce sont ces matières qu'on désigne sous le nom de *principes immédiats*. Elles sont créées, modifiées et détruites par les procédés de la vie. On a réussi, dans un grand nombre de cas, à les isoler et à les définir. En les soumettant à l'action des réactifs on est parvenu à les modifier de mille manières et à les transformer en de nouvelles combinaisons, différentes de celles que la nature nous offre.

Le nombre de ces produits artificiels dépasse de beaucoup, aujourd'hui, celui des principes immédiats connus. Ceux-ci possèdent généralement une constitution plus compliquée que les substances qu'on parvient à en dériver. En effet, dans beaucoup de cas, les réactifs, en entamant des molécules complexes, les ramènent à une forme plus simple. Mais on connaît aussi des réactions inverses, et l'on a réussi, dans d'autres cas, non-seulement à compliquer l'édifice moléculaire, mais encore à former de toutes pièces, à l'aide des éléments, certaines substances organiques.

Toutes ces matières, qu'elles soient créées par la nature, ou qu'elles soient le produit de l'art, renferment du carbone. Ce corps simple est l'élément essentiel de toutes les substances organiques, et l'on peut dire que la chimie organique est la *chimie des combinaisons du carbone*.

Dans une foule de composés organiques le carbone est simplement combiné avec de l'hydrogène. On nomme de tels composés *hydrogènes carbonés* ou *carbures d'hydrogène*. Dans d'autres, qui sont ternaires, l'oxygène se trouve associé à ces deux éléments. Enfin, il existe un grand nombre de combinaisons quaternaires, c'est-à-dire renfermant du carbone, de l'hydrogène, de l'oxygène et de l'azote. D'autres corps simples, tels que le soufre et le phosphore existent dans quelques principes immédiats.

Dans ces dernières années, on est parvenu à introduire dans les combinaisons organiques un grand nombre d'autres éléments. En premier lieu on y a fait entrer tous les autres métalloïdes, et parmi eux principalement le chlore et le brome. Certains composés organiques artificiels renferment de l'iode, quelques-uns de l'arsenic, du bore, du silicium.

Les métaux eux-mêmes peuvent s'associer au charbon et à l'hydrogène, de manière à former de véritables composés organiques. Toutes ces combinaisons organo-métalliques, qui sont généralement douées d'affinités puissantes, sont des produits de l'art, et le nombre s'en est beaucoup accru dans ces derniers temps.

Si l'on fait abstraction des composés qui renferment ces derniers éléments, on peut dire que la grande majorité des combinaisons organiques n'est formée que par l'association des quatre corps simples : carbone, hydrogène, oxygène, azote. Mais comment, avec un nombre si restreint d'éléments, la nature peut-elle élaborer, l'art peut-il engendrer cette multitude immense de composés que l'on connaît aujourd'hui? Comment cette simplicité apparente de la composition peut-elle conduire à une si grande diversité dans la nature et dans les propriétés des composés?

La réponse à ces questions fournira un premier aperçu sur la constitution des composés organiques.

D'abord les quatre éléments dont il s'agit sont associés de diverses manières : le carbone avec l'hydrogène, le carbone avec l'hydrogène et l'oxygène, le carbone avec l'azote, le carbone avec l'azote et l'hydrogène, le carbone avec l'hydrogène, l'oxygène et l'azote.

Considérons d'abord les combinaisons du carbone avec l'hydrogène. Elles sont très-nombreuses, et l'on a souvent fait remarquer qu'elles forment la base de la chimie organique.

Le carbone peut se combiner avec l'hydrogène en diverses proportions atomiques, et l'on conçoit que les hydrogènes carbonés ou carbures d'hydrogène ainsi formés doivent différer les uns des autres suivant le nombre relatif des équivalents de carbone et d'hydrogène qu'ils renferment. Ainsi, nous voyons les équivalents de carbone et d'hydrogène distribués d'une manière différente dans les hydrogènes carbonés suivants :

$$
\begin{aligned}
&C^2H^4 \quad \text{gaz des marais,} \\
&C^4H^4 \quad \text{gaz oléfiant,} \\
&C^4H^2 \quad \text{gaz acétylène,} \\
&C^{12}H^6 \quad \text{benzine,} \\
&C^{20}H^8 \quad \text{naphtaline,} \\
&C^{20}H^{16} \quad \text{essence de térébenthine.}
\end{aligned}
$$

Aussi ces combinaisons possèdent-elles des propriétés physiques et chimiques très-diverses. On remarquera que, dans les dernières, les équivalents de carbone et d'hydrogène s'accumulent considérablement dans une seule et même molécule. Il faut que 20 équivalents de carbone et 16 équivalents d'hydrogène se combinent ensemble pour qu'une seule molécule d'essence de térébenthine soit constituée.

Il existe des hydrogènes carbonés dans lesquels le rapport entre le nombre des équivalents de carbone et des équivalents d'hydrogène restant le même, ces équivalents vont s'accumulant de plus en plus et d'une manière régulière dans la molécule. Les exemples suivants montrent ces relations :

$$
\begin{aligned}
&C^4H^4 \quad \text{gaz oléfiant ou éthylène,} \\
&C^6H^6 \quad \text{gaz propylène,} \\
&C^8H^8 \quad \text{butylène,} \\
&C^{10}H^{10} \quad \text{amylène,} \\
&C^{12}H^{12} \quad \text{caproylène (hexylène),} \\
&C^{14}H^{14} \quad \text{œnanthylène (heptylène),} \\
&C^{16}H^{16} \quad \text{caprylène (octylène), etc.}
\end{aligned}
$$

On voit que dans tous ces corps le nombre des équivalents de carbone égale celui des équivalents d'hydrogène, et que les uns et les autres s'accumulent en progression régulière, de telle sorte que chaque terme diffère du terme précédent par C^2H^2.

Le rapport entre le carbone et l'hydrogène étant le même dans tous ces hydrogènes carbonés, il est évident qu'ils doivent posséder la même composition centésimale. Néanmoins, ils diffèrent par leur constitution : car il est clair qu'un corps dont la molécule renferme

4 équivalents de carbone et 4 équivalents d'hydrogène ne peut pas être identique avec un corps dont la molécule renferme 16 équivalents de carbone et 16 équivalents d'hydrogène. Les relations de composition de ce genre sont désignées sous le nom de *polymérie*.

Les carbures d'hydrogène

$$C^4H^4$$
$$C^8H^8$$
$$C^{12}H^{12}$$
$$C^{16}H^{16}$$

sont *polymériques* entre eux.

Ainsi, rapports numériques différents entre les atomes constituants et accumulation plus ou moins grande de ces atomes, tels sont les principes les plus généraux qui régissent la composition des combinaisons organiques les plus simples et aussi celle des composés plus complexes. Ils permettent de se rendre compte des variations sans nombre que peut éprouver cette composition, et par conséquent de la diversité infinie des combinaisons organiques. En effet, si, d'après ce qui précède, l'union des équivalents de carbone et d'hydrogène peut donner lieu à une foule de composés différents, lorsqu'à ces deux éléments il vient s'en joindre un ou deux autres, on prévoit que l'association diverse et l'accumulation plus ou moins grande des équivalents de trois ou même de quatre éléments doivent engendrer une multitude innombrable de substances différentes par leur composition et par conséquent aussi par leurs propriétés.

Dans les corps organiques renfermant du carbone, de l'hydrogène, de l'oxygène et de l'azote, il peut exister, entre les nombres des atomes de ces divers constituants, certaines relations simples que nous allons indiquer.

Considérons d'abord les composés ternaires renfermant du carbone, de l'hydrogène et de l'oxygène.

Il existe des groupes de corps dans lesquels le nombre des équivalents d'oxygène restant le même, celui des équivalents de carbone et d'hydrogène s'accroît d'une manière régulière, de telle sorte que chacun des corps diffère de son voisin par C^2H^2. Nous avons déjà constaté des relations de ce genre entre les hydrogènes carbonés qui forment la série de l'éthylène, ou gaz oléfiant (page 3). Ces relations sont très-fréquentes en chimie organique et très-importantes à considérer.

En voici des exemples :

$C^2H^4O^2$	alcool méthylique	$C^2H^2O^4$	acide formique,
$C^4H^6O^2$	alcool éthylique	$C^4H^4O^4$	acide acétique,
$C^6H^8O^2$	alcool propylique	$C^6H^6O^4$	acide propionique,
$C^8H^{10}O^2$	alcool butylique	$C^8H^8O^4$	acide butyrique,
$C^{10}H^{12}O^2$	alcool amylique	$C^{10}H^{10}O^4$	acide valérique,
$C^{12}H^{14}O^2$	alcool caproïque	$C^{12}H^{12}O^4$	acide caproïque,
$C^{14}H^{16}O^2$	alcool œnanthylique	$C^{14}H^{14}O^4$	acide œnanthylique,
$C^{16}H^{18}O^2$	alcool caprylique	$C^{16}H^{16}O^4$	acide caprylique,
. . . .		. . . .	
$C^{32}H^{34}O^2$	alcool cétylique	$C^{32}H^{32}O^4$	acide palmitique,
. . . .		. . . .	
$C^{54}H^{56}O^2$	alcool cérotique	$C^{54}H^{54}O^4$	acide cérotique.

Les corps qui font partie de ces deux séries sont non-seulement liés par les rapports de composition les plus simples, ils sont doués aussi d'une grande analogie de propriétés. Ceux de la première série sont neutres et remplissent des fonctions chimiques analogues, jusqu'à un certain point, à celles des bases hydratées de la chimie minérale : ce sont des *alcools*. Les corps qui font partie de la seconde série sont des *acides* bien caractérisés. La plupart d'entre eux sont volatils.

Gerhardt a nommé *homologues* les composés qui offrent les relations de composition et de propriétés qui viennent d'être définies. Ainsi les alcools de la première série sont homologues parce que, possédant des propriétés analogues, ils offrent une composition telle que chaque terme diffère de C^2H^2 de celui qui le précède ou le suit immédiatement, et diffère de $n \times C^2H^2$ d'un terme quelconque de la série. Il en est de même pour les acides de la seconde série, qui sont homologues entre eux.

M. Hermann Kopp a fait la remarque importante que les points d'ébullition des différents termes d'une telle série homologue s'élèvent régulièrement, de façon que pour chaque addition de C^2H^2 le point d'ébullition monte d'environ 19°.

On remarque des relations du même genre entre les différents corps qui forment certains groupes de matières azotées, soit que ces matières renferment du carbone, de l'hydrogène et de l'azote, soit qu'elles renferment du carbone, de l'hydrogène, de l'oxygène et de l'azote.

En voici des exemples :

Série des ammoniaques composées.		Série des glycocolles.		Série des urées.	
C^2H^5Az	méthylamine	«	«	$C^2H^4Az^2O^2$	urée,
C^4H^7Az	éthylamine	$C^4H^5AzO^4$	glycocolle	$C^4H^6Az^2O^2$	méthylurée,
C^6H^9Az	propylamine	$C^6H^7AzO^4$	alanine	$C^6H^8Az^2O^2$	éthylurée,
$C^8H^{11}Az$	butylamine	$C^8H^9AzO^4$		$C^8H^{10}Az^2O^2$	butylurée,
$C^{10}H^{13}Az$	amylamine	$C^{10}H^{11}AzO^4$	butalanine	$C^{10}H^{12}Az^2O^2$	amylurée.
$C^{12}H^{15}Az$	caprylamine	$C^{12}H^{13}AzO^4$	leucine		

Dans toutes ces séries on voit le nombre des équivalents de carbone et d'hydrogène s'accroître régulièrement, tandis que le nombre des équivalents d'azote et d'oxygène reste le même.

Indépendamment des séries homologues, il en existe d'autres dans lesquelles les relations de composition sont différentes de celles qui caractérisent l'homologie.

Ainsi, il existe des groupes de composés dans lesquels le nombre des équivalents de carbone et d'hydrogène restant le même, celui des équivalents d'oxygène s'accroît régulièrement. Il en est ainsi dans les séries suivantes :

C^4H^4 gaz oléfiant, éthylène $C^{14}H^6$
$C^4H^4O^2$ oxyde d'éthylène $C^{14}H^6O^2$ essence d'amandes amères,
$C^4H^4O^4$ acide acétique $C^{14}H^6O^4$ acide benzoïque,
$C^4H^4O^6$ acide glycolique $C^{14}H^6O^6$ acide salicylique,
                                    $C^{14}H^6O^8$ acide carbohydroquinonique,
                                    $C^{14}H^6O^{10}$ acide gallique.

Enfin, il existe des groupes de composés dans lesquels le nombre des équivalents de carbone et d'oxygène (s'il y en a) restant le même, celui des équivalents d'hydrogène s'accroît régulièrement.

En voici des exemples :

C^4H^2 acétylène $C^{20}H^8$ naphtaline $C^{20}H^{12}O^2$ essence de cumin oxy-
                                                                 génée (cuminol),
C^4H^4 éthylène $C^{20}H^{10}$ manque $C^{20}H^{14}O^2$ essence de thym oxy-
                                                                 génée (thymol),
C^4H^6 hydrure $C^{20}H^{12}$ manque $C^{20}H^{16}O^2$ camphre du Japon,
    d'éthyle
                    $C^{20}H^{14}$ cymène $C^{20}H^{18}O^2$ camphre de Borneo,
                    $C^{20}H^{16}$ essence de téré- $C^{20}H^{20}O^2$ camphre de menthe
                        benthine et iso-   (menthol).
                        mères
                    $C^{20}H^{18}$ manque
                    $C^{20}H^{20}$ diamylène

Par les développements qui précèdent on voit quel est le sens qu'on attache, en chimie organique, au mot série. La *série* comprend un ensemble de corps chez lesquels on remarque une progression régulière dans le nombre des équivalents (atomes) d'un ou de plusieurs éléments.

Les rapports de composition qui existent entre les différents termes d'une série peuvent s'exprimer d'une manière simple par des formules générales dans lesquels les nombres, qui représentent des coefficients, sont remplacés par des lettres. Ainsi la formule $C^nH^nO^4$ exprime la composition d'un terme quelconque de la série des acides volatils à 4 équivalents d'oxygène. De même la formule $C^nH^{n+2}O^2$ représente la composition de la série des alcools. En faisant n successivement $= 2, 4, 6, 8, 10, 12$, etc., on obtient les formules de chacun des termes de la série.

On remarquera que dans toutes les formules que nous avons données figure un nombre pair d'équivalents de carbone. Il en est de même pour les équivalents d'hydrogène dans tous les hydrogènes carbonés et dans tous les composés ternaires renfermant du carbone, de l'hydrogène et de l'oxygène. En général, dans tous les composés organiques, le nombre d'équivalents de carbone est pair. De plus, tous les composés oxygénés renferment un nombre pair d'équivalents d'oxygène [1]. Enfin, dans les corps renfermant les trois éléments : carbone, hydrogène, azote, ou les quatre éléments : carbone, hydrogène, azote et oxygène, on remarque que la somme des équivalents d'hydrogène et d'azote est toujours un nombre pair.

Telles sont quelques-unes des lois qui régissent la composition des substances organiques.

Isomérie, métamérie, polymérie. — Les différences de propriétés que l'on constate dans les combinaisons organiques ne sont pas toujours fondées sur une différence de composition. C'est là un point important qu'il importe d'établir.

Prenons pour exemple l'acide acétique ou l'acide du vinaigre. Il renferme du carbone, de l'hydrogène et de l'oxygène dans les rapports exprimés par la formule $C^4H^4O^4$.

Or, il existe deux autres corps qui possèdent précisément la même composition, exprimée par la même formule moléculaire $C^4H^4O^4$. Tous deux sont neutres; l'un est liquide et appartient à la classe des éthers, c'est le formiate de méthyle; l'autre, peu étudié encore, est solide et a été nommé dioxyméthylène, par M. Boutlerow qui l'a découvert récemment.

Voici un autre exemple de corps qui offrent cette identité remarquable de composition :

L'alcool ordinaire renferme du carbone, de l'hydrogène et de

1. Ces lois de composition des substances organiques découlent de l'observation directe des faits. On ne peut les énoncer, dans la forme que nous leur avons donnée, qu'à la condition de prendre pour les équivalents du carbone et de l'oxygène les nombres 6 et 8, comme nous l'avons fait dans cet ouvrage. Si, avec le plus grand nombre des chimistes, on adoptait, pour les poids atomiques du carbone et de l'oxygène, les nombres 12 et 16, il serait nécessaire de donner une autre forme à l'énoncé de ces lois.

l'oxygène dans des proportions représentées par la formule $C^4H^6O^2$. Or, il existe un autre corps qu'on nomme éther méthylique, et dont la composition est précisément représentée par la même formule $C^4H^6O^2$. Et pourtant ce dernier corps diffère notablement, par ses propriétés, de l'alcool : il est gazeux, tandis que celui-ci est liquide.

Entre les propriétés de ces divers corps on remarque donc les différences les plus tranchées, et pourtant leurs molécules renferment exactement le même nombre d'équivalents de carbone, d'hydrogène, d'oxygène. La cause de ces différences réside dans l'arrangement moléculaire, qui varie pour chacun de ces corps. On nomme *métamères* ou *métamériques*, des corps qui présentent de telles relations de composition. Dans ces corps, non-seulement les rapports entre les équivalents de carbone, d'hydrogène et d'oxygène sont les mêmes, mais le nombre de ces équivalents est exactement pareil; non-seulement ils offrent la même composition centésimale, c'est-à-dire dans 100 parties la même proportion de carbone, la même proportion d'hydrogène, la même proportion d'oxygène, mais ils possèdent encore les mêmes formules moléculaires.

D'autres corps, comme nous l'avons vu, présentent des relations telles, que la composition centésimale étant pareille, ces corps possèdent des formules moléculaires multiples les unes des autres. Ainsi, le sucre de raisin ou glucose desséché à 120°, offre exactement la composition centésimale de l'acide acétique $C^4H^4O^4$; mais sa molécule renfermant un nombre triple d'équivalents, sa composition est exprimée par la formule triple $C^{12}H^{12}O^{12}$.

De même, l'acide lactique offre la composition centésimale de la glucose; mais sa molécule renferme un plus petit nombre d'équivalents. Sa formule $C^6H^6O^6$ est la moitié de celle de la glucose $C^{12}H^{12}O^{12}$.

Il existe donc entre la glucose, l'acide lactique et l'acide acétique les mêmes rapports de composition que ceux que nous avons constatés entre les carbures *polymériques* de la série C^nH^n (page 3).

On nomme *isomériques* tous les corps qui présentent la même composition centésimale.

Pour reprendre les exemples précédents, l'acide acétique, le formiate de méthyle, le dioxyméthylène, l'acide lactique, la glucose, sont isomériques. Les trois premiers sont métamériques entre eux; l'alcool est métamérique avec l'éther méthylique.

La glucose est polymérique avec l'acide lactique et l'acide acétique.

ISOMÉRIQUES.	MÉTAMÉRIQUES.	POLYMÉRIQUES.
$C^4H^4O^4$	$C^4H^4O^4$	$C^4H^4O^4$
Acide acétique.	Acide acétique.	Acide acétique.
$C^4H^4O^4$	$C^4H^4O^4$	$C^6H^6O^6$
Dioxyméthylène.	Dioxyméthylène.	Acide lactique.
$C^4H^4O^4$	$C^4H^4O^4$	$C^{12}H^{12}O^{12}$
Formiate de méthyle.	Formiate de méthyle.	Glucose.
$C^6H^6O^6$		
Acide lactique.		
$C^{12}H^{12}O^{12}$		
Glucose.		

On voit, par ce qui précède, qu'*isomérie* signifie identité de composition centésimale, et qu'elle se subdivise, en quelque sorte, en *polymérie*, qui signifie identité de composition centésimale exprimée par des formules multiples l'une de l'autre, et en *métamérie*, qui signifie identité de composition centésimale exprimée par les mêmes formules. Ajoutons que les différences de propriétés que l'on remarque entre les corps métamères tiennent à des différences dans l'arrangement des atomes.

ANALYSE ORGANIQUE.

Les développements précédents font comprendre l'importance qui s'attache aux données relatives à la composition des matières organiques. Les progrès immenses que la partie de la science qui traite de ces matières a accomplis ne datent que de l'époque où les procédés d'analyse ont acquis le degré de simplicité et de sûreté qu'ils offrent aujourd'hui. Le principe de ces procédés est le suivant :

Étant donnée, une matière organique qui renferme du carbone, de l'hydrogène et de l'oxygène, on en prend un poids déterminé, et, par une combustion complète, on transforme le carbone en acide carbonique, qu'on fixe et qu'on pèse, et l'hydrogène en eau qu'on condense et qu'on pèse. Comme la composition de l'acide carbonique et celle de l'eau sont exactement connues, il est facile de déduire du poids de l'acide carbonique le poids du carbone, et du poids de l'eau le poids de l'hydrogène que renfermait la matière analysée. Le poids de l'oxygène se trouve, par différence, en déduisant du poids de cette matière la somme des poids du carbone et de l'hydrogène.

Étant donnée une matière organique renfermant à la fois du carbone, de l'hydrogène, de l'azote, de l'oxygène, deux opérations sont nécessaires pour le dosage de ces quatre éléments. La première consiste à déterminer la proportion de carbone et d'hydrogène, selon le principe qui vient d'être exposé; la seconde consiste à doser l'azote, soit en le recueillant directement, soit en le transformant en ammoniaque. Nous allons décrire sommairement ces diverses opérations.

Dosage du carbone et de l'hydrogène. — On a employé diverses substances pour faire la combustion des matières organiques. Lavoisier l'exécutait dans une atmosphère d'oxygène; Gay-Lussac et Thenard en chauffant les substances à analyser avec du chlorate de potasse. Plus tard, Gay-Lussac conseilla l'emploi de l'oxyde noir de cuivre, que M. Chevreul a d'abord employé avec succès. Ce corps convient merveilleusement pour l'opération dont il s'agit. Indécomposable par la chaleur seule, il cède facilement son oxygène aux éléments combustibles des matières organiques. On se le procure aisément, soit en grillant des planures de cuivre à l'air, soit en calcinant l'azotate de cuivre. L'oxyde préparé par le premier procédé est compacte et se réduit plus difficilement que l'oxyde fin que fournit la seconde méthode ; par contre, cet oxyde fin est très-hygroscopique, et son emploi dans l'analyse organique exige des précautions particulières. Le plus souvent on se sert d'un mélange d'oxyde fin et d'oxyde grossier, qu'on peut obtenir en attaquant incomplétement des planures de cuivre par l'acide azotique, évaporant à siccité l'azotate avec l'excès de métal et calcinant le mélange. Pendant cette calcination le cuivre en excès est oxydé par l'oxygène et les vapeurs nitreuses provenant de la décomposition de l'azotate, et si, après cette opération, il restait trop de cuivre métallique, il suffirait d'humecter le tout avec de l'acide azotique et de calciner de nouveau. On obtient ainsi un oxyde ni trop fin, ni trop grossier, ni trop hygroscopique, et qui, lorsqu'il se tasse dans le tube à combustion, est incapable de l'obstruer complétement, mais laisse encore un libre passage aux gaz.

Il est de règle de calciner l'oxyde de cuivre immédiatement avant l'usage et de l'introduire encore tiède dans le tube à combustion avec la matière à analyser. Dans quelques cas, lorsqu'il s'agit de brûler des matières très-volatiles, on est obligé d'employer l'oxyde après son complet refroidissement. On l'introduit alors tout brûlant dans de larges tubes de verre ou dans des matras d'essayeur (*fig.* 1), où on le laisse refroidir à l'abri du contact de l'air. Ces précautions ont pour but d'éviter l'absorption de l'humidité atmosphérique par l'oxyde de cuivre, pendant son re-froidissement.

Quelquefois on se sert de chromate de plomb comme substance comburante. On obtient ce sel par dou-ble décomposition, en précipitant une solution d'acétate de plomb par une so-lution de bichromate de potasse. On lave le précipité, on le fait sécher, on le fond dans un creuset, on coule la ma-tière fondue sur une pierre, et après le refroidissement on la réduit en poudre. Le chromate de plomb est un sel très-

Fig. 1.

riche en oxygène et qui convient pour la combustion des matières riches en carbone et brûlant difficilement.

Dessiccation de la matière à analyser. — On doit apporter le plus grand soin à la dessiccation de la matière à analyser lorsque celle-ci est solide. Beaucoup de substances perdent de l'eau, soit lorsqu'on les chauffe à 100°, soit lorsqu'on les abandonne dans une atmo-sphère parfaitement sèche, ou même à l'air libre. Lorsqu'il s'agit d'analyser une substance qui renferme de l'eau de cristallisation, il importe souvent de la dessécher au préalable et même de dé-terminer la proportion exacte d'eau d'hydratation qu'elle ren-ferme.

La dessiccation peut se faire à la température ordinaire ou à une température plus ou moins élevée.

Quelques substances perdent complétement leur eau de cristal-lisation lorsqu'on les abandonne pendant quelque temps dans le vide au-dessus d'un vase rempli d'acide sulfurique. La substance ayant été préalablement réduite en poudre, on en introduit un poids déterminé dans une capsule, et l'on place celle-ci sous la machine pneumatique jusqu'à ce qu'elle n'éprouve plus aucune diminution de poids. La différence de poids représente la quantité d'eau qui s'est dégagée.

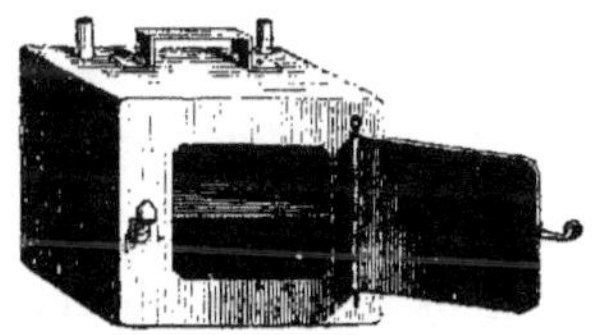

Fig. 2.

Le plus souvent les corps hydratés ne perdent leur eau de cristallisation qu'à 100°, et même au-dessus de cette température. Dans ce cas, on peut en déterminer la proportion en exposant un poids déterminé de la substance à la chaleur d'une étuve à va-peur ou d'une étuve à huile (*fig.* 2) dont on peut régler la température à volonté. On place la matière pulvérisée dans une petite capsule de porcelaine ou dans un verre de montre. Pour faire les pesées, il importe de recouvrir la capsule ou le verre de montre d'un autre verre de montre, de peur que la substance desséchée n'absorbe l'humidité atmosphérique pendant la pesée même.

Marche de l'opération. — La matière organique et l'oxyde de cuivre sont prêts pour l'analyse. Supposons que la matière organique soit solide et réduite en poudre fine. On en place une petite quantité au fond d'un petit tube sec, bouché par un bout, et on tare avec soin. On verse ensuite une certaine quantité de matière dans un mortier de porcelaine bien sec et légèrement chauffé, et on le mêle avec un très-grand excès d'oxyde de cuivre encore tiède. Quand le mélange est aussi exact que possible, on l'introduit dans un tube en verre peu fusible (*fig.* 3) au fond duquel on a placé une petite colonne

Fig. 3.

d'oxyde de cuivre pur. Le mélange occupe toute la partie du tube, depuis *a* jusqu'en *b*. Les dernières portions sont introduites à l'aide d'une main en clinquant (*fig.* 4).

Fig. 4.

On a soin ensuite de rincer le mortier avec de l'oxyde de cuivre pur, de manière à enlever les dernières parcelles de la substance organique qui pourraient adhérer aux parois.

Cela fait, on reporte le petit tube qui renfermait la matière organique sur la balance, et on tare exactement avec des poids. On trouve ainsi le poids de la matière organique qui, dans les cas les plus ordinaires, doit être compris entre 2 et 5 décigrammes.

Enfin, on achève de remplir le tube à combustion avec de l'oxyde de cuivre pur.

Le tube étant rempli, on l'entoure d'une bande de clinquant qu'on enroule en spirale autour de lui (*fig.* 5), précaution qui a pour objet d'empêcher le ramollissement

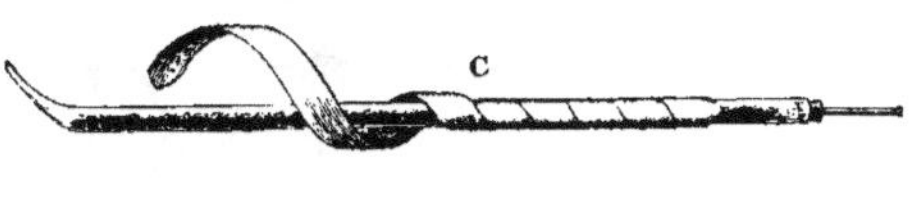

Fig. 5.

et la boursouflure du verre par l'action de la chaleur rouge. On dispose ensuite le tube horizontalement sur une table, et on lui donne quelques secousses, de manière à tasser légèrement le contenu et à former au-dessus de la couche d'oxyde un espace vide dans lequel les gaz puissent circuler librement. Les choses étant ainsi disposées, on place le tube à combustion sur une grille à analyse, construite comme le montre la figure 6, et on y adapte, au moyen d'un bouchon, un premier tube en U, destiné à retenir l'eau formée par la combustion. Ce tube a été préalablement taré. La boule *j* est disposée pour recevoir la plus grande partie de l'eau condensée (*fig.* 6). La première branche du tube *g* est remplie de chlorure de calcium; la seconde, de pierre ponce imprégnée d'acide sulfurique concentré. A la suite de ce tube on adapte, au moyen d'un petit tuyau de caoutchouc vulcanisé, un tube à boules *h* qui est destiné à condenser l'acide carbonique. Ce tube renferme une solution de potasse caustique à 45°, et est disposé de telle sorte que les gaz provenant de la combustion passent successivement, et bulle à bulle, dans les cinq boules, disposition fort ingénieuse et qui représente la réunion sous un petit volume, de cinq vases communiquant l'un avec l'autre.

L'appareil à boules dont il s'agit a rendu les plus grands services à la chimie, et porte à juste titre le nom de son illustre inventeur, M. Liebig (*fig.* 7).

A cet appareil on adapte un second tube en U, *i*, dont la première branche est remplie de pierre ponce imprégnée de potasse caustique, tandis que la seconde contient des fragments de potasse sèche. Cette disposition a pour but de fixer dans la première branche l'acide carbonique qui aurait pu s'échapper du tube de Liebig, et dans la seconde l'humidité que le gaz a emportée en traversant la solution de potasse. Les deux derniers tubes ont été tarés avec soin, comme le premier.

Lorsqu'on s'est assuré que toutes les jointures sont hermétique-

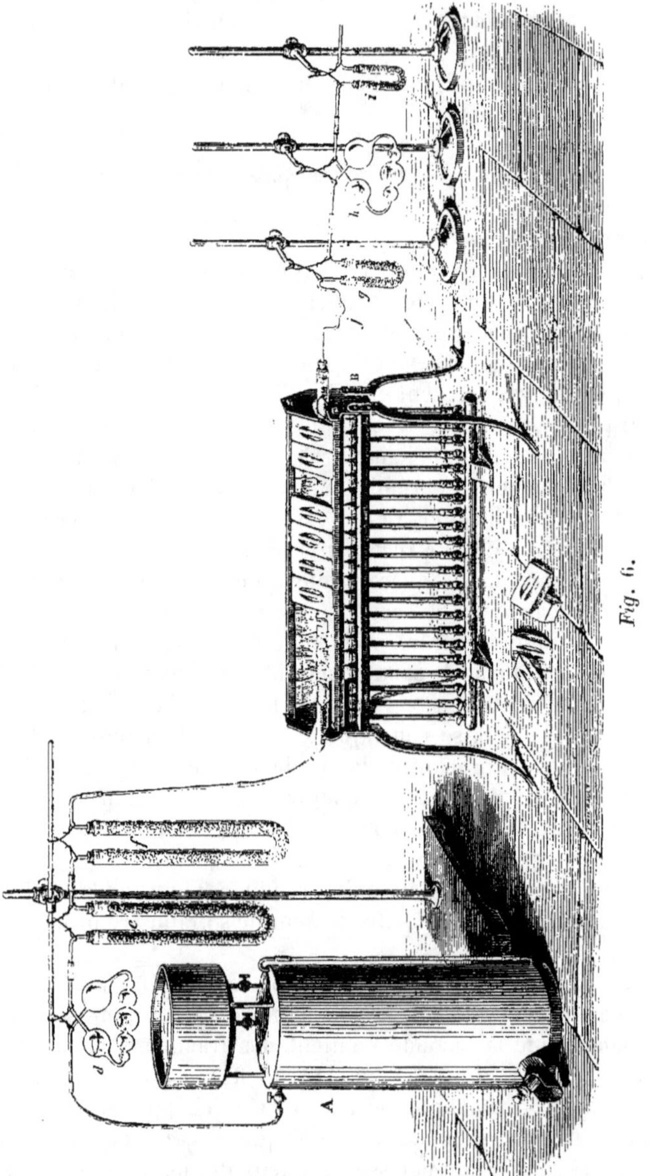

Fig. 6.

ment closes, on commence la combustion. A cet effet, on ouvre le

robinet du premier tuyau à gaz, et on allume le gaz, dans le cas
où l'on se sert d'un fourneau à gaz, ou bien l'on entoure la partie
antérieure du tube à combustion de
charbons ardents, dans le cas où l'on
se sert d'une grille à analyse ordinaire (*fig.* 11). Dans ce dernier cas,
un écran mobile permet de concentrer le foyer et de protéger contre
l'action rayonnante des charbons ardents les parties postérieures du
tube. Lorsque la première partie du

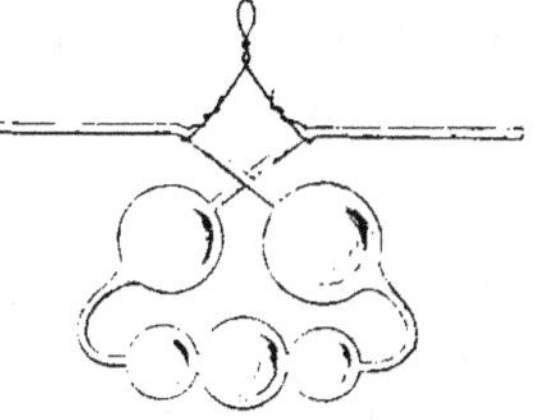

Fig. 7.

tube a été chauffée au rouge, on ouvre un second robinet, ou bien
on recule l'écran et on entoure de charbons ardents une nouvelle
étendue du tube à combustion. On continue ainsi à chauffer celui-ci
au rouge, en procédant d'avant en arrière, jusqu'à ce que la partie
où se trouve l'oxyde de cuivre étant incandescente, on arrive à
chauffer la portion où se trouve la matière organique. A ce moment, les bulles de gaz commencent à se succéder plus rapidement
et plus régulièrement dans le tube à boules. L'air de l'appareil,
d'abord dilaté par la chaleur, est maintenant déplacé par l'acide
carbonique et par la vapeur d'eau. L'eau se condense dans le premier tube en U, l'acide carbonique dans le tube de Liebig.

Il importe que le dégagement de gaz soit lent et régulier. Dès qu'il
se ralentit, on chauffe une nouvelle portion du mélange, en procédant lentement de peur que la combustion ne soit trop brusque, que
le dégagement de l'acide carbonique ne soit trop rapide, ou même
que des gaz incomplétement brûlés ne s'échappent du tube à combustion. On continue ainsi jusqu'à ce que, le tube ayant été porté
à l'incandescence, le dégagement de gaz cesse. Il arrive alors que la
potasse remonte dans la première boule du tube de Liebig; car ce
tube est rempli d'acide carbonique à la fin de la combustion et le
gaz se dissout bientôt dans la potasse, qui s'élève rapidement dans la
première boule jusqu'à ce que le niveau du liquide, dans la seconde,
soit descendu au-dessous de l'orifice du petit tube de communication entre les deux boules. A ce moment, l'air extérieur qui pénètre
par l'extrémité ouverte du tube *i* traverse la potasse, ce qui met
fin à *l'absorption.* Cette absorption, c'est-à-dire cette élévation de la
potasse dans la première boule du tube de Liebig, marque le terme
de la combustion. Il s'agit alors de faire pénétrer dans les tubes
destinés à recueillir l'eau et l'acide carbonique les derniers produits de la combustion qui sont encore contenus dans le tube in-

candescent. A cet effet, on casse, à l'aide d'une pince, la pointe du tube effilé, après avoir mis cette pointe en communication, par le moyen d'un tube en caoutchouc, avec les tubes disposés à la suite d'un gazomètre A rempli d'oxygène (*fig.* 6). Ces tubes consistent en un appareil à boules *d* rempli d'une solution de potasse, et en deux grands tubes en U, *e* et *f*, contenant l'un des fragments de chlorure de calcium et l'autre de la ponce sulfurique. La potasse est destinée à retenir des traces d'acide carbonique que l'oxygène pourrait renfermer; le chlorure de calcium et la ponce sulfurique ont pour but et pour effet de dessécher le gaz. Au moment même où la pointe est cassée, on voit le niveau du liquide s'abaisser dans la première boule du tube de Liebig *h* où il s'était élevé. On ouvre alors le robinet du gazomètre et l'on règle l'écoulement du gaz oxygène à travers l'appareil, de telle sorte que les bulles se succèdent lentement dans le tube de Liebig.

Cet oxygène balaye devant lui les derniers produits de la combustion et les chasse dans les tubes condenseurs. Mais il remplit encore un autre rôle en oxydant de nouveau le cuivre qui a été réduit par la matière organique; et s'il arrivait qu'une petite partie de cette matière fût incomplétement brûlée, la combustion s'achèverait dans le courant d'oxygène. L'opération est terminée lorsque ce gaz, remplissant l'appareil tout entier, sort par le dernier tube *i*, de telle sorte qu'une allumette, présentant un point en ignition, se rallume vivement lorsqu'on l'approche de l'extrémité ouverte de ce tube. On enlève alors le bouchon qui joint le tube à combustion au premier tube *g* et on déplace l'oxygène qui remplit celui-ci par un courant d'air. Pour cela, on adapte un petit tube de caoutchouc à la branche ouverte du dernier tube en U, et on aspire avec précaution. Lorsqu'on juge que l'oxygène est remplacé par l'air, on laisse refroidir les tubes, puis on les porte sur la balance. On évite de les peser remplis d'oxygène, par la raison que ce gaz est un peu plus dense que l'air et donnerait lieu à une augmentation de poids qui s'ajouterait au poids de l'eau, et surtout de l'acide carbonique condensé. Les pesées étant terminées, il ne reste plus qu'à effectuer le calcul de l'analyse, ainsi que nous l'indiquerons ci-après.

Le procédé d'analyse que nous venons de décrire peut subir diverses modifications, suivant la nature du corps qu'on analyse.

Lorsque celui-ci est difficile à brûler, on peut opérer la combustion dans un courant d'oxygène, c'est-à-dire faire passer un courant de gaz à travers le tube à combustion pendant toute la durée de l'opération. Lorsque la matière soumise à l'analyse renferme un métal, par exemple, lorsqu'elle constitue un sel formé par un acide organique ou un chlorure double formé par le chlorure de platine et le chlorhydrate d'une base organique, il reste, après la combustion, un résidu de carbonate, d'oxyde, ou de métal; de carbonate, lorsqu'on a soumis à l'analyse un sel à base de potasse, de soude, de baryte; un oxyde, lorsque le carbonate correspondant est décomposable par la chaleur; un métal, lorsque l'oxyde ou le chlorure correspondant est réductible par la chaleur.

Dans ce cas, on a coutume de placer la matière dont il s'agit dans une nacelle de platine (*fig.* 8) et de glisser celle-ci dans un tube à combustion, dont la partie postérieure est mise en communica-

Fig. 8.

tion avec un gazomètre rempli d'oxygène, et dont la partie antérieure est remplie par de l'oxyde de cuivre. Après avoir porté cet oxyde à l'incandescence, on brûle la substance dans un courant d'oxygène. Il reste un résidu dont on peut déterminer le poids. C'est ainsi qu'en brûlant un chlorure double, formé par le chlorure de platine et le chlorhydrate d'une base organique, on peut doser, dans une seule opération, le carbone, l'hydrogène qui sont brûlés, et le platine qui reste dans la nacelle. Dans le cas où l'on a soumis à l'analyse un sel alcalin ou un sel de baryte, il faut ajouter à l'acide carbonique recueilli dans le tube de Liebig celui qui reste combiné avec l'alcali ou avec la baryte dans la nacelle. Lorsque le résidu est formé par le carbonate de chaux, il est nécessaire de faire le dosage exact de la chaux. En défalquant le poids de l'oxyde de calcium trouvé du poids du résidu, on trouve le poids de l'acide carbonique qui était combiné avec la chaux. Dans ce cas l'analyse du résidu est indispensable, par la raison que le carbonate de chaux est partiellement décomposé par la chaleur.

Lorsqu'il s'agit de l'analyse d'un sel organique à base de potasse, de soude, de baryte, on peut aussi mélanger ce sel avec du phosphate de cuivre sec, ou avec de l'acide antimonique (Dumas) ou avec de l'acide tungstique (Cloëz) et ajouter ensuite de l'oxyde de cuivre. Le mélange étant introduit dans le tube à combustion, on procède à l'analyse comme à l'ordinaire. Dans ce cas, l'acide phosphorique ou l'acide métallique se combine avec la base du sel organique, et tout le carbone de celui-ci se dégage sous forme d'acide carbonique, qui est conduit dans le tube de Liebig.

Lorsque le corps que l'on veut soumettre à l'analyse est liquide et volatil, on l'introduit dans une petite ampoule de verre préalablement tarée, et l'on fait glisser cette ampoule dans la partie postérieure du tube à combustion, où l'on a placé d'abord une petite colonne d'oxyde de cuivre sec et froid (*fig.* 9). On achève ensuite

Fig. 9.

de remplir le tube à combustion avec de l'oxyde de cuivre qu'on a eu soin de laisser refroidir dans un matras (*fig.* 10) ou dans un tube plus large, dans lequel on puisse engager l'extrémité ouverte du tube à combustion.

Les choses étant ainsi disposées, on termine l'analyse comme on  l'a indiqué précédemment, avec cette différence, cependant, qu'avant de chauffer l'ampoule placée en *e* (*fig.* 9), on porte au rouge, non-seulement toute la partie antérieure du tube depuis *a* jusqu'à *b*, mais encore l'extrémité postérieure *c d*. Seules ces deux parties du tube sont entourées de clinquant. Au moment où elle sort de la pointe effilée, la vapeur du corps volatil rencontre donc en avant une longue colonne d'oxyde incandescent, et si elle rétrogradait vers la partie

Fig. 10.

postérieure du tube, elle y trouverait de même de l'oxyde de cuivre chauffé au rouge. De cette façon, aucune portion de cette vapeur ne peut échapper à la combustion, et la seule précaution à employer consiste à chauffer et à faire distiller lentement le corps volatil qu'il s'agit de brûler.

Calcul de l'analyse. — Quelle que soit la manière dont le corps organique ait été brûlé, lorsque les dernières pesées sont faites, il s'agit de rechercher la composition centésimale de la matière organique analysée, que nous supposerons renfermer du carbone, de l'hydrogène, de l'oxygène; en d'autres termes, il s'agit de calculer, à l'aide des données de l'analyse, et en s'appuyant sur la composition connue de l'acide carbonique et sur celle de l'eau, combien de grammes de carbone, combien de grammes d'hydrogène, combien de grammes d'oxygène sont contenus dans 100 grammes de la matière organique.

On connaît le poids de l'eau et le poids de l'acide carbonique

que donne, par la combustion, un poids déterminé de la matière organique.

Supposons que $0^{gr},3405$ de matière organique aient donné $0^{gr},589$ d'acide carbonique et $0^{gr},309$ d'eau.

On sait que 100 grammes d'acide carbonique renferment $27^{gr},27$ de carbone; à l'aide d'une proportion on trouvera donc que $0^{gr},589$ d'acide carbonique renferment $0^{gr},1606$ de charbon. Mais les $0^{gr},589$ d'acide carbonique renferment tout le charbon contenu dans $0^{gr},3405$ de la matière analysée; $0^{gr},3405$ de matière contenaient donc $0^{gr},1606$ de charbon; et l'on trouve, à l'aide d'une proportion, que 100 grammes de la matière analysée renferment $47^{gr},17$ de charbon.

On remarquera que $\dfrac{27,27}{100}$ est sensiblement égal à $\dfrac{3}{11}$ qui est le rapport exact. Pour trouver la quantité de charbon contenue dans un poids donné d'acide carbonique, il suffit donc de multiplier ce poids par 3 et de le diviser par 11 : on abrége ainsi le calcul.

On sait, d'un autre côté, que 100 d'eau renferment 11,11 d'hydrogène. Pour trouver la quantité d'hydrogène que renferment $0,^{gr}309$ d'eau, il suffit donc de multiplier ce nombre par 11,11, et de le diviser par 100. D'après cela, cette quantité d'hydrogène est $= 0,^{gr}034299$; mais comme les $0^{gr},309$ d'eau renferment tout l'hydrogène contenu dans $0^{gr},3405$ de la matière analysée, il en résulte que ces $0^{gr},3405$ de matière renfermaient précisément $0^{gr},034299$ d'hydrogène. Partant de cette donnée, on trouvera, à l'aide d'une proportion, que 100 grammes de la matière analysée renferment $10^{gr},07$ d'hydrogène. On sait maintenant que 100 grammes de cette matière renferment $47^{gr},17$ de charbon et $10^{gr},07$ d'hydrogène, au total $57^{gr},24$. Ce qui manque pour compléter 100 représente évidemment le poids de l'oxygène contenu dans 100 grammes de la matière analysée. La composition centésimale de cette matière est donc exprimée par les nombres suivants :

Carbone......................................	47,17
Hydrogène....................................	10,07
Oxygène......................................	42,76
	100,00

Lorsqu'il s'agit d'analyser une matière renfermant quatre éléments, savoir : du carbone, de l'hydrogène, de l'azote, de l'oxygène, une seule opération ne suffit pas pour établir la composition centésimale de la matière organique, et il est nécessaire, après avoir dosé le carbone et l'hydrogène, de procéder à la détermination de l'azote; le quatrième élément, l'oxygène, se trouve par différence.

En ce qui concerne le carbone et l'hydrogène, on effectue l'opération selon les règles qui ont été indiquées précédemment, avec cette seule différence qu'on dispose à la partie antérieure du tube à combustion une colonne de cuivre. On prépare ce métal spécialement pour cet usage, en grillant légèrement de la tournure de cuivre et en la chauffant ensuite dans un courant d'hydrogène sec. On porte le cuivre à l'incandescence dans le tube à combustion avant de chauffer l'oxyde de cuivre lui-même. Le premier sert à décomposer les oxydes de l'azote qui pourraient se former pendant la combustion, par la combinaison de l'azote de la matière azotée avec l'oxygène de l'oxyde de cuivre. On termine d'ailleurs l'opération comme à l'ordinaire, et on calcule, à l'aide des résultats obtenus, la proportion de charbon et d'hydrogène que renferment 100 parties de la matière organique. On procède ensuite au dosage de l'azote.

DOSAGE DE L'AZOTE.

L'azote se dose soit à l'état libre, soit à l'état d'ammoniaque. Dans le premier cas, on brûle la matière organique azotée avec l'oxyde de cuivre, on recueille l'azote mis en liberté et on le mesure. Dans le second cas, on chauffe la matière organique azotée avec un alcali : tout son azote se dégage alors sous forme d'ammoniaque, qu'on condense, à l'aide d'un acide minéral étendu, et dont on détermine la quantité. Nous allons décrire successivement ces deux méthodes, dont la première a pour auteur M. Dumas, la seconde deux chimistes allemands, MM. Will et Varrentrapp.

Méthode de M. Dumas pour le dosage de l'azote. — Dans un long tube en verre réfractaire C, bouché à l'une des extrémités, on introduit d'abord du bicarbonate de soude aussi sec que possible, puis de l'oxyde de cuivre pur. D'autre part, on mélange intimement un poids donné de la matière organique azotée avec un grand excès d'oxyde de cuivre, et l'on place ce mélange dans le tube à combustion (*fig.* 11).

On y introduit ensuite de l'oxyde de cuivre pur et l'on achève de le remplir avec des planures de cuivre grillées. Ces différentes substances étant distribuées dans le tube à combustion, on effile celui-ci à la lampe, comme l'indique la figure 11.

On place maintenant ce tube sur un fourneau à analyse, et on adapte hermétiquement, à l'aide d'un tube de caoutchouc, l'extrémité antérieure à une pompe de Gay-Lussac P.

Au côté opposé de celle-ci, on ajuste un tube de dégagement T dont la branche verticale soit longue d'environ 90^{cc}. Ce tube de dégagement vient plonger dans une petite cuve à mercure M. Cette disposition permet de faire le vide dans le tube à combustion et d'en chasser complétement l'air. On comprend que cette condition soit nécessaire, puisque cet air irait se dégager avec l'azote provenant de la combustion et augmenterait le volume du gaz obtenu. Quand on s'est assuré que les jointures tiennent le vide, on chauffe doucement le bicarbonate de soude, et on dégage ainsi de l'acide carbonique. La colonne mercurielle se déprime rapidement, et l'on voit bientôt ce gaz se dégager par l'extrémité du tube qui plonge

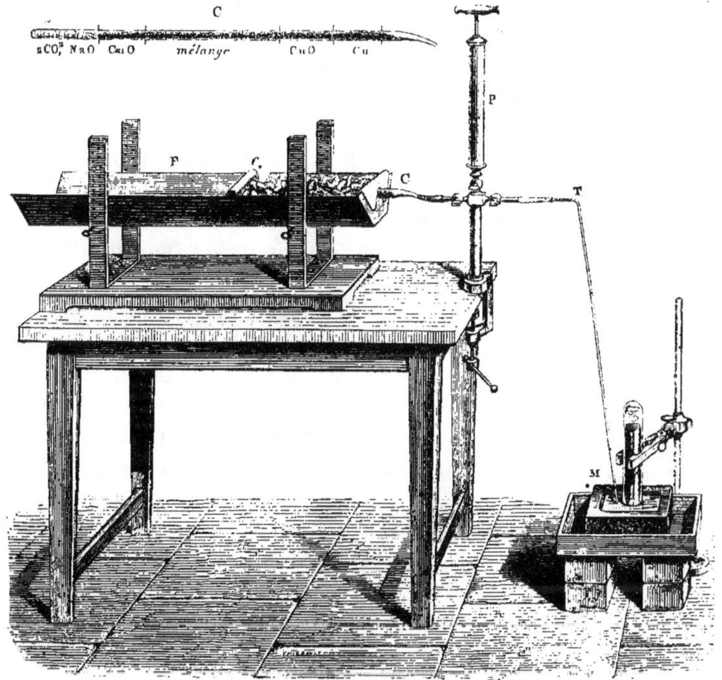

Fig. 11.

dans le mercure. On donne alors quelques coups de piston pour faire une seconde fois le vide dans l'appareil, tout en continuant à dégager de l'acide carbonique. Après avoir répété trois ou quatre fois cette opération, on peut être assuré que les dernières traces d'air sont chassées du tube à combustion, et on peut s'en convaincre en recueillant quelques bulles de ce gaz dans une éprouvette renfermant de la potasse caustique : elles doivent disparaître entièrement. On engage alors l'extrémité du tube de dégagement sous une éprouvette remplie de mercure, et dans laquelle on a fait passer, à l'aide d'une pipette recourbée, une solution de potasse caustique.

Tout est prêt maintenant pour la combustion. Après avoir porté au rouge le cuivre métallique et l'oxyde de cuivre, on chauffe lentement le mélange d'oxyde et de matière organique. De l'eau, de l'acide carbonique et de l'azote se dégagent. L'eau se condense, l'acide carbonique et l'azote se rendent dans l'éprouvette, où le premier est absorbé par la potasse caustique. La combustion étant terminée, il ne reste plus qu'à chauffer de nouveau le bicarbonate de soude, afin de chasser, par un courant de gaz carbonique, les derniers produits de la combustion dans l'éprouvette. Lorsque l'absorption de l'acide carbonique par la potasse est complète, on porte l'éprouvette sur une cuve à eau; on fait écouler le mercure et la potasse caustique plus dense que l'eau; on fait passer le gaz, à l'aide d'un entonnoir, dans un tube gradué rempli d'eau, et on lit le volume qu'il y occupe.

Ce gaz peut renfermer une petite quantité de bioxyde d'azote, qui a échappé à l'action réductrice du cuivre métallique. On s'en assure en introduisant dans le tube gradué quelques cristaux de vitriol vert (sulfate ferreux), bouchant avec le doigt l'extrémité de ce tube et agitant vivement. Le sulfate ferreux se dissout dans l'eau et absorbe le bioxyde d'azote, lorsqu'il y en a. Dans ce cas, on remarque une diminution de volume, lorsqu'on ouvre l'éprouvette, dans la cuve à eau. On lit de nouveau le volume du gaz, qui, cette cette fois, est de l'azote pur, et l'on trouve le volume total de l'azote qu'a fourni la matière organique, en ajoutant au volume de l'azote pur la moitié du volume du bioxyde d'azote que contenait le gaz recueilli.

L'azote a été mesuré humide, sous une certaine pression de l'atmosphère et à une certaine température. On ramène par le calcul le volume trouvé à ce qu'il serait à la température de 0° et sous la pression de $0^m,76$, le gaz étant parfaitement sec [1]. Connaissant le

---

1. Soit V le volume du gaz azote humide sous la pression H, exprimée en millimètres, et à la température t; soit f la tension de la vapeur d'eau à la température t,

volume du gaz, on trouve facilement son poids; car on sait qu'un litre d'azote pèse 1^{gr},2562. Connaissant enfin le poids de l'azote contenu dans un poids donné de matière organique azotée, on trouve, par un calcul très-simple, la quantité d'azote contenue dans 100 parties de matière azotée.

Dosage de l'azote à l'état d'ammoniaque. — On se procure d'abord un mélange de chaux et de soude caustique, mélange qu'on nomme *chaux sodée*. Il offre sur la soude caustique elle-même l'avantage d'être infusible et de ne pas attaquer le verre au même degré. On le prépare en *éteignant* 2 parties de chaux caustique avec une solution de 1 partie de soude caustique, desséchant le mélange et le calcinant dans un creuset. On le conserve pour l'usage dans des flacons bien bouchés.

La matière organique qu'on veut analyser étant pesée, on la mêle, dans un mortier de porcelaine, avec un grand excès de chaux sodée. D'autre part, on introduit au fond d'un tube de verre réfractaire, long de 0^m,6, et bouché à une de ses extrémités, un mélange de 1 à 2 grammes d'acide oxalique pur et de chaux sodée, puis une certaine quantité de chaux sodée pure, puis le mélange de la matière organique avec la chaux sodée, enfin une colonne de chaux sodée pure. Pour éviter l'entraînement de quelques parcelles du mélange alcalin, on place à la partie antérieure du tube un tampon d'amiante, puis on adapte, à l'aide d'un bouchon, un tube à trois boules A renfermant de l'acide chlorhydrique faible (*fig.* 12).

On place ensuite le tube, préalablement entouré de clinquant, sur une grille B, et on le chauffe au rouge en commençant par la partie antérieure et en reculant graduellement jusque vers l'extrémité postérieure. Aussitôt que la matière organique est chauffée en présence de la chaux sodée, elle laisse dégager de l'ammoniaque qui se condense dans l'acide chlorhydrique et fait apparaître dans la boule où se trouve cet acide des fumées blanches. L'apparition des fumées blanches trop abondante à l'extrémité ouverte du tube à boules serait le signe d'un dégagement trop rapide de l'ammoniaque, et indiquerait la nécessité de chauffer plus lentement. Lorsque toute la partie du tube qui renferme la matière or-

le volume V′ du même gaz sec sous la pression de 760^{mm} et à la température de 0°
sera donné par la formule

$$V' = \frac{V(H - f)}{(1 + 0,00366\, t)\ 760}$$

dans laquelle 0,00366 exprime le coefficient de dilatation des gaz.

ganique est portée au rouge, on chauffe la partie postérieure. Sous l'influence de la chaux sodée, l'acide oxalique fournit un dégage-

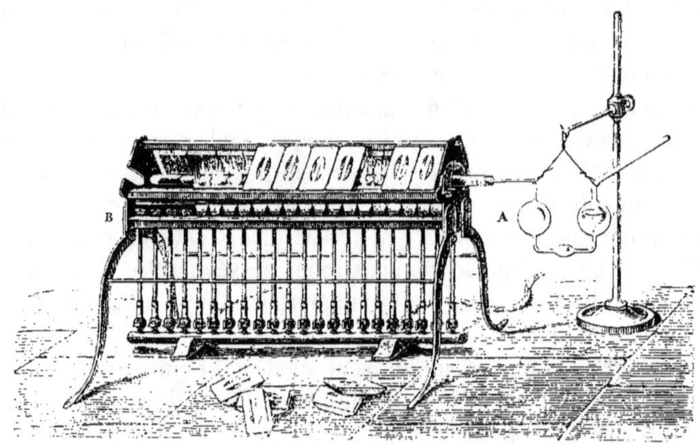

Fig. 12.

ment d'hydrogène pur, qui balaye le tube et en chasse les dernières portions de l'ammoniaque.

$$C^2H^2O^8 + 4NaHO^2 = H^2 + 4(NaCO^3) + H^4O^4.$$

Acide   Hydrate   Carbonate
oxalique.   de soude.   de soude.

L'opération étant terminée, on verse le liquide du tube à boules dans une petite capsule de porcelaine, on rince le tube avec une petite quantité d'eau pure, puis on concentre le liquide au bain-marie, et, lorsqu'il est réduit à un petit volume, on y ajoute une solution de bichlorure de platine.

Il se forme un précipité jaune qui constitue une combinaison du bichlorure de platine avec le chlorhydrate d'ammoniaque, formé par l'union de l'ammoniaque avec l'acide chlorhydrique. La quantité totale d'ammoniaque formée est contenue dans ce précipité, dont la composition est parfaitement définie et connue. Il suffit donc de le recueillir et de le peser pour connaître la quantité d'ammoniaque dégagée par la matière organique. Pour cela, on évapore à siccité, au bain-marie, le liquide jaune au sein duquel s'est formé le précipité, et on traite le résidu sec par un mélange de 2 volumes d'alcool avec 1 volume d'éther. Ce mélange dissout l'excès de chlorure platinique et laisse le chlorure double de platine et d'ammonium. On recueille celui-ci sur un petit filtre préalablement desséché avec soin et taré entre deux verres de montre. On lave le précipité avec de l'alcool éthéré dans lequel il est complétement insoluble, et lorsque le liquide filtré est devenu incolore (il est d'abord fortement coloré en jaune et il doit l'être), on dessèche le précipité dans une étuve à vapeur et on le pèse entre les deux verres de montre. 100 parties de ce précipité (chlorure double de platine et d'ammonium, $AzH^4Cl,PtCl^2$) renferment 6,275 d'azote.

On peut aussi calciner ce précipité dans un petit creuset de porcelaine préalablement taré; il reste du platine métallique. 100 parties de chlorure double renferment 44,24 de platine métallique, et 100 parties de platine métallique correspondent à 14,19 d'azote.

D'après cela, rien ne sera plus facile que de calculer la quantité d'azote contenue dans le poids de la matière azotée soumise à l'analyse, et par suite dans 100 parties de cette matière.

Procédé de M. Peligot pour le dosage de l'azote. — M. Peligot a fait connaître une méthode propre à déterminer la quantité d'ammoniaque formée par la combustion de la matière organique, non pas par des pesées, mais à l'aide de deux essais volumétriques.

Cette méthode consiste à recueillir l'ammoniaque dans une solution étendue d'acide sulfurique renfermant une quantité exactement connue de cet acide, et à déterminer, à l'aide d'une solution alcaline, le *titre* de cet acide avant et après l'expérience.

On se procure d'abord la solution d'acide sulfurique. Pour cela, on fait bouillir de l'acide sulfurique distillé jusqu'à ce que, après le dégagement d'une grande quantité de vapeurs blanches, le résidu représente l'acide au maximum de concentration [1]. On le laisse refroidir et on en pèse exactement 49 grammes, quantité qui représente un équivalent de SHO^4. On étend d'eau cet acide de manière à former exactement un litre de liquide, après le refroidissement complet. On conserve cette solution normale d'acide sulfurique dans un flacon bien bouché.

D'un autre côté, on prépare une solution de sucrate de chaux en faisant dissoudre du sucre en poudre dans un lait de chaux. Cette solution est fortement alcaline. On l'étend d'une quantité d'eau telle qu'il faille de 20 à 25^{cc} de cette solution pour neutraliser complétement 10^{cc} de l'acide normal. Cette solution alcaline sert à titrer l'acide sulfurique. On l'introduit dans une burette B (*fig.* 13), de manière à remplir celle-ci exactement. D'autre part,

---

1. Comme il est très-difficile, d'après les recherches de M. Marignac, de se procurer ainsi de l'acide sulfurique monohydraté SHO^4, quelques chimistes remplacent cet acide par l'acide oxalique exactement desséché à 100°, $C^4H^2O^8$. 90 parties de cet acide correspondent à 17 parties d'ammoniaque et à 14 parties d'azote.

on mesure à l'aide d'une pipette 10^{cc} d'acide normal, on les introduit dans un verre à pied V et l'on ajoute à cet acide quelques gouttes de teinture de tournesol. Cela fait, on fait tomber goutte à goutte la solution alcaline de la burette (*fig.* 13) dans la solution acide du verre à pied en agitant continuellement celle-ci jusqu'à ce que la teinture de tournesol passe au bleu. A l'instant même où ce changement de couleur se manifeste, l'acide est neutralisé, et on lit sur la burette graduée le volume de la solution alcaline qui a produit cet effet.

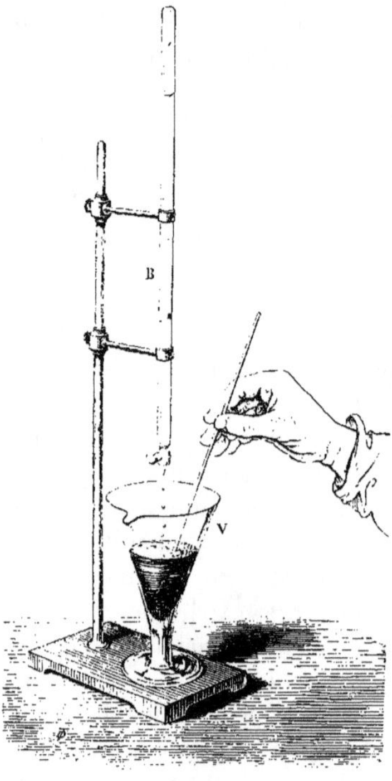

Fig. 13.

Supposons que ce volume corresponde à 185 divisions de la burette.

On mesure maintenant, à l'aide de la pipette, 10^{cc} de la solution acide normale. On l'introduit dans le tube à deux boules A (*fig.* 12) et on reçoit dans cet acide l'ammoniaque qui se dégage par la combustion d'un poids donné de la matière organique avec la chaux sodée. L'opération terminée, on introduit le contenu du tube a boules dans un verre à pied, en ayant soin de rincer le tube avec une petite quantité d'eau distillée. On détermine ensuite le titre de l'acide à l'aide d'un essai semblable à celui qu'on vient de décrire. Comme l'acide est maintenant saturé partiellement par de l'ammoniaque, il est évident qu'il faudra un volume moindre de la solution de succrate de chaux pour faire virer la teinture de tournesol au bleu. Supposons qu'il n'en faille que 59 divisions de la burette, alors qu'il a fallu 185 divisions pour neutraliser l'acide contenu dans 10^{cc} de la solution normale. Comme celle-ci renferme par litre 49 grammes de SHO^4, les 10^{cc} en renferment $0^{gr},49$. Or, les 49 grammes d'acide SHO^4 répondent à 17 grammes d'ammoniaque (quantité qui représente 1 équivalent de AzH^3) renfermant 14 grammes d'azote (1 équivalent); donc les $0^{gr},49$ équivaudront à $0^{gr},17$ d'ammoniaque ou à $0^{gr},14$ d'azote. Mais ces $0^{gr},17$ d'ammoniaque, exactement nécessaires pour neutraliser $0^{gr},49$ d'acide SHO^4, sont représentés dans l'essai acidimétrique par 185 divisions de la liqueur alcaline. La quantité d'ammoniaque qui a été recueillie dans l'acide sulfurique étendu est représentée par 185 divisions moins 59 divisions, c'est-à-dire par 126 divisions. En effet, si dans le second essai il n'a fallu que 59 divisions pour neutraliser l'acide SHO^4 demeuré libre, il est clair que les 126 divisions qui manquent pour compléter 185 divisions correspondent à l'ammoniaque qui a neutralisé l'acide de son côté. Nous trouverons donc la quantité exacte de cette ammoniaque à l'aide de la proportion.

$$\frac{185}{126} = \frac{0^{gr},17}{x}$$

et la quantité d'azote à l'aide de la proportion

$$\frac{185}{126} = \frac{0^{gr},14}{x}$$

Procédé de M. Mohr pour le dosage de l'azote. — Pour doser l'azote par la méthode volumétrique, M. Mohr recueille dans de l'acide chlorhydrique dilué l'ammoniaque dégagée par la combustion de la matière organique avec la chaux sodée, et évapore à siccité la liqueur acide, de manière à obtenir un résidu de sel ammoniac sec et neutre. Il le dissout dans l'eau, ajoute à la solution une goutte de bichromate de potasse, et précipite le chlore à l'aide d'une solution titrée d'azotate d'argent; la précipitation est complète aussitôt que le précipité se colore par suite de la formation du chromate d'argent. Au volume de la solution argentique employée correspond une quantité connue de chlore et une quantité équivalente d'azote.

DOSAGE DU CHLORE, DU BROME, DE L'IODE.

Pour doser l'un ou l'autre de ces éléments dans une matière organique, on décompose celle-ci dans un tube chauffé au rouge en présence d'un grand excès de chaux caustique. Cette chaux doit être parfaitement exempte de chlore. Pour la préparer, on éteint de la chaux vive de bonne qualité, on délaye dans une grande quantité d'eau, on jette sur un filtre et on lave jusqu'à ce qu'une petite quantité de la matière dissoute dans l'acide azotique pur ne donne plus de précipité par l'azotate d'argent. On fait sécher ensuite la chaux lavée et on la calcine.

La matière chlorée, ordinairement volatile, est placée à la partie postérieure d'un tube en verre dur, long de 60 cent. environ, et qui est rempli de chaux caustique. Avant de la chauffer, on porte au rouge la colonne de chaux qui est placée à la partie antérieure du tube. Par l'action du chlore de la matière organique sur la chaux incandescente, il se forme du chlorure de calcium qui reste mêlé avec l'excès de chaux. Après avoir chauffé le tube au rouge dans toute sa longueur, on laisse refroidir, on introduit le contenu dans un matras à fond plat, et on y ajoute de l'eau distillée, qui éteint la chaux. Pour nettoyer complétement le tube lui-même, on y introduit de même de l'eau, puis une petite quantité d'acide azotique, de manière à dissoudre entièrement la chaux et le chlorure de calcium qui peut adhérer au tube. On verse ensuite cette liqueur dans le matras, et on ajoute de l'acide azotique, par petites portions, jusqu'à ce que la chaux soit entièrement dissoute. Il reste ordinairement un résidu de charbon provenant de la matière organique. On filtre alors la liqueur, on la précipite par l'azotate d'argent. Le chlorure d'argent est recueilli, lavé, séché et fondu dans une capsule de porcelaine préalablement tarée et pesée. Son poids permet de calculer la quantité de chlore contenue dans la matière organique. 100 parties de chlorure d'argent renferment 24,74 parties de chlore.

Le dosage du brome ou de l'iode s'effectue exactement comme le dosage du chlore. La seule précaution à observer, surtout lorsqu'il s'agit de doser l'iode, consiste à ajouter l'acide azotique par petites portions, après l'avoir étendu d'eau, et à éviter une élévation de température. Si la liqueur était chaude, bien qu'elle fût étendue, le moindre excès d'acide azotique déterminerait l'oxydation de l'acide iodhydrique et l'apparition de l'iode, qui colorerait la liqueur, et dont une portion pourrait s'échapper à l'état de vapeur.

DOSAGE DU SOUFRE.

Le meilleur procédé pour doser le soufre contenu dans certaines matières organiques consiste à chauffer une petite quantité de la matière avec de l'acide azotique d'une densité de 1,12 à 1,2 dans un tube hermétiquement scellé à la lampe. On chauffe celui-ci dans un bain d'air ou dans un bain d'huile de 120° à 150°. Dans ces conditions, la matière organique est oxydée complétement par l'oxygène de l'acide azotique. Il se forme de l'acide carbonique et de l'acide sulfurique. Le premier s'accumule dans le tube, dont on a chassé l'air avant de le fermer à la lampe. L'expérience étant terminée, on ouvre la pointe effilée du tube. Il suffit pour cela de l'exposer pendant quelques instants à la flamme d'un chalumeau à gaz. Le verre ramolli se boursoufle, et les gaz emprisonnés dans le tube, sous forte pression, s'en échappent avec sifflement. Il ne reste plus qu'à précipiter, à l'aide d'une solution d'azotate de baryte, l'acide sulfurique qui s'est formé et qui est contenu dans le liquide acide. Le poids du sulfate de baryte qu'on a recueilli et lavé avec soin permet de calculer la proportion de soufre que renferme la matière analysée.

Le procédé qu'on vient de décrire et qui est dû à M. Carius s'applique de même au dosage du chlore, du brome, de l'iode. On peut l'employer aussi lorsqu'il s'agit de doser le phosphore que renferment certaines matières organiques, par exemple l'albumine et quelques-uns de ses congénères. L'acide phosphorique formé est dosé à l'état de phosphate ammoniaco-magnésien.

DÉTERMINATION DU POIDS MOLÉCULAIRE ET DE LA FORMULE D'UNE MATIÈRE ORGANIQUE.

L'analyse élémentaire permet de calculer la composition centésimale des matières organiques, mais les données qu'elle fournit ne suffisent pas pour exprimer la composition atomique de ces matières, pour mettre en évidence les relations qu'elles offrent entre elles, pour interpréter clairement les métamorphoses qu'elles peuvent subir. Prenons un exemple :

On sait que l'alcool peut se convertir en acide acétique. Quelle est la réaction en vertu de laquelle s'accomplit cette transformation? L'analyse élémentaire nous apprend que 100 parties d'alcool renferment

Carbone	52,18
Hydrogène	13,04
Oxygène	34,78
	100,00

D'autre part, on sait que 100 parties d'acide acétique contiennent

Carbone	40,00
Hydrogène	6,67
Oxygène	53,33
	100,00

Mais ces nombres, tout en nous montrant que l'alcool renferme plus d'hydrogène et moins d'oxygène que l'acide acétique, ne donnent qu'une idée vague sur les relations qui existent entre ces corps et sur la réaction qui convertit le premier dans le second. Cette réaction s'exprime de la manière la plus claire par l'équation suivante :

$$C^4H^6O^2 \ + \ O^4 \ = \ C^4H^4O^4 \ + \ H^2O^2.$$

Alcool. Oxygène. Acide acétique. Eau.

Cette équation nous apprend qu'une *molécule* d'alcool exige, pour se convertir en une *molécule* d'acide acétique et en eau H^2O^2, 4 équivalents d'oxygène.

La formule $C^4H^6O^2$ exprime la composition atomique d'une molécule d'alcool.

La formule $C^4H^4O^4$ exprime la composition atomique d'une molécule d'acide acétique.

En comparant ces formules, on voit qu'une molécule d'alcool renferme 2 équivalents d'hydrogène de plus et deux équivalents d'oxygène de moins qu'une molécule d'acide acétique.

On voit avec quelle simplicité les formules atomiques représentent la composition des corps en question, et quelle lumière elles répandent sur leurs métamorphoses et sur les relations qui existent entre eux. Il est donc très-important de se rendre compte de la signification de telles formules, et de la manière dont on les construit.

La formule $C^4H^4O^4$ de l'acide acétique est déduite, d'une part, des données que fournit l'analyse élémentaire de cet acide; de l'autre, de la connaissance du poids moléculaire (de l'équivalent) de l'acide acétique. Et le poids moléculaire, c'est-à-dire le poids de la molécule de l'acide acétique, représente la somme de tous les équivalents de carbone, d'hydrogène et d'oxygène dont se compose la molécule.

Pour établir cette formule, il est donc nécessaire, d'une part, de faire l'analyse élémentaire de l'acide acétique (et nous supposerons que l'opération soit faite), et de l'autre, d'en déterminer le poids moléculaire.

Détermination du poids moléculaire des acides. — Prenons pour exemple la détermination du poids moléculaire de l'acide acétique. Il se déduit de l'analyse d'un acétate, par exemple, de l'acétate d'argent.

On place dans un creuset ou dans une capsule de porcelaine vernie un poids donné d'acétate d'argent pur et sec, et l'on chauffe à une douce chaleur. Le sel fond, noircit, se décompose en se bour-

souflant et en émettant des vapeurs acides. Finalement on chauffe
au rouge pour brûler entièrement le charbon qui pourrait rester
avec l'argent métallique. Après le refroidissement, on pèse la quantité d'argent qui reste comme résidu. On trouve ainsi que 100 parties d'acétate d'argent renferment 64,67 d'argent métallique.

On a des raisons d'admettre qu'une molécule d'acétate d'argent
renferme un équivalent d'argent métallique. Il en résulte que les
64,67 d'argent que contiennent 100 d'acétate d'argent correspondent à un équivalent d'argent (108) si le nombre 100 correspond au
poids moléculaire de l'acétate d'argent. Ce poids moléculaire x est
donc donné par la porportion suivante :

$$\frac{64,67}{100} = \frac{108}{x}; \; x = 167.$$

Si donc l'équivalent de l'argent est 108, le poids moléculaire de
l'acétate d'argent est représenté par 167. Mais l'acétate d'argent
n'est autre chose que de l'acide acétique dans lequel un équivalent
d'hydrogène a été remplacé par un équivalent d'argent

$$C^4H^4O^4 \qquad C^4H^3AgO^4.$$
Acide   Acétate
acétique.   d'argent.

Connaissant donc le poids moléculaire de l'acétate d'argent,
nous trouverons facilement le poids moléculaire de l'acide acétique
en retranchant

du poids moléculaire de l'acétate d'argent...... 167
l'équivalent de l'argent 108

et en ajoutant à la différence................. 59
l'équivalent de l'hydrogène.................... 1
60

60 représente donc le poids moléculaire de l'acide acétique,
c'est-à-dire la somme des poids de tous les équivalents de carbone,
d'hydrogène et d'oxygène que renferme une molécule d'acide acétique.

A l'aide des données de l'analyse élémentaire il nous sera très-
facile maintenant de calculer le nombre des atomes de carbone, le
nombre des atomes d'hydrogène et le nombre des atomes d'oxygène que renferme une molécule d'acide acétique.

En effet, si nous considérons que 100 parties d'acide acétique
renferment

Carbone.................................... 40,00
Hydrogène.................................. 6,67
Oxygène.................................... 53,33
100,00

il nous sera très-facile de calculer quelles quantités de carbone, d'hydrogène et d'oxygène seront contenues dans 60 parties d'acide acétique, c'est-à-dire dans une quantité représentant le poids moléculaire de cet acide. Nous trouvons ainsi que 60 d'acide acétique contiennent

$$
\begin{aligned}
&\text{Carbone} \dots\dots\dots\dots\dots\dots\dots\dots\dots\dots\dots\dots\dots\dots\ 24 \\
&\text{Hydrogène} \dots\dots\dots\dots\dots\dots\dots\dots\dots\dots\dots\dots\dots\ \ 4 \\
&\text{Oxygène} \dots\dots\dots\dots\dots\dots\dots\dots\dots\dots\dots\dots\dots\ 32 \\
&\hphantom{\text{Oxygène} \dots\dots\dots\dots\dots\dots\dots\dots\dots\dots\dots\dots\dots\ } \overline{\hphantom{0}60}
\end{aligned}
$$

Cela veut dire que si 60 représente le poids de la molécule d'acide acétique, c'est-à-dire le poids de tous les équivalents de carbone, d'hydrogène et d'oxygène contenus dans cette molécule,

24 représentera le poids de la somme des équivalents } contenus dans
                                    de carbone. } 1 molécule
 4   —   d'hydrogène } d'acide
32   —   d'oxygène.. } acétique.

Pour trouver le nombre des équivalents de carbone contenus dans une molécule d'acide acétique, il suffira donc de diviser le poids de la somme de ces équivalents, c'est-à-dire 24, par le poids de l'un d'eux, c'est-à-dire 6.

On trouve ainsi que la molécule d'acide acétique renferme 4 équivalents de carbone, et par un raisonnement tout semblable, qu'elle renferme $\frac{4}{1} = 4$ équivalents d'hydrogène et $\frac{32}{8} = 4$ équivalents d'oxygène. Telle est la composition en équivalents qui est représentée par la formule $C^4H^4O^4$. Par des procédés analogues, on détermine le poids moléculaire (l'équivalent), et on calcule la formule de tous les acides organiques.

Le plus souvent, on choisit les sels d'argent pour de telles déterminations, par la raison que l'oxyde d'argent ne montre aucune tendance à former des sels basiques avec les acides, et, en second lieu, parce que les sels d'argent renferment rarement de l'eau de cristallisation. Il en résulte que la constitution du sel soumis à l'analyse est généralement bien définie.

La détermination du poids moléculaire de l'acide acétique est fondée sur cette supposition que 1 molécule d'acétate d'argent contient 1 équivalent d'argent.

Il en est ainsi pour tous les acides monobasiques. Une molécule d'un tel acide forme un sel neutre en réagissant sur une seule molécule d'oxyde d'argent AgO.

D'autres acides exigent 2 molécules d'oxyde d'argent pour se saturer. Une molécule de sel argentique neutre renferme alors

2 équivalents d'argent métallique. On nomme ces acides bibasiques.

Enfin, il en est qui exigent, pour se saturer, 3 équivalents d'oxyde argentique, et dont la molécule renferme par conséquent 3 équivalents d'argent métallique. Ce sont les acides tribasiques. Il est clair qu'en calculant le poids moléculaire [1] de ces acides polybasiques, il faut tenir compte de leur capacité de saturation. Le poids moléculaire d'un acide bibasique est le poids de cet acide qui sature une quantité d'oxyde d'argent renfermant 2×108 d'argent. Le poids moléculaire d'un acide tribasique est le poids de cet acide qui sature une quantité d'oxyde d'argent renfermant 3×108 d'argent.

Dans l'analyse des sels d'argent, une précaution est nécessaire lorsque l'acide organique est riche en carbone : c'est de détruire l'excès de charbon qui peut rester mélangé avec l'argent métallique. On y arrive en humectant le métal, après le refroidissement, avec de l'acide azotique, évaporant à siccité et calcinant. En se décomposant, l'azotate d'argent oxyde complétement le charbon interposé.

Berzelius a recommandé d'analyser les sels de plomb pour la détermination du poids moléculaire des acides organiques. Mais ce procédé est d'une exécution moins commode que le précédent et donne des résultats moins sûrs, en raison de la tendance que possède l'oxyde de plomb à former des sels basiques.

Détermination du poids moléculaire des bases organiques. — Lorsque la substance dont on recherche la composition atomique possède les propriétés d'une base, la formule se déduit avec sûreté de la détermination du poids moléculaire (équivalent) de la base et des données de l'analyse élémentaire, selon les principes que nous avons exposés pour les acides.

Le poids moléculaire d'une base organique est représenté par la quantité de cette base, qui se combine avec une quantité d'acide chlorhydrique correspondant à son poids moléculaire $(35,5 + 1)$, ou, si l'on veut, avec 36,5 d'acide chlorhydrique. Dans quelques cas, on peut déterminer ce poids moléculaire d'une façon très-simple, en faisant arriver du gaz chlorhydrique sec sur un poids

---

1. Nous nous servons ici de l'expression *poids moléculaires* au lieu de l'expression plus usitée jusqu'ici d'*équivalents*, par la raison qu'une molécule d'un acide bibasique ou tribasique qui sature 2 ou 3 équivalents d'oxyde d'argent, ne peut pas équivaloir à une molécule d'un acide monobasique, qui ne sature qu'un équivalent d'oxyde d'argent.

donné de la base finement pulvérisée et contenue dans une ampoule de verre. L'augmentation de poids indique la quantité d'acide chlorhydrique qui s'est combiné avec la base, et une simple proportion permettra de calculer le poids moléculaire de celle-ci, rapporté au poids moléculaire de l'acide chlorhydrique. Mais le plus souvent, pour déterminer le poids moléculaire d'une base organique, on met à profit la propriété que possèdent les chlorhydrates de ces bases de former des combinaisons doubles avec certains chlorures, principalement avec le chlorure platinique. Ces chloroplatinates possèdent une constitution très-définie. Beaucoup d'entre eux cristallisent régulièrement; d'autres sont insolubles dans l'eau; tous peuvent être préparés et purifiés facilement.

Une molécule d'un chlorhydrate organique se combine, dans la majeure partie des cas, avec 1 molécule de chlorure platinique $PtCl^2$, de telle sorte que la quantité de base combinée avec 1 molécule d'acide chlorhydrique, et 1 molécule de $PtCl^2$ représente le poids moléculaire de cette base.

Il suffit donc, pour trouver ce poids moléculaire, de déterminer la quantité de platine que renferme le chloroplatinate, détermination qu'on effectue en calcinant ce dernier. Le platine reste. A un équivalent de ce métal correspond une molécule de la base.

Le poids moléculaire étant ainsi déterminé, et la composition élémentaire de la base ou de son sel de platine étant connue, on en déduit la formule atomique de cette base, à l'aide de considérations analogues à celles que nous avons développées plus haut pour l'acide acétique.

Détermination du poids moléculaire des substances volatiles. — Un très-grand nombre de substances organiques n'étant ni acides, ni basiques, il est impossible de déterminer leur poids moléculaire en les combinant avec un autre corps dont l'équivalent ou le poids moléculaire soit connu. Pour arriver à ce résultat, la science emploie alors d'autres moyens, parmi lesquels le plus sûr est la détermination de la densité de vapeur du composé organique, si celui-ci est volatil.

On constate, en effet, entre le poids moléculaire et la densité des gaz ou des vapeurs, des relations que nous allons essayer de définir.

Gay-Lussac a fait remarquer qu'il existe un rapport très-simple entre la densité des gaz simples et les poids relatifs de leurs atomes.

Prenant en considération les propriétes physiques des gaz, surtout l'uniformité sensible de la dilatation ou de la compression qu'ils éprouvent sous l'influence des mêmes variations de température ou de pression, Ampère a émis le premier cette idée « que volumes égaux de deux gaz renferment le même nombre d'atomes. » S'il en est ainsi, il en résulte évidemment que les poids atomiques des corps gazeux doivent être en raison directe de leurs densités, ce qui s'accorde avec la remarque de Gay-Lussac. On en conclut que si l'on rapportait la densité des gaz à celle de l'hydrogène prise pour unité, comme on rapporte leur poids atomique à celui de l'hydrogène pris pour unité, les mêmes nombres représenteraient et les densités et les poids atomiques. Le tableau suivant fait voir qu'il en est ainsi.

	Densités par rapport à l'air.	Densités par rapport à l'hydrogène.	Poids atomiques.
Hydrogène.	0,0693	1	1
Chlore.	2,44	35,2	35,5
Brome.	5,36	77,5	80
Iode.	8,716	125,8	127
Azote.	0,972	14	14
Oxygène.	1,1056	15,96	16
Soufre (à 1000°).	2,2...	32	32

Les nombres inscrits dans la seconde colonne expriment les densités des gaz ou des vapeurs simples par rapport à l'hydrogène.

On voit qu'ils se confondent presque avec les poids atomiques [1] qui sont inscrits dans la troisième colonne, et qui sont rapportés à celui de l'hydrogène pris pour unité.

Il résulte de ce qui précède que pour trouver les poids atomiques des gaz simples, rapportés à l'hydrogène, il suffit de rapporter aussi à l'hydrogène leurs densités. On y arrive en multipliant les densités rapportées à l'air par $\dfrac{1}{0,0693} = 14,44$, qui représente le rapport de la densité de l'air à celle de l'hydrogène.

La loi d'Ampère s'applique aux gaz composés : ceux-ci renferment, sous le même volume, un même nombre de *molécules*.

Ainsi, dans un volume déterminé d'ammoniaque, il doit exister autant de molécules d'ammoniaque qu'il existe de molécules

---

1. On remarquera que les poids atomiques de l'oxygène 16 et du soufre 32 sont doubles des équivalents de ces corps 8 et 16. Les formules atomiques de l'eau et de l'hydrogène sulfuré sont H²O et H²S, t. I, p. 55.

d'acide chlorhydrique dans le même volume d'acide chlorhydrique. Le nombre des atomes n'est pas le même, puisque la molécule d'ammoniaque renferme quatre atomes élémentaires (1Az + 3H), tandis que la molécule d'acide chlorhydrique n'en renferme que deux (H + Cl). Lorsqu'il s'agit de gaz composés, il faut donc considérer les molécules et non pas les atomes; et en comparant les gaz composés sous le même volume, on pourra dire qu'ils renferment le même nombre de molécules. Il en résulte que leurs poids moléculaires seront en raison directe de leurs densités.

Précédemment, pour trouver les poids atomiques des corps simples, nous avons rapporté leur densité à celle de l'hydrogène. Nous pourrons trouver de même les poids moléculaires des gaz composés en comparant leur densité à celle de l'hydrogène. Seulement ici les rapports ne sont plus aussi simples que dans le cas précédent, par la raison que les poids moléculaires ne représentent pas, comme les poids atomiques, les poids de l'unité de volume ou d'un volume d'un gaz, mais le poids de deux volumes. Ceci demande une explication.

Le poids atomique de l'hydrogène représente le poids d'un volume d'hydrogène, et le poids atomique du chlore représente le poids d'un volume de chlore. Mais 1 volume de chlore, en se combinant avec 1 volume d'hydrogène, donne 2 volumes d'acide chlorhydrique. La plus petite quantité d'acide chlorhydrique qui puisse se former par la juxtaposition des atomes entiers de chlore et d'hydrogène occupe donc 2 volumes. C'est cette quantité que beaucoup de chimistes appellent et qu'on doit appeler la molécule d'acide chlorhydrique. Cette molécule correspond à 2 volumes lorsque l'atome d'hydrogène correspond à 1 volume.

Dans la notation en équivalents, que nous avons adoptée dans cet ouvrage, l'équivalent de l'hydrogène $H = 1$ correspond à 2 volumes; car, dans la formule HO de l'eau, H répond à 2 volumes.

De même, dans la formule HCl, de l'acide chlorhydrique H exprime 2 volumes d'hydrogène, et Cl exprime 2 volumes de chlore. Ainsi, dans cette notation, HCl répond à 4 volumes, ou occupe le même volume que $H^2 = 4$ volumes. Cela posé, nous pourrons trouver le poids moléculaire de HCl, connaissant le poids moléculaire de $H^2 = 2$.

Il est clair, d'après la proposition d'Ampère, que ces poids moléculaires seront en raison directe des densités. Si 2 représente le poids de H^2, si 0,0693 représente la densité de l'hydrogène et

1,2453 la densité de l'acide chlorhydrique, le poids moléculaire x de cet acide chlorhydrique sera donné par l'équation :

$$\frac{2}{x} = \frac{0,0693}{1,2453}; \quad x = 35,9.$$

Le poids moléculaire de l'acide chlorhydrique est en effet 36,5, nombre qui se rapproche beaucoup de celui qui est déduit de la comparaison des densités.

Il en est de l'ammoniaque comme de l'acide chlorhydrique : la formule AzH^3, qui exprime 1 molécule d'ammoniaque, répond à 4 volumes; la quantité d'ammoniaque représentée par cette formule, c'est-à-dire 1 molécule, occupe le même volume que H^2. On pourra donc déduire le poids moléculaire de l'ammoniaque de la comparaison des densités de l'ammoniaque et de l'hydrogène à l'aide de l'équation

$$\frac{2}{x} = \frac{0,0693}{0,5894}; \quad x = 16,9.$$

17 est, en effet, le poids moléculaire de l'ammoniaque.

Comme pour l'acide chlorhydrique et l'ammoniaque, la molécule de tous les composés organiques volatils occupe, à l'état de vapeur, le même volume que H^2. Les formules de tous ces composés répondent à 4 volumes, et leurs poids moléculaires pourront se déduire de la comparaison des densités à l'aide de raisonnements analogues à ceux que nous venons de développer pour l'acide chlorhydrique et l'ammoniaque. Connaissant la densité de la vapeur d'alcool $= 1,589$, on trouvera le poids moléculaire de l'alcool à l'aide de l'équation

$$\frac{2}{x} = \frac{0,0693}{1,589}; \quad x = 1,589 \times \frac{2}{0,0693} = 45,85.$$

Le nombre 45,85, ou plutôt 46, représente donc le poids moléculaire de l'alcool, et pour le trouver il a suffi de multiplier le chiffre qui exprime la densité de vapeur de l'alcool par le facteur $\frac{2}{0,0693} = 28,88$, qui est constant pour tous les calculs de ce genre.

A l'aide des données de l'analyse élémentaire on déduit du poids moléculaire 46 la formule de l'alcool.

En effet :

si 100 d'alcool renferment 52,18 de carbone, 46 d'alcool renferment 24 de carbone,
si 100   —   13,04 d'hydrogène, 46   —   6 d'hydrogène,
si 100   —   34,78 d'oxygène, 46   —   16 d'oxygène,

mais

$$24 \text{ de carbone représentent } \frac{24}{6} = 4 \text{ équivalents de carbone,}$$
$$6 \text{ d'hydrogène} \quad - \quad \frac{6}{1} = 6 \quad - \quad \text{d'hydrogène,}$$
$$16 \text{ d'oxygène} \quad - \quad \frac{16}{8} = 2 \quad - \quad \text{d'oxygène.}$$

La formule de l'alcool est donc $C^4H^6O^2$.

On voit, d'après ce qui précède, que pour trouver le poids moléculaire d'une substance organique volatile dont on connaît la composition centésimale, il suffit de multiplier le chiffre qui exprime la densité de vapeur de cette substance par le facteur constant $\dfrac{2}{0,0693} = 28,88$.

La détermination de la densité de vapeur des matières volatiles offre donc une haute importance et un secours précieux, lorsqu'il s'agit de fixer le poids moléculaire et de construire la formule d'une telle matière.

Détermination de la densité de vapeur des substances organiques. — Parmi les méthodes en usage pour la détermination des densités de vapeur des substances organiques, les chimistes emploient le plus souvent celle qui a été décrite par M. Dumas. Elle consiste à peser la vapeur contenue dans un ballon qui en est rempli, à une température et à une pression données, et dont on mesure exactement le volume. L'opération s'exécute de la manière suivante :

On prend un ballon de verre à long col bien propre et bien sec, d'une capacité variant entre 200 et 300 centimètres cubes. On en étire le col comme le montre la figure 14. On le laisse refroidir, puis on en prend exactement la tare au moyen d'une bonne balance. On note la température dans l'intérieur de la balance. Cela fait, on introduit dans le ballon 10 à 20 centimètres cubes de la substance liquide, qu'on a purifiée avec le plus grand soin. Il suffit pour cela de chauffer légèrement le ballon et de plonger la pointe effilée dans le liquide ; celui-ci remonte aussitôt dans le tube capillaire et quelques gouttes pénètrent bientôt dans le ballon, qui se refroidit. On chauffe alors de nouveau de manière à volatiliser

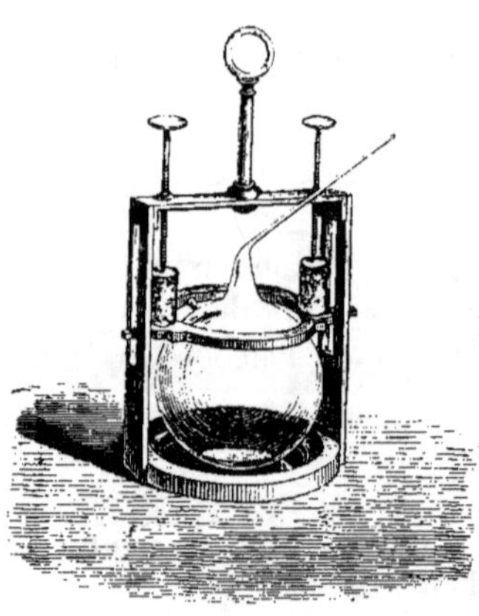

Fig. 14.

cette petite quantité de liquide, et de nouveau on plonge la pointe du ballon dans la masse du liquide, qui remonte rapidement dans le ballon dès que la vapeur se condense.

On fixe maintenant le ballon dans un support en cuivre construit comme le montre la figure 14, et on place le support avec le ballon dans un bain d'huile. On ne peut se servir que rarement d'un bain-marie; car il est nécessaire, le plus souvent, d'élever la température de la vapeur beaucoup au delà du point d'ébullition du liquide, et par conséquent au delà de 100°. Cette précaution est nécessaire par la raison que certaines vapeurs possèdent une condensation anomale à une température peu éloignée du point d'ébullition, et ne prennent leur expansion normale qu'à 50 ou même 100° au-dessus de ce point (Cahours). Il convient donc d'élever la température du bain, et par conséquent de la vapeur, de 50° à 100° au-dessus du point d'ébullition du liquide. Dès que celui-ci entre en ébullition dans le ballon, un jet de vapeur sort par la pointe effilée. Cette vapeur chasse l'air et finit par remplir le ballon tout entier, pourvu que la quantité de liquide employée soit suffisante. A mesure que la température s'élève, la vapeur se dilate, et il en sort une nouvelle quantité. Lorsqu'on juge qu'elle est suffisamment échauffée et dilatée, on éteint le feu et on brasse le bain avec soin à l'aide d'une baguette de verre. Ordinairement la température s'élève encore de quelques degrés, et lorsqu'elle est devenue stationnaire, on la note avec soin et on ferme, à l'aide d'un trait de chalumeau, la pointe effilée du ballon qui dépasse la surface de l'huile (*fig.* 15). On note aussi la hauteur du baromètre à ce moment.

Après avoir retiré le support avec le ballon du bain d'huile, on laisse refroidir, on nettoie le ballon avec soin, et on le reporte sur la balance. On détermine l'augmentation de poids qu'il a éprouvée par la substitution de la vapeur à l'air.

Pour s'assurer que l'air a été complétement expulsé, et, en même temps, pour déterminer la capacité du ballon, on porte celui-ci sur la cuve à mercure et on

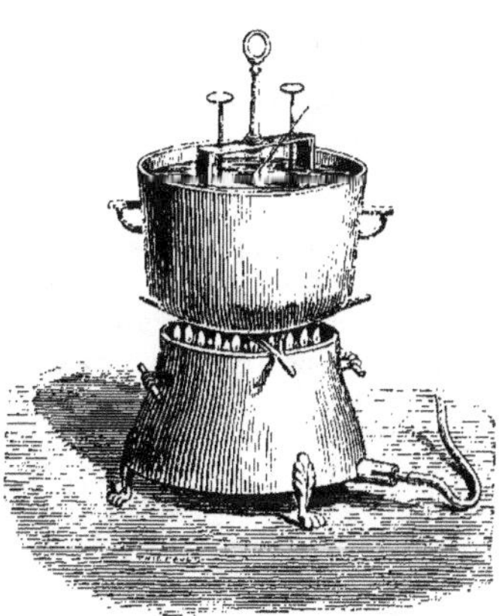

Fig. 15.

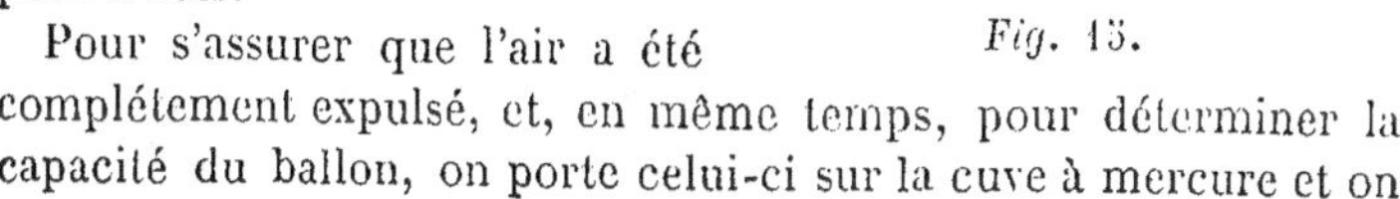

casse la pointe sous le mercure. La condensation de la vapeur dans le ballon fermé a produit un vide : aussitôt que la pointe est cassée, le mercure se précipite donc dans le ballon et le remplit tout entier, sauf une petite quantité de liquide, provenant de la condensation de la vapeur, et une bulle d'air plus ou moins grosse, dans le cas où l'air n'a pas été complétement chassé. On commence par faire passer cette bulle dans un petit tube gradué rempli de mercure, et on la mesure; puis, le ballon étant exactement rempli de mercure, on verse celui-ci dans une éprouvette graduée. Le volume du mercure donne la capacité du ballon à la température où l'on opère.

Il s'agit maintenant de faire les calculs suivants :

1º Calculer le volume du ballon, et par conséquent de la vapeur, à la température du bain d'huile.

2º Réduire ce volume à la température de 0º et sous la pression normale, après en avoir défalqué le volume qu'occupait la bulle d'air à la température du bain d'huile.

3º Calculer le poids de la vapeur, qui se compose évidemment : 1º du poids du volume de l'air primitivement contenu dans le ballon et dont on a déduit la bulle qui y est restée à la fin de l'expérience; 2º de l'excès de poids qu'on a déterminé par la pesée du ballon. Connaissant le volume de l'air du ballon à la température de la balance, on trouve facilement son poids après avoir fait les corrections relatives à la température et à la pression.

4º Enfin, calculer le poids d'un volume d'air égal au volume de la vapeur à 0º et sous la pression de $0^m,76$, et diviser le poids de la vapeur par le poids de l'air [1].

La densité de vapeur d'une substance organique étant détermi-

---

1. Ces différentes opérations sont indiquées par les formules suivantes :

1º Soit T la température du bain; t la température de la balance que nous supposerons égale (c'est le cas le plus simple et le plus ordinaire) à la température de l'air ambiant au moment du jaugeage du ballon; V la capacité, exprimée en centimètres cubes, du ballon à la température t; k le coefficient de dilatation du verre $= 0,000027$; le volume qu'occupent la vapeur et l'air restant, à la température T, sera

$$V(1 + k[T - t]);$$

2º Soit H la pression observée au moment de la fermeture du ballon, et exprimée en millimètres; α le coefficient de dilatation des gaz $= 0,00366$, le volume qu'occuperaient la vapeur et l'air restant, à 0º et sous la pression de 760^{mm}, sera

$$\frac{V[1 + k(T - t)]H}{(1 + \alpha T)760};$$

Soit v le volume de l'air restant, à la température t et sous la pression H, le vo-

née, on peut en déduire le poids moléculaire de cette substance, ainsi que nous l'avons établi plus haut. Réciproquement, connaissant le poids moléculaire d'une substance organique, on peut en déduire la densité, et cette détermination théorique de la densité de vapeur est souvent utile, comme servant de contrôle à l'expérience.

Volumes égaux des gaz ou des vapeurs renferment le même nombre de molécules; donc, les poids moléculaires sont proportionnels aux densités.

Supposons que nous voulions déduire la densité de la vapeur d'alcool de la densité connue de l'hydrogène par la comparaison des poids moléculaires de l'alcool et de l'hydrogène. Le poids moléculaire de l'alcool $= 46$ correspond à 4 volumes. Le poids de

lume v' de cet air et à la température T et sous la pression II sera donné par l'équation

$$v' = v \left(1 + \alpha [T - t]\right);$$

et par suite, le volume réel de la vapeur à 0° sous la pression de 760mm sera

$$\frac{V[1 + k(T - t)] - v'}{(1 + \alpha T)} \cdot \frac{II}{760}$$

3° Soit P l'excès de poids du ballon; il s'agit de calculer le poids p du volume d'air contenu dans le ballon à la température t et sous la pression II, et dont on a défalqué le volume qu'occupe la bulle d'air à cette même température et sous cette même pression. Ce volume d'air exprimé en centimètres cubes * est

$$V - v.$$

En le réduisant à la température de 0° et à la pression normale, il devient

$$\frac{[V - v] II}{(1 + \alpha t)\, 760}.$$

Le poids p de ce volume d'air est

$$p = 0^{\mathrm{gr}},0012932\ \frac{[V - v] II}{(1 + \alpha t)\, 760}.$$

Le poids de la vapeur est de P $+ p$ ou

$$P + 0^{\mathrm{gr}},0012932\ \frac{[V - v] H}{(1 + \alpha t)\, 760}.$$

5° Le poids d'un égal volume d'air est

$$0^{\mathrm{gr}},0012932\ \frac{V[1 + k(T - t)] - v'}{(1 + \alpha T)} \cdot \frac{II}{760}$$

Pour trouver la densité cherchée, il ne reste plus qu'à diviser le poids de la vapeur par le poids de l'air.

---

* La présence de la bulle d'air dans le ballon ramène l'expérience dans les conditions où elle serait si la capacité du ballon avait été diminuée du volume de la bulle.

4 volumes d'hydrogène ($= H^2$ dans notre notation) est $= 2$. Nous avons donc la proportion suivante :

$$\frac{2}{46} = \frac{0,0693}{x} \; ; \; x = 46 \times \frac{0,0693}{2} = 1,593.$$

La densité de vapeur expérimentale de l'alcool est, d'après Gay-Lussac, de 1,6133, chiffre très-voisin, comme on voit, du chiffre théorique.

On déterminerait de la même manière la densité théorique de toute autre substance, en substituant dans l'équation précédente le poids moléculaire de cette substance au nombre 46. Il suffit de multiplier ce poids moléculaire par le rapport constant $\dfrac{0,0693}{2}$ pour obtenir la densité de vapeur cherchée. Au lieu de *multiplier* par le rapport $\dfrac{0,0693}{2}$ on peut, ce qui est plus commode, diviser le poids moléculaire par le rapport inverse $\dfrac{2}{0,0693} = 28,88$.

En effet :

$$\frac{46}{28,88} = 1,593.$$

Voici un autre exemple :

Le poids moléculaire de la benzine ($C^{12}H^6$) est $= 78$. Sa densité de vapeur théorique est donc

$$\frac{78}{28,88} = 2,701.$$

La densité de vapeur expérimentale de la benzine est $= 2,77$.

Formules empiriques. — Il est un grand nombre de substances organiques qui ne forment point de combinaisons définies soit avec les bases, soit avec les acides, et qui ne sont point volatiles. Il est alors impossible de déterminer directement le poids moléculaire de ces substances, et il faut se contenter de déduire, des données mêmes de l'analyse organique, une formule qui puisse représenter d'une manière satisfaisante la composition centésimale. De telles formules sont dites *empiriques*. Elles indiquent, non pas la composition moléculaire de la substance, c'est-à-dire le nombre exact d'équivalents de carbone, d'hydrogène, d'oxygène, etc., que renferme la molécule de cette substance, mais simplement les rapports numériques qui existent entre ces équivalents. Pour les trouver, il suffit de diviser les nombres qui expriment la composition centésimale de la substance par les équivalents res_ pectifs, c'est-à-dire le nombre qui indique la proportion de carbone par l'équivalent du carbone 6, le nombre qui indique la proportion d'hydrogène par l'équivalent de l'hydrogène 1, le nombre qui indique la proportion d'oxygène par l'équivalent de l'oxygène 8.

On trouve ainsi les rapports entre les équivalents, et lorsque ces rapports sont fractionnaires, on les exprime en nombres entiers.

La composition centésimale de l'amidon est représentée par les nombres suivants :

$$
\begin{aligned}
&\text{Carbone} \ldots\ldots\ldots\ldots\ldots\ldots\ldots\ldots\ldots\ldots\quad 44,44\\
&\text{Hydrogène} \ldots\ldots\ldots\ldots\ldots\ldots\ldots\ldots\ldots\quad 6,17\\
&\text{Oxygène} \ldots\ldots\ldots\ldots\ldots\ldots\ldots\ldots\ldots\quad 49,39
\end{aligned}
$$

Pour trouver les rapports qui existent entre les équivalents de carbone, d'hydrogène et d'oxygène dans la molécule de l'amidon, il suffit d'effectuer les divisions suivantes :

$$\frac{44,44}{6} = 7,40$$

$$\frac{6,17}{1} = 6,17$$

$$\frac{49,39}{8} = 6,17$$

Ces nombres expriment les rapports numériques entre les équivalents de carbone, d'hydrogène et d'oxygène, et permettent d'exprimer la composition de l'amidon par la formule

$$C^{7,4}H^{6,17}O^{6,17},$$

qui montre que la molécule d'amidon renferme un nombre égal d'équivalents d'hydrogène et d'équivalents d'oxygène. Mais on voit que les coefficients $7,4 - 6,17 - 6,17$ sont des nombres fractionnaires, et comme on n'admet pas d'équivalents fractionnaires, il convient d'exprimer les rapports $7,40 : 6,17 : 6,17$ par des nombres entiers. Ces rapports peuvent être exprimés par les nombres

$$12 : 10 : 10$$

et la formule empirique de l'amidon devient alors

$$C^{12}H^{10}O^{10}.$$

Formules déduites de l'étude des métamorphoses d'un corps. — La formule $C^{12}H^{10}O^{10}$ n'est pas la seule qui puisse exprimer la composition centésimale de l'amidon; car le rapport

$$12 : 10 : 10$$

peut être exprimé par d'autres nombres entiers, comme

$$6 : 5 : 5$$
$$18 : 15 : 15$$
$$24 : 20 : 20$$

Ainsi les formules

$$C^6H^5O^5$$
$$C^{18}H^{15}O^{15}$$
$$C^{24}H^{20}O^{20}$$

qui sont multiples ou sous-multiples de la formule

$$C^{12}H^{10}O^{10}$$

exprimeraient aussi bien que celle-ci la composition centésimale de l'amidon.

On a de bonnes raisons pour éliminer les deux premières formules, qui indiquent un nombre impair d'équivalents d'hydrogène et d'oxygène (voir page 7). Mais pendant longtemps on a exprimé la composition de l'amidon par la formule

$$C^{24}H^{20}O^{20}.$$

On a adopté la formule

$$C^{12}H^{10}O^{10},$$

par la raison que l'amidon offre des liens de parenté très-étroits avec la glucose ou le sucre d'amidon, et qu'on a été conduit à adopter pour ce dernier une formule renfermant 12 équivalents de carbone. En effet, en fixant les éléments de l'eau, l'amidon devient glucose; la glucose renferme $C^{12}H^{12}O^{12}$. On a donc admis ou plutôt supposé que l'amidon doit être $C^{12}H^{10}O^{10}$; car

$$C^{12}H^{10}O^{10} + 2HO = C^{12}H^{12}O^{12}.$$

Voici un autre exemple : la composition de la mannite répond à la formule

$$C^{12}H^{14}O^{12}.$$

Faut-il adopter cette formule ou l'une ou l'autre des suivantes :

$$C^6H^7O^6$$
$$C^{24}H^{28}O^{24}.$$

Une métamorphose curieuse de la mannite a fixé le choix entre ces formules. Lorsqu'on chauffe ce corps avec de l'acide iodhydrique très-concentré, il fournit, d'après MM. Wanklyn et Erlenmeyer, un iodure volatil dont la composition est exprimée, d'après l'analyse et la densité de vapeur, par la formule

$$C^{12}H^{13}I.$$

Puisque la mannite se convertit, en vertu d'une réaction très-

nette, en un corps qui renferme douze équivalents de carbone, on
a été naturellement conduit à préférer la formule

$$C^{12}H^{14}O^{12}.$$

En général, lorsqu'un corps dont le poids moléculaire est inconnu est capable de se dédoubler en d'autres corps dont on connaît les poids moléculaires, il est clair qu'une telle métamorphose
peut servir à fixer le poids moléculaire de la première substance;
car ce poids moléculaire doit représenter la somme des poids moléculaires des produits de décomposition.

C'est ainsi que l'étude des métamorphoses fixe le choix que l'on
peut faire entre plusieurs formules empiriques.

Dans beaucoup de cas, de telles considérations peuvent servir
de base à la fixation des formules organiques. Nous devons nous
contenter d'en avoir indiqué le principe, et nous aurons soin d'en
donner des exemples dans le cours de cet ouvrage, où nous aurons occasion de constater à chaque page la haute importance des
formules et le puissant secours qu'elles prêtent à l'interprétation
des métamorphoses, quelquefois si compliquées, que subissent les
substances organiques.

CONSTITUTION DES COMPOSÉS ORGANIQUES

Les composés organiques naturels renferment, comme nous
l'avons vu, trois ou quatre éléments dont les atomes peuvent s'accumuler en grand nombre dans les molécules de ces composés. C'est en cela que résident les différences que l'on a toujours constatées entre les combinaisons minérales et les composés
organiques, différences qui semblent assez profondes pour qu'on
ait établi et qu'on maintienne une distinction entre la chimie
minérale et la chimie organique. Et pourtant, ces différences ne
sont point fondamentales; car il est évident que la force chimique ou l'affinité qui préside aux combinaisons, et qui détermine
l'arrangement moléculaire, doit intervenir suivant les mêmes lois,
quelle que soit la nature ou l'origine des combinaisons. Aussi les
chimistes ont-ils cherché depuis longtemps à appliquer aux composés organiques les idées qui, vers la fin du siècle dernier, ont
donné un si grand essor à la chimie minérale. Celle-ci s'étant élevée la première au rang d'une science, a prêté ses lois à la chimie
organique.

Ici encore nous trouvons le nom de Lavoisier inscrit à la base du monument qui constitue aujourd'hui la chimie organique. Après s'être assuré, à l'aide d'analyses ingénieuses, qu'un grand nombre de composés *végétaux* renferment du carbone, de l'hydrogène et de l'oxygène, il a émis l'idée que l'oxygène y joue le même rôle que dans les acides et les oxydes de la chimie minérale, et il a envisagé ces composés oxygénés comme des acides et des oxydes végétaux. Il pensait que l'oxygène y était uni à du carbone et à de l'hydrogène, qui formait une sorte de *radical composé.* « Les oxydes et les acides végétaux, disait-il, sont des oxydes et des acides hydrocarboneux. »

Parmi les oxydes végétaux il rangeait le sucre, les différentes espèces de gomme, l'amidon, et il admettait que ces corps diffèrent entre eux par la proportion des principes qui composent la base ou le radical. « On peut de l'état d'oxyde les faire passer à celui d'acide, en leur combinant une nouvelle quantité d'oxygène, et on forme ainsi, suivant le degré d'oxygénation et la proportion de l'hydrogène et du carbone, les différents acides végétaux[1].» Telles sont ses propres expressions, et dans la description qu'il donne des acides végétaux, il mentionne les radicaux acéteux, carboneux, malique, citrique, benzoïque, etc. Dans les composés organiques renfermant quatre éléments, il admettait l'existence de radicaux ternaires, composés d'hydrogène, d'oxygène et d'azote. L'idée des radicaux organiques a donc été clairement exprimée par Lavoisier, et l'on voit que, d'après lui, ces radicaux diffèrent entre eux non-seulement par la nature, mais encore par les proportions des éléments qu'ils renferment.

Cette idée a été adoptée par Berzelius, et mise en harmonie avec l'hypothèse électrochimique. Dans les composés organiques renfermant de l'oxygène, du soufre, du chlore, ces corps simples constituent l'élément électronégatif, tandis que le radical hydrocarboné constitue l'élément électropositif, de telle sorte que les composés organiques sont *binaires* comme les composés minéraux. Telle est la pensée fondamentale de la théorie des radicaux, ainsi que Berzelius l'entendait.

L'idée de comparer les composés de la chimie organique aux combinaisons minérales a été appliquée par M. Dumas[2], de la manière la plus heureuse, à une classe nombreuse et importante de corps organiques, savoir, à l'alcool et à ses principaux dérivés.

---

1. *Traité élémentaire de chimie*, 1801, t. I, p. 125 et 126.
2. Dumas et Boullay, 1828.

M. Dumas admettait que l'alcool renferme le radical éthérine (éthylène) C^4H^4, comparable à l'ammoniaque et capable de s'unir directement à l'eau et aux acides. Il a établi entre les combinaisons de l'éthérine et celles de l'ammoniaque le parallèle suivant :

Ethérine (gaz oléfiant)	C^4H^4	AzH^3 ammoniaque
Ether..................	C^4H^4,HO	AzH^3,HO ammoniaque hydratée
Alcool.................	$C^4H^4,2HO$	$AzH^3,2HO$ ammoniaque bihydratée
Ether chlorhydrique..	C^4H^4,HCl	AzH^3,HCl chlorhydrate d'ammoniaque
Ether iodhydrique....	C^4H^4,HI	AzH^3,HI iodhydrate d'ammoniaque
Mercaptan............	$C^4H^4,2HS$	$AzH^3,2HS$ bisulfhydrate d'ammoniaque
Ether acétique.......	$C^4H^4,(C^4H^3O^3,HO)$	$AzH^3,(C^4H^3O^3,HO)$ acétate d'ammoniaque
Acide sulfovinique....	$C^4H^4,2(SO^3,HO)$	$AzH^3,2(SO^3,HO)$ sulfate acide d'ammoniaque

Pour la première fois, une théorie parvenait à grouper de la manière la plus naturelle un grand nombre de composés organiques et à exprimer leur constitution par des formules rationnelles. Ces formules sont dualistiques; néanmoins, elles ne sont point construites dans le sens de la théorie des radicaux.

Un travail mémorable sur l'essence d'amandes amères et ses dérivés, qui fut publié par MM. Woehler et Liebig, en 1832, a donné à cette théorie un nouveau point d'appui et une nouvelle forme. L'étude des métamorphoses qu'éprouve l'essence d'amandes amères conduisit ces savants à y admettre l'existence d'un radical oxygéné, le *benzoyle*. En se combinant avec l'hydrogène, le chlore, l'iode, le cyanogène, le soufre, ce radical forme les composés suivants :

$C^{14}H^5O^2$	$+$ H	hydrure de benzoyle, essence d'amandes amères
$C^{14}H^5O^2$	$+$ Cl	chlorure de benzoyle
$C^{14}H^5O^2$	$+$ I	iodure de benzoyle
$C^{14}H^5O^2$	$+$ Cy	cyanure de benzoyle
$C^{14}H^5O^2$	$+$ S	sulfure de benzoyle
$C^{14}H^5O^2$	$+$ O $+$ HO	hydrate d'oxyde de benzoyle, acide benzoïque

On voit que, d'après cette théorie justement célèbre, l'acide benzoïque était envisagé comme l'oxyde hydraté d'un radical capable d'entrer en combinaison avec d'autres corps et de passer intact d'un composé dans un autre, en un mot, de jouer le rôle de corps simple. Berzelius appliqua ce point de vue à l'alcool, qu'il envisagea le premier comme l'oxyde hydraté d'un radical auque il donna le nom d'éthyle. L'alcool et ses dérivés, que M. Dumas avait comparés aux composés ammoniacaux, furent donc assimilés aux combinaisons d'un métal tel que le potassium, comme le montre le parallèle suivant :

Éthyle...............	C^4H^5	K	potassium
Oxyde d'éthyle, éther	$(C^4H^5)O$	KO	oxyde de potassium
Hydrate d'oxyde d'éthyle, alcool.....	$(C^4H^5)O + HO$	$KO + HO$	hydrate d'oxyde de potassium
Chlorure d'éthyle..	$(C^4H^5)Cl$	KCl	chlorure de potassium
Iodure d'éthyle....	$(C^4H^5)I$	KI	iodure de potassium
Sulfure d'éthyle....	$(C^4H^5)S$	KS	sulfure de potassium
Sulfhydrate de sulfure d'éthyle, mercaptan..........	$(C^4H^5)S + HS$	$KS + HS$	sulfhydrate de sulfure de potassium
Acétate d'oxyde d'éthyle, éther acétique...........	$(C^4H^5)O + C^4H^3O^3$	$KO + C^4H^3O^3$	acétate de potasse
Sulfate acide d'oxyde d'éthyle, acide sulfovinique.....	$(C^4H^5)O,SO^3 + HO,SO^3$	$KO,SO^3 + HO,SO^3$	sulfate acide de potasse.

Cette comparaison était fort juste, et la conception du grand chimiste suédois est restée dans la science.

Les idées théoriques sur la constitution des composés benzoyliques et éthyliques marquent, pour ainsi dire, la seconde phase, la phase brillante, du développement de la théorie des radicaux, dont l'origine remonte à Lavoisier. Plus tard, cette théorie a subi une nouvelle transformation, qui fut moins heureuse et qui fut provoquée par l'opposition violente de Berzelius aux idées émises par quelques chimistes français, et dont il sera question plus loin.

Berzelius, qui avait admis pendant quelque temps l'existence de radicaux oxygénés, revint, en effet, à sa première conception, d'après laquelle les radicaux organiques ne pouvaient renfermer aucun élément électronégatif. Ainsi, tous les corps oxygénés représentaient, d'après lui, des oxydes dans lesquels *tout* l'oxygène était combiné avec un radical électropositif. Les corps chlorés, dont le nombre augmentait tous les jours, étaient des chlorures dans lesquels tout le chlore était combiné avec un radical ou avec plusieurs radicaux électropositifs, et lorsqu'il arrivait qu'un corps renfermait à la fois de l'oxygène et du chlore, Berzelius l'envisageait comme un chlorure combiné avec un oxyde, le chlore du chlorure étant uni à un radical, de même que l'oxygène de l'oxyde. Poursuivant son idée à outrance et inventant des radicaux avec une fécondité sans exemple, il représentait la constitution de tous les composés organiques par des formules dualistiques, c'est-à-dire composées de deux termes ou de deux membres, dont l'un représentait l'élément électronégatif simple ou composé, et l'autre l'élément électropositif simple ou composé. Ainsi, l'acide benzoïque et l'acide acétique, représentaient les hydrates des oxydes $(C^{14}H^5),O^3$ et $(C^4H^3),O^3$.

$$(C^{14}H^5),O^3 + HO \text{ acide benzoïque}$$
$$(C^4H^3),O^3 + HO \text{ acide acétique.}$$

Dans ces formules, le premier terme représente l'élément électronégatif, l'acide; le second, l'élément électropositif, l'eau. Le premier terme est lui-même composé de deux membres, dont l'un représente l'élément électropositif, le radical hydrocarboné; et le second, l'élément électronégatif, l'oxygène. On comprend de même la signification des formules

$$
\begin{array}{ll}
C^2H,Cl^3 & \text{trichlorure de formyle, chloroforme} \\
C^4H^4,Cl^2 & \text{chlorure d'élayle, liqueur des Hollandais} \\
C^4H^3,O^3 + 2[C^4H^3,Cl^3] & \text{acide trichloracétique} \\
C^2O^3 + 3C^2Cl^3 & \text{éther perchloré.}
\end{array}
$$

Ainsi, les corps chlorés de nature organique étaient pour lui des chlorures ou des chlorures d'oxydes. Ces dernières formules peuvent donner une idée de la complication des formules dualistiques de Berzelius, et de la manière arbitraire dont il avait défiguré les faits les plus simples pour les mettre en harmonie avec ses idées. Pour s'en convaincre, il suffit de comparer les formules dont il s'agit avec celles que les chimistes français admettaient à cette époque pour exprimer la composition des mêmes corps :

$C^4HCl^3O^4$ acide trichloracétique, dérivé de $C^4H^4O^4$, acide acétique,
C^4Cl^5O éther perchloré, dérivé de C^4H^5O.

SUBSTITUTIONS.

Ces écarts de la théorie des radicaux étaient le résultat d'une interprétation vicieuse de faits nouveaux et importants dont la science venait de s'enrichir, et qui sont relatifs aux *substitutions*.

Gay-Lussac avait trouvé que lorsqu'on blanchit, à l'aide du chlore, la cire, celle-ci perd de l'hydrogène, qui est remplacé par du chlore, volume par volume.

M. Dumas fit la même observation avec l'essence de térébenthine, la liqueur des Hollandais, l'alcool, et énonça le premier cette proposition (13 janvier 1834) : « Le chlore possède le pouvoir singulier de s'emparer de l'hydrogène de certains corps, et de le remplacer atome par atome. »

L'étude des composés chlorés de la naphtaline, découverts par Laurent, vint donner une confirmation éclatante à la règle établie par M. Dumas. Adoptant et étendant les idées de ce dernier chimiste, Laurent admettait que non-seulement le chlore, en entrant dans un composé organique, prend la place de l'hydrogène, mais encore qu'il y joue le rôle de cet élément. Il compara le premier les propriétés des corps chlorés à celles des corps hydrogénés, dont ils dérivent par substitution.

Bientôt, grâce aux travaux de MM. Laurent, Regnault, Malaguti, le nombre des faits relatifs à la substitution du chlore à l'hydrogène, dans les composés organiques, s'accrut considérablement.

Parmi les séries de corps chlorés qui furent ainsi découverts, nous citerons les deux suivantes :

$C^4H^5.Cl$	chlorure d'éthyle.	»	»
$C^4H^4Cl.Cl$	chlorure d'éthyle mono-chloré.	$C^4H^4.Cl^2$	chlorure d'éthylène (liqueur des Hollandais).
$C^4H^3Cl^2.Cl$	chlorure d'éthyle bi-chloré.	$C^4H^3Cl.Cl^2$	chlorure d'éthylène mono-chloré.
$C^4H^2Cl^3.Cl$	chlorure d'éthyle tri-chloré.	$C^4H^2Cl^2.Cl^2$	chlorure d'éthylène bi-chloré.
$C^4HCl^4.Cl$	chlorure d'éthyle tétra-chloré.	$C^4HCl^3.Cl^2$	chlorure d'éthylène tri-chloré.
C^4Cl^6	perchlorure de carbone.	C^4Cl^6	perchlorure de carbone.

Les réactions qui donnent naissance à tous ces produits de substitution sont très-simples. Le chlore attaque le corps hydrogéné par suite de la puissante affinité qu'il possède pour l'hydrogène : il se forme de l'acide chlorhydrique, et chaque équivalent d'hydrogène ainsi enlevé est remplacé par un équivalent de chlore. Ainsi, pour chaque équivalent d'hydrogène remplacé, 2 équivalents de chlore entrent en réaction. Les équations suivantes font voir qu'il en est ainsi :

$$C^4H^5Cl \ + \ Cl^2 \ = \ C^4H^4Cl^2 \ + \ HCl.$$

Chlorure d'éthyle.   Chlorure d'éthyle chloré.

$$C^4H^4O^4 \ + \ 3Cl^2 \ = \ C^4HCl^3O^4 \ + \ 3HCl.$$

Acide acétique.   Acide trichlor-acétique.

Dans un travail important sur l'acide trichloracétique, M. Dumas, qui avait entrevu le premier la haute signification de tous ces faits, les résuma de la manière suivante :

« Dans un composé organique, l'hydrogène peut être remplacé par du chlore, du brome, de l'iode, et, en général, les éléments peuvent être remplacés par d'autres éléments en proportions équivalentes; et ces corps simples eux-mêmes peuvent être remplacés par certains corps composés faisant fonction de corps simples.

« Les corps ainsi formés possèdent les mêmes propriétés fondamentales et appartiennent au même type chimique que les corps d'où ils dérivent par substitution : car *il existe, en chimie organique, certains types qui se conservent alors qu'à la place de l'hydrogène qu'ils renferment, on vient à introduire des volumes égaux de chlore, de brome et d' ode* [1]. »

Tels sont les principes fondamentaux de la *théorie des substitutions* qui a été introduite dans la science par M. Dumas et par Laurent; telle est aussi l'origine de *la théorie des types chimiques*, qui a pour auteur M. Dumas.

L'idée qu'un élément électronégatif, tel que le chlore, pouvait se substituer à un élément électropositif, tel que l'hydrogène, et en jouer le rôle, a soulevé les plus violentes critiques de la part de l'auteur de la théorie électrochimique (Berzelius). De là une discussion animée entre ce grand maître et les partisans des doctrines nouvelles, dont le principal champion était M. Dumas. C'est ce dernier chimiste qui a battu en brèche la théorie électrochimique, laquelle, simple hypothèse dans l'origine, s'était insensiblement imposée aux esprits comme une vérité démontrée. Bien qu'il y eût une certaine exagération dans quelques-unes des idées nouvelles, et surtout dans cette proposition que les corps chlorés possèdent les mêmes propriétés fondamentales que les corps hydrogénés correspondants, ces idées ont fini par triompher, dans leur ensemble, et on ne peut méconnaître que les débats dont il s'agit marquent une époque mémorable dans l'histoire de la chimie.

La théorie des substitutions fit naître un très-grand nombre de travaux. C'était une voie nouvelle qui conduisit à la découverte de composés sans nombre, dans lesquels du chlore ou du brome entrait à la place de l'hydrogène. Parmi les cas de substitution que faisait prévoir la règle générale posée par M. Dumas et que confirmaient les faits, n'oublions pas de mentionner la substitution de l'oxygène à l'hydrogène, celle du soufre à l'oxygène.

D'autres faits non moins importants rentraient dans la théorie

---

1. *Comptes rendus*, t. VIII, p. 621. 1839.

des substitutions et étaient expliqués par elle. On connaissait des corps formés par l'action de l'acide azotique sur certaines substances organiques, et renfermant l'azote et une partie de l'oxygène de cet acide. M. Dumas a fait voir le premier qu'on pouvait envisager ces corps *nitrogénés* comme renfermant de l'acide hypoazotique (AzO^4) substitué à de l'hydrogène. Le jaune amer de Welter, nommé plus tard acide picrique, était une de ces substances. Laurent fit voir qu'il se rattache à l'acide phénique ou alcool phénylique, et qu'il dérive de cette substance par la substitution de 3 équivalents d'acide hypoazotique (AzO^4) à 3 équivalents d'hydrogène

$$C^{12}H^6O^2 \qquad C^{12}H^3(AzO^4)^3O^2$$

Acide   Acide trinitrophénique,
phénique.   acide picrique.

Dans l'acide picrique et dans les corps nitrogénés analogues, le groupe AzO^4 prend la place de l'hydrogène, et joue, par conséquent, le rôle d'un corps simple.

C'est un radical composé. Ici nous voyons apparaître de nouveau cette notion de radical, mais dans un sens un peu différent de celui que lui prêtait la théorie des radicaux. Pour celle-ci, un radical composé était un groupe moléculaire, capable de s'unir, par addition directe, avec un corps simple. Selon la théorie des substitutions, au contraire, un groupe moléculaire joue le rôle de radical, lorsqu'il peut se substituer à un corps simple. Nous pouvons dire aujourd'hui que les deux points de vue sont exacts et s'appliquent chacun à des cas particuliers. Dépouillées de ce qu'elles offraient de trop exclusif, dans le principe, les deux théories, loin de se combattre, se complètent l'une l'autre, et chacune d'elles a trouvé son application et son expression réelle dans la théorie des types dont nous allons maintenant indiquer le développement progressif.

THÉORIE DES TYPES.

L'analyse de l'acide trichloracétique avait appris à M. Dumas que cet acide renferme exactement le même nombre d'atomes élémentaires que l'acide acétique lui-même

$$C^4H^4O^4 \qquad C^4HCl^3O^4$$

Acide   Acide
acétique.   trichloracétique.

Ce savant avait reconnu de plus que l'acide trichloracétique était un acide monobasique comme l'acide dont il dérive par substitution, et que, sous l'influence des alcalis, les deux acides se dédoublent d'une manière analogue, l'un formant du gaz de marais, l'autre du gaz de marais trichloré ou chloroforme

$$C^4H^4O^4 \ = \ C^2O^4 \ + \ C^2H^4$$
Acide acétique.   Gaz des marais.

$$C^4HCl^3O^4 \ = \ C^2O^4 \ + \ C^2HCl^3$$
Acide trichloracétique.   Chloroforme.

Il avait exprimé cette analogie entre les deux acides, en disant qu'ils possèdent les mêmes propriétés fondamentales, et il en concluait que les atomes y sont unis de la même manière. Ainsi, d'après lui, les propriétés des combinaisons dépendent moins de la nature des éléments que de leur arrangement. Il rangeait donc dans le même type chimique les substances qui renferment le même nombre d'atomes élémentaires, unis de la même manière, et qui possèdent les mêmes propriétés fondamentales. Il admettait aussi qu'un atome simple pouvait être remplacé par un groupe faisant fonction de radical. Telle est l'origine de la théorie des types.

Les types mécaniques, dont la première idée appartient à M. Regnault, diffèrent des types chimiques. On a rangé dans le même type mécanique les corps qui renferment le même nombre d'atomes élémentaires, mais qui peuvent différer par leurs propriétés.

Jusqu'ici, la théorie des types nous apparaît comme un corollaire, comme un développement de la théorie des substitutions. En effet, elle se bornait à classer, en les rapportant au même type, les corps qui dérivent les uns des autres par voie de substitution directe. Elle créait donc autant de types qu'il y avait de corps pouvant engendrer des produits de substitution, et l'on comprend que le nombre de ces corps était immense. Comme instrument de classification, la théorie des types, telle qu'elle a été introduite dans la science par M. Dumas, tout en rendant des services réels, ne pouvait recevoir qu'une application restreinte. Mais cette théorie devait, douze ans après son origine, recevoir un développement important et subir une véritable transformation. Nous avons à constater ici un progrès considérable et qui marque dans l'histoire de la science.

Nouvelle théorie des types. — Laurent a comparé le premier à l'eau certains oxydes minéraux et organiques, tels que la potasse caustique, l'oxyde de potassium anhydre, l'alcool, l'éther. Il formulait ces corps de la manière suivante, en employant la notation atomique de Gerhardt

$$
\begin{aligned}
&\text{OHH} && \text{eau} \\
&\text{OKH} && \text{potasse caustique} \\
&\text{OKK} && \text{oxyde de potassium anhydre} \\
&\text{OEtH} && \text{alcool (Et} = \text{radical éthyle)} \\
&\text{OEtEt} && \text{éther [1].}
\end{aligned}
$$

L'idée de Laurent a été développée avec talent par un chimiste américain, M. Sterry Hunt; mais elle n'a acquis une véritable importance que le jour où elle se produisit comme une conséquence des belles découvertes de M. Williamson, relatives aux éthers et à l'éthérification. Ce chimiste compara avec l'eau non-seulement les acides, les oxydes et les sels de la chimie minérale, mais encore les acides organiques, les alcools, les éthers. L'eau renferme 2 atomes d'hydrogène et 1 atome d'oxygène, et sa formule atomique est H^2O, dans laquelle $H = 1$ et $O = 16$ (t. I, p. 53).

Dans une molécule d'eau

$$H^2O = \left.\begin{array}{c} H \\ H \end{array}\right\} O$$

1 atome ou 2 atomes d'hydrogène peuvent être remplacés soit par un autre corps simple, soit par un groupe faisant fonction de radical.

Dans la notation en équivalents, la composition de l'eau se représente par la formule H^2O^2, dans laquelle $H = 1$ et $O = 8$, et les substitutions dont il s'agit sont exprimés de la manière suivante pour un certain nombre de corps

$$
\left.\begin{array}{c} H \\ H \end{array}\right\} O^2 \qquad
\left.\begin{array}{c} K \\ H \end{array}\right\} O^2 \qquad
\left.\begin{array}{c} K \\ K \end{array}\right\} O^2 \qquad
\left.\begin{array}{c} AzO^4 \\ {} \end{array}\right\} O^2 \qquad
\left.\begin{array}{c} AzO^4 \\ K \end{array}\right\} O^2
$$

Eau.	Hydrate de potassium.	Oxyde de potassium.	Acide azotique.	Azotate de potassium.

$$
\left.\begin{array}{c} H \\ H \end{array}\right\} O^2 \qquad
\left.\begin{array}{c} C^4H^5 \\ H \end{array}\right\} O^2 \qquad
\left.\begin{array}{c} C^4H^5 \\ C^4H^5 \end{array}\right\} O^2 \qquad
\left.\begin{array}{c} C^4H^3O^2 \\ H \end{array}\right\} O^2 \qquad
\left.\begin{array}{c} C^4H^3O^2 \\ C^4H^5 \end{array}\right\} O^2
$$

Eau.	Alcool.	Ether.	Acide acétique.	Ether acétique.

C'est ainsi que s'est introduite dans la science l'idée de comparer avec l'eau un *grand nombre* de composés analogues, non pas par leurs propriétés, qui peuvent être très-diverses, mais par leur structure moléculaire. Tous ces composés peuvent être envisagés comme dérivant de l'eau par substitution : l'eau est *le type* auquel on peut rapporter leur composition.

Les travaux de M. Williamson, qui ont définitivement introduit dans la science l'idée de considérer l'eau comme un type, remon-

---

1. *Annales de chimie et de physique,* 3e série, t. XVIII, p. 293. 1846.

tent à 1851. Deux ans auparavant, la découverte des ammoniaques composées avait donné l'occasion de comparer avec l'ammoniaque certains alcaloïdes, qui en sont tellement voisins, que l'idée d'un type ammoniaque s'est en quelque sorte imposée d'elle-même.

Gerhardt adopta ces idées et y ajouta des développements tellement importants, qu'on peut le considérer, sinon comme le premier auteur, du moins comme le principal promoteur de la nouvelle théorie des types. Gerhardt émit l'opinion qu'on pouvait rapporter tous les composés minéraux et organiques, dont les réactions sont bien étudiées, à 4 types fondamentaux, savoir : l'hydrogène, l'acide chlorhydrique, l'eau, l'ammoniaque.

Le point de départ de ces belles conceptions est formé par ce principe que, pour établir une comparaison exacte entre les corps de la chimie, tant simples que composés, il est nécessaire de considérer des quantités représentant les molécules de ces corps. La méthode la plus sûre pour déterminer le poids relatif de ces molécules est fondée sur le principe d'Ampère, que les volumes égaux des gaz ou des vapeurs contiennent le même nombre de molécules. Ainsi les formules qui représentent les molécules doivent exprimer des quantités occupant le même volume.

Dans la notation atomique adoptée par Gerhardt, les formules correspondaient à 2 volumes de vapeur; dans la notation en équivalents, qui est moins rationnelle, mais que les convenances et les traditions de l'enseignement élémentaire nous ont forcé d'adopter, les formules correspondent à 4 volumes de vapeur.

Le principe de l'égalité du volume moléculaire est applicable non-seulement aux corps composés, mais encore aux corps simples. Ainsi si la molécule de l'acide chlorhydrique occupe 2 volumes, la molécule de l'hydrogène elle-même doit occuper 2 volumes; et si la première occupe 4 volumes, il doit en être de même pour la seconde. Gerhardt a été conduit aussi à adopter, pour le poids moléculaire de l'hydrogène, la quantité représentant 2 volumes, c'est-à-dire le double du poids atomique. Dans notre notation, la molécule de l'hydrogène est formée de 2 équivalents d'hydrogène · et correspond à 4 volumes

$$\left.\begin{array}{l}H\\H\end{array}\right\} = 4 \text{ volumes.}$$

De même, la molécule du chlore est formée de 2 équivalents de chlore et correspond à 4 volumes

$$\left.\begin{array}{l}Cl\\Cl\end{array}\right\} = 4 \text{ volumes.}$$

On le voit, la molécule de l'hydrogène, c'est-à-dire la plus petite quantité d'hydrogène qui puisse entrer dans une réaction ou en sortir, est formée par 2 équivalents : l'hydrogène libre est l'hydrure d'hydrogène. Il en est de même pour le chlore : le chlore libre est du chlorure de chlore, pour nous servir de l'expression de Gerhardt.

Cela étant posé, comment faut-il concevoir la combinaison du chlore avec l'hydrogène. Est-ce une addition directe d'un atome de chlore à un atome d'hydrogène? Nullement. Elle constitue un échange d'atomes, une double décomposition entre les atomes d'une molécule de chlore et d'une molécule d'hydrogène :

$$\left.\begin{array}{l}H\\H\end{array}\right\} + \left.\begin{array}{l}Cl\\Cl\end{array}\right\} = \left\{\begin{array}{l}H\\Cl\end{array}\right. + \left\{\begin{array}{l}H\\Cl\end{array}\right.$$

4 volumes d'hydrogène.   4 volumes de chlore.   2 molécules d'acide chlorhydrique.

Cette idée avait déjà été énoncée par Ampère, par M. Dumas et par Laurent. Gerhardt l'a adoptée et l'a généralisée, en admettant que toutes les réactions chimiques pouvaient être envisagées comme des doubles décompositions. Le sens de cette proposition sera défini par les considérations suivantes, relatives aux types de Gerhardt, qu'il a nommés lui-même types de double décomposition.

Le type hydrogène comprend, indépendamment de quelques métalloïdes, les métaux et certains radicaux organiques et inorganiques.

$$\left.\begin{array}{l}H\\H\end{array}\right\} \quad \left.\begin{array}{l}Cl\\Cl\end{array}\right\} \quad \left.\begin{array}{l}Br\\Br\end{array}\right\} \quad \left.\begin{array}{l}K\\K\end{array}\right\} \quad \left.\begin{array}{l}Na\\Na\end{array}\right\} \quad \left.\begin{array}{l}Ag\\Ag\end{array}\right\}$$

Hydrogène.   Chlore.   Brome.   Potassium.   Sodium.   Argent.

$$\left.\begin{array}{l}H\\H\end{array}\right\} \quad \left.\begin{array}{l}C^2H^3\\C^2H^3\end{array}\right\} \quad \left.\begin{array}{l}C^2H^3\\H\end{array}\right\} \quad \left.\begin{array}{l}C^4H^5\\C^4H^5\end{array}\right\} \quad \left.\begin{array}{l}C^4H^5\\H\end{array}\right\} \quad \left.\begin{array}{l}C^4H^3O^2\\H\end{array}\right\} \quad \left.\begin{array}{l}C^4H^3O^2\\C^2H^3\end{array}\right\} \text{ etc.}$$

Hydrogène.   Méthyle.   Hydrure de méthyle, gaz des marais.   Éthyle.   Hydrure d'éthyle.   Aldéhyde, hydrure d'acétyle.   Acétone, méthylure d'acétyle.

Le type acide chlorhydrique comprend les chlorures, bromures, oidures, etc., minéraux et organiques

$$\left.\begin{array}{l}Cl\\H\end{array}\right\} \quad \left.\begin{array}{l}Br\\H\end{array}\right\} \quad \left.\begin{array}{l}Cy\\H\end{array}\right\} \quad \left.\begin{array}{l}Cl\\K\end{array}\right\} \quad \left.\begin{array}{l}Cy\\Hg\end{array}\right\}$$

Acide chlorhydrique.   Acide bromhydrique.   Acide cyanhydrique.   Chlorure de potassium.   Cyanure de mercure.

$$\left.\begin{array}{l}Cl\\H\end{array}\right\} \quad \left.\begin{array}{l}Cl\\C^2H^3\end{array}\right\} \quad \left.\begin{array}{l}Br\\C^4H^5\end{array}\right\} \quad \left.\begin{array}{l}Cl\\C^4H^3O^2\end{array}\right\} \quad \left.\begin{array}{l}Cl\\C^{14}H^5O^2\end{array}\right\}$$

Acide chlorhydrique.   Chlorure de méthyle.   Bromure d'éthyle.   Chlorure d'acétyle.   Chlorure de benzoyle.

Si les types, ainsi que Gerhardt les concevait, sont destinés à représenter les liens de parenté et de dérivation qui existent entre les composés et à exprimer leur mode de génération par la substitution d'un corps simple ou d'un groupe faisant fonction de radical, à l'hydrogène d'un composé pris pour type, il est évident que le type acide chlorhydrique était superflu et pouvait se confondre avec le type hydrogène. Car on voit que l'hydrogène libre $\left.{H \atop H}\right\}$ offre la même complication moléculaire que l'acide chlorhydrique $\left.{H \atop Cl}\right\}$ et qu'on peut envisager ce dernier comme dérivant de l'hydrogène $\left.{H \atop H}\right\}$ par la substitution Cl à H. De même le chlorure de benzoyle et l'hydrure de benzoyle sont des corps analogues par leur structure moléculaire, et peuvent être rangés dans le type hydrogène.

Le type eau comprend les acides, les oxydes, les sels de la chimie minérale, les acides organiques, les alcools, les éthers, etc.

$$\left.{H \atop H}\right\}O^2 \qquad \left.{AzO^4 \atop H}\right\}O^2 \qquad \left.{AzO^4 \atop AzO^4}\right\}O^2 \qquad \left.{K \atop H}\right\}O^2 \qquad \left.{Ca \atop H}\right\}O^2 \qquad \left.{Hg \atop Hg}\right\}O^2 \qquad \left.{K \atop AzO^4}\right\}O^2$$

| Eau. | Acide azotique. | Acide azotique anhydre. | Hydrate de potassium. | Hydrate de calcium. | Oxyde mercurique. | Azotate de potassium. |

$$\left.{H \atop H}\right\}O^2 \qquad \left.{C^4H^3O^2 \atop H}\right\}O^2 \qquad \left.{C^4H^3O^2 \atop C^4H^3O^2}\right\}O^2 \qquad \left.{C^4H^3O^2 \atop K}\right\}O^2 \qquad \left.{C^4H^5 \atop H}\right\}O^2 \qquad \left.{C^4H^5 \atop C^4H^5}\right\}O^2 \qquad \left.{C^4H^3O^2 \atop C^4H^5}\right\}O^2$$

| Eau. | Acide acétique. | Acide acétique anhydre. | Acétate de potassium. | Alcool. | Ether. | Ether acétique. |

Il résulte de ces considérations que des corps tels que l'acide azotique, l'acide azotique anhydre, la potasse caustique, l'oxyde de mercure et l'azotate de potasse appartiennent au même type, non parce qu'ils possèdent des propriétés semblables, mais parce qu'ils offrent la même structure moléculaire, et qu'ils se prêtent de la même manière aux doubles décompositions. Remarquons, en effet, que la combinaison entre un acide hydraté et un oxyde anhydre ou un oxyde hydraté analogue aux précédents, ne résulte pas d'une addition directe des éléments, mais d'une double décomposition, comme le font voir les équations suivantes :

$$\left.{AzO^4 \atop H}\right\}O^2 \; + \; \left.{K \atop H}\right\}O^2 \; = \; \left.{AzO^4 \atop K}\right\}O^2 \; + \; \left.{H \atop H}\right\}O^2$$

| | Acide azotique. | Hydrate de potassium. | Azotate de potassium. | |

$$2\left\{{AzO^4 \atop H}\right\}O^2 \; + \; \left.{Hg \atop Hg}\right\}O^2 \; = \; 2\left\{{AzO^4 \atop Hg}\right\}O^2 \; + \; \left.{H \atop H}\right\}O^2.$$

| | Acide azotique. | Oxyde mercurique. | Azotate mercurique. | |

Il en est de même pour un grand nombre de réactions de la chimie organique, qui s'accomplissent par un échange d'éléments dans le sens des équations suivantes :

$$\left.\begin{array}{l}AzO^4\\H\end{array}\right\}O^2 \;+\; \left.\begin{array}{l}C^4H^5\\H\end{array}\right\}O^2 \;=\; \left.\begin{array}{l}AzO^4\\C^4H^5\end{array}\right\}O^2 \;+\; \left.\begin{array}{l}H\\H\end{array}\right\}O^2$$

Acide azotique.   Alcool.   Ether azotique.

$$\left.\begin{array}{l}C^4H^3O^2\\H\end{array}\right\}O^2 \;+\; \left.\begin{array}{l}C^4H^5\\H\end{array}\right\}O^2 \;=\; \left.\begin{array}{l}C^4H^3O^2\\C^4H^5\end{array}\right\}O^2 \;+\; \left.\begin{array}{l}H\\H\end{array}\right\}O^2$$

Acide acétique.   Alcool.   Ether acétique.

$$\left.\begin{array}{l}C^4H^5\\Na\end{array}\right\}O^2 \;+\; C^4H^5I \;=\; \left.\begin{array}{l}C^4H^5\\C^4H^5\end{array}\right\}O^2 \;+\; NaI$$

Ethylate de sodium. Iodure d'éthyle.   Oxyde d'éthyle.   Iodure
de sodium.

Toutes ces réactions, on le voit, consistent en des doubles décompositions qui s'effectuent de telle sorte que dans deux molécules, un corps simple est échangé contre un corps simple ou contre un groupe, ou encore un groupe (radical composé) contre un autre groupe. Et tous ces échanges sont représentés avec une merveilleuse clarté par les formules typiques.

On voit aussi que la nouvelle théorie des types fait dépendre les propriétés des corps aussi bien de la nature des éléments que de leur groupement. Ainsi, dans la potasse caustique, dans l'acide hypochloreux et dans l'eau, le nombre et le groupement des éléments sont exactement les mêmes :

$$\left.\begin{array}{l}K\\H\end{array}\right\}O^2 \qquad \left.\begin{array}{l}Cl\\H\end{array}\right\}O^2 \qquad \left.\begin{array}{l}H\\H\end{array}\right\}O^2;$$

et si la potasse caustique est une base puissante, si l'acide hypochloreux est un acide énergique, tandis que l'eau est un corps indifférent, cela tient à la nature différente des radicaux potassium, chlore, hydrogène. De même en chimie organique, si l'alcool est un corps indifférent, tandis que l'acide acétique est un acide, cette différence de propriétés est due à l'introduction de l'oxygène dans le radical; l'éthyle C^4H^5 est neutre, tandis que l'acétyle ou l'oxyéthyle $C^4H^3O^2$ est acide.

Le type ammoniaque comprend les corps qu'on peut considérer comme dérivés de l'ammoniaque par substitution. 1, 2, 3 atomes d'hydrogène peuvent être remplacés, dans une molécule d'ammoniaque, par une quantité équivalente d'un autre corps simple ou d'un groupe faisant fonction de radical. Lorsque l'hydrogène est ainsi remplacé par un radical hydrocarboné, les corps qui résultent de cette substitution présentent une grande analogie de propriétés avec l'ammoniaque elle-même : ce sont des *ammoniaques composées*.

Mais lorsque un ou plusieurs atomes d'hydrogène de l'ammoniaque ont été remplacés par un radical oxygéné, c'est-à-dire par un radical d'acide, il arrive que les corps qui résultent de cette substitution sont le plus souvent neutres, quelquefois acides : on les nomme *amides*.

Il existe des combinaisons hydrogénées qui possèdent évidemment la même constitution que l'ammoniaque : ce sont l'hydrogène phosphoré, l'hydrogène arsénié, l'hydrogène antimonié. Ces combinaisons appartiennent évidemment au type ammoniaque ; car on peut les envisager comme de l'ammoniaque dans laquelle l'azote serait remplacé par du phosphore, de l'arsenic, de l'antimoine. L'hydrogène de ces combinaisons peut pareillement être remplacé par des groupes hydrocarbonés, et l'on voit qu'il peut résulter de toutes ces substitutions une multitude de combinaisons qui appartiennent toutes au type ammoniaque et dont les exemples suivants fourniront un aperçu.

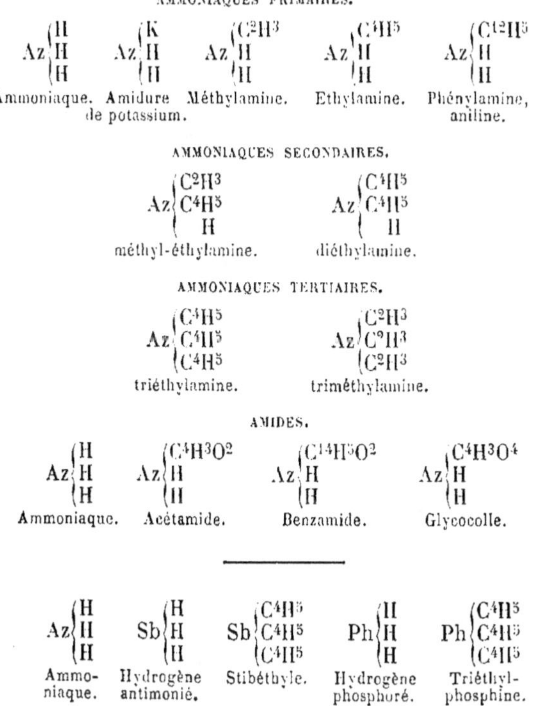

Les trois premières séries de formules représentent des ammoniaques composées. Ces corps forment trois groupes distincts, suivant que 1, 2 ou 3 atomes d'hydrogène ont été remplacés par un radical hydrocarboné. Ces différences de constitution sont indiquées par les termes *primaires, secondaires, tertiaires*.

Les découvertes de M. Hofmann ont démontré qu'un certain nombre de corps azotés doivent être exclus du type ammoniaque proprement dit, pour être rangés dans le type ammoniaque hydratée ou hydrate d'oxyde d'ammonium, qu'on peut envisager lui-même comme dérivé du type eau.

Dans une molécule d'eau, on peut supposer, en effet, qu'un atome d'hydrogène soit remplacé par de l'ammonium, et qu'il se forme ainsi un hydrate analogue à l'hydrate de potassium.

$$\left.\begin{array}{c}H\\H\end{array}\right\}O^2 \qquad \left.\begin{array}{c}K\\H\end{array}\right\}O^2 \qquad \left.\begin{array}{c}(AzH^4)\\H\end{array}\right\}O^2$$

Eau. — Hydrate de potassium. — Hydrate d'ammonium.

On sait que cet hydrate d'ammonium n'offre aucune stabilité et qu'il se résout en eau et en ammoniaque avec une facilité qui a fait douter de son existence

$$\left.\begin{array}{c}AzH^4\\H\end{array}\right\}O^2 \;=\; H^2O^2 \;+\; AzH^3,$$

Mais M. Hofmann a démontré que les 4 atomes d'hydrogène du radical ammonium pouvaient être remplacés par 4 groupes hydrocarbonés, tels que l'éthyle, et qu'il résulte de cette substitution des corps très-stables et très-énergiques dans leurs propriétés, et dont l'existence constitue un argument sérieux en faveur de cet hydrate d'oxyde d'ammonium dont ils semblent dérivés par substitution. Parmi les corps appartenant au type hydrate d'oxyde d'ammonium, nous citerons les suivants :

$$\left.\begin{array}{c}Az(C^4H^5)^4\\H\end{array}\right\}O^2 \qquad \left.\begin{array}{c}Ph_{,}C^4H^5)^4\\H\end{array}\right\}O^2 \qquad \left.\begin{array}{c}Sb(C^4H^5)^4\\H\end{array}\right\}O^2$$

Hydrate de tétréthylammonium. — Hydrate de tétréthylphosphonium. — Hydrate de tétréthylstibonium.

THÉORIE DES TYPES CONDENSÉS ET DES RADICAUX POLYATOMIQUES.

A l'époque où est née la nouvelle théorie des types, telle que nous venons de la développer, on connaissait depuis longtemps la propriété remarquable de certains acides, de saturer plusieurs molécules de bases, propriété qui les a fait désigner sous le nom d'acides polybasiques. L'acide phosphorique, si bien étudié par M. Graham, a offert le premier exemple d'un acide tribasique.

La notion des acides polybasiques a été développée et introduite en chimie organique par M. Liebig. Ce chimiste célèbre a reconnu qu'un grand nombre d'acides, tels que les acides tartrique, malique, citrique, méconique, cyanurique, etc., devaient être envisagés comme polybasiques.

Gerhardt a soutenu que les acides oxalique, carbonique, sulfureux, sulfurique devaient être envisagés comme bibasiques, et que leur composition devait être exprimée par les formules

$$C^4H^2O^8 \qquad C^2H^2O^6 \qquad S^2H^2O^6 \qquad S^2H^2O^8$$

Acide oxalique.	Acide carbonique (supposé à l'état d'hydrate).	Acide sulfureux (hydraté).	Acide sulfurique.

Mais les faits relatifs aux composés polybasiques ou polyatomiques [1], comme on les a appelés depuis, ont reçu une extension importante par l'étude de la glycérine et de ses composés. Par ses travaux mémorables sur les corps gras, M. Chevreul a prouvé que les principes gras neutres étaient analogues aux éthers composés, et renfermaient les éléments des acides gras et ceux de la glycérine, moins une certaine quantité d'eau. Interprétant les résultats obtenus par la saponification de la stéarine, Gmelin a émis l'opinion que les corps gras paraissent être des combinaisons de 1 atome de glycérine avec 4 atomes d'un acide monobasique, moins 8 atomes d'eau. Ce point important de la science a été fixé par M. Berthelot, qui a démontré qu'il fallait envisager les corps gras naturels comme des combinaisons d'une molécule de glycérine avec 3 molécules d'un acide monobasique, moins 6HO. La glycérine est un alcool : c'est ce qui résulte des travaux de M. Chevreul; mais on doit à M. Berthelot d'avoir prouvé qu'il existe entre la glycérine et l'alcool ordinaire la même relation qu'entre l'acide phosphorique tribasique et l'acide métaphosphorique monobasique, ou, en d'autres termes, que la glycérine est un alcool triatomique.

Les acides bibasiques sont intermédiaires entre les acides tribasiques et les acides monobasiques. On pouvait supposer qu'entre la glycérine et les alcools ordinaires il existait une classe de composés neutres intermédiaires, correspondant aux acides bibasiques. La découverte des alcools diatomiques ou glycols, que l'on doit à M. Wurtz, a confirmé une telle supposition.

---

1. Le mot *polyatomique*, introduit dans la science par Gmelin (*Handbuch*, t. I, p. 68, 1843), a été employé par M. Millon (1846) pour désigner des acides et des bases complexes.

Aujourd'hui le nombre des composés naturels que l'on peut envisager comme alcools polyatomiques est assez considérable, depuis que M. Berthelot a prouvé que la mannite et les sucres pouvaient être rangés dans cette classe de composés.

Tels sont les faits qui ont donné lieu à un développement important de la théorie des types. Indiquons l'interprétation théorique qu'on leur a donnée.

M. Williamson a émis le premier l'idée que l'acide sulfurique pouvait être envisagé comme dérivé par substitution de *deux* molécules d'eau, dans lesquelles 2 atomes d'hydrogène seraient remplacés par le radical diatomique sulfuryle S^2O^4.

$$\left.\begin{array}{l}H^2\\H^2\end{array}\right\}O^4 \qquad \left.\begin{array}{l}(S^2O^4)''\\H^2\end{array}\right\}O^4.$$

Le groupe S^2O^4 est considéré comme diatomique, parce que, pouvant se substituer à 2 atomes d'hydrogène, il équivaut à 2 atomes d'hydrogène.

M. Odling a appliqué cette idée à l'acide phosphorique ordinaire, qu'il a envisagé comme renfermant un radical triatomique $(PhO^2)'''$ capable de se substituer à 3 atomes d'hydrogène dans 3 molécules d'eau.

$$\left.\begin{array}{l}H^3\\H^3\end{array}\right\}O^6 \qquad \left.\begin{array}{l}(PhO^2)'''\\H^3\end{array}\right\}O^6.$$
$$\text{Eau.} \qquad\qquad \text{Acide}$$
$$\text{phosphorique.}$$

La découverte des glycols a donné à la théorie des radicaux polyatomiques son expression la plus claire, et a définitivement introduit cette théorie dans la science. M. Wurtz a montré que le gaz oléfiant ou éthylène, qui se combine avec 2 atomes de chlore, de brome ou d'iode, possède aussi la propriété de se substituer à 2 atomes d'hydrogène, ou à 2 atomes d'argent, et il a effectué une telle substitution en faisant réagir l'iodure d'éthylène sur l'acétate d'argent. Une molécule d'iodure d'éthylène réagit, dans ce cas, sur 2 molécules d'acétate d'argent, dans lesquelles les 2 atomes d'argent sont éliminés par l'iode. Les 2 *restes* sont alors rivés ensemble par l'éthylène, qui se substitue aux 2 atomes d'argent

$$(C^4H^4)''I^2 \;+\; \left.\begin{array}{l}C^4H^3O^2\\Ag\\Ag\\C^4H^3O^2\end{array}\right\}\begin{array}{l}O^2\\ \\ \\O^2\end{array} \;=\; 2AgI \;+\; \left.\begin{array}{l}C^4H^3O^2\\(C^4H^4)''\\C^4H^3O^2\end{array}\right\}O^4$$
$$\text{2 molécules} \qquad\qquad\qquad \text{Glycol diacétique.}$$
$$\text{d'acétate d'argent.}$$

Ainsi le glycol diacétique, produit de cette réaction, représente

2 molécules d'acétate d'argent, qui ont été *condensées* en une seule par la substitution du radical diatomique et indivisible éthylène à 2 atomes d'argent. Le glycol lui-même représente 2 molécules d'eau qui ont été condensées en une seule par la substitution du même radical à 2 atomes d'hydrogène.

$$\left.\begin{array}{c}H^2\\H^2\end{array}\right\}O^4 \;=\; \left.\begin{array}{c}H\\H^2\\H\end{array}\right\}O^4 : \qquad \left.\begin{array}{c}(C^4H^4)''\\H\end{array}\right\}O^4 \;=\; \left.\begin{array}{c}(C^4H^4)''\\H^2\end{array}\right\}O^4.$$

Le glycol appartient au type eau. mais au type eau deux fois condensé $\left.\begin{array}{c}H^2\\H^2\end{array}\right\}O^4$; la raison et le procédé d'une telle condensation, c'est l'intervention d'un radical diatomique qui se substitue à 1 atome d'hydrogène dans chacune des 2 molécules d'eau.

Interprétant les résultats obtenus par M. Berthelot, M. Wurtz considéra la glycérine comme appartenant à un type eau trois fois condensé, c'est-à-dire formé par trois molécules d'eau rivées l'une à l'autre, et dans lesquelles le radical triatomique glycéryle $(C^6H^5)'''$ se trouve substitué à 3 atomes d'hydrogène

$$\left.\begin{array}{c}H^3\\H^3\end{array}\right\}O^6 \qquad\qquad \left.\begin{array}{c}(C^6H^5)'''\\H^3\end{array}\right\}O^6$$
$$\text{Type.} \qquad\qquad\qquad \text{Glycérine.}$$

Ces points de vue ont été appliqués à un grand nombre de corps inorganiques ou minéraux qu'on rapporte aujourd'hui à des types condensés formés par l'accumulation de plusieurs molécules d'eau rivées ensemble par la substitution à l'hydrogène d'un ou plusieurs radicaux polyatomiques. En voici des exemples :

TYPE DIATOMIQUE.

$$\left.\begin{array}{c}H^2\\H^2\end{array}\right\}O^4 \quad \left.\begin{array}{c}(S^2O^4)''\\H^2\end{array}\right\}O^4 \quad \left.\begin{array}{c}(S^2O^2)''\\Na^2\end{array}\right\}O^4 \quad \left.\begin{array}{c}(S^2O^4)''\\Na^2\end{array}\right\}O^4 \quad \left.\begin{array}{c}(C^2O^2)''\\Na^2\end{array}\right\}O^4$$

Acide sulfurique.   Sulfite neutre de sodium.   Sulfate neutre de sodium.   Carbonate de sodium.

$$\left.\begin{array}{c}H^2\\H^2\end{array}\right\}O^4 \quad \left.\begin{array}{c}(C^4H^4)''\\H^2\end{array}\right\}O^4 \quad \left.\begin{array}{c}(C^4H^4)''\\(C^4H^3O^2)^2\end{array}\right\}O^4 \quad \left.\begin{array}{c}(C^4H^2O^2)''\\H^2\end{array}\right\}O^4 \quad \left.\begin{array}{c}(C^2O^4)''\\H^2\end{array}\right\}O^4$$

Glycol.   Glycol diacétique.   Acide glycolique.   Acide oxalique.

TYPE TRIATOMIQUE.

$$\left.\begin{array}{c}H^3\\H^3\end{array}\right\}O^6 \quad \left.\begin{array}{c}Sb'''\\H^3\end{array}\right\}O^6 \quad \left.\begin{array}{c}Sb'''\\Sb'''\end{array}\right\}O^6 \quad \left.\begin{array}{c}(PhO^2)''\\H^3\end{array}\right\}O^6 \quad \left.\begin{array}{c}(AsO^2)'''\\H^3\end{array}\right\}O^6$$

Hydrate antimonique.   Oxyde antimonique.   Acide phosphorique.   Acide arsenique.

$$\left.\begin{array}{c}H^3\\H^3\end{array}\right\}O^6 \quad \left.\begin{array}{c}(C^6H^5)'''\\H^3\end{array}\right\}O^6 \quad \left.\begin{array}{c}(C^6H^5)'''\\(C^4H^3O^2)^3\end{array}\right\}O^6 \quad \left.\begin{array}{c}(C^6H^5)'''\\(C^{36}H^{35}O^2)^3\end{array}\right\}O^6 \quad \left.\begin{array}{c}(C^4H^4)''\\(C^4H^4)''\\H^2\end{array}\right\}O^6$$

Glycérine.   Triacétine.   Tristéarine.   Alcool diéthylénique.

On connaît des composés appartenant à des types plus compliqués.

Ainsi, le glucose et la mannite, dont **M.** Berthelot a reconnu la nature alcoolique, doivent être rapportés au type hexatomique

$$\left.\begin{matrix}H^6\\H^6\end{matrix}\right\}O^{12} \qquad \left.\begin{matrix}(C^{12}H^8)^{vi}\\H^6\end{matrix}\right\}O^{12} \qquad \left.\begin{matrix}(C^{12}H^6)^{vi}\\H^6\end{matrix}\right\}O^{12}$$

Type.   Mannite.   Glucose.

De même que plusieurs molécules d'eau peuvent être rivées ensemble par l'intervention d'un radical polyatomique, de même aussi plusieurs molécules d'hydrogène ou plusieurs molécules d'ammoniaque peuvent être soudées les unes aux autres. En d'autres termes, le type hydrogène et le type ammoniaque sont susceptibles l'un et l'autre de condensation.

Les corps suivants appartiennent à des types condensés. Nous nous bornerons à citer quelques exemples; car les développements qui précèdent indiquent suffisamment le principe de ces condensations.

TYPE HYDROGÈNE (ACIDE CHLORHYDRIQUE).

Diatomique.

$$\left.\begin{matrix}H^2\\H^2\end{matrix}\right\} \qquad \left.\begin{matrix}(S^2O^4)''\\Cl^2\end{matrix}\right\} \qquad \left.\begin{matrix}(C^4H^4)''\\Cl^2\end{matrix}\right\} \qquad \left.\begin{matrix}(C^6H^6)''\\Br^2\end{matrix}\right\}$$

2 molécules d'hydrogène.   Chlorure de sulfuryle.   Liqueur des Hollandais.   Bromure de propylène.

Triatomique.

$$\left.\begin{matrix}H^3\\H^3\end{matrix}\right\} \qquad \left.\begin{matrix}(PhO^2)'''\\Cl^3\end{matrix}\right\} \qquad \left.\begin{matrix}(C^6H^5)''\\Br^3\end{matrix}\right\} \qquad \left.\begin{matrix}(C^6H^5)'''\\Cl^3\end{matrix}\right\}$$

3 molécules d'hydrogène.   Oxychlorure de phosphore.   Tribromure d'allyle.   Trichlorhydrine.

TYPE AMMONIAQUE.

Diatomique.

$$\left.\begin{matrix}H^2\\H^2\\H^2\end{matrix}\right\}Az^2 \qquad \left.\begin{matrix}(C^2O^2)''\\H^2\\H^2\end{matrix}\right\}Az^2 \qquad \left.\begin{matrix}(C^2O^2)''\\(C^4H^5)^2\\H^2\end{matrix}\right\}Az^2 \qquad \left.\begin{matrix}(C^4H^4)''\\H^2\\H^2\end{matrix}\right\}Az^2 \text{ etc.}$$

2 molécules d'ammoniaque.   Urée.   Diéthylurée.   Ethylène-diamine.

Triatomique.

$$\left.\begin{matrix}H^3\\H^3\\H^3\end{matrix}\right\}Az^3 \qquad \left.\begin{matrix}(C^4H^4)''\\(C^4H^4)''\\H^5\end{matrix}\right\}Az^3 \qquad \left.\begin{matrix}(C^2O^2)''\\(C^2O^2)''\\H^5\end{matrix}\right\}Az^3$$

3 molécules d'ammoniaque.   Diéthylène-triamine.   Biuret.

Nous aurions donné une idée incomplète de la théorie générale des types si nous n'ajoutions ici qu'un certain nombre de composés organiques, dont la constitution est bien connue, ne rentrent pourtant point dans les types que nous venons de définir. Les composés dont il s'agit appartiennent à des *types mixtes*, résultant de la combinaison de deux types différents.

En faisant réagir l'acide chlorhydrique sur la glycérine, M. Berthelot a obtenu deux combinaisons qu'il a désignées sous les noms de monochlorhydrine et de dichlorhydrine. Leur composition est exprimée par les formules

$$C^6H^7ClO^4 \qquad C^6H^6Cl^2O^2$$
Monochlorhydrine. Dichlorhydrine.

On peut rapporter ces deux composés, et beaucoup d'autres analogues, à des types mixtes formés par la combinaison du type eau avec le type hydrogène ou acide chlorhydrique.

$$\left.\begin{matrix}H & Cl \\ H^2 \\ H^2\end{matrix}\right\}O^4 \qquad \left.\begin{matrix}(C^6H^5)''' Cl \\ H^2\end{matrix}\right\}O^4$$
Type. Monochlorhydrine.

$$\left.\begin{matrix}H^2 & Cl^2 \\ H \\ H\end{matrix}\right\}O^2 \qquad \left.\begin{matrix}(C^6H^5)''' Cl^2 \\ H\end{matrix}\right\}O^2$$
Type. Dichlorhydrine.

On voit quel est ici le rôle du radical triatomique $(C^6H^5)'''$. Il se substitue, dans la monochlorhydrine par exemple, à 3 atomes d'hydrogène, dont 1 appartient à l'acide chlorhydrique HCl, et les 2 autres à l'eau $\left.\begin{matrix}H^2 \\ H^2\end{matrix}\right\}O^4$. Empiétant ainsi sur les deux molécules, par l'effet de cette substitution, il les rive l'une à l'autre.

De même le composé $C^4H^5ClO^2$, qu'on obtient par l'action de l'acide chlorhydrique sur le glycol, et qu'on désigne sous le nom de glycol monochlorhydrique, peut être rapporté à un type mixte.

$$\left.\begin{matrix}H & Cl \\ H \\ H\end{matrix}\right\}O^2 \qquad \left.\begin{matrix}(C^4H^4'') Cl \\ H\end{matrix}\right\}O^2$$

Les développements qui précèdent suffisent pour donner une idée de la théorie des types telle qu'elle est adoptée aujourd'hui par le plus grand nombre des chimistes.

On a pu voir que cette théorie établit des relations très-simples entre une foule de corps très-divers en apparence, et qu'elle s'applique indistinctement aux composés minéraux et aux combinaisons organiques. Elle fait disparaître en réalité cette barrière que la tradition et l'usage ont établie entre les deux chimies.

L'acide azotique et l'acide acétique, la potasse caustique et l'alcool, sont des corps appartenant au même type et peuvent être envisagés comme dérivant de l'eau par substitution.

Et ce n'est point là une vue purement théorique : c'est l'expression de certains faits, de certaines réactions. Il ne sera point inutile de prouver qu'il en est ainsi.

Qu'on jette un morceau de potassium sur l'eau, le métal potassium, déplaçant l'hydrogène, formera de l'hydrate potassique.

$$\left.\begin{matrix}K\\K\end{matrix}\right\} \;+\; 2\left[\begin{matrix}H\\H\end{matrix}\right\}O^2\Big] \;=\; 2\left[\begin{matrix}K\\H\end{matrix}\right\}O^2\Big] \;+\; \left.\begin{matrix}H\\H\end{matrix}\right\}$$

Ici la substitution est directe, et l'on exprime en réalité un fait, en disant que l'hydrate de potassium est de l'eau dans laquelle un atome d'hydrogène a été remplacé par un atome de potassium.

Qu'on prenne maintenant cet hydrate de potassium, et, après l'avoir dissous dans l'alcool, qu'on le chauffe en vase clos avec de l'iodure d'éthyle, il se formera de l'iodure de potassium et de l'alcool.

$$\left.\begin{matrix}K\\H\end{matrix}\right\}O^2 \;+\; \left.\begin{matrix}C^4H^5\\I\end{matrix}\right\} \;=\; \left.\begin{matrix}C^4H^5\\H\end{matrix}\right\}O^2 \;+\; KI$$

On exprime donc un fait en disant que l'alcool est de l'hydrate de potassium dans lequel le potassium est remplacé par de l'éthyle, ou qu'il représente de l'eau dans laquelle un atome d'hydrogène est remplacé par un groupe éthyle.

D'un autre côté, qu'on verse du chlorure d'acétyle dans l'eau, il se formera de l'acide chlorhydrique et de l'acide acétique. Ici l'eau se *transforme* en acide acétique, en perdant de l'hydrogène qui est remplacé par de l'acétyle.

$$C^4H^3O^2,Cl \;+\; \left.\begin{matrix}H\\H\end{matrix}\right\}O^2 \;=\; \left.\begin{matrix}C^4H^3O^2\\H\end{matrix}\right\}O^2 \;+\; HCl$$

Chlorure d'acétyle.   Hydrate d'acétyle
(acide acétique).

Nous pourrions multiplier ces exemples, car les réactions de ce genre sont extrêmement nombreuses en chimie. Mais celles que nous avons citées suffisent pour établir la vraie signification des formules typiques. Ces formules n'ont point la prétention d'indiquer la constitution intime des corps, d'exprimer le groupement moléculaire réel, et de marquer pour ainsi dire la place de chaque atome. Elles sont l'expression de certaines réactions, sur lesquelles elles sont fondées, et qu'elles représentent à leur tour avec une merveilleuse précision. Elles sont utiles à un autre point de vue, en indiquant avec clarté des relations qui demeureraient cachées si l'on employait les formules brutes. C'est ainsi que les formules

typiques de l'alcool propylique, du glycol propylénique et de la
glycérine

$$\left.\begin{array}{l}(C^6H^7)' \\ H\end{array}\right\}O^2 \qquad \left.\begin{array}{l}(C^6H^6)'' \\ H^2\end{array}\right\}O^4 \qquad \left.\begin{array}{l}(C^6H^5)''' \\ H^3\end{array}\right\}O^6$$

Alcool   Glycol   Glycérine.
propylique. propylénique.

montrent que ces corps renferment un, deux ou trois atomes d'hydrogène capables d'être remplacés par un, deux ou trois radicaux
monobasiques. Ces faits ne sont point indiqués par les formules
brutes

$$C^6H^8O^2, C^6H^8O^4 \text{ et } C^6H^8O^6.$$

Dans les formules

$$\left.\begin{array}{l}(C^6H^7)' \\ H\end{array}\right\}O^2 \qquad \left.\begin{array}{l}(C^6H^6)'' \\ H^2\end{array}\right\}O^4 \qquad \left.\begin{array}{l}(C^6H^5)''' \\ H^3\end{array}\right\}O^6.$$

les radicaux $(C^6H^7)'$, $(C^6H^6)''$, $(C^6H^5)'''$ sont substitués à 1, 2, 3 atomes d'hydrogène dans 1, 2, 3 molécules d'eau

$$\left.\begin{array}{l}H \\ H\end{array}\right\}O^2 \qquad \left.\begin{array}{l}H^2 \\ H^2\end{array}\right\}O^4 \qquad \left.\begin{array}{l}H^3 \\ H^3\end{array}\right\}O^6$$

Dans ces molécules d'eau, la moitié de l'hydrogène a été rem-
placée par un groupe organique monoatomique, diatomique ou triatomique. L'autre moitié de l'hydrogène est demeurée intacte. C'est
l'hydrogène qui reste du type primitif; on l'appelle, par cette
raison, hydrogène typique. Il peut être remplacé à son tour par
un autre élément ou par un groupe faisant fonction de radical, par
un radical d'acide, par exemple.

Mode de génération et fonctions des radicaux. — En comparant
entre eux les radicaux

$$(C^6H^7)' \qquad (C^6H^6)'' \qquad (C^6H^5)'''$$

Propyle.   Propylène.   Glycéryle.

on voit qu'à mesure que la quantité d'hydrogène y diminue, l'atomicité augmente. Ainsi le radical monoatomique propyle se convertit en propylène diatomique en perdant 1 atome d'hydrogène.
Le glycéryle triatomique renferme à son tour 1 atome d'hydrogène
de moins que le propylène.

Le radical propyle C^6H^7, qui peut se substituer à 1 atome d'hydrogène, peut aussi se combiner avec 1 atome de chlore, de brome
ou d'iode. Ces combinaisons ne s'effectuent point directement,
mais elles existent, et leur composition est représentée par les
formules $C^6H^7Cl, C^6H^7Br, C^6H^7I$. Il existe aussi un hydrure de propyle C^6H^7H ou C^6H^8. Celui-ci ne joue point le rôle de radical. Il ne

possède plus aucune tendance à s'unir avec un autre corps, ou plutôt à s'adjoindre un nouvel élément. C'est une combinaison saturée. Il appartient à cette série d'hydrogènes carbonés dont la formule générale est C^nH^{n+2}. On ne connaît point de carbures d'hydrogène plus riches en hydrogène, ce qui indique que l'affinité du carbone pour l'hydrogène s'est en quelque sorte épuisée dans ces combinaisons. Celles-ci sont *saturées*, comme on dit, et cet état de saturation comporte un état d'équilibre moléculaire stable. Mais qu'on enlève à un tel carbure d'hydrogène, par exemple au carbure C^6H^8, 1 atome d'hydrogène qui représente une unité de combinaison ou d'affinité, l'équilibre moléculaire sera rompu, et pour qu'il soit rétabli, il faut que le groupe C^6H^7 se *sature* de nouveau, en se combinant avec 1 atome de chlore, de brome, d'iode, qui sont équivalents à 1 atome d'hydrogène. En un mot, le groupe C^6H^7 est un corps incomplet, auquel il manque 1 unité de combinaison ou d'affinité pour qu'il arrive à l'état de saturation. Voilà pourquoi il joue le rôle d'un radical monoatomique. Il est à remarquer même qu'il n'existe pas à l'état de liberté dans cet état de saturation incomplète. Au moment où il se sépare de l'iode, par exemple, dans la réaction du sodium sur l'iodure de propyle, il s'ajoute en quelque sorte à lui-même et double sa molécule

$$2C^6H^7I + 2Na = 2NaI + \left.\begin{array}{l}C^6H^7 \\ C^6H^7\end{array}\right\}$$

Qu'on enlève maintenant au carbure C^6H^8 2 atomes d'hydrogène, le reste $C^6H^8 - H^2$ représente une combinaison saturée moins 2 unités d'affinité. Pour se saturer, le propylène doit donc s'unir à 2 atomes de chlore, de brome, qui équivalent à 2 atomes d'hydrogène. Mais, de même qu'il peut se combiner avec 2 atomes de chlore ou de brome, il peut aussi se substituer à 2 atomes de chlore ou d'hydrogène : il équivaut à 2 atomes d'hydrogène.

Voilà ce qu'on exprime en disant que le propylène est un radical diatomique. Le même raisonnement nous conduit à envisager le glycéryle C^6H^5 comme un radical triatomique, car il dérive de la combinaison saturée C^6H^8 par la perte de 3 atomes d'hydrogène.

Chose curieuse, le radical C^6H^5, qui, dans les combinaisons glycériques, joue le rôle de radical triatomique, joue dans d'autres combinaisons, dans les composés allyliques, le rôle de radical monoatomique. Le même fait se vérifie dans d'autres cas encore. Il est à remarquer d'ailleurs que le radical C^6H^5 n'existe pas comme tel à l'état de liberté. De même que le radical propyle, qui renferme comme lui un nombre impair d'atomes d'hydrogène, il double sa molécule au moment où il est mis en liberté.

$$\left.\begin{array}{l} C^6H^5 \\ C^6H^5 \end{array}\right\} = C^{12}H^{10}.$$
Allyle.

Un carbure d'hydrogène-limite C^nH^{n+2}, c'est-à-dire saturé d'hydrogène, peut donc, en perdant de l'hydrogène, former divers carbures incomplets, qui peuvent jouer le rôle de radicaux. En se combinant avec d'autres corps, directement ou indirectement, ces radicaux tendent à former des composés appartenant au même type mécanique que l'hydrocarbure-limite primitif. Ainsi, de l'hydrure de propyle C^6H^8, dont il a été question plus haut, dérivent les 4 radicaux suivants :

C^6H^7 C^6H^6 C^6H^5 C^6H^4
Propyle.   Propylène.   Glycéryle   Allylène.
(allyle).

Or les combinaisons de ces radicaux avec le brome possèdent, lorsqu'elles sont saturées, la composition suivante :

C^6H^7,Br C^6H^6,Br^2 C^6H^5,Br^3 C^6H^4,Br^4
Bromure   Bromure   Tribromhydrine   Tétrabromure
de propyle.   de propylène.   (tribromure   d'allylène.
               d'allyle).

Dans tous ces composés, la somme des atomes d'hydrogène et de brome est $= 8$. Ils appartiennent donc au même type mécanique que l'hydrocarbure primitif

C^6H^8
Hydrure de propyle.

Les considérations que nous venons de présenter font envisager sous un nouveau jour la nature de ces groupes qu'on désigne sous le nom de radicaux.

Ce sont des *restes* dérivant de combinaisons saturées par la perte d'un ou de plusieurs éléments. Et cette conception s'applique à toute espèce de radicaux composés, organiques ou minéraux, hydrocarbonés ou autres. Tantôt ces radicaux existent à l'état de liberté, comme on le remarque pour l'éthylène, le propylène et leurs homologues de la série C^nH^n. Ils sont alors susceptibles de se combiner directement avec d'autres corps, tels que le chlore ou le brome, et constituent des radicaux proprement dits, dans le sens que l'on a toujours attaché à ce mot. Tantôt ils n'existent pas à l'état de liberté sous la forme où on les trouve engagés dans des combinaisons, et, comme l'éthyle, le propyle et leurs homologues, ils doublent leur molécule au moment où ils sont dégagés de toute combinaison. Libres, l'éthyle et le propyle ne constituent plus des radicaux. Ce sont des carbures d'hydrogène saturés qui ne sont point susceptibles de s'unir directement avec d'autres corps ou de figurer comme restes dans des combinaisons.

Ainsi, dans un très-grand nombre de cas, il a été impossible d'isoler les radicaux dont on admet l'existence dans les combinaisons. On ne s'étonnera point qu'il en soit ainsi si l'on considère que, d'après la définition donnée plus haut, les radicaux constituent des groupements moléculaires incomplets qui, dans certains cas, peuvent n'offrir aucune stabilité.

Les remarques qui précèdent s'appliquent aussi aux radicaux oxygénés et aux radicaux azotés de la chimie organique. Les limites dans lesquelles nous devons nous renfermer ne nous permettent point de les développer plus longuement. Nous présenterons une seule considération en terminant.

Atomicité des éléments. — Les radicaux composés peuvent se combiner à des corps simples, se substituer à des corps simples : ils jouent le rôle d'éléments et peuvent les représenter dans les combinaisons. On a donc appliqué aux éléments eux-mêmes les idées relatives à l'atomicité de ces radicaux, c'est-à-dire à leur valeur de substitution, à leur puissance de combinaison. Il existe, en effet, des corps simples monoatomiques, des corps simples diatomiques, des corps simples triatomiques, etc. L'hydrogène est monoatomique : car un atome (volume) d'hydrogène ne peut s'unir qu'à un seul atome (volume) d'un autre élément monoatomique, de chlore, par exemple.

L'oxygène doit être envisagé comme un élément diatomique. En effet, 1 atome (volume) d'oxygène se combine avec 2 atomes (volumes) d'hydrogène : la formule atomique de l'eau est H^2O (t. I, page 55), dans laquelle O représente 16 d'oxygène et H^2 2 d'hydrogène. Les analogues de l'oxygène, le soufre, le sélénium, le tellure, sont diatomiques, comme lui, dans les composés qu'ils forment avec l'hydrogène (H^2S, H^2Se, H^2Te).

L'azote est triatomique dans l'ammoniaque, car il y est uni à 3 atomes d'hydrogène. Mais l'ammoniaque elle-même ne constitue pas un composé saturé, puisqu'elle est susceptible de s'unir directement à d'autres corps, aux hydracides, par exemple. L'expérience nous apprend qu'une molécule d'ammoniaque ne peut pas s'unir à plus d'une molécule d'acide chlorhydrique. Dans le chlorhydrate d'ammoniaque AzH^4Cl, l'azote est uni à 5 atomes monoatomiques,

4 d'hydrogène et 1 de chlore. Il y a épuisé sa puissance de combinaison, et pour qu'il en soit ainsi, il a fallu qu'il se combinât à 5 unités d'affinité dans AzH^4Cl. Il joue donc dans le sel ammoniac le rôle d'un élément pentatomique.

De même le phosphore est triatomique dans le protochlorure de phosphore, parce qu'il y est combiné avec 3 atomes de chlore. Il est pentatomique dans le perchlorure de phosphore, parce qu'il y est combiné avec 5 atomes de chlore. L'arsenic et l'antimoine présentent des relations analogues. Tous ces corps fonctionnent dans certaines combinaisons comme éléments triatomiques, et dans certaines autres comme éléments pentatomiques. Ainsi, de même qu'on constate, en chimie organique, que l'atomicité du groupe C^6H^5 peut changer (page 68), de même cette atomicité peut varier lorsqu'il s'agit des éléments simples de la chimie minérale. Elle tend, pour un corps simple donné, vers un maximum qu'elle ne dépassera point.

Le principe de l'atomicité des éléments, qui a été déduit du principe de l'atomicité des radicaux composés, a acquis une haute importance dans ces dernières années. Il est supérieur à l'idée des types. Il en donne la raison d'être, il en explique le vrai sens. Pourquoi a-t-on admis un type eau? Parce qu'il existe un élément diatomique oxygène qui a besoin de se combiner avec 2 atomes d'hydrogène pour former de l'eau H^2O.

Et la permanence de ce type se fonde sur la puissance constante de combinaison de l'oxygène, qui est double de celle de l'hydrogène. Pour se saturer, l'oxygène exige 2 unités d'affinité dont chacune peut être représentée soit par un élément monoatomique, soit par un groupe monoatomique.

Pourquoi existe-t-il un type ammoniaque? Parce que l'azote est un élément triatomique, dans certaines combinaisons au moins, et qu'il se combine avec 3 atomes d'hydrogène. Mais pourquoi, d'un autre côté, les corps appartenant au type ammoniaque montrent-ils si souvent une tendance à se combiner avec d'autres corps, tels que les acides? C'est que dans les ammoniaques composées, comme dans l'ammoniaque elle-même, les affinités de l'azote ne sont point complétement satisfaites. L'azote triatomique, dans ces combinaisons, tend à devenir pentatomique pour arriver à l'état de saturation.

Tel est le lien qui existe entre la théorie des types et la théorie de l'atomicité. Ce sont là des questions théoriques d'une haute importance et d'un intérêt actuel. Nous avons cru devoir les indi-

quer; mais les limites que nous nous sommes imposées dans cet
ouvrage élémentaire ne nous permettent pas de les développer davantage.

CLASSIFICATION DES SUBSTANCES ORGANIQUES.

Les chimistes ont senti de bonne heure la nécessité d'adopter
un ordre systématique dans la description des composés innom-
brables qui forment le domaine de la chimie organique. Nous
allons indiquer brièvement les principes qui ont prévalu dans ces
essais de classification, et les découvertes qui ont servi de jalons.

Grouper les corps suivant leurs fonctions, tel a été pendant
longtemps le principe dominant de classification en chimie organique. On avait reconnu que certains corps organiques étaient
acides, que d'autres jouaient le rôle de bases, que d'autres enfin
étaient neutres ou indifférents. De là la distinction entre les *acides
organiques*, les *bases organiques* et les *corps neutres*. Les *acides*
étaient séparés en deux classes, suivant qu'ils renfermaient ou
non de l'azote. Il en était de même des corps neutres, et l'on
distinguait les principes neutres de l'organisation végétale, qui
sont ternaires, des principes neutres de l'organisme animal qui
renferment quatre éléments.

Parmi ces corps neutres venaient se ranger des substances qui
diffèrent les unes des autres par leur composition, leurs propriétés,
leurs fonctions chimiques. Aussi a-t-on senti la nécessité de créer
des sous-divisions pour réunir dans un même groupe les corps les
plus rapprochés par leurs propriétés.

Le groupe des *corps gras neutres*, si bien étudié par M. Chevreul, et qui comprenait les huiles fixes et les graisses, était un
des mieux établis.

Celui des *huiles volatiles* ou des *essences* comprenait des corps
qui, bien que doués d'une certaine communauté d'origine et de
propriétés physiques, présentaient cependant des différences mar-
quées dans leur composition et dans leurs fonctions chimiques.
Un grand nombre des ces essences ne renferment que du carbone et de l'hydrogène. Elles font partie de cette classe nombreuse
de composés qu'on nomme *hydrogènes carbonés* (page 2).

En 1806, Sertürner a fait connaître le premier alcaloïde ou alcali végétal, la morphine, et cette découverte a été des plus fé-
condes. Grâce aux travaux de MM. Pelletier et Caventou, et d'autres chimistes, le nombre des alcaloïdes naturels s'est accru de
jour en jour. On reconnut bientôt que tous les corps qui possèdent,

comme l'ammoniaque, la propriété de neutraliser les acides pour
former des sels bien définis, offrent aussi ce caractère commun de
renfermer de l'azote au nombre de leurs éléments. Rien n'était
plus légitime, en conséquence, que de les réunir tous en un seul
groupe, un des plus naturels de la chimie organique.

On sait aujourd'hui que ces corps offrent, avec l'ammoniaque,
les relations de composition les plus intimes (page 58).

Alcools. — Un travail qui fait époque au point de vue de la
classification des substances organiques est celui que MM. Dumas
et Peligot ont entrepris vers 1835 sur la nature de l'esprit de
bois. Ils ont montré que ce corps vient se ranger à côté de l'alcool
ordinaire ou esprit de vin. On a ainsi reconnu que celui-ci n'est
pas un corps isolé, mais qu'il est le type d'une classe assez nombreuse de corps qui, d'après lui, ont été nommés *alcools*. Tous ces
corps possèdent, comme l'esprit de vin, la propriété de se combiner avec les acides avec élimination d'eau, et de former ainsi
des combinaisons que l'on a nommées *éthers*.

Ainsi, qu'on fasse réagir dans des conditions convenables de
l'acide acétique sur l'alcool, les deux corps se combineront avec
élimination d'eau, et il se formera un corps neutre volatil doué
d'une odeur agréable *éthérée* : c'est l'éther acétique.

$$C^4H^6O^2 \;+\; C^4H^4O^4 \;=\; C^8H^8O^4 \;+\; H^2O^2.$$
Alcool. Acide acétique. Éther acétique.

Dans les mêmes circonstances, l'esprit de bois forme l'éther
méthylacétique. Tous les homologues supérieurs de l'alcool forment, comme lui, avec les acides des composés analogues à l'éther
acétique et qu'on nomme *éthers composés*.

Lorsqu'on fait réagir les acides chlorhydrique, bromhydrique, etc., sur l'alcool, il se forme des composés qu'on désigne
sous le nom d'éthers chlorhydrique, bromhydrique, etc.

$$C^4H^6O^2 \;+\; HCl \;=\; C^4H^5Cl \;+\; H^2O^2.$$
Alcool. Éther chlorhydrique.

Aux autres alcools correspondent des composés analogues : on
les nomme *éthers simples*.

Pouvoir former des éthers, tel est le caractère fondamental des
alcools. Ces derniers composés sont devenus le pivot de toute la
classification des composés organiques. En effet, on n'a pas tardé
à reconnaître que d'autres corps venaient se grouper d'une manière très-naturelle autour des alcools.

Aldéhydes. — Lorsqu'on traite l'alcool ordinaire par certains réactifs oxydants on le convertit en une substance volatile qu'on nomme *aldéhyde*, et qui ne se distingue de l'alcool que par 2 équivalents d'hydrogène en moins :

$$\underset{\text{Alcool.}}{C^4H^6O^2} - H^2 = \underset{\text{Aldéhyde.}}{C^4H^4O^2}.$$

Aux autres alcools correspondent des composés analogues à l'aldéhyde ordinaire : on les désigne sous le nom générique *d'aldéhydes*. Tous ces corps se distinguent des alcools correspondants par deux équivalents d'hydrogène en moins. Soumis, dans certaines conditions, à l'action de l'hydrogène naissant, ils peuvent en fixer 2 équivalents et régénérer les alcools. Ils forment, avec les bisulfites alcalins, des combinaisons cristallisables. Ils peuvent absorber, et c'est là leur propriété la plus importante, 2 équivalents d'oxygène pour se convertir en acides. Ainsi, l'aldéhyde ordinaire en absorbant O^2 se transforme en acide acétique :

$$\underset{\text{Aldéhyde.}}{C^4H^4O^2} + O^2 = \underset{\text{Acide acétique.}}{C^4H^4O^4}.$$

On voit que l'aldéhyde qui résulte de l'oxydation incomplète de l'alcool est un produit intermédiaire entre l'alcool et l'acide acétique.

Acides. — Mais ce dernier peut dériver directement de l'alcool par oxydation. Ainsi, les vapeurs d'alcool absorbent l'oxygène de l'air, en présence du noir de platine, et se convertissent en acide acétique :

$$\underset{\text{Alcool.}}{C^4H^6O^2} + O^4 = H^2O^2 + \underset{\text{Acide acétique.}}{C^4H^4O^4}.$$

L'alcool s'oxyde de même lorsqu'on le chauffe fortement avec de l'hydrate de potasse :

$$\underset{\substack{\text{Hydrate}\\\text{de potassium.}}}{\left.\begin{array}{l}K\\H\end{array}\right\}O^2} + \underset{\text{Alcool.}}{C^4H^6O^2} = \underset{\substack{\text{Acétate}\\\text{de potassium.}}}{C^4H^3KO^4} + H^4.$$

Tous les alcools possèdent de telles propriétés ; chacun d'eux peut donner, par oxydation, une aldéhyde et un acide analogue à l'acide acétique.

Les *acides* se rattachent donc directement aux alcools, dont ils dérivent par oxydation.

De tels acides sont monobasiques, c'est-à-dire qu'ils saturent un seul équivalent de base.

Acétones. — Lorsqu'on soumet à la distillation sèche l'acétate

de chaux ou de baryte, il se dédouble en carbonate qui reste et
en un liquide volatil neutre, que les anciens chimistes ont désigné
sous le nom d'esprit pyroacétique : c'est l'acétone. Ce corps
prend naissance en vertu de la réaction suivante :

$$2\begin{bmatrix} C^4H^3O^2 \\ Ca \end{bmatrix}O^2 = Ca^2C^2O^6 + \begin{matrix} C^4H^3O^2 \\ C^2H^3 \end{matrix}$$

$$\underset{\text{Carbonate de chaux.}}{} \qquad \underset{\text{Acétone.}}{}$$

Les sels de chaux des acides analogues à l'acide acétique
se dédoublent de la même manière par la distillation sèche,
et donnent des produits volatils qui se rapprochent de l'acétone
par leurs propriétés et par leur composition, et qu'on désigne sous
le nom d'*acétones*.

L'acétone ordinaire peut être considérée comme de l'aldéhyde
dans laquelle un équivalent d'hydrogène a été remplacé par le
groupe méthyle :

$$C^4H^4O^2 = \begin{matrix} C^4H^3O^2 \\ H \end{matrix}$$

$$\underset{\text{Aldéhyde.}}{} \qquad \underset{\substack{\text{Hydrure} \\ \text{d'acétyle.}}}{}$$

$$C^6H^6O^2 = \begin{matrix} C^4H^3O^2 \\ C^2H^3 \end{matrix}$$

$$\underset{\text{Acétone.}}{} \qquad \underset{\substack{\text{Méthylure} \\ \text{d'acétyle.}}}{}$$

Il existe des liens de parenté analogues entre les autres acétones et les aldéhydes correspondantes. Et ces relations de composition sont confirmées par une certaine analogie de propriétés.
En effet, les acétones possèdent, comme les aldéhydes, la propriété
de former des combinaisons cristallines avec les bisulfites alcalins.

Chlorures. — Lorsqu'on distille de l'acétate de soude avec du
perchlorure de phosphore, on obtient un composé chloré volatil
que Gerhardt a désigné sous le nom de chlorure d'acétyle.

$$\begin{matrix} C^4H^3O^2 \\ Na \end{matrix}O^2 + PhCl^5 = ClNa + C^4H^3O^2,Cl + PhO^2Cl^3.$$

$$\underset{\substack{\text{Acétate} \\ \text{de sodium.}}}{} \quad \underset{\substack{\text{Perchlorure} \\ \text{de phosphore.}}}{} \quad \underset{\substack{\text{Chlorure} \\ \text{d'acétyle.}}}{} \quad \underset{\substack{\text{Oxychlorure} \\ \text{de phosphore.}}}{}$$

Aux autres acides monobasiques correspondent des *chlorures*
analogues.

Ammoniaques composées. — Lorsqu'on traite un éther simple de
l'alcool, l'éther bromhydrique, par exemple, par l'ammoniaque,
on obtient le bromhydrate d'une base organique qu'on nomme
éthylamine.

$$C^4H^5Br + AzH^3 = AzH^2(C^4H^5),HBr.$$

$$\underset{\substack{\text{Ether} \\ \text{bromhydrique.}}}{} \qquad \underset{\text{Bromhydrate d'éthylamine.}}{}$$

L'éthylamine se rattache donc à l'alcool. Des bases analogues se rattachent aux autres alcools : on les nomme *ammoniaques composées*.

Composés organo-métalliques. — Enfin, par l'action du zinc sur l'iodure d'éthyle, dans des conditions convenables, il se forme un liquide incolore, spontanément inflammable à l'air : c'est le *zinc-éthyle* de M. Frankland, ZnC^4H^5. Il est formé par la combinaison de l'éthyle C^4H^5 avec le zinc, et fait partie d'un groupe nombreux de composés qu'on nomme *organo-métalliques*. Ils résultent de la combinaison d'un radical alcoolique avec un métal.

On le voit, autour de l'alcool et de ses congénères viennent se ranger des groupes de corps caractérisés par l'analogie du mode de dérivation et des propriétés des différents termes qui les composent, les fonctions chimiques que remplissent les termes appartenant aux différents groupes étant d'ailleurs très-différentes.

Alcools polyatomiques. — L'alcool et ses congénères sont *mono-atomiques* : ils donnent, en s'oxydant, des acides monobasiques.

Indépendamment de ces alcools, il en existe d'autres qu'on qualifie de *polyatomiques*. Parmi ces derniers, nous citerons ici le glycol, qui est diatomique, la glycérine, qui est triatomique.

Il résulte des recherches de M. Berthelot que les corps neutres de l'organisation végétale, les matières sucrées et amylacées doivent être comptés au nombre des alcools polyatomiques.

A ces alcools se rattachent des acides polybasiques, c'est-à-dire des acides qui exigent, pour se saturer, plusieurs équivalents de base. Ainsi l'acide oxalique est un acide bibasique qui dérive par oxydation du glycol :

$$C^4H^6O^4 \ + \ O^8 \ = \ C^4H^2O^8 \ + \ H^4O^4.$$
Glycol.   Acide oxalique.

On est en droit de supposer que les autres acides polybasiques se rattachent de même à des alcools polyatomiques.

Amides. — Tous les acides, quelle que soit leur capacité de saturation et leur atomicité, éprouvent une métamorphose remarquable lorsqu'on les soumet, dans certaines conditions, à l'action de l'ammoniaque. Soit qu'on chauffe les sels ammoniacaux secs, soit qu'on traite par l'ammoniaque les éthers composés des acides dont il s'agit, on obtient des combinaisons azotées ordinairement neutres, et qu'on désigne sous le nom d'*amides*.

Les amides représentent des sels ammoniacaux moins de l'eau. Une de leurs propriétés caractéristiques est d'absorber de nouveau les éléments de l'eau, soit directement, soit sous l'influence

de certains agents, pour régénérer les sels ammoniacaux correspondants, ou du moins leurs éléments, c'est-à-dire l'acide et l'ammoniaque.

Les acides monobasiques forment des *monamides*. On peut obtenir ces amides par l'action de l'ammoniaque sur les éthers composés :

$$\left.\begin{array}{c}C^4H^3O^2\\C^4H^5\end{array}\right\}O^2 \ + \ AzH^3 \ = \ \left.\begin{array}{c}C^4H^5\\H\end{array}\right\}O^2 \ + \ \left.\begin{array}{c}C^4H^3O^2\\H\\H\end{array}\right\}Az.$$

Éther acétique.   Alcool.   Acétamide.

On voit que l'acétamide se forme, dans cette réaction, par la
substitution du groupe acétyle $C^4H^3O^2$ à 1 atome d'hydrogène
d'une molécule d'ammoniaque.

Elle représente de l'acétate d'ammoniaque moins 2 équivalents
d'eau.

$$\left.\begin{array}{c}C^4H^3O^2\\AzH^4\end{array}\right\}O^2 \ = \ C^4H^3O^2,H^2Az \ + \ H^2O^2.$$

Acétate
d'ammonium.   Acétamide.

La première amide connue, l'oxamide, a été obtenue par M. Dumas, dans la distillation sèche de l'oxalate d'ammoniaque :

$$\left.\begin{array}{c}C^4O^4\\(AzH^4)^2\end{array}\right\}O^4 \ = \ \left.\begin{array}{c}C^4O^4\\H^2\\H^2\end{array}\right\}Az^2. \ + \ H^4O^4$$

Oxalate
diammonique.   Oxamide.

L'oxamide est une *diamide*, c'est-à-dire qu'elle dérive de deux
molécules d'ammoniaque par la substitution du radical oxalyle à
2 atomes d'hydrogène.

D'autres acides bibasiques peuvent donner des amides analogues
à l'oxamide.

Acides amidés. — Une classe d'amides que nous devons mentionner sont les *acides amidés*.

En chauffant avec précaution l'oxalate acide d'ammoniaque,
M. Balard a obtenu un acide amidé qu'il a nommé acide oxamique

$$C^4H(AzH^4)O^8 \ = \ H^2O^2 \ + \ C^4H^3AzO^6.$$

Oxalate
monoammonique.   Acide oxamique.

On connaît un certain nombre d'acides analogues à l'acide oxamique. Ils prennent naissance avec les sels monoammoniques des
acides bibasiques, par l'élimination de 2 équivalents (1 molécule)
d'eau.

Imides. — Les *imides* se forment avec les sels monoammoniques

des acides bibasiques, par l'élimination de 4 équivalents (2 molécules) d'eau.

$$C^8H^5(AzH^4)O^8 = C^8H^5AzO^4 + 2H^2O^2.$$
Succinate
monoammonique.   Succinimide.

Nitriles. — Lorsqu'on enlève à l'acétate d'ammoniaque 4 équivalents d'eau (2 molécules), on le convertit en *acétonitrile* identique
avec le cyanure de méthyle.

$$\left.\begin{array}{l}C^4H^3O^2\\AzH^4\end{array}\right\}O^2 = C^4H^3Az + 2H^2O^2.$$
Acétate   Acétonitrile.
d'ammoniaque.

$$C^4H^3Az = C^2Az.C^2H^3.$$
Acétonitrile.   Cyanure
de méthyle.

Aux autres acides monobasiques correspondent des *nitriles* analogues à l'acétonitrile.

Toutes les réactions que nous venons de passer en revue fournissent de précieux éléments à la classification des corps organiques. Ces réactions sont générales et ont fait connaître l'existence de divers groupes de corps présentant une certaine analogie
de propriétés. Elles ont permis de classer les substances organiques suivant leurs fonctions.

Les distinctions fondées sur des différences de fonctions offrent,
en effet, de précieux éléments de classification, mais elles ne
suffisent point pour grouper d'une manière méthodique une multitude aussi innombrable d'espèces différentes.

Gerhardt l'a senti et a tiré parti, pour les classer, des différences de composition.

La chimie organique étant la chimie du carbone, Gerhardt rangea
les corps organiques suivant leur richesse en carbone, les corps
qui renferment un plus grand nombre d'atomes de cet élément
précédant ceux qui en renferment moins. Il dressa ainsi une liste
immense qu'il nomma *échelle de combustion*, parce qu'il admettait, non sans raison, que les corps les plus riches en carbone qui
en occupaient le sommet, en perdant du charbon et de l'hydrogène par suite d'oxydations successives, pouvaient être ramenés
à une composition de plus en plus simple, de manière à se rapprocher des corps organiques les moins riches en carbone et en
hydrogène, et qui occupaient les degrés inférieurs de l'échelle.
Au bas de cette échelle se trouvait placé l'acide carbonique, le
dernier terme de l'oxydation de toute matière organique.

Ainsi tous les corps organiques étaient rangés d'une manière rigoureuse d'après le nombre des atomes de carbone qu'ils renferment. Tel est le principe dans sa généralité. Dans l'application, il était insuffisant : en effet, dans quel ordre ranger les corps très-nombreux qui renferment le même nombre d'atomes de carbone, et qui formaient, dans le système, une même famille? Gerhardt les classait d'après leur richesse en oxygène, etc., plaçant en tête ceux qui n'en renferment point, c'est-à-dire les hydrogènes carbonés, puis successivement ceux qui renferment 1, 2, 3 atomes d'oxygène. Quant aux corps qui renferment à la fois le même nombre d'atomes de carbone et d'atomes d'oxygène, Gerhardt les classait suivant leur richesse décroissante en atomes d'hydrogène. Ces considérations lui ont permis de subdiviser les familles, c'est-à-dire les groupes de corps renfermant un même nombre d'atomes de carbone, en un certain nombre de genres et d'espèces; mais, chose plus importante, elles lui ont permis aussi de saisir et de définir plus clairement qu'on ne l'avait fait avant lui, les relations de composition qui existent entre certains groupes de corps et d'introduire définitivement dans la science la notion des séries homologues, et en général la notion de série (voir page 5).

Mais il faut avouer, d'un autre côté, que ce système de classification, dont Gerhardt a fait le premier essai dans son *Précis de chimie organique*, offrait de graves inconvénients; car, en ne tenant compte que de la composition des corps telle qu'elle est exprimée par les formules brutes, sans se préoccuper de leurs fonctions, de leur mode de dérivation, de leurs liens de parenté, choses qu'on s'efforce d'exprimer par les formules rationnelles, Gerhardt s'est vu obligé souvent de placer les uns à côté des autres des composés qui n'offrent entre eux aucune espèce d'analogie. Il est revenu plus tard à l'usage des formules rationnelles, et la classification qu'il a adoptée dans son mémorable *Traité de chimie organique*, fondée sur un principe moins exclusif, respecte les analogies et les affinités naturelles qui peuvent exister entre les corps.

Grâce aux progrès accomplis dans ces dernières années, la classification des substances organiques se fonde aujourd'hui sur des principes sûrs et rationnels, qu'on peut exprimer ainsi :

Ranger les corps d'après leur composition et suivant l'ordre de leur complication moléculaire, en commençant par les plus simples, en terminant par les plus compliqués, et en tenant compte des liens de parenté qui sont créés par le mode de dérivation et par les fonctions.

On a souvent dit, depuis Laurent, que les hydrogènes carbonés forment la base de la chimie organique. En effet, ils peuvent jouer le rôle de radicaux, et ces radicaux, plus ou moins modifiés, peuvent entrer dans une foule de combinaisons. Ils correspondent aux corps simples, aux métaux, par exemple, et de même qu'en chimie minérale on réunit dans un même groupe tous les composés d'un seul et même métal, de même, en chimie organique, il convient de réunir les composés d'un seul et même radical. On tient compte ainsi des liens de parenté qui existent entre les corps. Quant aux radicaux, il convient de les ranger suivant l'ordre de leur complication moléculaire. Et l'on disposera les uns à la suite des autres ceux qui dérivent les uns des autres par substitution ou par tout autre procédé.

Prenons quelques exemples :

Un des radicaux les plus importants est l'éthyle C^4H^5. On peut supposer qu'il dérive de l'hydrocarbure saturé C^4H^6 (hydrure d'éthyle) par la perte de 1 atome d'hydrogène. Il est donc monoatomique et peut remplacer 1 atome d'hydrogène. En faisant l'histoire de l'éthyle, il convient de le suivre dans les combinaisons où il est engagé et où il joue le rôle principal. Ces combinaisons sont nombreuses. Nous allons en énumérer les principaux types :

HYDRURE.	ÉTHYLURE.	CHLORURE.	OXYDE.	HYDRATE.	AZOTATE.
$\left.\begin{array}{l}C^4H^5\\H\end{array}\right\}$	$\left.\begin{array}{l}C^4H^5\\C^4H^5\end{array}\right\}$	$\left.\begin{array}{l}C^4H^5\\Cl\end{array}\right\}$	$\left.\begin{array}{l}C^4H^5\\C^4H^5\end{array}\right\}O^2$	$\left.\begin{array}{l}C^4H^5\\H\end{array}\right\}O^2$	$\left.\begin{array}{l}AzO^4\\C^4H^5\end{array}\right\}O^2$
Hydrure d'éthyle.	Éthyle libre.	Éther chlorhydrique.	Éther.	Alcool.	Éther azotique.

SULFATE.	SULFATE ACIDE.	AZOTURE.	PHOSPHURE.	COMBINAISON ORGANO-MÉTALLIQUE.
$\left.\begin{array}{l}S^2O^4\\(C^4H^5)^2\end{array}\right\}O^4$	$\left.\begin{array}{l}S^2O^4\\C^4H^5\\H\end{array}\right\}O^4$	$\left.\begin{array}{l}C^4H^5\\H\\H\end{array}\right\}Az$	$\left.\begin{array}{l}C^4H^5\\C^4H^5\\C^4H^5\end{array}\right\}Ph$	$\left.\begin{array}{l}C^4H^5\\Zn\end{array}\right\}$
Éther sulfatique.	Acide sulfovinique.	Éthylamine.	Triéthyl-phosphine.	Zinc-éthyle.

Mais le radical éthyle peut se modifier par substitution. Il peut échanger deux atomes d'hydrogène contre deux atomes d'oxygène; de neutre qu'il était, il devient alors acide, et c'est l'oxygène qui y entre qui détermine ce changement. Le radical ainsi modifié se nomme acétyle, parce qu'il constitue la base de l'acide acétique. Comme l'éthyle C^4H^5, l'acétyle $C^4H^3O^2$ peut former une foule de combinaisons dont nous allons indiquer les principales :

HYDRURE.	MÉTHYLURE.	CHLORURE.	OXYDE.	HYDRATE.	ÉTHYLATE.	AZOTURE.
$\left.\begin{array}{l}C^4H^3O^2\\H\end{array}\right\}$	$\left.\begin{array}{l}C^4H^3O^2\\C^2H^3\end{array}\right\}$	$\left.\begin{array}{l}C^4H^3O^2\\Cl\end{array}\right\}$	$\left.\begin{array}{l}C^4H^3O^2\\C^4H^3O^2\end{array}\right\}O^2$	$\left.\begin{array}{l}C^4H^3O^2\\H\end{array}\right\}O^2$	$\left.\begin{array}{l}C^4H^3O^2\\C^4H^5\end{array}\right\}O^2$	$\left.\begin{array}{l}C^4H^3O^2\\H\\H\end{array}\right\}Az$
Aldéhyde.	Acétone.	Chlorure d'acétyle.	Acide acétique anhydre.	Acide acétique.	Éther acétique.	Acétamide.

Les propriétés de ces combinaisons ne sont point analogues à celles des combinaisons correspondantes de l'éthyle, et il doit en être ainsi : l'acétyle, radical oxygéné électro-négatif, imprime en quelque sorte son cachet aux composés dans lesquels il entre.

En perdant deux atomes d'hydrogène, l'hydrocarbure C^4H^6 se convertit en un radical diatomique d'éthylène $(C^4H^4)''$, qui peut entrer, comme l'éthyle, dans une foule de combinaisons.

En voici les principales :

RADICAL.	CHLORURE.	OXYDE.	HYDRATE.	ÉTHYLATE.	ACÉTATE.	DIAZOTURE.
$(C^4H^4)''$	$(C^4H^4)''Cl^2$	$(C^4H^4)''O^2$	$\left.\begin{array}{l}(C^4H^4)''\\H^2\end{array}\right\}O^4$	$\left.\begin{array}{l}(C^4H^4)''\\(C^4H^5)^2\end{array}\right\}O^4$	$\left.\begin{array}{l}(C^4H^4)''\\(C^4H^3O^2)^2\end{array}\right\}O^4$	$\left.\begin{array}{l}(C^4H^4)''\\H^2\\H^2\end{array}\right\}Az^2$
Éthylène.	Liqueur des Hollandais.	Oxyde d'éthylène.	Glycol.	Glycol diéthylique.	Glycol diacétique.	Éthylène-diamine.

Comme l'éthyle, l'éthylène peut se modifier par substitution et former deux radicaux dérivés, savoir :

$$\text{le glycolyle}\quad C^4H^2O^2$$
$$\text{l'oxalyle...}\quad C^4O^4$$

qui représentent : le premier, de l'éthylène dans lequel 2 équivalents d'oxygène ont remplacé 2 équivalents d'hydrogène, et le second, de l'éthylène dans lequel tout l'hydrogène a été remplacé par de l'oxygène. Ces radicaux entrent dans de nombreuses combinaisons dont la place est naturellement marquée à la suite des précédentes.

En voici les principales :

RADICAL.	CHLORURE.	OXYDE.	HYDRATE.	ÉTHYLATE.	AZOTURE.
$(C^4H^2O^2)''$	$(C^4H^2O^2)''Cl^2$	$(C^4H^2O^2)''O^2$	$\left.\begin{array}{l}(C^4H^2O^2)''\\H^2\end{array}\right\}O^4$	$\left.\begin{array}{l}(C^4H^2O^2)''\\(C^4H^5)^2\end{array}\right\}O^4$	$\left.\begin{array}{l}(C^4H^2O^2\ ''HO^2)\\H\\H\end{array}\right\}Az.$
Glycolyle.	Chlorure de glycolyle.	Acide glycolique anhydre.	Acide glycolique.	Glycolate diéthylique.	Glycolamide.

RADICAL.	HYDRATE.	ÉTHYLATE.	AZOTURE.	ÉTHYLAZOTURE.	DIAZOTURE.
$(C^4O^4)''$	$\left.\begin{array}{l}(C^4O^4)''\\H^2\end{array}\right\}O^4$	$\left.\begin{array}{l}(C^4O^4)''\\(C^4H^5)^2\end{array}\right\}O^4$	$\left.\begin{array}{l}(C^4O^4)''HO^2\\H\\H\end{array}\right\}Az$	$\left.\begin{array}{l}(C^4O^4)''(C^4H^5)O^2\\H\\H\end{array}\right\}Az$	$\left.\begin{array}{l}(C^4O^4)''\\H^2\\H^2\end{array}\right\}Az^2$
Oxalyle.	Acide oxalique.	Ether oxalique.	Acide oxamique.	Oxaméthane.	Oxamide.

En perdant H^3, l'hydrocarbure C^4H^6 se transforme en un groupe C^4H^3 qui peut fonctionner soit comme radical monoatomique, soit comme radical triatomique.

On ne connaît qu'un très-petit nombre de combinaisons dans lesquelles il entre comme radical triatomique et qui correspondent aux composés glycériques. M. Berthelot a obtenu récemment l'alcool monoatomique

$$\left.\begin{array}{c}(C^4H^3)' \\ H\end{array}\right\} O^2$$

c'est-à-dire l'hydrate du radical $(C^4H^3)'$.

Enfin, pour épuiser la série des combinaisons dont les radicaux renferment 4 équivalents de carbone, il ne reste plus à considérer qu'un seul radical, savoir l'acétylène, qui fonctionne à la fois comme radical diatomique et comme radical tétratomique, car il se combine soit avec 2 atomes soit avec 4 atomes de brome pour former un dibromure ou un tétrabromure. Les combinaisons qui dérivent de ces deux bromures ou qui s'y rattachent terminent la série des composés dont les radicaux renferment C^4.

On disposera dans un ordre analogue les combinaisons dont les radicaux renferment 6 équivalents de carbone. Ces radicaux seront étudiés les uns après les autres suivant leur atomicité, les radicaux oxygénés succédant immédiatement aux radicaux hydrocarbonés, dont ils dérivent par substitution.

On continuera ainsi pour les carbures d'hydrogène plus compliqués. A mesure qu'on s'élève dans la série le nombre des carbures d'hydrogène également riches en atomes de carbone, et par conséquent aussi celui des radicaux devient plus considérable. En effet, la famille des hydrogènes carbonés à 4 équivalents de carbone ne peut fournir qu'un nombre limité de radicaux. Mais dans les séries suivantes, le nombre des radicaux hydrocarbonés et des radicaux oxygénés qui en dérivent augmente considérablement. Si nous considérons, par exemple, les radicaux renfermant 20 équivalents de carbone, on conçoit qu'il puisse exister de grandes différences dans la nature et dans les propriétés des composés dans lesquels ils entrent, suivant que ces radicaux sont plus ou moins riches en hydrogène, toutes choses égales d'ailleurs. Les combinaisons qu'on nomme *aromatiques* renferment des radicaux moins hydrogénés que ceux qui entrent dans la composition de l'alcool ordinaire, de ses homologues et de tous les composés qui s'y rattachent.

En suivant les principes que nous venons d'exposer, on arrivera à classer la plupart des composés organiques suivant un ordre méthodique, et en respectant les liens de parenté et de dérivation qui peuvent exister entre les corps. Sans doute l'état actuel de la science ne permet pas encore de remplir et de terminer le cadre ainsi tracé. D'un côté, on y découvre des lacunes, et de l'autre, on rencontre des combinaisons qui ne peuvent pas y rentrer, faute d'avoir été suffisamment étudiées. Il en est ainsi pour tous les corps dont la constitution est incertaine ou inconnue, et le nombre en est encore considérable aujourd'hui.

Dans l'étude des principaux composés organiques que nous allons entreprendre maintenant, nous chercherons à appliquer, en général, les principes de classification que nous venons d'exposer, sans cependant nous y astreindre d'une manière rigoureuse, et en y apportant les modifications que sembleront commander les facilités de l'exposition et les convenances d'un ouvrage élémentaire.

CYANOGÈNE

Ce corps est un composé gazeux de carbone et d'azote. Il a été découvert en 1814 par Gay-Lussac, qui l'envisagea comme le radical de l'acide prussique et du bleu de Prusse; de là le nom de cyanogène (de κύανος, bleu et de γεννάω, j'engendre); le bleu de Prusse avait été découvert dès 1704 par deux chimistes de Berlin, Diesbach et Dippel. Macquer découvrit le prussiate de potasse (cyanoferrure de potassium) en 1752. On doit à Scheele la découverte de l'acide prussique ou cyanhydrique (1782), dont la composition fut établie par Gay-Lussac.

D'après MM. Bunsen et Playfair, on rencontre le cyanogène en petite quantité parmi les gaz qui se dégagent dans les hauts fourneaux.

Il prend aussi naissance par la distillation sèche de l'oxalate d'ammoniaque et de l'oxamide,

$$C^4(AzH^4)^2O^8 = C^4Az^2 + 4H^2O^2.$$
$$\text{Oxalate d'ammoniaque.} \qquad \text{Cyanogène.}$$

$$\left.\begin{array}{l} C^4O^4 \\ H^2 \\ H^2 \end{array}\right\}Az^2 = C^4Az^2 + 2H^2O^2.$$
$$\text{Oxamide.}$$

Lorsqu'on fait passer de l'air atmosphérique sur un mélange incandescent de baryte caustique et de charbon, il se forme du cyanure de barium. Dans cette réaction l'azote de l'air s'unit directement au charbon sous l'influence de la baryte (Margueritte et de Sourdeval).

Préparation du cyanogène. — D'après Gay-Lussac, on prépare le cyanogène en chauffant du cyanure de mercure bien sec dans une petite cornue munie d'un tube de dégagement. Le cyanure se décompose en mercure, qui vient se condenser dans le col de la cornue, et en cyanogène, qu'on recueille sur la cuve à mercure. Il reste ordinairement dans la cornue un corps d'un brun foncé auquel on a donné le nom de *paracyanogène*. C'est un composé de carbone et d'azote unis dans les mêmes proportions que dans le cyanogène.

Propriétés. — Le cyanogène est un gaz incolore. Son odeur rappelle celle de l'acide cyanhydrique, mais elle est plus pénétrante.

A la pression ordinaire, il se condense à — 25° en un liquide incolore qui se solidifie par l'action d'un froid plus intense. Le cyanogène solide fond à — 34°. Liquide, il entre en ébullition à — 20°.7. A + 20°, il possède une tension de cinq atmosphères (Bunsen).

La densité du cyanogène gazeux est égale à 1,8064.

Sa composition est représentée par la formule $C^2Az = Cy$, qui correspond à 2 volumes. Cette formule est celle du radical cyanogène; celle du cyanogène libre doit être doublée. Elle est $C^4Az^2 = CyCy$, et correspond à 4 volumes.

On peut faire l'analyse du cyanogène en le brûlant dans l'eudiomètre avec un excès d'oxygène. 1 volume de cyanogène exige, pour une combustion complète, 2 volumes d'oxygène, et fournit 2 volumes d'acide carbonique absorbable par la potasse et 1 volume d'azote.

Le cyanogène brûle avec une flamme pourpre.

L'eau en dissout 4 fois et demie, l'alcool 23 fois son volume.

Abandonnée à la lumière, la solution aqueuse se colore et laisse déposer peu à peu des flocons bruns d'acide *azulmique*, et retient en dissolution de l'urée, du carbonate d'ammoniaque, du cyanhydrate d'ammoniaque, de l'oxalate d'ammoniaque. Ce dernier sel se forme ici par suite d'une réaction inverse de celle que nous avons indiquée plus haut (page 83)

$$C^4Az^2 + H^8O^8 = C^4(AzH^4)^2O^8.$$
Cyanogène.   Oxalate
d'ammoniaque.

Une autre portion du cyanogène forme, avec les éléments de l'eau, de l'acide cyanhydrique et de l'acide cyanique

$$CyCy + \left.\begin{matrix}H\\H\end{matrix}\right\}O^2 = CyH + \left.\begin{matrix}Cy\\H\end{matrix}\right\}O^2.$$

Ce dernier acide se décomposant partiellement sous l'influence de l'eau, forme du carbonate d'ammoniaque (page 88), lequel saturant une autre partie de l'acide cyanique, donne du cyanate d'ammoniaque et par suite de l'urée.

Le cyanogène peut se combiner directement avec le potassium pour former du cyanure de potassium.

L'expérience se fait dans une cloche courbe remplie à moitié de cyanogène (*fig.* 20), et dans laquelle on chauffe le potassium. La combinaison s'effectue avec dégagement de lumière.

Le carbonate de potasse chauffé dans une atmo-

Fig. 20.

sphère de cyanogène perd son acide carbonique et se convertit en un mélange de cyanure et de cyanate de potasse.

$$\text{CyCy} + \text{K}^2\text{C}^2\text{O}^6 = \text{KCyO}^2 + \text{CyK} + \text{C}^2\text{O}^4.$$

Cyanogène.   Carbonate   Cyanate   Cyanure
de potassium.   de potassium.   de potassium.

Dans ces réactions le cyanogène se comporte comme ferait un corps simple tel que le chlore. C'est ce qu'on exprime en disant qu'il joue le rôle d'un radical.

Il se combine directement avec l'hydrogène sulfuré en formant deux composés cristallins CyHS et CyH²S².

ACIDE CYANHYDRIQUE.

$$\text{CyH} = \text{C}^2\text{AzH}.$$

Ce corps redoutable, autrefois connu sous le nom *d'acide prussique*, a été retiré par Scheele du prussiate de potasse en 1782. Berthollet en a reconnu la composition.

Il existe tout formé, en petite quantité, dans les eaux distillées de laurier-cerise et d'amandes amères. Les feuilles et les fleurs du pêcher, les noyaux de pêche, d'abricot, de cerise en fournissent de petites quantités lorsqu'on les distille avec de l'eau.

Préparation. — Gay-Lussac préparait l'acide cyanhydrique en décomposant le cyanure de mercure par l'acide chlorhydrique.

Dans une cornue tubulée on introduit le cyanure en poudre et puis un excès d'acide chlorhydrique concentré. Le bec de la cornue se trouve en communication avec un long tube dont le premier

tiers est rempli de fragments de marbre blanc, et les deux autres
tiers de fragments de chlorure de calcium. A l'extrémité de ce
tube se trouve adapté un tube de dégagement recourbé à angle
droit, et qui se rend dans un ballon à long col entouré d'un mélange réfrigérant.

L'appareil étant ainsi disposé, on chauffe doucement. Le cyanure de mercure, décomposé par l'acide chlorhydrique, donne du
chlorure mercurique et de l'acide cyanhydrique qui se dégage en
vapeurs.

$$C^2AzHg \; + \; HCl \; = \; HgCl \; + \; C^2AzH.$$
$$\text{Cyanure} \qquad \text{Acide} \qquad \text{Chlorure} \qquad \text{Acide}$$
$$\text{mercurique.} \quad \text{chlorhydrique.} \quad \text{mercurique.} \quad \text{cyanhydrique.}$$

Ces vapeurs, qui entraînent de l'acide chlorhydrique et de l'humidité, passent d'abord sur le marbre, qui fixe l'acide chlorhydrique, et puis sur le chlorure de calcium, qui absorbe l'humidité.
Elles se condensent dans le ballon, et en partie dans le tube horizontal lui-même, d'où l'on chasse le liquide condensé à l'aide d'une
douce chaleur.

Un procédé plus commode et moins dispendieux pour la préparation de l'acide prussique consiste à distiller 40 parties de fer-

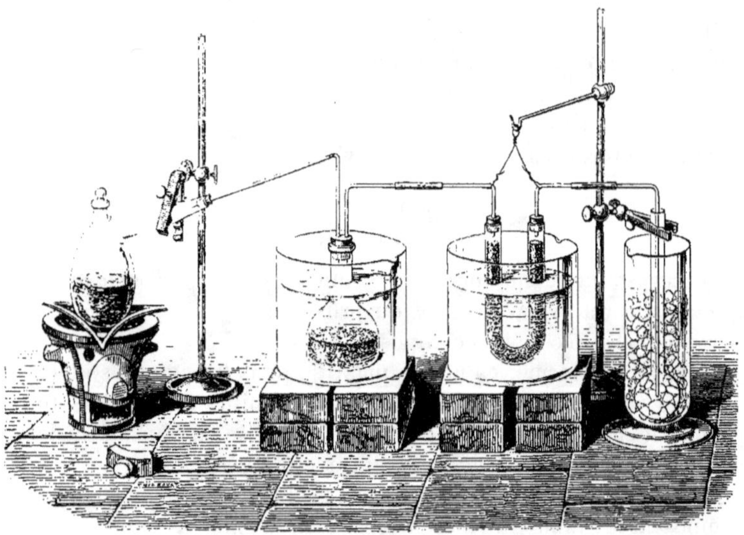

Fig. 21.

rocyanure de potassium avec 7 parties d'acide sulfurique préalablement étendu de 44 parties d'eau (Woehler).

M. Pessina a indiqué les proportions suivantes, qui paraissent très-avantageuses : 8 parties de ferrocyanure de potassium, 9 parties d'acide sulfurique concentré et 12 parties d'eau.

On introduit le ferrocyanure pulvérisé et l'acide sulfurique étendu dans une cornue tubulée dont le col, incliné en haut, est mis en communication à l'aide d'un tube recourbé avec un matras renfermant des fragments de chlorure de calcium et communiquant avec un tube en U rempli lui-même de fragments de chlorure de calcium (*fig.* 21). Ces deux vases sont placés dans des bains d'eau à 30°. Les vapeurs d'acide prussique, desséchées par le chlorure de calcium, viennent se condenser dans un ballon entouré d'un mélange réfrigérant.

Ce procédé permet de préparer de grandes quantités d'acide prussique anhydre, quoiqu'une partie seulement du cyanogène du ferrocyanure de potassium soit converti en acide prussique. Il reste, en effet, dans la cornue une substance d'un blanc bleuâtre qui renferme du cyanogène, du fer et du potassium, et dont nous indiquerons la composition plus loin.

Veut-on préparer une solution aqueuse d'acide cyanhydrique, on donne à l'appareil la disposition indiquée figure 22.

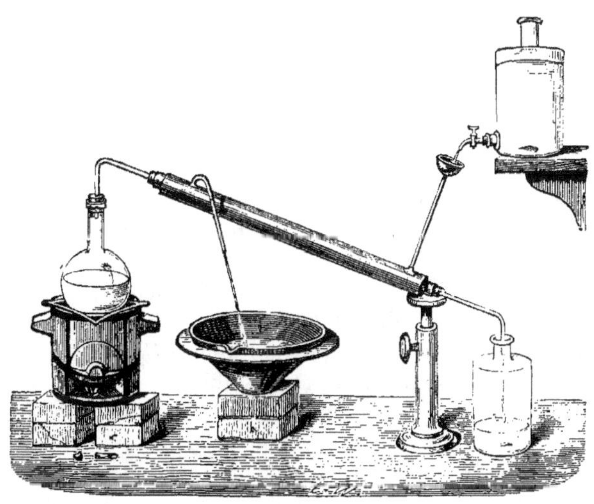

Fig. 22.

Propriétés. — L'acide cyanhydrique anhydre est un liquide incolore, limpide, très-mobile, doué d'une odeur forte d'amandes amères. Sa densité est égale à 0,7058 à $+$ 7°. Il bout à 26°,5. La densité de sa vapeur est égale à 0,9476. Il cristallise à — 15°. Lorsqu'on en verse quelques gouttes sur une feuille de papier, il se vaporise si rapidement qu'une portion du liquide se solidifie. L'acide cyanhydrique rougit à peine le tournesol. Au contact d'un corps incandescent, il s'enflamme et brûle avec une flamme blanche légèrement teintée de violet.

Abandonné à lui-même à l'état de pureté, il ne se conserve pas. Il brunit, laisse dégager une petite quantité d'ammoniaque et finit par se prendre en une masse brune solide. Il se conserve mieux lorsqu'il renferme une trace d'un acide minéral énergique.

Le chlore et le brome décomposent l'acide cyanhydrique et le convertissent en chlorure et en bromure de cyanogène.

Le potassium, chauffé dans la vapeur d'acide cyanhydrique, décompose celui-ci en s'emparant du cyanogène et en mettant l'hydrogène en liberté.

Lorsqu'on mêle l'acide cyanhydrique avec son volume d'acide chlorhydrique concentré, le mélange s'échauffe et laisse déposer bientôt des cristaux abondants de sel ammoniac. De l'acide formique est contenu dans l'eau-mère.

$$C^2AzH + H^4O^4 = C^2H^2O^4 + AzH^3.$$
$$\underset{\text{cyanhydrique.}}{\text{Acide}} \qquad\qquad \underset{\text{formique.}}{\text{Acide}}$$

D'autres acides minéraux puissants, tels que l'acide sulfurique, déterminent la même réaction.

Chose singulière, l'acide cyanhydrique sursaturé par la potasse caustique ne perd pas son odeur. Au bout de quelque temps le liquide laisse dégager de l'ammoniaque et renferme alors du formiate de potasse.

L'acide cyanhydrique se combine avec beaucoup d'énergie avec certains chlorures anhydres tels que le perchlorure de fer, le bichlorure d'étain, le perchlorure d'antimoine. (Woehler.) Les composés ainsi formés sont solides et cristallins.

L'acide cyanhydrique est caractérisé à l'aide des réactions suivantes :

Il forme avec la solution d'azotate d'argent un précipité blanc, caillebotté, peu soluble dans l'acide azotique froid, mais soluble dans cet acide bouillant et dans l'ammoniaque. Ce précipité se forme dans des liqueurs même très-étendues. Il se décompose, lorsqu'on le chauffe, en cyanogène et en argent métallique.

L'acide cyanhydrique ne précipite ni les sels ferriques ni les sels ferreux. Il donne du bleu de Prusse lorsqu'on opère de la manière suivante : On ajoute à la solution qui renferme l'acide cyanhydrique quelques gouttes d'une solution de sulfate ferreux et quelques gouttes d'une solution de sulfate ferrique, puis un excès de potasse caustique. On obtient ainsi un précipité qu'on traite par un excès d'acide chlorhydrique. La liqueur prend alors une teinte d'un bleu foncé, due à la formation du bleu de Prusse. Cette réaction permet de reconnaître des traces d'acide prussique en solution dans l'eau.

Le procédé suivant est encore plus sensible : On chauffe, dans un verre de montre, la solution très-étendue d'acide prussique, avec une goutte de sulfhydrate d'ammoniaque, jusqu'à décoloration. On obtient du sulfocyanure d'ammonium, qui produit une coloration rouge de sang, lorsqu'on ajoute une goutte d'une solution de chlorure ferrique.

L'acide cyanhydrique est employé en médecine comme antispasmodique. Il n'est jamais administré à l'état anhydre, mais en solution dans l'eau.

L'acide prussique médicinal renferme 1 partie pondérable d'acide anhydre sur 8,5 parties d'eau, ou 1 volume d'acide pour 6 volumes d'eau.

Action de l'acide cyanhydrique sur l'économie animale. — De tous les poisons l'acide cyanhydrique est le plus rapide et le plus redoutable. Lorsqu'il est anhydre, il tue à la dose de 5 centigrammes, pris en une seule fois. Une dose moindre peut déterminer la mort, quoique, d'un autre côté, on observe des cas de guérison après l'ingestion de 7 à 10 centigrammes. Les effets sont presque instantanés, que le poison ait été ingéré dans le tube digestif, ou qu'il ait été instillé dans l'œil, ou encore que ses vapeurs aient pénétré dans les poumons. Dans ce dernier cas, l'action est plus énergique et plus rapide. L'absorption par la peau est moins facile.

Quelques instants après l'ingestion de l'acide prussique, l'individu empoisonné chancelle et tombe sans connaissance. Une dose très-forte (environ 15 à 60 grammes d'acide prussique médicinal) provoque immédiatement un état comateux auquel le malade succombe au bout de deux à cinq minutes : c'est ce qu'on a nommé la forme apoplectique de cet empoisonnement. Des chiens de petite taille peuvent périr en moins d'une minute, et des oiseaux auxquels on fait respirer la vapeur d'acide prussique pur sont comme foudroyés.

Lorsque la dose de poison a été moins forte, il se déclare des contractures des membres et de violents accès de tétanos auxquels succède une période de prostration. La respiration est pénible, l'inspiration convulsive, l'expiration lente. L'haleine possède une odeur prussique. Les mouvements du cœur, d'abord tumultueux, se ralentissent; le pouls se déprime et devient intermittent. La mort survient au bout d'un quart d'heure, d'une demi-heure, d'une heure au plus : telle est la forme tétanique de cet empoisonnement.

On ne connaît point de véritable contrepoison de l'acide cyanhydrique. On ne peut considérer comme tels l'ammoniaque ou l'eau de chlore, dont on a conseillé l'administration dans les cas d'empoisonnement par cet acide. Car en supposant qu'ils atteignent le poison dans l'organisme, ils n'en pourraient neutraliser les effets. Le cyanhydrate d'ammoniaque et le chlorure de cyanogène sont des poisons presque aussi énergiques que l'acide cyanhydrique lui-même.

On a reconnu pourtant que des inhalations de chlore ou d'ammoniaque peuvent produire de bons effets. Mais ces substances n'agissent pas, dans ce cas, comme antidotes, mais bien comme excitants. On a conseillé plus récemment l'emploi du sulfate ferreux et de la soude, dans le but de transformer l'acide prussique en bleu de Prusse. Mais ce moyen n'a pas encore été expérimenté chez l'homme. Le mode de traitement le plus efficace consiste à faire des affusions d'eau froide sur la tête et le long de la colonne vertébrale.

A l'autopsie, les organes d'un individu qui a succombé à l'empoisonnement par une forte dose d'acide prussique répandent une odeur marquée d'amandes amères. Cette odeur est surtout prononcée dans l'estomac; mais on l'a remarquée aussi dans d'autres organes, tels que le cerveau, la moelle épinière, les membres et même le sang.

Dans ces cas, il est possible d'isoler le poison et de le caractériser par quelques réactions.

Recherche de l'acide prussique dans les cas d'empoisonnement. — On introduit le contenu de l'estomac et l'estomac lui-même, coupé par morceaux, dans une cornue avec de l'eau distillée; la cornue se trouve en communication avec un réfrigérant de Liebig et avec un récipient que l'on entoure de glace. On distille au bain d'huile, de manière à recueillir dans le récipient une quantité de liquide représentant le quart au plus de celui qui était contenu dans la cornue. Ce liquide renferme tout l'acide prussique qui passe avec les premières portions d'eau. Il doit exhaler une odeur marquée d'amandes amères, et on y reconnaît la présence de l'acide cyanhydrique à l'aide des réactions que nous avons indiquées.

En le précipitant par l'azotate d'argent, on obtiendra du cyanure d'argent qu'on peut recueillir sur un filtre, sécher, introduire dans un petit tube bouché par un bout et qu'on effile ensuite en pointe par l'autre extrémité. En chauffant, on décompose le cyanure d'argent et on en dégage du cyanogène, qu'on pourra allumer à l'extrémité du tube effilé. Il brûlera avec une flamme bordée de pourpre.

Il convient d'ailleurs de s'assurer que l'estomac ne renfermait pas de ferrocyanure de potassium, sel non vénéneux qu'on a quelquefois administré comme médicament, et qui, décomposé par les acides de l'estomac, pourrait fournir des traces d'acide prussique. Le ferrocyanure de potassium est caractérisé par son action sur les sels ferriques, qu'il précipite immédiatement en bleu foncé (bleu de Prusse).

CYANURE DE POTASSIUM.

$CyK = C^2AzK.$

Pour préparer ce sel, on chauffe au rouge, dans une cornue de grès, du ferrocyanure de potassium (prussiate de potasse) préalablement desséché. Après le refroidissement on casse la cornue, on pulvérise grossièrement la masse noire qu'elle renferme, et on l'épuise par l'alcool bouillant. Celui-ci dissout le cyanure et laisse un résidu noir formé de charbon et de carbure de fer. La solution alcoolique, évaporée dans le vide au-dessus d'un vase contenant de l'acide sulfurique, laisse du cyanure de potassium sous forme d'une masse blanche cristalline.

Un procédé plus économique consiste à faire chauffer au rouge, dans un creuset de fer, un mélange de 8 parties de ferrocyanure de potassium desséché et de 3 parties de carbonate de potasse sec. L'acide carbonique de ce dernier sel se dégage, et la potasse, fixant du cyanogène, se convertit en cyanure de potassium et en cyanate de potasse. Le fer est mis en liberté et se dépose au fond du creuset. Lorsque la masse est en fusion tranquille, on décante avec précaution la partie liquide, qui se prend par le refroidissement en une masse blanche. Dans ce procédé, le rendement est augmenté de tout le cyanure qui se forme aux dépens du carbonate de potasse. Par contre, le produit n'est pas pur, parce qu'il renferme toujours une certaine quantité de cyanate. Ce cyanure de potassium sert principalement pour la dorure et l'argenture et en photographie. On doit préférer pour l'usage pharmaceutique le cyanure de potassium obtenu par la calcination pure et simple du ferrocyanure.

Un autre procédé consiste à faire arriver des vapeurs d'acide cyanhydrique anhydre dans une solution alcoolique concentrée de potasse. Le cyanure de potassium se dépose sous forme d'une bouillie cristalline qu'on exprime et qu'on fait sécher rapidement.

Propriétés. — Le cyanure de potassium cristallise en cubes. Il fond à une température peu élevée. Il possède une saveur caustique et un arrière-goût prononcé d'amandes amères. Il est déliquescent, par conséquent très-soluble dans l'eau. L'alcool absolu le dissout à peine, l'alcool ordinaire aisément.

La solution aqueuse possède une réaction alcaline. Abandonnée à elle-même, elle s'altère et renferme, au bout de quelque temps, du formiate de potasse. Cette décomposition est plus rapide lorsqu'on fait bouillir la solution (page 86).

Le cyanure de potassium possède une grande tendance à s'oxyder et à se convertir en cyanate. Il réduit un grand nombre d'oxydes et de sels oxygénés lorsqu'on le chauffe avec eux. On l'emploie avec avantage pour les essais au chalumeau, comme agent de réduction. Fondu avec du soufre, il se combine avec ce corps et se convertit en sulfocyanure.

L'iode se dissout abondamment dans une solution de cyanure de potassium en formant de l'iodure de potassium et de l'iodure de cyanogène, qui se dépose en cristaux.

La solution de cyanure de potassium dissout les cyanures de zinc, d'argent, etc., pour former des cyanures doubles. Elle dissout même le zinc, le fer, le cuivre, avec dégagement d'hydrogène et formation de cyanures métalliques qui se dissolvent dans l'excès de cyanure de potassium. Pour chaque équivalent de métal qui se dissout ainsi, un équivalent de potassium est transformé en potasse caustique.

La solution de cyanure de potassium dissout le chlorure d'argent.

Le cyanure de potassium est employé en médecine. On l'administre à très-petite dose, car c'est un poison presque aussi énergique que l'acide prussique lui-même. Celui qu'on rencontre dans le commerce est généralement moins actif : il renferme, en effet, des doses variables de cyanate et de carbonate.

CYANURE DE ZINC.

$$CyZn = C^2AzZn.$$

On le prépare par double décomposition en ajoutant de l'acide prussique à une solution d'acétate de zinc (Liebig), ou en précipitant une solution de sulfate de zinc par une solution de cyanure de potassium pur. Le cyanure de zinc constitue un précipité blanc, insoluble dans l'eau et dans l'alcool, mais qui se dissout avec une grande facilité dans la solution des cyanures alcalins. Il forme avec le cyanure de potassium un cyanure double $CyK,CyZn$, cristallisable en gros octaèdres réguliers. Il est employé en médecine comme antispasmodique.

CYANURE DE MERCURE.

$$CyHg = C^2AzHg.$$

Le meilleur procédé de préparation de ce corps consiste à introduire dans une solution aqueuse et étendue d'acide prussique de l'oxyde rouge de mercure en poudre fine, jusqu'à ce que l'acide n'exhale plus qu'une faible odeur, et à évaporer la solution. Par le refroidissement, elle fournit de petits prismes à base carrée, qui constituent le cyanure de mercure.

On peut aussi préparer ce corps par double décomposition, avec le ferrocyanure de potassium et le sulfate mercurique. On fait bouillir pendant un quart d'heure 1 partie de ferrocyanure de potassium, 2 parties de sulfate mercurique avec 8 à 10 parties d'eau et l'on filtre. Le cyanure cristallise dans la liqueur filtrée.

Les cristaux sont transparents, incolores, anhydres et inaltérables à la lumière. Leur saveur est métallique et nauséabonde. Le cyanure de mercure se dissout à froid dans 8 parties d'eau. Il est peu soluble dans l'alcool absolu. Il se décompose par la chaleur.

La solution de cyanure de mercure dissout l'oxyde de mercure. Il se forme un oxydocyanure $HgCy,HgO$ plus soluble dans l'eau que le cyanure, et cristallisable en écailles incolores. L'existence de ce sel justifie la précaution que l'on prend de ne point neutraliser entièrement l'acide prussique par l'oxyde mercurique dans la préparation du cyanure de mercure qui a été décrite plus haut.

Le cyanure de mercure forme des composés doubles avec un grand nombre de chlorures, bromures, iodures et cyanures métalliques. Lorsqu'on verse une solution d'iodure de potassium dans une solution de cyanure de mercure, on obtient immédiatement un précipité formé par des écailles nacrées. (Cailliot.) C'est une combinaison renfermant 2CyHg,IK. Elle a été employée en médecine. Le cyanure de mercure se combine même avec des sels oxygénés tels que l'azotate d'argent, le chromate de potasse, etc. Il est employé en médecine comme antisyphilitique. Il est très-vénéneux.

CYANURE D'ARGENT.

$$CyAg = C^2AzAg.$$

Précipité blanc caillebotté qu'on obtient en versant de l'acide cyanhydrique ou un cyanure soluble dans une solution d'azotate d'argent. Nous en avons déjà indiqué quelques caractères (page 91).

Ce cyanure d'argent se dissout avec une grande facilité dans une solution de cyanure de potassium, avec lequel il forme un sel double cristallisable CyAg,CyK, qui est employé dans l'argenture. Lorsqu'on verse de l'acide azotique dans la solution, on décompose le cyanure de potassium et on précipite immédiatement le cyanure d'argent. C'est par ces caractères que les cyanures doubles analogues au cyanure double de potassium et d'argent se distinguent des cyanures doubles plus compliqués que nous allons décrire maintenant.

FERROCYANURES.

Ces combinaisons importantes peuvent être envisagées comme renfermant un radical *ferrocyanogène* $Cy^3Fe = C^6Az^3Fe$, formé par l'union de 3 équivalents de cyanogène avec 1 équivalent de fer. 3 équivalents de cyanogène représentent 3 équivalents d'hydrogène et offrent une puissance de combinaison (atomicité) représentée par 3 unités. Elle se réduit à 2 par l'adjonction du fer, qui sature 1 unité. Voilà pourquoi le ferrocyanogène $(Cy^3Fe)''$ est diatomique. Pour se saturer, il se combine avec 2 équivalents d'hydrogène, de potassium, etc. Il joue le rôle de radical; car on peut le faire passer, par double décomposition, dans une foule de combinaisons.

Le point de départ de tous ces composés est le ferrocyanure de potassium ou *prussiate jaune de potasse*.

FERROCYANURE DE POTASSIUM.

$$Cy^3Fe,K^2 + 3aq. = C^6Az^3Fe,K^2 + 3HO.$$

On obtient ce sel en calcinant en vase clos des matières animales, telles que le sang, la corne, des débris de peau, avec du carbonate de potasse. On lessive par l'eau bouillante la masse calcinée, qui contient du cyanure de potassium. On ajoute à cette lessive du sulfate ferreux et on évapore à cristallisation ; ou bien on la fait bouillir avec du fer métallique, qui s'y dissout avec dégagement d'hydrogène. On peut aussi ajouter du fer au mélange des matières animales avec le carbonate de potasse, et calciner le tout. Après le refroidissement on pulvérise la masse et on l'épuise par l'eau bouillante. La solution renferme du ferrocyanure. On la concentre par l'évaporation. Par le refroidissement, elle laisse déposer le ferrocyanure en cristaux. On le purifie par une nouvelle cristallisation.

Ces cristaux sont d'un jaune citron ; leur forme dérive de l'octaèdre à base carrée. Ils sont souvent tronqués par deux faces parallèles à la base, ce qui leur donne l'aspect de tables.

Ils sont inaltérables à l'air à la température ordinaire ; mais à 100° ils perdent 12,8 pour 100 d'eau (3 équivalents).

Le sel anhydre est blanc. Chauffé à l'abri de l'air, il fond au-dessous du rouge, dégage de l'azote et laisse pour résidu une masse noire formée de cyanure de potassium et de carbure de fer.

Le ferrocyanure de potassium se dissout dans 2 parties d'eau bouillante, et dans 4 parties d'eau froide. Il est insoluble dans l'alcool, qui le précipite en paillettes blanches de sa solution aqueuse.

Lorsqu'on le chauffe avec des corps riches en oxygène, tels que le peroxyde de manganèse, il se convertit en cyanate. Le fer s'oxyde en même temps et reste à l'état de peroxyde.

Fondu avec du soufre, le ferrocyanure de potassium se convertit en sulfocyanure.

Lorsqu'on dirige du chlore dans sa solution aqueuse il se convertit en chlorure de potassium et ferricyanure (prussiate rouge de potasse).

Chauffé avec de l'acide sulfurique étendu, le ferrocyanure dégage de l'acide prussique et laisse une masse d'un bleu clair, le ferrocyanure ferroso-potassique

$$(Cy^3Fe)'' \begin{cases} K \\ Fe \end{cases}$$

c'est-à-dire du ferrocyanure de potassium

$$(Cy^3Fe)'' \begin{cases} K \\ K \end{cases}$$

dont 1 équivalent de potassium est remplacé par du fer.

Lorsqu'on chauffe le prussiate de potasse avec de l'acide sulfurique concentré, il se dégage de l'oxyde de carbone pur (Kemp), et il reste un résidu formé de sulfate de potasse, de sulfate d'ammoniaque et de sulfate de fer.

En ajoutant un excès d'acide chlorhydrique privé d'air à une solution récemment bouillie de ferrocyanure de potassium, et agitant le tout avec de l'éther, on obtient un précipité blanc formé par des écailles minces et brillantes, qui constituent l'*acide ferrocyanhydrique* Cy^3Fe,H^2.

On voit que dans cette réaction le ferrocyanure ne fait qu'échanger 2 équivalents de potassium contre 2 équivalents d'hydrogène. L'acide ferrocyanhydrique est peu stable : il bleuit à l'air. Sa solution aqueuse se décompose par l'ébullition.

Le ferrocyanure de potassium précipite un grand nombre de solutions métalliques, et l'on sait que les précipités ainsi formés servent souvent à caractériser ces solutions. Ces précipités constituent généralement des ferrocyanures qui correspondent dans leur composition au ferrocyanure de potassium. Il en est ainsi des composés suivants :

Ferrocyanure de zinc.. Cy^3Fe,Zn^2 + 3HO   précipité blanc
Ferrocyanure de cuivre Cy^3Fe,Cu^2 + 3HO   précipité marron
Ferrocyanure de plomb Cy^3Fe,Pb^2 + 3HO   précipité blanc
Ferrocyanure d'argent. Cy^3Fe,Ag^2 précipité blanc.

Dans d'autres cas, le ferrocyanure de potassium n'échange qu'un équivalent d'un autre métal contre un équivalent de potassium. Il en est ainsi lorsqu'on mêle des solutions bouillantes et concentrées de deux parties de ferrocyanure de potassium et d'une partie de chlorure de barium. Il se dépose par le refroidissement de petits cristaux rhomboédriques qui constituent un ferrocyanure mixte de potassium et de barium,

$$Cy^3Fe\left\{{Ba \atop K}\right. + 3HO.$$

Le précipité jaunâtre qu'on obtient en versant une solution de prussiate de potasse dans une solution concentrée de chlorure de calcium, possède une constitution analogue. C'est un ferrocyanure mixte

$$Cy^3Fe\left\{{Ca \atop K}\right. + 3HO.$$

Enfin le précipité blanc bleuâtre que forme le ferrocyanure de potassium dans les sels ferreux est probablement un composé neutre analogue aux précédents et renfermant

$$Cy^3Fe\left\{{Fe \atop K}\right.$$

et identique avec le dépôt blanc bleuâtre qu'on obtient en traitant le ferrocyanure de potassium par l'acide sulfurique.

BLEU DE PRUSSE OU FERROCYANURE FERRIQUE.

$$(Cy^3Fe)^3Fe^4.$$

C'est le précipité bleu foncé que forme le prussiate de potasse dans la solution d'un sel ferrique. On le prépare dans les arts en mélangeant des solutions de prussiate de potasse et de sulfate ferreux. On obtient d'abord le composé ferroso-potassique dont nous venons d'indiquer la composition, et l'on transforme ensuite ce précipité en ferrocyanure ferrique, en le faisant digérer avec de l'acide chlorhydrique qui extrait le potassium, et puis avec du chlorure de chaux qui oxyde le fer. Néanmoins, le bleu de Prusse du commerce renferme presque toujours une certaine quantité de ferrocyanure ferroso-potassique. Pour obtenir le ferrocyanure ferrique (bleu de Prusse) parfaitement pur, on précipite le chlorure ferrique par l'acide ferrocyanhydrique

$$2(Fe^2Cl^3) + 3(Cy^3Fe,H^2) = 6HCl + 3(Cy^3Fe)Fe^4.$$

Le précipité renferme 18 équivalents d'eau de cristallisation. Si l'on compare la composition du ferrocyanure ferrique à celle du chlorure ferrique

$$Fe^2Cl^3$$
$$Fe^4(Cy^3Fe)^3,$$

on voit qu'entre ces deux corps il existe cette différence que, tandis que 3 équivalents de chlore sont combinés avec 2 équivalents de fer, 3 molécules de ferrocyanogène sont combinées avec 4 équivalents de fer, particularité dont rend compte la nature diatomique du ferrocyanogène.

Le bleu de Prusse du commerce se présente en morceaux ordinairement cubiques offrant une belle couleur bleue et des reflets cuivrés.

Calciné au contact de l'air, il laisse un résidu de peroxyde de fer. Il est insoluble dans l'eau, l'alcool et les acides faibles. L'acide oxalique le dissout; cette solution est employée comme encre bleue. Les acides minéraux concentrés le détruisent. La potasse le décompose avec formation de peroxyde de fer hydraté et de ferrocyanure de potassium.

Lorsqu'on fait bouillir du bleu de Prusse, délayé dans l'eau, avec de l'oxyde mercurique, il se sépare de l'oxyde ferroso-ferrique, et l'on obtient du cyanure mercurique. Autrefois on a mis à profit cette réaction pour la préparation de ce cyanure.

En traitant le ferrocyanure ferroso-potassique

$$Cy^3Fe\begin{cases}Fe\\K\end{cases}$$

par l'acide azotique, M. Williamson a obtenu un composé bleu qui se rapproche du bleu de Prusse par sa composition, mais qui renferme encore du potassium. La composition de ce corps est exprimée par la formule

$$2Cy^3Fe,\begin{cases}(Fe^2)'''\\K\end{cases} + 4\,aq.$$

Il représente en quelque sorte deux molécules de prussiate de potasse

$$2Cy^3Fe,K^4$$

dans lesquelles 3 équivalents de potassium sont remplacés par une quantité équivalente de fer (ferricum); et l'on voit que, dans la préparation de ce corps par l'action de l'acide azotique sur le ferrocyanure ferroso-potassique, l'acide se borne à enlever 1 équivalent de potassium à 2 molécules de ce sel

$$2Cy^3Fe,\begin{cases}Fe^2\\K^2\end{cases}$$

L'acide azotique agit dans cette circonstance comme le chlore agit sur le ferrocyanure de potassium, lorsqu'il transforme celui-ci en ferricyanure de potassium.

FERRICYANURE DE POTASSIUM OU PRUSSIATE ROUGE DE POTASSE.

$$Cy^6Fe^2,K^3.$$

Ce beau sel a été découvert par Léopold Gmelin. On le prépare en dirigeant un courant de gaz chlore à travers une solution étendue de ferrocyanure de potassium, jusqu'à ce que les sels de peroxyde de fer n'y produisent plus de précipité bleu. On concentre la solution, on fait cristalliser, et on purifie le sel par de nouvelles cristallisations. L'eau-mère retient du chlorure de potassium.

Le ferricyanure de potassium forme de magnifiques prismes rhomboïdaux obliques d'un beau rouge de sang. Ces cristaux sont anhydres. Leur composition est représentée par la formule

$$Cy^6Fe^2,K^3.$$

On peut y admettre l'existence d'un radical triatomique $(Cy^6Fe^2)'''$, le ferricyanogène, qui représente en quelque sorte du ferrocyanogène doublé $(2Cy^3Fe)$.

Le ferricyanure de potassium se dissout dans 3,8 parties d'eau froide et dans une quantité moindre d'eau bouillante. La solution saturée est d'un jaune brun foncé. Il est insoluble dans l'alcool.

Les cristaux de ferricyanure de potassium, exposés à la flamme d'une bougie, brûlent en lançant des étincelles. Un mélange intime de ce sel et d'oxyde de cuivre brûle avec une vive incandescence lorsqu'on le chauffe dans un ballon.

La solution de ferricyanure de potassium est décomposée à chaud par l'acide chlorhydrique, avec formation d'un précipité de bleu de Prusse.

Lorsqu'on fait bouillir cette solution avec de la potasse et un corps capable de s'oxyder, il se forme, par réduction, du ferrocyanure. Ainsi, une solution d'oxyde de chrome dans la potasse se transforme, en présence du ferricyanure de potassium, en chromate de potasse, et une solution d'hydrate plombique dans la potasse laisse précipiter du peroxyde de plomb.

La solution de ferricyanure de potassium donne, avec diverses solutions métalliques, des précipités caractéristiques. Elle ne précipite pas les sels ferriques, mais colore la solution en jaune brun foncé. Avec les sels ferreux, elle donne un précipité d'un bleu foncé, espèce de bleu de Prusse connu sous le nom de *bleu de Turnbull*. Sa composition est différente de celle du bleu de Prusse ordinaire. Celui représentant le ferrocyanure ferrique $3(Cy^3Fe)''Fe^4$, le bleu de Turnbull constitue le ferricyanure ferreux $(Cy^6Fe^2)'''Fe^3$. Ce dernier se forme en vertu de la réaction suivante :

$$Cy^6Fe^2,K^3 \; + \; 3FeSO^4 \; = \; 3KSO^4 \; + \; Cy^6Fe^2,Fe^3.$$

Ferricyanure potassique.	Sulfate ferreux.	Sulfate potassique.	Ferricyanure ferreux.

NITROFERROCYANURES.

Les nitroferrocyanures, qui sont aussi connus sous le nom de nitroprussiates, prennent naissance, par l'action de l'acide azotique, sur certains ferrocyanures. Ils sont caractérisés par la belle couleur pourpre qu'ils produisent dans la solution des monosulfures alcalins. Parmi ces composés, qui ont été découverts par M. Playfair, nous ne décrirons que le suivant :

Nitroferrocyanure de sodium. — On obtient ce sel en traitant le ferrocyanure de potassium en poudre par l'acide azotique étendu de son volume d'eau. Pour 1 équivalent de sel on doit employer 5 équivalents d'acide. Lorsque le sel s'est dissous à froid, on introduit la solution dans un ballon, et on la chauffe au bain-marie, jusqu'à ce qu'elle ne forme plus de précipité bleu avec le sulfate ferreux, mais un précipité vert ou gris d'ardoise. On l'abandonne ensuite à la cristallisation; elle donne des cristaux d'azotate de potasse et laisse déposer de l'oxamide. On décante l'eau-mère, fortement colorée, et on la neutralise par du carbonate de soude, et après avoir porté la liqueur à l'ébullition, on la filtre. Par la concentration, on obtient des cristaux de nitroferrocyanure de sodium mélangés de cristaux d'azotate. On les sépare par de nouvelles cristallisations.

Le nitroferrocyanure de sodium cristallise en gros prismes rhomboïdaux droits, rouge de rubis, et qui ressemblent beaucoup aux cristaux de ferricyanure de potassium.

Sa composition est exprimée par la formule

$$Cy^3Fe^2, Cy^2Na^2, AzO^2 + 4\,aq$$

qui représente du cyanure ferrique combiné à du cyanure de sodium et à du bioxyde d'azote. Rien ne prouve que cette formule exprime la constitution du nitroferrocyanure de sodium.

Ce corps se dissout dans $2\frac{1}{2}$ fois son poids d'eau à 15°, en donnant une solution rouge. La coloration pourpre très-intense, mais fugace, qu'elle produit dans la solution d'un sulfure alcalin, permet de découvrir la moindre trace de l'un ou de l'autre corps.

POLYCYANURES DIVERS.

Dans les composés qui ont été décrits précédemment, ferrocyanures, ferricyanures, nitroferrocyanures, nous voyons les atomes de cyanogène s'accumuler dans une seule et même molécule, et s'associer intimement avec le fer, puis avec un autre métal, et dans les nitroprussiates avec le bioxyde d'azote. La combinaison avec le fer est plus intime qu'avec l'autre métal. Celui-ci peut être échangé par double décomposition. Il n'en est pas ainsi du fer, circonstance qui autorise la supposition que plusieurs molécules de cyanogène sont unies au fer de manière à former un radical composé.

D'autres métaux possèdent la propriété de s'unir intimement à plusieurs molécules de cyanogène, formant ainsi des radicaux composés capables de fournir des *polycyanures* comparables aux ferrocyanures. Parmi ces composés nous citerons les suivants :

cobalticyanures....................	Cy^6Co^2, R^3
chromicyanures....................	Cy^6Cr^2, R^3
platinocyanures....................	$Cy^2Pt, R.$

Les platinocyanures sont les plus beaux corps de la chimie.

On obtient le platinocyanure de potassium en délayant dans de l'eau bouillante du protochlorure de platine et en ajoutant du cyanure de potassium jusqu'à dissolution complète. On évapore le liquide filtré à cristallisation.

Le *platinocyanure de potassium* $Cy^2Pt,K + 3aq.$ forme de longs prismes rhomboïdaux, jaunes par transparence, bleus par réflexion.

Le *platinocyanure de barium* forme des prismes rhomboïdaux obliques qui offrent, par réflexion, la plus belle teinte verte.

Le *platinocyanure de magnésium* cristallise en beaux prismes à base carrée, qui présentent toutes les nuances de cramoisi, de vert et de bleu.

COMBINAISONS DU CYANOGÈNE AVEC L'OXYGÈNE.

ACIDE CYANIQUE.

$$C^2AzHO^2 = \begin{matrix} Cy \\ H \end{matrix} \Big\} O^2 = \begin{matrix} (C^2O^2)'' \\ H \end{matrix} \Big\} Az$$

Ce corps, entrevu par Vauquelin en 1818, a été particulièrement étudié par MM. Wœhler et Liebig, qui l'ont obtenu en soumettant l'acide cyanurique à la distillation. On introduit l'acide cyanurique parfaitement sec dans une petite cornue munie d'une allonge et d'un récipient entouré d'un mélange réfrigérant. On chauffe rapidement. L'acide cyanurique disparaît et se convertit en une matière blanche qui se sublime (cyamélide), et en acide cyanique qui se condense dans le récipient, sous forme d'un liquide généralement trouble, parce qu'il renferme en suspension une certaine quantité de cyamélide.

En se transformant en acide cyanique, l'acide cyanurique éprouve un dédoublement qui scinde sa molécule en trois molécules d'acide cyanique. Il se détriple, si l'on peut s'exprimer ainsi.

$$C^6Az^3H^3O^6 = 3C^2AzHO^2.$$
Acide cyanurique.   Acide cyanique.

L'acide cyanique est un liquide incolore, doué d'une odeur forte et irritante au plus haut degré. Une goutte de ce liquide appliquée sur la peau détermine une inflammation vésiculaire très-douloureuse. Il est soluble dans l'eau, mais sa solution se décompose bientôt en acide carbonique et en ammoniaque

$$C^2AzHO^2 + H^2O^2 = C^2O^4 + AzH^3.$$

Il se forme en même temps une petite quantité d'urée.

L'acide cyanique est un corps très-peu stable et qu'on ne peut conserver à la température ordinaire. Dès qu'on le sort du mélange réfrigérant où il s'est condensé, il fait entendre, à quelques degrés au-dessus de zéro, des pétillements et de légères explosions, et se convertit, par suite d'une transformation moléculaire, en une masse blanche amorphe qui est la *cyamélide*. Ce corps, qui est insoluble dans l'eau, dans l'alcool et dans l'éther, constitue sans doute une modification polymérique de l'acide cyanique. Lorsqu'on le soumet à la distillation, il se convertit de nouveau en ce dernier acide. Il se dissout dans les alcalis en se transformant en acide cyanurique.

L'acide cyanique ne peut pas être séparé des cyanates par l'action des acides. Lorsqu'on verse de l'acide chlorhydrique ou de l'acide sulfurique étendu dans une solution aqueuse de cyanate de potasse il se forme un sel ammoniacal et il se dégage de l'acide carbonique. Les éléments de l'eau se fixant, dans cette réaction, sur l'acide cyanique mis en liberté, celui-ci se décompose immédiatement, selon la réaction indiquée plus haut.

M. Wœhler a décrit une combinaison d'acide cyanique et d'acide chlorhydrique $CyHO^2, HCl$, qui se forme lorsqu'on traite le cyanate de potasse par du gaz chlorhydrique bien sec. Cette combinaison est un liquide qui ne se conserve qu'à une basse température dans des tubes scellés à la lampe.

CYANATES.

Cyanate de potasse. — C'est le plus important des cyanates. On l'obtient en oxydant le cyanure de potassium ou le ferrocyanure de potassium.

On fait un mélange intime de 2 parties de ferrocyanure de potassium bien sec avec 1 partie de peroxyde de manganèse préalablement desséché et réduit en poudre très-fine. On introduit ce mélange dans une capsule en tôle à fond plat qu'on chauffe au rouge obscur. On remue continuellement la masse : on la voit alors noircir, puis entrer en demi-fusion, par suite de la formation du cyanate de potasse. L'oxygène de ce sel provient non-seulement du peroxyde de manganèse, qui est réduit en oxyde brun, mais encore de l'air. Le fer du ferrocyanure se transforme en peroxyde. La masse refroidie est pulvérisée avec soin et épuisée par l'alcool à 80° cent. Les solutions alcooliques filtrées laissent déposer le cyanate de potasse sous forme de cristaux lamelleux.

Un autre procédé, qui a été conseillé par M. Liebig, consiste à traiter le cyanure de potassium, maintenu en fusion dans un creuset de Hesse, par de la litharge en poudre ou par du minium. Ces oxydes cèdent leur oxygène au cyanure, qui se convertit en cyanate; le plomb réduit gagne le fond du creuset. Après le refroidissement, on pulvérise la masse blanche obtenue (qui renferme toujours du carbonate de potasse) et on l'épuise par l'alcool faible et bouillant.

Le cyanate de potasse $C^2AzKO^2 = CyKO^2$ se présente en lames transparentes et anhydres qui ressemblent au chlorate de potasse. Il est fusible, et se prend, par le refroidissement, en une masse cristalline. Il est très-soluble dans l'eau, peu soluble dans l'alcool concentré froid. Sa solution aqueuse se convertit bientôt en carbonate de potasse et en ammoniaque. L'air humide fait éprouver la même transformation au sel sec.

Lorsqu'on triture du cyanate de potasse avec de l'acide oxalique desséché, il se forme de l'oxalate de potasse et de la cyamélide (modification polymérique de l'acide cyanique).

Cyanate d'ammoniaque $C^2Az(AzH^4)O^2$. — Lorsqu'on dirige les vapeurs d'acide cyanique dans un ballon renfermant du gaz ammoniac sec, il se forme une substance blanche, solide, très-soluble dans l'eau, et dont la solution montre toutes les réactions d'un cyanate. Elle dégage de l'ammoniaque avec les alcalis, de l'acide carbonique avec les acides. Mais lorsqu'on l'abandonne à elle-même pendant quelques jours ou lorsqu'on fait bouillir sa solution, elle se convertit en urée, sans rien perdre et sans rien gagner, par suite d'un simple changement moléculaire.

$$C^2Az(AzH^4)O^2 \quad = \quad \left.\begin{matrix} C^2O^2 \\ H^2 \\ H^2 \end{matrix}\right\}Az^2.$$

Cyanate   Urée
d'ammonium.   (diamide carbonique).

Cyanate d'argent. — Une solution de cyanate de potasse forme, dans une solution d'azotate d'argent, un précipité blanc de cyanate d'argent C^2AzAgO^2.

Traité par une solution de sel ammoniac, ce corps donne, par double décomposition, du chlorure d'argent et du cyanate d'ammoniaque, lequel se convertit en urée lorsqu'on évapore la liqueur.

$$C^2AzAgO^2 \quad + \quad AzH^4Cl \quad = \quad C^2Az(AzH^4)O^2 \quad + \quad AgCl.$$

Cyanate   Chlorure   Cyanate
d'argent.   d'ammonium.   d'ammonium.

URÉE.

$$C^2H^4Az^2O^2 \quad = \quad \left.\begin{matrix} (C^2O^2)'' \\ H^2 \\ H^2 \end{matrix}\right\}Az^2.$$

Ce corps important a été entrevu en 1773 par Rouelle le jeune, et obtenu à l'état de pureté par Fourcroy et Vauquelin, en 1799.

On l'a d'abord retiré de l'urine, dont il constitue l'élément organique le plus abondant.

Depuis on l'a rencontré en petite quantité dans une foule de liquides de l'économie, tels que le sang, le chyle, la lymphe, la sueur, l'humeur vitrée, l'humeur aqueuse, le liquide amniotique, la sérosité des hydropisies, etc.

Formation artificielle. — M. Wœhler, le premier, a obtenu l'urée artificiellement en unissant l'acide cyanique à l'ammoniaque. Cette découverte, aussi importante que celle de l'urée elle-même, offre le premier exemple de la synthèse d'un corps organique :

$$C^2AzHO^2 \quad + \quad AzH^3 \quad = \quad C^2H^4Az^2O^2.$$

Acide cyanique.   Ammoniaque.   Urée.

Parmi les autres modes de formation de l'urée, nous signalerons les suivants :

1° Action du gaz chloroxycarbonique sur l'ammoniaque : elle donne naissance à du sel ammoniac et à de l'urée (Natanson).

$$C^2O^2,Cl^2 \quad + \quad \left.\begin{matrix}H^2\\H^2\\H^2\end{matrix}\right\}Az^2 \quad = \quad 2HCl \quad + \quad \left.\begin{matrix}C^2O^2\\H^2\\H^2\end{matrix}\right\}Az^2.$$

Gaz chloroxycarbonique.   Urée.

L'acide chlorhydrique formé s'unit à l'excès d'ammoniaque.

2° Action de l'ammoniaque sur l'éther carbonique (Natanson).

$$\left.\begin{matrix}C^2O^2\\(C^4H^5)^2\end{matrix}\right\}O^4 \quad + \quad \left.\begin{matrix}H^2\\H^2\\H^2\end{matrix}\right\}Az^2 \quad = \quad \left.\begin{matrix}C^2O^2\\H^2\\H^2\end{matrix}\right\}Az^2 \quad + \quad 2\left.\begin{matrix}C^4H^5\\H\end{matrix}\right\}O^2$$

Carbonate diéthylique.   Urée.   Alcool.

Ces deux actions montrent que l'urée n'est autre chose que l'amide de l'acide carbonique.

3° Décomposition de l'oxamide par l'oxyde mercurique à une douce chaleur : il se dégage de l'acide carbonique et il se forme de l'urée en même temps que du mercure est réduit (Williamson).

$$C^4H^4Az^2O^4 \quad + \quad 2HgO \quad = \quad C^2O^4 \quad + \quad C^2H^4Az^2O^2 \quad + \quad 2Hg.$$

Oxamide.   Urée.

4° Action de divers réactifs sur les dérivés de l'acide urique, tels que l'alloxane et l'allantoïne.

Préparation. — 1° Pour retirer l'urée de l'urine, on concentre celle-ci au bain-marie en consistance sirupeuse ; on laisse refroidir et on ajoute un excès d'acide azotique froid ; la liqueur se prend en une masse de cristaux qui sont ordinairement colorés en jaune brun. On les fait égoutter sur un entonnoir, on les lave avec de l'eau glacée, puis on les redissout dans l'eau chaude et on ajoute à la solution du charbon animal lavé à l'acide chlorhydrique. On chauffe au bain-marie pendant quelques instants, puis on filtre. Par le refroidissement, on obtient des cristaux incolores d'azotate d'urée.

On les délaye dans l'eau et l'on ajoute peu à peu une solution concentrée de carbonate de potasse, jusqu'à ce que toute effervescence ait cessé. Il se dégage de l'acide carbonique et il se forme de l'azotate de potasse et de l'urée, qui restent en solution. On évapore la liqueur à siccité et on épuise le résidu par l'alcool absolu. L'urée se dissout, l'azotate potassique reste. On évapore la solution alcoolique et on fait cristalliser l'urée.

Un autre procédé consiste à ajouter à l'urine non concentrée du sous-acétate de plomb, à séparer par le filtre le précipité qui se forme, à faire passer dans la liqueur filtrée un courant de gaz sulfhydrique qui en précipite l'excès de plomb sous forme de sulfure, à filtrer de nouveau et à évaporer la solution à une basse température.

L'urée se dépose en cristaux, au bout de quelque temps, au sein de la liqueur convenablement concentrée.

2° Pour préparer l'urée artificiellement, en mettant à profit la réaction découverte par M. Wœhler, M. Liebig conseille d'opérer comme il suit :

On réduit en poudre fine 28 parties de ferrocyanure de potassium parfaitement sec ; on le mélange intimement avec 14 parties de peroxyde de manganèse, on chauffe le mélange sur une plaque en tôle jusqu'à ce qu'il soit devenu pâteux, comme nous l'avons indiqué en décrivant la préparation du cyanate de potasse. On pulvérise grossièrement la masse refroidie, on l'épuise avec de l'eau froide. A la liqueur filtrée on ajoute $20\frac{1}{2}$ parties de sulfate d'ammoniaque. S'il se produit un précipité de sulfate de potasse, on laisse reposer et on décante. La solution est ensuite évaporée à siccité, au bain-marie, et le résidu, qui présente ordinairement une coloration bleu verdâtre, est épuisé par l'alcool bouillant. Celui-ci dissout l'urée et laisse du sulfate de potasse. La solution alcoolique fournit l'urée par l'évaporation. On la purifie par de nouvelles cristallisations.

Composition et propriétés. — La composition de l'urée est exprimée par la formule

$$C^2H^4Az^2O^2.$$

L'urée est l'amide de l'acide carbonique. Elle représente du carbonate neutre d'ammonium

$$C^2O^4,2AzH^4O \;=\; \left.\begin{matrix}(C^2O^2)''\\(AzH^4)^2\end{matrix}\right\}O^4$$

moins 2 molécules d'eau.

$$\left.\begin{matrix}(C^2O^2)''\\2(AzH^4)\end{matrix}\right\}O^4 \;-\; 2H^2O^2 \;=\; \left.\begin{matrix}(C^2O^2)''\\H^2\\H^2\end{matrix}\right\}Az^2.$$

Carbonate diammonique. 2 molécules d'eau. Diamide carbonique (urée).

On peut l'envisager comme dérivée de 2 molécules d'ammoniaque par la substitution du radical carbonyle $(C^2O^2)''$ à H^2.

L'urée se dépose de sa solution aqueuse en longs prismes aplatis et striés. Par l'évaporation spontanée de la solution dans l'alcool faible, elle se dépose quelquefois en prismes à base carrée.

Les cristaux d'urée sont incolores; ils possèdent une saveur fraîche. Ils se dissolvent dans leur poids d'eau à 15°, en abaissant la température du liquide. Ils exigent, pour se dissoudre, 5 parties d'alcool froid d'une densité de 0,816, et 1 partie d'alcool bouillant. Ils sont très-peu solubles dans l'éther. Les solutions sont neutres.

L'urée fond à 120°. A quelques degrés au-dessus de cette température elle se décompose en dégageant de l'ammoniaque et du carbonate d'ammoniaque, et en laissant un résidu blanc et amorphe d'amméline et de biuret. Les équations suivantes expriment cette décomposition, qui s'accomplit entre 150° et 170°.

$$4\left[\left.\begin{matrix}(C^2O^2)''\\H^2\\H^2\end{matrix}\right\}Az^2\right] = \left.\begin{matrix}(C^2O^2)''\\(C^2Az)^2\\H^5\end{matrix}\right\}Az^3 \;+\; 2CO^2 \;+\; 4AzH^3$$

Urée.   Amméline.

$$2\left[\left.\begin{matrix}(C^2O^2)''\\H^2\\H^2\end{matrix}\right\}Az^2\right] = \left.\begin{matrix}(C^2O^2)''\\(C^2O^2)''\\H^5\end{matrix}\right\}Az^3 \;+\; AzH^3.$$

Urée.   Biuret.

Le biuret est un corps solide cristallin, neutre, très-soluble dans l'eau et dans l'alcool. (Wiedemann.)

A une température plus élevée, l'urée laisse un résidu d'acide cyanurique (Liebig) auquel est mélangée, lorsque l'action de la chaleur a été prolongée pendant longtemps, une petite quantité d'acide mélanurénique.

Lorsqu'on dirige un courant de chlore sur de l'urée fondue, elle se transforme en acide cyanurique, en même temps qu'il se forme de l'acide chlorhydrique, du chlorhydrate d'ammoniaque, de l'azote. (Wurtz.)

$$3C^2H^4Az^2O^2 + 6Cl = C^6Az^3H^3O^6 + 5HCl + AzH^4Cl + Az^2.$$
Urée.   Acide cyanurique.

Le chlore décompose immédiatement l'urée en solution aqueuse, en dégageant de l'acide carbonique et de l'azote.

$$C^2H^4Az^2O^2 + H^2O^2 + Cl^6 = 2CO^2 + Az^2 + 6HCl.$$

L'acide azoteux ou l'acide azotique chargé d'acide azoteux décompose instantanément l'urée en eau, acide carbonique et azote.

$$C^2H^4Az^2O^2 + 2AzO^3 = C^2O^4 + H^4O^4 + Az^4.$$

L'azotate mercureux agit de même. (Millon.)

Lorsqu'on chauffe une solution d'urée à 140° dans un tube scellé, elle se dédouble : absorbant les éléments de l'eau, elle se convertit en acide carbonique et en ammoniaque

$$C^2H^4Az^2O^2 + H^2O^2 = C^2O^4 + Az^2H^6.$$

La même transformation s'effectue lorsqu'on chauffe l'urée avec de la potasse caustique ou avec de l'acide sulfurique concentré.

Lorsqu'on ajoute une solution d'urée à une solution d'azotate d'argent et qu'on évapore le mélange, on obtient un dépôt cristallin de cyanate d'argent, et de l'azotate d'ammoniaque reste en dissolution dans l'eau-mère. Dans cette réaction, inverse de celle qui a été découverte par M. Woehler, l'urée se convertit de nouveau en cyanate d'ammoniaque sur lequel l'azotate d'argent réagit par double décomposition.

Combinaisons de l'urée avec les acides. — *Azotate d'urée.* — Lorsqu'on ajoute de l'acide azotique à une solution d'urée, il se forme un précipité cristallin d'azotate d'urée $C^2H^4Az^2O^2,HAzO^6$. Lorsque la solution est très-concentrée, elle se prend en masse.

Les cristaux d'azotate d'urée se présentent ordinairement en lames ou en écailles brillantes, quelquefois en prismes. Ils sont anhydres. Ils rougissent fortement la teinture de tournesol. Ils se dissolvent peu dans l'eau froide et encore moins dans l'acide azotique. Ils se décomposent vers 140°, en dégageant une grande quantité de gaz, formé d'acide carbonique et de protoxyde d'azote. L'azotate d'urée décompose les carbonates avec effervescence : il se forme des azotates et l'urée est mise en liberté.

Chlorhydrate d'urée. — Lorsqu'on dirige un courant de gaz chlorhydrique sec sur de l'urée en poudre, maintenue à une douce chaleur, il se forme du chlorhydrate d'urée $C^2H^4Az^2O^2,HCl$ qui se prend, par le refroidissement, en cristaux blancs feuilletés. Ces cristaux se liquéfient à l'air humide en se décomposant. L'eau les décompose immédiatement.

L'*oxalate d'urée* $2C^2H^4Az^2O^2,C^4H^2O^8$ se précipite sous forme d'une poudre cristalline lorsqu'on ajoute une solution concentrée d'acide oxalique à une solution concentrée d'urée. Il se dissout dans 23 parties d'eau à 15°, et dans une quantité beaucoup plus petite d'eau bouillante. Sa saveur est franchement acide.

Combinaisons de l'urée avec les oxydes. — On connaît plusieurs combinaisons d'urée et d'oxyde mercurique. Une solution aqueuse et bouillante d'urée dissout cet oxyde en abondance. La liqueur, saturée et filtrée, laisse déposer, au bout de vingt-quatre heures, des croûtes minces et dures qui renferment $C^2H^4Az^2O^2,2HgO$.

On obtient la combinaison $C^2H^4Az^2O^2,3HgO$ en ajoutant une solution de sublimé corrosif à une solution d'urée préalablement mélangée de potasse caustique. Il se forme un abondant précipité blanc gélatineux qui, lavé à l'eau bouillante, se transforme en une poudre grenue d'un jaune clair.

En ajoutant peu à peu une solution étendue d'azotate mercurique à une solution étendue d'urée, et en neutralisant de temps en temps la liqueur par du carbonate de soude, on obtient un précipité blanc gélatineux qui devient grenu dans l'eau bouillante, et qui renferme $C^2H^4Az^2O^2,4HgO$.

L'azotate mercurique précipite complétement l'urée de sa solution aqueuse si l'on a soin de neutraliser la liqueur. M. Liebig a tiré parti de cette propriété pour le dosage de l'urée, opération que nous décrirons en traitant de l'urine.

On se sert aussi de l'azotate mercurique pour isoler de petites quantités d'urée contenues dans les liquides de l'économie animale. La liqueur étant neutralisée, on recueille le précipité, on le lave, on le délaye dans l'eau et on le décompose par l'hydrogène sulfuré : il se forme du sulfure mercurique et l'urée reste en solution dans l'eau. On concentre dans le vide la liqueur fitrée et on précipite l'urée par l'acide azotique.

L'oxyde d'argent fraîchement précipité que l'on introduit dans une solution d'urée se convertit au bout de quelques heures, si l'on chauffe doucement, en une poudre grise, qui constitue une combinaison d'urée et d'oxyde d'argent $C^2H^4Az^2O^2,3AgO$.

Combinaisons de l'urée avec les sels. — L'urée forme des combinaisons cristallines avec certains azotates, tels que les azotates de soude, de chaux, de magnésie, d'argent, de mercure.

Urée et azotate d'argent. — Pour obtenir la combinaison d'urée avec l'azotate d'argent, on mélange des quantités équivalentes d'urée et d'azotate d'argent, en solution, et on chauffe la liqueur à 50°. Par le refroidissement on obtient des prismes rhomboïdaux obliques qui renferment $C^2H^4Az^2O^2,AgAzO^6$.

On connaît une autre combinaison d'urée et d'azotate d'argent qui renferme $C^2H^4Az^2O^2 + 2AgAzO^6$, et qui cristallise en prismes rhomboïdaux droits. On l'obtient en évaporant dans le vide de l'urée avec un excès d'azotate d'argent.

Urée et azotate mercurique. — Lorsqu'on ajoute une solution d'azotate mercurique à une solution d'urée, on obtient un précipité blanc, floconneux qui constitue une combinaison d'azotate d'urée et d'oxyde mercurique.

Ce précipité renferme des quantités variables d'oxyde mercurique, suivant la proportion d'azotate mercurique qu'on emploie et l'acidité de la liqueur. Abandonné pendant quelque temps dans un endroit chauffé, il devient cristallin.

Urée et chlorure de sodium. — Lorsqu'on mêle des solutions saturées d'équivalents égaux d'urée et de sel marin, et qu'on évapore la liqueur, elle laisse déposer des prismes rhomboïdaux obliques fusibles entre 60 et 70°, très-solubles dans l'eau. Ces cristaux constituent une combinaison d'urée et de chlorure de sodium $C^2H^4Az^2O^2,NaCl + 2HO$.

Cyanurée. — Lorsqu'on traite l'urée par une solution éthérée d'iodure de cyanogène, il se forme de la *cyanurée* et de l'acide iodhydrique (Pœnsgen).

$$C^2H^4Az^2O^2 + CyI = HI + C^2H^3CyO^2.$$

Urée.   Iodure de cyanogène.   Cyanurée.

La cyanurée est une poudre volumineuse, amorphe, d'un jaune clair, presque insoluble dans l'eau.

URÉES COMPOSÉES.

M. Wurtz a désigné sous ce nom des combinaisons qui dérivent de l'urée par la substitution des radicaux alcooliques à l'hydrogène de l'urée. On les obtient par l'action de l'acide cyanique sur les ammoniaques composées, ou en traitant les éthers cyaniques par l'ammoniaque ou par les ammoniaques composées.

Les réactions suivantes sont, en effet, analogues :

$$C^2H Az O^2 \ +\ Az H^3 \ =\ C^2H^4 Az^2 O^2$$
Acide cyanique. — Urée.

$$C^2H Az O^2 \ +\ Az(C^4H^5)H^2 \ =\ C^2H^3(C^4H^5)Az^2 O^2$$
Acide cyanique. — Éthylamine. — Éthylurée (A. Wurtz).

$$C^2H Az O^2 \ +\ Az(C^{12}H^5)H^2 \ =\ C^2H^3(C^{12}H^5)Az^2 O^2.$$
Acide cyanique. — Phénylamine (aniline). — Phénylurée (Hofmann).

$$C^2(C^2H^3)Az O^2 \ +\ Az H^3 \ =\ C^2H^3(C^2H^3)Az^2 O^2$$
Éther méthylcyanique. — Méthylurée.

$$C^2(C^4H^5)Az O^2 \ +\ Az H^3 \ =\ C^2H^3(C^4H^5)Az^2 O^2$$
Éther cyanique. — Éthylurée

$$C^2(C^{10}H^{11})Az O^2 \ +\ Az H^3 \ =\ C^2H^3(C^{10}H^{11})Az^2 O^2$$
Éther amylcyanique. — Amylurée.

$$C^2(C^4H^5)Az O^2 \ +\ Az(C^4H^5)H^2 \ =\ C^2H^2(C^4H^5)^2 Az^2 O^2$$
Éther cyanique. — Éthylamine. — diéthylurée.

$$C^2(C^4H^5)Az O^2 \ +\ Az(C^4H^5)^2 H \ =\ C^2H(C^4H^5)^3 Az^2 O^2, \ \text{etc.}$$
Éther cyanique. — Diéthylamine. — Triéthylurée.

$$C^2(C^4H^5)Az O^2$$

M. Zinin a obtenu une acétylurée en traitant l'urée à une température convenable par le chlorure d'acétyle

$$C^2H^4 Az^2 O^2 \ +\ C^4H^3 O^2 Cl \ =\ ClH \ +\ C^2H^3(C^4H^3 O^2)Az^2 O^2$$
Urée. — Chlorure d'acétyle. — Acétylurée.

MÉTHYLURÉE.

$$\left.\begin{array}{l}(C^2O^2)'' \\ C^2H^3, H \\ H^2\end{array}\right\} Az^2.$$

Ce corps forme de longs prismes déliquescents. La solution aqueuse concentrée donne, avec l'acide azotique, un précipité cristallin d'azotate de méthylurée. Ce sel cristallise en magnifiques prismes rhomboïdaux.

ÉTHYLURÉE.

$$\left.\begin{array}{l}(C^2O^2)'' \\ C^4H^5, H \\ H^2\end{array}\right\} Az^2.$$

Elle cristallise en prismes très-solubles dans l'eau et dans l'alcool. Elle se décompose à 200°.

Elle forme, avec l'acide azotique, un sel cristallisable.

DIÉTHYLURÉE.

$$\left.\begin{array}{l}(C^2O^2)'' \\ (C^4H^5)^2 \\ H^2\end{array}\right\} Az^2.$$

Cette urée composée se forme par l'action de l'éthylamine sur l'éther cyanique, ou par l'action de l'eau sur l'éther cyanique.

$$2C^2Az(C^4H^5)O^2 + H^2O^2 = C^2O^4 + \left.\begin{matrix}(C^2O^2)'' \\ (C^4H^5)^2 \\ H^2\end{matrix}\right\}Az^2.$$

Ether cyanique.   Diéthylurée.

Les corps formés dans ces deux réactions sont peut-être isomériques entre eux.

La diéthylurée forme de beaux prismes très-solubles dans l'eau dans l'alcool et dans l'éther. Elle fond à 106°, bout à 250°, et distille sans altération.

<h3 style="text-align:center">PHÉNYLURÉE.</h3>

$$\left.\begin{matrix}(C^2O^2)'' \\ C^{12}H^5,H \\ H^2\end{matrix}\right\}Az^2.$$

M. Hofmann a obtenu cette urée en dirigeant des vapeurs d'acide cyanique dans de l'aniline refroidie, ou en faisant réagir le sulfate d'aniline sur le cyanate de potasse, ou encore en traitant l'éther phénylcyanique par l'ammoniaque.

La phénylurée ou phénylcarbamide constitue des aiguilles à peine solubles dans l'eau froide, solubles dans l'eau bouillante et dans l'alcool.

<h3 style="text-align:center">ACIDE DICYANIQUE.</h3>

$$C^4Az^2H^2O^4 = \left.\begin{matrix}Cy^2 \\ H^2\end{matrix}\right\}O^4 = \left.\begin{matrix}2(C^2O^2)'' \\ H^2\end{matrix}\right\}Az^2.$$

Cet acide, découvert par M. Poensgen, se forme par l'action de l'acide azoteux sur la cyanurée (page 109) :

$$\left.\begin{matrix}(C^2O^2)'' \\ C^2Az,H \\ H^2\end{matrix}\right\}Az^2 + 2AzO^3 = \left.\begin{matrix}(C^2O^2)'' \\ H^2\end{matrix}\right\}Az^2 + HO + Az^2.$$

Cyanurée.   Acide dicyanique.

Il se présente sous forme de beaux cristaux d'un jaune clair, renfermant 3 équivalents d'eau de cristallisation. Il est peu soluble dans l'eau froide. Lorsqu'on le chauffe, il se convertit, comme l'acide cyanurique, en acide cyanique.

<h3 style="text-align:center">ACIDE CYANURIQUE.</h3>

$$C^6H^3Az^3O^6 = \left.\begin{matrix}Cy^3 \\ H^3\end{matrix}\right\}O^6.$$

Cet acide a été découvert par Scheele. On l'obtient en chauffant de l'urée dans une petite cornue jusqu'à ce qu'elle ne perde plus d'ammoniaque et qu'elle soit transformée en une masse sèche et grise.

$$3C^2H^4Az^2O^2 = C^6H^3Az^3O^6 + 3AzH^3.$$

Urée.   Acide cyanurique.

On peut aussi fondre l'urée dans un matras à fond plat, et faire

arriver dans celui-ci un courant de chlore sec. La réaction terminée (voir page 107), on épuise le résidu par l'eau froide, qui extrait
du sel ammoniac; l'acide cyanurique reste. On le purifie par
plusieurs cristallisations dans l'eau bouillante.

L'acide cyanurique se dépose de sa solution aqueuse en petits
cristaux qui constituent des prismes rhomboïdaux obliques. Ces
cristaux renferment 4 équivalents d'eau de cristallisation, qu'ils
perdent à l'air en s'effleurissant.

L'acide cyanurique est peu soluble dans l'eau froide, dont il
exige 40 parties pour se dissoudre. Il est plus soluble dans l'eau
bouillante. Il se dissout aussi dans l'alcool bouillant.

Les acides chlorhydrique et azotique le dissolvent de même à
chaud, et le laissent déposer par le refroidissement en octoaèdres
à base carrée, qui ne renferment point d'eau de cristallisation.

Soumis à la distillation sèche, l'acide cyanurique se convertit en
acide cyanique.

Fondu avec de la potasse caustique ou chauffé avec de l'acide
sulfurique concentré, il se dédouble en acide carbonique et en
ammoniaque.

$$C^6Az^3H^3O^6 + H^6O^6 = 6CO^2 + 3AzH^3.$$

L'acide cyanurique est un acide peu énergique; sa saveur est
faiblement acide. Il rougit légèrement le tournesol. Il est tribasique, c'est-à-dire qu'il peut échanger 3 équivalents de métal contre
3 équivalents d'hydrogène. Ainsi, en ajoutant de l'azotate d'argent à une solution chaude de cyanurate d'ammoniaque additionnée d'ammoniaque, on obtient un précipité cristallin qui constitue
du cyanurate triargentique $C^6Az^3Ag^3O^6 + HO$.

On connaît d'autres cyanurates qui renferment 2 ou même 1
seul équivalent de métal. (Woehler.) Les cyanurates alcalins sont
solubles, les autres sont insolubles.

L'acide cyanurique tribasique peut être envisagé comme dérivant de 3 molécules d'eau.

$$\left.\begin{matrix} H^3 \\ H^3 \end{matrix}\right\}O^6 \qquad \left.\begin{matrix} Cy^3 \\ H^3 \end{matrix}\right\}O^6$$

$$\text{Type.} \qquad \text{Acide cyanurique.}$$

La substitution de 3 équivalents de cyanogène à 3 équivalents
d'hydrogène de l'eau s'accomplit, en réalité, lorsque le chlorure
de cyanogène solide est décomposé par l'eau chaude :

$$Cy^3Cl^3 + \left.\begin{matrix} H^3 \\ H^3 \end{matrix}\right\}O^6 = \left.\begin{matrix} Cy^3 \\ H^3 \end{matrix}\right\}O^6 + 3HCl.$$

$$\begin{matrix} \text{Chlorure} \\ \text{de cyanogène.} \end{matrix} \qquad\qquad \begin{matrix} \text{Acide} \\ \text{cyanurique.} \end{matrix}$$

Acide cyanilique. — M. Liebig a décrit, sous ce nom, un acide isomérique ou polymérique avec l'acide cyanurique, et qu'il a obtenu en faisant bouillir le mellon avec de l'acide azotique. L'acide cyanilique cristallise en longs feuillets nacrés ou en prismes rhomboïdaux obliques. Il se convertit en acide cyanurique lorsqu'on le fait dissoudre dans l'acide sulfurique et qu'on précipite la solution par l'eau.

ACIDE SULFOCYANHYDRIQUE ET SULFOCYANURES.

L'acide sulfocyanhydrique représente de l'acide cyanique dont l'oxygène serait remplacé par du soufre. On devrait le nommer *acide sulfocyanique.*

$$\left.\begin{matrix}Cy\\H\end{matrix}\right\}O^2 \qquad \left.\begin{matrix}Cy\\H\end{matrix}\right\}S^2$$

Acide   Acide
cyanique.   sulfocyanique.

$$\left.\begin{matrix}Cy\\K\end{matrix}\right\}O^2 \qquad \left.\begin{matrix}Cy\\K\end{matrix}\right\}S^2$$

Cyanate   Sulfocyanate
potassique.   potassique
(sulfocyanure).

On prépare l'acide sulfocyanhydrique en faisant passer un courant de gaz chlorhydrique ou de gaz sulfhydrique sur du sulfocyanure mercureux disposé dans un tube de verre. L'acide sulfocyanhydrique se condense sur les parois du tube, sous forme d'un liquide oléagineux.

Il est incolore. A 12°,5 il se concrète en une masse solide formée de prismes hexagonaux. Il bout à 85° d'après M. Artus, à 102°,5 d'après M. Vogel.

Son odeur est piquante, sa saveur fortement acide. Il rougit vivement le tournesol. Il est doué de propriétés toxiques.

Il est soluble dans l'eau. Sa solution aqueuse colore les sels ferriques en rouge de sang. L'ébullition la décompose. Exposée à l'air, elle laisse déposer un précipité jaune d'acide persulfocyanhydrique.

Par l'action prolongée de l'hydrogène sulfuré, l'acide sulfocyanhydrique se dédouble en sulfure de carbone et en ammoniaque :

$$C^2AzHS^2 + 2HS = 2CS^2 + AzH^3.$$

Sulfocyanure de potassium $CyKS^2$. — Pour préparer ce sel on chauffe au rouge obscur, dans un matras luté ou dans un creuset couvert, un mélange de 2 parties de ferrocyanure de potassium avec 1 partie de fleur de soufre. Après le refroidissement, on dissout la masse dans l'eau, on filtre et on ajoute à la liqueur du carbonate de potasse tant qu'il se forme un précipité de carbonate ferreux. On filtre de nouveau, on évapore à siccité. On épuise le résidu par l'alcool et on abandonne la solution alcoolique à l'évaporation spontanée.

Le sulfocyanure de potassium cristallise en longs prismes striés qui ressemblent au salpêtre, ou en aiguilles terminées par un pointement à quatre faces. Il est déliquescent, très-soluble dans l'eau et dans l'alcool. Il possède une saveur fraîche, piquante.

Il est fusible et peut être chauffé au rouge sombre sans se décomposer. Calciné à l'air, il donne du sulfate. Sa solution aqueuse se décompose par l'ébullition en dégageant de l'ammoniaque. Lorsqu'on y dirige un courant de chlore, il se forme un précipité orangé de persulfocyanogène Cy^3HS^6.

Le même dépôt se forme lorsqu'on chauffe la solution aqueuse de sulfocyanure de potassium avec de l'acide azotique.

Le sulfocyanure de potassium fondu est décomposé par le chlore sec avec formation de chlorure de soufre, de chlorure de cyanogène solide, de chlorure de potassium et d'une poudre jaune, riche en carbone et en azote, et à laquelle M. Liebig a donné le nom de *mellon* : la constitution de ce corps n'est pas établie avec certitude.

Lorsqu'on mélange une solution concentrée de sulfocyanure de potassium avec six à huit fois son volume d'acide chlorhydrique, le mélange se prend peu à peu en une gelée blanche, qui se convertit bientôt en une bouillie de fines aiguilles. Ce produit, lavé à l'eau froide, se dissout en petite quantité dans l'eau bouillante, qui le laisse déposer, par le refroidissement, en magnifiques aiguilles jaunes. C'est *l'acide persulfocyanhydrique* $Cy^2H^2S^6$.

La solution de sulfocyanure de potassium produit, dans les sels ferriques, une coloration rouge de sang intense due, à la formation d'un sulfocyanure ferrique. Dans une solution de sulfate cuivrique additionnée de sulfate ferreux, elle produit un précipité blanc de sulfocyanure cuivreux $CyCu^2S^2$.

CHLORURES DE CYANOGÈNE.

On en connaît trois : un gazeux, un liquide et un solide.

Chlorure de cyanogène gazeux $CyCl$. — Serullas a obtenu ce corps en introduisant dans des flacons remplis de chlore du cyanure de mercure humide et en abandonnant le tout à l'obscurité pendant 24 heures. La meilleure manière de préparer ce chlorure consiste, d'après M. Woehler, à faire arriver un excès de chlore dans une solution saturée de cyanure de mercure, à laquelle on a ajouté un excès de sel en poudre fine. La liqueur étant saturée de chlore, on l'abandonne dans l'obscurité, en agitant fréquemment. Il se forme du chlorure de mercure et du chlorure de cyanogène. On enlève ensuite l'excès de chlore en agitant la liqueur avec du mercure. Puis on le chauffe légèrement : le chlorure de cyanogène dissous se dégage. On le fait passer à travers un tube rempli de chlorure de calcium, et on le condense dans un ballon à long col entouré d'un mélange réfrigérant [1].

C'est un gaz incolore doué d'une odeur très-irritante, très-suffocante, et qui provoque le larmoiement au plus haut degré. A — 18° il se condense en longues aiguilles, qui fondent à — 15°. Liquide, il entre en ébullition à — 12°. L'eau en dissout 25 vol.; l'éther, 50 vol.; l'alcool, 100 vol. La solution alcoolique se décompose au bout de quelques jours avec formation de sel ammoniac et d'uréthane. (A. Wurtz.)

Le chlorure de cyanogène gazeux peut former des combinaisons doubles avec d'autres chlorures, tels que le chlorure de titane (Woehler), et le chlorure de bore ($CyCl,BoCl^3$) (Martius).

Avec l'ammoniaque, il donne du sel ammoniac et de la cyanamide.

Chlorure de cyanogène liquide $CyCl$. — Il est isomérique avec le précédent. M. Wurtz l'a obtenu en traitant par l'oxyde de mercure une combinaison peu stable ou un mélange d'acide cyanhydrique et de chlorure de cyanogène. Ce produit se forme lorsqu'on dirige un courant de gaz chlore dans une solution d'acide cyanhydrique refroidie à 0°, et se sépare sous forme d'un liquide plus léger, incolore, brûlant avec une flamme violette.

L'oxyde de mercure réagit vivement sur cette substance, en formant de l'eau, du cyanure de mercure, et du chlorure de cyanogène liquide. Convenablement desséché, ce dernier constitue un liquide incolore, doué d'une odeur très-irritante. Il bout à $+ 15°,5$. Il se solidifie à — 5° ou — 6°. Pur, il se conserve sans altération. Mais lorsqu'il contient une trace de chlore, il se convertit bientôt en chlorure de cyanogène solide.

Chlorure de cyanogène solide Cy^3Cl^3. — Ce corps a été découvert par Serullas. On l'obtient en exposant l'acide cyanhydrique à l'ac-

---

1. Indépendamment du chlorure de cyanogène gazeux, il se forme, par l'action du chlore sur le cyanure de mercure, à froid, une certaine quantité de chlorure de cyanogène liquide (C. Henke).

tion du chlore au soleil, ou par l'action du chlore sur le sulfocyanure de potassium (page 114).

Il se forme aussi, lorsqu'on traite l'acide cyanurique sec ou un cyanurate par le perchlorure de phosphore (Beilstein).

Lorsqu'on expose au soleil des flacons de chlore dans lesquels on a introduit du cyanure de mercure, on obtient une huile jaune, insoluble dans l'eau et possédant la même odeur que le chlorure de cyanogène $CyCl$. M. Persoz a fait la remarque que cette huile se convertit spontanément en chlorure de cyanogène solide lorsqu'on la conserve dans des tubes hermétiquement fermés. Il en est de même du chlorure de cyanogène gazeux, que l'on conserve dans des tubes scellés, après l'avoir liquéfié. La transformation est rarement complète.

Enfin le chlorure de cyanogène liquide se convertit spontanément en chlorure solide, lorsqu'il renferme une trace de chlore en dissolution.

Le chlorure de cyanogène solide forme des aiguilles jaunes brillantes ou des lamelles, d'une densité de 1,32, fusibles à 140°. Il bout à 190°. Son odeur, moins pénétrante que celle des chlorures $CyCl$, est désagréable : elle rappelle celle des excréments de souris. Il est vénéneux. Il est peu soluble dans l'eau. L'eau bouillante le décompose immédiatement en acide chlorhydrique et en acide cyanurique

$$Cy^3Cl^3 \ + \ \left.{H^3 \atop H^3}\right\} O^6 \ = \ \left.{Cy^3 \atop H^3}\right\} O^6 \ + \ H^3Cl^3.$$

Chlorure
de cyanogène solide.   Acide
cyanurique.

L'alcool aqueux et bouillant lui fait éprouver la même décomposition.

BROMURE DE CYANOGÈNE.

CyBr.

Ce corps se forme par l'action du brome sur l'acide prussique aqueux ou sur le cyanure de mercure (Serullas). Pour l'obtenir, on verse 1 partie de brome sur 2 parties de cyanure de mercure placé dans une cornue tubulée, refroidie à 0°. En chauffant doucement, le bromure de cyanogène se sublime et va se condenser dans le récipient. Il cristallise en cubes brillants.

Il fond à $+$ 4°, d'après M. Lœwig, et se vaporise à $+$ 15°. A la température de 10° sa vapeur possède une tension suffisante pour que les cristaux se déplacent dans les vases où on les conserve. Son odeur est très-pénétrante. Il est très-soluble dans l'alcool et assez soluble dans l'eau.

IODURE DE CYANOGÈNE.

CyI.

Ce beau corps a été découvert par sir H. Davy, en 1816. Pour le préparer on mêle rapidement 1 partie de cyanure de mercure avec 2 parties d'iode, on chauffe le mélange et on reçoit l'iodure de cyanogène qui se dégage dans un ballon refroidi. Il reste de l'iodure de mercure.

La réaction de l'iode sur le cyanure de mercure s'accomplit même à la température ordinaire, de telle sorte qu'il suffit de placer le mélange au fond d'un flacon bouché, pour que l'iodure de cyanogène, qui possède à la température ordinaire une tension de vapeur notable, vienne s'attacher en beaux cristaux à la partie supérieure du vase.

On peut aussi dissoudre de l'iode dans une solution concentrée de cyanure de potassium : il se sépare une bouillie de cristaux d'iodure de cyanogène. En chauffant doucement, on voit l'iodure de cyanogène se sublimer (Liebig).

L'iodure de cyanogène forme des aiguilles blanches et brillantes, plus denses que l'acide sulfurique. Son odeur est pénétrante. Il est vénéneux. Il se volatilise à 45°. Il se dissout dans l'eau, l'alcool et l'éther. Avec la potasse, il se décompose en cyanure de potassium, iodure de potassium et iodate de potasse. Avec l'ammoniaque, il donne de l'iodure d'ammonium et de la cyanamide.

AMIDES CYANIQUES.

On conçoit l'existence de trois amides cyaniques, savoir :

$$\text{la cyanamide} \dots \dots \dots \quad C^2Az^2H^2 \;=\; \left.\begin{matrix} Cy \\ H \\ H \end{matrix}\right\} Az$$

$$\text{la dicyanamide} \dots \dots \dots \quad C^4Az^3H \;=\; \left.\begin{matrix} Cy \\ Cy \\ H \end{matrix}\right\} Az$$

$$\text{la tricyanamide} \dots \dots \dots \quad C^6Az^4 \;=\; \left.\begin{matrix} Cy \\ Cy \\ Cy \end{matrix}\right\} Az$$

On ne connaît, avec certitude, que la cyanamide.

Le corps C^6Az^4 a été décrit par M. Liebig sous le nom de *mellon*. Mais sa composition est encore l'objet de quelques doutes, et, dans tous les cas, il est probable que la formule C^6Az^4 doit être triplée.

Elle représenterait alors la composition de la tricyanuramide

$$\left.\begin{matrix} Cy^3 \\ Cy^3 \\ Cy^3 \end{matrix}\right\} Az^3 \;=\; C^{18}Az^{12}.$$

La cyanamide est l'amide de l'acide cyanique, c'est-à-dire du cyanate d'ammonium moins H^2O^2

$$\left.\begin{array}{l}Cy\\AzH^4\end{array}\right\}O^2 \;-\; H^2O^2 \;=\; \left.\begin{array}{l}Cy\\H\\H\end{array}\right\}Az.$$

Cyanate
d'ammonium.   Cyanamide.

L'amide correspondante de l'acide cyanurique représente du cyanurate d'ammonium moins $3H^2O^2$

$$\left.\begin{array}{l}Cy^3\\3(AzH^4)\end{array}\right\}O^6 \;-\; 3H^2O^2 \;=\; \left.\begin{array}{l}Cy^3\\H^3\\H^3\end{array}\right\}Az^3.$$

Cyanurate
triammonique.   Cyanuramide.

Cette cyanuramide est la *mélamine* découverte par M. Liebig.

A la mélamine se rattachent l'amméline

$$\left.\begin{array}{l}(C^2O^2)''\\Cy^2\\H^4\end{array}\right\}Az^3,$$

l'acide mélanurénique

$$\left.\begin{array}{l}2(C^2O^2)''\\Cy\\H^4\end{array}\right\}Az^3,$$

et l'ammélide

$$\left.\begin{array}{l}3(C^2O^2)''\\3Cy\\H^9\end{array}\right\}Az^6.$$

Cyanamide. — Lorsqu'on dirige dans de l'éther du chlorure de cyanogène gazeux et du gaz ammoniac sec, on obtient un précipité blanc de sel ammoniac et une solution éthérée de cyanamide. Celle-ci se dépose sous forme cristalline par l'évaporation de l'éther (Cloëz et Cannizzaro).

$$2AzH^3 \;+\; CyCl \;=\; AzH^4Cl \;+\; \left.\begin{array}{l}Cy\\H^2\end{array}\right\}Az.$$

Chlorure   Chlorure
de cyanogène.   d'ammonium.   Cyanamide.

La cyanamide fond à 40° et cristallise par le refroidissement. Elle est déliquescente. Elle est très-soluble dans l'eau; mais par l'évaporation de sa solution aqueuse elle se convertit en mélamine. Elle se dissout aussi dans l'alcool et dans l'éther. Lorsqu'on ajoute une goutte d'acide azotique à sa solution aqueuse, elle absorbe les éléments de l'eau et se convertit en urée, qui se précipite sous forme d'azotate.

$$\underset{\text{Cyanamide.}}{C^2Az^2H^2} \;+\; H^2O^2 \;=\; \underset{\text{Urée.}}{C^2H^4Az^2O^2}.$$

Lorsqu'on la chauffe à 150°, elle se solidifie subitement avec dégagement de chaleur et se convertit en sa modification polymérique, qui est la cyanuramide ou la mélamine (Cloëz et Cannizzaro).

Cyanuramide ou Mélamine $C^6Az^6H^6$. — Indépendamment de la réaction qui vient d'être indiquée, ce corps s'obtient par l'action de la potasse étendue et bouillante sur le mélam (voir plus loin), et par l'évaporation lente de la solution. Il forme des octaèdres rhomboïdaux volumineux et brillants. Il se dissout dans l'eau. Il est insoluble dans l'alcool et dans l'éther. Il se comporte comme une base et forme dans les acides des sels cristallisables (Liebig).

Ammeline $C^6Az^5H^5O^2$. — Ce corps se forme lorsqu'on fait bouillir du mélam avec de l'acide sulfurique étendu ou avec de la potasse, ou encore par l'action de l'acide azotique étendu et bouillant sur la mélamine. L'ammoniaque ou le carbonate de potasse la précipite de ses solutions acides sous forme d'une poudre volumineuse. Elle se comporte vis-à-vis des acides comme une base faible.

Ammélide $C^{12}Az^9H^9O^6$. — On l'obtient sous forme d'une poudre blanche, insoluble dans l'eau, en dissolvant le mélam, la mélamine ou l'amméline dans l'acide sulfurique concentré, et en précipitant la solution par l'alcool ou par le carbonate de potasse.

Elle se dissout dans les acides sans former des sels définis. Lorsqu'on la fait bouillir avec des acides ou des alcalis, elle se convertit en acide cyanurique. Fondue avec de la potasse, elle forme du cyanate (Liebig).

Acide mélanurénique $C^6Az^4H^4O^4$. — Ce corps se forme, indépendamment de l'acide cyanurique, par l'action prolongée de la chaleur sur l'urée. Le résidu étant épuisé par l'eau bouillante, l'acide cyanurique se dissout, et il reste une poudre blanche, insoluble dans l'eau, soluble dans les alcalis et dans les acides.

Lorsqu'on fait bouillir ces solutions, l'acide mélanurénique se convertit en acide cyanurique avec dégagement d'ammoniaque.

Melam $C^{12}Az^{11}H^9$. — M. Liebig nomme ainsi un corps qui se forme par l'action de la chaleur sur le sulfocyanure d'ammonium. Pour le préparer, on chauffe une partie de sulfocyanure de potassium avec 2 parties de sel ammoniac. On épuise la masse par l'eau et par une solution de carbonate de potasse, et on dissout le résidu dans une solution moyennement concentrée de potasse. Par le refroidissement le melam se précipite sous forme d'une poudre blanche grenue.

Mellon. — Ce composé se forme par l'action prolongée de la chaleur sur la mélamine, l'amméline, l'ammélide, l'acide mélanurénique, le mélam, les sulfocyanures d'ammonium, de mercure, etc. (Liebig).

D'après quelques-unes des nombreuses analyses dont il a été l'objet, on peut le représenter comme de la dicyanuramide

$$\left.\begin{array}{l}Cy^3 \\ Cy^3 \\ H^3\end{array}\right\}Az^3.$$

Par l'action prolongée de la chaleur il perd de l'ammoniaque, et se transforme en un corps qui constitue peut-être la tricyanuramide

$$\left.\begin{array}{l}Cy^3 \\ Cy^3 \\ Cy^3\end{array}\right\}Az^3.$$

Le mellon brut forme une poudre jaune, insoluble dans l'eau. M. Liebig a considéré ce corps comme un radical. Quoi qu'il en soit, il existe un mellonure de potassium auquel les analyses assignent la composition $C^{18}Az^{13}K^3 + 5H^2O^2$.

COMBINAISONS MÉTHYLIQUES

On désigne sous le nom de méthyle le radical C^2H^3 de l'alcool méthylique ou esprit de bois. On admet l'existence de ce radical dans le gaz des marais, qui constitue l'hydrure de méthyle

$$C^2H^4 = C^2H^3,H.$$

L'alcool méthylique est l'hydrate de méthyle.

$$\left.\begin{array}{l}C^2H^3 \\ H\end{array}\right\}O^2.$$

Tous les éthers de cet alcool renferment le radical C^2H^3.

Le méthyle libre a été envisagé comme le méthylure de méthyle

$$\left.\begin{array}{l}C^2H^3 \\ C^2H^3\end{array}\right\}$$

On connaît de nombreuses combinaisons de ce radical avec les métalloïdes et les métaux. Il existe un zinc-méthyle C^2H^3Zn, ou plutôt $Zn^2(C^2H^3)^2$.

Le cacodyle de M. Bunsen représente une combinaison d'arsenic avec du méthyle, et peut être envisagé comme un arséniure d'hydrogène AsH^2 (ou As^2H^4), dont l'hydrogène aurait été remplacé par une quantité équivalente de méthyle.

Le méthyle peut se substituer à l'hydrogène de l'ammoniaque pour former les ammoniaques méthyliques.

Le radical formyle C^2HO^2 de l'acide formique

$$\left.\begin{array}{c}C^2HO^2\\H\end{array}\right\}O^2$$

résulte de l'oxydation du méthyle et se forme par la substitution de O^2 à H^2 dans ce radical.

$$\underset{\text{Méthyle.}}{C^2H^3} = \underset{\text{Formyle.}}{C^2HO^2}.$$

GAZ DES MARAIS, HYDROGÈNE PROTOCARBONÉ OU HYDRURE DE MÉTHYLE.

$$C^2H^4 = \left.\begin{array}{c}C^2H^3\\H\end{array}\right.$$

Le gaz inflammable qui se dégage de la vase des marais a été étudié et reconnu comme un gaz particulier par Volta en 1778. MM. Persoz et Dumas l'ont préparé par la décomposition de l'acide acétique. M. Frankland l'a obtenu par l'action de l'eau sur le zinc-méthyle, et a établi ainsi ses relations avec le groupe méthylique. Ce gaz se dégage souvent en abondance dans les galeries des mines de houille, où il occasionne trop fréquemment des explosions. C'est le *grisou* ou *feu terrou* des mineurs (t. Ier, page 347).

Pour le préparer, on chauffe, dans une cornue ou dans un ballon de verre muni d'un tube de dégagement, 1 partie d'acétate de soude sec et 2 parties de chaux sodée (formée par un mélange intime de 2 parties de chaux et de 1 partie de soude caustique).

$$\underset{\text{Acétate sodique.}}{C^4H^3NaO^4} + \underset{\substack{\text{Hydrate}\\\text{sodique.}}}{NaHO^2} = \underset{\substack{\text{Carbonate}\\\text{sodique.}}}{Na^2C^2O^6} + \underset{\substack{\text{Gaz}\\\text{des marais.}}}{C^2H^4}.$$

Le gaz ainsi obtenu n'est pas absolument pur. On l'obtient dans cet état en décomposant le zinc-méthyle par l'eau.

$$\underset{\text{Zinc-méthyle.}}{C^2H^3Zn} + H^2O^2 = \underset{\substack{\text{Hydrure}\\\text{de méthyle.}}}{C^2H^3,H} + \underset{\substack{\text{Hydrate}\\\text{de zinc.}}}{ZnHO^2}.$$

L'hydrure de méthyle est un gaz incolore et inodore. Sa densité est égale à 0,559. Un litre de ce gaz pèse $0^{gr},727$. Il est très-peu soluble dans l'eau, un peu plus soluble dans l'alcool. 1 volume d'alcool (d'une densité de 0,792 à 20°) absorbe, à 0°, $0^{vol},52259$; à 10°, $0^{vol},49535$; à 20°, $0^{vol},47096$ de gaz des marais. Jusqu'ici on n'a point liquéfié ce gaz. Il brûle à l'air avec une flamme jaune, moins éclairante que celle du gaz oléfiant.

Lorsqu'on fait passer une étincelle électrique à travers un mélange de gaz des marais et d'oxygène, il y a combustion et formation d'eau et d'acide carbonique (t. Ier, pages 347 et 348).

Si l'on approche d'un tel mélange d'hydrogène protocarboné

et d'oxygène une bougie allumée, la combustion s'accomplit instantanément, et avec une violente explosion.

La combustion de ce gaz, comme celle de tous les autres gaz carburés, exige donc, pour s'accomplir, l'intervention d'une température élevée. Elle cesse lorsque la flamme de ces gaz carburés est subitement refroidie. C'est ce qui arrive lorsqu'on écrase cette flamme avec une toile métallique. Le gaz incandescent, en passant à travers les mailles de ce tissu, se refroidit assez pour que la combinaison avec l'oxygène ne puisse plus s'accomplir. La flamme s'éteint au-dessus de la toile métallique.

Davy a appliqué ces principes à la construction de la *lampe de sûreté* des mineurs qui porte encore son nom (t. Ier, page 350).

Le gaz des marais ou hydrure de méthyle est très-stable et résiste à la plupart des réactifs. Un mélange bouillant d'acide azotique et d'acide sulfurique est sans action sur lui. Le chlore agit lentement dans l'obscurité sur ce gaz. A la lumière diffuse l'action est plus énergique et s'accomplit quelquefois avec explosion. Exposé à l'insolation directe, le mélange fait toujours explosion. Lorsqu'on modère l'action du chlore en ajoutant à l'hydrure de méthyle un gaz inerte, comme l'acide carbonique, on obtient, en présence d'un excès de chlore, du chloroforme et finalement du perchlorure de carbone C^2Cl^4. La réaction finale est donc repré·sentée par l'équation suivante :

$$C^2H^4 + Cl^8 = 4HCl + C^2Cl^4.$$

Inversement, le perchlorure de carbone et le chloroforme peuvent être transformés en gaz des marais par l'action de l'hydrogène naissant, qui se dégage par l'action de l'eau sur l'amalgame de sodium (Melsens).

Ainsi, dans la première réaction, il y a substitution du chlore à l'hydrogène ; dans la seconde, *substitution inverse* de l'hydrogène au chlore.

Lorsqu'on expose à l'action de la lumière diffuse 1 volume d'hydrure de méthyle et 1 volume de chlore, on obtient, d'après MM. Kolbe et Varrentrap, un gaz renfermant C^2H^3Cl, et qui est isomérique, d'après M. Baeyer, avec le chlorure de méthyle ; son coefficient de solubilité dans l'eau est, en effet, cinquante fois moindre que celui du chlorure de méthyle. M. Berthelot, ayant exposé un tel mélange de chlore et d'hydrure de méthyle à l'action de la lumière réfléchie, a obtenu un gaz qu'il considère comme identique avec le chlorure de méthyle.

MÉTHYLE.

$$C^4H^6 = \begin{Bmatrix} C^2H^3 \\ C^2H^3 \end{Bmatrix}$$

Ce gaz a été découvert en 1848 par M. Kolbe, qui l'a obtenu en soumettant à l'électrolyse une solution concentrée d'acétate de potasse. Il se forme du carbonate de potasse et il se dégage de l'acide carbonique, du méthyle et de l'hydrogène

$$2C^4H^3KO^4 + H^2O^2 = (C^2H^3)^2 + C^2O^4 + K^2C^2O^6 + H^2.$$
Acétate de potasse.   Méthyle.   Carbonate de potasse.

L'hydrogène se dégage au pôle négatif, l'acide carbonique et le méthyle se rendent au pôle positif. On recueille ensemble les deux derniers gaz, et on absorbe l'acide carbonique par la potasse caustique.

M. Frankland a obtenu le méthyle, en 1849, par l'action du zinc sur l'iodure du méthyle. Pour le préparer, on enferme de l'iodure de méthyle et du zinc dans un tube de verre à parois épaisses qu'on scelle à la lampe, après en avoir chassé l'air par l'ébullition de l'iodure, et qu'on chauffe ensuite à 150°. Il se forme de l'iodure de zinc et du méthyle, qui s'échappe lorsqu'on casse, après le refroidissement, la pointe effilée du tube.

C'est un gaz incolore et inodore, qui brûle avec une flamme bleuâtre peu éclairante. Il se dissout un peu dans l'alcool, presque pas dans l'eau. Il n'est pas altéré par la plupart des réactifs. Le chlore l'attaque à la lumière diffuse en formant, non pas du chlorure de méthyle, mais des produits de substitution.

En soumettant le méthyle à l'action du chlore, à la lumière diffuse, M. Schorlemmer a obtenu récemment un liquide chloré, bouillant entre 11 et 13°, et identique par sa composition et ses propriétés avec le chlorure d'éthyle.

$$C^4H^6 + Cl^2 = HCl + C^4H^5Cl$$
Méthyle.   Chlorure d'éthyle.

ALCOOL MÉTHYLIQUE OU ESPRIT DE BOIS.

$$C^2H^4O^2 = \begin{Bmatrix} C^2H^3 \\ H \end{Bmatrix}O^2.$$

Ce corps a été découvert par Taylor, en 1812, parmi les produits de la distillation du bois. MM. Dumas et Peligot l'ont étudié en 1835 et en ont reconnu la nature alcoolique. M. Berthelot l'a obtenu artificiellement à l'aide du chlorure de méthyle, obtenu par l'action du chlore sur l'hydrure de méthyle. Ayant fait réagir ce chlorure sur le sulfate d'argent, en présence de l'acide sulfurique, il a obtenu du chlorure d'argent et de l'acide méthyl-sulfurique. Ce dernier donne de l'alcool méthylique lorsqu'on soumet sa solution aqueuse à une ébullition prolongée.

Préparation. — Les produits de la distillation du bois renferment environ 1 pour cent d'esprit de bois. On les distille de nouveau et on recueille séparément le premier dixième. On rectifie une ou plusieurs fois ce produit sur de la chaux caustique; puis on le traite par une petite quantité d'acide sulfurique, qui fixe de l'ammoniaque et précipite des matières goudronneuses. Le liquide distillé est rectifié de nouveau sur la chaux caustique.

L'esprit de bois du commerce est rarement pur. Lorsqu'on le mêle avec de l'eau, il forme ordinairement un liquide trouble, au-dessus duquel vient se rassembler quelquefois une couche oléagineuse formée de divers produits insolubles dans l'eau.

Cette partie insoluble étant séparée et le liquide aqueux étant soumis à la distillation, l'esprit de bois passe d'abord. On le rectifie sur la chaux caustique. Mais bien qu'on l'ait débarrassé par ce traitement de la plus grande partie des produits étrangers, on ne parvient que difficilement à l'obtenir pur.

Pour l'obtenir à cet état, il est nécessaire de le convertir d'abord en un éther. M. Wœhler recommande de préparer de l'éther méthyloxalique en distillant 1 p. d'esprit de bois, 1 p. d'acide sulfurique et 2 p. de sel d'oseille. On décompose par la distillation avec de l'eau, les cristaux de cet éther, préalablement purifiés par expression entre des feuilles de papier. L'esprit de bois aqueux ainsi obtenu est rectifié sur la chaux caustique.

M. Carius prépare d'abord l'éther méthylbenzoïque en dirigeant un courant de gaz chlorhydrique dans une solution d'acide benzoïque dans l'esprit de bois, distillant et précipitant par l'eau ce qui passe au-dessus de 100°. L'éther méthylbenzoïque ainsi précipité est décomposé par l'ébullition avec la potasse caustique, et l'alcool méthylique régénéré est rectifié sur la chaux vive.

Propriétés. — A l'état de pureté, l'alcool méthylique est un liquide incolore, mobile, doué d'une odeur spiritueuse. L'odeur empyreumatique de l'esprit de bois du commerce est due à des impuretés. Densité $= 0,8142$ à 0°.

Il bout à 66°,5 sous la pression de 0,761. Son point d'ébullition varie, d'ailleurs, entre des limites assez étendues (60° — 66°,5), suivant la nature de la paroi du vase distillatoire.

L'alcool méthylique est inflammable et brûle avec une flamme peu éclairante. Il est miscible en toutes proportions à l'eau, à l'alcool et à l'éther. Il dissout les huiles grasses et les essences et un grand nombre de résines.

Il se combine directement avec quelques substances en jouant un rôle analogue à celui de l'eau de cristallisation. Il dissout la baryte caustique, et la solution laisse déposer des cristaux d'une combinaison définie :

$$BaO + C^2H^4O^2.$$

Le chlorure de calcium se dissout abondamment et avec dégagement de chaleur dans l'esprit de bois. Par le refroidissement la solution laisse déposer de grandes tables hexagonales renfermant $CaCl + 2C^2H^4O^2$. L'eau décompose cette combinaison, et la solution aqueuse, soumise à l'ébullition, laisse dégager l'esprit de bois. On a fondé sur cette propriété un procédé de purification de l'esprit de bois.

Lorsqu'on expose les vapeurs d'alcool méthylique à l'action de l'air, sous l'influence du noir de platine, l'oxygène est absorbé et l'esprit de bois se convertit en acide formique, en éprouvant une sorte de combustion lente :

$$\left.\begin{matrix}C^2H^3\\H\end{matrix}\right\}O^2 \; + \; O^4 \; = \; H^2O^2 \; + \; \left.\begin{matrix}C^2HO^2\\H\end{matrix}\right\}O^2.$$

Alcool méthylique.   Acide formique.

Lorsqu'on fait passer de la vapeur d'esprit de bois sur de la chaux sodée, chauffée modérément, il se dégage de l'hydrogène et il se forme du formiate :

$$\left.\begin{matrix}C^2H^3\\H\end{matrix}\right\}O^2 \; + \; NaHO^2 \; = \; \left.\begin{matrix}C^2HO^2\\Na\end{matrix}\right\}O^2 \; + \; H^4.$$

Alcool méthylique.   Formiate sodique.

Lorsqu'on chauffe l'alcool méthylique avec de l'hydrate de potasse seul, ce n'est point de l'acide formique, c'est l'acide oxalique qui prend naissance :

$$2C^2H^4O^2 \; + \; 2KHO^2 \; = \; C^4K^2O^8 \; + \; H^{10}.$$

Alcool   Oxalate
méthylique.   potassique.

Le potassium et le sodium réagissent énergiquement sur l'esprit de bois. Le métal se dissout avec dégagement d'hydrogène, et la liqueur se prend, par le refroidissement, en une masse cristalline qui renferme du méthylate potassique ou sodique.

$$\left.\begin{matrix}C^2H^3\\K\end{matrix}\right\}O^2 \qquad\qquad \left.\begin{matrix}C^2H^3\\Na\end{matrix}\right\}O^2.$$

Méthylate potassique.   Méthylate sodique.

L'alcool méthylique s'échauffe lorsqu'on y dirige du chlore. Il se dégage de l'acide chlorhydrique et il se forme des produits chlorés, et, finalement, une substance solide cristallisable, isomérique avec le chloral, le *parachloralide* $C^4HCl^3O^2$ (Bouis, Cloëz).

En soumettant un mélange d'alcool méthylique et d'acide chlorhydrique à l'électrolyse, M. Riche a obtenu un liquide chloré $C^4H^3ClO^2$.

Lorsqu'on le distille avec du chlorure de chaux, l'alcool méthylique donne du chloroforme.

OXYDE DE MÉTHYLE OU ÉTHER MÉTHYLIQUE.

$$C^4H^6O^2 = \left.{{C^2H^3} \atop {C^2H^3}}\right\}O^2.$$

MM. Dumas et Peligot ont obtenu ce corps, en 1835, en chauffant dans un ballon 1 partie d'esprit de bois avec 2 parties d'acide sulfurique concentré. Le gaz qui se dégage est lavé par la potasse caustique et recueilli dans des éprouvettes remplies de mercure.

L'éther méthylique est métamère avec l'alcool ou hydrate d'éthyle

$$C^4H^6O^2 = \left.{{C^4H^5} \atop {H}}\right\}O^2.$$

C'est un gaz incolore doué d'une odeur éthérée agréable, trèssoluble dans l'alcool et dans l'éther; 1 volume d'eau à 18° en dissout 37 volumes. Soumis à un froid très-intense, l'oxyde de méthyle se liquéfie. Liquide, il bout à — 21°. Il se combine avec l'acide sulfurique anhydre pour former du sulfate méthylique neutre.

Il est vivement attaqué par le chlore, en formant des produits de substitution de plus en plus chlorés, et dont voici la composition, d'après M. Regnault :

$(C^2H^3)^2O^2$ oxyde méthylique
$(C^2H^2Cl)^2O^2$ oxyde monochlorométhylique (bout à 105°)
$(C^2HCl^2)^2O^2$ oxyde dichlorométhylique (bout à 130°)
$(C^2Cl^3)^2O^2$ oxyde perchlorométhylique

SULFURES ET SULFHYDRATE DE MÉTHYLE.

En dirigeant un courant de chlorure de méthyle gazeux (éther méthylchlorhydrique) dans une solution alcoolique de monosulfure de potassium, et en distillant la liqueur, on obtient du chlorure de potassium et du sulfure de méthyle qui passe avec l'alcool.

$$2C^2H^3Cl \; + \; 2KS \; = \; 2KCl \; + \; \left.{{C^2H^3} \atop {C^2H^3}}\right\}S^2.$$

Chlorure   Sulfure   Chlorure   Sulfure
de méthyle.   de potassium.   de potassium.   de méthyle.

Lorsqu'on ajoute de l'eau au liquide distillé, le sulfure de méthyle se sépare. C'est un liquide incolore, doué d'une odeur très-désagréable, bouillant à 41°. Le chlore l'attaque avec énergie en formant des produits de substitution analogues à ceux que donne l'oxyde de méthyle (Riche).

En remplaçant, dans la préparation précédente, le monosulfure par le bisulfure de potassium ou par le persulfure de potassium. on obtient le bisulfure de méthyle (bouillant à 140°), ou le trisulfure de méthyle (bouillant au-dessus de 200°).

Sulfhydrate de méthyle ou mercaptan méthylique $C^2H^4S^2 = \begin{Bmatrix} C^2H^3 \\ H \end{Bmatrix} S^2$

— Ce corps s'obtient par distillation du méthylsulfate de chaux (sulfométhylate) avec du sulfhydrate de potassium, ou en dirigeant du gaz méthylchlorhydrique dans une solution alcoolique de sulfhydrate potassique.

$$C^2H^3Cl \; + \; \begin{Bmatrix} H \\ K \end{Bmatrix} S^2 \; = \; \begin{Bmatrix} C^2H^3 \\ H \end{Bmatrix} S^2 \; + \; KCl.$$

Sulfhydrate   Sulfhydrate
potassique.   méthylique.

En distillant et en précipitant le produit distillé par l'eau froide. on obtient un liquide incolore doué d'une odeur désagréable, bouillant à 21°. En réagissant sur l'oxyde mercurique, il forme une combinaison cristallisable

$$\begin{Bmatrix} C^2H^3 \\ Hg \end{Bmatrix} S.$$

CHLORURE DE MÉTHYLE OU ÉTHER MÉTHYLCHLORHYDRIQUE.

$$C^2H^3,Cl.$$

Pour préparer le chlorure de méthyle, on chauffe, dans une cornue. un mélange de 1 partie d'esprit de bois, 3 parties d'acide sulfurique et 2 parties de sel marin. On lave le gaz qui se dégage dans l'eau et on le recueille dans des éprouvettes remplies de mercure.

Le chlorure de méthyle est un gaz incolore doué d'une odeur agréable. Exposé à un froid très-intense, il se condense en un liquide qui bout à — 22°.

Il est très-soluble dans l'alcool. 1 volume d'eau à 14° en absorbe 4,17 volumes. Il forme avec l'eau un hydrate cristallisable à $+$ 6° (Bacyer).

Lorsqu'on dirige du chlorure de méthyle à travers un tube de porcelaine incandescent, il se décompose en acide chlorhydrique, hydrure de méthyle C^2H^4, éthylène C^4H^4, et en d'autres carbures d'hydrogène (Perrot).

Lorsqu'on le chauffe pendant longtemps avec une solution concentrée de potasse caustique, il se convertit en alcool méthylique (Berthelot).

$$C^2H^3Cl + \left.\begin{matrix} K \\ H \end{matrix}\right\}O^2 = KCl + \left.\begin{matrix} C^2H^3 \\ H \end{matrix}\right\}O^2.$$

Chlorure
de méthyle.

Hydrate
de méthyle.

DÉRIVÉS CHLORÉS DU CHLORURE DE MÉTHYLE.

Le chlore attaque le chlorure de méthyle à la lumière solaire et forme avec lui les produits de substitution suivants :

$C^2H^2Cl.Cl$ chlorure de méthyle monochloré (bout à 31°)
$C^2HCl^2.Cl$ chlorure de méthyle dichloré ou chloroforme (bout à 61°)
C^2Cl^4 perchlorure ou bichlorure de carbone (bout à 78°).

Réciproquement, lorsqu'on verse sur de l'amalgame de potassium ou de sodium une solution de perchlorure de carbone dans l'alcool faible, il se forme par l'action de l'hydrogène naissant et par *substitution inverse*, du chloroforme, du chlorure de méthyle monochloré, du chlorure de méthyle et du gaz des marais (Melsens (page 122).

CHLOROFORME.

C^2HCl^3.

Ce corps important a été découvert, en 1831, par MM. Soubeiran et Liebig.

Pour le préparer, on emploie le procédé suivant : On délaye 10 kilogr. de chlorure de chaux et 3 kilogr. de chaux éteinte dans 60 litres d'eau; on introduit le lait calcaire ainsi obtenu dans un alambic spacieux, dont il doit remplir le tiers au plus; on ajoute 2 kilogr. d'alcool à 85° et on chauffe vivement le mélange. Vers 80° il se produit une réaction énergique qui donne lieu à un bouillonnement considérable. On retire alors le feu. La distillation commence et la réaction continue d'elle-même. Pour la terminer, on chauffe de nouveau. Lorsque le produit qui passe ne possède plus la saveur sucrée du chloroforme on arrête l'opération. On trouve dans le récipient deux à trois litres tout au plus d'un liquide formé de deux couches. La couche inférieure est dense; c'est du chloroforme mêlé à de l'alcool et coloré en jaune par un excès de chlore. La couche supérieure est un mélange, parfois laiteux, d'eau, d'alcool, de chloroforme. On décante le chloroforme, on le lave avec de l'eau, puis avec une solution de carbonate de potasse, et on le rectifie sur le chlorure de calcium.

Pour préparer le chloroforme on peut remplacer, dans l'opération précédente, l'alcool par l'esprit de bois. Mais le produit obtenu est souillé d'une huile chlorée qui lui donne une odeur désagréable. On l'en débarrasse en le rectifiant sur l'acide sulfurique concentré.

On peut se rendre compte de la formation du chloroforme, par l'action du chlorure de chaux sur l'alcool, en se rappelant que le chlorure de chaux est un agent à la fois oxydant et chlorurant. L'alcool, en absorbant 2 équivalents d'oxygène, peut se scinder en acide formique et en gaz des marais.

$$C^4H^6O^2 + O^2 = C^2H^4 + C^2H^2O^4.$$

Sous l'influence du chlore le gaz des marais se convertit en chloroforme, et l'acide formique en acide carbonique.

$$C^2H^2O^4 + Cl^2 = C^2O^4 + H^2Cl^2.$$

La réaction donne lieu, en effet, à un dégagement considérable d'acide carbonique.

Propriétés. — Le chloroforme est un liquide incolore, très-mobile, doué d'une odeur éthérée particulière et des plus suaves. Sa saveur est piquante d'abord, puis fraîche et sucrée. Sa densité est égale à 1,48. Il bout à 60°,8.

Il ne s'enflamme pas au contact d'une allumette ou d'une bougie ; mais lorsqu'on en imprègne une mèche de coton et qu'on introduit celle-ci dans la flamme d'une lampe à alcool, le chloroforme brûle partiellement avec une flamme rouge et fuligineuse.

Le chloroforme se dissout facilement dans l'alcool et dans l'éther. Il est très-peu soluble dans l'eau, mais s'y dissout néanmoins en quantité assez sensible pour communiquer au liquide un goût sucré. Il est insoluble dans l'acide sulfurique concentré, qui ne doit point le noircir lorsqu'il est pur.

Le chloroforme dissout le soufre, le phosphore, l'iode. Il dissout très-bien les corps gras, les résines, beaucoup d'alcaloïdes, et en général les matières organiques très-riches en carbone.

Le chlore le convertit, par une action prolongée, en perchlorure de carbone C^2Cl^4.

Une solution alcoolique de potasse le décompose, à l'ébullition, en formiate et en chlorure.

$$C^2HCl^3 + 4KHO^2 = 2H^2O^2 + 3KCl + C^2HKO^4.$$

Chloroforme.   Hydrate de potassium.   Formiate de potassium.

Lorsqu'on le fait bouillir avec une solution alcoolique d'éthylate de sodium, il se forme du chlorure de sodium et un corps éthéré

$$\left.\begin{array}{l}(C^2H)''' \\ (C^4H^5)^3\end{array}\right\}O^6$$

découvert par M. Kay.

$$(C^2H)'''Cl^3 \; + \; 3\left.\begin{array}{l}C^4H^5 \\ Na\end{array}\right\}O^2 \; = \; 3NaCl \; + \; \left.\begin{array}{l}(C^2H)''' \\ (C^4H^5)^3\end{array}\right\}O^6.$$

Chloroforme.   Éthylate de sodium.

On voit que dans cette réaction chaque atome de chlore du chloroforme est remplacé par le groupe $(C^4H^5)O^2$ de l'éthylate de sodium, et que le corps éthéré qui résulte de cette réaction peut être envisagé comme dérivant du composé hypothétique

$$\left.\begin{array}{l}(C^2H)''' \\ H^3\end{array}\right\}O^6$$

appartenant au type

$$\left.\begin{array}{l}H^5 \\ H^3\end{array}\right\}O^6$$

et qui serait un homologue de la glycérine

$$\left.\begin{array}{l}(C^6H^5)''' \\ H^3\end{array}\right\}O^6$$

Dans cette réaction, le chloroforme se comporte comme le trichlorure du radical triatomique $(C^2H)'''$, comme l'exprime la formule $(C^2H)'''Cl^3$.

Le chloroforme distille sans altération sur le potassium; mais lorsqu'on chauffe ce métal dans la vapeur de chloroforme il y a explosion.

Lorsqu'on dirige un courant d'hydrogène sulfuré dans du chloroforme placé sous l'eau, il se produit un abondant dépôt cristallin qui constitue une combinaison des deux corps C^2HCl^3,HS (Loir).

Le chloroforme est difficilement attaqué par l'acide azotique.

Action sur l'économie animale. — Le chloroforme est un agent anesthésique des plus énergiques et des plus précieux. Son usage a été introduit en médecine simultanément par MM. Flourens en France, Simpson et Bell en Angleterre. Son action est huit à dix fois plus intense que celle de l'éther, et son administration n'est pas exempte de dangers.

On l'emploie ordinairement en inhalations, qui amènent bientôt l'insensibilité et l'abolition du mouvement. Le chloroforme paraît exercer une action spéciale sur le cœur. La plupart des auteurs pensent que la cause première des effets qu'il produit réside dans une paralysie des muscles et même des nerfs de cet organe. (Gossclin, Chaumont, Donders.) D'autres ont émis l'opinion que le chloroforme agit principalement par asphyxie. Les accidents toxiques qu'il produit quelquefois se manifestent, pendant la vie, par une pâleur subite, l'affaiblissement ou la cessation du pouls. On a trouvé que le cœur des animaux empoisonnés par le chloroforme avait perdu sa contractilité, immédiatement après la mort.

Chloropicrine. — En distillant l'acide picrique avec du chlorure de chaux, on obtient une huile incolore, très-réfringente, douée d'une odeur très-irritante, et bouillant à 120°. Ce corps est la *chloropicrine* $C^2(AzO^4)Cl^3$. Il représente du chloroforme dans lequel 1 atome d'hydrogène est remplacé par de la vapeur nitreuse.

PERCHLORURE DE CARBONE.

C^2Cl^4.

Ce corps se forme par l'action prolongée du chlore sur le chlorure de méthyle ou le chloroforme, à la lumière solaire. Il prend naissance aussi par l'action du chlore sur le sulfure de carbone, lorsqu'on fait passer ces deux corps à travers un tube incandescent.

Le perchlorure de carbone est un liquide incolore, insoluble dans l'eau, doué d'une odeur agréable. Il bout à 77°. Lorsqu'on dirige sa vapeur à travers un tube de porcelaine fortement incandescent, il se décompose partiellement en sesquichlorure de carbone, en protochlorure de carbone et en chlore libre.

$$2C^2Cl^4 = C^4Cl^6 + Cl^2.$$
Perchlorure   Sesquichlorure
de carbone.   de carbone.

$$C^4Cl^6 = C^4Cl^4 + Cl^2.$$
Sesquichlorure   Protochlorure
de carbone.   de carbone.

BROMURE DE MÉTHYLE.

C^2H^3,Br.

On obtient ce corps en introduisant peu à peu du brome dans un mélange de phosphore amorphe et d'esprit de bois, et en distillant. On précipite le liquide distillé par l'eau.
Point d'ébullition 13°, Densité 1,6644 à 0°.

IODURE DE MÉTHYLE.

C^2H^3,I.

En remplaçant, dans la préparation précédente, le brome par l'iode, on obtient l'iodure de méthyle sous forme d'un liquide incolore, doué d'une odeur agréable, bouillant à 43°, d'une densité de 2,1992 à 0°. Lorsqu'on le conserve, il se décompose particiellement et se colore par l'iode mis en liberté.

IODOFORME.

C^2HI^3.

Ce corps, qui représente de l'iodure de méthyle, dont 2 équivalents d'hydrogène sont remplacés par 2 équivalents d'iode, a été découvert par Serullas. M. Dumas a fixé sa composition. M. Bouchardat a étudié ses propriétés.

Il prend naissance lorsque l'iode réagit, en présence d'un alcali ou d'un carbonate alcalin, sur une foule de matières organiques, telles que l'esprit de bois, l'alcool, l'éther, la dextrine, la gomme, les matières albuminoïdes, etc.

Pour le préparer, on dissout 2 parties de carbonate de soude cristallisé dans 10 parties d'eau, on ajoute 1 partie d'alcool, puis, par petites portions, 1 partie d'iode dans la liqueur chauffée à 60 ou 80°. Il se sépare de l'iodoforme en cristaux. On filtre, on porte de nouveau la liqueur à 60 ou 80°; on y ajoute 2 parties de cristaux de soude et 1 partie d'alcool, puis on y dirige un courant rapide de chlore, en agitant continuellement. On obtient ainsi une nouvelle quantité d'iodoforme (Filhol).

L'iodoforme cristallise en tables hexagonales jaunes, douées d'une odeur de safran, d'une densité de 2,05. Il fond entre 115 et 120°, et se volatise en partie sans se décomposer. Il passe à la distillation avec les vapeurs aqueuses. Il est insoluble dans l'eau et se dissout dans l'alcool, l'éther, les huiles volatiles et les huiles grasses.

Lorsqu'on le chauffe avec une solution alcoolique d'éthylate de sodium, il forme de l'iodure de méthylène $C^2H^2I^2$ (Boutlerow).

Il réagit sur l'acétate d'argent avec formation d'iodure et dégagement d'oxyde de carbone

$$C^2HI^3 + 3AgO = C^2O^2 + HO + 3AgI.$$

Lorsqu'on le distille avec du sublimé corrosif, il donne le chloroiodoforme C^2HCl^2I.

Il a été employé en médecine.

CYANURE DE MÉTHYLE.

$C^2H^3,Cy = C^4H^3Az$.

On obtient ce corps en distillant un mélange de méthylsulfate de potasse et de cyanure de potassium. Un procédé plus facile consiste à distiller l'acétate d'ammoniaque, ou mieux, l'acétamide avec de l'acide phosphorique anhydre.

$$C^4H^3(AzH^4)O^4 \; - \; H^4O^4 \; = \; C^4H^3Az.$$

Acétate d'ammoniaque. — Cyanure de méthyle.

$$AzH^2,C^4H^3O^2 \; - \; H^2O^2 \; = \; C^4H^3Az.$$

Acétamide. — Cyanure de méthyle.

On purifie le produit obtenu en le lavant avec une solution saturée de chlorure de calcium et en le rectifiant sur le chlorure de calcium sec.

Le produit obtenu dans cette dernière réaction, et qui a été désigné sous le nom d'*acétonitrile*, est identique avec celui qu'on obtient avec le méthylsulfate de potasse et le cyanure de potassium (Dumas, Malaguti et F. Leblanc).

Le cyanure de méthyle est un liquide incolore, doué d'une odeur désagréable. Il bout à 77°. Une solution bouillante de potasse caustique le décompose en ammoniaque et acétate de potasse.

$$C^4H^3Az \; + \; H^4O^4 \; = \; C^4H^4O^4 \; + \; AzH^3.$$

Cyanure de méthyle. — Acide acétique.

Au contact du zinc et de l'acide sulfurique étendu, il absorbe de l'hydrogène et se transforme en éthylamine (Mendius).

$$C^4H^3Az \; + \; H^4 \; = \; C^4H^7Az.$$

Cyanure de méthyle. — Éthylamine.

Trinitroacétonitrile. — M. Schischkoff a signalé une combinaison qu'on peut envisager comme du cyanure de méthyle (acétonitrile) dont les 3 équivalents d'hydrogène sont remplacés par 3 équivalents de vapeur hyponitrique (AzO^4).

$$C^2H^3Cy \qquad\qquad C^2(AzO^4)^3Cy$$

Cyanure de méthyle. — Trinitroacétonitrile.

C'est une matière cristalline solide, fusible à 41°,6. Elle détone avec violence à 200°.

Les combinaisons que nous allons décrire ont été désignées sous le nom d'*éthers composés de l'alcool méthylique*. Ils résultent de la substitution du radical méthyle à l'hydrogène basique des acides oxygénés. Ils sont neutres ou acides. Les éthers méthyliques acides résultent de la substitution du méthyle à *une partie* de l'hydrogène basique des acides polybasiques.

Le sulfate de méthyle neutre se forme par la substitution des

2 groupes méthyliques aux 2 atomes d'hydrogène basique de l'acide sulfurique. L'acide méthylsulfurique, ou sulfométhylique, résulte de la substitution de 1 groupe méthylique à 1 atome d'hydrogène de l'acide sulfurique.

$$\left.\begin{array}{l} H \\ H \end{array}\right\} S^2 O^8 \quad \text{acide sulfurique}$$

$$\left.\begin{array}{l} C^2H^3 \\ H \end{array}\right\} S^2 O^8 \quad \text{acide méthylsulfurique}$$

$$\left.\begin{array}{l} C^2H^3 \\ C^2H^3 \end{array}\right\} S^2 O^8 \quad \text{sulfate diméthylique (éther méthylsulfurique).}$$

ACIDE MÉTHYLSULFURIQUE OU SULFOMÉTHYLIQUE.

$$\left.\begin{array}{l} C^2H^3 \\ H \end{array}\right\} S^2 O^8 \; = \; \begin{array}{l} (S^2O^4)'' \\ (C^2H^3)' \\ H \end{array}\right\} O^4.$$

Pour préparer cet acide, on mêle 1 partie d'esprit de bois avec 2 parties d'acide sulfurique concentré. On laisse refroidir le mélange, et, après l'avoir étendu d'eau, on le sature par le carbonate de baryte. Il se forme du sulfate de baryte insoluble et du méthylsulfate soluble. On filtre et on décompose exactement la solution par l'acide sulfurique. La liqueur, séparée du sulfate de baryte, donne par l'évaporation à une basse température des aiguilles qui constituent l'acide méthylsulfurique. Cet acide forme des sels solubles et cristallisables avec toutes les bases.

SULFATE DE MÉTHYLE.

$$\left.\begin{array}{l} C^2H^3 \\ C^2H^3 \end{array}\right\} S^2 O^8 \; = \; \begin{array}{l} (S^2O^4)'' \\ (C^2H^3)^2 \end{array}\right\} O^4.$$

On obtient cet éther en distillant l'esprit de bois avec 8 à 10 fois son poids d'acide sulfurique. Le liquide oléagineux condensé dans le récipient est lavé avec une solution de chlorure de calcium, desséché et rectifié sur de la baryte en poudre fine. Le sulfate de méthyle se forme aussi lorsqu'on fait absorber les vapeurs d'oxyde de méthyle par l'acide sulfurique anhydre.

Liquide oléagineux doué d'une odeur alliacée. Densité, 1,324 à 22°. Point d'ébullition, 188°. L'eau froide le décompose lentement, l'eau bouillante rapidement, en acide méthylsulfurique et en alcool méthylique.

L'ammoniaque le convertit en alcool méthylique et en sulfaméthylane (sulfamate de méthyle), qui cristallise lorsqu'on évapore la solution dans le vide.

$$\begin{array}{l} S^2O^4 \\ (C^2H^3)^2 \end{array}\right\} O^4 \; + \; AzH^3 \; = \; \begin{array}{l} (S^2O^4,AzH^2)' \\ C^2H^3 \end{array}\right\} O^2 \; + \; \begin{array}{l} C^2H^3 \\ H \end{array}\right\} O^2.$$

Sulfate diméthylique.   Sulfaméthylane.   Hydrate de méthyle.

AZOTATE DE MÉTHYLE.

$$(C^2H^3)AzO^6 = \begin{matrix} AzO^4 \\ (C^2H^3) \end{matrix} \Big\} O^2.$$

Pour préparer cet éther, on place dans une cornue 50 gr. de nitre en poudre et l'on y ajoute un mélange de 100 gr. d'acide sulfurique et de 50 gr. d'esprit de bois. La réaction s'accomplit sans le secours de la chaleur; on l'achève en distillant au bain-marie. On lave avec de l'eau le liquide condensé dans le récipient et on le rectifie, à plusieurs reprises, sur un mélange de massicot et de chlorure de calcium.

Liquide incolore, neutre, d'une densité de 1,182. Point d'ébullition, 66°. Insoluble dans l'eau, soluble dans l'alcool et dans l'esprit de bois. Sa vapeur détone avec violence lorsqu'on la chauffe au-dessus de 150°.

AZOTITE DE MÉTHYLE.

$$(C^2H^3)AzO^4 = \begin{matrix} AzO^2 \\ (C^2H^3) \end{matrix} \Big\} O^2.$$

M. Strecker a obtenu ce composé en chauffant l'esprit de bois avec de l'acide azotique et du cuivre métallique, ou de l'acide arsénieux, et en recevant les produits dans un récipient fortement refroidi. Liquide jaunâtre bouillant à — 12°. L'azotite de méthyle prend aussi naissance lorsqu'on chauffe la brucine avec de l'acide azotique.

CYANATE DE MÉTHYLE.

$$C^2Az(C^2H^3)O^2 = \begin{matrix} Cy \\ (C^2H^3) \end{matrix} \Big\} O^2.$$

Il prend naissance avec le *cyanurate de méthyle*

$$\begin{matrix} Cy^3 \\ (C^2H^3)^3 \end{matrix} \Big\} O^6$$

lorsqu'on chauffe au bain d'huile un mélange de 2 parties de méthylsulfate de potasse et de 1 partie de cyanate de potasse récemment préparé. Liquide incolore, bouillant à 40°, et dont la vapeur est irritante au plus haut degré. Lorsqu'on le conserve dans des tubes bouchés, il se convertit spontanément en cyanurate.

Ce dernier est solide, cristallisable, fusible à 140°; il bout à 295°. Soumis à l'ébullition avec une solution concentrée de potasse caustique, le cyanate et le cyanurate de méthyle se dédoublent en acide carbonique et en méthylamine. (Voir plus loin.)

APPENDICE AUX COMBINAISONS MÉTHYLIQUES.

Dans le gaz des marais, dans les éthers simples de l'alcool méthylique et dans leurs dérivés, le nombre des éléments ou groupes monoatomiques combinés à C^2 est égal à 4 ; tous ces composés appartiennent au même type mécanique. C^2 représente deux équivalents de carbone ($C = 6$), ou 1 atome de carbone tétratomique ($C = 12$). En effet, pour que cet atome de carbone soit saturé, il faut qu'il se combine avec 4 atomes d'hydrogène ou de chlore, ou avec leur équivalent. Il en est ainsi dans la série suivante :

$$
\begin{array}{lllll}
C & H & H & H & H \quad \text{gaz des marais} \\
C & H & H & H & Cl \quad \text{chlorure de méthyle} \\
C & H & H & H & Br \quad \text{bromure de méthyle} \\
C & H & H & H & I \quad \text{iodure de méthyle} \\
C & H & Cl & Cl & Cl \quad \text{chloroforme} \\
C & H & (AzO^4)(AzO^4)(AzO^4) & & \text{nitroforme} \\
C(AzO^4) & Cl & Cl & Cl & \text{chloropicrine} \\
C & Cl & Cl & Cl & Cl \quad \text{perchlorure de carbone}
\end{array}
$$

$$
\begin{array}{llll}
C & H & H & H \quad Cy \quad \text{cyanure de méthyle (acétonitrile)} \\
C(AzO^4)(AzO^4)(AzO^4) & & & Cy \quad \text{trinitroacétonitrile} \\
C(AzO^4) & Hg & Hg & Cy \quad \text{fulminate de mercure.}
\end{array}
$$

Le dernier terme de cette série, le fulminate de mercure est un composé fort important, qu'on considérait autrefois comme formé par un acide particulier, l'acide fulminique $\left. \begin{matrix} Cy^2 \\ H^2 \end{matrix} \right\} O^4$, ou dicyanique.

Mais cet acide n'a jamais pu être retiré du fulminate de mercure, et le vrai acide dicyanique a été obtenu récemment par M. Poensgen (page 111). Laurent et Gerhardt avaient déjà soupçonné que l'oxygène devait être contenu dans le fulminate de mercure sous forme d'acide hypoazotique. M. Kekulé a donné pour ce corps la formule $C^2(AzO^4)HgHgCy$, et l'a rattaché aux autres termes de la série précédente qu'il a construite.

Fulminate de mercure $C^4Hg^2Az^2O^4 = C^2(AzO^4)Hg^2Cy$. — Pour préparer ce sel, qui a été découvert par Howard en 1800, on fait dissoudre à froid, dans un ballon spacieux, 3 parties de mercure dans 36 parties d'acide azotique, d'une densité de 1,34, et l'on ajoute à la dissolution refroidie 17 parties d'alcool à 90° cent. On agite le mélange pour favoriser l'absorption des vapeurs nitreuses qui restent encore dans le ballon. Au bout de 5 à 10 minutes, la liqueur s'échauffe et entre spontanément en ébullition, et une réaction de plus en plus vive s'établit. On la modère en ajoutant 17 parties d'alcool. A ce moment, la liqueur se trouble par suite d'un dépôt de mercure, mais celui-ci disparait bientôt, et fait place à un précipité blanc cristallin de fulminate de mercure. On en sépare l'eau-mère par décantation, et on le fait cristalliser de nouveau dans l'eau bouillante.

Ce produit doit être séché et manié avec précaution. Il produit une violente explosion, lorsqu'on le chauffe à 186°, ou qu'on le soumet à une forte percussion. C'est la base des capsules fulmi-nantes.

Il est décomposé par le zinc en présence de l'eau, avec forma-tion de fulminate de zinc.

Lorsqu'on dirige du chlore dans de l'eau tenant en suspension du fulminate de mercure, celui-ci se dissout avec dégagement de chaleur, et il se forme du chlorure de cyanogène et de la chloro-picrine

$$C^2(AzO^4)Hg^2Cy \;+\; 6Cl \;=\; C^2(AzO^4)Cl^3 \;+\; CyCl \;+\; 2HgCl.$$

Fulminate mercurique.   Chloropicrine.   Chlorure de
                                                                 cyanogène.

Lorsqu'on fait bouillir du fulminate de mercure avec de l'iodure ou du chlorure de potassium, il se forme de l'iodure ou du chlo-rure de mercure, de l'acide carbonique, de l'ammoniaque et un acide particulier isomérique avec l'acide cyanurique $C^6Az^3H^3O^6$. C'est l'acide *fulminurique* (Liebig), ou *isocyanurique* (Schischkoff).

Fulminate d'argent $C^4Ag^2Az^2O^4 = C^2(AzO^4)Ag^2Cy$. — Pour préparer ce corps, on dissout 1 partie d'argent dans 20 parties d'acide azo-tique, d'une densité de 1,37, et on ajoute 27 parties d'alcool à 86° cent. On chauffe le tout au bain-marie jusqu'à ce que le liquide entre en effervescence; on le retire alors du feu et on modère la réaction, qui continue d'elle-même, en ajoutant une quantité d'al-cool égale à la première. Il se dépose 1 partie de fulminate d'ar-gent en petites aiguilles blanches.

Ce corps détone avec la plus extrême violence et au moindre choc lorsqu'il est sec, de telle sorte qu'on s'expose aux plus graves accidents en le touchant dans cet état. Humide, il détone moins facilement. Il se dissout dans 36 parties d'eau bouillante. Les chlorures alcalins en précipitent seulement la moitié de l'argent. En évaporant les solutions filtrées, on obtient des sels cristallisa-bles renfermant $C^2(AzO^4)KAgCy$, etc., et qui détonent avec vio-lence. L'hydrogène sulfuré en excès décompose le fulminate d'ar-gent en sulfure d'argent, acide carbonique et en sulfocyanure d'ammonium

$$C^2(AzO^4)Ag^2Cy \;+\; 2H^2S^2 \;=\; C^2O^4 \;+\; Cy(AzH^4)S^2 \;+\; Ag^2S^2.$$

Fulminate d'argent.   Sulfocyanure   Sulfure
                                                       d'ammonium.   d'argent.

COMBINAISONS DE L'ÉTHYLE.

L'éthyle est le radical de l'alcool ordinaire qui est l'hydrate d'é-
thyle

$$\left.\begin{array}{l} C^4H^5 \\ H \end{array}\right\}O^2.$$

On connaît de nombreuses combinaisons dans lesquelles entre
ce radical. L'hydrure d'éthyle est, comme son nom l'indique, une
combinaison d'hydrogène et d'éthyle. Les chlorure, bromure,
iodure, cyanure d'éthyle sont des combinaisons du même ordre.
On les désignait autrefois sous le nom d'*éthers simples*. On peut les
envisager comme dérivés des hydracides correspondants par la
substitution de l'éthyle à l'hydrogène.

$$
\begin{array}{lllll}
ClH & \text{acide chlorhydrique} & — & Cl(C^4H^5) & \text{chlorure d'éthyle} \\
BrH & \text{acide bromhydrique} & — & Br(C^4H^5) & \text{bromure d'éthyle} \\
IH & \text{acide iodhydrique} & — & I(C^4H^5) & \text{iodure d'éthyle} \\
CyH & \text{acide cyanhydrique} & — & Cy(C^4H^5) & \text{cyanure d'éthyle.}
\end{array}
$$

L'éthyle libre est l'éthylure d'éthyle, et peut être envisagé comme
de l'hydrure d'éthyle dans lequel l'hydrogène est remplacé par l'é-
thyle.

$$
\left.\begin{array}{l} H \\ H \end{array}\right\} \qquad
\left.\begin{array}{l} C^4H^5 \\ H \end{array}\right\} \qquad
\left.\begin{array}{l} C^4H^5 \\ C^4H^5 \end{array}\right\}
$$

Hydrogène.   Hydrure d'éthyle.   Éthyle.

L'éther ordinaire est l'oxyde d'éthyle ; on peut l'envisager
comme de l'alcool dans lequel un équivalent d'hydrogène est remplacé par un équivalent d'éthyle. Tous deux appartiennent au type
eau.

$$
\left.\begin{array}{l} H \\ H \end{array}\right\}O^2 \qquad
\left.\begin{array}{l} C^4H^5 \\ H \end{array}\right\}O^2 \qquad
\left.\begin{array}{l} C^4H^5 \\ C^4H^5 \end{array}\right\}O^2.
$$

Eau.   Hydrate d'éthyle.   Oxyde d'éthyle.

On connaît des combinaisons correspondantes dans lesquelles
l'oxygène est remplacé par le soufre.

$$
\left.\begin{array}{l} H \\ H \end{array}\right\}S^2 \qquad
\left.\begin{array}{l} C^4H^5 \\ H \end{array}\right\}S^2 \qquad
\left.\begin{array}{l} C^4H^5 \\ C^4H^5 \end{array}\right\}S^2
$$

Hydrogène sulfuré.   Sulfhydrate   Sulfure d'éthyle.
d'éthyle.

On désigne sous le nom d'*éthers composés* de l'alcool éthylique
des combinaisons résultant de la subtitution de l'éthyle à l'hydrogène basique des acides.

Les acides monobasiques qui ne renferment qu'un seul équivalent d'hydrogène basique, ne peuvent donner qu'un seul éther composé.

$$\left.\begin{array}{l}AzO^4\\H\end{array}\right\}O^2 \qquad \left.\begin{array}{l}AzO^4\\C^4H^5\end{array}\right\}O^2.$$

Acide azotique.   Azotate d'éthyle.

$$\left.\begin{array}{l}C^4H^3O^2\\H\end{array}\right\}O^2 \qquad \left.\begin{array}{l}C^4H^3O^2\\C^4H^5\end{array}\right\}O^2.$$

Acide acétique.   Acétate d'éthyle.

Les acides polybasiques qui renferment plusieurs équivalents d'hydrogène basique peuvent former plusieurs éthers composés, suivant que un ou plusieurs équivalents de cet hydrogène sont remplacés par de l'éthyle. Supposons d'abord que cette substitution s'étende à tous les atomes d'hydrogène basique, il en résultera des *éthers neutres* comme les précédents.

$$\left.\begin{array}{l}(S^2O^4)''\\H^2\end{array}\right\}O^4 \qquad \left.\begin{array}{l}(S^2O^4)''\\(C^4H^5)^2\end{array}\right\}O^4.$$

Acide sulfurique.   Sulfate d'éthyle.

$$\left.\begin{array}{l}(C^4O^4)''\\H^2\end{array}\right\}O^4 \qquad \left.\begin{array}{l}(C^4O^4)''\\(C^4H^5)^2\end{array}\right\}O^4.$$

Acide oxalique.   Oxalate d'éthyle.

$$\left.\begin{array}{l}(PhO^2)'''\\H^3\end{array}\right\}O^6 \qquad \left.\begin{array}{l}(PhO^2)'''\\(C^4H^5)^3\end{array}\right\}O^6, \text{ etc.}$$

Acide phosphorique.   Phosphate triéthylique.

Dans le cas où la substitution n'est que partielle, les acides se trouveront incomplétement saturés et formeront alors des éthers *acides*.

$$\left.\begin{array}{l}(S^2O^4)''\\H^2\end{array}\right\}O^4 \qquad \left.\begin{array}{l}(S^2O^4)''\\C^4H^5\\H\end{array}\right\}O^4.$$

Acide sulfurique.   Sulfate acide d'éthyle
(acide sulfovinique).

$$\left.\begin{array}{l}(C^4O^4)''\\H^2\end{array}\right\}O^4 \qquad \left.\begin{array}{l}(C^4O^4)''\\C^4H^5\\H\end{array}\right\}O^4.$$

Acide oxalique.   Oxalate acide d'éthyle
(acide oxalovinique).

$$\left.\begin{array}{l}(PhO^2)'''\\H^3\end{array}\right\}O^6 \qquad \left.\begin{array}{l}(PhO^2)'''\\C^4H^5\\H^2\end{array}\right\}O^6.$$

Acide phosphorique.   Phosphate monoéthylique
(acide phosphovinique).

L'éthyle peut se substituer à l'hydrogène de l'ammoniaque pour former les *ammoniaques composées* connues sous le nom d'éthylamine, de diéthylamine, de triéthylamine. On a obtenu des composés éthylés qui dérivent d'une manière analogue de l'hydrogène phosphoré et de l'hydrogène arsénié. Toutes ces combinaisons constituent en quelque sorte les azotures, les phosphures et les arséniures d'éthyle. Nous en traiterons dans un chapitre distinct.

On connait des combinaisons de l'éthyle avec le bore, le silicium, et avec beaucoup de métaux, parmi lesquels nous citerons le potassium, le sodium, le zinc, le cadmium, le bismuth, le plomb, l'étain, le mercure. Nous en décrirons les plus importants en traitant des *radicaux organométalliques*.

Le radical éthyle peut se modifier par substitution.

L'acétyle ou le radical de l'acide acétique résulte de la substitution de 2 équivalents d'oxygène à 2 équivalents d'hydrogène de l'éthyle.

$$C^4H^3O^2.$$
Acétyle.

Les combinaisons acétyliques dont les principales sont :

L'hydrate d'acétyle ou l'acide acétique $\left. \begin{array}{c} C^4H^3O^2 \\ H \end{array} \right\} O^2$

L'hydrure d'acétyle ou l'aldéhyde.... $C^4H^3O^2,H$

Le chlorure d'acétyle............... $C^4H^3O^2,Cl$

Le méthylure d'acétyle ou l'acétone... $C^4H^3O^2,C^2H^3$

se rattachent donc aux composés éthyliques. Les deux premières en dérivent d'ailleurs directement par oxydation.

ÉTHYLE.

$$C^8H^{10} = \left. \begin{array}{c} C^4H^5 \\ C^4H^5 \end{array} \right\}$$

M. Frankland a obtenu ce corps, en 1849, en chauffant de l'iodure d'éthyle avec du zinc à 150°, dans des tubes scellés. Pour le préparer, on introduit dans des tubes forts des lames de zinc bien décapées, puis une quantité équivalente d'iodure d'éthyle additionné de son volume d'éther anhydre. Après avoir effilé et fermé les tubes, on chauffe à 100°. Au bout de quelques heures, le zinc est dissous, et il se forme du zinc-éthyle. On ouvre alors les tubes de manière à laisser dégager l'hydrure d'éthyle qui a pu se former accidentellement par l'action d'une trace d'eau; puis, après les avoir fermés de nouveau, on les chauffe à 130 ou 140°. Il se forme alors de l'éthyle par l'action de l'iodure d'éthyle sur le zinc-éthyle d'abord formé

$$C^4H^5I + 2Zn = ZnC^4H^5 + ZnI$$
$$ZnC^4H^5 + C^4H^5I = ZnI + \left. \begin{array}{c} C^4H^5 \\ C^4H^5 \end{array} \right\}$$

La réaction terminée, on refroidit les tubes dans l'eau glacée, et, après en avoir ouvert la pointe effilée, à l'aide de la flamme d'un chalumeau, on les met rapidement en communication avec un gazomètre.

L'éthyle se forme aussi par l'action du mercure sur l'iodure d'é-
thyle sous l'influence de l'insolation directe.

C'est un gaz incolore, doué d'une odeur faiblement éthérée. Il se
liquéfie à $+ 3°$ sous une pression de $2\frac{1}{2}$ atmosphères. Liquide, il
bout à $- 23°$. Il est très-peu soluble dans l'eau, et se dissout assez
abondamment dans l'alcool. 1 volume d'alcool en absorbe 18 volumes à $14°$, et sous la pression de $0^m,745$.

L'éthyle brûle avec une flamme très-éclairante.

Il est attaqué par le chlore à la lumière diffuse. D'après M. Kolbe,
le produit liquide de cette réaction n'est pas du chlorure d'éthyle,
mais un produit de substitution du carbure C^8H^{10}, peut-être du
chlorure de butyle C^8H^9Cl.

En soumettant l'éthyle à l'action du brome, M. Carius a obtenu
un bromure qu'il considère comme identique avec le bromure de
butylène

$$C^8H^{10} + 2Br^2 = 2BrH + C^8H^8Br^2.$$
$$\text{Éthyle.} \qquad\qquad\qquad\qquad \text{Bromure}$$
$$\text{de butylène.}$$

On n'a pas réussi, jusqu'à présent, à former, avec l'éthyle
libre, un composé éthylique.

HYDRURE D'ÉTHYLE.

$$C^4H^6 = C^4H^5,H.$$

D'après M. Frankland, on obtient ce corps en traitant le zinc-
éthyle par l'eau.

$$C^4H^5Zn + H^2O^2 = C^4H^5,H + \begin{matrix}Zn\\H\end{matrix}O^2.$$
$$\text{Zinc-éthyle.} \qquad\qquad \text{Hydrure} \qquad \text{Hydrate}$$
$$\text{d'éthyle.} \qquad \text{de zinc.}$$

On le prépare très-facilement en chauffant pendant quelques
heures dans un tube scellé, à la température de $150°$, un mélange
d'iodure d'éthyle de zinc et d'eau.

$$C^4H^5I + 2Zn + H^2O^2 = C^4H^5,H + ZnI + \begin{matrix}Zn\\H\end{matrix}O^2$$

L'hydrure d'éthyle est un gaz incolore, inodore, qu'on n'a pas
réussi à condenser en un liquide. Il brûle avec une flamme bleuâtre. Il est très-peu soluble dans l'eau et beaucoup moins soluble
dans l'alcool que l'éthyle. 1 volume d'alcool en absorbe 1,22 volume à $9°$ et sous la pression de $0^m,665$.

Lorsqu'on expose à l'action de la lumière diffuse volumes égaux
de chlore et d'hydrure d'éthyle, on obtient un produit de substitution C^4H^5Cl, qui paraît isomérique et non pas identique avec le

chlorure d'éthyle, car il ne se liquéfie pas à — 18°, et est beaucoup plus soluble dans l'eau que le chlorure d'éthyle.

ALCOOL OU HYDRATE D'ÉTHYLE (HYDRATE D'OXYDE D'ÉTHYLE).

$$C^4H^6O^2 = \left. \begin{matrix} C^4H^5 \\ H \end{matrix} \right\} O^2.$$

Bien que les premiers alchimistes arabes (Geber, Rhazes), aient connu le produit inflammable de la distillation du vin, on attribue généralement la découverte de l'alcool à Arnauld de Villeneuve qui vivait à Montpellier vers 1300. La rectification de l'esprit de vin par distillation répétée sur le carbonate de potasse a été décrite par Raymond Lulle.

L'alcool est le produit de la fermentation des liquides sucrés qui renferment en solution de la glucose ou un sucre pouvant se convertir en glucose. Cette fermentation, dont les produits principaux sont l'alcool et l'acide carbonique, s'accomplit sous l'influence d'un ferment spécial, la levûre de bière. Nous en étudierons plus tard toutes les conditions.

On peut former l'alcool par synthèse avec du gaz oléfiant. Hennel a démontré le premier que l'acide sulfurique absorbe le gaz oléfiant pour former l'acide sulfovinique (éthylsulfurique). M. Berthelot a bien étudié les conditions de ce phénomène et a régénéré de l'alcool avec l'acide sulfovinique ainsi formé.

$$\underset{\text{Éthylène.}}{C^4H^4} + H^2S^2O^8 = \underset{\text{Acide éthylsulfurique.}}{(C^4H^5)HS^2O^8.}$$

$$\underset{\text{Acide éthylsulfurique.}}{(C^4H^5)HS^2O^8} + H^2O^2 = H^2S^2O^8 + \underset{\text{Alcool.}}{\left. \begin{matrix} C^4H^5 \\ H \end{matrix} \right\} O^2.}$$

Un procédé plus élégant indiqué par M. Berthelot, consiste à combiner l'éthylène avec l'acide iodhydrique. Il se forme de l'iodure d'éthyle, qu'il est facile de convertir en alcool en le chauffant pendant longtemps avec de la potasse caustique.

Préparation et purification de l'alcool. — On obtient l'alcool en grand par la distillation des liquides fermentés, tels le vin, le jus de betteraves fermenté, le moût obtenu par la saccharification de la fécule et du grain, et soumis ensuite à la fermentation. Les appareils dont on se sert aujourd'hui pour faire cette distillation ont acquis un tel degré de perfection qu'on peut obtenir du premier coup, par une seule distillation, de l'alcool bon goût à 95° centésimaux. On entend par alcool bon goût l'alcool débarrassé de l'alcool amylique (huile de pommes de terre, huile de betteraves) qui se forme en même temps que lui, et en petite quantité, dans la fermentation des liquides sucrés, principalement du jus de betteraves, du moût de fécule ou de grain.

Ne pouvant décrire ici les appareils qui sont en usage pour cette distillation, nous allons en indiquer le principe.

L'alcool est plus volatil que l'eau. Si donc on soumet à la distillation un mélange d'alcool et d'eau, l'alcool passe le premier mélangé avec une certaine quantité d'eau. Lorsqu'on condense immédiatement ces vapeurs à mesure qu'elles s'élèvent au-dessus du liquide soumis à l'ébullition, on recueille une liqueur spiritueuse d'autant plus faible que la distillation aura été prolongée plus longtemps. Mais supposons qu'au lieu de condenser immédiatement ces vapeurs *per descensum* on les force à s'élever et à se répandre soit dans une série de récipients disposés les uns à la suite des autres, soit dans une *colonne* dans l'intérieur de laquelle sont disposés des plateaux pouvant recevoir le liquide condensé, il est clair que dans ce long parcours les vapeurs aqueuses tendront à se condenser les premières et plus près des chaudières où les vinasses sont soumises à l'ébullition, et où les parties condensées vont affluer sans cesse. Les vapeurs alcooliques, au contraire, tendent à s'élever et à s'éloigner du foyer vers les parties où la température est moins élevée et où les vapeurs d'eau, plus condensables, ne peuvent point les suivre. Lorsque, enfin, les vapeurs alcooliques arrivent dans des espaces plus froids, elles se condensent elles-mêmes ; mais les premières parties condensées sont plus aqueuses que les dernières, qui se condensent plus loin et qui sont les seules qu'on recueille définitivement ; les autres refluent vers les parties plus chaudes de l'appareil, où elles se dépouillent de nouveau des parties les plus volatiles.

Tel est le principe de la distillation méthodique des liqueurs spiritueuses, principe découvert par Edouard Adam, de Rouen, et appliqué aujourd'hui, dans les appareils perfectionnés de Laugier, de Derosne et Cail (appareil à colonne) et de M. Dubrunfaut.

Pour préparer l'alcool à l'état de pureté absolue, on rectifiera l'alcool du commerce sur des substances avides d'eau. On emploie généralement la chaux caustique ou le carbonate de potasse parfaitement desséché. On fait digérer l'alcool pendant quelques heures avec ces substances, puis on distille au bain-marie. L'opération s'exécute dans une cornue à laquelle on adapte une allonge et un récipient, ou dans un ballon que l'on met en communication avec un réfrigérant de Liebig.

Une seule rectification ne suffit pas ordinairement pour obtenir de l'alcool *absolu*. Lorsqu'il s'agit d'enlever les dernières traces d'eau qui sont contenues dans l'alcool, on peut le distiller sur de la baryte caustique ; mais il est plus avantageux d'y dissoudre un morceau de sodium et de rectifier ensuite au bain-marie.

Le sodium se dissout dans l'alcool avec formation d'éthylate de sodium et dégagement d'hydrogène ; les traces d'eau que le liquide renferme décomposent l'éthylate avec formation d'hydrate sodique et d'alcool,

$$\left.\begin{array}{l}C^4H^5\\Na\end{array}\right\}O^2 \ + \ H^2O^2 \ = \ \left.\begin{array}{l}Na\\H\end{array}\right\}O^2 \ + \ \left.\begin{array}{l}C^4H^5\\H\end{array}\right\}O^2.$$

Éthylate   Hydrate   Alcool.
sodique.   sodique.

Soemmering a constaté que lorsqu'on conserve de l'alcool aqueux dans une vessie animale, il se concentre ; les vapeurs aqueuses s'échappent au travers de la membrane, et l'alcool reste.

Propriétés de l'alcool. — L'alcool est un liquide incolore, mobile, doué d'une odeur spiritueuse agréable. D'après M. Hermann Kopp, sa densité est égale à 0,8095 à 0° ; 0,7939 à 15°,5 ; 0,792 à 20°. Il bout à 78°,4 sous la pression normale. On n'a pas réussi à le solidifier en l'exposant aux froids les plus intenses. A — 100°, il prend une consistance oléagineuse.

L'alcool se mêle à l'eau en toutes proportions. Le mélange se fait avec production de chaleur, et il en résulte une contraction après le refroidissement. Le maximum de contraction a lieu lorsqu'on mélange 52,3 volumes d'alcool avec 47,7 volumes d'eau à 15° : il en résulte 96,35 volumes d'alcool aqueux, au lieu de 100 volumes. Ces proportions d'alcool et d'eau correspondent sensiblement à la formule

$$C^4H^6O^2 + 3H^2O^2.$$

Exposé à l'air, l'alcool en attire l'humidité. Mis en contact avec certains sels renfermant de l'eau de cristallisation, il les deshydrate.

Il dissout un grand nombre de gaz, de liquides, de solides. Beaucoup de gaz sont plus solubles dans l'alcool que dans l'eau. Il en est ainsi de l'oxygène, du cyanogène, des hydrogènes carbonés, de l'acide carbonique.

On désigne, en pharmacie, sous le nom de *teintures alcooliques*, les solutions de diverses substances dans l'alcool. Parmi les corps simples qui se dissolvent assez abondamment dans l'alcool, nous citerons l'iode. Les hydrates potassique et sodique sont très-solubles dans l'alcool. La plupart des acides minéraux s'y dissolvent. On sait que la solution alcoolique d'acide borique brûle avec une flamme verte. Beaucoup de chlorures se dissolvent dans l'alcool : tels sont les chlorures de calcium, de strontium, de zinc; le chlorure ferrique, le chlorure mercurique, le chlorure cuivrique, le chlorure d'or, etc.

Quelques azotates sont solubles dans l'alcool : il en est ainsi de l'azotate de magnésie et de l'azotate de chaux. L'azotate de potasse y est insoluble. Tous les carbonates, à l'exception du carbonate de lithine, et tous les sulfates, sont insolubles dans l'alcool.

L'alcool dissout les acides et les bases organiques, les essences, les résines et les corps gras. Ces derniers ne s'y dissolvent pas, en général, en quantité très-notable. Il faut excepter cependant l'huile de ricin, qui se dissout dans l'alcool en toutes proportions.

Décompositions. — Lorsqu'on dirige les vapeurs d'alcool à travers un tube de porcelaine, chauffé au rouge, elles se décomposent en eau, oxyde de carbone, hydrogène, gaz des marais, éthylène (gaz oléfiant). En outre, il se dépose du charbon dans le tube de porcelaine, et il se produit une petite quantité de naphtaline (Th. de Saussure), de benzine et d'hydrate de phényle (Berthelot). Les produits principaux de la décomposition de l'alcool, au rouge naissant, sont le gaz des marais, l'hydrogène, l'oxyde de carbone.

$$C^4H^6O^2 = C^2O^2 + C^2H^4 + H^2.$$

A l'approche d'un corps incandescent, l'alcool s'enflamme à l'air et brûle avec une flamme peu éclairante, bleuâtre. Au contact du noir de platine, les vapeurs d'alcool, mélangées d'air, subissent la combustion lente, qui donne naissance successivement à de l'*aldéhyde* et à de l'*acide acétique*.

$$C^4H^6O^2 + O^2 = C^4H^4O^2 + H^2O^2.$$
Alcool.   Aldéhyde.

$$C^4H^4O^2 + O^2 = C^4H^4O^4.$$
Aldéhyde.   Acide acétique.

Comme produits accessoires, il se forme en même temps de l'éther acétique et une petite quantité d'un corps neutre volatil, qui a été désigné sous le nom d'acétal (Stas).

La lampe sans flamme de Dœbereiner réalise la combustion lente de l'alcool. C'est une lampe à alcool ordinaire, dont la mèche est surmontée d'un fil de platine en spirale.

La lampe étant allumée, la spirale est portée à l'incandescence. Si l'on éteint alors la flamme, en la couvrant un instant avec une petite éprouvette, les vapeurs d'alcool continuent à s'élever avec l'air autour de la spirale encore chaude, et éprouvent alors la combustion lente. Mais comme celle-ci développe de la chaleur, la spirale s'échauffe et est rapidement portée à l'incandescence. Le courant d'air étant régularisé à l'aide d'une petite cheminée, l'expérience peut continuer aussi longtemps que la mèche émet des vapeurs alcooliques en quantité suffisante.

Des corps riches en oxygène peuvent oxyder l'alcool à la température ordinaire : tels sont l'acide chlorique et l'acide chromique, qui agissent avec tant d'énergie sur l'alcool, que celui-ci s'enflamme. L'expérience est dangereuse avec l'acide chlorique.

Lorsqu'on distille l'alcool avec un mélange d'acide sulfurique étendu et de peroxyde de manganèse ou de bichromate de potasse, on obtient des produits d'oxydation de l'alcool, savoir : l'aldéhyde, l'acide acétique, et, secondairement, de l'éther acétique et de l'acétal.

L'acide azotique attaque énergiquement l'alcool à une douce chaleur, en formant, indépendamment des produits d'oxydation qui viennent d'être indiqués, de l'éther azoteux et des torrents de vapeurs nitreuses. Il se forme, en outre, une petite quantité d'acide cyanhydrique.

Lorsqu'on chauffe l'alcool avec une solution d'argent ou de mercure dans l'acide azotique concentré, il se manifeste une ébullition très-vive et il se forme bientôt un dépôt de fulminate d'argent ou de mercure (page 136).

Le chlore attaque l'alcool absolu avec une extrême énergie. Sous l'influence de la lumière solaire, chaque bulle de chlore peut déterminer une inflammation. Lorsqu'on modère la réaction, il se forme d'abord de l'aldéhyde,

$$C^4H^6O^2 + Cl^2 = 2HCl + C^4H^4O^2.$$
Alcool.   Aldéhyde.

puis de l'éther acétique et de l'acétal, enfin des produits chlorés, parmi lesquels le plus important est le chloral $C^4HCl^3O^2$.

Distillé avec le chlorure de chaux, l'alcool donne du chloroforme.

Lorsqu'on traite l'alcool par l'acide sulfurique, le mélange s'échauffe et il se forme de l'acide sulfovinique. Lorsqu'on distille ce mélange, on obtient de l'éther, et, dans le cas où l'acide sulfurique est en grand excès, du gaz oléfiant (éthylène).

Les acides chlorhydrique, bromhydrique, iodhydrique convertissent l'alcool dans les éthers correspondants.

Lorsqu'on jette un morceau de potassium ou de sodium dans

l'alcool absolu, le métal fond, tournoie dans le liquide, et s'y dissout avec un vif dégagement d'hydrogène. Dès qu'une certaine quantité de métal s'est dissoute, tout se prend, par le refroidissement, en une masse cristalline qui constitue l'éthylate de sodium ou de potassium. Ces combinaisons représentent de l'alcool dans lequel 1 atome d'hydrogène a été remplacé par 1 atome de métal.

$$\left.\begin{array}{l} C^4H^5 \\ H \end{array}\right\}O^2 \qquad \left.\begin{array}{l} C^4H^5 \\ K \end{array}\right\}O^2 \qquad \left.\begin{array}{l} C^4H^5 \\ Na \end{array}\right\}O^2.$$

Alcool.   Éthylate de potassium.   Éthylate de sodium.

Au contact de l'eau, ces éthylates régénèrent immédiatement l'alcool, avec formation d'hydrates alcalins.

$$\left.\begin{array}{l} C^4H^5 \\ K \end{array}\right\}O^2 \; + \; \left.\begin{array}{l} H \\ H \end{array}\right\}O^2 \; = \; \left.\begin{array}{l} C^4H^5 \\ H \end{array}\right\}O^2 \; + \; \left.\begin{array}{l} K \\ H \end{array}\right\}O^2.$$

Éthylate de potassium.   Alcool.   Hydrate de potassium.

Combinaisons de l'alcool. — L'alcool se combine avec certains oxydes, chlorures et sels, et paraît jouer dans ces combinaisons le rôle d'alcool de cristallisation analogue à l'eau de cristallisation. Ainsi on connaît :

une combinaison de chaux avec l'alcool.	CaO	$+$	$C^4H^6O^2$
—	de chlorure de calcium	CaCl	$+$	$2C^4H^6O^2$
—	de chlorure de zinc ...	ZnCl	$+$	$C^4H^6O^2$
—	d'azolate de magnésie.	$MgAzO^6$	$+$	$3C^4H^6O^2$

Alcoométrie. — Parmi les procédés qu'on peut mettre en usage pour constater le degré de concentration de l'esprit de vin, c'est-à-dire sa richesse en alcool absolu, les plus usités sont fondés sur l'appréciation des différences de densité entre l'alcool pur et l'alcool plus ou moins étendu d'eau. Cette appréciation se fait au moyen d'*aréomètres*.

On employait autrefois en France, pour la détermination de la richesse alcoolique des esprits, l'aréomètre de Cartier, qui est gradué de telle sorte qu'il marque 0° dans l'eau pure, et 44° dans l'alcool absolu. L'intervalle est divisé en 44 parties. Les indications de cet aréomètre, dont la graduation est arbitraire, étaient purement relatives et ne fournissaient aucune donnée absolue concernant la densité du liquide et sa richesse en alcool. L'alcoomètre centésimal de Gay-Lussac, qui est généralement usité aujourd'hui, n'offre pas cet inconvénient. Il marque 0° dans l'eau pure, 100 dans l'alcool absolu, 99 dans un mélange de 99 volumes d'alcool absolu avec 1 volume d'eau pure, 98 dans un mélange de

98 volumes d'alcool absolu avec 2 volumes d'eau pure, et ainsi de suite; de telle sorte que chaque degré de cet instrument indique le nombre de volumes d'alcool absolu contenu dans 100 volumes de la liqueur spiritueuse. Les indications de cet aréomètre ne sont exactes que pour la température de 15° où les expériences ont été faites. Lorsqu'on opère à une température différente, il est nécessaire de corriger[1] les observations ou de consulter des tables de correction, qui donnent le titre réel.

Il n'existe pas de relation simple entre les densités des mélanges d'alcool et d'eau et les indications de l'alcoomètre centésimal, par la raison qu'il se produit une contraction par suite du mélange de l'alcool avec l'eau. Il a donc fallu entreprendre une série d'expériences directes pour établir cette relation. Le tableau suivant, construit d'après les indications de Tralles, de Gay-Lussac et de M. H. Kopp, donne les poids d'alcool absolu et les densités qui correspondent aux degrés de l'alcoomètre centésimal :

---

1. Cette correction peut se faire d'une manière très-simple à l'aide de la formule suivante : soit c le nombre de divisions que marque l'alcoomètre à t degrés au-dessus ou au-dessous de 15 degrés, le nombre de volumes d'alcool absolu x contenu dans 100 volumes de la liqueur spiritueuse sera donnée par l'équation

$$x = c \pm 0,4 t.$$

Toutes les fois que la température est inférieure à 15°, on ajoute $0,4 t$ à c. On retranche cette quantité dans le cas contraire.

Volumes d'alcool contenus en cent vol.	Quantités pondérales d'alcool en centièmes	Densités à 15°,5.	Volumes d'alcool contenus en cent vol.	Quantités pondérales d'alcool en centièmes	Densités à 15°,5.	Volumes d'alcool contenus en cent vol.	Quantités pondérales d'alcool en centièmes	Densités à 15°,5.
0	0	0,9991	34	28,13	0,9596	67	59,32	0,8965
1	0,80	0,9976	35	28,99	0,9583	68	60,38	0,8941
2	1,60	0,9961	36	29,86	0,9570	69	61,42	0,8917
3	2,40	0,9947	37	30.74	0,9556	70	62.50	0,8892
4	3,20	0,9933	38	31,62	0,9541	71	63,58	0.8867
5	4,00	0.9919	39	32,50	0,9526	72	64,66	0,8842
6	4,81	0,9906	40	33,39	0,9510	73	65.74	0,8817
7	5,62	0,9893	41	34,28	0,9494	74	66,83	0,8791
8	6,43	0,9881	42	35,18	0.9478	75	67,93	0,8765
9	7,24	0,9869	43	36,08	0,9461	76	69,05	0,8739
10	8.05	0,9857	44	36,99	0,9444	77	70,18	0,8712
11	8,87	0,9845	45	37,90	0,9427	78	71,31	0,8685
12	9,69	0,9834	46	38,82	0,9409	79	72,45	0,8658
13	10,51	0,9823	47	39,74	0,9391	80	73,59	0,0631
14	11,33	0,9812	48	40,66	0,9373	81	74,74	0,8603
15	12.15	0,9802	49	41,59	0,9354	82	75,91	0,8575
16	12,98	0,9791	50	42,52	0,9335	83	77,09	0,8547
17	13,80	0,9781	51	43,47	0,9315	84	78,29	0,8518
18	14,63	0,9771	52	44,42	0,9295	85	79,50	0,8488
19	15,46	0,9761	53	45.36	0,9275	86	80,71	0,8458
20	16,28	0,9751	54	46,32	0,9254	87	81,94	0,8428
21	17,11	0,9741	55	47,29	0,9234	88	83,19	0,8397
22	17,95	0,9731	56	48,26	0,9213	89	84,46	0,8365
23	18,78	0,9720	57	49,26	0,9192	90	85,75	0,8332
24	19,62	0.9710	58	50,21	0,9170	91	87,09	0,8299
25	20,46	0,9700	59	51,20	0,9148	92	88,37	0,8265
26	21,30	0,9689	60	52,20	0,9126	93	89,71	0,8230
27	22,14	0,9679	61	53,20	0.9104	94	91,07	0,8194
28	22,99	0,9668	62	54,21	0,9082	95	92,46	0.8157
29	23,84	0,9657	63	55,21	0,9059	96	93,89	0,8118
30	24,69	0,9646	64	56,22	0.9036	97	95,34	0,8077
31	25,55	0,9634	65	57,24	0,9013	98	96,84	0,8034
32	26,41	0,9622	66	58,27	0,8989	99	98,39	0,7988
33	27,27	0,9609				100	100,00	0,7939

OXYDE D'ÉTHYLE OU ÉTHER.

$$C^8H^{10}O^2 = \left. \begin{matrix} C^4H^5 \\ C^4H^5 \end{matrix} \right\} O^2.$$

Ce corps important a été découvert par Valerius Cordus, en 1540. Frobenius l'a désigné le premier sous le nom d'éther. Plus tard, on lui donna le nom d'éther sulfurique, pour rappeler sa préparation avec l'acide sulfurique et pour le distinguer d'autres éthers. Théodore de Saussure fit les premières analyses exactes de l'alcool et de l'éther, en 1807, et envisagea ces corps comme des combinaisons d'hydrogène bicarboné et d'eau. Gay-Lussac confirma les analyses de Th. de Saussure et adopta son point de vue,

qui fut développé par MM. Dumas et Boullay. Berzelius admit
le premier dans l'éther le radical éthyle, et M. Liebig développa,
en 1834, l'idée que l'éther était un oxyde d'éthyle, et l'alcool un
hydrate d'éthyle. La constitution de cet oxyde d'éthyle a été établie par M. Williamson, auquel on doit la vraie théorie de l'éthérification de l'alcool par l'acide sulfurique.

Modes de formation de l'éther. — Les plus importants sont les
suivants :

1° Action sur l'alcool de certains réactifs déshydratants, tels
que l'acide sulfurique, l'acide phosphorique, l'acide arsénique, le
chlorure de zinc (Masson), le bichlorure d'étain (Kuhlmann), le
fluorure de bore.

D'après M. A. Reynoso, beaucoup de chlorures, bromures, sulfates, etc. donnent lieu à la formation de l'éther, lorsqu'on les
chauffe avec l'alcool, à 240°, dans des tubes scellés.

2° Double décomposition entre l'oxyde d'argent et l'iodure d'é-
thyle (A. Wurtz).

$$2C^4H^5I \ + \ Ag^2O^2 \ = \ \left.{C^4H^5 \atop C^4H^5}\right\}O^2 \ + \ 2AgI.$$

Iodure d'éthyle.   Oxyde d'éthyle.

3° Action de l'iodure d'éthyle sur l'éthylate de sodium (Williamson).

$$C^4H^5I \ + \ \left.{C^4H^5 \atop Na}\right\}O^2 \ = \ NaI \ + \ \left.{C^4H^5 \atop C^4H^5}\right\}O^2.$$

Iodure d'éthyle.   Éthylate   Oxyde d'éthyle.
de sodium.

4° Action de l'iodure ou du bromure d'éthyle sur l'alcool à
200° (Reynoso).

$$C^4H^5Br \ + \ \left.{C^4H^5 \atop H}\right\}O^2 \ = \ HBr \ + \ \left.{C^4H^5 \atop C^4H^5}\right\}O^2.$$

Bromure d'éthyle.   Alcool.   Oxyde d'éthyle.

Cette réaction s'accomplit plus facilement lorsqu'on emploie
une solution alcoolique de potasse : l'alcali sature l'acide bromhydrique ou iodhydrique formé (Berthelot).

$$C^4H^5Br \ + \ \left.{C^4H^5 \atop H}\right\}O^2 \ + \ \left.{K \atop H}\right\}O^2 \ = \ \left.{C^4H^5 \atop C^4H^5}\right\}O^2 \ + \ KBr \ + \ \left.{H \atop H}\right\}O^2.$$

Bromure   Alcool.   Hydrate   Oxyde   Eau.
d'éthyle.   de potassium.   d'éthyle.

Préparation de l'éther. — On prépare l'éther en faisant réagir l'a-
cide sulfurique sur l'alcool. L'opération s'exécute en grand et par
un procédé continu qui a été indiqué par Boullay. Il consiste à
chauffer un mélange de 9 parties d'acide sulfurique concentré et

de 5 parties d'alcool à 90° centig., et à faire arriver dans ce mélange un filet continu d'alcool (*fig.* 23).

Fig. 23.

On règle l'écoulement de l'alcool dans le mélange éthérifiant, de
manière à maintenir constamment le liquide en ébullition et au
même niveau. La température de ce liquide ne doit pas s'élever
au-dessus de 140 à 145°. Dans ces conditions, on recueille dans
le récipient, qu'il importe de bien refroidir, un mélange d'éther et
d'eau; en même temps, il passe un peu d'alcool, et vers la fin de
l'opération (car l'acide sulfurique finit par noircir et ne peut servir
indéfiniment) une petite quantité d'acide sulfureux.

On purifie le produit par des lavages avec un lait de chaux et avec l'eau pure; puis on le rectifie au bain-marie, à plusieurs reprises, sur du chlorure de calcium, et, finalement, sur un morceau de sodium qui enlève les dernières traces d'eau et d'alcool.

Théorie de l'éthérification. — L'éther résulte de la déshydratation partielle de l'alcool.

$$2\left[\left.\begin{matrix}C^4H^5\\H\end{matrix}\right\}O^2\right] = \left.\begin{matrix}H\\H\end{matrix}\right\}O^2 + \left.\begin{matrix}C^4H^5\\C^4H^5\end{matrix}\right\}O^2.$$

Il est donc facile de se rendre compte de la formation de l'éther par l'action de certains réactifs déshydratants sur l'alcool. Mais le procédé d'éthérification par l'acide sulfurique, que nous venons de décrire, offre cela de particulier, qu'il est continu; qu'une même quantité d'acide sulfurique peut servir à éthérifier des quantités sinon illimitées, du moins considérables d'alcool, et que l'eau se dégage en même temps que l'éther. L'explication de ces particularités a beaucoup exercé la sagacité des chimistes. A M. Williamson revient le mérite d'avoir fixé ce point important de la chimie organique. On savait avant lui que, par l'action de l'acide sulfurique sur l'alcool, il se forme de l'acide sulfovinique, et M. Liebig a établi le premier que cet acide joue un rôle important dans l'éthérification.

M. Williamson admet que cette réaction s'accomplit en deux phases : dans la première, l'acide sulfurique, en agissant sur l'alcool, forme de l'acide sulfovinique (éthylsulfurique) et de l'eau; dans la seconde, l'alcool agissant sur l'acide sulfovinique, forme de l'éther et régénère de l'acide sulfurique. La formation de l'eau et celle de l'éther appartiennent donc à deux phases distinctes de la réaction. Successivement formés, ils se dégagent simultanément. Les équations suivantes rendent compte de la réaction.

PREMIÈRE PHASE.

$$\left.\begin{matrix}S^2O^4\\H^2\end{matrix}\right\}O^4 + \left.\begin{matrix}C^4H^5\\H\end{matrix}\right\}O^2 = \left.\begin{matrix}S^2O^4\\C^4H^5\\H\end{matrix}\right\}O^4 + \left.\begin{matrix}H\\H\end{matrix}\right\}O^2$$

Acide sulfurique.   Alcool.   Acide éthylsulfurique.

DEUXIÈME PHASE.

$$\left.\begin{matrix}S^2O^4\\C^4H^5\\H\end{matrix}\right\}O^4 + \left.\begin{matrix}C^4H^5\\H\end{matrix}\right\}O^2 = \left.\begin{matrix}S^2O^4\\H^2\end{matrix}\right\}O^4 + \left.\begin{matrix}C^4H^5\\C^4H^5\end{matrix}\right\}O^2.$$

Acide éthylsulfurique.   Alcool.   Acide sulfurique.   Éther.

L'acide sulfurique régénéré peut réagir sur une troisième molécule d'alcool pour former de nouveau de l'acide éthylsulfurique, et celui-ci peut réagir à son tour sur une quatrième molécule d'alcool. On conçoit, d'après la théorie, que le même cercle de réactions puisse recommencer indéfiniment, avec des quantités toujours nouvelles d'alcool. L'acide sulfurique, régénéré sans cesse, est toujours le même; mais en formant de l'acide éthylsulfurique, il agit sur des quantités d'alcool sans cesse renouvelées, de telle sorte que l'acide éthylsulfurique existant dans un moment donné de l'opération, n'est pas le même que celui qui s'est formé avant ou celui qui existera plus tard. M. Williamson a démontré qu'il en est ainsi. Ayant préparé de l'acide amylsulfurique par l'action de l'acide sulfurique sur l'alcool amylique, il a fait arriver dans ce mélange, convenablement chauffé, un filet d'alcool, comme pour la préparation de l'éther ordinaire. A la fin de l'opération, il n'a trouvé dans le mélange éthérifiant que de l'acide éthylsulfurique : l'acide amylsulfurique avait disparu et avait formé avec l'alcool l'éther mixte amyl-éthylique qui a été trouvé parmi les premiers produits de la réaction. Celle-ci est représentée, dans ses deux phases, par les équations suivantes :

$$\left.\begin{matrix}S^2O^4\\H^2\end{matrix}\right\}O^4 \;+\; \left.\begin{matrix}C^{10}H^{11}\\H\end{matrix}\right\}O^2 \;=\; \left.\begin{matrix}S^2O^4\\C^{10}H^{11}\\H\end{matrix}\right\}O^4 \;+\; \left.\begin{matrix}H\\H\end{matrix}\right\}O^2.$$

Acide sulfurique.   Alcool amylique.   Acide amylsulfurique.

$$\left.\begin{matrix}S^2O^4\\C^{10}H^{11}\\H\end{matrix}\right\}O^4 \;+\; \left.\begin{matrix}C^4H^5\\H\end{matrix}\right\}O^2 \;=\; \left.\begin{matrix}S^2O^4\\H^2\end{matrix}\right\}O^4 \;+\; \left.\begin{matrix}C^{10}H^{11}\\C^4H^5\end{matrix}\right\}O^2.$$

Acide amylsulfurique.   Alcool.   Acide sulfurique   Oxyde double d'amyle et d'éthyle.

Composition de l'éther. — Dans toutes les équations précédentes nous avons représenté l'éther par la formule

$$\left.\begin{matrix}C^4H^5\\C^4H^5\end{matrix}\right\}O^2.$$

Cette formule représente de l'alcool dans lequel 1 atome d'hydrogène est remplacé par de l'éthyle. En effet, la molécule de l'oxyde d'éthyle renferme deux radicaux éthyliques et non pas un seul, comme l'indique la formule simple C^4H^5O, que les chimistes avaient adoptée pendant longtemps. Ce point étant fondamental, nous croyons devoir présenter brièvement les arguments sur lesquels est fondée la formule double

$$\left.\begin{matrix}C^4H^5\\C^4H^5\end{matrix}\right\}O^2.$$

Premièrement, cette formule est confirmée par la densité de vapeur de l'éther. Les formules de toutes les substances organiques dont l'équivalent ou le poids moléculaire est bien déterminé, correspondent à 4 volumes de vapeur. La formule C^4H^5O correspondrait à 2 volumes de vapeur. Si on l'adoptait, l'éther ferait exception à la règle dont il s'agit; il y rentre, si l'on adopte la formule double.

2° Si l'éther est l'alcool éthylé, il existe entre ce composé et l'alcool la même relation qu'entre l'éther acétique et l'acide acétique. Or, on sait qu'en général le point d'ébullition d'un éther composé est situé à environ 44° plus bas que celui de l'acide correspondant.

L'acide acétique bout à 118°; l'éther acétique bout à 74°; différence, 44°. L'alcool bout à 78°; l'éther ou l'alcool éthylé bout à 34°; différence, 44°. La différence des points d'ébullition témoigne donc en faveur de la formule double.

3° On connaît non-seulement un alcool éthylé, mais encore un alcool méthylé, un alcool amylé, qui prennent naissance, dans des conditions semblables, par l'action des iodures alcooliques sur l'éthylate de sodium (Williamson).

$$C^2H^3I \quad + \quad \left.{C^4H^5 \atop Na}\right\}O^2 \quad = \quad NaI \quad + \quad \left.{C^4H^5 \atop C^2H^3}\right\}O^2.$$

Iodure   Éthylate   Alcool méthylé
de méthyle.   de sodium.   (éther méthyl-éthylique).

$$C^4H^5I \quad + \quad \left.{C^4H^5 \atop Na}\right\}O^2 \quad = \quad NaI \quad + \quad \left.{C^4H^5 \atop C^4H^5}\right\}O^2.$$

Iodure   Alcool éthylé
d'éthyle.   (éther).

$$C^{10}H^{11}I \quad + \quad \left.{C^4H^5 \atop Na}\right\}O^2 \quad = \quad NaI \quad + \quad \left.{C^4H^5 \atop C^{10}H^{11}}\right\}O^2.$$

Iodure   Alcool amylé
d'amyle.   (éther éthyl-amylique).

Si l'on adoptait pour l'éther la formule simple C^4H^5O, il est clair que la réaction de l'iodure d'éthyle sur l'éthylate de sodium donnerait naissance à deux molécules d'éther; mais alors la réaction de l'iodure de méthyle et celle de l'iodure d'amyle sur l'éthylate de sodium devraient donner naissance, non pas à des éthers mixtes, mais à des mélanges d'éther ordinaire, d'éther méthylique ou amylique. Ainsi l'existence de tels éthers mixtes constitue un argument en faveur de la formule double

$$\left.{C^4H^5 \atop C^4H^5}\right\}O^2.$$

Il est évident, en effet, que si l'hydrogène de l'alcool peut être remplacé par du méthyle ou par de l'amyle, on doit pouvoir le remplacer par de l'éthyle.

De plus, si l'on compare les points d'ébullition des éthers mixtes
avec ceux des éthers ordinaires, on remarque une progression
continue qui est en harmonie avec la complication croissante de
la molécule. Cette harmonie serait détruite si l'on adoptait pour
les éthers ordinaires des formules simples, et pour les éthers
mixtes des formules doubles.

4° L'éther se forme par l'action du bromure d'éthyle sur une
solution alcoolique de potasse (page 150).

M. Berthelot a démontré que dans cette réaction l'alcool con-
court à la formation de l'éther, et n'agit pas seulement comme
dissolvant. La réaction elle-même ne s'accomplit pas dans le sens
de l'équation suivante :

$$C^4H^5Br + KO,HO = BrK + C^4H^5O + HO.$$

En effet, M. Berthelot a obtenu une quantité d'éther sensiblement double de celle qui est indiquée par cette équation, ce qui
indique que l'éthyle de l'iodure s'est ajouté à l'éthyle de l'alcool,
dont il a remplacé l'hydrogène.

$$C^4H^5Br + \left.\begin{matrix}K\\H\end{matrix}\right\}O^2 + \left.\begin{matrix}C^4H^5\\H\end{matrix}\right\}O^2 = KBr + \left.\begin{matrix}C^4H^5\\C^4H^5\end{matrix}\right\}O^2 + \left.\begin{matrix}H\\H\end{matrix}\right\}O^2.$$

Propriétés de l'éther. — L'éther est un liquide incolore, très-
mobile, doué d'une saveur brûlante d'abord, puis fraîche, d'une
odeur suave, agréable, qu'on nomme éthérée. Sa densité est
égale à 0,723 à 12°,5, et de 0,7366 à 0°. Sa densité de vapeur est
égale à 2,565. Il bout à 34°,5 (35°,6 Gay-Lussac) sous la pression
normale. A — 31° il se concrète en lames blanches et brillantes.

Il est peu miscible à l'eau, à la surface de laquelle il forme une
couche séparée. 9 parties d'eau dissolvent 1 partie d'éther; 36 parties d'éther dissolvent 1 partie d'eau. L'éther se dissout en toutes
proportions dans l'alcool et dans l'esprit de bois.

L'éther dissout en petite quantité le soufre et le phosphore. Il
dissout abondamment le brome, l'iode, les chlorures calcique,
ferrique, mercurique, aurique, platinique, et un grand nombre
de corps organiques, tels que les huiles, les graisses, les résines,
les alcaloïdes, et en général les corps riches en carbone et en hydrogène.

Il est très-inflammable et brûle avec une flamme très-éclairante. Mêlée avec de l'oxygène ou même avec de l'air, sa vapeur
produit une violente détonation à l'approche d'un corps incandescent.

L'éther est capable de subir l'oxydation lente, comme l'alcool, et donne naissance aux mêmes produits. Lorsqu'on verse de l'éther dans un verre à pied (*fig.* 24), et qu'on suspend dans le verre une spi-

rale de platine chaude, de façon que l'extrémité inférieure du fil métallique arrive à une petite distance du niveau du liquide sans le toucher, on voit bientôt le fil de platine rougir vivement et enflammer l'éther. Les vapeurs éthérées s'élèvent, en effet, dans le verre à pied et subissent la combustion lente autour de la spirale encore chaude. Cette combustion dégage de la chaleur qui porte la spirale à l'incandescence.

Fig. 24.

Lorsqu'on fait passer la vapeur d'éther à travers un tube de porcelaine incandescent, elle se décompose en donnant du gaz des marais, du gaz oléfiant, de l'acétylène C^4H^2 (Berthelot), de l'oxyde de carbone, de l'eau, de l'aldéhyde.

Le potassium et le sodium attaquent très-lentement l'éther ; il se dégage d'abord de l'hydrogène, mais l'action s'arrête bientôt.

Saturé de gaz chlorhydrique et soumis à la distillation, l'éther donne du chlorure d'éthyle, comme l'alcool.

L'acide sulfurique anhydre se combine avec l'éther à froid, pour former le sulfate d'éthyle. L'acide sulfurique hydraté donne de l'acide éthylsulfurique.

Produits de substitution de l'éther. — Le chlore agit sur l'éther avec une telle violence, que chaque bulle de gaz produit une flamme en traversant le liquide.

L'action est moins énergique si l'on a soin de refroidir d'abord l'éther. On peut alors obtenir des produits de substitution, parmi lesquels nous citerons :

l'oxyde d'éthyle mono-chloré . . . . $\left.\begin{array}{l}C^4H^4Cl\\C^4H^4Cl\end{array}\right\}O^2$ liquide bouillant de 140°-147°, décomposable par l'eau (Liebig).

l'oxyde d'éthyle bichloré . . $\left.\begin{array}{l}C^4H^3Cl^2\\C^4H^3Cl^2\end{array}\right\}O^2$ liquide ; densité 1,5008 (Malaguti)

l'oxyde d'éthyle perchloré, ou éther perchloré . . . . . $\left.\begin{array}{l}C^4Cl^5\\C^4Cl^5\end{array}\right\}O^2$ solide ; octaèdres à base carrée, fusibles à 69°

Ce dernier composé se dédouble, sous l'influence de la chaleur, en sesquichlorure de carbone et en chlorure de trichloracétyle.

$$C^8Cl^{10}O^2 \;=\; C^4Cl^6 \;+\; C^4Cl^4O^2.$$

Éther   Sesquichlorure   Chlorure
perchloré.   de carbone,   de trichloracétyle
(aldéhyde perchlorée).

Lorsqu'on chauffe l'éther perchloré avec une solution alcoolique de monosulfure de potassium, il se dépose du soufre et il se forme du chlorure de potassium et un produit que M. Malaguti nomme *chloroxéthose*.

$$C^8Cl^{10}O^2 + 4KS = 4KCl + 4S + C^8Cl^6O^2.$$

Éther perchloré. Chloroxéthose.

Le chloroxéthose est un corps oléagineux, d'une densité de 1,654 à 20°. Il bout à 210°. Exposé au soleil, il peut se combiner directement avec le chlore, pour régénérer l'éther perchloré. Il absorbe aussi le brome pour former le composé

$$C^8Cl^6Br^4O^2 = \begin{matrix} C^4Cl^3Br^2| \\ C^4Cl^3Br^2| \end{matrix} O^2.$$

(oxyde d'éthyle perchlorobromé) cristallisable en octaèdres.

COMPOSÉS SULFURÉS DE L'ÉTHYLE.

A l'alcool et à l'éther correspondent deux composés dans lesquels l'oxygène est remplacé par le soufre. Ce sont le sulfhydrate et le sulfure d'éthyle.

SULFHYDRATE D'ÉTHYLE OU MERCAPTAN.

$$C^4H^6S^2 = \begin{matrix} C^4H^5| \\ H \ | \end{matrix} S^2.$$

Ce composé a été découvert par Zeise, en 1833. Le meilleur procédé pour le préparer consiste à saturer une solution alcoolique de potasse par l'hydrogène sulfuré, et à faire arriver dans ce liquide de l'éther chlorhydrique en vapeur (Regnault). Il se forme par double décomposition du chlorure de potassium, qui se précipite, et du sulfhydrate d'éthyle.

$$C^4H^5Cl + \begin{matrix} K| \\ H| \end{matrix} S^2 = KCl + \begin{matrix} C^4H^5| \\ H \ | \end{matrix} S^2.$$

Sulfhydrate de potassium. Sulfhydrate d'éthyle.

On distille au bain-marie, on ajoute au liquide distillé de l'eau froide, qui sépare le sulfhydrate d'éthyle. On déshydrate celui-ci sur du chlorure de calcium, et on le rectifie.

Un autre procédé consiste à distiller une solution aqueuse de sulfhydrate de potassium, d'une densité de 1,3, avec un volume égal d'une solution aqueuse d'éthylsulfate (sulfovinate) de chaux de même densité (Liebig).

Le sulfhydrate d'éthyle est un liquide incolore, transparent, très-mobile, d'une odeur fétide qui rappelle celle des oignons. Densité = 0,835 à 21°. Point d'ébullition, 36°,2 (Liebig). Il brûle avec une flamme bleue. Une goutte, suspendue au bout d'une baguette qu'on agite vivement, se solidifie par le froid que produit l'évaporation. Le sulfhydrate d'éthyle est très-peu soluble dans l'eau. Quoique neutre au papier de tournesol, il réagit énergiquement sur certains oxydes et forme des composés analogues aux sels. Sa propriété caractéristique est la réaction qu'il exerce sur l'oxyde de mercure, avec lequel il forme une masse blanche cristalline, qui renferme

$$\left. \begin{array}{l} C^4H^5 \\ Hg \end{array} \right\} S^2$$

qui constitue un sulfure double de mercure et d'éthyle. De là le nom de mercaptan (*mercurium captans*).

$$\left. \begin{array}{l} C^4H^5 \\ H \end{array} \right\} S^2 \;+\; HgO \;=\; \left. \begin{array}{l} C^4H^5 \\ Hg \end{array} \right\} S^2 \;+\; HO.$$

Mercaptan.   Mercaptide
de mercure.

On obtient cette combinaison mercurique sous forme de cristaux brillants, fusibles à 85°, en saturant une solution alcoolique de sulfhydrate d'éthyle avec de l'oxyde de mercure, et laissant refroidir la solution.

SULFURE D'ÉTHYLE.

$$\left. \begin{array}{l} C^4H^5 \\ C^4H^5 \end{array} \right\} S^2 .$$

Pour préparer ce corps, on divise en deux parties égales une solution alcoolique de potasse caustique, on sature la moitié, jusqu'à refus, par l'hydrogène sulfuré, et on ajoute ensuite l'autre moitié. Dans la solution de monosulfure de potassium ainsi obtenue, on fait arriver de la vapeur de chlorure d'éthyle (éther chlorhydrique) : il se forme par double décomposition du chlorure de potassium et du sulfure d'éthyle. On achève la préparation comme dans le cas du sulfhydrate d'éthyle.

Le sulfure d'éthyle est un liquide incolore, doué d'une odeur alliacée désagréable. Il bout à 91°. Il est insoluble dans l'eau. Il forme, avec quelques chlorures métalliques, des combinaisons cristallisables. Ainsi, en mélangeant une solution alcoolique de sublimé corrosif avec une solution alcoolique de sulfure d'éthyle, on obtient la combinaison $(C^4H^5)^2S^2, Hg^2Cl^2$, sous forme d'aiguilles incolores. Le sulfure d'éthyle se combine directement avec l'iodure d'éthyle pour former un *iodure de triéthylsulfine* (Oefele)

$$(C^4H^5)^2S^2 \;+\; C^4H^5I \;=\; (C^4H^5)^3S^2,I$$

Sulfure   Iodure   Iodure
d'éthyle.   d'éthyle.   de triéthylsulfine.

Le *bisulfure d'éthyle* $(C^4H^5)^2S^4$ (huile thialique de Zeise) se forme lorsqu'on distille du bisulfure de potassium avec de l'éthylsulfate de potasse. Il bout à 151°.

COMBINAISONS DE L'ÉTHYLE AVEC LE CHLORE ET SES ANALOGUES.

Ces combinaisons sont désignées quelquefois sous le nom d'*éthers simples.*

CHLORURE D'ÉTHYLE OU ÉTHER CHLORHYDRIQUE.

$$C^4H^5,Cl.$$

Pour le préparer, on sature l'alcool de gaz chlorhydrique, on abandonne le liquide pendant quelque temps à lui-même, puis on le distille au bain-marie, dans une cornue. Il se dégage du chlorure d'éthyle et du gaz chlorhydrique; celui-ci se dissout dans l'eau du flacon laveur, qu'on a soin de maintenir à une température supérieure à 15°. Le chlorure d'éthyle lavé traverse un tube rempli de fragments de chlorure de calcium fondu, et vient se condenser dans un récipient, entouré d'un mélange réfrigérant.

Au lieu de saturer l'alcool de gaz chlorhydrique, on peut se contenter de le mélanger avec de l'acide chlorhydrique concentré.

On peut aussi distiller 2 parties de sel marin avec un mélange de 1 partie d'acide sulfurique et de 1 partie d'alcool.

A une température inférieure à 11°, le chlorure d'éthyle se présente sous forme d'un liquide incolore, mobile, doué d'une odeur éthérée pénétrante et agréable. Il bout à 11°. Il se dissout dans 50 fois son poids d'eau, et en toutes proportions dans l'alcool. Agité avec une solution d'azotate d'argent, le gaz chlorure d'éthyle ne la trouble point. Mais lorsqu'on le chauffe en vase clos, avec une solution alcoolique de ce sel, il se forme du chlorure d'argent.

Le chlorure d'éthyle est inflammable et brûle avec une flamme blanche bordée de vert. L'acide chlorhydrique est un des produits de sa combustion. Lorsqu'on fait passer du chlorure d'éthyle à travers un tube de porcelaine incandescent, il se dédouble en éthylène et en gaz chlorhydrique.

$$C^4H^5Cl = C^4H^4 + HCl.$$

Dérivés chlorés du chlorure d'éthyle. — Pour préparer ces corps, on dirige du chlore et du chlorure d'éthyle dans un grand ballon à trois tubulures, au fond duquel on place une couche d'eau. Au commencement de l'opération, on fait tomber la lumière solaire, par réflexion, à l'aide d'un miroir, sur le ballon. (L'insolation directe pourrait donner lieu à une explosion.) De l'acide chlorhydrique et des produits de substitution du chlorure d'éthyle prennent naissance et se rassemblent sous forme d'une huile sous l'eau du ballon. On les déshydrate par le chlorure de calcium, et on les sépare par distillation fractionnée. M. Regnault a ainsi obtenu les composés suivants :

Chlorure d'éthyle monochloré $C^4H^4Cl^2 = C^4H^4Cl,Cl$. Point d'ébullition 64°. Densité à 0° $= 1,2407$. Son odeur est analogue à celle de la liqueur des Hollandais, avec laquelle il est isomérique (page 50).

Chlorure d'éthyle dichloré $C^4H^3Cl^3 = C^4H^3Cl^2,Cl$. Point d'ébullition 75°. Densité à 0° $= 1,3465$.

Chlorure d'éthyle trichloré $C^4H^2Cl^4 = C^4H^2Cl^3,Cl$. Point d'ébullition 102°. Densité à 0° $= 1,530$.

Chlorure d'éthyle tétrachloré $C^4HCl^5 = C^4HCl^4,Cl$. Point d'ébullition 146°. Densité $= 1,644$.

Les deux derniers dérivés chlorés du chlorure d'éthyle ont été employés en médecine comme anesthésiques locaux. Pour les préparer, on fait passer, d'après M. Wiggers, un courant de chlore, à l'ombre, dans le corps oléagineux qui se forme directement par l'action du chlore sur le chlorure d'éthyle, jusqu'à ce qu'on remarque la formation de cristaux de chlorure de carbone. On distille alors le liquide, et on recueille à part ce qui passe entre 110° et 150°.

CHLORURE D'ÉTHYLE PERCHLORÉ, SESQUICHLORURE DE CARBONE.

$$C^4Cl^6.$$

Ce corps constitue le dernier produit de l'action du chlore sur le chlorure d'éthyle. C'est le sesquichlorure de carbone, découvert par Faraday en 1821.

C'est aussi le dernier terme de l'action du chlore sur la liqueur des Hollandais, dont les autres produits de substitution sont isomériques avec les dérivés chlorés du chlorure d'éthyle (page 50). Le sesquichlorure de carbone est solide. Il forme des cristaux incolores, friables, doués d'une odeur de camphre, fusibles à 162°. Point d'ébullition 182°. Densité environ 2,00. Par des distillations répétées, ou lorsqu'on fait passer sa vapeur à travers un tube de porcelaine incandescent, le sesquichlorure de carbone se dédouble en chlore et en protochlorure de carbone.

$$C^4Cl^6 \quad = \quad C^4Cl^4 \quad + \quad Cl^2.$$

Sesquichlorure de carbone.   Protochlorure de carbone.

La même métamorphose s'accomplit lorsqu'on chauffe le ses-

quichlorure de carbone avec une solution alcoolique de monosulfure de potassium. Chauffé à 100° avec une solution alcoolique de
potasse, il donne du gaz oléfiant, de l'acide oxalique, de l'hydrogène et d'autres produits (Berthelot).

BROMURE D'ÉTHYLE OU ÉTHER BROMHYDRIQUE.

$$C^4H^5,Br.$$

On prépare ce corps en introduisant peu à peu 40 parties de
brome dans 35 parties d'alcool, dans lequel on a placé 10 parties
de phosphore amorphe. On distille le liquide et on ajoute de l'eau
au produit de la distillation. Le bromure d'éthyle se sépare et se
rassemble au fond : on le décante, on le déshydrate sur du chlorure
de calcium, et on le rectifie.

Liquide incolore, doué d'une odeur éthérée. Point d'ébullition
40°,7.

IODURE D'ÉTHYLE OU ÉTHER IODHYDRIQUE.

$$C^4H^5,I.$$

Ce corps important a été découvert par Gay-Lussac, en 1815. On

Fig. 25.

le prépare par l'action de l'iode et du phosphore sur l'alcool absolu. On opère comme il suit :

On place 7 parties de phosphore dans un ballon (*fig.* 25) avec

35 parties d'alcool; on surmonte le ballon d'une allonge dans laquelle on place 23 parties d'iode entremêlé de fragments de verre. Le bec de l'allonge est bouché par des fragments de verre. Dans son col on adapte, au moyen d'un bouchon, un tube recourbé qui s'engage dans un réfrigérant de Liebig ascendant. Le ballon étant placé dans un bain-marie, l'alcool entre en ébullition, monte dans l'allonge, y dissout de l'iode. La solution alcoolique d'iode retombe dans le ballon, où l'iode et le phosphore décomposent l'alcool, avec formation d'iodure d'éthyle et d'un acide du phosphore. Lorsque tout l'iode a disparu de l'allonge et que la liqueur du ballon est complétement décolorée, on enlève l'allonge et on distille le liquide au bain-marie, aussi longtemps qu'il passe quelque chose. Le produit de la distillation étant mélangé avec de l'eau, l'iodure d'éthyle se rassemble au fond du liquide aqueux. S'il est coloré par un excès d'iode, on enlève celui-ci en agitant avec une solution faible de potasse caustique. On déshydrate enfin l'iodure d'éthyle sur du chlorure de calcium et on le rectifie.

Récemment préparé, l'iodure d'éthyle est un liquide incolore, doué d'une odeur éthérée et légèrement alliacée. Densité à $0°$ $= 1,9755$. Point d'ébullition $72°,2$ (Frankland). Lorsqu'on le conserve pendant longtemps, il se colore en brun par l'iode mis en liberté. La lumière favorise cette décomposition. L'iodure d'éthyle est insoluble dans l'eau. Il décompose instantanément et à froid une solution alcoolique d'azotate d'argent, avec formation d'iodure d'argent. Il décompose à froid et avec énergie l'oxyde d'argent sec, en formant de l'iodure d'argent et de l'oxyde d'éthyle. Il réagit de même, par double décomposition, sur la plupart des sels d'argent, pour former des éthers composés et de l'iodure d'argent.

L'iodure d'éthyle se décompose au contact d'un grand nombre de métaux. L'éthyle est mis en liberté (page 140), et il se forme des iodures. Lorsqu'on opère dans des conditions convenables, l'éthyle naissant peut s'unir lui-même au métal, et l'on obtient alors les combinaisons que nous décrirons plus loin, sous le nom de composés organométalliques.

CYANURE D'ÉTHYLE OU PROPIONITRILE.

$$C^6H^5Az = C^4H^5,Cy.$$

M. Pelouze a obtenu ce composé en 1834, en distillant un mélange de 1 partie 1/2 à 2 parties d'éthylsulfate de potasse avec

1 partie de cyanure de potassium. Le produit de la distillation est rectifié dans un bain de sel marin. Ce qui passe est mêlé avec de l'acide azotique, qu'on ajoute goutte à goutte jusqu'à réaction acide. Après une nouvelle distillation, le liquide est déshydraté sur du chlorure de calcium solide, et le liquide qui surnage est purifié par distillation fractionnée. On recueille à part ce qui passe à 97°.

Un second procédé de préparation consiste à distiller du propionate d'ammoniaque avec de l'acide phosphorique anhydre (Dumas, Malaguti et Le Blanc).

$$C^6H^5(AzH^4)O^4 = H^4O^4 + C^6H^5Az.$$

Propionate ammonique.   Propionitrile.

Le cyanure d'éthyle est un liquide incolore, doué d'une odeur à la fois éthérée et prussique. Il bout à 97°. Sa densité à 12°,6 est égale à 0,7889. Il se dissout dans l'eau et dans l'alcool. Le sel marin et le chlorure de calcium le séparent de la solution aqueuse. Soumis à l'ébullition avec de la potasse caustique, il forme du propionate de potasse et dégage de l'ammoniaque.

$$C^6H^5Az + KHO^2 + H^2O^2 = C^6H^5KO^4 + AzH^3.$$

Cyanure   Propionate
d'éthyle.   de potassium.

Lorsqu'on introduit le cyanure d'éthyle dans un mélange d'acide sulfurique et de zinc, il fixe 4 atomes d'hydrogène et se convertit en propylamine C^6H^9Az (Mendius).

Le potassium réagit avec énergie sur le cyanure d'éthyle renfermant de l'eau. Il se dégage de l'hydrure d'éthyle, et l'on obtient, comme produit principal, un corps solide résultant de la condensation de 3 molécules de cyanure d'éthyle, et auquel MM. Frankland et Kolbe ont donné le nom de *cyanéthine*. L'hydrure d'éthyle se forme en vertu de la réaction suivante :

$$C^4H^5,C^2Az + H^2O^2 + K^2 = C^2AzK + C^4H^5,H + KHO^2.$$

Cyanure   Cyanure   Hydrure
d'éthyle.   de potassium.   d'éthyle.

La cyanéthine est un corps solide cristallisable, fusible à 190°, bouillant à 280°. C'est une base capable de former des sels cristallisables avec les acides. Elle est polymérique avec le cyanure d'éthyle, et sa constitution peut être exprimée par la formule

$$\left.\begin{array}{l}(C^6H^5)''' \\ (C^6H^5)''' \\ (C^6H^5)'''\end{array}\right\}Az^3.$$

ÉTHERS COMPOSÉS DE L'ALCOOL.

On nomme ainsi les produits de la combinaison de l'alcool avec les acides oxygénés. Cette combinaison s'accomplit avec élimination d'eau.

$$C^4H^4O^4 \;+\; C^4H^5,HO^2 \;=\; C^4H^3(C^4H^5)O^4 \;+\; H^2O^2.$$
Acide acétique.　　　Alcool.　　　Acétate d'éthyle.

$$H^2S^2O^8 \;+\; C^4H^5,HO^2 \;=\; (C^4H^5)HS^2O^8 \;+\; H^2O^2.$$
Acide sulfurique.　　　　　Acide éthylsulfurique.

$$C^4H^2O^8 \;+\; 2(C^4H^5,HO^2) \;=\; C^4(C^4H^5)^2O^8 \;+\; 2H^2O^2.$$
Acide oxalique.　　　　　Oxalate d'éthyle.

$$C^{12}H^8O^{14} \;+\; 3(C^4H^5,HO^2) \;=\; C^{12}H^5(C^4H^5)^3O^{14} \;+\; 3H^2O^2.$$
Acide citrique.　　　　　Citrate d'éthyle.

Il y a élimination de 1, 2 ou 3 molécules d'eau, suivant que 1, 2 ou 3 molécules d'alcool s'unissent à un acide ; et nous nommons une molécule d'eau, la quantité d'eau qui répond à une molécule d'alcool, c'est-à-dire H^2O^2. (Voir t. I, page 55.)

Les éthers formés sont neutres ou acides, suivant que l'hydrogène basique des acides a été remplacé, en totalité ou en partie, par de l'éthyle. Ainsi, le sulfate diéthylique

$$\left.\begin{array}{c}C^4H^5\\C^4H^5\end{array}\right\}S^2O^8$$

est un éther neutre, parce que les 2 atomes d'hydrogène de l'acide sulfurique bibasique

$$\left.\begin{array}{c}H\\H\end{array}\right\}S^2O^8$$

ont été remplacés par de l'éthyle. Le sulfate monoéthylique

$$\left.\begin{array}{c}C^4H^5\\H\end{array}\right\}S^2O^8$$

(acide éthylsulfurique), est acide, parce que 1 seul atome d'hydrogène basique de l'acide sulfurique a été remplacé par de l'éthyle.

Dans certains cas, les combinaisons de l'alcool avec les acides peuvent s'effectuer directement dans le sens des équations précédentes. Ainsi, l'acétate d'éthyle prend naissance lorsqu'on chauffe l'acide acétique avec l'alcool ; l'acide éthylsulfurique se forme lorsqu'on mêle l'acide sulfurique et l'alcool.

D'un autre côté, les réactions inverses peuvent s'accomplir lorsqu'on chauffe les éthers composés avec un excès d'eau. Celle-ci est fixée, l'alcool et l'acide sont régénérés.

Si donc, employant le procédé d'éthérification le plus simple, on veut former un éther composé en chauffant un acide avec de l'alcool (et cette opération s'exécute ordinairement dans des tubes scellés, qu'on chauffe à 100° ou à une température plus élevée), on ne parvient pas à éthérifier toute la quantité d'acide qu'on a employée ; car il arrive un moment où l'eau éliminée réagirait à son tour sur l'éther composé qui s'est formé, de manière à le dédoubler de nouveau en alcool et en acide. La réaction a donc une limite, et cette limite, comme l'a établi M. Berthelot, est indépendante de la nature de l'acide, la basicité étant la même. Équivalents égaux d'acides monobasiques quelconques se combinent avec la même quantité d'alcool, dans des conditions semblables.

Les éthers composés se dédoublent avec une grande facilité, lorsqu'on les fait bouillir avec un alcali : il se forme un sel alcalin et l'alcool est régénéré.

$$C^4H^3(C^4H^5)O^4 + KHO^2 = (C^4H^5)HO^2 + C^4H^3KO^4.$$

Acétate d'éthyle.   Potasse.   Alcool.   Acétate de potassium.

Sous l'influence de l'ammoniaque, ils se convertissent ordinairement en amides, et l'alcool est régénéré.

$$C^4H^3(C^4H^5)O^4 + AzH^3 = AzH^2.C^4H^3O^2 + (C^4H^5)HO^2.$$

Acétate d'éthyle.   Acétamide.   Alcool.

Quelquefois, il se forme un sel ammoniacal et de l'éthylamine.

$$(C^4H^5)AzO^6 + 2AzH^3 = (AzH^4)AzO^6 + AzH^2(C^4H^5).$$

Azotate d'éthyle.   Azotate d'ammonium.   Éthylamine.

Procédés d'éthérification. — 1° Le procédé qui consiste à éthérifier les acides, en les chauffant directement avec l'alcool, est quelquefois employé. Mais on a reconnu que les éthers composés se forment plus facilement lorsqu'on fait intervenir un troisième corps, tel que l'acide sulfurique, qui, en fixant l'eau éliminée, empêche celle-ci de décomposer, par une réaction inverse, l'éther composé déjà formé.

2° On dissout l'acide que l'on veut éthérifier dans l'alcool, et on sature la solution par un courant de gaz chlorhydrique. Il suffit ordinairement de traiter par l'eau la liqueur saturée, pour que l'éther composé se sépare sous forme d'une couche oléagineuse. D'autres fois, on complète la réaction en distillant le liquide (Liebig).

3° On distille l'acide que l'on veut éthérifier avec un mélange d'alcool et d'acide sulfurique. L'acide sulfurique semble agir ici par sa puissante affinité pour l'eau, comme on l'a indiqué précédemment. Mais son action n'est pas directe et ne consiste pas à déshydrater purement et simplement l'alcool et l'acide. En réagissant sur l'alcool, il forme d'abord de l'acide éthylsulfurique, et celui-ci réagit sur l'autre acide par double décomposition.

$$H^2S^2O^8 \quad + \quad C^4H^6O^2 \quad = \quad \left.{C^4H^5 \atop H}\right\}S^2O^8 \quad + \quad H^2O^2.$$

Acide sulfurique.   Alcool.   Acide éthylsulfurique.

$$\left.{C^4H^5 \atop H}\right\}S^2O^8 \quad + \quad C^4H^4O^4 \quad = \quad H^2S^2O^8 \quad + \quad C^4H^3(C^4H^5)O^4.$$

Acide éthylsulfurique.   Acide acétique.   Acide sulfurique.   Acétate d'éthyle (éther acétique).

4° On prépare souvent les éthers composés par double décomposition, en distillant un sel dont on veut éthérifier l'acide avec de l'éthylsulfate (sulfovinate) de potasse.

$$(C^4H^5)KS^2O^8 \quad + \quad C^4H^3KO^4 \quad = \quad K^2S^2O^8 \quad + \quad C^4H^3(C^4H^5)O^4.$$

Éthylsulfate de potassium.   Acétate de potassium.   Sulfate de potassium.   Acétate d'éthyle.

5° Enfin, un procédé fréquemment employé consiste à décomposer, par l'iodure d'éthyle, un sel d'argent dont on veut éthérifier l'acide (A. Wurtz).

$$Ag^2C^2O^6 \quad + \quad 2C^4H^5I \quad = \quad (C^4H^5)^2C^2O^6 \quad + \quad 2AgI.$$

Carbonate d'argent.   Iodure d'éthyle.   Carbonate d'éthyle.   Iodure d'argent.

AZOTITE D'ÉTHYLE OU ÉTHER AZOTEUX.

$$(C^4H^5)AzO^4 \quad = \quad \left.{AzO^2 \atop (C^4H^5)}\right\}O^2.$$

Ce corps a été découvert par Kunkel, en 1681. Pour le préparer, on place dans une cornue spacieuse 500 grammes d'acide azotique à 32° et 500 grammes d'alcool ordinaire. La cornue communique avec une série de flacons de Woulf, dont le premier est vide et dont les autres sont remplis à moitié avec une solution saturée de sel marin. Tous ces flacons sont placés dans un mélange réfrigérant. On chauffe la cornue doucement, et dès que le dégagement de gaz commence, on retire le feu et on modère au besoin la réaction en jetant de l'eau froide sur la cornue. Lorsque l'ébullition cesse, l'opération est terminée. On trouve alors, au-dessus de l'eau salée, un liquide éthéré jaunâtre, qu'on décante. On le fait digérer avec de la chaux caustique, et on le rectifie au bain-marie (Thenard).

D'après M. E. Kopp, il est avantageux de distiller un mélange de volumes égaux d'alcool et d'acide azotique du commerce avec de la limaille ou de la tournure de cuivre. Dans ce cas, la réaction est moins tumultueuse.

M. Liebig recommande le procédé suivant : on chauffe 10 parties d'acide azotique avec 1 partie d'amidon, et on dirige les vapeurs nitreuses qui se dégagent dans un mélange de 2 parties d'alcool à 85 centièmes et de 1 partie d'eau. L'alcool est placé dans un flacon entouré d'eau froide et auquel se trouve adapté un tube recourbé qui dirige les vapeurs de l'éther azoteux dans un récipient refroidi.

L'azotite d'éthyle est un liquide jaunâtre, doué d'une odeur rappelant celle des pommes. Il est miscible avec l'alcool en toutes proportions; mais il exige 48 parties d'eau pour se dissoudre. Il bout à 18°. Il ne se conserve point sans altération, surtout lorsqu'il renferme de l'eau. L'eau chaude le décompose immédiatement, avec formation d'alcool, d'acide azotique, et dégagement de bioxyde d'azote. L'hydrogène sulfuré le décompose en formant de l'ammoniaque et de l'alcool (E. Kopp).

$$(C^4H^5)AzO^4 \; + \; 3H^2S^2 \; = \; C^4H^6O^2 \; + \; AzH^3 \; + \; H^2O^2 \; + \; S^6.$$
Éther azoteux.   Alcool.

L'esprit de nitre dulcifié des anciennes pharmacopées était une solution d'éther azoteux dans l'alcool.

AZOTATE D'ÉTHYLE OU ÉTHER AZOTIQUE.

$$(C^4H^5)AzO^6 = \left. \begin{matrix} AzO^4 \\ C^4H^5 \end{matrix} \right\} O^2.$$

Cet éther a été découvert par M. Millon, en 1843. On l'obtient par l'action de l'acide azotique sur l'alcool; mais il importe d'empêcher la réduction de l'acide azotique par une partie de l'alcool, réduction qui, dans la préparation précédente, donne naissance à l'éther azoteux. On empêche cette réduction en ajoutant de l'urée. On distille un mélange de 1 volume d'acide azotique d'une densité de 1,4 et de 2 volumes d'alcool à 35° Cart., après avoir ajouté à ce mélange quelques grammes d'urée ou d'azotate d'urée. Il est bon de ne faire l'opération que sur 150 grammes de mélange. On ajoute de l'eau au liquide distillé; l'éther azotique se précipite. On le lave avec une solution alcaline, on le déshydrate sur le chlorure de calcium, et on le rectifie.

L'éther azotique est un liquide doué d'une odeur éthérée agréable et d'une saveur douce. Il bout à 86°. Sa densité à 0° est égale à 1,1322. Il brûle avec une flamme d'un blanc jaunâtre. Sa vapeur détone lorsqu'on la surchauffe. Il est insoluble dans l'eau; il se dissout dans l'ammoniaque, peu à peu, à la température ordinaire, rapidement, lorsqu'on chauffe, et forme de l'azotate d'ammoniaque et de l'éthylamine (page 165).

SULFATE ACIDE D'ÉTHYLE OU ACIDE ÉTHYLSULFURIQUE (ACIDE SULFOVINIQUE.)

$$\left.\begin{array}{l} C^4H^5 \\ H \end{array}\right\}S^2O^8 = \left.\begin{array}{l} [S^2O^4]'' \\ (C^4H^5)',H \end{array}\right\}O^4.$$

Ce corps se forme lorsqu'on mêle l'acide sulfurique avec l'alcool, et d'autant plus abondamment que l'alcool est plus concentré et que la chaleur dégagée par le mélange est plus forte. Pour le préparer, on mélange volumes égaux d'alcool et d'acide sulfurique; on chauffe le mélange au bain-marie; on l'étend d'eau après le refroidissement; on sature le liquide par le carbonate de baryte; on filtre, pour séparer le sulfate de baryte, et on décompose exactement la solution d'éthylsulfate de baryte par l'acide sulfurique étendu. La solution filtrée laisse, après l'évaporation dans le vide, une liqueur sirupeuse, qui constitue l'acide éthylsulfurique. Cet acide se dissout dans l'eau et dans l'alcool. La solution aqueuse se décompose, par l'ébullition, en acide sulfurique et en alcool.

$$\left.\begin{array}{l} S^2O^4 \\ C^4H^5,H \end{array}\right\}O^4 + \left.\begin{array}{l} H \\ H \end{array}\right\}O^2 = \left.\begin{array}{l} C^4H^5 \\ H \end{array}\right\}O^2 + \left.\begin{array}{l} S^2O^4 \\ H^2 \end{array}\right\}O^4.$$

Éthylsulfates. — Ces sels sont tous solubles dans l'eau et cristallisables. Soumis à l'ébullition avec l'eau, ils se décomposent en alcool et en sulfates. Quelques-uns se décomposent déjà lorsqu'on évapore leur solution aqueuse. Soumis à la distillation sèche, ils donnent du gaz oléfiant, de l'huile de vin pesante (page 179), de l'eau, de l'acide carbonique, du gaz sulfureux, et laissent un résidu de sulfate mélangé de charbon.

L'*éthylsulfate de potasse* $(C^4H^5)KS^2O^8$ s'obtient par double décomposition avec des solutions d'éthylsulfate de baryte et de carbonate ou de sulfate de potasse. Il cristallise en grandes tables ou lames incolores et déliquescentes. Sa saveur est à la fois sucrée et salée. Il est insoluble dans l'alcool absolu. Lorsqu'elle est légèrement alcaline, sa solution aqueuse peut être portée à l'ébullition et évaporée sans que le sel se décompose.

Éthylsulfate de chaux $(C^4H^5)CaS^2O^8 + H^2O^2$. Ce sel se prépare comme l'éthylsulfate de baryte. Il forme des lames hexagonales allongées, inaltérables à l'air. Il est peu soluble dans l'eau.

Éthylsulfate de baryte $(C^4H^5)BaS^2O^8 + H^2O^2$. Sa préparation a été indiquée plus haut. Par l'évaporation de sa solution aqueuse, on l'obtient sous forme de beaux prismes à base rhombe, inaltérables à l'air. Il perd son eau de cristallisation dans le vide ou à 100°. Mais, à cette température, le sel hydraté se décompose légèrement. Lorsqu'on soumet sa solution aqueuse à l'ébullition, elle se trouble, devient acide, et laisse déposer du sulfate de baryte. Si l'on sature le liquide par du carbonate de baryte et qu'on filtre, on obtient, par l'évaporation, un sel barytique isomérique avec l'éthylsulfate, mais beaucoup plus stable que lui, et que Gerhardt a nommé *parathionate* de baryte. Le même sel se forme, d'après M. Berthelot, lorsqu'on sature par la baryte l'acide éthylsulfurique formé par l'action de l'acide sulfurique sur l'éthylène (page 142). L'acide parathionique est probablement identique avec l'acide *althionique*, que M. Regnault a obtenu en chauffant l'alcool avec un excès d'acide sulfurique, et en saturant le liquide par le carbonate de baryte.

On connaît un autre isomère de l'acide éthylsulfurique : c'est l'acide iséthionique. Nous le décrirons en traitant de l'éthylène et de ses dérivés.

SULFATE D'ÉTHYLE OU ÉTHER SULFATIQUE.

$$(C^4H^5)^2S^2O^8.$$

M. Wetherill a obtenu cet éther, en 1848, en dirigeant les vapeurs de l'acide sulfurique anhydre dans de l'éther refroidi à l'aide d'un mélange réfrigérant. Le produit est agité avec de l'éther et avec de l'eau. La couche éthérée renferme le sulfate d'éthyle. On l'agite avec un lait de chaux, pour enlever l'acide sulfureux qu'elle renferme; on lave avec de l'eau, on filtre et on chasse l'éther par l'évaporation.

Le sulfate d'éthyle est un liquide oléagineux, d'une saveur âcre. Sa densité est égale à 1,120. On ne peut point le distiller, car il se décompose vers 150°. L'eau le décompose déjà à froid en acide éthylsulfurique et en alcool. Il se forme en même temps des isomères de l'acide éthylsulfurique.

L'*huile de vin pesante*, ou *huile de vin douce* des anciens chimistes, produit qu'on rencontre quelquefois dans les résidus de la préparation de l'éther, paraît être un mélange de sulfate d'éthyle avec des hydrocarbures polymériques de l'éthylène; l'eau en sépare, en effet, ce qu'on nommait autrefois l'*huile de vin légère*, qui constitue un hydrocarbure C^5H^6 bouillant à 280°; il reste de l'acide éthylsulfurique en dissolution dans la liqueur aqueuse.

SULFITE D'ÉTHYLE OU ÉTHER SULFUREUX.

$$(C^4H^5)^2S^2O^6 = \begin{matrix}[S^2O^2]'' \\ (C^4H^5_{,2})\end{matrix} O^4.$$

Ce corps a été obtenu par MM. Ebelmen et Bouquet, en 1845, par l'action du souschlorure de soufre sur l'alcool. Il se forme aussi par l'action du chlorure de thionyle (t. I, page 136) sur l'alcool (Carius).

$$S^2O^2,Cl^2 \ + \ 2\begin{matrix}C^4H^5 \\ H\end{matrix}\Big\}O^2 \ = \ 2ClH \ + \ \begin{matrix}S^2O^2 \\ (C^4H^5)^2\end{matrix}\Big\}O^4.$$
Chlorure de thionyle.

Le sulfite d'éthyle est un liquide incolore, doué d'une odeur de menthe poivrée. Il bout à 160°.

CARBONATE D'ÉTHYLE OU ÉTHER CARBONIQUE.

$$(C^4H^5)^2C^2O^6 = \begin{matrix}(C^2O^2)'' \\ (C^4H^5)^2\end{matrix}\Big\}O^4.$$

M. Ettling a obtenu ce corps en introduisant peu à peu du potassium ou du sodium dans de l'oxalate d'éthyle chauffé à 130°. Le potassium se dissout dans cet éther avec dégagement d'oxyde de carbone. On obtient une masse brune qu'on distille avec de l'eau. L'éther carbonique passe; on le sépare, on le déshydrate sur du chlorure de calcium, et on le rectifie.

Un autre moyen de préparer l'éther carbonique consiste à décomposer le carbonate d'argent par l'iodure d'éthyle. On introduit les deux corps dans des matras en verre épais, qu'on scelle à la lampe et qu'on chauffe au bain-marie.

Le carbonate d'éthyle est un liquide incolore, doué d'une odeur éthérée agréable. Il bout à 125°. Densité à $0° = 0,9998$. Il est insoluble dans l'eau. L'ammoniaque l'attaque déjà à la température ordinaire, et forme du carbamate d'éthyle (uréthane).

$$\begin{matrix}(C^2O^2)'' \\ (C^4H^5)^2\end{matrix}\Big\}O^4 \ + \ AzH^3 \ = \ \begin{matrix}(C^2O^2)''H^2Az \\ C^4H^5\end{matrix}\Big\}O^2 \ + \ \begin{matrix}C^4H^5 \\ H\end{matrix}\Big\}O^2.$$
Carbonate d'éthyle.   Carbamate d'éthyle.   Alcool.

Chauffé à 100° avec de l'ammoniaque, il se transforme en urée (page 104).

$$\begin{matrix}(C^2O^2)'' \\ (C^4H^5)^2\end{matrix}\Big\}O^4 \ + \ 2AzH^3 \ = \ \begin{matrix}(C^2O^2)'' \\ H^2 \\ H^2\end{matrix}\Big\}Az^2 \ + \ 2\left[\begin{matrix}C^4H^5 \\ H\end{matrix}\Big\}O^2\right]$$
Carbonate d'éthyle.   Urée.   Alcool.

Acide éthylcarbonique (carbovinique). — Lorsqu'on dirige un courant d'acide carbonique dans une solution alcoolique d'éthylate de potassium $\begin{matrix}C^4H^5 \\ K\end{matrix}\Big\}O^2$ ou dans une solution alcoolique de potasse, on obtient un précipité blanc *d'éthylcarbonate de potasse.*

$$K(C^4H^5)C^2O^6 = \begin{matrix}(C^2O^2)'' \\ K,C^4H^5\end{matrix}\Big\}O^4.$$

Ce sel se dissout dans l'alcool absolu, et en est précipité par l'éther sous forme de paillettes brillantes. L'eau le décompose en carbonate de potasse et en alcool.

En le distillant avec du méthylsulfate de baryte, M. Chancel a obtenu le *carbonate d'éthyle et de méthyle* $\begin{matrix}(C^2O^2)''\\C^2H^3,C^4H^5\end{matrix}O^4$, sous forme d'un liquide éthéré incolore.

CHLOROXYCARBONATE D'ÉTHYLE, ÉTHER CHLOROXYCARBONIQUE.

$$C^2Cl(C^4H^5)O^4 = \begin{matrix}C^2O^2Cl\\(C^4H^5)\end{matrix}O^2.$$

Ce corps a été découvert en 1832 par MM. Dumas et Peligot. Il représente de l'éther carbonique

$$\begin{matrix}[C^2O^2]''\\(C^4H^5)\\(C^4H^5)\end{matrix}O^4$$

dans lequel le groupe $(C^4H^5)O^2$, équivalant à HO^2 [1], a été remplacé par Cl

$$\begin{matrix}[C^2O^2]''\\C^4H^5\\Cl\end{matrix}O^2.$$
Chloroxycarbonate d'éthyle.

On peut aussi l'envisager comme l'éther chloroformique (chloroformiate d'éthyle)

$$\begin{matrix}C^2HO^2\\C^4H^5\end{matrix}O^2. \qquad\qquad \begin{matrix}C^2ClO^2\\C^4H^5\end{matrix}O^2.$$
Éther formique.   Éther chloroformique.

On le prépare en faisant arriver dans de l'alcool un courant de gaz chloroxycarbonique (chlorure de carbonyle)

$$C^2O^2,Cl^2 \;+\; \begin{matrix}C^4H^5\\H\end{matrix}O^2 \;=\; ClH \;+\; \begin{matrix}C^2O^2Cl\\C^4H^5\end{matrix}O^2.$$
Chlorure   Alcool.   Chloroxycarbonate
de carbonyle.   d'éthyle.

Le chloroxycarbonate d'éthyle se précipite lorsqu'on ajoute de l'eau à l'alcool saturé de gaz chloroxycarbonique. C'est un liquide doué d'une odeur éthérée piquante. Il bout à 94°. Densité à 15° = 1,139. L'eau le décompose à chaud. Soumis à l'action de l'ammoniaque, il se convertit en carbamate d'éthyle (uréthane).

$$\begin{matrix}C^2O^2Cl\\C^4H^5\end{matrix}O^2 \;+\; 2AzH^3 \;=\; AzH^4Cl \;+\; \begin{matrix}[(C^2O^2)''H^2Az]'\\C^4H^5\end{matrix}O^2.$$
Chloroxycarbonate   Chlorure   Carbamate
d'éthyle.   d'ammonium.   d'éthyle.

---

1. Lorsqu'on compare la composition de l'alcool $\begin{matrix}C^4H^5\\H\end{matrix}O^2$ et de l'éther $\begin{matrix}C^4H^5\\C^4H^5\end{matrix}O^2$ à celle du chlorure d'éthyle $\begin{matrix}C^4H^5\\Cl\end{matrix}$ on voit que le chlore de celui-ci tient la place de HO^2 dans l'alcool, et de $C^4H^5O^2$ dans l'éther.

CARBAMATE D'ÉTHYLE OU URÉTHANE.

Ce corps a été découvert par M. Dumas, en 1833. Il prend naissance dans la réaction qui vient d'être indiquée. Il se forme aussi par l'action du chlorure de cyanogène sur l'alcool (A. Wurtz).

$$C^2AzCl \;+\; 2\begin{bmatrix} C^4H^5 \\ H \end{bmatrix}O^2 \;=\; \begin{matrix} [(C^2O^2)''H^2Az]' \\ C^4H^5 \end{matrix}\Big) O^2 \;+\; C^4H^5Cl.$$

Chlorure de cyanogène.   Alcool.   Carbamate d'éthyle.   Chlorure d'éthyle.

L'uréthane cristallise en grandes lames incolores, un peu grasses au toucher. Elle fond au-dessous de 100°; elle bout à environ 180°. Elle est soluble dans l'eau, l'alcool et l'éther.

PHOSPHATE D'ÉTHYLE.

$$(C^4H^5)^3PhO^8 \;=\; \begin{matrix} (PhO^2)''' \\ (C^4H^5)^3 \end{matrix}\Big) O^6.$$

M. Ph. de Clermont a obtenu ce corps en chauffant à 100° le phosphate triargentique Ag^3PhO^8 avec de l'iodure d'éthyle. Après avoir épuisé la masse par l'éther, il a chassé ce dernier par l'évaporation, et a distillé le résidu dans le vide. Le phosphate triéthylique est un liquide incolore, doué d'une odeur particulière, soluble dans l'eau.

ACIDE ÉTHYLPHOSPHORIQUE OU PHOSPHOVINIQUE.

$$\begin{matrix} C^4H^5 \\ H \\ H \end{matrix}\Big)PhO^8 \;^1 \;=\; \begin{matrix} (PhO^2)''' \\ C^4H^5,H^2 \end{matrix}\Big) O^6.$$

Découvert par Lassaigne, en 1820, cet acide a été étudié par MM. Pelouze et Liebig. On l'obtient en chauffant, pendant quelques minutes, à 80°, parties égales d'acide phosphorique vitreux et d'alcool à 95° cent. On laisse ensuite reposer le mélange pendant vingt-quatre heures, puis on le sature avec du carbonate de baryte. La liqueur filtrée laisse déposer l'éthylphosphate de baryte $(C^4H^5)Ba^2PhO^8 + 6H^2O^2$, qui cristallise en prismes courts. La solution de ce sel étant décomposée exactement par l'acide sulfurique, on obtient l'acide éthylphosphorique. Celui-ci reste, après l'évaporation dans le vide, sous forme d'un sirop épais, qui laisse quelquefois déposer des cristaux. L'acide éthylphosphorique, plus stable que l'acide éthylsulfurique, ne se décompose pas lorsqu'on fait bouillir sa solution aqueuse.

1. Dérivé de $\begin{matrix} H \\ H \\ H \end{matrix}\Big)PhO^8 = PhO^5,3HO.$

Lorsqu'on abandonne l'acide phosphorique vitreux dans une atmosphère saturée de vapeurs d'éther ou d'alcool absolu, il se résout peu à peu en un liquide qui renferme l'*acide diéthylphosphorique* (Vœgeli).

$$\left.\begin{array}{l}C^4H^5 \\ C^4H^5 \\ H\end{array}\right\}PhO^8 = \begin{array}{l}(PhO^2)''' \\ (C^4H^5)^2,H\end{array}O^6.$$

En saturant ce liquide par le carbonate de plomb, on obtient une solution qui laisse déposer, par l'évaporation, des cristaux de diéthylphosphate de plomb

$$\left.\begin{array}{l}C^4H^5 \\ C^4H^5 \\ Pb\end{array}\right\}PhO^8.$$

On connaît aussi un éther pyrophosphorique

$$(C^4H^5)^4Ph^2O^{14} = \begin{array}{l}(PhO^2)''' \\ (PhO^2)''' \\ (C^4H^5)^4\end{array}O^{10}$$

que M. Ph. de Clermont a obtenu en décomposant le pyrophosphate d'argent par l'iodure d'éthyle. C'est un liquide épais, soluble dans l'eau, l'alcool et l'éther.

PHOSPHITE D'ÉTHYLE OU ÉTHER PHOSPHOREUX.

$$(C^4H^5)^3PhO^6 = \begin{array}{l}Ph''' \\ (C^4H^5)^3\end{array}O^6.$$

M. Railton a obtenu ce composé en traitant une solution éthérée d'éthylate de sodium par le protochlorure de phosphore, ajouté goutte à goutte.

$$3\left[\begin{array}{l}C^4H^5 \\ Na\end{array}O^2\right] + Ph'''Cl^3 = \begin{array}{l}Ph''' \\ (C^4H^5)^3\end{array}O^6 + 3NaCl.$$

Ethylate de sodium.   Chlorure phosphoreux.   Phosphite triéthylique.

L'éther étant séparé au bain-marie, le résidu est soumis à la distillation au bain d'huile. Le phosphite d'éthyle passe.

On le rectifie dans un courant d'hydrogène. C'est un liquide doué d'une odeur désagréable, bouillant à 191°, soluble dans l'eau, l'alcool et l'éther. Densité = 1,075.

ACIDE ÉTHYLPHOSPHOREUX.

$$\left.\begin{array}{l}C^4H^5\\H\\H\end{array}\right\rbrace PhO^6 \; [1] = \left.\begin{array}{l}Ph'''\\(C^4H^5),H^2\end{array}\right\rbrace O^6.$$

On introduit peu à peu du chlorure phosphoreux dans de l'alcool d'une densité de 0,833 ; on chauffe pour chasser l'acide chlorhydrique et le chlorure d'éthyle formés ; on étend le résidu avec de l'eau et on sature par le carbonate de baryte. La solution étant évaporée dans le vide, on épuise le résidu par l'alcool absolu, qui laisse du chlorure de barium et dissout de l'éthylphosphite de baryte.

BORATE D'ÉTHYLE OU ÉTHER BORIQUE.

$$(C^4H^5)^3BoO^6 = \left.\begin{array}{l}Bo''\\(C^4H^5)^3\end{array}\right\rbrace O^6.$$

Ebelmen a obtenu ce corps en faisant passer du chlorure de bore dans de l'alcool refroidi.

$$BoCl^3 + 3\left[\left.\begin{array}{l}C^4H^5\\H\end{array}\right\rbrace O^2\right] = 3HCl + \left.\begin{array}{l}Bo\\(C^4H^5)^3\end{array}\right\rbrace O^6.$$

H. Rose l'a préparé en distillant un mélange de borax déshydraté et d'éthylsulfate de potasse. C'est un liquide incolore, doué d'une odeur particulière. Point d'ébullition, 119°. Densité à 0° = 0,8849. L'eau le décompose rapidement.

SILICATES D'ÉTHYLE OU ÉTHERS SILICIQUES.

L'éther silicique normal

$$\left.\begin{array}{l}(Si^2)^{IV}\\(C^4H^5)^4\end{array}\right\rbrace O^8$$

qui dérive de l'hydrate silicique normal

$$\left.\begin{array}{l}(Si^2)^{IV}\\H^4\end{array}\right\rbrace O^8 = Si^2O^4,H^4O^4$$

se forme par l'action du chlorure de silicium sur l'alcool.

$$Si^2Cl^4 + 4\left[\left.\begin{array}{l}C^4H^5\\H\end{array}\right\rbrace O^2\right] = 4ClH + \left.\begin{array}{l}Si^2\\(C^4H^5)^4\end{array}\right\rbrace O^8.$$

Chlorure de silicium.   Alcool.

Pour le préparer, on ajoute peu à peu de l'alcool absolu à du chlorure de silicium refroidi, jusqu'à ce qu'on ait employé un léger excès d'alcool. On distille alors et on recueille à part ce qui passe entre 165 et 168°.

$$1. \text{ Dérivé de } \left.\begin{array}{l}H\\H\\H\end{array}\right\rbrace PhO^6 = PhO^3,3HO.$$

L'éther silicique est un liquide incolore, doué d'une odeur éthérée, bouillant vers 166°. Densité à 20° $= 0,933$. Densité de vapeur $= 7,32$.

L'éther silicique se dissout dans l'alcool et dans l'éther. Il est insoluble dans l'eau, qui le décompose lentement en alcool et en acide silicique hydraté. Lorsqu'on conserve l'éther silicique dans des flacons mal bouchés, où l'air humide puisse pénétrer, il laisse déposer à la longue de la silice hydratée, qui se concrète en masses amorphes analogues à l'*hydrophane*.

Indépendamment de l'éther silicique normal, il se forme, par l'action du chlorure de silicium sur l'alcool un peu aqueux, l'éther

$$\left.\begin{array}{c}Si^2 \\ (C^4H^5)^2\end{array}\right\} O^6$$

qui dérive de l'hydrate silicique

$$\left.\begin{array}{c}Si^2 \\ H^2\end{array}\right\} O^6 = Si^2O^4,H^2O^2.$$

C'est un liquide bouillant au-dessus de 350°. Densité à 24° $= 1,079$.

MM. Friedel et Crafts ont récemment décrit un éther disilicique,

$$\left.\begin{array}{c}2Si^2 \\ (C^4H^5)^6\end{array}\right\} O^{14}$$

qui prend naissance, en même temps que l'éther silicique normal, par l'action du chlorure de silicium sur l'alcool, et qu'on obtient en distillant dans le vide le résidu d'où ce dernier éther a été séparé par distillation. Liquide incolore, bouillant à 235°. Densité à 0° $= 1,0196$.

Enfin, Ebelmen a décrit un disilicate

$$\left.\begin{array}{c}2Si^2 \\ (C^4H^5)^2\end{array}\right\} O^{10}$$

qui constitue une masse vitreuse. Ces deux derniers éthers siliciques dérivent des hydrates

$$\left.\begin{array}{c}2Si^2 \\ H^6\end{array}\right\} O^{14} = 2Si^2O^4,H^6O^6 \quad \text{et} \quad \left.\begin{array}{c}2Si^2 \\ H^2\end{array}\right\} O^{10} = 2Si^2O^4,H^2O^2.$$

CYANATE D'ÉTHYLE OU ÉTHER CYANIQUE.

$$C^2Az(C^4H^5)O^2 = \left.\begin{array}{c}C^2Az \\ C^4H^5\end{array}\right\} O^2.$$

Pour préparer cet éther, on distille au bain d'huile un mélange de 2 parties d'éthylsulfate de potasse bien desséché et de 1 partie de cyanate de potasse récemment préparé et sec. On condense les vapeurs blanches abondantes qui se dégagent dans un récipient

bien refroidi. Le produit de la distillation est un liquide qui baigne
ordinairement des cristaux. Le liquide est l'éther cyanique impur;
les cristaux constituent l'éther cyanurique. On distille le liquide au
bain-marie, et on le rectifie en recueillant ce qui passe vers 60°.

L'éther cyanique constitue un liquide incolore doué d'une odeur
très-irritante et excitant le larmoiement au plus haut degré. Sa
densité est égale à 0,8981. Il bout à 60°. Au contact de l'eau, il se
dédouble en acide carbonique et en diéthylurée (page 111). Lorsqu'on l'agite avec une solution aqueuse d'ammoniaque, il s'y dissout en s'échauffant, et en formant de l'éthylurée (page 110).

$$\left.\begin{array}{l}C^2Az\\(C^4H^5)\end{array}\right\}O^2 \ + \ AzH^3 \ = \ \left.\begin{array}{l}(C^2O^2)''\\C^4H^5.H\\H^2\end{array}\right\}Az^2.$$

Cyanate d'éthyle.   Éthylurée.

La potasse le décompose en éthylamine et en acide carbonique
(page 203).

CYANURATE D'ÉTHYLE OU ÉTHER CYANURIQUE.

$$C^6Az^3(C^4H^5)^3O^6 = \left.\begin{array}{l}Cy^3\\(C^4H^5)^3\end{array}\right\}O^6.$$

Cet éther prend naissance lorsqu'on distille un mélange de cyanurate et d'éthylsulfate de potasse. Il se forme aussi, comme produit accessoire, dans la préparation de l'éther cyanique (voir plus
haut). On le purifie en le faisant cristalliser à plusieurs reprises
dans l'alcool.

Il constitue de magnifiques prismes rhomboïdaux incolores,
fusibles à 85°. Il bout à 276°. Il est très-soluble dans l'alcool et
dans l'éther, et se dissout aussi dans l'eau bouillante. La potasse
très-concentrée le décompose, à la température de l'ébullition, en
éthylamine et en acide carbonique :

$$C^6Az^3(C^4H^5)^3O^6 \ + \ 6KHO^2 \ = \ 3(C^4H^5)H^2Az \ + \ 3K^2C^2O^6.$$

Cyanurate d'éthyle.   Éthylamine.   Carbonate
potassique.

On connaît aussi un cyanurate diéthylique $C^6Az^3H(C^2H^5)^2O^6$, qui
cristallise en magnifiques rhomboèdres fusibles à 173° (Limpricht).

ALCOOL PROPYLIQUE OU HYDRATE DE PROPYLE.

$$C^6H^8O^2 = \left.\begin{array}{l}C^6H^7\\H\end{array}\right\}O^2.$$

Cet alcool a été découvert, en 1853, par M. Chancel, dans l'huile
de marc de raisin, produit qu'on obtient pendant la distillation de
l'esprit de marc. On le sépare, par distillation fractionnée, des

autres alcools qui sont contenus dans cette huile, en recueillant à part la partie qui bout de 96 à 97°.

M. Berthelot a préparé l'alcool propylique, ou plutôt un isomère de cet alcool, en faisant absorber le gaz propylène par l'acide sulfurique concentré : il se forme de l'acide propylsulfurique qui, soumis à l'ébullition avec de l'eau, dégage de l'alcool propylique.

$$C^6H^6 \ + \ H^2S^2O^8 \ = \ (C^6H^7)HS^2O^8.$$

Propylène.   Acide sulfurique.   Acide propylsulfurique.

$$(C^6H^7)HS^2O^8 \ + \ H^2O^2 \ = \ \genfrac{}{}{0pt}{}{C^6H^7}{H}\Big|O^2 \ + \ H^2S^2O^8.$$

Acide propylsulfurique.   Alcool propylique.   Acide sulfurique.

Ces métamorphoses sont entièrement semblables à celles qu'éprouve l'éthylène, ou gaz oléfiant, dans les mêmes circonstances (page 142).

L'alcool propylique est un liquide plus léger que l'eau, doué d'une odeur de fruits assez agréable, bouillant à 96°. Il est soluble dans l'eau, mais n'est point miscible avec ce liquide en toutes proportions.

En soumettant l'acétone étendue d'eau à l'action de l'amalgame de sodium, M. Friedel a transformé ce corps en un isomère de l'alcool propylique.

$$C^6H^6O^2 \ + \ H^2 \ = \ C^6H^8O^2.$$

Acétone.   Alcool propylique.

Le corps qu'il a obtenu ainsi bout à 86°. Il régénère de l'acétone lorsqu'on le soumet à l'action de l'acide azotique, l'oxygène de celui-ci enlevant les 2 atomes d'hydrogène qui s'étaient fixés sur l'acétone. Ces faits portent M. Friedel à penser que le produit dont il s'agit est isomérique et non identique avec l'alcool propylique extrait de l'huile de marc de raisin.

De semblables relations d'isomérie existent aussi entre ce dernier corps et l'alcool propylique de M. Berthelot. Ce chimiste a constaté, en effet, ce fait que l'alcool préparé avec le propylène donne pareillement de l'acétone par l'action des réactifs oxydants.

En chauffant le gaz propylène avec une solution concentrée d'acide iodhydrique, M. Berthelot a réussi à former un corps C^6H^6,HI, qui possède la composition de l'iodure de propyle, et qui est l'analogue de l'iodhydrate d'amylène que nous décrirons plus loin.

$$C^6H^6 \ + \ HI \ = \ C^6H^6,HI.$$

Propylène.   Iodhydrate de propylène.

Il bout à 92°. M. Friedel a obtenu le même composé en traitant par l'iodure de phosphore l'alcool résultant de la fixation de l'hydrogène sur l'acétone (page 176).

ALCOOL BUTYLIQUE OU HYDRATE DE BUTYLE.

$$C^8H^{10}O^2 = \begin{matrix} C^8H^9 \\ H \end{matrix} \Big\} O^2.$$

Cet alcool a été découvert par M. Wurtz, en 1852, dans l'huile de betteraves, produit qu'on obtient dans la distillation de l'alcool de betteraves. On l'isole par distillation fractionnée. On recueille à part ce qui passe entre 105 et 115°, et, après avoir fait bouillir ce liquide avec de la potasse caustique, on le soumet de nouveau à la distillation fractionnée, en recueillant à part ce qui passe entre 108 et 110°.

Pour effectuer ces distillations fractionnées, on emploie l'appareil représenté figure 26.

L'alcool butylique est un liquide incolore, plus mobile que l'alcool amylique, doué d'une odeur analogue à celle de ce dernier,

Fig. 26.

mais plus spiritueuse. Il bout à 109°. Densité à 18,5 = 0,8032. Il se dissout dans 10,5 volumes d'eau à 18°,5. Il n'exerce pas le pouvoir rotatoire. Il forme avec le chlorure de calcium une combinaison cristallisable. Il dissout le potassium avec dégagement d'hydrogène, en formant du butylate potassique $\left.\begin{array}{c}C^8H^9\\K\end{array}\right\}O^2$.

Le chlorure de zinc le convertit en butylène C^8H^8, en hydrure de butyle $C^8H^{10} = C^8H^9.H$, et en d'autres hydrogènes carbonés. Lorsqu'on le laisse tomber goutte à goutte sur de la chaux sodée, chauffée à 250°, il se convertit en butyrate de soude.

$$C^8H^{10}O^2 \ + \ NaHO^2 \ = \ C^8H^7NaO^4 \ + \ H^4.$$

Alcool butylique.   Butyrate sodique.

Les principaux dérivés de l'alcool butylique sont les suivants :

Radical butyle $\left.\begin{array}{c}C^8H^9\\C^8H^9\end{array}\right\}$. Point d'ébullition 108°. Se forme 1° par l'électrolyse du valérate de potasse, de même que le méthyle se forme par l'électrolyse de l'acétate de potasse [Kolbe] (page 123) ; 2° par l'action du sodium sur l'iodure de butyle [A. Wurtz].

Chlorure de butyle C^8H^9Cl. Se forme par l'action du perchlorure de phosphore sur l'alcool butylique. Point d'ébullition 70°.

Bromure de butyle C^8H^9Br. Se prépare par l'action du brome et du phosphore sur l'alcool butylique. Point d'ébullition 89°.

Iodure de butyle C^8H^9I. On l'obtient par l'action de l'iode et du phosphore sur l'alcool butylique. Point d'ébullition 121°.

Oxyde de butyle $\left.\begin{array}{c}C^8H^9\\C^8H^9\end{array}\right\}O^2$. Se forme par l'action de l'iodure de butyle sur le butylate potassique, ou par l'action de l'oxyde d'argent sur l'iodure de butyle.

Azotate de butyle $\left.\begin{array}{c}AzO^4\\C^8H^9\end{array}\right\}O^2$. On le prépare par double décomposition avec l'iodure de butyle et l'azotate d'argent. Point d'ébullition 130°.

Sulfate de butyle $\left.\begin{array}{c}(S^2O^4)''\\(C^8H^9)^2\end{array}\right\}O^4$. Se prépare comme l'éther précédent.

ALCOOL AMYLIQUE OU HYDRATE D'AMYLE.

$$C^{10}H^{12}O^2 = \left.\begin{array}{c}C^{10}H^{11}\\H\end{array}\right\}O^2.$$

Scheele connaissait déjà ce corps à l'état impur. M. Dumas a établi sa composition en 1834. M. Cahours a montré, en 1837, son analogie avec l'alcool ordinaire, analogie qui a été confirmée par les travaux de MM. Dumas et Stas, et surtout par ceux de M. Balard.

L'alcool amylique forme la partie la plus abondante de l'huile de marc de raisin, de l'huile de pommes de terre, de l'huile de betteraves, qui constituent les résidus de la distillation des alcools de marc, de fécule, de betteraves. Pour l'obtenir à l'état de pureté, on lave ces huiles avec de l'eau, et on soumet la partie insoluble à la distillation fractionnée. On recueille séparément la partie qui passe de 128 à 132°. Les parties plus volatiles renferment de l'alcool butylique. Le résidu renferme les alcools caproïque et œnanthylique, ainsi que des éthers composés de l'alcool amylique.

L'alcool amylique est un liquide incolore, doué d'une odeur désagréable. Refroidi à — 20°, il cristallise. Il bout à 132°. Sa densité à 15° est = à 0,8184. Il se dissout dans l'alcool et dans l'éther, mais il n'est pas miscible à l'eau.

Il exerce le pouvoir rotatoire et dévie le plan de polarisation à gauche (Biot).

Il résulte des recherches de M. Pasteur que les échantillons d'alcool amylique, provenant de diverses sources et de diverses préparations, offrent un pouvoir rotatoire différent, circonstance qui est due au mélange d'une quantité plus ou moins considérable d'alcool amylique optiquement inactif avec l'alcool amylique actif. M. Pasteur a réussi à isoler l'alcool amylique inactif, en traitant le mélange par l'acide sulfurique. Les deux alcools se convertissent en acides amylsulfuriques. Mais ces deux acides peuvent être séparés l'un de l'autre par suite de la différence de solubilité de leurs sels de baryte, l'amylsulfate de baryte inactif étant trois fois plus soluble que l'autre.

L'acide amylsulfurique inactif, séparé par l'acide sulfurique du sel de baryte, donne de l'alcool amylique inactif, lorsqu'on le soumet à l'ébullition avec de l'eau. Cet alcool ne se distingue pas, par ses propriétés chimiques, de l'alcool amylique actif. D'après M. Pasteur, son point d'ébullition est situé à 2 degrés plus bas que celui de l'alcool amylique actif.

Soumis à l'action de l'oxygène, sous l'influence du noir de platine, l'alcool amylique se convertit en acide valérique.

$$C^{10}H^{12}O^2 \ + \ O^4 \ = \ H^2O^2 \ + \ C^{10}H^{10}O^4.$$
$$\text{Alcool amylique.} \qquad\qquad\qquad \text{Acide valérique.}$$

Il se convertit de même en acide valérique, avec dégagement d'hydrogène, lorsqu'on le fait tomber goutte à goutte sur la chaux sodée, chauffée à 200°.

Soumis à la distillation avec un mélange d'acide sulfurique et de bichromate de potasse, ou avec de l'acide azotique, il donne de l'aldéhyde valérique $C^{10}H^{10}O^2$, de l'acide valérique $C^{10}H^{10}O^4$, et du valérate d'amyle $\left.\begin{array}{c}C^{10}H^9O^2\\C^{10}H^{11}\end{array}\right\}O^2$.

Lorsqu'on le chauffe avec du chlorure de zinc, il donne l'amylène et ses polymères (Balard).

$$\underset{\text{Alcool amylique.}}{C^{10}H^{12}O^2} = \underset{\text{Amylène.}}{C^{10}H^{10}} + H^2O^2.$$

Lorsqu'on fait passer sa vapeur dans un tube de porcelaine incandescent, il se sépare de l'eau, et l'on obtient un grand nombre d'hydrogènes carbonés, parmi lesquels on remarque l'éthylène, le propylène, le butylène et l'amylène.

Le potassium et le sodium se dissolvent dans l'alcool amylique, avec dégagement d'hydrogène, et forment des amylates de potassium ou de sodium.

$$\left.\begin{array}{c}C^{10}H^{11}\\K\end{array}\right\}O^2, \qquad \left.\begin{array}{c}C^{10}H^{11}\\Na\end{array}\right\}O^2.$$

Nous donnons ici une courte description des principaux dérivés de l'alcool amylique.

OXYDE D'AMYLE OU ÉTHER AMYLIQUE.

$$\left.\begin{array}{c}C^{10}H^{11}\\C^{10}H^{11}\end{array}\right\}O^2.$$

Ce corps se forme lorsqu'on distille l'alcool amylique avec l'acide sulfurique (Gaultier de Claubry, Rieckker). M. Williamson l'a obtenu en faisant réagir l'iodure d'amyle sur l'amylate sodique.

$$\underset{\text{Iodure d'amyle.}}{C^{10}H^{11}I} + \underset{\text{Amylate sodique.}}{\left.\begin{array}{c}C^{10}H^{11}\\Na\end{array}\right\}O^2} = NaI + \underset{\text{Oxyde d'amyle.}}{\left.\begin{array}{c}C^{10}H^{11}\\C^{10}H^{11}\end{array}\right\}O^2}.$$

Il se forme aussi, indépendamment d'une certaine quantité d'amylène, par l'action de l'oxyde d'argent sur l'iodure d'amyle (A. Wurtz).

C'est un liquide incolore, doué d'une odeur suave, insoluble dans l'eau, bouillant à 176° (Williamson).

En faisant réagir l'iodure d'éthyle sur l'amylate sodique ou l'iodure d'amyle sur l'éthylate sodique, M. Williamson a obtenu l'oxyde mixte d'amyle et d'éthyle $\left.\begin{array}{c}C^{10}H^{11}\\C^4H^5\end{array}\right\}O^2$ bouillant à 112°. Le même corps se forme lorsqu'on fait réagir le chlorure d'amyle sur une solution alcoolique de potasse (Balard).

On connaît un sulfhydrate d'amyle $\left.\begin{array}{c}C^{10}H^{11}\\H\end{array}\right\}S^2$ ou mercaptan amylique, un sulfure d'amyle $\left.\begin{array}{c}C^{10}H^{11}\\C^{10}H^{11}\end{array}\right\}S^2$ et un bisulfure d'amyle.

AMYLE.

$$C^{20}H^{22} = \left.\begin{array}{c}C^{10}H^{11}\\C^{10}H^{11}\end{array}\right\}$$

MM. Brazier et Gossleth ont obtenu ce corps en électrolysant le caproate de potasse.

$$2C^{12}H^{11}KO^4 + H^2O^2 = (C^{10}H^{11})^2 + C^2O^4 + K^2C^2O^6 + H^2.$$

Caproate   Amyle.   Carbonate
potassique.   potassique.

M. Frankland a obtenu l'amyle en chauffant l'iodure d'amyle avec un amalgame de zinc, auquel on peut substituer avantageusement le sodium. C'est un liquide incolore, bouillant à 158°. On ne peut régénérer aucun composé amylique avec ce corps. Lorsqu'on le traite par le chlore ou par le perchlorure de phosphore, on obtient des produits de substitution du carbure $C^{20}H^{22}$.

HYDRURE D'AMYLE.

$$C^{10}H^{12} = C^{10}H^{11},H.$$

Il se forme, en même temps que l'amylène et ses polymères et d'autres carbures d'hydrogène, par l'action du chlorure de zinc sur l'alcool amylique. M. Frankland l'a obtenu en décomposant le zinc-amyle $\left.\begin{array}{c}C^{10}H^{11}\\Zn\end{array}\right\}$ par l'eau, ou en chauffant l'iodure d'amyle avec l'eau et le zinc.

$$C^{10}H^{11}I + Zn + H^2O^2 = ZnIO^2 + C^{10}H^{12}.$$

Iodure   Hydrate   Hydrure
d'amyle.   de zinc.   d'amyle.

L'hydrure d'amyle est un liquide très-léger, bouillant à 30°. M. Greville Williams l'a rencontré dans l'huile *légère* provenant de la distillation du boghead. M. Schorlemmer en a signalé la présence dans l'huile légère provenant de la distillation du cannel-coal [variété de charbon de terre]. MM. Pelouze et Cahours l'ont rencontré dans certains pétroles d'Amérique.

CHLORURE D'AMYLE OU ÉTHER AMYLCHLORHYDRIQUE.

$$C^{10}H^{11}Cl.$$

On obtient ce corps en distillant l'alcool amylique avec le perchlorure de phosphore (Cahours), ou en le distillant à plusieurs reprises avec un excès d'acide chlorhydrique concentré

$$PhCl^5 + \left.\begin{matrix}C^{10}H^{11}\\H\end{matrix}\right\}O^2 = PhO^2Cl^3 + C^{10}H^{11}Cl + HCl.$$

Perchlorure de phosphore.   Alcool amylique.   Oxychlorure de phosphore.   Chlorure d'amyle.

$$HCl + \left.\begin{matrix}C^{10}H^{11}\\H\end{matrix}\right\}O^2 = H^2O^2 + C^{10}H^{11}Cl.$$

On le purifie en le lavant avec l'acide chlorhydrique concentré, qui dissout l'excès d'alcool amylique, et en distillant la couche insoluble : on ne recueille que ce qui passe de 100 à 102°.

Liquide incolore, doué d'une odeur aromatique; insoluble dans l'eau. Point d'ébullition 102°. Densité à 0° = 0,8859.

IODURE D'AMYLE OU ÉTHER AMYLIODHYDRIQUE.

$$C^{10}H^{11}I.$$

On le prépare, comme l'iodure d'éthyle, en faisant réagir de l'iode et du phosphore sur l'alcool correspondant. Il constitue un liquide incolore, mais qui brunit lorsqu'on le conserve et surtout lorsqu'on l'expose à la lumière. Il est doué d'une légère odeur éthérée. Il est insoluble dans l'eau. Densité à 0° = 1,4676. Point d'ébullition 147°. Mis en contact avec les sels d'argent, il donne facilement, par double décomposition, les éthers composés de l'alcool amylique.

CYANURE D'AMYLE OU CAPRONITRILE.

$$C^{12}H^{11}Az = C^{10}H^{11},Cy.$$

On l'obtient en faisant réagir à chaud l'iodure d'amyle sur une solution alcoolique de cyanure de potassium, ou en distillant un mélange d'amylsulfate de potasse avec du cyanure de potassium.

Liquide incolore, doué d'une odeur désagréable, bouillant à 146°, et donnant, par l'ébullition avec la potasse, de l'acide caproïque et de l'ammoniaque.

$$C^{12}H^{11}Az + KHO^2 + H^2O^2 = AzH^3 + C^{12}H^{11}KO^4.$$

Cyanure d'amyle.   Caproate potassique.

Le cyanure d'amyle représente du caproate d'ammoniaque, moins 4 équivalents d'eau.

$$C^{12}H^{11}(AzH^4)O^4 - H^4O^4 = C^{12}H^{11}Az.$$

Caproate ammonique.

AZOTITE D'AMYLE OU ÉTHER AMYLAZOTEUX.

$$\left.\begin{matrix}AzO^2\\C^{10}H^{11}\end{matrix}\right\}O^2.$$

On l'obtient en faisant arriver des vapeurs nitreuses dans l'alcool

amylique, ou en chauffant avec précaution un mélange d'alcool
amylique avec l'acide azotique (Balard, Rieckker).

Liquide jaunâtre, doué d'une odeur de pommes, bouillant à 95°.
Densité = 0,8773. Sa vapeur se décompose à 260°, avec une faible
explosion.

AZOTATE D'AMYLE OU ÉTHER AMYLAZOTIQUE.

$$\left. \begin{array}{l} AzO^4 \\ C^{10}H^{11} \end{array} \right\} O^2.$$

On l'obtient en distillant un mélange d'acide azotique et d'alcool amylique, auquel on ajoute une petite quantité d'urée. C'est
un liquide oléagineux, incolore, doué d'une odeur de punaises et
d'une saveur à la fois sucrée et brûlante. Densité à 10° = 0,994.
Point d'ébullition 148° (Hofmann).

ACIDE AMYLSULFURIQUE OU SULFAMYLIQUE.

$$\left. \begin{array}{l} C^{10}H^{11} \\ H \end{array} \right\} S^2O^8 = \left. \begin{array}{l} (S^2O^4)'' \\ C^{10}H^{11},H \end{array} \right\} O^4.$$

Ce corps prend naissance, avec une grande facilité, lorsqu'on
mélange parties égales d'alcool amylique et d'acide sulfurique concentré. Le mélange s'échauffe et se colore en brun. Après l'avoir
abandonné à lui-même pendant quelque temps, on l'étend d'eau, on
sature par le carbonate de baryte, on filtre, pour séparer le sulfate
de baryte provenant de l'excès d'acide sulfurique. La solution,
convenablement concentrée au bain-marie, laisse déposer des
lames nacrées qui constituent l'amylsulfate de baryte. Une solution
de ce sel, décomposée par l'acide sulfurique, donne l'acide amylsulfurique.

Convenablement concentré, cet acide est liquide, sirupeux, fortement acide. Sa solution aqueuse se décompose par l'ébullition,
en donnant de l'acide sulfurique et de l'hydrate d'amyle (alcool
amylique).

Les amylsulfates sont solubles et cristallisables. Celui de *potasse*
$\left. \begin{array}{l} C^{10}H^{11} \\ K \end{array} \right\} S^2O^8$ + aq, s'obtient en décomposant le sel de baryte ou le
sel de chaux par le carbonate de potasse, filtrant et évaporant. On
l'obtient généralement cristallisé sous forme d'écailles.

L'amylsulfate de baryte $\left. \begin{array}{l} C^{10}H^{11} \\ Ba \end{array} \right\} S^2O^8$ + 2 aq. cristallise en tables
rhomboïdales, solubles dans l'eau et dans l'alcool. Il existe sous
deux modifications, correspondant l'une à l'alcool amylique actif,
l'autre à l'alcool amylique inactif (Pasteur). Elles possèdent la

même forme cristalline et la même composition. La seule différence qu'on ait constatée entre ces deux sulfamylates, est relative
à leur solubilité (page 179).

HYDRATE D'AMYLÈNE.

$$C^{10}H^{10},H^2O^2 = \begin{matrix} [C^{10}H^{10},H]' \\ H \end{matrix}\Big\}O^2.$$

Lorsqu'on chauffe l'amylène $C^{10}H^{10}$ en vase clos, avec une solution concentrée d'acide iodhydrique, on obtient, par combinaison
directe des deux corps, un *iodhydrate d'amylène* $C^{10}H^{10},HI$. Ce composé est isomérique avec l'iodure d'amyle. C'est un liquide incolore,
mais qui brunit facilement à l'air. Il bout à 130°. On obtient de
même, en remplaçant l'acide iodhydrique par l'acide bromhydrique ou chlorhydrique, le bromhydrate d'amylène, bouillant à
110°; le chlorhydrate d'amylène, bouillant à 88° environ.

Lorsqu'on traite l'iodhydrate d'amylène par l'oxyde d'argent et
l'eau, il se forme immédiatement de l'iodure d'argent jaune et un
composé isomérique avec l'alcool amylique, que M. Wurtz a désigné sous le nom d'*hydrate d'amylène*. En même temps, une quantité notable d'amylène est mise en liberté :

$$\underset{\substack{\text{Iodhydrate} \\ \text{d'amylène.}}}{C^{10}H^{10},HI} + AgO + HO = \underset{\substack{\text{Hydrate} \\ \text{d'amylène.}}}{C^{10}H^{10},H^2O^2} + AgI.$$

$$C^{10}H^{10},HI + AgO + HO = \underset{\text{Amylène.}}{C^{10}H^{10}} + H^2O^2 + AgI.$$

L'hydrate d'amylène est un liquide incolore, doué d'une odeur
éthérée peu agréable et différant de celle de l'alcool amylique.
Il bout à 105°. Sa densité à 0° est égale à 0.826. Chauffé à 200°, il
se dédouble en amylène et en eau.

$$\underset{\text{Hydrate d'amylène.}}{\begin{matrix} [C^{10}H^{10},H]' \\ H \end{matrix}\Big\}O^2} = \underset{\text{Amylène.}}{C^{10}H^{10}} + H^2O^2.$$

Lorsqu'on y dirige, à froid, un courant de gaz iodhydrique, il se
forme immédiatement de l'eau et il se sépare de l'iodhydrate
d'amylène.

$$\begin{matrix} [C^{10}H^{10},H]' \\ H \end{matrix}\Big\}O^2 + HI = C^{10}H^{10},HI + H^2O^2.$$

Le sodium se dissout dans l'hydrate d'amylène, avec dégagement d'hydrogène et formation d'amylénate de sodium

$$\begin{matrix} [C^{10}H^{10},H]' \\ Na \end{matrix}\Big\}O^2.$$

L'iodhydrate d'amylène lui-même se décompose entièrement, au contact du sodium, en amylène, avec dégagement d'hydrogène et formation d'iodure de sodium. Une solution alcoolique de potasse le dédouble en iodure, amylène et eau.

$$KHO^2 + [C^{10}H^{10},H]I = H^2O^2 + KI + C^{10}H^{10}.$$

On le voit, l'hydrate d'amylène et ses dérivés se distinguent de l'hydrate d'amyle (alcool amylique) et des composés amyliques correspondants par la facilité avec laquelle l'amylène est mis en liberté dans les réactions les plus variées.

ALCOOL CAPROÏQUE, HYDRATE DE CAPROYLE OU D'HEXYLE.

$$C^{12}H^{14}O^2 = \left. \begin{matrix} C^{12}H^{13} \\ H \end{matrix} \right\} O^2.$$

M. Faget a découvert cet alcool, en 1853, dans les résidus de la distillation de l'huile de marc de raisin, dont on avait séparé l'alcool amylique. Après avoir fait bouillir ce résidu avec de la potasse caustique, on soumet le liquide oléagineux à la distillation fractionnée, et on recueille à part ce qui passe entre 148 et 154°.

L'alcool caproïque est un liquide incolore, doué d'une odeur désagréable. Sa densité à 0° est égale à 0,833.

Chauffé avec de la potasse caustique, il se convertit en acide caproïque $C^{12}H^{12}O^4$, avec dégagement d'hydrogène. L'acide sulfurique le convertit en acide caproylsulfurique $(C^{12}H^{13})HS^2O^6$.

MM. Pelouze et Cahours ont obtenu le chlorure de caproyle $C^{12}H^{13}Cl$ en traitant par le chlore l'hydrure de caproyle (d'hexyle) $C^{12}H^{13}H$, qui existe dans certains pétroles d'Amérique.

HYDRATE DE CAPROYLÈNE OU HYDRATE D'HEXYLÈNE.

$$C^{12}H^{12},H^2O^2 = \left. \begin{matrix} [C^{12}H^{12},H] \\ H \end{matrix} \right\} O^2.$$

Lorsqu'on distille la mannite avec un grand excès d'une solution concentrée d'acide iodhydrique, il passe un liquide iodé volatil, que MM. Wanklyn et Erlenmeyer ont découvert et qu'ils ont envisagé comme l'iodure d'hexyle (ou de caproyle) $C^{12}H^{13}I$. Ce corps constitue en réalité l'iodhydrate d'hexylène $C^{12}H^{12},HI$. Il se forme aussi lorsqu'on chauffe l'hexylène $C^{12}H^{12}$ avec de l'acide iodhydrique.

L'iodhydrate d'hexylène est un liquide incolore, mais qui passe rapidement au brun, lorsqu'on le conserve. Il bout à 167°,5, mais se décompose en partie par la distillation. Traité par l'eau et l'oxyde d'argent, il donne, indépendamment d'une certaine quantité d'hexylène mis en liberté, l'*hydrate d'hexylène* $C^{12}H^{12},H^2O^2$. Ce dernier constitue un liquide volatil, bouillant à 137°.

ALCOOL ŒNANTHYLIQUE, HYDRATE D'ŒNANTHYLE OU D'HEPTYLE.

$$C^{14}H^{16}O^2 = \left.\begin{matrix}C^{14}H^{15}\\H\end{matrix}\right\}O^2.$$

M. Faget a isolé récemment ce corps des résidus de la distillation de l'huile de marc de raisin. C'est un liquide bouillant à 165°.

MM. Bouis et Carlet ont obtenu le même corps en soumettant l'œnanthol ou aldéhyde œnanthylique à l'action de l'hydrogène naissant.

$$\underset{\text{Œnanthol.}}{C^{14}H^{14}O^2} + H^2 = \underset{\substack{\text{Alcool}\\\text{œnanthylique.}}}{C^{14}H^{16}O^2}.$$

ALCOOL CAPRYLIQUE, HYDRATE DE CAPRYLE OU D'OCTYLE.

$$C^{16}H^{18}O^2 = \left.\begin{matrix}C^{16}H^{17}\\H\end{matrix}\right\}O^2.$$

Cet alcool a été découvert par M. Bouis, en 1851. Pour l'obtenir, on distille 2 parties d'huile de ricin avec 1 partie de potasse solide. On peut remplacer l'huile de ricin par l'acide ricinolique, qui est un des produits de la saponification de cette huile. On rectifie, à plusieurs reprises, le liquide distillé sur la potasse solide, et l'on sépare enfin l'alcool caprylique par distillation fractionnée, en recueillant ce qui passe de 178 à 180°.

L'acide ricinolique se dédouble en acide sébacique et en alcool caprylique, avec dégagement d'hydrogène, d'après l'équation :

$$\underset{\substack{\text{Acide}\\\text{ricinolique.}}}{C^{36}H^{34}O^6} + \underset{\substack{\text{Hydrate}\\\text{de potassium.}}}{2KHO^2} = \underset{\substack{\text{Sébate}\\\text{potassique.}}}{C^{20}H^{16}K^2O^8} + \underset{\substack{\text{Alcool}\\\text{caprylique.}}}{C^{16}H^{18}O^2} + H^2.$$

Lorsque la distillation est conduite rapidement, le produit distillé est presque entièrement formé d'alcool caprylique. Au contraire, si l'on chauffe lentement, le produit principal est le corps $C^{16}H^{16}O^2$, qui constitue le méthyl-œnanthol $C^{14}H^{13}(C^2H^3)O^2$.

L'hydrate de capryle ou d'octyle est un liquide incolore, doué d'une odeur aromatique agréable. Il bout à 178°. Il est insoluble dans l'eau et miscible avec l'alcool et l'éther. Il dissout le potassium et le sodium, avec dégagement d'hydrogène.

Chauffé avec de l'acide sulfurique ou avec du chlorure de zinc, il perd H^2O^2, et se convertit en caprylène $C^{16}H^{16}$, qui bout à 125°.

Soumis à l'ébullition avec l'acide azotique, il donne des produits d'oxydation complexes, parmi lesquels on remarque les acides butyrique, succinique, pimélique, lipique.

Le perchlorure de phosphore convertit l'alcool caprylique en *chlorure de capryle* $C^{16}H^{17}Cl$. Point d'ébullition 175°.

Par l'action du brome ou de l'iode et du phosphore sur l'alcool caprylique, on obtient le *bromure de capryle* $C^{16}H^{17}Br$ ou l'*iodure de capryle* $C^{16}H^{17}I$. Ce dernier bout à 200° en se décomposant partiellement.

M. Bouis a préparé l'*azotate de capryle* $\left.\begin{array}{l}C^{16}H^{17}\\AzO^4\end{array}\right\}O^2$ en chauffant l'iodure de capryle avec l'azotate d'argent. Point d'ébullition 180°.

Le sodium décompose le chlorure de capryle à froid, en formant du chlorure de sodium et en mettant en liberté le capryle.

$$C^{32}H^{34} = \left.\begin{array}{l}C^{16}H^{17}\\C^{16}H^{17}\end{array}\right|$$

L'acide sulfocaprylique $\left.\begin{array}{l}C^{16}H^{17}\\H\end{array}\right\}S^2O^3$ prend naissance lorsqu'on mélange l'alcool caprylique avec l'acide sulfurique.

ALCOOL CÉTYLIQUE OU HYDRATE DE CÉTYLE.

$$C^{32}H^{34}O^2 = \left.\begin{array}{l}C^{32}H^{33}\\H\end{array}\right\}O^2.$$

M. Chevreul a obtenu ce corps, en 1823, par la saponification du blanc de baleine. Il l'a nommé *éthal*, pour marquer son analogie avec l'éther et l'alcool.

MM. Dumas et Peligot ont établi sa composition en 1836.

Le blanc de baleine ou spermaceti, est la partie concrète d'une huile qui remplit les sinus crâniens du cachalot et d'autres cétacés. Convenablement purifié par des cristallisations dans l'alcool absolu bouillant, ce corps se présente sous forme de paillettes nacrées, fusibles à 49°, et se prenant, par le refroidissement, en une masse cristalline, lamelleuse et radiée. Cette matière a été nommée *cétine*. C'est du *palmitate de cétyle*

$$\left.\begin{array}{l}C^{32}H^{31}O^2\\C^{32}H^{33}\end{array}\right\}O^2;$$

c'est-à-dire de l'acide palmitique

$$\left.\begin{array}{l}C^{32}H^{31}O^2\\H\end{array}\right\}O^2$$

dont l'hydrogène basique a été remplacé par le radical de l'alcool cétylique.

Lorsqu'on chauffe pendant longtemps la cétine de 110 à 120°

avec une solution très-concentrée de potasse caustique, ou lorsqu'on fond le blanc de baleine (2 parties) avec de l'hydrate de potasse solide (1 partie), le palmitate de cétyle se dédouble en palmitate de potasse et en hydrate de cétyle (éthal).

$$\left.\begin{array}{l}C^{32}H^{31}O^{2}\\C^{32}H^{33}\end{array}\right\}O^{2} \;+\; \left.\begin{array}{l}K\\H\end{array}\right\}O^{2} \;=\; \left.\begin{array}{l}C^{32}H^{33}\\H\end{array}\right\}O^{2} \;+\; \left.\begin{array}{l}C^{32}H^{31}O^{2}\\K\end{array}\right\}O^{2}.$$

Palmitate de cétyle.   Hydrate de cétyle.   Palmitate potassique.

L'hydrate de cétyle constitue une masse solide, blanche, cristalline. Il est sans saveur et sans odeur. Il fond de 49 à 50°, et se
prend par le refroidissement en une masse lamelleuse. Il distille,
sans altération, à une haute température, et passe même en petite
quantité avec les vapeurs aqueuses. Il est insoluble dans l'eau, soluble dans l'alcool et l'éther. Il brûle avec une flamme très-éclairante.

Chauffé avec de l'hydrate de potasse ou avec de la chaux potassée vers 250°, il se convertit en acide palmitique, avec dégagement d'hydrogène.

$$C^{32}H^{34}O^{2} \;+\; KHO^{2} \;=\; C^{32}H^{31}KO^{4} \;+\; H^{4}.$$

Hydrate de cétyle.   Palmitate potassique.

L'acide phosphorique anhydre lui enlève $H^{2}O^{2}$ et le convertit en
cétène $C^{32}H^{32}$.

L'hydrate de cétyle est bien caractérisé comme alcool, non-
seulement par les réactions que nous venons d'exposer, mais encore par la propriété de former des éthers simples et composés.
A l'aide des procédés qui ont été exposés précédemment, on a
obtenu un *chlorure de cétyle* $C^{32}H^{33},Cl$ ainsi qu'un bromure et un
iodure. L'acide cétylsulfurique $\left.\begin{array}{l}C^{32}H^{33}\\H\end{array}\right\}S^{2}O^{8}$ se forme par l'action
de l'acide sulfurique sur l'hydrate de cétyle. L'*oxyde de cétyle*

$$\left.\begin{array}{l}C^{32}H^{33}\\C^{32}H^{33}\end{array}\right\}O^{2}$$

a été obtenu par l'action de l'iodure de cétyle sur le cétylate sodique

$$\left.\begin{array}{l}C^{32}H^{33}\\Na\end{array}\right\}O^{2}.$$

En décomposant, par la chaux potassée, à 275 ou 280°, l'alcool
cétylique non purifié par plusieurs cristallisations dans l'alcool, et
surtout la partie qui reste en dissolution dans les eaux-mères alcooliques, M. Heintz a obtenu non-seulement de l'acide palmitique
$C^{32}H^{32}O^{4}$, mais encore de l'acide stéarique $C^{36}H^{36}O^{4}$, de l'acide my-

ristique $C^{28}H^{28}O^4$, et de l'acide laurostéarique $C^{24}H^{24}O^4$. Il suppose que ces acides se forment par l'oxydation que subiraient, sous l'influence de la potasse, des alcools particuliers, mélangés en petite quantité avec l'alcool cétylique (éthal), et il admet que le blanc de baleine donne, par la saponification, les quatre alcools suivants :

$$
\begin{array}{ll}
\text{léthal} & C^{24}H^{26}O^2 \\
\text{méthal} & C^{28}H^{30}O^2 \\
\text{éthal} & C^{32}H^{34}O^2 \\
\text{stéthal} & C^{36}H^{38}O^2.
\end{array}
$$

ALCOOLS DES CIRES, CIRE DES ABEILLES.

On obtient, comme on sait, la cire des abeilles, en soumettant les rayons à la presse et en faisant fondre les gâteaux dans l'eau bouillante. La cire fondue vient se rendre à la surface. On la laisse figer, puis on la fond de nouveau et on la coule dans des vases en terre ou en bois. Le produit ainsi obtenu est ce qu'on nomme la *cire vierge* ou *cire jaune*. Pour blanchir la cire vierge, on la réduit en rubans ou en nappes minces, qu'on expose sur des châssis, pendant plusieurs jours, à l'air et au soleil. On ne peut point la blanchir au chlore, car le produit, ainsi décoloré, renferme du chlore substitué à de l'hydrogène, comme Gay-Lussac l'a démontré.

La cire ainsi obtenue fond à 62 ou 63°. Elle est complétement insoluble dans l'eau; mais elle se dissout en toutes proportions dans les huiles et dans les graisses, ainsi que dans les essences. Lorsqu'on chauffe doucement 1 partie de cire blanche et 3 parties d'huile d'amande douce, on obtient un liquide qui, trituré continuellement pendant qu'il se refroidit, donne la préparation connue sous le nom de *cérat simple*.

On peut, à l'aide de l'alcool bouillant, séparer la cire en deux principes. L'un d'eux, soluble dans l'alcool bouillant, constitue *l'acide cérotique* $C^{54}H^{54}O^4$, qu'on appelait autrefois *cérine*, et l'autre, peu soluble dans l'alcool bouillant, constitue un éther composé, le palmitate de myricyle, qu'on nommait autrefois **myricine**. Saponifié par la potasse, le palmitate de myricyle se dédouble en acide palmitique et en alcool myricique ou hydrate de myricyle (page 190).

CIRE DE CHINE.

Cette belle substance, qui ressemble au blanc de baleine, est récoltée en Chine. On l'appelait autrefois *cire d'arbre*, parce qu'on la recueille sur certains arbres, où elle est excrétée par suite de la piqûre d'une espèce de *coccus*. Cette cire est d'un blanc éclatant, et présente une cassure lamelleuse. Elle fond à 82°. On la purifie en la faisant cristalliser dans un mélange d'alcool et de naphte. On lave le produit successivement par l'éther et par l'eau bouillante, et on le fait cristalliser dans l'alcool bouillant, qui n'en dissout qu'une petite quantité. D'après les recherches de M. Brodie, la cire de Chine constitue un éther composé $C^{108}H^{108}O^4$. Par la saponification, il donne de l'acide cérotique $C^{54}H^{54}O^4$ et un nouvel alcool, l'alcool cérique ou hydrate de céryle $C^{54}H^{56}O^2$. La cire de Chine constitue donc le cérotate de céryle

$$\left. \begin{matrix} C^{54}H^{53}O^2 \\ C^{54}H^{53} \end{matrix} \right\} O^2.$$

Nous décrirons plus loin l'acide cérotique, et nous indiquons brièvement les caractères des alcools cérique et myricique qui ont été découverts, en 1848, par M. Brodie.

ALCOOL CÉRIQUE OU HYDRATE DE CÉRYLE.

$$C^{54}H^{56}O^2 = \left. \begin{matrix} C^{54}H^{55} \\ H \end{matrix} \right\} O^2.$$

Pour le préparer, on saponifie la cire de Chine en la fondant avec l'hydrate de potasse. En reprenant la masse par l'eau après le refroidissement, on obtient une liqueur laiteuse, solution de cérotate de potasse tenant l'alcool cérique en suspension. On précipite par le chlorure de barium, et on épuise le précipité (mélange de cérotate de baryte et d'alcool cérique) par l'alcool. L'alcool cérique reste après l'évaporation de la solution alcoolique. On le purifie par cristallisation dans l'alcool et dans l'éther.

L'hydrate de céryle est une substance blanche, cristalline, fusible à 79°. Soumis à la distillation, il se volatilise en partie, tandis qu'une autre partie se dédouble en eau et en *cérotène* $C^{54}H^{54}$. Lorsqu'on le chauffe avec de la chaux potassée, il se convertit en acide cérotique avec dégagement d'hydrogène.

ALCOOL MYRICIQUE OU HYDRATE DE MYRICYLE.

$$C^{60}H^{62}O^2 = \left. \begin{matrix} C^{60}H^{61} \\ H \end{matrix} \right\} O^2.$$

Lorsqu'on purifie, par cristallisation dans l'éther, la partie de la cire d'abeilles qui est peu soluble dans l'alcool, on obtient une substance blanche, cristalline, fusible à 72°, et qui constitue la myricine ou palmitate de myricyle. En décomposant cet éther composé, par l'ébullition avec une solution alcoolique de po-

lasse, on obtient du palmitate de potasse et de l'hydrate de myricyle.

$$\left. \begin{matrix} C^{32}H^{31}O^2 \\ C^{60}H^{61} \end{matrix} \right\}O^2 \quad + \quad KHO^2 \quad = \quad \left. \begin{matrix} C^{32}H^{31}O^2 \\ K \end{matrix} \right\}O^2 \quad + \quad \left. \begin{matrix} C^{60}H^{61} \\ H \end{matrix} \right\}O^2.$$

Palmitate de myricyle   Palmitate potassique.   Hydrate
(myricine).   de myricyle.

Par le refroidissement de la solution alcoolique, l'hydrate de
myricyle se dépose, tandis que le palmitate de potasse reste en
dissolution. On purifie le premier corps par cristallisation dans
l'alcool ou dans la benzine.

L'hydrate de myricyle (mélissine ou alcool mélissique) est une
substance blanche douée d'un éclat nacré. Il fond à 85° et se prend,
par le refroidissement, en une masse cristalline.

Soumis à la distillation, il passe en partie, tandis qu'une autre
partie se dédouble en eau et en un hydrogène carboné qui constitue probablement le mélène $C^{60}H^{60}$. Lorsqu'on le chauffe avec de la
chaux potassée, l'alcool myricique se convertit en *acide mélissique*,
avec dégagement d'hydrogène.

$$C^{60}H^{62}O^2 \quad + \quad KHO^2 \quad = \quad C^{60}H^{59}KO^4 \quad + \quad H^4.$$

Alcool myricique.   Mélissate potassique.

Les alcools que nous venons de décrire appartiennent à une
seule et même série homologue. Leur composition est exprimée
par la formule générale

$$C^nH^{n+2}O^2.$$

Ce sont les alcools proprement dits, les plus parfaits, pour ainsi
dire. Ce sont des combinaisons saturées, et lorsqu'on les soumet
à l'action des divers réactifs, ils peuvent se modifier par substitution, ou se dédoubler en perdant un ou plusieurs de leurs éléments. Mais, dans aucune circonstance, on ne parvient à y ajouter
d'autres éléments monoatomiques.

Leurs réactions caractéristiques sont les suivantes :

1° En perdant H^2O^2, une molécule d'un alcool $C^nH^{n+2}O^2$ se
convertit en carbure.

2° En perdant H^2O^2, deux molécules d'un alcool $C^nH^{n+2}O^2$ se
convertissent en un éther proprement dit ou oxyde

$$\left. \begin{matrix} C^nH^{n+1} \\ C^nH^{n+1} \end{matrix} \right\}O^2;$$

3° En s'oxydant, les alcools $C^nH^{n+2}O^2$ se convertissent en
acides $C^nH^nO^4$ en perdant H^2 et en gagnant O^2. Quelquefois cette
oxydation s'accomplit en deux phases, et l'alcool se convertit d'a-
bord en aldéhyde $C^nH^nO^2$ en perdant H^2;

4° En se combinant avec les acides, les alcools forment des composés éthérés : éthers simples, lorsque c'est un hydracide qui se combine avec l'alcool; éthers composés, lorsque c'est un oxacide. Cette combinaison a lieu avec élimination d'eau. De tous les caractères des alcools, celui-ci est le plus constant et par conséquent le plus important. Les réactions des acides avec les alcools sont des doubles décompositions, qu'on exprime de la manière la plus claire à l'aide de la notation typique que nous avons adoptée. Il y a échange de l'hydrogène basique de l'acide contre le radical de l'alcool.

$$HCl + \left.{C^4H^5 \atop H}\right\}O^2 = C^4H^5Cl + \left.{H \atop H}\right\}O^2.$$

$$\text{Acide} \qquad\qquad \text{Alcool.} \qquad\qquad \text{Chlorure}$$
$$\text{chlorhydrique.} \qquad\qquad\qquad \text{d'éthyle.}$$

$$\left.{C^4H^3O^2 \atop H}\right\}O^2 + \left.{C^4H^5 \atop H}\right\}O^2 = \left.{C^4H^3O^2 \atop C^4H^5}\right\}O^2 + \left.{H \atop H}\right\}O^2.$$

$$\text{Acide acétique.} \qquad\qquad\qquad \text{Acétate d'éthyle.}$$

Les hydrocarbures C^nH^{n+1} sont envisagés comme radicaux précisément à cause de la facilité avec laquelle ils passent d'une combinaison dans une autre.

Dans les tableaux suivants, on a indiqué les principales propriétés des alcools $C^nH^{n+2}O^2$, des éthers $\left.{C^nH^{n+1} \atop C^nH^{n+1}}\right\}O^2$.

SÉRIE DES ALCOOLS $C^nH^{n+2}O^2$.

NOMS.	Formules empiriques	FORMULES typiques.	Densités	POINTS d'ébullition.	POINTS de fusion.	AUTEURS des découvertes.
Alcool méthylique (esprit de bois)..	$C^2H^4O^2$	$\left.{C^2H^3 \atop H}\right\}O^2$	0,8142 à 0°	60-66°,5	»	Taylor, 1812
Alcool éthylique (esprit do vin).....	$C^4H^6O^2$	$\left.{C^4H^5 \atop H}\right\}O^2$	0,8095 à 0°	78°4,	»	Arnoldus Villanovus 1300
Alcool propylique..	$C^6H^8O^2$	$\left.{C^6H^7 \atop H}\right\}O^2$	»	96°	»	Chancel, 1853
Alcool butylique...	$C^8H^{10}O^2$	$\left.{C^8H^9 \atop H}\right\}O^2$	0,8032 à 18°,5	109°	,	A. Wurtz, 1852
Alcool amylique...	$C^{10}H^{12}O^2$	$\left.{C^{10}H^{11} \atop H}\right\}O^2$	0,8248 à 0°	130-132°	— 20°	Scheele, 1785
Alcool caproïque...	$C^{12}H^{14}O^2$	$\left.{C^{12}H^{13} \atop H}\right\}O^2$	0,833 à 0°	148-154°	»	Faget, 1853
Alcool œnanthylique	$C^{14}H^{16}O^2$	$\left.{C^{14}H^{15} \atop H}\right\}O^2$	»	165°	»	Faget, 1852
Alcool caprylique..	$C^{16}H^{18}O^2$	$\left.{C^{16}H^{17} \atop H}\right\}O^2$	0,823 à 17°	178-180°	»	Bouis, 1851
Alcool cétylique (éthal).........	$C^{32}H^{34}O^2$	$\left.{C^{32}H^{33} \atop H}\right\}O^2$	»	344°	49-49°,5	Chevreul, 1825
Alcool cérylique...	$C^{54}H^{56}O^2$	$\left.{C^{54}H^{55} \atop H}\right\}O^2$	»	»	79°	Brodie, 1848
Alcool myricique..	$C^{60}H^{62}O^2$	$\left.{C^{60}H^{61} \atop H}\right\}O^2$	»	»	85°	Brodie, 1848

ÉTHERS $C^nH^n + 2O^2$.

NOMS.	FORMULES empiriques.	FORMULES typiques.	Densités.	POINTS d'ébullition	POINTS de fusion.
Ether méthylique........	$C^4H^6O^2$	$\left.\begin{array}{l}C^2H^3\\C^2H^3\end{array}\right\}O^2$		— 21°	»
Ether méthyléthylique....	$C^6H^8O^2$	$\left.\begin{array}{l}C^2H^3\\C^4H^5\end{array}\right\}O^2$		+ 11°	»
Ether éthylique.........	$C^8H^{10}O^2$	$\left.\begin{array}{l}C^4H^5\\C^4H^5\end{array}\right\}O^2$	0,7366 à 0°.	35°,6	»
Ether méthylamylique....	$C^{12}H^{14}O^2$	$\left.\begin{array}{l}C^2H^3\\C^{10}H^{11}\end{array}\right\}O^2$	»	92°	»
Ether éthylbutylique.....	$C^{12}H^{14}O^2$	$\left.\begin{array}{l}C^4H^5\\C^8H^9\end{array}\right\}O^2$	0,7507	78-80°	»
Ether butylique.........	$C^{16}H^{18}O^2$	$\left.\begin{array}{l}C^8H^9\\C^8H^9\end{array}\right\}O^2$	»	100-104°	»
Ether amylique.........	$C^{20}H^{22}O^2$	$\left.\begin{array}{l}C^{10}H^{11}\\C^{10}H^{11}\end{array}\right\}O^2$	»	176°	»
Ether éthylcétylique......	$C^{36}H^{38}O^2$	$\left.\begin{array}{l}C^4H^5\\C^{32}H^{33}\end{array}\right\}O^2$	»	»	20°
Ether amylcétylique......	$C^{42}H^{44}O^2$	$\left.\begin{array}{l}C^{10}H^{11}\\C^{32}H^{33}\end{array}\right\}O^2$	»	»	30°
Ether cétylique.....	$C^{64}H^{68}O^2$	$\left.\begin{array}{l}C^{32}H^{33}\\C^{32}H^{33}\end{array}\right\}O^2$	»	300°	55°

Indépendamment des alcools que nous venons de décrire, il en existe d'autres qui appartiennent à des séries différentes. Ils sont moins riches en hydrogène que les alcools proprement dits qui en sont saturés. Ainsi, à l'alcool ordinaire et à l'alcool propylique se rattachent des alcools moins hydrogénés, l'alcool acétylique et l'alcool allylique. Aux alcools caproïque et œnanthylique se rattachent les alcools phénylique et benzylique. Les formules suivantes montrent ces relations :

$C^4H^6O^2$ alcool............ $C^6H^8O^2$ alcool propylique
$C^4H^4O^2$ alcool acétylique. $C^6H^6O^2$ alcool allylique.

$C^{12}H^{14}O^2$ alcool caproïque . $C^{14}H^{16}O^2$ alcool œnanthylique
$[C^{12}H^{12}O^2$ inconnu]........... $[C^{14}H^{14}O^2$ inconnu]
$[C^{12}H^{10}O^2$ inconnu].......... $[C^{14}H^{12}O^2$ inconnu]
$[C^{12}H^8O^2$ inconnu].......... $[C^{14}H^{10}O^2$ inconnu]
$C^{12}H^6O^2$ alcool phénylique. $C^{14}H^8O^2$ alcool benzylique

En soumettant l'alcool allylique à l'action de l'hydrogène naissant, dégagé par l'amalgame de sodium et l'eau, on a réussi à y ajouter H^2 et à le convertir en alcool propylique (Linnemann). Cette expérience établit le lien théorique entre les alcools saturés d'hydrogène et les alcools *anhydrogénés*.

L'alcool acétylique ou *vinylique*

$$\left.\begin{array}{c}C^4H^3\\H\end{array}\right\}O^2$$

découvert par M. Berthelot étant encore peu connu, nous nous bornons à décrire sommairement l'alcool allylique et ses dérivés.

COMBINAISONS ALLYLIQUES.

On peut admettre dans ces combinaisons l'existence d'un radical *allyle* C^6H^5.

L'essence d'ail est le sulfure de ce radical (Wertheim), et l'essence de moutarde en constitue le sulfocyanure (Will, 1844).

En 1854, MM. Berthelot et de Luca ont obtenu l'iodure d'allyle C^6H^5I, en distillant la glycérine avec de l'iodure de phosphore PhI^2. Ils ont nommé l'iodure d'allyle *propylène iodé*; et, de fait, le gaz propylène C^6H^6 se comporte, dans quelques réactions, comme l'hydrure d'allyle C^6H^5,H. Le bromure de propylène $C^6H^6Br^2$ se dédouble sous l'influence de la potasse alcoolique en acide bromhydrique et en propylène bromé C^6H^5Br, qu'on regarde comme identique avec le bromure d'allyle. L'iodure d'allyle est devenu le point de départ d'un grand nombre de combinaisons allyliques. L'alcool allylique lui-même, qui constitue l'hydrate d'allyle, a été découvert par MM. Cahours et Hofmann.

L'acroléine, ce liquide volatil et irritant qu'on obtient par la distillation des corps gras, constitue l'aldéhyde de l'alcool allylique, et l'acide acrylique en dérive par oxydation. L'allylamine est de l'ammoniaque dans laquelle 1 atome d'hydrogène a été remplacé par le radical allyle. On le voit, ce radical peut entrer dans les combinaisons les plus diverses, comme le radical éthyle lui-même.

ALCOOL ALLYLIQUE OU HYDRATE D'ALLYLE.

$$C^6H^6O^2 = \left.\begin{array}{c}C^6H^5\\H\end{array}\right\}O^2.$$

En traitant l'oxalate d'argent sec par l'iodure d'allyle, MM. Cahours et Hofmann ont préparé l'oxalate d'allyle, liquide oléagineux bouillant de 206 à 207°. (Densité à 15° $= 1,055$.) Par l'action de l'ammoniaque, l'oxalate d'allyle se dédouble en oxamide et en alcool allylique.

$$\left.\begin{array}{c}(C^4O^4)''\\(C^6H^5)^2\end{array}\right\}O^4 \ + \ Az^2H^6 \ = \ \left.\begin{array}{c}(C^4O^4)''\\H^2\\H^2\end{array}\right\}Az^2 \ + \ 2\left.\begin{array}{c}C^6H^5\\H\end{array}\right\}O^2.$$

Oxalate d'allyle.   Oxamide.   Hydrate d'allyle,

L'alcool allylique constitue un liquide incolore, doué d'une saveur brûlante, et d'une odeur spiritueuse, piquante, rappelant à la fois celle de l'alcool et celle de l'essence de moutarde. Il bout à 103°. Il brûle avec une flamme éclairante, et est miscible à l'eau, l'alcool et l'éther en toutes proportions.

Sous l'influence du noir de platine, il s'oxyde à l'air et se convertit successivement en acroléine et en acide acrylique.

$$C^6H^6O^2 \quad + \quad O^2 \quad = \quad C^6H^4O^2 \quad + \quad H^2O^2.$$
Alcool allylique.   Acroléine.

$$C^6H^4O^2 \quad + \quad O^2 \quad = \quad C^6H^4O^4.$$
Acroléine.   Acide acrylique.

La même oxydation s'accomplit par l'action d'un mélange d'acide sulfurique et de bichromate de potasse sur l'alcool allylique.

Il existe donc entre cet alcool, l'acroléine et l'acide acrylique les mêmes relations qu'entre l'alcool ordinaire, l'aldéhyde et l'acide acétique.

Le sodium et le potassium se dissolvent dans l'alcool allylique avec dégagement d'hydrogène et formation d'allylate de sodium ou de potassium

$$\left. \begin{matrix} C^6H^5 \\ Na \end{matrix} \right\} O^2 \qquad \left. \begin{matrix} C^6H^5 \\ K \end{matrix} \right\} O^2.$$

IODURE D'ALLYLE (PROPYLÈNE IODÉ).

$C^6H^5I.$

Pour obtenir ce corps, MM. Berthelot et de Luca conseillent d'opérer de la manière suivante : On introduit dans une cornue tubulée une solution de 6 grammes de phosphore dans du sulfure de carbone, on ajoute 54 grammes d'iode ; on chasse le sulfure de carbone par distillation dans un courant de gaz carbonique sec, et on verse sur le résidu, qui constitue l'iodure de phosphore PhI^2, 54 grammes de glycérine sirupeuse. On chauffe légèrement. Aussitôt une vive réaction s'accomplit. Il se dégage du gaz propylène C^6H^6, tandis que de l'eau et du propylène iodé C^6H^5I passent dans le récipient. Il reste dans la cornue un résidu brun, iodé, et l'on recueille dans le récipient environ 30 grammes de propylène iodé brut, qu'on purifie en le rectifiant.

L'iodure d'allyle constitue un liquide incolore, doué d'une légère odeur alliacée. Il bout à 101°. Sa densité à 16° est égale à 4,789. Il est insoluble dans l'eau, soluble dans l'alcool et dans l'éther. Il se colore rapidement en brun à l'air et à la lumière.

Chauffé avec du mercure et de l'acide chlorhydrique concentré, l'iodure d'allyle dégage du gaz propylène pur (Berthelot).

$$C^6H^5I \quad + \quad HCl \quad + \quad 4Hg \quad = \quad C^6H^6 \quad + \quad Hg^2I \quad + \quad Hg^2Cl.$$
Iodure d'allyle.   Propylène.

L'ammoniaque réagit à la température ordinaire sur l'iodure d'allyle. Il se forme de l'allylamine C^6H^7Az, mais le produit principal est l'iodure de tétrallylammonium $(C^6H^5)^4Az,I$.

Le sodium décompose l'iodure d'allyle à une douce chaleur, en formant de l'iodure de sodium et de l'*allyle* (Berthelot et de Luca, 1856). Celui-ci constitue le radical allyle doublé, et il convient de le nommer *diallyle*.

$$2C^6H^5I + 2Na = 2NaI + \left.\begin{array}{l}C^6H^5\\C^6H^5\end{array}\right\}$$
Iodure d'allyle.   Diallyle.

Lorsqu'on ajoute peu à peu à un équivalent d'iodure d'allyle refroidi 3 équivalents de brome, une réaction très-vive s'accomplit. L'iode est déplacé et se sépare à l'état cristallin, et il se forme du tribromure d'allyle $C^6H^5Br^3$. Après l'avoir séparé de l'iode et lavé à la potasse caustique, on rectifie ce tribromure. Il se présente sous la forme d'un liquide incolore, dense, bouillant de 217 à 218°, se prenant, à une basse température, en une masse de cristaux fusibles à 16°.

OXYDE D'ALLYLE OU ÉTHER ALLYLIQUE.

$$\left.\begin{array}{l}C^6H^5\\C^6H^5\end{array}\right\}O^2.$$

Ce corps a été obtenu par l'action de l'iodure d'allyle sur l'allylate de sodium

$$\left.\begin{array}{l}C^6H^5\\Na\end{array}\right\}O^2.$$

C'est un liquide mobile, plus léger que l'eau, bouillant à 82°.

L'essence d'ail non purifiée paraît renfermer une petite quantité d'un corps oxydé, qu'on a considéré comme l'oxyde d'allyle.

D'un autre côté, lorsqu'on abandonne un mélange d'essence d'ail rectifiée (sulfure d'allyle) et d'une solution alcoolique concentrée d'azotate d'argent, il se forme du sulfure d'argent et de l'oxyde d'allyle qui se combine avec un excès d'azotate d'argent.

$$C^{12}H^{10}S^2 + 4AgAzO^6 + 2HO = C^{12}H^{10}O^2,2AgAzO^6 + 2HAzO^5 + 2AgS$$
Sulfure   Azotate   Combinaison d'oxyde d'allyle
d'allyle.   d'argent.   et d'azotate d'argent.

Au bout de vingt-quatre heures, on porte la liqueur à l'ébullition et on filtre, afin de séparer le sulfure d'argent. Par le refroidissement, on obtient des prismes radiés, incolores, qui constituent la combinaison d'azotate d'argent et d'oxyde d'allyle. On les dissout dans l'eau, et on décompose la solution par l'ammoniaque : l'oxyde d'allyle vient nager à la surface. On le purifie par rectification. L'oxyde d'allyle ainsi obtenu constitue une huile limpide, douée d'une odeur particulière. Il s'oxyde rapidement à l'air. Son identité avec l'éther allylique n'est pas démontrée.

SULFHYDRATE D'ALLYLE OU MERCAPTAN ALLYLIQUE.

$$\left.\begin{array}{c}C^6H^5 \\ H\end{array}\right\}S^2.$$

On l'obtient par double décomposition en chauffant l'iodure d'allyle avec une solution alcoolique de sulfhydrate de potassium.

$$\left.\begin{array}{c}K \\ H\end{array}\right\}S^2.$$

C'est un liquide doué d'une odeur alliacée analogue à celle du mercaptan. Il bout à 90°.

SULFURE D'ALLYLE.

$$C^{12}H^{10}S^2 = \left.\begin{array}{c}C^6H^5 \\ C^6H^5\end{array}\right\}S^2.$$

Ce corps est contenu dans l'huile essentielle d'ail (Allium sativum), et dans celle qu'on obtient en distillant différentes autres crucifères avec de l'eau. 50 kilogrammes d'ail donnent, par la distillation avec l'eau, 100 à 120 grammes d'une huile dense, brune et fétide. Lorsqu'on rectifie cette huile brute dans un bain de sel marin, il en passe les 2/3 sous forme d'une huile jaunâtre plus légère que l'eau. En chauffant doucement ce corps avec du potassium, on obtient du sulfure d'allyle pur.

Le sulfure d'allyle se produit aussi par double décomposition, lorsqu'on chauffe l'essence de moutarde (sulfocyanure d'allyle), en vase clos, avec du monosulfure de potassium.

$$2[C^6H^5,C^2AzS^2] + 2KS = 2KC^2AzS^2 + \left.\begin{array}{c}C^6H^5 \\ C^6H^5\end{array}\right\}S^2.$$

Sulfocyanure d'allyle (essence de moutarde).   Sulfocyanure de potassium.   Sulfure d'allyle.

Enfin, on l'obtient par double décomposition avec l'iodure d'allyle et une solution alcoolique de sulfure de potassium.

$$2C^6H^5I + K^2S^2 = 2KI + \left.\begin{array}{c}C^6H^5 \\ C^6H^5\end{array}\right\}S^2.$$

Iodure d'allyle.   Sulfure de potassium.   Sulfure d'allyle.

Le sulfure d'allyle, obtenu artificiellement, est identique avec l'essence d'ail purifiée. Il bout à 140°.

En distillant l'assa-fœtida avec de l'eau, on obtient une essence sulfurée, douée d'une odeur fétide, et qui ne renferme, d'après

M. Hlasiwetz, que du carbone, de l'hydrogène et du soufre. Cet auteur envisage l'essence d'assa-fœtida comme renfermant des combinaisons en proportions variables du monosulfure $C^{12}H^{14}S$ avec le bisulfure $C^{12}H^{14}S^2$ (?).

SULFOCYANURE D'ALLYLE (ESSENCE DE MOUTARDE).

$$C^6H^5,C^2AzS^2 = \frac{Cy}{C^6H^5}\Big\}S^2.$$

On obtient ce corps en distillant avec de l'eau la graine de moutarde noire, préalablement pilée et humectée. L'essence de moutarde n'y est point contenue toute formée, mais elle prend naissance par l'action de l'eau et d'un ferment particulier, la *myrosine*, sur une combinaison complexe, le *myronate de potasse* (Bussy). La myrosine est contenue dans la moutarde noire et dans la moutarde blanche; le myronate de potasse ne se rencontre que dans la moutarde noire.

D'après MM. Will et Kœrner, la composition du myronate de potasse est exprimée par la formule $C^{20}H^{18}KAzS^4O^{20}$. Ce corps renferme les éléments de l'essence de moutarde, du glucose et du sulfate acide de potasse.

L'essence de moutarde peut être obtenue artificiellement en distillant l'iodure d'allyle avec une solution alcoolique de sulfocyanure de potassium (Zinin, Berthelot et de Luca). Il se forme du sulfocyanure d'allyle et de l'iodure de potassium. Le produit de la distillation étant mêlé avec de l'eau, le sulfocyanure d'allyle se sépare. On le dessèche sur du chlorure de calcium et on le rectifie.

Le sulfocyanure d'allyle (on devrait le nommer *sulfocyanate*) est un liquide incolore, doué d'une odeur piquante qui excite le larmoiement. Mis en contact avec la peau, il produit des effets vésicants. C'est le principe actif des sinapismes. Il bout à 148°. Sa densité à 15° est égale à 1,010. Il est à peine soluble dans l'eau, mais se mélange en toutes proportions avec l'alcool et l'éther. Soumis à l'ébullition avec l'acide azotique, il s'oxyde en formant de l'acide sulfurique, de l'acide oxalique et d'autres produits.

En fixant les éléments de l'ammoniaque, le sulfocyanure d'allyle se convertit en thiosinnamine (urée sulfallylique).

$$\left.\begin{array}{l}C^2Az\\C^6H^5\end{array}\right\}S^2 \;+\; AzH^3 \;=\; \frac{(C^2S^2)''}{C^6H^5,H}\Big\}Az^2.\; H^2$$

Sulfocyanate d'allyle.   Thiosinnamine.

Sous l'influence des alcalis caustiques ou de l'oxyde de plomb, e sulfocyanure d'allyle se dédouble en sulfure, carbonate, et en *sinapoline* (urée diallylique).

$$2 {C^2Az \brace C^6H^5} S^2 + 3Pb^2O^2 + H^2O^2 = {(C^2O^2)'' \atop (C^6H^5)^2 \atop H^2} Az^2 + Pb^2C^2O^6 + 2Pb^2S^2.$$

Sulfocyanate
d'allyle.   Sinapoline.   Carbonate   Sulfure
                                                                    de plomb.   de plomb.

Lorsqu'on mélange le sulfocyanure d'allyle avec une solution alcoolique de sulfhydrate de potassium, jusqu'à ce que l'odeur de l'essence de moutarde ait disparu, on obtient, par l'évaporation lente de la liqueur, de gros cristaux qui constituent le *sulfosinapisate de potassium*, combinaison double de sulfocyanate d'allyle (sulfocyanure) avec du sulfhydrate de potassium.

$$C^8H^6KAzS^4 = {C^2Az \brace C^6H^5} S^2 + {K \brace H} S^2.$$

Sulfosinapisate
de potassium.

CYANATE D'ALLYLE.

$${C^2Az \brace C^6H^5} O^2.$$

Ce corps correspond au sulfocyanate d'allyle. On l'obtient par double décomposition en distillant l'allylsulfate de potasse avec du cyanate de potasse (Cahours et Hofmann). C'est un liquide léger, doué d'une odeur très-irritante, bouillant à 82°. Il possède toutes les réactions de l'éther cyanique. Mis en contact avec l'ammoniaque, il en fixe les éléments et se convertit en *urée allylique*.

$${C^2Az \brace C^6H^5} O^2 + AzH^3 = {(C^2O^2)'' \atop C^6H^5,H \atop H^2} Az^2.$$

Cyanate d'allyle.   Allyl-urée.

Chauffé avec de l'eau, il dégage de l'acide carbonique, et se convertit en diallylurée (sinapoline).

$$2\left[{C^2Az \brace C^6H^5} O^2 \right] + H^2O^2 = C^2O^4 + {(C^2O^2)'' \atop (C^6H^5)^2 \atop H^2} Az^2.$$

Cyanate d'allyle.   Diallyl-urée.

ACIDE ALLYLSULFURIQUE.

$${C^6H^5 \brace H} S^2O^8 = {(S^2O^4)'' \atop (C^6H^5)' \atop H} O^4.$$

Cet acide se forme lorsqu'on mélange avec précaution volumes égaux d'acide sulfurique et d'alcool allylique. Le mélange étant étendu d'eau et saturé par le carbonate de baryte, la liqueur filtrée donne, par l'évaporation, des cristaux brillants d'allylsulfate de baryte

$$\left.\begin{array}{l} C^6H^5 \\ Ba \end{array}\right\} S^2O^8.$$

DIALLYLE.

$$C^{12}H^{10} = \left.\begin{array}{l} C^6H^5 \\ C^6H^5 \end{array}\right\}$$

On prépare ce corps en chauffant doucement l'iodure d'allyle avec du sodium ou mieux avec un alliage de parties égales de sodium et d'étain. Il constitue un liquide incolore, doué d'une odeur pénétrante. Il bout à 59°. Sa densité à 14° est égale à 0,684. Il se combine directement avec le brome pour former un tétrabromure $\left.\begin{array}{l} C^6H^5 \\ C^6H^5 \end{array}\right\} Br^4$. Ce dernier est solide, soluble dans l'éther, d'où il se dépose par l'évaporation spontanée en cristaux incolores, fusibles à 37°. Chauffé avec du sodium, ce tétrabromure régénère le diallyle. On obtient de même un tétraiodure de diallyle $\left.\begin{array}{l} C^6H^5 \\ C^6H^5 \end{array}\right\} I^4$ en traitant le diallyle par l'iode, lavant le produit de la combinaison avec une solution faible de potasse, et faisant cristalliser le résidu incolore dans l'éther.

Lorsqu'on chauffe le diallyle avec une solution concentrée d'acide iodhydrique, il s'y combine pour former un diiodhydrate $(C^6H^5)^2, H^2I^2$. Lorsqu'on fait réagir ce dernier sur l'oxyde d'argent, il se forme de l'iodure d'argent et un hydrate de diallyle $(C^6H^5)^2, H^2O^2$, liquide éthéré bouillant vers 95°. Dans toutes ces réactions, l'hydrogène carboné que nous venons de décrire se comporte, non comme le radical C^6H^5 des combinaisons allyliques, mais comme ce radical doublé $(C^6H^5)^2 = C^{12}H^{10}$.

COMBINAISONS BASIQUES DÉRIVÉES DES ALCOOLS.

Les alcools et les éthers que nous venons d'étudier renferment des groupes hydrocarbonés qu'on désigne sous le nom de radicaux alcooliques, et qui possèdent la propriété remarquable de passer intacts dans une foule de combinaisons, par voie de substitution ou de double décomposition. En effet, nous avons vu que le radical de l'alcool, l'éthyle, peut se substituer à l'hydrogène des acides pour former des éthers composés qui sont neutres ou acides. L'éthyle et les radicaux alcooliques en général possèdent aussi la propriété d'entrer dans des combinaisons basiques, et en particulier de se substituer à l'hydrogène de l'ammoniaque, de l'hydrogène phosphoré, de l'hydrogène arsénié, etc. Et les composés qui résultent de cette substitution remplissent généralement les fonctions de bases. Le caractère basique est surtout prononcé dans les combinaisons dérivées de l'ammoniaque, qui est elle-même une base puissante. On nomme ces combinaisons *ammoniaques composées.*

Mais l'éthyle et les radicaux alcooliques peuvent aussi se combiner avec les métaux, pour former des composés qui jouent, dans certains cas le rôle de bases, et se rattachent alors aux combinaisons précédentes.

Dans d'autres cas ces *composés organo-métalliques* se comportent comme des radicaux, c'est-à-dire qu'ils sont capables de s'unir directement à des corps simples, tels que le chlore, le brome, l'oxygène, etc. On les désigne alors sous le nom de radicaux organo-métalliques. Nous allons décrire sommairement les combinaisons basiques dérivées des alcools, et qui renferment les radicaux alcooliques intacts.

AMMONIAQUES COMPOSÉES.

Ces combinaisons résultent de la substitution des radicaux des alcools à l'hydrogène de l'ammoniaque. Celles qui renferment les radicaux de l'alcool ordinaire et de ses homologues ont été découvertes, en 1849, par M. Wurtz. Elles sont très-nombreuses aujourd'hui, grâce aux travaux de M. Hofmann, qui a ajouté des développements importants à la découverte de M. Wurtz.

La substitution des radicaux alcooliques à l'hydrogène de l'ammoniaque peut aller plus ou moins loin. De là diverses classes d'ammoniaques composées.

Les *ammoniaques primaires* résultent de la substitution d'un équivalent d'un radical alcoolique à 1 atome d'hydrogène de l'ammoniaque; exemples :

$$
\left.\begin{array}{l} H \\ H \\ H \end{array}\right\}Az \qquad
\left.\begin{array}{l} C^2H^3 \\ H \\ H \end{array}\right\} \qquad
\left.\begin{array}{l} C^4H^5 \\ H \\ H \end{array}\right\} \qquad
\left.\begin{array}{l} C^{10}H^{11} \\ H \\ H \end{array}\right\}Az \qquad
\left.\begin{array}{l} C^{12}H^5 \\ H \\ H \end{array}\right\}Az.
$$

Ammoniaque.　Méthylamine.　Éthylamine.　Amylamine.　Phénylamine (aniline).

Les *ammoniaques secondaires* dérivent de l'ammoniaque par la substitution de deux équivalents d'un radical alcoolique à 2 atomes d'hydrogène; exemples :

$$
\left.\begin{array}{l} H \\ H \\ H \end{array}\right\}Az \qquad
\left.\begin{array}{l} C^2H^3 \\ C^2H^3 \\ H \end{array}\right\}Az \qquad
\left.\begin{array}{l} C^4H^5 \\ C^4H^5 \\ H \end{array}\right\}Az \qquad
\left.\begin{array}{l} C^{12}H^5 \\ C^4H^5 \\ H \end{array}\right\}Az.
$$

Ammoniaque.　Diméthylamine.　Diéthylamine.　Phényl-éthylamine (éthylaniline).

Les *ammoniaques tertiaires* résultent de la substitution de trois équivalents d'un radical alcoolique à 3 atomes d'hydrogène de l'ammoniaque; exemples :

$$\left.\begin{array}{l}H\\H\\H\end{array}\right\} Az \qquad \left.\begin{array}{l}C^2H^3\\C^2H^3\\C^2H^3\end{array}\right\} Az \qquad \left.\begin{array}{l}C^4H^5\\C^4H^5\\C^4H^5\end{array}\right\} Az \qquad \left.\begin{array}{l}C^{12}H^5\\C^4H^5\\C^4H^5\end{array}\right\} Az.$$

Ammoniaque. Triméthylamine. Triéthylamine. Phényldiéthylamine.

Enfin on connaît des bases, et ce sont les plus énergiques de toutes, qui dérivent de l'hydrate d'oxyde d'ammonium par la substitution de 4 équivalents d'un radical alcoolique à 4 atomes d'hydrogène.

On nomme ces combinaisons *bases ammoniées* :

$$\left.\begin{array}{l}H\\H\\H\\H\end{array}\right\} Az.O,HO \qquad \left.\begin{array}{l}C^2H^3\\C^2H^3\\C^2H^3\\C^2H^3\end{array}\right\} Az.O,HO \qquad \left.\begin{array}{l}C^4H^5\\C^4H^5\\C^4H^5\\C^4H^5\end{array}\right\} Az.O,HO.$$

Hydrate d'oxyde d'ammonium.   Hydrate d'oxyde de tétraméthylammonium.   Hydrate d'oxyde de tétréthylammonium;

ou

$$\left.\begin{array}{l}H^4Az\\H\end{array}\right\} O^2 \quad \left.\begin{array}{l}(C^2H^3)^4Az\\H\end{array}\right\} O^2 \quad \left.\begin{array}{l}(C^4H^5)^4Az\\H\end{array}\right\} O^2.$$

Hydrate d'ammonium.   Hydrate de tétraméthylammonium.   Hydrate de tétréthylammonium.

Principaux modes de formation des ammoniaques composées. — 1° Les ammoniaques primaires se forment par la décomposition des éthers cyaniques sous l'influence de la potasse caustique (A. Wurtz).

$$\left.\begin{array}{l}C^2Az\\C^4H^5\end{array}\right\} O^2 \;+\; 2KHO^2 \;=\; K^2C^2O^6 \;+\; \left.\begin{array}{l}C^4H^5\\H\\H\end{array}\right\} Az.$$

Cyanate d'éthyle.   Carbonate de potasse.   Éthylamine.

Les éthers cyanuriques (page 176) et les urées composées (page 110) donnent pareillement des ammoniaques composées, en se dédoublant par la potasse caustique. M. Wurtz a découvert l'éthylamine en étudiant l'action de la potasse sur l'éthylurée.

2° Les ammoniaques primaires se forment aussi par l'action de l'ammoniaque sur les bromures et les iodures des radicaux alcooliques (Hofmann).

$$C^4H^5I \;+\; AzH^3 \;=\; (C^4H^5)H^3Az,I.$$

Iodure d'éthyle.   Iodure d'éthylammonium.

L'ammoniaque réagit de même sur les chlorures des radicaux

1. Analogue à $\left.\begin{array}{l}K\\H\end{array}\right\} O^2.$
Hydrate de potassium.

alcooliques, mais plus difficilement. Lorsqu'on expose au soleil une solution éthérée d'éther chlorhydrique et d'ammoniaque, elle laisse déposer, à la longue, des cristaux de chlorhydrate d'éthylamine (Stas).

Il est à remarquer que l'action de l'ammoniaque sur l'iodure d'éthyle n'est pas aussi simple que l'indique l'équation précédente. Indépendamment de l'iodure d'éthylammonium, elle donne naissance aux iodures d'ammoniums plus composés, selon les équations suivantes :

$$2C^4H^5I + 2AzH^3 = (C^4H^5)^2H^2Az,I + H^4AzI.$$
Iodure   Iodure
de diéthylammonium.   d'ammonium.

$$3C^4H^5I + 3AzH^3 = (C^4H^5)^3HAz,I + 2H^4AzI.$$
Iodure
de triéthylammonium.

$$4C^4H^5I + 4AzH^3 = (C^4H^5)^4Az,I + 3H^4AzI.$$
Iodure
de tétréthylammonium.

3° Par l'action d'une ammoniaque primaire sur les iodures ou bromures des radicaux alcooliques, il se forme l'iodure ou le bromure d'un ammonium secondaire. Les ammoniums tertiaires et quaternaires se forment, de même, par l'action d'une ammoniaque secondaire ou tertiaire sur ces bromures ou iodures (Hofmann).

Ces réactions sont exprimées par les équations suivantes :

$$C^4H^5I + (C^4H^5)H^2Az = (C^4H^5)^2H^2Az,I.$$
Iodure d'éthyle.   Éthylamine.   Iodure
de diéthylammonium.

$$C^4H^5I + (C^4H^5)^2HAz = (C^4H^5)^3HAz,I.$$
Diéthylamine.   Iodure
de triéthylammonium.

$$C^4H^5I + (C^4H^5)^3Az = (C^4H^5)^4Az,I.$$
Triéthylamine.   Iodure
de tétréthylammonium.

4° L'éthylamine se forme par l'action de l'ammoniaque sur certains éthers composés, tels que l'éther phosphorique (Ph. de Clermont), l'éther azotique (Juncadella).

5° Lorsqu'on chauffe de l'alcool avec du chlorure ou de l'iodure d'ammonium à 400°, il se forme de l'éthylamine (Berthelot).

6° Par la distillation sèche, le glycocolle (sucre de gélatine) donne de la méthylamine; l'alanine donne de l'éthylamine ; la leucine fournit de l'amylamine.

$$C^4H^5AzO^4 = C^2O^4 + C^2H^5Az.$$
Glycocolle.   Méthylamine.

$$C^6H^7AzO^4 = C^2O^4 + C^4H^7Az.$$
Alanine.   Éthylamine.

$$C^{12}H^{13}AzO^4 = C^2O^4 + C^{10}H^{13}Az.$$
Leucine.   Amylamine.

7° Beaucoup d'alcaloïdes dégagent des ammoniaques composées par la distillation sèche. C'est ainsi que la caféine donne de la méthylamine ; la codéine donne de la méthylamine et de la triméthylamine ; la morphine donne de la méthylamine, etc.

Les ammoniaques composées se forment, en outre, par la distillation sèche de diverses matières azotées.

M. Dessaignes a rencontré la méthylamine parmi les produits de la distillation de l'urine humaine. L'huile animale de Dippel, formée par la distillation de diverses matières azotées, telles que la corne, la peau, le sang, renferme, indépendamment de l'aniline, etc., de la méthylamine et de la butylamine (Anderson).

La putréfaction de certaines matières azotées donne quelquefois naissance à des ammoniaques composées. Ainsi la saumure de harengs renferme de la triméthylamine.

Cette dernière base a été rencontrée toute formée dans certains végétaux, par exemple dans l'herbe de *Chenopodium vulvaria* (Dessaignes), dans les fleurs du *Cratægus oxyacantha* et *monagyna*, et du *Sorbus aucuparia* (Wicke).

8° Les réactions précédemment exposées se rapportent aux ammoniaques composées proprement dites, qui renferment les radicaux C^nH^{n+1} des alcools $C^nH^{n+2}O^2$ (alcool ordinaire et ses homologues). Indépendamment de ces ammoniaques composées, il en existe d'autres qui renferment les radicaux des autres alcools, principalement des alcools aromatiques. Ainsi l'aniline ou phénylamine est l'ammoniaque dérivée de l'alcool phénylique.

$$\left.\begin{matrix} C^{12}H^5 \\ H \end{matrix}\right\}O^2 \qquad\qquad \left.\begin{matrix} C^{12}H^5 \\ H \\ H \end{matrix}\right\}Az.$$

Alcool phénylique.   Phénylamine.

Le mode de formation le plus important des ammoniaques dont il s'agit a été découvert par M. Zinin. Il consiste à soumettre un dérivé nitrogéné d'un hydrogène carboné à l'action réductrice de l'hydrogène sulfuré ou du sulfhydrate d'ammoniaque. Ainsi la nitrobenzine se convertit, dans ces circonstances, en aniline.

$$\underset{\text{Nitrobenzine.}}{C^{12}H^5(AzO^4)} + H^6S^6 = \underset{\text{Aniline.}}{(C^{12}H^5)H^2Az} + 2H^2O^2 + S^6.$$

On peut remplacer le sulfhydrate d'ammoniaque par une solution alcoolique d'acide chlorhydrique à laquelle on ajoute du zinc (Hofmann), ou par le fer et l'acide acétique (Béchamp), ou par l'étain et l'acide chlorhydrique (Wilbrand et Beilstein).

Cette réaction permet de convertir un hydrogène carboné en un alcaloïde. Il suffit, en effet, de soumettre d'abord cet hydrogèn carboné à l'action de l'acide azotique concentré ou d'un mélange d'acide azotique et d'acide sulfurique pour former un dérivé nitrogéné (hydrogène carboné dans lequel 1 atome d'hydrogène est remplacé par un équivalent d'acide hypoazotique, AzO^4), et de réduire ensuite ce composé nitrogéné à l'aide des agents que nous venons d'indiquer.

MÉTHYLAMINE.

$$C^2H^5Az = \left. \begin{matrix} C^2H^3 \\ H \\ H \end{matrix} \right\} Az.$$

Pour préparer ce corps à l'état de pureté, on distille au bain d'huile un mélange de 2 parties de méthylsulfate de potasse sec et de 1 partie de cyanate de potasse récemment préparé. On introduit le produit de la distillation, qui est un mélange d'éther méthylcyanique et d'éther méthylcyanurique, dans un ballon avec une solution concentrée de potasse caustique, et on chauffe, en élevant la température à la fin de l'opération, jusqu'à ce que le tout soit réduit à siccité. L'un et l'autre éther se dédoublent, sous l'influence de la potasse, en acide carbonique et méthylamine, en vertu d'une réaction analogue à celle qui a été indiquée page 203. On condense les vapeurs qui se dégagent dans de l'eau acidulée par l'acide chlorhydrique : il se forme du chlorhydrate de méthylamine. On évapore la solution, on fond le résidu, on le pulvérise et on le mêle rapidement avec le double de son poids de chaux caustique. Ce mélange est disposé au fond d'un tube bouché à une extrémité, et dont la partie antérieure est remplie de fragments de baryte caustique. On chauffe doucement le tube et on recueille le gaz méthyliac sur la cuve à mercure. On peut le condenser en un liquide, en le faisant arriver dans un matras à long col entouré d'un mélange réfrigérant.

La méthylamine ou méthyliaque est un gaz incolore qui se condense à quelques degrés au-dessous de $0°$ en un liquide léger. Il est inflammable et brûle avec une flamme livide. Son odeur est fortement ammoniacale, et rappelle un peu celle de la marée. C'est le plus soluble de tous les gaz. 1 volume d'eau en absorbe, à $12°,5$, $1153,7$ volumes ; à $25°$, 959 volumes.

La solution aqueuse de la méthylamine possède l'odeur du gaz, une saveur caustique et une forte réaction alcaline. Elle précipite les oxydes métalliques de leurs solutions, comme fait l'ammoniaque. Elle redissout l'hydrate cuivrique, de manière à former une belle liqueur bleue analogue à l'eau céleste.

Chauffé avec du potassium dans une cloche courbe, le gaz méthyliac donne du cyanure de potassium et de l'hydrogène.

Lorsqu'on approche du gaz méthyliac une baguette imprégnée d'acide chlorhydrique, on voit apparaître d'épaisses fumées blanches, dues à la formation d'un chlorhydrate : 1 vol. de gaz méthyliac se combine avec 1 vol. de gaz chlorhydrique, et les deux gaz disparaissent en formant un chlorhydrate solide.

Le *chlorhydrate de méthylamine* C^2H^5Az, HCl se dissout dans l'alcool bouillant, d'où il se dépose en grandes lames incolores, déliquescentes, fusibles au-dessus de 100°. Le sel fondu se sublime à une température élevée. Sa solution aqueuse donne, avec le chlorure de platine, un précipité jaune, soluble dans l'eau bouillante, d'où il se dépose en paillettes jaune d'or. C'est un chloroplatinate C^2H^5Az, HCl,PtCl².

Le *sulfate de méthylamine* est incristallisable, très-soluble dans l'eau, insoluble dans l'alcool (A. Wurtz).

DIMÉTHYLAMINE.

$$\left. \begin{array}{l} C^2H^3 \\ C^2H^3 \\ H \end{array} \right\} Az$$

Cette base se forme par l'action du bromure de méthyle sur la méthylamine. Mais on ne l'obtient pas pure dans cette réaction, qui donne naissance en même temps à la triméthylamine. Pour séparer ces bases, on emploie le procédé que nous décrirons en traitant des bases éthylées correspondantes.

La biméthylamine est un liquide incolore, doué d'une forte odeur ammoniacale. Elle se dissout dans l'eau et dans l'alcool (Hofmann).

TRIMÉTHYLAMINE.

$$\left. \begin{array}{l} C^2H^3 \\ C^2H^3 \\ C^2H^3 \end{array} \right\} Az.$$

Elle se forme par l'action du bromure d'éthyle sur la diméthylamine. Elle est très-soluble dans l'eau. Elle est isomérique avec la propylamine $\left. \begin{array}{l} C^6H^7 \\ H \\ H \end{array} \right\} Az$ avec laquelle on l'a confondue quelquefois (Hofmann).

HYDRATE DE TÉTRAMÉTHYLAMMONIUM.

$$\left.\begin{array}{c}(C^2H^3)^4Az \\ H\end{array}\right\}O^2$$

L'iodure de méthyle se combine à la triméthylamine, pour former l'iodure de tétraméthylammonium (page 204). Ce même iodure se forme, en quantité notable, lorsqu'on mêle une solution alcoolique d'ammoniaque avec l'iodure de méthyle. Au bout de quelques, heures l'iodure de tétraméthylammonium se dépose en cristaux. La solution de ce corps est décomposée par l'oxyde d'argent et l'eau : il se forme de l'iodure d'argent et une solution d'hydrate de tétraméthylammonium.

$$(C^2H^3)^4Az,I \;+\; AgO \;+\; HO \;=\; \left.\begin{array}{c}(C^2H^3)^4Az\\H\end{array}\right\}O^2 \;+\; AgI.$$

Iodure
de tétraméthylammonium.

Hydrate
de tétraméthylammonium.

La solution de cet hydrate se prend, par l'évaporation dans le vide, en une masse cristalline déliquescente, très-caustique, non volatile sans décomposition (Hofmann).

Lorsqu'on chauffe une solution alcoolique d'iodure de tétraméthylammonium avec un excès d'une solution alcoolique d'iode, il se dépose par le refroidissement de beaux cristaux verts à reflets métalliques qui constituent le pentaiodure de tétraméthylammonium $(C^2H^3)^4Az,I^5$ (Weltzien).

Lorsqu'on emploie moins d'iode, on obtient un triiodure $(C^2H^3)^4Az,I^3$, qui forme des cristaux violet foncé (Weltzien).

ÉTHYLAMINE.

$$C^4H^7Az \;=\; \left.\begin{array}{c}C^4H^5\\H\\H\end{array}\right\}Az$$

Préparation. — 1° On prépare l'éthylamine par un procédé tout à fait analogue à celui qui donne la méthylamine, savoir, en décomposant l'éther cyanique ou l'éther cyanurique par la potasse. On opère avec le produit de la distillation de 2 parties d'éthylsulfate de potasse et de 1 partie de cyanate de potasse. Ce produit est ordinairement formé par un liquide qui renferme beaucoup d'éther cyanique, et qui baigne des cristaux d'éther cyanurique. L'éther cyanique se décompose avec la plus grande facilité par la potasse caustique, tandis que la décomposition de l'éther cyanurique exige l'intervention d'un excès d'alcali et d'une ébullition longtemps prolongée. On conduit l'opération comme on l'a indiqué en traitant de la préparation de la méthylamine. Les vapeurs d'éthy-

lamine qui se dégagent sont condensées dans l'eau aiguisée d'acide
chlorhydrique et le chlorhydrate d'éthylamine, évaporé à siccité,
est décomposé par la chaux anhydre (A. Wurtz.)

2° On traite le bromure d'éthyle par l'ammoniaque aqueuse et
on abandonne le mélange pendant quelques jours à lui-même. Au
bout de ce temps le bromure a disparu et il s'est formé une solution de bromhydrate d'éthylamine. La réaction s'accomplit plus
rapidement lorsqu'on emploie une solution alcoolique d'ammoniaque. On neutralise la liqueur ammoniacale par l'acide chlorhydrique. On évapore à siccité et on reprend par l'alcool absolu.
Le sel d'éthylamine se dissout, tandis que le sel d'ammoniaque
reste insoluble. La solution alcoolique est évaporée à siccité et le
sel d'éthylamine sec est décomposé par la chaux caustique (Hofmann).

L'éthylamine ainsi obtenue n'est pas pure : elle est mélangée
de diéthylamine et de triéthylamine, qui prennent naissance en
même temps (page 204). M. Hofmann sépare les trois bases à
l'aide d'un procédé que nous indiquerons ci-après.

Propriétés. — L'éthylamine est un liquide incolore mobile,
léger. Elle bout à 18°,7. Elle ne se solidifie point dans un mélange d'acide carbonique solide et d'éther. Son odeur est forte
et tout à fait semblable à celle de l'ammoniaque. Elle est inflammable et brûle avec une flamme bleuâtre, bordée de jaune et peu
éclairante.

L'éthylamine se mêle en toutes proportions à l'eau, à l'alcool et
à l'éther. Sa solution aqueuse est caustique. Elle précipite la plupart des sels métalliques, comme la solution d'ammoniaque. Elle
forme dans les sels cuivriques un précipité blanc bleuâtre, qu'un
excès de solution d'éthylamine redissout pour former une liqueur
bleue analogue à l'eau céleste. Chose digne de remarque, l'alumine précipitée de l'alun par une solution d'éthylamine se dissout dans un excès de réactif.

Lorsqu'on fait passer un courant de chlore dans une solution
d'éthylamine, il s'en précipite un liquide jaune oléagineux qui
constitue l'éthylamine dichlorée $C^4H^3Cl^2Az$.

L'éthylamine chasse l'ammoniaque de ses combinaisons. Lorsqu'on évapore une solution de sel ammoniac avec de l'éthylamine
en excès, il reste du chlorhydrate d'éthylamine.

Chlorhydrate d'éthylamine $C^4H^7Az.ClH$. Ce sel, qu'on obtient en
saturant l'éthylamine par l'acide chlorhydrique, cristallise en
grandes lames déliquescentes, fusibles entre 70 et 80°, solubles dan-

l'alcool absolu. Vers 315° il émet de fortes vapeurs blanches et se volatilise sans décomposition à une température plus élevée. La solution aqueuse de chlorhydrate d'éthylamine donne, avec le bichlorure de platine, un précipité formé par des paillettes jaunes, solubles dans l'eau bouillante et qui constituent le chloroplatinate $C^4H^7Az,HCl,PtCl^2$.

Sulfate d'éthylamine. Ce sel n'est pas cristallisable. Il est déliquescent et soluble dans l'alcool absolu.

Pour séparer l'ammoniaque, la méthylamine et l'éthylamine, on tire parti de cette dernière propriété. On convertit d'abord les trois bases en chlorhydrates, qu'on dessèche et qu'on traite par l'alcool absolu. Le chlorhydrate d'ammoniaque reste. La méthylamine et l'éthylamine sont ensuite converties en sulfates, qu'on dessèche et qu'on traite de même par l'alcool absolu. Le sulfate de méthylamine reste à l'état insoluble.

DIÉTHYLAMINE.

$$\left.\begin{array}{c}C^4H^5\\C^4H^5\\H\end{array}\right\}Az.$$

Elle se forme lorsqu'on chauffe la solution aqueuse d'éthylamine pendant quelques heures avec un excès de bromure d'éthyle. On dessèche le bromhydrate formé et on le distille avec de la potasse.

La base ainsi obtenue n'est pas pure. Nous avons déjà fait remarquer que, par l'action de l'ammoniaque sur le bromure ou l'iodure d'éthyle, il se forme un mélange de bromhydrates d'éthylamine, de diéthylamine, de triéthylamine et de bromure de tétréthylammonium (page 204). Pour séparer ces bases les unes des autres, M. Hofmann emploie le procédé suivant :

Le mélange des bromures est desséché et distillé avec de la potasse caustique sèche. L'iodure de tétréthylammonium est décomposé par la potasse en hydrate de tétréthylammonium, et ce dernier est décomposé, par la distillation sèche, en éthylène, triéthylamine et eau

$$\left.\begin{array}{c}(C^4H^5)^4Az\\H\end{array}\right\}O^2 = C^4H^4 + (C^4H^5)^3Az + H^2O^2.$$

Les bases volatiles mises en liberté par la potasse passent à la distillation.

On recueille ainsi un mélange d'éthylamine, de diéthylamine et de triéthylamine, et l'on ajoute à ce mélange anhydre de l'éther oxalique. Par ce traitement, on convertit l'éthylamine en diéthyl-oxamide, la diéthylamine en diéthyloxamate d'éthyle :

$$\begin{matrix} (C^4O^4)'' \\ (C^4H^5)^2 \end{matrix}\Big\}O^4 + 2\left[\begin{matrix} C^4H^5 \\ H \\ H \end{matrix}\Big\}Az\right] = \begin{matrix} (C^4O^4)'' \\ (C^4H^5)^2 \\ H^2 \end{matrix}\Big\}Az^2 + 2\begin{matrix} C^4H^5 \\ H \end{matrix}\Big\}O^2$$

Oxalate d'éthyle.   Éthylamine.   Diéthyloxamide.   Alcool.

$$\begin{matrix} (C^4O^4)'' \\ (C^4H^5)^2 \end{matrix}\Big\}O^4 + \begin{matrix} C^4H^5 \\ C^4H^5 \\ H \end{matrix}\Big\}Az = \begin{matrix} (C^4O^4)''(C^4H^5)^2Az \\ C^4H^5 \end{matrix}\Big\}O^2 + \begin{matrix} C^4H^5 \\ H \end{matrix}\Big\}O^2$$

Oxalate d'éthyle.   Diéthylamine.   Diéthyloxamate d'éthyle.   Alcool.

Quant à la triéthylamine, elle n'exerce aucune action sur l'oxalate d'éthyle. Si donc on distille le tout au bain-marie, la triéthylamine passe à l'état de pureté, et le résidu se prend en une masse cristalline d'éthyloxamide imprégnée d'un liquide oléagineux, qui est le diéthyloxamate d'éthyle. Il est facile de séparer ces deux corps en traitant le mélange par l'eau bouillante, qui dissout la diéthyloxamide.

Le diéthyloxamate d'éthyle donne de la diéthylamine pure lorsqu'on le décompose par la potasse. Dans les mêmes circonstances, la diéthyloxamide donne de l'éthylamine pure.

Anhydre, la diéthylamine constitue un liquide incolore, doué d'une odeur ammoniacale, bouillant à 57°,5. Elle est très-soluble dans l'eau.

TRIÉTHYLAMINE.

$(C^4H^5)^3Az.$

Lorsqu'on chauffe un mélange de bromure d'éthyle et de di-éthylamine, on obtient, par le refroidissement, une masse cristalline qui constitue le bromure de triéthylammonium (page 204). On en sépare la triéthylamine en distillant ce sel avec de la potasse. Cette base se forme aussi par la distillation sèche de l'hydrate de tetréthylammonium (page 210), et par l'action de l'éthylate de sodium sur le cyanate d'éthyle (Hofmann)

$$2\left[\begin{matrix} C^4H^5 \\ Na \end{matrix}\Big\}O^2\right] + \begin{matrix} C^2Az \\ C^4H^5 \end{matrix}\Big\}O^2 = Na^2C^2O^6 + (C^4H^5)^3Az.$$

Éthylate   Cyanate   Carbonate   Triéthylamine.
de sodium.   d'éthyle.   de soude.

La triéthylamine est un liquide incolore, doué d'une odeur ammoniacale, et d'une réaction fortement alcaline. Elle bout à 91°.

HYDRATE D'OXYDE DE TÉTRÉTHYLAMMONIUM.

$$(C^4H^5)^4Az \brace H \Big\} O^2.$$

Lorsqu'on chauffe au bain-marie un mélange d'iodure d'éthyle et de triéthylamine, on obtient une masse cristalline qui constitue l'iodure de tétréthylammonium $(C^4H^5)^4Az,I$. Ce corps se dissout dans l'eau et dans l'alcool. La potasse caustique le précipite de sa solution aqueuse sans le décomposer. Lorsqu'on le soumet à la distillation, il se dédouble en iodure d'éthyle et en triéthylamine, qui se combinent de nouveau dans le récipient.

$$(C^4H^5)^4AzI = C^4H^5I + (C^4H^5)^3Az.$$

Lorsqu'on traite la solution aqueuse d'iodure de tétréthylammonium par l'oxyde d'argent humide, il se forme de l'iodure d'argent, et il reste en solution de l'hydrate de tétréthylammonium.

$$(C^4H^5)^4AzI + AgO + HO = AgI + {(C^4H^5)^4Az \brace H} O^2.$$

Iodure
de tétréthylammonium.   Hydrate
de tétréthylammonium.

La solution, filtrée et évaporée dans le vide, laisse des cristaux qui constituent la base dont il s'agit, combinée probablement avec de l'eau de cristallisation.

L'hydrate d'oxyde de tétréthylammonium est une base puissante, comparable à la potasse, dont elle possède la causticité. Elle attire rapidement l'acide carbonique de l'air. Soumise à la distillation sèche, elle donne de la triéthylamine, du gaz oléfiant et de l'eau.

$$\frac{(C^4H^5)^4Az}{H} O^2 = (C^4H^5)^3Az + C^4H^4 + H^2O^2.$$

Sa solution aqueuse se décompose partiellement par l'évaporation au bain-marie; une autre partie de la base se volatilise (Hofmann).

BUTYLAMINE ET AMYLAMINE.

En traitant les éthers butylcyanique

$$\frac{C^2Az}{C^8H^9} O^2.$$

et amylcyanique

$$\frac{C^2Az}{C^{10}H^{11}} O^2.$$

par la potasse caustique, M. Wurtz a obtenu la butylamine et
l'amylamine par une réaction tout à fait semblable à celle qui
donne naissance à la méthylamine et à l'éthylamine (page 203).

La butylamine $\left.\begin{array}{c} C^8H^9 \\ H \\ H \end{array}\right\}Az$, est un liquide incolore, doué d'une
odeur ammoniacale un peu aromatique. Il brûle avec une flamme
éclairante. Il bout de 69 à 70°. Le chlorhydrate de butylamine
cristallise en aiguilles déliquescentes, fusibles au-dessous de 100°.
Le chloroplatinate $C^8H^{11}Az,HCl,PtCl^2$, constitue des lamelles orangées, solubles dans l'eau et dans l'alcool. La butylamine se dissout
en toutes proportions dans l'eau, dans l'alcool et dans l'éther. Sa
solution aqueuse précipite tous les sels métalliques que précipite
l'ammoniaque.

L'amylamine $\left.\begin{array}{c} C^{10}H^{11} \\ H \\ H \end{array}\right\}Az$, est un liquide incolore, doué d'une
odeur ammoniacale, et rappelant celle de l'alcool amylique. Elle
bout à 94°. Densité à 18° $= 0,750$. Elle se dissout en toutes proportions dans l'eau, et la solution possède les propriétés alcalines
de l'ammoniaque. Exposée au contact de l'air dans un tube ouvert, elle attire l'acide carbonique et l'orifice du tube se couvre
d'aiguilles de carbonate d'amylamine.

Le chlorhydrate d'amylamine $C^{10}H^{13}Az,HCl$ cristallise en écailles
blanches, grasses au toucher, solubles dans l'eau et dans l'alcool.
La solution aqueuse donne, avec le chlorure de platine, un sel
double $C^{10}H^{13}Az,HCl,PtCl^2$, cristallisable en lamelles d'un jaune
d'or assez solubles dans l'eau.

Nous donnons dans les tableaux suivants les séries des bases
ammoniacales à radicaux alcooliques (C^nH^{n+1}). On remarquera
entre ces bases de nombreux cas d'isomérie.

C'est ainsi que l'éthylamine est isomérique avec la diméthylamine, la propylamine avec la triméthylamine et avec la méthyl-
éthylamine, la butylamine avec la diéthylamine, etc. Il est facile
de se rendre compte de ces isoméries en comparant les formules typiques par lesquelles on exprime la composition de
ces corps. Ces cas et beaucoup d'autres analogues font ressortir
jusqu'à l'évidence l'utilité des formules rationnelles.

BASES PRIMAIRES.

Noms.	Formules brutes.	Formules rationnelles.	Densité.	Points d'ébullition.
Méthylamine..........	C^2H^5Az	$\left.\begin{array}{l} C^2H^3 \\ H \\ H \end{array}\right\} Az$	»	quelques degrés au-dessous de $0°$
Éthylamine...........	C^4H^7Az	$\left.\begin{array}{l} C^4H^5 \\ H \\ H \end{array}\right\} Az$	0,696 à 8°	18°,7
Propylamine..........	C^6H^9Az	$\left.\begin{array}{l} C^6H^7 \\ H \\ H \end{array}\right\} Az$	»	»
Butylamine...........	$C^8H^{11}Az$	$\left.\begin{array}{l} C^8H^9 \\ H \\ H \end{array}\right\} Az$	»	69°-70°
Amylamine...........	$C^{10}H^{13}A$	$\left.\begin{array}{l} C^{10}H^{11} \\ H \\ H \end{array}\right\} Az$	0,750 à 18°	94°
Caproylamine.........	$C^{12}H^{15}Az$	$\left.\begin{array}{l} C^{12}H^{13} \\ H \\ H \end{array}\right\} Az$	»	»
OEnanthylamine.......	$C^{14}H^{17}Az$	$\left.\begin{array}{l} C^{14}H^{15} \\ H \\ H \end{array}\right\} Az$	»	»
Caprylamine..........	$C^{16}H^{19}Az$	$\left.\begin{array}{l} C^{16}H^{17} \\ H \\ H \end{array}\right\} Az$	»	170°

BASES SECONDAIRES.

Noms.	Formules brutes.	Formules rationnelles.	Points d'ébullition.
Diméthylamine....	C^4H^7Az	$\left.\begin{array}{l} C^2H^3 \\ C^2H^3 \\ H \end{array}\right\} Az$	»
Méthyl-éthylamine.	C^6H^9Az	$\left.\begin{array}{l} C^2H^3 \\ C^4H^5 \\ H \end{array}\right\} Az$	»
Diéthylamine......	$C^8H^{11}Az$	$\left.\begin{array}{l} C^4H^5 \\ C^4H^5 \\ H \end{array}\right\} Az$	57°,5
Diamylamine......	$C^{20}H^{23}Az$	$\left.\begin{array}{l} C^{10}H^{11} \\ C^{10}H^{11} \\ H \end{array}\right\} Az$	170°
Éthyl-caprylamine.	$C^{20}H^{23}Az$	$\left.\begin{array}{l} C^4H^5 \\ C^{16}H^{17} \\ H \end{array}\right\} Az$	»

BASES TERTIAIRES.

Noms.	Formules brutes.	Formules rationnelles.	Points d'ébullition.
Triméthylamine........	C^6H^9Az	$\left.\begin{array}{l}C^2H^3\\C^2H^3\\C^2H^3\end{array}\right\}Az$	4 à 5°
Triéthylamine........	$C^{12}H^{15}Az$	$\left.\begin{array}{l}C^4H^5\\C^4H^5\\C^4H^5\end{array}\right\}Az$	91°
Méthyl-éthyl-amylamine.	$C^{16}H^{19}Az$	$\left.\begin{array}{l}C^2H^3\\C^4H^5\\C^{10}H^{11}\end{array}\right\}Az$	133°
Diéthyl-amylamine.....	$C^{18}H^{21}Az$	$\left.\begin{array}{l}C^4H^5\\C^4H^5\\C^{10}H^{11}\end{array}\right\}Az$	154°
Triamylamine........	$C^{30}H^{33}Az$	$\left.\begin{array}{l}C^{10}H^{11}\\C^{10}H^{11}\\C^{10}H^{11}\end{array}\right\}Az$	257°
Tricétylamine........	$C^{96}H^{99}Az$	$\left.\begin{array}{l}C^{32}H^{33}\\C^{32}H^{33}\\C^{32}H^{33}\end{array}\right\}Az$	»

BASES PHOSPHORÉES.

Ces bases ont été découvertes en 1846 par M. P. Thenard, et étudiées en 1855 par MM. Hofmann et Cahours. Le procédé de préparation employé par M. P. Thenard consiste à faire réagir du chlorure de méthyle, C^2H^3Cl, sur du phosphure de calcium porté à une température élevée. On obtient ainsi divers composés, parmi lesquels nous citerons les suivants :

La triméthylphosphine $(C^2H^3)^3Ph$, qui correspond à l'hydrogène phosphoré H^3Ph, constitue un liquide bouillant de 40 à 41°. Elle possède des propriétés basiques énergiques et forme des sels définis (P. Thenard).

La diméthylphosphine $(C^2H^3)^2Ph$ ou plutôt $(C^2H^3)^4Ph^2$, est un liquide spontanément inflammable, bouillant à 250°. Elle correspond au phosphure d'hydrogène liquide H^4Ph^2 et au cacodyle $(C^2H^3)^4As^2$, que nous étudierons plus loin.

En faisant réagir l'iodure de méthyle sur le phosphure de sodium, MM. Hofmann et Cahours ont obtenu, indépendamment des composés précédents, l'iodure de tétraméthylphosphonium $(C^2H^3)^4Ph,I$, qui correspond à l'iodhydrate d'hydrogène phosphoré (iodure de phosphonium) H^4Ph,I.

 TRIÉTHYLPHOSPHINE.

TRIÉTHYLPHOSPHINE.

$$(C^4H^5)^3Ph.$$

Ce composé important a été découvert par MM. Hofmann et Cahours, qui l'ont obtenu en faisant réagir le trichlorure de phosphore sur le zinc-éthyle.

$$PhCl^3 \quad + \quad 3[C^4H^5Zn] \quad = \quad 3ZnCl \quad + \quad (C^4H^5)^3Ph.$$
Trichlorure   Zinc-éthyle.   Chlorure   Triéthylphosphine.
de phosphore.   de zinc.

La réaction est tellement violente que le mélange des deux corps peut déterminer une explosion. Pour la modérer, on emploie une solution éthérée de zinc-éthyle, dans laquelle on fait tomber goutte à goutte du trichlorure de phosphore. L'opération doit se faire dans un courant de gaz carbonique. La triéthylphosphine reste combinée avec le chlorure de zinc, sous forme d'une masse épaisse qui se sépare du liquide éthéré. On décante ce dernier et on décompose la combinaison de chlorure de zinc et de triéthylphosphine, en la distillant avec de la potasse caustique. La triéthylphosphine passe, avec les vapeurs d'eau, dans le récipient, où elle se rassemble à la surface de l'eau sous forme d'une couche oléagineuse.

La triéthylphosphine est un liquide incolore, mobile, fortement réfringent. Sa densité est égale à 0,812 à 15°,5. Son odeur est pénétrante. Son point d'ébullition est situé à 127°,5. La triéthylphosphine est complétement insoluble dans l'eau; elle se dissout dans l'alcool et dans l'éther.

Elle se combine directement avec l'oxygène, le soufre, le sélénium, le chlore, le brome, l'iode.

Lorsqu'on abandonne la triéthylphosphine à l'air, elle en attire l'oxygène, en s'échauffant. Pendant cette oxydation, il se forme une quantité notable d'ozone. Dans une atmosphère d'oxygène, la triéthylphosphine répand des vapeurs blanches et s'enflamme souvent. Lorsqu'on la met en contact avec du soufre, celui-ci fond et se dissout peu à peu dans le liquide. Par le refroidissement, on obtient une masse cristalline de sulfure de triéthylphosphine. Chaque goutte de triéthylphosphine qu'on fait tomber dans une atmosphère de chlore s'enflamme. On peut obtenir directement un chlorure, un bromure et un iodure de triéthylphosphine.

Dans toutes ces combinaisons, la triéthylphosphine joue le rôle d'un radical diatomique, car elle s'unit à deux équivalents d'oxy-

gène, de soufre, de chlore, etc., pour former les composés suivants :

$$\text{Oxyde de triéthylphosphine} \dots \dots \quad [(C^4H^5)^3Ph]''O^2$$
$$\text{Sulfure de triéthylphosphine} \dots \dots \quad [(C^4H^5)^3Ph]''S^2$$
$$\text{Chlorure de triéthylphosphine} \dots \dots \quad [(C^4H^5)^3Ph]''Cl^2.$$

L'oxyde de triéthylphosphine est un corps solide. Il est fusible et se prend, par le refroidissement, en une masse cristalline. Il bout à 240°. Il est déliquescent et soluble en toutes proportions dans l'eau et dans l'alcool.

Le sulfure de triéthylphosphine cristallise en magnifiques aiguilles fusibles à 94°, solubles dans l'eau bouillante, l'alcool et l'éther.

La triéthylphosphine se combine aussi avec les acides pour former de véritables sels définis et cristallisables. Le chlorhydrate de triéthylphosphine forme, avec le chlorure de platine, un chloroplatinate peu soluble dans l'eau $(C^4H^5)^3Ph,HCl,PtCl^2$.

De même que la triéthylamine, la triéthylphosphine se combine directement avec l'iodure d'éthyle pour former *l'iodure de tétréthylphosphonium*.

$$\underset{\text{Triéthylphosphine.}}{(C^4H^5)^3Ph} \quad + \quad \underset{\text{Iodure d'éthyle.}}{C^4H^5I} \quad = \quad \underset{\substack{\text{Iodure}\\\text{de tétréthylphosphonium.}}}{(C^4H^5)^4Ph,I.}$$

Ce corps représente de l'iodhydrate d'hydrogène phosphoré (iodure de phosphonium H^4Ph,I), dans lequel 4 équivalents d'hydrogène sont remplacés par 4 équivalents d'éthyle.

La solution aqueuse de cet iodure est décomposée par l'oxyde d'argent; il se forme de l'iodure d'argent et de l'hydrate d'oxyde de tétréthylphosphonium.

$$\underset{\substack{\text{Iodure}\\\text{de tétréthylphosphonium.}}}{(C^4H^5)^4Ph,I} \quad + \quad HO \quad + \quad AgO \quad = \quad AgI \quad + \quad \underset{\substack{\text{Hydrate d'oxyde}\\\text{de tétréthylphosphonium.}}}{\left. \begin{matrix} (C^4H^5)^4Ph \\ H \end{matrix} \right\} O^2.}$$

Cet hydrate, analogue à l'hydrate d'oxyde de tétréthylammonium (page 212), possède, comme lui, les propriétés d'une base très-énergique.

BASES ARSÉNIÉES.

En 1760, Cadet, démonstrateur de chimie au Jardin du roi, s'avisa de distiller un mélange d'acétate de potasse et d'acide arsénieux. Il obtint une liqueur douée d'une odeur fétide et répandant à l'air d'abondantes vapeurs blanches. Ce corps remarquable a été connu longtemps sous le nom de *liqueur fumante de Cadet*. De 1837 à 1843, M. Bunsen entreprit sur cette substance des recherches étendues, et démontra qu'elle renferme un radical C^4H^6As, *le cacodyle*, qu'il a isolé, et dont il a découvert de nombreuses combinaisons. M. Frankland et MM. Cahours et Riche ont établi que ce cacodyle est l'arsédiméthyle

$$\left.\begin{array}{c} C^2H^3 \\ C^2H^3 \end{array}\right\} As.$$

Ces derniers chimistes ont découvert la triméthylarsine $(C^2H^3)^3As$ et les combinaisons du tétraméthylarsonium $(C^2H^3)^4As$.

Les combinaisons éthylées de l'arsenic, l'arsédiéthyle

$$\left.\begin{array}{c} C^4H^5 \\ C^4H^5 \end{array}\right\} As$$

la triéthylarsine $(C^4H^5)^3As$ et le tétréthylarsonium ont été découverts par M. Landolt.

Enfin, M. Baeyer a découvert récemment l'arsémonométhyle, C^2H^3As. Le travail important de ce chimiste a jeté le plus grand jour sur la constitution de toutes ces combinaisons et sur les relations qu'elles offrent entre elles.

L'éthyle $C^4H^5 = E$ et le méthyle $C^2H^3 = Me$ sont des groupes monoatomiques capables de remplacer un atome d'hydrogène ou un atome de chlore. Cela posé, la triméthylarsine peut être rapportée au type ammoniaque et comparée à l'hydrogène arsénié ou au trichlorure d'arsenic. Supposons maintenant qu'un équivalent de méthyle soit enlevé à la triméthylarsine, le résidu, c'est-à-dire l'arsédiméthyle, jouera naturellement le rôle d'un radical monoatomique, et le chlorure de ce radical (chlorure de cacodyle) appartiendra au même type que le trichlorure d'arsenic ou l'hydrogène arsénié, et pourra être envisagé comme du chlorure d'arsenic dans lequel 2 équivalents de chlore auront été remplacés par 2 équivalents de méthyle.

Mais supposons que 2 équivalents de méthyle soient enlevés à la triméthylarsine, le résidu, l'arsémonométhyle, jouera le rôle de radical diatomique, et le dichlorure de ce radical représentera du chlorure d'arsenic dans lequel 1 atome de chlore sera remplacé par 1 atome de méthyle. Ces relations sont exprimées par les formules suivantes :

	Type As	H	H	H
Triméthylarsine	As	Me	Me	Me
Chlorure d'arsédiméthyle	As	Me	Me.	Cl
Dichlorure d'arsémonométhyle	As	Me.	Cl	Cl
Trichlorure d'arsenic	As.	Cl	Cl	Cl.

La triméthylarsine correspond à la triméthylamine et peut,

comme celle-ci, se combiner avec l'iodure de méthyle, pour
former des combinaisons appartenant au type chlorure d'ammonium.

Mais la triméthylarsine peut elle-même se combiner avec 2 atomes
de chlore, et joue par conséquent le rôle de radical diatomique. Le
dichlorure, ainsi formé, appartient au type chlorure d'ammonium.
De même le chlorure de cacodyle ou d'arsédiméthyle peut se combiner avec 2 atomes de chlore pour former le trichlorure de cacodyle;
et le dichlorure d'arsémonométhyle peut fixer 2 atomes de chlore
pour former le tétrachlorure d'arsémonométhyle. Tous ces chlorures appartiennent au même type que le chlorure d'ammonium,
et représenteraient du perchlorure d'arsenic $AsCl^5$ dans lequel
4, 3, 2 ou 1 équivalent de chlore auraient été remplacés par 4, 3, 2
ou 1 équivalent de méthyle. Ces relations sont exprimées par les
formules suivantes :

	Type chlorure d'ammonium				
	Az	H	H	H	H Cl.
Chlorure de tétraméthylarsonium.........	As	Me	Me	Me	Me. Cl
Dichlorure de triméthylarsine.............	As	Me	Me	Me. Cl	Cl
Trichlorure d'arsédiméthyle (de cacodyle)..	As	Me	Me. Cl	Cl	Cl
Tétrachlorure d'arsémonométhyle.........	As	Me. Cl	Cl	Cl	Cl
Pentachlorure d'arsenic.................	[As	Cl	Cl	Cl	Cl Cl]

On voit que l'arsédiméthyle, qui se combine avec 1 atome de
chlore pour former le chlorure de cacodyle, et qui joue le rôle de
radical monoatomique dans les combinaisons appartenant au type
AsH^3 ou AzH^3, peut se combiner aussi avec 3 atomes de chlore et
jouer le rôle d'un radical triatomique dans les combinaisons appartenant au type chlorure d'ammonium; et de plus, que l'arsémonométhyle, qui se combine avec 2 atomes de chlore, et qui joue
le rôle de radical diatomique dans les combinaisons appartenant
au type AzH^3, peut aussi se combiner avec 4 atomes de chlore et
jouer le rôle de radical tétratomique dans les combinaisons appartenant au type AzH^4Cl. Cela revient à dire que les composés appartenant au premier type ne sont pas saturés, et qu'ils ont besoin,
pour compléter leur saturation, d'absorber 2 atomes d'un élément
monoatomique, de chlore, par exemple.

Nous avons voulu indiquer les relations qui existent entre tous
ces composés, parce qu'elles offrent un haut intérêt théorique;
mais nous ne pouvons décrire ici que les corps les plus importants
parmi ceux qui appartiennent à ces groupes.

TRIMÉTHYLARSINE.

$$\left.\begin{array}{l}(C^2H^3)\\(C^2H^3)\\(C^2H^3)\end{array}\right\}As.$$

Ce corps correspond à la triméthylphosphine et à la triméthylamine. Il se forme en même temps que la diméthylarsine et l'iodure de tétraméthylarsonium, lorsqu'on fait réagir l'iodure de méthyle sur l'arséniure de sodium. En soumettant le produit de la réaction à la distillation fractionnée, on recueille à 120° la triméthylarsine, qui constitue un liquide incolore. Elle peut se combiner avec l'iodure de méthyle pour former l'iodure de tétraméthylarsonium.

$$(C^2H^3)^3As \quad + \quad C^2H^3I \quad = \quad (C^2H^3)^4As,I.$$
Triméthylarsine.   Iodure de méthyle.   Iodure
de tétraméthylarsonium.

Cet iodure cristallise en tables brillantes. Décomposé par l'eau et l'oxyde d'argent, il donne, comme les iodures correspondants, de l'iodure d'argent et une base puissante

$$\left.\begin{array}{l}(C^2H^3)^4As\\H\end{array}\right\}O^2,$$

l'hydrate de tétraméthylarsonium, qui reste en dissolution.

CACODYLE OU ARSÉDIMÉTHYLE.

$$(C^2H^3)^4As^2 = \left.\begin{array}{l}(C^2H^3)^2As\\(C^2H^3)^2As\end{array}\right\}$$

On distille dans une cornue de verre parties égales d'acétate de potasse sec et d'acide arsénieux. La cornue, que l'on chauffe graduellement sur un bain de sable, est munie d'un tube réfrigérant qui condense les vapeurs. Le liquide condensé se rassemble dans un récipient bien refroidi ; les gaz se dégagent par un tube qui s'ouvre dans une bonne cheminée.

Le produit obtenu constitue la liqueur fumante de Cadet. C'est de l'oxyde de cacodyle ou de diméthylarsine, mêlé d'une certaine quantité de cacodyle libre. On se rend compte de la formation de ce produit méthylé en se rappelant que l'acide acétique peut se dédoubler en acide carbonique et en hydrure de méthyle.

$$C^4H^4O^4 = C^2H^3H + C^2O^4.$$

Pour préparer le cacodyle à l'état de pureté, on lave le produit brut avec de l'eau, on le rectifie sur de la potasse caustique, et on le transforme en chlorure de cacodyle en le traitant par l'acide

chlorhydrique concentré. Le chlorure de cacodyle, chauffé avec du
zinc à 100°, dans des tubes scellés, donne du chlorure de zinc et
du cacodyle libre. On rectifie ce corps dans un courant de gaz
hydrogène.

On obtient ainsi un liquide transparent, plus dense que l'eau,
doué d'une odeur arsenicale pénétrante. Il bout à 170°. Il cristallise à —6°. Il est très-vénéneux.

Le cacodyle est peu soluble dans l'eau. Il se dissout dans l'alcool
et dans l'éther. Exposé au contact de l'air, il répand d'épaisses
vapeurs blanches et s'enflamme.

Lorsque l'accès de l'oxygène est moins facile, le cacodyle absorbe
ce gaz et se transforme en oxyde de cacodyle et en acide cacodylique.

Dans les nombreux composés que forme le cacodyle, ce corps
joue le rôle de radical. Il est tantôt monoatomique, tantôt triatomique; monoatomique dans le chlorure de cacodyle et dans
l'oxyde

$$\left.\begin{array}{l}[(C^2H^3)^2As]' \\ [(C^2H^3)^2As']\end{array}\right\}O^2$$

triatomique dans le trichlorure de cacodyle $(C^2H^3)^2As'''Cl^3$ et dans
l'acide cacodylique

$$\left.\begin{array}{l}[(C^2H^3)^2As]''' \\ H\end{array}\right\}O^4.$$

Oxyde de cacodyle $(C^2H^3)^4As^2O^2$. Il se forme par l'oxydation du
cacodyle ou lorsqu'on distille le chlorure de cacodyle avec de la
potasse caustique. C'est un corps oléagineux, bouillant à 120°,
doué d'une odeur désagréable. Il ne répand pas de fumées à l'air,
mais s'y oxyde lentement, en se convertissant en acide cacodylique.
Les acides chlorhydrique, bromhydrique, iodhydrique le convertissent en chlorure, bromure et iodure de cacodyle.

Acide cacodylique $\left.\begin{array}{l}[(C^2H^3)^2As]''' \\ H\end{array}\right\}O^4.$ — Ce corps se forme par
l'oxydation directe du cacodyle, ou, plus facilement, lorsqu'on
ajoute par petites portions de l'oxyde de mercure à du cacodyle
ou à de la liqueur fumante de Cadet, placée sous une couche
d'eau, jusqu'à ce que toute odeur ait disparu. Une petite quantité d'oxyde de mercure entre ordinairement en dissolution; on
la précipite par quelques gouttes de liqueur fumante de Cadet,
puis on évapore la solution. On obtient ainsi de gros prismes déliquescents, inodores, qui constituent l'acide cacodylique. Chose curieuse, tandis que le cacodyle, de même que son

oxyde et son chlorure, agissent comme des poisons énergiques, l'acide cacodylique n'est point vénéneux, quoi qu'il renferme 54,3 pour cent de son poids d'arsenic. L'acide cacodylique fond à 200°. Il se décompose à une température élevée. Les acides azotique et chromique sont sans action sur lui, de même que certains agents réducteurs, tels que l'acide sulfureux, l'acide oxalique, le sulfate ferreux; mais l'acide phosphoreux le réduit en cacodyle.

Chlorure de cacodyle $(C^2H^3)As,Cl$. — Liquide oléagineux bouillant à 100° environ. Il s'enflamme à l'air. Il est peu soluble dans l'eau, très-soluble dans l'alcool, insoluble dans l'éther. Avec l'acide sulfurique concentré, il dégage de l'acide chlorhydrique. Avec la potasse caustique, il donne de l'oxyde de cacodyle. On voit qu'il se comporte, dans ces réactions, comme un chlorure de la chimie minérale.

Trichlorure de cacodyle $(C^2H^3)As,Cl^3$. — Lorsqu'on ajoute par petites portions de l'acide cacodylique réduit en poudre à du perchlorure de phosphore qu'on tient sous une couche d'éther froid, le perchlorure disparaît peu à peu, et il se dépose de petites paillettes cristallines qui constituent le trichlorure de cacodyle.

$$(C^2H^3)^2AsHO^4 + 2PhCl^5 = (C^2H^3)^2AsCl^3 + 2PhO^2Cl^3 + HCl.$$
$$\underset{\text{Acide}}{} \quad \underset{\text{Trichlorure}}{} \quad \underset{\text{Oxychlorure}}{}$$

Acide cacodylique.   Trichlorure de cacodyle.   Oxychlorure de phosphore.

Le même corps se forme par l'action du chlore sur le chlorure de cacodyle. Cette action est même tellement violente, que, pour éviter l'inflammation du chlorure, il est nécessaire de le dissoudre dans le sulfure de carbone. Le trichlorure de cacodyle est soluble dans l'éther et s'en dépose sous forme de longs prismes incolores. L'eau le dissout et le décompose en acide cacodylique et en acide chlorhydrique

$$(C^2H^3)^2AsCl^3 + 2H^2O^2 = (C^2H^3)^2AsHO^4 + 3HCl.$$

Trichlorure de cacodyle.   Acide cacodylique.

COMBINAISONS DE L'ARSÉMONOMÉTHYLE.

Lorsqu'on chauffe à 40 ou 50° le trichlorure de cacodyle obtenu par l'action du chlore sur le monochlorure de cacodyle, il se dédouble en chlorure de méthyle et en *dichlorure d'arsémonométhyle* (Baeyer).

$$(C^2H^3)^2As,Cl^3 = C^2H^3As,Cl^2 + C^2H^3Cl.$$

Trichlorure de cacodyle.   Dichlorure d'arsémonométhyle.   Chlorure de méthyle.

Ce corps constitue un liquide bouillant à 133°, dont les vapeurs irritent au plus haut degré les membranes muqueuses. Dissous dans le sulfure de carbone et refroidi à — 10°, le dichlorure de monométhylarsine absorbe le chlore, et forme de gros cristaux de *tétrachlorure d'arsémonométhyle* C^2H^3As,Cl^4.

Ce dernier composé est si peu stable, qu'il se décompose, même au-dessous de 0°, en chlorure de méthyle et en chlorure d'arsenic

$$C^2H^3AsCl^4 \ = \ C^2H^3Cl \ + \ AsCl^3.$$

Tétrachlorure   Chlorure   Chlorure
d'arsémonométhyle.   de méthyle.   d'arsenic.

Ces réactions, découvertes par M. Baeyer, offrent un grand intérêt.

Au dichlorure de monométhylarsine correspond un oxyde $C^2H^3AsO^2$. Il se forme lorsqu'on décompose le chlorure par le carbonate de potasse sous une couche d'eau. Il constitue des cristaux solubles dans l'eau, l'alcool et l'éther, fusibles à 95°, doués d'une odeur fétide.

Au tétrachlorure de monométhylarsine correspond l'*acide arsémonométhylique*

$$(C^2H^3As)H^2O^6 \ = \ {(C^2H^3As)^{IV} \brace H^2} O^6.$$

On l'obtient en ajoutant au dichlorure d'arsémonométhyle, disposé sous une couche d'eau, de l'oxyde d'argent. Il se forme d'abord du chlorure d'argent, et ensuite, par la réduction d'un excès d'oxyde d'argent, de l'argent métallique. La solution, neutralisée par la baryte, donne un sel de baryte $C^2H^3AsBa^2O^6$.

TRIÉTHYLARSINE.

$${C^4H^5 \atop C^4H^5 \atop C^4H^5}\Big\} As$$

Pour préparer ce composé, M. Landolt fait réagir l'iodure d'éthyle sur l'arséniure de sodium, et soumet le tout à la distillation. Il rectifie le produit, en recueillant ce qui passe de 140 à 180°. La triéthylarsine est un liquide incolore, d'une densité de 1,151 à 16°,7. Elle est douée d'une odeur désagréable qui rappelle celle de l'hydrogène arsénié. Elle répand des vapeurs blanches à l'air, et s'oxyde ; elle s'enflamme rarement. Elle se dissout dans l'alcool et dans l'éther. La solution éthérée, évaporée à l'air, laisse déposer de l'oxyde de triéthylarsine $(C^4H^5)^3AsO^2$, liquide oléagineux, incolore.

Lorsqu'on ajoute de l'iodure d'éthyle à la triéthylarsine, le mélange se prend, au bout de quelques heures, en une masse cristalline formée d'*iodure de tétréthylarsonium* $(C^4H^5)^4As,I$. Par l'action de l'oxyde d'argent et de l'eau, cet iodure se convertit en *hydrate d'oxyde de tétréthylarsonium*

$$\left.\begin{array}{c}(C^4H^5)^4As\\H\end{array}\right\}O^2$$

base caustique, très-soluble dans l'eau.

Ces réactions étant tout à fait semblables à celles que nous avons exposées précédemment, nous ne croyons pas devoir décrire les corps qui en résultent, et nous ne ferons que signaler l'existence de l'*arsédiéthyle* ou cacodyle éthylique

$$\left.\begin{array}{c}(C^4H^5)^2As\\(C^4H^5)^2As\end{array}\right\}$$

qui se forme, en même temps que la triéthylarsine, par l'action de l'iodure d'éthyle sur l'arséniure de sodium (Landolt).

BASES ANTIMONIÉES.

Ces bases ont été découvertes en 1850, par MM. Lœwig et Schweizer. Elles se rapportent aux types ammoniaque et hydrate d'oxyde d'ammonium. On connaît des combinaisons du méthyle, de l'éthyle et de l'amyle avec l'antimoine. Nous ne décrirons ici que la combinaison éthylée, connue sous le nom de stibéthyle ou triéthylstibine.

TRIÉTHYLSTIBINE OU STIBÉTHYLE.

$$\left.\begin{array}{c}C^4H^5\\C^4H^5\\C^4H^5\end{array}\right\}Sb.$$

Ce composé se forme par l'action de l'iodure d'éthyle sur l'antimoniure de potassium. Pour le préparer, MM. Lœwig et Schweizer opèrent de la manière suivante. Ils chauffent au blanc, dans un creuset couvert, 5 parties de tartre brut et 4 parties d'antimoine. Après le refroidissement, ils cassent le creuset et obtiennent un alliage cristallin de potassium et d'antimoine, renfermant 12 p. % de potassium. Cet alliage est pulvérisé dans un mortier avec deux ou trois fois son poids de sable sec ; le mélange est introduit dans de petits ballons et humecté avec de l'iodure d'éthyle. La réaction s'accomplit aussitôt avec dégagement de chaleur, et l'excès d'iodure d'éthyle distille d'abord. On met alors le petit ballon en communication avec un appareil propre à dégager de l'acide carbonique sec, et on distille au bain d'huile, en ayant soin de recueillir le produit, qui renferme un excès d'iodure d'éthyle, dans un petit ballon renfer-

mant de l'antimoniure de potassium. Quand le premier petit ballon
ne donne plus rien, on le remplace par un second ballon; on continue à distiller jusqu'à ce que le ballon récipient soit suffisamment chargé. On rectifie alors le produit qui s'y est condensé.
Toutes ces distillations doivent se faire dans un courant de gaz
carbonique sec.

Le stibéthyle est un liquide incolore, très-mobile, fortement réfringent, doué d'une odeur alliacée désagréable. Il ne se solidifie pas
à — 29°. Il bout à 158°,5. Densité à 16° = 1,3244. Densité de vapeur, 7,23. Il est insoluble dans l'eau, soluble dans l'alcool et dans
l'éther. Exposé à l'air, il répand des vapeurs très-épaisses, s'enflamme bientôt et brûle avec une flamme blanche éclairante. Par
l'action lente de l'air sur une solution alcoolique de stibéthyle, ou
lorsqu'on agite cette solution avec de l'oxyde de mercure, il se
forme de l'oxyde de stibéthyle $(C^4H^5)^3Sb,O^2$, qui reste, après l'évaporation de l'alcool, sous forme d'une masse amorphe. Cet oxyde
constitue une base puissante qui forme, avec les acides, des sels
cristallisables.

Le stibéthyle se combine avec le soufre, pour former le sulfure
de stibéthyle $(C^4H^5)^3Sb,S^2$, qui se dépose de sa solution éthérée en
cristaux d'un blanc d'argent. Il se combine de même avec le
chlore, le brome, l'iode, pour former le chlorure, le bromure,
l'iodure de stibéthyle $(C^4H^5)^3Sb,Cl^2$, etc.

Dans toutes ces combinaisons, le stibéthyle fonctionne comme
un radical diatomique $[(C^4H^5)^3Sb]''$, capable de fixer 2 équivalents
d'oxygène, de soufre, de chlore, etc.

Il se combine avec l'iodure d'éthyle, lorsqu'on chauffe le mélange des deux corps à 100°. Le produit de la combinaison est
l'iodure de tétréthylstibonium $(C^4H^5)^4Sb,I$, composé analogue à
celui qu'on obtient, dans les mêmes circonstances, avec la triéthylamine, la triéthylphosphine, la triéthylarsine, congénères de
la triéthylstibine. Cet iodure cristallise en grands prismes transparents, très-solubles dans l'eau et dans l'alcool. L'oxyde d'argent
donne, dans sa solution aqueuse, un précipité d'iodure d'argent,
et il reste en dissolution de l'*hydrate d'oxyde de tétréthylstibonium*

$$\left.\begin{array}{l}(C^4H^5)^4Sb\\ H\end{array}\right\}O^2.$$

Après l'évaporation dans le vide, ce corps se présente sous forme
d'un liquide incolore, oléagineux, doué de propriétés basiques
très-énergiques.

On connaît une combinaison de bismuth et d'éthyle, qui possède une composition analogue à celle de la triéthylstibine; c'est la *triéthylbismuthine*

$$\left.\begin{array}{l} C^4H^5 \\ C^4H^5 \\ C^4H^5 \end{array}\right\} Bi.$$

On l'obtient en faisant réagir l'iodure d'éthyle sur un alliage de bismuth et de sodium.

COMBINAISONS DU ZINC AVEC LES RADICAUX DES ALCOOLS.

Ces combinaisons ont été découvertes en 1849, par M. Frankland, qui les a obtenues en faisant réagir les iodures de méthyle, d'éthyle et d'amyle sur le zinc, dans des tubes bouchés qu'il chauffait de 150 à 180°.

Il a obtenu ainsi le zinc-méthyle $(C^2H^3)^2Zn^2$, le zinc-éthyle $(C^4H^5)^2Zn^2$, et le zinc-amyle $(C^{10}H^{11})^2Zn^2$. Nous ne décrirons ici que le zinc-éthyle, la plus importante de toutes les combinaisons organométalliques.

ZINC-ÉTHYLE.

$$\left.\begin{array}{l} C^4H^5 \\ C^4H^5 \end{array}\right\} Zn^2.$$

Pour préparer ce composé, MM. Alexeyeff et Beilstein font réagir l'iodure d'éthyle sur du zinc, auquel ils ajoutent une petite quantité d'un alliage de 1 partie de sodium et de 4 parties de zinc.

On introduit 75 parties de zinc en tournure, 7 à 8 parties d'alliage de zinc et de sodium et 100 parties d'iodure d'éthyle, dans un ballon (*fig.* 27), que l'on met en communication avec un réfrigérant de Liebig ascendant. On chauffe au bain-marie jusqu'à ce que le zinc soit dissous; puis on incline le réfrigérant de Liebig dans l'autre sens, et on distille à feu nu, en ayant soin de recueillir le zinc-éthyle dans un ballon à long col, préalablement rempli de gaz de l'éclairage. On rectifie le produit dans un ballon dont on déplace l'air par le gaz de l'éclairage, et l'on recueille ce qui passe au-dessus de 115°.

Le zinc-éthyle est un liquide incolore, mobile, fortement réfringent. Il est doué d'une odeur particulière pénétrante, fort désagréable. Il ne se solidifie pas à — 22°. Il bout à 118°. Sa densité à 18° est égale à 1,182. Sa densité de vapeur a été trouvée de 4,259. Comme on doit admettre que les molécules des combinaisons organiques forment 4 volumes de vapeur, cette densité de vapeur conduit à la formule $(C^4H^5)^2Zn^2$, et non pas à la formule simple $(C^4H^5)Zn$.

Le zinc-éthyle se dissout en toutes proportions dans l'éther;

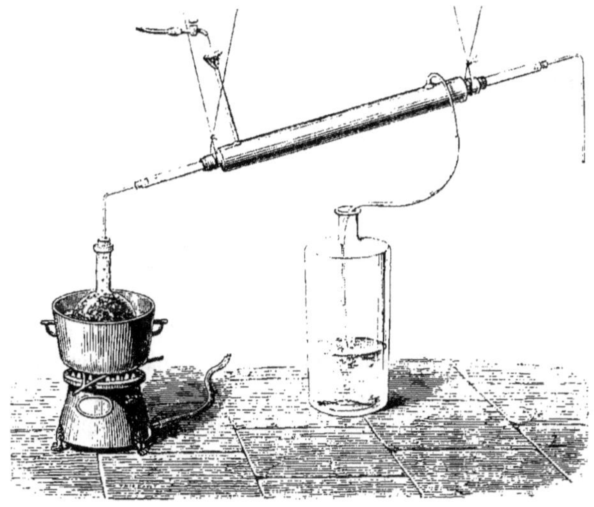

Fig. 27.

l'alcool et l'eau le décomposent. L'eau agit avec une grande énergie, en formant de l'hydrate de zinc et de l'hydrure d'éthyle

$$(C^4H^5)^2Zn^2 \;+\; 2H^2O^2 \;=\; 2ZnHO^2 \;+\; 2[C^4H^5,H].$$

Zinc-éthyle.   Hydrate de zinc.   Hydrure d'éthyle.

Exposé à l'air, le zinc éthyle répand d'épaisses vapeurs blanches, s'enflamme et brûle avec une flamme bordée de vert. Une baguette de verre, qu'on plonge dans la flamme, se recouvre d'un enduit noir de zinc métallique. Lorsqu'on fait agir lentement l'air sur une solution éthérée de zinc-éthyle, celui-ci s'oxyde, et il se forme un précipité blanc, amorphe, qui constitue l'éthylate de zinc

$$\left.\begin{array}{l}C^4H^5\\Zn\end{array}\right\}O^2$$

corps qui correspond à l'éthylate de sodium

$$\left.\begin{array}{l}C^4H^5\\Na\end{array}\right\}O^2.$$

Ce précipité est mêlé avec de l'hydrate et de l'acétate de zinc.

Mis en contact avec l'eau, l'éthylate de zinc se convertit en alcoo
et en hydrate de zinc

$$\left.\begin{array}{l} C^4H^5 \\ Zn \end{array}\right\}O^2 \;+\; \left.\begin{array}{l} H \\ H \end{array}\right\}O^2 \;=\; \left.\begin{array}{l} C^4H^5 \\ H \end{array}\right\}O^2 \;+\; \left.\begin{array}{l} Zn \\ H \end{array}\right\}O^2.$$

Le soufre se dissout dans la solution éthérée, chaude de zinc-
éthyle, et forme du sulfure de zinc-éthyle, ou mercaptide de zinc

$$\left.\begin{array}{l} C^4H^5 \\ Zn \end{array}\right\}S^2$$

(voir page 158), qui constitue un précipité blanc, floconneux.

Le chlore, le brome, l'iode décomposent le zinc-éthyle avec
production de lumière. Lorsqu'ils agissent lentement, il se forme
du chlorure, bromure ou iodure de zinc, et du chlorure, bromure
ou iodure d'éthyle. Ainsi, le zinc-éthyle ne se comporte point
comme un radical. C'est une combinaison *saturée* qui n'est point
capable de se combiner, par addition moléculaire, avec un élément monoatomique. Il se prête au contraire facilement aux doubles décompositions, et réagit avec énergie sur certains chlorures,
ce qui a permis d'engager l'éthyle dans diverses combinaisons avec
d'autres corps simples, métalloïdes ou métaux.

Nous avons vu que MM. Hofmann et Cahours ont pu préparer la
triéthylphosphine en traitant le zinc-éthyle par le trichlorure de
phosphore.

MM. Friedel et Crafts ont préparé le *silicium-éthyle*, en chauffant
le zinc-éthyle avec le chlorure de silicium dans des tubes fermés.
Le silicium-éthyle est un liquide incolore, plus léger que l'eau,
bouillant de 152 à 154°.

$$\underset{\substack{\text{Chlorure} \\ \text{de silicium.}}}{Si^2Cl^4} \;+\; \underset{\text{Zinc-éthyle.}}{2[(C^4H^5)^2Zn^2]} \;=\; \underset{\text{Silicium-éthyle.}}{(C^4H^5)^4Si^2} \;+\; \underset{\substack{\text{Chlorure} \\ \text{de zinc.}}}{2(Zn^2Cl^2).}$$

Le zinc-éthyle réagit, avec dégagement de chaleur, sur le sublimé corrosif; il se forme du chlorure de zinc et du *mercure-
éthyle* (Frankland).

$$\underset{\text{Sublimé corrosif.}}{Hg^2Cl^2} \;+\; \underset{\text{Zinc-éthyle.}}{(C^4H^5)^2Zn^2} \;=\; \underset{\text{Mercure-éthyle.}}{(C^4H^5)^2Hg^2} \;+\; \underset{\text{Chlorure de zinc.}}{Zn^2Cl^2.}$$

Le zinc-éthyle décompose de même le chlorure de plomb, avec
formation de chlorure de zinc, de plombéthyle et de plomb métallique, selon l'équation

$$\underset{\text{Zinc-éthyle.}}{2[(C^4H^5)^2Zn^2]} \;+\; \underset{\substack{\text{Chlorure} \\ \text{et plomb.}}}{2Pb^2Cl^2} \;=\; \underset{\text{Plombéthyle.}}{(C^4H^5)^4Pb^2} \;+\; 2Pb \;+\; 2(Zn^2Cl^2).$$

Le zinc-éthyle réagit d'une manière particulière sur l'éther bo-

rique : il se forme de l'éthylate de zinc et du boréthyle (Frankland).

$$2\left[{}^{\text{Bo}}_{(C^4H^5)^3}\Big\rbrace O^6\right] + 3[(C^4H^5)^2Zn^2] = 6\left[{}^{C^4H^5}_{Zn}O^2\right] + 2[Bo(C^4H^5)^3].$$

Éther borique.   Zinc-éthyle.   Éthylate de zinc.   Boréthyle.

Enfin, le sodium, mis en contact avec dix fois son poids de zinc-
éthyle, précipite une partie du zinc et forme, avec l'éthyle, du
sodium-éthyle, qui se combine avec l'excès de zinc-éthyle. La combinaison formée constitue des cristaux fusibles à 27°, et renfermant $(C^4H^5)^2Zn^2 + C^4H^5Na$. Exposée à l'air, elle brûle avec explosion (Wanklyn).

Les limites de cet ouvrage ne nous permettent pas de décrire les
composés qui résultent de toutes ces métamorphoses du zinc-
éthyle. Ajoutons seulement que MM. Frankland et Duppa ont obtenu récemment le *mercure-méthyle* $(C^2H^3)^2Hg^2$, et le *mercure-éthyle*
$(C^4H^5)^2Hg^2$, en faisant réagir à la température ordinaire un amalgame de sodium (1 partie de sodium sur 500 parties de mercure)
sur de l'iodure de méthyle, auquel ils ajoutent 10 pour 100 d'éther
acétique.

Le mercure-éthyle est un liquide incolore, insoluble dans l'eau,
inflammable. Densité, 2,24. Point d'ébullition, 158°-160°.

Le chlore, le brome et l'iode le décomposent instantanément et
énergiquement en chlorure, bromure ou iodure d'éthyle, et en
chlorure, bromure ou iodure de monomercuréthyle

$$\left.{}^{C^4H^5}_{C^4H^5}\right\rbrace Hg^2 + I^2 = C^4H^5I + \left.{}^{C^4H^5}_{I}\right\rbrace Hg^2.$$

Mercuro-diéthyle.   Iodure   Iodure de
                                          d'éthyle.   monomercuréthyle.

Les formules que nous avons attribuées aux combinaisons organo-métalliques du zinc et du mercure sont déduites des densités
de vapeurs de ces combinaisons. Ces formules répondent à 4 volumes de vapeur. Or, on voit que les plus petites quantités de zinc,
de mercure, et nous pouvons ajouter de plomb, qui existent dans
l'une quelconque des combinaisons organiques volatiles de ces
métaux, est représentée par Zn^2, Hg^2, Pb^2. Il convient donc de considérer ces quantités comme représentant les poids des atomes,
et ces poids sont doubles des équivalents. Si donc nous représentons les atomes des métaux dont il s'agit par les symboles

$$Zn = Zn^2$$
$$Hg = Hg^2$$
$$Pb = Pb^2$$

et l'atome du carbone tétratomique par le symbole $\mathbb{C}$ (page   ),
nous serons conduits à attribuer à leurs combinaisons organo-métalliques les formules suivantes :

$$\left.\begin{array}{l}(C^2H^5)\\(\mathbb{C}^2H^5)\end{array}\right\}Zn \qquad \left.\begin{array}{l}C^2H^5\\\mathbb{C}^2H^5\end{array}\right\}Hg \qquad \left.\begin{array}{l}C^2H^5\\\mathbb{C}^2H^5\\\mathbb{C}^2H^5\\\mathbb{C}^2H^5\end{array}\right\}Pb$$

Zinco-diéthyle.   Mercuro-diéthyle.   Plombo-tétréthyle.

COMBINAISONS DE L'ÉTHYLE AVEC L'ÉTAIN.

Ces combinaisons sont nombreuses et ont été découvertes par
M. Lœwig.

STANNÉTHYLE.

Lorsqu'on expose, pendant plusieurs jours, à une vive insolation,
au foyer d'un miroir concave, ou lorsqu'on chauffe, pendant vingt
heures, dans des tubes bouchés, de 160 à 180°, un mélange d'iodure d'éthyle et de limaille d'étain, il se forme de l'*iodure de stannéthyle*

$$(C^4H^5)^2Sn^2,I^2 = \left.\begin{array}{l}(C^4H^5)^2\\I^2\end{array}\right\}Sn^2 \quad \text{(Frankland, Cahours et Riche)}.$$

On fait cristalliser le produit de la réaction dans l'alcool, qui
laisse déposer l'iodure en aiguilles jaune paille. Cet iodure fond à
42°; il distille, en se décomposant partiellement, à 240°. Il se dissout dans l'éther et dans l'alcool bouillant, moins facilement dans
l'alcool et dans l'eau. Les alcalis le décomposent avec formation
d'un iodure alcalin et d'oxyde de stannéthyle $(C^4H^5)^2Sn^2O^2$. Ce
corps constitue une poudre blanche, amorphe, insoluble dans
l'eau, l'alcool et l'éther. Il se dissout dans la potasse et la soude,
et dans les acides, avec lesquels il forme des sels difficilement cristallisables. Le zinc métallique précipite, de la solution de ces sels,
le radical *stannéthyle*

$$\left.\begin{array}{l}(C^4H^5)^2Sn^2\\(C^4H^5)^2Sn^2\end{array}\right\}$$

sous forme d'un liquide oléagineux, doué d'une odeur piquante.
Ce corps entre en ébullition à 150°, et se décompose, en grande
partie, en stannéthide et en étain.

$$\left.\begin{array}{l}(C^4H^5)^2Sn^2\\(C^4H^5)^2Sn^2\end{array}\right\} = (C^4H^5)^4Sn^2 + Sn^2.$$

Stannéthyle.   Stannéthide.

Il s'unit directement à l'oxygène, au chlore, au brome et à
l'iode.

SESQUISTANNÉTHYLE.

$$\left.\begin{array}{l}(C^4H^5)^3Sn^2\\(C^4H^5)^3Sn^2\end{array}\right\}$$

Lorsqu'on chauffe de l'iodure d'éthyle avec un alliage de 1 partie de sodium sur 4 à 6 parties d'étain, les produits uniques de la réaction sont le *stannéthyle*, que nous venons de décrire, et le *sesquistannéthyle*.

$$\left.\begin{array}{l}(C^4H^5)^3Sn^2\\(C^4H^5)^3Sn^2\end{array}\right\}$$

Tandis que le stannéthyle se décompose par la distillation, le sesquistannéthyle passe sans altération à 180°. Il joue le rôle de radical, comme le stannéthyle, et se combine directement avec l'oxygène pour former un *oxyde de sesquistannéthyle*.

$$\left.\begin{array}{l}(C^4H^5)^3Sn^2\\(C^4H^5)^3Sn^2\end{array}\right\}O^2.$$

Ce corps est cristallisable et constitue des prismes qui renferment une molécule d'eau de cristallisation (H^2O^2). Il fond à 44° et bout à 272°. Il se dissout dans l'alcool, l'éther et l'eau; ses solutions possèdent une forte réaction alcaline. Il forme des sels cristallisables avec plusieurs acides.

Lorsqu'on ajoute de l'iode à du sesquistannéthyle refroidi, il se forme un iodure.

$$\left.\begin{array}{l}(C^4H^5)^3\\I\end{array}\right\}Sn^2.$$

Le même corps se produit, d'après M. Cahours, lorsqu'on chauffe de l'iodure d'éthyle avec un alliage de 1 partie de sodium avec 8 à 12 parties d'étain. Cet iodure constitue un liquide doué d'une odeur de moutarde. Il bout sans décomposition de 235° à 238°. Densité à 15° $= 1,833$.

STANNÉTHIDE.

$$(C^4H^5)^4Sn^2.$$

Ce corps se produit par l'action du zinc-éthyle sur l'iodure de stannéthyle :

$$\left.\begin{array}{l}(C^4H^5)^2\\I^2\end{array}\right\}Sn^2 \;+\; \left.\begin{array}{l}C^4H^5\\C^4H^5\end{array}\right\}Zn^2 \;=\; (C^4H^5)^4Sn^2 \;+\; Zn^2I^2.$$

Iodure de stannéthyle.   Zinc-éthyle.   Stannéthide.   Iodure de zinc.

Le stannéthide est un liquide incolore à peine odorant. Sa densité à 23° est égale à 1,187. Il bout à 181°. Il ne fume pas à l'air. Au contact d'un coprs enflammé, il brûle avec une flamme bordée de bleu.

C'est un corps indifférent, parce qu'il est saturé. Il ne peut donc jouer le rôle de radical.

———

Les formules que nous avons données pour les combinaisons éthylées de l'étain correspondent à 4 volumes de vapeur. Ainsi, la formule moléculaire du stannéthide est $(C^4H^5)^4Sn^2$. Ce corps correspond à la liqueur fumante de Libavius $Cl^4Sn^2 = 4$ volumes. Si nous représentons Sn^2 par le symbole barré $\overline{Sn} = 118$, et 2 équivalents de carbone C^2 par le symbole barré $\overline{C}$ ($= 12$), qui représente 1 atome, nous aurons les formules suivantes pour les combinaisons de l'étain avec l'éthyle

$$(\overline{C}^2H^5)^4\overline{Sn} \quad \text{stannotétréthyle (stannéthide)}$$
$$(\overline{C}^2H^5)^3\overline{Sn} \quad \text{stannotriéthyle (sesquistannéthyle)}$$
$$(\overline{C}^2H^5)^2\overline{Sn} \quad \text{stannodiéthyle (stannéthyle)}.$$

Le stannotétréthyle est une combinaison saturée. En perdant 1 équivalent d'éthyle, il devient stannotriéthyle, qui fonctionne comme radical monoatomique. En perdant à son tour 1 équivalent d'éthyle, le stannotriéthyle devient stannodiéthyle, qui fonctionne comme radical diatomique. L'action de l'iode sur le stannotétréthyle et sur les iodures de stannotriéthyle et de stannodiéthyle (Cahours), démontre la justesse de ce point de vue.

$$(\overline{C}^2H^5)^4\overline{Sn} \ + \ I^2 \ = \ \overline{C}^2H^5I \ + \ [(\overline{C}^2H^5)^3\overline{Sn}]'I.$$

Stannotétréthyle. — Iodure de stannotriéthyle.

$$[(\overline{C}^2H^5)^3\overline{Sn}]'I \ + \ I^2 \ = \ \overline{C}^2H^5I \ + \ [(\overline{C}^2H^5)^2\overline{Sn}]''I^2.$$

Iodure de stannotriéthyle. — Iodure de stannodiéthyle.

$$[(\overline{C}^2H^5)^2\overline{Sn}]''I^2 \ + \ 2I^2 \ = \ 2\overline{C}^2H^5I \ + \ \overline{Sn}I^4.$$

Iodure de stannodiéthyle. — Iodure stannique.

L'action de l'acide chlorhydrique sur le stannotétréthyle et sur le chlorure de stannotriéthyle est analogue à celle de l'iode. Ces composés perdent, dans ce cas, de l'éthyle sous forme d'hydrure, et leur atomicité augmente.

$$(\overline{C}^2H^5)^4\overline{Sn} \ + \ HCl \ = \ \overline{C}^2H^5,H \ + \ [(\overline{C}^2H^5)^3\overline{Sn}]'Cl.$$

Stannotétréthyle. — Hydrure d'éthyle. — Chlorure de stannotriéthyle.

$$[(\overline{C}^2H^5)^3\overline{Sn}]'Cl \ + \ HCl \ = \ \overline{C}^2H^5,H \ + \ [(\overline{C}^2H^5)^2\overline{Sn}]''Cl^2.$$

Chlorure de stannotriéthyle. — Chlorure de stannodiéthyle.

ACIDES GRAS VOLATILS DÉRIVÉS DES ALCOOLS.

Généralités. — Ces acides se rattachent aux alcools monoatomiques, dont ils dérivent par oxydation. Mais ils prennent encore
naissance dans une foule d'autres réactions, et un grand nombre
d'entre eux existent tout formés dans la nature, soit à l'état de
liberté, soit à l'état de combinaison dans les corps gras neutres.
Ainsi, l'acide formique existe dans les fourmis; les acides butyrique, valérique, caproïque, caprylique, caprique, laurique, myristique, palmitique, stéarique, etc., se rencontrent dans certaines
graisses neutres, à l'état de combinaison avec la glycérine.

Parmi les acides gras volatils, les uns sont liquides, les autres
solides. Les premiers sont les plus simples dans leur composition,
c'est-à-dire les moins riches en carbone et en hydrogène. Ce sont
aussi les plus volatils. Leur point d'ébullition s'élève avec le nombre
des atomes de carbone et d'hydrogène, et l'on remarque, dans
cette ascension, une certaine régularité, le point d'ébullition de
chaque acide différant de 19 à 20° environ de celui de l'acide suivant ou précédent (H. Kopp). Ajoutons que les acides gras solides
ne distillent qu'à des températures élevées, et qu'ils ne passent
sans altération que lorsqu'on les distille dans le vide.

Les points de fusion s'élèvent généralement à mesure que la
composition des acides se complique. Mais ici on n'observe plus
une régularité pareille à celle que nous venons de mentionner.
Tandis que l'acide acétique pur fond à $+ 17°$, l'acide butyrique,
plus compliqué dans sa composition, est encore liquide à 0°.
On constate de plus de singulières anomalies dans les points
de fusion des mélanges d'acides. En général, deux acides gras étant
mélangés, le mélange fond à une température inférieure à la
moyenne des points de fusion, et quelquefois inférieure au point
de fusion de l'acide le plus fusible. En voici des exemples :

Acides.	Points de fusion.	Acides.	Points de fusion.	Points de fusion du mélange.
30 p. d'acide palmitique	62°	et 70 p. d'acide myristique	53°,8	fondent à 46°,2
20 p. d'acide palmitique	»	et 80 p. d'acide laurique..	43°,6	— 37°,1
20 p. d'acide stéarique..	69°,2	et 80 p. d'acide myristique	53°,8	— 47°,8
20 p. d'acide stéarique..	»	et 80 p. d'acide laurique..	43°,6	— 38°,5
30 p. d'acide myristique	53°,8	et 70 p. d'acide laurique...	»	— 35°,1

En général, pour les acides purs, le point de fusion coïncide
avec le point de solidification; mais il n'en est plus ainsi pour les

mélanges. Le point de solidification s'écarte alors du point de fusion : il s'abaisse de plusieurs degrés, de telle sorte que le mélange demeure liquide à une température inférieure au point de fusion. Le mélange d'une très-petite quantité d'un acide gras étranger peut déterminer un tel écart entre le point de fusion et le point de solidification.

La composition des acides gras volatils est exprimée par la formule générique $C^nH^nO^4$. Ils renferment tous 2 équivalents d'oxygène de plus, 2 équivalents d'hydrogène de moins que les alcools auxquels ils se rattachent. Leurs principaux modes de formation sont les suivants :

1° Oxydation d'une aldéhyde.

$$\underset{\text{Aldéhyde.}}{C^4H^4O^2} \;+\; O^2 \;=\; \underset{\text{Acide acétique.}}{C^4H^4O^4}.$$

2° Oxydation d'un alcool.

$$\underset{\text{Alcool.}}{\left.\begin{array}{c}C^4H^5\\H\end{array}\right\}O^2} \;+\; O^4 \;=\; H^2O^2 \;+\; \underset{\text{Acide acétique.}}{\left.\begin{array}{c}C^4H^3O^2\\H\end{array}\right\}O^2}.$$

On a lieu de supposer que, dans cette réaction, l'oxygène se porte sur l'éthyle pour le transformer en un radical oxygéné l'acétyle. Celui-ci représente de l'éthyle modifié par substitution. Ces relations sont exprimées par les formules typiques que nous avons données.

3° Décomposition d'un éther cyanhydrique (d'un nitrile) par la potasse.

$$\underset{\substack{\text{Cyanure}\\\text{de méthyle.}}}{\left.\begin{array}{c}C^2H^3\\C^2Az\end{array}\right\}} \;+\; \left.\begin{array}{c}K\\H\end{array}\right\}O^2 \;+\; H^2O^2 \;=\; \underset{\text{Acétate de potassium.}}{\left.\begin{array}{c}[C^2H^3,C^2O^2]'\\K\end{array}\right\}O^2} \;+\; \underset{\text{Ammoniaque.}}{AzH^3}.$$

Cette réaction est déterminée par la tendance que possède le cyanogène à se décomposer en présence de l'eau. Il est permis de supposer que le carbone du cyanogène se porte sur l'oxygène de l'eau pour former le groupe C^2O^2, qui se combine avec le méthyle C^2H^3 du cyanure pour former le radical acétyle $[C^2H^3,C^2O^2] = C^4H^3O^2$, et que l'hydrogène de l'eau et celui de la potasse se portent sur l'azote du cyanogène pour former de l'ammoniaque.

Les réactions que nous venons d'exposer sont générales et se répètent pour tous les alcools et pour tous les cyanures alcooliques. Il en résulte qu'on peut former chaque acide gras avec deux alcools, savoir : 1° avec l'alcool renfermant le même nombre d'équivalents

de carbone que l'acide, en oxydant cet alcool directement;
2° avec l'alcool renfermant 2 équivalents de carbone de moins que
l'acide, en décomposant par la potasse l'éther cyanhydrique de cet
alcool.

M. Wanklyn a réalisé la synthèse directe de l'acide acétique et
de l'acide propionique, en traitant le sodium-méthyle et le sodium-éthyle par l'acide carbonique.

$$\left.\begin{array}{c}C^2H^3\\Na\end{array}\right\} + C^2O^2,O^2 = \left.\begin{array}{c}[C^2H^3,C^2O^2]''\\Na\end{array}\right\}O^2.$$

Sodium-méthyle.   Acide   Acétate sodique.
carbonique.

$$\left.\begin{array}{c}C^4H^5\\Na\end{array}\right\} + C^2O^2,O^2 = \left.\begin{array}{c}[C^4H^5,C^2O^2]''\\Na\end{array}\right\}O^2.$$

Sodium-éthyle.   Propionate sodique.

Ces réactions conduisent à envisager les radicaux des acides gras
comme formés par la combinaison du radical carbonyle (oxyde
de carbone) avec des radicaux alcooliques.

Le radical de l'acide formique

$$\left.\begin{array}{c}C^2O^2H\\H\end{array}\right\}O^2$$

paraît formé par la combinaison du radical carbonyle avec l'hydrogène; et si l'on compare tous les autres acides de la série avec
l'acide formique, on peut dire qu'ils dérivent de celui-ci par la
substitution des radicaux alcooliques à l'hydrogène du radical
formique

$$\left.\begin{array}{c}C^2O^2H\\H\end{array}\right\}O^2 \quad \text{acide formique,}$$

$$\left.\begin{array}{c}C^2O^2(C^2H^3)\\H\end{array}\right\}O^2 \quad \text{acide acétique,}$$

$$\left.\begin{array}{c}C^2O^2(C^4H^5)\\H\end{array}\right\}O^2 \quad \text{acide propionique,}$$

$$\left.\begin{array}{c}C^2O^2(C^6H^7)\\H\end{array}\right\}O^2 \quad \text{acide butyrique.}$$

$$\left.\begin{array}{c}C^2O^2(C^8H^9)\\H\end{array}\right\}O^2 \quad \text{acide valérique, etc.}$$

Ces considérations sur la constitution des acides gras sont déduites des réactions qui donnent naissance à ces acides; elles sont
confirmées par l'étude de certaines métamorphoses :

1° Lorsqu'on soumet les sels alcalins des acides gras à l'action
du courant galvanique, ils se dédoublent en acide carbonique, en
hydrogène et en un radical alcoolique (Kolbe).

$$2\left[\left.\begin{array}{c}(C^2O^2,C^2H^3)''\\K\end{array}\right\}O^2\right] + H^2O^2 = \left.\begin{array}{c}C^2H^3\\C^2H^3\end{array}\right\} + C^2O^2,O^2 + \left.\begin{array}{c}C^2O^2\\K^2\end{array}\right\}O^4 + H^2.$$

Acétate potassique.   Méthyle.   Acide   Carbonate
carbonique.   de potasse.

2° Soumis à la distillation sèche, un grand nombre de sels des acides gras donnent des acétones et de l'acide carbonique.

$$2\left[\begin{matrix}(C^2O^2,C^2H^3)' \\ Ca\end{matrix}\right\}O^2\right] = \left[\begin{matrix}(C^2O^2,C^2H^3)' \\ C^2H^3\end{matrix}\right\} + \begin{matrix}C^2O^2 \\ Ca^2\end{matrix}\right\}O^4.$$

Acétate calcique.   Acétone.   Carbonate calcique.

Dans la même réaction, il peut se former une aldéhyde et un carbure d'hydrogène C^nH^n (Chancel).

$$2\left|\begin{matrix}(C^2O^2,C^6H^7)' \\ Ca\end{matrix}\right\}O^2\right] = \left[\begin{matrix}(C^2O^2,C^6H^7)' \\ H\end{matrix}\right\} + C^6H^6 + \begin{matrix}C^2O^2 \\ Ca^2\end{matrix}\right\}O^4.$$

Butyrate calcique.   Butyral.   Propylène.   Carbonate calcique.

3° Lorsqu'on soumet à la distillation sèche un mélange d'un sel d'un acide gras avec un formiate, le produit principal de la réaction est une aldéhyde (Piria).

$$\begin{matrix}[C^2O^2,C^2H^3]' \\ K\end{matrix}\right\}O^2 + \begin{matrix}C^2O^2H \\ K\end{matrix}\right\}O^2 = \begin{matrix}[C^2O^2,C^2H^3]' \\ H\end{matrix}\right\} + \begin{matrix}C^2O^2 \\ K^2\end{matrix}\right\}O^4.$$

Acétate potassique.   Formiate potassique.   Aldéhyde.   Carbonate potassique.

Parmi les autres métamorphoses des acides gras, nous mentionnerons encore les suivantes :

4° Soumis à l'action du perchlorure de phosphore ou de l'oxychlorure de phosphore, les acides gras se transforment en chlorures (Gerhardt).

$$\begin{matrix}C^4H^3O^2 \\ K\end{matrix}\right\}O^2 + PhCl^5 = \begin{matrix}C^4H^3O^2 \\ Cl\end{matrix}\right\} + ClK + PhO^2Cl^3.$$

Acétate de potassium.   Chlorure d'acétyle.   Oxychlorure de phosphore.

5° La réaction de ces chlorures sur les sels des acides gras donne lieu à la formation d'acides anhydres (Gerhardt).

$$\begin{matrix}C^4H^3O^2 \\ K\end{matrix}\right\}O^2 + \begin{matrix}C^4H^3O^2 \\ Cl\end{matrix}\right\} = ClK + \begin{matrix}C^4H^3O^2 \\ C^4H^3O^2\end{matrix}\right\}O^2.$$

Acétate de potassium.   Chlorure d'acétyle.   Acide acétique anhydre.

6° Soumis à l'action de l'acide phosphorique anhydre, les sels ammoniacaux des acides gras perdent H^4O^4 et se convertissent en nitriles ou éthers cyanhydriques.

$$\begin{matrix}C^{10}H^9O^2 \\ AzH^4\end{matrix}\right\}O^2 = H^4O^4 + C^{10}H^9Az.$$

Valérate d'ammonium.   Valéronitrile (Cyanure de butyle.)

Les *aldéhydes* et les *acétones* se rattachent aux alcools d'un côté, aux acides gras volatils de l'autre.

On sait que les aldéhydes dérivent des alcools par oxydation. Nous avons vu que certaines aldéhydes peuvent être formées avec les acides (voir page 236). Si les acides sont les hydrates des radicaux oxygénés, les aldéhydes en sont les hydrures.

$$\left.\begin{array}{c}C^4H^3O^2\\ H\end{array}\right\}O^2 \qquad \left.\begin{array}{c}C^4H^3O^2\\ H\end{array}\right\}$$

Hydrate d'acétyle.   Hydrure d'acétyle (aldéhyde).

L'hydrogène des hydrures peut être remplacé par un radical alcoolique. On nomme *acétones* les combinaisons qui possèdent cette constitution.

$$\left.\begin{array}{c}C^4H^3O^2\\ H\end{array}\right\} \qquad \left.\begin{array}{c}C^4H^3O^2\\ C^2H^3\end{array}\right\}$$

Hydrure d'acétyle.   Méthylure d'acétyle (acétone).

$$\left.\begin{array}{c}C^8H^7O^2\\ H\end{array}\right\} \qquad \left.\begin{array}{c}C^8H^7O^2\\ C^6H^7\end{array}\right\}$$

Hydrure de butyryle (butyral).   Propylure de butyryle (butyrone).

Elles se forment par la distillation sèche d'un grand nombre de sels à acides gras (page 236).

Les *chlorures des radicaux d'acides* peuvent être envisagés comme des aldéhydes dont l'hydrogène a été remplacé par du chlore. On peut transformer l'aldéhyde en chlorure d'acétyle, en la soumettant à l'action du chlore.

$$\left.\begin{array}{c}C^4H^3O^2\\ H\end{array}\right\} \qquad \left.\begin{array}{c}C^4H^3O^2\\ Cl\end{array}\right\}$$

Hydrure d'acétyle.   Chlorure d'acétyle.

Nous avons déjà indiqué, d'un autre côté, par quelles réactions les chlorures dérivent des acides (page 236). Soumis à l'action de l'eau, ils régénèrent l'hydrate ou l'acide.

En traitant le chlorure d'acétyle par le zinc-méthyle, M. Freund a obtenu de l'acétone.

$$\left.\begin{array}{c}C^4H^3O^2\\ Cl\end{array}\right\} + C^2H^3Zn = ClZn + \left.\begin{array}{c}C^4H^3O^2\\ C^2H^3\end{array}\right\}$$

Chlorure d'acétyle.   Zinc-méthyle.   Chlorure de zinc.   Acétone.

Cette réaction importante justifie les formules rationnelles qu'on attribue aux acétones, et établit le lien théorique qui existe entre ces corps et les chlorures et hydrures correspondants.

Lorsqu'on fait réagir ces chlorures sur les sels alcalins anhydres des acides gras, il se forme des chlorures alcalins et des acides anhydres (page 236) (Gerhardt).

Soumis à l'action de l'ammoniaque, les chlorures des radicaux d'acides forment du sel ammoniac et des amides.

$$C^4H^3O^2 , Cl \quad + \quad 2\left[H, H, H \,\}\, Az \right] \quad = \quad AzH^4Cl \quad + \quad C^4H^3O^2, H, H \,\}\, Az.$$

Chlorure d'acétyle.   Acétamide.

Les *amides* qui représentent de l'ammoniaque dont 1 atome d'hydrogène a été remplacé par un radical d'acide, se forment aussi par l'action de l'ammoniaque sur les éthers composés (page 77).

Nous rattacherons à la description des acides gras celle de tous les dérivés dont nous venons d'indiquer les modes de formation.

ACIDE FORMIQUE.

$C^2H^2O^4.$

Cet acide a été découvert, en 1760, par Samuel Fischer, dans les fourmis rouges. On l'a rencontré tout formé dans les aiguilles de pins amoncelées sur le sol. Il prend naissance dans un très-grand nombre de réactions : par l'oxydation de l'esprit de bois, par la décomposition de l'acide cyanhydrique sous l'influence des alcalis (page 88), par la distillation de l'acide oxalique, par le traitement d'une foule de matières organiques, telles que l'amidon, le sucre, l'acide tartrique, les substances albuminoïdes, par des réactifs oxydants énergiques. M. Berthelot l'a formé artificiellement, en chauffant à 100°, pendant soixante-dix heures, dans des ballons scellés à la lampe de l'oxyde de carbone avec une solution concentrée de potasse.

$$C^2O^2 \quad + \quad KHO^2 \quad = \quad C^2HKO^4.$$

Oxyde de carbone.   Formiate de potassium.

Préparation. — 1° On chauffe, dans une cornue d'une grande capacité et placée sur un bain de sable, un mélange de 10 parties d'amidon, 37 parties de peroxyde de manganèse, 30 parties d'eau et 30 parties d'acide sulfurique. Le mélange se boursoufle beaucoup et fournit, par la distillation, un liquide acide qu'on sature par du carbonate de plomb. On introduit le formiate de plomb, sec et en poudre, dans une cornue tubulée, munie d'un récipient, et on le décompose par l'hydrogène sulfuré sec. On chasse l'acide formique en chauffant légèrement, et on le rectifie sur une petite quantité de formiate de plomb, pour le débarrasser de l'hydrogène sulfuré qu'il a dissous.

2° On chauffe à environ 100° parties égales d'acide oxalique cristallisé et de glycérine avec 1/10 d'eau aussi longtemps qu'on remarque un dégagement d'acide carbonique. Pour maintenir la température au degré convenable, il suffit de plonger la cornue dans une solution saturée et bouillante d'azotate de soude. On ajoute ensuite de l'eau au produit contenu dans la cornue, et on distille ; on répète cette opération plusieurs fois, tant que le liquide distillé renferme de l'acide formique. Le résidu est de la glycérine qui peut servir à une nouvelle opération.

Sous l'influence de la glycérine, l'acide oxalique se dédouble entièrement en acide formique et en acide carbonique

$$C^4H^2O^8 = C^2H^2O^4 + C^2O^4.$$

Ce procédé est très-avantageux. On le doit à M. Berthelot.

Pour préparer de l'acide formique étendu d'eau, on peut distiller le formiate de plomb ou un autre formiate avec de l'acide sulfurique étendu. Il faut éviter l'emploi d'un excès d'acide sulfurique concentré, qui décomposerait le formiate.

Propriétés. — L'acide formique est un liquide incolore, doué d'une odeur piquante et d'une saveur très-acide, comparable à celle des acides minéraux. Une goutte d'acide formique qu'on dépose sur la peau détermine la formation d'une vésicule.

Cet acide bout à 99°. Il se prend en une masse cristalline à $+$ 1°. Sa densité a 0° est égale à **1,2227**. Il se mêle à l'eau en toutes proportions.

Chauffé avec l'acide sulfurique concentré, l'acide formique se dédouble en eau et en oxyde de carbone pur.

$$C^2H^2O^4 = H^2O^2 + C^2O^2.$$

Il réduit les azotates d'argent et de mercure, et en précipite le métal, en même temps qu'il se dégage de l'acide carbonique. Le chlore lui enlève de l'hydrogène et le convertit de même en acide carbonique.

$$C^2H^2O^4 + Cl^2 = 2ClH + C^2O^4.$$

Le formiate de potasse, chauffé avec un excès d'hydrate de baryte, donne de l'oxalate avec dégagement d'hydrogène.

$$\underset{\text{Acide formique.}}{2C^2H^2O^4} = \underset{\text{Acide oxalique.}}{C^4H^2O^8} + H^2.$$

Formiates. — L'acide formique est un acide puissant qui sature parfaitement les oxydes et forme avec eux des sels bien définis et cristallisables. Ils sont généralement moins solubles dans l'eau que les acétates correspondants. Lorsqu'on ajoute de l'acide formique à une solution concentrée d'acétate de plomb, on obtient, au bout de quelques instants, un précipité cristallin de formiate de plomb).

Formiate d'ammoniaque $C^2H(AzH^4)O^4$. — Ce sel s'obtient en saturant l'acide formique par l'ammoniaque. Il cristallise en prismes réunis en faisceaux. Il est très-soluble dans l'eau. Chauffé brusquement vers 200°, il se dédouble en acide prussique et en eau (Pelouze).

$$C^2H(AzH^4)O^4 = C^2AzH + H^4O^4.$$

Formiate de baryte C^2HBaO^4. — Ce sel cristallise en prismes transparents, solubles dans 4 parties d'eau froide. Lorsqu'on le soumet à la distillation sèche, il se convertit en carbonate et laisse dégager de l'eau, de l'acide carbonique, de l'oxyde de carbone, de l'hydrogène, du gaz des marais, du gaz éthylène, du propylène et peut-être du butylène et de l'amylène (Berthelot).

Formiate de cuivre $C^2HCuO^4 + 4aq$. — Magnifiques prismes rhomboïdaux obliques, d'un bleu verdâtre, efflorescents, solubles dans 7 à 8 parties d'eau froide.

Formiate de plomb C^2HPbO^4. — Longues aiguilles incolores, peu solubles dans l'eau froide.

Formiate de méthyle, éther méthylformique $C^2H(C^2H^3)O^4$. — On obtient cet éther en distillant le sulfate neutre de méthyle avec une solution de formiate de soude (Dumas et Peligot). C'est un liquide doué d'une odeur éthérée agréable. Il bout à 33°.

Formiate d'éthyle, éther formique $C^2H(C^4H^5)O^4$. — On le prépare en distillant du formiate de soude (7 parties) avec un mélange d'alcool (6 parties) et d'acide sulfurique (10 parties). On neutralise le liquide distillé avec un lait de chaux; on décante la couche éthérée insoluble, et on la rectifie sur le chlorure de calcium.

Le formiate d'éthyle est un liquide incolore, doué d'une odeur prononcée de noyaux de pêches. Il se dissout dans 9 parties d'eau à 18°. Chauffé avec de l'acide sulfurique, il se dédouble en oxyde de carbone et en acide éthylsulfurique.

$$\left.\begin{matrix}C^2HO^2\\C^4H^5\end{matrix}\right\}O^2 + H^2S^2O^8 = \left.\begin{matrix}C^4H^5\\H\end{matrix}\right\}S^2O^8 + C^2O^2 + H^2O^2.$$

Formiate d'éthyle.   Acide éthyl-sulfurique.

FORMAMIDE.

$$C^2H^3AzO^2 = \left.\begin{matrix}C^2HO^2\\H\\H\end{matrix}\right\}Az.$$

Lorsqu'on sature du formiate d'éthyle avec du gaz ammoniac sec, qu'on chauffe le liquide à 100° dans des tubes scellés, et qu'on

distille ensuite le tout, il passe d'abord un excès d'éther formique,
et ensuite de la *formamide* (Hofmann).

$$\left.\begin{array}{c}C^2HO^2\\C^4H^5\end{array}\right\}O^2 \;+\; AzH^3 \;=\; \left.\begin{array}{c}C^4H^5\\H\end{array}\right\}O^2 \;+\; \left.\begin{array}{c}C^2HO^2\\H\\H\end{array}\right\}Az.$$

Alcool.   Formamide.

Ce dernier corps constitue un liquide incolore, bouillant de 192
à 195°, en se décomposant partiellement en oxyde de carbone et
en ammoniaque.

$$C^2H^3AzO^2 \;=\; C^2O^2 \;+\; AzH^3.$$

Formamide.

Distillée avec de l'acide phosphorique anhydre, la formamide
donne de l'acide cyanhydrique.

$$C^2H^3AzO^2 \;=\; H^2O^2 \;+\; C^2AzH.$$

Formamide.   Acide
cyanhydrique.

COMBINAISONS ACÉTYLIQUES.

On admet dans ces combinaisons le radical monoatomique acétyle $(C^4H^3O^2)'$. La plus importante est l'hydrate d'acétyle ou acide
acétique. L'aldéhyde, le chlorure d'acétyle, l'acétone, l'acétamide, etc., renferment de même le radical acétyle, et sont liés à
l'acide acétique par les liens de parenté les plus étroits. Les formules suivantes indiquent ces relations.

$$\left.\begin{array}{c}C^4H^3O^2\\H\end{array}\right\} \quad \text{hydrure d'acétyle ou aldéhyde}$$

$$\left.\begin{array}{c}C^4Cl^3O^2\\H\end{array}\right\} \quad \text{hydrure de trichloracétyle ou chloral}$$

$$\left.\begin{array}{c}C^4H^3O^2\\C^2H^3\end{array}\right\} \quad \text{méthylure d'acétyle ou acétone}$$

$$\left.\begin{array}{c}C^4H^3O^2\\Cl\end{array}\right\} \quad \text{chlorure d'acétyle}$$

$$\left.\begin{array}{c}C^4H^3O^2\\H\end{array}\right\}O^2 \quad \text{hydrate d'acétyle ou acide acétique}$$

$$\left.\begin{array}{c}C^4H^2ClO^2\\H\end{array}\right\}O^2 \quad \text{acide monochloracétique}$$

$$\left.\begin{array}{c}C^4Cl^3O^2\\H\end{array}\right\}O^2 \quad \text{acide trichloracétique}$$

$$\left.\begin{array}{c}C^4H^3O^2\\C^4H^3O^2\end{array}\right\}O^2 \quad \text{acide acétique anhydre}$$

$$\left.\begin{array}{c}C^4H^3O^2\\C^4H^3O^2\end{array}\right\}O^4 \quad \text{peroxyde d'acétyle}$$

$$\left.\begin{array}{c}C^4H^3O^2\\H\end{array}\right\}S^2 \quad \text{acide thiacétique}$$

$$\left.\begin{array}{c}C^4H^3O^2\\H\\H\end{array}\right\}Az \quad \text{acétamide.}$$

ALDÉHYDE OU HYDRURE D'ACÉTYLE.

$$C^4H^4O^2 = C^4H^3O^2,H.$$

Ce corps a été découvert par Dœbereiner, en 1821. On doit à M. Liebig la connaissance de sa composition et de ses principales propriétés.

Préparation. — On l'obtient en oxydant l'alcool.

1° On distille, dans une cornue spacieuse, munie d'un réfrigérant de Liebig, auquel s'adapte un récipient entouré de glace, un mélange de 2 parties d'alcool, 2 parties d'eau, 3 parties d'acide sulfurique et 3 parties de peroxyde de manganèse. On pousse la distillation jusqu'à ce qu'on ait recueilli dans le récipient 3 parties de liquide. On rectifie ce produit, à deux reprises différentes, sur du chlorure de calcium, et on recueille ce qui passe au-dessous de 60°. On mêle ce liquide avec deux fois son volume d'éther, on place le mélange dans un flacon entouré de glace, et on le sature par du gaz ammoniac sec. Il se forme des cristaux d'aldéhyde-ammoniaque. On les recueille, on les laisse sécher en les exposant pendant quelques instants à l'air; puis on les dissout dans trois fois leur poids d'eau, et on les décompose par une quantité exactement équivalente d'acide sulfurique étendu de son volume d'eau. Pour 6 parties de cristaux, on prend 5 parties d'acide sulfurique concentré.

On ajoute l'acide étendu d'eau et refroidi, par petites portions, par un tube à entonnoir; et lorsque toute la quantité a été introduite dans le ballon, on chauffe celui-ci légèrement.

Les vapeurs d'aldéhyde se dégagent, se déshydratent en passant par un tube à chlorure de calcium, et se condensent dans un ballon à long col, entouré d'un mélange réfrigérant (Liebig).

2° Dans une cornue tubulée A, placée dans un mélange réfrigérant, on introduit 150 parties de bichromate de potasse, réduit en fragments de la grosseur d'un pois; puis, par petites portions, un mélange, refroidi à — 10°, de 200 parties d'acide sulfurique, de 600 parties d'eau et de 150 parties d'alcool. La cornue est mise en communication avec un récipient tubulé B, placé dans de l'eau à 50°, et dont la tubulure reçoit un serpentin C entouré lui-même d'eau à 50°. Dans la tubulure du serpentin s'engage un tube recourbé à deux angles droits, qui plonge dans un flacon D rempli d'éther et entouré de glace. Un second flacon E semblable est placé à la suite du premier (*fig.* 27).

Quand les choses sont ainsi disposées, on enlève le mélange réfrigérant qui entoure la cornue; aussitôt la réaction commence d'elle-même; des vapeurs d'aldéhyde, d'alcool, d'acétal, d'éther acétique et d'eau se dégagent en abondance; les vapeurs des liquides les moins volatils se condensent dans le récipient; les vapeurs d'al-

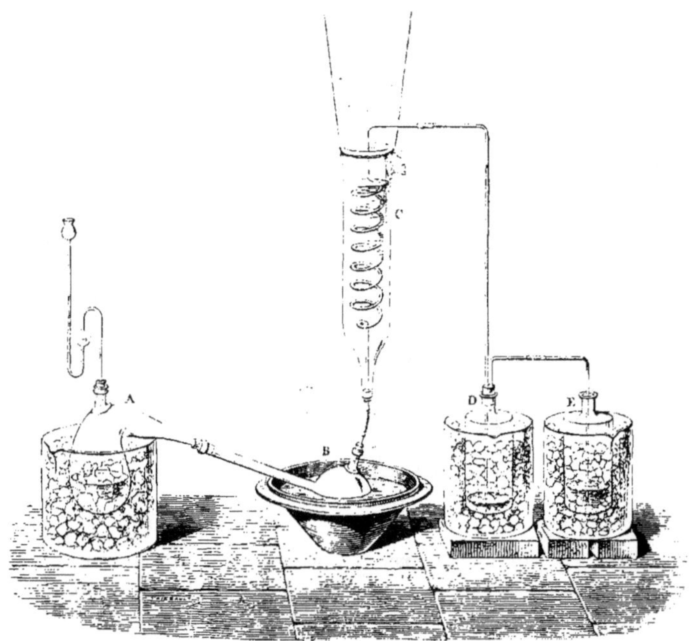

Fig. 27.

déhyde sont reçues dans l'éther. A la fin de l'opération, on chauffe légèrement la cornue. On achève la préparation comme dans le cas précédent, en saturant les liqueurs éthérées par le gaz ammoniac, et en décomposant l'aldéhyde-ammoniaque par l'acide sulfurique étendu.

Propriétés. — L'aldéhyde est un liquide incolore, très-mobile, doué d'une odeur pénétrante et un peu suffocante. Elle bout à 21°. Sa densité à 0° est égale à 0,8009. Elle se mêle en toutes proportions à l'eau, à l'alcool et à l'éther.

Lorsqu'on a évité, dans sa préparation, l'emploi d'un excès d'acide, on peut la conserver, dans des tubes scellés, pendant des années entières. Dans le cas contraire, elle éprouve peu à peu des transformations polymériques.

La *métaldéhyde* se dépose de l'aldéhyde, surtout pendant les froids de l'hiver, en cristaux qui se subliment à 120° sans fondre, et qui, chauffés en vases clos, à 200°, se convertissent de nouveau en aldéhyde (Liebig).

La *paraldéhyde* se forme en même temps que la métaldéhyde, lorsque l'aldéhyde, mêlée avec la moitié de son volume d'eau et d'une trace d'acide sulfurique, est refroidie à 0°. C'est un liquide éger, doué d'une odeur aromatique, peu soluble dans l'eau, se solidifiant à $+$ 12°, et bouillant à 125° (Weidenbusch).

Enfin, l'*élaldéhyde* se dépose quelquefois de l'aldéhyde, pendant l'hiver, en longues aiguilles fusibles à $+$ 2°. Elle bout à 94°. Elle n'est pas brunie par la potasse; elle ne se combine pas avec l'ammoniaque. La paraldéhyde et l'élaldéhyde sont formées par la condensation de 3 molécules d'aldéhyde. Leur formule moléculaire est $C^{12}H^{12}O^6$.

Au contact de la potasse caustique, l'aldéhyde se convertit en une résine brune.

Combinaisons de l'aldéhyde. — 1° L'aldéhyde se combine avec l'ammoniaque pour former l'aldéhyde-ammoniaque, ou acétylure d'ammonium (Dœbereiner, Liebig). Ce corps renferme

$$C^4H^4O^2,AzH^3 \quad = \quad \left. \begin{array}{l} C^4H^3O^2 \\ AzH^4 \end{array} \right\}$$

Aldéhyde-   Acétylure
ammoniaque.   d'ammonium.

On l'obtient en faisant passer un courant de gaz ammoniac sec dans un mélange d'aldéhyde et d'éther, refroidi à 0°. Il se dépose sous forme de rhomboèdres aigus transparents, fusibles de 70 à 80°, et volatils, presque sans décomposition, vers 100°.

L'aldéhyde-ammoniaque est très-soluble dans l'eau. Les acides la décomposent très-facilement, en mettant l'aldéhyde en liberté.

2° L'aldéhyde se combine directement avec les bisulfites alcalins, pour former des combinaisons cristallisables. Il suffit d'agiter une solution aqueuse d'aldéhyde avec une solution concentrée de bisulfite de soude, pour que la combinaison se précipite en cristaux (Bertagnini).

On obtient de même une combinaison cristallisable d'aldéhyde et de bisulfite d'ammoniaque.

Les combinaisons de l'aldéhyde avec les bisulfites sont solubles dans l'eau, peu solubles dans une solution concentrée des bisulfites alcalins. Les acides et les alcalis décomposent ces combinaisons, en mettant l'aldéhyde en liberté. On leur a attribué la composition suivante :

$$\left. \begin{array}{l} (S^2O^2)'' \\ (C^4H^3)' \\ Na \end{array} \right\}O^4 \qquad\qquad \left. \begin{array}{l} (S^2O^2)'' \\ (C^4H^3)' \\ (AzH^4)' \end{array} \right\}O^4$$

Sulfite   Sulfite
d'acétène-sodium.   d'acétène-ammonium.

Mais ces formules ne nous paraissent pas établies avec certitude.

3° Lorsqu'on fait passer un courant de gaz sulfureux sur de l'aldéhyde-ammoniaque, les deux corps se combinent et formen une combinaison cristallisable $C^4H^4O^2,AzH^3,S^2O^4$ (Redtenbacher).

Cette combinaison paraît différer des cristaux que l'on obtient en agitant l'aldéhyde avec du bisulfite d'ammoniaque. Elle est isomérique avec la taurine, principe cristallisable qu'on retire de la bile de bœuf. Elle est soluble dans l'eau. Les acides la décomposent en se combinant avec l'ammoniaque et en mettant l'acide sulfureux et l'aldéhyde en liberté.

4° Chauffée avec l'acide acétique anhydre, l'aldéhyde s'y combine pour former un acétate (Geuther). Elle se comporte dans cette circonstance comme son isomère l'oxyde d'éthylène $C^4H^4.O^2$, et on pourrait la nommer oxyde d'éthylidène (Lieben).

$$C^4H^4O^2 \ + \ \left.\begin{array}{c}C^4H^3O^2 \\ C^4H^3O^2\end{array}\right\}O^2 \ = \ \left.\begin{array}{c}(C^4H^4)'' \\ (C^4H^3O^2)^2\end{array}\right\}O^4.$$

Aldéhyde (oxyde d'éthylidène).   Acide acétique anhydre.   Diacétate d'aldéhyde ou d'oxyde d'éthylidène.

Métamorphoses de l'aldéhyde. — 1° L'aldéhyde se combine directement avec l'hydrogène, pour former de l'alcool (A. Wurtz).

$$C^4H^4O^2 + H^2 = C^4H^6O^2.$$

Pour réaliser cette transformation, on met en contact une solution aqueuse d'aldéhyde avec de l'amalgame de sodium, et on ajoute à la liqueur de l'acide chlorhydrique par petites portions, de manière à la maintenir constamment acide.

2° Traitée par le chlore, l'aldéhyde forme, entre autres produits, du chlorure d'acétyle (A. Wurtz).

$$\left.\begin{array}{c}C^4H^3O^2 \\ H\end{array}\right\} + Cl^2 = ClH + \left.\begin{array}{c}C^4H^3O^2 \\ Cl\end{array}\right\}$$

Hydrure d'acétyle.   Chlorure d'acétyle.

3° L'aldéhyde possède une grande tendance à s'oxyder et à se convertir en acide acétique :

$$C^4H^4O^2 + O^2 = C^4H^4O^4.$$

Cette oxydation s'accomplit très-facilement sous l'influence d'agents oxydants, tels que l'acide azotique, l'acide chromique, l'azotate d'argent. Lorsqu'on ajoute de l'aldéhyde à une solution de ce dernier sel, et qu'on chauffe doucement la liqueur après l'avoir additionnée de quelques gouttes d'ammoniaque, on obtient un dépôt d'argent métallique qui s'attache, sous forme d'une couche miroitante, aux parois du vase.

4° Traitée par le perchlorure de phosphore, l'aldéhyde échange

2 équivalents d'oxygène contre 2 équivalents de chlore, et se convertit en un chlorure d'éthylidène identique avec le chlorure d'éthyle chloré (A. Wurtz, Beilstein).

$$C^4H^4O^2 \ + \ PhCl^5 \ = \ C^4H^4Cl^2 \ + \ PhO^2Cl^3.$$

Aldéhyde   Perchlorure   Chlorure   Oxychlorure
(oxyde d'éthylidène). de phosphore.   d'éthylidène.   de phosphore.

5° Le gaz chlorhydrique est absorbé par l'aldéhyde ; il se forme de l'eau et de l'oxychlorure d'éthylidène

$$\begin{cases} C^4H^4O^2 \\ C^4H^4Cl^2 \end{cases}$$

liquide bouillant à 116 ou 117° (Lieben).

$$2C^4H^4O^2 \ + \ 2HCl \ = \ H^2O^2 \ + \ \begin{cases} C^4H^4O^2 \\ C^4H^4Cl^2 \end{cases}$$

Aldéhyde   Oxychlorure d'éthylidène.
(oxyde d'éthylidène).

6° Lorsqu'on dirige un courant de gaz sulfhydrique dans une solution aqueuse d'aldéhyde, on obtient une substance blanche cristalline, soluble dans l'eau et dans l'alcool, douée d'une odeur alliacée, et se sublimant à 45°. C'est l'aldéhyde sulfurée ou *sulfure d'éthylidène* (Weidenbusch).

$$C^4H^4O^2 \ + \ H^2S^2 \ = \ H^2O^2 \ + \ C^4H^4S^2.$$

Sulfure d'éthylidène.

On le voit, dans ces dernières réactions, l'aldéhyde se comporte comme l'oxyde d'un radical C^4H^4 que M. Lieben a nommé *éthylidène*, pour le distinguer de son isomère l'éthylène.

7° Voici une autre métamorphose intéressante de l'aldéhyde : Lorsqu'on ajoute de l'ammoniaque à une solution d'aldéhyde, dans l'eau, et qu'on dirige dans la solution de l'hydrogène sulfuré, on obtient une base sulfurée, la *thialdine*, qui se sépare bientôt en cristaux (Liebig et Wœhler).

$$3C^4H^4O^2 \ + \ AzH^3 \ + \ 2H^2S^2 \ = \ C^{12}H^{13}AzS^4 \ + \ 3H^2O^2.$$

Thialdine.

La thialdine fond à 43°. Elle est peu soluble dans l'eau, très-soluble dans l'alcool et dans l'éther. Elle forme, avec les acides, des sels cristallisables.

Dans les métamorphoses suivantes, l'aldéhyde subit une décomposition plus profonde.

8° Lorsqu'on fait réagir du gaz chloroxycarbonique sur de l'aldéhyde en vapeur, il se forme de l'acide chlorhydrique, de l'acide carbonique et un liquide chloré, bouillant à 45°. Ce corps se concrète, à une basse température, en lamelles cristallines. C'est le *chloracétène* de M. Harnitz-Harnitzky.

$$C^4H^4O^2 \; + \; C^2O^2Cl^2 \; = \; \underset{\text{Chloracétène.}}{C^4H^3Cl} \; + \; C^2O^4 \; + \; HCl.$$

Le chloracétène est isomérique avec l'éthylène chloré.

9° Enfin, lorsqu'on chauffe pendant longtemps l'aldéhyde à 100° avec les solutions concentrées de certains sels neutres, tels que le formiate de soude, l'acétate de soude ou le sel de Seignette, elle perd les éléments de l'eau et se convertit en un liquide neutre, doué d'une odeur pénétrante, et qui réduit l'azotate d'argent comme l'aldéhyde elle-même (Lieben).

Ce liquide possède la composition exprimée par la formule $C^8H^6O^2$ et prend naissance en vertu de la réaction suivante :

$$2C^4H^4O^2 = C^8H^6O^2 + H^2O^2.$$

Il constitue en quelque sorte l'éther de l'aldéhyde et offre, avec ce corps et le chloracétène, des relations exprimées par les formules suivantes :

$$\left.\begin{array}{l} C^4H^3 \\ H \end{array}\right\}O^2 \qquad \left.\begin{array}{l} C^4H^3 \\ C^4H^3 \end{array}\right\}O^2 \qquad C^4H^3,Cl.$$

Hydrate d'acétène   Oxyde   Chlorure
(aldéhyde).   d'acétène   d'acétène
(Ether de l'aldéhyde.) (chloracétène.)

On le voit, l'étude des nombreuses métamorphoses de l'aldéhyde a conduit les chimistes à exprimer la constitution de ce corps par diverses formules rationnelles, et à l'envisager, soit comme l'hydrure d'acétyle, soit comme l'oxyde d'éthylidène, soit comme l'hydrate d'acétène

$$\left.\begin{array}{l} C^4H^3O^2 \\ H \end{array}\right\} \qquad (C^4H^4)''O^2 \qquad \left.\begin{array}{l} (C^4H^3)' \\ H \end{array}\right\}O^2$$

Hydrure   Oxyde   Hydrate
d'acétyle.   d'éthylidène.   d'acétène.

Chacune de ces formules répond à un certain nombre de réactions; aucune d'elles ne les exprime toutes, circonstance digne d'intérêt et qui met en lumière le caractère hypothétique de telles formules : celles-ci ne reflètent, en quelque sorte, que les réactions sur lesquelles elles sont fondées, et, tout en indiquant certaines métamorphoses, certaines directions suivant lesquelles les molécules peuvent se scinder, elles ne sauraient représenter le véritable groupement moléculaire.

ACÉTAL.

$$C^{12}H^{14}O^4 = \left.\begin{array}{l}(C^4H^4)'' \\ (C^4H^5)^2\end{array}\right\}O^4.$$

L'acétal est un dérivé de l'aldéhyde. On le connaît depuis longtemps. Il a été découvert par Dœbereiner, étudié par M. Liebig et par M. Stas. Les expériences de MM. Wurtz et Frapolli ont établi les relations que l'acétal offre avec l'aldéhyde.

Lorsqu'on fait passer un courant de gaz chlorhydrique à travers un mélange d'aldéhyde et d'alcool, on obtient un composé bouillant entre 95 et 100°, et qui offre la composition

$$C^8H^9ClO^2 = \left.\begin{array}{l}(C^4H^4)'' \\ C^4H^5 \\ Cl\end{array}\right\}O^2.$$

En réagissant sur l'éthylate de sodium, ce corps chloré forme de l'acétal

$$\left.\begin{array}{l}(C^4H^4)'' \\ C^4H^5 \\ Cl\end{array}\right\}O^2 \; + \; \left.\begin{array}{l}C^4H^5 \\ Na\end{array}\right\}O^2 \; = \; ClNa \; + \; \left.\begin{array}{l}(C^4H^4)'' \\ C^4H^5 \\ C^4H^5\end{array}\right\}O^4.$$
$$\qquad\qquad\qquad\text{Éthylate de}\qquad\qquad\qquad\qquad\text{Acétal.}$$
$$\qquad\qquad\qquad\text{sodium.}$$

M. Geuther a obtenu de l'acétal en chauffant de l'aldéhyde avec de l'alcool dans des tubes scellés

$$C^4H^4O^2 + 2\left[\left.\begin{array}{l}C^4H^5 \\ H\end{array}\right\}O^2\right] = \left.\begin{array}{l}(C^4H^4)'' \\ (C^4H^5)^2\end{array}\right\}O^4 + H^2O^2.$$
$$\text{Aldéhyde.}\qquad\qquad\text{Alcool.}\qquad\qquad\qquad\text{Acétal.}$$

L'acétal se forme, en même temps que l'aldéhyde, dans l'oxydation de l'alcool par le peroxyde de manganèse et l'acide sulfurique. On peut se servir, pour la préparation de ce corps, du liquide obtenu dans cette réaction, et dont on a séparé, en vue d'obtenir l'aldéhyde, les parties bouillant au-dessous de 60°. Le liquide bouillant au-dessus de 60°, et qui renferme beaucoup d'alcool et d'éther acétique, est chauffé en vase clos, avec une solution alcoolique de potasse, puis distillé et mélangé avec une solution concentrée de chlorure de calcium; l'acétal surnage; on le rectifie sur du chlorure de calcium.

L'acétal est un liquide incolore, mobile, doué d'une odeur éthérée agréable. Il bout à 104°. Sa densité à 22°,4 est égale à 0,821. Il se dissout dans 18 parties d'eau à 25°. Il est soluble en toutes proportions dans l'alcool et dans l'éther.

Lorsqu'on le chauffe avec l'acide chlorhydrique, il donne du chlorure d'éthyle. Chauffé avec l'acide acétique à 200°, il se convertit en éther acétique, et de l'aldéhyde est mise en liberté.

$$\left.\begin{array}{l}(C^4H^4)\\(C^4H^5)^2\end{array}\right\}O^4 + 2\left[\begin{array}{l}C^4H^3O^2\\H\end{array}\right\}O^2\right] = 2\left[\begin{array}{l}C^4H^3O^2\\C^4H^5\end{array}\right\}O^2\right] + C^4H^4O^2 + H^2O^2.$$

Acétal.   Acide acétique.   Éther acétique.   Aldéhyde.

En distillant un mélange d'esprit de bois, d'acide sulfurique et de peroxyde de manganèse, on a obtenu le méthylal $\left.\begin{array}{l}(C^2H^2)''\\(C^2H^3)^2\end{array}\right\}O^4$, liquide bouillant à 42° (Kane, Dumas, Malaguti); et par la distillation d'un mélange d'esprit de bois, d'alcool, d'acide sulfurique et de peroxyde de manganèse, on a obtenu les composés intermédiaires $\left.\begin{array}{l}(C^4H^4)''\\(C^2H^3)^2\end{array}\right\}O^4$ (point d'ébullition 55°), et $\left.\begin{array}{l}(C^4H^4)''\\C^4H^5\\C^2H^3\end{array}\right\}O^4$ (point d'ébullition 85°) (A. Wurtz).

ACÉTONE.

$$C^4H^6O^2 = \left.\begin{array}{l}C^4H^3O^2\\C^2H^3\end{array}\right\}$$

L'acétone peut être envisagée comme le méthylure d'acétyle (Gerhardt). On l'a obtenue, en effet, en remplaçant le chlore du chlorure d'acétyle par du méthyle. L'expérience a été faite par MM. Pebal et Freund, qui ont fait la synthèse de l'acétone en traitant le zinc-méthyle par le chlorure d'acétyle.

$$C^2H^3Zn + \left.\begin{array}{l}C^4H^3O^2\\Cl\end{array}\right\} = ClZn + \left.\begin{array}{l}C^4H^3O^2\\C^2H^3\end{array}\right\}$$

Zinc-méthyle. Chlorure d'acétyle.   Acétone.

En remplaçant le zinc-méthyle par le zinc-éthyle, les mêmes chimistes ont obtenu un éthylure d'acétyle

$$\left.\begin{array}{l}C^4H^3O^2\\C^4H^5\end{array}\right\}$$

homologue supérieur de l'acétone.

L'acétone est connue depuis longtemps. On l'avait obtenue au xvi° siècle par la distillation du sel de Saturne (acétate de plomb). On la désignait autrefois sous le nom d'esprit pyroacétique. MM. Liebig et Dumas ont établi sa composition.

Préparation. — On prépare l'acétone en distillant dans une cornue de grès de l'acétate de chaux sec. On condense les vapeurs qui se dégagent dans un récipient bien refroidi. On rectifie le produit avec une petite quantité de bichromate de potasse et d'acide sulfurique ; puis on le distille, au bain-marie, sur un excès de chlorure de calcium. On peut remplacer l'acétate de chaux par l'acétate de soude bien sec, par l'acétate de plomb ou par un mélange de quatre parties d'acétate de plomb, avec une partie de chaux caustique.

La réaction qui donne naissance à l'acétone est exprimée par l'équation suivante :

$$2C^3H^3CaO^4 = Ca^2C^2O^6 + C^6H^6O^2.$$

Acétate de chaux.   Carbonate de chaux.   Acétone.

Propriétés. — L'acétone est un liquide incolore, doué d'une odeur éthérée un peu empyreumatique. Elle bout à 56°. Sa densité à 0° égale à 0,814. Elle se dissout en toutes proportions dans l'eau, l'alcool, l'éther et l'esprit de bois. Elle ne doit donc point se troubler lorsqu'on y ajoute de l'eau.

Comme l'aldéhyde, l'acétone peut se combiner avec les bisulfites alcalins pour former des composés cristallisables (Limpricht).

Lorsqu'on dirige les vapeurs d'acétone à travers un tube renfermant de la chaux sodée, chauffée vers 300°, on obtient de l'acétate et du formiate de chaux (Gottlieb).

Un mélange d'acétone et d'acide sulfurique faible étant soumis à l'électrolyse, l'acétone s'oxyde autour de l'électrode positive et donne de l'acide acétique, de l'acide formique, de l'acide carbonique et de l'eau (Friedel). Un mélange d'acide sulfurique et de bichromate de potasse la convertit en acide acétique et en acide carbonique. Avec l'acide azotique bouillant il se forme de l'acide oxalique.

Lorsqu'on verse sur de l'amalgame de sodium un mélange d'eau et d'acétone, l'hydrogène qui se dégage se fixe sur l'acétone et la convertit en alcool pseudopropylique, c'est-à-dire en une modification isomérique de l'alcool propylique (Friedel).

$$C^6H^6O^2 + H^2 = C^6H^8O^2.$$

L'acétone est vivement attaquée par le chlore et se convertit en acétone bichlorée $C^6H^4Cl^2O^2$. Ce corps est un liquide incolore d'une densité de 1,236 à 21°, doué d'une odeur irritante au plus haut degré. Il bout à 121°,5. Il est tellement corrosif, qu'une goutte déposée sur la peau y produit une violente inflammation et une plaie profonde. Il existe d'autres corps qu'on a envisagés comme des dérivés chlorés de l'acétone : ce sont les acétones trichlorée, tétrachlorée, (Bouis), pentachlorée (Staedeler), hexachlorée $C^6Cl^6O^2$

(Plantamour); mais il est à remarquer qu'on ne peut point obtenir ces corps avec l'acétone. Ils se forment dans d'autres réactions.

L'acétone paraît pouvoir se combiner directement avec le brome pour former un bromure d'acétone $C^6H^6O^2,Br^2$, composé très-peu stable (Linnemann).

Lorsqu'on ajoute de l'acétone, par petites portions, à du perchlorure de phosphore, il s'accomplit une réaction très-énergique qui donne naissance à deux chlorures. L'un d'eux renferme $C^6H^6Cl^2$ et bout à 70°. L'autre, qui dérive du premier par la perte de HCl, renferme C^6H^5Cl, et bout à 30° (Friedel).

$$C^6H^6O^2 + PhCl^5 = PhO^2Cl^3 + C^6H^6Cl^2.$$
$$\text{Acétone.} \qquad\qquad \text{Oxychlorure}$$
$$\text{de phosphore.}$$

Lorsqu'on sature une solution éthérée d'acétone avec du gaz ammoniac, et qu'on laisse évaporer l'éther et l'ammoniaque, il reste un résidu sirupeux dont l'odeur rappelle celle de l'aldéhyde-ammoniaque, et qui réduit, comme elle, l'azotate d'argent. Lorsqu'on le conserve pendant quelque temps, ou mieux lorsqu'on le chauffe à 100°, ce corps se convertit en une base définie, *l'acétamine*

$$C^{18}H^{18}Az^2 = \begin{array}{l}(C^6H^6)'' \\ (C^6H^6)'' \\ (C^6H^6)'' \end{array} \Bigg\} Az^2$$

Soumise à l'action de réactifs déshydratants, l'acétone éprouve des transformations nombreuses, parmi lesquelles nous indiquerons les suivantes.

1° Lorsqu'on la distille avec de l'acide sulfurique concentré, on obtient un carbure d'hydrogène, le *mésitylène* $C^{18}H^{12}$ (Kane).

$$3C^6H^6O^2 - H^6O^6 = C^{18}H^{12}.$$

2° Par l'action de la chaux caustique sur l'acétone, il se forme divers produits de déshydratation (Fittig). Lorsque, après avoir prolongé le contact des deux substances pendant plusieurs semaines, on soumet le produit à la distillation fractionnée, il passe vers 131° de *l'oxyde de mésityle* $C^{12}H^{10}O^2$.

$$2C^6H^6O^2 = H^2O^2 + C^{12}H^{10}O^2.$$

C'est un liquide incolore doué d'une odeur de menthe poivrée, insoluble dans l'eau. Sa densité à 23° est égale à 0,848.

En continuant la distillation fractionnée des produits formés par l'action de la chaux caustique sur l'acétone, on recueille de 210° à

220° la *phorone* $C^{18}H^{14}O^2$, identique avec le produit qui se forme par la distillation du camphorate de chaux.

$$3C^6H^6O^2 - H^4O^4 = C^{18}H^{14}O^2.$$

CHLORURE D'ACÉTYLE.

$$C^4H^3O^2,Cl.$$

Ce corps a été découvert par Gerhardt, en 1852. Il se forme par l'action du perchlorure et de l'oxychlorure de phosphore sur l'acide acétique ou sur un acétate sec. Il prend aussi naissance par l'action du chlore sur l'aldéhyde (page 244).

Pour le préparer, on introduit peu à peu 8 parties d'acétate de soude fondu et pulvérisé dans un ballon dans lequel on a placé 5 parties d'oxychlorure de phosphore, et qui est entouré d'eau glacée. Lorsque tout le sel est introduit, on met le ballon en communication avec un réfrigérant de Liebig, et on distille. On rectifie le produit, en recueillant ce qui passe entre 55° et 60°.

On peut remplacer l'oxychlorure de phosphore par le perchlorure; mais la réaction est très-violente dans ce cas, et commence avec énergie dès qu'on mélange les deux corps.

Les formules suivantes expriment la formation du chlorure d'acétyle :

$$3\left[\begin{matrix}C^4H^3O^2\\ Na\end{matrix}\middle\}O^2\right] + PhO^2Cl^3 = \begin{matrix}PhO^2\\ 3Na\end{matrix}\middle\}O^6 + 3(C^4H^3O^2,Cl)$$

Acétate sodique. — Oxychlorure de phosphore. — Phosphate sodique. — Chlorure d'acétyle.

$$\begin{matrix}C^4H^3O^2\\ Na\end{matrix}\middle\}O^2 + PhCl^5 = PhO^2Cl^3 + C^4H^3O^2,Cl + NaCl.$$

Acétate sodique. — Perchlorure de phosphore. — Oxychlorure de phosphore. — Chlorure d'acétyle.

D'après M. Béchamp, le chlorure d'acétyle se forme aussi par l'action du protochlorure de phosphore sur les acétates.

$$3\left[\begin{matrix}C^4H^3O^2\\ Na\end{matrix}\middle\}O^2\right] + PhCl^3 = \begin{matrix}Ph\\ Na^3\end{matrix}\middle\}O^6 + 3[C^4H^3O^2,Cl].$$

Acétate sodique. — Protochlorure de phosphore. — Phosphite sodique. — Chlorure d'acétyle.

Le chlorure d'acétyle est un liquide incolore, mobile, doué d'une odeur piquante qui rappelle à la fois celle de l'acide acétique et celle de l'acide chlorhydrique. Ses vapeurs irritent fortement les yeux; leur inhalation provoque une toux violente et des crachements de sang. La densité du chlorure d'acétyle à 0° est égale à 1,1305. Il tombe au fond de l'eau, mais se décompose immédiatement en acide chlorhydrique et en acide acétique

$$C^4H^3O^2,Cl + \begin{matrix}H\\ H\end{matrix}\middle\}O^2 = \begin{matrix}C^4H^3O^2\\ H\end{matrix}\middle\}O^2 + HCl.$$

Il décompose de même l'alcool en formant de l'éther acétique
et de l'acide chlorhydrique

$$C^4H^3O^2,Cl \ + \ \left.{{C^4H^5}\atop{H}}\right\}O^2 \ = \ \left.{{C^4H^3O^2}\atop{C^4H^5}}\right\}O^2 \ + \ HCl.$$

Avec l'ammoniaque il forme de l'acétamide et du chlorhydrate
d'ammoniaque

$$C^4H^3O^2,Cl \ + \ 2Az\left\{{{H}\atop{H}\atop{H}}\right. \ = \ AzH^4Cl \ + \ Az\left\{{{C^4H^3O^2}\atop{H}\atop{H}}\right.$$
Acétamide.

En réagissant sur les acétates, il forme l'acide acétique anhydre

$$C^4H^3O^2,Cl \ + \ \left.{{C^4H^3O^2}\atop{Na}}\right\}O^2 \ = \ ClNa \ + \ \left.{{C^4H^3O^2}\atop{C^4H^3O^2}}\right\}O^2.$$
Acétate   Acide acétique
sodique.   anhydre.

Toutes ces réactions offrent une haute importance, et ont été
découvertes par Gerhardt.

Soumis à l'action du chlore, à la lumière solaire, le chlorure
d'acétyle se convertit en chlorure d'acétyle chloré $C^4H^2ClO^2,Cl$
(A. Wurtz). Ce corps bout à 110°. Traité par l'eau, il donne de
l'acide monochloracétique et de l'acide chlorhydrique

$$C^4H^2ClO^2,Cl \ + \ \left.{{H}\atop{H}}\right\}O^2 \ = \ \left.{{C^4H^2ClO^2}\atop{H}}\right\}O^2 \ + \ HCl.$$
Chlorure   Acide
de chloracétyle.   monochloracétique.

Lorsqu'on le traite par l'alcool, il donne de l'acide chorhydrique
et de l'éther monochloracétique (Willm).

CHLORAL OU HYDRURE DE TRICHLORACÉTYLE.

$$C^4HCl^3O^2 = C^4Cl^3O^2,H.$$

Ce corps, important dans l'histoire de la science, a été découvert par M. Liebig en 1832. M. Dumas en a établi la composition.
Le chloral prend naissance par l'action prolongée du chlore sur
l'alcool. Il se forme aussi lorsqu'on distille du sucre ou de l'amidon avec de l'acide chlorhydrique et du peroxyde de manganèse
(Stædeler).

Préparation. — On dirige un courant de chlore desséché avec
soin dans de l'alcool absolu placé dans une cornue; au commencement de l'opération, on refroidit à 0°; au milieu, on laisse
la réaction s'accomplir, sans refroidir ni chauffer; à la fin on
chauffe modérément. L'opération dure très-longtemps. Il se dégage
des torrents de gaz chlorhydrique. La liqueur s'épaissit, se par-

tage ensuite en deux couches[1], mais devient de nouveau homogène vers la fin. Le produit final est du chloral hydraté impur. Au bout de quelque temps il se prend en une masse cristalline. Pour en retirer le chloral pur, on l'agite avec plusieurs fois son volume d'acide sulfurique et on distille.

Après une seconde distillation sur l'acide sulfurique, on rectifie le produit sur la chaux caustique, en recueillant ce qui passe de 94° à 99°.

Propriétés. — Le chloral est un liquide incolore, mobile, doué d'une odeur pénétrante particulière. Sa densité est égale à 1,502. Il bout à 94°,4 d'après M. Dumas, à 99° d'après M. H. Kopp; ses vapeurs irritent les yeux au plus haut degré. Il se dissout en toutes proportions dans l'eau et dans l'alcool.

Le chloral possède quelques réactions qui rappellent celles de l'aldéhyde. Il forme avec les bisulfites des combinaisons cristallisables. Sa dissolution ammoniacale réduit l'azotate d'argent. L'acide azotique l'oxyde et le convertit en acide trichloracétique.

$$C^4HCl^3O^2 \ + \ O^2 \ = \ C^4HCl^3O^4.$$
Chloral.   Acide
trichloracétique.

On peut donc l'envisager comme un produit de substitution de l'aldéhyde, quoiqu'on ne puisse pas l'obtenir directement par l'action du chlore sur cette substance. Le produit qui dérive directement de l'aldéhyde par substitution est sans doute le chlorure de dichloracétyle. Le chloral, isomérique avec ce dernier, constitue, d'après Gerhardt, l'hydrure de trichloracétyle :

$C^4H^3O^2,H$ aldéhyde ou hydrure d'acétyle
$C^4HCl^2O^2,Cl$ chlorure de dichloracétyle
$C^4Cl^3O^2,H$ hydrure de trichloracétyle (chloral).

1. Lorsqu'on dirige un courant de chlore dans de l'alcool étendu et que, interrompant l'opération avant que l'action du chlore soit épuisée, on ajoute de l'eau au produit de la réaction, il se précipite un liquide oléagineux qu'on nommait autrefois *huile chloralcoolique*. Ce produit constitue essentiellement un mélange d'acétals chlorés (Lieben). On en connait trois, savoir :

L'acétal monochloré $C^{12}H^{13}ClO^4 = \begin{matrix}(C^4H^3Cl)'' \\ (C^4H^5)^2\end{matrix}\Big\} O^4$ (point d'ébullition, 150° à 160°);

L'acétal bichloré $C^{12}H^{12}Cl^2O^4 = \begin{matrix}(C^4H^2Cl^2)'' \\ (C^4H^5)^2\end{matrix}\Big\} O^4$ (point d'ébullition, 170° à 180°);

L'acétal trichloré $C^{12}H^{11}Cl^3O^4 = \begin{matrix}(C^4HCl^3)'' \\ (C^4H^5)^2\end{matrix}\Big\} O^4$.

Les deux premiers prennent naissance par l'action du chlore sur l'alcool à 80°; le dernier, par l'action du chlore sur l'alcool absolu; sa formation précède celle du chloral.

Ajoutons que M. Stas a rencontré de l'aldéhyde et de l'acétal parmi les premiers produits de l'action du chlore sur l'alcool étendu.

Les alcalis hydratés dédoublent le chloral en chloroforme et en formiates (Dumas)

$$C^4HCl^3O^2 \;+\; KHO^2 \;=\; C^2HKO^4 \;+\; C^2HCl^3$$

Chloral. — Hydrate potassique. — Formiate potassique. — Chloroforme.

Une solution alcoolique d'éthylate de soude le convertit, en vertu du même dédoublement, en chloroforme et en éther formique (Kekulé)

$$C^4HCl^3O^2 \;+\; \left.\begin{matrix}C^4H^5\\H\end{matrix}\right\}O^2 \;=\; \left.\begin{matrix}C^2HO^2\\C^4H^5\end{matrix}\right\}O^2 \;+\; C^2HCl^3.$$

Chloral. — Alcool. — Formiate d'éthyle. — Chloroforme.

Lorsqu'on fait bouillir le chloral avec de l'acide azotique, il se forme, indépendamment de l'acide trichloracétique, de la chloropicrine (produit de substitution du chloroforme, page 131) et probablement de l'acide formique (Kekulé)

$$C^4HCl^3O^2 \;+\; \left.\begin{matrix}AzO^4\\H\end{matrix}\right\}O^2 \;=\; C^2H^2O^4 \;+\; C^2(AzO^4)Cl^3.$$

Chloral. — Acide azotique. — Acide formique. — Chloropicrine.

On voit que dans toutes ces réactions la molécule du chloral se dédouble en deux autres molécules qui renferment chacune la moitié du carbone, ce qui semble indiquer que le radical du chloral renferme, comme celui de l'aldéhyde, deux groupes carbonés

$$\left.\begin{matrix}[C^2H^3,C^2O^2]''\\H\end{matrix}\right\} \qquad \left.\begin{matrix}[C^2Cl^3,C^2O^2]''\\H\end{matrix}\right\}$$

Aldéhyde. — Chloral.

Chloral hydraté $C^4H^2Cl^3O^2 + H^2O^2$. — Lorsqu'on abandonne le chloral pur à l'air humide, ou qu'on évapore une solution aqueuse de chloral, on obtient de beaux cristaux qui constituent le chloral hydraté. Ce corps possède une odeur particulière différente de celle du chloral. Il bout sans décomposition à 120°, mais sa vapeur possède une certaine tension à la température ordinaire, de telle sorte qu'il se sublime lentement, comme le camphre. L'acide sulfurique lui enlève de l'eau et le convertit en chloral anhydre.

Chloral insoluble. — Le chloral se convertit, au bout de quelque temps, en une substance solide blanche, insoluble dans l'eau, qu'on a nommée chloral insoluble, et qui possède la même composition que le chloral. Cette transformation isomérique s'accomplit rapidement lorsqu'on laisse séjourner, à la température ordinaire, le chloral avec de l'acide sulfurique concentré. Chauffé de 180° à 200°, le chloral insoluble se convertit de nouveau en chloral ordinaire anhydre. On met quelquefois cette propriété à profit pour préparer ce dernier. On laisse le chloral brut en contact avec l'acide sulfurique jusqu'à ce que la transformation en chloral insoluble soit accomplie, on lave celui-ci avec de l'eau, on le sèche, puis on le distille.

ACIDE ACÉTIQUE.

$$C^4H^4O^4 = \left.\begin{matrix}C^4H^3O^2 \\ H\end{matrix}\right\}O^2$$

De tous les acides, l'acide acétique est le plus anciennement connu. Le vinaigre a été en usage dans l'antiquité. Le vinaigre radical, obtenu par la distillation du vert de gris, a été décrit par Basile Valentin. L'acide acétique existe tout formé dans certains produits naturels, mais il n'est abondant ni dans les plantes ni dans les animaux. Le sang en renferme une petite quantité à l'état de combinaison avec les alcalis.

L'acide acétique se forme dans une foule de réactions : par l'oxydation lente de l'alcool, par l'action de la potasse fondante sur les acides acrylique, malique, tartrique, citrique, etc. ; par la distillation sèche du bois, de l'amidon, de la gomme, du sucre et d'une foule d'autres matières organiques.

Le cyanure de méthyle se dédouble par l'action de la potasse en acide acétique et en ammoniaque (page 133).

M. Kolbe a observé la formation de l'acide trichloracétique par l'action de l'eau sur le chlorure de carbone C^4Cl^4 (page 303), qu'on peut dériver lui-même du sulfure de carbone; et l'on sait que l'acide trichloracétique peut être converti en acide acétique par l'action de l'amalgame de sodium et de l'eau.

Une méthode synthétique, plus simple et plus élégante, a été découverte par M. Wanklyn : elle consiste à faire passer un courant d'acide carbonique sur du sodium-méthyle

$$C^2H^3,Na \;+\; C^2O^2,O^2 \;=\; \left.\begin{matrix}[C^2O^2,C^2H^3] \\ Na\end{matrix}\right\}O^2.$$

<table>
<tr><td align="center">Sodium-
méthyle.</td><td align="center">Acide
carbonique.</td><td align="center">Acétate
sodique.</td></tr>
</table>

Préparation de l'acide acétique. — La plus grande partie de l'acide acétique qui est consommée aujourd'hui est préparée par la distillation sèche du bois. Cette opération s'effectue dans de grands cylindres en tôle qui sont chauffés sur un foyer. Les produits de la distillation consistent en un liquide qu'on condense dans des récipients et en gaz combustibles qu'on dirige dans le foyer. Le liquide obtenu est formé par une partie aqueuse acide et par du goudron. On le soumet à une nouvelle distillation pour séparer la plus grande partie de ce dernier. Ce qui passe d'abord à la distillation renferme de l'esprit de bois ; les parties qui distillent ensuite renferment l'acide acétique. On neutralise le liquide acide par la chaux et on convertit, par double décomposition, l'acétate de chaux formé en acétate de soude, en y ajoutant une solution de sulfate de soude. La solution, séparée par filtration du sulfate de chaux, donne, par l'évaporation, de l'acétate de soude qui est coloré en brun par des matières empyreumatiques. On détruit celles-ci en *frittant* le sel, c'est-à-dire en le chauffant pendant quelque temps à 250°, température qui charbonne les matières goudronneuses et qui laisse intact l'acétate de soude. On reprend par l'eau, on filtre et on évapore la solution incolore. On obtient ainsi des cristaux d'acétate de soude pur, qu'on nommait autrefois *pyrolignite de soude*. Pour en retirer l'acide acétique, on dessèche ce sel et on le distille avec les 3/5 de son poids d'acide sulfurique concentré.

Au lieu de soumettre ce mélange à la distillation, on peut opérer à froid et décanter l'acide acétique qui se sépare du sulfate de soude. Dans ce cas, il importe de ne pas décomposer l'acétate de soude par un excès d'acide sulfurique, qui se dissoudrait dans l'acide acétique. On emploie, au contraire, un léger excès d'acétate de soude. On fait congeler l'acide acétique ainsi obtenu et on décante les parties demeurées liquides. La masse solide constitue l'acide acétique monohydraté.

Un autre procédé consiste à réduire, par l'évaporation, la solution de pyrolignite de chaux brut à la moitié de son volume, à ajouter de l'acide chlorhydrique jusqu'à réaction acide, à enlever les parties goudronneuses qui se sont séparées, puis à évaporer à siccité et à fritter le pyrolignite de chaux. La masse frittée est reprise par l'eau, la solution est évaporée et l'acétate de chaux ainsi obtenu est décomposé par une quantité équivalente d'acide chlorhydrique. L'acide acétique mis en liberté est séparé par distillation (Voelckel).

2° Un procédé anciennement employé pour la préparation de l'acide acétique consiste à distiller l'acétate de cuivre dans une cornue en grès, munie d'une allonge et d'un récipient. Il passe un liquide bleu, très-acide. Dans la cornue il reste une poudre brune qui constitue du cuivre métallique très-divisé. Le liquide bleu donne, par une nouvelle distillation, le produit qui était connu autrefois sous le nom de *vinaigre radical*. C'est de l'acide acétique concentré mêlé d'*esprit pyroacétique* ou acétone. Le vinaigre radical n'est donc pas de l'acide acétique pur, et la réaction qui lui donne naissance est complexe : il se forme en même temps de l'acide carbonique.

Fabrication du vinaigre. — Le vinaigre est le produit de la fermentation acide du vin ou d'autres liquides spiritueux. Il constitue essentiellement de l'acide acétique étendu d'eau. Pour transformer le vin en vinaigre, on emploie, à Orléans, le procédé suivant : on introduit dans des tonneaux qui ont déjà servi à cette opération, et qui sont imprégnés de ferment, une petite quantité de vinaigre chaud et on y ajoute du vin par portions, en laissant un intervalle de plusieurs jours entre chaque addition de vin. Les tonneaux étant exposés à une température de 24 à 27°, l'alcool contenu dans le vin s'oxyde et se convertit en acide acétique (page 145). Au bout d'une quinzaine de jours, l'acétification est complète. On soutire alors une partie du vinaigre formé et on le remplace par du vin, qui va se transformer en vinaigre à son tour. On continue ainsi à soutirer du vinaigre et à ajouter du vin.

Dans cette opération, il se forme une production végétale, un mycoderme (*Mycoderma aceti*), qu'on désigne sous le nom de *mère du vinaigre*. Ce végétal agit comme ferment. D'après les recherches de M. Pasteur, il est l'intermédiaire de l'oxydation de l'alcool. Le mycoderme apparaît à la surface du liquide et détermine l'oxydation de l'alcool par une action semblable à celle du noir de platine. Sa présence est indispensable pour que l'acétification commence, son développement est nécessaire pour qu'elle continue; et il se développe aux dépens des matières albuminoïdes qui sont contenues dans le liquide. L'acétification ne se produit qu'à la surface, dans un voile mince de Mycoderma aceti, *fleur du vinaigre*, qui se renouvelle sans cesse. Tout l'oxygène qui arrive à la surface est absorbé par la plante, qui le cède à son tour à l'alcool.

Un accident de la fabrication du vinaigre, par le procédé d'Orléans, consiste dans la production des anguillules. Ces petits êtres ont besoin d'oxygène pour vivre, et le disputent au mycoderme, dont l'action est alors entravée.

Un procédé plus rapide de fabrication du vinaigre consiste à faire couler sur des copeaux de hêtre un mélange d'eau-de-vie, d'eau et d'une matière albuminoïde (suc exprimé de pommes de terre, de betteraves, de topinambours, moût fermenté d'orge). Les copeaux de hêtre, trempés d'avance dans du vinaigre fort, sont contenus dans un tonneau A (*fig.* 28) et reposent sur un double fond qui est percé de trous. Des tubes *t t'* traversent la partie supérieure, de manière à entretenir un courant d'air dans l'intérieur du tonneau. Dans ces conditions, le liquide, qui se répand sur les copeaux et qui présente à l'air une large surface, s'oxyde avec une telle énergie que la température s'élève à + 30° et qu'il suffit, pour terminer l'acétification, de verser de nouveau sur les copeaux le liquide écoulé par le robinet *r*.

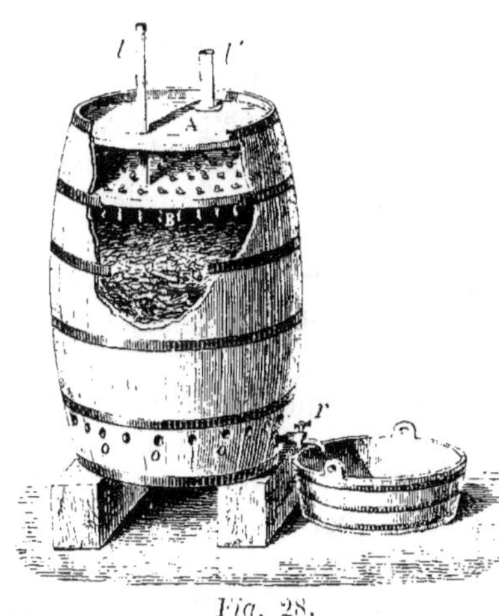

Fig. 28.

On croyait autrefois que la matière albuminoïde des copeaux et du liquide jouait le rôle de ferment dans cette opération : il n'en est rien, d'après M. Pasteur. La matière albuminoïde n'agit pas par elle-même : elle sert seulement à la formation et au développement du mycoderme.

M. Pasteur a fondé sur ses remarquables observations un procédé rationnel de fabrication du vinaigre.

Propriétés de l'acide acétique. — L'acide acétique est solide au-dessous de + 17° et cristallise en grandes lames. Il bout à 120°. Sa densité à 0° est égale à 1,0801. Son odeur est piquante et acide. Il est corrosif. Mis en contact avec la peau, il détruit l'épiderme et produit une vive rougeur et une vésicule.

Il se mêle à l'eau et à l'alcool en toutes proportions. Lorsqu'on y ajoute de l'eau, il se produit une contraction, et certains mélanges d'eau et d'acide acétique possèdent une densité plus grande que celle de l'acide acétique. La table suivante, construite par M. Mohr, indique la densité des mélanges d'acide acétique et d'eau.

Quantités d'acide acétique.	Densités à 20°.
100	1,0635
95	1,070
90	1,0730
85	1,0730
80	1,0735
75	1,072
70	1,070
60	1,667
50	1,060

Quantités d'acide acétique.	Densités à 20º.
40	1,051
30	1,040
20	1,027
10	1,015
0	1,000

Le mélange d'eau et d'acide acétique le plus dense possède la composition $C^4H^4O^4 + H^2O^2$. Mais ce n'est pas un hydrate défini; car lorsqu'on le soumet à la distillation, il passe d'abord un acide plus étendu, et à la fin de l'acide acétique normal.

Lorsqu'on fait bouillir l'acide acétique dans une petite capsule et qu'on approche de ses vapeurs un corps enflammé, celles-ci s'enflamment elles-mêmes et brûlent avec une flamme pâle.

Dirigées à travers un tube de porcelaine incandescent, les vapeurs d'acide acétique se décomposent en donnant des gaz et du charbon, et, en petite quantité, de l'acétone, de la benzine, de l'hydrate de phényle, de la naphtaline (Berthelot).

Soumis à l'action du chlore, l'acide acétique donne des dérivés chlorés, que nous décrirons plus loin. Le perchlorure de phosphore le convertit en chlorure d'acétyle, avec formation d'acide chlorhydrique et d'oxychlorure de phosphore (page 252).

Pour reconnaître de petites quantités d'acide acétique, on combine l'acide avec la potasse, et on chauffe l'acétate dans un petit tube avec de l'acide arsénieux : il se dégage des vapeurs épaisses de cacodyle et d'oxyde de cacodyle, faciles à reconnaître à leur odeur. On peut aussi chauffer l'acétate avec une quantité convenable d'acide sulfurique et d'alcool : il se forme de l'acétate d'éthyle dont l'odeur est caractéristique.

L'acide acétique entre dans diverses préparations médicinales. Le vinaigre radical est employé comme excitant. On le fait respirer, en cas de syncope, pour ranimer les sens. On l'introduit dans de petits flacons de verre, que l'on a préalablement remplis de cristaux de sulfate de potasse. L'acide imprègne ce sel sans le décomposer.

On emploie le vinaigre pour dissoudre les principes astringents, toniques, odorants, aromatiques, contenus dans certaines drogues. Les *vinaigres médicinaux* ainsi formés sont généralement obtenus par macération. On doit employer, pour ces préparations, du vinaigre de vin pur, c'est-à-dire exempt d'acides minéraux, et principalement d'acide sulfurique.

Pour reconnaître la présence de ce dernier acide dans le vinaigre, on évapore celui-ci au bain-marie; on reprend le liquide con-

centré par l'alcool absolu, qui précipite les sulfates de potasse ou
de chaux que le vinaigre peut renfermer, et dissout l'acide sulfurique. On ajoute de l'eau distillée à la liqueur alcoolique filtrée,
on chasse l'alcool, et on précipite l'acide sulfurique par le chlorure
de barium. On constate enfin que le précipité de sulfate de baryte
est insoluble dans l'acide azotique.

ACÉTATES.

L'acide acétique est monobasique. Les acétates neutres renferment un équivalent de métal. Leur composition générale est exprimée par la formule $C^4H^3RO^4$. On connaît, en outre, un certain
nombre d'acétates basiques. Ceux qui sont formés par les oxydes
de cuivre et de plomb sont particulièrement importants. Il existe
aussi des acétates acides dont l'acétate acide de potasse offre un
exemple.

Acétate d'ammoniaque $C^4H^3(AzH^4)O^4$. En saturant l'acide acétique
monohydraté par du gaz ammoniac, on obtient une masse cristalline déliquescente qui constitue l'acétate d'ammoniaque. Ce sel
est très-soluble dans l'eau et dans l'alcool. Lorsqu'on le chauffe, il
se dégage d'abord de l'ammoniaque, puis il passe de l'acide acétique, enfin de l'acétamide. Ce dernier corps se forme par l'élimi
nation de 1 molécule d'eau.

$$\left.\begin{array}{l}C^4H^3O^2\\AzH^4\end{array}\right\}O^2 \quad = \quad H^2O^2 \quad + \quad \left.\begin{array}{l}C^4H^3O^2\\H\\H\end{array}\right\}Az.$$

Acétate ammonique.   Acétamide.

Lorsqu'on distille un mélange d'acétate de potasse parfaitement
sec et de sel ammoniac, il passe un liquide qui se concrète en une
masse cristalline par le refroidissement. C'est de l'acétate d'ammoniaque plus ou moins pur et mélangé sans doute avec de l'acétamide.

La solution d'acétate d'ammoniaque est employée en médecine
comme diurétique et diaphorétique. On la prépare en saturant
l'acide acétique étendu d'eau (marquant 3° à l'aréomètre) par le
carbonate d'ammoniaque.

L'acétate d'ammoniaque est contenu dans le médicament qu'on
désignait autrefois sous le nom d'*esprit de Mindererus*. On employait, pour la préparation de ce produit, du vinaigre qu'on avait
préalablement distillé, avec la précaution de rejeter, comme trop
aqueux, les deux premiers tiers du liquide recueilli. On saturait
ce vinaigre concentré par l'*esprit de corne de cerf*, c'est-à-dire par
le carbonate d'ammoniaque impur, chargé de produits empyreu-

matiques, tel que le donne la distillation de la corne de cerf. L'acétate d'ammoniaque ainsi obtenu était donc saturé lui-même d'huile empyreumatique, et constituait en réalité un médicament différent de celui qu'on prépare avec l'acide acétique et l'ammoniaque purs.

Acétate de potasse $C^4H^3KO^4$. — Pour préparer ce sel, on sature l'acide acétique par une solution de carbonate de potasse pur, et on évapore la liqueur neutre. La solution, très-concentrée, laisse déposer de petites aiguilles anhydres. Lorsqu'on l'évapore à siccité, en remuant continuellement la masse qui se solidifie, on obtient le produit sous forme de lamelles cristallines ou de feuillets. C'est ce qu'on nommait autrefois la *terre foliée du tartre* : du tartre, parce que le carbonate de potasse employé était obtenu par calcination du tartre.

L'acétate de potasse fond à 292°, et se prend par le refroidissement en une masse cristallisée feuilletée. Il est très-déliquescent et très-soluble dans l'eau et dans l'alcool.

$$
\begin{array}{lll}
\text{1 partie de sel se dissout dans} & 0,531 \text{ d'eau à} & 2° \\
\text{—} \qquad \text{—} & 0,437 \text{ —} & \text{à } 13°,9 \\
\text{—} \qquad \text{—} & 0,203 \text{ —} & \text{à } 62°.
\end{array}
$$

D'après Berzelius, la solution saturée à l'ébullition contient 1 partie de sel sur 0,125 parties d'eau. Cette solution bout à 169°. Lorsqu'on soumet à l'électrolyse la solution d'acétate de potasse, on obtient, comme produits gazeux de l'acide carbonique, du méthyle et de l'hydrogène (page 123). Lorsqu'on chauffe l'acétate de potasse avec l'acide arsénieux, on obtient la liqueur fumante de Cadet (page 220). La plus petite quantité d'acétate alcalin donne lieu, dans ces circonstances, à un dégagement de vapeurs blanches très-apparentes et douées d'une odeur d'ail extrêmement pénétrante.

L'acétate de potasse est employé en médecine. Il a joui d'une grande vogue comme fondant et diurétique. Il agit probablement à la manière des carbonates alcalins. En effet, lorsque, après avoir été absorbé, il est porté dans le torrent circulatoire, il y subit une sorte de combustion : l'acide acétique est brûlé, et l'acide carbonique produit demeure uni à la potasse.

Lorsqu'on dissout à chaud l'acétate de potasse dans l'acide acétique cristallisable, et qu'on évapore, on obtient un *acétate acide de potasse* $C^4H^3KO^4 + C^4H^4O^4$, qui se dépose au sein de la solution concentrée sous forme de lamelles. Le biacétate de potasse fond à 148° et dégage de l'acide acétique à 200° (Melsens).

Acétate de soude $C^4H^3NaO^4 + 3H^2O^2$. — Ce sel constitue la *terre foliée minérale* des anciennes pharmacopées. On peut le préparer en saturant l'acide acétique par le carbonate de soude. On l'obtient en grand, dans les arts, dans la préparation de l'acide acétique par distillation du bois (page 257). On le nomme quelquefois *pyrolignite de soude*. Il cristallise en gros prismes rhomboïdaux obliques. Ces cristaux s'effleurissent dans l'air sec. Lorsqu'on les chauffe, ils fondent dans leur eau de cristallisation, déjà au-dessous de 100°.

L'acétate de soude est très-soluble dans l'eau et se dissout aussi dans l'alcool. D'après Osann, une partie de ce sel se dissout dans 3,9 parties d'eau à 6°, dans 2,4 parties à 37°, et dans 1,7 parties à 48°. D'après Berzelius, la solution saturée à l'ébullition renferme 0,48 parties d'eau pour 1 partie de sel, et bout à 124°,4.

L'acétate de soude est employé en médecine comme fondant et diurétique à la dose de 2 à 8 grammes; à plus haute dose, il est purgatif.

Acétate de chaux $C^4H^3CaO^4 + x$ aq. — On prépare ce sel en saturant l'acide acétique par la chaux et en évaporant. Il cristallise en petits prismes aiguillés qui offrent un éclat soyeux et qui renferment de l'eau de cristallisation. Il est très-soluble dans l'eau et peu soluble dans l'alcool. Sa saveur est amère. On l'a conseillé comme excitant et fondant contre les scrofules.

Acétate d'alumine. — On obtient ce sel par double décomposition avec l'acétate de plomb et le sulfate d'alumine. On en fait un grand usage dans les impressions comme mordant. On le prépare, pour ce dernier usage, en précipitant une solution d'alun par l'acétate de plomb. Il reste en dissolution de l'acétate d'alumine et de l'acétate de potasse. Lorsqu'on chauffe cette liqueur, elle laisse déposer de l'alumine sous forme de gelée. La solution de l'acétate d'alumine pur ne présente pas ce caractère.

Acétate ferrique. — Lorsqu'on dissout le fer dans l'acide acétique, on obtient une solution verdâtre peu colorée, mais qui attire avidement l'oxygène de l'air, et se colore en rouge brun, en passant à l'état de sel ferrique. On peut aussi obtenir ce dernier en dissolvant l'hydrate ferrique dans l'acide acétique. La solution est rouge et laisse déposer de l'oxyde ferrique ou un sous-sel par l'ébullition. On l'emploie comme mordant.

ACÉTATES DE PLOMB.

Acétate neutre $C^4H^3PbO^4 + 3HO$. — On le nommait autrefois *sel de Saturne* ou *sucre de Saturne*. Pour le préparer, on dissout la litharge dans l'acide acétique. L'acétate neutre de plomb cristallise en prismes rhomboïdaux obliques, transparents, efflorescents. Sa saveur est à la fois sucrée et astringente, son arrière-goût métallique et désagréable. Il se dissout dans $\frac{1}{2}$ partie d'eau froide et dans 8 parties d'alcool. Sa solution rougit légèrement la teinture de tournesol. Elle est partiellement décomposée par l'acide carbonique, qui met une petite quantité d'acide acétique en liberté. Celui-ci préserve le reste du sel de l'action de l'acide carbonique.

L'acétate de plomb cristallisé fond à 75°, 5. A 100°, le sel fondu perd de l'eau et une petite quantité d'acide acétique. Il se solidifie ensuite, mais vers 280° il fond de nouveau. Le sel, desséché après avoir perdu son eau de cristallisation, paraît constituer un acétate sesquibasique.

Une plus forte chaleur le décompose avec dégagement d'acide carbonique, d'acide acétique et d'acétone : il reste du plomb métallique très-divisé et fort combustible.

L'acétate de plomb s'emploie à l'intérieur comme astringent et résolutif. On l'a administré pour combattre l'hémoptysie, les diarrhées rebelles, les sueurs nocturnes des phthisiques. On en a porté la dose jusqu'à 60 ou 80 centigrammes par jour. Toutefois, on lui préfère généralement le sous-acétate de plomb ou *extrait de Saturne*, qui est un mélange d'acétate neutre et d'acétates basiques.

Acétate de plomb bibasique $C^4H^3PbO^4,PbHO^2 + aq.$ — Ce sel se dépose à l'état cristallisé lorsqu'on fait dissoudre à l'ébullition des proportions équivalentes d'acétate neutre et de massicot en poudre fine.

Acétate de plomb tribasique $C^4H^3PbO^4 + Pb^2O^2 + x\,aq.$ — Il se dépose, sous forme d'aiguilles fines, d'une solution saturée d'acétate de plomb que l'on a mélangée à froid avec le $\frac{1}{4}$ de son volume d'ammoniaque (Payen). On l'obtient aussi en mettant 7 parties de massicot en digestion avec une solution de 6 parties d'acétate de plomb cristallisé. Il est insoluble dans l'alcool. Sa solution aqueuse possède une action alcaline très-marquée. Elle ramène au bleu du papier le papier de tournesol rougi. Elle est décomposée par l'acide carbonique, avec formation d'acétate neutre de plomb et de carbonate de plomb qui se précipite (céruse de Clichy, t. I, page 596).

Acétate de plomb sexbasique $C^4H^3PbO^4,5PbO,HO.$ — On l'obtient sous forme d'un précipité blanc en mettant la solution des sels précédents en digestion avec de l'oxyde de plomb. Il présente au microscope un aspect cristallin. Il est un peu soluble dans l'eau bouillante et se dépose par le refroidissement en aiguilles brillantes.

Extrait de Saturne. — Pour le préparer, on fait bouillir 9 parties d'eau avec 3 parties d'acétate de plomb cristallisé et 1 partie de litharge. On peut opérer dans une bassine de cuivre, en prenant la précaution d'y introduire une lame de plomb, qui empêche le cuivre de se dissoudre.

L'extrait de Saturne est la préparation plombique la plus employée en médecine. On s'en sert principalement en solution étendue pour l'usage externe, comme astringent et résolutif. Lorsqu'on l'étend d'eau distillée, la solution demeure limpide ; mais lorsqu'on verse de l'extrait de Saturne dans de l'eau commune, celle-ci se trouble et devient laiteuse. Cet effet est dû à la précipitation du carbonate et du sulfate de plomb, formés par double décomposition avec les carbonates et sulfates solubles contenus dans l'eau commune. Cette liqueur laiteuse est très-usitée sous le nom d'*eau de Goulard*. On la prépare en versant dans un litre d'eau de fontaine ou de rivière de 8 à 30 grammes d'extrait de Saturne.

ACÉTATES DE CUIVRE.

Acétate neutre $C^4H^3CuO^4 + HO$. — Ce beau sel est connu sous le nom de *verdet cristallisé* ou de *cristaux de Vénus*. On le prépare par double décomposition, en mêlant des solutions chaudes d'acétate de soude et de sulfate de cuivre. L'acétate cuivrique se dépose, par le refroidissement, en cristaux, qu'on laisse égoutter et qu'on purifie par une nouvelle cristallisation.

On prépare aussi le verdet en dissolvant le vert-de-gris ou sous-acétate de cuivre dans le vinaigre distillé.

L'acétate cuivrique cristallise en beaux prismes rhomboïdaux obliques, d'un vert bleuâtre foncé. Sa saveur est métallique et désagréable. Il se dissout dans cinq fois son poids d'eau bouillante, et en petite quantité dans l'alcool. La solution aqueuse étendue se décompose par l'ébullition en laissant déposer un sous-sel tribasique et en dégageant de l'acide acétique.

Les cristaux de verdet ne perdent pas d'eau à 100° ; ils ne se déshydratent que vers 140°. Entre 240° et 260°, le sel sec se décompose, et laisse dégager de l'acide acétique (vinaigre radical, page 257). A 270°, il émet des vapeurs blanches qui se condensent sous forme de flocons blancs : c'est de l'*acétate cuivreux* $C^4H^3Cu^2O^4$. En même temps, il se dégage des gaz. A 330°, la décomposition du sel est complète, et il reste un résidu rougeâtre composé en grande partie de cuivre métallique.

En exposant à une basse température une solution d'acétate de cuivre contenant de l'acide acétique libre, M. Wœhler a obtenu de gros prismes rhomboïdaux droits, offrant la couleur bleue du sulfate cuivrique et renfermant, comme lui, 5 équivalents d'eau de cristallisation.

Lorsqu'on fait bouillir la solution d'acétate cuivrique avec du sucre, elle laisse déposer de l'oxyde cuivreux Cu^2O sous forme d'une poudre rouge cristalline.

L'acétate de cuivre est employé en médecine, principalement pour l'usage externe. Il est plus actif que le sulfate de cuivre.

Acétate de cuivre bibasique $C^4H^3CuO^4,CuHO^2 + 5HO$. — Ce sel constitue en grande partie le *vert-de-gris*. Les parties bleues de cette préparation en sont formées.

On prépare le vert-de-gris dans le département de l'Hérault, aux environs de Montpellier, en abandonnant à l'air des lames de cuivre empilées avec du marc de raisin. Au bout de quelques semaines, le métal se recouvre de croûtes bleuâtres de vert-de-gris. On les détache, on les pétrit avec une petite quantité de vinasse et on les façonne en boules. C'est sous cette forme que le vert-de-gris est livré au commerce.

Voici la théorie de cette opération : l'alcool qui imprègne le marc de raisin s'oxyde à l'air et passe à l'état d'acide acétique; sous l'influence de ce dernier, le cuivre lui-même attire l'oxygène et passe à l'état d'oxyde qui se combine avec l'acide acétique.

L'acétate de cuivre bibasique cristallise en paillettes ou en aiguilles bleues. Chauffé à 60°, il perd 23,45 pour 100 d'eau, et se convertit en un beau mélange vert composé de sel neutre et de sel tribasique.

Le vert-de-gris ou verdet de Montpellier est employé en médecine. On s'en sert comme escharotique, tantôt en poudre, tantôt en dissolution dans l'huile, tantôt incorporé dans un corps gras. Il forme la base de l'emplâtre de cire verte et entre dans la composition de l'onguent vert et de l'onguent ægyptiac.

Acétate de cuivre tribasique $C^4H^3CuO^4,2CuHO^2$. — C'est le plus stable des acétates de cuivre. On l'obtient en portant la solution du sel neutre à l'ébullition, ou en la chauffant avec de l'alcool. Il se présente sous forme d'un précipité bleu ou gris bleuâtre. On l'obtient aussi à l'état d'une poudre verte en mettant en digestion de l'hydrate de cuivre avec une solution d'acétate neutre.

Les différents acétates de cuivre sont employés, en peinture, pour les couleurs vertes à l'huile ; on s'en sert aussi dans la teinture en noir, comme mordants. Bien qu'ils soient vénéneux, leur fabrication paraît être exempte d'inconvénients sérieux et n'offre point, dans tous les cas, les dangers graves que présente la fabrication et le maniement des préparations plombiques (Pécholier et C. Saint-Pierre).

Combinaison d'acétate de cuivre avec l'arsénite de cuivre, vert de Schweinfurt, $C^4H^3CuO^4,CuAsO^4$. — Lorsqu'on introduit dans une solution bouillante de 4 parties d'acide arsénieux dans 50 parties d'eau, 5 parties de verdet pulvérisé et délayé dans l'eau tiède, on obtient un précipité d'un jaune verdâtre, qui prend une belle teinte verte si l'on prolonge l'ébullition, après avoir ajouté une petite quantité d'acide acétique. Cette poudre verte est un sel double, un acéto-arsénite de cuivre. Il est insoluble dans l'eau. Les alcalis aqueux en séparent de l'hydrate cuivrique. Par l'ébullition, celui-ci devient d'abord noir en se deshydratant, puis il se réduit en passant à l'état de protoxyde rouge. La liqueur alcaline renferme alors un arséniate. Il est facile d'y reconnaître la présence de l'arsenic, à l'aide de l'appareil de Marsh.

Le vert de Schweinfurt est employé en peinture et dans la fabrication des papiers peints. On s'en sert aussi dans l'industrie des fleurs artificielles pour colorer les feuilles. C'est un poison très-dangereux, qui agit surtout par l'acide arsénieux qu'il renferme. Il donne souvent lieu à des accidents. On a signalé des cas d'empoisonnements occasionnés par des coiffures de dames portant des feuilles vertes, par des joujoux d'enfants teints en vert, par des étoffes légères, imprégnées de vert do Schweinfurt, et, chose grave, par des bonbons colorés par cette substance.

Acétate mercureux $C^4H^3Hg^2O^4$. — On le prépare par double décomposition, en mêlant des solutions d'azotate mercureux et d'acétate de soude. L'acétate mercureux se précipite. Il se présente sous forme de paillettes nacrées ou de lames micacées d'un blanc argentin.

Il exige, pour se dissoudre, 333 parties d'eau froide. Il est plus soluble dans l'eau bouillante, mais se décompose en mercure métallique et en acétate mercurique.

On emploie l'acétate mercureux, comme antisyphilitique, à la dose de 1 à 10 centigrammes. On le désignait autrefois sous le nom de *terre foliée mercurielle.*

Acétate mercurique $C^4H^3HgO^4$. — Lames nacrées, demi-transparentes, anhydres, solubles dans 4 parties d'eau à 10°. On le prépare en faisant dissoudre à chaud l'oxyde rouge de mercure dans l'acide acétique. Il a été employé en médecine, mais on lui préfère l'acétate mercureux, qui est seul usité aujourd'hui.

Acétate d'argent $C^4H^3AgO^4$. — Ce sel est peu soluble dans l'eau. On peut l'obtenir, par double décomposition, en précipitant une solution concentrée d'azotate d'argent par une solution d'acétate de soude. On exprime dans un linge le magma blanc obtenu, et on fait bouillir le sel avec une grande quantité d'eau. L'acétate d'argent se dépose, par le refroidissement de la solution filtrée, en lames flexibles, nacrées, peu solubles dans l'eau, noircissant à la lumière.

ÉTHERS ACÉTIQUES.

Acétate de méthyle ou éther méthylacétique $C^6H^6O^4 = \left.\begin{array}{l} C^4H^3O^2 \\ C^2H^3 \end{array}\right\}O^2.$

— On obtient cet éther en distillant l'acétate de soude ou l'acétate de plomb avec un mélange d'acide sulfurique et d'esprit de bois. On emploie 3 parties d'esprit de bois, $14\frac{1}{2}$ parties d'acétate de plomb et 5 parties d'acide sulfurique. On mélange d'abord l'acide sulfurique et l'esprit de bois; puis on verse ce mélange sur l'acétate de plomb, et on distille au bain de sable. On agite le produit de la distillation avec une solution de chlorure de calcium, additionnée d'une petite quantité de lait de chaux. On décante l'éther qui surnage, on le déshydrate sur le chlorure de calcium, et on le rectifie au bain-marie. C'est un liquide incolore, mobile, doué d'une odeur éthérée assez agréable. Il bout à 58°. Sa densité à 0° est égale à 0,9328. Il est assez soluble dans l'eau, et se mêle en toutes proportions avec l'alcool et l'esprit de bois.

Soumis à l'action du chlore, il donne des produits de substitution.

Acétate d'éthyle ou éther acétique $C^8H^8O^4 = \left.\begin{array}{l} C^4H^3O^2 \\ C^4H^3 \end{array}\right\}O^2.$ Ce corps a été découvert par Lauraguais, en 1759. Pour le préparer, on distille un acétate avec un mélange d'acide sulfurique et d'alcool. On peut employer 3 parties d'acétate de potasse, 3 parties d'alcool concentré et 2 parties d'acide sulfurique; ou 10 parties d'acétate de soude, 6 parties d'alcool et 15 parties d'acide sulfurique; ou encore 16 parties d'acétate de plomb, $4\frac{1}{2}$ parties d'alcool, et 6 parties d'acide sulfurique. L'opération est exécutée et l'éther est purifié comme on vient de l'indiquer pour l'acétate de méthyle.

L'acétate d'éthyle est un liquide incolore, doué d'une odeur éthérée très-agréable. Il bout à 74°. Sa densité à 0° est égale à 0,9105.

Il se dissout dans 7 parties d'eau et se mêle en toutes proportions avec l'alcool et l'éther. Le chlorure de calcium le sépare de sa solution aqueuse. Il forme, avec le chlorure de calcium sec, une combinaison qui se décompose à 100°, en abandonnant l'éther acétique.

Comme tous les éthers composés, l'éther acétique est facilement dédoublé, par la potasse, en alcool et en acétate. L'ammoniaque le convertit en acétamide et en alcool.

L'éther acétique se trouve en petite quantité dans le vinaigre de vin et même dans certains vins (I. Pierre).

Dérivés chlorés de l'éther acétique. — Le chlore réagit énergiquement sur l'éther acétique, en donnant des dérivés plus ou moins riches en chlore, suivant la durée de la réaction. On a isolé les composés suivants (Malaguti, F. Le Blanc) :

$C^8H^6Cl^2O^4$	éther acétique bichloré
$C^8H^5Cl^3O^4$	éther acétique trichloré
$C^8H^4Cl^4O^4$	éther acétique tétrachloré
$C^8H^3Cl^5O^4$	éther acétique pentachloré
$C^8H^2Cl^6O^4$	éther acétique hexachloré
$C^8HCl^7O^4$	éther acétique heptachloré
$C^8Cl^8O^4$	éther acétique perchloré.

Le premier de ces composés se forme lorsqu'on fait réagir le chlore sur l'éther acétique, à l'ombre. A la fin, il est nécessaire de chauffer à 100°. C'est un liquide incolore, doué d'une odeur de menthe poivrée, bouillant de 120 à 125°. Densité à 11° $= 1,344$ (Schillerup).

L'éther acétique perchloré se forme par l'action très-prolongée du chlore sur l'éther acétique, sous l'influence de la lumière solaire. Pour achever la réaction, on chauffe à 110°. On obtient ainsi une huile douée d'une odeur très-pénétrante, possédant à 25° une densité de 1,79. Ce corps se dédouble, à 245°, en chlorure de trichloracétyle. 1 molécule d'éther perchloracétique renferme, en effet, les éléments de 2 molécules de chlorure de trichloracétyle $C^4Cl^3O^2,Cl$ (Cloëz).

$$C^8Cl^8O^4 = 2C^4Cl^4O^2.$$

Acétate d'amyle ou éther amylacétique $C^{14}H^{14}O^4 = \left.\begin{matrix} C^4H^3O^2 \\ C^{10}H^{11} \end{matrix}\right\} O^2.$ —
On obtient cet éther en distillant 2 parties d'acétate de potasse avec un mélange de 1 partie d'alcool amylique et de 1 partie d'acide sulfurique. Le produit de la distillation est agité avec de l'eau ; on décante la couche qui surnage et on la rectifie. On recueille ce qui passe à 125°. Un procédé qui donne un produit plus pur consiste

à chauffer, en vase clos, à 120°, l'iodure d'amyle avec l'acétate d'argent, et à distiller ensuite le liquide.

L'acétate d'amyle est doué d'une odeur aromatique agréable, qui rappelle celle des poires. Aussi la solution alcoolique de cet éther est-elle employée en parfumerie sous le nom d'*essence de poires*. L'acétate d'amyle est presque insoluble dans l'eau.

ACIDE ACÉTIQUE ANHYDRE.

$$C^8H^6O^6 = \left.\begin{array}{l} C^4H^3O^2 \\ C^4H^3O^2 \end{array}\right\} O^2.$$

Ce corps important a été découvert par Gerhardt en 1852. Pour le préparer, on introduit dans une cornue tubulée 3 parties d'acétate de soude sec et pulvérisé, et on ajoute 1 partie d'oxychlorure de phosphore. On distille et on rectifie le produit sur une petite quantité d'acétate de soude sec. Dans cette opération il se forme d'abord du chlorure d'acétyle (page 252) qui, réagissant sur l'excès d'acétate de soude, forme du chlorure de sodium et de l'acide acétique anhydre, selon l'équation que nous avons donnée plus haut (page 253).

L'acide acétique anhydre ou anhydride acétique est un liquide incolore, mobile, doué d'une forte odeur d'acide acétique. Sa densité à 0° est égale à 1,0969. Il bout à 138°. Mis en contact avec l'eau, il tombe d'abord au fond et en absorbe ensuite 2 équivalents pour se convertir en acide acétique normal. Il est décomposé par le perchlorure de phosphore avec formation de chlorure d'acétyle et d'oxychlorure de phosphore. Lorsqu'on introduit de l'acétate de potasse sec et pulvérisé dans l'anhydride acétique bouillant, on obtient une combinaison $2C^4H^3KO^4 + C^8H^6O^6$, qui cristallise en aiguilles incolores et qui se dédouble, par l'action de la chaleur, en anhydride acétique et en acétate de potasse.

Lorsqu'on fait réagir, à une basse température, l'acide hypochloreux anhydre sur l'acide acétique anhydre, il se forme un acide acéto-hypochloreux anhydre (Schützenberger).

$$\left.\begin{array}{l} C^4H^3O^2 \\ C^4H^3O^2 \end{array}\right\} O^2 \;+\; \left.\begin{array}{l} Cl \\ Cl \end{array}\right\} O^2 \;=\; 2\left[\left.\begin{array}{l} C^4H^3O^2 \\ Cl \end{array}\right\} O^2\right]$$

Acide acétique   Acide hypochloreux   Anhydride
anhydre.   anhydre.   acéto-hypochloreux.

L'anhydride acéto-hypochloreux constitue en quelque sorte

l'acétate de chlore. C'est ainsi que l'a nommé M. Schützenberger, qui a découvert cette belle réaction. On peut, en effet, remplacer ce chlore par un métal : il se forme alors un acétate métallique

$$\left.\begin{matrix}C^4H^3O^2\\Cl\end{matrix}\right\}O^2 \; + \; 2Zn \; = \; ZnCl \; + \; \left.\begin{matrix}C^4H^3O^2\\Zn\end{matrix}\right\}O^2.$$

Acétate de chlore.   Acétate de zinc.

L'acétate de chlore se décompose avec explosion, lorsqu'on le chauffe à 100°. Au contact de l'eau, il se décompose en acide acétique et en acide hypochloreux (Schützenberger).

PEROXYDE D'ACÉTYLE.

$$\left.\begin{matrix}C^4H^3O^2\\C^4H^3O^2\end{matrix}\right\}O^4.$$

Lorsqu'on ajoute une solution éthérée d'acide acétique anhydre à du peroxyde de barium délayé dans l'éther, il se forme de l'acétate de baryte et du *peroxyde d'acétyle* (Brodie).

$$2\left[\left.\begin{matrix}C^4H^3O^2\\C^4H^3O^2\end{matrix}\right\}O^2\right] \; + \; Ba^2O^4 \; = \; 2\left[\left.\begin{matrix}C^4H^3O^2\\Ba\end{matrix}\right\}O^2\right] \; + \; \left.\begin{matrix}C^4H^3O^2\\C^4H^3O^2\end{matrix}\right\}O^4.$$

Anhydride   Peroxyde   Acétate   Peroxyde
acétique.   de barium.   barytique.   d'acétyle.

Après l'évaporation de la liqueur éthérée, le peroxyde d'acétyle reste sous la forme d'un liquide épais. Il possède des propriétés oxydantes très-énergiques. Ainsi il décolore la solution d'indigo, oxyde l'oxyde manganeux, convertit le prussiate jaune en prussiate rouge. M. Brodie a fait ressortir l'analogie de ces propriétés avec celles du chlore.

Lorsqu'on le chauffe, le peroxyde d'acétyle se décompose avec explosion.

PRODUITS DE SUBSTITUTION DE L'ACIDE ACÉTIQUE.

On connaît trois acides chlorés qui dérivent par substitution de l'acide acétique. Ce sont :

l'acide monochloracétique $C^4H^3ClO^4$;
l'acide dichloracétique $C^4H^2Cl^2O^4$;
l'acide trichloracétique $C^4HCl^3O^4$;

On est parvenu aussi à obtenir :

l'acide monobromacétique $C^4H^3BrO^4$;
l'acide dibromacétique $C^4H^2Br^2O^4$;
l'acide monoïodacétique $C^4H^3IO^4$.

En outre, on a réussi à remplacer dans l'acide acétique 2 équivalents d'oxygène par 2 équivalents de soufre, et à former un acide sulfuré qu'on a nommé acide thiacétique

$$\left. \begin{array}{l} C^4H^3O^2 \\ H \end{array} \right\} S^2.$$

Nous allons décrire les plus importants de ces produits de substitution.

DÉRIVÉS CHLORÉS DE L'ACIDE ACÉTIQUE.

Acide monochloracétique $C^4H^3ClO^4 = \left. \begin{array}{l} C^4H^2ClO^2 \\ H \end{array} \right\} O^2.$ — Cet acide a été découvert par M. F. Le Blanc et étudié récemment par MM. R. Hoffmann et Kekulé. Pour le préparer, on dirige un courant de chlore dans de l'acide acétique cristallisable. On place la cornue tubulée, dans laquelle l'acide a été introduit, dans une solution concentrée et bouillante d'azotate de soude, et on expose tout l'appareil à l'action directe des rayons solaires. L'opération est longue. On l'interrompt lorsqu'on voit le chlore se dégager abondamment à l'extrémité de l'appareil. On distille alors le produit et on recueille ce qui passe entre 183 et 187°.

L'acide monochloracétique ainsi obtenu est solide. Il cristallise en tables rhomboïdales ou en prismes déliquescents. Il fond à 62°. Son point d'ébullition est situé entre 183 et 187°,8. Sa densité à 73° est égale à 1,3947 (rapportée à l'eau à 73°). Il est très-soluble dans l'eau. Il est très-corrosif, et ses vapeurs sont très-irritantes. — Tous ses sels sont solubles dans l'eau, même le sel d'argent.

La réaction la plus importante de l'acide monochloracétique est sa transformation en acide glycolique, premier terme de la série de l'acide lactique. Cette transformation s'accomplit lorsqu'on chauffe les monochloracétates anhydres, ou lorsqu'on fait bouillir leur solution ou celle de l'acide avec un excès d'alcali.

$$\left. \begin{array}{l} (C^4H^2ClO^2)' \\ K \end{array} \right\} O^2 \; = \; (C^4H^2O^2)''O^2 \; + \; KCl.$$

Monochloracétate   Acide glycolique
de potassium.   anhydre.

$$\left. \begin{array}{l} (C^4H^2ClO^2)' \\ K \end{array} \right\} O^2 \; + \; \left. \begin{array}{l} K \\ H \end{array} \right\} O^2 \; = \; \left. \begin{array}{l} (C^4H^2O^2)'' \\ K.H \end{array} \right\} O^4 \; + \; KCl.$$

Monochloracétate   Glycolate.
potassique.   potassique.

Cette réaction, découverte par MM. R. Hoffmann et Kekulé, est importante à plus d'un titre.

D'abord elle réalise la transformation d'un acide à 4 équivalents d'oxygène en un acide à 6 équivalents d'oxygène. Cette transformation s'accomplit : 1° par l'introduction du chlore ou du brome dans la molécule de l'acide acétique, et 2° par la substitution de HO^2 au chlore ou au brome.

$$C^4H^3ClO^4 \qquad C^4H^3(HO^2)O^4 \ = \ C^4H^4O^6.$$
Acide monochloracétique.   Acide glycolique.

Ce procédé a été appliqué fort heureusement dans d'autres cas pour oxyder des acides.

En second lieu, si l'on compare les formules rationnelles qui expriment la constitution des acides monochloracétique et glycolique, on voit, par un exemple frappant, comment un radical monoatomique auquel on a enlevé un atome d'un élément monoatomique, tel que le chlore ou l'hydrogène, devient diatomique par l'effet de cette soustraction.

$$\left.\begin{matrix}(C^4H^2ClO^2)' \\ H\end{matrix}\right\}O^2 \qquad \left.\begin{matrix}(C^4H^2O^2)'' \\ H^2\end{matrix}\right\}O^4$$
Acide monochloracétique.   Acide glycolique.

Lorsqu'on chauffe l'acide monochloracétique avec du cyanure de potassium, il se forme du chlorure de potassium et de l'acide cyanacétique (Kolbe, H. Müller).

ACIDE TRICHLORACÉTIQUE.

$$C^4Cl^3HO^4 = \begin{matrix}C^4Cl^3O^2 \\ H\end{matrix}\Big\}O^2.$$

Cet acide, important dans l'histoire de la science, a été découvert, en 1840, par M. Dumas, qui l'a obtenu en soumettant l'acide acétique à l'action prolongée du chlore.

D'après M. Kolbe, il se forme par l'oxydation du chloral (page 254), et d'après M. Malaguti, par l'action de l'eau sur le chlorure de trichloracétyle $C^4Cl^4O^2 = C^4Cl^3O^2,Cl$.

Pour préparer l'acide trichloracétique, on remplit de chlore sec des flacons de six litres, bouchés à l'émeri; on introduit dans chacun d'eux 5 à 6 gr. d'acide acétique, et on les expose au soleil. Au bout de vingt-quatre heures, on trouve les parois des flacons recouverts de cristaux d'acide oxalique et d'acide trichloracétique. On les dissout dans une petite quantité d'eau, et l'on évapore la solution dans le vide, au-dessus d'un vase renfermant de l'acide sulfurique. L'acide oxalique cristallise d'abord, l'acide trichloracétique se dépose ensuite; l'eau-mère en fournit une nouvelle quantité lorsqu'on la distille sur de l'acide phosphorique anhydre.

L'acide trichloracétique cristallise en octaèdres transparents fusibles à 46°. A cette température, sa densité (rapportée à celle de l'eau à 15°) est égale à 1,617. Il bout de 195° à 200°. Il est sans odeur à froid, mais ses vapeurs sont irritantes et suffocantes.

Sa solution aqueuse régénère de l'acide acétique au contact de l'amalgame de potassium ou de sodium (Melsens). Cette réaction est le premier exemple connu d'une substitution inverse effectuée par l'action de l'hydrogène naissant.

Soumis à l'ébullition avec de la potasse ou de l'ammoniaque, l'acide trichloracétique donne de l'acide carbonique et du chloroforme.

$$C^4HCl^3O^4 \;=\; \underset{\text{Chloroforme.}}{C^2HCl^3} \;+\; C^2O^4.$$
$$\underset{\text{trichloracétique.}}{\underset{\text{Acide}}{}}$$

En faisant réagir le brome sur l'acide acétique à une température élevée, MM. Perkin et Duppa ont obtenu les acides monobromacétique $C^4H^3BrO^4$ et dibromacétique $C^4H^2Br^2O^4$. En distillant l'éther monobromacétique avec l'iodure de potassium, les mêmes chimistes ont obtenu, par double décomposition, du bromure de potassium et de l'éther iodacétique, dont ils ont retiré l'acide iodacétique $C^4H^3IO^4$.

$$\left.\begin{matrix}C^4H^2BrO^2\\ C^4H^5\end{matrix}\right\}O^2 \;+\; KI \;=\; \left.\begin{matrix}C^4H^2IO^2\\ C^4H^5\end{matrix}\right\}O^2 \;+\; KBr.$$
$$\underset{\text{d'éthyle.}}{\underset{\text{Bromacétate}}{}} \qquad\qquad\qquad \underset{\text{d'éthyle.}}{\underset{\text{Iodacétate}}{}}$$

ACIDE THIACÉTIQUE.

$$\left.\begin{matrix}C^4H^3O^2\\ H\end{matrix}\right\}S^2.$$

Cet acide a été découvert par M. Kekulé, en 1854. Il est à l'acide acétique ce que le mercaptan est à l'alcool. On l'obtient en distillant l'acide acétique cristallisable avec du pentasulfure de phosphore, et en rectifiant le produit. On recueille séparément ce qui passe à 93°. L'acide thiacétique est incolore. Son odeur rappelle à la fois celle de l'acide acétique et celle de l'hydrogène sulfuré. Sa densité à 10° est égale à 1,074. Il bout à 93°.

ACIDE SULFACÉTIQUE.

$$S^2O^6,C^4H^4O^4 \;=\; \left[C^4\begin{matrix}[S^2O^4]''\\ H^2\\ H\end{matrix}O^2\right]'\right\}O^4.$$

Cet acide a été découvert par M. Melsens, en 1842, et se forme par l'action de l'acide sulfurique anhydre sur l'acide acétique.

MM. Hofmann et Buckton l'ont obtenu en chauffant l'acétamide
ou l'acétonitrile (cyanure de méthyle) avec de l'acide sulfurique
fumant.

$$\left.\begin{array}{l}C^4H^3O^2 \\ H \\ H\end{array}\right\}Az \;+\; 2\left[\begin{array}{l}S^2O^4 \\ H^2\end{array}\right\}O^4\right] \;=\; \left.\begin{array}{l}S^2O^4 \\ AzH^4 \\ H\end{array}\right\}O^4 \;+\; \left[\left.C^4\begin{array}{l}H^2 \\ H\end{array}O^2\right]\right.\left.\begin{array}{l}S^2O^4 \\ \\ H\end{array}\right\}O^4.$$

Acétamide.   Sulfate acide d'ammoniaque.   Acide sulfacétique.

Il est solide et cristallise en prismes fusibles à 62°. Il se décompose complétement à 200°. Il est bibasique. On peut l'envisager
comme de l'acide sulfurique

$$\left.\begin{array}{l}S^2O^4 \\ H^2\end{array}\right\}O^4$$

dans lequel un atome d'hydrogène basique a été remplacé par un
radical acétyle $C^4H^3O^2$. Seulement un des atomes d'hydrogène de
ce radical devient basique, c'est-à-dire remplaçable par un métal,
sous l'influence du sulfuryle S^2O^4, qui est très-acide. Il convient
donc de séparer cet hydrogène des deux autres, et de lui assigner
dans la formule une place distincte. Tel est le sens de la formule
rationnelle que nous avons attribuée à l'acide sulfacétique, et
qu'on pourrait écrire aussi

$$\left.\begin{array}{l}[S^2O^4]'' \\ [C^4H^2O^2,H]' \\ H\end{array}\right\}O^4.$$

Les sulfacétates renferment

$$\left.\begin{array}{l}[S^2O^4]'' \\ [C^4H^2O^2,R]' \\ R\end{array}\right\}O^4.$$

ACÉTAMIDE.

$$C^4H^5AzO^2 \;=\; \left.\begin{array}{l}C^4H^3O^2 \\ H \\ H\end{array}\right\}Az.$$

Ce corps a été découvert, en 1847, par MM. Dumas, Malaguti et
Le Blanc. On l'obtient en chauffant l'éther acétique, à 100°, dans
des tubes scellés, avec une solution aqueuse et concentrée d'ammoniaque. L'éther acétique disparaît, et il se forme de l'alcool et
de l'acétamide, selon l'équation

$$\left.\begin{array}{l}C^4H^3O^2 \\ C^4H^5\end{array}\right\}O^2 \;+\; \left.\begin{array}{l}H \\ H \\ H\end{array}\right\}Az \;=\; \left.\begin{array}{l}C^4H^3O^2 \\ H \\ H\end{array}\right\}Az \;+\; \left.\begin{array}{l}C^4H^5 \\ H\end{array}\right\}O^2.$$

Éther acétique.   Acétamide.   Alcool.

L'acétamide se forme aussi par l'action de l'ammoniaque sur le chlorure d'acétyle (page 253).

Après avoir chassé par la distillation l'excès d'ammoniaque, l'alcool et l'eau, on introduit le résidu dans une petite cornue, et on le distille. L'acétamide passe au-dessus de 200°, sous forme d'une huile incolore, et se prend par le refroidissement en une masse cristalline.

Ce corps est très-soluble dans l'eau, l'alcool et l'éther. Il bout à 222°. La potasse bouillante le dédouble en acétate et en ammoniaque. L'acide phosphorique anhydre en sépare les éléments de l'eau et le convertit en acétonitrile ou cyanure de méthyle.

$$C^4H^5AzO^2 \quad - \quad H^2O^2 \quad = \quad C^4H^3Az.$$
$$\text{Acétamide.} \qquad\qquad \text{Cyanure de méthyle.}$$

En traitant l'éther monochloracétique par l'ammoniaque, M. Willm a obtenu la *monochloracétamide*

$$\left. \begin{array}{l} C^4H^2ClO^2 \\ H \\ H \end{array} \right\} Az$$

qui cristallise en aiguilles brillantes, solubles dans l'eau et dans l'alcool.

La trichloracétamide $\left. \begin{array}{l} C^4Cl^3O^2 \\ H \\ H \end{array} \right\} O^2$ a été obtenue par M. Cloëz. Elle se forme par l'action de l'ammoniaque sur l'éther trichloracétique ou sur le chlorure de trichloracétyle $C^4Cl^3O^2,Cl$. Elle cristallise en prismes incolores, à peine solubles dans l'eau, solubles dans l'alcool et dans l'éther. Elle fond à 135° et bout vers 230° en se décomposant partiellement.

ACIDE PROPIONIQUE.

$$C^6H^6O^4.$$

Cet acide, qu'on a d'abord nommé métacétique, a été découvert par M. Gottlieb, en 1844. Il prend naissance dans un grand nombre de réactions. MM. Dumas, Malaguti et Le Blanc l'ont préparé en décomposant le cyanure d'éthyle par la potasse (page 163). M. Redtenbacher l'a obtenu en abandonnant pendant plusieurs mois à l'air, à une température de 20° à 30°, un mélange de glycérine, d'eau et de levûre. M. Strecker l'a vu se former en faisant fermenter une solution de sucre mélangée avec de la craie et du fromage blanc, et en abandonnant ce mélange pendant un an. Enfin,

M. Wanklyn en a fait la synthèse en faisant passer un courant d'acide carbonique sec sur du sodium-éthyle,

$$C^2O^2,O^2 \ + \ \left.\begin{matrix}C^4H^5\\Na\end{matrix}\right\} \ = \ [C^2O^2,C^4H^5]'\left.\begin{matrix}\\Na\end{matrix}\right\}O^2.$$

Acide   Sodium-   Propionate
carbonique.   éthyle.   de soude.

Pour préparer l'acide propionique, on fait bouillir du cyanure d'éthyle avec une solution alcoolique de potasse dans un ballon auquel s'adapte un réfrigérant de Liebig dirigé en haut (*fig.* 27). Les vapeurs d'alcool condensées dans le réfrigérant retombent sans cesse dans le ballon. Il se forme du propionate de potasse et de l'ammoniaque qui se dégage (page 163). Quand ce dégagement a cessé, on chasse l'alcool par la distillation; on dissout dans l'eau la masse saline, on la sursature par l'acide sulfurique faible, et on distille. On ajoute au produit de la distillation du chlorure de calcium. L'acide propionique se sépare alors sous forme d'une couche oléagineuse; on le distille et on recueille ce qui passe vers 142°.

L'acide propionique est un liquide incolore, d'une densité de 1,0161 à 0°. Il cristallise à une basse température. Son odeur rappelle à la fois celle de l'acide acétique et celle de l'acide butyrique. Il bout à 142°. Il se dissout dans l'eau en toutes proportions. Le chlorure de calcium le sépare de sa solution aqueuse. Les propionates sont solubles dans l'eau et cristallisables.

L'acide propionique renferme 2 équivalents d'oxygène de moins que l'acide lactique.

$C^6H^6O^4$ acide propionique,
$C^6H^6O^6$ acide lactique.

Ces acides peuvent être transformés l'un dans l'autre. Ainsi que nous l'établirons plus loin, M. Ulrich a réduit l'acide lactique en acide propionique. MM. Friedel et Machuca ont transformé l'acide propionique en acide lactique, non par l'oxydation directe, mais par le procédé indirect qui a servi à convertir l'acide acétique en acide glycolique (page 272), et qui est applicable à une foule d'autres réactions du même genre. Il consiste à introduire dans la combinaison la moins oxygénée 1 atome de chlore ou de brome, et à faire réagir ensuite sur l'acide chloré ou bromé les alcalis ou l'oxyde d'argent humide. Ainsi l'acide *monobromopropionique* de MM. Friedel et Machuca se convertit, sous l'influence de l'oxyde d'argent et de l'eau, en acide lactique

$$C^6H^5BrO^4 \ + \ AgO \ + \ HO \ = \ BrAg \ + \ C^6H^6O^6.$$

Acide   Acide lactique.
monobromopropionique.

ACIDE BUTYRIQUE.

$$C^8H^8O^4.$$

Cet acide a été découvert par M. Chevreul dans le beurre, où il existe à l'état de combinaison avec la glycérine. Il se forme lorsqu'on chauffe les matières albuminoïdes, telles que la fibrine, avec de la potasse, ou avec un mélange d'acide sulfurique et de peroxyde de manganèse. Il est aussi un des produits de la putréfaction de la fibrine. MM. Pelouze et Gélis ont montré qu'il se forme en grande abondance aux dépens de diverses matières sucrées, dans la *fermentation butyrique*.

On le prépare en mettant à profit cette dernière réaction. Pour cela, on dissout dans 13 litres d'eau bouillante 3 kilogrammes de sucre ordinaire et 15 grammes d'acide tartrique. On abandonne la solution pendant quelques jours à elle-même, puis on y ajoute environ 120 grammes de vieux fromage délayé dans 4 kilogrammes de lait caillé, auquel on ajoute 1 kilogramme et demi de craie finement divisée. On laisse séjourner ce mélange dans un endroit dont la température soit comprise entre 30 et 35°. Au bout de 10 jours, le tout s'est pris en un magma de lactate de chaux. Mais peu à peu la masse redevient plus fluide : le lactate de chaux disparaît, des gaz se dégagent, et il se forme du butyrate de chaux. Au bout de cinq semaines environ, tout dégagement de gaz a cessé. On étend alors la matière avec de l'eau, et l'on ajoute une solution de 4 kilogrammes de carbonate de soude cristallisé. On sépare le carbonate de chaux par filtration, on réduit la liqueur par l'évaporation à 5 litres, et on y ajoute, par petites portions, 2,75 kilogrammes d'acide sulfurique préalablement étendu d'eau. La plus grande partie de l'acide butyrique se sépare sous forme d'une couche oléagineuse, qu'on décante. La liqueur aqueuse est soumise à la distillation ; le liquide distillé est neutralisé par le carbonate de soude, évaporé et additionné de nouveau d'acide sulfurique étendu. Il se sépare une nouvelle quantité d'acide butyrique, qu'on réunit à la précédente. On distille ensuite cet acide brut avec $\frac{1}{16}$ d'acide sulfurique. On déshydrate le produit par le chlorure de calcium, puis on le rectifie. L'acide butyrique pur passe à 156° (Bensch).

L'acide butyrique est un liquide incolore, doué d'une odeur désagréable de beurre rance, odeur qui se manifeste surtout lorsque l'acide a été conservé pendant longtemps. Sa densité à 0° est égale à 0,9886. Il se solidifie dans un mélange d'acide carbonique solide et d'éther. Il bout à 156° d'après M. Bensch, à 164° d'après MM. Pelouze et Gelis. Il se dissout dans l'eau, mais moins abondamment que les acides acétique et propionique. Les sels neutres solubles séparent l'acide butyrique de cette solution. Cet acide est très-soluble dans l'alcool et dans l'éther.

Il se décompose en partie lorsqu'on le distille avec l'acide sulfurique concentré. Soumis à une ébullition prolongée avec l'acide azotique, il se convertit en acide succinique :

$$C^8H^8O^4 \; + \; O^6 \; = \; C^8H^6O^8 \; + \; H^2O^2.$$

$$\underset{\text{butyrique.}}{\text{Acide}} \qquad\qquad\qquad \underset{\text{succinique.}}{\text{Acide}}$$

On connaît des dérivés chlorés et bromés de l'acide butyrique.

L'acide butyrique forme, avec les bases, des sels cristallisables et solubles dans l'eau.

Butyral et butyrone. — Lorsqu'on soumet à la distillation sèche du butyrate de chaux, on obtient, comme produit principal la butyrone $C^{14}H^{14}O^2$.

$$2C^8H^7CaO^4 \; = \; C^{14}H^{14}O^2 \; + \; Ca^2C^2O^6.$$

$$\underset{\text{Butyrate de chaux.}}{} \qquad \underset{\text{Butyrone.}}{} \qquad \underset{\text{de chaux.}}{\text{Carbonate}}$$

On agite le produit de la distillation avec du bisulfite de soude ; il se forme alors des cristaux, qu'on exprime entre des feuilles de papier, et qu'on décompose ensuite par distillation avec la soude. La butyrone, qui s'était combinée avec le bisulfite de soude, est mise en liberté. On déshydrate sur du chlorure de calcium la couche oléagineuse qui passe avec l'eau, et on la soumet à la distillation fractionnée. La butyrone passe à 144°. C'est un liquide incolore, doué d'une odeur éthérée particulière.

Elle est soluble dans l'eau. Sa densité est égale à 0,83.

La butyrone n'est pas le seul produit de la distillation sèche du butyrate de chaux. M. Chevreul a déjà signalé la formation du butyral dans cette opération, et MM. Friedel et Limpricht ont rencontré, parmi les produits de cette réaction, d'autres corps appartenant au groupe des acétones. Il les ont séparés les uns des autres par distillation fractionnée. En voici les noms, les formules, les points d'ébullition et les densités :

			Points d'ébullition.	Densités.
Butyral.......	$C^8H^8O^2$ =	$\left.\begin{array}{l}C^8H^7O^2\\ H\end{array}\right\}$	95°	
Méthylbutyral..	$C^{10}H^{10}O^2$ =	$\left.\begin{array}{l}C^8H^7O^2\\ C^2H^3\end{array}\right\}$	111°	0,827 à 0°
Éthylbutyral...	$C^{12}H^{12}O^2$ =	$\left.\begin{array}{l}C^8H^7O^2\\ C^4H^5\end{array}\right\}$	128°	0,833 à 0°

		Points d'ébullition.	Densités.
Propylbutyral.. (butyrone)	$C^{14}H^{14}O^2 = \begin{cases} C^8H^7O^2 \\ C^6H^7 \end{cases}$	144°	0,83
Méthylbutyrone	$C^{16}H^{16}O^2 = \begin{cases} C^{14}H^{13}O^2 \\ C^2H^3 \end{cases}$	180°	0,827 à 16°
Butylbutyrone.	$C^{22}H^{22}O^2 = \begin{cases} C^{14}H^{13}O^2 \\ C^8H^9 \end{cases}$	222°	0,818 à 20°

Pour obtenir le *butyral* ou *aldéhyde butyrique* à l'état de pureté, il convient de distiller un mélange d'équivalents égaux de butyrate et de formiate de chaux, selon la méthode de M. Piria. On agite le produit de la distillation avec du bisulfite de soude, et on achève la préparation comme on vient de l'indiquer pour la butyrone.

Le butyral bout de 68 à 75°. Il forme, comme l'aldéhyde, une combinaison cristallisable avec l'ammoniaque.

ACIDE VALÉRIQUE
$C^{10}H^{10}O^4$.

Cet acide a été découvert par M. Chevreul, en 1817, dans l'huile de dauphin. Grote en a démontré l'existence dans la racine de valériane. MM. Dumas et Stas l'ont obtenu par l'oxydation de l'alcool amylique.

Préparation. — 1° On peut l'extraire de la racine de valériane en la distillant avec de l'eau, après l'avoir divisée en petits fragments. On augmente le rendement en ajoutant à l'eau une petite quantité de bichromate de potasse et d'acide sulfurique. L'huile de valériane qu'on obtient ainsi est formée d'acide valérique mélangé à des produits neutres, dont l'un est un carbure d'hydrogène (bornéène $C^{20}H^{16}$), et l'autre un corps oxygéné, qui a été désigné sous le nom impropre de *valérol* ($C^{12}H^{10}O^2$?). De cette huile de valériane on extrait l'acide valérique à l'aide du carbonate de soude. On évapore à siccité la solution du valérate de soude, et on décompose ce sel par distillation avec une quantité équivalente d'acide sulfurique.

2° Un procédé plus productif et plus économique consiste à oxyder l'alcool amylique avec un mélange de bichromate de potasse et d'acide sulfurique.

Dans une grande cornue, dont la tubulure est traversée par un tube à entonnoir, on introduit une solution saturée de 5 parties de bichromate de potasse. Le col de la cornue communique avec un réfrigérant de Liebig dirigé en haut. On verse peu à peu, par le tube à entonnoir, un mélange de 1 partie d'alcool amylique et de 2 parties d'acide sulfurique. La réaction commence d'elle-même; il se forme de l'aldéhyde valérique, qui se volatilise et reflue dans la cornue après s'être condensée dans le réfrigérant. En s'oxydant, cette aldéhyde se convertit en acide valérique, si l'on a soin de faire bouillir pendant quelque temps le liquide. On le distille ensuite en inclinant le réfrigérant de Liebig dans l'autre sens.

Le produit de la distillation est formé de deux couches, une couche oléagineuse et une solution aqueuse d'acide valérique. On neutralise le tout par la soude, on sépare l'huile neutre qui reste, et qui constitue le valérate d'amyle $C^{10}H^9(C^{10}H^{11})O^4$. On évapore à siccité la solution de valérate de soude, et on distille le sel sec avec les $\frac{2}{3}$ de son poids d'acide sulfurique préalablement étendu de la moitié de son poids d'eau. On sépare à l'aide d'un entonnoir la couche oléagineuse qui a passé à la distillation, et on la rectifie. Il passe d'abord un liquide laiteux; dès que le produit devient transparent, on change de récipient et on recueille alors de l'acide valérique pur.

On peut retirer l'acide valérique du valérate d'amyle qu'on a obtenu comme produit accessoire, en décomposant cet éther par une ébullition prolongée avec la potasse caustique. Il se forme de l'alcool amylique et du valérate de potasse, qu'on décompose par l'acide sulfurique.

Propriétés. — L'acide valérique est un liquide incolore et fluide. Son odeur est désagréable et rappelle à la fois celle du vieux fromage et celle de la racine de valériane. Sa densité à 0° est égale à 0,9555. Il bout à 175°. Il se dissout dans 30 parties d'eau à 20°, et en toutes proportions dans l'alcool et dans l'éther. Mis en contact avec une petite quantité d'eau, il s'y combine pour former un hydrate oléagineux dont la densité est égale à 0,95.

Sous l'influence du chlore, à la lumière diffuse, l'acide valérique se convertit en acide trichlorovalérique $C^{10}H^7Cl^3O^4$. Lorsqu'on fait agir le chlore à la lumière solaire, il se forme de l'acide tétrachlorovalérique $C^{10}H^6Cl^4O^4$ (Dumas et Stas).

Valérates. — Un grand nombre de valérates sont solubles dans l'eau et cristallisables. Projetés sur l'eau, les cristaux exécutent des mouvements giratoires. Ils exhalent une odeur d'acide valérique. Lorsqu'on soumet à l'électrolyse une solution concentrée de valérate de potasse, il se forme du butyle $(C^8H^9)^2$, du carbonate de potasse, et il se dégage de l'hydrogène (Kolbe). Cette décomposition est analogue à celle qu'éprouve l'acide acétique dans les mêmes circonstances (page 123).

Le *valérate de chaux* donne par la distillation sèche du *valéral* et de la *valérone* (Chancel). On peut séparer ces deux corps en agitant le mélange avec du bisulfite de soude. La valérone ne s'y combine pas.

Le *valérate de zinc* $C^{10}H^9ZnO^4$ s'obtient en saturant à chaud l'acide valérique par l'hydrocarbonate de zinc, en présence de l'eau. La solution bouillante laisse déposer par le refroidissement des paillettes nacrées, qui se dissolvent dans 5 parties d'eau bouillante et dans 40 parties d'eau froide. Ce sel a été employé en médecine comme antispasmodique.

Valéral et Valérone. — Le *valéral*, séparé de sa combinaison avec le bisulfite de soude, par distillation avec la soude, constitue un liquide doué d'une odeur agréable, bouillant entre 100 et 110°. Il renferme $C^{10}H^{10}O^2 = \left.\begin{array}{l}C^{10}H^9O^2\\H\end{array}\right\}$. Il forme avec l'ammoniaque une combinaison cristallisable. Ce corps semble être identique avec l'aldéhyde amylique ou valérique que MM. Dumas et Stas ont obtenue en oxydant l'alcool amylique à l'aide de l'acide azotique. Un bon procédé pour obtenir cette aldéhyde consiste à introduire dans une cornue, munie d'une allonge et d'un récipient qu'on refroidit avec soin, une solution de 12 parties de bichromate de potasse, et d'introduire peu à peu, par un tube à entonnoir, un mélange de 11 parties d'alcool amylique, de 16 parties d'acide sulfurique et de 16 parties d'eau. La masse s'échauffe fortement et l'aldéhyde valérique passe à la distillation. On chauffe à la fin de l'opération. Après avoir séparé la couche oléagineuse, on l'agite avec une solution concentrée de bisulfite de soude; on exprime au bout de 24 heures les cristaux qui se sont formés et on les distille avec une solution de soude caustique. L'aldéhyde valérique qui a passé est déshydratée par le chlorure de calcium et rectifiée. Elle bout à 98°.

C'est un liquide incolore, doué d'une odeur de pommes. Cette odeur est suffocante lorsqu'elle est concentrée. Il est insoluble dans l'eau, soluble dans l'alcool et dans l'éther. Il forme avec l'ammoniaque et les bisulfites alcalins des combinaisons qui ressemblent à celles que donne le valéral.

La *valérone* $C^{18}H^{18}O^2 = \left.\begin{array}{l}C^{10}H^9O^2\\C^8H^9\end{array}\right\}$ ne se combine pas avec les bisulfites alcalins. Cette propriété permet de la séparer du valéral, qui

se forme en même temps que la valérone, par la distillation sèche
du valérate de chaux. La valérone est un liquide mobile, doué
d'une odeur éthérée agréable. Elle bout vers 166°.

ACIDE CAPROÏQUE.

$$C^{12}H^{12}O^{4}.$$

Cet acide a été découvert, en 1818, par M. Chevreul, dans le
beurre, où il existe à l'état de combinaison avec la glycérine.
M. Fehling l'a rencontré dans le beurre de coco. MM. Frankland et Kolbe l'ont préparé en soumettant le cyanure d'amyle à
l'ébullition avec la potasse caustique, selon le procédé qui a été
décrit page 277 pour la préparation de l'acide propionique.

L'acide caproïque est un liquide incolore, oléagineux, doué
d'une odeur désagréable de sueur. Il ne se solidifie pas à — 9°. Il
bout à 198°. Il ne se dissout que dans 96 parties d'eau. Il est très-
soluble dans l'alcool.

L'acide préparé par la décomposition du cyanure d'amyle actif
dévie lui-même le plan de polarisation vers la droite (A. Wurtz).
On peut donc y supposer l'existence du groupe amyle actif $C^{10}H^{11}$
et exprimer sa composition par la formule rationnelle :

$$\left.\begin{array}{c}[C^{2}O^{2},C^{10}H^{11}]\\H\end{array}\right\}O^{2}$$

conforme à celle que nous avons indiquée pour les acides de cette
série (page 235).

ACIDE ŒNANTHYLIQUE.

$$C^{14}H^{14}O^{4}.$$

Cet acide, qui a été découvert par Laurent en 1837, se forme
par l'oxydation de l'huile de ricin par l'acide azotique. On introduit cette huile dans une cornue munie d'une allonge et d'un
récipient, et on la fait bouillir pendant quelques heures avec de
l'acide azotique étendu. On décante le produit oléagineux qui a
passé dans le récipient, on l'épuise avec une lessive alcaline
étendue. La solution aqueuse étant décomposée par un acide,
l'acide œnanthylique se sépare sous forme d'une couche oléagineuse. On le rectifie. Il passe à 213° sous forme d'une huile
incolore. Sa densité est égale à 0,9167 à 24°. Son odeur est faible.

Œnanthol ou aldéhyde œnanthylique $C^{14}H^{14}O^{2}$. — MM. Bussy et
Lecanu ont obtenu ce corps en 1827 par la distillation de l'huile
de ricin. Pour exécuter cette opération, on mêle l'huile avec du

sable, de manière à former une bouillie épaisse. Puis on la chauffe dans une cornue à feu nu. Lorsque le produit qui a passé forme $\frac{1}{6}$ du volume de l'huile employée, on arrête la distillation et on agite le liquide avec une solution concentrée de bisulfite de soude. Il se forme un magma cristallisé d'œnanthyl-sulfite de sodium. On exprime ces cristaux et on les distille avec de la soude caustique, l'œnanthol passe. Après l'avoir desséché sur le chlorure de calcium, on le rectifie.

L'œnanthol est un liquide neutre doué d'une odeur aromatique particulière. Il bout à 152°. Sa densité à 17° est égale à 0,8271. Il possède les propriétés d'une aldéhyde. Exposé à l'air, il attire l'oxygène et se convertit en acide œnanthylique. La même transformation s'accomplit sous l'influence de réactifs oxydants, tels que l'acide azotique, le mélange de bichromate de potasse et d'acide sulfurique. L'hydrogène naissant convertit l'œnanthol en alcool œnanthylique (page 187).

ACIDES CAPRYLIQUE, PÉLARGONIQUE, CAPRIQUE, LAURIQUE, MYRISTIQUE.

L'acide caprylique $C^{16}H^{16}O^4$ a été découvert, en 1844, par M. Lerch, dans le beurre. On l'a aussi rencontré dans le beurre de coco, où il existe, comme dans le beurre, en combinaison avec la glycérine. On l'a signalé aussi dans les résidus de la distillation de l'huile de pommes de terre, où il existe a l'état d'éther amylique.

L'acide pélargonique $C^{18}H^{18}O^4$ a été découvert, en 1846, par M. Pless, dans l'huile volatile de *Pelargonium roseum*. M. Redtenbacher l'a signalé parmi les produits d'oxydation de l'acide oléique. MM. Gerhardt et Cahours l'ont obtenu en faisant bouillir l'essence de rue avec de l'acide azotique.

L'acide caprique $C^{20}H^{20}O^4$ a été découvert par M. Chevreul dans le beurre. Il existe aussi dans le beurre de coco. Gerhardt l'a obtenu, par l'oxydation de l'essence de rue, au moyen de l'acide azotique faible.

L'aldéhyde caprique $C^{20}H^{20}O^2$ constitue, d'après Gerhardt, une partie essentielle de l'huile volatile de rue (*Ruta graveolens*). On peut l'en isoler au moyen du bisulfite de soude, selon le procédé qui a été précédemment décrit (page 282). C'est un liquide doué d'une odeur désagréable. Il se solidifie de — 1° à — 2°. Il bout de 228° à 230°. M. Bauer le considère comme identique avec l'oxyde de diamylène $C^{20}H^{20},O^2$. D'après M. Strecker, la partie principale de l'huile essentielle de rue serait une acétone

$$C^{20}H^{19}O^2)$$
$$C^2H^3\}$$

L'acide laurique ou **laurostéarique** $C^{24}H^{24}O^4$ a été découvert en 1842, par M. Marsson, dans les baies de laurier. On l'a rencontré aussi dans le beurre de coco (Gœrgey) et en petite quantité dans le blanc de baleine (Heintz).

L'acide myristique $C^{28}H^{28}O^4$ se rencontre dans le beurre de muscade (Playfair, 1841); M. Heintz l'a trouvé dans le blanc de baleine.

Les propriétés physiques des acides que nous venons de mentionner sont résumées dans le tableau de la page 289.

ACIDE PALMITIQUE.

$$C^{32}H^{32}O^4.$$

MM. Fremy et Stenhouse ont retiré cet acide de l'huile de palme. MM. Dumas et Stas l'ont obtenu en fondant l'éthal ou alcool cétylique avec de la chaux sodée (page 189), et l'ont décrit sous le nom d'acide cétique. Cet acide existe dans le blanc de baleine, dans la cire du Japon, dans la cire d'abeilles. M. Heintz a montré qu'il existe dans presque toutes les graisses et huiles neutres. Pour le séparer des acides gras voisins qui s'y rencontrent en même temps, il emploie la méthode de la *précipitation fractionnée* que nous allons décrire.

Après avoir saponifié l'huile de palme, ou un autre corps gras renfermant de l'acide palmitique, par la potasse, on ajoute à la lessive alcaline une solution saturée de sel marin, qui sépare le savon. On le recueille et on le décompose par l'acide chlorhydrique à chaud. Les acides gras se séparent, fondent et se solidifient par le refroidissement. On les comprime fortement entre des doubles de papier qui s'imprègnent d'acide oléique. La masse solide est ensuite dissoute dans l'alcool et la solution est additionnée d'une solution alcoolique chaude d'acétate de magnésie. On n'emploie pour cette première précipitation que le $\frac{1}{7}$ de la quantité qui serait nécessaire pour précipiter la totalité des acides gras. Le précipité renferme principalement du stéarate de magnésie. La liqueur filtrée est additionnée d'une nouvelle quantité ($\frac{1}{7}$) d'acétate de magnésie. Le nouveau précipité qui se forme est plus riche en palmitate de magnésie. Après avoir précipité une troisième fois la liqueur filtrée, on aura une nouvelle quantité de ce sel, tandis que les précipités formés dans les dernières opérations renfermeront des acides plus fusibles que l'acide palmitique.

Cette première série d'opérations étant exécutée, on reprend les précipités qui renferment de l'acide palmitique, on en sépare l'acide à l'aide de l'acide chlorhydrique et on recommence une nouvelle série de précipitations fractionnées, en ayant soin de rejeter les premiers et les derniers précipités : les premiers renferment des acides moins fusibles, les autres des acides plus fusibles que l'acide palmitique. Ce dernier pourra être considéré comme pur lorsque son point de fusion se maintiendra constant à 62°, c'est-à-dire lorsqu'on ne pourra plus séparer de l'acide, par précipitation avec l'acétate de magnésie ou de baryte, des portions entrant en fusion au-dessous et au-dessus de cette température.

On obtient en Angleterre des quantités notables d'acide palmitique impur en distillant l'huile de palme avec la vapeur d'eau surchauffée. Cette huile se sépare, dans cette opération, en acides gras et glycérine, qui sont entraînés par la vapeur d'eau. Les acides gras, débarrassés, par expression, de l'acide oléique, sont employés pour la fabrication des bougies.

L'acide palmitique pur est solide, blanc. Il fond à 62° et se prend par le refroidissement en une masse cristalline feuilletée. Il est insoluble dans l'eau et se dissout abondamment dans l'alcool et dans l'éther. La solution alcoolique le laisse déposer, par le refroidissement, en fines aiguilles blanches.

ACIDE MARGARIQUE.
$$C^{34}H^{34}O^4.$$

D'après M. Chevreul cet acide existe dans presque tous les corps gras. Voici un des procédés que ce chimiste a indiqués pour sa préparation : on saponifie l'huile d'olive par la litharge et l'eau ; on laisse refroidir le savon de plomb ainsi obtenu, qui constitue un mélange de margarate et d'oléate de plomb, et après l'avoir divisé, on l'épuise par l'éther. Celui-ci dissout l'oléate de plomb et laisse le margarate sous forme d'une poudre blanche insoluble. On recueille ce sel sur un filtre, on le lave avec de l'éther, on le sèche, puis on le décompose par l'acide chlorhydrique chaud. Il se forme du chlorure de plomb et l'acide margarique, mis en liberté, surnage la liqueur acide sous forme d'une couche oléagineuse qui se concrète par le refroidissement. On le dissout dans l'alcool bouillant et on le fait cristalliser.

Ainsi obtenu, l'acide margarique est solide et cristallise en paillettes fusibles à 60°. Par le refroidissement, l'acide fondu se prend
en une masse cristalline formée par des aiguilles entrelacées.
M. Heintz admet que l'acide margarique, qu'on a retiré de beaucoup de graisses, est un mélange d'acide palmitique et d'acide
stéarique qu'on parvient à séparer l'un de l'autre par la méthode
des précipitations fractionnées que nous avons décrite plus haut.
En fondant ensemble 9 parties d'acide palmitique et 1 partie d'a-
cide stéarique, il a obtenu un mélange qui possédait le point de
fusion 60° et la texture cristalline aiguillée de l'acide margarique.

Mais, d'un autre côte, l'existence de l'acide margarique comme
acide distinct ne peut être mise en doute. M. Becker a obtenu un
acide $C^{34}H^{34}O^4$ en décomposant le cyanure de cétyle $C^2Az.C^{34}H^{33}$
par la potasse, selon le procédé qui permet de convertir le cyanure
d'éthyle en acide propionique (page 163). L'acide ainsi obtenu
entrait en fusion à 35°. Peut-être n'était-il pas parfaitement pur.

ACIDE STÉARIQUE.

$C^{36}H^{36}O^4$.

Cet acide a été découvert par M. Chevreul; il existe dans les
graisses solides, telles que le suif. MM. Bouis et Pimentel l'ont extrait du suif de Mafurra, graisse végétale.

Voici un des procédés que M. Chevreul recommande pour la
préparation de cet acide.

On convertit le suif en savon de soude en le saponifiant avec
la potasse caustique, et séparant le savon à l'aide du chlorure de
sodium.

On dissout ensuite le savon neutre dans une petite quantité
d'eau et on verse la solution dans une grande masse d'eau pure. Il
se précipite du bistéarate de soude en petites paillettes cristallines qui donnent à l'eau une apparence miroitante. On laisse déposer ce sel, on le recueille et on le décompose, à chaud, par l'a-
cide chlorhydrique. L'acide stéarique, mis en liberté, se prend en
masse par le refroidissement. On le purifie par plusieurs cristallisations dans l'alcool, et au besoin par la méthode des précipitations fractionnées (page 285). Ce sont les premiers précipités qui
sont les plus riches en acide stéarique.

Ainsi obtenu, l'acide stéarique est solide, blanc. Son point de
fusion est situé à 69°,2. Par le refroidissement l'acide fondu se
prend en une masse blanche feuilletée. Il se dissout dans l'alcool

et dans l'éther. La solution alcoolique le laisse déposer en paillettes nacrées. Elle possède une réaction faiblement acide.

Les stéarates alcalins sont solubles dans l'eau; une grande quantité d'eau leur enlève une portion de la base et les convertit en stéarates acides peu solubles et cristallins. Les stéarates alcalins se dissolvent aussi dans l'alcool; celui de soude se dépose en gelée de sa solution alcoolique. Les stéarates de chaux, de baryte, de plomb, sont insolubles dans l'eau et peuvent être obtenus par double décomposition.

ACIDES ARACHIQUE ET BÉNIQUE.

M. Gœssmann a retiré de l'huile d'arachides un acide solide, cristallisable de sa solution alcoolique en petites paillettes brillantes, fusible à 75°. C'est l'acide *arachique* $C^{40}H^{40}O^4$.

L'acide bénique $C^{44}H^{44}O^4$ a été retiré, par M. Voelcker, des noix de ben (*Moringa nux Behen*).

ACIDES CÉROTIQUE ET MÉLISSIQUE.

Ces acides ont été découverts par M. Brodie dans les cires (page 191).

L'acide cérotique $C^{54}H^{54}O^4$ forme la partie de la cire d'abeilles soluble dans l'alcool, et qu'on désignait autrefois sous le nom de *cérine*. Pour l'isoler on précipite la solution alcoolique de la cire par une solution alcoolique d'acétate de plomb; on lave le précipité par l'alcool et par l'éther, et on le décompose, à chaud, par l'acide acétique. L'acide cérotique mis en liberté est fondu dans l'eau, puis dissous dans l'alcool bouillant, qui le laisse déposer en grains cristallisés. Il fond à 78°.

L'acide mélissique $C^{60}H^{60}O^4$ est l'acide correspondant à l'alcool myricique ou mélissique (page 192). On l'obtient en fondant cet alcool avec de la chaux sodée. Séparé de la soude, il possède des propriétés semblables à celles de l'acide cérotique. Il fond à 88°.

Le tableau suivant donne la composition et les propriétés physiques des acides gras de la série $C^nH^nO^4$:

NOMS DES ACIDES.	FORMULES BRUTES.	FORMULES RATIONNELLES.	POINTS DE FUSION.	POINTS d'ébullition.	DENSITÉS.
Acide formique....	$C^2H^2O^4$	$\left.\begin{array}{l}C^2HO^2\\H\end{array}\right\}O^2$	$+ 1^o$	99°	$1,2227$ à 0°
Acide acétique.....	$C^4H^4O^4$	$\left.\begin{array}{l}C^4H^3O^2\\H\end{array}\right\}O^2$	$+ 17^o$	117°	$1,0801$ à 0°
Acide propionique..	$C^6H^6O^4$	$\left.\begin{array}{l}C^6H^5O^2\\H\end{array}\right\}O^2$	»	142°	$1,0161$ à 0°
Acide butyrique....	$C^8H^8O^4$	$\left.\begin{array}{l}C^8H^7O^2\\H\end{array}\right\}O^2$	au-dessous de $- 20^o$	156°	$0,9886$ à 0°
Acide valérique....	$C^{10}H^{10}O^4$	$\left.\begin{array}{l}C^{10}H^9O^2\\H\end{array}\right\}O^2$	»	175°	$0,9555$ à 0°
Acide caproïque....	$C^{12}H^{12}O^4$	$\left.\begin{array}{l}C^{12}H^{11}O^2\\H\end{array}\right\}O^2$	$+ 5^o$	198°	$0,931$ à 15°
Acide œnanthylique.	$C^{14}H^{14}O^4$	$\left.\begin{array}{l}C^{14}H^{13}O^2\\H\end{array}\right\}O^2$	»	212°	$0,9167$ à 24°
Acide caprylique...	$C^{16}H^{16}O^4$	$\left.\begin{array}{l}C^{16}H^{15}O^2\\H\end{array}\right\}O^2$	$+ 14^o$	236°	$0,99 (?)$ à 20°
Acide pélargonique.	$C^{18}H^{18}O^4$	$\left.\begin{array}{l}C^{18}H^{17}O^2\\H\end{array}\right\}O^2$	$+ 18^o (?)$	260°	»
Acide caprique.....	$C^{20}H^{20}O^4$	$\left.\begin{array}{l}C^{20}H^{19}O^2\\H\end{array}\right\}O^2$	$+ 27^o,2$	»	»
Acide laurique.....	$C^{24}H^{24}O^4$	$\left.\begin{array}{l}C^{24}H^{23}O^2\\H\end{array}\right\}O^2$	$+ 43^o,6$	»	$0,883$ à 20°
Acide myristique...	$C^{28}H^{28}O^4$	$\left.\begin{array}{l}C^{28}H^{27}O^2\\H\end{array}\right\}O^2$	$+ 53^o,8$	»	»
Acide palmitique...	$C^{32}H^{32}O^4$	$\left.\begin{array}{l}C^{32}H^{31}O^2\\H\end{array}\right\}O^2$	$+ 62^o$	»	»
Acide margarique..	$C^{34}H^{34}O^4$	$\left.\begin{array}{l}C^{34}H^{33}O^2\\H\end{array}\right\}O^2$	$+ 60^o$	»	»
Acide stéarique....	$C^{36}H^{36}O^4$	$\left.\begin{array}{l}C^{36}H^{35}O^2\\H\end{array}\right\}O^2$	$+ 69^o,2$	»	»
Acide arachique....	$C^{40}H^{40}O^4$	$\left.\begin{array}{l}C^{40}H^{39}O^2\\H\end{array}\right\}O^2$	$+ 75^o$	»	»
Acide bénique.....	$C^{44}H^{44}O^4$	$\left.\begin{array}{l}C^{44}H^{43}O^2\\H\end{array}\right\}O^2$	$+ 76^o$	»	»
Acide cérotique....	$C^{54}H^{54}O^4$	$\left.\begin{array}{l}C^{54}H^{53}O^2\\H\end{array}\right\}O^2$	$+ 78^o$	»	»
Acide mélissique...	$C^{60}H^{60}O^4$	$\left.\begin{array}{l}C^{60}H^{59}O^2\\H\end{array}\right\}O^2$	$+ 88^o$	»	»

Tous ces acides donnent, avec les alcools, des éthers composés. Ces combinaisons éthérées sont très-nombreuses. Nous en avons décrit les plus importantes, et nous résumons dans les tableaux suivants les données relatives à leur composition et à leurs propriétés physiques :

ÉTHERS COMPOSÉS MÉTHYLIQUES.

NOMS DES ÉTHERS.	FORMULES BRUTES.	FORMULES RATIONNELLES.	POINTS d'ébullition.	DENSITÉS.
Formiate de méthyle....	$C^4H^4O^4$	$\left.{C^2HO^2 \atop C^2H^3}\right\}O^2$	33°	0,9984 à 0°
Acétate de méthyle.....	$C^6H^6O^4$	$\left.{C^4H^3O^2 \atop C^2H^3}\right\}O^2$	56°	0,9328 à 0°
Butyrate de méthyle.....	$C^{10}H^{10}O^4$	$\left.{C^8H^7O^2 \atop C^2H^3}\right\}O^2$	93°	0,9091 à 0°
Valérate de méthyle.....	$C^{12}H^{12}O^4$	$\left.{C^{10}H^9O^2 \atop C^2H^3}\right\}O^2$	112°	0,896 à 0°
Caproate de méthyle....	$C^{14}H^{14}O^4$	$\left.{C^{12}H^{11}O^2 \atop C^2H^3}\right\}O^2$	131°	»
Caprylate de méthyle....	$C^{18}H^{18}O^4$	$\left.{C^{16}H^{15}O^2 \atop C^2H^3}\right\}O^2$	169°	0,882

ÉTHERS COMPOSÉS ÉTHYLIQUES.

NOMS DES ÉTHERS.	FORMULES BRUTES.	FORMULES RATIONNELLES.	POINTS DE FUSION.	POINTS d'ébullition.	DENSITÉS.
Formiate d'éthyle...	$C^6H^6O^4$	$\left.{C^2HO^2 \atop C^4H^5}\right\}O^2$	»	55°	0,9394 à 0°
Acétate d'éthyle.....	$C^8H^8O^4$	$\left.{C^4H^3O^2 \atop C^4H^5}\right\}O^2$	»	74°	0,9105 à 0°
Propionate d'éthyle..	$C^{10}H^{10}O^4$	$\left.{C^6H^5O^2 \atop C^4H^5}\right\}O^2$	»	vers 95°	0,9231 à 0°
Butyrate d'éthyle. ..	$C^{12}H^{12}O^4$	$\left.{C^8H^7O^2 \atop C^4H^5}\right\}O^2$	»	114°	0,9941 à 0°
Valérate d'éthyle....	$C^{14}H^{14}O^4$	$\left.{C^{10}H^9O^2 \atop C^4H^5}\right\}O^2$	»	133°	0,8829 à 0°
Caproate d'éthyle...	$C^{16}H^{16}O^4$	$\left.{C^{12}H^{11}O^2 \atop C^4H^5}\right\}O^2$	»	162° (?)	0,882
Œnanthylate d'éthyle.	$C^{18}H^{18}O^4$	$\left.{C^{14}H^{13}O^2 \atop C^4H^5}\right\}O^2$	»	»	»
Caprylate d'éthyle...	$C^{20}H^{20}O^4$	$\left.{C^{16}H^{15}O^2 \atop C^4H^5}\right\}O^2$	»	214° (?)	0,8738 à 15°
Pélargonate d'éthyle.	$C^{22}H^{22}O^4$	$\left.{C^{18}H^{17}O^2 \atop C^4H^5}\right\}O^2$	»	216°-218°	0,86
Caprate d'éthyle....	$C^{24}H^{24}O^4$	$\left.{C^{20}H^{19}O^2 \atop C^4H^5}\right\}O^2$	»	»	0,862
Laurate d'éthyle....	$C^{28}H^{28}O^4$	$\left.{C^{24}H^{23}O^2 \atop C^4H^5}\right\}O^2$	— 10°	»	0,86 à 20°
Myristate d'éthyle...	$C^{32}H^{32}O^4$	$\left.{C^{28}H^{27}O^2 \atop C^4H^5}\right\}O^2$	»	»	0,864
Palmitate d'éthyle...	$C^{36}H^{36}O^4$	$\left.{C^{32}H^{31}O^2 \atop C^4H^5}\right\}O^2$	24°,2	»	»
Stéarate d'éthyle....	$C^{40}H^{40}O^4$	$\left.{C^{36}H^{35}O^2 \atop C^4H^5}\right\}O^2$	33°,7	»	»
Arachate d'éthyle...	$C^{44}H^{44}O^4$	$\left.{C^{40}H^{39}O^2 \atop C^4H^5}\right\}O^2$	50°	»	»
Cérotate d'éthyle....	$C^{58}H^{58}O^4$	$\left.{C^{54}H^{53}O^2 \atop C^4H^5}\right\}O^2$	59°-60°	»	»

ÉTHERS COMPOSÉS AMYLIQUES.

NOMS DES ÉTHERS.	FORMULES BRUTES.	FORMULES RATIONNELLES.	POINTS d'ébullition.	DENSITÉS.
Formiate d'amyle.......	$C^{12}H^{12}O^4$	$\left.\begin{matrix}C^2HO^2\\C^{10}H^{11}\end{matrix}\right\}O^2$	114°	0,8945 à 0°
Acétate d'amyle........	$C^{14}H^{14}O^4$	$\left.\begin{matrix}C^4H^3O^2\\C^{10}H^{11}\end{matrix}\right\}O^2$	133°	0,8837 à 0°
Propionate d'amyle......	$C^{16}H^{16}O^4$	$\left.\begin{matrix}C^6H^5O^2\\C^{10}H^{11}\end{matrix}\right\}O^2$	vers 155°	»
Butyrate d'amyle.......	$C^{18}H^{18}O^4$	$\left.\begin{matrix}C^8H^7O^2\\C^{10}H^{11}\end{matrix}\right\}O^2$	173° 176°	»
Valérate d'amyle........	$C^{20}H^{20}O^4$	$\left.\begin{matrix}C^{10}H^9O^2\\C^{10}H^{11}\end{matrix}\right\}O^2$	188°	0,8793 à 0°

ACIDES HOMOLOGUES DE L'ACIDE OLÉIQUE.

La composition générale de ces acides est exprimée par la formule $C^nH^{n-2}O^4$. Ils diffèrent donc des acides gras correspondants par 2 équivalents d'hydrogène en moins. Ils dérivent d'alcools $C^nH^nO^2$, dont un seul est connu, l'alcool allylique (page 195). L'acroléine et l'acide acrylique se rattachent à cet alcool, comme l'aldéhyde et l'acide acétique se rattachent à l'alcool ordinaire

$C^6H^6O^2$ alcool allylique
$C^6H^4O^2$ acroléine (aldéhyde allylique)
$C^6H^4O^4$ acide acrylique.

Les principaux acides qui forment cette série sont les suivants :

Acide acrylique........................	$C^6H^4O^4$
Acide crotonique......................	$C^8H^6O^4$
Acide angélique.......................	$C^{10}H^8O^4$
Acide pyrotérébique...................	$C^{12}H^{10}O^4$
Acide hypogéique	$C^{32}H^{30}O^4$
Acides oléique et élaïdique.............	$C^{36}H^{34}O^4$

ACIDE ACRYLIQUE.
$C^6H^4O^4$.

Pour obtenir cet acide, on introduit dans une cornue tubulée de l'oxyde d'argent sur lequel on verse, par la tubulure, de l'acroléine brute, par petites portions. La réaction est très-violente, et l'acroléine se transforme, par oxydation, en acide acrylique. Lorsque l'odeur de l'acroléine a disparu, on verse de l'eau dans la cornue, on fait bouillir pour chasser quelques produits volatils, puis on filtre la solution bouillante. L'acrylate d'argent cristallise par le refroidissement. On l'introduit dans un tube à boules ou dans un matras qu'on entoure de glace, et on le décompose par l'hydrogène sulfuré. On distille ensuite l'acide acrylique mis en liberté, et on le purifie par rectification.

C'est un liquide incolore, doué d'une odeur piquante. Il bout au-dessus de 100°. Il ne se solidifie pas à 0°. Il se mêle à l'eau en toutes proportions. Il est monobasique et forme des sels solubles dans l'eau.

L'hydrogène naissant le convertit en acide propionique (Linnemann)

$$C^6H^4O^4 \quad + \quad H^2 \quad = \quad C^6H^6O^4.$$
$$\text{Acide acrylique.} \qquad\qquad \text{Acide propionique.}$$

ACROLÉINE.

$$C^6H^4O^2.$$

Ce corps a été découvert, en 1843, par M. Redtenbacher. Il prend naissance par la distillation sèche de la glycérine ou des glycérides (corps gras neutres).

$$C^6H^8O^6 \quad - \quad H^4O^4 \quad = \quad C^6H^4O^2.$$
$$\text{Glycérine.} \qquad\qquad \text{Acroléine.}$$

Il se forme aussi par l'oxydation de l'alcool allylique (page 196). Pour le préparer, on introduit dans une cornue, à laquelle s'adapte un réfrigérant de Liebig, un mélange de 50 grammes de glycérine, de 100 grammes de sulfate acide de potasse, et de 150 grammes de sable. Ce dernier est destiné à empêcher la formation de la mousse. On distille à feu nu et l'on recueille le produit dans un ballon refroidi, renfermant du chlorure de calcium et une petite quantité d'oxyde de plomb. On rectifie le liquide sur ces matières, et après l'avoir fait digérer pendant 24 heures sur une nouvelle quantité de chlorure de calcium et d'oxyde de plomb, on le rectifie une seconde fois. En raison de l'odeur très-irritante de l'acroléine, ces opérations doivent être exécutées en plein air ou sous une bonne cheminée.

L'acroléine est un liquide incolore. Sa saveur est brûlante, son odeur est irritante au plus haut degré, et provoque le larmoiement.

L'acroléine bout vers 52°. Elle est plus légère que l'eau et peu soluble dans ce liquide. 1 partie d'acroléine exige, pour se dissoudre, 40 parties d'eau. Elle se dissout abondamment dans l'alcool et dans l'éther. On ne peut la conserver, même dans des vases scellés : elle se convertit peu à peu en une masse floconneuse, *le disacryle*, ou en une substance résineuse. Exposée à l'air ou traitée par les réactifs oxydants, tels que l'acide azotique, elle absorbe de l'oxygène et se convertit en acide acrylique. Elle réduit l'oxyde d'argent (Redtenbacher).

Elle se combine avec l'acide chlorhydrique sec, pour former un composé solide cristallisable $C^6H^4O^2,HCl$.

Lorsqu'on la distille sur de l'hydrate de potasse, elle donne un liquide oléagineux qui se concrète en beaux cristaux, *la méta-croléine*, modification métamérique ou polymérique de l'acroléine (Geuther et Cartmell). Ces caractères rappellent ceux de l'aldéhyde.

ACIDE CROTONIQUE ET ACIDE ANGÉLIQUE.

L'acide crotonique a été découvert, par MM. Pelletier et Caventou, dans l'huile de Croton tiglium. M. Schlippe l'a étudié récemment et en a fixé la composition. MM. Will et Kœrner et M. Claus l'ont obtenu en décomposant le cyanure d'allyle par la potasse

$$C^2Az,C^6H^5 \;+\; KHO^2 \;+\; H^2O^2 \;=\; C^8H^5KO^4 \;+\; AzH^3.$$
Cyanure d'allyle.   Crotonate potassique.

Pour le préparer, on saponifie l'huile de croton et on sépare le savon de l'eau-mère noire, qu'il surnage. On sursature cette eau-mère avec l'acide tartrique, et l'on distille. On neutralise par la baryte le produit de la distillation. On évapore presque à siccité et l'on décompose le sel de baryte, en le distillant avec de l'acide phosphorique. Il passe d'abord de l'acide crotonique oléagineux, et, à la fin, de l'acide angélique qui se concrète en cristaux.

L'acide crotonique est un corps oléagineux. Il renferme $C^8H^6O^4$; fondu avec la potasse caustique, il donne de l'acide acétique. En faisant agir la potasse caustique sur un isomère de l'acide di-bromobutyrique, on a obtenu l'acide bromocrotonique (Cahours, Kekulé).

$$C^8H^6Br^2O^4 \;=\; C^8H^5BrO^4 \;+\; HBr.$$
Acide isodibromobutyrique.   Acide bromocrotonique.

L'acide angélique $C^{10}H^8O^4$ a été découvert, par M. Buchner, dans la racine d'angélique (*Angelica Archangelica*). Gerhardt l'a obtenu en chauffant l'huile de camomille romaine avec la potasse caustique. On peut l'extraire de la racine d'angélique en épuisant celle-ci par un lait de chaux. Le liquide filtré est concentré et dé-composé par l'acide sulfurique faible, puis distillé. Le produit de la distillation est saturé par la soude, réduit par l'évaporation à un petit volume, et distillé de nouveau avec de l'acide sulfurique. Il passe de l'acide acétique, de l'acide valérique et de l'acide angé-lique. Ce dernier cristallise en partie dans le col de la cornue et se dépose en partie de l'acide valérique, lorsqu'on refroidit celui-ci.

L'acide angélique cristallise en longues aiguilles incolores, fusibles, à 45°, en une huile plus légère que l'eau. Il bout à 191°. Son odeur est aromatique, sa saveur franchement acide. Il se dissout abondamment dans l'alcool, l'éther et l'eau bouillante, peu dans l'eau froide. La potasse fondante le dédouble en acide acétique et en acide propionique.

L'aldéhyde angélique $C^{10}H^8O^2$ constitue, d'après Gerhardt, la partie oxygénée de l'huile essentielle de camomille romaine (*Anthemis nobilis*). Elle est accompagnée d'un carbure d'hydrogène $C^{20}H^{16}$ isomérique avec l'essence de térébenthine. Chauffée fortement avec de l'hydrate de potasse en poudre, l'aldéhyde angélique se convertit en acide angélique, avec dégagement d'hydrogène.

ACIDE OLÉIQUE.

$C^{36}H^{34}O^4.$

Cet acide a été découvert par M. Chevreul. Sa composition a été établie par M. Gottlieb. Il existe, en combinaison avec la glycérine, dans presque tous les corps gras, principalement dans les huiles, dont l'*oléine* liquide forme une partie essentielle.

Pour le préparer, on épuise par l'éther le savon plombique de l'huile d'olive, ou mieux, de l'huile d'amandes douces. L'huile d'amandes douces étant saponifiée par la potasse, on sépare les acides du savon à l'aide de l'acide chlorhydrique, et on les fait digérer, pendant plusieurs heures, avec du massicot en poudre fine. On obtient ainsi un mélange de sels plombiques, qu'on épuise par l'éther. La solution éthérée d'oléate de plomb est décomposée par l'acide chlorhydrique. Il se forme du chlorure de plomb, qui se dépose, et l'acide oléique reste en solution dans l'éther. Après avoir distillé l'éther au bain-marie, on obtient de l'acide oléique impur. Pour le purifier, on l'expose à un froid de — 6° ou — 7°, qui fait congeler l'acide oléique. On l'exprime rapidement entre des feuilles de papier, et on répète plusieurs fois ces deux opérations. Finalement, le point de fusion de l'acide oléique s'élève à $+ 14°$.

On peut aussi dissoudre l'acide impur dans un grand excès d'ammoniaque, et ajouter à la solution du chlorure de barium. Il se précipite de l'oléate de baryte, qu'on purifie en le faisant cristalliser à plusieurs reprises dans l'alcool bouillant. On obtient ainsi une poudre blanche, légère, cristalline, qui ne fond pas à 100°. Pour en extraire l'acide oléique, on décompose ce sel par l'acide tartrique. Cette opération doit se faire dans un vase bouché, à cause de la facilité avec laquelle l'acide oléique s'oxyde. On lave le produit avec de l'eau.

L'acide oléique pur fond à $+14°$ en un liquide oléagineux, incolore, plus léger que l'eau, sans odeur et sans saveur. Il se concrète vers $+4°$ en une masse cristalline dure. Il est insoluble dans l'eau, mais se dissout abondamment dans l'alcool et dans l'éther. La solution alcoolique est sans action sur le papier de tournesol. Concentrée, elle laisse déposer, par le refroidissement, des aiguilles d'acide oléique.

Exposé à l'air, l'acide oléique liquide attire rapidement l'oxygène, dont il peut absorber jusqu'à 20 fois son volume, sans qu'il dégage une trace d'acide carbonique. L'acide ainsi altéré rougit le tournesol, et possède une saveur âcre et une odeur légèrement rance.

Soumis à la distillation sèche, il laisse dégager de l'acide carbonique, des carbures d'hydrogène, des acides gras volatils, tels que les acides acétique, caprylique, caprique. Il donne en outre de l'acide sébacique, ce qui le distingue d'autres acides gras.

Lorsqu'on le fond avec de l'hydrate de potasse, il se dédouble en acide acétique et en acide palmitique.

$$C^{36}H^{34}O^4 + 2KHO^2 = C^{32}H^{31}KO^4 + C^4H^3KO^4 + H^2.$$

Acide oléique.   Palmitate de potassium.   Acétate de potassium.

On remarquera que tous les acides de cette série donnent, par l'action de la potasse, de l'acide acétique.

L'acide oléique est vivement attaqué, lorsqu'on le fait bouillir avec de l'acide azotique. Il donne, dans cette réaction, deux séries de produits : les uns, volatils, passent dans le récipient avec une portion de l'acide azotique; ce sont les acides gras $C^nH^nO^4$ dont on a pu isoler tous les termes, depuis l'acide acétique jusqu'à l'acide caprique inclusivement. Les autres produits d'oxydation sont fixes et restent dans la cornue, où ils se prennent en masse cristalline après le refroidissement. Ce sont les homologues de l'acide oxalique, savoir : les acides succinique, subérique, pimélique, adipique.

D'après M. Fremy, l'acide oléique forme avec l'acide sulfurique une combinaison qui a été désignée sous le nom d'acide sulfoléique. Lorsqu'on ajoute à l'huile d'olives, fortement refroidie, la moitié de son poids d'acide sulfurique concentré, en agitant le mélange après chaque addition d'acide, et qu'on l'abandonne ensuite à lui-même pendant vingt-quatre heures, on obtient un mélange d'acide sulfoglycérique, d'acide sulfoléique et d'acide sulfomargarique. Lorsqu'on ajoute de l'eau au produit, les deux derniers acides se séparent; en effet, bien que solubles dans l'eau, ils sont insolubles dans la liqueur sulfurique. On n'a pas réussi à séparer ces deux acides l'un de l'autre.

L'acide oléique s'obtient dans les arts, à l'état impur, comme un produit accessoire de la fabrication de l'acide stéarique. On en fait des savons, en le combinant avec les alcalis. Il sert aussi pour le dégraissage des laines.

Les oléates alcalins sont solubles dans l'eau; les autres oléates sont insolubles. Tous se dissolvent dans l'alcool et dans l'éther.

Acide élaïdique $C^{36}H^{34}O^4$. — Ce corps est isomérique avec l'acide oléique. Il a été découvert par M. Boudet, en 1832. On l'obtient en faisant passer pendant quelques minutes, dans de l'acide oléique refroidi, un courant de vapeur nitreuse. L'acide se solidifie bientôt. On le lave à l'eau bouillante et on le fait cristalliser dans l'alcool. L'acide élaïdique se dépose de sa solution alcoolique sous forme de paillettes fusibles de 44 à 45°. Il est insoluble dans l'eau, soluble dans l'alcool et dans l'éther. Lorsqu'on le chauffe pendant quelque temps à 65°, il absorbe l'oxygène de l'air, et demeure liquide après le refroidissement. Comme l'acide oléique, il se dédouble, par l'action de la potasse fondante, en acide palmitique et en acide acétique.

ACIDE LINOLÉIQUE.

$C^{32}H^{28}O^4$.

Cet acide, qui appartient à la série $C^nH^n - {}^4O^4$, différente de celle de l'acide oléique, paraît exister dans l'oléine des huiles siccatives. M. Schüler l'a extrait de l'huile de lin, en saponifiant cette huile avec la potasse, séparant le savon par le sel marin, et le dissolvant dans l'eau. La solution est précipitée par le chlorure de calcium. Le savon calcaire, lavé, exprimé et desséché, est épuisé par l'éther. La solution éthérée est additionnée d'acide chlorhydrique, puis séparée du chlorure de calcium qui s'est précipité, et distillée dans un courant d'hydrogène; l'acide linoléique reste. Pour le purifier, on le convertit en sel de baryte, qu'on fait cristalliser à plusieurs reprises dans l'éther. Finalement, on décompose la solution éthérée par l'acide chlorhydrique, et on distille l'éther dans un courant d'hydrogène.

L'acide linoléique est un liquide légèrement coloré en jaune. Sa saveur est d'abord douce, puis âcre. Sa densité est égale à 0,9206 à 14°. Il ne se solidifie pas à — 18°. Exposé à l'air, il attire l'oxygène et devient épais.

COMPOSÉS POLYATOMIQUES

Après avoir décrit les composés, relativement simples dans leur constitution, qui se groupent autour des alcools monoatomiques, nous allons entreprendre l'étude des combinaisons plus complexes qui constituent les alcools polyatomiques ou qui s'y rattachent. Ces derniers alcools sont des corps neutres, des hydrates renfermant des radicaux polyatomiques, substitués à plusieurs atomes d'hydrogène, dans plusieurs molécules d'eau. Les formules suivantes expriment les relations qui existent entre tous ces hydrates.

$$\left.\begin{array}{l}H\\H\end{array}\right\}O^2 \qquad \left.\begin{array}{l}H^2\\H^2\end{array}\right\}O^4 \qquad \left.\begin{array}{l}H^3\\H^3\end{array}\right\}O^6 \qquad \left.\begin{array}{l}H^4\\H^4\end{array}\right\}O^8 \qquad \left.\begin{array}{l}H^6\\H^6\end{array}\right\}O^{12}.$$

$$\text{Type.} \qquad\quad \text{Type.} \qquad\quad \text{Type.} \qquad\quad \text{Type.} \qquad\quad \text{Type.}$$

$$\left.\begin{array}{l}C^4H^5\\H\end{array}\right\}O^2 \qquad \left.\begin{array}{l}(C^4H^4)''\\H^2\end{array}\right\}O^4 \qquad \left.\begin{array}{l}(C^6H^5)'''\\H^3\end{array}\right\}O^6 \qquad \left.\begin{array}{l}(C^8H^6)^{iv}\\H^4\end{array}\right\}O^8 \qquad \left.\begin{array}{l}(C^{12}H^8)^{vi}\\H^6\end{array}\right\}O^{12}.$$

$$\text{Alcool.} \qquad\quad \text{Glycol.} \qquad\quad \text{Glycérine.} \qquad\quad \text{Erythrite.} \qquad\quad \text{Mannite.}$$

Tous ces alcools polyatomiques sont capables de former des éthers : les atomes d'hydrogène typiques peuvent être remplacés, en totalité ou en partie, par des radicaux d'acides. On peut former ces éthers en faisant réagir directement les alcools sur les acides : la combinaison s'effectue à une température plus ou moins élevée, et avec élimination d'eau. On obtient ainsi des combinaisons sans nombre, analogues aux sels de la chimie minérale. Nous prendrons pour exemples les suivantes :

$$\left.\begin{array}{l}(C^4H^4)''\\(C^4H^3O^2)^2\end{array}\right\}O^4 \qquad \left.\begin{array}{l}(C^6H^5)'''\\(C^4H^3O^2)^3\end{array}\right\}O^6 \qquad \left.\begin{array}{l}(C^{12}H^8)^{vi}\\(C^{36}H^{35}O^2)^6\end{array}\right\}O^{12}.$$

$$\text{Glycol diacétique.} \qquad \begin{array}{c}\text{Glycérine triacétique}\\\text{(triacétine).}\end{array} \qquad \begin{array}{c}\text{Mannite}\\\text{hexastéarique.}\end{array}$$

A ces alcools polyatomiques se rattachent les acides polyatomiques.

Les radicaux de ces alcools sont des carbures d'hydrogène non saturés, c'est-à-dire renfermant moins d'hydrogène que les carbures saturés C^nH^{n+2} (page 68). Nous plaçons ici la description de quelques-uns de ces carbures d'hydrogène.

ÉTHYLÈNE ET HOMOLOGUES.

L'éthylène et ses homologues forment une série de carbures d'hydrogène dont la composition est représentée par la formule générale C^nH^n (page 3). Ce sont des carbures non saturés, qui possèdent la propriété de se combiner, par addition directe, avec

2 atomes de chlore ou de brome, pour former des dichlorures ou des dibromures dont la *liqueur des Hollandais* $C^4H^4Cl^2$ constitue le type.

L'hydrogène carboné C^2H^2, qui devrait former le premier terme de cette série, n'existe pas, ou du moins n'a pas été isolé jusqu'ici. M. Boutlerow a découvert le diiodure de cet hydrogène carboné qu'on nomme *méthylène*. En traitant l'iodoforme par une solution alcoolique d'éthylate de soude, et distillant le tout, après avoir ajouté de l'eau, il a obtenu un liquide jaunâtre, dense, se solidifiant en une masse cristalline à $+ 2°$. C'est le *diiodure de méthylène* $C^2H^2I^2$. En faisant réagir sur ce corps de l'oxyde d'argent, sous une couche de naphte, il a obtenu le *dioxyméthylène* $C^4H^4O^4$ (page 7), substance solide, blanche, neutre, fusible à $152°$.

$$2C^2H^2I^2 \;+\; 2Ag^2O^2 \;=\; 4AgI \;+\; C^4H^4O^4.$$
Diiodure   Dioxyméthylène.
de méthylène.

ÉTHYLÈNE.

$C^4H^4.$

L'éthylène, anciennement nommé gaz oléfiant ou hydrogène bicarboné, a été découvert, en 1795, par quatre chimistes hollandais, qui l'ont obtenu en chauffant l'alcool ou l'éther avec l'acide sulfurique. Il se forme, avec d'autres hydrogènes carbonés, par l'action de la chaleur sur une foule de matières organiques. Ainsi, lorsqu'on fait passer à travers un tube, chauffé au rouge, de l'alcool, de l'éther, de l'alcool amylique, des acides gras volatils, etc., il se forme, indépendamment de l'oxyde de carbone et de l'acide carbonique, divers hydrogènes carbonés, parmi lesquels l'éthylène apparaît toujours. Ce corps se trouve aussi quelquefois en abondance parmi les produits de la distillation sèche d'un très-grand nombre de matières organiques fixes, telles que les sels des acides gras, les corps gras neutres, les résines, le caoutchouc. Il existe en petite quantité dans le gaz de houille, et en quantité assez notable dans le gaz de l'éclairage, préparé par la décomposition au rouge des huiles ou des goudrons. Il prend aussi naissance dans toutes les réactions où l'éthyle lui-même est mis en liberté (page 140), car une portion de ce dernier corps se décompose toujours en éthylène et en hydrure d'éthyle.

$$(C^4H^5)^2 \;=\; C^4H^4 \;+\; C^4H^6.$$
Éthyle.   Éthylène.   Hydrure
d'éthyle.

Pour le préparer, on chauffe doucement dans un ballon A (*fig.* 29)

1 partie d'alcool, 4 parties d'acide sulfurique concentré, auquel on ajoute une quantité de sable suffisante pour former une bouillie épaisse : le ballon est en communication avec un flacon laveur B

Fig.

renfermant de la potasse caustique ; de là, le gaz se rend sous la cuve à eau.

La réaction qui donne naissance au gaz éthylène est très-simple : l'acide sulfurique enlève une molécule (2 équivalents) d'eau à l'alcool.

$$C^4H^6O^2 = C^4H^4 + H^2O^2.$$

Mais à la fin de l'opération, une portion de la matière organique se charbonne, et, par l'action de ce charbon sur l'acide sulfurique, il se forme de l'acide sulfureux et de l'acide carbonique. De là la nécessité de laver ce gaz avec une solution de potasse, qui enlève les gaz acides formés en vertu de ces réactions secondaires.

L'éthylène est un gaz incolore doué d'une légère odeur éthérée. Sa densité est égale à 0,9784.

En le soumettant à une forte pression, à — 110°, on a pu le condenser en un liquide incolore.

Sa composition, exprimée par la formule C^4H^4, a été déterminée par l'analyse eudiométrique. 1 volume d'éthylène exige, pour brûler complétement, 3 volumes d'oxygène, et forme 2 volumes d'acide carbonique. 1 volume d'éthylène renferme donc tout le carbone contenu dans 2 volumes d'acide carbonique CO_2, c'est-à-dire C, et tout l'hydrogène combiné avec 1 volume d'oxygène, c'est-à-dire 2 volumes = H. La formule CH représente donc 1 volume d'hydrogène bicarboné, et la formule C^4H^4 répond à 4 volumes, comme celle de tous les composés organiques.

Le gaz éthylène est inflammable et brûle au contact de l'air avec une flamme très-éclairante. Il est irrespirable. L'eau en dissout 0,2563 de son volume à 0°, 0,1873 à 10°, 0,1488 à 20°. 1 volume d'alcool, d'une densité de 0,792, en absorbe $3^{vol.}$,5950 à 0°, $3^{vol.}$,0859 à 10°, et $2^{vol.}$,7131 à 20°. L'éther et l'essence de térébenthine l'absorbent pareillement. La chaleur chasse le gaz de ces solutions. Il est aussi absorbé par le protochlorure de cuivre ammoniacal.

L'acide sulfurique fumant l'absorbe en formant de l'acide iséthionique. L'acide sulfurique concentré ordinaire le condense lentement en formant de l'acide sulfovinique (Faraday, Hennel). Lorsqu'on étend le liquide avec de l'eau et qu'on distille, il passe de l'alcool (Berthelot).

Lorsqu'on chauffe longtemps au bain-marie l'éthylène avec de l'acide iodhydrique, il se forme de l'iodure d'éthyle (Berthelot).

Le chlore, le brome, l'iode se combinent directement avec l'éthylène pour former le chlorure, le bromure, l'iodure d'éthylène. Une molécule d'éthylène absorbe 2 atomes de chlore, de brome ou d'iode, et l'on remarquera que 2 atomes de ces corps simples équivalent à 1 molécule d'acide iodhydrique. Pour se saturer, l'éthylène se combine à 2 atomes d'un corps monatomique, soit 2 atomes d'iode, ou 1 atome d'iode et 1 atome d'hydrogène. On remarquera la concordance de ces réactions, qui caractérisent l'éthylène comme radical diatomique.

$$C^4H^4 \;+\; I^2 \;=\; C^4H^4I^2.$$
Iodure d'éthylène.

$$C^4H^4 \;+\; HI \;=\; C^4H^5I.$$
Iodure d'éthyle.

Lorsqu'on approche une bougie allumée d'un mélange de 2 volumes de chlore et de 1 volume d'éthylène, le gaz s'enflamme, et brûle avec une flamme rouge, en donnant une fumée noire, épaisse, qui provient du charbon mis en liberté. Il se forme en même temps de l'acide chlorhydrique.

CHLORURE D'ÉTHYLÈNE.
$C^4H^4Cl^2$.

Le chlorure d'éthylène a été découvert en 1795 par quatre chimistes hollandais, Deiman, Troostwyk, Bondt et Lauwerenburgh. Il a été connu longtemps sous le nom de *liqueur des Hollandais*, et l'hydrogène bicarboné ou éthylène a été nommé *gaz oléfiant*, en raison de la propriété qu'il possède de se condenser en une huile avec le chlore.

Pour préparer le chlorure d'éthylène, on fait arriver, dans un ballon à 2 tubulures latérales, et portant à la partie inférieure un col en pointe qui plonge dans un flacon, d'un côté, du gaz oléfiant, lavé d'abord par la potasse, puis par l'eau, et de l'autre, du chlore lavé et humide. On voit des gouttelettes oléagineuses se condenser peu à peu sur les parois du ballon et couler par la pointe dans le flacon. Il faut avoir soin de remplir d'abord le ballon de gaz oléfiant avant de faire arriver le chlore, et de régler le courant de gaz de telle manière que le chlore ne soit jamais en excès. On déshydrate le produit sur le chlorure de calcium et on le rectifie. On recueille ce qui passe de 82° à 85°. Un autre procédé consiste à faire passer un courant d'éthylène dans du perchlorure d'antimoine, qu'on chauffe légèrement dans une cornue tubulée. Ce chlorure est converti en protochlorure, et le chlorure d'éthylène passe et est reçu dans un récipient refroidi. On le lave à l'eau et on le distille.

Le chlorure d'éthylène constitue un liquide incolore, doué d'une saveur douceâtre, aromatique, d'une odeur éthérée, agréable. Sa densité est égale à 1,256 à 12°. Il bout à 82°,5, sous la pression de 0^m,756 (Regnault). La densité de sa vapeur a été trouvée égale à 3,4434. 1 volume de cette vapeur renferme 1 volume de gaz éthylène et 1 volume de chlore. En effet,

si l'on ajoute la densité de l'éthylène.................. 0,9784
à la densité du chlore.............................. 2,44
on obtient la densité de vapeur du chlorure d'éthylène... 3,4184

Ce corps est neutre, à peu près insoluble dans l'eau, soluble dans l'alcool et dans l'éther.

L'acide sulfurique est sans action sur lui, ainsi qu'une solution aqueuse de potasse. Mais lorsqu'on le mêle avec une solution alcoolique de potasse, il s'accomplit une réaction très-vive qui donne naissance à de l'éthylène chloré et à du chlorure de potassium.

$$C^4H^4Cl^2 + KHO^2 = C^4H^3Cl + H^2O^2 + KCl.$$

Chlorure   Éthylène
d'éthylène.   chloré.

Dans cette réaction, la potasse enlève HCl au chlorure d'éthylène, et celui-ci se comporte comme un chlorhydrate d'éthylène chloré (ou chlorhydrate de chlorure d'aldéhydène) C^4H^3Cl,HCl.

Lorsqu'on chauffe longtemps, dans des tubes scellés, le chlorure d'éthylène avec de l'ammoniaque aqueuse, on parvient à l'attaquer et à le convertir en chlorhydrates de bases éthyléniques (Cloëz, Hofmann).

Dérivés chlorés du chlorure d'éthylène. — Lorsqu'on soumet le chlorure d'éthylène à l'action du chlore, on obtient des dérivés chlorés d'autant plus riches en chlore que l'action se prolonge plus longtemps. On sépare ces produits les uns des autres par la distillation fractionnée. En voici la nomenclature :

	Formules.	Densités.	Points d'ébullition.
Chlorure d'éthylène monochloré	C^4H^3Cl,Cl^2	1,422 à 17°	115°
Chlorure d'éthylène bichloré....	$C^4H^2Cl^2,Cl^2$	1,576 à 19°	137°
Chlorure d'éthylène trichloré...	C^4HCl^3,Cl^2	1,663 à 0°	153°,8
Chlorure d'éthylène perchloré..	C^4Cl^6	»	182°
(sesquichlorure de carbone).			

Ces dérivés chlorés sont isomériques avec ceux du chlorure d'éthyle (Regnault) (page 159). Seul le dernier terme, le sesquichlorure de carbone, est le même pour les deux séries.

Le chlorure d'éthylène monochloré prend aussi naissance par l'action du chlore sur l'éthylène monochloré, et le chlorure d'éthylène dichloré par l'action du chlore sur l'éthylène dichloré.

$$C^4H^3Cl + Cl^2 = C^4H^3Cl,Cl^2$$
$$C^4H^2Cl^2 + Cl^2 = C^4H^2Cl^2,Cl^2.$$

Le mélange de ces dérivés chlorés du chlorure d'éthylène a été employé en médecine comme anesthésique local.

Dérivés chlorés de l'éthylène. — Lorsqu'on soumet le chlorure d'éthylène et ses dérivés chlorés à l'action de la potasse alcoolique, on leur enlève les éléments d'une molécule d'acide chlorhydrique, et on les convertit en dérivés chlorés d'éthylène (Regnault), savoir :

	Formules.	Densités.	Points d'ébullition.
Éthylène chloré..........	C^4H^3Cl	»	— 18° à — 15°
Éthylène bichloré........	$C^4H^2Cl^2$	1,250 à 15°	+ 35° à 40°
Éthylène trichloré........	C^4HCl^3	»	»
Éthylène perchloré.......	C^4Cl^4	1,619 à 20°	116°,7
(protochlorure de carbone)			

L'éthylène chloré, qu'on a nommé autrefois *chlorure d'aldéhydène*, constitue, à la température et à la pression ordinaires, un gaz incolore qu'on peut recueillir sur l'eau. Il brûle avec une

flamme bordée de vert. Il se combine directement avec le chlore
pour former le chlorure d'éthylène chloré. Il constitue probablement l'éther chlorhydrique de l'alcool acétylénique.

$$\mathrm{C^4H^3,}_{H,}\mathrm{O^2.}$$

Le protochlorure de carbone, ou *éthylène perchloré*, a été découvert par M. Faraday en 1821. Il se forme par l'action de la po
tasse alcoolique sur le chlorure d'éthylène trichloré.

$$\mathrm{C^4HCl^3,Cl^2} \; = \; \mathrm{C^4Cl^4} \; + \; \mathrm{HCl.}$$

Chlorure d'éthylène   Éthylène
trichloré.   perchloré.

Il prend aussi naissance lorsqu'on fait passer à travers un tube
de porcelaine chauffé au rouge du sesquichlorure ou perchlorure
de carbone (page 160) (Faraday), ou lorsqu'on décompose le perchlorure de carbone par une solution alcoolique de sulfhydrate de
potassium (Regnault). Ce corps enlève au sesquichlorure 2 équivalents de chlore, et le convertit en protochlorure. Il se forme du
chlorure de potassium, et de l'hydrogène sulfuré se dégage.

$$\mathrm{C^4Cl^6} = \mathrm{C^4Cl^4} + \mathrm{Cl^2.}$$

Le protochlorure de carbone est un liquide très-fluide qui ne se
congèle pas à — 18°. Sa densité de vapeur est égale à 5,82. Il est
soluble dans l'eau, l'alcool, l'éther, les huiles essentielles et les
huiles grasses. Il absorbe le chlore sous l'influence des rayons solaires, et se convertit en sesquichlorure de carbone; et le brome,
avec formation du composé $\mathrm{C^4Cl^4Br^2}$. Abandonné dans une atmosphère de chlore, sous une couche d'eau, il se convertit en acide
trichloracétique (Kolbe).

$$\mathrm{C^4Cl^4} + \mathrm{2H^2O^2} + \mathrm{Cl^2} = \mathrm{C^4HCl^3O^4} + \mathrm{3HCl.}$$

BROMURE D'ÉTHYLÈNE

$$\mathrm{C^4H^4Br^2.}$$

Pour préparer ce composé, qui a été découvert par M. Balard
en 1826, on place du brome dans plusieurs flacons de Woulf,
entourés d'eau froide et communiquant entre eux par des tubes,
et on y fait passer du gaz oléfiant lavé, jusqu'à ce que la couleur
rouge du brome ait disparu. Le produit est ordinairement coloré
en brun. On le lave avec une solution faible de potasse caustique,
on le déshydrate sur le chlorure de calcium, puis on le distille en
recueillant ce qui passe de 125 à 130°.

C'est un liquide incolore doué d'une odeur éthérée agréable.

A 0° il se prend en une masse cristalline lamelleuse. Il bout à 129°. Sa densité est égale à 2,163 à 21°.

Par l'ensemble de ses réactions, il se rapproche beaucoup du chlorure d'éthylène. Pourtant le brome se sépare plus facilement de l'éthylène que le chlore. Aussi le bromure d'éthylène se prête-t-il mieux aux doubles décompositions que le chlorure.

Lorsqu'on le chauffe avec une solution alcoolique d'acétate de potasse, il se forme du bromure de potassium et du glycol mono-acétique (Atkinson) (page 316).

Chauffé avec de l'eau et de l'iodure de potassium, le bromure d'éthylène donne principalement de l'hydrure d'éthyle C^4H^6. Il échange, par substitution inverse, 2 équivalents de brome contre 2 équivalents d'hydrogène (Berthelot).

La potasse alcoolique lui enlève HBr et le convertit en éthylène bromé C^4H^3Br. Ce dernier constitue un liquide incolore bouillant à 40°. Il se combine directement avec le brome pour former du bromure d'éthylène bromé C^4H^3Br,Br^2, liquide dense bouillant à 187°. La potasse alcoolique, en réagissant sur ce dernier, lui enlève HBr et le convertit en éthylène bibromé $C^4H^2Br^2$ (Sawitsch). En un mot, à l'aide de réactions analogues à celles que nous avons exposées, en traitant des dérivés chlorés du chlorure d'éthylène, on a obtenu, d'une part, les dérivés bromés du bromure d'éthylène tout à fait analogues aux dérivés chlorés du chlorure, et, de l'autre, les dérivés bromés de l'éthylène (Cahours, Reboul).

Voici une réaction importante de l'éthylène bromé qui a été découverte par M. Sawitsch. Lorsqu'on le chauffe en vase clos avec de l'éthylate de soude, il se dédouble en acide bromhydrique et en acétylène.

$$C^4H^3Br \;=\; C^4H^2 \;+\; HBr.$$
Éthylène bromé.   Acétylène.

Ajoutons que le bromure d'éthylène $C^4H^4Br^2$ est isomérique avec le bromure d'éthyle bromé C^4H^4Br,Br, et que d'après **M. E. Caventou** le bromure d'éthylène bromé C^4H^3Br,Br^2 est identique avec le bromure d'éthyle dibromé $C^4H^3Br^2,Br$.

IODURE D'ÉTHYLÈNE.

$C^4H^4I^2$.

Ce corps a été découvert par M. Faraday en 1821. Pour l'obtenir, on introduit de l'iode en petite quantité dans de grands flacons remplis de gaz éthylène et on les expose au soleil. Peu à peu l'iode disparait et se convertit en petit cristaux blancs qui s'attachent aux parois du ballon. On les détache en lavant le ballon avec une solution faible de potasse caustique. On les recueille et on les fait cristalliser en les dissolvant dans l'alcool bouillant.

On peut aussi introduire, au fond d'un ballon à long col, de l'iode, le chauffer légèrement (à 50 ou 60°) et diriger à sa surface un courant de gaz éthylène. On obtient finalement une masse fondue brune qui cristallise par le refroidissement. On la lave avec une solution faible de potasse caustique; puis on la fait cristalliser dans l'alcool bouillant. L'iodure d'éthylène se dépose en aiguilles incolores qui brunissent en se décomposant lorsqu'on les expose à la lumière. Il fond à 73° et se sublime facilement, mais non sans se décomposer en partie en éthylène et en iode. Il se sublime sans altération dans une atmosphère d'éthylène. Il est insoluble dans l'eau et se dissout facilement dans l'éther et dans l'alcool bouillant; ce dernier le laisse déposer par le refroidissement en longues aiguilles.

Lorsqu'on le distille avec une solution alcoolique de potasse, il se décompose. La plus grande partie de l'iodure d'éthylène se dédouble, dans cette réaction, en éthylène et en iode qui est enlevé par la potasse. Une autre portion perd HI et se convertit en éthylène iodé C^4H^3I. Ce dernier corps se précipite sous forme d'une huile dense, lorsqu'on ajoute de l'eau à l'alcool qui a passé à la distillation. Il bout à 56°.

L'iodure d'éthylène réagit à la température ordinaire sur l'acétate d'argent, avec formation d'iodure d'argent et de glycol diacétique (A. Wurtz).

$$C^4H^4I^2 \ + \ \begin{matrix} C^4H^3O^2 \\ Ag \\ Ag \\ C^4H^3O^2 \end{matrix}\Bigg\} O^2 \ = \ 2AgI \ + \ \begin{matrix} C^4H^3O^2 \\ (C^4H^4)'' \\ C^4H^3O^2 \end{matrix}\Bigg\} O^4.$$

Iodure   Acétate d'argent   Glycol diacétique.
d'éthylène.   (2 molécules).

On voit que 1 molécule d'éthylène se substitue à 2 atomes d'argent dans 2 molécules d'acétate d'argent, qu'il rive ainsi l'une à l'autre. réaction qui met bien en évidence le caractère diatomique de l'éthylène et qui montre que le glycol diacétique possède la complication moléculaire de *deux* équivalents d'acétate d'argent ou d'acide acétique. C'est ce qu'on exprime en disant que le glycol diacétique et le glycol sont des combinaisons *diatomiques*.

PROPYLÈNE.

C^6H^6.

Ce corps a été découvert par M. Reynolds, en 1851, parmi les gaz résultant de la décomposition de la vapeur d'alcool amylique au rouge. M. Hofmann l'a obtenu en faisant passer les vapeurs de l'acide valérique à travers un tube chauffé au rouge. MM. Berthelot et de Luca l'ont préparé à l'état de pureté en traitant l'iodure d'allyle par l'acide chlorhydrique et le mercure. D'après M. Dusart, il se forme lorsqu'on distille un mélange en proportions équivalentes d'acétate de potasse et d'oxalate de chaux. Enfin il se forme en grande quantité lorsqu'on soumet à la distillation un mélange de 10 parties d'acide oléique, 3 parties de chaux hydratée et 3 parties de chaux sodée.

Pour le préparer, M. Berthelot conseille de distiller 50 grammes de glycérine avec 50 grammes d'iodure de phosphore PhI^2, et de chauffer les 30 grammes d'iodure d'allyle qu'on a recueillis dans un petit ballon, avec 150 grammes de mercure et 50 grammes d'acide chlorydrique fumant. On obtient 3 litres de gaz propylène.

$$C^6H^5I + 2Hg + HCl = HgCl + HgI + C^6H^6.$$

Le gaz propylène est un gaz incolore doué d'une odeur légèrement alliacée. Il ne se condense pas à $-40°$. L'eau en dissout une petite quantité. Un volume d'alcool absolu en absorbe 12 à 13 volumes. L'acide sulfurique l'absorbe rapidement pour former de l'acide sulfopropylique (Berthelot). Avec les acides chlorhydrique, bromhydrique et iodhydrique, le gaz propylène se combine pour former du chlorhydrate, du bromhydrate, de l'iodhydrate de propylène, homologues avec les composés correspondants obtenus avec l'amylène.

CHLORURE DE PROPYLÈNE

$C^6H^6Cl^2$.

M. Reynolds a obtenu ce corps en mélangeant avec le chlore les gaz résultant de la décomposition de l'alcool amylique par la chaleur. Il s'est formé un mélange de produits chlorés dont le chlorure de propylène a été séparé par distillation fractionnée. C'est un liquide oléagineux bouillant à 104°.

BROMURE DE PROPYLÈNE.

$C^6H^6Br^2$.

Pour préparer le bromure de propylène, on fait passer à travers un tube de porcelaine renfermant des fragments de porcelaine, et chauffé au rouge sombre, de la vapeur d'alcool amylique et on dirige les gaz qui se dégagent dans du brome qu'on a placé dans plusieurs flacons de Woulf disposés les uns à la suite des autres. Aussitôt que le brome est décoloré, on lave le liquide oléagineux avec une solution faible de potasse et on le soumet à la distillation fractionnée. On recueille ce qui passe de 140 à 150° (Reynolds). On l'obtient plus pur lorsqu'on traite par le brome le propylène préparé avec l'iodure d'allyle.

Le bromure de propylène $C^6H^6Br^2$ est un liquide incolore, d'une densité de 1,974. Il bout à 144°. Lorsqu'on le traite par la potasse alcoolique, il donne du propylène bromé C^6H^5Br; celui-ci peut se combiner avec le brome pour former le bromure de propylène bromé C^6H^5Br,Br^2. En soumettant le bromure de propylène et ses dérivés bromés à l'action de la potasse alcoolique, on a préparé les dérivés bromés du propylène. En traitant ceux-ci par le brome, on a obtenu les dérivés bromés du bromure de propylène (Cahours). On peut aussi obtenir ces derniers en traitant le bromure de propylène par le brome (A. Wurtz).

DÉRIVÉS BROMÉS DU BROMURE DE PROPYLÈNE.

		Densités.	Points d'ébullition.
Bromure de propylène.........	$C^6H^6Br^2$	1,974	144°
Bromure de propylène bromé...	$C^6H^5Br^3$	2,392 à 23°	195°
Bromure de propylène bibromé.	$C^6H^4Br^4$	2,469	226°
Bromure de propylène tribromé.	$C^6H^3Br^5$	2,601	255°

DÉRIVÉS BROMÉS DU PROPYLÈNE.

		Densités.	Points d'ébullition.
Propylène bromé..............	C^6H^5Br	1,472	62°
Propylène bibromé............	$C^6H^4Br^2$	1,950	120°
Propylène tribromé...........	$C^6H^3Br^3$	»	»

Le bromure de propylène bromé C^6H^5Br,Br^2 est isomérique avec la tribromhydrine de MM. Berthelot et de Luca et avec le tribromure d'allyle $C^6H^5Br^3$, composé que M. Wurtz a obtenu en traitant l'iodure d'allyle C^6H^5I, refroidi à 0°, par $1\frac{1}{2}$ son poids de brome (page 197).

BUTYLÈNE.
C^8H^8.

M. Faraday a obtenu ce carbure d'hydrogène, en même temps que la benzine, en soumettant à une pression de 30 atmosphères le gaz de l'huile. Le butylène se forme, en même temps que l'hydrure

de butyle et d'autres carbures d'hydrogène, par l'action du chlorure
de zinc sur l'alcool butylique. Il prend aussi naissance dans la distillation sèche d'un grand nombre de matières organiques. M. de
Luynes l'a obtenu en traitant par un sel d'argent l'iodhydrate de
butylène dérivé de l'érythrite. (Voir ce corps.)

Le butylène bout à $+ 3°$. Il se solidifie à une très-basse température (de Luynes). Il se combine avec le chlore pour former du
chlorure de butylène $C^8H^8Cl^2$ (Faraday), et avec le brome pour former du bromure de butylène $C^8H^8Br^2$, qui bout à $158°$ (A. Wurtz).
Les dérivés bromés du butylène et ceux du bromure de butylène
ont été obtenus par M. E. Caventou.

En traitant l'éthyle $\left.\begin{array}{l}C^4H^5\\C^4H^5\end{array}\right\} = C^8H^{10}$ par le brome, M. Carius a
obtenu un bromure $C^8H^8Br^2$ formé par substitution, et qui paraît
identique avec le bromure de butylène (page 141).

AMYLÈNE.

$C^{10}H^{10}$.

M. Balard a obtenu ce corps en 1844, en chauffant l'alcool amylique avec du chlorure de zinc. M. Wurtz a formé par synthèse
l'amylène ou un carbure isomérique avec l'amylène

$$\left.\begin{array}{l}C^6H^5\\C^4H^5\end{array}\right\} = C^{10}H^{10}$$

en faisant réagir l'iodure d'allyle sur le zinc-éthyle

$$\underset{\substack{\text{Iodure}\\\text{d'allyle.}}}{C^6H^5,I} + \underset{\substack{\text{Zinc-}\\\text{éthyle.}}}{ZnC^4H^5} = \underset{\substack{\text{Éthyle-}\\\text{allyle.}}}{\left.\begin{array}{l}C^6H^5\\C^4H^5\end{array}\right\}} + ZnI.$$

Préparation. — On fait digérer pendant 24 heures 1 partie d'alcool amylique avec 1 partie $\frac{1}{2}$ de chlorure de zinc fondu et pulvérisé, en agitant fréquemment le mélange; puis on distille au bain
de sable. Le produit de la distillation, séparé de l'eau, est chauffé
au bain-marie. L'amylène passe et est recueilli dans un récipient
bien refroidi. On le déshydrate sur le chlorure de calcium et on
le rectifie en recueillant ce qui passe avant $40°$. L'amylène ainsi
obtenu est mélangé avec une certaine quantité d'hydrure d'amyle
$C^{10}H^{12}$.

Propriétés. — L'amylène est un liquide incolore, très-mobile,
doué d'une odeur éthérée assez agréable. Il bout à $35°$.

Il se combine directement avec le brome pour former du bromure d'amylène $C^{10}H^{10}Br^2$, qui bout vers $180°$. Pour préparer ce
bromure, on place l'amylène dans un ballon entouré d'un mélange

réfrigérant, et on y ajoute du brome jusqu'à ce que le liquide soit fortement coloré en rouge. On décolore le produit avec une solution faible de potasse, puis on le distille. Il passe d'abord de l'hydrure d'amyle $C^{10}H^{12}$, qu'on recueille dans un récipient bien refroidi (il bout à 30°); puis le thermomètre s'élève, et le bromure d'amylène passe de 170 à 180°, non sans se décomposer partiellement. Traité par la potasse alcoolique, le bromure d'amylène donne l'amylène bromé $C^{10}H^{9}Br$, liquide incolore doué d'une odeur aromatique et bouillant vers 120°.

L'amylène se combine directement avec les acides chlorhydrique, bromhydrique, iodhydrique, pour former du chlorhydrate, du bromhydrate, de l'iodhydrate d'amylène. Ces composés sont isomériques avec les chlorure, bromure et iodure d'amyle (page 185).

L'acide sulfurique concentré convertit l'amylène en carbures d'hydrogène polymériques (diamylène, etc.) [Berthelot].

L'action du chlorure de zinc sur l'alcool amylique donne naissance à d'autres carbures d'hydrogène, parmi lesquels il faut signaler les suivants :

Le diamylène ou *paramylène* (Balard) $C^{20}H^{20}$, qui résulte de la condensation de 2 molécules d'amylène. Il bout à 165°.

Le triamylène $C^{30}H^{30}$, qui résulte de la condensation de 3 molécules d'amylène. Il bout de 245 à 248° (Bauer).

Le tétramylène $C^{40}H^{40}$, qui résulte de la condensation de 4 molécules d'amylène. Il bout entre 390 et 400° (Bauer).

Le diamylène est accompagné d'une certaine quantité d'hydrure de diamyle $C^{20}H^{22}$ (ou de diamylène $C^{20}H^{20},H^{2}$) [A. Wurtz].

HEXYLÈNE.
$C^{12}H^{12}$.

MM. Wanklyn et Erlenmeyer ont obtenu ce carbure d'hydrogène en traitant par la potasse alcoolique l'iodhydrate d'hexylène $C^{12}H^{12},HI$ obtenu par la réduction de la mannite au moyen de l'acide iodhydrique (page 186). On distille au bain-marie, on ajoute de l'eau au produit de la distillation, on sépare le liquide surnageant, et après l'avoir lavé à l'eau et déshydraté sur le chlorure de calcium, on le rectifie sur le sodium.

L'hexylène est un liquide incolore, mobile, plus léger que l'eau. Il bout de 68 à 70°. Il se combine directement avec le brome pour former du bromure d'hexylène $C^{12}H^{12}Br^{2}$, qui bout vers 200°, et avec l'acide iodhydrique, pour former un iodhydrate $C^{12}H^{12},HI$, qui bout vers 168°.

Parmi les autres carbures d'hydrogène appartenant à cette série, nous mentionnerons encore :

L'œnanthylène ou *heptylène* $C^{14}H^{14}$, que M. Limpricht a obtenu en décomposant par le sodium le chlorure d'œnanthylène $C^{14}H^{14}Cl^2$; ce dernier se forme par l'action du perchlorure de phosphore sur l'œnanthol $C^{14}H^{14}O^2$ (page 283). L'heptylène bout à 95°.

Le caprylène ou *octylène* $C^{16}H^{16}$, découvert par M. Bouis. Il se forme en abondance lorsqu'on distille l'alcool caprylique (page 187) avec le chlorure de zinc. Il bout à 125°.

Le cétène $C^{32}H^{32}$, que MM. Dumas et Peligot ont obtenu en 1836, en distillant l'alcool cétylique (page 188) avec l'acide phosphorique anhydre.

Le cérotène $C^{54}H^{54}$, qui se forme par la distillation de la cire de Chine (page 190). Il constitue une substance cristalline, fusible entre 57 et 58° (Brodie).

Le mélène $C^{60}H^{60}$, qui est contenu dans les produits de la distillation de la cire d'abeilles. Il se présente sous forme de lamelles incolores, fusibles à 62°, solubles dans l'alcool absolu bouillant et dans l'éther.

La paraffine, qui a été découverte, en 1830, par M. Reichenbach, parmi les produits de la distillation du bois de hêtre et de la houille. On l'a retirée aussi des produits de la distillation de la tourbe et des schistes bitumineux, du boghead, du cannel-coal. D'après M. Bolley, ces dernières substances renfermeraient la paraffine toute formée, car elles la cèdent à l'alcool et à l'éther. On a aussi rencontré dans le sein de la terre diverses matières qui ressemblent à la paraffine obtenue par la distillation, et qui ont été désignées sous les noms *d'ozokérite*, de *scheererite*, de *fichtélite*. Enfin, on a retiré de certains bitumes des parties solides qui offrent les mêmes propriétés que les substances précédentes. Toutes ces matières ressemblent à la cire; mais elles ne possèdent pas des propriétés physiques bien fixes. Ainsi, leur point de fusion varie de 33 à 63°. Leur composition se rapporte à la formule C^nH^n, et on doit les envisager comme des mélanges de carbures d'hydrogène solides, à équivalents élevés.

La paraffine est insoluble dans l'eau, soluble dans l'éther et dans l'alcool bouillant. L'acide azotique l'oxyde avec formation d'acide butyrique, d'acide valérique, d'acide succinique. Le chlore l'attaque en formant des produits de substitution.

La paraffine a reçu, dans ces dernières années, une application qui intéresse l'hygiène. Dissoute dans une huile hydrocarbonée, et appliquée à la surface de murs ou de cloisons qu'on veut préserver de l'humidité, elle laisse, après l'évaporation du carbure liquide, un enduit fortement adhérent et parfaitement imperméable.

ACÉTYLÈNE ET HOMOLOGUES.

Ces carbures d'hydrogène C_nH^{n-2} forment une série parallèle à la série des carbures C_nH^n, et dont les termes diffèrent des termes correspondants de celle-ci par H^2 en moins. Parmi ces carbures moins hydrogénés, nous citerons les suivants :

$$
\begin{array}{ll}
\text{L'acétylène} \dots\dots\dots\dots\dots & C^4H^2 \\
\text{L'allylène} \dots\dots\dots\dots\dots & C^6H^4 \\
\text{Le crotonylène} \dots\dots\dots\dots & C^8H^6 \\
\text{Le valérylène} \dots\dots\dots\dots & C^{10}H^8 \\
\end{array}
$$

Le diallyle $C^{12}H^{10}$ (page 201), le conylène $C^{16}H^{14}$, le menthène $C^{20}H^{18}$, etc., rentrent, par leur composition, dans la même série.

L'acétylène C^4H^2 a été découvert par Ed. Davy, qui l'a obtenu en traitant par l'eau la masse noire qui se forme dans la préparation du potassium. M. Berthelot l'a obtenu dans diverses circonstances, dont la plus remarquable est l'union directe du carbone et de l'hydrogène sous l'influence de l'électricité. Pour réaliser cette synthèse, M. Berthelot fait passer de l'hydrogène pur dans un vase dans lequel sont disposées les deux pointes de charbon entre lesquelles se produit l'arc voltaïque. Lorsque le courant passe et que les charbons sont portés à une vive incandescence, l'hydrogène se combine directement avec le charbon pour former de l'acétylène. Les gaz formés autour des pôles sont dirigés dans une dissolution de protochlorure de cuivre ammoniacal. L'acétylène se combine alors avec le cuivre pour former une poudre rouge d'acétylure cuivreux. En décomposant ce composé par l'acide chlorhydrique, on obtient l'acétylène pur.

L'acétylène prend aussi naissance lorsqu'on fait passer à travers un tube incandescent les vapeurs d'alcool et d'éther, et de divers autres corps organiques. On peut l'isoler des autres gaz qui prennent naissance en même temps, en les dirigeant tous dans une solution de chlorure cuivreux ammoniacal : il se forme un précipité rouge d'acétylure cuivreux, qu'on décompose ensuite par l'acide chlorhydrique.

L'acétylène existe en petite quantité dans le gaz de la houille (Berthelot).

M. Sawitsch a indiqué un procédé élégant pour la préparation de l'acétylène. Il consiste à chauffer en vase clos l'éthylène bromé avec l'amylate de sodium (combinaison sodée de l'alcool amylique).

$$C^4H^3Br \ + \ \left.\begin{array}{c}C^{10}H^{11}\\Na\end{array}\right\}O^2 \ = \ \left.\begin{array}{c}C^{10}H^{11}\\H\end{array}\right\}O^2 \ + \ C^4H^2 \ + \ NaBr.$$

Éthylène bromé.   Amylate de sodium.   Alcool amylique.   Acétylène.

Enfin, d'après **M. Reboul**, on obtient de l'acétylène en faisant réagir sur une solution alcoolique de potasse, à chaud et à l'abri du contact de l'air, le bromure d'éthylène bromé $C^4H^3Br^3$ (page 304). Il se produit, indépendamment de l'éthylène bibromé $C^4H^2Br^2$, un mélange gazeux formé d'acétylène C^4H^2 et d'acétylène bromé C^4HBr. On dirige ce mélange gazeux dans du chlorure cuivreux ammoniacal, et on décompose l'acétylure cuivreux par l'acide chlorhydrique.

$$C^4HCu^2 \ + \ HCl \ = \ Cu^2Cl \ + \ C^4H^2.$$

Acétylure cuivreux.   Chlorure cuivreux.   Acétylène.

L'acétylène est un gaz incolore doué d'une odeur particulière et désagréable. Il est assez soluble dans l'eau. Il est inflammable et brûle avec une flamme éclairante et fuligineuse. 1 volume d'acétylène consomme, pour sa combustion complète, 2 volumes $\frac{1}{2}$ d'oxygène, et forme 2 volumes d'acide carbonique. La densité de l'acétylène est égale à 0,92. Mêlé avec du chlore, il détone, même à la lumière diffuse. Il se combine avec le brome pour former un bromure $C^4H^2Br^2$. Mais l'acétylène obtenu par le procédé de **M.** Reboul se combine avec 4 équivalents de brome pour former un tétrabromure $C^4H^2Br^4$, peut-être identique avec le bromure d'éthylène bibromé $C^4H^2Br^2Br^2$.

Agité pendant longtemps avec de l'acide sulfurique, l'acétylène est absorbé, et il se forme d'acide acétylsulfurique ou vinylsulfurique $S^2(C^4H^3)HO^8$ (Berthelot).

Par l'action de l'hydrogène naissant, l'acétylène est converti en éthylène.

$$C^4H^2 \ + \ H^2 \ = \ C^4H^4.$$

Pour effectuer cette addition d'hydrogène, **M.** Berthelot fait réagir sur l'acétylure cuivreux un mélange de zinc et d'ammoniaque qui dégage, comme on sait, de l'hydrogène.

L'acétylène bromé C^4HBr est un gaz spontanément inflammable à l'air (Reboul).

L'allylène C^6H^4 a été découvert par **M.** Sawitsch, qui a obtenu

ce gaz en faisant réagir le propylène bromé C^6H^5Br sur l'éthylate
de sodium.

$$C^6H^5Br \;+\; \left.\begin{array}{l}C^4H^5\\ Na\end{array}\right\}O^2 \;=\; NaBr \;+\; \left.\begin{array}{l}C^4H^5\\ H\end{array}\right\}O^2 \;+\; C^6H^4.$$

Propylène bromé.   Éthylate   Alcool.   Allylène.
de sodium.

La réaction s'accomplit en chauffant les matières en vase clos,
au bain-marie. Après le refroidissement, on ouvre le vase et on
dirige le gaz, qui se dégage, dans une solution de chlorure cuivreux
ammoniacal. Il se forme un précipité jaune qu'on décompose par
l'acide chlorhydrique, comme nous l'avons indiqué pour l'acétylène.

L'allylène ainsi obtenu est un gaz incolore, doué d'une odeur
désagréable. Il brûle avec une flamme éclairante. Il donne, avec
les sels d'argent, un précipité blanc. Il se combine directement
avec le brome.

Crotonylène. — En traitant le butylène bromé C^8H^7Br par l'é-
thylate de soude, M. E. Caventou a obtenu un hydrogène carboné liquide C^8H^6, bouillant vers 20°. Il l'a nommé *crotonylène*.

Valérylène. — Ce carbure d'hydrogène a été obtenu par M. Reboul. Il prend naissance lorsqu'on chauffe l'amylène bromé avec
une solution alcoolique de potasse à 140° :

$$C^{10}H^9Br \;+\; KHO^2 \;=\; KBr \;+\; H^2O^2 \;+\; C^{10}H^8.$$

Amylène bromé.   Valérylène.

Le valérylène est un liquide incolore, très-mobile, plus léger
que l'eau, doué d'une odeur alliacée pénétrante. Il bout de 44 à
46°. Il se combine avec le brome pour former un bibromure
$C^{10}H^8Br^2$ (Reboul).

ALCOOLS DIATOMIQUES OU GLYCOLS

Ces corps ont été découverts par M. Wurtz, en 1856. Intermédiaires entre les alcools monoatomiques et les alcools triatomiques (glycérine), ils se combinent avec 2 équivalents d'un acide
monobasique, pour former des éthers neutres. En s'oxydant, ils
forment des acides bibasiques ou du moins diatomiques. On connait aujourd'hui six glycols, savoir :

	Formules brutes.	Formules rationnelles.	Densités à 0°.	Points d'ébullition
Le glycol éthylénique ou glycol.........	$C^4H^6O^4$	$\left.\begin{array}{l}(C^4H^4)''\\ H^2\end{array}\right\}O^4$	1,125	197°,5
Le glycol propylénique ou propylglycol...	$C^6H^8O^4$	$\left.\begin{array}{l}(C^6H^6)''\\ H^2\end{array}\right\}O^4$	1,031	188-189°

	Formules brutes.	Formules rationnelles.	Densités à 0°.	Points d'ébullition
Le glycol butylénique ou butylglycol......	$C^8H^{10}O^4$	$\left.\begin{array}{l}(C^8H^8)''\\H^2\end{array}\right\}O^4$	1,048	183-184°
Le glycol amylénique ou amylglycol......	$C^{10}H^{12}O^4$	$\left.\begin{array}{l}(C^{10}H^{10})''\\H^2\end{array}\right\}O^4$	0,987	177°
Le glycol hexylénique ou hexylglycol.....	$C^{12}H^{14}O^4$	$\left.\begin{array}{l}(C^{12}H^{12})''\\H^2\end{array}\right\}O^4$	0,9669	207°
Le glycol octylénique ou octylglycol (Ph. de Clermont)......	$C^{16}H^{18}O^4$	$\left.\begin{array}{l}(C^{16}H^{16})''\\H^2\end{array}\right\}O^4$	»	»

On voit que les quatre premiers termes de cette série présentent
cette anomalie singulière, que leurs points d'ébullition s'abais-
sent à mesure que la molécule se complique, tandis que, généralement, ces points d'ébullition s'élèvent avec la complication moléculaire.

Les radicaux de ces glycols sont les carbures d'hydrogène C^nH^n.
Ces radicaux, qui se combinent à 2 atomes de chlore ou de brome,
se substituent aussi à 2 atomes d'hydrogène dans le type

$$\left.\begin{array}{l}H^2\\H^2\end{array}\right\}O^4.$$

Ils possèdent, d'après M. Wurtz, une autre propriété remarquable,
celle de s'accumuler dans les combinaisons, de manière à former
des composés à radicaux multiples et appartenant à des types de
plus en plus compliqués. Ainsi l'éthylène, en s'accumulant dans
un seul et même composé, forme les *alcools polyéthyléniques*. L'alcool diéthylénique (Lourenço) renferme 2 molécules d'éthylène.
On peut l'envisager comme formé par la déshydratation partielle de
2 molécules de glycol. L'alcool triéthylénique renferme 3 molécules d'éthylène. On peut l'envisager comme formé par la déshydratation partielle de 3 molécules de glycol, etc.

$$2\left[\left.\begin{array}{l}C^4H^4\\H^2\end{array}\right\}O^4\right] = \left.\begin{array}{l}C^4H^4\\C^4H^4\\H^2\end{array}\right\}O^6 + H^2O^2.$$

Alcool
éthylénique.   Alcool
diéthylénique.

$$3\left[\left.\begin{array}{l}C^4H^4\\H^2\end{array}\right\}O^4\right] = \left.\begin{array}{l}C^4H^4\\C^4H^4\\C^4H^4\\H^2\end{array}\right\}O^8 + 2H^2O^2.$$

Alcool
triéthylénique.

$$4\left[\left.\begin{array}{l}C^4H^4\\H^2\end{array}\right\}O^4\right] = \left.\begin{array}{l}C^4H^4\\C^4H^4\\C^4H^4\\C^4H^4\\H^2\end{array}\right\}O^{10} + 3H^2O^2.$$

Alcool
tétréthylénique.

On prépare tous les glycols, par synthèse, avec les carbures
d'hydrogène correspondants (A. Wurtz).

GLYCOL OU ALCOOL ÉTHYLÉNIQUE.

$$C^4H^6O^4 = \left.\begin{array}{l} (C^4H^4)'' \\ H^2 \end{array}\right\}O^4.$$

Préparation. — M. Wurtz a d'abord obtenu le glycol en faisant
réagir l'iodure ou le bromure d'éthylène sur l'acétate d'argent.
M. Atkinson a proposé de substituer l'acétate de potasse à l'acétate d'argent. Ce dernier procédé est plus économique. On opère
comme il suit.

On dissout l'acétate de potasse ou de soude dans l'alcool
faible et on y ajoute du bromure d'éthylène dans la proportion de 1 équivalent de ce dernier pour 2 équivalents d'acétate; puis on soumet la liqueur à l'ébullition dans un ballon qu'on
met en communication avec un réfrigérant ascendant (*fig.* 27),
de telle sorte que les vapeurs d'alcool puissent refluer continuellement dans le ballon. L'opération est terminée lorsque le dépôt
de bromure de potassium ou de sodium n'augmente plus. On décante
alors la solution alcoolique; on distille l'alcool au bain-marie, puis
on chauffe le résidu au bain d'huile vers 250°. On recueille tout ce
qui passe au-dessus de 140°. C'est, en grande partie, du glycol
monoacétique. On y ajoute un excès d'une solution bouillante et
saturée de baryte caustique, de manière que la liqueur soit fortement alcaline, après avoir été chauffée pendant quelques heures à
100°. On précipite alors l'excès de baryte par un courant d'acide
carbonique, on filtre, on évapore la liqueur au bain-marie, jusqu'à ce que l'acétate de baryte soit séparé en grande partie, puis
on y verse de l'alcool absolu, de manière à précipiter le sel qui
était resté en dissolution. On distille ensuite la solution alcoolique, d'abord au bain-marie, pour chasser l'alcool, puis au bain
d'huile, pour distiller le glycol. On recueille ce qui passe au-
dessus de 140°, et on rectifie ce produit. Le glycol distille au-dessus de 190°.

Dans cette opération, il se forme d'abord du glycol acétique
par l'action du bromure d'éthylène sur l'acétate de potasse.

$$(C^4H^4)''Br^2 \;+\; 2\left[\begin{array}{l} (C^4H^3O^2)' \\ K \end{array}\right\}O^2\right] \;=\; \left.\begin{array}{l} (C^4H^4)'' \\ (C^4H^3O^2)' \\ (C^4H^3O^2)' \end{array}\right\}O^4 \;+\; 2KBr.$$

Bromure   Acétate   Glycol diacétique.
d'éthylène.   de potassium.

Mais ce n'est point du glycol diacétique qu'on obtient dans cette circonstance. Par suite d'une réaction secondaire sur l'alcool, ce corps se convertit en glycol monoacétique, et il se forme en même temps de l'éther acétique.

$$\left.\begin{array}{l}(C^4H^4)'' \\ (C^4H^3O^2)^2\end{array}\right\}O^4 \;+\; \left.\begin{array}{l}C^4H^5 \\ H\end{array}\right\}O^2 \;=\; \left.\begin{array}{l}C^4H^3O^2 \\ C^4H^5\end{array}\right\}O^2 \;+\; \left.\begin{array}{l}(C^4H^4)'' \\ (C^4H^3O^2) \\ H\end{array}\right\}O^4.$$

Glycol diacétique.   Alcool.   Ether acétique.   Glycol monoacétique.

Par l'action de la baryte, le glycol monoacétique se convertit en glycol, et il se forme de l'acétate de baryte.

$$\left.\begin{array}{l}(C^4H^4)'' \\ C^4H^3O^2 \\ H\end{array}\right\}O^4 \;+\; BaHO^2 \;=\; \left.\begin{array}{l}(C^4H^4)'' \\ H^2\end{array}\right\}O^4 \;+\; \left.\begin{array}{l}C^4H^3O^2 \\ Ba\end{array}\right\}O^2.$$

Glycol monoacétique.   Glycol.   Acétate de barium.

Propriétés du glycol. — Le glycol est un liquide incolore, inodore, un peu épais. Sa densité à 0° est égale à 1,125. Il est doué d'une saveur sucrée. Il bout à 197°,5. Il se mêle en toutes proportions avec l'eau et l'alcool; il est à peine soluble dans l'éther. Il dissout la potasse caustique, le chlorure de sodium, le sublimé corrosif. Le sulfate de potasse y est à peine soluble.

Il se maintient sans altération à l'air. Mais, lorsqu'on le met en contact avec du noir de platine, après l'avoir étendu d'eau, il attire l'oxygène avec avidité, en se transformant en acide glycolique.

$$C^4H^6O^4 \;+\; O^4 \;=\; H^2O^2 \;+\; C^4H^4O^6.$$

Acide glycolique.

Lorsqu'on le chauffe avec de l'acide azotique, il dégage des torrents de vapeurs rouges, et il se forme de l'acide oxalique.

$$C^4H^6O^4 \;+\; O^8 \;=\; H^4O^4 \;+\; C^4H^2O^8.$$

Acide oxalique.

Lorsqu'on chauffe du glycol avec de l'hydrate de potasse à 250°, il se dégage de l'hydrogène pur, et le glycol se convertit en acide oxalique.

$$C^4H^6O^4 \;+\; 2KHO^2 \;=\; C^4K^2O^8 \;+\; H^8.$$

On peut conclure de ces faits que les acides glycolique et oxalique sont au glycol ce que l'acide acétique est à l'alcool.

Lorsqu'on introduit de l'acide azotique fumant dans du glycol étendu d'eau, de manière que l'acide forme une couche séparée au fond du liquide, et qu'on abandonne le tout à lui-même pendant quelques jours, il se forme, par suite d'une oxydation lente, de l'acide glycolique, de l'acide glyoxylique et du glyoxal (Debus). On peut envisager le glyoxal comme l'aldéhyde du glycol.

$$C^4H^6O^4 \;-\; H^4 \;=\; C^4H^2O^4.$$

Glycol.   Glyoxal.

Lorsqu'on chauffe du glycol avec trois fois son poids de chlorure de zinc, il se déshydrate

$$C^4H^6O^4 - H^2O^2 = C^4H^4O^2.$$

On trouve, parmi les produits qui passent à la distillation, de l'aldéhyde et une substance possédant une odeur très-âcre, bouillant à 110°, et que M. Bauer a nommée *acraldéhyde*. Elle renferme $C^8H^8O^4$. C'est donc un polymère de l'aldéhyde.

Le sodium se dissout dans le glycol, en dégageant de l'hydrogène pur. Il se forme d'abord du glycol monosodé

$$\left. \begin{matrix} C^4H^4 \\ Na,H \end{matrix} \right\} O^4 ;$$

puis, lorsqu'on chauffe pendant longtemps à 180°, avec un excès de sodium, du glycol disodé

$$\left. \begin{matrix} C^4H^4 \\ Na^2 \end{matrix} \right\} O^4.$$

Lorsqu'on chauffe parties égales d'acide sulfurique et de glycol à 150°, qu'on étend d'eau la liqueur refroidie, et qu'on sature par le carbonate de baryte, on obtient du sulfoglycolate de baryte

$$\left. \begin{matrix} (C^4H^4)'' \\ (S^2O^4)'' \\ BaH \end{matrix} \right\} O^6.$$

qui reste, après l'évaporation au bain-marie, sous forme d'une masse blanche, solide, soluble dans l'eau, presque insoluble dans l'alcool et dans l'éther (Maxwell Simpson).

Lorsqu'on chauffe le glycol avec de l'acide iodhydrique, il se forme de l'iodure d'éthylène (Maxwell Simpson).

$$\underset{\text{Glycol.}}{C^4H^6O^4} + 2HI = \underset{\text{Iodure d'éthylène.}}{C^4H^4I^2} + H^4O^4.$$

Cette expérience indique les relations qui existent entre l'iodure d'éthylène et, par conséquent aussi, entre le bromure et le chlorure d'éthylène et le glycol. Ces composés représentent les éthers iodhydrique, bromhydrique, chlorhydrique du glycol. Mais il est à remarquer qu'à chaque composé de l'alcool éthylique correspondent deux composés du glycol. Ainsi, en s'oxydant, le glycol forme, non pas un seul acide, comme l'alcool, mais deux acides. Il forme de même deux éthers chlorhydriques, bromhydriques, etc.

En effet, lorsqu'on dirige dans du glycol un courant de gaz chlorhydrique, il ne se forme point de chlorure d'éthylène, ou il ne s'en forme que de très-petites quantités. Le produit principal de la réaction est le premier éther chlorhydrique du glycol, qu'on a nommé *glycol monochlorhydrique* ou *chlorhydrate d'oxyde d'éthylène.*

$$C^4H^6O^4 \; + \; HCl \; = \; C^4H^5ClO^2 \; + \; H^2O^2.$$
Glycol.   Glycol
monochlorhydrique.

Chauffé avec l'acide acétique, le glycol se convertit en glycol acétique. Lorsqu'on le chauffe avec un mélange d'acide acétique et d'acide chlorhydrique, on obtient le glycol chlorhydroacétique (chloracétine de glycol.)

Dérivés éthylés du glycol. — En chauffant le glycol monosodé avec l'iodure d'éthyle, il se forme de l'iodure de sodium et un liquide éthéré, l'éthylglycol.

$$\left.\begin{matrix}(C^4H^4)'' \\ NaH\end{matrix}\right\}O^4 \; + \; C^4H^5I \; = \; \left.\begin{matrix}(C^4H^4)'' \\ C^4H^5,H\end{matrix}\right\}O^4 \; + \; NaI.$$
Glycol monosodé.   Iodure   Ethylglycol.
d'éthyle.

Lorsqu'on traite l'éthylglycol par le potassium, celui-ci s'y dissout avec dégagement d'hydrogène, et l'on obtient la combinaison

$$\left.\begin{matrix}(C^4H^4)'' \\ C^4H^5,K\end{matrix}\right\}O^4.$$

Lorsqu'on chauffe ce corps avec de l'iodure d'éthyle, il se forme de l'iodure de potassium et du diéthylglycol

$$\left.\begin{matrix}(C^4H^4)'' \\ (C^4H^5)^2\end{matrix}\right\}O^4$$

liquide bouillant à 123°,5, doué d'une odeur éthérée, agréable, et possédant à 0° une densité de 0,7993.

Le diéthylglycol est isomérique avec l'acétal.

OXYDE D'ÉTHYLÈNE OU ÉTHER DU GLYCOL.

$$C^4H^4O^2.$$

Ce corps représente du glycol déshydraté.

$$C^4H^6O^4 \; - \; H^2O^2 \; = \; C^4H^4O^2.$$

Il constitue donc l'anhydride, ou, si l'on veut, l'éther du glycol.

Mais on ne peut point l'obtenir directement par l'action des réactifs déshydratants sur le glycol. Il se forme lorsqu'on décompose le glycol chlorhydrique par la potasse.

Préparation. — Pour préparer l'oxyde d'éthylène, on introduit dans un ballon, muni d'un tube à entonnoir, du glycol monochlorhydrique, et l'on y ajoute peu à peu une solution concentrée de potasse. On remarque, à chaque addition, une effervescence due au dégagement des vapeurs d'oxyde d'éthylène. Ces vapeurs sont dirigées à travers un tube rempli de fragments de chlorure de calcium, et vont se condenser dans un ballon à long col, entouré d'un mélange réfrigérant. Lorsqu'on a ajouté un excès de potasse, on chauffe doucement pour activer la réaction. L'opération est terminée dès que le liquide alcalin a été porté à l'ébullition. L'oxyde d'éthylène prend naissance en vertu de la réaction suivante :

$$C^4H^5ClO^2 = C^4H^4O^2 + HCl.$$
$$\underset{\text{monochlorhydrique.}}{\text{Glycol}} \qquad \underset{\text{d'éthylène.}}{\text{Oxyde}}$$

Propriétés. — L'oxyde d'éthylène constitue, à une basse température, un liquide incolore, très-soluble dans l'eau, doué d'une odeur éthérée agréable. Il bout à 13°,5. Sa densité à 0° est égale à 0,8945.

Entre 0 et 13°, il se dilate considérablement. Il se dissout, en toutes proportions dans l'eau, dans l'alcool et dans l'éther. Il ne forme pas, avec l'ammoniaque, une combinaison cristallisable, comme son isomère l'aldéhyde, et ne se combine pas avec le bisulfite de soude. Il réduit les sels d'argent, mais moins facilement que l'aldéhyde.

L'oxyde d'éthylène est doué d'une grande puissance de combinaison. Il s'unit directement à l'hydrogène, à l'oxygène, au brome, à l'eau, aux acides, à l'ammoniaque.

Lorsqu'on met en contact une solution aqueuse d'oxyde d'éthylène avec de l'amalgame de sodium, l'oxyde d'éthylène fixe l'hydrogène et se convertit en alcool (A. Wurtz).

$$C^4H^4O^2 + H^2 = C^4H^6O^2.$$

Une solution aqueuse d'oxyde d'éthylène, mise en contact avec du noir de platine, absorbe rapidement l'oxygène et se convertit en acide glycolique.

$$C^4H^4O^2 + O^4 = C^4H^4O^6.$$
$$\underset{\text{d'éthylène.}}{\text{Oxyde}} \qquad\qquad \underset{\text{glycolique.}}{\text{Acide}}$$

Lorsqu'on mêle de l'oxyde d'éthylène avec du brome, et qu'on refroidit fortement le mélange, il s'y dépose du jour au lendemain de beaux cristaux rouges d'oxybromure d'éthylène $\left.\begin{matrix}C^4H^4O^2\\C^4H^4O^2\end{matrix}\right\}Br^2$.

Mis en contact avec du mercure, ces cristaux perdent Br^2 et se convertissent en un liquide incolore, doué d'une odeur éthérée agréable, bouillant à 102°, et qui se prend à $+$ 9° en une masse cristalline. Ce liquide est le *dioxyéthylène* $2C^4H^4O^2 = \left.\begin{matrix} C^4H^4 \\ C^4H^4 \end{matrix}\right\} O^4$ Sa densité à 0° est égale à 1,0482.

Lorsqu'on chauffe de l'oxyde d'éthylène avec de l'eau, ou même qu'on le laisse longtemps en contact avec ce liquide, à la température ordinaire, les deux corps se combinent, et il se forme du glycol et des alcools polyéthyléniques.

$$C^4H^4O^2 \;+\; H^2O^2 \;=\; \left.\begin{matrix} C^4H^4 \\ H^2 \end{matrix}\right\} O^4$$
Glycol.

$$2[C^4H^4O^2] \;+\; H^2O^2 \;=\; \left.\begin{matrix} C^4H^4 \\ C^4H^4 \\ H^2 \end{matrix}\right\} O^6, \text{ etc.}$$
Alcool
diéthylénique.

Lorsqu'on le chauffe avec du glycol, il forme de même des alcools polyéthyléniques (voir plus loin.)

Le perchlorure de phosphore réagit avec énergie sur l'oxyde d'éthylène : il produit de l'oxychlorure de phosphore et du chlorure d'éthylène.

Mis en contact avec l'acide chlorhydrique liquide, l'oxyde d'éthylène s'y combine avec dégagement de chaleur, et il se forme du glycol monochlorhydrique ou chlorhydrate d'oxyde d'éthylène.

$$C^4H^4O^2 \;+\; HCl \;=\; C^4H^5ClO^2.$$
Oxyde   Glycol
d'éthylène.   monochlorhydrique.

Lorsqu'on mêle sur le mercure volumes égaux de gaz chlorhydrique et de vapeur d'oxyde d'éthylène, les deux gaz se combinent comme font les gaz ammoniac et chlorhydrique.

L'oxyde d'éthylène se combine directement avec les acides oxygénés, minéraux et organiques. Lorsqu'on le met en contact avec de l'acide sulfurique, les deux corps se combinent avec un vif dégagement de chaleur.

Lorsqu'on le chauffe avec l'acide acétique, anhydre ou hydraté, il s'y combine pour former de l'acétate éthylénique et des acétates polyéthyléniques.

$$(C^4H^4)''O^2 \;+\; \left.\begin{matrix} C^4H^3O^2 \\ C^4H^3O^2 \end{matrix}\right\} O^2 \;=\; \left.\begin{matrix} (C^4H^4)'' \\ (C^4H^3O^2)^2 \end{matrix}\right\} O^4.$$
Oxyde   Acide acétique   diacétate éthylénique
d'éthylène.   anhydre.   (glycol diacétique).

$$2[(C^4H^4)''O^2] \;+\; \left.\begin{matrix} C^4H^3O^2 \\ C^4H^3O^2 \end{matrix}\right\} O^2 \;=\; \left.\begin{matrix} (C^4H^4)'' \\ (C^4H^4)'' \\ (C^4H^4O^2)^2 \end{matrix}\right\} O^6.$$
Diacétate diéthylénique.

ÉTHERS DU GLYCOL.

Généralités. — Si l'on compare les formules de l'alcool et du glycol

$$\left.\begin{array}{l}(C^4H^5)' \\ H\end{array}\right\}O^2 \quad \text{et} \quad \left.\begin{array}{l}(C^4H^4)'' \\ H^2\end{array}\right\}O^4$$

on voit que, tandis que le premier ne renferme qu'un seul atome d'hydrogène capable d'être remplacé par un radical d'acide, le second en renferme deux. A chaque éther neutre de l'alcool correspondent, par conséquent, deux éthers du glycol. Ainsi, on a :

$$\left.\begin{array}{l}(C^4H^5)' \\ C^4H^3O^2\end{array}\right\}O^2, \quad \left.\begin{array}{l}(C^4H^4)'' \\ C^4H^3O^2 \\ H\end{array}\right\}O^4 \quad \text{et} \quad \left.\begin{array}{l}(C^4H^4)'' \\ C^4H^3O^2 \\ C^4H^3O^2\end{array}\right\}O^4.$$

Éther   1er éther acétique   2e éther acétique
acétique.   du glycol   du glycol
          (glycol monoacétique).   (glycol diacétique).

D'un autre côté, si l'on compare la formule de l'éther chlorhydrique à celle de l'alcool, on voit que le chlore du premier tient la place de HO^2 dans le second.

$$C^4H^5,Cl \qquad C^4H^5,HO^2.$$

Chlorure d'éthyle.   Hydrate d'éthyle
                              (alcool).

Avec le glycol $C^4H^4,2HO^2$, on peut opérer deux fois ce remplacement de HO^2 par Cl, et l'on obtient ainsi deux éthers chlorhydriques du glycol, savoir :

$$\left.\begin{array}{l}(C^4H^4)'' \\ H \\ Cl\end{array}\right\}O^2 \qquad \text{et} \qquad (C^4H^4)''Cl^2.$$

Glycol monochlorhydrique.   Glycol dichlorhydrique
                                (liqueur des Hollandais).

Le bromure et l'iodure d'éthylène constituent les éthers dibromhydrique et diiodhydrique du glycol (voir page 317).

Les deux atomes d'hydrogène typique du glycol peuvent être remplacés par le radical diatomique d'un acide bibasique. Ainsi, M. Lourenço a obtenu un éther succinique du glycol, dans lequel le succinyle prend la place de ces deux atomes d'hydrogène.

$$\left.\begin{array}{l}(C^4H^4)'' \\ H^2\end{array}\right\}O^4 + \left.\begin{array}{l}(C^8H^4O^4)'' \\ H^2\end{array}\right\}O^4 = \left.\begin{array}{l}(C^4H^4)'' \\ (C^8H^4O^4)''\end{array}\right\}O^4 + 2H^2O^2.$$

Glycol.   Acide succinique.   Glycol succinique.

Il existe aussi des éthers acides du glycol. L'acide sulfoglycolique, qui se forme, d'après M. Maxwell Simpson, par l'action de l'acide sulfurique sur le glycol, est comparable à l'acide sulfovinique ou éthylsulfurique.

$$\left.\begin{array}{l}(S^2O^4)'' \\ C^4H^5 \\ H\end{array}\right\}O^4 ; \qquad \left.\begin{array}{l}(S^2O^4)'' \\ (C^4H^4)'' \\ H^2\end{array}\right\}O^6.$$

Acide sulfovinique   Acide sulfoglycolique
(éthylsulfurique).   (éthylène-sulfurique).

Modes de formation des éthers du glycol. — On emploie divers procédés pour préparer les éthers du glycol.

1° Le plus usité consiste à les former, par double décomposition, avec le bromure ou l'iodure d'éthylène. Ainsi, en mettant en contact l'iodure d'éthylène avec l'acétate d'argent, on obtient du glycol diacétique et de l'iodure d'argent.

$$(C^4H^4)''I^2 \ + \ 2\left[\left.{C^4H^3O^2 \atop Ag}\right\}O^2\right] \ = \ \left.{(C^4H^4)'' \atop (C^4H^3O^2)^2}\right\}O^4 \ + \ 2AgI.$$

Iodure
d'éthylène.   Acétate d'argent.   Glycol diacétique.

Lorsqu'on chauffe du bromure d'éthylène avec une solution alcoolique d'acétate de potasse, il se forme du glycol monoacétique (Atkinson) (page 316).

2° On peut obtenir les éthers du glycol par l'action directe des acides sur ce corps. Ainsi, lorsqu'on sature du glycol avec du gaz chlorhydrique, il se forme, à la température ordinaire, du glycol monochlorhydrique.

Par l'action de l'acide iodhydrique sur le glycol, il se forme du glycol diiodhydrique (iodure d'éthylène) (page 317).

Lorsqu'on chauffe du glycol avec de l'acide acétique, il se forme du glycol monoacétique (Lourenço.)

$$\left.{(C^4H^4)'' \atop H^2}\right\}O^4 \ + \ \left.{C^4H^3O^2 \atop H}\right\}O^2 \ = \ \left.{(C^4H^4)'' \atop C^4H^3O^2 \atop H}\right\}O^4 \ + \ H^2O^2.$$

Glycol.   Acide acétique.   Glycol monoacétique.

Lorsqu'on chauffe du glycol avec de l'acide valérique, il se forme du glycol divalérique.

$$\left.{(C^4H^4)'' \atop H^2}\right\}O^4 \ + \ 2\left[\left.{C^{10}H^9O^2 \atop H}\right\}O^2\right] \ = \ \left.{(C^4H^4)'' \atop (C^{10}H^9O^2)^2}\right\}O^4 \ + \ 2H^2O^2.$$

Glycol.   Acide valérique.   Glycol divalérique.

3° En chauffant le glycol monoacétique avec de l'acide valérique, M. Lourenço a obtenu un éther mixte du glycol, le glycol acétovalérique.

$$\left.{(C^4H^4)'' \atop C^4H^3O^2 \atop H}\right\}O^4 \ + \ \left.{C^{10}H^9O^2 \atop H}\right\}O^2 \ = \ \left.{(C^4H^4)'' \atop C^4H^3O^2 \atop C^{10}H^9O^2}\right\}O^4 \ + \ H^2O^2.$$

Glycol
monoacétique.   Acide valérique.   Glycol
acétovalérique.

4° Lorsqu'on chauffe le glycol monoacétique avec de l'acide chlorhydrique, il se forme du glycol acétochlorhydrique (Maxwell Simpson), qui constitue de même une sorte d'éther mixte.

$$\left.{(C^4H^4)'' \atop C^4H^3O^2 \atop H}\right\}O^4 \ + \ HCl \ = \ \left.{(C^4H^4)'' \atop C^4H^3O^2 \atop Cl}\right\}O^2 \ + \ H^2O^2.$$

Glycol
monoacétique.   Glycol
acétochlorhydrique.

5° Le même composé se forme, d'après M. Lourenço, lorsqu'on chauffe du glycol avec du chlorure d'acétyle.

$$\left.\begin{array}{l}(C^4H^4)'' \\ H^2\end{array}\right\}O^4 \;+\; C^4H^3O^2,Cl \;=\; \left.\begin{array}{l}(C^4H^4)'' \\ C^4H^3O^2\end{array}\right\}O^2 \;+\; H^2O^2.$$
$$\qquad\qquad\qquad\qquad\qquad\qquad\qquad\qquad Cl$$

Glycol.   Chlorure d'acétyle.   Glycol acétochlorhydrique.

6° Lorsqu'on fait réagir le glycol acétochlorhydrique sur les sels d'argent des acides gras, il se forme de même des éthers mixtes du glycol (Maxwell Simpson).

$$\left.\begin{array}{l}(C^4H^4)'' \\ C^4H^3O^2\end{array}\right\}O^2 \;+\; \left.\begin{array}{l}C^8H^7O^2 \\ Ag\end{array}\right\}O^2 \;=\; \left.\begin{array}{l}(C^4H^4)'' \\ C^4H^3O^2 \\ C^8H^7O^2\end{array}\right\}O^4 \;+\; AgCl.$$
$$\qquad Cl$$

Glycol acétochlorhydrique.   Butyrate d'argent.   Glycol acétobutyrique.

Tels sont les principaux modes de formation des éthers du glycol.

Propriétés des éthers du glycol. — Quant aux propriétés de ces combinaisons, elles sont analogues à celles des éthers composés et des corps gras neutres. La plus importante est celle qu'ils possèdent de se dédoubler facilement par l'action de la potasse ou de la baryte, de manière à former des sels et à régénérer le glycol.

Il est à remarquer cependant que le glycol monochlorhydrique et le glycol acétochlorhydrique font exception sous ce rapport. La potasse en dégage de l'oxyde d'éthylène (page 318).

$$\left.\begin{array}{l}(C^4H^4)'' \\ C^4H^3O^2\end{array}\right\}O^2 \;+\; 2KHO^2 \;=\; C^4H^4O^2 \;+\; KCl \;+\; \left.\begin{array}{l}C^4H^3O^2 \\ K\end{array}\right\}O^2 \;+\; H^2O^2.$$
$$\qquad Cl$$

Glycol acétochlorhydrique.   Oxyde d'éthylène.   Acétate de potassium

ÉTHERS ACÉTIQUES DU GLYCOL.

Glycol monoacétique $\left.\begin{array}{l}(C^4H^4)'' \\ (C^4H^3O^2)' \\ H\end{array}\right\}O^4$. — Ce corps se forme par l'action du bromure d'éthylène sur une solution alcoolique d'acétate de potasse. C'est un liquide incolore, oléagineux, plus dense que l'eau. Il se dissout dans l'eau et dans l'alcool. Les alcalis le dédoublent facilement en acétate et en glycol. Il bout à 182° (Atkinson.)

Glycol diacétique $\left.\begin{array}{l}(C^4H^4)'' \\ 2(C^4H^3O^2)'\end{array}\right\}O^4$. — M. Wurtz a obtenu ce corps par l'action de l'iodure d'éthylène sur l'acétate d'argent. On mêle dans un mortier 1 à 2 parties d'acétate d'argent délayé dans l'éther, et 1 partie d'iodure d'éthylène; on introduit rapidement le mélange dans un ballon et l'on distille. La réaction s'accomplit aussitôt; il se forme de l'iodure d'argent jaune et du glycol diacétique. L'éther distille d'abord. On élève ensuite la température en chauffant le ballon dans un bain d'huile, et l'on recueille ce qui passe jusqu'à 200°. On purifie, par distillation fractionnée, le produit qui a passé entre 140 et 200°, et l'on recueille ce qui distille vers 185°.

Le glycol diacétique est un liquide incolore, presque sans odeur à la température ordinaire, et qui possède à chaud une faible odeur d'acide acétique. Sa densité à 0° est égale à 1,128. Il bout de 186 à 187°. Il se dissout dans 7 parties d'eau à 22°. Il se mêle en toutes proportions avec l'alcool.

GLYCOL MONOCHLORHYDRIQUE OU CHLORHYDRATE D'OXYDE D'ÉTHYLÈNE.

$$C^4H^5ClO^2 = C^4H^4O,HCl.$$

Pour préparer ce corps, on fait arriver un courant de gaz chlorhydrique dans du glycol, à la température ordinaire. Dès que le liquide est saturé d'acide chlorhydrique, le glycol est transformé presque tout entier en glycol monochlorhydrique. Pour séparer celui-ci de l'eau qui s'est formée et du gaz chlorhydrique en excès, on le fait digérer sur du carbonate de potasse ; puis on distille, en recueillant ce qui passe de 128 à 130° [1].

La réaction qui donne naissance au glycol monochlorhydrique est exprimée par l'équation suivante :

$$\left.\begin{array}{l}(C^4H^4)'' \\ H^2\end{array}\right\}O^4 \;+\; HCl \;=\; \left.\begin{array}{l}(C^4H^4)'' \\ H \\ Cl\end{array}\right\}O^2 \;+\; H^2O^2.$$

Glycol.

D'après les expériences récentes de M. Carius, le glycol monochlorhydrique se forme par l'action du gaz oléfiant sur l'acide hypochloreux en solution aqueuse. C'est là une belle synthèse qui est exprimée par l'équation suivante :

$$C^4H^4 \;+\; \left.\begin{array}{l}Cl \\ H\end{array}\right\}O^2 \;=\; C^4H^5ClO^2.$$

Éthylène.   Acide
hypochloreux.   Glycol
monochlorhydrique.

Le glycol monochlorhydrique est un liquide incolore. Il bout à 128°. Sa composition est exprimée par la formule :

$$\left.\begin{array}{l}(C^4H^4)'' \\ H \\ Cl\end{array}\right\}O^2 \qquad \text{ou} \qquad \begin{array}{l}(C^4H^4)''\,|O^2 \\ H\,|Cl\end{array}$$

1. Pour la préparation de l'oxyde d'éthylène, on peut employer le liquide acide tel qu'on l'obtient en saturant le glycol par l'acide chlorhydrique.

qui représente du glycol

$$\left.\begin{array}{c}(C^4H^4)'' \\ H^2\end{array}\right\}O^4$$

dans lequel Cl a pris la place du groupe HO^2.

Sa propriété la plus remarquable est la facilité avec laquelle il se dédouble en oxyde d'éthylène, lorsqu'on le chauffe légèrement avec la potasse caustique.

$$C^4H^5ClO^2 \ + \ KHO^2 \ = \ KCl \ + \ C^4H^4O^2 \ + \ H^2O^2.$$

Glycol
monochlorhydrique.   Oxyde
d'éthylène.

En faisant réagir le glycol monochlorhydrique, dissous dans l'eau, sur l'amalgame de sodium, M. Lourenço l'a converti en alcool, par substitution inverse.

$$C^4H^5ClO^2 \ + \ H^2 \ = \ HCl \ + \ C^4H^6O^2.$$

Glycol
monochlorhydrique.   Alcool.

Dans cette expérience, le glycol monochlorhydrique se comporte comme l'alcool monochloré.

Glycol acéto-chlorhydrique $\left.\begin{array}{c}(C^4H^4)'' \\ C^4H^3O^2 \\ Cl\end{array}\right\}O^2$. — Ce corps représente du glycol monochlorhydrique dans lequel l'hydrogène typique est remplacé par de l'acétyle $C^4H^3O^2$, ou bien du glycol monoacétique

$$\left.\begin{array}{c}(C^4H^4)'' \\ C^4H^3O^2 \\ H\end{array}\right\}O^4$$

dans lequel Cl remplace le groupe HO^2. Pour l'obtenir, on sature, par un courant de gaz chlorhydrique sec, un mélange d'acide acétique cristallisable et de glycol, et on chauffe ensuite le tout dans des tubes scellés. En ajoutant de l'eau, on voit se séparer une couche oléagineuse, qu'on dessèche sur le chlorure de calcium et qu'on distille. Le glycol acéto-chlorhydrique (chloracétine du glycol) passe de 144 à 146°. C'est un liquide incolore, d'une densité de 1,1783 à 0°. La potasse le dédouble en chlorure et acétate de potassium et en oxyde d'éthylène (Maxwell Simpson) (page 323).

ALCOOLS POLYÉTHYLÉNIQUES.

Ces corps prennent naissance dans diverses réactions :

1° Lorsqu'on chauffe de l'oxyde d'éthylène avec de l'eau (page 320);

2° Lorsqu'on chauffe du glycol avec de l'oxyde d'éthylène :

$$\left.\begin{array}{l}(C^4H^4)'' \\ H^2\end{array}\right\}O^4 \;+\; C^4H^4O^2 \;=\; \left.\begin{array}{l}(C^4H^4)'' \\ (C^4H^4)'' \\ H^2\end{array}\right\}O^6.$$

Glycol.   Alcool diéthylénique.

$$\left.\begin{array}{l}(C^4H^4)'' \\ H^2\end{array}\right\}O^4 \;+\; 2C^4H^4O^2 \;=\; \left.\begin{array}{l}3(C^4H^4)'' \\ H^2\end{array}\right\}O^8.$$

Alcool triéthylénique.

$$\left.\begin{array}{l}(C^4H^4)'' \\ H^2\end{array}\right\}O^4 \;+\; 3C^4H^4O^2 \;=\; \left.\begin{array}{l}4(C^4H^4)'' \\ H^2\end{array}\right\}O^{10}.$$

Alcool tétréthylénique.

3° Lorsqu'on chauffe du glycol avec du bromure d'éthylène à environ 120°, il se forme du glycol monobromhydrique et des alcools polyéthyléniques (Lourenço). Ainsi on a

$$2\left[\left.\begin{array}{l}(C^4H^4)'' \\ H^2\end{array}\right\}O^4\right] \;+\; C^4H^4Br^2 \;=\; \left.\begin{array}{l}3(C^4H^4)'' \\ H^2\end{array}\right\}O^8 \;+\; 2HBr.$$

Glycol.   Bromure   Alcool   Acide
          d'éthylène.   triéthylénique.   bromhydrique.

En réagissant sur un excès de glycol, l'acide bromhydrique forme du glycol monobromhydrique.

4° Lorsqu'on chauffe l'oxyde d'éthylène avec de l'acide acétique anhydre ou hydraté, il se forme de l'acétate d'éthylène (glycol acétique) et des acétates polyéthyléniques.

$$2C^4H^4O^2 \;+\; \left.\begin{array}{l}C^4H^3O^2 \\ C^4H^3O^2\end{array}\right\}O^2 \;=\; \left.\begin{array}{l}2(C^4H^4)'' \\ 2(C^4H^3O^2)'\end{array}\right\}O^6$$

Oxyde   Acide acétique   Acétate
d'éthylène.   anhydre.   diéthylénique.

$$3C^4H^4O^2 \;+\; \left.\begin{array}{l}C^4H^3O^2 \\ C^4H^3O^2\end{array}\right\}O^2 \;=\; \left.\begin{array}{l}3(C^4H^4)'' \\ 2(C^4H^3O^2)'\end{array}\right\}O^8, \text{ etc.}$$

Acétate
triéthylénique.

Lorsqu'on traite les acétates polyéthyléniques par la potasse caustique, on forme de l'acétate de potasse et on met en liberté des alcools polyéthyléniques.

$$\left.\begin{array}{l}2(C^4H^4)'' \\ 2(C^4H^3O^2)\end{array}\right\}O^6 \;+\; 2KHO^2 \;=\; \left.\begin{array}{l}2(C^4H^4)'' \\ H^2\end{array}\right\}O^6 \;+\; 2\left[\left.\begin{array}{l}C^4H^3O^2 \\ K\end{array}\right\}O^2\right].$$

Acétate   Alcool   Acétate
diéthylénique.   diéthylénique.   de potassium.

L'alcool diéthylénique $\left.\begin{array}{l}(C^4H^4)'' \\ (C^4H^4)'' \\ H^2\end{array}\right\}O^6$ qui a été obtenu pour la première fois par M. Lourenço, est un liquide incolore, épais, d'une densité de 1,132 à 0°. Il bout à environ 250°. Il se dissout en toutes proportions dans l'eau et dans l'alcool. Lorsqu'on le chauffe avec de l'acide azotique, il s'oxyde énergiquement et se convertit

en acide glycolique, en acide oxalique et en acide diglycolique
(A. Wurtz).

$$2(C^4H^4)'' \atop H^2 \Big\} O^6 \;+\; O^8 \;=\; {(C^4H^2O^2)'' \atop (C^4H^2O^2)''} \atop H^2 \Big\} O^6 \;+\; 2H^2O^2.$$

Alcool
diéthylénique. Acide
diglycolique.

L'acide diglycolique est isomérique avec l'acide malique.

Lorsqu'on chauffe l'alcool diéthylénique, en vase clos, avec une
solution concentrée d'acide iodhydrique, il se forme de l'eau et
de l'iodure d'éthylène (A. Wurtz).

$$(C^4H^4)^2 \atop H^2 \Big\} O^6 \;+\; 4HI \;=\; 2C^4H^4I^2 \;+\; H^6O^6.$$

L'alcool triéthylénique $(C^4H^4)'' \atop (C^4H^4)'' \atop (C^4H^4)'' \atop H^2 \Big\} O^8$ est un liquide épais, bouillant

de 285 à 289°. L'acétate triéthylénique $3(C^4H^4)'' \atop 2(C^4H^3O^2) \Big\} O^8$ bout à 290°
environ.

L'alcool triéthylénique est énergiquement attaqué par l'acide
azotique et fournit un acide diglycol-éthylénique.

$$(C^4H^2O^2)'' \atop (C^4H^2O^2)'' \atop (C^4H^4)'' \atop H^2 \Big\} O^8.$$

On a obtenu, indépendamment des composés précédents, les
alcools tétréthylénique $4(C^4H^4)'' \atop H^2 \Big\} O^{10}$ (Wurtz), pentéthylénique

$5(C^4H^4)'' \atop H^2 \Big\} O^{12}$ et hexéthylénique $6(C^4H^4)'' \atop H^2 \Big\} O^{14}$ (Lourenço).

BASES ÉTHYLÉNIQUES.

L'éthylène, qui, en se substituant à 2 atomes d'hydrogène dans
deux molécules d'eau

$$H \atop H \Big\} O^2$$

$$H \atop H \Big\} O^2$$

peut river ensemble les deux restes HO^2, de manière à former du
glycol,

$$(C^4H^4)'' {H \atop H} \Big\} O^4$$

peut aussi se substituer à 2 atomes d'hydrogène dans 2 molécules d'ammoniaque, qu'il soude ensemble par l'effet de cette substitution,

$$\left.\begin{array}{l}\text{AzHHH}\\\text{AzHHH}\end{array}\right. \qquad \left.\begin{array}{l}\text{AzHH}\\\text{AzHH}\end{array}\right\}(C^4H^4)''$$

2 mol. d'ammoniaque.   Éthylène-diamine.

ou

$$\left.\begin{array}{l}H^2\\H^2\\H^2\end{array}\right\}Az^2 \qquad \left.\begin{array}{l}(C^4H^4)''\\H^2\\H^2\end{array}\right\}Az^2.$$

Ammoniaque.   Éthylène-diamine.

Mais l'éthylène peut se substituer non-seulement a 2, mais aussi à 4 ou à 6 atomes d'hydrogène dans 2 molécules d'ammoniaque. Les bases suivantes offrent cette constitution :

$$\left.\begin{array}{l}(C^4H^4)''\\(C^4H^4)''\\H^2\end{array}\right\}Az^2 \qquad \left.\begin{array}{l}(C^4H^4)''\\(C^4H^4)''\\(C^4H^4)''\end{array}\right\}Az^2.$$

Diéthylène-diamine.   Triéthylène-diamine.

Enfin, le bromure d'éthylène peut s'unir directement à la triéthylène-diamine, pour former le dibromure de tétréthylène-ammonium

$$\left.\begin{array}{l}(C^4H^4)''\\(C^4H^4)''\\(C^4H^4)''\\(C^4H^4)''\end{array}\right\}Az^2,Br^2.$$

On voit que toutes ces bases correspondent aux bases éthyliques que nous avons décrites (pages 208 et suiv.). Elles sont primaires, secondaires, tertiaires, quaternaires, suivant que 2, 4, 6, 8 atomes d'hydrogène ont été remplacés par 1, 2, 3 ou 4 groupes éthylène $(C^4H^4)''$ dans 2 molécules d'ammonium.

Lorsque, dans ces bases éthyléniques, la substitution de l'hydrogène de l'ammonium par l'éthylène est incomplète, comme, par exemple, dans l'éthylène-ammonium et dans le diéthylène-diammonium

$$\left.\begin{array}{l}(C^4H^4)''\\H^2\\H^2\\H^2\end{array}\right\}Az^2 \qquad et \qquad \left.\begin{array}{l}(C^4H^4)''\\(C^4H^4)''\\H^2\\H^2\end{array}\right\}Az^2,$$

l'hydrogène *typique* qui reste peut être remplacé par les radicaux des alcools monoatomiques, tels que l'éthyle et le méthyle. On obtient ainsi des diamines mixtes, renfermant à la fois de l'éthylène et des radicaux monoatomiques.

Ainsi on connaît :

L'iodure de diéthyl-éthylène-diammonium $\left.\begin{array}{l}(C^4H^4)''\\(C^4H^5)^2\\H^2\\H^2\end{array}\right\}Az^2.I^2$, etc.

Ce n'est pas tout : en se substituant partiellement à l'hydrogène de 3 molécules d'ammoniaque, les radicaux éthylène peuvent souder les restes de ces molécules, et former ainsi des *triamines*.

On connaît la diéthylène-triamine

$$\left.\begin{array}{l}(C^4H^4)'' \\ (C^4H^4)'' \\ H^4\end{array}\right\}Az^3 \quad \text{dérivée de} \quad \left.\begin{array}{l}H^3 \\ H^3 \\ H^3\end{array}\right\}Az^3.$$

On le voit, les bases éthyléniques dérivées de l'ammoniaque sont très-nombreuses. Elles ont été découvertes et fort bien étudiées par M. Hofmann, qui a fait connaître, en outre, l'existence de bases phosphorées et arséniées analogues. On peut envisager ces dernières comme dérivées de plusieurs molécules d'hydrogène phosphoré ou d'hydrogène arsénié.

Dans l'impossibilité où nous sommes de décrire tous ces corps, nous nous bornons à indiquer le mode de formation des bases éthyléniques les plus simples. Elles prennent naissance, d'après M. Hofmann, par l'action de l'ammoniaque sur le bromure d'éthylène

$$[(C^4H^4)''Br^2] \ + \ 2AzH^3 \ = \ (C^4H^4)''H^6.Az^2,Br^2$$

Bromure <br> d'éthylène. — Bromure d'éthylène-diammonium.

$$2[(C^4H^4)''Br^2] \ + \ 4AzH^3 \ = \ 2H^4AzBr \ + \ [2(C^4H^4)'']H^4.Az^2,Br^2$$

Bromure d'ammonium. — Bromure de diéthylène-diammonium.

$$3(C^4H^4)''Br^2 \ + \ 6AzH^3 \ = \ 4H^4AzBr \ + \ [3(C^4H^4,'')]H^2.Az^2,Br^2.$$

Bromure de triéthylène-diammonium.

En distillant ces bromures avec de la potasse, on isole les bases éthyléniques elles-mêmes : elles sont volatiles et passent dans le récipient.

Ajoutons que M. Cloëz a signalé le premier la formation d'une base organique par l'action de l'ammoniaque sur le chlorure ou le bromure d'éthylène.

BASES OXYÉTHYLÉNIQUES.

Nous ne pouvons que signaler l'existence de ces bases, qui ont été découvertes par M. Wurtz. Elles se forment par la fixation directe de l'oxyde d'éthylène sur les éléments de l'ammoniaque. 1, 2, 3 molécules d'oxyde d'éthylène, en se fixant sur 1 molécule d'ammoniaque, forment des bases oxygénées, des *oxyéthyléna-mines*.

$$C^4H^4O^2 \; + \; \left.\begin{matrix} H \\ H \\ H \end{matrix}\right\}Az \; = \; \left.\begin{matrix} [C^4H^4O^2,H]' \\ H \\ H \end{matrix}\right\}Az$$

Oxyde d'éthylène.   Oxyéthylénamine.

$$2C^4H^4O^2 \; + \; \left.\begin{matrix} H \\ H \\ H \end{matrix}\right\}Az \; = \; \left.\begin{matrix} [C^4H^4O^2,H]' \\ [C^4H^4O^2,H]' \\ H \end{matrix}\right\}Az$$

Dioxyéthylénamine.

$$3C^4H^4O^2 \; + \; \left.\begin{matrix} H \\ H \\ H \end{matrix}\right\}Az \; + \; \left.\begin{matrix} [C^4H^4O^2,H]' \\ [C^4H^4O^2,H]' \\ [C^4H^4O^2,H]' \end{matrix}\right\}Az.$$

Trioxyéthylénamine.

Les composés suivants, bien qu'on ne puisse pas les envisager comme de vrais dérivés du glycol, se rattachent pourtant aux combinaisons éthyléniques. On peut les envisager comme renfermant à la fois le radical éthylène $(C^4H^4)''$, et le radical sulfuryle $(S^2O^4)''$, intimement unis ensemble. En échangeant une affinité, ces deux groupes diatomiques se soudent, et forment un radical complexe qui est encore diatomique, l'éthylène-sulfuryle

$$[(C^4H^4)''\text{-}(S^2O^4)'']''.$$

SULFATE DE CARBYLE ET ACIDE ÉTHIONIQUE.

L'acide sulfurique anhydre absorbe directement le gaz éthylène pour former une combinaison qu'on a désignée sous le nom de *sulfate de carbyle* :

$$C^4H^4 \; + \; 2[S^2O^6] \; = \; C^4H^4,2S^2O^6.$$

Éthylène.   Acide sulfurique anhydre.   Sulfate de carbyle.

Le sulfate de carbyle constitue un corps solide cristallisable, fusible à 80°. Il est l'anhydride de l'*acide éthionique*. En effet, mis en contact avec l'eau, il en fixe les éléments et se convertit en cet acide :

$$[C^4H^4\text{-}S^2O^4,S^2O^4]''O^4 \; + \; H^2O^2 \; = \; \left.\begin{matrix} [C^4H^4\text{-}S^2O^4,S^2O^4]^{iv} \\ H^2 \end{matrix}\right\}O^6.$$

Sulfate de carbyle.   Acide éthionique.

L'acide éthionique est un acide bibasique très-peu stable. Lorsqu'on fait bouillir sa solution aqueuse, il se dédouble en acide sulfurique et en acide iséthionique

$$\left.\begin{matrix} [C^4H^4\text{-}S^2O^4,S^2O^4]^{iv} \\ H^2 \end{matrix}\right\}O^6 \; + \; H^2O^2 \; = \; \left.\begin{matrix} S^2O^4 \\ H^2 \end{matrix}\right\}O^4 \; + \; \left.\begin{matrix} [C^4H^4\text{-}S^2O^4]'' \\ H^2 \end{matrix}\right\}O^4.$$

Acide éthionique.   Acide sulfurique.   Acide iséthionique.

ACIDE ISÉTHIONIQUE

$$C^4H^6S^2O^8 = [C^4H^4\text{-}S^2O^4]'' \left\{ \begin{matrix} H \\ H \end{matrix} \right\} O^4.$$

Ce corps est isomérique avec l'acide éthylsulfurique (sulfovinique). Il se forme lorsqu'on soumet à l'ébullition une solution aqueuse d'acide éthionique. Il prend aussi naissance lorsqu'on fait arriver des vapeurs d'acide sulfurique anhydre dans l'alcool, et qu'on fait bouillir la solution étendue d'eau. Neutralisée par le carbonate de baryte, elle donne de l'iséthionate de baryte, sel cristallisable, dont on peut isoler l'acide à l'aide de l'acide sulfurique.

L'acide iséthionique est monobasique. L'iséthionate d'ammoniaque cristallise en tables rhomboïdales fusibles à 130°.

TAURINE

$$C^4H^7AzS^2O^6.$$

Ce corps est l'amide de l'acide iséthionique. Il a été découvert par L. Gmelin en 1826. Il constitue un des produits du dédoublement de l'acide taurocholique, acide sulfuré et azoté qu'on rencontre dans la bile (Strecker).

$$\underset{\text{Acide taurocholique.}}{C^{52}H^{45}AzS^2O^{14}} + H^2O^2 = \underset{\text{Acide cholalique.}}{C^{48}H^{40}O^{10}} + \underset{\text{Taurine.}}{C^4H^7AzS^2O^6.}$$

La taurine a été rencontrée aussi toute formée dans le canal intestinal, dans le tissu du foie, dans les reins. On l'a trouvée dans les tissus de certains mollusques, comme l'huître. M. Strecker l'a obtenue, par voie de synthèse, en chauffant l'iséthionate d'ammoniaque pendant longtemps, de 210 à 220°.

$$\underset{\substack{\text{Iséthionate}\\\text{d'ammonium.}}}{[C^4H^4\text{-}S^2O^4]'' \left\{ \begin{matrix} H \\ AzH^4 \end{matrix} \right\} O^4} = H^2O^2 + \underset{\text{Taurine.}}{\left\{ \begin{matrix} [(C^4H^4\text{-}S^2O^4)''\text{-}(HO^2)']''' \\ H \\ H \end{matrix} \right\} Az.}$$

Pour retirer la taurine de la bile, on soumet celle-ci à une longue ébullition avec l'acide chlorhydrique. On sépare par le filtre les matières résineuses formées; on concentre au bain-marie : il se dépose du sel marin dont on décante l'eau-mère. On mêle celle-ci avec de l'alcool, et on abandonne la liqueur à elle-même : la taurine cristallise au bout de quelque temps.

Ce corps forme de beaux prismes rhomboïdaux obliques, transparents et brillants. Il se dissout abondamment dans l'eau chaude, moins bien dans l'eau froide. Il est insoluble dans l'alcool et dans l'éther. Il est très-stable. Les acides minéraux ne l'attaquent pas. Chauffée avec la potasse caustique, elle laisse dégager de l'ammoniaque et donne du sulfite et de l'acétate alcalins.

La taurine est isomérique avec le bisulfite d'aldéhyde-ammoniaque (page 244).

PROPYLGLYCOL.

$$C^6H^8O^4 = \left. \begin{array}{l} (C^6H^6)'' \\ H^2 \end{array} \right\} O^4.$$

On a obtenu ce corps par un procédé analogue à celui qui fournit le glycol éthylénique. On chauffe au bain-marie pendant 4 jours un mélange de 192 gr. de bromure de propylène, de 300 gr. d'acétate d'argent, délayé dans l'acide acétique : il se forme du bromure d'argent et du propylglycol diacétique. On sépare ce dernier par distillation et on le décompose en ajoutant de l'hydrate de potasse en poudre jusqu'à réaction alcaline. On distille ensuite au bain d'huile et on rectifie le produit sur une petite quantité d'hydrate de potasse. Le propylglycol passe à 188°.

C'est un liquide incolore, épais, possédant une saveur sucrée, soluble en toutes proportions dans l'eau, dans l'alcool et dans 12 à 13 parties d'éther.

Exposé à l'air, sous l'influence du noir de platine, il attire l'oxygène et se convertit partiellement en acide lactique (A. Wurtz).

$$\underset{\text{Propylglycol.}}{C^6H^8O^4} + O^4 = \underset{\text{Acide lactique.}}{C^6H^6O^6} + H^2O^2.$$

L'acide lactique est donc au propylglycol ce que l'acide acétique est à l'alcool.

Traité par l'acide chlorhydrique, le propylglycol se convertit en propylglycol chlorhydrique ou chlorhydrate d'oxyde de propylène

$$\left. \begin{array}{l} C^6H^6 \\ H \\ Cl \end{array} \right\} O^2 = C^6H^6O^2,HCl.$$

Sous l'influence de la potasse, celui-ci donne l'oxyde de propylène $C^6H^6O^2$, liquide léger mobile, doué d'une odeur éthérée, d'une densité de 0,859 à 0°, bouillant à 35° (Oser).

Propylglycol diacétique $\left. \begin{array}{l} (C^6H^6)'' \\ 2(C^4H^3O^2) \end{array} \right\} O^4.$ —Liquide incolore, neutre, d'une densité de 1,109 à 0°. Il bout à 186°; il se dissout dans 10 parties d'eau.

BUTYLGLYCOL ET AMYLGLYCOL.

On prépare ces corps avec le bromure de butylène $C^8H^8Br^2$ et le bromure d'amylène $C^{10}H^{10}Br^2$ à l'aide de procédés analogues à celui qui fournit le propylglycol.

Le butylglycol $\genfrac{}{}{0pt}{}{(C^8H^2)''}{H^2}\Big\}O^4$ est un liquide épais, soluble en toutes proportions dans l'eau, dans l'alcool et dans l'éther. Traité avec précaution par l'acide azotique, il donne de l'acide butylactique

$$\underset{\text{Butylglycol.}}{C^8H^{10}O^4} + O^4 = \underset{\substack{\text{Acide}\\\text{butylactique.}}}{C^8H^8O^6} + H^2O^2.$$

L'amylglycol $\genfrac{}{}{0pt}{}{(C^{10}H^{10})''}{H^2}\Big\}O^4$ constitue de même un liquide épais, incolore, doué d'une saveur un peu amère, miscible à l'eau, à l'alcool et à l'éther en toutes proportions.

L'acide chlorhydrique le convertit en *amylglycol chlorhydrique*

$$\genfrac{}{}{0pt}{}{C^{10}H^{10}\}O^2}{H\{Cl} = C^{10}H^{10}O^2,HCl.$$

Mais on ne peut obtenir ce composé à l'état de pureté qu'en faisant réagir l'amylène sur une solution d'acide hypochloreux, agitant le liquide aqueux avec de l'éther, et distillant la solution éthérée (Carius).

$$\underset{\text{Amylène.}}{C^{10}H^{10}} + \underset{\substack{\text{Acide}\\\text{hypochloreux.}}}{ClHO^2} = \underset{\substack{\text{Amylglycol}\\\text{chlorhydrique.}}}{C^{10}H^{11}ClO^2}.$$

L'amylglycol chlorhydrique est un liquide incolore, bouillant à 155°. Il est soluble dans l'eau, mais ne s'y dissout point en toutes proportions.

Traité par la potasse, il donne l'oxyde d'amylène $C^{10}H^{10}O^2$ (Bauer). Ce dernier corps est un liquide incolore, mobile, doué d'une odeur agréable et éthérée. Il bout à 95°. Sa densité à 0° est égale à 0,8244.

Lorsqu'on chauffe l'amylglycol avec de l'acide azotique étendu, il est énergiquement oxydé. Il se dégage de l'acide carbonique et il se forme de l'acide butylactique

$$\underset{\text{Amylglycol.}}{C^{10}H^{12}O^4} + O^{10} = C^2O^4 + 2H^2O^2 + \underset{\text{Acide butylactique.}}{C^8H^8O^6}.$$

Amylglycol diacétique $\genfrac{}{}{0pt}{}{(C^{10}H^{10})''}{(C^4H^3O^2)^2}\Big\}O^4$. — C'est un liquide incolore, neutre, insoluble dans l'eau. Il bout au-dessus de 200°.

ALCOOLS TRIATOMIQUES.

Généralités. — Les glycols dont nous venons de tracer l'histoire peuvent être envisagés comme dérivés du type eau deux fois condensé. Il existe des alcools qu'on peut rapporter au type eau trois fois condensé et qu'on envisage comme triatomiques. Ainsi l'alcool diéthylénique dérive du type $3H^2O^2$.

$$\left.\begin{array}{c}H^2\\H^2\\H^2\end{array}\right\}O^6 \qquad \left.\begin{array}{c}(C^4H^4)''\\(C^4H^4)''\\H^2\end{array}\right\}O^6.$$

Type.   Alcool diéthylénique.

L'alcool diéthylénique ne renferme que 2 atomes d'hydrogène capables d'être remplacés par des radicaux d'acide. Il est triatomique et diacide. Il existe des alcools triatomiques et triacides : telle est la glycérine. On peut la rapporter au type trois fois condensé $\left.\begin{array}{c}H^3\\H^3\end{array}\right\}O^6$. Elle représente 3 molécules d'eau dans lesquelles 3 atomes d'hydrogène sont remplacés par le radical triatomique glycéryle, tandis que les trois autres atomes d'hydrogène typique restent pour ainsi dire disponibles et peuvent être remplacés par des radicaux d'acides.

$$\left.\begin{array}{c}H^3\\H^3\end{array}\right\}O^6 \qquad \left.\begin{array}{c}(C^6H^5)'''\\H^3\end{array}\right\}O^6.$$

Type.   Glycérine.

La glycérine est le type des alcools triatomiques. Elle a été l'objet de travaux importants, et son caractère d'alcool triatomique a été reconnu par M. Berthelot. Elle n'est pas la seule combinaison de son espèce. M. Bauer est parvenu récemment à préparer la glycérine amylique

$$\left.\begin{array}{c}(C^{10}H^9)'''\\H^3\end{array}\right\}O^6.$$

De plus, on connaît diverses combinaisons qu'on peut rapporter à la glycérine méthylique. Ainsi le chloroforme se comporte dans certaines réactions comme la trichlorhydrine méthylique, analogue à la trichlorhydrine glycérique.

$$(C^2H)'''Cl^3 \qquad (C^6H^5)'''Cl^3.$$

Chloroforme.   Trichlorhydrine glycérique.

En effet, lorsqu'on le traite par de l'éthylate de soude, il se forme une éthyline qu'on peut envisager comme dérivant de la méthylglycérine ${(C^2H)''' \atop H^3}\!\Big\}O^6$ par la substitution de $3(C^4H^5)'$ à H^3 (Kay).

$$(C^2H)'''Cl^3 \;\; + \;\; 3\left[{C^4H^5 \atop Na}\!\Big\}O^2\right] \;\; = \;\; {(C^2H)''' \atop (C^4H^5)^3}\!\Big\}O^6 \;\; + \;\; 3NaCl.$$

Chloroforme.   Ethylate   Méthylglycérine
                      de sodium.   triéthylique.

Il existe des relations de composition intéressantes entre l'alcool propylique, le propylglycol et la glycérine. Ces corps renferment le même nombre d'équivalents de carbone et d'hydrogène, et un nombre d'équivalents d'oxygène qui croît comme 2, 4, 6. L'atomicité de ces alcools croît avec leur richesse en oxygène. Pour une addition de O^2, un équivalent d'hydrogène se détache en quelque sorte du radical et devient typique, c'est-à-dire remplaçable par un corps simple ou par un radical composé. Les formules suivantes montrent ces relations :

$$C^6H^8O^2 \;\; = \;\; {(C^6H^7)' \atop H}\!\Big\}O^2 \quad \text{propylalcool}$$

$$C^6H^8O^4 \;\; = \;\; {(C^6H^6)'' \atop H^2}\!\Big\}O^4 \quad \text{propylglycol}$$

$$C^6H^8O^6 \;\; = \;\; {(C^6H^5)''' \atop H^3}\!\Big\}O^6 \quad \text{glycérine}$$

La méthylglycérine n'a pas pu être obtenue ; au moment où l'on cherche à la mettre en liberté elle se résout en eau et en oxyde de carbone

$$C^2H^4O^6 = C^2O^2 + 2H^2O^2.$$

On ne connaît aucune combinaison qu'on puisse rapporter avec certitude à l'éthylglycérine.

Les corps gras neutres que nous offre la nature sont des éthers de la glycérine ordinaire, ainsi que M. Chevreul l'a établi dans ses mémorables travaux.

GLYCÉRINE.

$$C^6H^8O^6 \;\; = \;\; {(C^6H^5)''' \atop H^3}\!\Big\}O^6.$$

Ce corps a été découvert, en 1779, par Scheele, qui l'obtint dans la préparation de l'emplâtre simple. La glycérine a été étudiée par M. Chevreul, par M. Pelouze et par d'autres chimistes ; mais c'est surtout aux beaux travaux de M. Berthelot qu'on doit le le développement de son histoire chimique. MM. Pelouze et Gelis ont réalisé les premiers la synthèse d'un corps gras en faisant passer un courant de gaz chlorhydrique dans un mélange d'acide butyrique et de glycérine : il s'est formé de la butyrine.

M. Wurtz a obtenu la glycérine artificiellement à l'aide de l'iodure d'allyle. Par l'action du brome, ce corps se transforme en tribromure (page 197), et le tribromure d'allyle, en réagissant sur l'acétate d'argent, forme du bromure d'argent et de la triacétine.

$$(C^6H^5)'''Br^3 \;+\; 3\left[{{C^4H^3O^2} \atop {Ag}} \Big\} O^2 \right] \;=\; 3AgBr \;+\; 3(C^4H^3O^2)' {{(C^6H^5)'''} \atop {}} \Big\} O^6.$$

Tribromure   Acétate d'argent.   Triacétine.
d'allyle.

La triacétine donne de la glycérine lorsqu'on la saponifie par la potasse ou par la baryte.

M. Pasteur a fait la remarque importante que la glycérine se forme en petite quantité dans la fermentation alcoolique.

Préparation. La glycérine s'obtient comme produit accessoire de la préparation de l'emplâtre simple. Cette préparation terminée, on décante l'eau qui surnage le savon plombique. On y fait passer un courant d'hydrogène sulfuré pour précipiter, à l'état de sulfure, quelques traces de plomb dissous ; puis on évapore la liqueur filtrée au bain-marie. La glycérine reste sous forme d'un liquide incolore.

Ce corps s'obtient en grand dans les arts, comme produit accessoire de la fabrication des bougies stéariques. Parmi les procédés qui sont employés dans cette fabrication, il en est un qui consiste à décomposer les corps gras neutres, tels que l'huile de palme, par la vapeur d'eau surchauffée ; les acides gras et la glycérine mis en liberté sont entraînés et condensés avec la vapeur dans des serpentins. On obtient une solution aqueuse de glycérine sur laquelle nagent les acides gras fondus. On évapore cette solution et on la distille de nouveau avec de la vapeur d'eau surchauffée, dans un appareil construit de telle sorte que la vapeur d'eau va se condenser plus loin que la glycérine elle-même, qui est moins volatile.

On peut aussi retirer la glycérine de la liqueur aqueuse qu'on obtient en saponifiant les graisses par la chaux. Cette liqueur, qui surnage le savon calcaire, est colorée en brun. On l'évapore et on chauffe le sirop obtenu à 120° ou 130°. On le dissout ensuite dans 4 fois son volume d'alcool concentré ; on filtre la liqueur ; on distille l'alcool ; on redissout le résidu dans l'eau ; on le fait digérer avec de la litharge ; on filtre de nouveau et on précipite par l'hydrogène sulfuré le plomb dissous ; enfin on décolore la liqueur par

le charbon animal, et on l'évapore au bain-marie, et finalement
dans le vide de la machine pneumatique.

Propriétés de la glycérine. La glycérine est un liquide incolore.
Sa consistance est sirupeuse, sa saveur sucrée. Sa densité à 15° est
égale à 1,28. Exposée à l'air, elle en attire l'humidité. Elle se
dissout en toutes proportions dans l'eau et dans l'alcool. Elle est
insoluble dans l'éther.

Elle dissout elle-même diverses substances minérales, telles que
les alcalis, les chlorures de potassium, de sodium, de calcium,
les azotates de soude et d'argent, les sulfates de potasse, de soude,
de cuivre.

La glycérine pure passe en grande partie à la distillation lorsqu'on la chauffe brusquement de 275 à 280°. A la fin de la distillation, une portion du produit se décompose. Dans le vide, la glycérine distille aisément.

Lorsqu'on la chauffe, à la pression ordinaire, au-dessus de 300°,
elle se décompose en partie et donne de l'acide carbonique, de
l'acroléine (page 292), divers gaz inflammables et des produits
empyreumatiques.

Lorsqu'on dispose sous la glycérine étendue d'eau une couche
d'acide azotique d'une densité de 1,5, et qu'on abandonne le
tout à lui-même pendant plusieurs jours, les deux corps se mèlent
peu à peu, et il se forme, par oxydation lente, de l'acide glycérique
(Debus, Socoloff).

$$C^6H^8O^6 + O^4 = C^6H^6O^8 + H^2O^2.$$
$$\text{Glycérine.} \qquad \text{Acide glycérique.}$$

Le même acide se forme probablement lorsqu'on expose à l'air
de la glycérine étendue d'eau et mêlée avec du noir de platine
(Doebereiner).

Lorsqu'on verse goutte à goutte de la glycérine dans un mélange
d'acide sulfurique et d'acide azotique, placé dans l'eau froide, et
qu'on ajoute ensuite de l'eau au mélange, il se précipite des
gouttes oléagineuses de *trinitroglycérine* $C^6H^5(AzO^4)^3O^6$. Ce corps
représente la trinitrine, véritable corps gras neutre.

$$\begin{matrix} (C^6H^5)''' \\ (AzO^4)^3 \end{matrix}\Big\} O^6.$$

Traité par la potasse, il forme de l'azotate de potasse et régénère la glycérine. C'est une huile jaunâtre, inodore, insoluble
dans l'eau, soluble dans l'alcool et dans l'éther. Il possède une

saveur sucrée et aromatique. Son action sur l'économie est très-énergique ; une petite quantité déposée sur la langue produit une violente migraine. La trinitroglycérine est un corps insoluble qui se décompose spontanément. Elle détone avec violence lorsqu'on la chauffe, ou même par le choc.

Lorsqu'on mêle de la glycérine avec de l'acide sulfurique, il se forme de l'acide sulfoglycérique (Pelouze).

L'acide phosphorique la convertit en acide phosphoglycérique (Pelouze).

Par l'action de l'acide chlorhydrique sur la glycérine, il se forme diverses chlorhydrines (Berthelot).

En général, lorsqu'on chauffe la glycérine avec des acides, on obtient des éthers de la glycérine.

Les chlorures de phosphore attaquent vivement la glycérine, avec formation de chlorhydrines. Ces corps constituent les éthers chlorhydriques de la glycérine. Chauffée avec du bi-iodure de phosphore PhI^2, celle-ci se convertit en iodure d'allyle (page 196) [Berthelot et de Luca].

Lorsqu'on laisse la glycérine en contact pendant plusieurs mois avec de la levûre de bière, à une température de 20° à 30°, elle se convertit, d'après M. Redtenbacher, en acide propionique. Un mélange de glycérine avec de l'eau, du fromage et de la craie, exposé pendant plusieurs semaines à une température de 40°, donne par la distillation une petite quantité d'alcool, d'après M. Berthelot.

ÉTHERS DE LA GLYCÉRINE.

Généralités. — La formule $\left.\begin{array}{l}(C^6H^5)'''\\H^3\end{array}\right\}O^6$, que nous avons adoptée pour la glycérine, est fondée sur ce fait, démontré par M. Berthelot, que la glycérine peut former, avec les acides, 3 séries de combinaisons. 1, 2 ou 3 molécules d'un acide monobasique peuvent réagir sur 1 molécule de glycérine et peuvent donner naissance à 3 composés différents, avec élimination de 2, 4 ou 6 équivalents d'eau, ou de 1, 2, 3 molécules, si l'on représente une molécule d'eau par la formule H^2O^2. Ces composés neutres sont à la glycérine ce que les éthers composés sont aux alcools monoatomiques. Ils représentent de la glycérine dans laquelle 1, 2 ou 3 équivalents d'hydrogène ont été remplacés par 1, 2 ou 3 radicaux d'acides monobasiques. Les équations suivantes, qui expriment l'action de l'acide acétique sur la glycérine, rendent compte de la formation des éthers glycériques.

$$\left.\begin{array}{l}(C^4H^3O^2)' \\ H\end{array}\right\}O^2 \ + \ \left.\begin{array}{l}(C^6H^5)''' \\ H^3\end{array}\right\}O^6 \ = \ \left.\begin{array}{l}(C^6H^5)''' \\ (C^4H^3O^2)' \\ H^2\end{array}\right\}O^6 \ + \ H^2O^2.$$

Acide acétique.   Glycérine.   Monoacétine.

$$2\left[\left.\begin{array}{l}(C^4H^3O^2)' \\ H\end{array}\right\}O^2\right] \ + \ \left.\begin{array}{l}(C^6H^5)''' \\ H^3\end{array}\right\}O^6 \ = \ 2\left.\begin{array}{l}(C^6H^5)''' \\ (C^4H^3O^2)' \\ H\end{array}\right\}O^6 \ + \ 2H^2O^2.$$

Diacétine.

$$3\left[\left.\begin{array}{l}(C^4H^3O^2)' \\ H\end{array}\right\}O^2\right] \ + \ \left.\begin{array}{l}(C^6H^5)''' \\ H^3\end{array}\right\}O^6 \ = \ \left.\begin{array}{l}(C^6H^5)''' \\ 3(C^4H^3O^2)'\end{array}\right\}O^6 \ + \ 3H^2O^2.$$

Triacétine.

On comprend, d'ailleurs, que, par l'action simultanée de plusieurs acides sur la glycérine, il puisse se former des éthers glycériques à plusieurs radicaux d'acides.

Par l'action des acides polybasiques sur la glycérine, il peut se former des éthers glycériques neutres à radicaux d'acides polybasiques. Tel est, par exemple, la succinine

$$\left.\begin{array}{l}(C^6H^5)''' \\ (C^8H^4O^4)'' \\ H\end{array}\right\}O^6$$

dans laquelle le radical diatomique de l'acide succinique

$$\left.\begin{array}{l}(C^8H^4O^4)'' \\ H^2\end{array}\right\}O^4$$

remplace 2 atomes d'hydrogène. La benzo-succinine

$$\left.\begin{array}{l}(C^6H^5)''' \\ (C^8H^4O^4)'' \\ (C^{14}H^5O^2)'\end{array}\right\}O^6$$

est un éther glycérique mixte dans lequel le succinyle $(C^8H^4O^4)''$ remplace 2 atomes d'hydrogène de la glycérine, tandis que le troisième est remplacé par le radical benzoyle de l'acide benzoïque

$$\left.\begin{array}{l}(C^{14}H^5O^2)' \\ H\end{array}\right\}O^2.$$

Mais l'action des acides polybasiques sur la glycérine peut donner naissance aussi à des éthers acides de la glycérine qui appartiennent à des types plus compliqués que les éthers neutres. Tel est l'acide sulfoglycérique

$$\left.\begin{array}{l}(C^6H^5)''' \\ H^2 \\ (S^2O^4)'' \\ H\end{array}\right\}O$$

qui dérive du type

$$\left.\begin{array}{l}H^4 \\ H^4\end{array}\right\}O^8$$

Il prend naissance en vertu de la réaction suivante :

$$\left.\begin{array}{l}(C^6H^5)''' \\ H^3\end{array}\right\}O^6 \quad + \quad \left.\begin{array}{l}(S^2O^4)'' \\ H^2\end{array}\right\}O^4 \quad = \quad H^2O^2 \quad + \quad \left.\begin{array}{l}(C^6H^5)''' \\ H^2 \\ (S^2O^4)'' \\ H\end{array}\right\}O^8.$$

Glycérine.   Acide sulfurique.   Acide sulfoglycérique.

L'acide sulfoglycérique est monobasique : seul, l'atome d'hydrogène qui est en rapport avec le sulfuryle $(S^2O^4)''$ peut être remplacé par un métal.

M. Berthelot a désigné sous le nom de chlorhydrines et de bromhydrines les éthers chlorhydriques et bromhydriques de la glycérine. Il existe, en effet, entre ces corps et la glycérine les mêmes relations que celles qu'on constate, d'une part, entre l'éther chlorhydrique et l'alcool, et de l'autre entre les éthers chlorhydriques du glycol (glycol monochlorhydrique et liqueur des Hollandais) et le glycol lui-même. Dans la glycérine, on peut remplacer 1, 2 ou 3 groupes HO^2 par 1, 2, 3 atomes de chlore ou de brome : il se forme alors des chlorhydrines ou bromhydrines dont les relations de composition avec la glycérine sont exprimées par les formules

$$\left.\begin{array}{l}(C^6H^5)''' \\ H^3\end{array}\right\}O^6 \qquad \left.\begin{array}{l}(C^6H^5)''' \\ H^2\end{array}\right\}\begin{array}{l}O^4 \\ Cl\end{array} \qquad \left.\begin{array}{l}(C^6H^5)''' \\ H\end{array}\right\}\begin{array}{l}O^2 \\ Cl^2\end{array} \qquad C^6H^5Cl^3.$$

Glycérine.   Monochlorhydrine   Dichlorhydrine.   Trichlorhydrine.

Le mode de formation de ces corps est exprimé par les équations suivantes :

$$\left.\begin{array}{l}(C^6H^5)''' \\ H^3\end{array}\right\}O^6 \quad + \quad HCl \quad = \quad \left.\begin{array}{l}(C^6H^5)''' \\ H^2\end{array}\right\}\begin{array}{l}O^4 \\ Cl\end{array} \quad + \quad H^2O^2.$$

Glycérine.   Monochlorhydrine.

$$\left.\begin{array}{l}(C^6H^5)''' \\ H^3\end{array}\right\}O^6 \quad + \quad 2HCl \quad = \quad \left.\begin{array}{l}(C^6H^5)''' \\ H\end{array}\right\}\begin{array}{l}O^2 \\ Cl^2\end{array} \quad + \quad 2H^2O^2.$$

Dichlorhydrine.

En faisant réagir sur la glycérine simultanément de l'acide chlorhydrique et un autre acide, M. Berthelot a obtenu des éthers mixtes, qu'on peut envisager comme de la monochlorhydrine dans laquelle 1 atome d'hydrogène typique a été remplacé par un radical d'acide. Tels sont l'acétochlorhydrine

$$\left.\begin{array}{l}(C^6H^5)''' \\ (C^4H^3O^2)' \\ H\end{array}\right\}\begin{array}{l}O^4 \\ Cl\end{array}$$

et la benzochlorhydrine

$$\left.\begin{array}{l}(C^6H^5)''' \\ (C^{14}H^5O^2)' \\ H\end{array}\right\}\begin{array}{l}O^4 \\ Cl\end{array}$$

On doit rattacher aux éthers de la glycérine une combinaison éthylée de ce corps, la diéthyline de M. Berthelot.

$$\left.\begin{array}{l}(C^6H^5)''' \\ (C^4H^5)^2 \\ H\end{array}\right\}O^6.$$

En outre, il existe un composé qui est à la glycérine ce que l'éther ordinaire est à l'alcool : c'est l'éther glycérique de M. Berthelot.

$$\left.\begin{array}{l}(C^4H^5)' \\ H\end{array}\right\}O^2 \qquad \left.\begin{array}{l}(C^4H^5)' \\ (C^4H^5)'\end{array}\right\}O^2.$$

Alcool.   Éther.

$$\left.\begin{array}{l}(C^6H^5)'' \\ H^3\end{array}\right\}O^6 \qquad \left.\begin{array}{l}(C^6H^5)'' \\ (C^6H^5)''\end{array}\right\}O^6.$$

Glycérine.   Éther glycérique.

Préparation des éthers de la glycérine. — Tous ces éthers peuvent être formés artificiellement par l'action des acides sur la glycérine.

Ordinairement on chauffe le mélange, en vase clos, à 100° ou à une température supérieure.

S'agit-il, par exemple, de préparer les combinaisons des acides gras avec la glycérine, après avoir chauffé le mélange, on laisse refroidir et on traite le tout par le carbonate de potasse ou par un lait de chaux qui neutralise l'excès d'acide; puis on agite le mélange avec de l'éther qui extrait la combinaison de la glycérine; on évapore la solution éthérée et on dessèche le résidu dans le vide, à une température plus ou moins élevée (Berthelot).

M. Reboul a indiqué un mode de formation intéressant des éthers glycériques par l'action de l'eau sur les éthers du glycide (voir page 350).

Nous donnerons ici une courte description des éthers glycériques les plus importants.

ACÉTINES.

Monoacétine $\left.\begin{array}{l}(C^6H^5)''' \\ (C^4H^3O^2)' \\ H^2\end{array}\right\}O^6.$ — Elle s'obtient en chauffant pendant quatorze heures à 100° un mélange de glycérine et d'acide acétique cristallisable. C'est un liquide doué d'une faible odeur éthérée; il est miscible avec $\frac{1}{2}$ volume d'eau, en formant une solution qui se trouble par l'addition d'une plus grande quantité d'eau. Densité, 1,20.

Diacétine $2(C^4H^3O^2)' \left.\begin{array}{c}(C^6H^5)''' \\ \\ H\end{array}\right\}O^6$. — Elle se forme lorsqu'on chauffe à 200° de l'acide acétique cristallisable avec de la glycérine. C'est un liquide neutre, miscible avec 1 volume d'eau, bouillant vers 280°. Densité, 1,184.

Triacétine $3(C^4H^3O^2)' \left.\begin{array}{c}(C^6H^5)''' \\ \end{array}\right\}O^6$. — Elle prend naissance lorsqu'on chauffe la diacétine à 250°, avec 15 à 20 fois son volume d'acide acétique cristallisable. C'est un liquide peu soluble dans l'eau, bouillant à 268°. Densité, 1,174 à 8°.

Il paraît exister une acétine dans l'huile de l'*Evonymus europæus*.

BUTYRINES ET VALÉRINES.

M. Berthelot a décrit les combinaisons suivantes de la glycérine avec les acides butyrique et valérique. Elles se forment dans des circonstances analogues à celles où les acétines prennent naissance.

Monobutyrine $(C^8H^7O^2)' \left.\begin{array}{c}(C^6H^5)''' \\ \\ H^2\end{array}\right\}O^6$

Dibutyrine . . . $2(C^8H^7O^2)' \left.\begin{array}{c}(C^6H^5)''' \\ \\ H\end{array}\right\}O^6$ densité 1,081.

Tributyrine . . $3(C^8H^7O^2)' \left.\begin{array}{c}(C^6H^5)''' \\ \end{array}\right\}O^6$ densité 1,056 à 8°.

Monovalérine $(C^{10}H^9O^2)' \left.\begin{array}{c}(C^6H^5)''' \\ \\ H^2\end{array}\right\}O^6$ densité 1,100.

Divalérine . . . $2(C^{10}H^9O^2)' \left.\begin{array}{c}(C^6H^5)''' \\ \\ H\end{array}\right\}O^6$ densité 1,059.

Trivalérine . . $3(C^{10}H^9O^2)' \left.\begin{array}{c}(C^6H^5)''' \\ \end{array}\right\}O^6$

La tributyrine existe dans le beurre, et la trivalérine dans l'huile de dauphin.

LAUROSTÉARINE OU TRILAURINE.

$$3(C^{24}H^{23}O^2)' \left.\begin{array}{c}(C^6H^5)''' \\ \end{array}\right\}O^6.$$

Ce corps se rencontre dans les baies de laurier et dans les fèves de pichurim. Pour le préparer on épuise ces dernières par l'alcool bouillant, après les avoir pulvérisées. Par le refroidissement, la trilaurine se sépare de la solution alcoolique. On la lave avec de l'alcool froid et on la purifie par cristallisation dans l'alcool bouillant. Elle constitue de petites aiguilles soyeuses, groupées en étoiles, solubles dans l'éther et dans l'alcool bouillant, peu solubles dans l'alcool froid. Elle fond de 14 à 16°, et se prend à 23° en une masse friable (Marsson, Sthamer).

TRIMYRISTINE.

$$\left. \begin{matrix} (C^6H^5)''' \\ 3(C^{28}H^{27}O^2)' \end{matrix} \right\} O^6.$$

M. Playfair a extrait ce corps du beurre de muscade, en faisant digérer cette substance avec de l'alcool froid, comprimant la partie insoluble entre des doubles de papier, et faisant cristalliser la masse à plusieurs reprises dans l'éther. C'est une matière cristalline douée d'un éclat soyeux, fusible à 31°, soluble en toutes proportions dans l'éther bouillant, moins soluble dans l'alcool bouillant.

TRIPALMITINE.

$$\left. \begin{matrix} (C^6H^5)''' \\ 3(C^{32}H^{31}O^2)' \end{matrix} \right\} O^6.$$

Ce corps gras se trouve tout formé, d'après M. Heintz, dans la plupart des graisses et des huiles. On peut le retirer de l'huile de palme, en comprimant fortement cette huile, épuisant le résidu à plusieurs reprises par l'alcool bouillant, et purifiant la partie insoluble par plusieurs cristallisations dans l'éther. La tripalmitine se présente sous forme de petits cristaux fusibles à 60°. Fondue, elle se solidifie à 46° en une masse demi-transparente friable. Elle se dissout à peine dans l'alcool froid; elle est plus soluble dans l'alcool bouillant et se dissout en toutes proportions dans l'éther bouillant.

STÉARINES.

Monostéarine $\left. \begin{matrix} (C^6H^5)'' \\ (C^{36}H^{35}O^2)'' \\ H^2 \end{matrix} \right\} O^6.$ — Elle s'obtient, d'après M. Berthelot, en chauffant parties égales d'acide stéarique et de glycérine, pendant 26 heures, à 200°. La masse solide qui surnage la glycérine, après le refroidissement, est séparée, fondue, additionnée d'une petite quantité d'éther et d'hydrate de chaux. Ce mélange est chauffé pendant ½ heure à 100°, et épuisé ensuite par l'éther bouillant, qui extrait la monostéarine et laisse l'excès d'acide stéarique en combinaison avec la chaux. La monostéarine se pré-

sente en mamelons formés par des groupes de petites aiguilles.
Elle fond à 61° et se solidifie de nouveau à 60°. Elle est peu soluble dans l'éther froid, très-soluble dans l'éther bouillant.

Distéarine $2(C^{36}H^{35}O^2)'\left.\begin{array}{l}(C^6H^5)''' \\ H\end{array}\right\}O^6$. — On l'obtient en chauffant parties

égales d'acide stéarique et de glycérine à 100°, et traitant le produit par la chaux et l'éther, comme on vient de l'indiquer pour la
monostéarine.

C'est une masse blanche, grenue, formée de petites lamelles.
Elle fond à 58°, et se solidifie à 55°.

Tristéarine $3(C^{36}H^{35}O^2)'\left.\begin{array}{l}(C^6H^5)''' \\ \end{array}\right\}O^6$. — Elle se forme lorsqu'on chauffe la

monostéarine pendant plusieurs heures à 270°, avec 15 à 20 fois son
poids d'acide stéarique. Pour l'isoler, on traite le produit par la
chaux et l'éther.

Cette substance est contenue dans la plupart des corps gras solides. Le suif et la graisse de mouton en renferment surtout des
quantités notables. Pour l'extraire du suif, on fond celui-ci
dans une capsule, on le passe à travers un linge pour séparer le
tissu cellulaire, et on ajoute à la partie liquide une fois son volume
d'éther. A l'aide d'une douce chaleur, le suif se dissout entièrement, et par le refroidissement on obtient une masse blanche
qu'on jette sur un linge et qu'on comprime fortement. On dissout
de nouveau la partie solide dans l'éther chaud, on laisse refroidir
et on comprime de nouveau. On répète cette opération un certain
nombre de fois, jusqu'à ce que la partie solide soit formée de petites lamelles d'un blanc éclatant et friables (Lecanu). Après avoir
fait cristalliser la stéarine 32 fois dans l'éther, M. Duffy a observé
que son point de fusion s'était élevé à 64°,2. M. Heintz admet que la
stéarine possède deux points de fusion : un point de fusion tran-
sitoire, situé à 55°, et un point de fusion définitif, situé à 71°,6.

D'après les observations connues, il est difficile d'indiquer le
véritable point de fusion de cette substance. Pour un même échantillon de stéarine, le point de solidification varie suivant que la fusion s'est opérée à 1 ou 2 degrés seulement, ou 4 degrés et davantage au-dessus du point de fusion de la stéarine cristallisée. De
plus, après la solidification, le point de fusion n'est plus le même.
On observe à cet égard des différences assez notables. Ainsi, une
stéarine fusible à 63° et chauffée à 64 ou 65°, se solidifie à 64°
et fond de nouveau à 66°,5. Cette même stéarine, fusible à 63°,

lorsqu'on la chauffe à 68 ou 70°, se solidifie à 51° environ et fond de nouveau vers 52°. On voit qu'il y a là des anomalies qu'on a attribuées à l'existence de diverses modifications de stéarine (Duffy).

La stéarine est peu soluble dans l'alcool et dans l'éther froid. Elle se dissout en toutes proportions dans l'éther bouillant.

TRIOLÉINE.

$$3(C^{36}H^{33}O^2)' \left\{ \begin{matrix} (C^6H^5)''' \\ O^6 \end{matrix} \right.$$

Ce corps constitue une partie essentielle des huiles dans lesquelles elle est mélangée avec de la stéarine et de la margarine, d'après M. Chevreul, avec de la palmitine d'après M. Heintz. Pour l'obtenir, on conseille de faire figer de l'huile d'olives en l'exposant à la température de 0°, de comprimer rapidement à une basse température la masse solide entre des doubles de papier joseph. Après avoir enlevé la partie solide, on coupe le papier en bandes; on introduit celles-ci dans un ballon avec de l'eau, et on fait bouillir. L'oléine se détache et gagne la surface de l'eau. Après l'avoir séparée, on l'expose pendant quelque temps à 0°. Elle laisse encore déposer des cristaux dont on décante la partie liquide. Le produit ainsi obtenu est impur.

Un autre procédé de préparation est fondé sur ce fait, que l'oléine se saponifie plus difficilement que les autres corps gras neutres avec lesquels elle est mélangée dans les huiles. On agite de l'huile d'olives avec une solution concentrée de soude caustique; on fait chauffer légèrement, pour séparer l'oléine du savon formé; on passe à travers un linge, et on sépare, par décantation, l'oléine de la lessive alcaline employée en excès.

M. Berthelot a préparé la trioléine en chauffant la glycérine avec son poids d'acide oléique à 200°, décantant le produit oléagineux et le chauffant de nouveau pendant quatre heures à 240°, avec quinze à vingt fois son poids d'acide oléique. La masse obtenue est traitée par la chaux et l'éther. La solution éthérée est décolorée par le charbon animal et mélangée avec huit fois son volume d'alcool, qui précipite la trioléine. Celle-ci est desséchée dans le vide. On obtient ainsi un liquide oléagineux, qui est encore solide à + 10°.

La trioléine est liquide au-dessus de 10°. Elle est sans odeur ni saveur. Sa densité est comprise entre 0,90 et 0,92. Elle est insoluble dans l'eau et fort peu soluble dans l'alcool. Exposée à l'air, elle s'oxyde peu à peu. Mêlée avec de l'acide sulfurique concentré, elle se convertit en acides sulfoléique et sulfoglycérique (Fremy). L'azotate acide mercureux, et l'acide azoteux la solidifient et la convertissent en *élaïdine*, substance solide, cristalline, fusible à 32°, à peine soluble dans l'alcool, soluble dans l'éther.

Soumise à la distillation sèche, l'oléine donne des gaz inflammables, des hydrocarbures liquides, de l'acide sébacique et de l'acroléine.

COMBINAISONS DE LA GLYCÉRINE AVEC LES HYDRACIDES.

Monochlorhydrine $C^6H^7ClO^4 = \begin{cases} (C^6H^5)'''O^4 \\ H^2 \ Cl \end{cases}$ — On sature la glycérine avec du gaz chlorhydrique, et on chauffe le liquide pendant trente-six heures à 100°; puis on l'agite avec du carbonate de soude et de l'éther. Après l'évaporation de la solution éthérée, on distille le résidu; on recueille ce qui passe vers 227°, et on traite ce produit par la chaux et l'éther. La monochlorhydrine reste après l'évaporation de l'éther. C'est un liquide neutre, doué d'une odeur éthérée, d'une saveur douce et piquante ensuite. Sa densité est égale à 1,31. Il se dissout dans l'eau et dans l'alcool (Berthelot).

Lorsqu'on verse de la monochlorhydrine, renfermant de l'eau, sur de l'amalgame de sodium, elle se convertit, sous l'influence de l'hydrogène naissant, en propylglycol (Lourenço).

$$C^6H^7ClO^4 + H^2 = HCl + C^6H^8O^4.$$

Dichlorhydrine $C^6H^6Cl^2O^2 = \begin{cases} (C^6H^5)'''O^2 \\ H \ Cl^2 \end{cases}$ — On mêle la glycérine avec douze à quinze fois son poids d'acide chlorhydrique fumant, et on chauffe le mélange pendant huit heures à 100°. Pour extraire la dichlorhydrine formée, on suit le procédé qui vient d'être indiqué pour la monochlorhydrine. La dichlorhydrine se présente sous forme d'une huile douée d'une odeur éthérée. Densité $= 1,37$. Point d'ébullition 178°. La potasse en sépare, déjà à froid, du chlorure de potassium.

Chauffée pendant longtemps avec un excès d'acide chlorhydrique, la dichlorhydrine se convertit en épichlorhydrine (Berthelot) (voir page 349).

Trichlorhydrine $(C^6H^5)'''Cl^3$. — On l'obtient en traitant la dichlorhydrine ou l'épichlorhydrine (page 349) par le perchlorure de phosphore. C'est un liquide semblable au chloroforme, bouillant à 155° (Berthelot).

Bromhydrines. — En traitant la glycérine par les bromures de phosphore, MM. Berthelot et de Luca ont préparé les éthers bromhydriques de la glycérine, savoir : la monobromhydrine, la dibromhydrine et la tribromhydrine. La tribromhydrine $C^6H^5Br^3$ est un liquide dense, bouillant de 175 à 180°. L'eau la décompose lentement. L'oxyde d'argent et l'eau la convertissent en glycérine et en bromure d'argent.

$$(C^6H^5)'''Br^3 + 3HO + 3AgO = \begin{matrix}(C^6H^5)''' \\ H^3\end{matrix}\Big\} O^6 + 3AgBr.$$

ACIDE SULFOGLYCÉRIQUE.

$$C^6H^8S^2O^{12}.$$

Lorsqu'on ajoute à 1 partie de glycérine 2 parties d'acide sulfurique, le mélange s'accomplit avec dégagement de chaleur. Après le refroidissement, on étend avec de l'eau, on neutralise la liqueur avec du carbonate de chaux; on filtre et on évapore en consistance sirupeuse. On obtient, par le refroidissement, des cristaux de sulfoglycérate de chaux $C^6H^7CaS^2O^{12}$. On dissout ce sel dans l'eau, et on décompose la solution par l'acide oxalique. La liqueur filtrée renferme l'acide sulfoglycérique; mais par l'évaporation, même dans le vide, ce corps se décompose en acide sulfurique et en glycérine. L'acide sulfoglycérique est monobasique, et forme, avec les bases, des sels solubles dans l'eau (Pelouze).

Acide phosphoglycérique $C^6H^9PhO^{12}$. — On prépare ce corps, d'après M. Pelouze, en chauffant de la glycérine à 100° avec de l'acide phosphorique anhydre ou avec de l'acide phosphorique vitreux. On étend la liqueur avec de l'eau, on neutralise par le carbonate de baryte, on filtre, et on précipite exactement la solution par l'acide sulfurique. On ne peut point concentrer la solution d'acide phosphoglycérique sans le décomposer. La réaction qui donne naissance à cet acide est exprimée par l'équation suivante :

$$\begin{matrix}(C^6H^5)''' \\ H^3\end{matrix}\Big\} O^6 + \begin{matrix}(PhO^2)''' \\ H^3\end{matrix}\Big\} O^6 = H^2O^2 + \begin{matrix}(C^6H^5)''' \\ H^2 \\ (PhO^2)''' \\ H^2\end{matrix}\Bigg\} O^{10}.$$

Glycérine.   Acide   Acide
phosphorique.   phosphoglycérique.

L'acide phosphoglycérique est bibasique. Il forme, avec les bases, des sels très-solubles dans l'eau, peu solubles dans l'alcool.

D'après M. Gobley, cet acide est contenu dans le jaune d'œuf.

DIÉTHYLINE.

$$\left.\begin{array}{r}(C^6H^{5'''})\\(C^4H^5)^{\underline{2}}\\H\end{array}\right\}O^6.$$

Ce corps représente de la glycérine, dont 2 atomes d'hydrogène ont été remplacés par 2 groupes éthyliques. Pour l'obtenir M. Berthelot chauffe, dans des tubes scellés, pendant soixante heures, un mélange de glycérine, de bromure d'éthyle et de potasse en excès; au bout de ce temps, il sépare la couche supérieure du contenu du tube, et la soumet à la distillation fractionnée. La diéthyline passe à 191°. C'est une huile incolore, assez mobile, d'une odeur éthérée. Elle est peu ou point soluble dans l'eau. Sa densité est égale à 0,92.

———

Il existe des combinaisons polyglycériques analogues aux alcools polyéthyléniques. Elles ont été découvertes par M. Lourenço, qui a fait connaître :

$$\text{la diglycérine ou pyroglycérine}\quad\left.\begin{array}{r}(C^6H^5)'''\\(C^6H^5)'''\\H^4\end{array}\right\}O^{10}$$

$$\text{la triglycérine}\dots\dots\dots\ \dots\quad\left.\begin{array}{r}(C^6H^5)'''\\(C^6H^5)'''\\(C^6H^5)'''\\H^5\end{array}\right\}O^{14}.$$

M. Carius a découvert récemment des dérivés sulfurés de la glycérine. Ils constituent de la glycérine, dans laquelle 2, 4 ou 6 équivalents d'oxygène ont été remplacés par 2, 4 ou 6 équivalents de soufre. Nous ne pouvons décrire ici toutes ces combinaisons.

COMBINAISONS DU GLYCIDE.

M. Reboul désigne sous le nom de glycide un anhydride non encore isolé de la glycérine :

$$\underset{\text{Glycérine.}}{C^6H^8O^6}\ -\ H^2O^2\ =\ \underset{\text{Glycide.}}{C^6H^6O^4}.$$

Ce corps est à la glycérine ce que l'acide métaphosphorique est à l'acide phosphorique.

On peut représenter ces relations par les formules suivantes :

$$\underset{\text{Acide phosphorique.}}{\left.\begin{array}{r}(PhO^2)'''\\H^3\end{array}\right\}O^6}\qquad\underset{\text{Acide métaphosphorique.}}{\left.\begin{array}{r}(PhO^2)'''\\H\end{array}\right\}O^4}$$

$$\underset{\text{Glycérine.}}{\left.\begin{array}{r}(C^6H^5)'''\\H^3\end{array}\right\}O^6}\qquad\underset{\text{Glycide.}}{\left.\begin{array}{r}(C^6H^5)'''\\H\end{array}\right\}O^4}$$

M. Reboul envisage le glycide comme un alcool diatomique de la forme

$$\left.\begin{array}{r}(C^6H^4)'' \\ H^2\end{array}\right\}O^4$$

Il en a décrit deux séries de combinaisons. Elles se distinguent par cette propriété remarquable, qu'elles peuvent fixer les éléments des hydracides (HCl, HBr) ou de l'eau ou de composés équivalents pour former des combinaisons dérivées de la glycérine.

Pour faire voir ce que cette classe remarquable de combinaisons offre de caractéristique, nous décrirons l'épichlorhydrine ou glycide monochlorhydrique, et nous indiquerons les métamorphoses curieuses qu'offre ce corps et qui ont été étudiées par M. Reboul.

Glycide monochlorhydrique, épichlorhydrine $C^6H^5ClO^2 = (C^6H^5)''\left\{\begin{array}{l}O^2 \\ Cl\end{array}\right.$

— Ce corps a été découvert par M. Berthelot, qui l'a décrit sous le nom d'*épichlorhydrine*. Pour le préparer, on sature de gaz chlorhydrique un mélange de 5 vol. de glycérine, convenablement desséchée, avec 4 vol. d'acide acétique cristallisé ; puis on distille en recueillant ce qui passe entre 180-220°. C'est un mélange de dichlorhydrine et d'acétodichlorhydrine qui se convertit en dichlorhydrine et en acétate par l'action de la potasse caustique. A 500 centimètres cubes de ce mélange on ajoute, par petites portions, une solution tiède et concentrée de 350 grammes de potasse caustique, en agitant le tout et en laissant refroidir après chaque addition. Au bout d'une heure ou deux, on décante la couche oléagineuse qui s'est rassemblée à la surface, on la distille, et on recueille ce qui passe au-dessous de 165°. On purifie ce produit par distillation fractionnée en recueillant ce qui passe vers 120° (Reboul). Le glycide monochlorhydrique se forme dans cette réaction aux dépens de la dichlorhydrine, à laquelle la potasse enlève les éléments de l'acide chlorhydrique :

$$\underset{\text{Dichlorhydrine.}}{C^6H^6Cl^2O^2} - HCl = \underset{\substack{\text{Glycide} \\ \text{monochlorhydrique} \\ \text{ou épichlorhydrine.}}}{C^6H^5ClO^2}.$$

C'est un liquide mobile, d'une densité de 1,194 à 11°. Il bout de 118° à 119°. Il possède une odeur analogue à celle du chloroforme, une saveur d'abord douceâtre, puis piquante. Il brûle avec une flamme fuligineuse et bordée de vert. Il est presque insoluble dans l'eau, mais soluble, en toutes proportions, dans l'alcool et dans l'éther.

Lorsqu'on l'agite avec une solution concentrée d'acide chlorhydrique, d'acide bromhydrique, et surtout d'acide iodhydrique, il s'échauffe. Fixant les éléments de ces hydracides, il se transforme en

$$\text{dichlorhydrine} \ldots \ldots \ldots \quad C^6H^6Cl^2O^2$$
$$\text{chlorobromhydrine} \ldots \ldots \quad C^6H^6ClBrO^2$$
$$\text{chloroiodhydrine} \ldots \ldots \ldots \quad C^6H^6ClIO^2$$

Ces corps se forment par l'addition directe des éléments de l'hydracide à ceux de l'épichlorhydrine

$$\underset{\text{Epichlorhydrine.}}{C^6H^5ClO^2} \; + \; HCl \; = \; \underset{\text{Dichlorhydrine.}}{C^6H^6Cl^2O^2}.$$

On voit que cette réaction est l'inverse de celle qui donne naissance à l'épichlorhydrine.

Lorsqu'on chauffe celle-ci avec de l'eau, elle en fixe les éléments et se convertit en monochlorhydrine

$$\underset{\text{Epichlorhydrine.}}{(C^6H^5)'''\!\left\{\!\begin{array}{l}O^2\\Cl\end{array}\right.} \; + \; H^2O^2 \; = \; \underset{\text{Monochlorhydrine.}}{\begin{array}{l}(C^6H^5)'''\\H^2\end{array}\!\left\}\!\begin{array}{l}O^4\\Cl\end{array}\right.}$$

Lorsqu'on chauffe l'épichlorhydrine avec de l'acide acétique, elle en fixe les éléments et se convertit en acétochlorhydrine (glycérine acétochlorhydrique).

$$\underset{\text{Epichlorhydrine.}}{(C^6H^5)'''\!\left\{\!\begin{array}{l}O^2\\Cl\end{array}\right.} \; + \; \underset{\text{Acide acétique.}}{\begin{array}{l}C^4H^3O^2\\H\end{array}\!\left\}\!O^2\right.} \; = \; \underset{\text{Acétochlorhydrine.}}{\begin{array}{l}(C^6H^5)'''\\(C^4H^3O^2)'\\H\end{array}\!\left\}\!\begin{array}{l}O^4\\Cl\end{array}\right.}$$

Enfin, lorsqu'on chauffe l'épichlorhydrine avec de l'alcool amylique à 220°, le produit principal de la réaction est l'amylchlorhydrine glycérique, formée comme tous les composés précédents par addition directe de tous les éléments des corps qui se trouvent en présence.

$$\underset{\text{Epichlorhydrine.}}{(C^6H^5)'''\!\left\{\!\begin{array}{l}O^2\\Cl\end{array}\right.} \; + \; \underset{\substack{\text{Alcool}\\\text{amylique.}}}{\begin{array}{l}C^{10}H^{11}\\H\end{array}\!\left\}\!O^2\right.} \; = \; \underset{\substack{\text{Amylchlorhydrine}\\\text{glycérique.}}}{\begin{array}{l}(C^6H^5)'''\\(C^{10}H^{11})'\\H\end{array}\!\left\}\!\begin{array}{l}O^4\\Cl\end{array}\right.}$$

Ce dernier corps se convertit en amylglycide lorsqu'on l'agite avec de la potasse caustique

$$\underset{\substack{\text{Amylchlorhydrine}\\\text{glycérique.}}}{\begin{array}{l}(C^6H^5)'''\\(C^{10}H^{11})'\\H\end{array}\!\left\}\!\begin{array}{l}O^4\\Cl\end{array}\right.} \; - \; HCl \; = \; \underset{\text{Amylglycide.}}{\begin{array}{l}(C^6H^5)'''\\(C^{10}H^{11})'\end{array}\!\left\}\!O^4\right.}$$

Glycide dichlorhydrique. — Lorsqu'on chauffe doucement la trichlorhydrine (page 346) avec des fragments de potasse caustique on en sépare les éléments de l'acide chlorhydrique et on la convertit en glycide dichlorhydrique

$$C^6H^5Cl^3 - HCl = C^6H^4Cl^2.$$
Trichlorhydrine.   Glycide
dichlorhydrique.

Ce dernier corps est un liquide insoluble dans l'eau, bouillant de 101 à 102°. On peut l'envisager comme le bichlorure du radical $(C^6H^4)''$, point de vue qui justifie la formule

$$\left. \begin{matrix} (C^6H^4)'' \\ H^2 \end{matrix} \right\} O^4$$

que M. Reboul a attribuée au glycide.

Chauffé à 100° avec de l'acide chlorhydrique, le glycide dichlorhydrique en fixe les éléments et se convertit de nouveau en trichlorhydrine (Reboul).

CORPS GRAS NATURELS

Les corps gras neutres que l'on rencontre dans les tissus des végétaux et des animaux sont des mélanges de glycérides, c'est-à-dire d'éthers de la glycérine. Il résulte, en effet, des travaux mémorables de M. Chevreul que lorsqu'on soumet ces corps gras à un traitement méthodique par les différents dissolvants, on parvient à en séparer, et à obtenir dans un état de pureté plus ou moins grand, divers principes immédiats, combinaisons neutres de glycérine avec les acides gras. Nous avons étudié ces combinaisons parmi les éthers de la glycérine. Il nous reste à mentionner les corps gras naturels où ils se trouvent mélangés, et à appeler l'attention sur certaines propriétés importantes de ces mélanges, qui constituent les *huiles*, les *beurres*, les *graisses*.

Les combinaisons glycériques qu'on rencontre le plus fréquemment dans les tissus des plantes et des animaux sont la stéarine, la palmitine et l'oléine. Les deux premières prédominent dans les graisses solides, les dernières dans les huiles.

Divers procédés sont appliqués à l'extraction des corps gras naturels. Le plus souvent les graisses d'origine animale sont séparées par voie de fusion du tissu cellulaire qui les renferme. Quelquefois, après avoir divisé les tissus, on les chauffe avec de l'eau acidulée d'acide sulfurique. Celui-ci attaque et dissout les membranes; la graisse fond et se rend à la surface, d'où on la décante.

Les huiles grasses d'origine végétale se rencontrent principalement dans les graines, rarement dans le péricarpe charnu des fruits, comme dans les olives et les baies de laurier.

On les retire généralement par expression, soit à froid soit entre des plaques chaudes. Quelquefois on fait bouillir avec de l'eau des matières végétales préalablement écrasées. Dans les laboratoires, lorsqu'on veut extraire les corps gras d'un mélange quelconque, on épuise celui-ci par l'éther, et on chasse ensuite l'éther par distillation.

Les huiles obtenues par expression, et surtout par expression à chaud, contiennent toujours en suspension des parties parenchymateuses dont il est important de les débarrasser, en les battant fortement.

Pour les rendre plus propres à l'éclairage, on épure les huiles en les battant avec 2 à 3 pour 100 de leur poids d'acide sulfurique concentré, et en y dirigeant un courant de vapeur d'eau : l'acide charbonne les matières mucilagineuses ; celles-ci viennent se déposer, par le repos, avec l'acide sulfurique et l'eau, sous forme d'une masse noire et épaisse, qui se rassemble au-dessous de l'huile devenue limpide.

Les graisses solides sont généralement incolores ; les huiles naturelles sont légèrement colorées en jaune ou en brun. Le plus souvent elles sont limpides et inodores. La saveur rance et l'odeur qu'elles prennent quelquefois sont dues, en général, à la présence d'acides gras volatils tels que les acides butyrique, valérique, etc. La densité des graisses et des huiles, toujours moindre que celle de l'eau, varie entre 0,90 et 0,93. Le froid durcit les premières, fige les secondes.

Les corps gras naturels ne sont point volatils sans décomposition ; la plupart supportent une température de 260 à 300°, sans éprouver une altération notable ; mais lorsqu'on les porte à une température plus élevée, il se manifeste une ébullition résultant d'un dégagement de gaz et de vapeurs, produits d'une décomposition profonde. Indépendamment de l'acide carbonique et de carbures d'hydrogène gazeux et liquides, il se dégage dans cette circonstance, des acides gras, tels que les acides acétique, butyrique, palmitique, stéarique. L'acide sébacique, qui apparaît souvent, est un produit de décomposition de l'acide oléique. Il se forme en même temps de l'acroléine. Aussi, l'odeur si désagréable de ce dernier corps se manifeste-t-elle toutes les fois qu'un corps gras neutre est soumis à la distillation sèche. Lorsque de tels corps sont brusquement portés à une température rouge, il se forme une quantité considérable de gaz inflammables et brûlant avec une flamme très-éclairante.

Action de l'air sur les huiles. — Lorsqu'on expose à l'air les huiles grasses, elles s'altèrent peu à peu en absorbant l'oxygène. Quelques-unes s'épaississent et finissent par se convertir en une masse transparente jaune, un peu élastique, sorte de vernis mou qui résulte de l'action de l'oxygène sur une oléine particulière que renferment ces huiles. Il se dégage en même temps une quantité notable d'acide carbonique. Ces huiles sont nommées *siccatives* : telles sont les huiles de lin, de noix, de chenevis, d'œillette, de ricin. Elles sont employées pour la préparation des vernis et des couleurs à l'huile.

Les huiles *non siccatives* ou *grasses* éprouvent, lorsqu'on les expose à l'air, un autre genre d'altération : elles absorbent peu à peu l'oxygène et dégagent de l'acide carbonique; mais elles demeurent liquides et *rancissent*, c'est-à-dire qu'elles prennent une saveur âcre et une odeur désagréable. En même temps elles acquièrent une légère réaction acide. Les parties mucilagineuses que les huiles renferment jouent un rôle important dans cette altération; elles attirent d'abord l'oxygène de l'air et éprouvent une sorte de combustion lente qui se propage ensuite sur l'huile elle-même. Une partie de l'oléine est décomposée (et il est probable que l'humidité de l'air intervient, pour sa part, dans cette décomposition). De la glycérine est mise en liberté et s'oxyde; mais l'oxygène se porte en même temps sur l'acide oléique et lui fait subir une oxydation dont les produits sont des acides gras volatils et odorants, tels que les acides butyrique, valérique, caproïque.

Th. de Saussure, qui s'est occupé de ce sujet, a remarqué que l'absorption de l'oxygène par les huiles est d'abord lente, mais qu'elle s'accélère peu à peu. Elle est très-active et donne lieu à la formation d'une quantité notable d'acide carbonique, lorsque les huiles imprègnent des matières poreuses, par exemple, des mèches de coton. Dans cet état, elles offrent à l'air de larges surfaces et l'absorption de l'oxygène devient considérable.

Parmi les huiles non siccatives il faut citer les huiles d'olives, d'amandes douces, de navette, de faînes, de noisettes.

Les huiles dissolvent une petite quantité de soufre et de phosphore. On peut les mélanger avec le sulfure de carbone, le chlorure de soufre, le protochlorure de phosphore.

L'acide azotique concentré les attaque avec une violence extrême. Etendu et bouillant, il les oxyde plus lentement, avec dégagement de vapeurs nitreuses et formation de deux séries d'acides, les uns volatils, tels que les acides acétique, propionique, butyrique, valérique, caproïque; les autres fixes, tels que les acides succinique, adipique, subérique, etc. (page 362).

L'acide hypoazotique exerce une action particulière sur l'oléine des huiles non siccatives : il la concrète et la transforme en un produit solide et cristallisable qui a reçu le nom d'*élaïdine*. On tire parti de cette propriété, découverte par Poutet de Marseille, pour l'essai de l'huile d'olives. Lorsqu'on agite cette huile pure avec 2 à 3 centièmes d'acide azotique concentré additionné d'acide hypoazotique, et qu'on abandonne le tout dans un endroit frais, l'huile se solidifie au bout de quelque temps; lorsqu'elle est mélangée avec une autre huile, par exemple avec de l'huile d'œillette, elle exige, pour se solidifier, un temps plus considérable ou une addition plus forte du mélange acide.

Saponification. — On nomme ainsi le dédoublement des corps gras neutres en acides gras et en glycérine.

Les expériences exactes de M. Chevreul ont appris que ce dédoublement exige l'intervention et la fixation d'une certaine quantité d'eau. En effet, de même que les éthers ne renferment pas, tout formés, les éléments des acides libres et d'un alcool libre, de même aussi, les corps gras neutres, qui sont les éthers de la glycérine (Chevreul), ne renferment pas, tout formés, les éléments des acides gras et de la glycérine. Le rôle de l'eau est donc nécessaire et évident (page 339). Ajoutons que les corps gras naturels constituent des éthers saturés de la glycérine, c'est-à-dire qu'en se saponifiant ils donnent, pour 1 molécule de cette dernière, 3 molécules d'un acide monobasique (Berthelot).

1° Le procédé de saponification le plus simple consiste à mettre les corps gras en contact avec la vapeur d'eau surchauffée à une température de 300°. Ce procédé est appliqué, en Angleterre, à la saponification de l'huile de palme, qui se dédouble ainsi en acides gras et en glycérine (page 336).

2° Au contact de l'acide sulfurique concentré, les huiles s'échauffent et donnent lieu à un dégagement d'acide sulfureux si l'on ne refroidit pas le mélange. L'acide sulfurique se porte, dans ces circonstances, sur les deux éléments des corps gras : d'une part, il forme avec la glycérine de l'acide sulfoglycérique; de l'autre, il se combine avec les acides margarique et oléique (Fremy). Les deux éléments des corps gras se séparent donc sous l'influence de l'acide sulfurique; aussi cette réaction a-t-elle été nommée *saponification sulfurique*.

3° Mais le dédoublement dont il s'agit s'accomplit encore plus aisément dans les opérations qui donnent lieu à la formation des savons, et qui consistent à traiter les corps gras neutres par les bases, en présence de l'eau. Les bases à l'aide desquelles on opère le plus fréquemment cette saponification sont les alcalis, la chaux, l'oxyde de plomb.

La solution des alcalis caustiques, tels que la potasse et la soude, attaquent facilement les corps gras neutres. Il se forme un savon à base de potasse ou de soude, et la glycérine formée se dissout dans la lessive alcaline, lorsque celle-ci est employée en excès. Dans ce cas, le savon formé reste séparé de la lessive. La potasse donne généralement des *savons mous*, la soude, des *savons durs*. La chaux donne des savons insolubles dans l'eau.

On saponifie le suif par la chaux, en vue de la préparation des acides gras solides qui constituent les *bougies* dites *stéariques*. Ces acides sont un mélange d'acide stéarique et d'acide palmitique.

Le procédé de saponification par la chaux a été indiqué en 1829 par MM. de Milly et Motard. Il consiste à chauffer le suif avec de l'eau et une quantité de chaux suffisante pour saturer les acides gras mis en liberté. Le savon calcaire est ensuite décomposé par l'acide sulfurique, et le mélange d'acides gras est soumis à une forte compression entre des plaques d'abord froides, puis chaudes. L'acide oléique est exprimé, et les acides solides restent.

En 1854, M. de Milly a modifié ce procédé d'une manière avantageuse, en réduisant considérablement la quantité de chaux, et par conséquent la quantité d'acide sulfurique. Mais alors il est nécessaire d'élever la température pour achever la saponification. Aussi l'opération s'exécute-t-elle en vase clos, dans des autoclaves. En employant 2,5 parties de chaux pour 100 parties de suif, il faut chauffer de 170 à 180°.

Il est à remarquer que les corps gras neutres se saponifient pareillement par une ébullition prolongée avec les solutions des carbonates alcalins. Dans ce cas l'acide carbonique se dégage.

Savons. — Dans le midi de l'Europe, principalement à Marseille, on fait servir à la préparation des savons l'huile d'olives de qualité inférieure, et, depuis quelques années, les huiles d'arachide et de sésame. On saponifie ces huiles en les faisant bouillir, dans de grandes chaudières, avec une lessive faible de soude caustique. On *empâte* aussi l'huile, c'est-à-dire qu'on émulsionne avec l'eau le savon d'abord formé et l'excès d'huile. On ajoute alors des lessives de soude plus concentrées et renfermant du sel marin : la saponification s'achève par la coction, et le savon, insoluble dans la lessive concentrée, vient se rendre à la surface du bain. On soutire la lessive. Quand le savon est bien cuit, la pâte devient dure par le refroidissement ; elle présente une couleur d'un gris bleuâtre, due à un savon ferrugineux mêlé de sulfure de fer. Le fer et le soufre proviennent des matériaux employés : la soude brute renferme une petite quantité de sulfure de fer. Lorsqu'on chauffe cette pâte avec $\frac{1}{12}$ environ de son poids d'eau ou d'une lessive de soude très-faible, elle fond, et si on laisse reposer le tout, on voit la masse se partager en deux parties : l'une, inférieure et fortement colorée, renferme le savon ferrugineux plus dense ; l'autre, supérieure, constitue le savon blanc. Lorsque la pâte du savon est complétement éclaircie par le dépôt du savon ferrugineux, on la coule dans des moules ou *mises*, où elle se solidifie. On obtient ainsi le *savon blanc*. Veut-on, au contraire, obtenir du *savon marbré*, on agite la pâte pendant le refroidissement. La partie colorée, c'est-à-dire le savon ferrugineux, au lieu de se précipiter, se répand alors dans toute la masse pour former des veines bleuâtres.

Depuis quelques années on prépare de grandes quantités de savon en combinant avec la soude l'acide oléique, qu'on obtient comme produit accessoire dans la fabrication des bougies stéariques (page 355).

Les savons mous s'obtiennent au moyen des huiles de graines, telles que celles de chenevis, d'œillette, de lin. On saponifie ces huiles avec des lessives de potasse caustique.

On colore ordinairement la pâte en vert ou en noir avec du sulfate de cuivre ou de fer, de la noix de galle et du bois de Campêche. Les savons mous renferment toujours un excès d'alcali ; ils sont généralement plus solubles que les savons à base de soude.

Tous les savons constituent des mélanges de stéarate, de margarate, de palmitate et d'oléate à base de soude ou de potasse. Ils renferment tous une certaine quantité d'eau.

Voici, d'après Thenard, la composition moyenne des savons du commerce :

	Savon mou (savon vert de Marseille).	Savon blanc.	Savon marbré.
Soude ou potasse	9,5	4,6	6,0
Acides gras......	44,0	50,2	64,0
Eau	46,5	45,2	30,0

Les savons à base de potasse ou de soude sont fort solubles dans l'eau bouillante et dans l'alcool. Lorsqu'on ajoute à la solution aqueuse une solution de sel marin, le savon se sépare sous forme de flocons blancs. Les carbonates alcalins et les alcalis caustiques opèrent de même la séparation du savon, qui est entièrement insoluble dans les lessives alcalines concentrées.

Les solutions aqueuses du savon sont précipitées par un grand nombre de sels neutres, tels que ceux de chaux, de baryte, de strontiane, de zinc, de manganèse, de fer, de cuivre, de plomb. Les acides gras se combinent avec les bases de ces sels, et il se forme ainsi, par double décomposition, des savons insolubles.

On nomme *emplâtres* les savons formés par l'oxyde de plomb.

On prépare l'emplâtre simple en chauffant dans une bassine de cuivre un mélange de 1,000 parties d'huile d'olives, de 1,000 parties d'axonge et de 1,000 parties de litharge en poudre, avec une quantité suffisante d'eau. On remue continuellement le mélange avec une spatule, en remplaçant l'eau, au fur et à mesure qu'elle s'évapore. Peu à peu on voit disparaître la couleur rougeâtre de la litharge et le tout se prendre en une masse molle, homogène, blanc grisâtre, qui durcit par le refroidissement. C'est l'emplâtre simple. La glycérine reste en dissolution dans l'eau (page 336).

Huile d'olive. — On l'extrait par expression des olives préalablement écrasées. Les olives de bonne qualité, récemment cueillies, fournissent une huile d'un goût agréable, qu'on nomme *huile vierge*. En ajoutant de l'eau bouillante à la pulpe qui a fourni l'huile vierge et en soumettant le tout à une nouvelle pression, on obtient encore une certaine quantité d'huile de qualité inférieure.

L'huile d'olive pure est d'un jaune verdâtre ; sa saveur est douce et agréable, son odeur très-faible. Sa densité est de 0,9192 à 12° et de 0,9109 à 25° (Th. de Saussure). Elle se fige à quelques degrés au-dessous de zéro.

Huile d'amandes douces. — On l'extrait par expression des amandes douces, semence de l'*Amygdalus vulgaris*, var. *dulcis*. Elle est d'un jaune clair, très-fluide, sans saveur et sans odeur. Sa densité est de 0,918 à 15°. Elle se fige à — 25°.

Huile d'arachide. — Elle s'extrait des semences de l'*Arachis hypogœa*. On en a extrait l'acide arachique $C^{40}H^{40}O^4$ (page 288) et l'acide hypogéique $C^{32}H^{30}O^4$. Elle se solidifie à — 3°.

Huiles de colza et de navette. — On extrait l'huile de colza des semences du *Brassica campestris oleifera*. Elle se solidifie à — 6°,25. Sa densité est de 0,9136 à 15°. On l'emploie pour les usages culinaires et principalement pour l'éclairage. L'huile de navette s'extrait des graines du *Brassica Napus*. Sa densité est de 0,9128 à 15°.

Huile d'œillette ou de pavot. — Elle s'extrait par expression des graines du pavot (*Papaver somniferum*). Elle est peu colorée et possède une saveur agréable. Sa densité est de 0,9249 à 15°. Elle se solidifie à — 18°. Elle se dissout dans 25 p. d'alcool froid et dans 6 p. d'alcool bouillant. On l'emploie comme aliment; elle sert aussi dans la peinture à l'huile.

Huile de ricin. — On l'extrait par expression des semences du *Ricinus communis*. Cette expression doit être faite à froid et graduellement, car l'huile, qui est très-visqueuse, ne peut s'écouler que lentement. Lorsqu'elle est de bonne qualité, cette huile est blanche ou peu colorée, épaisse, visqueuse même. Son odeur est presque nulle, sa saveur fade, sans âcreté. Sa densité est de 0,926 à 12° (Th. de Saussure). Elle se dissout aisément dans son volume d'alcool absolu, caractère qui la distingue des autres huiles. Traitée par un alcali, elle donne un savon dont les acides séparent un mélange d'acides huileux, principalement formé d'acide *ricinolique* $C^{36}H^{34}O^6$. Soumise à la distillation sèche, elle fournit de l'œnanthol (page 283), de l'acide œnanthylique (page 283) et une petite quantité d'acroléine et d'acides gras solides.

Chauffée avec l'hydrate de potasse, elle se dédouble en alcool caprylique (page 187) et en acide sébacique.

Elle est vivement attaquée par l'acide azotique et fournit des produits volatils riches en acide œnanthylique, et un résidu qui renferme de l'acide subérique.

L'huile de ricin est un purgatif doux qui s'emploie à la dose de 15 à 30 grammes.

Huile de croton tiglium. — Cette huile âcre s'extrait des graines de Tilly des Moluques (*Croton tiglium*, Euphorbiacées). On peut soumettre ces graines à l'expression après les avoir broyées, ou bien les épuiser par l'éther et chasser ensuite l'éther par la distillation. On retire encore une certaine quantité d'huile du tourteau, en reprenant celui-ci par l'alcool et en distillant.

L'huile de croton est d'un jaune de miel; son odeur est extrêmement désagréable, son âcreté excessive. Elle est soluble dans l'alcool et dans l'éther. MM. Pelletier et Caventou en ont retiré l'acide crotonique (page 293).

C'est un purgatif drastique des plus violents, qui exerce une action énergique à la dose de 1 à 2 gouttes. On l'emploie plus souvent à l'extérieur. Mise en contact avec la peau, elle fait naître une éruption vésiculaire. Elle doit être maniée avec prudence.

Huile de lin. — On l'extrait des graines de lin (*Linum usitatissi-*

mum). Exprimée à froid, elle est d'un jaune clair; elle est brunâtre et rancit aisément lorsqu'on l'a obtenue par expression à chaud.

Sa densité est de 0,9395 à 12°. Elle se concrète lorsqu'elle est longtemps maintenue à — 16°. Elle se dissout dans 5 parties d'alcool bouillant, 40 parties d'alcool froid et 1,6 parties d'éther. Elle renferme une oléine particulière qui donne, par la saponification, de l'acide *linoléique* (page 296). Ses propriétés siccatives motivent son emploi dans la fabrication des vernis, de l'encre d'imprimerie, des toiles cirées, etc.

Huile de palme. — On l'extrait des fruits du *Cocos butyracea*. Elle est solide et offre la consistance du suif. Elle est colorée en jaune orangé. Récemment extraite, elle fond à 27°, mais peu à peu son point de fusion s'élève au-dessus de 30°. Elle se compose d'un mélange de glycérides parmi lesquelles domine la tripalmitine (page 343). Elle est employée à la fabrication des savons durs et des bougies.

Beurre de muscade. — Ce beurre est extrait des noix de muscade (semences du *Myristica officinalis*) par expression entre des plaques chaudes. C'est un corps gras solide, d'un jaune rougeâtre; il est doué d'une odeur aromatique très-forte. Il est principalement formé de myristine. On l'emploie seul en frictions stimulantes; plus souvent on l'associe à d'autres substances.

Beurre de coco. — On l'obtient en faisant bouillir avec de l'eau les amandes écrasées des noix de coco. Il est incolore, de consistance butyreuse, fusible à 20°. Il rancit promptement. Il est formé par un mélange de glycérides et donne, par la saponification, des acides gras à 4 équivalents d'oxygène, parmi lesquels il faut signaler l'acide cocinique. On l'emploie pour l'éclairage et pour la fabrication des bougies et du savon.

Huile de foie de morue. — On l'extrait du foie de divers poissons appartenant au genre *Gadus*, principalement de la morue (*Gadus morrhua*). On introduit les foies dans des tonneaux, où ils sont abandonnés à la putréfaction. L'huile se sépare. Un autre procédé consiste à couper les foies en menus morceaux et à les chauffer dans une bassine. L'huile abandonne les parties membraneuses, qui se prennent en grumeaux. On passe le tout avec une légère expression à travers un tissu de laine. Au bout de quelques jours, on filtre au papier. On prépare de la même manière l'*huile de foie de raie*.

L'huile de foie de morue qu'on rencontre dans le commerce est diversement colorée. Tantôt elle est brune, et possède une forte odeur et une saveur désagréable ; tantôt elle présente la couleur du vin de Madère ; tantôt elle est presque incolore. Cette dernière variété, qu'on fabrique en Angletere en agitant l'huile colorée avec une eau alcaline et en la décolorant par le charbon, est probablement moins active que les autres.

L'huile de foie de morue est administrée comme médicament réparateur aux enfants débiles, aux scrofuleux, aux phthisiques. On la fait prendre dans certaines maladies de la peau. C'est un bon remède contre le rachitisme. On a attribué son efficacité à l'action de l'iode, dont elle renferme, d'après M. de Jongh, de trois à quatre dix-millièmes. On a aussi signalé dans l'huile de foie de morue la présence d'une petite quantité de phosphore. Mais, d'après M. Personne, ce corps y serait contenu à l'état de phosphate alcalino-terreux.

Il est probable que l'huile de foie de morue agit surtout comme corps gras, en modifiant les phénomènes de nutrition.

Beurre de vache. — M. Chevreul a prouvé que le beurre est formé par un mélange de glycérides, parmi lesquelles il a signalé la stéarine, la margarine, l'oléine et les combinaisons des acides butyrique, caproïque, caprique avec la glycérine.

M. Heintz y admet, indépendamment de l'oléine et d'une petite quantité de stéarine, de la palmitine et de la myristine, et une glycéride qui donne, par la saponification, un acide *butique* $C^{40}H^{40}O^4$ moins soluble dans l'alcool que l'acide stéarique.

Le beurre se dissout dans 28 parties d'alcool bouillant, d'une densité de 0,82. Exposé au contact de l'air, il rancit. Dans ce cas, une petite quantité d'acides gras volatils est mise en liberté. De là, l'odeur du beurre rance.

ACIDES POLYATOMIQUES ET POLYBASIQUES

Généralités. — Ces acides se rattachent aux alcools polyatomiques comme les acides monobasiques à 4 équivalents d'oxygène se rattachent aux alcools monoatomiques. Les acides polyatomiques renferment au moins 6 équivalents d'oxygène. Un grand nombre d'entre eux en contiennent 8, 10, 12 équivalents ou même davantage. Ces acides sont nombreux et appartiennent à diverses séries, parmi lesquelles les plus importantes sont les séries dont l'acide carbonique et l'acide oxalique sont les premiers termes. Voici ces séries :

SÉRIE $C^n H^n O^6$.

	Formules brutes.	Formules rationnelles.
Acide carbonique (hydrate hypothétique).	$C^2 H^2 O^6$	$\left.\begin{array}{l}(C^2 O^2)'' \\ H^2\end{array}\right\} O^4$
Acide glycolique....................	$C^4 H^4 O^6$	$\left.\begin{array}{l}(C^4 H^2 O^2)'' \\ H^2\end{array}\right\} O^4$
Acide lactique.....................	$C^6 H^6 O^6$	$\left.\begin{array}{l}(C^6 H^4 O^2)'' \\ H^2\end{array}\right\} O^4$
Acide butylactique..................	$C^8 H^8 O^6$	$\left.\begin{array}{l}(C^8 H^6 O^2)'' \\ H^2\end{array}\right\} O^4$
Acide leucique.....................	$C^{12} H^{12} O^6$	$\left.\begin{array}{l}(C^{12} H^{10} O^2)'' \\ H^2\end{array}\right\} O^4$

Ces acides sont diatomiques, car ils dérivent, par oxydation, des glycols ou alcools diatomiques; et cette oxydation s'accomplit de telle sorte que 2 équivalents d'oxygène se substituent à 2 équivalents d'hydrogène dans le radical $(C^n H^n)''$ du glycol :

$$\left.\begin{array}{l}(C^4 H^4)'' \\ H^2\end{array}\right\} O^4 \ + \ O^4 \ = \ H^2 O^2 \ + \ \left.\begin{array}{l}(C^4 H^2 O^2)'' \\ H^2\end{array}\right\} O^4.$$

Glycol.   Acide glycolique.

Comme les glycols, les acides de cette série appartiennent au type deux fois condensé

$$\left.\begin{array}{l}H^2 \\ H^2\end{array}\right\} O^4$$

Mais, il est à remarquer que des 2 équivalents d'hydrogène typique qu'ils renferment, un seul peut être remplacé facilement par un métal; les sels neutres des acides de cette série (à l'exception de l'acide carbonique) ne renferment qu'un seul équivalent de métal. Par l'introduction de 2 équivalents d'oxygène dans le radical, 1 seul équivalent d'hydrogène typique est devenu capable d'être remplacé par un métal; l'autre continue à jouer le rôle qu'il remplissait dans le glycol lui-même : il est remplaçable par un radical d'acide. On a exprimé ces curieuses particularités en disant que les acides dont il s'agit sont à la fois diatomiques et monobasiques, ou encore qu'ils jouent à la fois le rôle d'acides et d'alcools : d'acides, en formant des sels par la substitution d'un métal à un des équivalents d'hydrogène typique; d'alcools, en formant des éthers acides par la substitution d'un radical d'acide à l'autre équivalent d'hydrogène typique. Les formules suivantes montrent ces relations.

$$\left.\begin{array}{l} H \\ (C^4H^2O^2)'' \\ H \end{array}\right\}O^4 \qquad \left.\begin{array}{l} (C^{14}H^5O^2)' \\ (C^4H^2O^2)'' \\ H \end{array}\right\}O^4 \qquad \left.\begin{array}{l} H \\ (C^4H^2O^2)'' \\ R \end{array}\right\}O^4$$

Acide glycolique.   Acide benzoglycolique.   Glycolates.

$$\left.\begin{array}{l} H \\ (C^6H^4O^2)'' \\ H \end{array}\right\}O^4 \qquad \left.\begin{array}{l} (C^8H^7O^2)' \\ (C^6H^4O^2)'' \\ H \end{array}\right\}O^4 \qquad \left.\begin{array}{l} H \\ (C^6H^4O^2)'' \\ R \end{array}\right\}O^4$$

Acide lactique.   Acide butyrolactique.   Lactates.

L'hydrogène, que nous avons placé, dans la formule, au-dessus du radical, est remplaçable par un radical d'acide ; c'est l'hydrogène alcoolique. Celui qui est placé au-dessous du radical est remplaçable par un métal : c'est l'hydrogène basique.

Mais la substitution de l'oxygène à l'hydrogène, dans le radical du glycol, peut aller plus loin que dans l'acide glycolique. Par suite d'une oxydation plus complète, le glycol se convertit en acide oxalique :

$$\left.\begin{array}{l} C^4H^4 \\ H^2 \end{array}\right\}O^4 \;+\; O^3 \;=\; 2H^2O^2 \;+\; \left.\begin{array}{l} C^4O^4 \\ H^2 \end{array}\right\}O^4.$$

Glycol.   Acide oxalique.

Quatre équivalents d'oxygène se sont donc introduits dans le radical à la place de 4 équivalents d'hydrogène, et, grâce à ce voisinage, les deux équivalents d'hydrogène typique sont devenus basiques, c'est-à-dire remplaçables par un métal. L'acide oxalique est à la fois diatomique et bibasique. Il est le premier terme d'une série remarquable d'acides qui renferment tous, comme lui, 8 équivalents d'oxygène.

SÉRIE $C^nH^n - {}^2O^8$.

	Formules brutes.	Formules rationnelles.
Acide oxalique.............	$C^4H^2O^8$	$\left.\begin{array}{l}(C^4O^4)'' \\ H^2\end{array}\right\}O^4$
Acide malonique...........	$C^6H^4O^8$	$\left.\begin{array}{l}(C^6H^2O^4)'' \\ H^2\end{array}\right\}O^4$
Acide succinique...........	$C^8H^6O^8$	$\left.\begin{array}{l}(C^8H^4O^4)'' \\ H^2\end{array}\right\}O^4$
Acide lipique..............	$C^{10}H^8O^8$	$\left.\begin{array}{l}(C^{10}H^6O^4)'' \\ H^2\end{array}\right\}O^4$
Acide adipique............	$C^{12}H^{10}O^8$	$\left.\begin{array}{l}(C^{12}H^8O^4)'' \\ H^2\end{array}\right\}O^4$
Acide pimélique...........	$C^{14}H^{12}O^8$	$\left.\begin{array}{l}(C^{14}H^{10}O^4)'' \\ H^2\end{array}\right\}O^4$
Acide subérique...........	$C^{16}H^{14}O^8$	$\left.\begin{array}{l}(C^{16}H^{12}O^4)'' \\ H^2\end{array}\right\}O^4$

	Formules brutes.	Formules rationnelles.
Acide lépargylique	$C^{18}H^{16}O^8$	$\left.\begin{array}{l}(C^{18}H^{14}O^4)'' \\ H^2\end{array}\right\}O^4$
Acide sébacique	$C^{20}H^{18}O^8$	$\left.\begin{array}{l}(C^{20}H^{16}O^4)'' \\ H^2\end{array}\right\}O^4$
Acide rocellique	$C^{34}H^{32}O^8$	$\left.\begin{array}{l}(C^{34}H^{30}O^4)'' \\ H^2\end{array}\right\}O^4$

L'acide glycérique, qui résulte de l'oxydation de la glycérine (page 336), appartient à une autre série. Il renferme

$$C^6H^6O^8 = (C^6H^3O^2)''' \left.\begin{array}{l}H^2 \\ H\end{array}\right\}O^6.$$

Il renferme, comme on voit, le radical triatomique oxyglycéryle $(C^6H^3O^2)'''$, résultant de l'oxydation du glycéryle $(C^6H^5)'''$, et offre avec la glycérine les relations que l'on constate entre l'acide glycolique et le glycol. Il est triatomique et monobasique.

On voit par les développements précédents que les termes polyatomique et polybasique ne sont point synonymes (A. Wurtz).

Parmi tous les acides que nous venons de mentionner, nous nous bornerons à décrire les plus importants.

ACIDE GLYCOLIQUE.

$$C^4H^4O^6.$$

Cet acide a été découvert par MM. Strecker et Socoloff, qui l'ont obtenu en faisant réagir l'acide azoteux sur le glycocolle :

$$2C^4H^5AzO^4 + 2AzO^3 = 2C^4H^4O^6 + H^2O^2 + 2Az^2.$$
$$\text{Glycocolle.} \qquad\qquad \text{Acide glycolique.}$$

Il se forme aussi par l'oxydation du glycol (page 316), par l'action de la potasse sur l'acide monochloracétique (page 272), par l'action de l'acide azotique sur l'alcool, et par la réduction de l'acide oxalique sous l'influence de l'hydrogène naissant. Le moyen le plus commode pour le préparer consiste à faire bouillir pendant plusieurs heures une solution de monochloracétate de potasse, à évaporer la solution à siccité et à reprendre le résidu par l'alcool éthéré, qui dissout l'acide glycolique.

Pour obtenir l'acide glycolique pur on décompose le glycolate d'argent par l'hydrogène sulfuré, et on évapore la solution. On obtient alors l'acide glycolique sous forme de cristaux très-déliquescents. Cet acide est soluble dans l'alcool et dans l'éther. Il possède une forte réaction acide. Les glycolates sont solubles. Celui de chaux $C^4H^3CaO^6$ se présente sous forme de petits mamelons blancs qui ressemblent beaucoup au lactate. Il se dissout dans l'eau, mais l'alcool le précipite de cette solution.

Il existe un acide glycolique anhydre ou *glycolide*

$$C^4H^4O^6 - H^2O^2 = C^4H^2O^4$$
$$\text{Acide} \qquad\qquad \text{Glycolide.}$$
$$\text{Glycolique.}$$

qui constitue une poudre blanche, insoluble dans l'eau froide et se transformant en acide glycolique par l'action prolongée de l'eau froide ou sous l'influence des alcalis.— La glycolide, en absorbant de l'ammoniaque, se convertit en *glycolamide*, qui se présente sous forme de cristaux incolores, très-solubles dans l'eau, peu solubles dans l'alcool :

$$C^4H^2O^4 + AzH^3 = C^4H^5AzO^4.$$
$$\text{glycolide.} \qquad\qquad \text{Glycolamide.}$$

GLYCOCOLLE.

$$C^4H^5AzO^4.$$

Ce corps est isomérique avec la glycolamide. Il a été découvert, en 1820, par Braconnot, qui l'a obtenu en faisant bouillir pendant longtemps de la gélatine avec de l'acide sulfurique étendu, saturant le liquide avec du carbonate de baryte et évaporant la liqueur filtrée. De là le nom de *sucre de gélatine* ou *glycocolle*. Il se forme aussi par le dédoublement de divers acides organiques complexes, tels que les acides hippurique et cholique (glycocholique) sous l'influence des acides ou des alcalis :

$$C^{18}H^9AzO^6 + H^2O^2 = C^{14}H^6O^4 + C^4H^5AzO^4.$$
$$\text{Acide hippurique.} \qquad\qquad \text{Acide benzoïque.} \qquad \text{Glycocolle.}$$

$$C^{52}H^{43}AzO^{12} + H^2O^2 = C^{48}H^{40}O^{10} + C^4H^5AzO^4.$$
$$\text{Acide cholique.} \qquad\qquad \text{Acide cholalique.}$$

Un mode de formation très-intéressant de cet acide a été découvert par M. Cahours : le glycocolle prend naissance par l'action de l'ammoniaque sur l'acide monochloracétique ou monobromacétique

$$\left.\begin{matrix} C^4H^2ClO^2 \\ H \end{matrix}\right\}O^2 + 2AzH^3 = \left.\begin{matrix} C^4H^2(AzH^2)O^2 \\ H \end{matrix}\right\}O^2 + AzH^4Cl.$$
$$\text{Acide} \qquad\qquad\qquad\qquad \text{Glycocolle.}$$
$$\text{monochloracétique.}$$

D'après ce mode de formation, le glycocolle est l'acide acétamique, c'est-à-dire de l'acide acétique dans lequel 1 équivalent d'hydrogène du radical est remplacé par le groupe AzH^2. On peut aussi l'envisager comme de l'ammoniaque dans lequel 1 équivalent d'hydrogène est remplacé par le groupe

$$\left[\begin{matrix}C^4H^2O^2| \\ H|\end{matrix}O^2\right]' \;=\; \begin{matrix}C^4H^2ClO^2| \\ H|\end{matrix}O^2 \;-\; Cl$$

Acide
monochloracétique.

$$\left[\begin{matrix}C^4H^2O^2| \\ H|\end{matrix}O^2\right]' \!\Big)\atop H\Big) \atop H\Big) \mathrm{Az} \qquad \text{ou} \qquad \begin{matrix}(C^4H^3O^4)') \\ H) \\ H)\end{matrix}\mathrm{Az.}$$

Glycocolle.

Cette formule rationnelle du glycocolle est confirmée par les faits découverts par M. Heintz. Ce chimiste a trouvé que l'action de l'ammoniaque sur l'acide monochloracétique donne naissance à deux autres produits qu'il a désignés sous le nom d'acides diglycolamidique et triglycolamidique. Les formules suivantes montrent les relations de ce corps avec le glycocolle :

$$\begin{matrix}(C^4H^3O^4)') \\ H)\,\mathrm{Az} \\ H)\end{matrix} \qquad\qquad \begin{matrix}(C^4H^3O^4)') \\ (C^4H^3O^4)')\,\mathrm{Az} \\ H)\end{matrix} \qquad\qquad \begin{matrix}(C^4H^3O^4)') \\ (C^4H^3O^4)')\,\mathrm{Az} \\ (C^4H^3O^4)')\end{matrix}$$

<table>
<tr><td align="center">Glycocolle
(acide glycolamidique).</td><td align="center">Acide
diglycolamidique.</td><td align="center">Acide
triglycolamidique.</td></tr>
</table>

La formation de tous ces corps par l'action de l'ammoniaque sur l'acide monochloracétique est analogue à la formation des ammoniaques composées par l'action de l'ammoniaque sur le bromure d'éthyle : l'acide monochloracétique fonctionne ici comme un chlorure $(C^4H^3O^4)'Cl$.

Le glycocolle cristallise en prismes rhomboïdaux obliques, fusibles à 170°. Il possède une saveur sucrée. Il se dissout dans un peu plus de 4 fois son poids d'eau. Il est très-peu soluble dans l'alcool et insoluble dans l'éther. La solution possède une faible réaction acide. Le glycocolle possède, en effet, la propriété de se combiner avec certains oxydes ; il renferme 1 équivalent d'hydrogène capable d'être remplacé par certains métaux. Il dissout l'oxyde de zinc et forme avec lui la combinaison $2(C^4H^4ZnAzO^4) + H^2O^2$, cristallisable en lamelles. Lorsqu'on le fait digérer pendant quelques heures à 80 ou 100° avec l'oxyde d'argent, il dissout cet oxyde pour former la combinaison $C^4H^4AgAzO^4$, cristallisable en mamelons.

D'un autre côté, on connaît aussi des combinaisons de glycocolle avec les acides. Ainsi, il existe un azotate de glycocolle

$$C^4H^5AzO^4,HAzO^6,$$

qui cristallise facilement en prismes transparents. Avec l'acide chlorhydrique, le glycocolle forme deux combinaisons très-solubles dans l'eau et qui renferment $C^4H^5AzO^4,HCl$ et $2(C^4H^5AzO^4),HCl$ (Horsford).

ACIDE LACTIQUE.

$$C^6H^6H^6$$

L'acide lactique a été découvert par Scheele dans le lait aigri. Berzelius en a signalé l'existence dans divers liquides de l'économie animale. Plus tard on l'a rencontré dans divers sucs végétaux aigris, tels que le jus de betteraves, et on a reconnu que cet acide est le produit d'une fermentation particulière du sucre, la *fermentation lactique*.

M. Strecker a formé, le premier, l'acide lactique artificiellement, en décomposant l'alanine par l'acide azoteux (voir plus loin.) M. Wurtz l'a obtenu par l'oxydation du propylglycol (page 332).

On a constaté que l'acide lactique de fermentation n'est point identique avec celui qui existe dans les liquides de l'économie, et en particulier dans le liquide qui baigne les fibres musculaires. On a nommé ce dernier acide *sarcolactique* ou *paralactique*.

M. Wislicenus l'a obtenu par synthèse, en décomposant par une solution alcoolique de soude caustique le glycol monocyanhydrique. Ce dernier résulte lui-même de l'action du cyanure de potassium sur le glycol monochlorhydrique $\begin{matrix} (C^4H^4)'' \\ H \end{matrix} \Big\} \begin{matrix} O^2 \\ Cl. \end{matrix}$

$$\begin{matrix} (C^4H^4)'' \\ H \end{matrix} \Big\} \begin{matrix} O^2 \\ C^2Az \end{matrix} + NaHO^2 + H^2O^2 = AzH^3 + [C^2O^2\text{-}C^4H^4] \Big\} \begin{matrix} H \\ Na \end{matrix} O^4.$$

Glycol monocyanhydrique.
Lactate de sodium.

Le même chimiste a réussi à opérer la synthèse de l'acide lactique ordinaire, en abandonnant un mélange d'aldéhyde, d'acide prussique et d'acide chlorhydrique :

$$C^4H^4O^2 + C^2AzH + HCl + 2H^2O^2 = AzH^4Cl + [C^2O^2\text{-}C^4H^4]'' \Big\} \begin{matrix} H \\ H \end{matrix} O^4.$$

Aldéhyde.   Acide cyanhydrique.   Chlorure d'ammonium.   Acide lactique.

Ces expériences offrent un intérêt réel. Elles montrent d'abord que le radical lactyle $(C^6H^4O^2)'' = [C^2O^2\text{-}C^4H^4]''$ semble formé comme le radical acétyle (page 235) par l'union de l'oxyde de carbone avec un carbure d'hydrogène ; en second lieu, que ce carbure d'hydrogène est l'éthylène pour l'acide paralactique, l'éthylidène, radical de l'aldéhyde (page 246), pour l'acide lactique ordinaire.

Préparation. — On peut préparer l'acide lactique avec le lait. Pour cela on dissout dans du petit lait de la lactose ou sucre de lait et on abandonne la solution à elle-même, à une température de 30° environ. Elle s'aigrit rapidement par suite de la transformation d'une partie du sucre de lait en acide lactique, sous l'influence d'un ferment particulier, le ferment lactique qui se développe dans ces circonstances (Pasteur). Mais la fermentation lactique s'arrêterait bientôt si l'on n'avait soin de rendre la liqueur alcaline en la sursaturant chaque jour avec du bicarbonate de soude.

Le procédé suivant, qui est très-avantageux, a été indiqué par M. Bensch.

On dissout 3 kilogrammes de sucre de canne dans 13 kilogrammes d'eau bouillante, on ajoute 15 grammes d'acide tartrique. On abandonne cette solution à elle-même pendant quelques jours, puis on y ajoute 4 kilogrammes de lait aigri, dans lequel on a délayé 100 grammes de vieux fromage et 1^{k},5 de craie pulvérisée (blanc de Meudon). On abandonne ce mélange, pendant 8 jours environ, à une température de 30 à 35°, en l'agitant fréquemment. Au bout de ce temps il s'est pris en une masse de lactate de chaux. Après avoir délayé cette masse dans 10 kilogrammes d'eau, à laquelle on ajoute 15 grammes de chaux, on porte à l'ébullition, on filtre, on évapore la liqueur filtrée jusqu'à consistance sirupeuse. Au bout de quelques jours, le lactate de chaux s'est déposé. On l'exprime, on le délaye dans une petite quantité d'eau froide pour l'exprimer encore, et l'on répète ce traitement plusieurs fois. Puis on dissout le sel dans le double de son poids d'eau bouillante, et on décompose la solution par l'acide sulfurique étendu. Pour chaque kilogramme de lactate comprimé, on prend 230 grammes d'acide sulfurique concentré. Après avoir séparé le sulfate de chaux par le filtre, on fait bouillir la liqueur avec de l'hydrocarbonate de zinc; on filtre de nouveau et on laisse refroidir la liqueur. Le lactate de zinc cristallise. On le lave avec une petite quantité d'eau froide. Pour en séparer l'acide lactique, on le dissout dans l'eau et on dirige dans la solution un courant d'hydrogène sulfuré. Il se précipite du sulfure de zinc, qu'on sépare par le filtre. Il ne reste plus qu'à évaporer au bain-marie la solution d'acide lactique.

Propriétés. — L'acide lactique le plus concentré possible constitue un liquide sirupeux incolore, doué d'une saveur acide franche. Sa densité à 20°,5 est égale à 1,315. Il ne se solidifie pas à — 24°.

Lorsqu'on le chauffe, il commence à perdre de l'eau à 130° et se convertit peu à peu en une matière jaune, amorphe, insoluble dans l'eau, soluble dans l'alcool et dans l'éther. C'est l'acide lactique anhydre (acide dilactique) $C^{12}H^{10}O^{10}$ (Pelouze).

$$2\left[{(C^6H^4O^2)'' \atop H^2}\right\}O^4\right] = {(C^6H^4O^2)'' \atop (C^6H^4O^2)'' \atop H^2}\right\}O^6 \ + \ H^2O^2.$$

Acide lactique.   Acide dilactique
(lactique anhydre).

Au contact de l'eau, ce corps en absorbe de nouveau les éléments et se convertit en acide lactique. Cette transformation s'accomplit rapidement dans l'eau chaude.

Au-dessus de 250° l'acide lactique se décompose : il se dégage une petite quantité d'oxyde de carbone et d'acide carbonique, et il distille un produit qui se prend souvent en masse par le refroidissement et qui est principalement formé de *lactide* ou *oxyde de lactyle*. Il passe en même temps de l'eau et une petite quantité d'aldéhyde :

$$ {(C^6H^4O^2)'' \atop H^2}\right\}O^4 = (C^6H^4O^2)''.O^2 \ + \ H^2O^2.$$

Acide lactique.   Lactide.

Lorsqu'on chauffe l'acide lactique avec de l'acide sulfurique, il dégage de l'oxyde de carbone. Distillé avec un mélange d'acide sulfurique et de peroxyde de manganèse, il donne du chloral.

Lorsqu'on chauffe à 200° un mélange d'acide lactique et d'acide benzoïque, ces deux corps se combinent avec élimination d'eau, et il se forme de l'acide benzolactique

$$ {H \atop (C^6H^4O^2)'' \atop H}\right\}O^4 \ + \ {(C^{14}H^5O^2)' \atop H}\right\}O^2 = H^2O^2 \ + \ {(C^{14}H^5O^2)' \atop (C^6H^4O^2)'' \atop H}\right\}O^4.$$

Acide lactique.   Acide benzoïque.   Acide benzolactique.

L'acide lactique échange facilement 1 équivalent d'hydrogène contre 1 équivalent de métal.

Les lactates ainsi formés $C^6H^5RO^6$ sont neutres. On connaît un lactate stanneux dans lequel 2 équivalents d'hydrogène sont remplacés par 2 équivalents d'étain. Ce sel renferme, à l'état anhydre,

$$ C^6H^4Sn^2O^6 = {(C^6H^4O^2)'' \atop Sn^2}\right\}O^4.$$

Tous les lactates sont solubles dans l'eau et dans l'alcool.

L'acide paralactique qu'on retire de la viande par un procédé que nous indiquerons plus tard forme, en se combinant avec certaines bases, des sels qui diffèrent des lactates ordinaires par la quantité d'eau de cristallisation. Lorsqu'on chauffe l'acide paralactique de 130 à 140°, il perd de l'eau comme l'acide lactique ordinaire et se convertit en anhydride $C^{12}H^{10}O^{10}$. Lorsqu'on reprend celui-ci par l'eau chaude, il s'y dissout, et la solution renferme alors de l'acide lactique ordinaire. C'est ainsi que M. Strecker a converti l'acide paralactique en acide lactique ordinaire.

Parmi les lactates nous signalerons les suivants :

Lactate de chaux $C^6H^5CaO^6 + 5HO$. — Ce sel, dont la préparation a été indiquée plus haut, cristallise en mamelons formés par de petites aiguilles groupées autour d'un centre commun. Ces cristaux se dissolvent dans 9,5 parties d'eau froide, et en toutes proportions dans l'eau bouillante. Ils sont aussi très-solubles dans l'alcool. Lorsqu'on mélange ce sel avec de l'eau et du fromage et qu'on abandonne le mélange à lui-même, à une température de 30 à 40°, il subit la fermentation butyrique, et la liqueur renferme au bout de quelque temps du butyrate de chaux (page 278).

Le *paralactate de chaux* $C^6H^5CaO^6 + 4HO$ se dépose du sein de sa solution aqueuse avec 4 équivalents d'eau de cristallisation seulement. La solution alcoolique le laisse déposer avec 5 équivalents d'eau de cristallisation. Il se dissout dans 12,5 parties d'eau froide.

Lactate ferreux $C^6H^5FeO^6$. — On peut préparer ce sel par double décomposition avec le sulfate ferreux et le lactate de chaux ; il se précipite du sulfate de chaux, qu'on rend entièrement insoluble en ajoutant à la liqueur une certaine quantité d'alcool. La solution filtrée, convenablement concentrée et abandonnée à elle-même, laisse déposer des croûtes cristallines verdâtres de lactate ferreux.

Ce sel est employé en médecine.

Lactate de zinc $C^6H^5ZnO^6 + 3HO$. — Ce sel, dont la préparation a été indiquée plus haut, cristallise en aiguilles ou en lamelles brillantes. Il exige, pour se dissoudre, 58 parties d'eau froide et 6 parties d'eau bouillante. Il possède une grande tendance à cristalliser. Aussi, lorsqu'on veut rechercher l'acide lactique dans une liqueur, on cherche à le convertir en lactate de zinc, qui se sépare facilement de la solution. A 100° ce sel perd son eau de cristallisation.

Le *paralactate de zinc* cristallise avec 2 équivalents d'eau, qu'il perd lentement à 100°. Il est beaucoup plus soluble que le lactate ordinaire, car il se dissout dans 5,7 parties d'eau froide et dans 2,88 parties d'eau bouillante.

Le *lactate de cuivre* $C^6H^5CuO^6 + 2HO$ peut être préparé par double décomposition avec le lactate de chaux et le sulfate de cuivre. Il forme de grands cristaux bleus, brillants, solubles dans 6 parties d'eau froide et dans 2,2 parties d'eau bouillante. A 100° ces cristaux perdent leur eau.

Le *lactate stanneux* $C^6H^4Sn^2O^6$ est peu soluble dans l'eau et se précipite sous forme d'un dépôt blanc cristallin lorsqu'on mêle des solutions concentrées de lactate de soude et de chlorure stanneux (Brüning).

Ethers lactiques. — Lorsqu'on chauffe ensemble, dans des tubes scellés, de l'acide lactique et de l'alcool, et qu'on soumet le liquide à la distillation fractionnée, on recueille, entre 150 et 160°, un liquide incolore, soluble en toutes proportions dans l'eau, l'alcool et l'éther. C'est le *lactate monoéthylique* $C^6H^5(C^4H^5)O^6$. Sa densité à 0° est égale à 1,0542. Il bout à 156° (Wurtz et Friedel).

M. Strecker, qui a découvert ce corps, l'a obtenu en distillant un mélange de sulfovinate de potasse et de lactate de chaux.

Le *lactate diéthylique* $C^6H^4(C^4H^5)^2O^6$ s'obtient par l'action de l'éther chlorolactique sur l'éthylate de soude (A. Wurtz).

$$\left.\begin{array}{l}(C^6H^4O^2)''\\C^4H^5\end{array}\right\}{}^{Cl}_{O^2} \;+\; \left.\begin{array}{l}C^4H^5\\Na\end{array}\right\}O^2 \;=\; ClNa \;+\; \left.\begin{array}{l}C^4H\\ \\C^4H^5\end{array}\right\}(C^6H^4O^2)''\,O^4.$$

Ether   Ethylate   Lactate
chlorolactique.   de sodium.   diéthylique.

Le lactate diéthylique est un liquide éthéré, doué d'une odeur agréable. Il bout à 156°,5. Sa densité à 0° est égale à 0,9203. Il est insoluble dans l'eau. Lorsqu'on le soumet à l'action de la potasse caustique, il donne de l'alcool et de l'éthyl-lactate de potasse :

$$C^6H^4(C^4H^5)^2O^6 \;+\; KHO^2 \;=\; C^6H^4(C^4H^5)KO^6 \;+\; \left.\begin{array}{l}C^4H^5\\H\end{array}\right\}O^2.$$

Lactate   Ethyl-lactate   Alcool.
diéthylique.   de potassium.

L'acide éthyl-lactique $C^6H^5(C^4H^5)O^6$ est isomérique avec le lactate monoéthylique neutre. Les formules suivantes expriment les relations qu'offrent ces corps avec le lactate diéthylique

$$\left.\begin{array}{l}(C^4H^5)'\\(C^6H^4O^2)''\\H\end{array}\right\}O^4 \qquad \left.\begin{array}{l}H\\(C^6H^4O^2)''\\(C^4H^5)'\end{array}\right\}O^4 \qquad \left.\begin{array}{l}(C^4H^5)'\\(C^6H^4O^2)''\\(C^4H^5)'\end{array}\right\}O^4.$$

Acide   Lactate   Lactate
éthyl-lactique.   monoéthylique.   diéthylique.

LACTIDE.

$$C^6H^4O^4 = C^6H^4O^2,O^2.$$

Ce corps est l'anhydride lactique, et se forme par la distillation de l'acide lactique. Après avoir chauffé à 100° le produit de cette distillation, qui se prend ordinairement en une masse cristalline, on lave le résidu avec de l'alcool absolu froid et on le fait cristalliser dans l'alcool bouillant. La lactide forme de petits cristaux incolores, fusibles au-dessus de 100°. Elle est peu soluble dans l'eau, avec laquelle elle se combine peu à peu pour former de l'acide lactique. Elle s'unit directement à l'ammoniaque pour former la lactamide.

CHLORURE DE LACTYLE.

$$C^6H^4O^2,Cl^2.$$

On prépare ce corps en distillant le lactate de chaux avec le double de son poids de perchlorure de phosphore. Il passe de l'oxychlorure de phosphore et du chlorure de lactyle. On sépare ces deux corps en chauffant le mélange jusque vers 140°. L'oxychlorure distille, et le chlorure de lactyle, beaucoup moins volatil, reste sous la forme d'un liquide doué d'une odeur piquante (A. Wurtz.)

M. Lippmann a obtenu ce corps par synthèse, en faisant réagir l'oxychlorure de carbone (gaz chloroxycarbonique) sur l'éthylène :

$$C^4H^4 \quad + \quad C^2O^2,Cl^2 \quad = \quad [C^2O^2\text{-}C^4H^4]''Cl^2.$$

Éthylène.   Oxychlorure   Chlorure
de carbone.   de lactyle.

Cette réaction appuie fortement l'opinion que nous avons développée sur la nature du radical lactyle, considéré comme une combinaison d'éthylène et d'oxyde de carbone (page 366).

Lorsqu'on le distille, le chlorure de lactyle se décompose partiellement. Traité par l'alcool, il fournit l'éther chlorolactique :

$$(C^6H^4O^2)''Cl^2 \quad + \quad \left.\begin{matrix}C^4H^5\\H\end{matrix}\right\}O^2 \quad = \quad \left.\begin{matrix}(C^6H^4O^2)''\\C^4H^5\end{matrix}\right\}O^2 \quad + \quad HCl.$$

Chlorure   Éther
de lactyle.   chlorolactique.

L'eau précipite ce corps sous forme d'une huile douée d'une odeur éthérée agréable. Densité, 1,097 à 0°. Point d'ébullition, 143° (A. Wurtz).

Traité par l'eau, le chlorure de lactyle donne de l'acide chloropropionique (Ulrich). D'après cela, il paraît identique avec le chlorure de propionyle chloré

$$C^6H^4O^2,Cl^2 = C^6H^4ClO^2,Cl.$$

$$C^6H^4ClO^2,Cl \quad + \quad \left.\begin{matrix}H\\H\end{matrix}\right\}O^2 \quad = \quad \left.\begin{matrix}C^6H^4ClO^2\\H\end{matrix}\right\}O^2 \quad + \quad HCl.$$

Chlorure   Acide
de propionyle chloré   chloropropionique.
(de lactyle).

Lorsqu'on traite le chlorure de lactyle par l'eau, le zinc et l'acide chlorhydrique, il donne, en effet, sous l'influence de l'hydrogène naissant, de l'acide propionique :

$$C^6H^4ClO^2,Cl \ + \ H^2O^2 \ + \ H^2 \ = \ C^6H^6O^4 \ + \ 2HCl.$$

Chlorure
de propionyle chloré   Acide
(de lactyle).   propionique.

Lorsqu'on traite le chlorure de lactyle par un excès de potasse, il se forme de l'acide lactique qui reste uni à la potasse :

$$C^6H^4O^2,Cl^2 \ + \ 2KHO^2 \ = \ C^6H^4O^2 \Big\}_H^H O^4 \ + \ 2KCl \ + \ H^2O^2.$$

Chlorure   Acide   Chlorure
de lactyle.   lactique.   de potassium.

LACTAMIDE.

$$C^6H^7AzO^4.$$

On prépare ce corps en saturant par l'ammoniaque une solution alcoolique de lactide et en évaporant la liqueur :

$$C^6H^4O^4 \ + \ {H \brace H}Az \ = \ [C^6H^4O^4\text{-}H]'\Big\}_H^{\ } Az.$$

Lactide.   Lactamide.

On obtient ainsi de beaux cristaux solubles dans l'eau et dans l'alcool.

La potasse caustique les dédouble en acide lactique et en ammoniaque.

ALANINE ET HOMOLOGUES.

L'alanine $C^6H^7AzO^4$, est isomérique avec la lactamide. M. Strecker l'a formée artificiellement, en dirigeant un courant de gaz chlorhydrique dans un mélange d'aldéhyde-ammoniaque et d'acide cyanhydrique :

$$C^4H^4O^2 \ + \ C^2AzH \ + \ H^2O^2 \ = \ C^6H^7AzO^4.$$

Aldéhyde.   Acide   Alanine.
           cyanhydrique.

On évapore le liquide brun qui résulte de cette réaction.

L'alanine cristallise en aiguilles dures groupées en étoiles. Ces cristaux fondent lorsqu'on les chauffe brusquement et se décomposent ensuite. Ils se dissolvent dans 4,6 parties d'eau à 17°, et sont plus solubles dans l'eau bouillante. Ils exigent, pour se dissoudre, 500 parties d'alcool à 80° cent. Ils sont insolubles dans l'éther.

La solution aqueuse de l'alanine est parfaitement neutre. Lorsqu'on y dirige un courant de gaz nitreux, elle se décompose en dégageant de l'azote et en se transformant en acide lactique (Strecker).

$$2C^6H^7AzO^4 + Az^2O^6 = 2C^6H^6O^6 + 2Az^2 + H^2O^2.$$
Alanine.　　　　Acide nitreux.　Acide lactique.

Par la distillation sèche, l'alanine se dédouble en éthylamine et en acide carbonique (Limpricht).

$$C^6H^7AzO^4 = C^2O^4 + C^4H^7Az.$$
Alanine.　　　　　　Ethylamine.

Comme le glycocolle, l'alanine peut former des combinaisons avec les oxydes et avec les acides. Ces deux corps sont homologues l'un de l'autre, de même que leurs isomères, la glycolamide et la lactamide; et ce cas d'isomérie est des plus remarquables.

BUTALANINE.

$$C^{10}H^{11}AzO^4.$$

Ce corps a été découvert par M. Gorup-Besanez. Il se rencontre tout formé, avec la leucine, dans la rate et dans le pancréas du bœuf. Pour l'en extraire, on épuise par l'eau froide le tissu haché de ces organes; on porte à l'ébullition pour coaguler l'albumine, on filtre et on évapore en consistance sirupeuse. Au bout de quelque temps la butalanine et la leucine se déposent en masses grenues, on sépare ces cristaux de l'eau-mère, et on les fait bouillir à plusieurs reprises avec de l'alcool bouillant d'une densité de 0,82; ils se dissolvent, et la butalanine, moins soluble que la leucine, se dépose la première, sous forme de cristaux prismatiques incolores et brillants. Ces cristaux sont solubles dans l'eau, et assez facilement dans l'alcool bouillant. Ils sont insolubles dans l'éther. Lorsqu'on la chauffe, la butalanine fond et se sublime en partie; une autre partie se décompose en acide carbonique et en butylamine :

$$C^{10}H^{11}AzO^4 = C^2O^4 + C^8H^{11}Az.$$
Butalanine.　　　　　　Butylamine.

De là le nom, assez impropre, de butalanine.

LEUCINE.

$$C^{12}H^{13}AzO^4.$$

Ce corps est connu depuis longtemps. Il a été découvert par Proust, en 1818, dans le vieux fromage; il paraît identique avec une substance retirée du gras de cadavre, et nommée par Fourcroy *aposépédine*. C'est un produit de la putréfaction des matières animales. La leucine se forme aussi lorsqu'on fait bouillir la corne, les tissus gélatineux, les matières albuminoïdes, avec de l'acide sulfurique étendu, ou qu'on les fond avec la potasse caustique. Dans ces réactions, il se forme en même temps de la tyrosine et quelquefois du glycocolle.

La leucine existe toute formée dans l'économie; on l'a rencontrée dans le tissu du foie, de la rate, des poumons, du pancréas, des glandes salivaires, de la glande thyroïde.

Enfin, elle a été formée artificiellement par M. Limpricht, qui l'a obtenue par un procédé analogue à celui qui a servi à M. Strecker pour la synthèse de l'alanine (page 372), c'est-à-dire en faisant bouillir avec de l'acide chlorhydrique un mélange d'acide cyanhydrique et de valéraldéhyde-ammoniaque.

$$C^{10}H^{10}O^2 \quad + \quad C^2AzH \quad + \quad H^2O^2 \quad = \quad C^{12}H^{13}AzO^4.$$
$$\text{Valéraldéhyde.} \qquad\qquad\qquad\qquad\qquad \text{Leucine.}$$

Préparation. — Le meilleur procédé de préparation de la leucine consiste à la former avec la corne. Pour cela, on fait bouillir pendant 24 heures 2 parties de rognures de corne avec un mélange de 5 parties d'acide sulfurique et de 13 parties d'eau, en ayant soin de remplacer l'eau au fur et à mesure qu'elle s'évapore; on neutralise ensuite la liqueur encore chaude avec un lait de chaux, on filtre, on concentre la liqueur filtrée. Comme elle renferme encore une certaine quantité de chaux, on sépare celle-ci en ajoutant de l'acide oxalique; puis on filtre de nouveau et on évapore jusqu'à pellicule. La liqueur, abandonnée à elle-même, laisse déposer des cristaux de leucine et de tyrosine. On reprend ces cristaux par l'eau bouillante. Par le refroidissement, la tyrosine, qui est moins soluble que la leucine, se dépose la première; la leucine reste dans l'eau-mère. On décolore celle-ci par le charbon animal, et on évapore à cristallisation. Finalement, on fait cristalliser la leucine dans l'alcool faible (Schwanert).

Propriétés. — La leucine cristallise en petites lamelles blanches et douces au toucher. Elle se dissout dans 27 parties d'eau froide, et plus abondamment dans l'eau bouillante. Elle est insoluble dans l'éther. Elle fond à 170°. Chauffée avec précaution et en petites quantités, elle peut être sublimée en partie. Elle se décompose, à une température supérieure à son point de fusion, en acide carbonique et en amylamine :

$$C^{12}H^{13}AzO^4 \quad = \quad C^2O^4 \quad + \quad C^{10}H^{13}Az.$$
$$\text{Leucine.} \qquad\qquad\qquad \text{Amylamine.}$$

Lorsqu'on la chauffe brusquement à 200°, elle se convertit en une masse résineuse brune, sans donner des produits de distillation.

Lorsqu'on dirige dans une solution de leucine un courant d'acide azoteux, il se dégage de l'azote, et la leucine se convertit en un homologue de l'acide lactique, l'*acide leucique* (Strecker).

$$2C^{12}H^{13}AzO^4 + Az^2O^6 = 2C^{12}H^{12}O^6 + H^2O^2 + 2Az^2.$$
$$\text{Leucine} \qquad\qquad\qquad \text{Acide leucique.}$$

La potasse fondante décompose la leucine avec dégagement d'hydrogène et d'ammoniaque; le résidu renferme du carbonate et du valérate de potasse (Liebig).

La leucine se combine avec l'acide chlorhydrique pour former un chlorhydrate cristallisable $C^{12}H^{13}AzO^4,HCl$, qui forme une combinaison double avec le chlorure de platine.

Les combinaisons azotées que nous venons de décrire forment une série homologue très-bien définie, dont les termes sont les suivants :

$C^4H^5AzO^4$ glycocolle
$C^6H^7AzO^4$ alanine
$C^8H^9AzO^4$ combinaison décrite par MM. Friedel et Machuca
$C^{10}H^{11}AzO^4$ butalanine
$C^{12}H^{13}AzO^4$ leucine.

Tous ces corps azotés se rattachent à la série d'acides dont l'acide glycolique forme le premier terme.

ACIDE GLYOXYLIQUE ET GLYOXAL.

A l'acide glycolique se rattache un acide que M. Debus a signalé parmi les produits d'oxydation de l'alcool par l'acide azotique, et qu'il a nommé *glyoxylique*. Cet acide représente de l'acide glycolique moins de l'hydrogène, ou de l'acide oxalique moins de l'oxygène, et se trouve placé en quelque sorte entre ces deux acides.

$$C^4H^4O^6 \qquad\qquad C^4H^2O^6 \qquad\qquad C^4H^2O^8.$$
$$\text{Acide glycolique.} \quad \text{Acide glyoxylique.} \quad \text{Acide oxalique.}$$

Il est monobasique. L'acide libre et ses sels se dédoublent facilement en acide oxalique et en acide glycolique

$$2C^4H^2O^6 + H^2O^2 = C^4H^4O^6 + C^4H^2O^8.$$
$$\text{Acide} \qquad\qquad\qquad\quad \text{Acide} \qquad\quad \text{Acide}$$
$$\text{glyoxylique.} \qquad\qquad\qquad \text{glycolique.} \quad \text{oxalique.}$$

D'après cela il est probable que la formule de cet acide doit être doublée, et qu'il constitue l'acide glycol-oxalique ou glyoxalique :

$$\left.\begin{array}{c}(C^4H^2O^2)'' \\ (C^4O^4)'' \\ H^2\end{array}\right\}O^6.$$

Un autre produit, qui résulte de l'oxydation de l'alcool par l'acide azotique, est le glyoxal $C^4H^2O^4$ (Debus). Ce corps est au glycol et à l'acide oxalique ce que l'aldéhyde est à l'alcool et à l'acide acétique :

$$C^4H^6O^4 \qquad\qquad C^4H^2O^4 \qquad\qquad C^4H^2O^8.$$
$$\text{Glycol.} \qquad\qquad \text{Glyoxal.} \qquad\qquad \text{Acide oxalique.}$$

C'est un corps solide, amorphe, déliquescent. L'acide azotique concentré le convertit en acide oxalique :

$$C^4H^2O^4 + O^4 = C^4H^2O^8.$$

ACIDE OXALIQUE.

$$C^4H^2O^8 = \left.\begin{array}{c}(C^4O^4)'' \\ H^2\end{array}\right\}O^4.$$

Savary a mentionné cet acide en 1773; Wiegleb l'a obtenu, en 1779, en chauffant le sel d'oseille. Scheele l'a retiré de ce sel en 1784, après en avoir précipité la solution par l'acétate de plomb. Il a démontré l'identité de l'acide ainsi isolé avec celui que Bergmann avait obtenu antérieurement en traitant le sucre par l'acide azotique.

On rencontre l'acide oxalique dans un très-grand nombre de plantes. Il y est ordinairement combiné avec la potasse ou la chaux. Le sel d'oseille est de l'oxalate acide de potasse. Les racines de rhubarbe, de gentiane, de valériane, etc., renferment de l'oxalate de chaux. Le même sel se trouve en quantité notable dans les lichens. L'oxalate de fer se rencontre parfois dans les bancs de lignite.

Les urines laissent souvent déposer de petits cristaux d'oxalate de chaux. Ce sel se dépose quelquefois dans la vessie et forme alors des calculs plus ou moins volumineux qui sont connus sous le nom de *calculs muraux*.

On rencontre de l'acide oxalique libre dans les vésicules des pois chiches.

Cet acide est le produit d'un très-grand nombre de métamorphoses. Il se forme lorsqu'on traite une foule de matières organiques par l'acide azotique ou par la potasse fondante.

Le cyanogène donne de l'acide oxalique en se décomposant au contact de l'eau :

$$2C^2Az + 4H^2O^2 = C^4H^2O^8 + 2AzH^3.$$

Nous avons déjà fait connaître les relations qui existent, d'une part entre l'acide oxalique et le glycol (page 362), et d'autre part entre le glyoxal, l'acide glyoxylique et l'acide oxalique (page 376).

Préparation. — Pour préparer l'acide oxalique, on chauffe dans une cornue 1 partie de sucre ordinaire avec 8 parties $\frac{1}{4}$ d'acide azotique d'une densité de 1,38. Quant le dégagement de vapeurs rouges a cessé, on évapore la solution au bain-marie, et après l'avoir réduite au sixième de son volume, on la laisse refroidir. L'acide oxalique cristallise; on décante l'eau-mère, on l'évapore à siccité au bain-marie et on reprend le résidu par une petite quantité d'eau bouillante; par le refroidissement, la solution donne une nouvelle quantité d'acide oxalique.

La préparation de l'acide oxalique est exécutée en grand dans les arts. On emploie les mélasses de qualité inférieure et on les oxyde par l'acide azotique dans des chaudières de plomb. En présence d'un excès de matière organique oxydable, le métal n'est pas attaqué.

Plus récemment on est parvenu à préparer l'acide oxalique avec économie en faisant réagir, à une température élevée, la potasse sur la sciure de bois.

Si l'on voulait retirer l'acide oxalique du sel d'oseille, il faudrait précipiter par l'acétate de plomb la solution aqueuse de ce sel, recueillir le précipité d'oxalate de plomb, le délayer dans l'eau et le décomposer par un courant d'hydrogène sulfuré ou par une quantité convenable d'acide sulfurique étendu (Scheele).

Propriétés. — L'acide oxalique se dépose du sein de sa solution aqueuse en gros prismes transparents qui renferment 4 équivalents d'eau de cristallisation. La composition de ces cristaux est exprimée par la formule $C^4H^2O^8 + 4HO$. Exposés à l'air, ils s'effleurissent. Ils perdent complétement leur eau à 100° ou dans le vide, au-dessus d'un vase renfermant de l'acide sulfurique. Une partie d'acide oxalique se dissout dans 15,5 parties d'eau à 10°. Cet acide se dissout dans une très-petite quantité d'eau bouillante, et est très-soluble dans l'alcool.

L'acide oxalique fond à 98° dans son eau de cristallisation. A 132° il commence à dégager des gaz, et entre 155° et 160° il se dédouble en eau, acide carbonique, oxyde de carbone et acide formique.

En même temps, une portion de l'acide sec échappe à la décomposition et se sublime.

$$C^4H^2O^8 = H^2O^2 + C^2O^2 + C^2O^4$$
Acide oxalique.

$$C^4H^2O^8 = C^2H^2O^4 + C^2O^4.$$
Acide   Acide
oxalique.   formique.

Cette dernière réaction est favorisée lorsqu'on distille l'acide oxalique avec du sable. Elle s'accomplit seule lorsqu'on chauffe longtemps cet acide avec de la glycérine, à une température un peu supérieure à 100° (Berthelot).

Chauffé avec de l'acide sulfurique, l'acide oxalique se dédouble, sans noircir, en un mélange de volumes égaux d'oxyde de carbone et d'acide carbonique :

$$C^4H^2O^8 = H^2O^2 + C^2O^2 + C^2O^4.$$

Le chlore enlève de l'hydrogène à l'acide oxalique, et le convertit en acide carbonique

$$C^4H^2O^8 + Cl^2 = 2ClH + 2C^2O^4.$$

Certains chlorures sont réduits par l'ébullition avec l'acide oxalique : il se forme de l'acide chlorhydrique et il se dégage de l'acide carbonique. Le chlorure d'or laisse déposer, dans ces circonstances, de l'or métallique ; le chlorure mercurique est ramené à l'état de chlorure mercureux.

Certains corps riches en oxygène enlèvent pareillement l'hydrogène à l'acide oxalique sous forme d'eau et le convertissent en acide carbonique, tandis qu'ils sont ramenés eux-mêmes à un degré d'oxydation inférieur. C'est ainsi que le peroxyde de plomb est converti à l'état de protoxyde qui se combine avec un excès d'acide oxalique; que l'acide chromique est ramené à l'état d'oxyde de chrome.

Lorsqu'on le fond avec l'hydrate de potasse, l'acide oxalique donne du carbonate, et il se dégage de l'hydrogène pur.

$$C^4H^2O^8 = C^4O^8 + H^2.$$

Action de l'acide oxalique sur l'économie animale. — L'expérience journalière démontre que l'ingestion de petites doses d'acide oxalique ou d'un oxalate, tel que le sel d'oseille, ne produit aucun effet nuisible. Il n'en est point ainsi lorsqu'on ingère cet acide à la dose de 8, 12, 20 grammes. Il produit alors des accidents toxiques qui peuvent être mortels.

L'acide oxalique exerce sur l'économie une action qui tient, en quelque sorte, le milieu entre celle des poisons irritants et celle des poisons narcotiques. En solution concentrée, il ramollit les tissus et détermine des phénomènes d'inflammation locale évidents, moins intenses pourtant que ceux que produit l'acide sulfurique. En solution étendue, il ne produit point de tels désordres, mais, chose digne de remarque, son action est plus intense et plus prompte à dose égale. Il est alors absorbé et agit puissamment sur le cœur et les centres nerveux. Les mouvements du cœur sont ralentis et les malades tombent dans un état de prostration, quelquefois de paralysie. La peau se refroidit, les ongles deviennent cyanosés. Cette action déprimante est extrêmement rapide, et l'on a des exemples d'empoisonnements par l'acide oxalique qui ont été suivis de mort au bout de quelques minutes.

L'acide oxalique est donc un poison redoutable, et pour en combattre les effets il faut se hâter de remplir les deux indications suivantes: évacuer le poison par des vomitifs; le neutraliser aussi rapidement que possible par de l'eau de chaux ou par de la craie réduite en bouillie, ou par des coquilles d'œufs pulvérisées, ou par de la magnésie.

Dans un cas d'empoisonnement, on reconnaît la présence de cet acide dans les liquides de l'estomac ou dans l'eau de lavage du tube digestif, à l'aide de quelques réactions caractéristiques, que nous allons indiquer.

1° La solution d'acide oxalique forme, dans les solutions des sels de chaux, même dans celle du sulfate, un précipité blanc d'oxalate de chaux, insoluble dans l'acide acétique.

2° Neutralisée par l'ammoniaque, la solution d'acide oxalique donne, dans la solution d'azotate d'argent, un précipité blanc. Lorsqu'après avoir recueilli, lavé et séché ce précipité, on le chauffe dans un tube bouché, il se décompose brusquement avec une sorte d'explosion.

3° Les cristaux d'acide oxalique, ou un oxalate quelconque, chauffés avec de l'acide sulfurique, laissent dégager un mélange d'oxyde de carbone et d'acide carbonique.

Il importe de ne point confondre dans une expertise médico-légale l'acide oxalique libre avec le sel d'oseille. On peut distinguer et séparer ces deux corps en évaporant au bain-marie les liquides qui les renferment en dissolution, et en reprenant le résidu par l'alcool absolu. Celui-ci dissout l'acide oxalique et laisse le sel d'oseille. En évaporant la solution alcoolique au bain-marie, on retrouve l'acide oxalique et on peut le caractériser à l'aide des réactions qui viennent d'être décrites.

Oxalates. — L'acide oxalique est un acide puissant. Il est bibasique. En échangeant 1 équivalent d'hydrogène contre 1 équivalent de métal, il forme des sels acides ; dans les oxalates neutres, les 2 équivalents d'hydrogène de l'acide sont remplacés par 2 équivalents de métal.

Les oxalates alcalins sont solubles dans l'eau, la plupart des autres sont insolubles. Tous se décomposent par la chaleur. Les oxalates alcalins dégagent de l'oxyde de carbone et laissent des carbonates. La plupart des oxalates métalliques laissent, par la calcination, un résidu d'oxyde et dégagent un mélange d'oxyde de carbone et d'acide carbonique. Quand les oxydes sont facilement réductibles, il se dégage de l'acide carbonique. Aussi, lorsqu'on chauffe l'oxalate d'argent, il se décompose brusquement en acide carbonique et en argent métallique.

$$C^4Ag^2O^8 = Ag^2 + 2C^2O^4.$$

Oxalate d'ammoniaque $C^4(AzH^4)^2O^8 + H^2O^2$. — On prépare ce sel, qui est fréquemment employé comme réactif, en saturant une solution d'acide oxalique par l'ammoniaque et en évaporant. Il cristallise en longs prismes incolores et transparents réunis en aigrettes. Ces cristaux appartiennent au type du prisme rhomboïdal droit. Lorsqu'on chauffe l'oxalate d'ammoniaque, il perd d'abord son eau de cristallisation et laisse dégager ensuite de l'acide carbonique, de l'oxyde de carbone, de l'ammoniaque, de l'eau, et laisse un résidu d'oxamide colorée par une trace de charbon. La réaction qui donne naissance à l'oxamide est la suivante :

$$\left. \begin{array}{l} (C^4O^4)'' \\ (AzH^4)^2 \end{array} \right\} O^4 \;=\; 2H^2O^2 \;+\; \left. \begin{array}{l} (C^4O^4)'' \\ H^2 \\ H^2 \end{array} \right\} Az^2.$$

Oxalate
d'ammoniaque.   Oxamide.

L'oxalate acide d'ammoniaque $C^4H(AzH^4)O^8 + H^2O^2$ cristallise en prismes rhomboïdaux droits. Lorsqu'on le chauffe, il laisse un résidu d'acide oxamique (Balard).

$$\underset{\substack{\text{Oxalate acide} \\ \text{d'ammoniaque.}}}{C^4H(AzH^4)O^8} \;=\; H^2O^2 \;+\; \underset{\text{Acide oxamique.}}{C^4H^3AzO^6}.$$

Oxalates de potasse. — On obtient l'*oxalate neutre de potasse* $C^4K^2O^8 + H^2O^2$ en neutralisant une solution de sel d'oseille par le carbonate de potasse et en évaporant la liqueur. Le sel cristallise sous forme de prismes rhomboïdaux obliques, solubles dans 3 parties d'eau froide. Ces cristaux sont efflorescents.

Lorsqu'on ajoute à leur solution concentrée une quantité d'acide oxalique égale à celle qu'ils renferment déjà, on obtient un précipité cristallin d'oxalate acide de potasse. Ce sel qu'on nomme ordinairement *bioxalate de potasse*, renferme $C^4HKO^8 + H^2O^2$. Il forme des cristaux dérivés d'un prisme rhomboïdal droit. Ces cristaux sont acides. Ils se dissolvent dans 40 parties d'eau froide et dans 6 parties d'eau bouillante. L'oxalate acide de potasse est insoluble dans l'alcool.

Lorsqu'on ajoute de l'acide oxalique à la solution aqueuse saturée d'oxalate acide de potasse, on obtient, par l'agitation, un précipité de *quadroxalate de potasse*, combinaison d'oxalate acide et d'acide oxalique, qui cristallise en prismes dissymétriques. Ces cristaux renferment $C^4HKO^8 + C^4H^2O^8 + 2H^2O^2$. Ils perdent leur eau à 128°. Ils exigent, pour se dissoudre, 20,17 p. d'eau à 20°.

Le sel d'oseille du commerce est principalement formé par du bioxalate de potasse mélangé d'une certaine quantité de quadroxalate. On le retire du suc de différentes espèces de *Rumex* et d'*Oxalis*, suc que l'on clarifie avec de l'argile ou avec du blanc d'œuf, et qu'on évapore ensuite jusqu'à cristallisation.

Oxalate de chaux $C^4Ca^2O^8 + H^2O^2$ et $+ 3H^2O^2$. Il est très-répandu dans l'organisme des plantes. On le trouve dans un grand nombre de végétaux, et il se dépose souvent dans leurs tissus sous forme de cristaux microscopiques (octaèdres à base carrée). Les lichens en renferment souvent la moitié de leurs poids. Schœle a démontré la présence de l'oxalate de chaux dans les racines de rhubarbe, de gentiane, de curcuma, de patience, de valériane, etc. On le rencontre aussi dans l'urine et dans certains calculs.

L'oxalate de chaux se dépose sous forme d'un précipité grenu renfermant 1 molécule d'eau de cristallisation (H^2O^4), lorsqu'on ajoute un oxalate soluble à des solutions calciques chaudes, ou froides et concentrées. Le sel, avec 3 molécules d'eau de cristallisation, se forme lorsque la séparation a lieu lentement du sein d'une liqueur étendue; c'est ce sel hydraté qui se dépose dans les tissus des végétaux. Séché à 100°, l'oxalate de chaux retient 1 molécule d'eau de cristallisation.

Il est insoluble dans l'eau et dans l'acide acétique, peu soluble dans l'acide oxalique. Il se dissout dans les acides phosphorique, azotique, chlorhydrique.

Oxalate de plomb $C^4Pb^2O^8$. On l'obtient sous forme d'un précipité blanc en ajoutant de l'oxalate d'ammoniaque à une solution d'acétate ou d'azotate de plomb. Insoluble dans l'acide acétique, il se dissout facilement dans l'acide azotique. Il se décompose, vers 300°, en acide carbonique, oxyde de carbone et sousoxyde de plomb.

Oxalate d'argent $C^4Ag^2O^8$. — On l'obtient de même par double décomposition sous forme d'un précipité blanc. Lorsqu'on le chauffe, il se décompose brusquement et avec une sorte d'explosion en acide carbonique et en argent métallique :

$$C^4Ag^2O^8 = 2C^2O^4 + Ag^2.$$

ÉTHERS OXALIQUES.

Oxalate de méthyle, éther méthyloxalique $C^4(C^2H^3)^2O^8 = \begin{Bmatrix} (C^4O^4)'' \\ (C^2H^3)^2 \end{Bmatrix} O^4$.

— Pour préparer ce corps, on ajoute 1 partie d'acide sulfurique à 1 partie d'esprit de bois, et on distille ce mélange avec 2 parties de sel d'oseille (ou 1 partie d'acide oxalique); on abandonne le produit de la distillation à l'évaporation spontanée. On obtient ainsi de grandes lames blanches et brillantes, qui constituent l'oxalate de méthyle. On exprime ces cristaux entre des doubles de papier; puis on les laisse séjourner pendant quelque temps sous une cloche, au-dessus d'un vase renfermant de l'acide sulfurique.

L'oxalate de méthyle cristallise en lames rhomboïdales. Il fond vers 51°. Il bout à 161°. Il se dissout dans l'eau froide, mais dans cette solution il se décompose bientôt en acide oxalique et en alcool méthylique. Il est très-soluble dans l'alcool, dans l'éther et dans l'esprit de bois. L'ammoniaque le convertit en oxamide.

Oxalate d'éthyle, éther oxalique $C^4(C^4H^5)^2O^8 = \begin{Bmatrix} (C^4O^4)'' \\ (C^4H^5)^2 \end{Bmatrix} O^4$. — On peut préparer cet éther en distillant un mélange de 1 partie de sel d'oseille, 1 partie d'alcool et 2 parties d'acide sulfurique concentré. On ajoute de l'eau au produit de la distillation, on sépare la couche oléagineuse, on l'agite avec une solution étendue de carbonate de soude, on déshydrate le produit sur du chlorure de calcium, et on le rectifie, en ayant soin de rejeter ce qui passe au-dessous de 180°.

Un procédé plus avantageux consiste à chauffer dans une cornue tubulée, au bain d'huile, à 180°, 1 partie d'acide oxalique, et à y faire tomber goutte à goutte 1 partie d'alcool. Il passe de l'éther oxalique qu'on recueille dans un récipient et qu'on purifie comme il vient d'être dit.

L'éther oxalique est un liquide incolore, un peu épais, doué d'une odeur aromatique. Il bout à 186°. Sa densité à 0° est égale à 1,1016. Il tombe au fond de l'eau, dans laquelle il est insoluble, et qui le décompose à la longue en acide oxalique et en alcool. Une solution aqueuse d'ammoniaque le transforme en oxamide. Une solution alcoolique de potasse, ajoutée en petite quantité, le convertit en éthyloxalate de potasse, qui se précipite sous forme de paillettes cristallines.

$$\left.\begin{array}{l}(C^4O^4)'' \\ (C^4H^5)^2\end{array}\right\}O^4 \;+\; \left.\begin{array}{l}K \\ H\end{array}\right\}O^2 \;=\; \left.\begin{array}{l}(C^4O^4)'' \\ (C^4H^5)K\end{array}\right\}O^4 \;+\; \left.\begin{array}{l}C^4H^5 \\ H\end{array}\right\}O^2.$$

Oxalate d'éthyle.　Hydrate de potassium.　Éthyloxalate de potassium.　Hydrate d'éthyle (alcool).

Soumis à l'action d'un excès de chlore, sous l'influence de la lumière solaire, l'éther oxalique échange tout son hydrogène contre du chlore ; il se forme de l'éther oxalique perchloré $C^{12}Cl^{10}O^8$. Ce corps est solide, cristallisable, inodore, fusible à 144°. Lorsqu'on le chauffe brusquement, il se décompose en chlorure de carbonyle (gaz chloroxycarbonique), en oxyde de carbone et en chlorure de trichloracétyle (aldéhyde perchlorée).

$$C^{12}Cl^{10}O^8 \;=\; C^2O^2Cl^2 \;+\; C^2O^2 \;+\; 2C^4Cl^4O^2.$$

Éther oxalique perchloré.　Chlorure de carbonyle.　　Aldéhyde perchlorée.

Lorsqu'on chauffe l'éther oxalique avec du potassium ou du sodium, on le transforme en éther carbonique. Au contact de l'amalgame de sodium, il se convertit, par une sorte de réduction, en un éther composé, l'*éther désoxalique* $C^{10}H^3(C^4H^5)^3O^{16}$. Il se forme en même temps *une glucose fermentescible* (Lœwig). L'acide désoxalique, qu'on peut retirer de son éther composé, se rapproche, par ses propriétés et sa constitution, des acides végétaux complexes. Soumis à la distillation sèche, il se convertit en acide carbonique et en acide *paratartrique*

$$C^{10}H^6O^{16} \;=\; C^8H^6O^{12} \;+\; C^2O^4.$$

Acide désoxalique.　Acide paratartrique.

OXAMIDE OU DIAMIDE OXALIQUE

$$C^4H^4Az^2O^4 \;=\; \left.\begin{array}{l}(C^4O^4)'' \\ H^2 \\ H^2\end{array}\right\}Az^2.$$

Modes de formation et synthèse. — M. Dumas a découvert ce corps, en 1830, en soumettant l'oxalate neutre d'ammoniaque à la distillation sèche (page 380) et en lavant le produit distillé avec l'eau froide. L'oxamide reste, dans ces conditions, sous forme d'une poudre blanche, qu'on purifie par cristallisation dans l'eau bouillante. Un procédé de préparation plus avantageux consiste à traiter l'éther oxalique par l'ammoniaque. On peut employer la liqueur aqueuse résultant du lavage de l'éther oxalique, et qui en renferme assez pour donner un abondant précipité blanc cristallin lorsqu'on la mêle avec de l'ammoniaque :

$$\left.\begin{matrix}(C^4O^4)'' \\ (C^4H^5)^2\end{matrix}\right\}O^4 \quad + \quad 2AzH^3 \quad = \quad \left.\begin{matrix}(C^4O^4)'' \\ H^2 \\ H^2\end{matrix}\right\}Az^2 \quad + \quad 2\left[\begin{matrix}C^4H^5 \\ H\end{matrix}O^2\right]$$

Oxalate d'éthyle.   Oxamide.   Alcool.

M. Attfield a préparé récemment l'oxamide par une synthèse des plus remarquables, en fixant directement les éléments de l'eau oxygénée sur l'acide cyanhydrique :

$$C^4Az^2H^2 \quad + \quad H^2O^4 \quad = \quad \left.\begin{matrix}(C^4O^4)'' \\ H^2 \\ H^2\end{matrix}\right\}Az^2.$$

Acide   Eau   Oxamide.
cyanhydrique.   oxygénée.

Propriétés. — L'oxamide constitue une poudre blanche cristalline, insoluble dans l'eau froide et dans l'alcool, un peu soluble dans l'eau bouillante, d'où elle se dépose par le refroidissement.

Lorsqu'on la chauffe avec de l'acide sulfurique il se dégage un mélange d'oxyde de carbone et d'acide carbonique, et il se forme du sulfate d'ammoniaque. La potasse bouillante en dégage de l'ammoniaque, en même temps qu'il se forme de l'oxalate.

Chauffée avec l'acide phosphorique anhydre, l'oxamide laisse dégager du cyanogène mêlé d'une petite quantité d'oxyde de carbone et d'acide carbonique :

$$\left.\begin{matrix}(C^4O^4)'' \\ H^2 \\ H^2\end{matrix}\right\}Az^2 \quad = \quad C^4Az^2 \quad \perp \quad H^4O^4.$$

Oxamide.   Cyanogène.

Lorsqu'on la chauffe avec de l'oxyde de mercure, l'oxamide se convertit en urée (Williamson) :

$$\left.\begin{matrix}(C^4O^4)'' \\ H^2 \\ H^2\end{matrix}\right\}Az^2 \quad + \quad O^2 \quad = \quad C^2O^4 \quad + \quad \left.\begin{matrix}(C^2O^2)'' \\ H^2 \\ H^2\end{matrix}\right\}Az^2.$$

Oxamide.   Acide carbonique.   Urée.

On le voit, l'urée et l'oxamide possèdent la même constitution : ce sont des diamines où le radical carbonyle $(C^2O^2)''$ ou son polymère, le radical oxalyle $(C^4O^4) = [C^2O^2\text{-}C^2O^2]''$, rivent ensemble deux molécules d'ammoniaque :

$$\left.\begin{matrix}H^2 \\ H^2 \\ H^2\end{matrix}\right\}Az^2$$

en se substituant à H^2.

On obtient l'*oxamide éthylée* ou la *diéthyloxamide*

$$\left.\begin{array}{l}(C^4O^4)'' \\ (C^4H^5)^2 \\ H^2\end{array}\right\} Az^2$$

en faisant réagir l'éthylamine sur l'éther oxalique (Ad. Wurtz).
Elle cristallise en aiguilles blanches solubles dans l'eau et dans
l'alcool

ACIDE OXAMIQUE

$$C^4H^3AzO^6 = \left.\begin{array}{l}(C^4O^4)''H^2Az \\ H\end{array}\right\} O^2.$$

Ce corps a été découvert par M. Balard, en 1842. On le prépare
en chauffant l'oxalate acide d'ammoniaque avec précaution, au
bain d'huile, entre 220 et 230°. Il se dégage de l'eau, de l'oxyde
de carbone et de l'acide carbonique ; il passe de l'acide formique,
etc., et il reste dans la cornue une masse acide, d'où l'eau extrait
l'acide oxamique en laissant de l'oxamide. On convertit l'acide
oxamique en oxamate de baryte, qu'on décompose avec précaution
par l'acide sulfurique. Par l'évaporation spontanée de la solution
aqueuse, il reste une poudre grenue jaunâtre, qui constitue l'acide
oxamique (page 380). L'eau bouillante convertit de nouveau cet
acide en oxalate acide d'ammoniaque.

ACIDE SUCCINIQUE.

$$C^8H^6O^8 = \left.\begin{array}{l}C^4O^4\text{-}C^4H^{4''} \\ H^2\end{array}\right\} O^4.$$

Modes de formation. — L'acide succinique a été obtenu d'abord
par la distillation du succin. On en a signalé la présence dans certains lignites, dans la térébenthine, dans la laitue vireuse (*Lactuca
virosa*), dans l'absinthe (*Artemisia absinthum*). On en rencontre
de petites quantités dans le liquide de l'hydrocèle, dans les vésicules des échinocoques, dans le thymus, dans la glande thyroïde,
dans la rate.

Cet acide est un produit de l'oxydation des acides gras complexes, sous l'influence de l'acide azotique (page 354). Il se forme
par la fermentation du malate de chaux (Dessaignes), de l'asparagine (Piria), et en petite quantité dans la fermentation alcoolique
(Pasteur). Il prend naissance par la réduction des acides malique
et tartrique sous l'influence de l'acide iodhydrique (pages 392
et 404).

M. Maxwell Simpson l'a formé par synthèse en décomposant par la potasse le dicyanure d'éthylène :

$$(C^4H^4)'' \begin{cases} C^2Az \\ C^2Az \end{cases} + 4H^2O^2 = \begin{matrix} [C^4O^4\text{-}C^4H^4]'' \\ H^2 \end{matrix} \Big\} O^4 + 2AzH^3.$$

Dicyanure d'éthylène.   Acide succinique.

Cette réaction autorise à admettre dans le radical de l'acide succinique

$$\begin{matrix} [C^8H^4O^4]'' \\ H^2 \end{matrix} \Big\} O^4,$$

l'existence du groupe éthylène uni à 2 molécules d'oxyde de carbone

$$C^8H^4O^4 = (C^2O^2)^2\text{-}C^4H^4.$$

Succinyle.

Les deux groupes oxyde de carbone (carbonyle) sont intimement unis, et forment le groupe diatomique oxalyle $(C^4O^4)''$. Celui-ci s'unit au groupe diatomique éthylène $(C^4H^4)''$, et, échangeant une affinité avec lui, forme ainsi le radical diatomique succinyle. Tel est le sens de la formule

$$[C^4O^4\text{-}C^4H^4]'',$$

Succinyle.

dans laquelle le trait d'union marque précisément cet échange d'affinités.

Tout récemment, M. Hugo Müller a obtenu l'acide succinique en décomposant par la potasse l'acide cyanopropionique

$$C^6H^5(C^2Az)O^4 + 2H^2O^2 = C^8H^6O^8 + AzH^3.$$

Acide   Acide
cyanopropionique.   succinique.

Préparation. — 1° On soumet le succin à la distillation sèche, on recueille le produit solide qui s'est condensé dans l'allonge et dans le récipient, on le comprime entre des feuilles de papier, puis on le fait bouillir avec de l'acide azotique pour détruire les matières étrangères qui y adhèrent encore ; enfin on purifie l'acide succinique par plusieurs cristallisations.

2° On abandonne pendant plusieurs jours, dans un endroit dont la température soit de 30 ou 40°, du malate de chaux (1 partie) délayé dans l'eau (3 parties), et additionné de fromage blanc ($\frac{1}{12}$). On observe alors un dégagement d'acide carbonique, et le malate se convertit en succinate. Le succinate de chaux, débarrassé de l'eau-mère, est décomposé par l'acide sulfurique étendu, et la solution, séparée du sulfate de chaux, est évaporée. L'acide succinique cristallise. On le purifie en le dissolvant dans l'eau, décolorant la solution par le charbon animal lavé, et faisant cristalliser de nouveau.

L'acide malique ne diffère de l'acide succinique que par 2 équivalents d'oxygène que le premier renferme en plus. Il éprouve donc une réduction dans la réaction dont il s'agit :

$$C^8H^6O^{10} - O^2 = C^8H^6O^8.$$
Acide malique.   Acide succinique.

Il faut remarquer pourtant que cette transformation se complique d'actions secondaires qui donnent naissance à de l'acide acétique, de l'acide carbonique, quelquefois de l'acide butyrique. Dans ce dernier cas, on remarque un dégagement d'hydrogène (Liebig).

Propriétés. — L'acide succinique forme de grands cristaux incolores et inaltérables à l'air. Il fond à 180°. Il entre en ébullition à 235°, et se dédouble en acide succinique anhydre et en eau.

Il se dissout dans 5 parties d'eau à 16°, dans 2,2 parties d'eau bouillante. Il est moins soluble dans l'alcool et se dissout à peine dans l'éther.

Les réactifs oxydants, tels que l'acide azotique bouillant, sont sans action sur l'acide succinique.

Métamorphoses de l'acide succinique. — Lorsqu'on distille cet acide avec un excès de perchlorure de phosphore, il se convertit en *chlorure de succinyle* $C^8H^4O^4,Cl^2$, liquide peu stable, bouillant vers 190°, et se concrétant à 0° en beaux cristaux tabulaires :

$$\left.\begin{matrix}C^8H^4O^4 \\ H^2\end{matrix}\right\}O^4 \ + \ 2PhCl^5 \ = \ 2HCl \ + \ 2PhO^2Cl^3 \ + \ C^8H^4O^4,Cl^2.$$
Acide succinique.   Oxychlorure   Chlorure
de phosphore.   de succinyle.

En réagissant sur l'acide succinique, le chlorure de succinyle peut former de l'acide chlorhydrique et de l'acide succinique anhydre. Aussi peut-on obtenir de l'acide succinique anhydre, d'après Gerhardt et Chiozza, en distillant de l'acide succinique avec un seul équivalent de perchlorure de phosphore.

En chauffant l'acide succinique humide en vase clos, avec du brome, M. Kekulé a obtenu les acides *monobromosuccinique* et *dibromosuccinique*.

L'acide monobromosuccinique se convertit en acide malique lorsqu'on le traite par l'eau et l'oxyde d'argent :

$$\left.\begin{matrix}[C^4O^4\text{-}C^4H^3Br]'' \\ H^2\end{matrix}\right\}O^4 \ + \ AgHO^2 \ = \ \left.\begin{matrix}[C^4O^4\text{-}C^4H^3(HO^2)]'' \\ H^2\end{matrix}\right\}O^4 \ + \ AgBr.$$
Acide   Acide malique
monobromosuccinique.   (oxysuccinique).

L'acide dibromosuccinique se convertit en acide tartrique, sous l'influence de l'eau et de l'oxyde d'argent :

$$\left.\begin{array}{l}[C^4O^4\text{-}C^4H^2Br^2]\\ H^2\end{array}\right\}O^4 + 2AgHO^2\ ^1 = \left.\begin{array}{l}[C^4O^4\text{-}C^4H^2(HO^2)^2]''\\ H^2\end{array}\right\}O^4 + 2AgBr.$$

Acide
dibromosuccinique.

Acide tartrique
(dioxysuccinique).

Ces réactions importantes, qui ont été découvertes par M. Kekulé, établissent des relations étroites entre les acides succinique, malique et tartrique, relations identiques avec celles qui lient les acides acétique et glycolique (page 272).

Les acides malique et tartrique, qui sont des acides oxysucciniques, peuvent être convertis en acide succinique lorsqu'on les chauffe avec un grand excès d'acide iodhydrique (Schmitt et Dessaigne) [page 392 et 404].

L'acide succinique est un acide bibasique. Les solutions des succinates alcalins forment un précipité d'un brun pâle dans la solution des sels ferriques.

Succinate d'ammoniaque neutre $C^8H^4(AzH^4)^2O^8$. — Il se présente en beaux cristaux solubles dans l'eau et dans l'alcool. Exposés à l'air, ils perdent de l'ammoniaque. Leur solution laisse déposer, lorsqu'on la concentre à chaud, du *succinate acide d'ammoniaque* $C^8H^5(AzH^4)O^8$, qui cristallise en longs prismes. Soumis à la distillation sèche, le succinate d'ammoniaque donne de l'ammoniaque, de l'eau et de la succinimide.

L'éther succinique ou *succinate diéthylique* $\left.\begin{array}{l}(C^8H^4O^4)''\\ (C^4H^5)^2\end{array}\right\}O^4$, qu'on peut préparer en dirigeant un courant de gaz chlorhydrique dans une solution alcoolique saturée d'acide succinique, constitue un liquide oléagineux d'une densité de 1,0718 à 0°, bouillant à 218°. Il est peu soluble dans l'eau. Exposé à l'action du chlore, sous l'influence des rayons solaires, il se convertit en produits de substitution (Cahours, Malaguti).

Acide succinique anhydre $C^8H^4O^6 = (C^8H^4O^4)''O^2$. — M. F. d'Arcet a obtenu ce corps en distillant, à plusieurs reprises, l'acide succinique. MM. Gerhardt et Chiozza l'ont préparé en distillant équivalents égaux de perchlorure de phosphore et d'acide succinique. C'est une masse cristalline blanche, plus soluble dans l'alcool et moins soluble dans l'eau que l'acide succinique. Lorsqu'on le traite

---

1. Au lieu de AgO $+$ HO.

par l'alcool absolu, l'anhydride succinique forme de l'acide éthyl-succinique.

$$(C^8H^4O^4)''O^2 \quad + \quad \left.{C^4H^5 \atop H}\right\}O^2 \quad = \quad \left.{(C^8H^4O^4)'' \atop C^4H^5,H}\right\}O^4.$$

Anhydride succinique.   Acide éthylsuccinique.

Succinamide $C^8H^8Az^2O^4 = \left.{(C^8H^4O^4)'' \atop {H^2 \atop H^2}}\right\}Az^2$. — Ce corps se précipite sous forme d'un dépôt blanc lorsqu'on agite le succinate diéthylique avec une solution aqueuse et concentrée d'ammoniaque. Purifié par cristallisation dans l'eau bouillante, il se dépose en aiguilles incolores, solubles dans 220 parties d'eau froide et dans 9 parties d'eau bouillante. A 200°, il perd de l'ammoniaque et se convertit en succinimide.

$$C^8H^8Az^2O^4 \quad = \quad AzH^3 \quad + \quad C^8H^5AzO^4.$$

Succinamide.   Succinimide.

Succinimide $C^8H^5AzO^4 = \left.{(C^8H^4O^4)'' \atop H}\right\}Az$. — Ce corps constitue du succinate acide d'ammoniaque moins $2H^2O^2$.

$$\left.{(C^8H^4O^4)'' \atop H,AzH^4}\right\}O^4 \quad = \quad (C^8H^4O^4)''HAz \quad + \quad 2H^2O^2.$$

Succinate monoammonique.   Succinimide.

On l'obtient soit en distillant du succinate d'ammoniaque, soit en dirigeant un courant de gaz ammoniac sur l'acide succinique anhydre.

$$(C^8H^4O^4)''O^2 \quad + \quad \left.{H \atop {H \atop H}}\right\}Az \quad = \quad \left.{(C^8H^4O^4)'' \atop H}\right\}Az \quad + \quad H^2O^2.$$

Anhydride succinique.   Succinimide.

La succinimide cristallise en belles tables rhomboïdales, qui renferment une molécule d'eau de cristallisation (H^2O^2), et qui s'effleurissent à l'air. Elle est très-soluble dans l'eau, assez soluble dans l'alcool, très-peu soluble dans l'éther. Elle fond à 210° et se sublime sans altération. Lorsqu'on ajoute à une solution alcoolique bouillante de succinimide une petite quantité d'ammoniaque, et puis de l'azotate d'argent, il se dépose, par le refroidissement, des aiguilles de succinimide argentique.

$$\left.{(C^8H^4O^4)'' \atop Ag}\right\}Az.$$

La succinimide peut donc échanger 1 équivalent d'hydrogène contre 1 équivalent d'argent. Elle se comporte comme un acide. C'est une ammoniaque acide.

ACIDE SUBÉRIQUE.

$$C^{16}H^{14}O^8.$$

Brugnatelli a obtenu cet acide, en 1787, en traitant le liége par l'acide azotique. On l'a obtenu plus tard en faisant bouillir avec le même acide diverses autres substances, telles que les chiffons, l'écorce des arbres, les graisses neutres et les acides gras (Chevreul, Berzelius, Laurent, Bromeis).

On l'obtient aujourd'hui en faisant bouillir pendant longtemps, avec de l'acide azotique, du suif ou un acide gras, tel que l'acide stéarique ou l'acide palmitique. Il reste dans la cornue une masse solide, grenue, mélange de plusieurs acides appartenant à cette série. On la dissout à plusieurs reprises dans l'eau bouillante, et on sépare les grains cristallisés qui se déposent d'abord des solutions moyennement concentrées. On purifie le produit par plusieurs cristallisations, et on le fait cristalliser finalement dans l'alcool.

L'acide subérique se présente en grains doux au toucher, fusibles entre 120° et 128°. L'acide fondu se prend par le refroidissement en une masse cristalline rayonnée. Lorsqu'on le chauffe avec un excès de baryte à 80°, il se dédouble, d'après M. Riche, en acide carbonique et en un carbure d'hydrogène $C^{12}H^{14}$, bouillant à 76° (hydrure d'hexyle?).

$$\left. \begin{array}{l} (C^4O^4\text{-}C^{12}H^{12})'' \\ H^2 \end{array} \right\} O^4 \;=\; 2C^2O^4 \;+\; C^{12}H^{14}.$$

Acide subérique.   Acide   Hydrure
                       carbonique.   d'hexyle.

ACIDE SÉBACIQUE OU SÉBIQUE.

$$C^{20}H^{18}O^8.$$

Il a été découvert par Thenard parmi les produits de la distillation de l'acide oléique. Il se forme par le dédoublement de l'acide ricinolique sous l'influence de la potasse (page 187) (Bouis).

Pour le préparer, on reprend par l'eau la masse qui reste dans la cornue, lorsqu'on traite l'huile de ricin par la potasse caustique, pour la préparation de l'alcool caprylique. On sursature la solution alcaline par l'acide sulfurique. On reprend par l'eau bouillante les acides qui surnagent, et on filtre la solution aqueuse bouillante. L'acide sébacique se sépare par le refroidissement. On le fait cristalliser une seconde fois dans l'eau bouillante (Bouis).

L'acide sébacique se présente sous forme d'aiguilles ou de lamelles blanches. Il fond à 127°, et se prend par le refroidissement en une masse cristalline. Il se sublime partiellement à une température élevée. Il se dissout aisément dans l'alcool, l'éther et l'eau chaude. Il est moins soluble dans l'eau froide.

———

Les acides que nous allons décrire offrent une complication moléculaire plus grande et une atomicité plus élevée que l'acide oxalique et ses homologues. Leur place est donc marquée à côté des alcools d'atomicité supérieure, tels que l'érythrite, la mannite, etc. Néanmoins, comme ces acides se rattachent aux précédents par des liens très-étroits (page 387), nous faisons suivre ici leur description.

ACIDE MALIQUE.

$$C^8H^6O^{10}.$$

Dès 1785, Scheele a retiré cet acide, à l'état impur, du suc des pommes acides. M. Liebig en a établi la composition.

État naturel et modes de formation. — On le rencontre dans une foule de plantes, où il est souvent accompagné d'acide tartrique, d'acide citrique et d'autres acides. Parmi les organes ou produits végétaux où on le rencontre en abondance, nous nous bornons à citer les baies de sorbier et d'épine-vinette, les baies de l'*Hippophaë rhamnoïdes*, les groseilles à maquereau, les cerises, les fraises, les framboises, les pommes vertes, les feuilles de joubarbe, de tabac, les tiges de la rhubarbe, etc., etc.

L'acide malique contenu dans ces divers végétaux exerce le pouvoir rotatoire. M. Piria a fait voir que le même acide malique actif se forme par l'action de l'acide azoteux sur l'asparagine. M. Pasteur a obtenu un acide malique optiquement inactif, en décomposant l'acide aspartique inactif par l'acide azoteux.

On obtient de même un acide malique inactif en traitant par les alcalis l'acide monobromosuccinique (page 387). Le groupe HO^2 se substitue alors au brome de ce dernier acide, et il se forme de l'acide malique. Celui-ci renferme donc non-seulement les deux résidus typiques HO^2, que l'on trouve dans l'acide succinique, dont il dérive, mais un troisième groupe HO^2 (pages 387 et 396). Il contient en réalité 3 équivalents d'hydrogène typique. Il en renferme un de plus que l'acide succinique. Il est triatomique, mais il n'est que bibasique. Des 3 équivalents d'hydrogène typique, 2 seulement peuvent être remplacés par des métaux; le troisième est de l'hydrogène alcoolique (page 362).

Ces différences de propriétés de ces 3 atomes d'hydrogène typique sont indiquées par la formule

$$[C^4O^4\text{-}C^4H^3]'''\begin{Bmatrix}H\\H^2\end{Bmatrix}O^6,$$

dans laquelle l'hydrogène placé au-dessus du radical représente l'hydrogène alcoolique.

Préparation. — On retire ordinairement l'acide malique des baies de sorbier, qu'il convient de récolter avant leur complète maturité. On écrase ces baies, on les exprime fortement, on porte le suc à l'ébullition pour coaguler l'albumine, et on le filtre. On le soumet ensuite à l'ébullition pendant plusieurs heures avec un lait de chaux, qu'on ajoute en quantité suffisante pour neutraliser la liqueur. Du malate de chaux se dépose sous forme d'une poudre grenue. Après avoir recueilli le précipité, on l'introduit dans un mélange bouillant de 1 partie d'acide azotique et de 10 parties d'eau; dès que la liqueur refuse de dissoudre le malate de chaux, on la filtre bouillante. Par le refroidissement, il se dépose des cristaux de malate acide de chaux. Après les avoir purifiés par plusieurs cristallisations, on les dissout dans l'eau, et on précipite la solution par l'acétate de plomb, on lave le précipité de malate de chaux, on le délaye dans l'eau et on le décompose par l'hydrogène sulfuré. La liqueur filtrée étant évaporée au bain-marie, l'acide malique cristallise peu à peu lorsqu'on abandonne la solution sirupeuse dans un endroit chaud (Liebig).

Propriétés. — L'acide malique se présente sous forme de petites aiguilles groupées en mamelons. Exposés à l'air, ces cristaux tombent en déliquescence. L'acide malique est très-soluble dans l'eau et dans l'alcool. Sa solution aqueuse dévie à gauche le plan de polarisation. Il fond à 100° (Pasteur). Chauffé à 130°, il commence à perdre de l'eau. Entre 175° et 180°, il se convertit en acides pyrogénés :

$$C^8H^6O^{10} \;=\; C^8H^4O^8 \;+\; H^2O^2.$$

Acide   Acides maléique
malique.   et fumarique.

La solution d'acide malique offre une saveur acide franche. Lorsqu'on la conserve pendant longtemps, elle se remplit de moisissures. Elle ne trouble l'eau de chaux et l'eau de baryte ni à froid, ni à l'ébullition. Elle ne précipite point les solutions des azotates de plomb et d'argent, mais elle forme dans la solution d'acétate de plomb un dépôt blanc floconneux qui se convertit peu à peu en cristaux blancs soyeux.

Chauffé avec de l'acide sulfurique concentré, l'acide malique se décompose en dégageant l'oxyde de carbone. L'acide azotique le convertit en acide oxalique. Chauffé à 130° avec de l'acide iodhydrique, l'acide malique se convertit en acide succinique (Schmitt).

$$C^8H^6O^{10} \quad + \quad 2HI \quad = \quad C^8H^6O^8 \quad + \quad H^2O^2 \quad + \quad I^2.$$
$$\text{Acide malique.} \qquad\qquad \text{Acide succinique.}$$

Sous l'influence de la potasse, il se dédouble, vers 150°, en acide oxalique et en acide acétique

$$C^8H^6O^{10} + H^2O^2 = C^4H^2O^8 + C^4H^4O^4 + H^2.$$
$$\text{Acide malique.} \qquad \text{Acide oxalique.} \quad \text{Acide acétique.}$$

Le brome décompose les malates avec formation d'acide carbonique et de bromoforme (Cahours).

Lorsqu'on distille le malate de chaux sec avec 4 fois son poids de perchlorure de phosphore, il passe du chlorure de fumaryle.

Dans la fermentation du malate de chaux, l'acide malique se convertit en acides succinique, acétique, carbonique (Piria); dans d'autres circonstances, en acides butyrique et carbonique avec dégagement d'hydrogène (Liebig); parfois même il se forme de l'acide lactique (Kohl).

L'acide *malique inactif* se forme lorsqu'on dirige un courant de vapeur nitreuse dans une solution d'acide aspartique inactif (page 396). Lorsque le dégagement d'azote a cessé, on sature par l'ammoniaque et on précipite par l'acétate de plomb. On décompose ensuite le malate de plomb par l'hydrogène sulfuré.

L'acide malique inactif se présente sous forme de mamelons inaltérables à l'air. Il cristallise plus facilement que l'acide malique actif. Il fond à 133°, et commence à se décomposer vers 155° (Pasteur).

L'acide malique est bibasique : il forme des sels acides et des sels neutres, qui sont presque tous solubles dans l'eau et qui se convertissent vers 200° en fumarates.

Le *malate acide d'ammoniaque* $C^8H^5(AzH^4)O^{10}$ cristallise en gros prismes rhomboïdaux droits, qui présentent quelquefois des facettes hémiédriques. Chauffé au bain d'huile de 160 à 200°, il fond, se boursoufle en laissant dégager une eau très-peu ammoniacale et laisse un résidu de fumarimide.

Le *malate neutre de chaux* $C^8H^4Ca^2O^{10} + n$ aq peut être obtenu cristallisé en neutralisant par l'ammoniaque une solution de bimalate de chaux et en abandonnant la liqueur à elle-même pendant

24 heures. Il est très-peu soluble dans l'eau. La solution d'acide malique neutralisée par l'eau de chaux donne, par la concentra-ion dans le vide, de grosses lames brillantes qui renferment 2 molécules d'eau de cristallisation ($2H^2O^2$).

La solution de ce sel, soumise à l'ébullition, laisse déposer une poudre grenue qui renferme une molécule d'eau de cristallisation (H^2O^2), et qui est presque insoluble dans l'eau.

Le *malate acide de chaux* $C^8H^5CaO^{10} + 4H^2O^2$, est un beau sel dont la préparation a été indiquée plus haut (page 391). Il cristallise en prismes rhomboïdaux droits solubles dans 50 parties d'eau froide.

Le *malate de plomb neutre* $C^8H^4Pb^2O^{10} + 2H^2O^2$ se précipite sous forme d'un dépôt blanc caillebotté lorsqu'on mêle des solutions de malate d'ammoniaque et d'acétate de plomb.

Abandonné pendant quelques heures en présence d'un excès d'acétate de plomb, le précipité se convertit en aiguilles quadrilatères groupées autour d'un centre commun. Il fond dans l'eau bouillante. Le sel de plomb formé par l'acide malique inactif peut rester amorphe pendant plusieurs jours.

Les *éthers maliques* peuvent être obtenus, d'après M. Demondésir, en dirigeant du gaz chlorhydrique dans une solution d'acide malique dans l'alcool ou dans l'esprit de bois. Après avoir neutralisé la liqueur par le carbonate de soude, on l'agite avec de l'éther, qui dissout les éthers maliques. Après l'évaporation dans le vide, ceux-ci restent sous forme de liquides solubles dans l'eau.

AMIDES MALIQUES.

M. Demondésir a obtenu la *malamide* $C^8H^8Az^2O^6$ en dirigeant un courant de gaz ammoniac à travers une solution alcoolique d'éther malique.

Ce corps se dépose, au bout de quelques jours, par l'évaporation de la solution, sous forme de cristaux mamelonnés différents de ceux de l'asparagine, qui est isomérique avec la malamide.

ASPARAGINE.

$$C^8H^8Az^2O^6 + H^2O^2.$$

L'asparagine a été découverte en 1805 par Vauquelin et Robiquet dans le suc des asperges. On la rencontre dans un grand nombre d'autres végétaux. On a pu l'extraire des racines de réglisse, de guimauve, de grande consoude, des feuilles de belladone, des jeunes pousses de houblon, et surtout des tiges étiolées de vesces et d'autres légumineuses semées dans une cave.

Préparation. — Pour extraire l'asparagine de la racine de guimauve, on épuise celle-ci à plusieurs reprises par l'eau froide, après l'avoir divisée; on concentre les liqueurs, au bain-marie, en consistance de sirop clair; on fait bouillir ce dernier plusieurs fois avec de l'alcool. La solution alcoolique laisse déposer des cristaux d'asparagine par l'évaporation. On peut encore retirer de l'asparagine de l'extrait sirupeux insoluble dans l'alcool. Pour cela, on le dissout dans l'eau, on précipite la liqueur par le sous-acétate de plomb, on filtre, on dirige dans la liqueur un courant d'hydrogène sulfuré, et après avoir séparé le sulfure de plomb par le filtre, on évapore de nouveau en consistance de sirop. De nouveaux cristaux se séparent par le repos.

D'après M. Piria, il est plus avantageux de retirer l'asparagine des tiges étiolées des vesces qu'on a fait germer dans une cave, jusqu'à ce qu'elles aient atteint une hauteur d'environ 50 centimètres. Après avoir lavé ces tiges à grande eau, on les broie et on exprime la pulpe, qui fournit environ 70 p. 100 de suc. On porte celui-ci à l'ébullition pour coaguler l'albumine, on filtre et on évapore au bain-marie. Par le refroidissement de la liqueur concentrée, l'asparagine se dépose en cristaux bruns. On les purifie par de nouvelles cristallisations. D'après MM. Dessaignes et Chautard, les tiges de pois germés dans un endroit obscur fournissent de même une quantité notable d'asparagine.

Propriétés. — L'asparagine cristallise en gros prismes rhomboïdaux droits portant des faces hémiédriques.

Les cristaux sont durs et cassants; leur saveur est fraîche; leur densité est égale à 1,519 à 14°. Ils renferment 2 équivalents (une molécule) d'eau de cristallisation, qu'ils perdent à 100°. Ils se dissolvent dans 4,44 parties d'eau bouillante et dans 11 parties d'eau froide (Biltz). Ils sont à peine solubles dans l'alcool absolu et insolubles dans l'éther. Leur solution aqueuse possède une légère réaction acide. Elle dévie le plan de polarisation à gauche.

L'asparagine se dissout dans les alcalis, et la solution alcaline dévie le plan de polarisation vers la gauche. Les alcalis concentrés et bouillants la convertissent en acide aspartique.

$$C^8H^8Az^2O^6 + H^2O^2 = C^8H^7AzO^8 + AzH^3.$$
$$\text{Asparagine.} \qquad\qquad \text{Acide aspartique.}$$

Elle se dissout aussi dans les acides, et la solution dévie le plan de polarisation vers la droite. L'asparagine peut même former avec les acides chlorhydrique, azotique, oxalique, tartrique droit, etc., des combinaisons cristallisées. Mais par l'action prolongée des acides, elle se dédouble, comme sous l'influence des alcalis, en acide aspartique et en ammoniaque qui s'unit à l'acide. La même métamorphose peut s'accomplir par l'action de l'eau seule, en vase clos, à une haute température.

L'action de l'acide azoteux sur l'asparagine est digne d'intérêt. Lorsqu'on dissout ce corps dans l'acide azotique et qu'on dirige à travers la solution un courant de bioxyde d'azote (qui réduit comme on sait l'acide azotique), il se dégage de l'azote et il se forme de l'acide malique (Piria).

$$C^8H^8Az^2O^6 + 2AzO^3 = C^8H^6O^{10} + 2Az^2 + H^2O^2.$$

Asparagine.   Acide malique.

Cette métamorphose remarquable établit des liens de parenté entre l'asparagine et l'acide malique, sans qu'on puisse dire néanmoins que le premier corps constitue l'amide du second. L'asparagine n'est qu'un isomère de la malamide. Dans celle-ci, 2 groupes $(AzH^2)'$ sont venus se substituer aux 2 groupes HO^2, qui renferment l'hydrogène basique de l'acide malique; dans l'asparagine, cette substitution porte sur le groupe HO^2 qui renferme l'hydrogène alcoolique et sur un autre groupe HO^2.

$$
\begin{array}{ccc}
(HO^2)' & (HO^2)' & (AzH^2)' \\
[C^4O^4\text{-}C^4H^3]''' & [C^4O^4\text{-}C^4H^3]''' & [C^4O^4\text{-}C^4H^3]''' \\
(HO^2)' & (AzH^2)' & (AzH^2)' \\
(HO^2)' & (AzH^2)' & (HO^2)' \\
\text{Acide malique.} & \text{Malamide.} & \text{Asparagine.}
\end{array}
$$

On a décrit des combinaisons d'asparagine avec divers oxydes : elles résultent de la substitution d'un équivalent de potassium ou d'argent à un équivalent d'hydrogène dans l'asparagine, et sont par conséquent comparables à des sels où l'asparagine jouerait le rôle d'acide.

ACIDE ASPARTIQUE.

$C^8H^7AzO^8.$

On connaît une modification active et une modification inactive de cet acide.

L'acide aspartique actif a été découvert par Plisson en 1827. On l'obtient en faisant bouillir de l'asparagine avec de l'eau de baryte jusqu'à ce qu'il ne se dégage plus d'ammoniaque. On précipite ensuite la baryte exactement par l'acide sulfurique, on filtre et on évapore à cristallisation (Boutron et Pelouze).

L'acide aspartique constitue de petites tables appartenant au système du prisme rhomboïdal droit. Il se dissout dans 364 parties d'eau à 11°. Il est plus soluble dans l'eau bouillante, peu soluble dans l'alcool. Il se dissout aussi dans les acides et dans les alcalis. La solution acide dévie le plan de polarisation vers la droite, la solution alcaline le dévie vers la gauche.

L'acide aspartique se décompose, comme l'asparagine, sous l'influence de l'acide azoteux : il se dégage de l'azote et il se forme de l'acide malique.

Il forme des combinaisons cristallisables avec les bases (aspartates). Il peut aussi s'unir aux acides. On connaît un chlorhydrate, un sulfate et un azotate d'acide aspartique. Ces combinaisons cristallisent.

L'acide aspartique inactif a été découvert en 1850 par M. Dessaignes. Il se forme par l'action de la chaleur sur les sels ammoniacaux des acides malique, fumarique et maléique. On l'obtient en chauffant le bimalate d'ammoniaque à 200°, jusqu'à ce qu'il ne se dégage plus d'eau, et en faisant bouillir le résidu pendant quelques heures avec de l'acide chlorhydrique. En évaporant la liqueur au bain-marie, on obtient une combinaison d'acide aspartique avec l'acide chlorhydrique. On dissout le résidu dans l'eau, on partage la solution encore chaude en deux parties égales, on neutralise exactement une partie par l'ammoniaque et on ajoute l'autre. L'acide aspartique inactif se dépose alors par le refroidissement.

$$C^8H^5(AzH^4)O^{10} = C^8H^5(AzH^2)O^8 + H^2O^2.$$
Malate acide
d'ammonium.   Acide aspartique.

Les cristaux de cet acide appartiennent au type du prisme rhomboïdal oblique. Ils exigent pour se dissoudre 208 parties d'eau à 13°,5. Ils sont très-solubles dans les acides chlorhydrique et azotique. Sous l'influence de l'acide azoteux, l'acide aspartique inactif donne de l'acide malique inactif (Pasteur).

ACIDES PYROGÉNÉS DE L'ACIDE MALIQUE.

Ces acides ont été découverts par Lassaigne en 1819, et principalement étudiés par M. Pelouze et par M. Kekulé. On en connaît deux, l'acide maléique et l'acide fumarique. Ils sont isomériques l'un avec l'autre, et dérivent de l'acide malique par la perte de 2 équivalents d'eau :

$$C^8H^6O^{10} = C^8H^4O^8 + H^2O^2.$$
Acide malique.   Acides maléique
et fumarique.

Ils diffèrent de l'acide succinique par 2 équivalents d'hydrogène

$$C^8H^6O^8.$$
Acide succinique.
$$C^8H^4O^8.$$
Acides maléique et fumarique.

Aussi peuvent-ils l'un et l'autre fixer de l'hydrogène et se convertir en acide succinique lorsqu'on soumet leur solution aqueuse à l'action de l'amalgame de sodium (Kekulé).

Ils se combinent aussi directement avec le brome pour former des acides dibromosucciniques (Kekulé) [page 399].

ACIDE MALÉIQUE.

$$C^8H^4O^8 = \genfrac{}{}{0pt}{}{(C^8H^2O^4)''}{H^2}\Big\}O^4.$$

Lorsqu'on chauffe de l'acide malique au bain d'huile à 176°, il passe de l'eau, de l'acide maléique et de l'acide maléique anhydre. Le résidu renferme de l'acide fumarique. Les mêmes produits se forment à 200°, mais alors l'acide maléique anhydre prédomine.

Pour préparer l'acide maléique, on chauffe l'acide malique rapidement dans une cornue spacieuse jusqu'à ce que le résidu commence à devenir épais. On retire alors le feu, et la distillation continue encore d'elle-même pendant quelque temps. La liqueur distillée donne l'acide maléique, après avoir été concentrée au bain-marie.

Cet acide cristallise en prismes rhomboïdaux obliques, incolores, très-solubles dans l'eau et dans l'alcool, et qui se dissolvent aussi dans l'éther. Soumise à l'évaporation spontanée, la solution grimpe le long des parois et donne des efflorescences de cristaux mamelonnés.

Les cristaux d'acide maléique fondent à 130°. Le liquide entre en ébullition à 160° en donnant de l'eau et de l'acide maléique anhydre.

Lorsqu'on maintient l'acide maléique longtemps en fusion, il se convertit en son isomère, l'acide fumarique.

La solution d'acide malique ne précipite pas l'eau de chaux. Elle produit dans l'eau de baryte un précipité blanc pulvérulent qui se dissout dans beaucoup d'eau et qui se convertit peu à peu en paillettes cristallines.

Cette solution donne, avec une dissolution étendue d'acétate de plomb, un précipité blanc qui se convertit bientôt en paillettes micacées. Avec une solution concentrée d'acétate de plomb, on obtient un précipité offrant l'aspect de l'empois d'amidon, et qui devient cristallin au bout de quelque temps.

L'*anhydride maléique* ou *acide maléique anhydre*, $C^8H^2O^6$ = $(C^8H^2O^4)''O^2$, prend naissance dans la distillation de l'acide malique. Il se forme aussi lorsqu'on distille l'acide maléique. Il fond à 57° et bout à 176°.

ACIDE FUMARIQUE.

$$C^8H^4O^8 = \genfrac{}{}{0pt}{}{(C^8H^2O^4)''}{H^2} \Big\}O^4.$$

M. Lassaigne a découvert l'acide fumarique, en 1819, parmi les produits de la distillation de l'acide malique. M. Demarçay a constaté que l'acide ainsi obtenu est identique avec celui que M. Winckler avait retiré, en 1833, de la fumeterre (*Fumaria officinalis*). On a reconnu de même l'identité de l'acide fumarique avec l'acide lichénique, que Pfaff avait retiré du lichen d'Islande, avec l'acide bolétique, que Braconnot avait découvert dans les champignons.

Le meilleur procédé pour la préparation de l'acide fumarique consiste à chauffer l'acide malique à 150° au bain d'huile jusqu'à ce qu'il ne se dégage plus de vapeurs. Le résidu constitue l'acide fumarique. On le purifie par cristallisation.

Il se présente sous forme de petits prismes ou d'écailles, solubles dans un peu plus de 200 parties d'eau froide, et plus solubles dans l'eau bouillante. Il se dissout aussi dans l'alcool et dans l'éther. Il fond à une température élevée, et se sublime au-dessus de 200°, en se décomposant partiellement en anhydride maléique et en eau. La solution, même très-étendue, d'acide fumarique précipite l'azotate d'argent en blanc. Ce réactif se trouble encore avec une solution de 1 partie d'acide fumarique dans 200,000 parties d'eau.

L'acide fumarique s'unit directement au brome, à l'acide bromhydrique, à l'hydrogène, pour se convertir en acide dibromosuccinique, en acide monobromosuccinique, en acide succinique.

$$C^8H^4O^8 \ + \ Br^2 \ = \ C^8H^4Br^2O^8.$$
Acide   Acide
fumarique.   dibromosuccinique.

$$C^8H^4O^8 \ + \ HBr \ = \ C^8H^5BrO^8.$$
Acide   Acide
fumarique.   monobromosuccinique.

$$C^8H^4O^8 \ + \ H^2 \ = \ C^8H^6O^8.$$
Acide   Acide
fumarique.   succinique.

L'acide maléique se combine de même avec l'hydrogène naissant pour former de l'acide succinique. Il s'unit aussi au brome pour former un acide isomérique avec l'acide dibromosuccinique.

Ces réactions, qui ont été découvertes par M. Kekulé, offrent une haute importance.

On connaît un *chlorure de fumaryle* $(C^8H^2O^4)''Cl^2$. On l'obtient sous forme d'un liquide incolore, plus dense que l'eau, en distillant le malate de chaux avec 4 fois son poids de perchlorure de phosphore (Perkin et Duppa). Mis en contact avec l'eau, le chlorure de fumaryle donne de l'acide chlorhydrique et de l'acide fumarique.

$$(C^8H^2O^4)''Cl^2 \quad + \quad \left.{H^2 \atop H^2}\right\}O^4 \quad = \quad {(C^8H^2O^4)'' \atop H^2_{\,|}}O^4 \quad + \quad 2HCl.$$

Chlorure de fumaryle.   Acide fumarique.

ACIDE TARTRIQUE.

$C^8H^6O^{12}$.

Historique ; modifications diverses ; modes de formation. — Cet acide a été découvert par Scheele, en 1770, dans le tartre. Il existe, soit à l'état libre, soit à l'état de combinaison avec la potasse, dans les tamarins, les baies de sorbier n'ayant pas atteint la maturité, dans la racine de garance, les pommes de terre, les topinambours, l'oseille, les cornichons, les mûres, les ananas, le poivre noir, les feuilles de la grande chélidoine, etc.

L'acide tartrique qu'on peut retirer de ces végétaux dévie à droite le plan de polarisation (Biot). C'est l'*acide tartrique droit*, ou l'acide tartrique ordinaire.

M. Kestner a retiré en 1822, de certains tartres, un acide isomérique avec l'acide tartrique, et qui a reçu le nom d'*acide paratartrique* ou *racémique*. Il n'exerce aucune action sur la lumière polarisée (Pasteur). Mais M. Pasteur est parvenu à dédoubler cet acide, neutre au point de vue optique, en deux autres, dont l'un dévie à gauche le plan de polarisation, tandis que l'autre le dévie à droite, de telle sorte que les propriétés optiques opposées de ces deux acides se neutralisent réciproquement. Le premier de ces acides a été nommé *tartrique gauche* ou *lévo-racémique*; le second est l'acide tartrique droit : il est identique avec l'acide tartrique ordinaire.

Indépendamment de ces trois acides on en connaît un autre qui n'exerce aucune action sur la lumière polarisée, et qu'on ne parvient pas à dédoubler. C'est l'acide tartrique inactif de M. Pasteur.

On connaît donc différents acides qui offrent la composition de l'acide tartrique $C^8H^6O^{12}$, savoir :

l'acide tartrique droit,
l'acide tartrique gauche,
l'acide paratartrique,
l'acide tartrique inactif.

Il faut y ajouter l'acide métatartrique, qui résulte de l'action de la chaleur sur l'acide tartrique.

M. Liebig a démontré la présence de l'acide tartrique parmi les produits d'oxydation de la lactine (sucre de lait) par l'acide azotique. D'après M. Carlet, la dulcine donne, dans les mêmes circonstances, de l'acide paratartrique. On rencontre aussi ce dernier acide, en petite quantité, parmi les produits d'oxydation de la mannite.

Lorsqu'on soumet l'acide dibromosuccinique (page 387) à l'action de l'oxyde d'argent et de l'eau, ou qu'on le fait bouillir avec de la chaux, il se forme un bromure métallique et un acide $C^8H^6O^{12}$, que M. Kekulé a d'abord envisagé comme de l'acide paratartrique, mais qu'il n'a pas réussi à dédoubler en acide tartrique droit et en acide tartrique gauche. Il le regarde comme un isomère de l'acide paratartrique. Cet acide constitue peut-être l'acide tartrique inactif. Il prend naissance en vertu de la réaction suivante:

$$C^8H^4Br^2O^8 \;+\; 2CaHO^2 \;=\; C^8H^6O^{12} \;+\; 2CaBr.$$

Acide   Hydrate   Acide
dibromosuccinique.   de calcium.   tartrique.

Cette réaction remarquable établit les liens de parenté qui existent entre les acides succinique, malique, tartrique, et montre que ce dernier acide est l'acide dioxysuccinique (page 387).

$$[C^4O^4 \text{-} C^4H^4]''2HO^2'' \qquad \text{acide succinique.}$$
$$[C^4O^4 \text{-} C^4H^3(HO^2)]''2HO^2 \qquad \text{acide malique.}$$
$$[C^4O^4 \text{-} C^4H^2(HO^2)^2]''2HO^2 \qquad \text{acide tartrique.}$$

Les groupes ou restes (HO^2), ajoutés au radical diatomique, renferment l'hydrogène basique. Les groupes (HO^2), contenus dans le radical lui-même, renferment l'hydrogène alcoolique (page 362).

On peut distraire les derniers restes du radical, et écrire les formules de ces trois acides comme il suit :

$$\left.\begin{array}{l}[C^4O^4\text{-}C^4H^4]''\\ H^2\end{array}\right\}O^4 \quad \text{acide succinique}$$

$$\left.\begin{array}{l}H\\ [C^4O^4\text{-}C^4H^3]'''\\ H^2\end{array}\right\}O^6 \quad \text{acide malique}$$

$$\left.\begin{array}{l}H^2\\ [C^4O^4\text{-}C^4H^2]^{iv}\\ H^2\end{array}\right\}O^8 \quad \text{acide tartrique.}$$

ACIDE TARTRIQUE DROIT.

On le retire du tartre purifié, ou crème de tartre, par le procédé suivant : on dissout ce sel dans l'eau bouillante et on y ajoute de la craie jusqu'à cessation de l'effervescence due au dégagement de l'acide carbonique ; il se forme du tartrate de chaux insoluble et du tartrate neutre de potasse soluble. On filtre et on ajoute à la solution du chlorure de calcium. Il se forme alors, par double décomposition, une nouvelle portion de tartrate de chaux qu'on recueille sur un filtre, et qu'on réunit, après lavage, à la première portion. On délaye ensuite le tartrate de chaux dans l'eau, et on le décompose à chaud par l'acide sulfurique étendu : il se forme du sulfate de chaux qu'on sépare par le filtre et qu'on lave ; l'acide tartrique reste en dissolution. Il se sépare en gros cristaux lorsque, après avoir évaporé la liqueur en consistance sirupeuse, on l'abandonne pendant quelque temps dans un endroit chaud.

L'acide tartrique cristallise en gros prismes rhomboïdaux obliques. Ces cristaux présentent souvent des facettes hémiédriques. Ils sont inaltérables à l'air. Ils se dissolvent dans environ la moitié de leur poids d'eau froide, et plus abondamment encore dans l'eau bouillante. Ils se dissolvent aussi dans l'alcool, mais non dans l'éther.

La solution aqueuse d'acide tartrique se remplit de moisissures lorsqu'on la conserve pendant longtemps.

L'acide tartrique fond entre 170 et 180°. L'action de la chaleur le convertit en plusieurs produits que nous étudierons plus loin. Lorsqu'on le chauffe à l'air, sur une lame de platine, il fond, se boursoufle, et prend feu en répandant une odeur de caramel.

L'acide sulfurique concentré décompose l'acide tartrique à chaud. Il se dégage de l'oxyde de carbone et de l'acide sulfureux ; à la fin de l'opération, il se dégage aussi de l'acide carbonique, et le mélange noircit.

Chauffé en présence de l'eau, avec un grand nombre de réactifs oxydants, tels que le bichromate de potasse, le peroxyde de manganèse, le peroxyde de plomb, le minium, l'acide tartrique se convertit en acide carbonique et en acide formique. La solution d'acide tartrique réduit, à l'ébullition, l'azotate d'argent, le chlorure d'or et le bichlorure de platine.

Chauffé avec de l'acide azotique, il se convertit en acide oxalique.

Lorsqu'on le fond avec de l'hydrate de potasse, il se dédouble en acide acétique et en acide oxalique.

$$C^8H^6O^{12} = C^4H^4O^4 + C^4H^2O^8$$
Acide tartrique.   Acide acétique.   Acide oxalique.

La solution d'acide tartrique précipite en blanc l'eau de chaux, l'eau de baryte et l'eau de strontiane. Un excès d'acide redissout les précipités. Cette solution précipite aussi l'acétate de plomb. Elle ne précipite la solution de chlorure de calcium ou de barium qu'autant qu'on neutralise la liqueur par l'ammoniaque. Elle forme, dans les solutions concentrées des sels de potasse, un précipité blanc grenu de tartrate acide de potasse. Ce précipité ne se forme bien que par l'agitation.

Lorsqu'on ajoute un excès d'acide tartrique à une solution d'un sel ferrique, et qu'on verse ensuite de la potasse dans la liqueur, il ne se forme point de précipité d'hydrate ferrique. H. Rose a mis à profit cette réaction pour séparer l'oxyde ferrique de certains autres oxydes dont la précipitation n'est pas empêchée par l'acide tartrique.

Action de la chaleur sur l'acide tartrique. — L'acide tartrique fond entre 170 et 180°. Il se convertit en fondant, lorsque l'action de la chaleur n'est point prolongée, en un acide isomérique avec l'acide tartrique, et qu'on a nommé *métatartrique*. Ce corps possède l'apparence de la gomme, et devient peu à peu opaque et cristallin; il est déliquescent. Sa solution dévie le plan de polarisation à droite. Ses sels possèdent la même composition que les tartrates, mais en diffèrent par leur forme cristalline. L'ébullition les convertit en tartrates.

Lorsqu'on maintient l'acide tartrique pendant quelque temps en fusion, il perd de l'eau sans se boursoufler, et il se forme un acide que M. Fremy a désigné sous le nom d'acide *tartralique*. Il est analogue à l'acide diglycolique (page 327), et résulte de la déshydratation de 2 molécules d'acide tartrique. Aussi M. Hugo Schiff l'a-t-il nommé *ditartrique*.

$$2\left[\begin{matrix} (C^8H^4O^8)'' \\ H^2 \end{matrix} \right\rbrace O^4 \right] = \begin{matrix} (C^8H^4O^8)'' \\ (C^8H^4O^8)'' \\ H^2 \end{matrix} \right\rbrace O^6 + H^2O^2.$$
Acide tartrique.   Acide ditartrique.

Lorsqu'on chauffe brusquement à feu nu, pendant 4 à 5 minutes, 15 à 20 grammes d'acide tartrique pulvérisé, il se boursoufle considérablement (Fremy), et l'on obtient une masse spongieuse jaunâtre, déliquescente, et par conséquent très-soluble

dans l'eau, qui constitue ce qu'on nomme l'acide tartrique anhydre.

$$[C^8H^2O^4]^{IV}\left.\begin{matrix}H^2\\H^2\end{matrix}\right\}O^8 \; = \; [C^8H^2O^4]^{IV}\left.\begin{matrix}H^2\end{matrix}\right\}O^6 \; + \; H^2O^2.$$

Acide tartrique.   Acide tartrique anhydre.

Ce corps peut s'unir aux oxydes pour former de véritables sels.
On connaît des combinaisons $C^8H^3RO^{10}$ dérivées de l'acide tartrique
anhydre par la substitution d'un métal R à H dans l'anhydride

$$C^8H^4O^{10} = [C^8H^2O^4]^{IV}\left.\begin{matrix}H^2\end{matrix}\right\}O^6.$$

Celui-ci constitue donc un véritable acide. Aussi l'a-t-on nommé
acide *tartrélique* (Fremy) ou *isotartridique* (H. Schiff).

Lorsqu'on chauffe dans une étuve à huile, à 150°, la masse
spongieuse et déliquescente qui constitue l'acide tartrélique soluble, elle devient insoluble dans l'eau. On lave le produit à l'eau
froide, et on le dessèche dans le vide. Il constitue une poudre
blanche insoluble dans l'eau, l'alcool et l'éther. Lorsqu'on le laisse
pendant quelque temps en contact avec l'eau, il se prend en gelée
et finit par se convertir en acide tartrique.

Action de l'acide azotique sur l'acide tartrique. — Sous l'influence de l'acide azotique très-concentré, l'acide tartrique se
convertit en acide *nitrotartrique* $C^8H^4(AzO^4)^2O^{12}$ (Dessaignes). Ce
dernier corps peut être obtenu en cristaux, mais il est très-peu
stable. Sa solution aqueuse se décompose entre 40° et 50°, avec
une vive effervescence d'acide carbonique, en donnant de l'acide
oxalique. Lorsque la décomposition a lieu au-dessous de 36°, il se
forme un acide particulier que M. Dessaignes a nommé *tartronique*, qu'on peut obtenir cristallisé en prismes assez volumineux.
Cet acide renferme $C^6H^4O^{10}$. Ses cristaux sont inaltérables à 100°.
Chauffés à 175°, ils fondent, dégagent de l'eau et de l'acide carbonique, et laissent un résidu de *glycolide* (page 364).

$$C^6H^4O^{10} \; = \; H^2O^2 \; + \; C^2O^4 \; + \; C^4H^2O^4.$$

Acide tartronique.   Glycolide.

Action de l'acide iodhydrique sur l'acide tartrique. — Lorsqu'on
chauffe l'acide tartrique pendant quelques heures à 120° avec de
l'acide iodhydrique concentré, il se forme de l'acide succinique
(Schmitt). M. Dessaignes a montré que cette réduction s'effectue
aussi par l'action de l'iode et du phosphore sur l'acide tartrique,

et qu'elle donne lieu en même temps à la formation d'une certaine quantité d'acide malique :

$$C^8H^6O^{12} \ + \ 2HI \ = \ H^2O^2 \ + \ C^8H^6O^{10} \ + \ I^2.$$

Acide tartrique.   Acide malique.

$$C^8H^6O^{12} \ + \ 4HI \ = \ 2H^2O^2 \ + \ C^8H^6O^8 \ + \ 2I^2.$$

Acide succinique.

Ces réactions sont fort importantes, et ont d'abord dévoilé les liens de parenté qui existent entre les acides succinique, malique, tartrique. On sait, d'un autre côté, que les réactions inverses ont été effectuées, et qu'on a réussi à convertir l'acide succinique en acide malique et en acide tartrique (page 387).

TARTRATES.

L'acide tartrique est un acide bibasique; il renferme 2 équivalents d'hydrogène capables d'être échangés contre 2 équivalents de métal. On connaît des *tartrates neutres* qui renferment 2 équivalents de métal, et des *tartrates acides* qui renferment 1 équivalent de métal substitué à 1 seul équivalent d'hydrogène basique.

$$C^8H^4.H^2.O^{12} \qquad C^8H^4.HM.O^{12} \qquad C^8H^4.M^2.O^{12}.$$

Acide tartrique.   Tartrates acides.   Tartrates neutres.

Les *émétiques* constituent une classe importante de tartrates. Ils résultent de l'action d'un sesquioxyde ou d'un tritoxyde sur le tartrate acide de potassium. Prenons pour exemple la formation de l'émétique ordinaire, ou tartrate double de potassium et d'antimoine. Lorsque l'oxyde d'antimoine SbO^3 réagit sur le tartrate acide de potassium, l'équivalent d'hydrogène basique, que ce sel renferme encore, va former de l'eau avec 1 équivalent d'oxygène de SbO^3 et le résidu SbO^2 (antimonyle) se substitue à cet hydrogène

$$C^8H^4.HK.O^{12} \ + \ SbO^3 \ = \ C^8H^4.(SbO^2)'K.O^{12} \ + \ HO\ [1].$$

Tartrate de potassium
et d'hydrogène
(crème de tartre).   Tartrate double
de potassium
et d'antimonyle
(émétique).

L'émétique renferme donc un reste $(SbO^2)'$ qui joue le rôle d'un élément monoatomique, parce qu'il peut remplacer un équivalent d'hydrogène.

Ainsi, dans les émétiques, les deux équivalents d'hydrogène basique de l'acide tartrique sont remplacés, l'un par le potassium, l'autre par un groupe oxygéné. Mais, chose curieuse, dans certains cas deux autres équivalents d'hydrogène peuvent être rem-

---

1. Cette équation devrait être doublée; en effet, aucune réaction ne donne une quantité d'eau moindre que H^2O^2.

placés par une quantité équivalente de métal. On connaît un tartrate de plomb renfermant $C^8H^2Pb^4O^{12}$. De plus, l'émétique et ses congénères, lorsqu'on les chauffe à 210°, perdent H^2O^2 et se convertissent en tartrates de la forme

$$C^8H^2Sb'''KO^{12},$$

dans lesquels l'élément triatomique antimoine tient la place de H^3 :

$$\underset{\text{Émétique.}}{C^8H^4(SbO^2)'KO^{12}} \;=\; \underset{\substack{\text{Tartrate d'antimoine} \\ \text{et de potassium.}}}{C^8H^2Sb'''KO^{12}} \;+\; H^2O^2.$$

On se rend compte de ces faits en se rappelant que l'acide tartrique dérive de l'acide dibromosuccinique par la substitution de 2 groupes HO^2 à 2 équivalents de brome :

$$\underset{\substack{\text{Acide} \\ \text{dibromosuccinique.}}}{\left.\begin{array}{l} C^8H^2Br^2O^4 \\ H^2 \end{array}\right\}O^4} \;+\; 2CaHO^2 \;=\; 2CaBr \;+\; \underset{\substack{\text{Acide dioxysuccinique} \\ \text{(acide tartrique).}}}{\left.\begin{array}{l} C^8H^2(HO^2)^2O^4 \\ H^2 \end{array}\right\}O^4}.$$

On comprend ainsi que non-seulement les 2 atomes d'hydrogène basique, mais encore les 2 atomes d'hydrogène des 2 groupes HO^2 introduits à la place du brome (l'hydrogène alcoolique), puissent être remplacés par une quantité équivalente de métal, et qu'à proprement parler l'acide tartrique soit un acide tétratomique et bibasique de la forme

$$\left.\begin{array}{l} (C^8H^2O^4)^{IV} \\ H^4 \end{array}\right\}O^8 \qquad \text{ou} \qquad \left.\begin{array}{l} H^2 \\ (C^8H^2O^4)^{IV} \\ H^2 \end{array}\right\}O^8.$$

Cette formule renferme 4 atomes d'hydrogène typique; deux de ces atomes peuvent être remplacés facilement par une quantité équivalente de métal, les deux autres ne s'échangent que difficilement contre des métaux, et possèdent des propriétés analogues à l'hydrogène typique des alcools (page 362).

Tartrate acide de potasse, crème de tartre $C^8H^5KO^{12}$. — Ce sel se dépose, dans les tonneaux où l'on conserve le vin, à l'état de croûtes dures plus ou moins colorées qu'on désigne sous le nom de *tartre brut*. On purifie ce produit en le soumettant à plusieurs cristallisations, et l'on obtient ainsi la *crème de tartre*.

Ce sel cristallise en prismes rhomboïdaux droits; les cristaux sont durs et croquent sous la dent. Ils possèdent une saveur acide. Ils exigent pour se dissoudre 240 fois leur poids d'eau à 10°, et 15 fois leur poids d'eau bouillante. Ils sont insolubles dans l'alcool. Leur solution aqueuse rougit fortement le papier de tournesol. Elle dissout un grand nombre d'oxydes métalliques en donnant des tartrates neutres à deux bases différentes.

Tartrate neutre de potasse $C^8H^4K^2O^{12}$. — Pour préparer ce sel, on neutralise une solution bouillante et saturée de crème de tartre par le carbonate de potasse, et l'on évapore. La solution concentrée laisse déposer des prismes rhomboïdaux obliques. Ces cristaux sont hémièdres. Le tartrate neutre de potasse est très-soluble dans l'eau et cristallise difficilement.

Tartrate double de potasse et de soude $C^8H^4KNaO^{12} + 4H^2O^2$. — Ce sel, qui a joui d'une si grande vogue en médecine, a été découvert en 1672 par Seignette, pharmacien de La Rochelle. De là le nom de *sel de Seignette*, qu'il porte encore. Pour le préparer, on porte à l'ébullition 12 parties d'eau et on y ajoute, par portions et successivement, 4 parties de crème de tartre pulvérisée, et environ 3 parties de carbonate de soude cristallisé. On filtre et on concentre la liqueur, qui doit être légèrement alcaline. Par le refroidissement, on obtient de beaux et volumineux cristaux, qui sont des prismes rhomboïdaux droits à 8 pans.

Les cristaux s'effleurissent légèrement à l'air. Ils se dissolvent dans deux fois et demie leur poids d'eau froide. Ils sont insolubles dans l'alcool.

Le sel de Seignette est employé en médecine comme purgatif, à la dose de 30 à 60 grammes.

Tartrate neutre de soude $C^8H^4Na^2O^{12} + 4H^2O^2$. — On prépare ce sel en neutralisant l'acide tartrique par le carbonate de soude et en évaporant. Il forme des cristaux limpides inaltérables à l'air et doués d'une faible saveur. Il est employé comme purgatif.

Tartrate de chaux $C^8H^4Ca^2O^{12} + 8HO$. — Ce sel se trouve mélangé au tartre brut. On l'obtient sous forme d'une poudre blanche cristalline, en mélangeant des solutions de tartrate neutre de potasse et de chlorure de calcium.

Il est très-peu soluble dans l'eau froide. Il se dissout dans les acides minéraux, dans l'acide acétique, dans la potasse, dans le sel ammoniac. La solution chlorhydrique dévie le plan de polarisation vers la gauche. La solution dans la potasse se prend en masse lorsqu'on la porte à l'ébullition.

TARTRATE DOUBLE D'ANTIMOINE ET DE POTASSE, ÉMÉTIQUE,

TARTRE STIBIÉ.

$C^8H^4(SbO^2)KO^{12} + HO.$

On attribue généralement la découverte de ce médicament important à Adrien de Mynsicht (1631). Il paraît néanmoins que Basile Valentin en a déjà fait mention dès la fin du xve siècle.

Préparation. — On se procure de l'oxyde d'antimoine en décomposant le chlorure d'antimoine par le carbonate de soude. On
fait bouillir dans 100 parties d'eau 10 parties de cet oxyde avec 12
parties de crème de tartre, en ayant soin de renouveler l'eau au fur
et à mesure qu'elle s'évapore. Au bout d'une heure on filtre et on
laisse refroidir ; l'émétique se dépose par le refroidissement. On
en obtient une nouvelle quantité par l'évaporation des eaux-mères.

Quand les cristaux ne sont pas entièrement incolores, on les
purifie par une seconde cristallisation dans l'eau bouillante.

Propriétés. — L'émétique cristallise en octaèdres à base rhombe.
Récemment préparés, les cristaux sont transparents, mais lorsqu'on
les expose à l'air, ils deviennent opaques en perdant une portion
de leur eau. A 100° ils se déshydratent complétement.

Lorsqu'on chauffe l'émétique à 200°, il perd encore H^2O^2 :

$$C^8H^4(SbO^2)'KO^{12} = C^8H^2Sb'''KO^{12} + H^2O^2.$$

Chauffé au rouge, en vase clos, il se convertit en un alliage de
potassium et d'antimoine disséminé dans un excès de charbon.
Lorsqu'on expose cette masse noire à l'air humide ou qu'on y projette une petite quantité d'eau, elle prend feu subitement et détone en lançant des étincelles; c'est ce qu'on nommait autrefois
le charbon fulminant de Serullas.

L'émétique se dissout dans 14,5 parties d'eau froide et dans 1,9
parties d'eau bouillante. La solution aqueuse donne un précipité
cristallin d'émétique lorsqu'on y ajoute de l'alcool. Elle présente
une légère réaction acide; elle possède une saveur métallique et
nauséabonde.

L'hydrogène sulfuré forme dans la solution d'émétique un précipité orangé de sulfure d'antimoine.

Quelques gouttes des acides chlorhydrique, sulfurique, azotique,
y produisent des précipités blancs qui constituent des sous-sels
d'antimoine et qui se dissolvent dans un excès d'acide. La potasse
y forme un précipité blanc floconneux d'oxyde d'antimoine, soluble dans un excès de potasse.

L'ammoniaque précipite de même une solution concentrée
d'émétique, mais le précipité ne se dissout pas dans un excès de
réactif.

Une infusion de noix de galles précipite l'émétique en flocons
blancs.

Une lame d'étain plongée dans une solution d'émétique en précipite de l'antimoine sous forme d'un dépôt noir.

Il existe une combinaison d'émétique et d'acide tartrique.

$$C^8H^4(SbO^2)'KO^{12} + C^8H^6O^{12} + 3HO.$$

Elle cristallise en prismes rhomboïdaux obliques, efflorescents.
On connaît aussi une combinaison d'émétique et de crème de tartre

$$C^8H^4(SbO^2)'KO^{12} + 3C^8H^5KO^{12}.$$

Elle se présente sous forme de paillettes nacrées, peu solubles dans l'eau.

Action de l'émétique sur l'économie animale, empoisonnement par ce sel. — L'émétique est un des médicaments les plus précieux. A petite dose il agit comme vomitif. Il détermine une irritation des voies digestives, accompagnée de vomissements et de selles copieuses; mais, chose remarquable, ces symptômes diminuent d'intensité, se calment, à la suite de l'administration plusieurs fois répétée de petites doses de tartre stibié, si bien qu'au bout de quelque temps, l'organisme supporte sans se révolter des doses plus fortes du médicament. C'est ce qu'on exprime en disant que la *tolérance* s'établit. L'émétique est alors absorbé et produit des effets altérants. Sous ce rapport, on connaît son efficacité dans le traitement de la pneumonie, du rhumatisme articulaire aigu, etc.

Ingéré à plus forte dose, l'émétique agit comme un véritable poison, et l'on connaît des cas d'intoxication suivis de mort qui sont survenus à la suite de l'ingestion de 50, et même de 20 et de 15 centigrammes d'émétique, et chez les enfants d'une dose plus faible encore (10 et même 5 centigrammes). Chose digne de remarque, l'état de maladie amène la tolérance (Rasori). Dans certaines maladies inflammatoires, dans le delirium tremens, etc., l'organisme, supporte des doses plus fortes d'émétique qu'à l'état normal.

Les malades empoisonnés par l'émétique éprouvent un goût métallique, de la cardialgie, des vomissements, des coliques, des selles copieuses. Le pouls est petit, concentré, la face altérée, la peau froide, la respiration difficile. Bientôt surviennent des vertiges, des crampes, des convulsions, des syncopes, auxquelles succède la mort.

A l'autopsie, on trouve la muqueuse gastro-intestinale plus ou moins altérée par l'inflammation. On y constate de la rougeur, des ecchymoses, une éruption pustuleuse, parfois des ulcérations et une gangrène partielle. Les poumons sont gorgés de sang et hépatisés dans une portion de leur étendue.

L'action de ce poison est mixte. Il produit non-seulement une violente gastrite, mais il atteint et affecte, après l'absorption, des organes importants, tels que le cœur, le cerveau (Brodie), le grand sympathique (Jankowich), les poumons, le foie (Flandin et Danger). Ce dernier organe étant très-vasculaire, on y trouve après la mort une quantité plus notable du toxique que dans d'autres organes. On a exprimé cela en disant que l'émétique s'y localise.

Après l'absorption, l'émétique est éliminé par les reins, dans les urines, dont la quantité est augmentée, et par le foie, dans la bile. Cette élimination est même plus rapide qu'on ne le remarque avec d'autres poisons minéraux. M. Mialhe explique cette circonstance par ce fait que l'émétique ne forme point de combinaison insoluble avec les matières organiques qui existent dans les tissus de l'économie. Pourtant l'élimination de l'émétique n'est complète qu'au bout de quelques temps. MM. Millon, Laveran et L. Orfila, en ont encore trouvé des traces dans le foie et dans d'autres organes quatre mois après l'ingestion.

Pour retrouver l'émétique dans l'économie, on se borne ordinairement à isoler et à caractériser l'antimoine. On coupe par morceaux le tube digestif ou le foie, et on les fait digérer avec leur poids d'acide chlorhydrique pur et concentré. Les tissus se désagrégent ainsi, et il se forme une bouillie colorée en noir. On chauffe alors à 100°, et on ajoute, par petites portions, du chlorate de potasse à la liqueur, selon le procédé que nous avons indiqué, t. I, page 307, en traitant de la recherche de l'acide arsénieux. On suit exactement ce procédé, et après avoir débarrassé par l'ébullition la liqueur de l'excès de chlore et d'oxyde de chlore qu'elle renferme, on y dirige un courant d'hydrogène sulfuré ; il se précipite du sulfure d'antimoine, qu'on recueille et qu'on dissout dans l'acide chlorhydrique : il se forme du chlorure d'antimoine qu'on caractérise à l'aide des réactions que nous avons indiquées (t. I, page 665). On peut aussi se contenter de concentrer la liqueur par l'évaporation, de manière à chasser la plus grande partie de l'acide chlorhydrique ; on y plonge ensuite une lame d'étain, qui précipite l'antimoine sous forme d'une poudre noire.

Tartrate borico-potassique, crème de tartre soluble $C^8H^4(BoO^2)'KO^{12}$. — C'est une sorte d'émétique où l'oxyde d'antimoine est remplacé par l'acide borique. Pour préparer ce tartrate double, on fait bouillir dans une bassine d'argent ou dans une capsule de porcelaine de l'eau avec 4 parties de crème de tartre pulvérisée et 1 partie d'acide borique cristallisé. Lorsque la plus grande partie de l'eau est évaporée, on diminue le feu et on agite continuellement la matière avec une spatule, jusqu'à ce qu'elle soit devenue très-épaisse. On l'enlève alors par portions, on la dépose sur du papier et on achève la dessiccation dans une étuve. On conserve le produit dans des flacons bien bouchés.

Le tartrate borico-potassique se présente sous forme de fragments transparents amorphes. Il est fort soluble dans l'eau, insoluble dans l'alcool. Il possède une saveur aigre. Chauffé à 280°, il perd H^2O^2, et se convertit en tartrate de bore et de potassium (voir page 406).

$$C^8H^4(BoO^2)'KO^{12} \;=\; C^8H^2Bo'''KO^{12} \;+\; H^2O^2.$$
Tartrate de boryle   Tartrate de bore
et de potassium.   et de potassium.

La crème de tartre soluble est un laxatif doux, qu'on emploie à la dose de 15 à 30 grammes.

Tartrate ferrico-potassique, boules de Nancy $C^8H^4(Fe^2O^2)'KO^{12}$. — On fait digérer dans une capsule, à une température de 50 à 60°, de la crème de tartre en poudre, avec un excès de peroxyde de fer hydraté bien lavé et en bouillie. On filtre au bout de quelque temps et on évapore en consistance sirupeuse au bain-marie. On distribue alors la matière, à l'aide d'un pinceau, sur des lames de verre que l'on porte à l'étuve, où la dessiccation s'achève. On obtient ainsi le tartrate ferrico-potassique sous la forme de paillettes minces, transparentes, brunes.

Bien que lamelleux et brillant, ce produit est amorphe. Il est très-soluble dans l'eau et se dissout aussi dans l'alcool. Il se décompose à 150°.

Les *boules de Mars* ou *de Nancy* renferment essentiellement du tartrate ferrico-potassique. Pour les préparer, on faisait bouillir dans une bassine de fonte une décoction d'espèces vulnéraires (fleurs de labiées aromatiques) avec du tartre et de la limaille de fer. Après avoir évaporé en consistance de pâte ferme, on abandonnait la matière à elle-même pendant un mois. On faisait bouillir ensuite le tout avec une nouvelle décoction de plantes vulnéraires avec addition de tartre, et on évaporait à un feu doux, en agitant continuellement. La matière, encore chaude, était roulée en boules de 30 à 60 grammes.

Dans cette opération, le fer se dissout dans le tartre, avec dégagement d'hydrogène et formation de tartrate ferroso-potassique, que l'oxygène de l'air convertit lentement en sel ferrique.

On désigne sous le nom de *teinture de Mars tartarisée* une solution dans l'alcool faible d'un tartrate de fer et de potasse, qu'on obtenait, comme le précédent, par l'action de la crème de tartre sur la limaille de fer au contact de l'air.

ÉTHERS TARTRIQUES.

On en connaît de neutres et d'acides. L'éther tartrique neutre $C^8H^4(C^4H^5)^2O^{12}$ a été préparé par M. Demondésir, par le procédé qui sert à la préparation des éthers maliques (page 394). C'est un liquide acide, non volatil, miscible à l'eau en toutes proportions.

Les éthers tartriques acides renferment 1 seul groupe alcoolique substitué à 1 seul équivalent d'hydrogène basique de l'acide tartrique : ils correspondent par conséquent aux tartrates acides. On les obtient en faisant digérer l'acide tartrique avec les alcools. MM. Dumas et Péligot ont préparé ainsi le tartrate acide de méthyle (acide tartro-méthylique) $C^8H^5(C^2H^3)O^{12}$, cristallisable en grands prismes incolores, solubles dans l'eau, dans l'alcool et dans l'esprit de bois.

Le tartrate acide d'éthyle (acide tartrovinique) $C^8H^5(C^4H^5)O^{12}$, étudié par Trommsdorf et par Guérin-Varry, se présente sous forme de prismes incolores déliquescents, solubles dans l'alcool.

M. Balard a préparé le tartrate acide d'amyle (acide tartramylique) $C^8H^5(C^{10}H^{11})O^{12}$.

AMIDES TARTRIQUES.

En faisant réagir une solution alcoolique d'ammoniaque sur l'éther tartrique, M. Demondésir a obtenu le *tartramate d'éthyle*

$$\left.\begin{array}{l}(C^8H^4O^8)'' \\ (C^4H^5)^2\end{array}\right\}O^4 \ ^1 \quad + \quad AzH^3 \quad = \quad \left.\begin{array}{l}C^4H \\ H\end{array}\right\}O^2 \quad + \quad \left.\begin{array}{l}(C^8H^4O^8)''H^2Az \\ C^4H^5\end{array}\right\}O^2$$

Tartrate diéthylique   Alcool.   Tartramate d'éthyle.
(éther tartrique).

ou l'éther de l'acide tartramique, qui correspond à l'acide oxamique (page 385).

---

1. Le groupe diatomique $(C^8H^4O^8)''$ renferme les 2 atomes d'hydrogène alcoolique (page 362) de l'acide tartrique. On peut le décomposer en $[C^4O^4\text{-}C^4H^3(HO^2)^2]''$ (voir page 401) : nous ne l'avons point fait, pour ne point compliquer inutilement les formules.

La *tartramide* $\begin{matrix} (C^8H^4O^8)'' \\ H^2 \\ H^2 \end{matrix}\Big\} Az^2$ se forme par l'action prolongée

de l'ammoniaque sur le tartrate diéthylique ou sur le tartramate
d'éthyle :

$$\begin{matrix} (C^8H^4O^8)'' \\ (C^4H^5)^2 \end{matrix}\Big\}O^4 \;+\; 2AzH^3 \;=\; 2\left[\begin{matrix} C^4H^5 \\ H \end{matrix}\Big\}O^2\right] \;+\; \begin{matrix} (C^8H^4O^8)'' \\ H^2 \\ H^2 \end{matrix}\Big\}Az^2.$$

Tartrate diéthylique.   Alcool.   Diamide tartrique.

Elle se dépose du sein d'une solution aqueuse légèrement ammoniacale, sous forme de beaux cristaux qui portent des facettes hémiédriques (Demondésir, Pasteur).

ACIDE TARTRIQUE GAUCHE.

M. Pasteur a obtenu cet acide par le dédoublement de l'acide
paratartrique. Par sa compostion et par la plupart de ses propriétés, il se confond avec l'acide tartrique droit. Il forme des cristaux symétriques avec ceux de l'acide tartrique droit, c'est-à-dire
portant à gauche les facettes hémiédriques que celui-ci offre à
droite, de telle sorte que les cristaux de l'un sont à ceux de
l'autre, quant à la forme, ce qu'une image réfléchie par un miroir
plan est à l'objet. La solution d'acide tartrique gauche dévie à
gauche le plan de polarisation. On constate des différences de
forme analogues à celles que nous venons d'indiquer entre les tartrates gauches et les tartrates droits (Pasteur).

ACIDE PARATARTRIQUE.

$C^{10}H^6O^8 + H^2O^2$.

Cet acide, qu'on nomme quelquefois *racémique*, a été découvert, en 1822, par M. Kestner, fabricant à Thann.

M. Pasteur l'a obtenu artificiellement en mélangeant des solutions concentrées de poids égaux d'acide tartrique droit et d'acide
tartrique gauche. La liqueur s'échauffe et laisse déposer des cristaux d'acide paratartrique. Celui-ci résulte donc de l'union de
deux acides isomériques, doués de propriétés optiques con-
traires. Aussi n'exerce-t-il aucune action sur la lumière polarisée;
il est optiquement neutre. Mais M. Pasteur est parvenu à le dédoubler en quelque sorte en ses deux éléments, en employant les
procédés suivants :

1° On sature 2 parties égales d'acide paratartrique, l'une avec de
la soude, l'autre avec de l'ammoniaque. On mêle les solutions et
l'on fait cristalliser. On obtient ainsi de beaux cristaux, qui sont

de deux espèces ; les uns portent les facettes hémiédriques à droite :
ils constituent le tartrate droit de soude et d'ammoniaque ; les
autres portent les facettes hémiédriques à gauche : ils constituent
le tartrate gauche de soude et d'ammoniaque. On trie ces cristaux ;
on les purifie par une nouvelle cristallisation. On précipite ensuite
chaque sel par l'azotate de plomb, et on décompose les précipités
plombiques par l'hydrogène sulfuré.

2° Lorsqu'on combine l'acide paratartrique avec la cinchonicine
et qu'on fait évaporer la solution convenablement, il se dépose
surtout du tartrate gauche de cinchonicine, tandis que le tartrate
droit reste en solution.

3° Lorsqu'on ajoute à une solution d'acide paratartrique quelques traces de phosphate de chaux, et qu'on y sème ensuite des
spores de *Penicillium glaucum*, il s'établit une fermentation qui
détruit l'acide tartrique droit ; lorsqu'on interrompt cette fermentation, au bout de quelque temps on ne trouve dans la liqueur que
de l'acide tartrique gauche.

M. Pasteur a réussi, d'un autre côté, à convertir en acide paratartrique l'acide tartrique droit ou l'acide tartrique gauche. Pour
cela, il combine l'un ou l'autre de ces acides avec la cinchonine et
chauffe le sel pendant 5 à 6 heures à 170°. Il épuise ensuite, à plusieurs reprises, la masse par l'eau bouillante et précipite la solution filtrée par le chlorure de calcium. Le dépôt est formé par du
paratartrate de chaux.

On retire l'acide paratartrique de certains tartres qui en renferment de petites quantités. On neutralise par la craie les eaux-mères
provenant de la purification de ces tartres, et on décompose par
l'acide sulfurique le sel de chaux qui se précipite. La solution acide
laisse déposer par l'évaporation des cristaux d'acide tartrique et
d'acide paratartrique. Ces derniers s'effleurissent facilement et deviennent blancs, ce qui permet de les séparer des cristaux d'acide
tartrique. On les purifie par de nouvelles cristallisations.

L'acide paratartrique cristallise en prismes dissymétriques transparents, mais qui s'effleurissent à l'air. Ces cristaux renferment
2 équivalents d'eau qu'ils perdent rapidement à 100°. Ils se dissolvent dans 5,7 parties d'eau à 15°, et dans 48 parties d'alcool d'une
densité de 0,809.

La solution d'acide paratartrique précipite les solutions de sulfate et d'azotate de chaux et de chlorure de calcium (l'acide tartrique ne les précipite pas). Ce paratartrate de chaux se dissout
dans l'acide chlorhydrique et est immédiatement précipité de cette

solution par l'ammoniaque, tandis que, dans les mêmes circonstances, le tartrate de chaux ne se précipite qu'au bout de quelques heures.

ACIDES PYRORACÉMIQUE ET PYROTARTRIQUE.

Ces deux acides sont des produits de la distillation sèche de l'acide tartrique. Ils prennent naissance en vertu des réactions suivantes :

$$C^8H^4O^{10} = C^6H^4O^6 + C^2O^4.$$
Acide tartrique anhydre.   Acide pyroracémique

$$2C^6H^4O^6 = C^{10}H^8O^8 + C^2O^4.$$
Acide pyroracémique.   Acide pyrotartrique.

L'acide pyrotartrique a été obtenu. en effet, par la distillation de l'acide pyroracémique. Il est à remarquer toutefois que la décomposition de l'acide tartrique ne s'accomplit pas d'une manière aussi nette que l'indiquent les équations précédentes. Indépendamment des acides pyrogénés dont il s'agit, il se forme une foule de produits accessoires.

Acide pyroracémique (pyruvique) $C^6H^4O^6$. — Berzelius a découvert cet acide en 1830. On l'obtient en chauffant graduellement l'acide tartrique dans une cornue jusqu'à 300°, et en soumettant le produit qui a passé à la distillation fractionnée. On recueille d'abord ce qui passe entre 140 et 180°, et on rectifie de nouveau ce produit en recueillant ce qui passe entre 165 et 170°. Cette partie est exposée pendant quelques jours dans le vide, au-dessus de l'acide sulfurique. Il reste un liquide faiblement coloré en jaune, qui constitue l'acide pyroracémique. Cet acide bout à 165°, en se décomposant partiellement. Sa densité, à 18°, est égale à 1,288. Il se dissout en toutes proportions dans l'eau, l'alcool et l'éther.

L'acide azotique le transforme en acide oxalique.

Au contact du zinc et de l'eau, l'acide pyroracémique fixe de l'hydrogène et se convertit en acide lactique (Debus).

$$C^6H^4O^6 + H^2 = C^6H^6O^6.$$
Acide pyroracémique.   Acide lactique.

Acide pyrotartrique $C^{10}H^8O^8$. — Cet acide a été découvert par Val. Rose, et principalement étudié par M. Pelouze et par M. Arppe. M. Kekulé l'a obtenu en faisant agir l'amalgame de sodium et l'eau sur les acides itaconique, citraconique, mésaconique (page 420).

M. Maxwell Simpson l'a obtenu par synthèse, en décomposant par la potasse le dicyanure de propylène :

$$\left.\begin{array}{l} C^2Az \\ C^2Az \end{array}\right\} C^6H^6 \ + \ 4H^2O^2 \ = \ \left.\begin{array}{l} [C^4O^4\text{-}C^6H^6]'' \\ H^2 \end{array}\right\} O^4 \ + \ 2AzH^3.$$

Dicyanure
de propylène.　　　　　　　　　　Acide
pyrotartrique.

L'acide pyrotartrique est isomérique avec l'acide lipique.

Pour le préparer, M. Arppe distille dans une cornue spacieuse de l'acide tartique mêlé de son poids de pierre ponce en poudre. L'opération dure 12 heures avec 1 kilogramme d'acide tartrique. Il ajoute de l'eau au produit de la distillation, sépare l'huile empyreumatique par filtration, à travers un filtre mouillé, et fait évaporer la solution. L'acide pyrotartrique cristallise par le repos. Les cristaux sont encore souillés de matières empyreumatiques. On les purifie en les faisant digérer pendant quelque temps avec de l'acide azotique et en les faisant cristalliser de nouveau.

L'acide pyrotartrique constitue de petits prismes incolores groupés en étoiles ou en sphères. Il se dissout dans l'eau, l'alcool et l'éther. Il fond à 12°. Il entre en ébullition vers 200° et se décompose partiellement en acide anhydre, en eau, en même temps que le thermomètre monte à 220°. Il n'est pas décomposé par l'acide azotique.

C'est un acide bibasique qui forme des sels cristallisables.

ACIDE CITRIQUE.

$$C^{12}H^8O^{14}.$$

Cet acide a été découvert, en 1784, par Scheele. Il est assez répandu dans le règne végétal, soit à l'état libre, soit à l'état de sel de potasse. On le trouve dans les citrons, les oranges, les limons, les groseilles, les groseilles à maquereau, les framboises, les cerises, etc. Il accompagne souvent l'acide oxalique et l'acide tartrique.

Préparation. — On emploie avec avantage le jus de citron pour préparer l'acide citrique. On l'abandonne à lui-même jusqu'à ce qu'il commence à fermenter, on le filtre ensuite pour séparer des matières mucilagineuses; puis on le traite à chaud par la craie et on achève la saturation par un lait de chaux. On lave à l'eau bouillante le précipité de citrate de chaux et on le décompose par un léger excès d'acide sulfurique étendu. La liqueur séparée du sulfate de chaux donne, après la concentration, des cristaux d'acide citrique. Cette opération s'exécute sur une grande échelle en Sicile.

Propriétés. — L'acide citrique se présente sous forme de gros cristaux appartenant au type du prisme rhomboïdal droit. Ces cristaux renferment, d'après quelques chimistes, de l'eau de cristallisation. D'autres admettent qu'ils sont anhydres et ne contiennent que de l'eau d'interposition.

L'acide citrique se dissout dans les $\frac{3}{4}$ de son poids d'eau froide et dans la moitié de son poids d'eau bouillante. Il se dissout aussi dans l'alcool et dans l'éther. La solution aqueuse se décompose à la longue et se remplit de moisissures.

L'acide citrique fond, lorsqu'on le chauffe. A 175°, il dégage de l'eau et se convertit en acide aconitique :

$$C^{12}H^8O^{14} = C^{12}H^6O^{12} + H^2O^2.$$
Acide citrique.   Acide aconitique.

Il se forme, en même temps, de l'acide carbonique, de l'oxyde de carbone, de l'acétone, comme produits accessoires. Lorsqu'on augmente la chaleur, il se dégage de l'acide carbonique, et l'on voit apparaître dans le col de la cornue des stries huileuses, qui se concrètent en une masse cristalline d'acide itaconique ; une autre partie demeure liquide, c'est l'anhydride citraconique :

$$C^{12}H^6O^{12} = C^{10}H^6O^8 + C^2O^4.$$
Acide aconitique.   Acide itaconique.

$$C^{10}H^6O^8 = C^{10}H^4O^6 + H^2O^2.$$
Acide itaconique.   Anhydride citraconique.

La potasse fondante convertit l'acide citrique en acide oxalique et en acide acétique :

$$C^{12}H^8O^{14} + H^2O^2 = C^4H^2O^8 + 2C^4H^4O^4.$$
Acide citrique.   Acide oxalique.   Acide acétique.

Chauffé doucement avec de l'acide sulfurique concentré, il laisse dégager de l'oxyde de carbone et de l'acétone, et, à une température plus élevée, de l'acide carbonique et de l'acide sulfureux.

L'acide citrique s'oxyde très-facilement. Lorsqu'on le broie, parfaitement sec, avec du peroxyde de plomb, la masse devient incandescente.

Lorsqu'on traite sa solution par le permanganate de potasse et l'acide sulfurique, il se forme de l'acide carbonique et de l'acétone. Un mélange d'acide sulfurique et de peroxyde de manganèse convertit l'acide citrique en acide formique et en acide carbonique.

La solution d'acide citrique ne précipite pas l'eau de chaux à froid ; mais la liqueur se trouble par l'ébullition. Le citrate de chaux se dissout à froid, comme le tartrate, dans la potasse caustique, et se sépare en gelée lorsqu'on chauffe la solution.

Lorsqu'on ajoute peu à peu du brome à une solution d'un citrate alcalin, il se dégage de l'acide carbonique et il se sépare une huile. Celle-ci laisse dégager du bromoforme lorsqu'on la soumet à la distillation, et se concrète ensuite en une masse cristalline qui constitue le *bromoxaforme* de M. Cahours. C'est l'acétate de méthyle pentabromé

$$C^4H^3(C^2H^3)O^4 \qquad C^4HBr^2(C^2Br^3)O^4.$$
$$\text{Acétate} \qquad\qquad \text{Acétate de méthyle}$$
$$\text{de méthyle.} \qquad\qquad \text{pentabromé.}$$

Ce corps constitue de beaux cristaux fusibles à 74 ou 75°, insolubles dans l'eau, solubles dans l'alcool et dans l'éther. Sous l'influence de la potasse, il se dédouble en bromoforme, acide oxalique et acide bromhydrique :

$$C^6HBr^5O^4 \;+\; 2H^2O^2 \;=\; C^2HBr^3 \;+\; C^4H^2O^8 \;+\; 2HBr.$$
$$\text{Bromoxaforme.} \qquad\qquad\qquad \text{Bromoforme.} \quad \text{Acide oxalique.}$$

L'acide citrique est un acide tribasique. Il forme, avec les bases, 3 espèces de sels, suivant que 1, 2 ou 3 équivalents d'hydrogène sont remplacés par 1, 2 ou 3 équivalents de métal

$$\left.\begin{array}{l}(C^{12}H^5O^8)''' \\ H^3\end{array}\right\}O^6 \quad \left.\begin{array}{l}(C^{12}H^5O^8)''' \\ H^2R\end{array}\right\}O^6 \quad \left.\begin{array}{l}(C^{12}H^5O^8)''' \\ HR^2\end{array}\right\}O^6 \quad \left.\begin{array}{l}(C^{12}H^5O^8)''' \\ R^3\end{array}\right\}O^6.$$
$$\text{Acide citrique.} \qquad \text{Citrate} \qquad\qquad \text{Citrate} \qquad\qquad \text{Citrate}$$
$$\text{monométallique.} \quad \text{bimétallique.} \quad \text{trimétallique.}$$

Le radical tribasique $(C^{12}H^3O^8)'''$ peut encore être décomposé. Il renferme 1 équivalent d'hydrogène alcoolique, c'est-à-dire capable d'être remplacé par un radical acide, tel que l'acétyle. Conformément à la notation que nous avons adoptée pour les acides malique et tartrique, nous pouvons donc représenter ce radical par les formules

$$[C^{12}H^4O^6(HO^2)]''' = [C^6O^6\text{-}C^6H^4(HO^2)]'''$$

et l'acide citrique lui-même par la formule

$$\left.\begin{array}{l}[C^6O^6\text{-}C^6H^4]^{iv} \quad H \\ H^3\end{array}\right\}O^8$$

dérivé du type tétratomique

$$\left.\begin{array}{l}H^4 \\ H^4\end{array}\right\}O^8.$$

Cet acide est donc à la fois tétratomique et tribasique.

Citrate de chaux. — Lorsqu'on ajoute du chlorure de calcium à

une solution de citrate de soude, il se forme un précipité blanc,
qui devient cristallin à chaud. C'est le citrate tricalcique

$$C^{12}H^5Ca^3O^{14} + 2H^2O^2.$$

Ce sel se dissout dans l'acide citrique, et la solution donne, par
l'évaporation, des paillettes brillantes d'un citrate dicalcique
$C^{12}H^6Ca^2O^{14} + H^2O^2$.

Citrate de magnésie. — On obtient un citrate de magnésie
$C^{12}H^5Mg^3O^{14} + H^2O^2$, en dissolvant du carbonate de magnésie dans
une solution d'acide citrique, et ajoutant de l'alcool à la solution
convenablement concentrée. Le citrate se précipite sous forme
d'une bouillie. La solution de citrate de magnésie renfermant
un léger excès d'acide citrique, entre dans la composition de la
limonade Rogé, dont la saveur est agréable. C'est un purgatif très-
employé.

Citrate ferrique. — Pour préparer ce sel, qui est employé en médecine, on dissout à 60° de l'hydrate ferrique bien lavé dans
une solution d'acide citrique, on filtre et l'on distribue la liqueur
sur des assiettes. On place celles-ci dans une étuve jusqu'à dessiccation du citrate ferrique. On obtient ainsi ce sel sous forme d'é-
cailles brillantes d'un beau rouge grenat, amorphes, très-solubles,
et à peine doué de la saveur atramentaire des préparations de fer
solubles.

On désigne sous le nom de *citrate ferrique modifié* le citrate
auquel on a ajouté quelques gouttes d'ammoniaque, après la filtration de la liqueur, dans le but d'amoindrir la saveur ferrugineuse.

ACIDE ACONITIQUE.
$$C^{12}H^6O^{12}.$$

Cet acide a été découvert, en 1820, par Peschier, dans l'aconit
(*Aconitum Napellus*). M. Regnault l'a rencontré dans différentes
espèces de prèles (*Equisetum fluviatile*, etc.). On a d'abord confondu l'acide *équisétique* avec l'acide maléique, jusqu'à ce que
M. Baup ait montré que l'acide de l'aconit et celui des prèles
sont identiques avec le premier acide pyrogéné de l'acide citrique.

Préparation. — Pour retirer l'acide aconitique de l'aconit, on recueille l'aconitate de chaux, qui se dépose de l'extrait d'aconit, on
le dissout dans l'acide azotique faible; on précipite par l'acétate de
plomb et on décompose l'aconitate de plomb par l'hydrogène
sulfuré.

Il est plus avantageux de préparer cet acide avec l'acide citrique.

Pour cela, on chauffe rapidement l'acide citrique dans une cornue, jusqu'à ce qu'on voie apparaître des stries oléagineuses dans le col; on dissout le résidu dans une petite quantité d'eau, on évapore jusqu'à pellicule et on épuise par l'éther la masse solidifiée par le refroidissement. Après avoir chassé l'éther par l'évaporation, on dissout le résidu dans cinq fois son poids d'alcool absolu, on sature la solution par du gaz chlorhydrique, on précipite par l'eau l'éther aconitique formé; on décompose ensuite cet éther en le chauffant avec la potasse alcoolique; après avoir chassé l'alcool, on reprend par l'eau, on neutralise par l'acide azotique et on précipite la solution par l'acétate de plomb. Enfin, on décompose l'aconitate de plomb par l'hydrogène sulfuré (Crasso).

Propriétés. — L'acide aconitique se dépose du sein de l'eau en paillettes quadrilatères, souvent aussi en croûtes mamelonnées. Il se dissout dans 3 parties d'eau à 15°. Il est plus soluble dans l'eau chaude et très-soluble dans l'alcool et dans l'éther. Il fond à 140° et entre en ébullition à 160°, en se dédoublant en acide carbonique et en acide itaconique (page 416). Ce dernier acide passe sous la forme d'un liquide huileux qui se concrète par le refroidissement. A la fin de la distillation, il passe une huile empyreumatique et il reste un résidu de charbon.

L'acide aconitique est tribasique. Les solutions des aconitates alcalins donnent, avec l'acétate de plomb et l'azotate d'argent, des précipités blancs qui ne deviennent cristallins ni par le repos ni par l'ébullition.

ACIDES ITACONIQUE, CITRACONIQUE, MÉSACONIQUE.

$$C^{10}H^6O^8.$$

Parmi les produits de la distillation de l'acide citrique, on trouve un acide cristallisable : c'est l'acide itaconique et un produit huileux qui constitue l'acide citraconique anhydre. Exposé à l'air humide, ce dernier absorbe de l'eau et il se convertit en acide citraconique, isomérique avec l'acide itaconique. L'acide mésaconique est le produit de la transformation de l'acide citraconique.

Ces trois acides sont isomériques et ne se distinguent que par H^2 de l'acide pyrotartrique

$$C^{10}H^8O^8 \quad \text{acide pyrotartrique.}$$
$$C^{10}H^6O^8 \quad \text{acides pyrogénés de l'acide citrique.}$$

Aussi peuvent-ils fixer directement 2 atomes d'hydrogène lorsqu'on les met en contact avec de l'amalgame de sodium et de l'eau. Comme d'autres combinaisons non saturées, ils fixent aussi du brome. En se combinant avec Br^2, ils forment chacun un acide bromé distinct. Ainsi ces trois acides bromés sont isomériques l'un avec l'autre, comme les acides non saturés eux-mêmes. L'acide itaconique donne de l'acide ita-bibromopyrotartrique; l'acide citraconique donne de l'acide citra-bibromopyrotartrique; l'acide mésaconique donne de l'acide mésa-bibromopyrotartrique

$$C^{10}H^6O^8 \; + \; H^2 \; = \; C^{10}H^8O^8.$$
Acides itaconique
et isomères.   Acide
pyrotartrique.

$$C^{10}H^6O^8 \; + \; Br^2 \; = \; C^{10}H^6Br^2O^8.$$
Acides
bibromopyrotartriques.

Ces réactions remarquables, qui ont été découvertes par M. Kekulé, correspondent à celles qu'éprouvent dans les mêmes circonstances les acides pyrogénés de l'acide malique, homologues avec l'acide itaconique et ses isomères

$$C^8H^4O^8 \quad \text{acides fumarique et maléique.}$$
$$C^{10}H^6O^8 \quad \text{acide itaconique et isomères.}$$

L'acide itaconique a été découvert, en 1836, par M. Baup. Pour le préparer, on chauffe une quantité d'acide citrique qui ne doit pas dépasser 100 grammes, dans une cornue, de manière que le fond seulement de celle-ci soit frappé par la chaleur. On arrête l'opération dès que le produit de la distillation se colore. Celui-ci se prend, par l'évaporation, en une masse de cristaux qu'on exprime.

Les cristaux d'acide itaconique sont des octaèdres ou des prismes rhomboïdaux solubles dans 17 parties d'eau à 10°, dans 12 parties d'eau à 20°, dans 4 parties d'alcool. Ils se dissolvent aussi dans l'éther. Ces cristaux fondent à 161° et se volatilisent partiellement, même au-dessous du point de fusion. Distillés rapidement, ils se dédoublent en eau et acide citraconique anhydre.

L'acide itaconique est bibasique. Les solutions des itaconates alcalins précipitent les sels de plomb, d'argent et de mercure.

Acide citraconique. — Il a été découvert par M. Lassaigne, en 1822. Pour le préparer, on rectifie le produit oléagineux qui passe dans la distillation sèche de l'acide citrique, et qui constitue l'acide citraconique anhydre. On l'expose ensuite à l'air : il en attire l'humidité et se concrète bientôt en une masse de cristaux qui constituent l'acide citraconique (Crasso).

Cet acide, qui est bibasique comme son isomère, constitue des prismes à quatre pans, déliquescents, solubles dans l'alcool et dans l'éther. Ils fondent à 80°. Chauffé pendant longtemps à 100°, l'acide citraconique se convertit en acide itaconique. A une température plus élevée, il distille et se convertit en *citraconide* ou *acide citraconique anhydre* $C^{10}H^4O^6$. Celui-ci constitue une huile incolore d'une densité de 1,241 à 14°. Il se vaporise déjà à 90°, mais il n'entre en ébullition qu'à 212°.

Chauffé avec le perchlorure de phosphore, l'acide citraconique anhydre donne de l'oxychlorure de phosphore et du chlorure de citraconyle :

$$(C^{10}H^4O^4)''O^2 \ + \ PhCl^5 \ = \ PhCl^3O^2 \ + \ (C^{10}H^4O^4)''Cl^2$$

Acide citraconique anhydre (oxyde de citraconyle). — Oxychlorure de phosphore. — Chlorure de citraconyle.

Le chlorure de citraconyle constitue un liquide très-réfringent, d'une densité de 1,4 à 1,5, bouillant vers 175°. Au contact de l'eau, ce chlorure donne de l'acide citraconique et de l'acide chlorhydrique.

Au contact de l'alcool, il donne de l'éther citraconique et de l'acide chlorhydrique.

$$(C^{10}H^4O^4)''Cl^2 \ + \ 2\left[\begin{matrix} C^4H^5 \\ H \end{matrix} \right\}O^2 \right] \ = \ \begin{matrix} (C^{10}H^4O^4)'' \\ (C^4H^5)_2 \end{matrix} \right\}O^4 \ + \ 2HCl$$

Chlorure de citraconyle. — Alcool. — Citraconate d'éthyle.

Acide mésaconique. — Cet acide se forme par suite d'une transformation de l'acide citraconique, dont il offre la composition.

Lorsqu'on maintient pendant $\frac{1}{4}$ d'heure à $\frac{1}{2}$ heure, à une température voisine de l'ébullition, une solution étendue d'acide citraconique, après l'avoir mélangée avec $\frac{1}{16}$ de son volume d'acide azotique et qu'on laisse refroidir, la liqueur laisse déposer des masses cristallines offrant l'apparence de la porcelaine. On en obtient encore davantage en évaporant les eaux-mères. On les purifie par plusieurs cristallisations dans l'eau.

L'acide mésaconique pur constitue un amas de fines aiguilles blanches et peu brillantes. Il fond à 208° et se sublime sans altération au-dessus de cette température. Il se dissout dans 38 parties d'eau à 14° et plus abondamment dans l'eau bouillante. Il se dissout aussi dans l'alcool. Il est bibasique.

ACIDE MUCIQUE.

$C^{12}H^{10}O^{16}$.

Cet acide a été découvert par Scheele. Il se forme par l'action de l'acide azotique sur la lactose (sucre de lait), la mélitose, la dulcite, la gomme. Pour le préparer, on chauffe doucement, dans une grande cornue, 1 partie de sucre de lait avec 2 parties d'acide azotique d'une densité de 1,4. L'action est très-vive. Dès qu'elle se manifeste, on retire le feu et on refroidit la cornue. Lorsque le dégagement de vapeurs rouges a cessé, on ajoute à la liqueur son volume d'eau, on sépare le dépôt d'acide mucique. Les eaux-mères renferment de l'acide oxalique et de l'acide tartrique.

Pour purifier l'acide mucique brut, on le convertit en sel ammoniacal, et, après avoir fait cristalliser celui-ci, on précipite l'acide mucique en ajoutant de l'acide azotique à sa solution aqueuse chaude.

L'acide mucique constitue une poudre cristalline blanche, insoluble dans l'alcool, à peine soluble dans l'eau froide, un peu plus soluble dans l'eau bouillante. Lorsqu'on fait bouillir sa solution aqueuse, il reste après l'évaporation une croûte cristalline, modification isomérique de l'acide mucique, qu'on a nommée *acide paramucique*. Ce corps est soluble dans l'alcool, et beaucoup plus soluble dans l'eau que l'acide mucique. Il en est de même de ses sels (Laugier, Malaguti).

Soumis à l'ébullition avec l'acide azotique, l'acide mucique est converti lentement en acide oxalique et en acide paratartrique (Carlet). Un mélange de peroxyde de manganèse et d'acide sulfurique le convertit en acide formique.

C'est un acide bibasique, car il renferme 2 atomes d'hydrogène capables d'être remplacés par 2 équivalents de métal ou d'un radical alcoolique. Les mucates neutres renferment $C^{12}H^8R^2O^{16}$.

L'*éther mucique* $C^{12}H^8(C^4H^5)^2O^{16}$ se dépose du sein de l'alcool en prismes quadrilatères d'une densité de 1,17 à 20°, fusibles à 158°. Il cristallise dans l'eau en prismes d'une densité de 1,32 à 20°. d'éther mucique se dissout aisément dans l'alcool bouillant et dans l'eau bouillante. Il est insoluble dans l'éther. Traité par l'ammoniaque aqueuse, il se convertit en *mucamide* (diamide mucique).

$$\left.\begin{array}{l}(C^{12}H^8O^{12})'' \\ (C^4H^5)^2\end{array}\right\}O^4 \quad + \quad \left.\begin{array}{l}H^2 \\ H^2 \\ H^2\end{array}\right\}Az^2 \quad = \quad \left.\begin{array}{l}(C^{12}H^8O^{12})'' \\ H^2 \\ H^2\end{array}\right\}Az^2 \quad + \quad 2\left[\left.\begin{array}{l}C^4H^5 \\ H\end{array}\right\}O^2.\right]$$

Mucate diéthylique. $\qquad\qquad$ Diamide mucique. $\qquad\qquad$ Alcool.

La mucamide constitue de petits cristaux incolores, d'une densité de 1,589, insolubles dans l'alcool et dans l'éther, solubles dans l'eau bouillante.

Lorsqu'on fait réagir le chlorure d'acétyle sur l'éther mucique, on parvient à remplacer 4 équivalents d'hydrogène par 4 groupes d'acétyle, le chlore formant avec l'hydrogène de l'acide chlorhydrique (Wislicenus).

$$C^{12}H^8(C^4H^5)^2O^{16} + 4[C^4H^3O^2,Cl] = 4HCl + C^{12}H^4(C^4H^3O^2)^4(C^4H^5)^2O^{16}.$$

Mucate diéthylique.   Chlorure d'acétyle.   Mucate tétracétyl-diéthylique.

L'acide mucique renferme donc, dans sa molécule, indépendamment des 2 atomes d'hydrogène basique ou positif, c'est-à-dire capables d'être remplacés par un métal, 4 atomes d'hydrogène alcoolique ou négatif, c'est-à-dire capables d'être remplacés par un radical d'acide, comme l'hydrogène typique d'un alcool peut être remplacé par un radical d'acide. De même que les acides glycolique, lactique, malique, tartrique, citrique, il est à la fois alcool et acide : alcool, parce qu'il peut se combiner (s'éthérifier avec l'acide acétique); acide, parce qu'il peut se combiner avec les oxydes métalliques.

Il renferme 6 atomes d'hydrogène typique, dont 2 basiques. Il est hexatomique-bibasique, et on peut représenter sa constitution par la formule typique

$$\left(C^{12}H^4O^8\right)^{vi} \genfrac{}{}{0pt}{}{H^4\}}{H^2\}} O^{12} \quad \text{ou} \quad \left[C^4O^4\text{-}C^8H^4\right]^{vi} \genfrac{}{}{0pt}{}{H^4\}}{H^2\}} O^{12}$$

si l'on résout le radical en deux termes qui échangent une affinité, comme on le remarque pour les acides succinique, malique, tartrique, citrique. Les 4 équivalents d'hydrogène placés au-dessus du radical hexatomique sont remplaçables par de l'acétyle; les 2 équivalents d'hydrogène placés au-dessous sont remplaçables par un métal ou par un groupe alcoolique.

Acide pyromucique $C^{10}H^4O^6$. — Cet acide a déjà été observé par Scheele et décrit par Houton-Labillardière. Il a été principalement étudié par M. Malaguti. On l'obtient en soumettant l'acide mucique à la distillation sèche.

$$C^{12}H^{10}O^{16} = C^2O^4 + 3H^2O^2 + C^{10}H^4O^6.$$

Acide mucique.   Acide pyromucique.

Il se forme aussi lorsqu'on fait bouillir le furfurol avec de l'eau et de l'oxyde d'argent. On précipite l'argent de la liqueur filtrée au moyen de l'acide chlorhydrique, on filtre de nouveau et on évapore à cristallisation (Schulz, Schwanert).

L'acide pyromucique constitue de longues lames ou aiguilles, très-solubles dans l'alcool, solubles dans 4 parties d'eau bouillante et dans 28 parties d'eau froide, fusibles à 134°, et se prenant

à 128° en une masse cristalline. Il se volatilise déjà à 100°, en
émettant des vapeurs piquantes. Il est monobasique. Il forme un
éther

$$\left.\begin{matrix} (C^{10}H^3O^4)' \\ (C^2H^5)' \end{matrix}\right\}O^2$$

cristallisable en paillettes, fusible à 34°, bouillant entre 208 et 210°
(Malaguti); un chlorure $C^{10}H^3O^4$ 'Cl analogue au chlorure de benzoyle, et bouillant à 170° (Liès-Bodart); une amide

$$\left.\begin{matrix} (C^{10}H^3O^4)' \\ H \\ H \end{matrix}\right\}Az$$

cristallisable en mamelons fusibles de 130 à 132°, et volatile sans
décomposition (Malaguti, Schwanert).

FURFUROL.

$C^{10}H^4O^4$.

Ce corps a été découvert en 1831 par Doebereiner. Ce chimiste
l'a obtenu en traitant du son ou du sucre par l'acide sulfurique et
le peroxyde de manganèse, en vue de la préparation de l'acide
formique. Gerhardt envisagea le premier le furfurol comme l'aldéhyde de l'acide pyromucique, opinion qui a été confirmée par
les expériences de MM. Schulz et Schwanert.

Pour préparer le furfurol, on distille dans un alambic en cuivre
1 partie de son avec 1 partie d'acide sulfurique et 2 parties d'eau.
On arrête la distillation dès que l'odeur de l'acide sulfurique se
manifeste énergiquement; on mêle le produit avec du sel marin,
et on distille de nouveau, jusqu'à ce que le liquide qui passe ne
donne plus de furfuramide avec l'ammoniaque. On sépare alors le
corps oléagineux qui s'est déposé dans l'eau condensée; on ajoute
à celle-ci du sel marin, et on distille de nouveau, ou bien on ré-
serve cette eau pour la préparation de la furfuramide. L'huile séparée de la liqueur aqueuse constitue le furfurol. On le déshydrate
sur du chlorure de calcium et on le distille.

On peut aussi soumettre à la distillation 3 parties de son avec 1
partie de chlorure de zinc et une quantité d'eau suffisante pour
couvrir le tout (de Babo).

Le furfurol est un liquide incolore, mais qui ne tarde pas à se
colorer lorsqu'on le conserve. Sa densité est égale à 1,164 à 16°.
Il bout à 162°. Il est doué d'une odeur d'amandes amères et de ca-
nelle. Il se dissout dans 11 parties d'eau à 13°. Conservé dans des
vases mal bouchés, il se convertit en une matière noire.

Un mélange de peroxyde de manganèse ou de bichromate de potasse et d'acide sulfurique convertit le furfurol en une matière brune; l'acide azotique, même étendu, le transforme en acide oxalique. Lorsqu'on le fait bouillir avec de l'eau et de l'oxyde d'argent, il se convertit en acide pyromucique.

$$C^{10}H^4O^4 \;+\; O^2 \;=\; C^{10}H^4O^6.$$

Furfurol.   Acide
pyromucique.

Cette réaction le rapproche des aldéhydes, ainsi que la propriété qu'il possède de former, avec les bisulfites, des combinaisons cristallisables.

Lorsqu'on traite le furfurol ou sa solution aqueuse par l'ammoniaque, on obtient au bout de quelques jours une masse cristalline qui constitue la *furfuramide* $C^{30}H^{12}Az^2O^6$.

$$3(C^{10}H^4O^2)''O^2 \;+\; 2AzH^3 \;=\; \begin{matrix}(C^{10}H^4O^2)'' \\ (C^{10}H^4O^2)'' \\ (C^{10}H^4O^2)''\end{matrix}\Big\}Az^2 \;+\; 3H^2O^2.$$

Furfurol.   Furfuramide.

Ce corps se dépose du sein de l'alcool en aiguilles courtes réunies en aigrettes. Lorsqu'on le conserve, il brunit. Il est insoluble dans l'eau froide, soluble dans l'alcool et dans l'éther. Sous l'influence des acides, ou plus lentement par l'action de l'eau bouillante, il se dédouble en furfurol et en ammoniaque. Lorsqu'on le chauffe de 110 à 120°, ou qu'on le fait bouillir avec une solution étendue de potasse, il éprouve une transformation isomérique et se convertit en *furfurine*.

Ce dernier corps est une base capable de former des sels cristallisables avec des acides. Il constitue des aiguilles déliées, soyeuses, très-solubles dans l'éther et dans l'alcool, insolubles dans l'eau froide, solubles dans 137 parties d'eau bouillante, fusibles au-dessous de 100°. Les solutions de furfurine sont douées d'une forte réaction alcaline.

ACIDE SACCHARIQUE.

$C^{12}H^{10}O^{16}$.

Cet acide, qui est isomérique avec l'acide mucique, a été découvert par Scheele et étudié par MM. Hess, Thaulow, Heintz et Liebig. Il se forme par l'action de l'acide azotique sur le sucre ordinaire, la mannite, le sucre de lait.

Préparation. — Pour le préparer on chauffe, dans une cornue spacieuse, 2 parties de sucre de canne avec 7 parties d'acide azotique, d'une densité de 1,27. On enlève le feu lorsque le déga-

gement des vapeurs rouges commence, et l'on maintient ensuite
la liqueur à la température de 60°. Dès que la couleur passe
du jaune au brun, on ajoute de l'eau, on divise la liqueur
en 2 parties; on sature la première par le carbonate de potasse, puis on ajoute la seconde, et on abandonne la solution à
elle-même. Au bout de quelques semaines (ou de quelques
mois), il se sépare des cristaux de saccharate acide de potasse.
On les purifie par une nouvelle cristallisation, et on décompose
leur solution par le chlorure de cadmium. Il se forme du saccharate de cadmium, qu'on décompose par l'hydrogène sulfuré. On
évapore la solution dans le vide.

Propriétés. — L'acide saccharique constitue une masse amorphe
déliquescente, très-soluble dans l'alcool, insoluble dans l'éther. Sa
solution aqueuse concentrée brunit par l'ébullition. Elle dévie à
droite le plan de polarisation, lorsque l'acide saccharique a été
préparé avec le sucre de canne (Carlet). Elle précipite l'eau de
chaux et l'eau de baryte. Elle réduit l'azotate d'argent ammoniacal.
Mêlée à un sel ferrique, elle empêche la précipitation de l'oxyde
ferrique par la potasse. L'acide azotique transforme l'acide saccharique en acide oxalique; un mélange d'acide sulfurique et de
peroxyde de manganèse le convertit en acide formique.

L'acide saccharique est bibasique. Il forme des sels acides avec
1 équivalent de métal, et des sels neutres avec 2 équivalents de
métal.

L'éther saccharique $C^{12}H^8(C^4H^5)^2O^{16}$ se forme lorsqu'on dirige un
courant de gaz chlorhydrique à travers une solution d'acide saccharique dans l'alcool absolu. C'est un liquide sirupeux incolore,
soluble dans l'eau et dans l'alcool (Heintz).

Les acides que nous allons décrire se rattachent par de nombreuses réactions aux substances relativement peu riches en hydrogène, qu'on nomme aromatiques; mais comme leur place dans
le système n'est pas encore parfaitement déterminée, nous croyons
utile de ne pas les séparer des acides précédents.

ACIDE QUINIQUE.

$$C^{14}H^{12}O^{12}.$$

L'acide quinique a été découvert dans les écorces de quinquina,
en 1790, par Hofmann. On le rencontre aussi, d'après M. Zwenger,
dans l'herbe des myrtilles (*Vaccinium Myrtillus*) et dans le café.

Préparation. — On l'obtient comme produit accessoire de la préparation des alcaloïdes du quinquina. Après avoir ajouté un lait de chaux à la décoction aqueuse et acide de ces écorces, on sépare le précipité quino-calcaire qui renferme les alcaloïdes. et on évapore la liqueur filtrée en consistance sirupeuse. Au bout de quelques jours, il se dépose du quinate de chaux. On le lave à l'alcool, et on le purifie par une nouvelle cristallisation, avec addition de charbon animal. On le dissout ensuite dans l'eau et on précipite la chaux par l'acide oxalique. On précipite l'excès d'acide oxalique en ajoutant à la solution une petite quantité d'acétate de plomb, filtrant et enlevant par l'hydrogène sulfuré l'excès d'acétate qui ne précipite pas l'acide quinique. Ce dernier acide se dépose en cristaux du sein de la liqueur filtrée et convenablement concentrée.

Propriétés. — L'acide quinique cristallise en prismes rhomboïdaux obliques, transparents. Il est très-acide. Il se dissout dans 2 fois $\frac{1}{2}$ son poids d'eau froide, plus abondamment dans l'eau bouillante, peu dans l'alcool absolu, à peine dans l'éther. Sa solution aqueuse et celle du quinate de chaux dévient le plan de polarisation à gauche. Le pouvoir rotatoire diminue lorsqu'on fait bouillir la solution d'acide quinique, et encore davantage lorsqu'on le fond.

L'acide quinique se ramollit à 100°, fond à 161°,5, en perdant de l'eau, et brunit à une plus haute température.

Lorsqu'on le maintient pendant quelque temps à une température comprise entre 200 et 250°, il perd de l'eau et se convertit en un anhydride $C^{14}H^{10}O^{10}$, la *quinide*, soluble dans l'eau, cristallisable, et qui se convertit en acide quinique au contact des bases (Hesse).

Soumis à la distillation sèche, l'acide quinique donne des gaz inflammables, de l'eau, de l'acide benzoïque, de l'hydrure de salicyle, de l'hydrate de phényle, de la benzine, de l'hydroquinone.

Distillé avec un mélange d'acide sulfurique et de peroxyde de manganèse, il donne de la quinone. Sa solution aqueuse, soumise à l'action du peroxyde de plomb, fournit de l'acide carbonique et de l'hydroquinone (Hesse).

Lorsqu'on ajoute du brome à une solution d'acide quinique, il se forme de l'acide carbohydroquinonique :

$$C^{14}H^{12}O^{12} \;+\; Br^2 \;=\; C^{14}H^{8}O^{10} \;+\; 2HBr \;+\; H^2O^2.$$

Acide quinique.   Acide
carbohydroquinonique.

L'acide quinique est un acide monobasique, et sans doute polyatomique. Il forme des sels solubles dans l'eau, et dont un grand nombre cristallisent.

Le *quinate de chaux*, qui existe dans les écorces de quinquina, forme de gros cristaux transparents qui renferment

$$C^{14}H^{14}CaO^{12} + 3H^2O^2.$$

Exposés à l'air, ils perdent une portion de leur eau. Ils la perdent complétement à 120°.

Le *quinate de baryte* renferme $C^{14}H^{14}BaO^{12} + 3H^2O^2$. Lorsqu'on le soumet à la distillation sèche, il donne de l'hydroquinone et de la pyrocatéchine, deux corps isomères qui renferment $C^{12}H^6O^4$.

Quinone $C^{12}H^4O^4$. — M. Woskresensky a obtenu ce corps en 1838, en distillant l'acide quinique avec du peroxyde de manganèse et de l'acide sulfurique étendu. Il prend aussi naissance lorsqu'on soumet au même traitement l'arbutine (Strecker), l'acide cafétannique et les extraits d'un grand nombre de plantes (Stenhouse).

Pour le préparer, on chauffe dans une grande cornue 1 partie d'acide quinique avec 4 parties de peroxyde de manganèse, 1 partie d'acide sulfurique et $\frac{1}{2}$ partie d'eau. On adapte à la cornue un réfrigérant de Liebig, et on ôte le feu dès que la réaction commence. La plus grande partie de la quinone se dépose dans le col de la cornue et dans le tube réfrigérant. On la recueille sur un filtre, on la lave à l'eau froide, et, après l'avoir comprimée entre des feuilles de papier, on la sèche sous une cloche sur du chlorure de calcium.

On peut remplacer, dans cette préparation, l'acide quinique par le quinate de chaux brut des fabriques de quinine.

La quinone se sublime en aiguilles brillantes, d'un jaune d'or. Elle est assez peu soluble dans l'eau; elle se dissout plus abondamment dans l'alcool et dans l'éther. Elle fond à 115°,7 et se prend à 115°,2 en une masse cristalline. Elle se sublime déjà à la température ordinaire, et peut être volatilisée sans décomposition. Son odeur est pénétrante et excite le larmoiement. Sa solution aqueuse colore la peau en brun. Elle est neutre au papier. Exposée à l'air, elle se colore en rouge, et laisse déposer une substance brune. Sous l'influence des corps réducteurs, tels que l'acide sulfureux, la quinone fixe H^2, et se convertit en hydroquinone.

Produits de substitution de la quinone. — On connaît divers produits de substitution chlorés et bromés de la quinone. Le plus important est la *perchloroquinone* $C^{12}Cl^4O^4$, qu'on désigne souvent sous le nom de *chloranile*. Les produits de substitution, qui renferment 1, 2, 3 ou 4 équivalents de chlore, se forment lorsqu'on chauffe l'acide quinique avec un mélange de peroxyde de manganèse et d'acide chlorhydrique. Le chloranile se forme, en outre, dans une foule de réactions, par l'action du chlore sur les dérivés chlorés de l'isatine, par l'action d'un mélange de chlorate de potasse et d'acide chlorhydrique sur l'aniline, sur l'hydrate de phényle, sur la salicine, sur l'acide salicylique, etc.

Le chloranile cristallise en lamelles jaunes irisées. Il est insoluble dans l'eau, et se dissout à peine dans l'alcool froid, mieux dans l'alcool chaud, abondamment dans l'éther. Chauffé lentement, il se sublime, sans fondre, à partir de 150°.

Chauffé avec une solution d'acide sulfureux, il fixe H^2, il se convertit en perchlorohydroquinone $C^{12}H^2Cl^4O^4$.

Hydroquinone $C^{12}H^6O^2$. — Ce corps a été découvert par M. Wœhler, en 1844, parmi les produits de la distillation sèche de l'acide quinique. Le même chimiste l'a obtenu en faisant réagir l'acide sulfureux sur la quinone. L'hydroquinone se forme, en outre, par l'action du peroxyde de plomb sur l'acide quinique, par la distillation sèche de l'acide carbohydroquinonique (Hesse), par le dédoublement de l'arbutine, sous l'influence de l'acide sulfurique étendu (Strecker), etc.

Le meilleur moyen de la préparer consiste à diriger un courant d'acide sulfureux dans de l'eau chaude tenant de la quinone en suspension, et à évaporer à une douce chaleur. L'hydroquinone cristallise ; on la purifie par une nouvelle cristallisation.

Dans cette réaction, l'eau est décomposée ; son oxygène se porte sur l'acide sulfureux, et la quinone fixe l'hydrogène (H^2).

L'hydroquinone se présente sous forme de prismes à 6 pans, incolores, doués d'une saveur douceâtre, fusibles à 177°,5. Elle peut être sublimée ; mais lorsqu'on dirige sa vapeur à travers un tube chauffé au rouge, elle se dédouble principalement en quinone et en hydrogène. Elle se dissout dans l'eau, dans l'alcool et dans l'éther. Les réactifs oxydants, tels que le bichromate de potasse, l'azotate d'argent, le chlore, le perchlorure de fer, précipitent de la solution d'hydroquinone des aiguilles d'hydroquinone verte. L'acide azotique convertit l'hydroquinone en acide oxalique. Un mélange d'acide chlorhydrique et de chlorate de potasse la transforme en chloranile.

Hydroquinone verte. — Ce beau corps constitue une combinaison de quinone et d'hydroquinone :

$$C^{24}H^{10}O^8 \;=\; C^{12}H^4O^4 \;+\; C^{12}H^6O^4.$$

Hydroquinone verte.   Quinone.   Hydroquinone.

Il se forme lorsqu'on mêle des solutions de quinone et d'hydro-quinone. Il constitue aussi le premier produit de l'oxydation de l'hydroquinone. Il se précipite sous forme de longues aiguilles minces vertes et douées de reflets brillants comme les élytres des cantharides. Peu soluble dans l'eau froide, il se dissout dans l'eau bouillante avec une couleur brun rouge, dans l'alcool et l'éther avec une couleur jaune ou verte. Il est fusible, et peut se sublimer partiellement sans décomposition.

Les réactifs oxydants le convertissent en quinone, les agents réducteurs en hydroquinone.

Acide carbohydroquinonique $C^{14}H^6O^8 + H^2O^2$. — Cet acide se forme, d'après M. Hesse, par l'action du brome sur l'acide quinique. Il cristallise en longues aiguilles, qui se convertissent spontanément en grains et en paillettes d'un jaune brun. Il se dissout dans l'eau, dans l'alcool et dans l'éther. Il fond à 207°, et se décompose à une température élevée en acide carbonique et en hydroquinone.

Cette dernière réaction établit un lien de parenté entre l'acide carbohydroquinonique et d'autres acides qui renferment le même nombre d'équivalents de carbone et d'hydrogène que lui, et qui n'en diffèrent que par le nombre des équivalents d'oxygène. Les corps qui appartiennent à cette série (page 6) se dédoublent à une température élevée de la manière suivante :

$$C^{14}H^6O^4 = C^2O^4 + C^{12}H^6.$$
Acide benzoïque. — Benzine.

$$C^{14}H^6O^6 = C^2O^4 + C^{12}H^6O^2.$$
Acide salicylique. — Hydrate de phényle.

$$C^{14}H^6O^8 = C^2O^4 + C^{12}H^6O^4.$$
Acide carbohydroquinonique. — Hydroquinone.

$$C^{14}H^6O^{10} = C^2O^4 + C^{12}H^6O^6.$$
Acide gallique. — Acide pyrogallique.

L'acide gallique étant un dérivé de l'acide salicylique, nous le décrirons en traitant de ce dernier acide.

ACIDE MÉCONIQUE.

$C^{14}H^4O^{14} + 3H^2O^2.$

Cet acide se rencontre dans l'opium, où il a été découvert, en 1803, par Sertürner, en même temps que la morphine. Ses propriétés et sa composition ont été reconnues par Robiquet et par

M. Liebig. On le retire de l'opium et on l'obtient comme produit accessoire de la préparation de la morphine par le procédé de Grégory. On recueille le méconate de chaux, qui se précipite lorsqu'on ajoute du chlorure de calcium à une solution aqueuse d'opium préalablement neutralisée par du marbre en poudre fine; on lave ce précipité avec de l'eau et on l'exprime; puis on le délaye dans 20 parties d'eau presque bouillante, et on ajoute 3 parties d'acide chlorhydrique, en chauffant sans faire bouillir, jusqu'à ce que le tout soit dissous. Il se précipite, par le refroidissement, du méconate de chaux, qu'on traite de la même manière, à deux reprises différentes. On met ainsi en liberté de l'acide méconique, qui se sépare sous forme de cristaux encore colorés. On le combine avec de l'ammoniaque et on fait cristalliser à plusieurs reprises le sel ammoniacal. On décompose enfin la solution chaude de ce sel par l'acide chlorhydrique : l'acide méconique se sépare par le refroidissement en cristaux incolores.

Cet acide se présente sous forme de paillettes ou de prismes, qui renferment 6 équivalents d'eau (3 molécules de H^2O^2). Il perd son eau à 100°. Peu soluble dans l'eau froide, il se dissout dans 4 parties d'eau bouillante. Il se dissout abondamment dans l'alcool, peu dans l'éther.

Lorsqu'on chauffe l'acide méconique sec à 220°, il laisse dégager de l'acide carbonique et se convertit en acide coménique.

$$C^{14}H^4O^{14} = C^2O^4 + C^{12}H^4O^{10}.$$

Acide méconique.   Acide coménique.

Porté à une température plus élevée, l'acide coménique perd une nouvelle quantité d'acide carbonique et se convertit en acide pyroméconique.

$$C^{12}H^4O^{10} = C^2O^4 + C^{10}H^4O^6.$$

Acide coménique.   Acide pyroméconique.

Il se forme en même temps, comme produits accessoires, de l'eau, de l'acide acétique et des produits empyreumatiques.

L'acide méconique est un acide tribasique. On peut y admettre l'existence d'un radical triatomique $(C^{14}HO^8)'''$, et représenter par les formules suivantes l'acide et les méconates tribasiques :

$$\left.\begin{array}{c}(C^{14}HO^8)''' \\ H^3\end{array}\right\}O^6 \qquad\qquad \left.\begin{array}{c}(C^{14}HO^8)''' \\ R^3\end{array}\right\}O^6.$$

L'acide méconique et les méconates solubles possèdent une réaction fort sensible. Une solution qui n'en renferme que des traces se colore en rouge de sang par l'addition d'une goutte de perchlorure de fer.

Le sulfocyanure de potassium produit, comme on sait, la même coloration; mais cette couleur se détruit par le perchlorure d'or, phénomène qu'on n'observe pas dans le cas de l'acide méconique.

ACIDES PYROGÉNÉS DE L'ACIDE MÉCONIQUE.

Acide coménique $C^{12}H^4O^{10}$. — Il se forme lorsqu'on chauffe l'acide méconique sec à 220°, ou lorsqu'on soumet sa solution aqueuse à une ébullition prolongée. Pour le préparer, il suffit de faire bouillir du méconate de chaux avec de l'acide chlorhydrique concentré. De l'acide coménique encore coloré se dépose par le refroidissement. On le purifie, comme l'acide méconique, en le combinant avec l'ammoniaque et en décomposant le sel ammoniacal par l'acide chlorhydrique.

L'acide coménique se présente sous forme de grains cristallins ou de prismes doués d'une légère coloration jaune. Il exige, pour se dissoudre, plus de 16 parties d'eau bouillante. Il ne se dissout pas dans l'alcool bouillant. Il donne, par la distillation, de l'acide pyroméconique, de l'acide carbonique et des produits empyreumatiques. Il est bibasique. Sa solution colore les sels ferriques en rouge.

Acide pyroméconique $C^{10}H^4O^6$. — Robiquet reconnut la nature particulière de cet acide, que Sertürner avait obtenu en 1817, en sublimant l'acide méconique.

Pour le préparer, on chauffe ce dernier acide de 260 à 315°. On comprime, entre des feuilles de papier, le produit de la distillation, puis on le sublime à une douce chaleur.

On peut aussi le purifier en le faisant cristalliser dans l'eau ou dans l'alcool.

L'acide pyroméconique cristallise en aiguilles, en tables ou en octaèdres allongés. Il possède une saveur très-acide, avec un arrière-goût amer. Il fond entre 120 et 125°, et se sublime sans résidu, même lorsqu'on le maintient longtemps à 100°. Il est fort soluble dans l'eau et dans l'alcool. Sa solution réduit les sels d'or à l'ébullition. Elle colore en rouge les persels de fer. L'acide pyroméconique est un acide faible, monobasique. Il est isomérique avec l'acide pyromucique.

ALCOOL TÉTRATOMIQUE.

Jusqu'ici on ne connaît qu'un seul alcool qu'on puisse considérer comme tétratomique, c'est-à-dire comme capable de saturer 4 molécules d'un acide monobasique. Cet alcool est l'érythrite, dont M. de Luynes a reconnu la véritable nature.

ÉRYTHRITE.

$$C^8H^{10}O^8 = \begin{Bmatrix} (C^8H^6)^{iv} \\ H^4 \end{Bmatrix} O^8.$$

Ce beau corps a été découvert en 1849, par M. Stenhouse, qui l'a signalé parmi les produits de dédoublement de l'acide érythrique ou érythrine, substance contenue dans certains lichens. Il l'a d'abord nommée *érythromannite* ou *érythroglucine*. En 1852, M. Lamy a retiré d'une algue, le *Protococcus vulgaris*, une matière sucrée qu'il a nommée *phycite*, et dont il a établi plus tard l'identité avec l'érythromannite de M. Stenhouse.

M. de Luynes prépare l'érythrite à l'aide du procédé suivant :

L'érythrine, retirée du *Rocella Montagnei*, est décomposée encore humide par la chaux éteinte, en vase clos, à la température de 150°. On opère dans une chaudière que l'on puisse fermer hermétiquement. Dans ces conditions, l'érythrine se dédouble en acide carbonique, qui reste uni à la chaux, en orcine et en érythrite. On sépare le carbonate de chaux par le filtre ; on fait passer un courant d'acide carbonique à travers la liqueur encore chaude, on filtre et on laisse refroidir. L'orcine se dépose en cristaux, et l'érythrite reste dans les eaux-mères ; on décante celles-ci, on les évapore, et on épuise le résidu cristallisé par l'éther, qui extrait l'orcine et laisse l'érythrite. On dissout cette dernière substance dans la plus petite quantité possible d'eau bouillante, et on ajoute à la liqueur un tiers de son volume d'alcool à 36°. Par le refroidissement, l'érythrite cristallise. On la purifie par de nouvelles cristallisations, avec addition de charbon animal.

L'érythrite se présente en prismes droits à base carrée. Ces cristaux sont durs, faiblement sucrés, très-solubles dans l'eau, solubles dans l'alcool absolu bouillant. Leur densité est égale à 1,59. Ils fondent à 120°. Leur solution aqueuse ne présente pas le pouvoir rotatoire.

Les acides stéarique, benzoïque et malique se combinent avec l'érythrite pour former des corps neutres analogues aux éthers (Berthelot). L'érythrine ou acide érythrique représente une combinaison de 2 molécules d'acide orsellique avec 1 molécule d'érythrite moins $2H^2O^2$. L'érythrine constitue l'érythrite diorsellique (de Luynes).

$$2(C^{16}H^7O^6)'' \left. \begin{array}{l} (C^8H^6)^{VI} \\ H^2 \end{array} \right\} O^8.$$

Érythrite diorsellique
(érythrine).

Lorsqu'on la chauffe avec une solution concentrée d'acide iodhydrique, l'érythrite se réduit en iodhydrate de butylène (de Luynes).

$$\left. \begin{array}{l} C^8H^6 \\ H^4 \end{array} \right\} O^8 \; + \; 7HI \; = \; C^8H^8,HI \; + \; 4H^2O^2 \; + \; 3I^2.$$

Érythrite.   Iodhydrate
de butylène.

L'iodhydrate de butylène ainsi obtenu bout à 118°. Sa densité à 0° est égale à 1,632. Mis en contact avec l'eau et l'oxyde d'argent, il donne de l'iodure d'argent et de l'hydrate de butylène, tandis qu'une autre portion se convertit en butylène et en eau. Ces réactions sont tout à fait analogues à celles de l'iodhydrate d'amylène (page 185). L'hydrate de butylène, homologue avec l'hydrate d'amylène, est un liquide incolore, doué d'une odeur forte, bouillant de 96 à 98° (de Luynes).

ALCOOLS HEXATOMIQUES.

La substance la mieux caractérisée comme alcool hexatomique est la mannite, matière sucrée cristallisable qu'on a retirée de la manne. Sa composition est exprimée par la formule

$$C^{12}H^{14}O^{12}$$

qu'on peut écrire

$$\left. \begin{array}{l} (C^{12}H^3)^{VI} \\ H^6 \end{array} \right\} O^{12}.$$

La mannite renferme, en effet, 6 atomes d'hydrogène qui peuvent être remplacés par des radicaux d'acides.

La glucose $C^{12}H^{12}O^{12}$ se rattache à la mannite, et n'en diffère que par 2 atomes d'hydrogène en moins. On peut l'envisager comme un alcool hexatomique de la forme

$$\left. \begin{array}{l} (C^{12}H^6)^{VI} \\ H^6 \end{array} \right\} O^{12}.$$

On constate donc entre la mannite et la glucose des relations analogues à celles qui qui existent entre l'alcool propylique et l'alcool allylique.

$$\left.\begin{array}{l}(C^6H^5)' \\ H\end{array}\right\}O^2 \qquad\qquad \left.\begin{array}{l}(C^6H^7)' \\ H\end{array}\right\}O^2.$$
$$\text{Alcool allylique.} \qquad\qquad \text{Alcool propylique.}$$
$$\left.\begin{array}{l}(C^{12}H^6)^{vi} \\ H^6\end{array}\right\}O^{12} \qquad\qquad \left.\begin{array}{l}(C^{12}H^8)^{vi} \\ H^6\end{array}\right\}O^{12}.$$
$$\text{Glucose.} \qquad\qquad\qquad \text{Mannite.}$$

Et, de fait, il résulte des expériences de M. Linnemann que divers sucres possèdent la propriété de fixer de l'hydrogène, sous l'influence de l'amalgame de sodium et de l'eau, pour se convertir en mannite :

$$C^{12}H^{12}O^{12} + H^2 = C^{12}H^{14}O^{12}.$$

D'un autre côté, la mannite peut se convertir en glucose fermentescible en perdant de l'hydrogène. Du moins, M. Berthelot, en la mettant en contact avec les tissus du testicule, a réussi à effectuer la transformation dont il s'agit. Cette action, qui fait perdre de l'hydrogène à la mannite, est évidemment inverse de la précédente.

A la mannite se rattachent deux corps isomériques avec elle, la dulcite et la mélampyrite. Deux autres matières sucrées, la quercite et la pinite, n'en diffèrent que par les éléments de l'eau, H^2O^2.

La quercite et la pinite ne diffèrent de la glucosane et de la lévulosane (page 447) que par 2 atomes d'hydrogène en moins, et l'on constate entre ces derniers corps et les premiers des rapports de composition analogues à ceux qui existent entre la glucose et la mannite.

$$\left.\begin{array}{l}(C^{12}H^6)^{vi} \\ H^6\end{array}\right\}O^{12} \qquad\qquad \left.\begin{array}{l}(C^{12}H^8)^{vi} \\ H^6\end{array}\right\}O^{12}.$$
$$\text{Glucose.} \qquad\qquad\qquad \text{Mannite.}$$
$$\left.\begin{array}{l}(C^{12}H^6)^{vi} \\ H^4\end{array}\right\}O^{10} \qquad\qquad \left.\begin{array}{l}(C^{12}H^8)^{vi} \\ H^4\end{array}\right\}O^{10}.$$
$$\text{Glucosane.} \qquad\qquad\qquad \text{Quercite.}$$

En résumé, il existe un groupe de corps neutres analogues par leurs fonctions chimiques aux sucres proprement dits, mais qui diffèrent de ces corps par 2 atomes d'hydrogène en plus.

Ce groupe comprend les corps suivants :

Mannite	$C^{12}H^{14}O^{12}$
Dulcite	$C^{12}H^{14}O^{12}$
Mélampyrite	$C^{12}H^{14}O^{12}$
Quercite	$C^{12}H^{12}O^{10}$
Pinite	$C^{12}H^{12}O^{10}$

MANNITE.

$$C^{12}H^{14}O^{12} = \left.\begin{matrix}(C^{12}H^8)^{vi}\\ H^6\end{matrix}\right\}O^{12}.$$

Ce corps, qui a été découvert par Prout, en 1806, se rencontre dans un grand nombre de végétaux. Il constitue la partie la plus abondante de la *manne*, substance qui découle, par incision ou naturellement, de plusieurs espèces de frênes *(Fraxinus ornus et rotundifolia)*. Il existe aussi dans le suc de nos arbres fruitiers, dans les champignons, les algues, etc. C'est un des produits de la fermentation muqueuse. M. Linnemann a converti le sucre interverti en mannite, en le soumettant à l'action de l'amalgame de sodium en présence de l'eau :

$$C^{12}H^{12}O^{12} + H^2 = C^{12}H^{14}O^{12}.$$

Préparation. — On dissout 3 kilogrammes de manne en sorte dans environ 1 litre ½ d'eau distillée, dans laquelle on a battu préalablement un blanc d'œuf. On fait bouillir pendant quelques minutes, puis on passe à travers une chausse de laine. Par le refroidissement, le liquide se prend en une masse de cristaux colorés. On les exprime fortement; on les délaye dans un peu d'eau froide, on les exprime de nouveau, puis on les fait dissoudre dans une petite quantité d'eau chaude; on décolore la solution par le charbon animal et on filtre. La mannite se dépose, par le repos, sous forme de cristaux volumineux et incolores (Ruspini).

Propriétés. — Les cristaux de mannite constituent des prismes rhomboïdaux droits. Leur saveur est légèrement sucrée. 100 parties d'eau en dissolvent 15,6 parties à 18°, et 18,5 parties à 23°. 100 parties d'alcool d'une densité de 0,898 en dissolvent 1,2 partie à 15°, et 100 parties d'alcool absolu en dissolvent 0,07 partie à 14°. La mannite est insoluble dans l'éther. La solution aqueuse est optiquement inactive.

La mannite fond de 160° à 165° en un liquide incolore, qui abandonne un peu d'eau à 200°, en formant une certaine quantité de mannitane; mais la majeure partie de la mannite demeure inaltérée à 250°. A une température plus élevée, elle se charbonne.

Une solution de mannite dissout abondamment la chaux. On a décrit diverses combinaisons de mannite avec des oxydes tels que la chaux, la baryte, la strontiane, l'oxyde de plomb.

La mannite, mêlée à une solution de sulfate de cuivre, empêche la précipitation de l'oxyde par les alcalis ; on obtient une liqueur alcaline d'un bleu foncé, qui n'est pas réduite par l'ébullition.

L'acide azotique bouillant convertit la mannite en acide saccharique, puis en acide oxalique.

Lorsqu'on humecte du noir de platine avec une solution de mannite, celle-ci absorbe l'oxygène de l'air, et il se forme un acide incristallisable $C^{12}H^{12}O^{14}$ que M. Gorup-Besanez a désigné sous le nom d'*acide mannitique*. En même temps il se produit un sucre fermentescible optiquement inactif et offrant la composition de la glucose, la *mannitose* :

$$C^{12}H^{14}O^{12} \;+\; O^4 \;=\; H^2O^2 \;+\; C^{12}H^{12}O^{14}.$$
Mannite.   Acide mannitique.

$$C^{12}H^{14}O^{12} \;+\; O^2 \;=\; H^2O^2 \;+\; C^{12}H^{12}O^{12}.$$
Mannite.   Mannitose.

Cette dernière réaction montre que la mannite peut être convertie en un sucre fermentiscible par une soustraction d'hydrogène. Elle est inverse de celle qui a été découverte par M. Linnemann (page 436).

C'est après avoir éprouvé une semblable réduction que la mannite est capable de donner une petite quantité d'alcool, lorsque, comme l'a indiqué M. Berthelot, on l'abandonne pendant plusieurs semaines avec de la craie et du fromage.

En présence des tissus du testicule, une solution de mannite est réduite partiellement au bout de quelques semaines ou de quelques mois, et il se forme une certaine quantité d'une glucose incristallisable fermentescible (Berthelot).

La mannite subit une réduction remarquable lorsqu'on la chauffe avec une solution très-concentrée d'acide iodhydrique (Wanklyn et Erlenmeyer). Il se forme dans ce cas de l'iodhydrate d'hexylène et il se sépare de l'iode.

$$\left.\begin{matrix}C^{12}H^8\\ H^6\end{matrix}\right\}O^{12} \;+\; 11HI \;=\; C^{12}H^{12},HI \;+\; 6H^2O^2 \;+\; 5I^2.$$
Iodhydrate
d'hexylène.

La découverte de cette réaction a définitivement fixé le poids moléculaire de la mannite, en montrant que cette substance renferme autant d'atomes de carbone que l'hexylène et ses dérivés.

Action des acides sur la mannite. — Avec les acides, la mannite se comporte comme un alcool hexatomique.

Parmi les éthers proprement dits de la mannite il faut ranger la nitromannite et une combinaison de mannite avec 6 équivalents d'acide stéarique.

La *nitromannite* $\left.\begin{matrix}(C^{12}H^5)^{VI}\\(AzO^4)^6\end{matrix}\right\} O^{12}$ est l'éther hexanitrique de la mannite. Pour l'obtenir, on arrose 1 partie de mannite en poudre avec une petite quantité d'acide azotique d'une densité de 1,5 ; on triture dans un mortier en ajoutant, par petites portions et alternativement, 4,5 parties d'acide azotique et 10,5 parties d'acide sulfurique ; on ajoute ensuite une grande quantité d'eau ; on recueille la nitromannite insoluble et on la fait cristalliser dans l'alcool (Strecker).

La nitromannite constitue des aiguilles blanches, soyeuses, fusibles à 70°. Elle se dissout dans l'alcool et dans l'éther et est insoluble dans l'eau. A 90°, elle se décompose avec déflagration. Elle détone lorsqu'on la chauffe brusquement ou même par le choc.

M. Berthelot a obtenu la *mannite hexastéarique*

$$\left.\begin{matrix}(C^{12}H^5)^{VI}\\(C^{36}H^{35}O^2,{}_6)\end{matrix}\right\} O^{12}$$

en chauffant la mannitane tétrastéarique pendant 20 à 30 heures avec un excès d'acide stéarique à une température supérieure à 200°.

On a décrit diverses combinaisons de mannite avec les acides sulfurique et phosphorique (Favre, Knop et Schnedermann).

Mannitane et dérivés. — Par l'action d'un grand nombre d'acides sur la mannite, on obtient des combinaisons qui ne constituent pas, à proprement parler, des éthers de la mannite, mais bien des éthers d'un anhydride de la mannite, que M. Berthelot a désigné sous le nom de mannitane.

$$\underset{\text{Mannite.}}{\left.\begin{matrix}(C^{12}H^8)^{VI}\\H^6\end{matrix}\right\} O^{12}} - H^2O^2 = \underset{\text{Mannitane.}}{\left.\begin{matrix}(C^{12}H^8)^{VI}\\H^4\end{matrix}\right\} O^{10}}.$$

Les combinaisons formées par l'action des acides acétique, butyrique, palmitique, stéarique, succinique sur la mannite, constituent donc plutôt les éthers de la mannitane que ceux de la mannite.

M. Berthelot a décrit la *mannitane diacétique*

$$\left.\begin{matrix}(C^{12}H^8)^{VI}\\2(C^4H^3O^2),H^2\end{matrix}\right\} O^{10},$$

la *mannitane dibutyrique*, la *mannitane tétrabutyrique*

$$\left.\begin{matrix}(C^{12}H^8)^{VI}\\(C^8H^7O^2)^4\end{matrix}\right\} O^{10},$$

la *mannitane tétrastéarique*

$$\left.\begin{array}{l}(C^{12}H^{8})^{vi}\\(C^{36}H^{35}O^{2})4\end{array}\right\}O^{10},$$

la *mannitane monosuccinique*

$$\left.\begin{array}{l}(C^{12}H^{8})^{vi}\\(C^{8}H^{4}O^{4})''H^{2}\end{array}\right\}O^{10}, \text{ etc.}$$

Lorsqu'on chauffe la mannitane acétique avec de l'eau de baryte à 100°, il se forme de l'acétate de baryte, et la mannitane est mise en liberté. Pour l'isoler, on enlève l'excès de baryte par l'acide carbonique, on évapore le liquide filtré au bain-marie, et on épuise le résidu par l'alcool absolu.

La solution alcoolique abandonne la mannitane par l'évaporation, sous forme d'une substance sirupeuse, douée d'une saveur douce, soluble dans l'eau et dans l'alcool absolu, insoluble dans l'éther.

M. Berthelot a obtenu une fois un second anhydride de la mannite, la *mannide*,

$$\underset{\text{Mannide.}}{\left.\begin{array}{l}(C^{12}H^{8})^{vi}\\H^{2}\end{array}\right\}O^{8}} = \underset{\text{Mannite.}}{\left.\begin{array}{l}(C^{12}H^{8})^{vi}\\H^{6}\end{array}\right\}O^{12}} - 2H^{2}O^{2},$$

sous forme d'un liquide sirupeux, doué d'une saveur à peine sucrée.

DULCITE, MÉLAMPYRINE.

$C^{12}H^{14}O^{12}$.

M. Hünefeld a découvert cette substance en 1836, dans l'herbe de *Melampyrum nemorosum*, et l'a nommée *mélampyrine*. En 1850, Laurent a retiré la *dulcite* ou *dulcine* d'une manne provenant de Madagascar. M. Gilmer a démontré récemment l'identité de la mélampyrine et de la dulcite.

On prépare aisément cette substance en dissolvant la manne de Madagascar dans l'eau bouillante et en faisant cristalliser.

La dulcite forme des prismes rhomboïdaux obliques incolores. Elle se dissout dans 3 parties d'eau à 16° ; elle est peu soluble dans l'alcool, insoluble dans l'éther. Elle fond à 182°.

Elle se comporte comme la mannite avec l'acide iodhydrique et les acides. MM. Wanklyn et Erlenmeyer l'ont réduite en iodhydrate d'hexylène $C^{12}H^{12}$, HI en la chauffant avec l'acide iodhydrique. En l'oxydant par l'acide azotique, M. Carlet a obtenu de l'acide mucique, de l'acide racémique et un sucre fermentescible. Lorsqu'on la chauffe pendant longtemps, elle perd de l'eau et se convertit en *dulcitane* $C^{12}H^{12}O^{10}$ (Berthelot).

QUERCITE ET PINITE.

$$C^{12}H^{12}O^{10}.$$

Ces deux substances sont isomériques avec la mannitane et la dulcitane.

La *quercite*, ou sucre de glands, a été découverte par Braconnot en 1849, dans les glands. Elle forme de petits prismes rhomboïdaux obliques, inaltérables à l'air. Elle fond à 235°. Elle se dissout dans 8 à 10 parties d'eau froide. La solution dévie à droite le plan de polarisation.

La *pinite* a été découverte en 1855 par M. Berthelot, dans la résine du pin de Californie (*Pinus lambertiana*). Elle cristallise en mamelons très-solubles dans l'eau, possédant une saveur sucrée. Sa solution dévie le plan de polarisation à droite.

MATIÈRES SUCRÉES ET AMYLACÉES

Parmi les substances les plus répandues dans l'organisme des végétaux et les plus importantes par le rôle qu'elles jouent dans les procédés de la vie, il faut compter les différentes espèces de sucre, l'amidon, les gommes, la matière des jeunes cellules végétales ou la cellulose. Ces corps forment un groupe très-naturel, car ils se rapprochent beaucoup les uns des autres par leur composition et leurs propriétés. Quelques-uns d'entre eux ont été rencontrés aussi dans l'organisme des animaux, mais ils y abondent moins que dans le règne végétal.

Ces composés sont ternaires, et renferment le carbone, l'hydrogène et l'oxygène dans des proportions telles que l'oxygène suffit exactement pour former de l'eau avec l'hydrogène. Leur composition est donc exprimée par la formule générale

$$C^n(H^2O^2)^m$$

qui montre que si l'on retranchait l'hydrogène et l'oxygène sous forme d'eau, il ne resterait que du charbon. Aussi a-t-on nommé depuis longtemps les corps dont il s'agit *hydrates de charbon*. Ils renferment 12 ou 24 équivalents de carbone.

Ils sont neutres. Ils jouent le rôle d'alcools polyatomiques, ainsi que M. Berthelot l'a démontré. Ce chimiste a décrit, en effet, un certain nombre de combinaisons neutres résultant de l'union des acides avec divers corps appartenant à ce groupe.

On peut rapporter ces *hydrates de charbon* à 3 types différents, qui sont :

1° Le sucre de raisin, qu'on désigne généralement sous le nom de glucose;

2° Le sucre de canne ou la saccharose (Berthelot);

3° La matière amylacée ou amidon, et la matière des jeunes cellules végétales ou cellulose.

Les sucres qui se rattachent au sucre de raisin sont susceptibles d'éprouver facilement et directement la fermentation alcoolique au contact de la levûre de bière. Ils sont décomposés déjà à froid et facilement à 100° par les alcalis caustiques. Ils réduisent les solutions alcalino-cuivriques à froid ou au moins à 100°. Leur composition est exprimée par la formule

$$C^{12}H^{12}O^{12}.$$

Ce groupe comprend le sucre de raisin ou glucose, la lévulose, identique avec le sucre incristallisable des fruits, et la galactose résultant de l'hydratation du sucre de lait. Nous désignons ces sucres sous le nom de *glucoses*.

Les sucres qui se rattachent au sucre de canne ne fermentent point directement, mais ils sont susceptibles d'éprouver la fermentation alcoolique, après avoir fixé les éléments de l'eau et s'être transformés en glucoses, transformation qui s'accomplit sous l'influence des acides étendus ou sous l'influence d'un excès de levûre. Ces sucres, que nous désignons sous le nom de *saccharoses*, sont peu ou point attaqués par les lessives alcalines à 100°, et exercent à cette température une faible action réductrice sur les solutions alcalino-cuivriques. Leur composition est exprimée par la formule

$$C^{24}H^{22}O^{22}.$$

Ce groupe de sucres comprend le sucre ordinaire ou saccharose, e sucre de lait ou lactose, la mélitose, la mélézitose et la mycose ou tréhalose.

Les glucoses et les saccharoses constituent les sucres proprement dits.

Les corps qui se rattachent à l'amidon ne sont point fermentescibles. Leur composition est exprimée par la formule

$$C^{12}H^{10}O^{10},$$

ou par un multiple de cette formule.

Sous l'influence des acides, ils fixent de l'eau et se convertissent en glucoses fermentescibles. Pour quelques-uns d'entre eux, par exemple pour l'amidon et la gomme, cette transformation peut même s'effectuer sous l'influence d'un grand excès de ferment.

Ce groupe de corps comprend l'amidon, la dextrine, les gommes, la cellulose, etc.

Le tableau suivant donne un aperçu de tous ces hydrates de charbon.

SUCRES

GLUCOSES $C^{12}H^{12}O^{12}$	SACCHAROSES $C^{24}H^{22}O^{22}$	AMYLOSES $C^{12}H^{10}O^{10}$
Glucose (sucre de raisin).	Saccharose (sucre de canne).	Amidon.
Lévulose.	Lactose (sucre de lait).	Glycogène.
Galactose.	Mélitose.	Dextrine.
	Mélézitose.	Inuline.
	Mycose (tréhalose).	Gommes.
		Cellulose.
		Tunicine.

On connaît en outre quelques matières sucrées qui possèdent la composition des glucoses, mais qui ne sont point fermentescibles, et qu'on ne réussit pas à convertir par l'action des acides ou des ferments en sucres fermentescibles. Parmi ces corps, nous citerons la sorbine, qu'on a retirée des baies de sorbier, l'eucaline, produit de dédoublement de la mélitose, et l'inosite, sucre cristallisable qui existe dans l'économie animale et qui est identique avec une matière sucrée qu'on a retirée des haricots verts.

Action des matières sucrées et amylacées sur la lumière polarisée. — Parmi les propriétés générales des matières neutres en question, nous devons mentionner ici l'action qu'elles exercent sur la lumière polarisée : elles exercent le *pouvoir rotatoire*, c'est-à-dire qu'elles sont douées de la propriété de *dévier le plan de polarisation* à droite ou à gauche [1].

1. En se réfléchissant à la surface des corps, soit opaques, soit transparents, ou en se réfractant dans l'épaisseur de ces derniers, la lumière contracte des propriétés nouvelles qui la distinguent essentiellement de la lumière transmise directement par les corps lumineux. Ainsi, lorsqu'un rayon de lumière tombe sur une lame de verre, sous un angle de 35°,25′, elle se réfléchit suivant une ligne droite, de telle sorte que l'angle de réflexion, c'est-à-dire l'angle que forme le rayon réfléchi avec la normale soit égal à l'angle d'incidence, c'est-à-dire à l'angle que forme le rayon incident avec cette même normale. On constate de plus que ces deux angles sont situés dans le même plan. Si l'on reçoit le rayon réfléchi sur une seconde glace, il subira une seconde réflexion, suivant les mêmes lois ; mais cette réflexion sera partielle : elle deviendra nulle si le rayon réfléchi tombe sur la seconde lame, sous l'angle de 35°,25′ (qui est pour le verre, l'*angle de polarisation*), et si, de plus, la seconde lame est disposée de telle manière que la seconde réflexion se fasse dans un plan perpendiculaire au plan de la première. On a nommé *plan de polarisation* le plan dans lequel se réfléchit la lumière en se polarisant sur la première glace, et ce plan est perpendiculaire à celui dans lequel le rayon réfléchi s'éteint après être tombé sur une seconde glace sous l'angle de polarisation.

Les déviations du plan de polarisation diffèrent de sens et d'intensité pour les différentes matières sucrées. La plupart de ces dernières exercent le pouvoir rotatoire à droite, quelques-unes à gauche.

Toutes choses étant égales d'ailleurs, l'amplitude de la déviation varie suivant l'espèce de lumière qui traverse la solution de la matière sucrée, le plan de polarisation du rayon rouge étant moins dévié que celui du rayon violet. On rapporte ordinairement le pouvoir rotatoire à la déviation qu'éprouve le plan de polarisation pour la lumière violette (ou couleur fleur de pêcher), et on nomme cette couleur la *teinte de passage* ou *teinte sensible*.

Pour une substance donnée, l'amplitude de la déviation dépend du nombre des molécules que le rayon est obligé de traverser dans la dissolution. Ainsi, la longueur de la colonne restant la même, la déviation est d'autant plus forte que la solution est plus concentrée. D'un autre côté, la concentration de la solution restant la même, la déviation est proportionnelle à la longueur de la colonne.

On désigne sous le nom de *pouvoir rotatoire moléculaire* ou *spécifique* la déviation qu'un liquide homogène imprimerait au plan de polarisation du rayon simple à travers l'unité d'épaisseur, si ce liquide avait une densité idéale égale à l'unité.

Ce pouvoir rotatoire moléculaire est exprimé par le signe $[\alpha]$ qui prend une valeur positive pour des substances déviant à droite (dextrogyres), et une valeur négative pour des substances déviant à gauche (lévogyres).

Il est donné par l'expression

$$[\alpha] = \frac{a}{\lambda . \delta}$$

dans laquelle a représente la déviation observée (pour la teinte de passage), λ, la longueur, l'épaisseur de la colonne liquide, rapportée à 100 millimètres pris comme unité ($\lambda \times 100^{mm}$), δ, la densité du liquide.

Le pouvoir rotatoire spécifique de substances solides se trouvant en dissolution dans l'eau, est donné par la formule

$$[\alpha] = \frac{a}{\varepsilon . \lambda . \delta}$$

ε désignant la quantité de substance solide contenue dans un gramme de la solution.

Le tableau suivant indique le pouvoir rotatoire spécifique d'un certain nombre d'hydrates de charbon.

GLUCOSES.	SACCHAROSES.	AMYLOSES.
Glucose.. $[\alpha] = + 57^\circ,6$	Saccharose. $[\alpha] = + 73^\circ,8$	Amidon soluble $\{[\alpha] = - 211^\circ$
Lévulose. $[\alpha] = \begin{cases} - 106^\circ \text{ à } 15^\circ \\ - 53^\circ \text{ à } 90^\circ \end{cases}$	Lactose.... $[\alpha] = + 59^\circ,3$	Dextrine $[\alpha] = + 138^\circ,7$
Galactose $[\alpha] = - 83^\circ,8$	Mélitose... $[\alpha] = + 102^\circ$	Inuline. $[\alpha] = - 34^\circ,4$
NON FERMENTESCIBLES.	Mélézitose.. $[\alpha] = + 94^\circ$	Arabine $[\alpha] = - 36^\circ$
Eucaline. $[\alpha] = $ environ $+ 65^\circ$	Tréhalose. $[\alpha] = + 220^\circ$	environ.
Sorbine.. $[\alpha] = - 46^\circ,9$		

GLUCOSE.

$C^{12}H^{12}O^{12}.$

Lowitz a distingué le premier (1792), du sucre de canne, la matière sucrée cristallisable du miel. Proust reconnut, en 1802, la nature particulière du sucre de raisin, dont l'existence fut reconnue plus tard dans un grand nombre de fruits sucrés, tels que les prunes et les figues, à la surface duquel il forme, par la dessiccation, ces efflorescences blanches bien connues. Indépendamment de la glucose, la plupart des fruits sucrés renferment une quantité égale de lévulose; quelques-uns contiennent en outre du sucre ordinaire (saccharose). Ce mélange de glucose et de lévulose constitue le sucre interverti, et l'on peut admettre qu'il se forme, dans les fruits, par l'action des acides qui l'accompagnent souvent.

La glucose a été découverte aussi dans l'urine des diabétiques, et plus récemment, en petite quantité, dans d'autres humeurs de l'économie animale, telles que le sang, le chyle, la lymphe, les liquides amniotique et allantoïque, le blanc d'œuf. Elle existe en petite quantité dans l'urine normale. On l'a signalée aussi dans le tissu du foie (Bernard et Barreswil).

Kirchhoff a découvert, en 1811, la formation artificielle de la glucose par l'action de l'acide sulfurique étendu sur l'amidon. En 1819, Braconnot a réussi à faire éprouver à la cellulose une transformation analogue par les mêmes moyens. Diverses matières qui se rencontrent dans l'organisme des animaux, telles que le glycogène, la tunicine, la chitine, ont été converties en un sucre fermentescible, probablement identique avec la glucose.

Enfin on a reconnu que la matière sucrée fermentescible qu'on peut séparer de diverses glucosides telles que l'amygdaline, la salicine, l'acide tannique, est cristallisable et identique avec la glucose.

Dans ces derniers temps, on a réussi à former, sinon la glucose, du moins un sucre fermentescible analogue à la glucose, par des procédés synthétiques, dont le plus remarquable a été découvert par M. Lœwig. Il consiste à traiter l'éther oxalique par le sodium (page 383).

Préparation. — On prépare la glucose, dans les arts, par le procédé suivant :

On introduit dans une grande cuve en bois 6,000 litres d'eau et 12 kilogrammes d'acide sulfurique à 66°, et on agite le mélange. Au fond de la cuve circule un serpentin percé de petites ouvertures. et qui se trouve en communication avec un générateur de vapeur à haute pression. Par ce serpentin on fait arriver dans le liquide des jets de vapeur surchauffée. On fait alors couler dans la cuve, par portions, 2,000 kilogrammes de fécule délayés dans environ 2,000 litres d'eau tiède. Le liquide étant maintenu bouillant, la saccharification est complète 30 à 40 minutes après la dernière addition de fécule. On sature alors l'acide sulfurique au moyen de la craie pulvérisée. On laisse reposer le liquide, on le clarifie en le faisant passer dans des filtres Dumont (page 459) et on l'évapore dans des chaudières chauffées à la vapeur, jusqu'à ce qu'il marque 30° Baumé. On obtient ainsi le *sirop de fécule*. On le laisse reposer pendant 24 heures dans des tonneaux, où il dépose du sulfate de chaux. On l'emploie pour la fabrication de la bière.

Veut-on obtenir de la *glucose en masse*, on concentre le sirop jusqu'à 40 ou 41° Baumé, puis on le verse dans un rafraîchissoir, où la cristallisation commence. On l'introduit ensuite dans des tonneaux où il se prend en une masse blanche, opaque, dure.

Lorsqu'on abandonne pendant 8 à 10 jours du sirop de fécule concentré à 31 ou 33° Baumé, il se remplit de petits cristaux mamelonnés. Débarrassés de l'eau-mère et séchés, ces cristaux constituent la *glucose granulée*.

On peut extraire la glucose du miel, en délayant ce produit dans une petite quantité d'alcool froid, qui dissout le sucre incristallisable. On décante la partie liquide et on comprime fortement le résidu solide entre des feuilles de papier, on délaye dans un peu d'alcool froid, et, après avoir comprimé de nouveau, on dissout le résidu dans l'eau chaude ; on décolore par le charbon animal, on filtre et on abandonne à cristallisation.

Pour retirer le sucre de l'urine diabétique, on évapore celle-ci au bain-marie, ou mieux, dans une étuve ; on ajoute au liquide sirupeux une petite quantité d'alcool, et on l'abandonne ensuite jusqu'à ce qu'il soit pris en une masse cristalline. On lave cette masse à l'alcool froid et on la purifie par plusieurs cristallisations dans l'eau chaude, avec addition de charbon animal. Au lieu de dissoudre la glucose dans l'eau chaude, on peut la dissoudre à chaud dans l'alcool à 90° cent. Elle cristallise plus facilement du sein de l'alcool. Lorsque l'urine diabétique n'est pas très-riche en glucose, elle laisse déposer indépendamment de celle-ci, ou même exclusivement, des cristaux de la combinaison de glucose et de sel marin.

Propriétés. — La glucose se présente ordinairement sous forme de petits cristaux mamelonnés blancs, opaques, agglomérés en choux-fleurs. Ces cristaux renferment 2 équivalents d'eau de cristallisation ($C^{12}H^{12}O^{12} + H^2O^2$). Ils sont inaltérables à l'air. Ils se ramollissent à 60°, fondent au bain-marie et perdent leur eau de cristallisation à 100°, ou même dans un courant d'air à 80°. Du sein de l'alcool absolu bouillant, la glucose se dépose en aiguilles anhydres ($C^{12}H^{12}O^{12}$) qui ne fondent qu'à 196°.

La glucose est trois fois moins soluble dans l'eau que le sucre de canne, et sa solution est trois fois moins sucrée, pour une égale concentration, que celle du sucre de canne. 1 partie de glucose se dissout dans 1.2 partie d'eau à 17°. La glucose se dissout aussi très-facilement dans l'alcool faible. Elle est moins soluble dans l'alcool absolu. 1 partie de glucose anhydre se dissout à 17° dans 50,2 parties d'alcool d'une densité de 0,837, et dans 4,6 parties du même alcool bouillant. Elle se dissout dans 9,7 parties d'alcool d'une densité de 0,880 et dans 0,73 partie du même alcool bouillant (Anthon).

Lorsqu'on abandonne longtemps la solution aqueuse de glucose à elle-même, ou qu'on la soumet à l'ébullition, on remarque une diminution notable dans le pouvoir rotatoire. Le pouvoir rotatoire spécifique de la glucose, qui est $[\alpha] = + 104°$ au moment où elle a été dissoute, s'abaisse peu à peu à froid et très-rapidement à l'ébullition, de manière à devenir $[\alpha] = + 57°,6$.

Action de la chaleur sur la glucose. — Lorsqu'on chauffe la glucose, à environ 170°, elle fond, perd de l'eau et se convertit en *glucosane* (Gélis).

$$C^{12}H^{12}O^{12} = H^2O^2 + C^{12}H^{10}O^{10}.$$
Glucosane.

Ce dernier produit n'a pas encore été obtenu à l'état de pureté parfaite. Il constitue une masse incolore à peine sucrée. Il dévie le plan de polarisation à droite. Il ne fermente point directement, mais les acides étendus le convertissent, à l'ébullition, en glucose fermentescible.

Lorsqu'on porte la glucose ou la glucosane à une température plus élevée, il se forme des substances brunes analogues au caramel.

Action des acides. — La glucose ne se colore point lorsqu'on la traite à froid par l'acide sulfurique concentré; elle s'y combine en formant de l'acide sulfoglucosique, analogue à l'acide sulfosaccharique.

Lorsqu'on la chauffe avec de l'acide sulfurique, elle se charbonne et il se dégage de l'acide sulfureux.

Lorsqu'on fait bouillir longtemps la glucose avec de l'acide chlorhydrique étendu, elle se convertit en matières brunes analogues à l'acide ulmique. Chauffée avec de l'acide azotique étendu, la glucose est oxydée et donne de l'acide saccharique et de l'acide oxalique. Nous décrirons plus loin de véritables combinaisons de glucose, ou plutôt de glucosane, avec les acides.

Action des bases. — La glucose peut se combiner avec les bases pour former des composés analogues aux sels. On obtient une combinaison barytique (glucosate de baryte) $C^{12}H^{11}BaO^{12}$, sous forme d'une poudre cristalline blanche, en ajoutant à une solution alcoolique de glucose une solution d'hydrate de baryte dans l'alcool faible. Lorsqu'on dissout de l'hydrate de chaux dans une solution de glucose et qu'on mêle la solution avec de l'alcool, il se forme un précipité blanc de glucosate de chaux

$$C^{12}H^{10}Ca^2O^{12} + H^2O^2.$$

Enfin, MM. Soubeiran et Peligot ont décrit diverses combinaisons plombiques. Le glucosate basique de plomb

$$C^{12}H^{10}Pb^2O^{12} + 2PbO$$

se précipite lorsqu'on ajoute de l'ammoniaque à un mélange de solutions de glucose et d'acétate de plomb.

La plupart de ces combinaisons sont très-instables.

Les alcalis et les terres alcalines décomposent la glucose, lentement à froid, rapidement à l'ébullition.

Lorsqu'on ajoute à une solution de glucose une solution concentrée de potasse, et qu'on chauffe, la liqueur jaunit d'abord et ne tarde pas à prendre une teinte brune très-foncée. On observe la même coloration lorsqu'on chauffe la solution de glucose avec de l'hydrate de baryte ou de l'hydrate de chaux. Ces réactions sont très-énergiques. On en tire parti pour découvrir la glucose.

D'après M. Peligot, l'action des alcalis sur la glucose donne lieu à la formation de deux acides, qu'il nomme *glucique* et *mélassique*. Une solution de glucosate de baryte ou de glucosate de chaux, abandonnée à elle-même pendant quelques semaines, perd peu à peu sa réaction alcaline et renferme alors du glucate de baryte ou de chaux. Lorsqu'on ajoute à la glucose desséchée une solution bouillante et saturée d'hydrate de baryte et qu'on agite rapidement, une réaction très-vive s'accomplit, la liqueur entre en ébullition, jaunit, et il se forme du glucate de baryte. On attribue à l'acide glucique la composition $C^{24}H^{18}O^{18}$. Il se formerait, par conséquent, par la déshydratation de la glucose.

Action réductrice de la glucose. Une solution d'acétate cuivrique est réduite à l'ébullition par la glucose : il se précipite de l'oxyde cuivreux anhydre.

Les solutions de sulfate, d'azotate et de chlorure cuivriques ne sont réduites que très-lentement à la suite d'une longue ébullition avec la glucose ; la réduction a lieu plus facilement lorsqu'on ajoute de l'acétate de soude à ces solutions.

Une solution de sulfate de cuivre additionnée de glucose en quantité suffisante ne précipite plus par la potasse caustique, mais forme une liqueur d'un beau bleu d'azur. Lorsqu'on chauffe cette solution, elle verdit d'abord et laisse déposer, immédiatement après, un précipité jaune ou orangé d'oxyde cuivreux hydraté. Cette réaction, découverte par Trommer, est très-sensible et est souvent mise à profit pour la recherche de la glucose.

Il est à remarquer que l'action réductrice de ce corps sur les sels cuivriques se manifeste surtout avec énergie au sein de liqueurs alcalines. On emploie donc pour la recherche ou même pour le dosage de la glucose des solutions cupro-alcalines, qu'on obtient en dissolvant du tartrate cuivrique dans la potasse (liqueur de Barreswil) ou en ajoutant à une solution de sulfate de cuivre du sel de Seignette et de la soude caustique (liqueur de Fehling). Suivant différentes circonstances qu'il est difficile de préciser, mais qui paraissent dépendre de la concentration et de l'alcalinité du réactif, le précipité cuivreux est jaune ou jaune rougeâtre. Ces solutions cupro-alcalines sont déjà réduites par la glucose à la température ordinaire.

Lorsqu'on ajoute à une solution de glucose de l'azotate de bismuth et un excès de potasse caustique, et qu'on chauffe, il se forme un précipité noir de bismuth réduit.

Les solutions d'azotate d'argent, de chlorure d'or, d'azotate mercurique sont réduites à l'ébullition par la glucose; le sublimé est transformé en calomel.

Combinaisons de la glucose avec les acides. — M. Berthelot a décrit, sous le nom de *saccharides*, des combinaisons de la glucose avec différents acides, combinaisons qui doivent être assimilées aux éthers composés. Les saccharides constitueraient, d'après ce chimiste, les éthers non pas précisément de la glucose mais de la glucosane

$$C^{12}H^{10}O^{10} = \begin{Bmatrix} (C^{12}H^6)^{VI} \\ H^4 \end{Bmatrix} O^{10}$$

formée au dépens de la glucose par l'élimination de H^2O^2. Ainsi, en chauffant la glucose pendant longtemps avec de l'acide butyrique à 100°, M. Berthelot a obtenu la *saccharide butyrique* (ou glucosane dibutyrique)

$$C^{28}H^{22}O^{14} = \begin{Bmatrix} (C^{12}H^6)^{VI} \\ H^2(C^8H^7O^2)^2 \end{Bmatrix} O^{10}.$$

Ce corps prend naissance en vertu de la réaction suivante :

$$\underset{\text{Glucosane.}}{\begin{Bmatrix} (C^{12}H^6)^{VI} \\ H^4 \end{Bmatrix} O^{10}} + \underset{\text{Acide butyrique.}}{2 \begin{Bmatrix} (C^8H^7O^2) \\ H \end{Bmatrix} O^2} = \underset{\text{Glucosane dibutyrique.}}{\begin{Bmatrix} (C^{12}H^6)^{VI} \\ H^2(C^8H^7O^2)^2 \end{Bmatrix} O^{10}} + 2H^2O^2.$$

La glucosane elle-même résulte, dans cette réaction, de la déshydration de la glucose. La saccharide butyrique constitue un liquide oléagineux, peu soluble dans l'eau.

M. Berthelot a obtenu, par un procédé analogue, la glucosane (saccharide) distéarique

$$\begin{Bmatrix} (C^{12}H^6)^{VI} \\ H^2(C^{36}H^{35}O^2)^2 \end{Bmatrix} O^{10}$$

qui constitue une masse solide analogue à la cire, soluble dans l'alcool et l'éther, insoluble dans l'eau.

En soumettant les saccharides à une ébullition prolongée avec de l'acide sulfurique ou chlorhydrique faible, on les dédouble en acides, qui deviennent libres, et en un sucre fermentescible. Cette propriété rapproche ces corps intéressants d'une classe nombreuse de composés naturels qui sont connus depuis longtemps sous le nom de *glucosides*. Parmi ces composés, nous nous bornerons à mentionner ici l'amygdaline, la salicine, la phloridzine, la popu-

line, l'arbutine, la convolvuline, la jalappine, le tannin (voir plus
loin). En se dédoublant sous l'influence des acides, ces glucosides
donnent, indépendamment de la glucose, d'autres substances dont
la nature varie, et qui appartiennent ordinairement à la classe des
combinaisons aromatiques (essence d'amandes amères, saligénine,
acide benzoïque, etc.).

Combinaisons de la glucose avec le chlorure de sodium. — Lorsqu'on ajoute du chlorure de sodium à une solution de glucose et
qu'on abandonne le tout à l'évaporation spontanée, on obtient,
suivant les proportions, diverses combinaisons définies et cristallines des deux corps. Du sucre de diabète saturé de sel marin laisse
déposer des cristaux $2C^{12}H^{12}O^{12},2NaCl + H^2O^2$ qui perdent leur
eau de 130 à 140°. En même temps il se dépose des cristaux plus
petits qui renferment $C^{12}H^{12}O^{12},2NaCl$ (Staedeler).

Une solution de 1 molécule de chlorure de sodium et de 2 molécules de glucose laisse déposer, par l'évaporation spontanée, de
gros prismes rhomboïdaux qui renferment $2C^{12}H^{12}O^{12},NaCl + H^2O^2$.
Ces cristaux perdent leur eau à 100° et se décomposent à 160°
(Calloud, Peligot).

Dosage de la glucose. — Parmi les procédés qu'on a employés
pour le dosage de la glucose, nous mentionnerons les suivants :
1° Fermentation et détermination de l'acide carbonique. 2° Réduction d'une solution cupro-alcaline dont le titre est connu. 3° Détermination du pouvoir rotatoire. Nous décrirons sommairement les
deux premiers procédés.

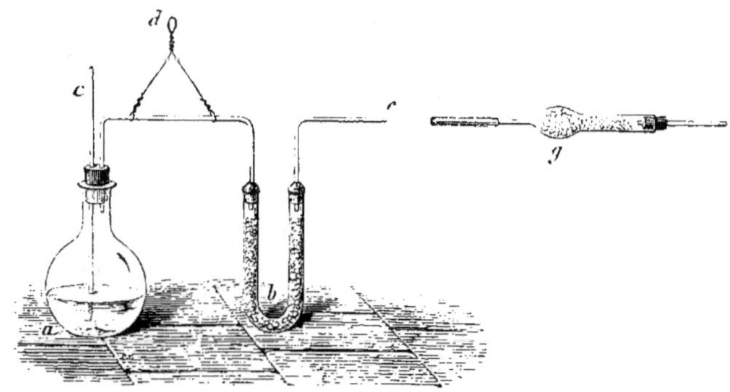

Fig. 30.

1° Dosage de la glucose par fermentation. — On peut employer
l'appareil suivant (*fig.* 30). *a* est un petit matras à fond plat, fermé

par un bouchon percé de deux trous; le premier livre passage à un tube de sûreté *c*, le second à un tube recourbé, qui met en communication le matras avec un tube en U *b* .rempli de ponce sulfurique; le fil de cuivre *d* sert à suspendre l'appareil dans la balance.

Pour faire l'essai, on introduit en *a* 30 à 40 centimètres cubes de la liqueur où l'on veut déterminer la glucose, puis de la levûre de bière fraîche. Après avoir fixé le bouchon, on pèse; puis on ferme le tube *c* à l'aide d'un tube de caoutchouc dans lequel on a glissé un bout de baguette de verre; on ajuste à l'extrémité ouverte de l'appareil *e* un petit tube à chlorure de calcium *g*, destiné à empêcher l'entrée de l'air humide dans le tube *b;* puis on abandonne l'appareil à lui-même dans un endroit chaud (25 à 30°) pendant 24 à 48 heures.

Lorsque, au bout de ce temps, tout dégagement de gaz a cessé, on aspire de l'air sec à travers l'appareil de manière à chasser tout l'acide carbonique qu'il renferme, puis on le pèse. La perte de poids indique la quantité d'acide carbonique qui s'est dégagée. Cette quantité étant connue, on trouvera approximativement la proportion de la glucose à l'aide de l'équation

$$C^{12}H^{12}O^{12} = 2C^4H^6O^2 + 2C^2O^4.$$

2° *Dosage de la glucose au moyen de la liqueur cupro-potassique.* —Pour préparer cette liqueur, on dissout dans 160 grammes d'eau 40 grammes de sulfate de cuivre cristallisé. D'autre part, on dissout dans l'eau 160 grammes de sel de Seignette (page 407), et on ajoute à la solution 600 à 700 centimètres cubes de lessive de soude caustique d'une densité de 1,12. On mêle les deux solutions et on y ajoute de l'eau de manière à obtenir 1154,4 centimètres cubes. On a préparé ainsi la liqueur de Fehling.

On introduit 10 centimètres cubes de cette liqueur dans une capsule de porcelaine, on l'étend de 4 fois son volume d'eau, on porte à l'ébullition et on y ajoute, goutte à goutte, à l'aide d'une burette, la solution glucosique jusqu'à ce que la couleur bleue de la liqueur d'épreuve ait complétement disparue. Celle-ci est titrée de telle sorte que pour opérer la réduction complète de 10 centimètres cubes, il faille exactement $0^{gr},05$ de glucose. Cette quantité de glucose répond, par conséquent, à 10 centimètres cubes de la liqueur de Fehling.

LÉVULOSE.

$$C^{12}H^{12}O^{12}.$$

Cette substance, qu'on désigne souvent sous le nom de sucre de fruits incristallisable, forme la partie incristallisable de la matière sucrée qui existe dans certains fruits (Bouchardat). Elle constitue un des éléments du sucre interverti, mélange de glucose et de lévulose; elle se forme lorsqu'on soumet l'inuline à une ébullition prolongée avec l'eau. Pour isoler la lévulose, M. Dubrunfaut mélange intimement 10 grammes de sucre interverti, 6 grammes d'hydrate de chaux et 100 grammes d'eau. La masse, d'abord liquide, devient pâteuse par l'agitation. Elle renferme alors du glucosate de chaux liquide et du lévulosate de chaux solide. On l'exprime fortement dans une toile, et on décompose par l'acide oxalique la combinaison de lévulose et de chaux. La lévulose reste en solution. Elle forme après l'évaporation un sirop incristallisable, plus sucré que le sirop de glucose. Sa solution aqueuse exerce le pouvoir rotatoire vers la gauche.

La lévulose est directement fermentescible. Chauffée à 170°, elle donne la *lévulosane* en perdant les éléments de l'eau

$$\underset{\text{Lévulose.}}{C^{12}H^{12}O^{12}} = \underset{\text{Lévulosane.}}{C^{12}H^{10}O^{10}} + H^{2}O^{2}.$$

Cette dernière substance constitue une masse amorphe, soluble dans l'eau. Elle n'est point directement fermentescible, mais lorsqu'on la fait bouillir avec de l'eau ou avec des acides étendus, elle se convertit en lévulose fermentescible (Gélis).

SUCRE INTERVERTI.

Lorsqu'on soumet le sucre de canne à l'action des acides étendus, il se convertit, lentement à froid, rapidement à l'ébullition, en une matière sucrée qui dévie le plan de polarisation vers la gauche : de là le nom de sucre interverti.

On a reconnu que cette matière constitue un mélange à parties égales de glucose, qui dévie à droite, et de lévulose, qui dévie fortement à gauche, de telle sorte que le pouvoir rotatoire du mélange s'exerce à gauche : $[\alpha] = -25°$ à 15°. Nous venons d'indiquer comment on peut séparer la lévulose de ce mélange.

On sait depuis longtemps que les ferments font éprouver au sucre de canne une semblable transformation en sucre interverti, transformation qui s'accomplit, d'après M. Berthelot, par l'action d'une matière soluble contenue dans la levûre de bière.

Les fruits sucrés renferment ordinairement du sucre interverti. Quelquefois ce sucre est accompagné de saccharose ou sucre de canne. On pensait autrefois que ce dernier sucre existait exclusivement dans les fruits sucrés neutres. Il n'en est pas ainsi d'après M. Buignet. Les abricots, les pêches, les ananas, les citrons, les prunes, les framboises, etc., renferment du sucre de canne indépendamment du sucre interverti. Cette dernière matière sucrée, c'est-à-dire le mélange de glucose et de lévulose, est contenue, à l'exclusion du sucre de canne, dans les raisins, les cerises, les figues, les groseilles à maquereau. M. Buignet admet que le sucre interverti se forme dans les fruits moins par l'action des acides que sous l'influence d'un ferment particulier que ces fruits renferment.

Le sucre interverti fermente directement au contact de la levûre; mais des deux éléments qu'il renferme, la glucose, plus fermentescible, disparaît plus rapidement, de telle sorte que la liqueur devient de plus en plus riche en lévulose.

GALACTOSE.

$C^{12}H^{12}O^{12}$.

Cette matière sucrée se forme lorsqu'on fait bouillir la lactose, ou sucre de lait, pendant plusieurs heures avec de l'acide sulfurique très-étendu. Après le refroidissement, on neutralise par la craie, on filtre, on évapore au bain-marie et on fait cristalliser.

La galactose cristallise en petits mamelons formés par des aiguilles microscopiques. Elle est très-soluble dans l'eau, presque insoluble dans l'alcool. Elle fermente directement au contact de la levûre. Elle réduit la liqueur cupro-potassique. Traitée par l'acide azotique, elle donne deux fois plus d'acide mucique que la lactose.

SORBINE.

$C^{12}H^{12}O^{12}$.

M. Pelouze a découvert cette matière sucrée dans le jus de sorbier. Il avait abandonné ce suc en vase ouvert pendant 13 à 14 mois. Ayant séparé au bout de ce temps la liqueur des précipités et des moisissures, il l'a évaporée en consistance sirupeuse. La sorbine s'est déposée en cristaux qui ont été purifiés.

Elle forme de gros octaèdres rhomboïdaux incolores, transparents, doués d'une saveur sucrée. Elle n'est point directement fermentescible, et de plus, elle est incapable de se transformer en glucose sous l'influence des acides étendus.

INOSITE OU PHASÉOMANNITE.

$$C^{12}H^{12}O^{12} + 2H^2O^2.$$

Ce corps a été découvert en 1850 par M. Scherer dans le liquide musculaire, c'est-à-dire dans le liquide qui baigne les fibres des muscles. M. Cloetta l'a rencontré dans les poumons, les reins, la rate, le foie. On en a signalé la présence dans certaines urines pathologiques (inosurie).

M. Vohl a retiré, en 1856, des haricots verts (*Phaseolus vulgaris*) une matière sucrée qu'il a d'abord nommée *phaséomannite*, mais qu'il reconnut plus tard être identique avec l'inosite.

Pour retirer l'inosite des muscles et principalement du cœur, on se sert des eaux-mères qui ont déjà laissé déposer la créatine, on y ajoute de l'acide sulfurique étendu pour précipiter la baryte, on filtre et on agite la liqueur aqueuse avec de l'éther, pour extraire l'acide lactique et les acides gras volatils. On ajoute ensuite de l'alcool à la solution aqueuse jusqu'à ce qu'elle commence à se troubler, et on l'abandonne à elle-même. Elle laisse d'abord déposer des cristaux de sulfate de potasse, puis un mélange de sulfate et d'inosite. On trie les cristaux d'inosite et on les purifie par de nouvelles cristallisations dans l'eau.

L'inosite se présente sous forme de grandes tables rhomboïdales ou de prismes incolores, transparents, doués d'une saveur sucrée. Ces cristaux s'effleurissent dans l'air sec. Ils perdent leur eau complétement dans le vide sec ou à 100°. Leur densité à 5° est égale à 1,1154. 1 partie d'inosite exige pour se dissoudre 6 parties d'eau à 19°. Cette substance ne se dissout ni dans l'alcool absolu ni dans l'éther. Elle est optiquement inactive. Elle n'est point convertie en glucose par l'action des acides étendus. Elle ne réduit point la liqueur cupro-potassique, elle ne fermente point sous l'influence de la levûre, mais lorsqu'on la mélange avec de la craie et du fromage blanc, elle se convertit rapidement en acide lactique et en acide butyrique. Lorsqu'on dissout l'inosite sèche dans de l'acide azotique monohydraté, on la convertit en nitroinosite $C^{12}H^6(AzO^4)^6O^{12}$.

SUCRE ORDINAIRE OU SACCHAROSE.

Ce corps constitue le sucre de canne, le sucre de betterave et le sucre d'érable.

Les anciens connaissaient déjà le sucre de canne, mais ne l'employaient que comme médicament. Les Grecs le nommaient *sel indien, miel de roseau.*

Les Arabes ont rapporté la canne à sucre des Indes-Orientales. Elle fut cultivée d'abord dans les îles de Chypre et de Candie, puis en Sicile et en Andalousie, enfin, au commencement du XVIe siècle, aux Indes-Occidentales (Amérique), où cette culture s'est prodigieusement développée depuis. La consommation du sucre s'est constamment accrue depuis le commencement du XVIIIe siècle. La France, qui n'en consommait qu'un million de kilogrammes vers 1700, en consomme aujourd'hui plus de 125 millions de kilogrammes.

Marggraf constata, en 1747, la présence du sucre dans les betteraves, et Achard essaya le premier de l'en extraire. Ces essais ont été tentés en 1796 en Silésie.

Le sucre est très-répandu dans le règne végétal.

On le rencontre dans la tige des cannes à sucre, du sorgho, des roseaux, du maïs ou blé de Turquie ; dans la séve de l'érable et du bouleau ; dans les racines de betterave, de panais, de carotte, de navet, de persil ; dans les patates douces ; dans les melons, les citrouilles, les bananes, les dattes, les noix de coco, et dans la plupart des fruits des tropiques ; dans les tubercules de la gesse et du souchet comestible ; dans le nectar des fleurs, etc.

On le retire principalement de la canne à sucre, de la betterave, du sorgho et de l'érable.

Extraction du sucre de canne. — D'après l'analyse de M. Peligot, la canne fraîche renferme sur 100 parties :

Eau	72,1
Sucre et autres matières solubles	18,0
Tissu ligneux	9,9
	100,0

Pour en retirer le sucre, on coupe les tiges mûres par le pied et on les écrase, dans les sucreries bien montées, à l'aide de presses énergiques qui consistent en 3 gros cylindres en fonte disposés horizontalement (figure 32) ou verticalement dans un bâti très-solide (*fig.* 31) [1]. Les cannes sont amenées par un tablier sans

1. Toutes ces figures et la plupart des détails concernant la fabrication du sucre

fin F G (*fig* 32) sur une plaque H, et se trouvent ensuite aplaties et pressées par les cylindres A, B, C, qui agissent comme des lami-

Fig. 31.

noirs. On parvient ainsi à retirer de la canne 60 à 65 pour cent de

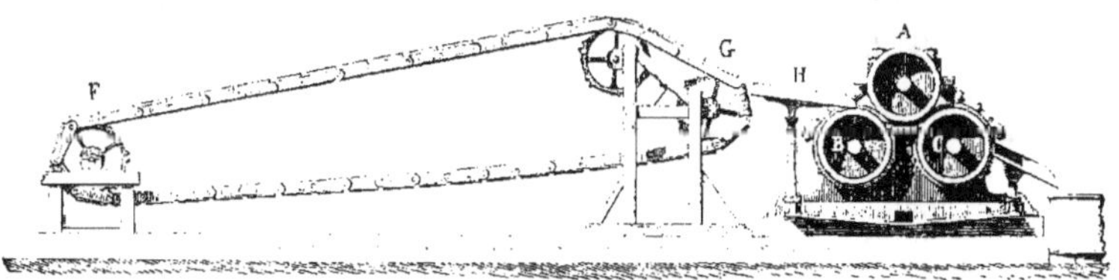

Fig. 32.

suc qu'on nomme *vesou*. La bagasse ou canne exprimée en retient environ 25 pour cent. Elle sert de combustible.

Le vesou constitue une dissolution aqueuse de sucre renfermant à peine quelques centièmes de sels et de matières organiques azotées. Il s'altérerait rapidement à l'air si l'on n'avait soin de le *déféquer* immédiatement en le chauffant à 60°, avec quelques cen-

sont extraits de l'excellent ouvrage de Chimie appliquée aux arts industriels par M. J. Girardin.

tièmes de chaux, dans une grande chaudière en cuivre. Il se forme
à la surface du liquide des écumes qu'on enlève à mesure. Lorsque le jus est suffisamment clarifié, on le fait passer dans une seconde chaudière voisine de la première, et on l'y cuit rapidement
jusqu'à ce qu'il marque 25° à l'aréomètre. On le filtre alors à travers une étoffe de laine; on l'évapore dans d'autres chaudières en
consistance de sirop très-épais, puis on le verse d'abord dans une
large bassine, sorte de rafraîchissoir, et ensuite dans des caisses
ou tonneaux percés de trous qui sont bouchés. Là, le sirop encore
chaud se refroidit entièrement et laisse déposer, après l'agitation,
une masse de petits cristaux irréguliers qui sont imprégnés
d'un sirop épais. On débouche alors les trous et on laisse écouler
le sirop. On le cuit de nouveau à plusieurs reprises jusqu'à ce
qu'il ne donne plus de cristaux. Les dernières eaux-mères sont
épaisses et colorées, et constituent la *mélasse*. Quant au sucre brut,
on le fait sécher et on l'expédie en Europe sous le nom de *cassonade*.

Terme moyen, 100 parties de vesou, qui renferment, d'après
l'analyse de M. Peligot, 20 parties de sucre cristallisable, n'en
donnent guère que 10 à 12 parties.

La mélasse en retient une proportion notable; elle contient
aussi une certaine quantité de sucre incristallisable, résultant de
la transformation du sucre ordinaire.

Extraction du sucre de betterave. — L'espèce de betterave qu'on
exploite de préférence pour la fabrication du sucre est la *betterave
blanche de Silésie*, variété *à collet rose*. Elle est beaucoup moins
riche en sucre que la canne, et renferme, en moyenne, d'après
M. Peligot :

Eau...................................	85,0
Sucre.................................	10,0
Albumine et autres matières solubles...	2,5
Tissu ligneux	2,5
	100,0

Après avoir lavé les betteraves, on les déchire au moyen d'une
râpe ou cylindre dévorateur, armé de dents et animé d'un mouvement de rotation très-rapide. On introduit ensuite la pulpe dans
des sacs de laine qu'on superpose, en les séparant par des claies
d'osier, et que l'on soumet ensuite à l'action d'une puissante
presse hydraulique. On en exprime ainsi de 75 à 80 pour cent de
jus. Par l'exposition à l'air, ce jus de betteraves s'altère rapidement. On le soumet sans délai à la *défécation*, opération qui

s'exécute dans des chaudières à double fond chauffées à la vapeur (*fig.* 33).

On ajoute au jus une quantité de chaux qui varie depuis 300 grammes par hectolitre jusqu'à 800 grammes, et même 1 kilogramme, vers la fin de la campagne. On chauffe vers 95°, puis on fait passer le jus éclairci sur du noir animal en grains, ayant déjà servi à filtrer des sirops à 25°. Le noir est placé dans de grands cylindres A en tôle (*fig.* 34),

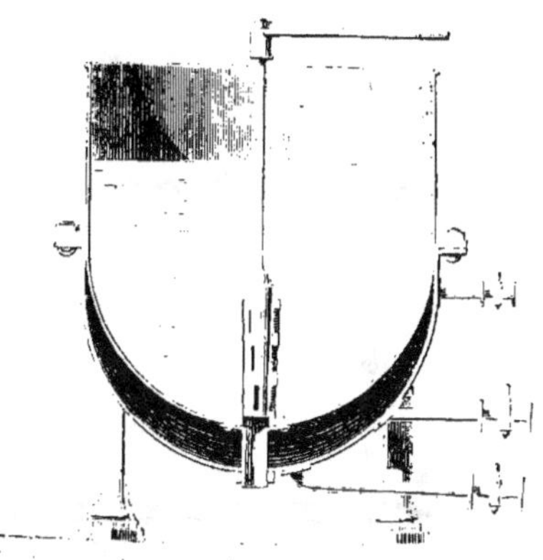

Fig. 33.

qui portent, vers la partie inférieure, un double fond *b b* percé de trous, sur lequel on place une toile humide. Sur cette toile on entasse, couche par couche, le noir humecté d'avance. On le recouvre d'une toile, puis d'un second diaphragme métallique *c c* criblé de trous, sur lequel on fait arriver le jus au moyen d'un robinet *r* à flotteur *f*; l'air interposé dans la masse du noir s'échappe par un tube *g g*, qui part du double fond et qui s'élève jusqu'au haut du cylindre. Le trou d'homme *h* sert pour le nettoyage de l'appareil, qui porte le nom de *filtre Dumont*.

Au sortir de ces filtres, le jus est dirigé dans des chaudières d'évaporation A A (*fig.* 35).

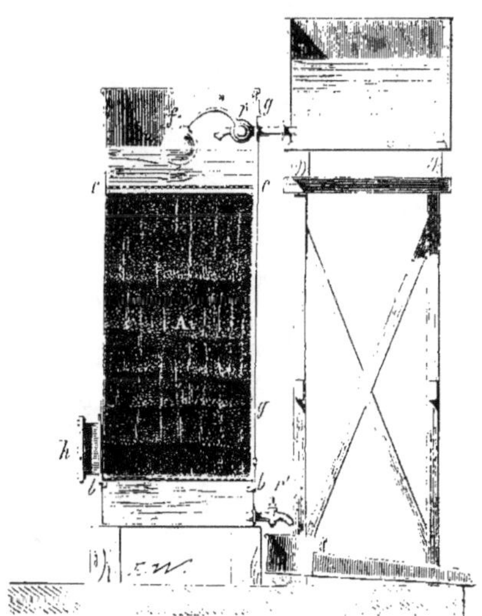

Fig. 34.

Au fond de ces chaudières oblongues sont disposés des tubes en fer à cheval B B, dans lesquels circule de la vapeur à haute pression. Pour vider le sirop par le robinet R, on fait basculer la chaudière sur un axe disposé à l'un des bouts, de manière à l'amener dans la position indiquée, dans la figure 35, par les lignes ponctuées.

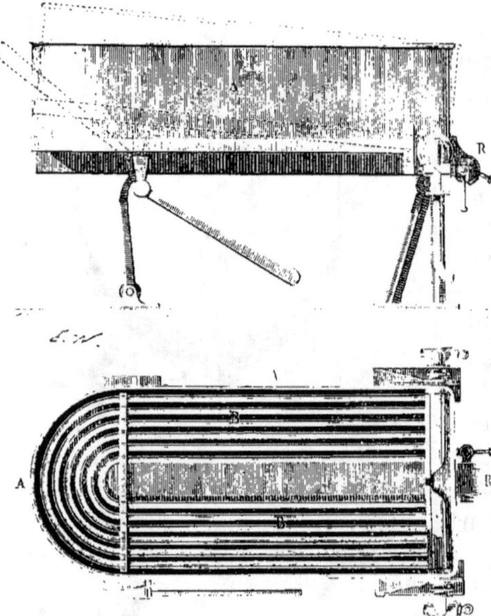

Le sirop à 25° est conduit sur des filtres Dumont chargés de noir frais. Il en sort limpide et incolore et est ensuite soumis à une nouvelle concentration dans des chaudières chauffées à la vapeur, et où l'on fait le vide pendant l'évaporation.

La forme de ces appareils varie. Le premier a été imaginé par l'Anglais

Fig. 35.

Howard. Le vide y est produit par une puissante machine pneu-

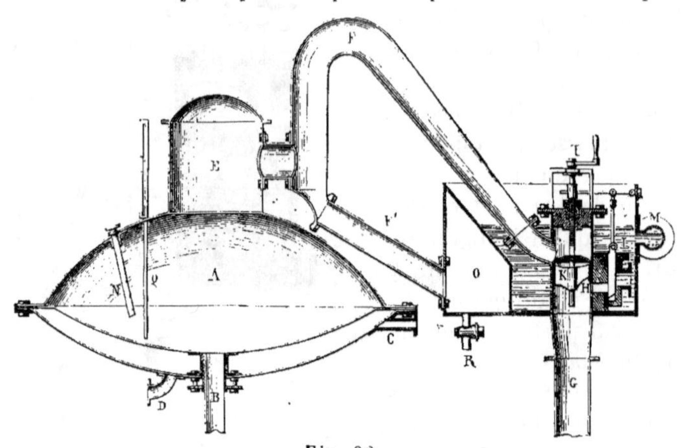

Fig. 36.

matique. La condensation de la vapeur s'opère dans un espace (chambre) où l'on fait arriver de l'eau froide.

L'appareil d'Howard se compose (*fig. 36*) :

1° D'une chaudière de cuite A, formée de deux calottes de cuivre rouge fortement boulonnées; la calotte inférieure est garnie d'un double fond dans lequel la vapeur arrive par le tuyau C. Ce double fond porte aussi un tuyau de retour d'eau D.

2° D'une chambre E où se rendent les vapeurs formées pendant la cuisson du sirop.

3° D'une chambre de condensation G, à laquelle aboutit un tuyau en communication avec une pompe à air destinée à maintenir le vide dans l'appareil.

4° D'un tuyau F qui conduit les vapeurs de la chaudière dans la chambre G, où de l'eau froide arrive par l'ouverture H, lorsque par le mouvement de la manivelle à vis I on a soulevé la soupape K et le piston L.

5° D'un tuyau F′ destiné à conduire le liquide entraîné par les vapeurs dans la capacité O, d'où l'on peut le retirer à l'aide du robinet R.

M est le tuyau d'alimentation de l'eau froide; N un petit tube qui permet de prendre du sirop d'épreuve; Q un thermomètre qui indique la température du sirop.

Dans cet appareil, la cuite s'opère en 14 à 16 minutes, et la température de l'ébullition ne dépasse pas 75° à 80°. Ces conditions sont essentielles pour obtenir des produits beaux et abondants, en empêchant autant que possible la formation du sucre incristallisable.

Lorsque le sirop marque 42° ou 43°, on le fait écouler dans un rafraîchissoir où on l'agite jusqu'à ce qu'il commence à grener, c'est-à-dire à déposer de petits cristaux. On le distribue alors sur des cônes de terre cuite percés à leur sommet d'un trou que l'on tient bouché. Ces cônes ou formes sont renversés sur leurs pots (*fig.* 37), et placés dans une étuve chauffée à 25°, où la cristallisation s'opère. Lorsque le sirop est solidifié dans les formes, on débouche les trous de celles-ci et on laisse écouler les mélasses dans les pots. Les pains égouttés sont détachés des formes, séchés dans une étuve. Ils constituent le *sucre brut* ou *cassonade*.

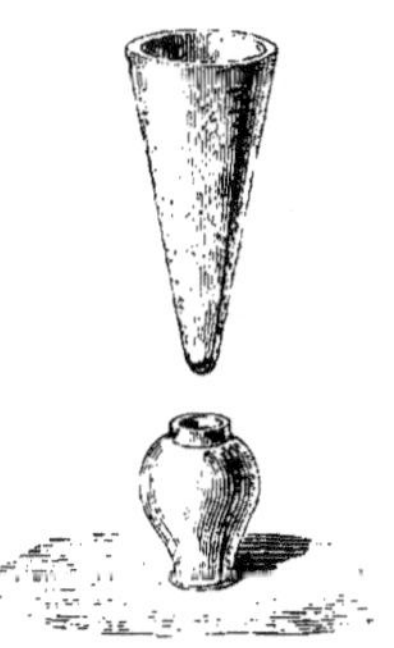

Fig. 37.

Les sirops d'égouttage ou mélasses, additionnés d'une petite quantité d'eau, sont passés au charbon et soumis à une nouvelle cuite. Ils fournissent du sucre de *second* et de *troisième jet*.

Aujourd'hui on commence à abandonner les formes et on fait cristalliser les sirops dans une immense bassine à double fond, dont on élève la température à 78° ou 80°. Par l'agitation, le sucre cristallise et le tout se prend en masse. On porte alors le sucre dans des caisses en tôle galvanisée dont le fond est fermé par une toile métallique. L'égouttage s'effectue ainsi avec rapidité.

Depuis quelques années on emploie pour l'égouttage et le blanchiment des sucres bruts l'*hydro-extracteur*, qui a été employé d'abord dans les ateliers de blanchissage et de teinture pour la dessiccation des pièces d'étoffe. Cet appareil, qu'on nomme *diable* ou *toupie*, est essentiellement formé par une cage cylindrique à parois métalliques, à laquelle on peut imprimer un mouvement de rotation extrêmement rapide autour de son axe. La circonférence est percée de trous, et c'est par ces ouvertures que s'écoule le sirop que le mouvement centrifuge chasse vers la périphérie de la masse qui remplit la cage cylindrique.

Vers la fin de la campagne, les jus de betteraves s'altèrent très-rapidement. Pour prévenir cette altération et la déperdition de sucre cristallisable qu'elle provoque, M. Rousseau a proposé de convertir le sucre en saccharate de chaux pendant la défécation. A cet effet, on ajoute au jus, par chaque hectolitre, $2^k,5$ de chaux délayée dans 13 à 14 litres d'eau, et on élève la température jusqu'à 95°. Il se forme des écumes qu'on enlève et du sucrate de chaux, qui résiste mieux que le sucre aux causes d'altération, et donne moins de déchet dans le courant du travail. Après avoir passé le jus au noir, on le fait rendre dans une deuxième chaudière, dans laquelle on dirige un courant d'acide carbonique : il se forme du carbonate de chaux et le sucre est mis en liberté. La décomposition terminée, on porte le jus à l'ébullition et on le filtre sur du noir en grains ; il est alors presque incolore. On le traite comme il a été dit précédemment.

Les sucres bruts ou cassonades sont plus ou moins colorés en jaune. Ils sont encore imprégnés de mélasse et renferment de 3 à 4 pour cent de matières étrangères. Il est donc nécessaire de la soumettre au raffinage pour obtenir du sucre pur.

Raffinage des sucres bruts. — Après avoir passé les cassonades au crible, on les dissout dans environ 30 pour cent de leur poids d'eau. Cette opération, qui porte le nom de *fonte*, s'exécute dans une chaudière à double fond (*fig.* 35). Après avoir agité, on projette dans la solution chaude 5 pour cent de noir animal fin ; on brasse, et lorsque l'ébullition commence, on ajoute $\frac{1}{2}$ pour cent de sang de bœuf. Celui-ci, en se coagulant au milieu du liquide, enveloppe toutes les particules en suspension et les réunit sous forme d'écumes, qui se séparent facilement. Lorsque le liquide s'est éclairci, on le soutire pour le filtrer.

Cette opération s'exécute dans les *filtres Taylor*, grandes caisses rectangulaires en bois, doublées de cuivre, à double fond, et dans lesquelles sont tendus 20 à 25 sacs en coton-peluche, qui servent de filtres (*fig.* 38). Ces sacs, suspendus par la partie supérieure, sont en communication, à la partie inférieure, avec des douilles qui percent le double fond. On verse le liquide dans l'intervalle que les sacs lais-

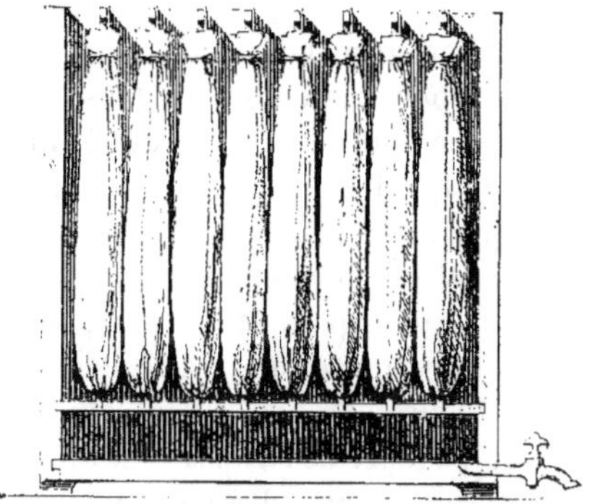

Fig. 38.

sent entre eux, de telle sorte que la filtration s'exécute de dehors en dedans, et que la solution sucrée coule de l'intérieur des sacs dans le double fond. Un robinet placé à la partie inférieure de celui-ci conduit le sirop dans un réservoir. Ce sirop est encore coloré. On le fait passer sur du noir animal en grains disposé dans des filtres Dumont (*fig.* 34). Au sortir de ces filtres, on fait cuire le sirop, qui marque 30°, dans l'appareil d'Howard jusqu'au degré nécessaire pour la cristallisation. On le dirige ensuite dans une grande bassine de cuivre à double fond (réchauffoir), où on le chauffe à 80°, en l'agitant continuellement pendant que la cristallisation commence, puis on le coule dans les formes (*fig.* 37), et on l'agite avec des spatules de bois. Les formes sont placées dans des greniers chauffées à 20°. Au bout de 24 heures au plus, le sucre y est pris en masse. On ouvre alors les trous des formes pour laisser égoutter le sirop.

L'*égouttage* dure plusieurs jours. On peut l'accélérer singulièrement en mettant les formes en communication avec un tuyau de cuivre horizontal placé à la partie inférieure de l'atelier, et dans lequel on peut faire le vide à l'aide d'une pompe. Les pointes des formes s'engagent dans des ouvertures garnies de rebords évasés, ouvertures qui sont percées dans le tuyau, et que les pointes des formes bouchent hermétiquement. En faisant jouer la pompe on pratique la *sucette*, et l'on parvient à *purger* les formes en 25 ou 30 minutes.

Lorsque l'égouttage est terminé, on enlève la couche supérieure et fort dure de sucre qui se trouve à la base de chaque pain, on la remplace par une couche de sucre blanc qu'on tasse fortement, et on procède ensuite au *terrage*.

Cette opération consiste à verser sur le pain, de manière à remplir exactement la forme, une bouillie d'argile blanche. L'eau de celle-ci pénètre lentement dans le pain de sucre, liquéfie le sirop interposé entre les cristaux et l'entraîne à la partie inférieure. A mesure qu'elle perd de l'eau, la bouillie d'argile se contracte et finit par former à la surface du sucre blanc un gâteau sec qu'on enlève et qu'on remplace par une nouvelle bouillie d'argile, jusqu'à ce que le pain de sucre soit entièrement blanchi par l'écoulement du sirop coloré. On bouche alors le trou et on coule dans le pain du sirop de sucre blanc qui remplit les vides qu'a occasionnés le terrage. Ce sirop se solidifie complétement lorsque, au bout de plusieurs jours, les pains sont portés dans une étuve.

Au reste, on peut remplacer la bouillie d'argile par un sirop de sucre blanc. L'eau de celui-ci, agissant par déplacement, finit par entraîner les sirops colorés. L'opération porte alors le nom de *clairçage*.

Le produit ainsi obtenu est le *sucre royal*. On nomme *lumps, bâtards, vergeoises*, les sucres de qualités inférieures que donne la cuite des sirops résultant du terrage ou du clairçage. Les dernier sirops colorés et incristallisables constituent la mélasse. Elle marque de 41° à 44° à l'aréomètre de Baumé.

Depuis quelques années, on a apporté à la fabrication du sucre de nombreux perfectionnements. On est arrivé notamment à obtenir du sucre de premier jet assez blanc pour pouvoir être livré à la consommation. Le raffinage devient alors superflu. On est parvenu aussi à blanchir les lumps ou sucres de qualité inférieure sans leur faire subir l'opération de la refonte.

Parmi les moyens qui ont été proposés pour augmenter le rendement et la pureté des produits, nous nous bornerons à signaler l'emploi du bisulfite de chaux, qui a été proposé par M. Melsens, pour opérer la défécation du vesou et du jus de betterave. L'acide sulfureux, agent antiseptique, empêche l'altération des jus sucrés.

On nomme *sucre candi* le sucre en cristaux volumineux. On l'obtient en concentrant le sirop jusqu'à 37° Baumé et en l'exposant ensuite pendant une quinzaine de jours à la chaleur d'une étuve, à 30°, dans une bassine au travers de laquelle sont tendus des fils (*fig.* 39).

Propriétés du sucre. — Le sucre cristallise en gros prismes rhomboïdaux obliques (sucre candi) portant des facettes hémiédriques (*fig.* 40). Ces cristaux sont durs et répandent des lueurs lorsqu'on les casse dans l'obscurité. Leur densité est égale à 1,606. Ils sont inaltérables à l'air.

Le sucre possède une saveur franche que tout le monde connaît, et qu'on qualifie de *sucrée*.

Fig. 39.

Il se dissout dans ½ de son poids d'eau froide. Cette solution est épaisse et est connue sous le nom de *sirop simple*. Une solution de 100 parties de sucre dans 50 parties d'eau présente une densité de 1,345 à 15°, et marque 37° à l'aréomètre de Baumé. Elle bout à 105°. Le sucre ne se dissout ni dans l'éther ni dans l'alcool absolu froid. L'alcool absolu bouillant en dissout environ 1,25 pour cent; l'alcool ordinaire en dissout davantage. La solution aqueuse dévie le plan de polarisation à droite (page 445), et le pouvoir rotatoire ne diminue point lorsqu'on

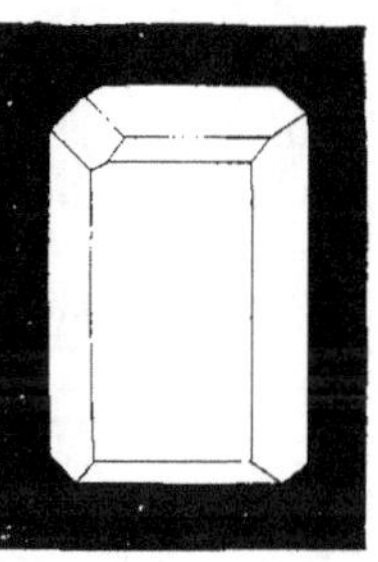

Fig. 40.

conserve la solution ou même lorsqu'on la fait bouillir (Béchamp).

Action de la chaleur. — Le sucre fond, à 160°, en un liquide épais, transparent, qui se prend par le refroidissement en une masse amorphe vitreuse (sucre d'orge); mais peu à peu, par suite d'un travail moléculaire, cette masse devient de nouveau cristalline.

Lorsqu'on maintient longtemps le sucre à une température de 160° à 161°, il se dédouble, d'après M. Gélis, en glucose et en lévulosane (saccharide).

$$C^{24}H^{22}O^{22} = C^{12}H^{12}O^{12} + C^{12}H^{10}O^{10}.$$
$$\text{Sucre.} \qquad \text{Glucose.} \qquad \text{Lévulosane.}$$

Lorsqu'on dissout ce mélange de glucose et de lévulosane dans l'eau et qu'on le fait fermenter, la glucose disparaît d'abord et la lévulosane reste. En évaporant la solution et chauffant le résidu à 170°, on obtient la lévulosane.

Lorsqu'on chauffe le sucre de 190° à 220°, il perd continuellement de l'eau et se convertit en une matière brune, amorphe, amère, soluble dans l'eau, et qu'on désigne sous le nom de *caramel*. M. Gélis admet qu'en se déshydratant le sucre forme successivement 3 matières différentes. Il nomme *caramélane* la substance la moins déshydratée, et lui assigne la composition $C^{12}H^9O^9$.

Enfin, lorsqu'on soumet le sucre à la distillation sèche, il se décompose, se charbonne complétement avec formation d'oxyde de carbone, d'acide carbonique, de gaz des marais, d'acide acétique, d'aldéhyde, d'acétone, d'hydrogènes carbonés liquides et de produits empyreumatiques. Ces produits se forment en partie lorsqu'on chauffe le sucre sur une lame de platine. Il finit alors par s'enflammer et laisse un résidu de charbon; en même temps il se manifeste une odeur particulière qu'on désigne sous le nom « d'odeur du sucre qui brûle. »

Action des ferments. — Le sucre n'est point directement fermentescible : mais par l'action de la matière soluble contenue dans la levûre de bière (Berthelot), et aussi, d'après M. Buignet, par l'action de ferments particuliers contenus dans la plupart des fruits sucrés, il fixe de l'eau et se convertit en un mélange de glucose et de lévulose qu'on nomme sucre *interverti*.

$$C^{24}H^{22}O^{22} \; + \; H^2O^2 \; = \; C^{12}H^{12}O^{12} \; + \; C^{12}H^{12}O^{12}.$$
$$\text{Sucre.} \qquad\qquad\qquad \text{Glucose.} \qquad\quad \text{Lévulose.}$$

Cette transformation s'accomplit aussi lorsqu'on soumet la solution du sucre à une longue ébullition avec l'eau. De là, la précaution que l'on prend, dans la préparation du sucre, d'évaporer les claircés rapidement et à une basse température.

Action des acides. — Sous l'influence des acides étendus, le sucre se convertit de même, lentement à froid, rapidement à l'ébullition, en sucre interverti. L'acide sulfurique étendu se montre plus actif à cet égard que d'autres acides étendus, et surtout que les acides organiques. Lorsqu'on prolonge l'ébullition du sucre avec l'acide sulfurique ou chlorhydrique étendus, la solution brunit à la longue, et il se forme des substances ulmiques (acide sacchulmique).

L'acide sulfurique concentré charbonne le sucre rapidement. L'action est énergique et donne lieu à une production de chaleur et à un dégagement d'acide sulfureux.

L'acide azotique concentré transforme le sucre en acide oxalique. Un mélange de bichromate de potasse ou de peroxyde de manganèse et d'acide sulfurique l'oxyde énergiquement en donnant naissance à de l'acide formique.

En ajoutant du sucre en poudre à un mélange d'acide sulfurique et d'acide azotique refroidi à 2°, on obtient une combinaison nitrogénée qui paraît constituer la saccharose tétranitrique

$$C^{24}H^{18}(AzO^4)^4O^{22}.$$

C'est une masse amorphe qui détone par le choc.

Certains chlorures, tels que ceux d'antimoine et d'étain, brunissent le sucre. Chauffé avec du chlorure de barium ou du chlorure de calcium à 100°, en vase clos, le sucre se convertit en sucre interverti.

Action des bases. — Le sucre résiste mieux à l'action des alcalis que la glucose. Il forme avec eux et avec les bases en général des combinaisons définies qu'on nomme *sucrates*. Fondu avec la potasse hydratée, il se convertit, à une température peu élevée, en acide acétique et en acide propionique. Lorsqu'on chauffe davantage, il se forme aussi de l'acide carbonique et de l'acide oxalique. Lorsqu'on le distille avec de la chaux caustique, le sucre fournit de l'eau, de l'acétone, de la *métacétone*, liquide volatil bouillant à 84° et qui paraît renfermer $C^{12}H^{10}O^2$.

Sucrates. — Lorsqu'on ajoute une solution saturée et bouillante d'eau de baryte à une solution aqueuse de sucre, le mélange s'échauffe et se prend en une masse cristalline de sucrate de baryte $C^{24}H^{22}O^{22},2BaO$.

Il existe plusieurs combinaisons de sucre avec la chaux. Lorsqu'on triture du sucre en poudre avec un lait de chaux en excès, il se dissout abondamment. La liqueur filtrée est incolore et fortement alcaline. C'est une solution de *sucrate de chaux*. Soumise à l'ébullition, elle se trouble sans se colorer, et se prend en une masse blanche ressemblant à l'empois. Par le refroidissement, la masse se fluidifie et se dissout de nouveau. La matière, insoluble dans l'eau bouillante, constitue un sucrate basique $C^{24}H^{22}O^{22},6CaO$. Lorsqu'on ajoute de l'alcool à la solution alcaline obtenue avec le sucre et un excès de chaux, il se précipite des flocons blancs qui renferment $C^{24}H^{22}O^{22},4CaO + 2H^2O^2$. Enfin, lorsqu'on ajoute de l'alcool à une solution de sucrate de chaux ne renfermant pas trop de chaux, il se précipite une combinaison $C^{24}H^{22}O^{22},2CaO$.

Les solutions de ces sucrates de chaux sont décomposées par l'acide carbonique, qui en sépare du sucre non altéré.

On obtient un sucrate de plomb $C^{24}H^{18}Pb^4O^{22}$ en ajoutant de l'ammoniaque à un mélange d'eau sucrée et d'acétate de plomb, ou en précipitant l'acétate de plomb par une solution de sucrate de chaux. C'est un composé cristallin qui est un véritable sel, car le plomb y tient la place de l'hydrogène du sucre.

Combinaison du sucre avec le chlorure de sodium. — M. Peligot a obtenu une telle combinaison en faisant cristalliser une solution d'un mélange de sel marin et de sucre. Elle constitue de petits cristaux déliquescents qui renferment $C^{24}H^{22}O^{22},NaCl$.

Dosage du sucre de canne. — Divers procédés peuvent être employés pour doser la quantité de sucre de canne que renferme une solution. Le plus exact consiste à déterminer, à l'aide du saccharimètre, la déviation que cette solution imprime au plan de polarisation. Soit a cette déviation pour une longueur l exprimée en décimètres, soit $[\alpha]$ le pouvoir rotatoire spécifique du sucre de canne $= + 73°,8$, on trouvera le nombre de grammes n que renferme un centimètre cube de la solution sucrée, à l'aide de l'expression

$$n = \frac{a}{[\alpha]l}$$

Le saccharimètre de Soleil est gradué de telle manière que 100 divisions de l'échelle expriment la déviation que produirait une lame de quartz épaisse de 1 millimètre. La même déviation est produite par une colonne longue de 2 décimètres d'une solution sucrée renfermant $16^{gr},471$ de sucre de canne.

Supposons, en conséquence, qu'il s'agisse de déterminer la quantité de sucre de canne que renferme un échantillon de sucre solide exempt d'une autre matière sucrée optiquement active. Il suffira de peser $16^{gr},471$ de cette substance, d'en faire une solution formant 100^{cc}, d'introduire cette solution dans le tube du saccharimètre et d'observer la déviation. Les degrés de l'échelle qui expriment cette déviation indiquent en même temps la proportion en centièmes du sucre de canne.

Le problème est un peu plus compliqué lorsque la matière à analyser renferme de la glucose indépendamment du sucre de canne. La déviation observée a' est alors la somme des déviations, x et y, effectuées par le sucre de canne et par la glucose. On a donc l'équation

$$(1) \quad x + y = a'$$

On mêle alors la solution avec $\frac{1}{10}$ de son volume d'acide chlorhydrique et on la chauffe pendant 10 minutes de 60° à 70°. On convertit ainsi le sucre de canne en sucre interverti déviant à gauche. Cela fait, on détermine pour la seconde fois le pouvoir rotatoire. La déviation observée a'' est la différence de la déviation à droite y produite par la gluco-e, et de la déviation à gauche produite par le sucre interverti. Cette dernière déviation peut être exprimée par le terme rx, dans lequel r représente le coefficient d'inversion.

D'après les expériences de M. Biot, ce coefficient est égal à — 0,38 pour l'acide chlorhydrique à la température de 22°. Mais l'état de dilution de la liqueur ayant été changé par l'addition de cet acide, il faut remplacer la déviation observée a'' par la déviation $\frac{11}{10} a''$. On a donc la seconde équation

$$(2) \quad y - rx = \frac{11}{10} a''.$$

A l'aide des équations (1) et (2), on calcule x, c'est-à-dire la déviation produite par le sucre de canne que renferme le mélange. Connaissant cette déviation, on peut déterminer la proportion de sucre de canne, exprimée en grammes, à l'aide de l'équation donnée page 468.

Le procédé de dosage est le même lorsque le sucre de canne est mélangé avec du sucre incristallisable déviant à gauche. La déviation initiale a' est alors la différence entre la déviation x à droite du sucre de canne, et la déviation z à gauche du sucre incristallisable. Après le traitement par l'acide chlorhydrique, la déviation a'' se compose de la somme des déviations à gauche du sucre incristallisable primitif et du sucre interverti. On a donc les équations

$$x - z = a'$$
$$z + rx = \frac{11}{10} a''$$

d'où l'on tire la valeur de x.

Dans les analyses de matières sucrées renfermant du sucre incristallisable, il est important d'opérer toujours à la même température, car le pouvoir rotatoire de ce sucre varie avec la température.

2° On peut mettre à profit pour le dosage du sucre l'action réductrice que ce corps exerce, après avoir été modifié par l'acide sulfurique, sur les solutions cupro-alcalines. On opère comme on l'a indiqué page 452, pour le dosage de la glucose, après avoir porté à l'ébullition la liqueur, additionnée de quelques gouttes d'acide sulfurique.

Pour analyser à l'aide de la liqueur d'épreuve cupro-alcaline un mélange de sucre et de glucose, on détermine la proportion de ce dernier en faisant d'abord un essai sur un certain volume du liquide, avant d'y faire agir l'acide sulfurique. La glucose réduit alors seule la solution cuivrique. On en fixe ainsi la proportion. Dans un second essai, on fait bouillir une autre portion du liquide sucré avec l'acide sulfurique, de manière à convertir le sucre de canne en glucose, puis on fait agir la solution cupro-alcaline sur le liquide modifié. On détermine ainsi une proportion de glucose dont on défalque celle qui a été trouvée par le premier essai. La différence donne la quantité de glucose correspondant au sucre de canne.

Lorsqu'il s'agit d'isoler le sucre en nature des substances qui en renferment, on épuise celles-ci, à plusieurs reprises, par de l'alcool d'une densité de 0,83. Le sucre se dissout dans cet alcool faible, et lorsqu'on abandonne la solution dans le vide, au-dessus d'un vase renfermant des fragments de chaux caustique, elle se concentre peu à peu en abandonnant son eau. Le sucre se dépose alors, sous forme de petits cristaux incolores et transparents, du sein de l'alcool devenu absolu. Cet essai ne donne que des résultats approximatifs.

SUCRE DE LAIT OU LACTOSE.

$$C^{24}H^{22}O^{22} + H^2O^2.$$

Cette matière sucrée existe dans le lait des mammifères. Bartoletti l'a mentionnée le premier, en 1619. Testi l'a fait connaître en 1698.

Pour l'extraire du lait, on ajoute à celui-ci quelques gouttes d'acide sulfurique étendu, qui précipite la caséine ; on filtre et on évapore le liquide à cristallisation. On purifie le produit par de nouvelles cristallisations, avec addition de charbon animal. En Suisse on utilise, pour cette préparation, le petit-lait provenant de la fabrication du fromage.

Propriétés. — Le sucre de lait se présente, dans le commerce, sous forme de morceaux cylindriques, formés par une agglomération de cristaux disposés autour d'un bâtonnet en bois servant d'axe. Ces cristaux sont incolores, durs, et craquent sous la dent. Ils constituent des prismes rhomboïdaux droits terminés par des pointements octaédriques. Ils renferment 2 équivalents (une molécule) d'eau de cristallisation, qu'ils perdent à environ 140°. Leur densité est égale à 1,53. Ils se dissolvent dans environ 6 parties d'eau froide et dans 2 parties d'eau bouillante. Ils sont insolubles dans l'alcool et dans l'éther. La solution aqueuse dévie le plan de polarisation à droite. Lorsqu'on la conserve, elle se remplit de moisissures.

Lorsqu'on chauffe à 160° le sucre de lait déshydraté, il brunit sans fondre. A 175°, il brunit et se convertit en *lactocaramel* $C^{24}H^{20}O^{20}$, substance brune, amorphe, sans saveur (Lieben). Le sucre de lait ne fond qu'à 203°,5 (Lieben).

Lorsqu'on fait bouillir sa solution avec de l'acide sulfurique étendu, il se convertit en galactose (page 454).

Sous l'influence d'une petite quantité de levûre, le sucre de lait n'éprouve pas la fermentation alcoolique. Il fermente au contact d'une grande quantité de levûre. Sous l'influence d'un ferment particulier (page 481), il éprouve facilement la fermentation lactique. Celle-ci s'arrête lorsque la liqueur est devenue acide. Dans ce dernier cas, il se forme de la mannite et aussi de l'alcool, surtout au sein de liqueurs étendues. On sait que les Kirgises préparent, avec le lait de leurs juments, une boisson enivrante.

Le sucre de lait réduit les solutions cupro-alcalines. Il se forme, déjà à froid, un précipité d'oxyde cuivreux. Le pouvoir réducteur de ce sucre est moindre que celui de la glucose. La quantité d'oxyde cuivreux précipitée par le premier n'atteint que les $\frac{7}{10}$ de celle qui est précipitée par le second, toutes choses égales d'ailleurs. MM. Boedeker et Struckmann ont nommé acides *galactique* et *pectolactique* deux acides qui se forment par l'oxydation du sucre de lait dans ces circonstances.

Chauffé avec l'acide azotique, le sucre de lait donne les acides mucique, saccharique, tartrique, une petite quantité d'acide paratartrique, et finalement de l'acide oxalique.

Lorsqu'on le chauffe pendant quelque temps à 100° avec du brome et de l'eau, il se forme une substance bromée qui donne, par l'action des bases, un acide cristallisable $C^{12}H^{10}O^{12}$ isomérique avec l'acide diglycol-éthylénique (page 327), et que MM. Barth et Hlasiwetz ont nommé *isodiglycol-éthylénique*.

Les acides sulfurique et chlorhydrique concentrés détruisent le sucre de lait en formant des substances noires.

MÉLITOSE.
$C^{24}H^{22}O^{22}$.

Ce sucre, observé par Johnston, en 1843, a été étudié par M. Berthelot. On le rencontre dans une manne provenant de différentes espèces d'*Eucalyptus*, originaires de la terre de Van-Diémen. Pour l'extraire, il suffit de traiter cette manne par l'eau et d'évaporer la solution.

La mélitose cristallise en aiguilles fines du sein de sa solution aqueuse. Elle se dépose de l'alcool en petits cristaux réguliers. Ses cristaux renferment 6 équivalents (3 molécules) d'eau de cristallisation. Ils perdent $2H^2O^2$ à 100° et se déshydratent entièrement à 130°. Ils sont très-solubles dans l'eau bouillante et se dissolvent dans environ 9 parties d'eau froide. Leur saveur est faiblement sucrée.

Sous l'influence de l'acide sulfurique étendu, la mélitose se convertit en glucose fermentescible et en une matière sucrée non fermentescible, *l'eucaline*.

$$C^{24}H^{22}O^{22} + H^2O^2 = C^{12}H^{12}H^{12} + C^{12}H^{12}O^{12}.$$
$$\text{Mélitose.} \qquad\qquad\qquad \text{Glucose.} \qquad\qquad \text{Eucaline.}$$

La levûre de bière opère le même dédoublement et produit ensuite la fermentation de la glucose.

La mélitose ne réduit pas les solutions cupro-alcalines.

MÉLÉZITOSE.
$$C^{24}H^{22}O^{22}.$$

M. Berthelot a nommé ainsi la matière sucrée qui existe dans la manne de Briançon, et qu'on peut en extraire facilement à l'aide de l'alcool bouillant.

La mélézitose se présente sous forme de petits cristaux brillants qui s'effleurissent à l'air en perdant de l'eau de cristallisation (une molécule H^2O^2). Très-soluble dans l'eau, elle se dissout à peine dans l'alcool froid, et en petite quantité dans l'alcool bouillant. Elle fond à 140° et se décompose vers 200°. L'acide sulfurique étendu la convertit en glucose. La levûre de bière la fait fermenter lentement. Quelquefois la fermentation ne se produit pas. La mélézitose ne réduit pas les solutions cupro-alcalines. L'acide azotique la convertit en acide oxalique.

TRÉHALOSE OU MYCOSE.
$$C^{24}H^{22}O^{22}.$$

Wiggers a retiré, en 1833, du seigle ergoté une matière sucrée particulière, que Mitscherlich a nommée *mycose*. Cette substance est identique avec la *tréhalose*, que M. Berthelot a retirée d'une manne d'Orient connue sous le nom de *Trehala*. Pour l'isoler, il épuise cette manne par l'alcool bouillant. Veut-on retirer la mycose

du seigle ergoté, on épuise cette substance par l'eau, on précipite
la liqueur par le sous-acétate de plomb, on filtre, on sépare l'excès
de plomb par l'hydrogène sulfuré, on évapore en consistance sirupeuse et on abandonne à cristallisation.

La tréhalose ou mycose forme des cristaux brillants appartenant
au système du prisme rhomboïdal droit. Ces cristaux renferment
4 équivalents (2 molécules) d'eau de cristallisation.

La mycose est très-soluble dans l'alcool, insoluble dans l'éther.
Sa saveur est fortement sucrée. Elle ne réduit point les solutions
cupro-alcalines. L'acide sulfurique étendu la convertit, par une
ébullition prolongée, en glucose. La levûre de bière lui fait éprouver la fermentation alcoolique, mais d'une manière lente et incomplète.

FERMENTATIONS.

Définition. — On a désigné sous le nom de *fermentations* des
décompositions chimiques qu'éprouvent un grand nombre de
substances organiques, sous l'influence de certains agents qui ne
paraissent point intervenir directement par leurs affinités, mais
qui déterminent, par leur contact, un mouvement moléculaire
dans le corps qui doit se modifier. Ce dernier est la *substance fermentescible;* l'agent qui la modifie est le *ferment.*

La définition précédente, la plus large qu'on puisse donner,
comprend divers ordres de phénomènes qu'il importe de ne pas
confondre, et que nous allons analyser.

1° Tout le monde connaît la célèbre expérience de Thenard, qui
consiste à mettre de l'eau oxygénée en contact avec du peroxyde
de manganèse. Celui-ci la décompose énergiquement en oxygène
et en eau, et cependant il demeure inaltéré. Il *semble* avoir agi,
non en vertu de ses affinités, mais par son seul contact. Telle est,
du moins, la seule explication (si c'en est une) qu'on ait pu donner
pendant longtemps de cette singulière réaction. Tout récemment,
M. Brodie a publié de belles expériences, desquelles il semble
résulter que cette inertie du peroxyde de manganèse est purement
apparente. Il a émis l'idée que ce corps éprouve, en agissant sur l'eau
oxygénée, une série d'oxydations et de désoxydations successives,
mais séparées par des intervalles tellement courts qu'il est impossible de distinguer l'une de l'autre les deux phases de la réaction,
de telle façon que le peroxyde semble n'éprouver aucune altération, et par conséquent, ne prendre aucune part à la réaction.

Lorsqu'on fait bouillir de l'amidon avec de l'acide sulfurique très-étendu, on le transforme en glucose sans que l'acide s'altère : en effet, on retrouve, à la fin de l'expérience, la quantité d'acide qu'on avait employée. Celui-ci semble avoir agi par son seul contact. Il est pourtant probable qu'il prend une part directe et active à la réaction. Quoi qu'il en soit, il est permis de comparer l'action de l'acide sulfurique, dans cette réaction, à celle du peroxyde de manganèse dans la précédente. Il y en a beaucoup d'autres qui sont analogues. Ainsi, l'amidon peut se convertir en glucose sous l'influence d'une très-petite quantité d'un agent organique qui existe dans les graines qui germent, et qu'on a désigné sous le nom de *diastase*. Lorsqu'on met en contact l'*amygdaline*, le principe immédiat azoté des amandes amères, avec la synaptase, substance soluble dans l'eau, qui existe dans les amandes douces et dans les amandes amères, la molécule de l'amygdaline se dédouble en acide cyanhydrique, en aldéhyde benzoïque et en glucose.

Toutes ces transformations s'accomplissent au contact de matières minérales ou organiques, qui ne semblent pas intervenir par leurs affinités chimiques. En les nommant *actions de contact*, on les classe, mais on ne les explique pas.

2° Lorsqu'on met une solution moyennement concentrée de glucose en contact avec de la levûre de bière, à une température de 20° à 30°, il s'établit bientôt un mouvement tumultueux au sein de la liqueur. Il se dégage une quantité notable d'acide carbonique, et il reste en dissolution de l'alcool et quelques traces d'autres produits. A la fin de l'expérience, la quantité de levûre a augmenté ; la glucose a disparu.

C'est là une fermentation proprement dite. La levûre est un être organisé. Elle est le *ferment.* Celui-ci se développe, se multiplie, pendant l'expérience, aux dépens de la substance même de la glucose. Et cette matière fermentescible, ainsi attaquée directement par cet être qui veut vivre à ses dépens, est profondément ébranlée dans sa constitution et éprouve une décomposition complète, dont l'acide carbonique et l'alcool sont les principaux produits. Le rôle du ferment est actif. Cagniard de Latour et Schwann l'ont soupçonné ; M. Pasteur l'a démontré. D'après ses expériences, justement célèbres, la fermentation alcoolique est provoquée par le développement du ferment. L'action chimique est corrélative d'un phénomène physiologique.

On connaît d'autres fermentations que la fermentation alcoolique. Elles sont provoquées par d'autres ferments que la levûre de bière. Tous les ferments sont des êtres organisés, qui n'agissent qu'autant qu'ils vivent. Chacun d'eux provoque une fermentation spéciale. Les uns sont de nature végétale : tels sont, indépendamment du ferment alcoolique, le ferment lactique, qui provoque la fermentation lactique; le ferment muqueux, l'agent de la fermentation muqueuse ; le ferment acétique (page 258). D'autres sont de nature animale : le ferment butyrique est un infusoire, d'après M. Pasteur.

Les décompositions et, en général, les actions chimiques provoquées par le développement de ces ferments qui vivent, constituent les fermentations proprement dites. C'est dans ce sens qu'il convient de restreindre l'acception de ce mot.

GÉNÉRALITÉS SUR LES FERMENTATIONS PROPREMENT DITES.

Dans toute fermentation, il faut distinguer trois choses :

1° Le ferment et les conditions de son développement ;

2° La matière fermentescible et les circonstances où elle se modifie sous l'influence du ferment;

3° Les produits en lesquels elle se transforme et qui caractérisent chaque fermentation.

Ferments. — On connaît depuis longtemps la propriété que possède la levûre de bière de faire fermenter les moûts sucrés. Cagniard de Latour, et après lui Schwann, en ont reconnu la nature organisée.

On rangeait aussi au nombre des ferments les matières organiques azotées dont l'albumine est le type. On pensait que toute matière albuminoïde pouvait devenir ferment, pourvu qu'elle ait éprouvé un commencement d'altération par l'oxygène de l'air. Les ferments, disait M. Liebig, sont des corps dont les molécules se trouvent dans un état de décomposition et de mouvement, et cet état se communique à d'autres molécules qui se trouvaient en repos et qui s'ébranlent à leur tour. Peu importe que le ferment soit organisé ou non. Si la levûre de bière agit comme ferment, cela tient à l'altération qu'elle a éprouvée elle-même.

Telle est la théorie qui a eu cours dans la science jusque dans ces derniers temps, concernant le mode d'action des ferments.

D'après M. Pasteur, au contraire, ces derniers n'agissent qu'autant qu'ils vivent. Les actions chimiques qu'ils provoquent sont corrélatives de leur propre développement. Ce n'est point la matière albuminoïde qui peut jouer par elle-même le rôle d'un ferment, elle fournit simplement les substances nécessaires à son développement. Et ces substances sont l'ammoniaque et des matières minérales, parmi lesquelles il faut citer principalement les phosphates terreux. M. Pasteur a fait à cet égard les expériences les plus décisives. Il a semé quelques globules de levûre de bière dans de l'eau sucrée pure, à laquelle il a ajouté une petite quantité d'un sel ammoniacal et de phosphates (ou de cendres de levûre). L'eau sucrée a fermenté. Le ferment s'est multiplié par bourgeonnement et les nouvelles cellules ont absorbé l'ammoniaque et les phosphates. Ainsi, elles se sont développées dans un milieu qui ne renfermait pas trace de matière albuminoïde.

Mais d'où vient qu'un grand nombre de substances, telles que les sucs des végétaux sucrés, fermentent par leur seule exposition à l'air? C'est que celui-ci renferme des spores, des germes de toutes sortes de ferments, et ces germes se déposent à la surface de tous les objets qui sont baignés par l'air; ils se trouvent en abondance dans la poussière (voir tome I, page 213). Leur présence dans l'air explique le rôle que joue celui-ci dans les fermentations. On croyait autrefois qu'il donnait l'activité aux ferments en leur cédant de l'oxygène. Il sert, au contraire, de réservoir et de véhicule, sinon aux ferments eux-mêmes, du moins à leurs germes, qui sont d'une ténuité excessive. De l'air qui a été débarrassé de ces germes ne provoque plus la fermentation des matières les plus altérables dans les conditions ordinaires.

Le moyen le plus efficace pour priver l'air des spores qu'il renferme consiste à le faire passer lentement à travers un tube de platine incandescent. Les germes sont détruits. Un moyen moins sûr consiste à les arrêter à l'aide d'un tampon de coton à travers lequel on filtre l'air.

Lorsque les spores de la levûre tombent dans un suc végétal renfermant du sucre, ils y trouvent tous les matériaux nécessaires à leur développement : des matières azotées qui leur fournissent de l'ammoniaque, du sucre auquel ils empruntent les éléments nécessaires pour former la cellulose, des matières minérales et principalement des phosphates. Mais il arrive souvent que, dans ces conditions, plusieurs fermentations s'accomplissent simultanément; car des germes de diverse nature peuvent pénétrer dans un tel liquide, et plusieurs d'entre eux peuvent y trouver les éléments nécessaires à leur développement et provoquer ainsi diverses fermentations; car chaque fermentation a son ferment.

Telles sont, d'après M. Pasteur, les conditions générales du développement et de l'activité des ferments; nous indiquerons les particularités relatives à chacun d'eux en traitant des diverses fermentations.

Matières sucrées fermentescibles. — Parmi les matières sucrées, les unes fermentent directement, les autres n'entrent en fermentation qu'après s'être converties préalablement en glucoses. Tous les corps présentant la composition de la glucose ne sont point fermentescibles; nous avons déjà fait remarquer que la sorbine, l'inosite et l'eucaline ne possèdent point cette propriété. La glucose fermente plus rapidement que la lévulose. De là vient que dans le sucre interverti (mélange de glucose et de lévulose) qui fermente, la lévulose finit par prédominer.

Les sucres qui présentent la composition $C^{24}H^{22}O^{22}$ ne fermentent point directement. Ils se convertissent d'abord en sucres offrant la composition de la glucose. C'est du moins ce que l'on a constaté avec le sucre ordinaire ou saccharose, que la levûre convertit d'abord en sucre interverti. Il en résulte que la fermentation s'établit plus lentement avec ce sucre et ses isomères qu'avec la glucose. On a constaté aussi qu'elle exige une quantité beaucoup plus grande de levûre. D'après M. Berthelot, la transformation du sucre en sucre interverti s'accomplit, dans ces circonstances, par l'action d'une matière soluble contenue dans la levûre, sorte de ferment analogue à la diastase.

Le même chimiste a constaté que l'amidon et la gomme fournissent une petite quantité d'alcool lorsqu'on les met en contact avec un excès de levûre. Il est probable que, dans ces circonstances, il se forme d'abord une petite quantité d'une glucose $C^{12}H^{12}O^{12}$. On sait, en effet, que l'amidon et la gomme se convertissent facilement en glucose, non-seulement par l'action des acides étendus, mais encore sous l'influence de la diastase (page 474). Il est possible qu'une telle transformation puisse s'accomplir par l'action des matières solubles de la levûre; mais il ne faut pas oublier, d'un autre côté, que la levûre seule peut donner, dans certaines circonstances, de petites quantités d'alcool (page 481).

Nous avons déjà fait remarquer que la mannite, la dulcite, la sorbine, la gomme, l'amidon, la glycérine, peuvent donner, d'après M. Berthelot, de petites quantités d'alcool et d'acide carbonique lorsqu'on les abandonne pendant longtemps à une température d'environ 40°, après les avoir mises en contact avec du caséum en putréfaction et de la craie. Quelquefois il se dégage aussi de l'hydrogène, et l'on observe la formation des acides lactique, butyrique.

acétique. En général, ces sortes de fermentations sont lentes et irrégulières.

Pour que les matières que nous venons d'indiquer puissent se modifier sous l'influence des ferments, plusieurs conditions sont nécessaires.

La présence de l'eau est indispensable : sans eau, point de vie, et par conséquent point d'activité possible pour les ferments proprement dits.

De même les matières analogues aux ferments, telles que la diastase, la synaptase, etc. (page 474), ne peuvent agir qu'en présence de l'eau.

Pour qu'une solution sucrée puisse fermenter, il est même nécessaire qu'elle ne soit pas trop concentrée. Les sirops ne fermentent point ou ne fermentent que difficilement.

En général, les fermentations ne s'accomplissent qu'entre certaines limites de température, comprises entre 0° et 40°, ou même 50°. Elles sont généralement fort actives entre 20° et 30°. Inutile d'ajouter qu'elles sont suspendues lorsque l'eau s'est congelée. A la température où l'albumine se coagule (vers 70°), les ferments et leurs germes se détruisent au sein de l'eau. Cet effet a lieu rapidement à la température de l'ébullition. Lorsque, dans la préparation de toutes sortes de conserves, on élève la température à 100°, et même un peu au-delà, on a pour but, non-seulement de chasser l'air, mais encore de détruire les ferments et les germes que renferment les matières à conserver.

Produits de la fermentation. — Ils varient suivant la nature du ferment et de la substance fermentescible et caractérisent chaque espèce de fermentation. On a distingué :

1° La fermentation alcoolique, dont les principaux produits sont l'alcool et l'acide carbonique ;

2° La fermentation lactique, dont le principal produit est l'acide lactique ;

3° La fermentation butyrique, dont le principal produit est l'acide butyrique ;

4° La fermentation muqueuse, caractérisée par la production d'une matière gommeuse et de mannite.

Mentionnons encore pour mémoire la fermentation acétique, dont nous avons déjà traité (page 258), et dans laquelle la matière fermentescible est l'alcool.

FERMENTATION ALCOOLIQUE.

Lorsqu'on introduit dans un flacon, surmonté d'un tube de dégagement, une solution de glucose et une certaine quantité de levûre de bière délayée dans l'eau, et qu'on expose l'appareil à une température de 25 à 30°, on remarque bientôt un dégagement d'acide carbonique, et lorsque celui-ci a cessé, on peut constater dans le liquide la présence de l'alcool. Le dédoublement qu'éprouve la glucose dans ces circonstances est exprimé par l'équation suivante, qui a été donnée par Gay-Lussac :

$$\underset{\text{Glucose.}}{C^{12}H^{12}O^{12}} = \underset{\text{Alcool.}}{2C^4H^6O^2} + \underset{\substack{\text{Acide}\\\text{carbonique.}}}{2C^2O^4}.$$

Il résulte des recherches de M. Pasteur que 94 pour 100 seulement de la quantité de glucose décomposée éprouvent le dédoublement indiqué dans l'équation précédente. Les 6 pour 100 de glucose qui restent sont employés :

1° A la formation de petites quantités d'acide succinique et de glycérine ;

2° A l'élaboration de nouveaux globules de levûre.

L'acide succinique et la glycérine sont des produits constants de la fermentation alcoolique. Sur 100 parties de glucose, il se forme environ 3,5 parties (3,2 à 3,6) de glycérine et 0,6 à 0,7 parties d'acide succinique. La formation de ces produits est accompagnée de celle d'une certaine quantité d'acide carbonique, de telle sorte que la quantité totale de ce gaz qui se dégage est un peu plus considérable que celle qu'indique l'équation de Gay-Lussac. Dans les conditions normales, la fermentation alcoolique ne donne naissance ni à de l'acide acétique ni à de l'acide lactique. Il ne se forme pas davantage de l'ammoniaque. Au contraire, l'ammoniaque qui peut exister dans la liqueur, indépendamment de petites quantités de matières albuminoïdes, disparaît pendant la fermentation. Celle-ci s'accomplit plus rapidement en présence d'une quantité suffisante de matières albuminoïdes : ces dernières sont employées de préférence pour la nutrition des jeunes cellules de levûre. Mais il n'en est pas moins vrai qu'on peut obtenir des fermentations normales en introduisant dans de l'eau sucrée pure des sels ammoniacaux, des phosphates (ou mieux, des cendres de levûre), et en y semant ensuite des quantités impondérables de levûre (page 476).

La levûre se multiplie dans ces circonstances. Elle emprunte au sucre les éléments nécessaires pour former de la cellulose et une petite quantité de matière grasse, substances dont le poids réuni s'élève, pour 100 parties de sucre, de 1,2 à 1,5 parties.

La levûre est formée par un amas de cellules ou de corpuscules ovoïdes de $\frac{1}{100}$ de millimètre de diamètre (*fig.* 41). Leur paroi

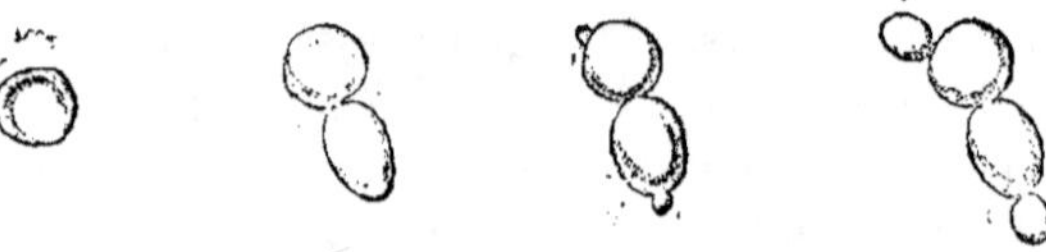

Fig. 41.

est une membrane élastique. Leur contenu est liquide ou granuleux; il s'épaissit avec l'âge. Les cellules les plus jeunes, et aussi les plus actives, sont celles dont le contenu est le plus liquide (Pasteur). Elles renferment une matière albuminoïde et des substances minérales. Lorsqu'on introduit la levûre dans un liquide sucré, ces matériaux solubles s'épanchent au dehors des cellules, et aussitôt la fermentation commence avec le développement de nouvelles cellules. Celles-ci se multiplient par bourgeonnement et on peut très-bien en suivre la formation en introduisant de petites quantités de levûre dans de l'eau sucrée additionnée d'une décoction aqueuse de levûre. On voit alors chaque globule s'entourer de petits appendices sphériques qui semblent bourgeonner autour de lui (*fig.* 42).

La fermentation terminée, on peut constater que la levûre renferme plus de cellulose qu'auparavant, et cet excès de cellulose ne peut provenir que du sucre, dans le cas où la fermentation s'est accompli dans une liqueur sucrée additionnée de sels ammoniacaux et de phosphates (page 476). Dans ce dernier cas, les matières albuminoïdes que renferment les jeunes cellules ont été formées de toutes pièces avec les éléments du sucre, l'azote de l'ammoniaque et les phosphates.

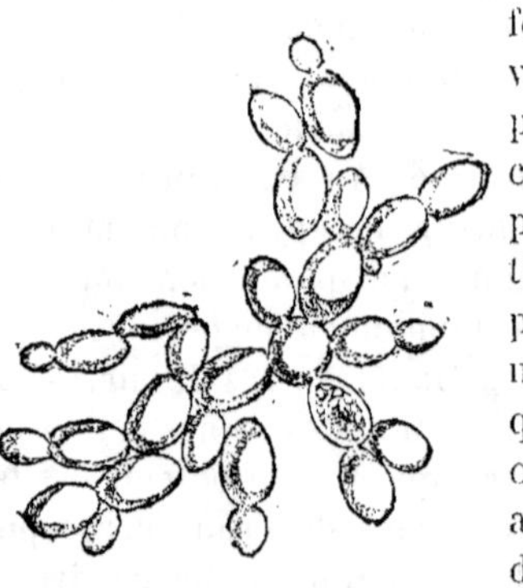

Fig. 42.

Lorsque les matières albuminoïdes existent en dissolution dans la liqueur, elles sont employées directement pour la formation des globules de levûre. Malgré cette

fixation d'azote, sous forme de matières albuminoïdes, la levûre
est moins riche en matériaux azotés après la fermentation qu'a-
vant. Cela est dû à cette circonstance, qu'une portion des matières
albuminoïdes entre en solution, et d'autre part à l'augmentation
du poids de la levûre par suite de la fixation des matériaux non
azotés du sucre. Lorsque, la fermentation terminée, on ajoute le
poids de la levûre à celui des matériaux azotés qui sont entrés en
solution, ces poids réunis dépassent toujours celui de la levûre
qui avait été employée (Pasteur).

Des phénomènes très-curieux s'accomplissent lorsqu'on emploie
un très-grand excès de levûre par rapport à la quantité du sucre.
La fermentation s'établit avec une grande énergie, et lorsque tout
le sucre a disparu, les jeunes cellules de levûre qui se sont formées continuent à se développer, et empruntent aux cellules anciennes les matériaux nécessaires à leur accroissement : la levûre
vit alors aux dépens de sa propre substance, et ce développement
parasitique donne aussi naissance à de l'acide carbonique et à
de l'alcool. Dans une expérience où M. Pasteur avait employé
$0^{gr},424$ de sucre et 10^{gr} de levûre sèche, il a obtenu 300^{cc} d'acide
carbonique (au lieu de 110^{cc}) et $0^{gr},6$ d'alcool.

La température la plus favorable pour la fermentation alcoolique est comprise entre 25° et 30°.

FERMENTATION LACTIQUE.

Nous avons déjà indiqué les conditions dans lesquelles elle s'accomplit (page 367).

Le ferment lactique est de nature végétale ; il est formé, d'après
M. Pasteur, de petits globules ou d'articles très-courts, isolés ou
en amas, et beaucoup plus petits que ceux de la levûre de bière.
Il n'en faut qu'une quantité infinitésimale pour transformer un
poids considérable de sucre en acide lactique. Cette transformation s'accomplit très-simplement par le dédoublement de la molécule de glucose ou de lactose.

$$C^{12}H^{12}O^{12} = 2C^{6}H^{6}O^{6}.$$
Glucose.   Acide lactique.

La fermentation lactique ne marche bien qu'au sein d'un milieu
neutre, et en présence de matières albuminoïdes propres au développement de la levûre lactique. On comprend ainsi le rôle de la
craie et du fromage qu'on ajoute à la glucose ou à la mélasse dans
la préparation de l'acide lactique (page 367). On peut remplacer la
craie par du carbonate ou du bicarbonate de soude, qu'on ajoute

successivement par petites portions, et qui sature l'acide lactique à mesure qu'il se forme.

La température la plus favorable pour la fermentation lactique est comprise entre 30 et 35°.

L'acide lactique n'est point l'unique produit de la fermentation qu'éprouve la glucose ou la lactose dans les conditions qui viennent d'être indiquées. Cette fermentation donne encore naissance, en proportions variables, à de la mannite, de l'acide butyrique, de l'alcool. La formation de ces produits est due sans doute à la présence d'autres ferments. La mannite se montre constamment quand la liqueur devient acide. L'acide butyrique se forme aux dépens de l'acide lactique, par l'action du ferment spécial dont il sera question plus loin.

$$2C^6H^6O^6 = C^8H^8O^4 + 2C^2O^4 + 2H^2.$$

Acide lactique.   Acide butyrique.

On voit qu'il se dégage en même temps de l'acide carbonique et de l'hydrogène. Une portion de cet hydrogène se fixe sur la glucose pour la convertir en mannite (page 437).

FERMENTATION MUQUEUSE.

Elle est produite par un ferment végétal qui se compose de globules réunis en chapelets et dont le diamètre varie de 0,0012 à 0,0014 millimètre.

Elle s'accomplit avec plus de facilité dans une solution sucrée additionnée de blanc d'œuf.

Elle donne naissance à de l'acide carbonique, à de la mannite et à une matière gommeuse particulière.

Cette dernière substance est analogue à la gomme. Elle est très-soluble dans l'eau, et l'alcool la précipite de cette solution. Elle dévie le plan de polarisation à droite. Elle ne réduit point les solutions cupro-alcalines, et ne donne point d'acide mucique lorsqu'on la traite par l'acide azotique (Brüning).

100 parties de glucose donnent naissance, dans ces conditions, à 51 pour 100 de mannite et à 45,5 pour 100 de matière gommeuse. M. Pasteur exprime ce dédoublement par l'équation suivante :

$$25C^{12}H^{12}O^{12} = 12C^{12}H^{14}O^{12} + 12C^{12}H^{10}O^{10} + 6C^2O^4 + 6H^2O^2.$$

Glucose.   Mannite.   Gomme.

Quelquefois on obtient une plus grande quantité de gomme. On remarque alors la présence de globules plus grands qui constituent peut-être un ferment particulier.

Ordinairement, de petites quantités d'acides lactique et butyrique prennent naissance dans la fermentation muqueuse, indépendamment des produits principaux.

FERMENTATION BUTYRIQUE.

Elle consiste dans la transformation du lactate de chaux en butyrate. Cette transformation s'accomplit avec dégagement d'hydrogène (page 482). D'après les recherches de M. Pasteur, l'agent de cette fermentation est un infusoire. Ces animalcules sont formés par des baguettes cylindriques isolées, ou formées de plusieurs articles. Leur longueur est comprise entre $0^{mm},002$ et $0^{mm},02$. Ils se meuvent en glissant; ils sont fissipares. Ils vivent et se développent dans des milieux privés d'oxygène libre. Telle est l'énergie de leurs fonctions respiratoires que ce gaz les brûlerait : l'oxygène libre les tue, et pour respirer ils ont besoin de décomposer des corps oxygénés et de s'approprier leur oxygène (Pasteur).

Nous avons déjà traité de la fermentation acétique (page 258). Nous savons que l'acide acétique est un produit d'oxydation de l'alcool.

BOISSONS FERMENTÉES.

Pour compléter les études précédentes sur les fermentations, nous devons présenter ici quelques notions sommaires sur les boissons fermentées, et principalement sur le vin et sur la bière.

Vin. — Tout le monde sait que le vin est le produit de la fermentation du jus ou *moût* de raisin. Ce moût renferme en solution du sucre interverti, une petite quantité de matières gommeuses, de l'albumine végétale, une trace de matières grasses, des matières colorantes, des acides tartrique et malique libres, différents tartrates, parmi lesquels le plus abondant est le tartrate acide de potasse ou crème de tartre. On y trouve encore des sels, tels que le phosphate de chaux, le sulfate de potasse, le chlorure de sodium.

On foule les raisins mûrs dans de grandes cuves en bois ou en pierre, et on abandonne le moût dans un cellier à une température de 20° à 25°. Au bout de quelques jours, la fermentation se déclare, et la masse s'échauffe. De l'acide carbonique se dégage et produit à la surface une mousse épaisse qu'on nomme le *cha-*

peau. Lorsque la fermentation se ralentit, on brise le chapeau et on agite la masse. Dès que l'effervescence est calmée, le liquide s'éclaircit et le vin peut être soutiré dans les tonneaux. Là il continue à fermenter; il dégage de l'acide carbonique, se trouble et laisse déposer au fond du tonneau ce qu'on nomme la *lie*, mélange de divers produits, parmi lesquels prédomine le tartre et une substance azotée renfermant du ferment.

Le vin clarifié [1] renferme, indépendamment de l'eau et de l'alcool, divers autres produits dont les uns existaient dans le moût, et dont les autres se forment pendant ou après la fermentation. Notons, parmi les premiers, les sels minéraux et végétaux du moût, en proportion réduite, puisqu'une partie s'en est déposée dans la lie; la matière gommeuse, les matières grasses, une petite quantité de matières albuminoïdes, les matières colorantes, les acides tartrique et malique libres, le tannin, qui provient de la rafle (grappe égrenée), de la pellicule et des pepins.

La matière colorante du vin a été isolée dernièrement par M. Glénard, qui lui donne le nom d'*œnoline*, et lui assigne la composition $C^{20}H^{10}O^{10}$. Séchée en masse, elle paraît presque noire; mais elle devient d'un beau rouge violacé par la pulvérisation. Elle est à peine soluble dans l'eau, mais assez soluble dans l'alcool qu'elle colore en beau rouge cramoisi. D'après M. Maumené, la couleur rouge du vin est due à une matière colorante bleue, l'*œnocyanine*, que renferme le moût et que les acides font passer au rouge. Cette matière est contenue dans les pellicules du raisin.

Parmi les autres substances que renferment les vins, nous citerons les suivantes :

L'acide carbonique, qui est contenu en abondance dans le vin de Champagne ;

L'aldéhyde et l'acide acétique, qui sont les produits de l'oxydation de l'alcool contenu dans le vin. Ils sont presque toujours le résultat d'une fermentation trop active ou trop prolongée ;

La glycérine et l'acide succinique, que la fermentation alcoolique introduit en petite quantité dans les vins : la saveur douce de certains vins est due en partie à de la glycérine ;

L'éther acétique, formé par l'action de l'acide acétique sur l'alcool ;

---

1. Lorsque les vins ne sont pas clairs après le soutirage, on les *colle*, en y ajoutant 8 à 16 grammes de colle de poisson par litre, ou 12 à 20 grammes de gélatine blanche (grenétine), ou 6 à 10 blancs d'œufs.

L'éther œnanthique ou pélargonique $C^{18}H^{17}(C^4H^5)O^4$ signalé dans le vin par MM. Pelouze et Liebig, et auquel on a attribué le *bouquet*. Il est possible, en effet, que le parfum si recherché de certains vins soit dû, en partie, à la présence d'une petite quantité d'éthers composés, mais il faut dire que la nature de ces principes aromatiques n'est pas encore connue avec certitude, et il est probable que, indépendamment de l'éther œnanthique, les vins renferment d'autres composés éthyliques et amyliques.

M. Berthelot admet que les éthers qui existent dans le vin sont principalement des éthers acides (malique, tartrique) peu volatils, et qui ne sauraient donner aux vins leur bouquet. Celui-ci réside, d'après lui, dans les substances que le vin cède à l'éther, et qui renferment, indépendamment d'une petite quantité d'alcool amylique, des éthers composés et peut-être des huiles essentielles, variables pour les différentes espèces de vin.

Les acides acétique, malique, et la crème de tartre donnent au vin de la *verdeur*; le tannin lui donne de l'*âpreté*, il en assure la conservation; l'alcool lui donne la force et la propriété enivrante. Suivant leur richesse en alcool, les vins sont plus ou moins généreux.

Le meilleur moyen de déterminer la proportion d'alcool contenue dans un vin consiste à le distiller jusqu'à ce que le tiers environ ait passé. On note le volume de l'alcool faible qu'on a recueilli, et on en détermine le degré alcoométrique. On peut calculer ainsi la quantité d'alcool absolu contenu dans le vin. L'opération s'exécute dans un petit alambic muni d'un serpentin et d'un réfrigérant.

Le tableau suivant indique les quantités d'alcool pur, en volumes, contenues dans 100 volumes de différents vins.

Vin de Lissa	23,47
— de Madère	20,48
— de Porto	20,22
— de Constance blanc	18,17
— de Roussillon	16,67
— de l'Ermitage blanc	16,03
— de Grenache	16,00
— de Malaga	15,87
— de Saint-Georges	15,00
— de Sauterne blanc	15,00
— de Chypre	15,00
— de Lunel	14,27
— de Narbonne	13,00
— de Grave	12,30
— de Champagne non mousseux	12,00
— de Frontignan	11,76

Vin de Champagne mousseux............... 11,60
  — de Côte-Rôtie 12,45
  — du Rhin 11,11
  — de Bordeaux rouge le plus spiritueux 11,00
  — d'Anjou blanc 10,00
  — de Tokay........................ 9,68
  — de Pouilly blanc 9,00
  — de Bordeaux rouge le moins spiritueux... 7,5 à 8,00
  — de Bordeaux blanc le moins spiritueux... 7 à 8,00
  — de Bourgogne rouge................... 7,66
  — de Mâcon rouge...................... 7,66
  — de Chablis blanc..................... 7,33

Dans certains pays, on a l'habitude de plâtrer les vins. On introduit une certaine quantité de plâtre dans les cuves mêmes où la fermentation du moût s'accomplit. Le vin plâtré est plus dépouillé de matière colorante; sa couleur est plus agréable; sa conservation plus assurée : il est plus marchand. Le plâtre réagit sur le tartrate acide de potasse que renferme le vin, et cette réaction s'accomplit, d'après MM. Bussy et Buignet, sans que le degré d'acidité de la liqueur soit modifié. De l'acide tartrique est précipité à l'état de tartrate de chaux, et une quantité équivalente d'acide sulfurique entre en solution, et se trouve sans doute dans le vin plâtré à l'état de sulfate acide de potasse.

Le *cidre* et le *poiré* se préparent avec le jus de pommes et de poires qu'on fait fermenter. Ces boissons sont généralement moins spiritueuses que les vins.

On peut préparer des *eaux-de-vie* en soumettant à la distillation toutes les liqueurs fermentées qui renferment de l'alcool. Les plus estimées, au moins en France, sont celles qui proviennent de la distillation du vin. Tous les vins ne sont pas également propres à fournir de bonnes eaux-de-vie. Généralement on préfère les vins blancs pour la distillation. Chose curieuse, le vin blanc qui donne l'eau-de-vie de Cognac, si justement renommée, est lui-même de qualité médiocre et ne se conserve pas. L'eau-de-vie qui vient d'être obtenue est incolore, et reste incolore si on la renferme dans des vases de verre ou de grès. Mais lorsqu'on la conserve dans des tonneaux, elle prend peu à peu une couleur jaune doré, en se chargeant de certains principes solubles des fûts ou *merrains* de chêne. Ces principes ne sont pas sans influence sur le goût et les qualités de l'eau-de-vie.

Les eaux-de-vie renferment de 16 à 21 pour 100 d'alcool.

Bière. — La bière est une boisson fermentée qu'on fabrique avec le moût de l'orge germée, et qu'on aromatise ordinairement avec le houblon.

L'orge renferme, comme les autres céréales, une quantité notable d'amidon. Pendant la germination, cet amidon se convertit partiellement en glucose par l'action d'une matière azotée qui se forme dans les graines qui germent et qu'on nomme *diastase* [1]. Pour saccharifier l'orge, il faut donc commencer par la faire germer. Pour cela, on la mouille avec de l'eau pour la ramollir et la gonfler, puis on l'étend en couches minces sur le sol d'un *germoir*, grande pièce où la température reste constamment

Fig. 43.

entre 14° et 15°. Cette opération du *maltage* a pour but de développer la diastase nécessaire pour la saccharification de la matière amylacée.

Lorsque le germe a acquis la longueur du grain (*fig.* 43), on arrête la germination en exposant le *malt* à l'action d'une température de 50° environ. Ce léger grillage s'opère dans une *touraille* [2] (*fig.* 44), grande étuve traversée par un courant d'air chaud. Le *malt sec* ou *touraillé* est ensuite réduit en farine grossière et placé dans une grande cuve A (*fig.* 45), où on le *brasse* pendant trois heures environ avec de l'eau chauffée à 50° ou 60° environ (80° en Angleterre). Cette cuve, qu'on nomme *cuve matière*, est garnie d'un double fond B C, percé de trous, et sur lequel on dispose le malt. On fait arriver l'eau chaude dans le double fond par le tube E. Pendant cette infusion, la

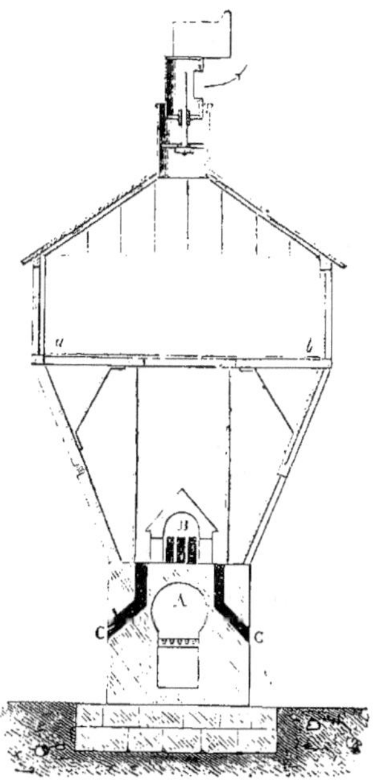

Fig. 44.

diastase du malt convertit l'amidon en dextrine et en glucose, qui se dissolvent en même temps que les autres principes solubles du

1. On obtient la diastase en faisant macérer avec de l'eau l'orge germée et écrasée, exprimant et chauffant la liqueur à 70°, pour coaguler l'albumine végétale. On filtre ensuite la solution et on la précipite par l'alcool. On recueille le dépôt; on le dissout de nouveau dans l'eau, et l'on précipite une seconde fois par l'alcool. La diastase est une poudre blanche, amorphe, soluble dans l'eau, insoluble dans l'alcool.

2. A foyer; B tremie renversée, en briques, surmontant la voûte du foyer, et per-

grain. Après avoir soutiré le moût, on fait subir au malt deux nouvelles infusions. Le deuxième *brassin* est réuni au premier. Le troisième donne la *petite bière*, qui est très-faible.

On fait cuire ensuite le moût dans une chaudière en cuivre avec

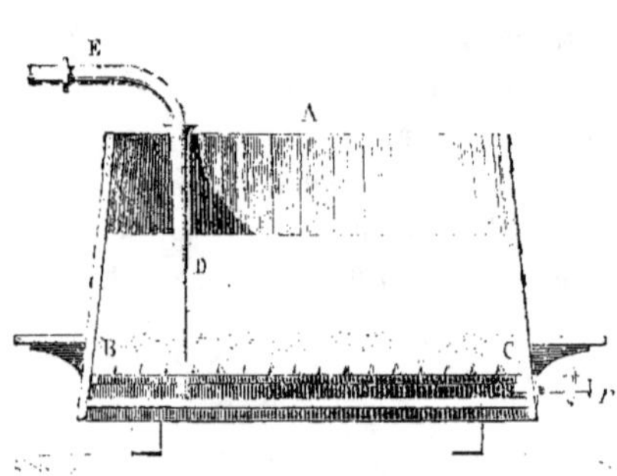

Fig. 45.

des fleurs ou cônes de houblon, qui lui cèdent une huile essentielle aromatique, un principe amer et du tannin. On soutire le moût houblonné dans une caisse rectangulaire et divisée en deux compartiments par un clayonnage en métal qui retient le houblon. De là on fait passer le liquide clair dans de vastes bacs peu profonds, dits *rafraîchissoirs*, où il doit se refroidir le plus rapidement possible, jusqu'à 15°, température la plus convenable pour la fermentation[1]. Celle-ci s'établit dans une cuve profonde nommée *cure guilloire*. On délaye dans le moût une petite quantité de levûre de bière, provenant d'une opération précédente. Bientôt la fermentation alcoolique se déclare et s'accomplit avec une grande activité pendant quelques jours. Dès qu'elle est terminée, on soutire la bière dans de petits tonneaux où la fermentation se ranime. Une mousse très-épaisse, occasionnée par de la levûre de nouvelle formation, s'élève et sort par la bonde. Dès qu'elle cesse de se produire, on peut livrer le liquide clair à la consommation.

La bière renferme beaucoup d'eau, de l'acide carbonique libre, de l'alcool, des quantités variables de sucre, de dextrine, de matières azotées, de matières grasses, de matières extractives, amères, colorantes, d'huile essentielle, et de divers sels minéraux.

Conservée dans des bouteilles, elle continue souvent à fermenter et à développer de l'acide carbonique qui la rend mousseuse. Elle s'aigrit plus rapidement que le vin et renferme alors de l'acide acé-

cée d'orifices par lesquels s'échappent les produits de la combustion et l'air chaud ; *ab*, plate-forme carrée en fer treillagé, sur laquelle on étend le grain, sous une épaisseur de 6 à 7 centimètres.

1. Les conditions de fermentation de la bière se réalisent le mieux au printemps et en automne ; de là le nom de *bière de mars*, qu'on donne au produit de la fabrication du printemps, regardé comme étant de qualité supérieure.

tique. Moins riche en alcool que le vin, elle en renferme environ autant que le cidre de qualité ordinaire.

Les bières les plus fortes d'Angleterre renferment jusqu'à 8 et 9 pour 100 d'alcool, et de 4 à 8 pour 100 d'extrait de malt, c'est-à-dire de matériaux solides et solubles.

Voici, d'après M. Otto, la composition de quelques bières d'Allemagne :

	CENTIÈMES EN POIDS.			
	Eau.	Extrait de malt.	Alcool.	Acide carbonique.
Bière double de Munich, dite Augustiner Doppelbier....................	88,36	8,0	3,6	0,14
Bière double, dite Salvatorbier.......	87,62	8,0	4,2	0,18
— dite Bockbier..........	88,64	7,2	4,0	0,16
Bière de Bavière de la campagne.....	92,94	4,0	2,9	0,16
Bock de Brunswick, façon de Munich..	88,50	6,5	5,0	indéterm.
Bière de mars, façon de Bavière......	91,10	5,4	3,5	indéterm.
Petite bière douce de Brunswick.....	84,70	14,0	1,3	indéterm.
Mumme de Brunswick..............	59,20	39,0	1,8	0,1

MATIÈRE AMYLACÉE OU AMIDON.

$$C^{12}H^{10}O^{10}.$$

La matière amylacée est une substance très-répandue dans le règne végétal. On la rencontre dans les organes les plus divers des plantes. Parmi ceux où elle abonde, nous citerons :

1° Les racines de bryone, de bardane, de rhubarbe, de carotte, de guimauve, de réglisse, de manioc, de jalap, etc.;

2° Les rhizômes ou tiges souterraines de massette, d'iris, de canna, etc.;

3° Les tubercules de la pomme de terre, de la patate, des ignames, des souchets, des arums, de l'arrow-root, de la sagittaire, etc.;

4° Les bulbes des lis, des tulipes, et d'autres liliacées;

5° La partie médullaire des tiges des palmiers;

6° Les fruits du chêne, du châtaignier, du marronnier d'Inde, du sarrasin, etc.;

7° Les semences des légumineuses (fèves, haricots, pois, lentilles, lupin) et des céréales (blé, orge, seigle, avoine, maïs, millet, riz).

On désigne spécialement sous le nom d'*amidon* la matière amylacée qui est extraite des céréales; on nomme *fécule* celle qu'on retire des pommes de terre. Le plus souvent le mot amidon est synonyme de matière amylacée.

Extraction. — Pour extraire la fécule des pommes de terre, on soumet celles-ci à l'action de la râpe, on délaye la pulpe dans l'eau, on la jette sur un tamis où elle est lavée par un filet d'eau. L'eau entraîne les globules très-ténus de la fécule, tandis que les cellules déchirées de la pomme de terre restent sur le tamis. L'eau qui passe laisse bientôt déposer la fécule, qui se rassemble au fond, et se tasse peu à peu de manière à former un gâteau, qu'il est très-facile de séparer, par décantation, de l'eau surnageante. Celle-ci renferme en suspension de petits débris cellulaires, et la couche de fécule est recouverte elle-même de particules de tissu cellulaire qui lui donnent un aspect grisâtre. Pour enlever ces impuretés, on délaye le dépôt dans l'eau froide, et on le soumet à plusieurs lévigations. Les débris de tissu cellulaire, plus légers que la fécule, restent plus longtemps en suspension dans l'eau, et peuvent être séparés par décantation.

Dans les grandes féculeries, on emploie, pour réduire la main-d'œuvre, des appareils dans lesquels le râpage des tubercules, le tamisage et le lavage de la pulpe, ainsi que l'épuration de la fécule, sont effectués mécaniquement et d'une manière continue.

Pour extraire l'amidon du blé, on réduit la farine en pâte et on soumet celle-ci à l'action d'un filet d'eau, en la malaxant continuellement au-dessus d'un tamis. L'eau entraîne les globules d'amidon, et le gluten, ou la matière azotée du blé, finit par rester sous forme d'une masse grise élastique. L'eau trouble, qui a passé à travers le tamis, laisse déposer peu à peu l'amidon qu'elle tenait en suspension.

Dans les arts, cette opération s'exécute dans une auge allongée, demi-cylindrique, nommée *amidonnière*, où la pâte est pétrie par un cylindre de bois cannelé, tournant autour de son axe. Un arrosage continu et qu'on peut régler à volonté opère la séparation de l'amidon, qui est entraîné avec l'eau dans des réservoirs. Le gluten *vert* ou humide reste dans l'amidonnière.

L'amidon ainsi obtenu renferme encore quelques particules de gluten dont il faut le débarrasser. Pour cela, on fait fermenter le produit dans des cuves, en y ajoutant quelques centièmes d'*eau sure*, c'est-à-dire d'une eau provenant d'une fermentation précédente. Au bout de quelques jours, le gluten est détruit et l'amidon, convenablement lavé à l'eau pure, est mis à égoutter dans des paniers d'osier. Les blocs sont renversés sur l'aire en plâtre d'un grenier, où ils se raffermissent. On les rompt ensuite, on entoure les fragments de papier, et on les fait sécher rapidement dans une étuve. La masse se divise alors en prismes irréguliers ou baguettes, par suite des retraits inégaux qu'elle éprouve. C'est ce produit qu'on livre au commerce sous le nom d'*amidon en ai-guilles*.

Un autre procédé, qui tend à être abandonné aujourd'hui, parce qu'il est très-insalubre, consiste à faire subir au grain grossièrement moulu une véritable putréfaction, qui a pour but de détruire le gluten. L'opération s'exécute dans de grandes cuves en bois où l'on place la farine avec quatre à cinq fois son volume d'eau, à laquelle on ajoute, pour activer la fermentation, une certaine quantité d'eau *sure* ou *grasse* provenant d'opérations antérieures. Le sucre contenu dans le grain éprouve la fermentation alcoolique. Il se produit ensuite des acides acétique et lactique qui dissolvent une portion du gluten; mais la plus grande partie de ce dernier éprouve une décomposition putride : il se dégage de l'ammoniaque, de l'hydrogène sulfuré et d'autres produits infects, de telle sorte qu'une odeur intolérable se répand dans le voisinage des ateliers. Quant à l'amidon, il résiste à la décomposition : on le purifie comme nous l'avons indiqué plus haut.

Propriétés physiques. — L'amidon constitue une poudre blanche plus ou moins douce au toucher. Il est formé par des globules qui présentent une structure organique. Leur forme et leur grosseur sont variables. Tantôt sphériques, tantôt ovoïdes, tantôt contournés, ils offrent parfois des facettes polyédriques, lorsque dans leur développement ils se sont pressés les uns contre les autres dans les cellules végétales.

Les globules de l'amidon de blé sont irrégulièrement sphériques. Ceux de fécule affectent toutes les formes; les plus gros sont généralement allongés (*fig.* 46). Leur densité est égale à 1,5.

Le diamètre des globules varie de 2 à 185 millièmes de millimètres.

Fig. 46.

Voici, d'après M. Payen, la longueur des grains amylacés d'origine différente.

	Millièmes de millimètres.
Grosses pommes de terre de Rohan	185
Plusieurs variétés de pommes de terre	140
Sagou importé	70
Grosses fèves	75
Lentilles	67

	Millièmes de millimètres.
Haricots	36
Gros pois	50
Blé	50
Patates	45
Maïs	30
Gros millet	10
Graine de betterave	4
Graines de Chenopodium quinoa	2

La fécule, formée, comme on voit, de grains plus gros que l'amidon de blé, est plus rude au toucher et grince légèrement quand on la presse.

Les grains d'amidon sont formés par des couches concentriques et d'autant plus denses qu'elles sont plus rapprochées de la circonférence. Primitivement, la matière amylacée s'agrége sous forme d'une vésicule ou d'une cellule qui s'accroît par suite de la formation d'autres vésicules concentriques, emboîtées dans la première. De là vient que les couches périphériques qui sont de formation plus ancienne sont aussi plus denses que les couches intérieures. Il est facile de faire apparaître cette structure en faisant subir aux globules une désagrégation partielle à l'aide de l'eau chaude. Celle-ci, après avoir gonflé les globules, les crève et sépare les couches déchirées, comme le montre la *fig.* 47, qui représente un grain de fécule désagrégé du *Canna discolor.*

Fig. 47.

La dernière cellule emboîtée dans le grain, et dont la paroi constitue la couche la plus centrale, présente à l'intérieur un espace vide, qui apparaît souvent, sous le microscope, sous forme d'une dépression qu'on a nommée le *hile.*

Composition et propriétés chimiques. — Séché à 100°, l'amidon offre une composition représentée par la formule $C^{12}H^{10}O^{10}$. Lorsqu'on l'expose à l'air, il en attire avidement l'humidité. La fécule, dite *sèche* du commerce, renferme 18 pour 100 d'eau, ce qui répond à la formule $C^{12}H^{10}O^{10} + 2H^2O^2$. Elle perd H^2O^2 par la dessiccation dans le vide.

L'amidon ne se dissout ni dans l'alcool ni dans l'éther. Il est insoluble dans l'eau froide. Pourtant, lorsqu'on le broie pendant longtemps avec ce liquide et qu'on le jette sur un filtre, on obtient une solution limpide qui bleuit par l'iode. Au contact de l'eau chauffée à 60° ou 70°, l'amidon se gonfle considérablement sans se dissoudre : chaque globule se dilate de manière à occuper 25 à 30 fois son volume primitif. Si la quantité d'eau n'est pas trop considérable, les globules gonflés finissent par se toucher et par épaissir le liquide. Il en résulte une masse demi-transparente et gélatineuse qu'on nomme *empois*. Pour faire de l'empois, il suffit de chauffer rapidement à 80° 10 grammes d'amidon avec 200 grammes d'eau.

Lorsqu'on fait bouillir l'amidon avec beaucoup d'eau et qu'on jette le tout sur un filtre, il passe une liqueur trouble. C'est ce qu'on nomme ordinairement la *solution d'amidon*. Elle renferme en suspension de la matière amylacée, désagrégée en flocons assez ténus pour passer au travers du filtre. Elle contient aussi une petite quantité d'amidon soluble (voir plus loin).

La solution d'amidon, l'empois et l'amidon lui-même possèdent la propriété de se colorer en bleu intense au contact de petites quantités d'iode. Lorsqu'on ajoute quelques gouttes d'une solution aqueuse ou de teinture d'iode à une solution d'amidon, on obtient une liqueur bleu foncé qui se décolore par l'ébullition, en perdant de l'iode. Si l'on chauffe avec précaution à 90°, la couleur disparaît pour reparaître après le refroidissement. Lorsqu'on ajoute à la liqueur bleue quelques gouttes d'une solution saline neutre, par exemple de sulfate de soude ou de chlorure de calcium, on en précipite des flocons bleu foncé qu'on peut recueillir sur un filtre. C'est ce qu'on nomme l'*iodure d'amidon*: c'est de l'amidon teint par l'iode.

Métamorphoses de l'amidon. — Lorsqu'on chauffe l'amidon pendant longtemps à 100°, il se convertit en amidon soluble (Maschke). A 160°, il se transforme en dextrine. La *fécule torréfiée* ou *léiocome* est de la fécule devenue soluble et convertie en dextrine par l'action d'une température de 210°.

Soumis à une ébullition prolongée avec l'eau, l'amidon se convertit d'abord en amidon soluble, puis en dextrine.

Humecté avec de la potasse caustique, il se transforme en une sorte d'empois. Sous l'influence de l'alcali et par l'ébullition, il devient d'abord amidon soluble, puis dextrine. En faisant bouillir l'amidon avec une solution de chlorure de zinc, on n'obtient que de l'amidon soluble.

Lorsqu'on le chauffe avec des acides étendus, il se convertit rapidement en dextrine et en glucose. On admet généralement que la dextrine, isomérique avec l'amidon, se forme d'abord par une simple transformation moléculaire, et que la glucose prend naissance ensuite par la fixation de 2 équivalents (1 molécule) d'eau.

$$C^{12}H^{10}O^{10} + H^2O^2 = C^{12}H^{12}O^{12}.$$

D'après M. Musculus, il n'en serait pas ainsi. L'amidon soluble serait le résultat d'une transformation métamérique de l'amidon. Quant à la dextrine et à la glucose, ils constitueraient des produits de dédoublement de l'amidon dont la formule serait $C^{36}H^{30}O^{30}$:

$$\underset{\text{Amidon.}}{C^{36}H^{30}O^{30}} + H^2O^2 = \underset{\text{Dextrine.}}{C^{24}H^{20}O^{20}} + \underset{\text{Glucose.}}{C^{12}H^{12}O}$$

Par l'action prolongée des acides, la dextrine elle-même se convertit en glucose en fixant les éléments de l'eau.

La transformation de l'amidon en dextrine et en sucre s'accomplit avec facilité par l'action de la diastase (Dubrunfaut, Payen).

Lorsqu'on chauffe de l'amidon avec beaucoup d'eau de 65° à 75°, et qu'on y ajoute une infusion d'orge germée (page 487), il se forme simultanément de la dextrine et de la glucose ; et tant qu'il reste de la matière amylacée non altérée, ces deux substances se forment dans le rapport de 2 équivalents de la première $2(C^{12}H^{10}O^{10})$ à 1 équivalent de la seconde $1(C^{12}H^{12}O^{12})$, fait qui est exprimé par l'équation donnée plus haut.

Ce n'est que lorsque l'amidon a disparu que la dextrine d'abord formée se convertit à son tour en glucose.

La transformation de l'amidon en dextrine et en glucose peut être effectuée par d'autres matières, telles que le ferment soluble de la levûre, la salive, le suc pancréatique, et même la gélatine et le gluten.

Lorsqu'on triture l'amidon avec un excès d'acide sulfurique concentré, en évitant l'élévation de la température, il se forme un acide conjugué analogue à l'acide sulfolignenx. Un mélange de 3 parties d'acide sulfurique concentré et 2 parties d'amidon, abandonné à lui-même pendant une demi-heure, puis traité par l'alcool, laisse précipiter de l'amidon soluble, d'après M. Béchamp.

L'amidon se dissout en abondance dans l'acide azotique monohydraté. L'eau précipite de cette solution une matière blanche, qui, après lavage et dessiccation, constitue la *xyloïdine* ou le *pyroxam*. Cette matière renferme $C^{24}H^{19}(AzO^4)O^{20}$. Elle résulte de la substitution d'un groupe (AzO^4) à 1 équivalent d'hydrogène dans 2 molécules d'amidon ou plutôt dans 1 molécule d'amidon soluble $C^{24}H^{20}O^{20}$. Traitée par le chlorure ferreux, elle laisse dégager du bioxyde d'azote et se convertit en amidon soluble. La xyloïdine brûle avec déflagration lorsqu'on la chauffe à 180°. Elle détone faiblement par le choc. Elle est insoluble dans l'eau, l'alcool et l'éther.

Lorsqu'on chauffe l'amidon avec de l'acide azotique étendu, il se dégage des torrents de vapeurs nitreuses et il se forme de l'acide oxalique.

En le distillant avec de l'acide chlorhydrique et du peroxyde de manganèse, on recueille de l'acide formique et une petite quantité de chloral (Stædeler).

Usages. — L'amidon est employé en médecine. On en fait des cataplasmes et des lavements. Le lavement d'amidon se prépare avec une infusion de têtes de pavot.

On trouve dans le commerce diverses fécules alimentaires, qui sont d'un usage fréquent en économie domestique et même en médecine.

L'*arrow-root* est la fécule qu'on retire des racines du *Maranta arundinacea*, originaire des Antilles, et qui a été transporté dans l'Inde.

Le *sagou* est une fécule qu'on extrait de la moelle de plusieurs espèces de palmiers (*Sagus Rumpfii*, *S. farinifera* et *S. genuina*).

Le produit connu sous le nom de *sagou-tapioka* est une espèce de sagou formée par de petites masses irrégulières, agglomérées par l'action de la chaleur.

On nomme *moussache* la fécule de la racine du *Manihot utilissima*, euphorbiacée dont le suc laisse déposer cette fécule blanche. Chose curieuse, ce suc renferme en même temps de l'acide prussique.

Lorsqu'on fait sécher la moussache humide sur des plaques chaudes, les grains d'amidon se gonflent et s'agglomèrent en petites masses irrégulières connues sous le nom de *tapioka*.

On imite cette fécule exotique avec la fécule de pomme de terre *verte*, c'est-à-dire humide, en projetant cette dernière par petites portions sur des plaques métalliques chauffées à 150°. Les granules se gonflent alors brusquement et se soudent entre eux.

Amidon soluble $C^{24}H^{20}O^{20}$. — Nous avons indiqué les circonstances dans lesquelles se produit cette substance d'après MM. Béchamp et Maschke. L'amidon soluble possède la même composition centésimale que l'amidon. Il se dissout abondamment dans l'eau froide et dans l'eau chaude. Il est insoluble dans l'alcool. La solution aqueuse dévie le plan de polarisation à droite. $[\alpha] = +211°$. Elle est précipitée par l'alcool, l'eau de baryte, l'eau de chaux, l'acide tannique. L'iode la colore en bleu intense.

Soumise à l'évaporation, elle laisse l'amidon soluble sous forme d'une masse amorphe semblable à la gomme.

DEXTRINE.

$$C^{12}H^{10}O^{10}.$$

Cette substance, déjà observée par Vauquelin et Bouillon Lagrange, a été longtemps confondue avec la gomme. MM. Payen et Persoz ont reconnu en 1838 qu'elle constitue un principe distinct, résultant de la transformation de l'amidon. Biot lui a donné le nom de *dextrine* pour indiquer qu'elle est dextrogyre, c'est-à-dire qu'elle dévie le plan de polarisation vers la droite (page 445).

Préparation. — On mouille 1,000 kilogrammes de fécule avec 300 kilogrammes d'eau à laquelle on a préalablement ajouté 2 kilogrammes d'acide azotique marquant 36° ou 40°. On fait sécher la pâte à l'air libre, et après avoir écrasé la masse, on la dispose en couches minces dans une étuve, et on la chauffe pendant une heure à une heure et demie de 110° à 120°. Au bout de ce temps, l'acide a disparu, et la fécule, presque entièrement transformée en dextrine, est devenue soluble dans l'eau. Cette solution se colore en pourpre par l'iode.

On prépare une dextrine gommeuse plus ou moins sucrée en soumettant la fécule, dans l'eau chaude (60°-75°), à l'action de l'orge germée.

Propriétés. — La dextrine se présente sous forme d'une masse amorphe transparente semblable à la gomme. Exposée à l'air, elle en attire l'humidité. Elle est très-soluble dans l'eau et peut former avec elle des solutions épaisses qu'on emploie aux mêmes usages que l'eau gommée. Elle se dissout aussi dans l'alcool faible, mais elle est insoluble dans l'alcool concentré et dans l'éther. Sa solution n'est précipitée ni par l'acétate de plomb, ni par le sous-acétate de plomb, en solution moyennement concentrée. Ce dernier caractère la distingue de la gomme arabique.

Lorsqu'on ajoute à une solution de dextrine une solution d'acétate de plomb ammoniacal, on obtient un précipité blanc, combinaison plombique de la dextrine. L'eau de baryte ne précipite point la solution de dextrine, mais une solution de baryte dans l'esprit de bois y fait naître un précipité qui renferme $C^{12}H^9BaO^{10}$.

Chauffée avec de l'acide azotique étendu, la dextrine donne de l'acide oxalique, mais pas d'acide mucique. Elle se dissout dans l'acide azotique monohydraté. L'acide sulfurique précipite de cette solution de la *dinitrodextrine* $C^{12}H^8(AzO^4)^2O^{10}$ (Béchamp).

Lorsqu'on chauffe la dextrine avec de l'acide acétique ou de l'acide butyrique, elle s'y combine pour former des composés neutres analogues ou identiques avec celles que donne la glucose (Berthelot).

Applications. — On emploie la dextrine aux mêmes usages que la gomme arabique, principalement pour l'encollage des étiquettes. On a préparé des tisanes émollientes avec la dextrine glucosée, mais ce produit possède une odeur fade et une saveur un peu âcre qui en rendent l'emploi peu agréable.

Les chirurgiens se servent de la dextrine pour la préparation des bandages inamovibles, destinés à rendre immobiles les membres fracturés. On entoure ceux-ci avec des bandes préalablement trempées dans un mélange de 100 parties de dextrine, 60 parties d'eau-de-vie camphrée et 40 d'eau, et exprimées ensuite. Ces bandages deviennent très-solides après la dessiccation. Pour les enlever, on les mouille avec de l'eau tiède.

CÉRÉALES, FARINES, PANIFICATION.

Les matières féculentes et sucrées jouent un grand rôle dans l'alimentation. L'amidon existe en quantité notable dans les graines et dans les farines des céréales et des légumineuses, dans les pommes de terre, le sarrasin, etc.

Les céréales comprennent le blé ou froment, le seigle, l'orge, l'avoine; on peut y ajouter le maïs ou blé de Turquie et le millet.

Quatre ordres de matières, également importantes par le rôle qu'elles jouent dans la nutrition des animaux, entrent dans la composition des céréales; ce sont :

1° Des hydrates de charbon, savoir : l'amidon, la dextrine, la glucose, la cellulose;

2° Des substances azotées, telles que l'albumine végétale, le gluten ou fibrine végétale, la légumine ou caséine végétale;

3° Des matières grasses neutres, liquides ou solides ;

4° Des substances minérales dont les plus importantes sont les phosphates de chaux et de magnésie, des sels de potasse et de soude, et la silice.

Voici dans quelles proportions ces différentes substances sont contenues dans chaque céréale :

	AMIDON.	MATIÈRES azotées.	DEXTRINE et glucose.	MATIÈRES grasses.	CELLULOSE.	MATIÈRES minérales.	EAU.
Blé, en moyenne....	59,7	14,60	7,2	1,2	1,7	1,6	14,00
Seigle.............	57,3	9,00	10,0	2,0	3,6	1,9	16,60
Orge d'hiver........	54,9	13,40	8,8	2,8	2,6	4,5	13,00
Avoine	53,6	11,90	7,9	5,5	4,1	3,0	14,00
Maïs	58,4	12,80	1,5	7,0	1,5	1,1	17,70
Riz, en moyenne...	77,35	6,43	»	0,43	0,50	0,68	14,41
Millet, en moyenne..	»	11,08	»	2,93	»	3,05	15,87
Sarrasin...........	»	6,84	»	1,51	»	1,75	18,00

Ces différentes substances sont inégalement distribuées dans le grain. Les couches épidermiques d'un grain de blé sont riches en cellulose et fortement injectées de matières minérales. Ce sont ces parties qui, séparées par la mouture, vont constituer le *son*. Celui qu'on retire du froment retient encore une assez forte proportion d'amidon, de substances azotées et de matières grasses (Poggiale). Il est loin, par conséquent, d'être dépourvu de propriétés nutritives.

Les matières azotées sont contenues principalement dans les couches sous-épidermiques, auxquelles elles donnent un aspect grisâtre. Quant à l'amidon, il abonde surtout dans les cellules qui occupent le centre du grain de blé, et qui constituent ce qu'on nomme la *masse farineuse*. C'est, en effet, cette partie qui rend à la mouture la masse principale de la farine; les couches corticales, mêlées à plus ou moins de farine, constituent le son et les issues.

On distingue les *blés durs* des *blés tendres*. Les premiers, riches en gluten, qui les rend plus durs, donne à la coupe du grain un aspect gris et corné. En général, les contrées méridionales produisent des blés durs, cornés. Tels sont ceux d'Odessa, d'Égypte, d'Algérie, d'Italie. Les farines de ces blés, riches en gluten, sont très-propres à la préparation des pâtes alimentaires (macaroni, vermicelle, pâtes d'Italie, etc.).

Les pays à climat tempéré produisent généralement des blés tendres et blancs, plus riches en amidon. On nomme *demi-durs* les blés de qualités intermédiaires.

Les farines de première qualité sont les plus riches en gluten. Cette matière azotée constitue, en effet, un aliment plastique, assimilable, qui peut servir directement à la nutrition du tissu le plus abondant de l'économie, le tissu musculaire.

Le gluten ne constitue pas un principe immédiat unique. Épuisé par l'alcool bouillant, il laisse une masse fibreuse grise, offrant la composition de la fibrine, et que M. Dumas a nommée *fibrine végétale*. Les liqueurs alcooliques laissent déposer des flocons d'une matière azotée. Après l'évaporation elles abandonnent une matière jaunâtre, molle, qui constitue la *glutine*. Le gluten frais est élastique. C'est à lui que la pâte du pain de froment doit la propriété de lever. Desséché à 100°, il devient dur et cassant. Lorsqu'on le conserve humide, il perd d'abord son élasticité et devient diffluent; puis il se putréfie rapidement.

Le tableau suivant indique, d'après Vauquelin, les quantités d'amidon et de gluten contenues dans différentes espèces de farines :

FARINES.	QUANTITÉS MOYENNES d'amidon et de gluten contenues dans 100 parties.		
	AMIDON.	GLUTEN humide.	GLUTEN sec.
De blé dur d'Odessa	56,50	35,11	14,55
De blé tendre d'Odessa	75,12	34,00	12,10
Brute de froment non désigné	71,19	29,00	11,00
Des hospices, deuxième qualité	71,20	25,30	10,30
Des boulangers de Paris	72,80	26,40	10,20
De méteil	73,50	25,60	9,80
Des hospices, troisième qualité	67,78	21,10	9,02
De service, dite seconde	72,00	18,00	7,30

Le blé ordinaire contient de 86 à 88 pour 100 de farine blanche; mais par les procédés de la mouture ordinaire, on ne parvient à en séparer que de 70 à 74 pour 100. Le son retient 14 à 15 pour 100 de farine; en le soumettant à une nouvelle mouture et à un second blutage, on en retire une farine de seconde qualité qui est employée à la fabrication du *pain bis*. Dans ces derniers temps, **M. Mège-Mouriès** est parvenu à obtenir du pain blanc et de bonne saveur avec de la farine contenant encore du son. Son procédé tend, par conséquent, à supprimer le pain bis. Il est fondé sur ce fait, que la coloration du pain est due, non à du son fin, comme on le croyait jusqu'ici, mais à l'action d'une substance particulière sur les éléments de la farine blanche, ou fleur de farine. Cette matière, la *céréaline*, accompagne, dans la mouture ordinaire, les sons très-fins désignés sous le nom de *gruaux bis* [1].

La *panification* ou la transformation de la farine en pain comprend trois opérations qui se succèdent dans l'ordre suivant : 1° faire la pâte ; 2° la faire lever ; 3° la faire cuire.

Pour faire la pâte, on mélange la farine avec de l'eau et du *levain*. Le levain est de la pâte fermentée, résidu d'une opération antérieure, dans lequel s'est développé le ferment alcoolique. On peut le remplacer par la levûre. Le mélange de farine avec l'eau et le levain se fait dans des pétrins à bras, ou plus généralement, depuis une vingtaine d'années, dans des pétrins mécaniques.

La pâte, bien apprêtée, est divisée et placée dans des corbeilles garnies de toile ou dans des moules en tôle, où elle doit *lever*. Cet effet est dû à la fermentation alcoolique que subit, sous l'influence du levain ou de la levûre, la petite quantité de glucose que renferme la farine. De l'alcool et de l'acide carbonique sont donc formés au sein de la pâte. Celle-ci étant bien liée, et rendue visqueuse et élastique par la présence du gluten, se boursoufle sous l'effort de l'acide carbonique, qu'elle emprisonne. Lorsqu'elle est bien gonflée, on enfourne les pains et on les fait cuire. Cette opération s'exécute dans un four elliptique à voûte très-surbaissée. On le chauffe par un feu de bois léger, qu'on brûle sur la sole même (*fig.* 48).

Lorsque la température de ce four est comprise entre 290 et 300°, on enlève la braise, on balaye la sole et on la garnit des *pâtons* disposés par ordre de grosseur (*fig.* 49). On ferme alors le four et on n'en retire les pains que lorsque leur surface extérieure est durcie et a subi une légère torréfaction. On a constaté, en effet, que la température nécessaire à la formation de la *croûte* est d'environ 210°, tandis que la cuisson de la *mie* s'effectue à 100°.

A Paris, 100 kilogrammes de farine donnent environ 130 kilo-

---

1. Le procédé de M. Mège-Mouriès consiste, non pas à éliminer ces gruaux, mais à les ajouter, après leur avoir fait subir un lavage à l'eau, au levain déjà préparé avec la fleur de farine et les premiers gruaux.

grammes de pain blanc bien cuit; le pain renferme environ 60 pour 100 de matière sèche et 40 pour 100 d'eau. Le pain *rassis*

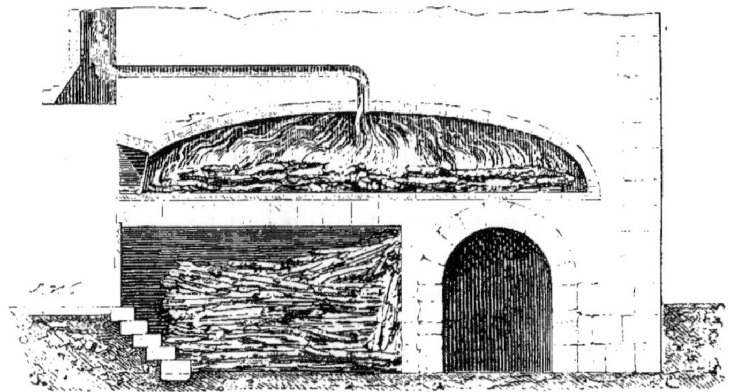

Fig. 48.

diffère du pain *tendre*, non par une moindre proportion d'eau, mais par un état moléculaire particulier, qui se manifeste pendant le refroidissement et se développe ensuite (Boussingault).

Le pain bien cuit et rassis est d'une digestion plus facile que le pain tendre et chaud. La cuisson de la croûte développe un certain arôme et une légère amertume à la fois agréable et tonique. Inutile d'ajouter qu'on doit rejeter le pain altéré et moisi, et, à plus forte raison, celui qui a été sophistiqué avec de l'alun, du sulfate de cuivre, des carbonates d'ammoniaque et de magnésie, du plâtre, etc. Parmi ces fraudes, une des plus condamnables consiste à intro-

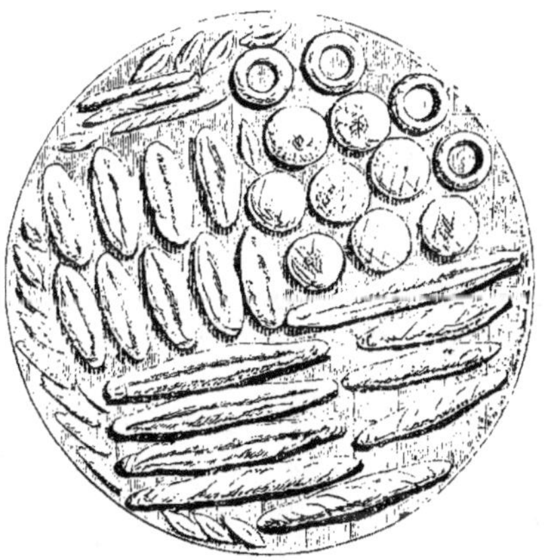

Fig. 49.

duire dans le pain du sulfate de cuivre. Ce sel possède la singulière propriété de restituer au gluten des farines avariées ou de qualité inférieure une partie de l'élasticité qu'il a perdue. Il rend à la pâte la propriété de lever et donne au pain plus de blancheur et de légèreté.

L'orge, le seigle, l'avoine, le maïs, le riz, le sarrasin, ne peuvent donner un pain semblable à celui du blé. Ces différentes substances contiennent, en effet, moins de gluten que le blé ou n'en contiennent point. On sait que le pain de maïs offre une pâte ferme et très-peu boursouflée; que la farine de sarrasin sert plutôt à la préparation de galettes qu'à la confection d'un pain proprement dit. Les grains de maïs sont souvent atteints d'une maladie qu'on nomme *verdet*, et qui est due à un végétal parasite. On a attribué le développement de la pellagre, qui est endémique dans quelques contrées du midi, à l'usage que font les populations de pain fabriqué avec du maïs atteint du verdet.

Graines des légumineuses. — Elles sont plus riches que toutes les autres en matières grasses et azotées; elles contiennent aussi des sels minéraux, principalement des phosphates. La matière azotée qu'elles renferment est soluble dans l'eau, et précipitable de cette solution par l'acide acétique. On la désigne sous le nom de *caséine végétale* ou de *légumine*.

Le tableau suivant donne un aperçu de la composition des principales graines alimentaires que l'on tire des légumineuses.

	LÉGUMINE.	AMIDON, Dextrine, Sucre.	MATIÈRES grasses.	CELLULOSE.	MATIÈRES minérales.	EAU.
Fèves de marais décortiquées et desséchées vertes......	29,05	55 85	2,00	1,05	3,65	8,40
Haricots flageolets desséchés	27,00	60,00	2,60	2,00	3,30	5,10
— blancs ordinaires....	25,50	55,70	2,80	2,90	3,20	9,90
Pois verts décortiqués et concassés	25,40	58,50	2,00	1,90	2,50	9,70
Lentilles.	25,20	56,00	2,60	2,40	2,30	11,50
Fèves de marais ordinaires..	24,40	51,50	1,50	3,00	3,60	16,00
Pois jaunes parvenus à la maturité...............	23,80	58,70	2,10	3,50	2,10	9,80
Féveroles...............	30,30	48,30	1,90	3,00	3,50	12,50
Vesces.................	27,30	48,90	2,70	3,50	3,00	14,60

On voit que les semences des légumineuses sont riches en matériaux assimilables ou utiles pour la nutrition. Aussi offrent-elles des ressources précieuses pour l'alimentation.

PARAMYLON.

M. Gottlieb a désigné sous le nom de *paramylon* une substance analogue à l'amidon, qu'il a rencontrée dans un infusoire, l'*Euglena viridis*. Elle possède la composition de l'amidon. Elle est formée par des granules plus petits que ceux de cette substance. Elle est insoluble dans l'eau. L'iode ne la colore point. La diastase ne la convertit pas en glucose. L'acide chlorhydrique concentré la convertit en un sucre fermentescible et capable de réduire les solutions cupro-alcalines.

INULINE.
$C^{12}H^{10}O^{10}$.

Ce corps est très-répandu dans le règne végétal. On le rencontre dans les racines d'aunée (*Inula Helenium*), de chicorée, de pyrèthre, dans les bulbes de colchique, les tubercules de dahlia, les topinambours.

On l'extrait des tubercules de dahlia, en les réduisant en pulpe et lavant la pulpe sous un filet d'eau. Il passe un liquide laiteux qui laisse déposer l'inuline.

L'inuline est formée par des granules analogues à ceux de l'amidon. Elle se gonfle dans l'eau froide, dans laquelle elle est très-peu soluble. Elle est très-soluble dans l'eau bouillante. La solution laisse déposer, par l'évaporation, une masse amorphe gélatineuse. L'alcool y forme un précipité blanc.

La solution d'inuline dévie à gauche le plan de polarisation (Bouchardat). Elle n'est point colorée en bleu par l'iode, qui lui communique une teinte brune fugitive. Elle réduit à chaud, en présence de l'ammoniaque, les sels de cuivre et d'argent. Elle n'est point précipitée par le sous-acétate de plomb.

L'inuline est convertie en lévulose par une longue ébullition avec l'eau ou par l'action des acides étendus.

GLYCOGÈNE.
$C^{12}H^{10}O^{10}$.

Ce corps important a été découvert dans le foie par M. Cl. Bernard (1856), qui l'a rencontré plus tard dans le placenta.

Pour l'extraire du foie, on coupe cet organe en petits morceaux et on le fait bouillir pendant une heure avec de l'eau; on filtre et on précipite le liquide opalescent par l'alcool. On recueille le dépôt sur un filtre et on le soumet à l'ébullition avec de la potasse concentrée, aussi longtemps qu'il se dégage de l'ammoniaque. Cette opération a pour but de détruire des matières azotées, et de dissoudre les matières grasses qui accompagnent le glycogène brut. On étend la liqueur alcaline avec de l'eau; on la filtre et on la précipite de nouveau par l'alcool. On dissout ensuite le précipité à plusieurs reprises dans l'acide acétique ou dans l'acide azotique, froid et très-étendu, et on précipite chaque fois la liqueur par l'alcool.

D'après M. Cl. Bernard, on peut obtenir du glycogène presque pur en ajoutant une grande quantité d'acide acétique glacial à une décoction de foie concentrée et refroidie.

M. Gorup-Besanez extrait le glycogène du foie en injectant de l'eau dans la veine-porte, laissant d'abord écouler le sang et recueillant le liquide rose ou laiteux qui passe ensuite. Ce liquide donne du glycogène lorsqu'on le fait bouillir avec de l'eau et qu'on précipite par l'alcool.

Le glycogène constitue une poudre amorphe. Séché à l'air, il possède la composition $C^{12}H^{12}O^{12}$ (J. Pelouze). A 100°, il perd $H^{2}O^{2}$ (Kekulé). Il forme, avec l'eau, une liqueur opalescente.

L'alcool et l'éther ne le dissolvent point.

Les acides étendus le convertissent en glucose, à la température de l'ébullition.

La diastase, la salive, le sang, lui font éprouver la même transformation. L'iode le colore en violet ou en brun rouge. Avec l'acide azotique concentré, il forme une matière analogue à la xyloïdine. Soumise à l'ébullition avec l'acide azotique étendu, il donne de l'acide oxalique.

GOMMES.

On désigne sous le nom de *gommes* et de *mucilages* des substances très-répandues dans le règne végétal, et qui, en se dissolvant ou en se gonflant dans l'eau, lui donnent une consistance mucilagineuse.

On distingue les gommes proprement dites, qui sont solubles dans l'eau, des matières mucilagineuses, qui ne font que s'y gonfler. Les unes et les autres donnent de l'acide mucique et de l'acide oxalique lorsqu'on les traite par l'acide azotique. On sait que la gomme fournit en même temps, par ce traitement, de l'acide saccharique et de l'acide tartrique.

On distingue dans le commerce différentes espèces de gommes. La mieux étudiée est la *gomme arabique*, qui s'écoule naturellement de diverses espèces d'acacias. On considère la gomme qui est récoltée en Arabie comme identique avec la gomme du Sénégal.

La *gomme adraganthe* découle d'astragales du Levant et de la Perse. La *gomme de Bassora* paraît provenir d'une espèce de cactus. Enfin, la gomme qui découle de nos arbres fruitiers, tels que cerisiers et pruniers, est désignée sous le nom de *gomme du pays*.

Gomme arabique. — Cette gomme se dissout abondamment dans l'eau froide et est précipitée de cette solution par l'alcool. On désignait autrefois le principe soluble sous le nom d'*arabine*. M. Fremy a démontré récemment que la gomme arabique est essentiellement formée par les sels de chaux et de potasse, d'un acide qu'il a désigné sous le nom d'*acide gummique*. Pour l'isoler, on ajoute de l'acide chlorhydrique à une solution concentrée de gomme et on précipite par l'alcool. Le précipité, lavé à l'alcool, se présente sous forme d'une masse amorphe d'un blanc laiteux et qui prend un aspect vitreux par la dessiccation. Séché à 100°, l'acide gummique possède la composition $C^{24}H^{22}O^{22}$. Entre 120° et 130°, il abandonne H^2O^2 et devient alors isomérique avec l'amidon et la cellulose. Il est très-soluble dans l'eau. La solution dévie le plan de polarisation à gauche.

L'acide gummique forme, avec les bases, des sels dont les uns sont solubles dans l'eau et les autres insolubles. Parmi les premiers, il faut compter les gummates de potasse, de chaux, de baryte. En ajoutant à la solution d'un gummate soluble (solution de gomme arabique) du sous-acétate de plomb, on obtient un précipité blanc abondant de gummate de plomb.

Lorsqu'on chauffe l'acide gummique de 120 à 150°, il se convertit en *acide métagummique*. Celui-ci est insoluble dans l'eau et ne se modifie pas par l'ébullition avec ce liquide. Les gummates sont convertis en métagummates lorsqu'on les chauffe. Il en est ainsi de la gomme arabique. Les métagummates sont insolubles dans l'eau froide ; mais lorsqu'on les fait bouillir avec ce liquide, ils se convertissent de nouveau en gummates solubles. La gomme des cerisiers et des pruniers est formée par un mélange de gummates (arabine) solubles dans l'eau froide et de métagummates insolubles. Ces derniers constituent ce qu'on nommait autrefois la *cérasine*. On disait que ce principe se convertit en arabine par une ébullition prolongée avec l'eau. Cette propriété repose sur la transformation des métagummates en gummates (Fremy).

Lorsqu'on verse avec précaution une solution concentrée de gomme arabique au-dessus d'une couche d'acide sulfurique et qu'on abandonne le tout pendant quelques jours, l'acide gummique se transforme entièrement en acide métagummique.

Une solution de gomme arabique, conservée pendant longtemps, se couvre de moisissures. M. Fermond a vu la gomme se convertir, dans ces circonstances, en une matière sucrée particulière.

Lorsqu'on chauffe une solution de gomme avec de l'acide sulfurique étendu, il se forme une matière sucrée, déviant le plan de polarisation vers la droite.

Bassorine. — On a désigné sous ce nom la matière mucilagineuse, insoluble dans l'eau, qui existe dans la gomme de Bassora et dans la gomme adragante. L'eau gonfle cette matière et la convertit en une gelée transparente. Cette transformation est plus ou moins rapide. Elle s'accomplit aisément par l'eau bouillante. Séchée à 100°, la bassorine possède la composition $C^{12}H^{10}O^{10}$. Avec l'acide azotique, elle donne beaucoup d'acide mucique. Lorsqu'on la fait bouillir avec l'acide sulfurique étendu, on la convertit en une glucose cristallisable. Certaines variétés de gomme adragante renferment, indépendamment de la bassorine (adraganthine), des granules d'amidon (Guibourt).

Mucilage. — On désigne sous ce nom une matière gommeuse très-répandue dans le règne végétal, et qui existe surtout en abondance dans les semences de lin et de coing; dans les feuilles, les fleurs et la racine de guimauve; dans les fleurs de bouillon blanc, etc., etc. Souvent le mucilage se trouve associé à l'amidon, comme dans le salep, qui est le bulbe de l'*Orchis mascula*.

Les graines de lin ou de coing, que nous choisirons pour exemple, donnent, avec l'eau chaude, un mucilage épais, qui est formé d'une matière insoluble (sorte de bassorine) et d'une matière gommeuse soluble qu'on peut extraire à l'aide de l'eau froide. Cette partie, convenablement purifiée et séchée, possède la composition de la gomme.

Soumis à l'ébullition avec l'acide sulfurique étendu, les mucilages se convertissent en glucose et en gomme (?). Avec l'acide azotique, ils donnent de l'acide mucique.

Les matières gommeuses reçoivent en pharmacie des usages fréquents et multiples. Elles appartiennent aux médicaments émollients. Avec la gomme arabique on prépare un mucilage, des tablettes de gomme, une potion gommeuse, un sirop, différentes pâtes, etc.

Le mucilage de gomme adraganthe est très-employé dans la préparation des tablettes et pastilles.

Un très-grand nombre de fleurs (espèces béchiques) et de feuilles (espèces émollientes), de semences, de racines, qui entrent dans la préparation des médicaments émollients, tels que tisanes, sirops pectoraux, cataplasmes, etc., doivent leurs propriétés à la présence du mucilage.

LICHÉNINE.

$$C^{12}H^{10}O^{10}.$$

Plusieurs espèces de lichens et de mousses renferment une substance capable de se transformer en une gelée par l'action de l'eau bouillante. Cette matière a reçu le nom de *lichénine*. Elle est contenue dans les cellules du lichen d'Islande, par exemple, sous forme d'une masse amorphe et gonflée. Pour l'isoler, on épuise le lichen d'Islande successivement par l'éther, l'alcool, la potasse étendue, l'acide chlorhydrique étendu; on fait bouillir le résidu avec de l'eau et on filtre la liqueur bouillante. Elle se prend, par le refroidissement, en une masse gélatineuse. Elle donne, avec l'alcool, un précipité blanc qui constitue, après la dessiccation, une masse transparente jaunâtre, cassante. Cette matière, qui est la lichénine, possède la composition de l'amidon. Elle se gonfle dans l'eau froide, se dissout dans l'eau bouillante en formant une liqueur mucilagineuse qui se prend en gelée par le refroidissement. Elle est insoluble dans l'alcool et dans l'éther. L'acide sulfurique étendu la convertit, à l'ébullition, en une matière sucrée. Avec l'acide azotique, elle donne de l'acide oxalique, mais point d'acide mucique. Elle est isomérique avec l'amidon et la cellulose.

TUNICINE.

$$C^{12}H^{10}O^{10}.$$

M. C. Schmidt a signalé, en 1846, la présence de cette substance dans le manteau des tuniciens et des ascidies. M. Berthelot l'a distinguée de son isomère, la cellulose. Pour l'isoler, il fait bouillir les enveloppes des tuniciens avec de l'acide chlorhydrique, puis avec de la potasse caustique. Après le lavage, la tunicine constitue une masse blanche qui montre encore la structure des organes d'où elle a été extraite. Elle est colorée en jaune par une solution alcoolique d'iode. L'oxyde de cuivre ammoniacal la dissout à peine. Lorsqu'on délaye la tunicine sèche dans de l'acide sulfurique concentré, elle s'y liquéfie. Si l'on verse alors le liquide goutte à goutte dans 100 fois son poids d'eau bouillante et qu'on soumette le tout à l'ébullition pendant une heure, la tunicine se convertit en une glucose fermentescible (Berthelot).

CELLULOSE.

$$C^{12}H^{10}O^{10}.$$

On nomme ainsi la matière qui forme les parois des jeunes cellules végétales, et qui se trouve déposée, à l'état de mélange avec d'autres matières, dans les cellules plus âgées, notamment dans les fibres ligneuses. On admet qu'elle forme seule les parois épaissies de plusieurs périspermes cornés, tels que ceux du Dracaena, des Phytelephas, du dattier. Le tissu cellulaire de la moelle de l'*Æschinomene paludosa*, la moelle de sureau, le coton, les vieux chiffons, le papier, constituent de la cellulose presque pure.

Dans les fibres ligneuses, dans le bois, la cellulose est pénétrée de substances étrangères de nature diverse, parmi lesquelles M. Payen a distingué la *matière incrustante*, qui épaissit les tissus et leur donne de la rigidité. Parmi les autres, notons des matières azotées, des matières résineuses, diverses matières colorantes, etc. A ces substances organiques viennent se joindre des éléments minéraux, qui se trouvent plus ou moins modifiés dans les cendres.

En général, les substances étrangères de nature organique qui sont mêlées à la cellulose sont plus riches en carbone que cette dernière.

M. Fremy distingue, d'après des recherches récentes, la *paracellulose* de la cellulose. La première substance constitue le tissu utriculaire des rayons médullaires du bois. Les parois des vaisseaux sont formées, d'après le même chimiste, par une substance particulière, qu'il nomme *vasculose;* la *fibrose* est la substance des fibres végétales, et la *cutine* constitue la membrane épidermique des feuilles, qu'on nomme *cuticule*.

Toutes ces substances doivent être distinguées, d'après M. Fremy, de la cellulose; elles sont insolubles dans le réactif cupro-ammoniacal. La paracellulose devient soluble par une longue ébullition avec l'eau, ou par l'action des acides ou des alcalis étendus.

Le vieux linge, le coton, la moelle de sureau, sont les matières les plus propres à la préparation de la cellulose pure. Après avoir trempé ces substances dans l'eau, on les fait bouillir avec une solution faible de potasse caustique; puis on les lave de nouveau; on les délaye dans l'eau et l'on y dirige un courant de chlore; enfin, après les avoir épuisées successivement par l'acide acétique, l'alcool, l'éther, l'eau, on les fait sécher à 100°. Le produit obtenu est considéré comme de la cellulose pure.

Propriétés de la cellulose. — Cette substance est solide, blanche, diaphane, d'une densité de 1,25 à 1,45. Elle est insoluble dans l'eau, l'alcool, l'éther, les acides et les alcalis étendus.

Elle se dissout dans la liqueur cupro-ammoniacale, qu'on obtient en faisant dissoudre, dans une petite quantité d'ammoniaque concentrée, l'hydrate ou le carbonate cuivrique récemment précipité et lavé, ou mieux, en faisant dissoudre du cuivre métallique dans l'ammoniaque au contact de l'air (Peligot).

Au contact de ce réactif, la cellulose se gonfle d'abord et se dissout ensuite complétement, propriété fort curieuse, que M. Schweizer a constatée le premier en 1858. L'eau, les acides étendus, certains sels précipitent de nouveau la cellulose de cette solution, sous forme d'une masse gélatineuse, qui devient dure et cornée lorsqu'on la sèche directement ; mais qui, après des lavages prolongés à l'alcool, se résout par la dessiccation en une poudre blanche ténue. Celle-ci possède toutes les propriétés de la cellulose ; seulement, en raison de son état de division, elle est attaquée plus facilement par les réactifs.

Lorsqu'on soumet la cellulose à la distillation sèche, elle laisse un résidu de charbon et donne de nombreux produits gazeux et liquides. On sait que les gaz obtenus par la distillation du bois servent à l'éclairage dans quelques pays. Les produits liquides se partagent ordinairement en deux couches : une couche aqueuse, qui renferme de l'acide acétique, de l'esprit de bois, de l'acétone, de l'aldéhyde, de l'acétate d'ammoniaque, etc. ; une couche insoluble, qui constitue le goudron de bois et qui renferme de nombreux carbures d'hydrogène et d'autres produits, parmi lesquels nous nous bornerons à signaler la créosote. L'acide phénique se trouve parmi les produits de la distillation du bois de pin.

Lorsqu'on arrose la cellulose (de la charpie, par exemple) avec de l'acide sulfurique concentré et qu'on broie le tout rapidement dans un mortier, on obtient une masse visqueuse, peu colorée, qui renferme, indépendamment d'une combinaison d'acide sulfurique et de cellulose (acide sulfoligneux), des substances résultant de la désagrégation de la cellulose.

Suivant que l'action de l'acide sulfurique est plus ou moins prolongée, il se forme soit une substance insoluble dans l'eau, se gonflant dans ce liquide, colorable en bleu par l'iode, analogue, par conséquent, à l'amidon ; soit une matière soluble dans l'eau, analogue à la dextrine, mais exerçant un pouvoir rotatoire plus faible vers la droite (Béchamp). Lorsque, après avoir étendu d'eau la liqueur acide, on la soumet à une ébullition prolongée, il se forme une glucose fermentescible (Braconnot),

$$C^{12}H^{10}O^{10} + H^2O^2 = C^{12}H^{12}O^{12}.$$
$$\text{Cellulose.} \qquad\qquad \text{Glucose.}$$

On obtient ce corps en saturant la liqueur par la craie, filtrant et évaporant au bain-marie en consistance sirupeuse. La glucose, qui se dépose au bout de quelque temps sous forme de mamelons blancs, constitue ce qu'on nommait autrefois le *sucre de chiffons*.

Lorsqu'on trempe du papier dans de l'acide sulfurique étendu de la moitié de son volume d'eau, et qu'on le fait sécher après l'avoir lavé avec soin, on obtient une matière semi-transparente douée d'une certaine cohérence, et semblable, par son aspect, au parchemin (Figuier et Poumarède, Hofmann). C'est ce qu'on nomme le *parchemin végétal*. Lorsqu'on examine ce produit au microscope, on découvre les fibres du papier entourées d'une matière transparente, gommeuse, colorable par l'iode et qui paraît les coller.

Sous l'influence de l'acide chlorhydrique concentré et froid, ou par l'ébullition avec de l'acide chlorhydrique moyennement concentré, la cellulose éprouve, d'après M. Béchamp, une désagrégation analogue à celle que lui fait éprouver l'acide sulfurique, avec formation de la substance amyloïde insoluble, et colorable en bleu par l'iode, et de la substance soluble analogue à la dextrine. Une solution de chlorure de zinc convertit à froid la cellulose en matière amyloïde; lorsqu'on chauffe, le tout se dissout et il se forme finalement de la glucose.

Les alcalis gonflent la cellulose et la colorent en brun, surtout à l'ébullition. Le coton qu'on a trempé pendant quelque temps dans une solution concentrée de potasse ou de soude caustique retient de l'alcali en combinaison après des lavages à l'alcool et l'abandonne de nouveau par des lavages à l'eau. Lorsqu'on mêle la cellulose, ou simplement la sciure de bois, avec son poids de potasse caustique et qu'on soumet le mélange à la distillation après l'avoir humecté, il passe de l'esprit de bois (Peligot). Fondue au creuset d'argent avec de la potasse, la cellulose donne de l'acide oxalique (Gay-Lussac, Possoz) [voir page 377].

Lorsqu'on chauffe de la charpie avec une solution concentrée de chlorure de chaux, une réaction très-violente se manifeste et il se dégage des torrents d'acide carbonique.

Fulmicoton. — Ce corps constitue de la cellulose dans laquelle plusieurs équivalents d'hydrogène ont été remplacés par autant de groupes AzO^4. Il a été découvert en 1847 par M. Schœnbein. M. Pelouze avait constaté dès 1838 que le papier se convertit en une substance explosive lorsqu'on le plonge dans l'acide azotique concentré.

Pour préparer le fulmicoton, on trempe du coton cardé dans de l'acide azotique monohydraté, on le retire au bout d'une demi-minute, on lave le produit rapidement à grande eau et on le fait sécher à l'air.

On peut remplacer avantageusement l'acide azotique monohydraté par un mélange de 1 volume d'acide azotique fumant, d'une densité de 1,5 avec 3 vol. d'acide sulfurique. On laisse le coton tremper dans ce mélange pendant quelques minutes, et on lave ensuite à grande eau.

La pyroxyline offre l'aspect du coton : elle est un peu plus rude au toucher et offre quelquefois une légère teinte jaunâtre. Elle est très-inflammable et brûle subitement sans laisser de résidu, et donne une masse de produits gazeux formés d'acide carbonique, d'oxyde de carbone, de bioxyde d'azote, de gaz inflammables et de vapeurs d'eau. La température à laquelle elle prend feu et par conséquent sa faculté explosive, varient suivant le mode de préparation ; souvent on peut chauffer le fulmicoton à 100°, même à 180°, sans qu'il prenne feu ; mais plus ordinairement il s'enflamme à ces températures et même au-dessous de 100°. Quelquefois même il détone par le choc. Lorsqu'on le conserve pendant longtemps, il peut éprouver une décomposition spontanée et lente avec formation d'acide oxalique et d'une matière gommeuse (Hofmann).

Préparée par les procédés ordinaires, la pyroxyline renferme entre 11 et 14 pour 100 d'azote. Elle paraît constituer un mélange de *cellulose dinitrée* et de *cellulose trinitrée*

$$C^{12}H^{10}O^{10} \qquad C^{12}H^8(AzO^4)^2O^{10} \qquad C^{12}H^7(AzO^4)^3O^{10}.$$

Cellulose.   Cellulose dinitrée.   Cellulose trinitrée.

Lorsqu'on chauffe la pyroxyline avec une solution concentrée de protochlorure de fer, il se dégage du bioxyde d'azote, et la cellulose est régénérée (Béchamp).

Les alcalis dissolvent la pyroxyline à chaud, et il se forme des azotates alcalins. Lorsqu'on porte la solution à 50° ou 60°, elle brunit et il se forme un sucre fermentescible (Béchamp). Ces réactions semblent indiquer que la pyroxyline constitue un éther azotique de la cellulose, et qu'elle est à cette dernière substance ce que la trinitroglycérine est à la glycérine :

$$\left.\begin{array}{l}(C^6H^5)''' \\ H^3\end{array}\right\}O^6 \qquad \left.\begin{array}{l}(C^6H^5)''' \\ (AzO^4)^3\end{array}\right\}O^6.$$

Glycérine.   Trinitroglycérine.

$$\left.\begin{array}{l}(C^{12}H^6)^{vi} \\ H^4\end{array}\right\}O^{10} \qquad \left.\begin{array}{l}(C^{12}H^6)^{vi} \\ (AzO^4)^3,H\end{array}\right\}O^{10}.$$

Cellulose.   Trinitrocellulose.

Ajoutons que la véritable formule de la cellulose est peut-être le double ou le triple de la formule que nous avons adoptée ; à vrai dire, le poids moléculaire de ce corps est inconnu.

La pyroxyline est insoluble dans l'eau, l'alcool, l'éther, le chloroforme, l'acide acétique, la solution cupro-ammoniacale. Elle se dissout dans un mélange d'éther et d'alcool, et la solution épaisse ainsi obtenue porte le nom de *collodion* (Flores, Domonte et Ménard, 1847).

Collodion. — Pour préparer une pyroxyline soluble dans l'éther alcoolisé, on fait un mélange de 4 parties de salpêtre, de 3 parties d'acide sulfurique ordinaire et de trois parties d'acide sulfurique fumant, on y trempe le coton pendant 5 à 10 minutes à une température de 68° à 71°, on lave ensuite le produit à grande eau et on fait sécher sur du papier. On fait dissoudre 2 parties de ce produit dans un mélange de 80 parties d'éther et de 20 parties d'alcool : on obtient ainsi une solution transparente, épaisse, qui, étendue en couches minces sur une surface, abandonne la pyroxyline sous forme d'une membrane mince transparente, imperméable à l'eau, fortement adhérente. C'est à l'état de solution épaisse que le collodion est employé en chirurgie. On l'étend avec de l'éther et de l'alcool pour l'usage photographique.

MATIÈRES PECTIQUES.

Dans les fruits non parvenus à la maturité et dans quelques racines, telles que les carottes, les navets, les betteraves, il existe, d'après M. Fremy, une matière neutre, non azotée, insoluble dans l'eau et dans l'alcool, la *pectose*. Pendant la maturation des fruits, ou par l'ébullition avec les acides faibles, cette matière se convertit en une substance neutre, soluble dans l'eau, la *pectine*.

Pectine. — M. Fremy extrait la pectine du suc des poires mûres. Il en précipite de la chaux par l'acide oxalique, et les matières albuminoïdes par le tannin, et ajoute de l'alcool à la liqueur filtrée : la pectine se précipite. Elle peut être purifiée par plusieurs dissolutions dans l'eau et précipitations par l'alcool. Cette substance se dissout dans l'eau en formant une solution épaisse. L'alcool la précipite en gelée de sa solution étendue; en filaments, de sa solution concentrée. La solution n'est point précipitée par l'acétate, mais bien par le sous-acétate de plomb. Par une longue ébullition, la pectine se convertit en *parapectine*, soluble et précipitable par l'acétate neutre de plomb.

Acide pectosique. — Lorsqu'on fait agir sur la pectine des solutions alcalines étendues et froides, elle se convertit, d'après M. Fremy, en un acide gélatineux qu'il nomme *pectosique*. La même transformation s'accomplit sous l'influence de la *pectase*, ferment que renferment les carottes, et que l'alcool précipite du suc exprimé de ces racines.

Acide pectique. — Par l'action prolongée des alcalis en excès ou de la pectase, la pectine se convertit en acide pectique.

Pour préparer l'acide pectique, on fait bouillir les carottes, bien lavées et rapées, avec de l'acide chlorhydrique faible, et on filtre. La solution renferme de la pectine. On fait bouillir la liqueur avec de la soude, qui convertit la pectine en acide pectique; on filtre et on précipite l'acide pectique par l'acide chlorhydrique. Ainsi obtenu, ce corps se présente sous forme d'une gelée insoluble dans l'eau et dans l'alcool, offrant une légère réaction acide. Desséchée, elle constitue une masse transparente. M. Fremy lui attribue la composition $C^{32}H^{22}O^{30}$. L'acide pectique se dissout dans les liqueurs alcalines étendues pour former des pectates. Les acides le précipitent en gelée de ces solutions. En présence des alcalis concentrés, il se modifie de telle sorte que les acides ne le précipitent plus. Par une longue ébullition avec l'eau, l'acide pectique s'altère; il se dissout et se convertit d'abord en *acide parapectique* et puis en acide *métapectique*.

Ce dernier acide se forme aussi par l'action prolongée de la pectase, ou d'un excès d'alcali sur la pectine.

On sait que les sucs de certains fruits possèdent la propriété de se prendre spontanément en gelée. M. Fremy admet que la pectine soluble y est convertie en acides pectosique et pectique gélatineux, par l'action de la pectase ou ferment pectique qui renferment ces sucs.

Acide métapectique. — Pour préparer cet acide, on fait bouillir, pendant une heure, avec un lait de chaux, des betteraves préalablement rapées et lavées à grande eau; on passe avec expression, on évapore en consistance sirupeuse, et on précipite le métapectate de chaux par l'alcool. Après l'avoir redissous dans l'eau, on précipite la chaux par l'acide oxalique. On neutralise la liqueur par l'ammoniaque, et on y ajoute de l'acétate neutre de plomb, qui précipite quelques substances étrangères. On filtre et on ajoute de l'ammoniaque à la liqueur. Le métapectate de plomb se précipite : on le décompose par l'hydrogène sulfuré.

L'acide métapectique est très-soluble dans l'eau, et n'est point précipité de sa solution par l'alcool. Il possède une réaction franchement acide et forme avec les bases des sels solubles. Il n'est précipité que par le sous-acétate de plomb. M. Fremy admet que l'acide métapectique existe à l'état de sel dans un très-grand nombre de végétaux.

Tous les composés pectiques donnent de l'acide mucique lorsqu'on les fait bouillir avec de l'acide azotique.

MATIÈRES ULMIQUES.

On désigne sous le nom de matières *ulmiques* ou *humiques*, d'*ulmine*, de *géine*, d'*acides ulmique*, *crénique*, *apocrénique*, des substances brunes ou noires qui existent dans la tourbe, dans la terre végétale, et qui se trouvent en dissolution dans certaines eaux. Ces matières se forment par la décomposition lente des substances organiques sous l'influence des agents atmosphériques. Elles prennent aussi naissance par l'action des acides, et par celle des alcalis sur la cellulose, l'amidon la gomme, les sucres.

Les substances brunes insolubles qui se déposent pendant l'évaporation des extraits, et qu'on désigne sous le nom d'*apothèmes*, se rapprochent par leurs caractères de certaines matières ulmiques. Au reste, ces dernières diffèrent par leur composition et leurs propriétés. Les unes se dissolvent dans les alcalis, et possèdent le caractère d'acides faibles; d'autres sont insolubles dans les alcalis.

Braconnot a observé le premier qu'en chauffant la sciure de bois avec la potasse caustique au creuset d'argent, on obtient une masse noire, qui se dissout dans l'eau en formant une liqueur noire. L'acide chlorhydrique ajouté à cette solution, en précipite des flocons bruns ou noirs d'une substance insoluble dans l'eau, soluble dans les alcalis. Ce corps a été nommé *acide ulmique*, parce qu'il semble exister dans la matière noire qui remplit les plaies rongeantes de certains arbres, particulièrement des ormeaux. D'après M. Peligot, la composition de ce corps varie suivant la température où il a pris naissance.

Lorsqu'on fait bouillir longtemps du sucre avec de l'acide sulfurique étendu de 30 parties d'eau, on obtient un dépôt formé de petites paillettes brunes ou noires ; si l'opération s'exécute au contact de l'air, il se forme en même temps de l'acide formique. Ces paillettes se dissolvent incomplétement dans l'ammoniaque, en laissant une substance noire neutre, qu'on nomme *ulmine*, et qui paraît constituer un produit de transformation de l'acide ulmique sous l'influence d'une ébullition prolongée. La solution ammoniacale donne, par l'acide chlorhydrique, un précipité brun ou noir d'acide ulmique. Ce dernier est insoluble dans un liquide contenant un acide libre ou un sel, mais il se dissout dans l'eau pure. Convenablement desséché, il présente une composition représentée par la formule $C^{24}H^{8}O^{9}$, et paraît résulter de la déshydratation du sucre.

Les matières ulmiques, qui offrent peu d'intérêt au point de vue chimique, jouent un rôle important dans la nutrition des végétaux.

GLUCOSIDES.

On nomme ainsi des combinaisons complexes qui se dédoublent, dans diverses métamorphoses, avec fixation d'eau, en glucose et en d'autres corps, comme les éthers se dédoublent, en absorbant de l'eau, en alcools et en acides. Cette définition rapproche les glucosides des éthers composés. La glucose constitue, en effet, un alcool polyatomique, et on peut assimiler, jusqu'à un certain point, les combinaisons de glucose avec différents acides, combinaisons qui ont été décrites par M. Berthelot, aux principes immédiats qu'on désigne sous le nom de glucosides.

L'amygdaline, la salicine, la phillyrine, l'arbutine, la phloridzine, l'esculine, le tannin, etc., donnent de la glucose, ou du moins un sucre fermentescible possédant la composition de la glucose, lorsqu'on soumet ces matières à l'action de divers réactifs, particulièrement à celle des acides étendus et bouillants.

D'un autre côté, on a rapproché des glucosides certains principes immédiats qui donnent, en se dédoublant, des alcools polyatomiques voisins de la glucose. Tels sont le quercitrin, qui donne une matière sucrée particulière; l'acide quinovique, qui donne de la mannitane; la phlorétine, qui donne de la phloroglucine, substance voisine de la glycérine; diverses substances retirées des lichens, qui fournissent de l'érythrite et de l'orcine (page 527).

Les réactifs qui opèrent ce dédoublement sont tantôt les acides, tantôt les alcalis, quelquefois des ferments particuliers, comme dans le cas de l'amygdaline (page 517).

Quant aux produits qui se forment en même temps que les alcools polyatomiques, par le dédoublement de toutes ces substances complexes, ils sont très-variables : ce sont des alcools, tels que la saligénine, des aldéhydes, comme l'essence d'amandes amères, des acides tels que l'acide benzoïque et l'acide gallique, ou quelquefois des matières indifférentes, amères, dont la constitution est encore inconnue.

Parmi ces produits de décomposition, un grand nombre appartiennent au groupe des substances aromatiques ; c'est donc parmi les combinaisons dérivées de ces substances que la place des glucosides correspondantes est marquée dans le système. Nous croyons néanmoins devoir les réunir ici dans un même groupe, et en donner une description sommaire, que nous ferons suivre de celle de quelques substances retirées des lichens.

AMYGDALINE.

$$C^{40}H^{27}AzO^{22} + 3H^2O^2.$$

Ce corps a été découvert en 1830 par MM. Robiquet et Boutron-Charlard dans les amandes amères. MM. Liebig et Wœhler l'ont étudié et en ont fixé la composition. M. Wicke l'a rencontré, en petite quantité, dans les feuilles de laurier-cerise, dans les jeunes pousses de différentes espèces de *Prunus* et de *Sorbus*. On peut supposer que tous les produits végétaux qui donnent de l'acide prussique par distillation avec de l'eau renferment de l'amygdaline.

Préparation. — Pour préparer l'amygdaline, on épuise le tourteau d'amandes amères à plusieurs reprises par l'alcool bouillant. On distille la plus grande partie de l'alcool, et on précipite par l'éther l'extrait alcoolique concentré et froid. L'amygdaline se dépose. On l'exprime entre des feuilles de papier à filtre, et on la purifie par une nouvelle cristallisation dans l'alcool. Les amandes amères en fournissent de 1 1/2 à 3 pour 100.

Propriétés. — L'amygdaline se dépose de sa solution aqueuse en cristaux assez volumineux, qui renferment 3 molécules d'eau de cristallisation ($3H^2O^2$). Les cristaux qui se déposent de l'alcool faible n'en renferment que 2 molécules ($2H^2O^2$). L'amygdaline est très-soluble dans l'eau et dans l'alcool bouillant. L'alcool absolu froid la dissout peu, l'éther point. La solution aqueuse dévie le plan de polarisation à gauche.

Par l'action des acides étendus, l'amygdaline se dédouble en acide prussique, hydrure de benzoyle (essence d'amandes amères) et glucose :

$$C^{40}H^{27}AzO^{22} + 2H^2O^2 = C^{14}H^6O^2 + C^2AzH + 2C^{12}H^{12}O^{12}.$$

Amygdaline.   Hydrure   Acide   Glucose.
de benzoyle.   prussique.

Le même dédoublement s'effectue sous l'influence de l'eau et d'un ferment contenu dans les amandes amères et dans les amandes douces, et qu'on désigne sous le nom d'*émulsine* ou de *synaptase*. C'est une matière azotée, neutre, soluble dans l'eau. Elle n'agit sur l'amygdaline qu'en présence de l'eau. On sait, en effet, que les amandes amères ne développent l'odeur de l'acide prussique que lorsqu'on les humecte avec de l'eau.

Lorsqu'on fait bouillir l'amygdaline avec les solutions des alcalis, elle laisse dégager de l'ammoniaque et se convertit en acide amygdalique :

$$C^{40}H^{27}AzO^{22} + H^2O^2 = C^{40}H^{26}O^{24} + AzH^3.$$

Amygdaline.   Acide
amygdalique.

SALICINE.

$$C^{26}H^{18}O^{14}.$$

Ce corps, qui a été employé en médecine, a été découvert par Leroux en 1830. M. Piria en a étudié les réactions.

On le trouve tout formé dans les écorces de saule et de peuplier.

M. Wœhler en a signalé l'existence dans le castoréum.

Pour préparer la salicine, on épuise l'écorce de saule par l'eau bouillante, et, après avoir concentré les liqueurs, on les fait digérer avec de la litharge; on filtre et on évapore en consistance sirupeuse. La salicine se dépose au bout de quelques jours; on la purifie par une nouvelle cristallisation.

Elle constitue de petites lamelles ou aiguilles brillantes solubles dans l'eau et dans l'alcool, insolubles dans l'éther.

Sa solution aqueuse dévie à gauche le plan de polarisation. Elle n'est précipitée ni par les acétates de plomb neutre et basique, ni par l'acide tannique, mais elle donne un précipité avec le sous-acétate de plomb, à chaud, lorsqu'on ajoute une petite quantité d'ammoniaque. Elle se dissout dans l'acide sulfurique en formant une liqueur rouge.

Sous l'influence d'une solution d'émulsine (ferment azoté des amandes) elle se dédouble en saligénine et en glucose (Piria).

$$C^{26}H^{18}O^{14} + H^2O^2 = C^{14}H^8O^4 + C^{12}H^{12}O^{12}.$$

Salicine.   Saligénine.   Glucose.

Les acides sulfurique et chlorhydrique étendus la dédoublent à chaud en salirétine et en glucose.

La salirétine $C^{14}H^6O^2$ ne se distingue de la saligénine que par les éléments de l'eau en moins.

L'acide azotique étendu la convertit à froid en *hélicine*.

$$C^{26}H^{18}O^{14} + O^2 = H^2O^2 + C^{26}H^{16}O^{14}.$$
Salicine.   Hélicine.

Lorsqu'on la fait bouillir avec de l'acide azotique concentré, il se forme d'abord de l'acide nitro-salicylique, puis de l'acide picrique. Il se produit en même temps de l'acide oxalique. Par l'action d'un mélange de bichromate de potasse et d'acide sulfurique, la salicine donne de l'hydrure de salicyle, de l'acide formique et de l'acide carbonique. Lorsqu'on la fond avec de l'hydrate de potasse, il se dégage de l'hydrogène, et il se forme de l'acide salicylique et de l'acide oxalique.

Le chlore convertit la salicine en produits de substitution chlorés.

La salicine est un excellent amer. On l'a employée comme fébrifuge à la dose de 2 ou 3 grammes, mais elle ne saurait remplacer le sulfate de quinine, car elle est impuissante contre les fièvres intermittentes graves.

HÉLICINE.

$C^{26}H^{16}O^{14}.$

Ce corps, qui résulte de l'action de l'acide azotique faible sur la salicine, constitue la combinaison glucosique de l'hydrure de salicyle. Sous l'influence de l'émulsine, de la levûre de bière et des acides étendus, l'hélicine se dédouble, en effet, en glucose et en hydrure de salicyle

$$C^{26}H^{16}O^{14} + H^2O^2 = C^{14}H^6O^4 + C^{12}H^{12}O^{12}.$$
Hélicine.   Hydrure   Glucose.
de salicyle.

L'hélicine se présente sous forme de petites aiguilles blanches, réunies en faisceaux, solubles dans l'eau et dans l'alcool, insolubles dans l'éther.

POPULINE.

$C^{40}H^{22}O^{16} + 2H^2O^2.$

Braconnot a découvert cette substance dans l'écorce et dans les feuilles du tremble (*Populus tremula*). Pour l'extraire, on épuise l'écorce ou les feuilles par l'eau bouillante, on ajoute du sous-acétate de plomb à la décoction encore chaude, tant qu'il se forme un précipité ; on filtre ensuite et on évapore en consistance de sirop clair. Par le refroidissement, la populine se dépose sous forme d'un précipité cristallin. On la purifie en la dissolvant dans l'eau bouillante, avec addition de charbon animal.

La populine se présente sous forme d'aiguilles incolores, soyeuses, très-fines. Sa saveur est sucrée. Elle exige, pour se dissoudre, 1.896 parties d'eau à 9° et 70 parties d'eau bouillante. Elle est beaucoup plus soluble dans l'alcool bouillant.

A 100° elle perd son eau de cristallisation ($2H^2O^2$).

Sous l'influence des acides étendus, elle se convertit en acide benzoïque, salirétine et glucose ; comme ces deux derniers produits résultent du dédoublement de la salicine, on est autorisé à envisager la populine comme la combinaison benzoïque de la salicine.

Lorsqu'on la fait bouillir avec de l'eau de baryte ou avec un lait de chaux, elle se dédouble, en effet, en acide benzoïque et en salicine :

$$C^{40}H^{22}O^{16} + H^2O^2 = C^{14}H^5O^4 + C^{26}H^{18}O^{14}.$$

Populine.   Acide benzoïque.   Salicine

PHLORIDZINE.

$$C^{42}H^{24}O^{20} + 2H^2O^2.$$

On rencontre cette substance dans l'écorce du pommier, du poirier, du prunier, du cerisier, et principalement dans l'écorce des racines de ces arbres fruitiers (Stas et de Koninck).

Pour l'extraire, on fait bouillir cette écorce avec de l'eau, on décante la solution bouillante et concentrée, et on l'abandonne dans un endroit frais. Par le refroidissement, la phloridzine se précipite en aiguilles soyeuses et jaunâtres, qu'on purifie par le charbon animal.

La phloridzine pure forme des aiguilles soyeuses incolores. Elle possède une saveur amère et un arrière-goût sucré. Elle est à peine soluble dans l'eau froide, mais se dissout abondamment dans l'eau bouillante et dans l'alcool. La solution alcoolique dévie le plan de polarisation à gauche.

Les acides sulfurique et chlorhydrique étendus dédoublent la phloridzine en *phlorétine* et en glucose (Stas) :

$$C^{42}H^{24}O^{20} + H^2O^2 = C^{30}H^{14}O^{16} + C^{12}H^{12}O^{14}.$$

Phloridzine.   Phlorétine.   Glucose.

Additionnée d'ammoniaque et exposée à l'air, la phloridzine

absorbe l'oxygène et fixe de l'azote avec formation d'une matière amorphe, résineuse, rouge, la *phloridzéine* $C^{42}H^{30}Az^2O^{26}$ (Stas).

La *phlorétine* $C^{30}H^{14}O^{10}$ est une substance blanche, cristallisable en petites paillettes, peu soluble dans l'eau bouillante et dans l'éther, très-soluble dans l'alcool et dans l'acide acétique chaud (Stas).

L'acide azotique concentré la convertit en nitrophlorétine $C^{30}H^{13}(AzO^4)O^{10}$ (Stas).

L'acide sulfurique concentré ne l'altère pas. La potasse la dédouble en acide *phlorétique* et en *phloroglucine* (Hlasiwetz) :

$$C^{30}H^{14}O^{10} + H^2O^2 = C^{18}H^{10}O^6 + C^{12}H^6O^6.$$

Phlorétine.   Acide phlorétique.   Phloroglucine.

La phloroglucine possède la composition de la glycérine phénylique :

$C^{12}H^6O^2$ alcool phénylique (hydrate de phényle),
$C^{12}H^6O^4$ glycol phénylique (acide oxyphénique),
$C^{12}H^6O^6$ glycérine phénylique (phloroglucine).

Elle se présente sous forme de gros cristaux doués d'une saveur sucrée, solubles dans l'eau, l'alcool et l'éther. Elle se dépose à l'état anhydre de sa solution éthérée, avec 2 molécules d'eau de cristallisation de sa solution aqueuse. Cette dernière réduit la liqueur cupro-alcaline.

La phloroglucine se comporte, dans beaucoup de circonstances, comme l'orcine.

ARBUTINE.

$$2C^{24}H^{16}O^{14} + H^2O^2.$$

Cette substance a été découverte par M. Kawalier dans les feuilles de l'*Arctostaphylos ura ursi*. On l'en extrait par un procédé identique à celui qui sert à la préparation de la populine. Elle cristallise en aiguilles groupées sous forme d'aigrettes. Elle se dissout dans l'eau, l'alcool et l'éther. Sa saveur est amère.

Sous l'influence de l'émulsine ou de l'acide sulfurique étendu et bouillant, elle se dédouble en hydroquinone et en glucose :

$$C^{24}H^{16}O^{14} + H^2O^2 = C^{12}H^6O^4 + C^{12}H^{12}O^{12}.$$

Arbutine.   Hydroquinone.   Glucose.

Lorsqu'on la distille avec de l'acide sulfurique et du peroxyde de manganèse, elle donne de l'acide formique et de la quinone.

QUERCITRIN.

Cette substance a été découverte par M. Chevreul dans le *quercitron*, qui est l'écorce du chêne jaune (*Quercus tinctoria L.*). Elle est identique avec la rutine, qu'on a extraite de la rue (*Ruta graveolens*). On la rencontre aussi dans les baies jaunes, dans les câpres (bourgeons floraux du *Capparis spinosa*), dans les feuilles et les fleurs du marron d'Inde.

Pour extraire le quercitrin du quercitron, on épuise ce dernier à deux reprises par l'eau bouillante. Le quercitrin se dépose par le refroidissement de la liqueur filtrée sous forme d'une poudre cristalline jaune, peu soluble dans l'eau, soluble dans l'alcool. Sous l'influence des acides, cette substance se décompose en quercétine et en glucose (sucre de quercitrin). On a exprimé cette décomposition par l'équation suivante, qui ne paraît pas bien établie :

$$C^{58}H^{30}O^{34} = C^{12}H^{12}O^{12} + C^{46}H^{16}O^{20} + H^2O^2.$$

Quercitrin.   Glucose.   Quercétine.

La quercétine constitue une poudre cristalline jaune, peu soluble dans l'eau, soluble dans l'alcool. Fondue avec de l'hydrate de potasse, elle se dédouble en phloroglucine et en acide quercétique :

$$C^{46}H^{16}O^{20} + H^2O^2 = C^{12}H^6O^6 + C^{34}H^{12}O^{16}.$$

Quercétine.   Phloroglucine.   Acide quercétique.

L'acide quercétique cristallise en aiguilles fines soyeuses, solubles dans l'alcool, dans l'éther et dans l'eau bouillante.

CONVOLVULINE ET JALAPPINE.

La racine de jalap du commerce, qui est employée comme purgatif, constitue les rizômes de 2 convolvulacées : le *Convolvulus Schiedeanus* et le *Convolvulus orizabensis*. On en a extrait 2 glucosides homologues, la *convolvuline* $C^{62}H^{50}O^{32}$ et la *jalappine* $C^{68}H^{56}O^{32}$. La scammonée, qui constitue le suc desséché de la racine du *Convolvulus Scammonia*, renferme la même glucoside que le *Convolvulus orizabensis*, c'est-à-dire la jalappine.

Pour extraire la *convolvuline* du *Convolvulus Schiedeanus*, on fait bouillir cette racine, préalablement épuisée par l'eau bouillante, avec de l'alcool à 90° cent. La solution alcoolique, décolorée par le charbon animal, laisse par l'évaporation une matière résineuse. On reprend ce produit par l'éther. On dissout dans l'alcool absolu le résidu insoluble, et on précipite la convolvuline par l'éther. Pour l'avoir pure, on répète ce dernier traitement.

La convolvuline offre l'aspect d'une matière gommeuse blanche, friable. Elle est sans saveur et sans odeur. Elle se dissout abondamment dans l'alcool, peu dans l'eau. Elle est insoluble dans l'éther. L'acide sulfurique la dissout en la colorant en rouge. Lorsqu'on ajoute de l'eau, il se précipite une substance oléagineuse. le *convolvulinol*, et il reste de la glucose en dissolution

$$C^{62}H^{50}O^{32} + 5H^2O^2 = C^{26}H^{24}O^6 + 3C^{12}H^{12}O^{12}.$$
Convolvuline.   Convolvulinol.   Glucose.

Le convolvulinol se concrète en une substance solide soluble dans l'eau, l'alcool et l'éther. La solution aqueuse étendue et chaude le laisse déposer en cristaux minces et flexibles.

La *jalappine*, qu'on extrait de la scammonée ou du *Convolvulus orizabensis* par le procédé qui fournit la convolvuline, constitue une matière résineuse jaunâtre, inodore. Elle est sans odeur et sans saveur. Elle fond à 150°. Lorsqu'on la dissout dans l'acide sulfurique concentré et qu'on ajoute de l'eau, ou lorsqu'on la fait bouillir avec les acides étendus, la jalappine se dédouble en glucose et en jalappinol

$$C^{68}H^{56}O^{32} + 5H^2O^2 = C^{32}H^{30}O^6 + 3C^{12}H^{12}O^{12}.$$
Jalappine.   Jalappinol.   Glucose.

Ne pouvant pas donner ici la description détaillée de toutes les glucosides aujourd'hui connues, nous nous bornons à quelques indications sommaires sur les plus importantes.

Esculine. $C^{42}H^{24}O^{26}$, principe cristallisable de l'écorce des marrons d'Inde. Sa solution aqueuse montre à un haut degré les phénomènes du dichroïsme. Elle est bleue par réflexion, incolore par transmission (Trommsdorff).

Fraxine, $C^{34}H^{30}O^{34}$, principe cristallisable de l'écorce de frêne (*Fraxinus excelsior*). Sa solution aqueuse concentrée est jaune; étendue d'eau, elle montre une fluorescence bleue (Prince de Salm-Horstmar).

Saponine. Poudre blanche non cristalline qu'on extrait de la saponaire (*Saponaria officinalis*) et d'autres végétaux. Sa poussière excite l'éternument. Sa solution aqueuse mousse comme l'eau de savon (Bussy). Sous l'influence des acides, la saponine se dédouble en *sapogénine* et en une matière sucrée (Rochleder).

Daphnine, $C^{62}H^{34}O^{38} + 4H^2O^2$, principe cristallisable du *Daphne alpina* et du *Daphne mezereum* (Vauquelin).

Cyclamine, principe amorphe contenu dans les tubercules du *Cyclamen europæum* (de Luca). Sa solution aqueuse mousse; entre 60 et 75°, elle se coagule.

Quinovine, $C^{60}H^{48}O^{16}$, matière amorphe, résineuse, amère, soluble dans l'alcool et dans l'éther, qui a été découverte par Pelletier et Caventou dans l'écorce de *China nova*. Elle existe aussi dans les vraies écorces de quinquina (Schwarz), dont elle constitue peut-être un des principes toniques.

La quinovine se forme aussi par le dédoublement de la saponine et de l'acide caïncique.

On l'obtient en faisant bouillir l'écorce de *China nova* avec un lait de chaux, filtrant, précipitant par l'acide chlorhydrique, dissolvant le dépôt à plusieurs reprises dans l'alcool, et le précipitant par l'eau, jusqu'à ce qu'il soit incolore. Lorsqu'on dirige un courant de gaz chlorhydrique dans la solution alcoolique de quinovine, celle-ci se dédouble en acide quinovique et en mannitane.

$$C^{60}H^{48}O^{16} + H^2O^2 = C^{48}H^{38}O^8 + C^{12}H^{12}O^{10}.$$
Quinovine.   Acide   Mannitane.
quinovique.

L'acide quinovique constitue une poudre blanche cristalline, insoluble dans l'eau, peu soluble dans l'éther et dans l'alcool froid, soluble dans une grande quantité d'alcool bouillant.

Acide caïncique. — Cet acide a été découvert dans la racine de caïnca (*Chiococca racemosa*) par François, Pelletier et Caventou. Il cristallise en petites aiguilles brillantes, solubles dans l'alcool, et qui exigent 600 parties d'eau pour se dissoudre. Sous l'influence des acides étendus, il se dédouble en quinovine et en glucose (Rochleder et Hlasiwetz).

On voit que les glucosides comprennent non-seulement des corps neutres, mais encore de véritables acides. Parmi les glucosides acides il faut ranger les tannins ou acides tanniques, qui sont si répandus dans le règne végétal. Nous ferons remarquer, en outre, que certains alcaloïdes, tel que la solanine, fournissent pareillement de la glucose lorsqu'on les traite par les acides. Nous décrirons ces glucosides basiques en traitant des alcaloïdes.

ACIDES TANNIQUES.

On a désigné sous ce nom des composés très-répandus dans le règne végétal, légèrement acides, et qui sont caractérisés par deux propriétés importantes, savoir, de précipiter les solutions de la gélatine et des matières albuminoïdes, et de produire dans les sels ferriques une coloration noir-bleuâtre ou noir-verdâtre. La plus importante de ces combinaisons, le tannin de l'écorce de chêne ou acide quercitannique, est une glucoside. Sous l'influence des acides étendus, le tannin de chêne donne, en effet, de l'acide gallique et de la glucose cristallisable. Pour d'autres tannins, on n'a pas encore réussi à produire un tel dédoublement. Il est permis, néanmoins, de rattacher tous ces corps aux glucosides, dont ils se rapprochent, en tous cas, par leur complication moléculaire.

ACIDE QUERCITANNIQUE OU TANNIN.

$$C^{54}H^{22}O^{34}.$$

Les premiers travaux exacts sur cette substance sont dus à Berzelius. M. Pelouze a indiqué une méthode propre à l'obtenir à l'état de pureté. M. Strecker en a établi la composition et la formule, et a découvert son dédoublement en acide gallique et en glucose.

On rencontre le tannin dans le sumac, dans l'écorce de chêne, et, en grande abondance, dans la noix de galle, qui est une excroissance que développe la piqûre d'un insecte (*Cynips gallæ tinctoriæ*) sur les feuilles et les branches du *Quercus infectoria*.

Préparation. — On introduit la noix de galle concassée en poudre grossière dans une allonge, on place l'allonge sur une carafe, dont l'extrémité a été bouchée avec une mèche de coton ; on en remplit un peu plus de la moitié ; on tasse légèrement, et on verse par-dessus de l'éther sulfurique du commerce. Après avoir bouché l'appareil incomplétement, on l'abandonne à lui-même. Le lendemain, on trouve dans la carafe deux, quelquefois trois couches. La couche inférieure est une solution aqueuse et très-concentrée de tannin ; elle contient aussi une petite quantité d'éther. La couche supérieure et légère est éthérée ; elle ne renferme qu'une petite quantité de tannin. Celui-ci, en effet, bien plus soluble dans l'eau que dans l'éther, a enlevé l'eau à ce dernier, et cette solution aqueuse s'est séparée de la masse de l'éther. Quant à la couche intermédiaire qu'on observe quelquefois, elle est formée, d'après M. Strecker, par de l'eau saturée d'éther et tenant en dissolution une petite quantité de tannin. On sépare, à l'aide d'un entonnoir, la couche inférieure, qui est ordinairement colorée en brun jaunâtre ; après l'avoir lavée à plusieurs reprises avec de l'éther, on l'introduit dans une assiette, que l'on porte à l'étuve. Il se dégage alors d'abondantes vapeurs d'éther et finalement des vapeurs d'eau. Ces vapeurs soulèvent la masse visqueuse, qui augmente considérablement de volume en se desséchant, et qui finit par rester sous forme d'une matière légère boursouflée, offrant une teinte jaunâtre.

Propriétés. — L'acide quercitannique ou tannin de chêne est une substance amorphe, inodore. Il possède une saveur fortement astringente. Il est très-soluble dans l'eau, moins soluble dans l'alcool, insoluble dans l'éther pur. La solution aqueuse rougit le tournesol. Les acides sulfurique, chlorhydrique, phosphorique, le sel marin, l'acétate de potasse en précipitent du tannin.

A l'abri du contact de l'air, cette solution se maintient inaltérée ; mais lorsqu'on la conserve en vase ouvert, elle absorbe de l'oxygène, dégage un volume égal d'acide carbonique et laisse déposer de l'acide gallique. Cette transformation, qu'on a nommée *fermentation gallique*, s'accomplit plus rapidement lorsque l'acide tannique est en contact avec certaines substances contenues dans la noix de galle et qui paraissent jouer le rôle de ferments. Aussi la noix de galle, humectée d'eau et abandonnée à elle-même pendant deux mois, fournit-elle une quantité très-notable d'acide gallique résultant de la transformation du tannin. Celui-ci se dédouble sans doute, dans cette circonstance, en acide gallique et en glucose, qui est brûlée. De là l'absorption d'oxygène et le dégagement d'acide carbonique.

Ce dédoublement s'opère de la manière la plus nette lorsqu'on fait bouillir le tannin de chêne avec de l'acide sulfurique ou chlorhydrique étendu (Strecker).

$$C^{54}H^{22}O^{34} + 4H^2O^2 = 3C^{14}H^6O^{10} + C^{12}H^{12}O^{12}.$$

| Acide tannique. | Acide gallique. | Glucose. |

La glucose qui se forme est cristallisable (Personne) et paraît identique avec la glucose ordinaire.

Lorsqu'on chauffe l'acide tannique, il fond ; entre 210 et 215°, il dégage de l'acide carbonique, donne de l'acide pyrogallique et laisse un résidu d'acide métagallique ou gallulmique.

La solution d'acide tannique produit dans les sels ferriques un précipité noir bleuâtre qui constitue l'encre ; elle donne, dans la solution d'émétique, un précipité blanc. Elle précipite les solutions des alcaloïdes, de l'amidon, de l'albumine. Elle donne, dans la solution de gélatine, un épais précipité floconneux. Si la solution de gélatine est en excès, le précipité disparaît lorsqu'on chauffe. Lorsqu'on suspend un lambeau de peau fraîche dans une solution de tannin, celui-ci se précipite et est entièrement absorbé par la peau au bout de quelque temps. Dans le cas où la liqueur renfermait un mélange d'acide tannique et d'acide gallique, on retrouve ce dernier en dissolution.

Lorsqu'on ajoute du bichromate de potasse à une solution

d'acide tannique, celui-ci est rapidement oxydé et se convertit en produits bruns ou noirs.

L'acide tannique est tribasique. On connaît un tannate de plomb renfermant 3 équivalents de plomb substitués à 3 équivalents d'hydrogène. Les solutions des tannates alcalins s'altèrent rapidement à l'air, surtout en présence d'un excès d'alcali. L'oxygène est absorbé et il se forme des produits d'oxydation qui colorent la liqueur en brun foncé. On les a nommés *acide tannoxylique* et *tannomélanique* (Büchner).

Le tannin est un astringent très-efficace. Il raffermit les tissus, épaissit et coagule le sang. On l'emploie à l'intérieur sous forme de pilules; plus souvent à l'extérieur, en solution dans l'eau ou en pommade.

CONGÉNÈRES DU TANNIN.

Acide catéchique ou **catéchine**. — C'est un principe cristallisable qu'on a retiré du cachou, extrait commercial préparé avec l'*Acacia catechu*. M. Neubauer lui attribue la formule $C^{34}H^{18}O^{14} + 3H^2O^2$. D'après M. Strecker, les différentes sortes de cachou renfermeraient deux acides difficiles à séparer l'un de l'autre et qu'il nomme *deutérocatéchique* et *tritocatéchique*. Ces acides formeraient une série homologue avec l'acide protocatéchique, isomérique avec l'acide carbohydroquinonique (page 431), et qui se forme lorsqu'on fond l'acide pipérique avec la potasse. Cette série serait la suivante :

$$C^{14}H^6O^8 \qquad \text{acide protocatéchique,}$$
$$C^{16}H^8O^8 + H^2O^2 \quad \text{acide deutérocatéchique,}$$
$$C^{18}H^{10}O^8 + H^2O^2 \quad \text{acide tritocatéchique.}$$

L'acide catéchique cristallise en petites aiguilles soyeuses. Par la distillation sèche, il donne de la pyrocatéchine ou acide oxyphénique $C^{12}H^6O^4$. La solution d'acide catéchique précipite les sels ferriques en noir verdâtre. Elle ne précipite pas la solution de gélatine.

On a désigné sous le nom d'*acide cachoutannique* une substance brune que l'eau froide enlève au cachou et qui se forme aussi lorsqu'on évapore une solution d'acide catéchique.

Acide morintannique $C^{36}H^{16}O^{20}$. — Ce corps, qui a été découvert par M. Chevreul, constitue la matière colorante du bois jaune (*Morus tinctoria*). Il forme une poudre jaune cristalline. Sa solution aqueuse précipite les sels ferriques en vert. Elle précipite aussi la solution de gélatine.

Acide quinotannique. — On a retiré ce corps de différentes espèces de quinquina, tels que les écorces de *China nova* et de *China regia*. Il constitue une masse amorphe, astringente, soluble dans l'eau et dans l'alcool. Sa solution précipite la gélatine et précipite les sels de fer en vert. M. Hlasiwetz, qui attribue à l'acide quinotannique la formule $C^{28}H^{16}O^{14}$, admet qu'il peut se dédoubler en rouge cinchonique et en glucose.

$$3C^{28}H^{16}O^{14} = 3C^{24}H^{12}O^{10} + C^{12}H^{12}O^{12}.$$
Acide   Rouge   Glucose.
quinotannique.   cinchonique.

Acide cafétannique $C^{28}H^{16}O^{14}$. — Cet acide, qui paraît être isomérique avec l'acide quinotannique, a été retiré du café par Pfaff. Il se présente sous forme d'une masse jaunâtre, astringente et légèrement acide, très-soluble dans l'eau. Il ne précipite pas la solution de gélatine et colore les sels ferriques en vert.

PRINCIPES IMMÉDIATS DES LICHENS.

On rencontre dans divers lichens des principes immédiats de nature complexe, qu'on a désignés sous le nom de *matières colorables des lichens*, et qui possèdent une constitution analogue à celle des glucosides. En se dédoublant sous l'influence des réactifs, la plupart de ces matières donnent de l'*orcine*, substance neutre qu'on peut envisager comme un alcool polyatomique.

D'un autre côté, l'*érythrite*, alcool tétratomique que nous avons décrit (page 434), résulte du dédoublement de l'érythrine, que l'on extrait du *Roccella tinctoria*. Nous devons nous borner à décrire ici cette dernière substance et l'acide lécanorique, matière colorable de divers lichens appartenant aux genres *Lecanora* et *Variolaria*.

Nous terminerons par quelques indications sur l'*orcine*, qui, en se modifiant sous l'influence de l'air et de l'ammoniaque, donne ces riches matières colorantes rouges et bleues contenues dans l'orseille.

ÉRYTHRINE.

$$C^{40}H^{22}O^{20}.$$

Pour préparer cette substance, on épuise à froid avec un lait de chaux le lichen *Roccella tinctoria*, var. *fuciformis;* on filtre et on dirige rapidement à travers la solution jaune un courant de gaz carbonique. Il se forme un précipité qu'on reprend par l'alcool chaud.

On décolore la solution alcoolique par le charbon animal; on filtre et on y ajoute de l'eau chaude jusqu'à ce qu'il se forme un trouble permanent. L'érythrine se dépose par le refroidissement.

Elle se présente sous forme de masses mamelonnées blanches. Elle exige, pour se dissoudre, 240 parties d'eau bouillante. L'alcool la dissout abondamment, l'éther peu. Elle renferme de l'eau de cristallisation (3 équivalents) qu'elle perd à 100°. Elle fond à 127°.

L'érythrine constitue, d'après M. de Luynes, l'érythrite diorsellique (page 435).

$$C^{40}H^{22}O^{20} = C^{8}H^{10}O^{8} + 2C^{16}H^{8}O^{8} - 2H^{2}O^{2}.$$

Erythrine.   Erythrite.   Acide orsellique.

Soumise à l'action de l'eau de baryte, elle ne se dédouble point directement en érythrite et en orsellate de baryte, mais bien en érythrite monorsellique et en acide orsellique (de Luynes). M. Stenhouse, qui a découvert cette réaction, désigne l'érythrite monorsellique sous le nom de *picroérythrine*.

$$C^{40}H^{22}O^{20} + H^{2}O^{2} = C^{24}H^{16}O^{14} + C^{16}H^{8}O^{8}.$$

Erythrine.   Erythrite
monorsellique
(picroérythrine).   Acide orsellique.

La picroérythrine

$$\left.\begin{array}{c}(C^{8}H^{6})'' \\ (C^{16}H^{7}O^{6})'' \\ H^{3}\end{array}\right\}O^{8}$$

qui résulte de ce dédoublement, constitue des aiguilles groupées en étoiles. Elle fond à 158°. Elle se dissout dans l'eau et dans l'alcool.

Lorsqu'on la soumet à une ébullition prolongée avec l'eau de baryte, la picroérythrine se dédouble elle-même : il se forme de l'érythrite et les produits de décomposition de l'acide orsellique, savoir : l'orcine et l'acide carbonique.

$$C^{24}H^{16}O^{14} + H^{2}O^{2} = C^{14}H^{8}O^{4} + C^{2}O^{4} + C^{8}H^{10}O^{8}.$$

Picroérythrine.   Orcine.   Erythrite.

ACIDE LÉCANORIQUE.

$$C^{32}H^{14}O^{14}.$$

Cet acide, qui a été découvert par M. Schunck, en 1842, peut s'extraire des lichens appartenant aux genres *Lecanora* et *Variolaria*, et qui servent pour la fabrication de l'orseille. On épuise ces lichens avec de l'éther et on laisse évaporer l'éther spontanément; l'acide lécanorique se dépose sous forme de houppes cristallines. On peut aussi épuiser les lichens par un lait de chaux, filtrer et précipiter la liqueur alcaline par l'acide chlorhydrique. L'acide lécanorique se dépose; on le reprend par l'alcool chaud (mais non bouillant). Par le refroidissement, il cristallise en aiguilles groupées en étoiles.

Il est très-peu soluble dans l'eau et se dissout dans 180 parties d'alcool froid, dans 5,1 parties d'alcool bouillant, dans 80 parties d'éther froid. Lorsqu'on fait bouillir longtemps sa solution alcoolique, il se convertit en éther lécanorique.

Il se dissout aisément dans l'eau de chaux et dans l'eau de baryte. Lorsqu'on fait bouillir ces solutions, l'acide lécanorique se convertit d'abord en acide orsellique, et celui-ci se dédouble ensuite en orcine et en acide carbonique.

$$C^{32}H^{14}O^{14} \;+\; H^2O^2 \;=\; 2C^{16}H^8O^8.$$
$$\text{Acide lécanorique.} \qquad\qquad \text{Acide orsellique.}$$

$$C^{16}H^8O^8 \;=\; C^2O^4 \;+\; C^{14}H^8O^4.$$
$$\text{Acide orsellique.} \qquad\qquad \text{Orcine.}$$

Lorsqu'on expose à l'air une solution alcoolique d'acide lécanorique, elle se colore en rouge.

Acide orsellique $C^{16}H^8O^8$. — Ce produit de dédoublement de l'acide lécanorique et de l'érythrine, cristallise, du sein de sa solution dans l'acide acétique, en aiguilles groupées en étoiles. Il se dissout dans l'eau et dans l'alcool. Sa solution aqueuse donne, avec le chlorure ferrique, une coloration pourpre. Sa solution dans l'ammoniaque se colore en rouge à l'air. L'acide orsellique fond à 176° et se dédouble, avec une vive effervescence, en acide carbonique et en orcine.

ORCINE.

$$C^{14}H^8O^4 \;+\; H^2O^2.$$

Ce corps a été découvert en 1829 par Robiquet. On l'obtient comme produit accessoire de la préparation de l'érythrite (page 434). Il se dépose le premier, en beaux cristaux, de la solution qui renferme les deux substances. On purifie ces cristaux en les faisant dissoudre de nouveau dans l'eau ou dans l'éther et en abandonnant la solution au-dessus d'un vase renfermant de l'acide sulfurique. L'orcine cristallise en prismes hexagonaux incolores. Elle est très-soluble dans l'eau, l'alcool et l'éther. Elle fond à 58° en perdant son eau de cristallisation. L'orcine anhydre bout à 290°. Lorsqu'on ajoute de l'ammoniaque à une solution aqueuse d'orcine et qu'on abandonne la liqueur à l'air, elle attire l'oxygène et se colore en violet, puis en brun. Il se forme un corps azoté qu'on a désigné sous le nom d'*orcéine* (Robiquet, Heeren, Dumas) et qui constitue le principe colorant des orseilles du commerce.

L'orcéine paraît prendre naissance en vertu de la réaction suivante (Gerhardt) :

$$C^{14}H^8O^4 + AzH^3 + O^6 = C^{14}H^7AzO^6 + 2H^2O^2.$$
$$\text{Orcine.} \qquad\qquad\qquad\qquad \text{Orcéine.}$$

L'orcéine constitue une poudre brune incristallisable, peu soluble dans l'eau; mais qui se dissout dans l'alcool avec une couleur cramoisie, et dans les alcalis avec une couleur pourpre.

M. Stenhouse a découvert un homologue de l'orcine, qui est connu sous le nom impropre de *béta-orcine*.

Ce corps fait partie de la série suivante :

$$C^{12}H^6O^4 \quad \text{pyrocatéchine et hydroquinone,}$$
$$C^{14}H^8O^4 \quad \text{orcine,}$$
$$C^{16}H^{10}O^4 \quad \text{β-orcine.}$$

Le *tournesol*, qui sert comme réactif dans les laboratoires, constitue, comme l'orseille, une matière colorante dérivée des lichens. Pour le préparer, on abandonne les lichens, délayés dans l'eau, à l'action simultanée de l'air, de l'ammoniaque et du carbonate de potasse. La masse pâteuse se colore d'abord en rouge, puis en bleu. On la façonne en petits cubes après l'avoir pétrie avec de la craie ou du plâtre.

COMBINAISONS AROMATIQUES

On désigne ainsi tous les corps qui constituent ce qu'on nommait autrefois les huiles essentielles ou qui s'y rattachent. Nous avons déjà fait remarquer qu'on avait confondu sous ce nom un grand nombre de substances très-différentes par leur composition et par leurs fonctions chimiques (page 72), et qui, indépendamment d'une certaine communauté d'origine, ne se rapprochaient que par des propriétés physiques ou organoleptiques. Ces corps sont généralement volatils et doués d'une odeur plus ou moins aromatique. Ils comprennent des substances très-différentes par leur composition et leurs propriétés : savoir, des hydrocarbures, tels que l'essence de térébenthine et ses nombreux isomères; des aldéhydes, telles que les essences d'amandes amères, le camphre ordinaire; des alcools, tels que les camphres de Bornéo et de menthe; des acides, tels que les acides cinnamique, benzoïque, salicylique; des éthers composés, tels que l'essence de *Gaultheria procumbens;* des éthers sulfurés, tels que les essences de moutarde et d'ail (sulfocyanate et sulfure d'allyle, page 198).

Les propriétés générales qui caractérisent ces diverses classes de combinaisons (pages 73 et suiv.), se retrouvent, à un degré plus ou moins marqué, dans les combinaisons dites aromatiques, et il serait à peine nécessaire de distinguer ces corps de ceux qui se groupent autour des alcools ordinaires si l'on ne constatait un trait général relatif à leur composition. Toutes ces substances sont moins riches en hydrogène que les combinaisons qui en sont saturées. Ainsi, pour prendre des exemples parmi les substances si nombreuses qui renferment 20 équivalents de carbone, l'hydrocarbure saturé de ce groupe renferme $C^{20}H^{22}$. C'est l'hydrure de décyle. Il s'y rattache un certain nombre d'hydrocarbures, qui, renfermant le même nombre d'équivalents de carbone, sont m oins riches en hydrogène, et qui forment avec lui une série *isologue.* Il en est de même des corps oxygénés qui se rattachent à l'hydrate de décyle ou alcool décylique $C^{20}H^{22}O^{2}$, combinaison saturée d'hydrogène. Voici ces deux séries isologues :

$C^{20}H^{22}$	hydrure de décyle,		$C^{20}H^{22}O^{2}$	hydrate de décyle,
$C^{20}H^{20}$	décylène (diamylène),		$C^{20}H^{20}O^{2}$	camphre de menthe ou menthol,
$C^{20}H^{18}$	menthène,			
$C^{20}H^{16}$	térébenthène,		$C^{20}H^{18}O^{2}$	camphre de Bornéo ou bornéol,
$C^{20}H^{14}$	cymène,			
$C^{20}H^{12}$	manque.		$C^{20}H^{14}O^{2}$	camphre de thym ou thymol.
$C^{20}H^{10}$	manque,			
$C^{20}H^{8}$	naphtaline.			

On le voit, les corps qui font partie de ces séries renferment un nombre décroissant d'atomes d'hydrogène, et leur caractère aromatique se prononce ainsi de plus en plus. Le décylène, qui est un homologue de l'éthylène, peut fixer, comme celui-ci, 2 atomes de chlore ou de brome pour revenir à l'état de combinaison saturée. On remarque, au contraire, que la naphtaline, qui est si loin de l'état de saturation, ne montre pas une grande tendance à y revenir. On n'a point réussi, en effet, à la combiner avec plus de 4 atomes de chlore ou de brome. Cela est dû à cette circonstance que, dans beaucoup de combinaisons aromatiques, les atomes de carbone affectent une disposition particulière qui neutralise leurs affinités d'une manière plus complète que celles qu'ils affectent dans les combinaisons saturées. Mais nous ne pouvons développer ce point dans cet ouvrage élémentaire, et nous devons nous borner à décrire, parmi tant de combinaisons diverses qui appartiennent à cette classe de corps, celles qui font partie des groupes les plus importants.

Les corps appartenant à la seconde série jouent le rôle d'alcools. On observe les mêmes relations de composition entre des aldéhydes et des acides. En voici des exemples :

$$C^{20}H^{16}O^2 \quad \text{camphre}$$
$$C^{20}H^{12}O^2 \quad \text{aldéhyde cuminique,}$$

$C^{20}H^{20}O^4$ acide caprique,		$C^{12}H^{12}O^4$ acide caproïque,
$C^{20}H^{18}O^4$ acide campholique,		$C^{12}H^8O^4$ acide sorbique,
$C^{20}H^{16}O^4$ acide camphique,		$[C^{12}H^6O^4$ acide oxyphénique].

GROUPE PHÉNYLIQUE.

Ce groupe de combinaisons aromatiques comprend des corps nombreux et importants. On y admet l'existence d'un radical monoatomique ($C^{12}H^5$), auquel Laurent a donné le nom de *phényle*. Les principales combinaisons phényliques sont les suivantes :

HYDRURE.	MÉTHYLURE.	PHÉNYLURE.	HYDRATE.	CHLORURE.	CYANURE.	AZOTURE.
$\left.\begin{array}{l}C^{12}H^5\\ H\end{array}\right\}$	$\left.\begin{array}{l}C^{12}H^5\\ C^2H^3\end{array}\right\}$	$\left.\begin{array}{l}C^{12}H^5\\ C^{12}H^5\end{array}\right\}$	$\left.\begin{array}{l}C^{12}H^5\\ H\end{array}\right\}O^2$	$\left.\begin{array}{l}C^{12}H^5\\ Cl\end{array}\right\}$	$\left.\begin{array}{l}C^{12}H^5\\ Cy\end{array}\right\}$	$\left.\begin{array}{l}C^{12}H^5\\ H\\ H\end{array}\right\}Az.$
Benzine.	Méthyle-phényle.	Phényle.	Alcool phénylique.	Chlorure de phényle.	Benzonitrile.	Phénylamine, aniline.

On le voit, le groupe phényle joue un rôle analogue à celui de l'éthyle dans les combinaisons éthyliques (page 80), à cette différence près qu'il possède un caractère plus électro-négatif. En effet, tandis que l'alcool est un corps parfaitement neutre, l'hydrate de phényle (ou acide phénique) offre les propriétés d'un acide faible. On peut désigner l'alcool phénylique et ses homologues sous le nom de *phénols* (Berthelot).

Il existe plusieurs corps qui offrent la composition du glycol phénylénique, c'est-à-dire qui présentent, avec l'hydrate de phényle, les relations de composition que le glycol offre avec l'alcool.

$$\left.\begin{array}{l}(C^4H^5)'\\ H\end{array}\right\}O^2 \qquad \left.\begin{array}{l}(C^4H^4)''\\ H^2\end{array}\right\}O^4.$$
Alcool.   Glycol éthylénique.

$$\left.\begin{array}{l}(C^{12}H^5)'\\ H\end{array}\right\}O^2 \qquad \left.\begin{array}{l}(C^{12}H^4)''\\ H^2\end{array}\right\}O^4.$$
Alcool phénylique.   Glycol phénylénique.

L'acide oxyphénique ou pyrocatéchine, et son isomère, l'hydroquinone, présentent, en effet, la composition du glycol phénylénique. La première de ces substances paraît jouer à la fois le rôle d'un alcool diatomique et celui d'un acide faible.

Le phénylène $C^{12}H^4$, qui est au phényle ce que l'éthylène est à
l'éthyle, a été isolé. Il joue le rôle de radical diatomique, et entre,
à ce titre, dans la phénylène-diamine.

$$\left.\begin{array}{c}(C^{12}H^4)'' \\ H^2 \\ H^2\end{array}\right\}Az^2.$$

Aux combinaisons phényliques se rattachent d'autres composés
aromatiques, principalement les combinaisons benzoïques, c'est-
à-dire celles qui renferment le radical benzoyle. Celui-ci est formé
par l'union de l'oxyde de carbone (carbonyle) avec le phényle, de
même que l'acétyle est formé par l'union de l'oxyde de carbone
avec le méthyle (page 256).

$$[C^2O^2\text{-}C^2H^3]' \qquad\qquad [C^2O^2\text{-}C^{12}H^5]'.$$
Méthyle-carbonyle   Phényle-carbonyle
(acétyle).   (benzoyle).

BENZINE.

$$C^{12}H^6.$$

Ce corps important a été découvert, en 1825, par Faraday.
Mitscherlich l'a obtenu en chauffant l'acide benzoïque avec un
excès de chaux.

$$\underset{\text{Acide benzoïque.}}{C^{14}H^6O^4} = C^2O^4 + \underset{\text{Benzine.}}{C^{12}H^6}.$$

MM. Hofmann et Mansfield en ont signalé la présence dans le
goudron de houille, d'où on le retire aujourd'hui en grandes quantités. Pour cela, on distille ce goudron et on recueille à part les
premiers produits qui constituent des huiles plus légères que l'eau.
Après les avoir lavées à l'acide sulfurique étendu, à l'eau, à la
potasse étendue et de nouveau à l'eau, on les soumet à la distilla-
lation fractionnée en recueillant à part les produits qui passent de
5 en 5 degrés. Ces différents produits étant de nouveau soumis à
la distillation fractionnée, fournissent principalement des huiles
passant entre 80 et 85°, 110 et 115°, 140 et 145°, 170 et 175°.

Ce qui passe entre 80 et 85° est principalement de la benzine.
Celle-ci cristallise lorsqu'on refroidit à — 5° la portion qui a passé
entre 80 et 85°. On recueille les cristaux et on les sépare par expression des produits demeurés liquides. La benzine fondue est soumise plusieurs fois de suite à la congélation jusqu'à ce que son
point de fusion soit situé un peu au-dessus de 0° et son point d'é-
bullition à 80 ou 82°.

D'après Mitscherlich, on obtient de la benzine pure en distillant 1 partie d'acide benzoïque avec trois parties de chaux éteinte

et rectifiant le liquide oléagineux qui a passé, après l'avoir agité avec la potasse.

La benzine est un liquide incolore, fortement réfringent. Elle cristallise à 0° ; les cristaux fondent à 5°,5. Densité à 0° = 0,8991. Point d'ébullition, 82° (Freund). Insoluble dans l'eau, la benzine se dissout facilement dans l'alcool et dans l'éther. Elle dissout le soufre, le phosphore, les huiles grasses et volatiles, la cire, le caoutchouc, la gutta-percha, diverses résines et quelques alcaloïdes. Elle brûle avec une flamme brillante et fuligineuse.

Action du chlore et du brome sur la benzine. — Lorsqu'on dirige du chlore dans un flacon renfermant une petite quantité de benzine et exposé au soleil, on obtient du *chlorure de benzine* $C^{12}H^6Cl^6$, qui cristallise en lames brillantes ou en prismes fusibles à 132°.

Ce corps bout à 288° en se décomposant partiellement. Distillé avec l'hydrate de baryte, il se dédouble en acide chlorhydrique et en benzine trichlorée $C^{12}H^3Cl^3$, qui constitue une huile incolore, bouillant à 210°. Densité à 7° = 1,457.

$$C^{12}H^6Cl^6 = 3HCl + C^{12}H^3Cl^3.$$

On peut obtenir la *benzine monochlorée*, en dirigeant un courant de chlore dans la benzine additionnée d'une petite quantité d'iode, selon la méthode de M. H. Müller. C'est un liquide bouillant de 135 à 137°, et qui paraît identique avec le chlorure de phényle (Church, Schmid).

On obtient un *bromure de benzine* $C^{12}H^6Br^6$ dans les mêmes circonstances où se forme le chlorure. C'est une poudre blanche que l'hydrate de baryte dédouble en acide bromhydrique et en benzine tribromée $C^{12}H^3Br^3$, cristallisable en aiguilles soyeuses et fusibles.

On obtient la *benzine monobromée* $C^{12}H^5Br$ en mélangeant la benzine et le brome dans le rapport de 1 équivalent du premier corps et de 2 équivalents du second, et en abandonnant le mélange à lui-même pendant huit jours à la température ordinaire. On lave ensuite le produit à l'eau et à la potasse caustique et on le distille.

La benzine monobromée $C^{12}H^5Br$ bout de 152° à 154°. Elle est décomposée énergiquement par le sodium, qui met à nu le corps $C^{24}H^{10}$, qu'on a désigné sous le nom de *phényle* (page 535).

La *benzine bibromée* $C^{12}H^4Br^2$, se forme facilement par l'action d'un excès de brome sur la benzine. Elle cristallise en beaux prismes fusibles à 89°. Elle bout à 219°

Action de l'acide azotique sur la benzine, nitrobenzine $C^{12}H^5(AzO^4)$. — Ce corps a été découvert par Mitscherlich en 1834. On l'obtient en ajoutant, par petites portions, de la benzine à un volume égal d'acide azotique monohydraté et en étendant le mélange avec de l'eau. La nitrobenzine se précipite. On la lave avec de l'eau; on la dessèche et on la distille.

Elle prend naissance en vertu de la réaction suivante :

$$C^{12}H^6 + AzHO^6 = C^{12}H^5(AzO^4) + H^2O^2.$$

La nitrobenzine est un liquide jaunâtre doué d'une odeur prononcée d'amandes amères. Elle se concrète à $+3°$ en aiguilles. Elle bout de 219 à 220°. Sa densité est égale à 1,2002. Elle est insoluble dans l'eau et se dissout facilement dans l'alcool, l'éther, l'acide azotique concentré et l'acide sulfurique. Elle est toxique et agit à la manière des poisons narcotiques.

Soumise à l'ébullition avec de l'acide azotique concentrée, elle se convertit en *dinitrobenzine* $C^{12}H^4(AzO^4)^2$ (H. Deville), qui cristallise en longues aiguilles brillantes, fusibles à 85°,5.

Sous l'influence d'agents réducteurs, tels que le sulfure d'ammonium, l'étain et l'acide chlorhydrique, la limaille de fer et l'acide acétique, la nitrobenzine se convertit en aniline. C'est là sa propriété la plus importante.

$$C^{12}H^5(AzO^4) + 3H^2S^2 = H^4O^4 + S^6 + C^{12}H^7Az$$
$$\text{Nitrobenzine.} \qquad\qquad\qquad\qquad \text{Aniline.}$$

ou

$$C^{12}H^5(AzO^4) + H^6 = H^4O^4 + C^{12}H^7Az.$$

Soumise à l'ébullition, pendant quelques minutes, avec une solution alcoolique de potasse, la nitrobenzine se convertit en *azoxybenzide* $C^{24}H^{10}Az^2O^2$ (Zinin). Elle se transforme en *azobenzide* $C^{24}H^{10}Az^2$ lorsqu'on la distille avec la potasse alcoolique (Mitscherlich). Sous l'influence du sulfure d'ammonium, ces corps se convertissent l'un et l'autre en une base diatomique, la *benzidine* $C^{24}H^{12}Az^2$ (Zinin).

Diphényle ou phénylure de phényle $C^{24}H^{10} = \begin{Bmatrix} C^{12}H^5 \\ C^{12}H^5 \end{Bmatrix}$. — D'après sa composition, ce corps représente le radical double de l'alcool phénylique.

Le diphényle $\begin{Bmatrix} C^{12}H^5 \\ C^{12}H^5 \end{Bmatrix}$ cristallise en grandes lames incolores. Il fond à 70°,5 ; il bout à 245° (Fittig).

Méthylure de phényle $C^{14}H^8 = \begin{Bmatrix} C^{12}H^5 \\ C^2H^3 \end{Bmatrix}$. — MM. Tollens et Fittig ont obtenu ce corps en chauffant, avec du sodium, un mélange en proportions équivalentes d'iodure de méthyle C^2H^3,I et de benzine monobromée $C^{12}H^5,Br$.

$$C^2H^3I \;+\; C^{12}H^5Br \;+\; Na^2 \;=\; NaI \;+\; NaBr \;+\; \left.\begin{matrix} C^{12}H^5 \\ C^2H^3 \end{matrix}\right\}$$

Iodure de méthyle.   Benzine monobromée.   Méthyle-phényle.

Il bout à 111°. Il est identique avec le toluène.

ALCOOL PHÉNYLIQUE OU HYDRATE DE PHÉNYLE.

$$C^{12}H^6O^2 = \left.\begin{matrix} (C^{12}H^5)' \\ H \end{matrix}\right\} O^2.$$

Ce corps a été découvert dans le goudron de houille par Runge, qui l'avait nommé *acide carbolique*. Laurent, auquel on doit un travail important sur ce sujet, a montré le premier que le corps en question joue le rôle d'un alcool et l'a nommé *hydrate de phényle*. On le désigne quelquefois sous le nom de *phénol* ou d'*acide phénique*.

Pour l'extraire du goudron de houille par distillation, on recueille à part ce qui passe de 150 à 200°; on mêle le liquide distillé avec une solution saturée de potasse caustique, à laquelle on ajoute de la potasse solide. Il se forme du phénate de potasse cristallin. On dissout ce produit dans l'eau bouillante; on sépare l'huile insoluble dans la potasse qui surnage, et on neutralise la solution alcaline par l'acide chlorhydrique. L'hydrate de phényle se sépare. On le lave avec une petite quantité d'eau; on le déshydrate sur le chlorure de calcium et on le rectifie. On le refroidit ensuite à — 10°, et on laisse égoutter, à l'abri du contact de l'air, les cristaux qui se sont déposés.

L'hydrate de phényle se forme en petite quantité lorsqu'on fait passer de la vapeur d'alcool à travers un tube de porcelaine incandescent (Berthelot). Il se forme par la distillation sèche du benjoin, du benzoate de cuivre, de l'acide quinique et de beaucoup de composés salicyliques. L'acide salicylique, distillé avec de la chaux, se dédouble en hydrate de phényle et en acide carbonique (page 431).

$$C^{14}H^6O^6 \;=\; C^{12}H^6O^2 \;+\; C^2O^4.$$

Acide salicylique.   Hydrate de phényle.

Il existe tout formé dans le castoréum, et on en a signalé de petites quantités dans l'urine humaine et dans celle des chevaux et des vaches.

Propriétés. — L'hydrate de phényle est solide. Il cristallise en longues aiguilles incolores, fusibles de 34 à 35°. Il possède une odeur particulière qui rappelle celle du castoréum et une saveur âcre et brûlante.

Fondu, il possède une densité égale à 1,0597. Il bout à 188°. Il est peu soluble dans l'eau, mais il se dissout facilement dans l'acide acétique concentré. Appliqué sur la peau, l'alcool phénylique produit des taches brunes et blanches. Il possède des propriétés antiseptiques, et il est probable qu'il constitue la partie active du coaltar, qui a été employé, il y a quelques années, dans le pansement des plaies suppurantes, et qu'on remplace aujourd'hui par l'alcool phénylique. On donne même ce dernier à l'intérieur; à dose élevée, il est toxique.

Lorsqu'on plonge un copeau de sapin, d'abord dans une solution aqueuse d'alcool phénylique, puis dans de l'acide chlorhydrique étendu et qu'on l'expose ensuite au soleil, il se colore en bleu.

Le chlorure de chaux détermine une coloration bleue dans l'alcool phénylique additionné d'une petite quantité d'ammoniaque.

L'alcool phénylique est neutre au papier de tournesol. Il ne décompose pas les carbonates alcalins; néanmoins, il peut se combiner avec les bases, notamment avec les alcalis, dans lesquels il se dissout. Lorsqu'on y ajoute une solution très-concentrée de potasse, on obtient une masse cristalline qui constitue le phénate de potassium $\begin{Bmatrix} C^{12}H^5 \\ K \end{Bmatrix} O^2$. Le même composé se forme avec dégagement d'hydrogène lorsqu'on traite l'alcool phénylique par le potassium.

Lorsqu'on mêle l'alcool phénylique avec le perchlorure de phosphore, il est décomposé, avec production de chaleur, et donne du chlorure de phényle et de l'oxychlorure de phosphore.

$$PhCl^5 \;+\; \begin{Bmatrix} C^{12}H^5 \\ H \end{Bmatrix} O^2 \;=\; PhCl^3O^2 \;+\; C^{12}H^5,Cl \;+\; HCl.$$

Perchlorure de phosphore.   Alcool phénylique.   Oxychlorure de phosphore.   Chlorure de phényle.

Il se produit en même temps du phosphate de phényle.

$$\begin{Bmatrix} (PhO^2)''' \\ (C^{12}H^5)^3 \end{Bmatrix} O^6.$$

Soumis à l'action du chlore, l'alcool phénylique donne des produits de substitution, parmi lesquels nous citerons le phénol dichloré $C^{12}H^4Cl^2O^2$ et le phénol trichloré $C^{12}H^3Cl^3O^2$ (Laurent).

En dissolvant à chaud du sodium dans l'alcool phénylique et en

dirigeant dans la masse un courant de gaz carbonique, MM. Kolbe
et Lautemann ont obtenu, par une synthèse très-élégante, du salicylate de soude.

$$\left.\begin{matrix}C^{12}H^5 \\ Na\end{matrix}\right\}O^2 \quad + \quad C^2O^2,O^2 \quad = \quad \left.\begin{matrix}[C^2O^2\text{-}C^{12}H^5O^2]' \\ Na\end{matrix}\right\}O^2.$$

Acide carbonique.   Salicylate sodique.

DÉRIVÉS NITROGÉNÉS DE L'ALCOOL PHÉNYLIQUE.

Ces produits se forment par l'action de l'acide azotique sur l'alcool phénylique. On en connaît trois qui résultent de la substitution
de 1, de 2, ou de 3 équivalents de vapeur nitreuse (AzO^4) à 1, 2,
3 équivalents d'hydrogène de l'alcool phénylique. Ils jouent le rôle
d'acides.

$$
\begin{aligned}
&C^{12}H^6O^2 &&\text{alcool phénylique, acide phénique,} \\
&C^{12}H^5(AzO^4)O^2 &&\text{acide mononitrophénique,} \\
&C^{12}H^4(AzO^4)^2O^2 &&\text{acide dinitrophénique,} \\
&C^{12}H^3(AzO^4)^3O^2 &&\text{acide trinitrophénique, acide picrique.}
\end{aligned}
$$

On a aussi préparé des produits de substitution chlorés et bromés de ces corps nitrogénés.

ACIDE PICRIQUE.

$$C^{12}H^3(AzO^4)^3O^2.$$

Ce composé a été découvert, en 1788, par Hausmann. Sa composition a été établie par MM. Liebig et Dumas. Il se forme par l'action de l'acide azotique, non-seulement sur l'alcool phénylique et
ses dérivés, mais encore sur un grand nombre de matières organiques, telles que l'indigo, l'aloès, la résine de benjoin, la résine
de *Xanthorrhoea hastilis*, la soie, etc. Pour le préparer, on fait
bouillir l'alcool phénique avec de l'acide azotique concentré,
qu'on renouvelle jusqu'à ce qu'il ne se dégage plus de vapeurs
rouges ; on réduit la liqueur à un petit volume par l'évaporation ;
on sépare les cristaux qui se forment par le refroidissement ; on
les dissout dans l'ammoniaque ; on fait cristalliser à plusieurs
reprises le sel ammoniacal dans l'alcool, et on le décompose enfin
par l'acide azotique. L'acide picrique, peu soluble, se sépare
en lames brillantes d'un jaune citron. Il possède une saveur amère.
De là le nom de *jaune amer de Welter* qu'on lui donnait autrefois.
Il est fusible et se prend par le refroidissement en une masse cristallisée. Porté graduellement à une température élevée, il se sublime sans altération, mais lorsqu'on le chauffe brusquement, il
détone. Il se dissout dans 160 parties d'eau à 5°, dans 81 parties

à 20°, et dans 26 parties à 77°. Il est très-soluble dans l'alcool et dans l'éther. L'acide azotique le dissout abondamment, sans l'altérer.

Il possède une réaction acide et forme avec les bases des sels cristallisables colorés en jaune, et qui détonent avec violence lorsqu'on les chauffe. Le picrate de potasse

$$\left.\begin{array}{l}C^{12}H^2(AzO^4)^3 \\ K\end{array}\right\}O^2$$

cristallise en longues aiguilles jaunes, insolubles dans l'alcool, solubles dans 14 parties d'eau bouillante et dans 250 parties d'eau à 15°.

Par l'action prolongée du chlore, ou lorsqu'on le chauffe avec un mélange de chlorate de potasse et d'acide chlorhydrique, l'acide picrique se convertit en chloranile (page 429), et en chloropicrine $C^2(AzO^4)Cl^3$ (nitrochloroforme, page 131).

Chauffé avec du potassium, il s'enflamme.

L'acide picrique est très-employé pour teindre la soie en jaune (Guinon).

Acide picramique et dérivés. — Lorsqu'on fait passer un courant d'hydrogène sulfuré dans une solution alcoolique d'acide picrique saturée d'ammoniaque, il se sépare du soufre et l'acide picrique se convertit en acide *picramique* (A. Girard).

$$\left.\begin{array}{l}C^{12}H^2(AzO^4)^3 \\ H\end{array}\right\}O^2 + 3H^2S^2 = H^4O^4 + S^6 + \left.\begin{array}{l}C^{12}H^2(AzO^4)^2(AzH^2) \\ H\end{array}\right\}O^2.$$

Acide picrique. Acide picramique.

L'acide picramique se dépose en belles aiguilles rouges lorsqu'on ajoute de l'acide acétique à la solution aqueuse chaude de son sel ammoniacal.

On peut l'envisager comme l'acide dinitroamidophénique, c'està-dire comme de l'acide dinitrophénique, dans lequel un équivalent d'hydrogène a été remplacé par le groupe AzH^2 (amidogène), ou encore comme de l'acide picrique, dans lequel un groupe (AzO^4) a été remplacé par un groupe (AzH^2). Ces relations sont exprimées par les formules :

$$\left.\begin{array}{l}C^{12}H^5 \\ H\end{array}\right\}O^2 \quad \left.\begin{array}{l}C^{12}H^2(AzO^4)^3 \\ H\end{array}\right\}O^2 \quad \left.\begin{array}{l}C^{12}H^2(AzO^4)^2(AzH^2) \\ H\end{array}\right\}O^2 = \left.\begin{array}{l}[C^{12}H^2(AzO^4)^2]''H^2Az \\ H\end{array}\right\}O^2.$$

Hydrate de phényle. Acide picrique. Acide picramique.

On peut le rapporter à un type mixte, ammoniaque et eau. 1 molécule d'ammoniaque et 1 molécule d'eau seraient joints ensemble par le radical diatomique $[C^{12}H^2(AzO^4)^2]''$, lequel se substituant à 1 atome d'hydrogène dans de l'ammoniaque et à 1 atome d'hydrogène dans de l'eau, empiète en quelque sorte sur chacune de ces molécules

$$\left.\begin{array}{l}H\\H\\H\\H\\H\end{array}\right\}\begin{array}{l}Az\\\\O^2\end{array}\qquad\qquad\left.\begin{array}{l}H\\H\\[C^{12}H^2(AzO^4)^2]''\\\\H\end{array}\right\}\begin{array}{l}Az.\\\\O^2.\end{array}$$

Type.   Acide picramique.

On le voit, il reste dans l'acide picramique 3 atomes d'hydrogène typique, c'est-à-dire, existant dans le type. Ils peuvent être remplacés par 1 atome d'azote triatomique.

Le produit de cette substitution est le corps qu'on a nommé *azodinitrophénol*

$$[C^{12}H^2(AzO^4)^2]''\ \begin{array}{l}Az'''\ Az.\\O^2.\end{array}$$

M. Griess l'a obtenu en dirigeant un courant d'acide azoteux dans une solution alcoolique d'acide picramique chauffée à 50°.

$$[C^{12}H^2(AzO^4)^2]''\left.\begin{array}{l}H\\H\\\\H\end{array}\right\}\begin{array}{l}Az\\\\O^2\end{array}\ +\ AzHO^4\ =\ 2H^2O^2\ +\ [C^{12}H^2(AzO^4)^2]''\left\{\begin{array}{l}Az'''\ Az.\\O^2.\end{array}\right.$$

Acide picramique.   Acide azoteux.   Azodinitrophénol.

L'azodinitrophénol est un corps solide qui cristallise en lamelles jaunes.

Picramine. — L'acide picramique est le produit de la réduction partielle de l'acide picrique. M. Lautemann est parvenu à réduire celui-ci complétement en le chauffant avec l'acide iodhydrique. Il se sépare de l'iode et il se forme un corps qui possède des propriétés basiques, et qu'on a nommé *picramine*. C'est une triamine dont la composition est représentée par la formule

$$\left.\begin{array}{l}(C^{12}H^3)'''\\H^3\\H^3\end{array}\right\}Az^3.$$

On peut représenter son mode de formation par l'équation suivante :

$$C^{12}H^3(AzO^4)^3O^2\ +\ 10H^2\ =\ \left.\begin{array}{l}C^{12}H^3\\H^3\\H^3\end{array}\right\}Az^3\ +\ 7H^2O^2.$$

Acide picrique.   Picramine.

La picramine est triacide : elle se combine à 3 molécules d'acide iodhydrique pour former un sel neutre. Elle n'a pas pu être isolée.

DÉRIVÉS ÉTHÉRÉS DE L'ALCOOL PHÉNYLIQUE.

1° MM. List et Limpricht ont rencontré l'*éther phénylique*

$$\left.\begin{array}{l}C^{12}H^{5}\\C^{12}H^{5}\end{array}\right\}O^{2}$$

parmi les produits de la distillation sèche du benzoate de cuivre. C'est un liquide incolore, possédant une odeur agréable de géranium et bouillant à 260° environ.

2° En traitant le phénylate sodique

$$\left.\begin{array}{l}C^{12}H^{5}\\Na\end{array}\right\}O^{2}$$

par l'iodure de méthyle $C^{2}H^{3}I$, M. Cahours a obtenu l'éther méthyl-phénylique

$$\left.\begin{array}{l}C^{12}H^{5}\\C^{2}H^{3}\end{array}\right\}O^{2}.$$

Ce corps est identique avec l'*anisol*, que le même chimiste avait obtenu antérieurement en distillant l'acide anisique, ou son isomère l'acide méthylsalicylique, avec de la baryte.

$$C^{14}H^{5}(C^{2}H^{3})O^{6} \;=\; C^{2}O^{4} \;+\; \left.\begin{array}{l}C^{12}H^{5}\\C^{2}H^{3}\end{array}\right\}O^{2}.$$

Acide
méthylsalicylique.　　　　　　　　　Éther
méthyl-phénylique.

C'est un liquide incolore doué d'une odeur aromatique. Densité à 15° $= 0,991$. Point d'ébullition, 152°.

On connaît aussi un éther éthyl-phénylique

$$\left.\begin{array}{l}C^{12}H^{5}\\C^{4}H^{5}\end{array}\right\}O^{2}$$

qu'on a désigné sous le nom de *phénétol*.

3° Le *chlorure de phényle*, $C^{12}H^{5}Cl$ a été obtenu par Laurent et Gerhardt. Il se forme par l'action du perchlorure de phosphore sur l'alcool phénylique. C'est un liquide incolore, léger, possédant une odeur agréable d'amandes amères, bouillant à 136°. On l'a envisagé comme isomérique avec la benzine monochlorée.

D'après M. Riche, il se comporte comme ce dernier corps. Lorsqu'on le traite par le sodium, il régénère de la benzine. M. Fittig admet aussi l'identité de la benzine monochlorée et du chlorure de phényle.

En traitant l'hydrate de phényle par le perbromure de phosphore, M. Riche a obtenu du *bromure de phényle*, $C^{12}H^{5}Br$. Point d'ébullition, 158°-166°.

4° Le *cyanure de phényle*, $C^{12}H^5,C^2Az$, est aussi connu sous le nom de *benzonitrile*. M. Fehling l'a obtenu en soumettant à la distillation sèche le benzoate d'ammoniaque :

$$C^{14}H^5(AzH^4)O^4 \;=\; H^4O^4 \;+\; C^{14}H^5Az.$$
Benzoate d'ammoniaque.   Benzonitrile.

Il se forme aussi par la distillation sèche de l'acide hippurique et dans beaucoup d'autres réactions.

C'est un liquide incolore, fortement réfringent, doué d'une odeur agréable d'amandes amères. Densité à $0° = 1,023$. Point d'ébullition, 191°. Soumis à l'ébullition avec la potasse, il se convertit en acide benzoïque, avec dégagement d'ammoniaque.

$$5°\ L'acide\ phénylsulfurique,\ S^2(C^{12}H^5)HO^8 = C^{12}H^5\begin{Bmatrix}(S^2O^4)'' \\ H\end{Bmatrix}O^4,\ \text{se forme,}$$

d'après Laurent, lorsqu'on mêle l'alcool phénylique avec l'acide sulfurique concentré.

ANILINE OU PHÉNYLAMINE.
$C^{12}H^7Az$.

Historique et modes de formation. — L'aniline a été découverte, en 1826, par Unverdorben, qui l'a signalée parmi les produits de la distillation sèche de l'indigo. Plus tard, Runge retira du goudron de houille une base qu'il a désignée sous le nom de *kyanol* et dont on reconnut plus tard l'identité non-seulement avec la base provenant de l'indigo, mais encore avec le *benzidam* que M. Zinin apprit à former avec la benzine (page 205). La découverte de ce dernier chimiste offre une haute importance, car elle permet de convertir une foule d'hydrogènes carbonés et de matières neutres, en général, en substances basiques. Sa méthode consiste à substituer dans la molécule d'un corps organique de la vapeur nitreuse (AzO^4) à de l'hydrogène, de manière à former un corps nitrogéné et à traiter ensuite ce dernier par l'hydrogène sulfuré ou un autre agent de réduction. Prenons pour exemple la benzine. On commence par la convertir en nitrobenzine et on réduit ensuite celle-ci soit par l'hydrogène sulfuré, soit par le fer et l'acide acétique, soit par l'étain et l'acide chlorhydrique (page 205).

$$C^{12}H^6 \;+\; HAzO^6 = H^2O^2 \;+\; C^{12}H^5(AzO^4).$$
Benzine.   Nitrobenzine.

$$C^{12}H^5(AzO^4) \;+\; H^6 = 2H^2O^2 \;+\; C^{12}H^5(AzH^2).$$
Nitrobenzine.   Aniline.

On le voit, en réduisant la nitrobenzine, on remplace en réalité le groupe acide (AzO^4) par le groupe alcalin (AzH^2) ; de là, les propriétés basiques de l'aniline. D'après ce mode de transformation, l'aniline serait l'amido-benzine, c'est-à-dire de la benzine dans laquelle 1 atome d'hydrogène serait remplacé par le groupe AzH^2. C'est ainsi que M. Griess envisage la constitution de l'aniline. M. Hofmann la considère comme la phénylamine

$$\left.\begin{array}{l}(C^{12}H^5)' \\ H \\ H\end{array}\right\}Az.$$

L'aniline se forme encore dans une foule d'autres réactions, parmi lesquelles nous devons nous borner à mentionner les suivantes :

Laurent a obtenu de l'aniline en chauffant de l'hydrate de phényle pendant plusieurs semaines avec de l'ammoniaque :

$$\left.\begin{array}{l}(C^{12}H^5)' \\ H\end{array}\right\}O^2 \;+\; H^3Az \;=\; (C^{12}H^5)'H^2Az \;+\; H^2O^2.$$
Hydrate de phényle.   Aniline.

L'acide anthranilique, qui se forme lorsqu'on fait bouillir de l'indigo avec la potasse, se dédouble par l'action de la chaleur, en aniline et en acide carbonique (Fritzsche) :

$$C^{14}H^7AzO^4 \;=\; C^2O^4 \;+\; C^{12}H^7Az.$$
Acide anthranilique.   Aniline.

L'isatine, produit d'oxydation de l'indigo, donne de l'aniline lorsqu'on la chauffe avec de la potasse caustique (Hofmann)

$$C^{16}H^5AzO^4 \;+\; 4KHO^2 \;=\; C^{12}H^7Az \;+\; 2K^2C^2O^6 \;+\; H^2.$$
Isatine.   Aniline.   Carbonate
                                         potassique.

Préparation. — L'aniline se prépare sur une très-grande échelle dans les arts. On l'obtient à l'aide de la benzine. Celle-ci est convertie en nitro-benzine, et cette dernière est réduite par le fer et l'acide acétique (page 542).

Cette préparation n'est pas exempte de dangers. On connaît des cas d'empoisonnement par l'aniline, qui ont été déterminés par l'inspiration d'un air chargé des vapeurs de cet alcaloïde. Parmi les symptômes observés, les convulsions suivies de paralysie semblent rapprocher cet empoisonnement de celui que produisent certains poisons narcotico-âcres, tels que la conicine et la nicotine.

Propriétés. — L'aniline constitue un liquide incolore, mobile, fortement réfringent, doué d'une odeur particulière, désagréable, d'une saveur âcre. Sa densité à 0° est égale à 1,0361. A — 20°, elle s'épaissit sans se solidifier. Elle bout à 184°,8. Exposée à l'air, elle brunit et finit par se résinifier.

L'aniline est presque insoluble dans l'eau, dont elle peut dissoudre elle-même une petite quantité. Elle se mêle en toutes proportions à l'alcool, à l'éther, aux huiles grasses, aux huiles volatiles.

L'aniline ne bleuit pas le papier de tournesol rouge. Elle précipite les sels d'alumine, de zinc et de fer, en déplaçant les oxydes.

Elle forme avec les acides des sels bien définis et cristallisables.

On la reconnaît à l'aide des réactions suivantes :

Lorsqu'on ajoute à de l'aniline un azotate et de l'acide sulfurique, il se développe une coloration rouge.

Lorsqu'on ajoute à quelques gouttes d'aniline, contenues dans une capsule de porcelaine, un excès d'acide sulfurique et une très-petite quantité de bichromate de potasse en poudre, et qu'on chauffe doucement, il se développe une magnifique coloration bleue, qui passe au violet par l'addition de l'eau.

Lorsqu'on ajoute à de l'aniline une solution de chlorure de chaux, il se produit une coloration violette.

Ces réactions ont été mises à profit dans l'industrie pour la préparation de matières colorantes d'une richesse et d'une pureté incomparables. Nous traiterons plus loin de la *rosaniline*, qu'on obtient en oxydant un mélange d'aniline et de toluidine. Le violet d'aniline ou mauve d'aniline, qu'on nomme quelquefois *violet Perkin*, a été découvert par M. Perkin, à qui revient l'honneur d'avoir montré le premier le parti qu'on pouvait tirer de l'aniline pour la préparation de matières colorantes artificielles.

Le mauve d'aniline s'obtient par l'action du bichromate de potasse et de l'acide sulfurique sur l'aniline. Il renferme une base complexe, la *mauréine* $C^{54}H^{24}Az^4$ (Perkin).

Métamorphoses de l'aniline. — 1° L'aniline est attaquée par l'acide azotique fumant et convertie en acide trinitrophénique (picrique) avec dégagement de vapeurs rouges (Hofmann). L'acide azoteux le convertit en alcool phénylique avec dégagement d'azote (Hunt, Hofmann).

2° Lorsqu'on dirige un courant de chlore dans l'aniline, elle s'échauffe et se convertit en une matière noire poisseuse. On ne peut donc obtenir, par ce procédé, les produits de substitution chlorés de l'aniline. M. Hofmann les a préparés en distillant avec la potasse les dérivés chlorés de l'isatine.

$$C^{16}H^4ClAzO^4 + 4KHO^2 = C^{12}H^6ClAz + 2K^2C^2O^6 + H^2, \text{ etc.}$$

Isatine   Aniline   Carbonate
monochlorée.   monochlorée.   potassique.

Il a obtenu :

$$\left.\begin{array}{l} C^{12}H^4Cl \\ H \\ H \end{array}\right\} Az$$

l'aniline monochlorée................

$$\left.\begin{array}{l} C^{12}H^3Cl^2 \\ H \\ H \end{array}\right\} Az$$

l'aniline bichlorée....................

$$\left.\begin{array}{l} C^{12}H^2Cl^3 \\ H \\ H \end{array}\right\} Az$$

l'aniline trichlorée..................

corps dans lesquels le caractère basique de l'aniline s'efface de plus en plus par l'introduction du chlore électro-négatif à la place de l'hydrogène électro-positif. L'aniline trichlorée est parfaitement neutre : elle ne s'unit ni aux bases ni aux acides.

L'iode se dissout dans l'aniline, en colorant la solution en brun; il se forme de l'acide iodhydrique qui s'unit à de l'aniline et à de *l'iodaniline* $C^{12}H^6IAz$. Ce dernier corps est solide et cristallise en aiguilles incolores. Il se forme dans cette réaction par substitution directe.

3° Lorsqu'on traite l'aniline par le chlorate de potasse et l'acide chlorhydrique, il se forme de l'ammoniaque, qui s'unit à cet acide, et du *chloranile* $C^{12}Cl^4O^4$ (page 429).

4° L'aniline sèche absorbe le gaz cyanogène avec dégagement de chaleur. Le liquide se colore en brun, et laisse déposer des cristaux de cyananiline $C^{28}H^{14}Az^4 = (C^{12}H^7Az)^2Cy^2$. Ce corps se dépose en cristaux incolores lorsqu'on sature par du cyanogène, une solution alcoolique d'aniline (Hofmann).

5° L'aniline absorbe, de même, le chlorure de cyanogène en s'échauffant et en se colorant en brun : il se forme le chlorhydrate d'une base nouvelle que M. Hofmann a nommée *mélaniline*.

$$2C^{12}H^7Az \;+\; C^2AzCl \;=\; C^{26}H^{13}Az^3,HCl.$$
Aniline.   Chlorure   Chlorhydrate
de cyanogène.   de mélaniline.

On peut admettre que dans cette réaction le chlore du chlorure de cyanogène enlève 1 atome d'hydrogène à 1 molécule d'aniline, et que le cyanogène qui se substitue à cet hydrogène soude 1 molécule d'aniline à la molécule d'aniline cyanée :

$$\left.\begin{array}{l} (C^{12}H^5)^2 \\ H^2 \\ H^2 \end{array}\right\} Az^2 \qquad \left.\begin{array}{l} (C^{12}H^5)^2 \\ HCy \\ H^2 \end{array}\right\} Az^2.$$
2 molécules d'aniline.   Mélaniline.

6° D'après MM. Cahours et Cloëz, il se forme de la cyanilide $C^{12}H^6(Cy)Az$, c'est-à-dire de l'aniline cyanée lorsqu'on dirige du chlorure de cyanogène dans une solution éthérée et froide d'aniline :

$$2C^{12}H^7Az \;+\; C^2AzCl \;=\; C^{12}H^7Az,HCl \;+\; C^{12}H^6(C^2Az)Az.$$

Aniline. — Chlorure de cyanogène. — Chlorhydrate d'aniline. — Cyanilide.

Le chlorhydrate d'aniline se précipite et la cyanilide reste en dissolution dans l'éther qui l'abandonne, par l'évaporation, sous forme d'une masse rougeâtre.

7° Lorsqu'on dirige dans une solution alcoolique d'aniline un courant de gaz nitreux, il se forme de l'eau, et l'azote de l'acide azoteux, se substituant à 3 atomes d'hydrogène dans 2 molécules d'aniline, soude celles-ci de manière à former une base complexe, l'azodianiline, $C^{24}H^{11}Az^3$, ou diazoamidobenzine de M. Griess :

$$\left.\begin{array}{l}(C^{12}H^5)' \\ H^2 \\ H^2 \\ (C^{12}H^5)'\end{array}\right\}Az \;+\; AzHO^4 \;=\; \left.\begin{array}{l}(C^{12}H^5)' \\ Az''' \\ H \\ (C^{12}H^5)'\end{array}\right\}Az^2 \;+\; 2H^2O^2.$$

2 molécules d'aniline. — Acide azoteux. — Azodianiline.

L'azodianiline est une base faible, cristallisable en paillettes d'un jaune doré. Lorsqu'on la dissout dans l'alcool et qu'on dirige à travers la solution un courant de gaz nitreux, il se forme une nouvelle quantité d'eau et 1 nouvel atome d'azote se substitue à 3 atomes d'hydrogène. On obtient ainsi l'azotate d'une base faible, la *diazodianiline*

$$C^{24}H^8Az^4 \;=\; \left.\begin{array}{l}[C^{12}H^4Az]''' \\ [C^{12}H^4Az]'''\end{array}\right\}Az^2.$$

Ce corps se présente sous forme d'un précipité blanc jaunâtre qui détone avec violence lorsqu'on le chauffe (Griess).

DÉRIVÉS NITROGÉNÉS DE L'ANILINE.

On a obtenu la *nitraniline* $\left.\begin{array}{l}C^{12}H^4(AzO^4) \\ H \\ H\end{array}\right\}Az$ en dirigeant un courant d'hydrogène sulfuré dans une solution alcoolique de dinitrobenzine, saturée d'ammoniaque.

$$C^{12}H^4(AzO^4)^2 \;+\; 3H^2S^2 \;=\; C^{12}H^4(AzO^4)H^2Az \;+\; 2H^2O^2 \;+\; 3S^2.$$

Dinitrobenzine. — Nitraniline.

La nitraniline se dépose de sa solution dans l'eau chaude en longues aiguilles jaunes, élastiques, douées d'une saveur à la fois douce et brûlante. Elle fond à 108° et entre en ébullition à 285°.

Elle est peu soluble dans l'eau froide, plus soluble dans l'alcool et dans l'éther. C'est une base faible (Hofmann et Muspratt).

Il existe une modification isomérique de la nitraniline (Arppe).

On a aussi décrit une *aniline dinitrée* ou *dinitraniline*,

$$\left.\begin{array}{l} C^{12}H^3(AzO^4)^2 \\ H \\ H \end{array}\right\} Az.$$

Elle est solide, cristallisable, et ne possède plus de propriétés basiques.

DÉRIVÉS ÉTHYLÉS DE L'ANILINE.

En faisant réagir le bromure d'éthyle sur l'aniline, M. Hofmann a obtenu le bromhydrate d'éthylaniline.

$$\underset{\text{Aniline.}}{\left.\begin{array}{l} (C^{12}H^5)' \\ H \\ H \end{array}\right\} Az} \;+\; \underset{\text{Bromure d'éthyle.}}{(C^4H^5)'Br} \;=\; \underset{\substack{\text{Bromhydrate}\\\text{d'éthylaniline.}}}{\left.\begin{array}{l} (C^{12}H^5)' \\ (C^4H^5)' \\ H \end{array}\right\} Az,HBr.}$$

L'éthylaniline est une base secondaire (page 202), et l'on voit qu'elle prend naissance en vertu d'une réaction tout à fait analogue à celles que nous avons exposées (page 204), en traitant des ammoniaques composées. L'éthylaniline constitue un liquide incolore, fortement réfringent, bouillant à 204°. Elle forme des sels bien définis et cristallisables.

En traitant l'éthylaniline par le bromure d'éthyle, M. Hofmann a obtenu le bromhydrate de diéthylaniline :

$$\underset{\text{Éthylaniline.}}{\left.\begin{array}{l} (C^{12}H^5)' \\ (C^4H^5)' \\ H \end{array}\right\} Az} \;+\; \underset{\substack{\text{Bromure}\\\text{d'éthyle.}}}{(C^4H^5)Br} \;=\; \underset{\substack{\text{Bromhydrate}\\\text{de diéthylaniline.}}}{\left.\begin{array}{l} (C^{12}H^5)' \\ (C^4H^5)' \\ (C^4H^5)' \end{array}\right\} Az,HBr.}$$

La diéthylaniline est une base tertiaire (page 203). Elle constitue un liquide incolore bouillant à 213°,5.

Chauffée pendant quelques heures avec de l'iodure d'éthyle à 100°, elle se convertit en iodure de triéthyl-phénylammonium (Hofmann) :

$$\underset{\substack{\text{Diéthylphénylamine}\\\text{(diéthylaniline).}}}{\left.\begin{array}{l} (C^{12}H^5)' \\ (C^4H^5)' \\ (C^4H^5)' \end{array}\right\} Az} \;+\; \underset{\substack{\text{Iodure}\\\text{d'éthyle.}}}{(C^4H^5)'I} \;=\; \underset{\substack{\text{Iodure}\\\text{de triéthyl-phénylammonium.}}}{\left.\begin{array}{l} (C^{12}H^5)' \\ (C^4H^5)' \\ (C^4H^5)' \\ (C^4H^5)' \end{array}\right\} Az,I.}$$

On le voit, l'aniline et ses dérivés éthylés sont des ammoniaques composées appartenant aux quatre types que nous avons définis (pages 202 et 203). Il est clair que pour obtenir de telles ammoniaques dérivées de l'aniline, on peut remplacer l'éthyle par un autre radical, tel que le méthyle, l'amyle, etc., et préparer ainsi une foule de bases nouvelles. Un grand nombre de ces corps ont été obtenus par M. Hofmann : mais nous ne pouvons pas en donner la description.

POLYAMINES PHÉNYLIQUES.

De même que le bromure d'éthylène, en réagissant sur 2 molécules d'ammoniaque peut former des diamines éthyléniques (page 328), de même, en réagissant sur 2 molécules d'aniline, il peut engendrer une diamine éthylène-phénylique

$$4(C^{12}H^5)'H^2Az \;+\; (C^4H^4)''Br^2 \;=\; 2(C^{12}H^5)' \left.\begin{matrix}(C^4H^4)''\\ \\H^2\end{matrix}\right\}Az^2 \;+\; 2[(C^{12}H^5)'H^2Az,HBr].$$

Phénylamine   Bromure   Ethylène-   Bromhydrate
(aniline).   d'éthylène.   diphénylamine.   de phénylamine.

La diamine éthylène-phénylique est une base solide, fusible à 57°. Elle est diatomique et diacide, c'est-à-dire qu'elle exige pour se saturer 2 molécules d'un acide, tel que l'acide chlorhydrique.

M. Hofmann a décrit, entre autres bases appartenant à ce groupe, la diamine diéthylène-diphénylique

$$\left.\begin{matrix}(C^4H^4)''\\(C^4H^4)''\\2(C^{12}H^5)'\end{matrix}\right\}Az^2.$$

Elle prend naissance, comme la précédente, par l'action du bromure d'éthylène (1 volume), sur l'aniline (2 volumes).

Enfin, cet éminent chimiste a décrit la réaction fort intéressante du chlorure de carbone sur l'aniline, réaction qui donne naissance à la *triamine carbotriphénylique*. Pour former ce corps, il convient de chauffer pendant 30 heures, à 170°, 1 volume de chlorure de carbone C^2Cl^4 avec 3 volumes d'aniline. Le tout se prend en une masse noirâtre dont on parvient à séparer, par un traitement convenable, le chlorhydrate de carbotriphényl-triamine. En même temps, il se forme, comme produit secondaire, une substance rouge, qui se dissout dans l'alcool avec une magnifique couleur cramoisie (chlorhydrate de rosaniline) :

$$6(C^{12}H^5)'H^2Az \;+\; C^2Cl^4 \;=\; 3[(C^{12}H^5)H^2Az,HCl] \;+\; 3(C^{12}H^5)' \left.\begin{matrix}\overset{\text{IV}}{C^2}\\ \\H^2\end{matrix}\right\}Az^3,HCl.$$

Aniline.   Chlorure   Chlorhydrate d'aniline.   Chlorhydrate
       de carbone.   de carbotriphényl-triamine.

On voit que, dans cette triamine, 3 molécules de phénylamine

$$\left.\begin{array}{l}(C^{12}H^5)^3 \\ H^3 \\ H^3\end{array}\right\}Az^3$$

sont soudées par le carbone tétratomique $C^2 = C$ (page 136) qui se substitue à 4 atomes d'hydrogène.

Ajoutons que M. Hofmann a décrit récemment un polymère de l'aniline, la *dianiline* $C^{24}H^{14}Az^2 = 2C^{12}H^7Az$.

ANILIDES.

Ces combinaisons, qui ont été découvertes par Gerhardt, représentent des sels d'aniline moins de l'eau. Ainsi, lorsqu'on chauffe l'oxalate d'aniline, il se forme de l'oxanilide, par une réaction analogue à celle qui donne naissance à l'oxamide. Les anilides constituent donc des phényl-amides ou des amides phénylées.

$$\left.\begin{array}{l}(C^4H^3O^2)' \\ H \\ H\end{array}\right\}Az \qquad \left.\begin{array}{l}(C^4H^3O^2)' \\ (C^{12}H^5)' \\ H\end{array}\right\}Az.$$

Acétamide.   Phényl-acétamide
ou acétanilide.

$$\left.\begin{array}{l}(C^4O^4)'' \\ H^2 \\ H^2\end{array}\right\}Az^2 \qquad \left.\begin{array}{l}(C^4O^4)'' \\ 2(C^{12}H^5)' \\ H^2\end{array}\right\}Az^2.$$

Oxamide.   Phényl-oxamide
ou oxanilide.

$$\left.\begin{array}{l}(C^2O^2)'' \\ H^2 \\ H^2\end{array}\right\}Az^2 \qquad \left.\begin{array}{l}(C^2O^2)'' \\ 2(C^{12}H^5)' \\ H^2\end{array}\right\}Az^2.$$

Urée
ou carbamide.   Diphényl-urée
ou carbanilide.

$$\left.\begin{array}{l}(C^4O^4)''H^2Az \\ H\end{array}\right\}O^2 \qquad \left.\begin{array}{l}(C^4O^4)''(C^{12}H^5)'HAz \\ H\end{array}\right\}O^2.$$

Acide oxamique.   Acide phényloxamique
ou oxanilique.

Les anilides que nous avons citées appartiennent à divers types comme les amides elles-mêmes, avec lesquelles nous les avons comparées. On distingue :

1° Les *monanilides*, telles que l'acétanilide, qui dérivent d'une molécule d'ammoniaque.

2° Les *dianilides*, telles que la carbanilide et l'oxanilide. Elles dérivent de 2 molécules d'ammoniaque.

3° Les *acides anilidés*, tel que l'acide oxanilique. Ils sont évidemment analogues aux acides amidés (page 77).

Nous allons indiquer le mode de formation et les principales propriétés de quelques anilides, appartenant à chacun de ces groupes.

Acétanilide ou **phénylacétamide** $\left.\begin{array}{l}(C^4H^3O^2)' \\ (C^{12}H^5)' \\ H\end{array}\right\}Az.$ — Ce corps, qui

représente de l'acétamide dans laquelle 1 atome d'hydrogène est remplacé par un groupe phénylique, se forme par l'action du chlorure d'acétyle ou de l'acide acétique anhydre sur l'aniline :

$$C^4H^3O^2,Cl \quad + \quad \left.\begin{array}{l}C^{12}H^5 \\ H \\ H\end{array}\right\}Az \quad = \quad \left.\begin{array}{l}C^{12}H^5 \\ C^4H^3O^2 \\ H\end{array}\right\}Az \quad + \quad HCl.$$

Chlorure d'acétyle.   Aniline.   Acétanilide.

$$\left.\begin{array}{l}C^4H^3O^2 \\ C^4H^3O^2\end{array}\right\}O^2 \quad + \quad \left.\begin{array}{l}C^{12}H^5 \\ H \\ H\end{array}\right\}Az \quad = \quad \left.\begin{array}{l}C^{12}H^5 \\ C^4H^3O^2 \\ H\end{array}\right\}Az \quad + \quad \left.\begin{array}{l}C^4H^3O^2 \\ H\end{array}\right\}O^2.$$

Anhydride acétique.   Aniline.   Acétanilide.   Acide acétique.

L'acétanilide constitue des lamelles incolores, brillantes, fusibles à 112°, peu solubles dans l'eau froide, assez solubles dans l'eau chaude, l'alcool et l'éther (Gerhardt).

Carbanilamide ou **phénylurée** $\left.\begin{array}{l}(C^2O^2)'' \\ (C^{12}H^5)'H \\ H^2\end{array}\right\}Az^2.$ — Ce corps, qui dé-

rive du cyanate d'aniline, comme l'urée dérive du cyanate d'ammoniaque, est l'analogue de l'éthylurée (page 110). Il se forme par l'action de l'ammoniaque sur le cyanate de phényle ou par l'action des vapeurs d'acide cyanique sur l'aniline refroidie, ou encore par double décomposition avec le cyanate de potasse et le sulfate d'aniline. Ces modes de formation sont ceux des urées composées (page 110). La phénylurée se présente sous forme d'aiguilles incolores, peu solubles dans l'eau froide, très-solubles dans l'eau bouillante, dans l'alcool et dans l'éther.

Lorsqu'on la chauffe, elle fond et se décompose à une température plus élevée en acide cyanurique et en diphénylurée.

Carbanilide ou **diphénylurée** $\left.\begin{array}{l}(C^2O^2)'' \\ 2(C^{12}H^5)' \\ H^2\end{array}\right\}Az^2.$ — Ce corps se forme

par l'action du chlorure de carbonyle (gaz chloroxycarbonique) sur l'aniline :

$$(C^2O^2)''Cl^2 \quad + \quad 2\left[\left.\begin{array}{l}(C^{12}H^5)' \\ H \\ H\end{array}\right\}Az\right] \quad = \quad 2HCl \quad + \quad \left.\begin{array}{l}(C^2O^2)'' \\ 2(C^{12}H^5)' \\ H^2\end{array}\right\}Az^2.$$

Chlorure
de carbonyle.   Aniline.   Diphénylurée.

Il se dépose du sein de l'alcool bouillant en aiguilles soyeuses, incolores, fusibles à 205°, peu solubles dans l'eau, solubles dans l'alcool et dans l'éther. La potasse fondante le dédouble en acide carbonique et en aniline.

On connaît aussi des composés sulfurés analogues aux précé-
dents, savoir : la phénylsulfocarbamide $(C^{12}H^5)'H \left\{\begin{matrix}(C^2S^2)'' \\ H^2\end{matrix}\right\} Az^2$, et la diphé-
nylsulfocarbamide $2(C^{12}H^5)' \left\{\begin{matrix}(C^2S^2)'' \\ H^2\end{matrix}\right\} Az^2$ (Hofmann).

Oxanilide ou **diphényloxamide** $2(C^{12}H^5)' \left\{\begin{matrix}(C^4O^4)'' \\ H^2\end{matrix}\right\} Az^2$. — Ce corps prend naissance par l'action de la chaleur ($160°$ à $180°$) sur l'oxalate d'aniline ; il se forme aussi dans d'autres réactions.

$$[(C^{12}H^5)H^3Az]^2 \left\{\begin{matrix}(C^4O^4)'' \\ H^3\end{matrix}\right\} O^4 \;=\; 2H^2O^2 \;+\; 2(C^{12}H^5)' \left\{\begin{matrix}(C^4O^4)'' \\ H^2\end{matrix}\right\} Az^2.$$

Oxalate d'aniline.   Oxanilide.

Il se présente sous forme de belles écailles brillantes, insolubles dans l'eau et dans l'éther, solubles dans l'alcool absolu bouillant. Il fond à $245°$ et distille, en grande partie, à $320°$. La potasse fondante le dédouble en aniline et en oxalate ; l'acide sulfurique en sulfate d'aniline, acide carbonique et oxyde de carbone (Gerhardt).

Acide oxanilique $(C^4O^4)''(C^{12}H^5)HAz \left\{\begin{matrix} \\ H\end{matrix}\right\} O^2$. — Il prend naissance lorsqu'on chauffe l'aniline pendant 8 à 10 minutes avec un excès d'acide oxalique. L'eau bouillante extrait de la masse de l'oxanilate d'aniline, et laisse de l'oxanilide. On convertit l'oxanilate d'aniline en oxanilate de baryte, et l'on décompose ce dernier par l'acide sulfurique.

L'acide oxanilique se présente sous forme d'écailles peu solubles dans l'eau froide, très-solubles dans l'eau bouillante et dans l'alcool. Il se dédouble par la chaleur en acide carbonique, en oxyde de carbone et en oxanilide. La potasse, en solution concentrée, et l'acide chlorhydrique étendu et chaud le dédoublent en aniline et en acide oxalique.

L'aniline que nous venons d'étudier appartient à une série homologue dont les termes sont :

Aniline	$C^{12}H^7Az$
Toluidine	$C^{14}H^9Az$
Xylidine	$C^{16}H^{11}Az$
Cumidine	$C^{18}H^{13}Az$
Cymidine	$C^{20}H^{15}Az.$

Il existe une série de bases isomériques avec les précédentes. M. Anderson les a découvertes dans l'*huile animale de Dippel*, qu'on obtient par la distillation sèche des matières animales. Ces bases forment une série parallèle à la précédente :

$$
\begin{array}{ll}
\text{Pyridine} & C^{10}H^5Az \\
\text{Picoline} & C^{12}H^7Az \\
\text{Lutidine} & C^{14}H^7Az \\
\text{Collidine} & C^{16}H^{11}Az \\
\text{Parvoline} & C^{18}H^{13}Az.
\end{array}
$$

GROUPE PHÉNYLÈNE.

De même que l'éthyle (C^4H^5)′ en perdant H se transforme en un radical diatomique, l'éthylène (C^4H^4)″, de même le phényle ($C^{12}H^5$)′ se convertit par la perte d'un équivalent d'hydrogène en un carbure d'hydrogène ($C^{12}H^4$)″ qu'on nomme phénylène, et qui joue le rôle de radical diatomique. Ce carbure d'hydrogène, qui est encore peu connu, paraît se former lorsqu'on chauffe l'éther phénylique (page 541) avec l'acide sulfurique.

$$
\left.\begin{array}{l} C^{12}H^5 \\ C^{12}H^5 \end{array}\right\}O^2 \;+\; \left.\begin{array}{l} (S^2O^4)'' \\ H^2 \end{array}\right\}O^4 \;=\; \left.\begin{array}{l} (S^2O^4)'' \\ C^{12}H^5,H \end{array}\right\}O^4 \;+\; C^{12}H^4 \;+\; H^2O^2.
$$

Oxyde   Acide   Acide   Phénylène.
de phényle.   sulfurique.   phényl-sulfurique.

Il est solide et cristallise en magnifiques paillettes irisées. Il fond à 69° et se sublime à une température élevée.

On peut supposer que le radical phénylène existe dans plusieurs combinaisons qui se rattachent aux composés phényliques.

L'acide oxyphénique ou pyrocatéchine paraît constituer le glycol phénylénique.

La phénylène-diamine et ses dérivés sont des ammoniaques diatomiques qui renferment le groupe phénylène.

$$
(C^{12}H^4)'' \qquad\qquad \left.\begin{array}{l} (C^{12}H^4)'' \\ H^2 \end{array}\right\}O^4 \qquad\qquad \left.\begin{array}{l} (C^{12}H^4)'' \\ H^2 \\ H^2 \end{array}\right\}Az^2.
$$

Phénylène.   Acide oxyphénique.   Phénylène-diamine.

On peut admettre de même l'existence du groupe phénylène dans les acides salicylique, phtalique (voir plus loin). Le phénylène est uni, dans les radicaux de ces acides, au carbonyle ou à l'oxalyle.

$$
\left.\begin{array}{l} [C^2O^2\text{-}C^{12}H^4]'' \\ H^2 \end{array}\right\}O^4 \qquad\qquad \left.\begin{array}{l} [C^4O^4\text{-}C^{12}H^4]'' \\ H^2 \end{array}\right\}O^4.
$$

Acide salicylique.   Acide phtalique.

ACIDE OXYPHÉNIQUE, PYROCATÉCHINE.

$$C^{12}H^6O^4.$$

Ce corps, qui est isomérique avec l'hydroquinone (page 430), est un produit de la distillation du cachou et de l'acide catéchique (page 526) (Reinsch), du quinate de baryte (Zwenger), de l'acide morintannique (page 526), de la gomme ammoniaque, de la gomme kino, etc. On l'a rencontré dans le vinaigre de bois (Buchner).

Pour le préparer, on distille rapidement le cachou ou l'acide catéchique dans une cornue spacieuse, on évapore le produit de la distillation à une basse température, on sépare par le filtre une matière résineuse qui se précipite, et on exprime entre des feuilles de papier les cristaux qui se forment par le refroidissement.

L'acide oxyphénique ou oxyphénol cristallise en lames blanches ou en petits prismes brillants. Il fond à 111°. Il entre en ébullition à 240°. Sa saveur est amère, et ses vapeurs excitent la toux. Il se dissout dans l'eau, dans l'alcool et dans l'éther. Il est neutre au papier. Avec les bases, il forme des combinaisons peu stables. Un mélange de chlorate de potasse et d'acide chlorhydrique le convertit en chloranile (page 429).

Lorsqu'on le traite par le chlorure d'acétyle, il forme une combinaison diacétylique qui paraît le caractériser comme alcool diatomique :

$$\left.\begin{array}{l}(C^{12}H^4)'' \\ H^2\end{array}\right\}O^4 \ + \ 2(C^4H^3O^2,Cl) \ = \ 2HCl \ + \ \left.\begin{array}{l}(C^{12}H^4)'' \\ 2(C^4H^3O^2)\end{array}\right\}O^4.$$

Oxyphénol. — Chlorure d'acétyle. — Oxyphénol diacétique.

PHÉNYLÈNE-DIAMINE.

$$C^{12}H^8Az^2 \ = \ \left.\begin{array}{l}(C^{12}H^4)'' \\ H^2 \\ H^2\end{array}\right\}Az^2.$$

M. Hofmann a obtenu ce corps en traitant la dinitrobenzine par le fer et l'acide acétique.

$$C^{12}H^4(AzO^4)^2 \ + \ 6H^2 \ = \ 4H^2O^2 \ + \ C^{12}H^8Az^2.$$

Dinitrobenzine. — Phénylène-diamine.

La diamine phénylénique constitue une huile dense, qui brunit rapidement lorsqu'on l'expose à l'air. Elle bout à 280°. Elle est peu soluble dans l'eau, très-soluble dans l'alcool et dans l'éther.

Elle est diatomique et diacide, c'est-à-dire que, pour se neutraliser complétement, elle se combine avec 2 équivalents d'un acide monobasique. Son chlorhydrate renferme $C^{12}H^8Az^2,2HCl$.

M. Hofmann a décrit aussi un isomère de la phénylène-diamine.

Rosaniline. — Parmi les composés les plus intéressants qui renferment le groupe phénylène, il faut ranger la *rosaniline*, dont les sels cristallisés constituent la matière colorante si riche et si pure connue sous le nom de *fuchsine*, d'*azaléine* ou de *Magenta*. Ce corps résulte de l'oxydation de l'aniline du commerce, qui constitue en réalité un mélange d'aniline et de toluidine. On l'obtient généralement en soumettant l'aniline à l'action d'agents oxydants, ou, plus généralement, de réactifs capables d'enlever de l'hydrogène. Parmi ces agents, on s'est servi successivement du chlorure stannique anhydre (liqueur fumante de Libavius), de l'azotate de mercure, de l'acide arsénique. C'est ce dernier corps qu'on emploie aujourd'hui de préférence, et non sans quelques inconvénients. La préparation et le maniement d'un corps aussi redoutable par ses effets toxiques ont donné lieu à des accidents graves. De plus, les résidus de la fabrication de la rosaniline sont arsenicaux, et leur accumulation autour des fabriques est une source d'embarras et même de dangers.

Il résulte des recherches de M. Hofmann que la rosaniline est une triamine, c'est-à-dire une base dérivée de 3 molécules d'ammoniaque. Elle renferme $C^{40}H^{19}Az^3$, et M. Hofmann admet qu'elle se forme en vertu de la réaction suivante :

$$C^{12}H^7Az \; + \; 2C^{14}H^9Az \; + \; O^6 \; = \; C^{40}H^{19}Az^3 \; + \; 3H^2O^2.$$

Aniline.   Toluidine.   Rosaniline.

Il lui attribue, provisoirement, la constitution exprimée par la formule suivante :

$$\left. \begin{array}{c} (C^{12}H^4)'' \\ 2(C^{14}H^6)'' \\ H^2 \end{array} \right\} Az^3.$$

Triamine phénylène-ditoluénique.

Chose curieuse, la rosaniline elle-même est incolore à l'état de pureté et se présente sous la forme de petits cristaux.

Mais ses sels présentent à l'état solide ces magnifiques reflets verts qu'offrent les élytres des cantharides. Leurs solutions dans l'alcool sont d'un rouge pourpre intense.

En traitant la rosaniline par l'iodure d'éthyle, M. Hofmann est parvenu à remplacer 3 atomes d'hydrogène par 3 atomes d'éthyle, et à préparer la *rosaniline triéthylée* $C^{40}H^{16}(C^4H^5)^3Az^3$, magnifique matière colorante qui est connue sous le nom de *violet Hofmann*.

GROUPE BENZYLIQUE OU TOLUIQUE.

Le toluène, l'hydrogène carboné correspondant à ce groupe est la méthylbenzine.

$$C^{12}H^6 \qquad\qquad C^{12}H^5(C^2H^3).$$
$$\text{Benzine.} \qquad\qquad \text{Toluène.}$$

Au toluène $C^{14}H^8$ correspondent deux alcools $C^{14}H^8O^2$ isomériques l'un avec l'autre. Ce sont l'alcool cressylique, homologue avec l'alcool phénylique et l'alcool benzylique, qui est l'alcool de l'essence d'amandes amères et de l'acide benzoïque. On peut exprimer par les formules suivantes les relations qui existent entre ces alcools et le toluène (Kekulé).

$$C^{12}H^5(C^2H^3) \qquad \begin{bmatrix}C^2H^3\text{-}C^{12}H^4\end{bmatrix}''\!\!O^2 \qquad \begin{bmatrix}C^{12}H^5\text{-}C^2H^2\end{bmatrix}''\!\!O^2.$$
$$\text{Toluène.} \qquad\qquad \text{Alcool cressylique.} \qquad\qquad \text{Alcool benzylique.}$$

Au toluène correspond une base, la toluidine, qui est à cet hydrogène carboné ce que l'aniline est à la benzine. La toluidine est l'homologue supérieur de l'aniline (page 551).

$$\left.\begin{matrix}C^{12}H^3\\ H\\ H\end{matrix}\right\}Az \qquad\qquad \left.\begin{matrix}C^{14}H^7\\ H\\ H\end{matrix}\right\}Az.$$
$$\text{Aniline.} \qquad\qquad \text{Toluidine.}$$

Les acides qu'on nomme toluiques n'appartiennent pas au même groupe que le toluène et la toluidine. Un des acides isomériques connus sous ce nom présente pourtant des liens de parenté avec un corps appartenant au groupe benzylique, c'est-à-dire avec l'alcool benzylique. M. Cannizzaro a obtenu, en effet, de l'acide α-toluique en décomposant le cyanure de benzyle par la potasse.

$$C^{14}H^7,C^2Az \;+\; KHO^2 \;+\; H^2O^2 \;=\; \begin{bmatrix}C^2O^2\text{-}C^{14}H^7\end{bmatrix}''\!\!O^2 \;+\; AzH^3.$$
$$\text{Cyanure} \qquad\qquad\qquad\qquad\qquad \text{Acide toluique.}$$
$$\text{de benzyle.}$$

D'après cette réaction, l'acide α-toluique serait l'acide carbobenzylique.

TOLUÈNE OU MÉTHYLURE DE PHÉNYLE.

$$C^{14}H^8 = C^{12}H^5(C^2H^3).$$

Le toluène a été découvert par Pelletier et Walter, en 1837, parmi les produits de la distillation de la résine du *Pinus maritima*. M. H. Deville l'a obtenu en distillant le baume de Tolu; de là le nom de *toluène*. MM. Glénard et Boudault l'ont signalé parmi les produits de la distillation du sang dragon. Il existe en quantité notable dans les huiles légères du goudron de houille, d'où on le retire par distillation fractionnée, en recueillant ce qui passe de 100 à 105° (Mansfield). Le toluène se forme aussi par la distillation de l'acide toluique avec un excès de chaux (Noad).

$$C^{16}H^8O^4 \;=\; C^{14}H^8 \;+\; C^2O^4.$$
Acide toluique.   Toluène.

Enfin, MM. Fittig et Tollens l'ont préparé par synthèse en traitant par le sodium un mélange de benzine monobromée et d'iodure de méthyle (page 535), et ont prouvé ainsi l'identité du toluène et du méthyl-phényle.

Le toluène est un liquide mobile, fortement réfringent, doué d'une odeur agréable, analogue à celle de la benzine.

Il ne se solidifie pas à — 20°. Il bout à 111° (Beilstein). Il ne se dissout point dans l'eau, peu dans l'alcool, facilement dans l'éther. Densité 0,86.

En distillant le toluène dans une atmosphère de chlore sec, on obtient du toluène monochloré $C^{14}H^7Cl$.

Par l'action prolongée d'un excès de chlore sur le toluène, à la lumière diffuse, on obtient le toluène dichloré $C^{14}H^6Cl^2$, isomérique avec le chlorobenzol, qui se forme par l'action du perchlorure de phosphore sur l'essence d'amandes amères. En soumettant ce toluène dichloré à l'action de l'oxyde de mercure, M. Beilstein l'a converti en essence d'amandes amères.

$$C^{14}H^6Cl^2 \;+\; Hg^2O^2 \;=\; 2HgCl \;+\; C^{14}H^6O^2.$$
Toluène dichloré.   Essence
d'amandes amères.

Enfin, par l'action prolongée du chlore sur le toluène, il se forme, indépendamment des produits de substitution précédents, les composés :

$$C^{12}H^6Cl^2,Cl^2$$
$$C^{14}H^6Cl^2,Cl^6$$

et enfin, le toluène sexchloré $C^{14}H^2Cl^6$ (H. Deville).

En soumettant le toluène pur à l'action d'un mélange d'acide sulfurique et de chromate de potasse, M. Hofmann l'a converti en acide benzoïque.

$$C^{14}H^8 \;+\; O^6 \;=\; C^{14}H^6O^4 \;+\; H^2O^2.$$
Toluène.   Acide benzoïque.

Par l'action très-prolongée de l'acide azotique étendu, le toluène se convertit en un acide $C^{14}H^6O^6$, isomérique avec les acides oxybenzoïque et salicylique.

L'acide azotique monohydraté transforme le toluène, suivant la durée de la réaction, en *nitrotoluène* ou en *dinitrotoluène* (H. Deville).

Le nitrotoluène $C^{14}H^7(AzO^4)$ est un liquide incolore doué d'une odeur d'amandes amères. Densité à $16°,5 = 1,180$. Point d'ébullition $230°$ (E. Kopp). Sous l'influence des agents réducteurs, tels que le sulfhydrate d'ammoniaque ou le fer et l'acide acétique, il se convertit en toluidine $C^{14}H^9Az$, en vertu d'une réaction tout à fait analogue à celle qui donne naissance à l'aniline, dans les mêmes conditions (page 542).

Le dinitrotoluène $C^{14}H^6(AzO^4)^2$ se forme par l'ébullition prolongée du toluène avec l'acide azotique, ou par l'action d'un mélange d'acide sulfurique et d'acide azotique sur ce carbure d'hydrogène. Il est solide et cristallise, du sein de l'alcool, en longues aiguilles brillantes et friables, fusibles à $71°$. Le sulfure d'ammonium le convertit en nitrotoluidine $C^{14}H^8(AzO^4)Az$.

ALCOOL BENZYLIQUE.

$$C^{14}H^8O^2 = \left.\begin{array}{l} C^{14}H^7 \\ H \end{array}\right\} O^2.$$

Ce corps a été découvert par M. Cannizzaro en 1853. Il se forme par l'action d'une solution alcoolique de potasse sur l'essence d'amandes amères, qui se dédouble, dans cette circonstance, en alcool benzylique et en acide benzoïque.

$$2C^{14}H^6O^2 + KHO^2 = C^{14}H^5KO^4 + C^{14}H^8O^2.$$

Essence d'amandes amères.	Benzoate de potassium.	Alcool benzylique.

Pour le préparer, on mêle 1 volume d'essence d'amandes amères avec 3 volumes d'alcool et 5 à 6 volumes d'une solution alcoolique saturée de potasse. Le mélange s'échauffe et laisse déposer du benzoate de potasse. On ajoute de l'eau pour dissoudre ce sel; puis on distille au bain-marie pour séparer l'alcool. On agite ensuite le résidu avec de l'éther, qui dissout l'alcool benzylique et qui l'abandonne par l'évaporation sous la forme d'une huile qu'on purifie par distillation.

On peut aussi obtenir l'alcool benzylique avec le toluène $C^{14}H^8$. Pour cela, on transforme ce carbure d'hydrogène en toluène monochloré (chlorure de benzyle), en le faisant bouillir dans un courant de chlore; on chauffe ensuite le toluène monochloré avec une solution alcoolique d'acétate de potasse. Il se forme de l'acétate de benzyle et du chlorure de potassium.

$$C^{14}H^7Cl + \left.\begin{array}{l} C^4H^3O^2 \\ K \end{array}\right\} O^2 = \left.\begin{array}{l} C^4H^3O^2 \\ C^{14}H^7 \end{array}\right\} O^2 + KCl.$$

Chlorure de benzyle.	Acétate potassique.	Acétate de benzyle.

L'acétate de benzyle, chauffé avec une solution alcoolique de potasse, donne de l'acétate de potasse et de l'alcool benzylique. Après la distillation de l'alcool, l'alcool benzylique reste sous forme d'une huile qu'on rectifie.

L'alcool benzylique ou hydrate de benzyle est un liquide oléagineux, incolore, fortement réfringent, doué d'une odeur faible mais agréable. Point d'ébullition, 207°. Densité à 0° $= 1,0628$.

Chauffé avec l'acide azotique, il se convertit en aldéhyde benzoïque (essence d'amandes amères).

$$C^{14}H^8O^2 \ + \ O^2 \ = \ C^{14}H^6O^2 \ + \ H^2O^2.$$
Alcool benzylique.   Aldéhyde benzoïque.

L'acide chromique le convertit en acide benzoïque.

$$C^{14}H^8O^2 \ + \ O^4 \ = \ C^{14}H^6O^4 \ + \ H^2O^2.$$
Alcool benzylique.   Acide benzoïque.

On voit qu'il existe entre l'alcool benzylique, l'essence d'amandes amères et l'acide benzoïque, les mêmes relations qu'entre l'alcool ordinaire, l'aldéhyde et l'acide acétique.

Par l'action de l'acide chlorhydrique, l'alcool benzylique se convertit en chlorure de benzyle $C^{14}H^7Cl$ identique avec le toluène monochloré. C'est un liquide très-réfringent, bouillant de 175 à 176°. Le sodium lui enlève son chlore et le convertit en *dibenzyle* $(C^{14}H^7)^2$ corps solide, cristallisable, fusible à 52°, bouillant vers 284° (Cannizzaro).

Lorsqu'on mélange l'alcool benzylique avec de l'acide borique vitreux, réduit en poudre, et qu'on chauffe cette pâte, pendant quelques heures, de 120 à 126°, on obtient une masse brune. Celle-ci, épuisée par l'eau chaude et par la soude, laisse une huile qu'on rectifie. Le produit qui passe entre 300 et 315° constitue l'éther benzylique

$$\left. \begin{matrix} C^{14}H^7 \\ C^{14}H^7 \end{matrix} \right\} O^2.$$

C'est une huile incolore qui offre des reflets bleu-indigo.

Il est à remarquer que l'orcine $C^{14}H^8O^4$ présente la composition d'un glycol benzylénique.

$$\left. \begin{matrix} (C^{14}H^7)' \\ H \end{matrix} \right\} O^2 \qquad\qquad \left. \begin{matrix} (C^{14}H^6)'' \\ H^2 \end{matrix} \right\} O^4.$$
Alcool benzylique.   Glycol benzylénique.

ALCOOL CRESSYLIQUE.

$$C^{14}H^8O^2.$$

Ce corps constitue l'homologue supérieur de l'alcool phénylique.

$$C^{12}H^6O^2 \quad \text{alcool phénylique,}$$
$$C^{14}H^8O^2 \quad \text{alcool cressylique.}$$

Il a été découvert, en 1854, par M. Fairlie, qui l'a retiré des portions d'alcool phénylique brut bouillant au-dessus de 200°. M. Duclos l'a séparé du goudron de bois.

Ce corps bout à 203°.

Toutes ses propriétés le rapprochent beaucoup de l'alcool phénylique.

Comme celui-ci (page 537), il peut fixer les éléments de l'acide carbonique lorsqu'on le traite simultanément par cet acide et par le sodium (Kolbe et Lautemann). *L'acide crésotique* $C^{16}H^8O^6$, qui se forme dans ces circonstances, est un homologue de l'acide salicylique.

TOLUIDINE.

$$C^{14}H^9Az.$$

MM. Hofmann et Muspratt ont obtenu ce corps, en 1845, en réduisant le nitrotoluène par le sulfhydrate d'ammonium. Pour opérer cette réduction, on peut recourir aux procédés qui servent à la préparation de l'aniline, et dont le plus simple consiste à employer, comme agent réducteur, le fer et l'acide acétique.

$$\underset{\text{Nitrotoluène.}}{C^{16}H^7(AzO^4)} + H^6 - \underset{\text{Toluidine.}}{C^{16}H^7(AzH^2)} + 2H^2O^2.$$

La toluidine est solide, plus dense que l'eau. Elle cristallise de sa solution dans l'alcool faible, sous forme de larges lames. Elle fond à 40° et bout à 198°. Elle est très-soluble dans l'alcool et dans l'éther. Elle se dissout même en petite quantité dans l'eau, et la solution aqueuse donne, avec le chlorure de chaux, une faible coloration rouge, et avec l'acide chromique un précipité rouge brun. La toluidine est une base énergique qui neutralise parfaitement les acides. Ses sels cristallisent fort bien. Exposés à l'air, ils se colorent rapidement en rose.

La toluidine existe presque toujours à l'état de mélange dans l'aniline du commerce. Elle joue un rôle important et nécessaire dans la préparation de certaines couleurs d'aniline (page 554).

GROUPE BENZOIQUE.

Les corps qui font partie de ce groupe renferment le radical benzoyle $(C^{14}H^5O^2)'$. Ce radical peut être envisagé comme formé par l'union du phényle avec l'oxyde de carbone.

$$[C^2O^2\text{-}C^{12}H^5]'.$$

De nombreuses réactions rattachent, en effet, le groupe benzoïque au groupe phénique. Une des plus importantes a été découverte récemment par M. Harnitz-Harnitzky. Ce chimiste est parvenu à obtenir le chlorure de benzoyle, par synthèse, en faisant réagir le gaz chloroxycarbonique (chlorure de carbonyle) sur la benzine (hydrure de phényle).

$$\underset{\text{Benzine.}}{C^{12}H^5,H} \; + \; \underset{\substack{\text{Chlorure} \\ \text{de carbonyle.}}}{C^2O^2.Cl^2} \; = \; \underset{\text{Chlorure de benzoyle.}}{[C^2O^2\text{-}C^{12}H^5]'Cl} \; + \; HCl.$$

Cette réaction met dans tout son jour la constitution du radical benzoyle, qui est, comme nous l'avons dit plus haut, du phényl-carbonyle.

Un grand nombre de combinaisons benzoïques ont été décrites par MM. Wœhler et Liebig, en 1832, dans un travail justement célèbre, qui a beaucoup contribué au développement de la théorie des radicaux (page 49). Ces chimistes ont montré que l'essence d'amandes amères peut être considérée comme l'hydrure du radical benzoyle, et que cet hydrure peut engendrer, par l'action de divers réactifs, un grand nombre de corps appartenant au même groupe, parce qu'ils renferment le même radical benzoyle.

Parmi ces combinaisons du benzoyle voici les plus importantes :

HYDRURE.	CHLORURE.	PHÉNYLURE.	HYDRATE.
$\left.\begin{array}{l}(C^{14}H^5O^2)' \\ H\end{array}\right\}$	$\left.\begin{array}{l}(C^{14}H^5O^2)' \\ Cl\end{array}\right\}$	$\left.\begin{array}{l}(C^{14}H^5O^2)' \\ (C^{12}H^5)\end{array}\right\}$	$\left.\begin{array}{l}(C^{14}H^5O^2)' \\ H\end{array}\right\}O^2$
Essence d'amandes amères.	Chlorure de benzoyle.	Phénylure de benzoyle (benzophénone).	Acide benzoïque.

OXYDE.	PEROXYDE.	SULFURE.	AMIDE.
$\left.\begin{array}{l}(C^{14}H^5O^2)' \\ (C^{14}H^5O^2)'\end{array}\right\}O^2$	$\left.\begin{array}{l}(C^{14}H^5O^2)' \\ (C^{14}H^5O^2)'\end{array}\right\}O^4$	$\left.\begin{array}{l}(C^{14}H^5O^2)' \\ (C^{14}H^5O^2)'\end{array}\right\}S^2$	$\left.\begin{array}{l}(C^{14}H^5O^2)' \\ H \\ H\end{array}\right\}Az.$
Acide benzoïque anhydre.	Peroxyde de benzoyle.	Sulfure de benzoyle.	Benzamide.

Le radical benzoyle $(C^{14}H^5O^2)$ n'a pas été isolé et ne peut l'être ; mais il existe un corps qui représente ce radical doublé, c'est le benzyle ou dibenzoyle $C^{28}H^{10}O^4 = (C^{14}H^5O^2)^2$. Ce corps se comporte, en effet, comme un radical ; il peut fixer directement H^2 pour se convertir en benzoïne $C^{28}H^{12}O^4$.

Indépendamment de l'acide benzoïque, divers autres acides renferment le radical benzoyle. Nous avons déjà mentionné l'acide benzoglycolique (page 362). L'acide hippurique, si important par le rôle qu'il joue dans l'économie, dérive du glycocolle par la substitution du benzoyle à un atome d'hydrogène. Nous savons que le glycocolle lui-même se rattache à l'acide acétique (page 365).

$$C^4H^4O^4 \qquad C^4H^3(AzH^2)'O^4 \qquad C^4H^2(C^{14}H^5O^2)'(AzH^2)'O^4.$$
Acide acétique.   Glycocolle   Acide hippurique
                       ou acide acétamique.   benzoyl-acétamique.

Il existe un acide benzamique qui est analogue à l'acide acétamique et qu'on peut envisager comme de l'acide benzoïque, dont 1 atome d'hydrogène a été remplacé par le groupe $(AzH^2)'$. En remplaçant dans cet acide benzamique un atome d'hydrogène par le radical acétyle, M. Foster a obtenu un isomère de l'acide hippurique, l'acide acétyl-benzamique.

$$C^{14}H^6O^4 \qquad C^{14}H^5(AzH^2)'O^4 \qquad C^{14}H^4(C^4H^3O^2)'(AzH^2)'O^4.$$
Acide benzoïque.   Acide benzamique.   Acide acétyl-benzamique.

Parmi tous ces corps, nous nous bornons à décrire les plus importants.

ALDÉHYDE BENZOÏQUE OU ESSENCE D'AMANDES AMÈRES.

$$C^{14}H^6O^2.$$

Modes de formation et préparation. — Ce corps, qui a été découvert en 1803 par Martrès, n'existe pas tout formé dans les amandes amères. Il prend naissance par l'action de l'eau et de la synaptase sur l'amygdaline (page 417). M. Cannizzaro l'a obtenu en oxydant l'alcool benzylique par l'acide azotique. Il existe, en effet, entre cet alcool, l'essence d'amandes amères et l'acide benzoïque, les mêmes relations qu'entre l'alcool, l'aldéhyde et l'acide acétique.

$$C^4H^6O^2 \qquad\qquad C^4H^4O^2 \qquad\qquad C^4H^4I^4.$$
Alcool.   Aldéhyde.   Acide acétique.
$$C^{14}H^8O^2 \qquad\qquad C^{14}H^6O^2 \qquad\qquad C^{14}H^6O^4.$$
Alcool benzylique.   Aldéhyde benzoïque   Acide benzoïque.
                        (essence d'amandes amères).

L'aldéhyde benzoïque se forme, en outre, par l'action de l'oxyde de mercure sur le toluène bichloré (Beilstein).

$$C^{14}H^6Cl^2 \quad + \quad Hg^2O^2 \quad = \quad C^{14}H^6O^2 \quad + \quad 2HgCl.$$
Toluène bichloré.   Oxyde mercurique.   Essence
                                        d'amandes amères.

M. Piria l'a obtenue en distillant un mélange de benzoate et de formiate de chaux. Enfin, elle prend naissance par l'oxydation de divers composés cinnamiques, et en petite quantité lorsqu'on

36

traite les matières albuminoïdes par des réactifs oxydants énergiques.

Pour préparer l'essence d'amandes amères, on délaye dans l'eau des tourteaux d'amandes amères; après avoir fait macérer la bouillie dans un alambic, on y dirige un courant de vapeur d'eau. L'essence d'amandes amères est entraînée et se condense avec l'eau. On la sépare de ce liquide et on l'agite avec une solution concentrée de bisulfite de soude; il se forme une combinaison cristalline qu'on recueille sur un filtre et qu'on comprime entre des feuilles de papier. Après l'avoir lavée avec une petite quantité d'eau froide, on la dissout dans l'eau bouillante et on y ajoute une lessive chaude de soude caustique. L'aldéhyde benzoïque se sépare de nouveau de sa combinaison avec le bisulfite. On la décante; on la déshydrate sur le chlorure de calcium et on la rectifie.

Propriétés. — L'aldéhyde benzoïque ou hydrure de benzoyle constitue un liquide incolore fortement réfringent, doué d'une odeur agréable et d'une saveur mordicante et aromatique. Sa densité à 0° est égale à 1,0636. Elle bout à 179°,5. Elle se dissout dans 30 parties d'eau froide et en toutes proportions dans l'alcool et dans l'éther.

Métamorphoses. — 1° Lorsqu'on dirige sa vapeur à travers un tube rempli de pierre ponce et chauffé au rouge, l'aldéhyde benzoïque se dédouble en oxyde de carbone et en benzine (hydrure de phényle).

$$C^{14}H^6O^2 \ = \ C^2O^2 \ + \ C^{12}H^6.$$

Essence
d'amandes amères.   Benzine.

Cette réaction, inverse de la synthèse découverte par **M.** Harnitz-Harnitzky, établit, comme celle-ci, les relations qui existent entre les composés phényliques et les composés benzoïques.

2° Exposée à l'air et à la lumière, l'aldéhyde benzoïque absorbe de l'oxygène et se convertit en acide benzoïque :

$$C^{14}H^6O^2 \ + \ O^2 \ = \ C^{14}H^6O^4.$$

Aldéhyde benzoïque.   Acide benzoïque.

Cette transformation s'accomplit plus facilement sous l'influence des réactifs oxydants.

3° Le chlore ou le brome convertissent l'hydrure de benzoyle en chlorure ou en bromure.

$$C^{14}H^5O^2,H \ + \ Cl^2 \ = \ HCl \ + \ C^{14}H^5O^2,Cl.$$

Hydrure
de benzoyle.   Chlorure
de benzoyle.

4° Soumis à l'action du perchlorure de phosphore, l'hydrure de benzoyle se convertit en chlorobenzol (toluène bichloré) [Cahours et Beilstein].

$$C^{14}H^6O^2 \;+\; PhCl^5 \;=\; C^{14}H^6Cl^2 \;+\; PhO^2Cl^3.$$

Hydrure   Perchlorure   Chlorobenzol.   Oxychlorure
de benzoyle.   de phosphore.   de phosphore.

5° La potasse fondante convertit l'aldéhyde benzoïque en benzoate de potasse, avec dégagement d'hydrogène.

$$C^{14}H^6O^2 \;+\; KHO^2 \;=\; C^{14}H^5KO^4 \;+\; H^2.$$

Aldéhyde   Benzoate
benzoïque.   potassique.

6° Lorsqu'on la chauffe avec une solution alcoolique de potasse, l'aldéhyde benzoïque se convertit en benzoate et en alcool benzylique (Cannizzaro).

$$2C^{14}H^6O^2 \;+\; KHO^2 \;=\; C^{14}H^8O^2 \;+\; C^{14}H^5KO^4.$$

Aldéhyde   Alcool   Benzoate
benzoïque.   benzylique.   potassique.

7° Sous l'influence de l'hydrogène naissant, dégagé par l'action de l'eau sur l'amalgame de sodium, l'aldéhyde benzoïque se convertit en alcool benzylique.

$$C^{14}H^6O^2 \;+\; H^2 \;=\; C^{14}H^8O^2.$$

Aldéhyde benzoïque.   Alcool benzylique.

8° Lorsqu'on laisse l'hydrure de benzoyle pendant quelque temps en contact avec de l'ammoniaque liquide, en agitant fréquemment le mélange, elle se convertit en une masse cristalline qui constitue l'*hydrobenzamide* (Laurent).

$$3(C^{14}H^6,O^2) \;+\; 2AzH^3 \;+\; \left.\begin{array}{l}(C^{14}H^6)'' \\ (C^{14}H^6)'' \\ (C^{14}H^6)''\end{array}\right\}Az^2 \;|\; 3H^2O^2.$$

Aldéhyde   Hydrobenzamide.
benzoïque.

Dans cette réaction, l'aldéhyde benzoïque se comporte comme l'oxyde du radical diatomique $(C^{14}H^6)''$. Nous rappelons, à cet égard, les considérations que nous avons développées (page 247) sur la constitution de l'aldéhyde.

L'hydrobenzamide est une substance neutre qui cristallise en octaèdres à base rhombe, fusibles à 110°, insolubles dans l'eau. Lorsqu'on la chauffe pendant quelque temps de 120° à 130°, elle éprouve une modification isomérique et se convertit en une véritable base, l'*amarine* (Laurent). Ce dernier corps se forme aussi lorsqu'on fait bouillir l'hydrobenzamide avec les alcalis. Les acides convertissent, au contraire, l'hydrobenzamide par une réaction inverse de celle qui donne naissance à ce corps, en hydrure de benzoyle et en ammoniaque.

Ces transformations de l'hydrure de benzoyle rappellent celles qu'éprouve le furfurol dans les mêmes circonstances (page 426).

L'essence d'amandes amères, qui renferme de l'acide prussique, diffère, par quelques-unes de ses propriétés, de l'hydrure de benzoyle pur. Au contact d'une solution de potasse, elle se convertit en *benzoïne* $C^{24}H^{12}O^4$, modification polymérique de l'hydrure de benzoyle. Dissoute dans l'eau, sous forme d'eau distillée d'amandes amères et additionnée d'acide chlorhydrique, elle laisse, après l'évaporation au bain-marie, du sel ammoniac et un acide particulier, l'*acide formobenzoylique*.

$$C^{14}H^6O^2 \;+\; C^2AzH \;+\; 2H^2O^2 \;=\; [C^2O^2\text{-}C^{14}H^6]''\left.\begin{matrix}H\\H\end{matrix}\right\}O^4 \;+\; AzH^3.$$

Aldéhyde benzoïque.   Acide cyanhydrique.   Acide formobenzoylique.

L'acide formobenzoylique est solide et cristallisable. Son mode de formation rappelle celui de l'acide lactique avec l'aldéhyde ordinaire (page 366). Il possède une constitution analogue à celle de ce dernier acide.

Action sur l'économie. — L'essence d'amandes amères brute est vénéneuse et doit son activité toxique, du moins en très-grande partie, à l'acide prussique qu'elle tient en dissolution. D'après Mitscherlich, l'hydrure de benzoyle pur ne possède qu'une action irritante analogue à celle d'autres huiles essentielles.

On nomme *eau distillée d'amandes amères* l'eau qu'on a séparée de l'huile volatile dans la préparation de cette dernière. Elle tient en dissolution une certaine quantité d'hydrure de benzoyle et des quantités variables d'acide prussique. On l'administre comme antispasmodique, à doses variables. On lui préfère généralement l'eau distillée de laurier-cerise, qui est plus agréable. Ces médicaments ne sont point d'un emploi sûr, car leur concentration, c'est-à-dire leur richesse en acide cyanhydrique, varie. Aussi, MM. Liebig et Wœhler ont-ils recommandé de décomposer une quantité connue d'amygdaline, à l'aide d'une émulsion d'amandes douces. Leur mixture, qui est préparée avec 1 gramme d'amygdaline, 8 grammes d'amandes douces et une quantité suffisante d'eau, renferme 5 centigrammes d'acide prussique anhydre (47 centigrammes d'acide médicinal) et 16 centigrammes d'essence d'amandes amères.

CHLORURE DE BENZOYLE.

$$C^{14}H^5O^2,Cl.$$

Ce corps a été découvert par MM. Liebig et Wœhler en 1832.

Préparation. — 1° On fait passer un courant de chlore à travers de l'hydrure de benzoyle. A la fin de l'opération, on chauffe pour favoriser la réaction ; elle est terminée lorsqu'il ne se dégage plus d'acide chlorhydrique.

2° On distille 1 partie d'acide benzoïque, préalablement fondu et pulvérisé, avec deux parties de perchlorure de phosphore, ou encore 1 partie de benzoate de soude avec 2,8 parties d'oxychlorure de phosphore. On rectifie le produit et l'on recueille ce qui passe au-dessus de 190°.

Propriétés. — Le chlorure de benzoyle est un liquide incolore, fortement réfringent, doué d'une odeur particulière, irritante ; sa densité à 0° est égale à 1,2324. Il bout à 198°,7.

L'eau le décompose immédiatement en acide chlorhydrique et en acide benzoïque :

$$C^{14}H^5O^2,Cl \;+\; \left.\begin{array}{c}H\\H\end{array}\right\}O^2 \;=\; \left.\begin{array}{c}C^{14}H^5O^2\\H\end{array}\right\}O^2 \;+\; HCl.$$

Chlorure
de benzoyle.   Acide benzoïque.

Avec l'alcool il forme du benzoate d'éthyle (éther benzoïque) et de l'acide chlorhydrique.

$$C^{14}H^5O^2,Cl \;+\; \left.\begin{array}{c}C^4H^5\\H\end{array}\right\}O^2 \;=\; \left.\begin{array}{c}C^{14}H^5O^2\\C^4H^5\end{array}\right\}O^2 \;+\; HCl.$$

Chlorure Alcool. Benzoate d'éthyle.
de benzoyle.

Sous l'influence de l'ammoniaque, il se convertit en benzamide.

$$C^{14}H^5O^2,Cl \;+\; \left.\begin{array}{c}H\\H\\H\end{array}\right\}Az \;=\; \left.\begin{array}{c}C^{14}H^5O^2\\H\\H\end{array}\right\}A \;+\; HCl.$$

Chlorure de benzoyle.   Benzamide.

Lorsqu'on chauffe le chlorure de benzoyle pendant plusieurs jours à 200° avec un excès de perchlorure de phosphore, on parvient à lui enlever de l'oxygène et à remplacer ce dernier par une quantité équivalente de chlore. On obtient alors le composé $C^{14}H^5Cl^3$, qui est le chloroforme benzylique (toluène trichloré?)

$(C^2H)'''Cl^3$ $(C^{14}H^5)'''Cl^3$
Chloroforme.   Chloroforme
benzylique.

$$C^{14}H^5O^2,Cl \;+\; PhCl^5 \;=\; C^{14}H^5Cl^3 \;+\; PhO^2Cl^3.$$

Chlorure   Oxychlorure
de benzoyle.   de phosphore.

Le chlorure de benzoyle peut échanger son chlore, par double décomposition, contre d'autres éléments. Lorsqu'on le distille sur de l'iodure de potassium, on obtient de l'*iodure de benzoyle* $C^{14}H^5O^2,I$, sous forme d'une masse cristalline lamelleuse (Liebig et Wœhler).

Distillé avec du cyanure de mercure, il donne le cyanure de benzoyle $C^{14}H^5O^2,Cy$, qui constitue de grands cristaux tabulaires fusibles à 31°. Enfin, lorsqu'on le distille avec du sulfure de plomb, le chlorure de benzoyle donne du sulfure de benzoyle qui correspond à l'acide benzoïque anhydre (oxyde de benzoyle).

$$2(C^{14}H^5O^2,Cl) \; + \; Pb^2S^2 \; = \; 2PbCl \; + \; \left. \begin{matrix} C^{14}H^5O^2 \\ C^{14}H^5O^2 \end{matrix} \right\} S^2.$$

Chlorure de benzoyle.   Sulfure de benzoyle.

Ces réactions si nettes, qui ont été découvertes par MM. Liebig et Wœhler, offrent une haute importance au point de vue du développement des doctrines chimiques, et principalement de la théorie des radicaux. Elles ont d'abord mis en lumière ce fait important, qu'il existe, en chimie organique, des groupes d'éléments intimement unis et qui sont capables de passer intacts d'une combinaison dans une autre, de se prêter aux doubles décompositions, à la façon des éléments simples de la chimie minérale. C'est ce qu'on nomme des *radicaux composés* (page 47).

BENZOPHÉNONE.

$$C^{26}H^{10}O^2 \; = \; \left. \begin{matrix} (C^{14}H^5O^2)' \\ (C^{12}H^5) \end{matrix} \right\}$$

Ce corps, qui a été découvert en 1834 par M. Peligot, constitue l'acétone benzoïque. Si l'acétone est le méthylure d'acétyle (page 249), la benzophénone est le phénylure de benzoyle. Pour la préparer, on soumet le benzoate de chaux à la distillation sèche, après l'avoir mélangé avec $\frac{1}{10}$ de son poids de chaux vive. En rectifiant le produit distillé, on recueille d'abord de la benzine, et finalement de la benzophénone, qui passe entre 315 et 325°. Ce corps cristallise en prismes rhomboïdaux incolores. Il fond à 46° et bout à 315°. Il possède une odeur agréable. Insoluble dans l'eau, il se dissout dans l'alcool et très-facilement dans l'éther. Les acides sulfurique et azotique le dissolvent sans l'altérer. L'acide azotique fumant le convertit en dinitro-benzophénone $C^{26}H^8(AzO^4)^2O^2$. Distillé avec de la chaux sodée à 260°, il se dédouble en benzine et en acide benzoïque.

$$C^{26}H^{10}O^2 \; + \; H^2O^2 \; = \; C^{14}H^6O^4 \; + \; C^{12}H^6.$$

Benzophénone.   Acide benzoïque.   Benzine.

ACIDE BENZOÏQUE.

$$C^{14}H^6O^4.$$

Ce corps important a été découvert par Blaise de Vigenère, dans le benjoin, au commencement du xviie siècle. On le rencontre, en outre, dans le sangdragon, dans le baume de Tolu, dans le bois de gayac, dans le castoréum, dans l'urine putréfiée des hommes et des animaux et dans l'urine fraîche des ruminants. Il se forme par l'oxydation de l'aldéhyde benzoïque (page 562), de l'alcool benzylique, du cumène, de l'aldéhyde cinnamique et de l'acide cinnamique; par la distillation de l'acide quinique (page 428), par le dédoublement de l'acide hippurique sous l'influence des acides et des alcalis, par le dédoublement de l'acide phtalique (Depouilly).

Préparation. — 1° On introduit du benjoin réduit en poudre grossière dans une terrine plate (fig. 50) ou dans un vase en tôle. On tend sur ce vase une feuille de papier à filtrer qu'on colle sur les bords. Ce diaphragme sert de base à un cône en carton, dont l'ouverture est fixée aux bords de la terrine. On place celle-ci sur une plaque de tôle recouverte d'un peu de sable et on l'expose, pendant trois à quatre heures, à un feu de charbon modéré. Au bout de ce temps, on laisse refroidir et on trouve soit sur le diaphragme, soit sur la paroi du cône, l'acide benzoïque sous forme de flocons cristallins, légers et brillants. C'est ce qu'on nommait autrefois les *fleurs de benjoin*. On comprend l'utilité du diaphragme de papier: il sert en quelque sorte à filtrer les vapeurs d'acide benzoïque et à les débarrasser des impuretés qu'elles pourraient entraîner.

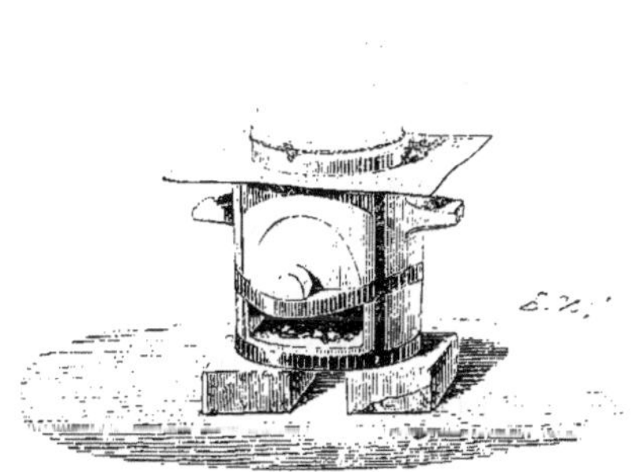

Fig. 50.

2° On fait digérer 8 parties de benjoin en poudre avec 2 parties d'hydrate de chaux et 16 parties d'eau. Au bout de vingt-quatre heures, on ajoute 100 parties d'eau; on fait bouillir pendant une demi-heure; on filtre; on épuise le résidu par une nouvelle quantité d'eau bouillante; on évapore la liqueur de manière à la réduire à 32 parties; on ajoute un léger excès d'acide chlorhydrique et on laisse refroidir. L'acide benzoïque se sépare en cristaux. On le purifie par une nouvelle cristallisation dans l'eau.

3° On prépare de grandes quantités d'acide benzoïque en faisant bouillir l'urine concentrée des chevaux ou des vaches avec de l'acide chlorhydrique. L'acide benzoïque cristallise par le refroidissement. On le purifie par sublimation.

Propriétés. — L'acide benzoïque se sublime en aiguilles ou en lames minces et brillantes. Par l'évaporation spontanée de sa solution alcoolique ou éthérée, il se dépose en cristaux plus volumineux. Sa saveur est faiblement acide. Il fond à 121° et se sublime à une température plus élevée. Il bout à 250°. Ses vapeurs excitent la toux.

L'acide benzoïque se dissout dans 607 parties d'eau à 0° et dans environ 12 parties d'eau bouillante. Lorsqu'on le fait bouillir avec une quantité d'eau insuffisante pour le dissoudre, il fond; il se volatilise avec les vapeurs aqueuses. Il se dissout aisément dans l'alcool et dans l'éther.

Lorsqu'on dirige les vapeurs d'acide benzoïque à travers un tube rempli de pierre ponce et chauffé au rouge, il se dédouble en acide carbonique et en benzine. Lorsque la température est trop élevée. il se forme en même temps une certaine quantité de naphtaline. Distillé avec un excès de chaux, l'acide benzoïque donne les mêmes produits, accompagnés d'une certaine quantité de benzophénone.

L'acide benzoïque s'unit à l'acide sulfurique et à l'acide sulfurique anhydre pour former de l'acide sulfobenzoïque analogue à l'acide sulfacétique (page 274) [Mitscherlich].

$$\left.\begin{matrix} C^{14}H^5O^2 \\ H \end{matrix}\right\}O^2 \ + \ \left.\begin{matrix} [S^2O^4]'' \\ H^2 \end{matrix}\right\}O^4 \ = \ \left.\begin{matrix} [S^2O^4]'' \\ [C^{14}H^4O^2,H]' \\ H \end{matrix}\right\}O^4 \ + \ H^2O^2.$$

Acide benzoïque.   Acide sulfurique.   Acide sulfobenzoïque.

L'acide azotique étendu est sans action sur l'acide benzoïque. L'acide monohydraté le convertit en acide nitrobenzoïque.

Un mélange d'acide azotique et d'acide sulfurique le transforme de même en acide nitrobenzoïque, et finalement, par une ébullition de plusieurs heures, en acide dinitrobenzoïque.

Le chlore et le brome l'attaquent lentement et le convertissent en produits de substitution.

Une solution aqueuse chaude d'acide benzoïque est réduite par l'amalgame de sodium avec formation d'aldéhyde benzoïque et d'autres produits (Kolbe).

L'acide benzoïque a été employé en médecine. Il traverse l'économie sans être brûlé. Lorsqu'on l'ingère à l'état pur, on le rend par les urines à l'état d'acide hippurique (Ure).

C'est un acide monobasique qui forme des sels bien définis. La plupart des benzoates sont solubles dans l'eau et dans l'alcool.

Le benzoate d'ammoniaque neutre se dépose par le refroidissement d'une solution, faite à chaud, d'acide benzoïque dans un excès d'ammoniaque. Lorsqu'on évapore cette solution, elle perd de l'ammoniaque et laisse déposer des cristaux d'un sel acide, combinaison d'acide benzoïque avec du benzoate d'ammoniaque. Soumis à la distillation sèche, le benzoate d'ammoniaque donne du benzonitrile et de l'eau (page 542). Ce sel est employé en médecine, ainsi que le benzoate de soude, qu'on prépare de la même manière.

Le benzoate de baryte $C^{14}H^5BaO^4 + H^2O^2$, constitue des lamelles nacrées très-solubles dans l'eau. Soumis à la distillation sèche, il donne du carbonate, de la benzine, de la benzophénone et d'autres produits.

ACIDE BENZOÏQUE ANHYDRE.

$$C^{28}H^{10}O^6 = \genfrac{}{}{0pt}{}{(C^{14}H^5O^2)'}{(C^{14}H^5O^2)'} O^2.$$

Gerhardt a obtenu ce corps en chauffant à 130° du benzoate de soude anhydre (1 molécule) avec du chlorure de benzoyle (1 molécule). On épuise le résidu par l'eau froide et on le fait cristalliser dans l'alcool, ou bien on le purifie par distillation.

$$\genfrac{}{}{0pt}{}{C^{14}H^5O^2}{Na} O^2 \;+\; C^{14}H^5O^2,Cl \;=\; \genfrac{}{}{0pt}{}{C^{14}H^5O^2}{C^{14}H^5O^2} O^2 \;+\; NaCl.$$

Benzoate sodique. — Chlorure de benzoyle. — Anhydride benzoïque.

L'anhydride benzoïque constitue des prismes obliques, insolubles dans l'eau, solubles dans l'alcool et dans l'éther. Il fond à 24° et bout vers 310°. Soumis à l'action du gaz chlorhydrique sec, il se dédouble en acide benzoïque et en chlorure de benzoyle.

$$\genfrac{}{}{0pt}{}{C^{14}H^5O^2}{C^{14}H^5O^2} O^2 \;+\; HCl \;=\; \genfrac{}{}{0pt}{}{C^{14}H^5O^2}{H} O^2 \;+\; C^{14}H^5O^2,Cl.$$

Anhydride benzoïque. — Acide benzoïque. — Chlorure de benzoyle.

PEROXYDE DE BENZOYLE

$$\genfrac{}{}{0pt}{}{C^{14}H^5O^2}{C^{14}H^5O^2} O^4.$$

Ce corps, qui a été découvert par M. Brodie, est l'analogue du peroxyde d'acétyle (page 271). Il prend naissance par l'action du chlorure de benzoyle sur le peroxyde de barium délayé dans l'eau (voir page 271). Il se dépose du sein de l'éther en gros cristaux brillants. Chauffé au-dessus de 100°, il se décompose avec une faible explosion.

PRINCIPAUX DÉRIVÉS DE L'ACIDE BENZOÏQUE.

Acide chlorobenzoïque. — $C^{14}H^5ClO^4$. Ce corps prend naissance dans diverses réactions ; mais ses propriétés présentent des différences suivant le mode de préparation.

En traitant l'acide benzoïque par un mélange d'acide chlorhydrique et de chlorate de potasse, M. Otto a obtenu un acide chlorobenzoïque cristallisable en petites aiguilles incolores solubles dans 855 parties d'eau à 0°. Le même chimiste a préparé l'acide chlorobenzoïque (fusible de 127°-128°) en faisant bouillir l'acide chlorohippurique avec de l'acide chlorhydrique.

$$C^{18}H^8ClAzO^6 \ + \ H^2O^2 \ = \ C^4H^5AzO^4 \ + \ C^{14}H^5ClO^4.$$
Acide   Glycocolle.   Acide
Chlorohippurique.   chlorobenzoïque.

Enfin, en soumettant l'acide sulfobenzoïque sec (page 568) à la distillation avec du perchlorure de phosphore, MM. Limpricht et Uslar ont obtenu un acide chlorobenzoïque cristallisable en petites aiguilles incolores ou jaunâtres, fusibles à 140°, solubles dans 2840 parties d'eau à 0°.

Fondu avec la potasse caustique, l'acide chlorobenzoïque se convertit en acide salicylique, réaction qui rappelle la transformation de l'acide monochloracétique en acide glycolique (page 272).

$$C^{14}H^5ClO^4 \ + \ KHO^2 \ = \ C^{14}H^5(HO^2)O^4 \ + \ KCl.$$
Acide   Acide salicylique.
monochlorobenzoïque.

Inversement, on peut convertir l'acide salicylique en acide chlorobenzoïque en le distillant avec du perchlorure de phosphore. Il se forme du chlorure de chlorobenzoyle $C^{14}H^4ClO^2,Cl$, que l'eau convertit en acide chlorhydrique et en acide chlorobenzoïque.

Acide nitrobenzoïque $C^{14}H^5(AzO^4)O^4$. — M. Plantamour a obtenu ce corps en 1839 en faisant bouillir l'acide cinnamique avec l'acide azotique. M. Mulder en a reconnu la nature. Pour le préparer, on introduit peu à peu de l'acide benzoïque, préalablement fondu et pulvérisé, dans un mélange de deux parties d'acide sulfurique concentré et d'une partie d'acide azotique ; on chauffe doucement pendant une demi-heure et on ajoute de l'eau à la liqueur ; l'acide nitrobenzoïque s'en précipite à l'état de pureté.

Après avoir été sublimé, il constitue des aiguilles blanches
fines, qui commencent à se volatiliser à 110° et qui fondent à 127°.
Chauffé dans l'eau, l'acide nitrobenzoïque fond déjà au-dessous de
100°. Il se dissout dans 400 parties d'eau à 10° et dans 10 parties
d'eau bouillante.

Par une ébullition prolongée avec l'acide azotique concentré, il
se convertit en acide *dinitro-benzoïque* $C^{14}H^4(AzO^4)^2O^4$.

Le sulfhydrate d'ammoniaque le convertit en acide benzamique.
Ingéré dans l'estomac, il est absorbé et se convertit en acide nitrohippurique, qui passe dans les urines.

Acide benzamique ou **amidobenzoïque.** — $C^{14}H^5(AzH^2)O^4$. M. Zinin
a obtenu ce corps en réduisant l'acide nitrobenzoïque par le sulfhydrate d'ammoniaque.

$$C^{14}H^5(AzO^4)O^4 + 3H^2S^2 = 2H^2O^2 + C^{14}H^5(AzH^2)O^4 + 3S^2.$$
Acide nitrobenzoïque.   Acide benzamique.

On peut l'obtenir en réduisant l'acide nitrobenzoïque par le zinc
et l'acide acétique (H. Schiff).

Il forme des aiguilles transparentes ou des mamelons peu solubles dans l'eau froide, solubles dans l'eau bouillante, l'alcool et
l'éther. L'acide azoteux le convertit en acide oxybenzoïque
$C^{14}H^6O^6$, isomérique avec l'acide salicylique. Cette réaction rappelle la transformation du glycocolle en acide glycolique sous l'influence de l'acide azoteux. L'acide benzamique est, en effet, l'analogue du glycocolle (acide acétamique).

$$\left.\begin{array}{l}(C^4H^2O^4,H)' \\ H \\ H\end{array}\right\}Az \qquad\qquad \left.\begin{array}{l}(C^{14}H^4O^4,H)' \\ H \\ H\end{array}\right\}Az.$$
Glycocolle.   Acide benzamique.

Il représente de l'ammoniaque, dans laquelle 1 atome d'hydrogène a été remplacé par le radical oxybenzoyle $C^{14}H^5O^4$; dans ce
radical, 1 atome d'hydrogène est remplaçable par un métal. C'est ce
que représente la formule $C^{14}H^4O^4,H = C^{14}H^5O^4$. L'acide benzamique
est, en effet, un acide monobasique. Les benzamates renferment :

$$C^{14}H^4R(AzH^2)O^4.$$

ACIDE HIPPURIQUE.

$$C^{18}H^9AzO^6.$$

Cet acide avait été signalé dans l'urine de cheval par Rouelle, en
1773, et par Fourcroy et Vauquelin, en 1799; mais il a été confondu avec l'acide benzoïque jusqu'à ce que M. Liebig en reconnût

la véritable nature en 1830. M. Dessaignes l'a formé par synthèse, en traitant le glycocolle zincique par le chlorure de benzoyle.

$$\left.\begin{array}{l}[C^4H^2O^4,Zn]' \\ H \\ H\end{array}\right\}Az \; + \; C^{14}H^5O^2,Cl \; = \; \left.\begin{array}{l}[C^4H^2O^4.C^{14}H^5O^2]' \\ H \\ H\end{array}\right\}Az\ ^1 \; + \; ZnCl.$$

Glycocolle zincique.　　　Chlorure de benzoyle.　　　Acide hippurique.

On rencontre l'acide hippurique tout formé dans l'urine des herbivores, dans l'urine humaine, dans les excréments des papillons, dans le guano. MM. Verdeil et Dollfus en ont retiré une petite quantité du sang de bœuf.

Préparation. — On retire l'acide hippurique de l'urine de cheval ou de vache. On mêle cette urine avec 2 à 3 fois son volume d'acide chlorhydrique concentré; on recueille au bout de 12 heures le dépôt qui s'est formé. On le dissout dans la soude; on décolore la solution par le chlorure de chaux; on la précipite de nouveau par l'acide chlorhydrique et on purifie l'acide hippurique par cristallisation dans l'eau bouillante, avec addition de charbon animal.

Propriétés. — Cet acide cristallise en longs prismes incolores, d'une densité de 1,308. Il exige, pour se dissoudre, 600 parties d'eau froide. Il est très-soluble dans l'eau chaude et dans l'alcool: il se dissout moins facilement dans l'éther. Il fond à une douce chaleur et se prend, par le refroidissement, en une masse cristalline. A 240°, il se décompose; il passe de l'acide prussique, du benzonitrile (page 542) et de l'acide benzoïque, qui se condense en cristaux colorés.

Sous l'influence des acides et des alcalis, l'acide hippurique se dédouble en acide benzoïque et en glycocolle (Dessaignes) [page 364].

L'acide azoteux convertit l'acide hippurique en acide benzoglycolique, analogue à l'acide benzolactique (page 368).

$$\left.\begin{array}{l}[C^4H^2O^4\text{-}C^{14}H^5O^2]' \\ H \\ H\end{array}\right\}Az \; + \; AzHO^4 \; = \; \left.\begin{array}{l}(C^{14}H^5O^2)' \\ (C^4H^2O^2,)'' \\ H\end{array}\right\}O^4 \; + \; Az^2 \; + \; H^2O^2.$$

Acide hippurique.　　　Acide　　　Acide
　　　　　　　　　　azoteux.　benzoglycolique.

Lorsqu'on fait bouillir l'acide hippurique avec de l'eau et du peroxyde de plomb, il se convertit en benzamide.

$$\left.\begin{array}{l}[C^4H^2O^4\text{-}C^{14}H^5O^2]' \\ H \\ H\end{array}\right\}Az \; + \; 3O^2 \; = \; 2C^2O^4 \; + \; H^2O^2 \; + \; \left.\begin{array}{l}(C^{14}H^5O^2)' \\ H \\ H\end{array}\right\}Az.$$

Acide hippurique.　　　　　　　　　　　　　　　　Benzamide.

1. Cette formule ne diffère point essentiellement de celle que nous avons donnée page 561. On voit, en effet, que les deux formules renferment les mêmes groupes seulement ceux-ci sont disposés d'une manière différente.

On voit que, dans cette réaction, le groupe oxyglycolyle

$$C^4H^2O^4 = C^4H^2O^2,O^2$$

seul est atteint par l'oxygène et converti en acide carbonique et en eau.

Lorsqu'on chauffe l'acide hippurique avec un mélange de peroxyde de manganèse et d'acide sulfurique, il se forme de l'acide carbonique, de l'acide benzoïque et de l'ammoniaque (Pelouze).

Un mélange d'acide sulfurique et d'acide azotique convertit l'acide hippurique en acide nitrohippurique $C^{18}H^8(AzO^4)AzO^6$, qui se présente sous forme d'aiguilles soyeuses incolores (Bertagnini).

Lorsqu'on dissout l'acide hippurique dans l'acide chlorhydrique et qu'on ajoute à la solution du chlorate de potasse par petites portions, on obtient des dérivés chlorés de l'acide hippurique, l'acide monochlorohippurique $C^{18}H^8ClAzO^6$ et l'acide dichlorohippurique $C^{18}H^7Cl^2AzO^6$ (Otto).

L'acide hippurique peut échanger un équivalent d'hydrogène contre un équivalent de métal. Les hippurates sont généralement cristallisables, solubles dans l'eau. L'éther hippurique $C^{18}H^8(C^4H^5)AzO^6$ est solide et cristallise en aiguilles soyeuses, fusibles à 44°.

Nous avons déjà fait remarquer que l'acide benzoïque ingéré se convertit dans l'économie en acide hippurique; dans les mêmes circonstances, les homologues supérieurs de l'acide benzoïque se convertissent en homologues supérieurs de l'acide hippurique, en fixant, dans leur trajet à travers l'organisme, les éléments du glycocolle. Ainsi

l'acide benzoïque $C^{14}H^6O^4$ se convertit en $C^{18}H^9AzO^6$ acide hippurique.
l'acide toluique.. $C^{16}H^8O^4$ — $C^{20}H^{11}AzO^6$ acide tolurique.
l'acide cuminique $C^{20}H^{12}O^4$ — $C^{24}H^{15}AzO^6$ acide cuminurique.

Ces réactions offrent une haute importance au point de vue physiologique. Nous y reviendrons.

GROUPE SALICYLIQUE.

Parmi les composés qui font partie de ce groupe, les plus importants sont l'hydrure de salicyle et l'acide salicylique.

L'acide salicylique est à l'acide benzoïque ce que l'acide glycolique est à l'acide acétique

$$\left.\begin{array}{l}(C^4H^3O^2)' \\ H\end{array}\right\}O^2 \qquad\qquad \left.\begin{array}{l}H \\ (C^4H^2O^2)'' \\ H\end{array}\right\}O^4.$$

Acide acétique.   Acide glycolique.

$$\left.\begin{array}{l}(C^{14}H^5O^2)' \\ H\end{array}\right\}O^2 \qquad\qquad \left.\begin{array}{l}H \\ (C^{14}H^4O^2)'' \\ H\end{array}\right\}O^4.$$

Acide benzoïque.   Acide salicylique.

De même que les acides glycolique et lactique, l'acide salicylique est un acide monobasique et diatomique; il est à la fois acide et alcool; l'hydrogène placé dans la formule au-dessus du radical est l'hydrogène alcoolique (page 362).

On sait que l'acide glycolique résulte de l'action des alcalis sur l'acide monochloracétique (page 272); de même l'acide salicylique se forme par l'action de la potasse sur l'acide monochlorobenzoïque (page 570),

Nous avons fait remarquer, d'un autre côté, que l'acide glycolique dérive par oxydation du glycol; l'acide salicylique résulte de l'oxydation (par l'hydrate de potasse) du glycol salicylique, qui est la saligénine.

$$\left.\begin{matrix}(C^4H^4)'' \\ H^2\end{matrix}\right\}O^4 \qquad \left.\begin{matrix}(C^{14}H^6)'' \\ H^2\end{matrix}\right\}O^4.$$
Glycol.   Saligénine.

$$\left.\begin{matrix}H \\ (C^4H^2O^2)'' \\ H\end{matrix}\right\}O^4 \qquad \left.\begin{matrix}H \\ (C^{14}H^4O^2)'' \\ H\end{matrix}\right\}O^4.$$
Acide glycolique.   Acide salicylique.

Les composés appartenant au groupe salicylique offrent les relations les plus étroites avec les composés benzoïques et phéniques. On sait d'ailleurs que les composés benzoïques peuvent être envisagés comme renfermant le radical carbo-phényle ou benzoyle (C^2O^2-$C^{12}H^5$) [page 560].

Dans beaucoup de réactions, les composés salicyliques se comportent comme des composés carboxyphényliques, c'est-à-dire comme renfermant un radical [C^2O^2-$C^{12}H^4(HO^2)$]. Ce radical représente du carbophényle (benzoyle), dans lequel 1 atome d'hydrogène est remplacé par le groupe HO^2. L'hydrogène de ce groupe est de l'hydrogène alcoolique (page 362). L'hydrure de salicyle, ou essence de reine des prés, se comporte comme l'hydrure de ce radical carboxyphényle (salicyle).

$$C^{14}H^6O^4 \quad = \quad \left.\begin{matrix}[C^2O^2\text{-}C^{12}H^4(HO^2)]' \\ H\end{matrix}\right\}$$
Essence   Hydrure
de reine des prés.   de salicyle.

SALIGÉNINE.

$$C^{14}H^8O^4 = \left.\begin{matrix}(C^{14}H^6)'' \\ H^2\end{matrix}\right\}O^4.$$

Ce corps a été découvert par M. Piria en 1845. C'est un produit du dédoublement de la salicine sous l'influence des ferments et des acides (page 517). Il prend aussi naissance par la fixation de l'hydrogène sur l'hydrure de salicyle (page 576) [Reinecke et Beilstein].

Pour le préparer, on verse 200 parties d'eau sur 50 parties de salicine, on ajoute 3 parties d'émulsine, et on abandonne le tout à une température de 40°. On filtre au bout de 12 heures pour séparer les cristaux de saligénine qui se sont formés, on agite la liqueur filtrée avec de l'éther qui extrait encore une certaine quantité de saligénine. On purifie celle-ci en la dissolvant dans la benzine et en faisant cristalliser.

La saligénine se présente en tables douées d'un éclat nacré ou en petites aiguilles brillantes, agglomérées en masses cristallines et opaques. Elle se dissout dans 15 parties d'eau à 22°. Elle est très-soluble dans l'eau chaude, l'alcool et l'éther. Elle fond à 82° et se prend par le refroidissement en une masse cristalline. Elle se sublime à 100°. Dans le vide elle se volatilise déjà à la température ordinaire.

Sous l'influence des acides étendus et dans un grand nombre d'autres réactions, la saligénine perd de l'eau et se convertit en un corps résineux qu'on a désigné sous le nom de *salirétine*. La composition de ce corps est représentée par la formule $C^{14}H^6O^2$ ou par un multiple de cette formule.

$$\underset{\text{Saligénine.}}{C^{14}H^8O^4} = \underset{\text{Salirétine.}}{C^{14}H^6O^2} + H^2O^2.$$

C'est peut-être l'anhydride du glycol condensé $2.\left.\begin{matrix}C^{14}H^6)'' \\ H^2\end{matrix}\right\}O^6$.

$$\underset{\text{Salirétine.}}{\left.\begin{matrix}(C^{14}H^6)'' \\ (C^{14}H^6)''\end{matrix}\right\}O^4} = \left.\begin{matrix}(C^{14}H^6)'' \\ (C^{14}H^6)'' \\ H^2\end{matrix}\right\}O^6 - H^2O^2.$$

HYDRURE DE SALICYLE.

$C^{14}H^6O^4.$

Ce corps, qui est isomérique avec l'acide benzoïque, a été découvert en 1834 par Pagenstecher dans l'huile essentielle de reine des prés (*Spiræa ulmaria*). M. Piria l'a obtenu en oxydant la salicine par le bichromate de potasse et l'acide sulfurique (page 518). M. Dumas et M. Ettling ont démontré l'identité du produit ainsi formé avec celui qui existe dans l'essence de reine des prés.

L'hydrure de salicyle résulte aussi de l'oxydation de la populine et se rencontre parmi les produits de la distillation sèche de l'acide quinique.

Préparation. — Pour le préparer, on introduit dans une cornue

3 parties de salicine, 3 parties de bichromate de potasse, 24 parties d'eau ; on agite vivement ; on ajoute 4 1/2 parties d'acide sulfurique étendu de 12 parties d'eau, puis on distille jusqu'à ce qu'on ait recueilli 20 parties de liquide. On ajoute ensuite au résidu 20 parties d'eau et on continue la distillation. On sépare le produit oléagineux de l'eau condensée en même temps, on le déshydrate et on le distille.

Propriétés. — L'hydrure de salicyle est un liquide incolore, fortement réfringent, qui se concrète à — 20° en cristaux volumineux. Il bout à 196°,5. Sa densité à 13°,5 est égale à 1,173. Son odeur est agréable, sa saveur brûlante. Il est assez soluble dans l'eau et se dissout en toutes proportions dans l'alcool et dans l'éther. Il possède une réaction acide. Il colore le perchlorure de fer en violet, et donne avec la potasse une coloration jaune.

Les réactifs oxydants le convertissent en acide salicylique :

$$C^{14}H^6O^4 \;+\; O^2 \;=\; C^{14}H^6O^6.$$
$$\text{Hydrure} \qquad\qquad\qquad \text{Acide}$$
$$\text{de salicyle.} \qquad\qquad \text{salicylique.}$$

Par l'action de la potasse fondante, il se transforme de même en acide salicylique, avec dégagement d'hydrogène :

$$C^{14}H^6O^4 \;+\; KHO^2 \;=\; C^{14}H^5KO^6 \;+\; H^2.$$
$$\text{Hydrure} \qquad\qquad\qquad \text{Salicylate}$$
$$\text{de salicyle.} \qquad\qquad \text{potassique.}$$

Soumis à l'action de l'amalgame de sodium et de l'eau, il fixe de l'hydrogène et se convertit en saligénine (Reinecke et Beilstein.)

$$C^{14}H^6O^4 \;+\; H^2 \;=\; C^{14}H^8O^4.$$
$$\text{Hydrure} \qquad\qquad \text{Saligénine.}$$
$$\text{de salicyle.}$$

Il s'unit aux bisulfites pour former des combinaisons cristallisables (Bertagnini).

Sous l'influence de l'ammoniaque, il se convertit en *salhydramide* $C^{42}H^{18}Az^2O^6$.

Toutes ces réactions montrent que l'hydrure de salicyle appartient à la classe des aldéhydes. Il représente de l'acide salicylique moins O^2, ou de la saligénine moins H^2.

$$C^{14}H^8O^4 \qquad\qquad C^{14}H^6O^4 \qquad\qquad C^{14}H^6O^6.$$
$$\text{Saligénine.} \qquad \text{Hydrure de salicyle.} \qquad \text{Acide salicylique.}$$

Nous avons fait remarquer qu'on peut l'envisager comme un composé de la forme $C^{14}H^5(HO^2)O^2$, dérivant de $C^{14}H^6O^2$ (hydrure de benzoyle) par la substitution de HO^2 à H. L'hydrogène du groupe HO^2 peut être remplacé par des métaux. De fait, l'hydrure de salicyle joue le rôle d'un acide faible : il existe des salicylites $C^{14}H^5(RO^2)O^2$. Ainsi on obtient un *salicylite de cuivre* $C^{14}H^5CuO^4$, en ajoutant une solution d'acétate de cuivre à une solution d'acide salicyleux (hydrure de salicyle) dans 50 à 60 parties d'alcool. Ce sont de gros cristaux verts, brillants.

ACIDE SALICYLIQUE.

$$C^{14}H^6O^6.$$

M. Piria a obtenu ce corps important en 1839, en fondant l'hydrure de salicyle avec de la potasse caustique. L'acide salicylique existe tout formé, avec l'hydrure de salicyle, dans les fleurs de reine des prés. L'huile essentielle de *Gaultheria procumbens* est de l'acide méthylsalicylique :

$$(C^{14}H^4O^2)''\left\{{}^{H}_{H}\right\}O^4 \qquad\qquad (C^{14}H^4O^2)''\left\{{}^{(C^2H^3)'}_{H}\right\}O^4.$$

Acide salicylique.   Acide méthylsalicylique.

L'acide salicylique se forme aussi lorsqu'on chauffe le salicylite ou le benzoate de cuivre à 220°. Enfin il prend naissance par l'action de la potasse fondante sur la salicine, l'indigo, la coumarine; par l'action de l'acide azoteux sur l'acide anthranilique. MM. Kolbe et Lautemann l'ont formé par synthèse, en dirigeant un courant d'acide carbonique à travers de l'hydrate de phényle, dans lequel ils faisaient dissoudre en même temps du sodium. Il s'est formé du salicylate sodique.

$$C^{12}H^5\!\left\{{}^{}_{H}\right\}O^2 \;+\; C^2O^2,O^2 \;=\; [C^2O^2\text{-}C^{12}H^4(HO^2)]'\!\left\{{}^{}_{H}\right\}O^2 \text{ [1]}.$$

Hydrate   Acide   Acide salicylique.
de phényle.   carbonique.

Cette réaction est particulièrement intéressante au point de vue des relations qui existent entre l'acide salicylique et les composés phényliques.

Préparation. — 1° On fait bouillir l'huile de Gaultheria avec de la potasse caustique aussi longtemps qu'il se dégage de l'esprit de bois. On décompose le salicylate de potasse par un excès d'acide chlorhydrique; on lave avec de l'eau froide l'acide salicylique séparé et on le purifie par cristallisation dans l'eau bouillante.

2° On introduit de la salicine par petites portions dans de la

---

1. Cette formule n'est qu'une variante de celle que nous avons donnée plus haut. On peut l'écrire

$$(C^2O^2\text{-}C^{12}H^4)''\left\{{}^{H}_{H}\right\}O^4.$$

potasse fondante et on chauffe jusqu'à ce qu'il ne se dégage plus
d'hydrogène. On dissout la masse dans l'eau et on précipite l'acide
salicylique par l'acide chlorhydrique. Ce procédé est moins avantageux que le précédent.

Propriétés. — Par l'évaporation spontanée de sa solution alcoolique, l'acide salicylique cristallise en gros prismes quadrilatères.
Il se dépose en longues aiguilles de sa solution aqueuse. Il fond à
159° et se solidifie à 157°.

Lorsqu'on le chauffe avec précaution, on peut le sublimer, mais
lorsqu'on le distille rapidement, après l'avoir mêlé à de la poudre
de pierre ponce, il se dédouble en acide carbonique et en alcool
phénylique.

$$C^{14}H^6O^6 = C^{12}H^6O^2 + C^2O^4.$$

Acide salicylique.   Alcool
phénylique.

Cette réaction, qui montre que l'alcool phénylique est en
quelque sorte un produit pyrogéné de l'acide salicylique, est évidemment l'inverse de la réaction synthétique qui a été découverte
par MM. Kolbe et Lautemann. Elle dévoile, par voie analytique, les
relations qui existent entre l'acide salicylique et l'alcool phénylique. Cet exemple, choisi entre beaucoup d'autres, montre que
l'analyse est une méthode aussi précieuse que la synthèse pour
dévoiler la constitution des corps organiques.

L'acide salicylique est très-soluble dans l'alcool et dans l'éther.
L'eau le dissout à peine à froid, assez abondamment à l'ébullition.
Sa solution aqueuse colore les sels ferriques en violet foncé. Sous
l'influence de l'amalgame de sodium et de l'eau, il est réduit et se
convertit en hydrure de salicyle et en d'autres produits.

Le chlore et le brome le convertissent en produits de substitution (Cahours). On connaît

l'acide monochlorosalicylique......... $C^{14}H^5ClO^6$,
l'acide dichlorosalicylique............ $C^{14}H^4Cl^2O^6$,
l'acide monobromosalicylique........ $C^{14}H^5BrO^6$,
l'acide dibromosalicylique............ $C^{14}H^4Br^2O^6$,
l'acide tribromosalicylique........... $C^{14}H^3Br^3O^6$.

En faisant réagir l'iode sur le salicylate de baryte, MM. Kolbe
et Lautemann ont obtenu des acides iodo-salicyliques analogues
aux acides bromosalicyliques. Sous l'influence des carbonates
alcalins, l'acide monoiodosalicylique donne de l'acide protocatéchique ou un isomère de cet acide (page 526), et dans les
mêmes circonstances, l'acide diiodosalicylique donne de l'acide
gallique. Ces réactions importantes, qui ont été découvertes par

M. Lautemann, rappellent la transformation de l'acide acétique
en acide glycolique (page 272), de l'acide succinique en acide
malique et en acide tartrique (page 401).

$$C^{14}H^5IO^6 \quad + \quad KHO^2 \quad = \quad KI \quad + \quad C^{14}H^5(HO^2)O^6.$$

Acide   Acide
iodosalicylique.   oxysalicylique.

$$C^{14}H^4I^2O^6 \quad + \quad 2KHO^2 \quad = \quad 2KI \quad + \quad C^{14}H^4(HO^2)^2O^6.$$

Acide   Acide dioxysalicylique
diiodosalicylique.   (gallique).

Lorsqu'on distille l'acide salicylique avec du perchlorure de
phosphore, il passe de l'oxychlorure de phosphore et du dichlorure de salicyle, qui est identique avec le chlorure de benzoyle
chloré.

$$(C^{14}H^4O^2)''Cl^2 \quad = \quad C^{14}H^4ClO^2,Cl.$$

Dichlorure   Chlorure
de salicyle.   de chlorobenzoyle.

$$C^{14}H^4(HO^2)O^2{}_H\}O^2 + 2PhCl^5 = 2PhO^2Cl^3 + C^{14}H^4ClO^2,Cl + 2HCl.$$

Acide salicylique.   Oxychlorure   Chlorure
de phosphore.   de chlorobenzoyle.

Ce dichlorure de salicyle, ou chlorure de chlorobenzoyle, qui
répond au chlorure de lactyle (page 371), n'a pas encore été obtenu à l'état de pureté. Traité par l'eau, il donne de l'acide chlorobenzoïque :

$$C^{14}H^4ClO^2,Cl \quad + \quad {}^H_H\}O^2 \quad = \quad {}^{C^{14}H^4ClO^2}_H\}O^2.$$

Chlorure   Acide
de chlorobenzoyle.   monochlorobenzoïque.

Pourtant l'action du perchlorure de phosphore sur l'acide salicylique n'est pas aussi simple que l'indique l'équation que nous
avons donnée plus haut. Lorsqu'on se borne à chauffer cet acide
à 200° avec du perchlorure de phosphore, il passe de l'oxychlorure
et du protochlorure de phosphore (Kekulé), et le résidu renferme
un oxychlorure de salicyle (Kolbe) $C^{14}H^4(HO^2)O^2,Cl$, isomérique
avec l'acide monochlorobenzoïque. Cet oxychlorure (ou chlorure
d'oxybenzoyle) donne de l'acide salicylique lorsqu'on le traite par
l'eau.

$$C^{14}H^4(HO^2)O^2,Cl \quad + \quad {}^H_H\}O^2 \quad = \quad {}^{C^{14}H^4(HO^2)O^2}_H\}O^2.$$

Oxychlorure de salicyle.   Acide salicylique.

Les rapports que présentent ces deux chlorures avec l'acide
salicylique sont exprimés par les formules suivantes :

$$(C^{14}H^4O^2)''{}^H_H\}O^4 \qquad (C^{14}H^4O^2)''{}^{HO^2}_{Cl}\} \qquad (C^{14}H^4O^2)''{}^{Cl}_{Cl}\}$$

Acide salicylique.   Oxychlorure de salicyle.   Dichlorure de salicyle.

L'acide azotique monohydraté convertit l'acide salicylique en *acide nitrosalicylique* $C^{14}H^5(AzO^4)O^6$.

Ce dernier acide est connu depuis longtemps. Fourcroy et Vauquelin l'ont obtenu en traitant l'indigo par l'acide azotique. M. Chevreul l'a préparé par le même procédé et l'a distingué le premier de l'acide picrique. M. Dumas en a établi la composition. On l'a longtemps nommé *acide indigotique*. Gerhardt a montré son identité avec l'acide nitrosalicylique. Il se forme aussi par l'action de l'acide azotique sur la salicine (Piria) et par l'action de l'acide azoteux sur l'isatine (Hofmann). Il cristallise en aiguilles jaunes peu solubles dans l'eau froide, solubles dans l'alcool et dans l'éther. On connaît aussi un acide dinitrosalicylique $C^{14}H^4(AzO^2)^2O^6$ (Cahours).

L'acide salicylique éprouve un changement très-remarquable dans son passage à travers l'économie. Lorsqu'il est ingéré, il est absorbé et, comme l'acide benzoïque, fixe quelque part les éléments du glycocolle, pour se convertir en un acide analogue à l'acide hippurique, et que M. Bertagnini a nommé acide *salicylurique*.

$$C^{14}H^6O^6 \;+\; C^4H^5AzO^4 \;=\; C^{18}H^9AzO^8 \;+\; H^2O^2.$$

Acide salicylique.   Glycocolle.   Acide salicylurique.

L'acide salicylurique est de l'acide oxyhippurique

$$C^{18}H^8(HO^2)AzO^6.$$

Il est à cet acide ce que l'acide salicylique est à l'acide benzoïque.

Salicylates. — L'acide salicylique est un acide diatomique et monobasique, comme son analogue l'acide lactique :

$$(C^{14}H^4O^2)'' \left. \begin{matrix} H \\ H \end{matrix} \right\} O^4 \qquad (C^6H^4O^2)'' \left. \begin{matrix} H \\ H \end{matrix} \right\} O^4.$$

Acide salicylique.   Acide lactique.

Il devient neutre par la substitution d'un équivalent de métal ou d'un groupe alcoolique à l'hydrogène basique (placé, dans la formule, au-dessous du radical) :

$$(C^{14}H^4O^2)'' \left. \begin{matrix} H \\ R \end{matrix} \right\} O^4.$$

Salicylates.

L'autre atome d'hydrogène typique (celui qui est placé, dans la formule, au-dessus du radical), est l'hydrogène alcoolique. Il peut être remplacé par un radical acide, et l'on obtient ainsi des acides mixtes qui ont été décrits par Gerhardt.

$$\left.\begin{array}{l}(C^{14}H^5O^2)' \\ (C^{14}H^4O^2)'' \\ H\end{array}\right\}O^4 \qquad\qquad \left.\begin{array}{l}(C^4H^3O^2)' \\ (C^{14}H^4O^2)'' \\ H\end{array}\right\}O^4.$$

Acide benzoyl-salicylique.   Acide acétyl-salicylique.

Mais on peut aussi remplacer cet hydrogène par un radical alcoolique. Dans ce cas, il se forme des composés qui offrent encore le caractère de vrais acides. Tels sont les acides méthyl- et éthylsalicylique (Cahours). Leur constitution est probablement représentée par les formules suivantes [1] :

$$\left.\begin{array}{l}(C^2H^3)' \\ (C^{14}H^4O^2)'' \\ H\end{array}\right\}O^4 \qquad\qquad \left.\begin{array}{l}(C^4H^5)' \\ (C^{14}H^4O^2)'' \\ H\end{array}\right\}O^4.$$

Acide méthyl-salicylique   Acide éthyl-salicylique.
(huile de Gaultheria).

Il arrive pourtant que ce second équivalent d'hydrogène typique de l'acide salicylique peut être remplacé par un métal. M. Piria a décrit un salicylate dicuivrique $C^{14}H^4Cu^2O^6 + H^2O^2$, un salicylate diplombique $C^{14}H^4Pb^2O^6$, etc.

On remarque, de plus, que le groupe méthyle de l'acide méthylsalicylique peut être chassé (transformé en esprit de bois, page 577) par l'ébullition avec la potasse.

Le caractère alcoolique de l'atome d'hydrogène dont il s'agit n'est donc pas aussi prononcé qu'on le remarque pour l'acide lactique.

Néanmoins, il est vrai de dire qu'une seule molécule d'un hydrate alcalin suffit à neutraliser l'acide salicylique, et que les salicylates les mieux définis ne renferment qu'un seul équivalent de métal. Ils sont cristallisables et solubles dans l'eau (Cahours).

ACIDE MÉTHYLSALICYLIQUE, HUILE DE GAULTHERIA PROCUMBENS

$$\left.\begin{array}{l}(C^2H^3)' \\ (C^{14}H^4O^2)'' \\ H\end{array}\right\}O^4.$$

M. Cahours a reconnu en 1843 que l'huile essentielle de Gaultheria procumbens, connue sous le nom d'*essence de Wintergreen*, constitue l'acide méthylsalicylique. Pour l'obtenir à l'état de pureté, on soumet l'huile de Gaultheria à la distillation fractionnée, et l'on

---

1. Le caractère acide de l'huile de Gaultheria étant fort peu prononcé, il se pourrait aussi que ce corps constituât le salicylate monométhylique $\left.\begin{array}{l}H \\ (C^{14}H^4O^2)'' \\ (C^2H^3)'\end{array}\right\}O^4.$

recueille ce qui passe à 223°. On peut aussi le préparer artificiellement en distillant un mélange de 2 parties d'acide salicylique, de
2 parties d'esprit de bois et de 1 partie d'acide sulfurique concentré.

L'acide méthylsalicylique est une huile incolore douée d'une
odeur agréable et d'une saveur à la fois aromatique et douce. Il
bout à 223°,7. Sa densité à 0° est égale à 1,1969. Il est peu soluble
dans l'eau et se dissout abondamment dans l'alcool et dans l'é-
ther. Sa solution aqueuse colore les sels ferriques en violet.

Le chlore ou le brome le convertit en dérivés chlorés ou
bromés.

Lorsqu'on ajoute à de l'acide méthylsalicylique une solution
concentrée de potasse, on obtient un précipité de méthylsalicylate
(gaultherate) de potasse

$$\left.\begin{array}{l}(C^2H^3)\\(C^{14}H^{14}O^2)''\\K\end{array}\right\}O^4.$$

En traitant ce corps par les iodures de méthyle, d'éthyle, d'a-
myle, M. Cahours a obtenu les éthers de l'acide méthylsalicylique.

ACIDE ÉTHYLSALICYLIQUE.

$$\left.\begin{array}{l}(C^4H^5)'\\(C^{14}H^{14}O^2)''\\H\end{array}\right\}O^4.$$

Le même chimiste a préparé un acide éthylsalicylique en distillant un mélange d'acide salicylique, d'alcool et d'acide sulfurique.
C'est une huile incolore d'une densité de 1,1843 à 0°, bouillant
à 230°.

ACIDE SALICYLIQUE ANHYDRE OU SALICYLIDE.

$$C^{14}H^4O^4 = (C^{14}H^4O^2)''O^2.$$

Ce corps, qui répond à l'acide lactique anhydre ou lactide, a été
obtenu par Gerhardt par la réaction du perchlorure de phosphore
sur le salicylate de soude. C'est une poudre blanche amorphe, insoluble dans l'eau et dans l'éther, peu soluble dans l'alcool bouillant.

Dans la même réaction, il se forme un autre anhydride de l'acide
salicylique

$$C^{28}H^{10}O^{10} = \left.\begin{array}{l}(C^{14}H^4O^2)''\\(C^{14}H^4O^2)''\\H^2\end{array}\right\}O^6,$$

qui constitue sans doute l'acide disalicylique analogue à l'acide dilactique (page 368).

ACIDES SALICYLAMIQUE ET ANTHRANILIQUE

$$C^{14}H^7AzO^4.$$

Ces deux acides isomériques l'un avec l'autre et avec l'acide benzamique, offrent entre eux les relations exprimées par les formules suivantes :

$$
\begin{array}{ccc}
HO^2 & H^2Az & HO^2 \\
[C^{14}H^4O^2]'' & [C^{14}H^4O^2]'' & [C^{14}H^4O^2]'' \\
HO^2 & HO^2 & H^2Az \\
\text{Acide salicylique.} & \text{Acide salicylamique.} & \text{Acide anthranilique.}
\end{array}
$$

L'acide salicylamique prend naissance par l'action de l'ammoniaque sur l'acide méthylsalicylique.

$$
\begin{array}{c}
(C^2H^3)' \\
(C^{14}H^4O^2)'' \\
H
\end{array} O^4 \;+\; AzH^3 \;=\; \begin{array}{c}(C^2H^3) \\ H\end{array}O^2 \;+\; \begin{array}{c}AzH^2 \\ (C^{14}H^4O^2)'' \\ H\end{array}O^2.
$$

Acide méthyl-salicylique.   Acide salicylamique.

L'acide anthranilique se forme par l'action des alcalis caustiques sur l'indigo (Fritzsche). Il se dépose de ses solutions étendues en gros prismes aplatis, brillants. Il se dissout aisément dans l'eau chaude, l'alcool et l'éther. Il fond à 132°. A une température élevée, il se dédouble en acide carbonique et en aniline

$$C^{14}H^7AzO^4 = C^2O^4 + C^{12}H^7Az.$$

L'acide azoteux le convertit en acide salicylique, réaction qui justifie la formule rationnelle donnée plus haut.

L'acide anthranilique forme des combinaisons cristallisables, non-seulement avec les bases, mais même avec les acides.

ACIDE GALLIQUE.

$$C^{14}H^6O^{10}.$$

Nous avons déjà indiqué les relations qui existent entre cet acide et l'acide salicylique : l'acide gallique est l'acide dioxysalicylique (page 579).

Scheele l'a retiré le premier de l'extrait de noix de galle longtemps exposé à l'air et moisi. Plus tard, on l'a souvent confondu avec l'acide pyrogallique, obtenu par sublimation des noix de galle ou de l'extrait de noix de galle. Braconnot a distingué le premier les deux acides.

L'acide gallique existe tout formé dans un grand nombre de plantes. On le trouve en petite quantité dans la noix de galle, dans le divi-divi (fruits du *Cæsalpinia coriaria*), dans le sumac, dans les feuilles de la busserole (*Arctostaphylos Uva ursi*).

Préparation. — 1° On expose à l'air des noix de galle grossièrement pulvérisées et humectées, en ayant soin de renouveler l'eau au fur et à mesure qu'elle s'évapore. Au bout de deux à trois mois, on sépare de la masse, par une forte compression, un liquide noir, et on épuise le résidu solide par l'eau bouillante. L'acide gallique cristallise par le refroidissement de la liqueur filtrée. On le purifie par de nouvelles cristallisations dans l'eau bouillante.

2° On peut préparer l'acide gallique plus rapidement en faisant bouillir pendant quelque temps, avec de l'acide sulfurique étendu, l'acide tannique ou l'extrait aqueux de noix de galle. L'acide gallique cristallise par le refroidissement de la liqueur. On le purifie par de nouvelles cristallisations, en ajoutant au besoin du charbon animal à la liqueur bouillante.

Propriétés. — L'acide gallique forme de longues aiguilles soyeuses qui renferment 1 molécule d'eau de cristallisation (H^2O^2). Quelquefois il se présente en petites écailles brillantes qui sont anhydres. Il est sans odeur. Sa saveur est astringente et légèrement acide. Chauffé à 100°, il perd son eau de cristallisation; à une température plus élevée, il se convertit en acides pyrogénés.

L'acide gallique se dissout dans 100 parties d'eau froide, dans 3 parties d'eau bouillante. Il est très-soluble dans l'alcool, moins soluble dans l'éther. Sa solution aqueuse se maintient inaltérée à l'abri du contact de l'air. Elle absorbe peu à peu l'oxygène de celui-ci, en noircissant et en dégageant de l'acide carbonique. Cette altération est très-rapide au contact des alcalis. Lorsqu'on ajoute à la solution d'acide gallique un excès de potasse, la liqueur brunit instantanément en absorbant de l'oxygène.

Lorsqu'on introduit une solution récemment bouillie d'acide gallique dans un excès d'eau de baryte, privée d'air et renfermée dans une éprouvette renversée sur le mercure, on obtient un précipité blanc de gallate de baryte. Ce précipité bleuit instantanément lorsqu'on fait pénétrer dans l'éprouvette une seule bulle d'oxygène. Telle est l'influence des alcalis sur l'oxydation lente des matières organiques.

La solution d'acide gallique ne précipite pas les solutions des alcaloïdes et celle de la gélatine. Elle produit dans les sels ferriques un précipité bleu, qui se dissout lentement lorsqu'on abandonne la liqueur à elle-même, et rapidement, avec dégagement d'acide carbonique, lorsqu'on la fait bouillir. La solution d'acide gallique précipite la solution d'émétique. Elle réduit les solutions d'or et d'argent.

Lorsqu'on chauffe l'acide gallique avec de l'acide sulfurique concentré, il se convertit en une substance rouge qu'on désigne sous le nom d'acide *rufigallique*.

$$C^{14}H^6O^{10} = C^{14}H^4O^8 + H^2O^2.$$
Acide gallique.　Acide rufigallique.

L'acide azotique l'oxyde énergiquement et le convertit en acide oxalique.

L'acide gallique est un acide monobasique et probablement tétratomique : il renferme 1 équivalent d'hydrogène capable d'être remplacé par 1 équivalent de métal. On connaît aussi des combinaisons dans lesquelles 2 ou un plus grand nombre d'équivalents d'hydrogène alcoolique de l'acide gallique peuvent être remplacés par des radicaux d'acides, tels que l'acétyle et le butyryle (Nachbaur).

ACIDES PYROGÉNÉS DE L'ACIDE GALLIQUE.

On en connaît deux : l'*acide pyrogallique* et l'*acide métagallique*. Le premier prend naissance lorsqu'on chauffe l'acide gallique de 200 à 215°.

$$C^{14}H^6O^{10} = C^2O^4 + C^{12}H^6O^6.$$
Acide gallique.　　　　Acide pyrogallique.

Le second se forme lorsqu'on chauffe brusquement l'acide gallique de 240 à 250°

$$C^{14}H^6O^{10} = C^2O^4 + H^2O^2 + C^{12}H^4O^4.$$
Acide gallique.　　　　　　　Acide métagallique.

L'acide pyrogallique est isomérique avec la phloroglucine (page 520).

Acide pyrogallique $C^{12}H^6O^6$. — On peut préparer cet acide par la distillation sèche de l'acide gallique. Pour cela, on mêle cet acide avec le double de son poids de pierre ponce; on introduit le mélange dans une cornue tubulée, de manière à n'en remplir que la moitié; on plonge la cornue jusqu'au col dans un bain de sable; on y dirige, par la tubulure, un courant d'acide carbonique, puis on chauffe. On recueille l'acide pyrogallique dans un récipient.

On en obtient environ 31 à 32 pour cent du poids de l'acide gallique.

Un procédé plus simple consiste à sublimer l'extrait aqueux de noix de galle dans un appareil semblable à celui qu'on emploie pour la préparation de l'acide benzoïque, et que nous avons décrit, page 567.

L'acide pyrogallique sublimé se présente sous la forme de lamelles ou d'aiguilles d'un blanc éclatant. Sa saveur est amère. Il fond vers 115° et entre en ébullition à 210°. Brusquement chauffé à 250°, il noircit et se dédouble en acide métagallique et en eau :

$$C^{12}H^6O^6 \;=\; C^{12}H^4O^4 \;+\; H^2O^2.$$

Acide
pyrogallique.   Acide
métagallique.

L'acide pyrogallique se dissout dans $2\frac{1}{2}$ parties d'eau à 13°. Il est très-soluble dans l'alcool et dans l'éther. Sa solution aqueuse noircit à l'air. Au contact d'une solution de potasse, elle noircit en absorbant l'oxygène avec une telle avidité, que cette réaction a été mise à profit par M. Chevreul, et plus tard par M. Liebig, pour l'analyse eudiométrique de l'air. Il résulte d'expériences récentes de MM. Calvert et Cloëz, confirmées par celles de M. Boussingault, que ce mélange, en même temps qu'il absorbe de l'oxygène, laisse dégager une petite quantité d'oxyde de carbone.

Lorsqu'on soumet l'acide pyrogallique à l'ébullition avec une solution concentrée de potasse, il se forme de l'acide carbonique, de l'acide acétique et de l'acide oxalique. Un lait de chaux le colore en pourpre, puis en brun; l'hydrate de baryte en brun et en noir. L'acide pyrogallique colore la solution de sulfate ferreux en bleu indigo, le chlorure ferrique en rouge. Il réduit les solutions cupro-alcalines et les sels des métaux précieux. Le brome convertit l'acide sec en acide tribromopyrogallique $C^{12}H^3Br^3O^6$ (Rosing).

La solution d'acide pyrogallique est neutre. Ce corps se comporte, en effet, plutôt comme un alcool polyatomique que comme un acide proprement dit. M. Rosing a obtenu une combinaison d'acide stéarique et d'acide pyrogallique.

L'acide pyrogallique est employé en photographie.

Acide métagallique $C^{12}H^4O^4$. — C'est une substance noire amorphe, brillante, qui reste lorsqu'on chauffe brusquement l'acide gallique à 250°. Ce corps est insipide, insoluble dans l'eau. Il se dissout dans les alcalis et dans les carbonates alcalins.

ACIDE ELLAGIQUE OU BÉZOARDIQUE.

$$C^{28}H^6O^{16} + 2H^2O^2.$$

Ce corps a été découvert par M. Chevreul en 1815. Il se précipite sous forme d'un dépôt insoluble, lorsqu'on abandonne longtemps à l'air une solution de noix de galle. Il se forme aussi lorsqu'on fait bouillir cette solution avec l'acide chlorhydrique (Rochleder et Kawalier). Chose curieuse, ce corps se rencontre tout formé dans certains bézoards orientaux. Ces bézoards présentent une coloration d'un vert olive foncé, et ne sont point fusibles comme ceux qui sont formés par l'acide lithofellique.

Pour retirer l'acide ellagique du dépôt qui se forme dans la solution aqueuse des noix de galle, on épuise ce dépôt par l'eau bouillante, pour en extraire l'acide gallique. On dissout le résidu dans la potasse et on précipite la solution par l'acide chlorhydrique.

L'acide ellagique constitue une poudre légère, d'un jaune pâle, formée par des aiguilles microscopiques. Il est insoluble dans l'éther, à peine soluble dans l'eau, peu soluble dans l'alcool. A 120°, il perd la moitié de son eau de cristallisation ; à 200° il devient anhydre. Il est bibasique.

On peut rattacher aux composés salicyliques une substance neutre, qu'on désigne sous le nom de *coumarine*. On retire généralement ce corps de la fève de Tonka. On l'a rencontrée dans le mélilot (*Melilotus officinalis*), dans l'*Asperula odorata*, dans les fleurs de l'*Anthoxantum odoratum*, dans les feuilles de Faham (*Angraecum fragrans*), espèce d'orchidée (Gobley).

La coumarine $C^{18}H^6O^4$ se présente en petites lames rectangulaires ou en gros prismes rhomboïdaux. Elle fond à 50°. Elle bout à 270°. Elle possède une odeur aromatique très-agréable et une saveur brûlante. Elle est peu soluble dans l'eau froide, assez soluble dans l'eau bouillante.

On l'a longtemps confondue avec l'acide benzoïque. M. Guibourt en a reconnu la nature particulière.

GROUPE ANISIQUE.

Ce groupe se rattache au groupe benzoïque. L'alcool anisique peut être rangé à côté de l'alcool benzylique, l'acide anisique à côté de l'acide benzoïque, l'aldéhyde anisique à côté de l'aldéhyde benzoïque :

$$\left.\begin{array}{l}C^{14}H^7 \\ H\end{array}\right\}O^2 \qquad\qquad \left.\begin{array}{l}[C^{16}H^9O^2]'' \\ H\end{array}\right\}O^2.$$

Alcool benzylique.   Alcool anisique.

$$\left.\begin{array}{l}[C^{14}H^5O^2]'' \\ H\end{array}\right\}O^2 \qquad\qquad \left.\begin{array}{l}[C^{16}H^7O^4] \\ H\end{array}\right\}O^2.$$

Acide benzoïque.   Acide anisique.

$$[C^{14}H^5O^2]'H \qquad\qquad [C^{16}H^7O^4]'H.$$

Aldéhyde benzoïque.   Aldéhyde anisique.

L'acide benzoïque et l'acide anisique se dédoublent de la même manière lorsqu'on les distille avec un excès de chaux

$$C^{14}H^6O^4 \;=\; C^2O^4 \;+\; C^{12}H^6.$$

Acide benzoïque.   Benzine.

$$C^{16}H^8O^6 \;=\; C^2O^4 \;+\; C^{14}H^8O^2.$$

Acide anisique.   Anisol
(éther méthyl-phénylique).

D'après sa composition, l'acide anisique serait un homologue de l'acide salicylique $C^{14}H^6O^6$; il n'est pourtant que l'isomère de cet homologue, qui est l'acide crésotique (page 559).

<h3 style="text-align:center">ALCOOL ANISIQUE.</h3>

$$C^{16}H^{10}O^4.$$

Ce corps, qui a été découvert par MM. Cannizzaro et Bertagnini, se forme par l'action de la potasse alcoolique sur l'aldéhyde anisique, c'est-à-dire par une réaction analogue à celle qui donne naissance à l'alcool benzylique.

$$2C^{16}H^8O^4 \;+\; KHO^2 \;=\; C^{16}H^7KO^6 \;+\; C^{16}H^{10}O^4.$$

Aldéhyde
anisique.   Anisate
de potassium.   Alcool anisique.

On chauffe au bain-marie pendant 10 à 12 heures, on chasse l'alcool par la distillation, on délaye le résidu dans l'eau, et on l'agite avec de l'éther. La solution éthérée laisse par l'évaporation une huile dont on sépare l'alcool anisique par distillation fractionnée. Il passe à 250°.

Il est solide et cristallise en aiguilles incolores, dures et brillantes, fusibles à 23°. Il passe à la distillation entre 248 et 250°. Chauffé au contact de l'air à une température voisine de son point d'ébullition, il absorbe de l'oxygène et se convertit en aldéhyde anisique. Au contact du noir de platine et de l'air et sous l'influence des réactifs oxydants, il se convertit en aldéhyde anisique et en acide anisique. Lorqu'on le traite par le gaz chlorhydrique, il se convertit en un chlorure $C^{16}H^9O^2,Cl$.

$$\left.\begin{array}{c}C^{16}H^9O^2\\H\end{array}\right\}O^2 \;+\; HCl \;=\; H^2O^2 \;+\; C^{16}H^9O^2,Cl.$$

Alcool anisique.   Chlorure d'anisyle.

Ce chlorure d'anisyle est décomposé par une solution alcoolique d'ammoniaque avec formation de deux bases, l'anisamine et la dianisamine.

$$\left.\begin{array}{c}(C^{16}H^9O^2)'\\H\\H\end{array}\right\}Az \qquad\qquad \left.\begin{array}{c}(C^{16}H^9O^2)'\\(C^{16}H^9O^2)'\\H\end{array}\right\}Az.$$

Anisamine.   Dianisamine.

ALDÉHYDE ANISIQUE.

$C^{16}H^8O^4$.

M. Cahours a obtenu ce corps, en 1845, en traitant l'essence d'anis par l'acide azotique étendu. MM. Cannizzaro et Bertagnini l'ont vu se former par l'oxydation de l'alcool anisique; M. Piria l'a préparé en distillant un mélange d'anisate et de formiate de chaux.

L'aldéhyde anisique se comporte comme une aldéhyde, et peut être séparée, au moyen du bisulfite de soude, de l'huile dense qui se produit lorsqu'on fait bouillir, avec de l'acide azotique étendu, les essences d'anis, d'anis étoilé, de fenouil, d'estragon.

L'aldéhyde anisique est une huile incolore douée d'une odeur aromatique, bouillant de 253 à 255°. Sa densité à 20° est égale à 1,09. Elle est insoluble dans l'eau et se dissout, en toutes proportions, dans l'alcool et dans l'éther. Sous l'influence des réactifs oxydants, ou par l'action de la potasse fondante, elle se convertit en acide anisique. Un grand excès d'ammoniaque la convertit à la longue en *anishydramide* analogue à l'hydrobenzamide (Cahours).

$$3C^{16}H^8O^4 \;+\; 2AzH^3 \;=\; \left.\begin{array}{c}(C^{16}H^8O^2)''\\(C^{16}H^8O^2)''\\(C^{16}H^8O^2)''\end{array}\right\}Az^2 \;+\; 3H^2O^2.$$

Aldéhyde anisique.   Anishydramide.

ACIDE ANISIQUE.

$C^{16}H^8O^6$.

Cet acide a été découvert par M. Cahours, en 1839. Il se forme par l'oxydation de l'anéthol $C^{20}H^{12}O^2$, camphre qui existe sous forme solide et sous forme liquide dans les essences d'anis, de badiane (anis étoilé), de fenouil et d'estragon. L'anéthol se convertit, par l'action de l'acide azotique ou d'un mélange de bichromate de potasse et d'acide sulfurique, en acide acétique et en acide anisique :

$$C^{20}H^{12}O^2 \quad + \quad 4O^2 \quad = \quad C^{16}H^8O^6 \quad + \quad C^4H^4O^4.$$

Anéthol.   Acide anisique.   Acide acétique.

L'acide anisique se forme aussi par l'oxydation de l'alcool anisique.

Il est solide et se dépose en longues aiguilles incolores de sa solution aqueuse, et en prismes rhomboïdaux, brillants, de sa solution dans l'alcool. Il est très-soluble dans l'alcool et dans l'éther, peu soluble dans l'eau froide. Il fond à 175° et bout à 275°. Lorsqu'on le distille avec la baryte, il se convertit en acide carbonique et en anisol (éther méthylphénylique, page 541). L'acide iodhydrique le convertit en iodure de méthyle et en un isomère de l'acide oxybenzoïque, l'acide paroxybenzoïque (Saytzeff).

$$C^{16}H^8O^6 \quad + \quad HI \quad = \quad C^2H^3I \quad + \quad C^{14}H^6O^6.$$

Acide anisique.   Iodure   Acide
                 de méthyle.   paroxybenzoïque.

Cette réaction indique l'existence d'un groupe méthylique C^2H^3 dans le radical de l'acide anisique.

L'acide anisique est monobasique.

Essences d'anis, de fenouil, de badiane, d'estragon. — Les huiles essentielles qu'on retire de l'anis (*Pimpinella Anisum*), du fenouil (*Anethum Fœniculum*), de la badiane ou anis étoilé (*Illicium anisatum*) et de l'estragon (*Artemisia Dracunculus*), renferment un principe oxygéné, l'*anéthol*, sorte de camphre qui s'y trouve à deux états, solide et liquide. On y rencontre aussi une petite quantité d'un carbure d'hydrogène $C^{20}H^{16}$.

L'anéthol renferme $C^{20}H^{12}O^2$.

La modification solide qui se dépose souvent des essences dont il s'agit, forme des cristaux incolores fusibles à 20°. Sa densité à 12° est égale à 1,044. Ce corps bout vers 220°.

La modification liquide est moins dense que l'eau et bout à 225°. Ainsi que ses congénères les camphres, l'anéthol se combine avec l'acide chlorhydrique. L'acide sulfurique concentré et le perchlorure d'antimoine le convertissent en *anisoïne*, substance blanche amorphe, isomérique avec l'anéthol.

GROUPE PHTALIQUE.

Le corps le plus important appartenant à ce groupe est l'acide phtalique, produit d'oxydation de la naphtaline et de l'alizarine, sous l'influence de l'acide azotique.

L'acide phtalique se rattache à l'acide salicylique (ou à ses isomères) et à l'acide benzoïque. Il excite entre ces acides les mêmes relations qu'entre les acides succinique, lactique et propionique. Ces relations sont exprimées par les formules suivantes :

$$\left. \begin{array}{l} [C^2O^2\text{-}C^4H^5]' \\ H \end{array} \right\} O^2 \qquad\qquad \left. \begin{array}{l} [C^2O^2\text{-}C^{12}H^7]' \\ H \end{array} \right\} O^2 .$$

Acide propionique.   Acide benzoïque.

$$\left. \begin{array}{l} H \\ [C^2O^2\text{-}C^4H^4]'' \\ H \end{array} \right\} O^4 \qquad\qquad \left. \begin{array}{l} H \\ [C^2O^2\text{-}C^{12}H^4]'' \\ H \end{array} \right\} O^4 .$$

Acide lactique.   Acide salicylique.

$$\left. \begin{array}{l} [C^4O^4\text{-}C^4H^4]'' \\ H^2 \end{array} \right\} O^4 \qquad\qquad \left. \begin{array}{l} [C^4O^4\text{-}C^{12}H^4]'' \\ H^2 \end{array} \right\} O^4 .$$

Acide succinique.   Acide phtalique.

On sait d'ailleurs que l'acide phtalique peut être converti en acide benzoïque.

ACIDE PHTALIQUE.

$C^{16}H^6O^8$.

Laurent a obtenu ce corps en 1839 en soumettant la naphtaline à une longue ébullition avec l'acide azotique. Il se forme en même temps des dérivés nitrogénés de la naphtaline. On en sépare la liqueur acide, on évapore celle-ci en consistance de sirop. On épuise le tout par l'eau bouillante et on évapore de nouveau. Il se dépose alors des cristaux d'acide nitrophtalique, et l'eau-mère renferme ce dernier acide et l'acide phtalique. On les sépare en les neutralisant par l'ammoniaque. Le nitrophtalate se dépose immédiatement en cristaux, et le phtalate reste dans l'eau-mère. Il s'en dépose par l'évaporation sous forme de cristaux grenus. En décomposant le phtalate d'ammoniaque par un acide, on en sépare l'acide phtalique, qu'on purifie par cristallisation dans l'eau bouillante.

Il se présente sous forme de lamelles cristallines ou de tables, peu solubles dans l'eau froide, très-solubles dans l'eau bouillante. Lorsqu'on le chauffe, il entre en fusion et se sublime ensuite en se dédoublant en acide phtalique anhydre $C^{16}H^4O^6$ et en eau.

Soumis à la distillation avec un excès de chaux, l'acide phtalique se convertit en benzine :

$$C^{16}H^6O^8 \;=\; 2C^2O^4 \;+\; C^{12}H^6.$$
Acide phtalique.   Benzine.

Lorsqu'on maintient pendant quelques heures de 330° à 350° un mélange de phtalate de chaux avec 1 équivalent de chaux hydratée, on obtient du benzoate de chaux (P. et E. Depouilly).

$$C^{16}H^6O^8 \;=\; C^2O^4 \;+\; C^{14}H^6O^4.$$
Acide phtalique.   Acide benzoïque.

L'acide phtalique est bibasique.

Nous ne pouvons décrire ici les dérivés de cet acide.

En faisant bouillir l'essence de térébenthine avec un excès d'acide azotique, M. Cailliot a obtenu un *acide téréphtalique*, isomérique avec l'acide phtalique.

ISATINE ET INDIGO.

Ces corps se rattachent par de nombreuses réactions aux groupes phénylique, benzoïque, salicylique, auxquels l'acide phtalique se rattache lui-même. La constitution de l'indigo et de l'isatine n'est pas encore dévoilée avec certitude.

INDIGO.

$$C^{16}H^5AzO^2.$$

On retire l'indigo de différentes espèces de plantes appartenant au genre *Indigofera* (*I. tinctoria*, *I. Anil*, *I. disperma*, etc.). On peut aussi le retirer du pastel (*Isatis tinctoria*), du *Nerium tinctorium*, du *Polygonum tinctorium*, etc. On introduit les tiges et les feuilles des plantes fraîches, recueillies à l'époque de la floraison, avec de l'eau, dans des cuves où on les abandonne à la fermentation. Au bout de 12 à 15 heures, on introduit le liquide dans d'autres cuves, et on l'agite vivement au contact de l'air, opération qui donne lieu à la formation d'un précipité grenu. On soutire alors la liqueur brune et on fait bouillir le dépôt dans des chaudières de cuivre; on l'exprime ensuite dans des toiles, on le divise en morceaux cubiques, et on le fait sécher. C'est sous cette forme que l'indigo est livré au commerce.

Un autre procédé consiste à faire sécher les feuilles au soleil et à les faire macérer pendant quelques heures avec trois fois leur poids d'eau froide. La solution filtrée est agitée vivement à l'air, puis mêlée à un demi-litre d'eau de chaux pour chaque kilogramme de feuilles sèches. La liqueur brunit bientôt et donne lieu à un dépôt qu'on lave à l'eau bouillante, qu'on exprime et qu'on fait sécher.

L'indigo n'est pas contenu tout formé dans les plantes qui servent à son extraction. M. Schunck admet que celles-ci renferment une substance voisine des glucosides, *l'indicane*, qui se dédoublerait, par la fermentation, en indigo et en indiglucine

$$C^{52}H^{31}AzO^{34} + 2H^2O^2 = C^{16}H^5AzO^2 + 3C^{12}H^{10}O^{12}.$$
$$\text{Indicane.} \qquad\qquad \text{Indigo.} \qquad\qquad \text{Indiglucine.}$$

L'indigo ordinaire renferme de 50 à 90 pour cent de matière colorante bleue. Il se présente sous forme de morceaux généralement irréguliers, quelquefois cubiques, dont la nuance varie du bleu violet au bleu noirâtre. Le plus estimé présente de brillants reflets cuivrés.

Il est léger. Sa cassure, ordinairement terne, devient brillante et d'un rouge cuivré par le frottement avec l'ongle.

L'indigo pur prend le nom d'*indigotine*.

On peut l'obtenir en volatilisant l'indigo du commerce dans un courant d'hydrogène ou en le sublimant, par petites portions, entre deux verres de montre (Chevreul). Il se présente alors sous forme de prismes à 4 ou à 6 faces, dérivés d'un prisme rhomboïdal droit, et présentant une teinte violette et de beaux reflets rouge cuivré.

On peut aussi préparer l'indigotine par la voie humide. Pour cela, on introduit 120 grammes d'indigo et 120 grammes de glucose dans un flacon de 6 litres; on y verse de l'alcool chaud, puis 180 grammes d'une lessive très-concentrée de soude caustique; on agite et on achève de remplir le flacon avec de l'alcool chaud à 75° cent. On bouche alors hermétiquement, et dès que le mélange a perdu sa teinte bleue et que la liqueur est devenue claire, on la décante dans un autre flacon où on l'abandonne à l'action de l'air; il s'y forme bientôt un dépôt cristallin d'indigo pur qu'on lave à l'alcool, puis à l'eau. Ainsi préparée, l'indigotine se présente sous forme de cristaux microscopiques d'un bleu foncé, mais qui prennent, par la compression, des reflets cuivrés. Le procédé qu'on vient de décrire est dû à M. Fritzsche.

L'indigotine est insoluble dans l'eau, dans l'alcool froid et dans l'éther. L'alcool et l'essence de térébenthine bouillants en dissolvent de petites quantités.

L'acide sulfurique concentré, et mieux encore l'acide sulfurique fumant, le dissolvent à 50° ou 60° avec une belle couleur bleue, et avec formation d'acides *sulfindigotique* $C^{16}H^5AzS^2O^8$ et *sulfopurpu-*

rique $C^{32}H^{10}Az^2S^2O^{16}$, suivant que la quantité d'acide sulfurique employée pour la dissolution est plus ou moins considérable (15 parties ou 8 parties).

La solution d'indigo dans l'acide sulfurique sert en teinture. On la prépare en faisant digérer 1 kilogramme d'indigo, avec 1 kilogramme d'acide sulfurique de Nordhausen et 1 kilogramme d'acide sulfurique ordinaire. Au bout de 48 heures, on chauffe la masse au bain-marie, et l'on y ajoute assez d'eau pour que la liqueur marque 18° à l'aréomètre. C'est sous cette forme qu'on emploie la solution sulfurique d'indigo qui est connue sous le nom de *bleu de Saxe* ou de *bleu de composition* (Tome I, page 150). On a signalé des cas d'empoisonnement par cette liqueur.

L'acide azotique étendu et bouillant convertit l'indigo en isatine. L'acide concentré le transforme d'abord en acide nitrosalicylique (indigotique), puis en acide picrique.

Lorsqu'on le fond avec la potasse caustique, il se convertit en acide anthranilique (page 583), ou en acide salicylique, qui se forme aux dépens de l'acide anthranilique.

Lorsqu'on le distille avec de la potasse caustique, il passe de l'aniline, probablement formée aux dépens de l'acide anthranilique qui a d'abord pris naissance.

Lorsqu'on soumet l'indigo à l'action des lessives alcalines en présence de matières réductrices, telles que les acides sulfureux, phosphoreux, l'arsenic, l'hydrogène sulfuré, le fer, le zinc, les oxydes ferreux et stanneux, il se dissout et se convertit en indigo blanc.

$$2C^{16}H^6AzO^2 + H^2 = C^{32}H^{12}Az^2O^4.$$
Indigo.   Indigo blanc.

L'indigo a été employé en médecine : on l'a administré contre l'épilepsie, et l'on cite des cas de guérison par cet agent. Ingéré dans le tube digestif, il passe dans les urines, au moins en partie. Dans certaines maladies, on a vu une substance bleue se séparer de ce liquide. Il paraîtrait que la matière qui colore ces urines bleues n'est autre chose que de l'indigo. M. Hassal l'a convertie en isatine et en aniline. M. Scherer, qui l'avait séparée d'une urine par l'addition d'un égal volume d'acide chlorhydrique fumant, a pu même la sublimer et constater ainsi la formation de l'indigotine pure, avec toutes ses propriétés.

Indigo blanc $C^{32}H^{12}Az^2O^4$. — Cette substance a été découverte par M. Chevreul, en 1812. Pour la préparer, M. Dumas recommande le procédé suivant : on place dans un petit tonneau d'un hectolitre

500 grammes d'indigo, 1 kilogr. de sulfate ferreux et 1,5 kilogr.
de chaux éteinte. On remplit ensuite le tonneau d'eau chaude
et on le ferme hermétiquement. Au bout de deux jours on fait
passer, à l'aide d'un siphon, la liqueur claire dans des flacons de
3 à 4 litres, préalablement remplis d'acide carbonique. Quand ces
flacons sont presque pleins, on achève de les remplir avec de l'a-
cide chlorhydrique, et après les avoir bouchés hermétiquement,
on les submerge dans la cuve à eau. Il se forme un dépôt d'indigo
blanc. Quand il est bien rassemblé, on décante l'eau, on jette le
dépôt sur un filtre, on le lave avec de l'eau privée d'air par l'ébullition, on l'étale rapidement sur une assiette, et on le fait sécher
dans le vide de la machine pneumatique. Dès qu'il est sec, on fait
entrer de l'acide carbonique dans le récipient, et on introduit
la substance dans des flacons qu'on puisse boucher hermétiquement.

Le corps ainsi obtenu est généralement d'un blanc sale, sans
odeur et sans saveur. Il est insoluble dans l'eau, mais il se dissout,
avec une couleur jaune, dans l'alcool, dans l'éther et dans les
lessives alcalines. Au contact de l'air, il absorbe l'oxygène, lentement lorsqu'il est sec, rapidement à l'état humide, et se convertit
en indigo bleu. L'acide azotique opère rapidement cette transformation.

ISATINE.

$C^{16}H^5AzO^4$.

Ce corps a été découvert, en 1841, par MM. Laurent et Erdmann.
Pour le préparer, on délaye 1 kilogramme d'indigo avec de l'eau,
on chauffe la bouillie doucement dans une capsule de porcelaine,
et on y ajoute, par petites portions, 600 à 700 grammes d'acide
azotique du commerce; il se dégage des vapeurs rouges. Lorsque
la couleur bleue de l'indigo a disparu, on dissout le dépôt d'isatine impure dans la potasse caustique, et on ajoute avec précaution de l'acide chlorhydrique. Il se précipite d'abord une matière
résineuse brune. Dès qu'une petite portion de la liqueur filtrée
présente une coloration d'un jaune pur et donne avec l'acide chlorhydrique un précipité rouge vif, on filtre le tout et l'on achève la
précipitation par l'acide chlorhydrique. On lave le précipité avec
de l'eau pure et on le fait cristalliser dans l'alcool bouillant.

L'isatine cristallise tantôt en gros prismes aurore foncé, tantôt
en petits prismes d'un jaune rougeâtre, doués d'un vif éclat. Elle est
sans odeur et possède une saveur amère. Elle est peu soluble dans

l'eau froide et dans l'éther, plus soluble dans l'eau bouillante, très-soluble dans l'alcool. Elle fond par la chaleur et se prend par le refroidissement en une masse cristalline. Chauffée au-dessus de son point de fusion, elle émet des vapeurs jaunes très-irritantes, et se sublime en partie, en laissant un résidu de charbon.

Lorsqu'on la distille avec de la potasse, elle donne de l'aniline. Une solution froide de potasse la dissout avec une couleur rouge brun qui passe au jaune par l'ébullition. Il se forme dans cette réaction un acide particulier qu'on nomme isatique :

$$C^{16}H^5AzO^4 \quad + \quad H^2O^2 \quad = \quad C^{16}H^7AzO^6.$$
$$\text{Isatine.} \hspace{7cm} \text{Acide isatique.}$$

Lorsqu'on soumet l'isatine à l'action du chlore ou du brome, on obtient des produits de substitution qui se rapprochent beaucoup de l'isatine par leurs métamorphoses. Ainsi, de même que l'isatine se convertit par l'action de la potasse en aniline, de même la monochlorisatine et la dichlorisatine se transforment, dans les mêmes circonstances, en monochloraniline et en dichloraniline (Hofmann).

$$C^{16}H^5AzO^4 \quad + \quad 4KHO^2 \quad = \quad C^{12}H^7Az \quad + \quad K^2C^2O^6 \quad + \quad H^2.$$
$$\text{Isatine.} \hspace{5cm} \text{Aniline.} \hspace{2cm} \text{Carbonate}$$
$$\text{de potasse.}$$

$$C^{16}H^4ClAzO^4 \quad + \quad 4KHO^2 \quad = \quad C^{12}H^6ClAz \quad + \quad K^2C^2O^6 \quad + \quad H^2.$$
$$\text{Monochlorisatine.} \hspace{3cm} \text{Monochloraniline.}$$

$$C^{16}H^3Cl^2AzO^4 \quad + \quad 4KHO^2 \quad = \quad C^{12}H^5Cl^2Az \quad + \quad K^2C^2O^6 \quad + \quad H^2.$$
$$\text{Dichlorisatine.} \hspace{3cm} \text{Dichloraniline.}$$

GROUPES XYLIQUE, CUMINIQUE, CYMÉNIQUE.

On connaît trois carbures d'hydrogène qui sont les homologues supérieurs de la benzine et du toluène, ce sont :

1° Le *xylène* $C^{16}H^{10}$, découvert par M. Cahours parmi les produits de la distillation du bois, et signalé par M. Church dans les huiles légères du goudron de houille. Point d'ébullition, 139°. Densité à 0° = 0,8668.

En traitant par le sodium un mélange de toluène bromé et d'iodure de méthyle, M. Fittig a obtenu un carbure d'hydrogène identique avec le xylène. Celui-ci est donc le méthyl-benzyle ou le diméthyl-phényle.

$$C^{14}H^7Br \quad + \quad C^2H^3I \quad + \quad Na^2 \quad = \quad \left. \begin{matrix} C^{14}H^7 \\ C^2H^3 \end{matrix} \right\} \quad + \quad NaBr \quad + \quad NaI.$$
$$\text{Toluène bromé} \hspace{1cm} \text{Iodure} \hspace{3cm} \text{Méthyl-benzyle.}$$
$$\text{(bromure} \hspace{1.2cm} \text{de méthyle.}$$
$$\text{de benzyle).}$$

2° Le *cumène* $C^{18}H^{12}$, découvert par Pelletier et Walter, en 1837, parmi les produits de la distillation sèche de la térébenthine de Bordeaux. On le rencontre aussi parmi les produits de la distillation du bois et dans les huiles légères du goudron de houille. Il se forme lorsqu'on distille l'acide cuminique avec un excès de chaux ou de baryte :

$$C^{20}H^{12}O^4 \;=\; C^2O^4 \;+\; C^{18}H^{12}.$$
$$\text{Acide cuminique.} \qquad\qquad \text{Cumène.}$$

Enfin, ce même carbure d'hydrogène se forme lorsqu'on distille la phorone (page 252) sur de l'acide phosphorique anhydre

$$C^{18}H^{14}O^2 \;-\; H^2O^2 \;=\; C^{18}H^{12}.$$
$$\text{Phorone.} \qquad\qquad \text{Cumène.}$$

Le cumène bout à 148°,4. Sa densité à 13° est égale à 0,87.

3° Le *cymène* $C^{20}H^{14}$, découvert en 1841 par MM. Gerhardt et Cahours, dans l'essence de camomille romaine, où il est mélangé avec un principe oxygéné, le cuminol. Il se forme aussi lorsqu'on distille le camphre avec de l'acide phosphorique anhydre (Dumas et Delalande).

$$C^{20}H^{16}O^2 \;-\; H^2O^2 \;=\; C^{20}H^{14}.$$
$$\text{Camphre.} \qquad\qquad \text{Cymène.}$$

Le cymène se trouve aussi dans les huiles provenant de la distillation du goudron de houille. Il bout à 170°,7. Sa densité à 0° est égale à 0,8778.

Ces carbures d'hydrogène forment une série naturelle dont les termes sont homologues avec la benzine et le toluène. Il résulte des recherches récentes de MM. Fittig et Tollens qu'on peut envisager tous ces corps comme dérivant de la benzine par la substitution de 1, 2, 3, etc. atomes d'hydrogène par autant de groupes méthyliques C^2H^3. Ainsi on a :

			Points d'ébullition.
$C^{12}H^6$ benzine	$C^{12}H^6$	benzine............	82°,
$C^{14}H^8$ toluène $=$	$C^{12}H^5(C^2H^3)$	monométhyl-benzine	111°,
$C^{16}H^{10}$ xylène $=$	$C^{12}H^4(C^2H^3)^2$	diméthyl-benzine...	139°,
$C^{18}H^{12}$ cumène $=$	$C^{12}H^3(C^2H^3)^3$	triméthyl-benzine...	148°,4,
$C^{20}H^{14}$ cymène $=$	$C^{12}H^2(C^2H^3)^4$	tétraméthyl-benzine.	170°,7.

Au toluène correspondent des dérivés chlorés et nitrogénés, un alcool, une aldéhyde, un acide, un alcaloïde :

$$C^{14}H^8 \quad C^{14}H^7Cl \quad C^{14}H^7,HO^2 \quad C^{14}H^6Cl^2 \quad C^{14}H^6O^2 \quad C^{14}H^6O^4 \quad C^{14}H^6O^6 \quad C^{14}H^7,H^2Az$$

Toluène. Chlorure de benzyle. Alcool benzylique. Toluène dichloré. Aldéhyde benzoïque. Acide benzoïque. Acide oxy-benzoïque. Toluidine.

Aux homologues du toluène correspondent des composés analogues, savoir :

$C^{16}H^{10}$	$C^{16}H^{9}Cl$	$C^{16}H^{9},HO^{2}$	$C^{16}H^{8}O^{2}$	$C^{16}H^{8}O^{4}$	$C^{16}H^{9},H^{2}Az.$
Xylène.	Xylène chloré.	Alcool toluique.	Aldéhyde toluique.	Acide toluique.	Xylidine.
$C^{18}H^{12}$	$C^{18}H^{11}Cl$	$C^{18}H^{11},HO^{2}$	$C^{18}H^{10}O^{2}$	$C^{18}H^{10}O^{4}$	$C^{18}H^{11}.H^{2}Az.$
Cumène.	Cumène chloré.	Alcool inconnu).	Aldéhyde inconnue .	Acide (inconnu).	Cumidine.
$C^{20}H^{14}$	$C^{20}H^{13}Cl$	$C^{20}H^{13},HO^{2}$	$C^{20}H^{12}O^{2}$	$C^{20}H^{12}O^{4}$	$C^{20}H^{13},H^{2}Az.$
Cymène.	Cymène chloré (chlorure de cumyle).	Alcool cuminique.	Aldéhyde cuminique (cuminol).	Acide cuminique.	Cymidine (cuminamine).

Nous ne pouvons en décrire que les plus importants, en rapprochant ceux qui appartiennent au même groupe. Il est à remarquer, du reste, que la nomenclature de tous ces corps jette une certaine confusion sur leur histoire. En effet, les noms adoptés n'indiquent pas, dans la plupart des cas, les relations de composition qui sont indiquées dans les formules précédentes, mais rappellent simplement leur origine.

Ainsi le cumène $C^{18}H^{12}$ n'est point l'hydrogène carboné correspondant à l'alcool cuminique $C^{20}H^{14}O^{2}$; on l'a nommé cumène parce qu'il se forme par la décomposition de l'acide cuminique (page 597). L'alcool cuminique, l'aldéhyde cuminique et l'acide cuminique offrent, au contraire, avec le cymène $C^{20}H^{14}$, les relations de composition que l'alcool benzylique, l'aldéhyde benzoïque et l'acide benzoïque présentent avec le toluène.

On connaît un isomère de l'alcool cuminique. Celui-ci est à cet alcool ce que l'alcool benzylique est à l'alcool cressylique. L'isomère dont il s'agit, qui possède des propriétés légèrement acides, existe dans l'huile essentielle de thym et a été nommé alcool thymylique.

ACIDE TOLUIQUE.

$C^{16}H^{8}O^{4}$.

On connaît deux acides qui offrent la composition de l'homologue supérieur de l'acide benzoïque. L'un d'eux a été découvert par M. Strecker, en 1860, c'est l'acide α-toluique (alpha-toluique); l'autre a été obtenu dès 1847, par M. Noad. Il se forme par l'oxydation du cymène $C^{20}H^{14}$: on le nomme acide ε-toluique (bêta-toluique). Il constitue, d'après M. Cannizzaro, le véritable homologue de l'acide benzoïque.

L'acide α-toluique prend naissance par le dédoublement d'un acide complexe, l'acide vulpique, qu'on rencontre dans un lichen

(*Cetraria vulpina*). Sous l'influence de la baryte, ce corps se dédouble en alcool méthylique, acide oxalique et acide α-toluique

$$C^{38}H^{14}O^{10} \;+\; 4H^2O^2 \;=\; C^4H^2O^8 \;+\; 2C^{16}H^8O^4 \;+\; C^2H^4O^2.$$

Acide vulpique.   Acide oxalique.   Acide α-toluique.   Alcool méthylique.

L'acide α-toluique paraît se former par l'action de la potasse sur
le cyanure de benzyle (Cannizzaro).

$$C^{14}H^7,C^2Az \;+\; KHO^2 \;+\; H^2O^2 \;=\; C^{16}H^7KO^4 \;+\; AzH^3.$$

Cyanure de benzyle.   Toluate de potassium.

Il se présente en lamelles minces irisées, qui ressemblent à
l'acide benzoïque. Il fond à 76°,5 et bout à 265°,5. Il est peu soluble dans l'eau froide, très-soluble dans l'eau bouillante, au sein
de laquelle l'excès d'acide fond. Il se dissout aussi dans l'alcool et
dans l'éther. Les réactifs oxydants énergiques le convertissent en
acide carbonique, acide formique, essence d'amandes amères et
acide benzoïque. L'acide azotique concentré le convertit en un
acide nitrogéné.

L'acide ε-toluique s'obtient, d'après M. Noad, lorsqu'on soumet
le cymène à une ébullition prolongée avec l'acide azotique étendu.
Il se présente en aiguilles fines, peu solubles dans l'eau froide,
très-solubles dans l'eau chaude, l'alcool et l'éther. Il fond entre
77° et 79°. Il bout à 264° (Cannizzaro).

L'acide azotique concentré le convertit en acide nitrotoluique
$C^{16}H^7(AzO^4)O^4$.

Distillé avec la chaux, il se dédouble en acide carbonique et en
toluène :

$$C^{16}H^8O^4 \;=\; C^2O^4 \;+\; C^{14}H^8.$$

Acide toluique.   Toluène.

Lorsqu'on ingère de l'acide toluique, on rend par les urines de
l'acide tolurique (page 573).

En distillant un mélange de toluate et de formiate de chaux,
M. Cannizzaro a obtenu l'aldéhyde toluique $C^{16}H^8O^2$, l'homologue
supérieur de l'essence d'amandes amères. C'est une huile incolore
douée d'une odeur poivrée, bouillant à 204°. Au contact de l'air,
elle se transforme en acide toluique. Sous l'influence d'une solution alcoolique de potasse, elle se convertit en toluate de potasse
et en alcool toluique :

$$2C^{16}H^8O^2 \;+\; KHO^2 \;=\; C^{16}H^7KO^4 \;+\; C^{16}H^{10}O^2.$$

Aldéhyde toluique.   Toluate potassique.   Alcool toluique.

L'alcool toluique, qui est l'homologue supérieur de l'alcool benzylique, est un corps solide cristallisable en aiguilles. Il fond à 59°,5. Il bout à 217° (Cannizzaro).

ACIDE CUMINIQUE.

Cet acide, qui a été découvert par MM. Cahours et Gerhardt en 1841, est l'homologue des acides benzoïque et toluique. Ces acides forment la série suivante :

$$C^{14}H^6O^4 \quad \text{acide benzoïque,}$$
$$C^{16}H^8O^4 \quad \text{acide toluique,}$$
$$C^{18}H^{10}O^4 \quad \text{manque,}$$
$$C^{20}H^{12}O^4 \quad \text{acide cuminique.}$$

L'acide cuminique prend naissance par l'oxydation du cuminol ou aldéhyde cuminique :

$$\underset{\text{Cuminol.}}{C^{20}H^{12}O^2} \;+\; O^2 \;=\; \underset{\text{Acide cuminique.}}{C^{20}H^{12}O^4}.$$

Pour le préparer, on fait tomber goutte à goutte du cuminol, ou de l'essence de cumin, sur de la potasse maintenue en fusion dans une cornue tubulée. Il se dégage de l'hydrogène et il se forme du cuminate de potasse, que l'on décompose par l'acide chlorhydrique. On purifie l'acide cuminique en le sublimant et en le faisant cristalliser ensuite dans l'alcool (Cahours et Gerhardt).

On peut aussi faire bouillir l'huile essentielle de cumin avec une solution alcoolique de potasse jusqu'à ce que l'alcool cuminique, d'abord séparé, soit décomposé en acide cuminique et en cymène (page 602) [Kraut].

L'acide cuminique se présente en prismes tabulaires, fusibles à 113°. Il bout à 250°. Il peut se sublimer en longues aiguilles. Il est à peine soluble dans l'eau froide, plus soluble dans l'eau bouillante, très-soluble dans l'alcool et dans l'éther.

Lorsqu'on le distille avec du perchlorure de phosphore, il se forme de l'oxychlorure de phosphore et du chlorure de cuminyle $C^{20}H^{11}O^2,Cl$, qui paraît être isomérique avec le cuminol chloré $C^{20}H^{11}ClO^2$, qui résulte de l'action du chlore sur le cuminol (page 601).

CUMINOL OU ALDÉHYDE CUMINIQUE.
$$C^{20}H^{12}O^2.$$

Ce corps se trouve mélangé avec le cymène $C^{20}H^{14}$ dans l'huile essentielle de cumin, qu'on retire des fruits du *Cuminum Cyminum* (Gerhardt et Cahours). On le rencontre aussi, accompagné du même carbure d'hydrogène, dans les fruits de la ciguë vireuse (*Cicuta virosa*).

Pour l'extraire de l'huile de cumin, on sépare celle-ci par distillation fractionnée en deux produits, bouillant, l'un au-dessous de 190°, l'autre au-dessus. On agite ce dernier avec une solution concentrée de bisulfite de soude; on recueille et on comprime entre des feuilles de papier les cristaux formés, et on les décompose en les distillant avec de la soude caustique. Le cuminol passe avec de l'eau. Il se présente sous forme d'une huile incolore, douée d'une forte odeur de cumin et d'une saveur âcre et brûlante. Il bout à 236°,5. Sa densité à 0° est égale à 0,9832. Il est insoluble dans l'eau et se dissout dans l'alcool et dans l'éther. Comme toutes les aldéhydes, il forme avec les bisulfites des combinaisons cristallisables.

Exposé au contact de l'air, il attire l'oxygène et se convertit en acide cuminique. La même transformation s'accomplit sous l'influence d'un grand nombre de réactifs oxydants. Lorsqu'on le fait bouillir avec de l'acide azotique concentré, il se forme, indépendamment des acides cuminique, toluique et de leurs dérivés nitrogénés, un acide $C^{16}H^6O^8$ isomérique avec l'acide phtalique, et qu'on a nommé *téréphtalique*. Cet acide, que M. Cailliot a obtenu le premier en oxydant l'essence de térébenthine par l'acide azotique (page 592), prend naissance par l'oxydation d'un grand nombre de substances aromatiques (Schwanert).

Lorsqu'on chauffe le cuminol avec une solution alcoolique de potasse, il se décompose en acide cuminique et en alcool cuminique (Kraut)

$$2C^{20}H^{12}O^2 \;+\; KHO^2 \;=\; C^{20}H^{11}KO^4 \;+\; C^{20}H^{14}O^2.$$

Cuminol.   Cuminate potassique.   Alcool cuminique.

Distillé avec le perchlorure de phosphore, le cuminol échange son oxygène contre du chlore et se convertit en chlorocumol $C^{20}H^{12}Cl^4$, en vertu d'une réaction semblable à celle qui donne naissance au chlorobenzol (page 563).

Le chlore convertit le cuminol, sous l'influence de la lumière diffuse, en cuminol chloré $C^{20}H^{11}ClO^2$.

ALCOOL CUMINIQUE.

$C^{20}H^{14}O^2.$

Ce corps a été découvert par M. Kraut en 1854. Pour le préparer, on mêle 1 volume de cuminol avec 2 volumes d'une solution alcoolique concentrée de potasse, et on fait bouillir pendant 1 heure. On ajoute ensuite de l'eau, on distille, on sépare le produit oléagi-

neux qui a passé avec l'eau, et on l'agite avec une solution étendue
de bisulfite de soude, dans le but d'en extraire le cuminol non attaqué. On lave ensuite le liquide avec de l'eau, on le dessèche sur
le chlorure de calcium et on le distille : il passe d'abord du cymène, puis de l'alcool cuminique entre 240° et 250°.

Ce corps constitue une huile incolore, douée d'une odeur faible
et aromatique. Il bout vers 250°. Il est insoluble dans l'eau et se
dissout en toutes proportions dans l'alcool et dans l'éther. L'acide
azotique le convertit en acide cuminique. Lorsqu'on le fait bouillir pendant longtemps avec de la potasse, il se convertit en cymène
et en acide cuminique.

$$3C^{20}H^{14}O^2 \quad = \quad 2C^{20}H^{14} \quad + \quad C^{20}H^{12}O^4 \quad + \quad H^2O^2.$$

Alcool
cuminique.   Cymène.   Acide
cuminique.

ALCOOL THYMYLIQUE OU THYMOL.

$C^{20}H^{14}O^2$.

Ce corps, qui est isomérique avec le précédent, a été découvert
par M. Arppe dans l'huile de Monarda (*Monarda punctata*), dont
il constitue la partie solide. On le rencontre aussi dans l'huile essentielle de thym (Dovery, Lallemand) et dans l'huile de *Ptychotis
Ajowan* (Haines). Il est mêlé dans ces essences à des carbures d'hydrogène liquides, le thymène $C^{20}H^{16}$ et le cymène $C^{20}H^{14}$.

Pour l'extraire de l'huile essentielle de thym, on agite celle-ci
avec une solution concentrée de soude caustique, on sépare les
carbures d'hydrogène qui refusent de se dissoudre, on étend la liqueur alcaline avec de l'eau et on la sature par l'acide chlorhydrique; l'alcool thymylique se sépare. On le purifie par distillation et par cristallisation dans l'alcool.

Il se sépare de sa solution alcoolique sous forme de tables. Son
odeur est agréable, sa saveur piquante et poivrée. Il fond à 44° et
bout à 230°. Il est très-soluble dans l'alcool et dans l'éther, peu
soluble dans l'eau. Avec le chlore, le brome, l'acide azotique, il
donne des produits de substitution analogues à ceux qu'on a obtenus avec l'alcool phénylique.

Lorsqu'on le distille avec un mélange de peroxyde de manganèse et d'acide sulfurique, on obtient un corps homologue avec la
quinone, et qu'on a nommé thymoyle $C^{24}H^{16}O^4$.

L'alcool thymylique se dissout dans les alcalis. Fondu, il absorbe
de l'ammoniaque.

Lorsqu'on le traite par l'acide chlorhydrique, il se convertit en
un chlorure de thymyle $C^{20}H^{13}Cl$, isomérique sans doute avec le

cymène chloré (ou chlorure de cumyle) (Rossi). Le sodium sépare de ce chlorure de thymyle le corps $(C^{20}H^{13})^2$, qui est solide et cristallisable en lames nacrées (Cannizzaro).

Comme ses homologues, les alcools phénylique et cressylique, il peut fixer l'acide carbonique sous l'influence du sodium et se convertir en un acide homologue avec les acides salicylique et crésoïque (pages 577 et 559) [Kolbe, Lautemann et Naquet].

Les formules suivantes expriment les relations qui existent entre ces acides.

$$C^{14}H^6O^6 \qquad \text{acide salicylique,}$$
$$C^{16}H^8O^6 \qquad \text{acide crésolique,}$$
$$C^{20}H^{12}O^6 \qquad \text{acide thymicylique (thymotique).}$$

GROUPE CINNAMIQUE.

Les corps appartenant à ce groupe offrent des relations très-étroites avec les composés benzoïques.

L'acide cinnamique peut être envisagé comme de l'acide benzoïque, dans lequel 1 atome d'hydrogène a été remplacé par le radical acétène C^4H^3. Ce point de vue repose sur des expériences synthétiques que l'on doit à MM. Bertagnini et Harnitz-Harnitzky. Ce dernier a obtenu l'acide cinnamique en traitant le benzoate de baryum par le chlorure d'acétène (page 247).

$$C^{14}H^5BaO^4 \; + \; C^4H^3,Cl \; = \; C^{14}H^5(C^4H^3)O^4 \; + \; BaCl.$$

Benzoate barytique.   Chlorure d'acétène.   Acide cinnamique.

M. Bertagnini a fait voir qu'il se forme de l'acide cinnamique lorsqu'on traite l'aldéhyde benzoïque par le chlorure d'acétyle :

$$C^{14}H^6O^2 \; + \; C^4H^3O^2,Cl \; = \; HCl \; + \; C^{14}H^5(C^4H^3)O^4.$$

Aldéhyde benzoïque.   Chlorure d'acétyle.   Acide cinnamique.

Les principaux corps appartenant à ce groupe sont l'alcool cinnamique, l'aldéhyde cinnamique et l'acide cinnamique

$$C^{18}H^{10}O^2 \qquad\qquad C^{18}H^8O^2 \qquad\qquad C^{18}H^8O^4.$$

Alcool cinnamique.   Aldéhyde cinnamique.   Acide cinnamique.

Le styrol ou cinnamène, qui se forme lorsqu'on distille le styrax liquide avec de l'eau, ou par la distillation de l'acide cinnamique avec la baryte caustique, est à l'acide cinnamique ce que la benzine est à l'acide benzoïque

$$C^{14}H^6O^4 \; = \; C^2O^4 \; + \; C^{12}H^6.$$

Acide benzoïque.   Benzine.

$$C^{18}H^8O^4 \; = \; C^2O^4 \; + \; C^{16}H^8.$$

Acide cinnamique.   Cinnamène.

ALCOOL CINNAMIQUE.

$$C^{18}H^{10}O^2 = \left.\begin{matrix}C^{18}H^9\\ H\end{matrix}\right\}O^2.$$

Ce corps se forme par l'action de la potasse concentrée sur la styracine, qui est le cinnamate de cinnamyle :

$$\left.\begin{matrix}C^{18}H^9\\ C^{18}H^7O^2\end{matrix}\right\}O^2 \;+\; \left.\begin{matrix}K\\ H\end{matrix}\right\}O^2 \;=\; \left.\begin{matrix}C^{18}H^9\\ H\end{matrix}\right\}O^2 \;+\; \left.\begin{matrix}C^{18}H^7O^2\\ K\end{matrix}\right\}O^2.$$

Styracine.   Alcool cinnamique.   Cinnamate
(hydrate   potassique.
de cinnamyle).

Pour le préparer, on distille la styracine dans un alambic de cuivre avec une solution concentrée de potasse : l'alcool cinnamique passe avec les vapeurs aqueuses, et forme avec l'eau condensée un liquide laiteux, d'où il se dépose par le repos en longues aiguilles soyeuses.

Ce corps fond à 33°, et se prend par le refroidissement en une masse cristalline. Il bout à 250°. Il possède une odeur agréable de jacinthe. Il est insoluble dans l'eau, et se dissout aisément dans l'alcool, l'éther, les huiles grasses et essentielles.

Au contact du noir de platine, il attire l'oxygène de l'air, et se convertit en aldéhyde cinnamique. L'acide azotique l'attaque difficilement, et le convertit en aldéhyde benzoïque et en acide benzoïque.

ALDÉHYDE CINNAMIQUE.

$$C^{18}H^8O^2.$$

Ce corps a été découvert en 1834 par MM. Dumas et Peligot. Il existe, à l'état de mélange avec un carbure d'hydrogène, dans les huiles essentielles de cannelle et de cassia. Il prend naissance par l'action de l'oxygène sur l'alcool cinnamique, en présence du noir de platine (Strecker), et par la distillation d'un mélange de cinnamate et de formiate de chaux (Piria).

M. Chiozza l'a obtenu par synthèse en saturant de gaz chlorhydrique un mélange d'aldéhyde et d'aldéhyde benzoïque

$$C^4H^4O^2 \;+\; C^{14}H^6O^2 \;=\; C^{18}H^8O^2 \;+\; H^2O^2.$$

Aldéhyde.   Aldéhyde   Aldéhyde
benzoïque.   cinnamique.

On extrait l'aldéhyde cinnamique de l'huile essentielle de cassia ou de cannelle, qui proviennent des écorces du *Cinnamomum zeylanicum* et du *C. verum*. On agite ces essences avec une solution concentrée de bisulfite de soude ; on sépare les cristaux formés ; on les comprime, et après les avoir lavés à l'alcool froid, on les dissout dans l'eau chaude et on les décompose par l'acide sulfurique étendu. L'aldéhyde cinnamique se sépare. On la déshydrate sur le chlorure de calcium et on la rectifie.

C'est une huile incolore, plus dense que l'eau. Elle distille sans altération dans le vide, ou avec les vapeurs aqueuses. Au contact de l'air, elle se convertit en acide cinnamique.

$$C^{18}H^8O^2 + O^2 = C^{18}H^8O^4.$$
Aldéhyde
cinnamique.   Acide
cinnamique.

Par l'action prolongée du chlore, elle se convertit en aldéhyde cinnamique tétrachlorée $C^{18}H^4Cl^4O^2$, corps solide et volatil, qui a été obtenu par MM. Dumas et Peligot en 1834. C'est un des premiers exemples d'un corps chloré bien défini formé par substitution.

L'aldéhyde cinnamique absorbe le gaz chlorhydrique sec en s'épaississant. Elle forme avec l'acide azotique concentré un composé $C^{18}H^8O^2,HAzO^6$, cristallisable en longues aiguilles transparentes (Dumas et Peligot).

Avec l'ammoniaque, l'aldéhyde cinnamique forme l'*hydrocinnamide*, composé analogue à l'hydrobenzamide, et qui renferme $(C^{18}H^8)^3Az^2$.

ACIDE CINNAMIQUE.

$C^{18}H^8O^4.$

Ce corps a été découvert en 1834 par MM. Dumas et Peligot. On le rencontre tout formé dans le styrax liquide, dans les baumes de Tolu et du Pérou, dans quelques espèces de benjoin, où il se trouve mêlé avec l'acide benzoïque. Les vieilles essences de cannelle laissent souvent déposer des cristaux prismatiques, volumineux d'acide cinnamique. Cet acide prend naissance par l'oxydation de l'alcool et de l'aldéhyde cinnamiques, et par le dédoublement de la styracine sous l'influence de la potasse. MM. Bertagnini et Harnitz-Harnitzky l'ont formé par synthèse (page 603).

Préparation. — Pour le préparer, on distille le styrax liquide avec la moitié de son poids de soude caustique et avec de l'eau. Il passe du styrol (cinnamène), et de l'acide cinnamique se dissout dans la soude, en même temps qu'il se sépare une matière résineuse. On décante la liqueur alcaline, et on la sursature par l'acide sulfurique étendu. De l'acide cinnamique, encore mêlé d'une certaine quantité de résine, se précipite. On le dissout de nouveau dans la soude, on ajoute une petite quantité d'acide sulfurique étendu, qui précipite la matière résineuse; on filtre, et on achève de précipiter par l'acide sulfurique. On recueille le précipité d'acide cinnamique, on le fait sécher et on le dissout dans l'alcool. La solution alcoolique le laisse déposer en cristaux volumineux par l'évaporation spontanée. On peut aussi le purifier par cristallisation dans l'eau bouillante.

Propriétés. — L'acide cinnamique forme des prismes incolores et transparents, appartenant au type du prisme rhomboïdal oblique. Il fond vers 129°, entre en ébullition vers 290°, et distille presque sans altération : aussi peut-on le purifier par distillation. Il est fort peu soluble dans l'eau froide, mais se dissout aisément dans l'eau bouillante, dans l'alcool et dans l'éther.

L'acide azotique concentré le convertit en acide nitrocinnamique $C^{18}H^7(AzO^4)O^4$, à une température inférieure à 60°. Au delà de 60°, il se forme de l'acide nitrobenzoïque.

L'acide azotique étendu et bouillant, le bichromate de potasse et l'acide sulfurique convertissent l'acide cinnamique en aldéhyde benzoïque. Fondu avec la potasse caustique, cet acide donne du benzoate et de l'acétate de potasse.

$$\left[C^4H^2\text{-}C^{14}H^5O^2\right]'\Big\}_K O^2 + KHO^2 + H^2O^2 = {}^{C^{14}H^5O^2}_{\ \ \ K}\Big\} O^2 + {}^{C^4H^3O^2}_{\ \ \ K}\Big\} O^2 + H^2$$

Cinnamate potassique.   Benzoate potassique.   Acétate potassique.

Lorsqu'on le distille avec un excès de chaux, il se dédouble en acide carbonique et en cinnamène (page 603).

L'acide cinnamique est un acide monobasique. Ses sels ressemblent beaucoup aux benzoates.

Cinnamate de benzyle $\left.\begin{array}{l}(C^{18}H^7O^2)'\\(C^{14}H^7)'\end{array}\right\}O^2$. — Ce corps, qui représente l'éther benzylcinnamique, se trouve tout formé dans les baumes du Pérou et de Tolu (Kraut). M. Fremy l'avait désigné sous le nom de *cinnaméine*. C'est un liquide incolore, fortement réfringent, doué d'une odeur faible, mais agréable, soluble dans l'alcool et dans l'éther, à peine soluble dans l'eau. La potasse alcoolique le dédouble en acide cinnamique et en alcool benzylique.

Cinnamate de cinnamyle, styracine $\left.\begin{array}{l}(C^{18}H^7O^2)'\\(C^{18}H^9)'\end{array}\right\}O^2$. — Cet éther, qui existe tout formé dans le styrax liquide et dans le baume du Pérou, a été découvert par Bonastre en 1827. Pour le préparer, on distille le styrax liquide avec de l'eau. Il passe du styrol. On épuise le résidu à plusieurs reprises avec la soude caustique pour enlever l'acide cinnamique, et l'on fait macérer la matière résineuse qui reste avec de l'alcool froid, qui laisse la styracine. On la purifie par cristallisation dans l'alcool, l'éther ou la benzine.

La styracine se présente en aiguilles incolores réunies en faisceaux. Elle est sans odeur. Elle fond à 44°, et se maintient longtemps liquide après la fusion. Elle n'est point volatile. Elle est insoluble dans l'eau, peu soluble dans l'alcool froid. Elle se dissout dans l'alcool bouillant et dans l'éther. Les réactifs oxydants la convertissent en aldéhyde benzoïque et en acide benzoïque. La potasse alcoolique la dédouble en alcool cinnamique (hydrate de cinnamyle) et en acide cinnamique (page 604).

STYROL OU CINNAMÈNE.

$C^{16}H^{8}$.

Ce carbure d'hydrogène, qui n'appartient pas, à proprement parler, au groupe cinnamique, se forme par le dédoublement de l'acide cinnamique, sous l'influence de la chaux caustique (page 603). On le trouve dans le styrax liquide (Bonastre). Il se forme par la distillation du sang-dragon, et aussi lorsqu'on distille le baume du Pérou avec de la pierre ponce. Il prend naissance par la distillation du cinnamate de cuivre.

On l'obtient en distillant du styrax liquide avec de l'eau, recueillant l'huile qui surnage, la déshydratant sur le chlorure de calcium, et la rectifiant. Pendant la distillation, une grande partie du cinnamène liquide se convertit en *métacinnamène* solide $C^{32}H^{16}$. C'est là une propriété caractéristique du cinnamène retiré du styrax. Le cinnamène, formé par le dédoublement de l'acide cinnamique sous l'influence de la baryte, ne la possède pas.

Le cinnamène est un liquide incolore, mobile, fortement réfringent. Son odeur est analogue à celle de la benzine ; sa saveur est brûlante. Sa densité est égale à 0,924. Il bout à 145°,7. Pendant la distillation, et lorsque le premier tiers environ a passé, le thermomètre s'élève brusquement, et le résidu se prend, par le refroidissement, en une masse solide de métacinnamène (métastyrol).

GROUPE TÉRÉBIQUE ET CAMPHRES.

Il existe un très-grand nombre de carbures d'hydrogène renfermant 20 équivalents de carbone. Parmi les plus importants, il faut compter ceux qui constituent l'essence de térébenthine et ses nombreux isomères. Ces derniers renferment $C^{20}H^{16}$. Ils appartiennent à la série isologue suivante :

$C^{20}H^{20}$ décylène,
$C^{20}H^{18}$ menthène,
$C^{20}H^{16}$ térébenthène et isomères,
$C^{20}H^{14}$ cymène.

Autour de ces carbures d'hydrogène se groupent de nombreux dérivés neutres ou acides. Les dérivés oxygénés neutres sont connus sous le nom de *camphres*. Ils jouent le rôle d'alcools ou d'aldéhydes.

Le camphre le plus riche en hydrogène est le camphre de menthe ou menthol; c'est un alcool. Le camphre de Bornéo ou bornéol joue de même le rôle d'un alcool, et ne se distingue du premier que par 2 atomes d'hydrogène en moins.

Enfin, le thymol (page 602) appartient, d'après sa composition, à la même série isologue, qui comprend par conséquent les termes suivants :

$$C^{20}H^{20}O^2 \text{ menthol,}$$
$$C^{20}H^{18}O^2 \text{ bornéol,}$$
$$C^{20}H^{14}O^2 \text{ thymol.}$$

Autour de ces alcools se rangent des carbures d'hydrogène, des aldéhydes, des acides, qui offrent avec eux les mêmes relations que celles que nous avons constatées entre l'alcool benzylique, le toluène, l'aldéhyde et l'acide benzoïques (page 597). Ainsi, autour du bornéol viennent se grouper un carbure d'hydrogène, le menthène, une aldéhyde, le camphre des laurinées, un acide, l'acide camphorique :

$C^{20}H^{20}$	$C^{20}H^{20}O^2$	$C^{20}H^{18}O^2$	$C^{20}H^{18}O^4$	»
Décylène.	Menthol.	Aldéhyde campholique (inconnue).	Acide campholique.	
$C^{20}H^{18}$	$C^{20}H^{18}O^2$	$C^{20}H^{16}O^2$	$C^{20}H^{16}O^4$	$C^{20}H^{16}O^8$.
Menthène.	Bornéol.	Aldéhyde camphique ou camphre des laurinées.	Acide camphique.	Acide camphorique.

On le voit, le camphre des laurinées est au menthène ce que l'aldéhyde benzoïque est au toluène (page 597). Mais on peut encore envisager d'une autre manière les relations que tous ces corps offrent entre eux. Le camphre des laurinées ne se distingue de l'essence de térébenthine que par O^2 en plus; en fixant à son tour de l'oxygène, il se convertit en acides. Tous ces corps forment donc la série suivante :

$$C^{20}H^{16} \quad \text{essence de térébenthine,}$$
$$C^{20}H^{16}O^2 \text{ camphre des laurinées,}$$
$$C^{20}H^{16}O^4 \text{ acide camphique,}$$
$$C^{20}H^{16}O^8 \text{ acide camphorique.}$$

On constate des relations du même genre, entre le menthène, le bornéol et l'acide campholique :

$$C^{20}H^{18} \quad \text{menthène,}$$
$$C^{20}H^{18}O^2 \text{ bornéol,}$$
$$C^{20}H^{18}O^4 \text{ acide campholique.}$$

Nous allons décrire d'une manière sommaire les corps que nous venons de mentionner, en commençant par les carbures d'hydrogène si importants qui constituent l'essence de térébenthine et ses isomères.

ESSENCE DE TÉRÉBENTHINE ET ISOMÈRES.

On connaît un très-grand nombre de carbures d'hydrogène qui possèdent la composition $C^{20}H^{16}$. Les uns sont des produits naturels qui constituent, en totalité ou en partie, de nombreuses huiles essentielles. D'autres sont des produits de l'art.

Parmi ces derniers, on en connaît un qui est solide; c'est le camphène. Mais, en général, les carbures d'hydrogène $C^{20}H^{16}$, sont liquides, plus légers que l'eau. Leur point d'ébullition est situé entre 150° et 200°. Ils exercent le pouvoir rotatoire. Lorsqu'on les chauffe ou lorsqu'on les met en contact avec d'autres corps, tels que l'acide sulfurique, le chlorure de zinc, etc., ils éprouvent des modifications dans leur densité, leur point d'ébullition, leur pouvoir rotatoire, quelquefois même dans leurs propriétés chimiques. Parmi ces dernières, une des plus importantes est l'affinité qu'ils possèdent pour les hydracides, particulièrement pour l'acide chlorhydrique, avec lequel ils forment des combinaisons définies qu'on nomme *camphres artificiels*.

TÉRÉBENTHÈNES.
$C^{20}H^{16}$.

On peut désigner sous ce nom les diverses essences de térébenthine qu'on rencontre dans le commerce, et qu'on obtient en distillant avec de l'eau les *térébenthines*.

Ces dernières constituent des mélanges de résine et d'essence qui s'écoulent par des incisions qu'on pratique au tronc d'arbres appartenant aux genres *Pinus*, *Abies*, *Picea*, *Larix*. On soumet ces térébenthines à la distillation avec de l'eau. L'essence est entraînée avec les vapeurs aqueuses, et la résine reste et constitue le produit qu'on désigne sous le nom de *colophane*. Les diverses térébenthines qui existent dans le commerce (voir plus loin) ne donnent point des essences identiques par leurs propriétés. D'après les recherches de M. Berthelot, il convient de distinguer le *térébenthène* proprement dit, qui résulte de la distillation de la térébenthine de Bordeaux, provenant du *Pinus maritima*, de son isomère l'*australène*, qui existe dans les essences de térébenthine anglaises, provenant de la distillation du *Pinus australis*.

On distingue encore, dans le commerce, l'essence de térébenthine allemande, qui provient de la distillation des térébenthines récoltées sur différentes espèces de *Pinus* (**P.** *sylvestris, nigra,* **P.** *Abies*); l'essence de térébenthine de Venise, provenant de la térébenthine de Venise, fournie par le mélèze *Larix europœa;* l'essence qu'on prépare en Suisse par la distillation des pommes de pin, provenant principalement du *Pinus Pumilio.*

Térébenthène. — Pour l'obtenir à l'état de pureté, on neutralise l'essence de térébenthine française par le carbonate de soude, et on la distille ensuite au bain-marie dans le vide. C'est un liquide incolore, mobile, doué d'une odeur particulière. Il bout à 161°. Sa densité est égale à 0,864 à 16°. Il exerce le pouvoir rotatoire à gauche. [$\alpha = - 42°,3$] (page 444). Lorsqu'on le chauffe en vase clos, au-dessus de 250°, son pouvoir rotatoire change, et son point d'ébullition s'élève : il se forme une modification isomérique et un ou plusieurs carbures polymériques du térébenthène (Berthelot).

Australène ou **austra-térébenthène.** — En soumettant l'essence de térébenthine anglaise au traitement qui vient d'être indiqué pour la préparation du térébenthène, on en sépare un carbure d'hydrogène liquide et dextrogyre, qui constitue l'australène. Ce corps bout à 161°. Sa densité à 0° est égale à 0,864. Son pouvoir rotatoire spécifique est $\alpha = + 21°,5$. Lorsqu'on le chauffe en vase clos, au-dessus de 250°, il se convertit en un carbure isomérique et en un carbure polymérique, voisins de ceux qui se forment par l'action de la chaleur sur le térébenthène.

Dans la plupart des réactions, et principalement sous l'influence de l'acide chlorhydrique, l'australène se comporte comme le térébenthène.

Métamorphoses de l'essence de térébenthine. — Lorsqu'on expose l'essence de térébenthine à l'air, elle absorbe peu à peu l'oxygène, jaunit et finit par se résinifier. Cette oxydation lente donne lieu à une production d'ozone dont l'essence se charge. Elle possède alors des propriétés oxydantes (Tome I, page 42). Parmi les produits de l'oxydation lente de l'essence de térébenthine, on a signalé l'acide formique et l'acide acétique. Cette oxydation s'accomplit d'une manière plus active lorsqu'on chauffe l'essence de térébenthine, au contact de l'air, avec de la litharge.

L'acide azotique concentré oxyde l'essence de térébenthine avec une énergie telle que le mélange peut s'enflammer. Lorsqu'on la soumet à une ébullition prolongée avec l'acide azotique étendu, il se forme de l'acide téréphtalique (page 592), de l'acide térébique $C^{14}H^{10}O^8$ et d'autres produits (Cailliot).

Au contact d'un mélange d'alcool et d'acide azotique, l'essence de térébenthine fixe de l'eau et se convertit en hydrate de terpine solide.

Lorsqu'on mélange l'essence de térébenthine avec $\frac{1}{20}$ de son poids d'acide sulfurique concentré et qu'on agite le mélange, elle se convertit en un carbure isomérique, le *térébène*, et en un carbure polymérique, le *colophène* ou *ditérébène* (H. Deville). On peut les séparer l'un de l'autre par distillation fractionnée.

Le térébène $C^{20}H^{16}$ est un liquide incolore, doué d'une odeur de thym. Sa densité est égale à 0,864 à 8°. Il bout à 156°. Il est optiquement inactif. Il se combine avec l'acide chlorhydrique pour former un chlorhydrate liquide.

Le colophène $C^{40}H^{32}$ est un liquide incolore par transmission et qui présente des reflets bleu indigo à la lumière réfléchie. Sa densité est égale à 0,940. Il bout entre 310 et 315°. Il est optiquement inactif.

Un grand nombre d'autres corps font éprouver à l'essence de térébenthine des modifications analogues. Parmi ceux dont l'action est la plus énergique, il faut citer le fluorure de bore, dont 1 partie convertit 160 parties de térébenthène en modifications polymériques. Des acides minéraux faibles, tels que l'acide borique, des acides organiques, des chlorures, tels que les chlorures de zinc et de calcium, etc., agissent d'une manière semblable, mais plus faible. Indépendamment du térébène et du ditérébène qui résultent de ces modifications, il faut citer un carbure d'hydrogène liquide bouillant vers 260°, inactif, et qui constitue probablement le *sesquitérébène* $C^{30}H^{24}$. Il se forme même, dans ces actions, des carbures bouillant à 360°, et qui offrent une condensation supérieure à celle du ditérébène (Berthelot).

Les hydracides se combinent avec l'essence de térébenthine pour former des composés anologues aux iodhydrates d'amylène (page 185) et de butylène (page 435). Ces combinaisons s'accomplissent en diverses proportions : nous allons décrire les plus importantes.

CHLORHYDRATES DE TÉRÉBENTHÈNE.

On en connaît trois, savoir :

un monochlorhydrate solide.. $C^{20}H^{16},HCl$ lévogyre,
un monochlorhydrate liquide $C^{20}H^{16},HCl$ lévogyre,
un bichlorhydrate solide..... $C^{20}H^{16},2HCl$ inactif.

Monochlorhydrate de térébenthène solide. — Ce corps, qui est connu sous le nom de *camphre artificiel*, a été découvert en 1803 par Kindt. Pour le préparer, on dirige un courant de gaz chlorhydrique sec à travers de l'essence de térébenthine refroidie. Le liquide brunit et laisse déposer des cristaux. On les sépare, on les comprime entre des doubles de papier, on les dissout dans l'alcool et on précipite par l'eau la solution alcoolique. On dessèche le produit solide qui s'est séparé.

Le monochlorhydrate de térébenthène se présente sous forme de petits cristaux parfaitement incolores, doués d'une odeur analogue à celle du camphre. Il fond à 115° et entre en ébullition à 165° en se décomposant. A la température ordinaire, il possède une tension de vapeur suffisante pour se sublimer, comme le camphre, en petits cristaux brillants, dans les vases où on le conserve. Il est insoluble dans l'eau et exécute des mouvements giratoires lorsqu'on le projette en petits fragments sur la surface de ce liquide.

Lorsqu'on chauffe le monochlorhydrate de térébenthène de 200 à 220° avec du savon sec ou avec du benzoate de soude, on lui enlève HCl et on le convertit en un carbure d'hydrogène solide, le *térécamphène*. Ce corps, qui est isomérique avec le térébenthène, constitue une masse cristalline, fusible à 46°. Il bout à 160°. Il est lévogyre. Exposé à l'air au contact du noir de platine, il se convertit en un corps oxygéné $C^{20}H^{16}O^2$, très-voisin du camphre ou identique avec lui (Berthelot).

Lorsqu'on distille le monochlorhydrate de térébenthène à plusieurs reprises avec la chaux, il abandonne de même HCl et se convertit en térébène (*camphilène* ou *dadyle*) et en polymères du térébène. Il se forme en même temps une petite quantité de camphène inactif.

Les isomères du térébenthène peuvent former de même des monochlorhydrates solides, mais différant par leur pouvoir rotatoire du monochlorhydrate de térébenthène. Ainsi l'australène forme un monochlorhydrate solide qui dévie le plan de polarisation à droite. De ce monochlorhydrate M. Berthelot a séparé un *austra-camphène* solide et dextrogyre. Il a aussi décrit un camphène solide et inactif.

Monochlorhydrate liquide. — Il existe dans le liquide qu'on a décanté des cristaux du camphre artificiel. Une nouvelle quantité de cristaux se dépose lorsqu'on refroidit ce liquide à — 10°. Le même chlorhydrate liquide se forme par l'action du gaz chlorhydrique sur le térébène. Convenablement purifié, ce corps constitue une huile incolore d'une densité de 1,017. Il dévie le plan de polarisation à gauche.

Bichlorhydrate de térébenthène. — Ce corps se forme lorsqu'on laisse l'essence de térébenthine pendant un mois en contact avec l'acide chlorhydrique très-concentré, ou encore lorsqu'on dirige un courant de gaz chlorhydrique à travers une solution alcoolique ou éthérée d'essence de térébenthine, et qu'on abandonne le liquide à l'air après y avoir ajouté de l'eau.

Le bichlorhydrate de térébenthène se forme aussi lorsqu'on traite l'hydrate de térébenthène (terpine) par l'acide chlorhydrique.

Il est identique ou isomérique avec le camphre artificiel d'essence de citron $C^{20}H^{16},2HCl$.

Il cristallise en tables rhomboïdales fusibles à 50°. Lorsqu'on le chauffe, il laisse dégager de l'acide chlorhydrique. Il est insoluble dans l'eau et se dissout dans l'alcool froid.

Par l'ébullition avec l'eau, l'alcool et la potasse alcoolique, il se convertit en terpinol. Le potassium le décompose en mettant en liberté une huile douée de l'odeur de l'essence de citron.

On connaît des combinaisons du térébenthène et de ses isomères avec les acides bromhydrique et iodhydrique.

HYDRATE DE TÉRÉBENTHÈNE OU TERPINE.

$C^{20}H^{20}O^4 + H^2O^2.$

Lorsqu'on abandonne l'essence de térébenthine longtemps dans des flacons mal bouchés, il s'en dépose des cristaux qui résultent de la fixation de $3H^2O^2$ sur le térébenthène (Dumas et Peligot). M. Wiggers a observé que ce corps se forme en abondance lorsqu'on abandonne à lui-même, en l'agitant fréquemment, un mélange de 8 parties d'essence de térébenthine, de 2 parties d'acide azotique d'une densité de 1,25 à 1,3, et de 1 partie d'alcool à 80° cent. Il se forme des cristaux bruns qu'on comprime entre du papier et qu'on purifie par plusieurs cristallisations dans l'alcool.

La terpine cristallise en prismes rhomboïdaux droits, brillants. Elle est sans odeur, sans saveur, sans action sur la lumière polarisée. Sa densité est égale à 1,0994. Elle se dissout dans 200 parties d'eau froide et dans 22 parties d'eau bouillante. Elle est plus soluble dans l'alcool et dans l'éther. A 100°, elle perd son eau de cristallisation et constitue alors le corps $C^{20}H^{20}O^4$, qui est au bichlorhydrate $C^{20}H^{16},H^2Cl^2$ ce que l'hydrate d'amylène (page 185) est au chlorhydrate d'amylène.

$$\left.\begin{array}{c}[C^{10}H^{10},H]' \\ H\end{array}\right\}O^2 \qquad \left.\begin{array}{c}[C^{20}H^{16},H^2]'' \\ H^2\end{array}\right\}O^4.$$

Hydrate d'amylène.   Bihydrate de térébenthène.

Si l'hydrate d'amylène est un pseudoalcool, l'hydrate de terpine se comporte comme un pseudoglycol. M. Oppenheim a fait connaître une combinaison acétique

$$\left.\begin{array}{c}[C^{20}H^{16},H^2]'' \\ (C^4H^3O^2) \\ H\end{array}\right\}O^4,$$

qu'il a obtenue en chauffant à 140° un mélange de terpine et d'acide acétique anhydre.

La terpine sèche fond à 103° et se sublime, dans un courant d'air, entre 150 et 155°. Distillée avec l'acide phosphorique anhydre, elle se convertit en térébène et en ditérébène. L'acide chlorhydrique la convertit en bichlorhydrate solide $C^{20}H^{16},2HCl$.

L'eau-mère d'où les cristaux de terpine se sont déposés renferme un monohydrate

$$C^{20}H^{18}O^2 = \left.\begin{array}{c}[C^{20}H^{16},H]' \\ H\end{array}\right\}O^2$$

qui se présente sous forme d'une huile déviant le plan de polarisation à gauche.

Enfin, lorsqu'on ajoute à la solution de terpine dans l'eau chaude une petite quantité d'acide chlorhydrique ou sulfurique et qu'on distille, il passe une huile oxygénée qu'on nomme *terpinol*. Ce corps renferme $C^{40}H^{32},H^2O^2$. On peut l'envisager comme l'éther du monohydrate.

$$\left.\begin{array}{c}[C^{20}H^{16},H]' \\ H\end{array}\right\}O^2 \qquad \left.\begin{array}{c}[C^{20}H^{16},H] \\ [C^{20}H^{16},H]\end{array}\right\}O^2.$$

Monohydrate   Terpinol.
de térébenthène.

Le terpinol est doué d'une odeur agréable de jacinthe. Il bout à 168°. Densité = 0,852.

PRINCIPAUX ISOMÈRES DE L'ESSENCE DE TÉRÉBENTHINE.

Indépendamment des modifications isomériques de l'essence de térébenthine que nous avons déjà décrites, on en connaît beaucoup d'autres, les unes artificielles, les autres naturelles. Ces dernières constituent un certain nombre d'essences, ou existent dans des huiles essentielles à l'état de mélange avec d'autres corps. Nous nous bornerons à mentionner les suivantes :

Essence de citron. — On l'obtient en exprimant les écorces de citron (*Citrus medica*) ou en les distillant avec de l'eau.

C'est un liquide limpide, mobile, doué d'une odeur très-agréable. Il dévie le plan de polarisation à droite. Densité 0,85. Point d'ébullition, 170° environ. L'essence de citron se combine avec le gaz chlorhydrique pour former un camphre solide $C^{20}H^{16},2HCl$.

On retire des écorces d'oranges une huile essentielle analogue à l'essence de citron (Soubeiran et Capitaine).

Essence de bergamotte. — On l'obtient en soumettant à la presse le zeste des bergamottes (fruits du *Citrus Bergamia*).

Après avoir été distillée avec de l'eau, cette huile est limpide et mobile. Elle possède une odeur agréable. Elle bout de 183 à 195°.

Essence de néroli. — On nomme ainsi l'huile essentielle obtenue par la distillation des fleurs d'oranger avec de l'eau. Récemment préparée, elle est incolore, mais elle se colore à l'air. Elle paraît être un mélange de deux corps, car elle laisse déposer à la longue une matière solide oxygénée qu'on nomme *camphre de néroli*.

Essence de genièvre. — On l'obtient en distillant avec de l'eau les baies de genièvre (*Juniperus communis*) mûres, après les avoir écrasées. Huile jaunâtre limpide, douée d'une odeur de genièvre. Densité 0,84 à 0,88. Point d'ébullition, 155°-282°.

Essence de sabine. — On l'extrait des feuilles et des jeunes branches de sabine (*Juniperus Sabina*). Densité 0,89 à 0,94. Point d'ébullition, 155°-161°.

Essence de lavande. — On l'obtient en distillant avec de l'eau les fleurs et les feuilles du *Lavandula angustifolia*. Celle qu'on retire du *Lavandula latifolia* renferme, indépendamment de l'hydrocarbure $C^{20}H^{16}$, un camphre qui se comporte comme le camphre ordinaire.

Essence de cubèbes $C^{30}H^{24}$. — On la retire du cubèbe (*Piper Cubeba*). Densité 0,929. Point d'ébullition 250° à 260°.

Essence de copahu $C^{20}H^{16}$ ou $C^{30}H^{24}$. — On l'obtient en distillant le baume de copahu avec de l'eau. C'est une huile incolore, fluide, qui se solidifie en partie à —26°. Elle dévie le plan de polarisation à gauche. Elle bout entre 245 et 260°.

Essence d'élémi $C^{20}H^{16}$. — On l'obtient en distillant la résine élémi avec de l'eau. Elle est incolore et fluide. Elle bout à 166°. Elle dévie le plan de polarisation à gauche.

Essence de poivre $C^{20}H^{16}$. — On l'obtient en distillant le poivre noir (*Piper nigrum*) avec de l'eau. Elle bout à 167°. Densité = 0,864.

Essence de girofle. — On l'extrait de la fleur non épanouie du giroflier des Moluques (*Caryophyllus aromaticus*). C'est un mélange d'un hydrocarbure $C^{20}H^{16}$ avec une huile oxygénée acide. Ce dernier corps est l'*acide eugénique* $C^{20}H^{12}O^4$ (?).

Parmi les autres isomères de l'essence de térébenthine, nous citerons encore les essences de *basilic*, de *Bornéo* (hydrocarbure contenu dans le camphre de Bornéo brut), de *bouleau*, de *camomille*, de *caoutchouc* (obtenue par la distillation sèche du caoutchouc), de *coriandre*, de *gingembre*, de *houblon*, de *laurier*, de *persil*, de *Tolu*, de *valériane*, de *thym*. Cette dernière essence est un mélange de thymol et d'un carbure d'hydrogène $C^{20}H^{16}$.

CAMPHRE DE MENTHE OU MENTHOL.

$C^{20}H^{20}O^2$.

En distillant la menthe poivrée (*Mentha piperita*) avec de l'eau, on obtient une huile essentielle qui laisse déposer ce camphre à une basse température.

Il se présente sous forme de beaux prismes transparents, brillants, fusibles à 36°,5. Il bout à 208° (213°). Il est peu soluble dans l'eau, très-soluble dans l'alcool, l'éther, les huiles grasses et volatiles. Il dévie le plan de polarisation à gauche.

D'après les recherches de M. Oppenheim, il joue le rôle d'un alcool ou plutôt d'un pseudoalcool analogue à l'hydrate d'amylène (page 185).

Traité par les acides chlorhydrique et bromhydrique, il élimine de l'eau et forme un chlorure ou un bromure de menthyle (chlorhydrate ou bromhydrate de menthène) (Oppenheim) :

$$[C^{20}H^{18},H]HO^2 \ + \ HCl \ = \ [C^{20}H^{18},H]Cl \ + \ H^2O^2.$$

Hydrate de menthène (menthol).   Chlorhydrate de menthène.

Le sulfure de potassium décompose le chlorhydrate de menthène. Il se forme du chlorure de potassium, de l'hydrogène sulfuré et du menthène. Mis en liberté par ce procédé, le menthène est doué du pouvoir rotatoire. Il dévie le plan de polarisation à droite (Oppenheim).

Lorsqu'on le chauffe avec de l'acide acétique, le menthol se convertit en acétate de menthène (Oppenheim).

$$\left.\begin{matrix}[C^{20}H^{18},H] \\ H\end{matrix}\right\}O^2 \ + \ \left.\begin{matrix}C^4H^3O^2 \\ H\end{matrix}\right\}O^2 \ = \ \left.\begin{matrix}[C^{20}H^{18},H]' \\ C^4H^3O^2\end{matrix}\right\}O^2 \ + \ H^2O^2.$$

Menthol.   Acide acétique.   Acétate de menthène.

Lorsqu'on le chauffe avec du chlorure de zinc, le menthol perd de l'eau et se convertit en menthène optiquement inactif. Distillé avec du perchlorure de phosphore, il donne du chlorhydrate de menthène.

Menthène $C^{20}H^{18}$. — Ce corps se forme lorsqu'on chauffe le menthol avec de l'acide sulfurique ou avec de l'acide phosphorique anhydre, ou avec du chlorure de zinc.

$$C^{20}H^{20}O^2 = C^{20}H^{18} + H^2O^2.$$
$$\text{Menthol.} \qquad \text{Menthène.}$$

C'est un liquide mobile, doué d'une odeur agréable. Sa densité est égale à 0,851 à 21°. Il bout à 163°. Il est insoluble dans l'eau et exige une assez grande quantité d'alcool et d'éther pour former une solution limpide. Il est optiquement inactif. M. Oppenheim en a fait connaître une modification active (page 616).

CAMPHRE DE BORNÉO OU BORNÉOL.

$C^{20}H^{18}O^2$.

Ce camphre, qui a été d'abord signalé par M. Pelouze, s'extrait du *Dryobalanops aromatica*, arbre qui croît dans les îles de Sumatra et de Bornéo. Le bornéol se rencontre aussi en petite quantité dans l'essence de valériane humide, où il paraît se former par l'hydratation de l'hydrocarbure $C^{20}H^{16}$ (bornéène) contenu dans cette essence (Gerhardt).

En chauffant le camphre ordinaire pendant huit à dix heures avec une solution alcoolique de potasse de 180 à 200°, M. Berthelot a obtenu du camphate de potasse et du bornéol, réaction qui rappelle le dédoublement des aldéhydes benzoïque et cuminique dans les mêmes circonstances.

$$2C^{20}H^{16}O^2 + KHO^2 = C^{20}H^{15}KO^4 + C^{20}H^{18}O^2.$$
$$\text{Camphre.} \qquad\qquad \text{Camphate} \qquad \text{Bornéol.}$$
$$\text{potassique.}$$

Le bornéol ainsi obtenu possède toutes les propriétés du bornéol naturel. Seulement son pouvoir rotatoire est plus considérable (Berthelot).

Enfin, le bornéol se forme, en petite quantité, lorsqu'on distille le succin avec de la potasse étendue (Berthelot et Buignet). Il se distingue du bornéol naturel par son pouvoir rotatoire plus faible.

Le bornéol se présente en petits cristaux incolores, transparents, très-friables. Son odeur rappelle à la fois celle du camphre ordinaire et celle du poivre. Sa saveur est brûlante. Il fond à 198° et bout à 212° (vers 220° d'après M. Berthelot). Il dévie le plan de polarisation à droite.

Il est insoluble dans l'eau, très-soluble dans l'alcool et dans l'éther.

Chauffé avec de l'acide azotique, il se convertit en camphre ordinaire (Pelouze).

$$C^{20}H^{18}O^2 \;+\; O^2 \;=\; C^{20}H^{16}O^2 \;+\; H^2O^2.$$
$$\text{Bornéol.} \qquad\qquad\qquad \text{Camphre.}$$

Lorsqu'on distille le bornéol avec de l'acide phosphorique anhydre, il passe un carbure d'hydrogène $C^{20}H^{16}$ isomérique avec l'essence de térébenthine : c'est le *bornéène*.

Lorsqu'on le chauffe à 100° avec un excès d'acide chlorhydrique concentré, le bornéol se convertit en un chlorhydrate

$$C^{20}H^{17}Cl = C^{20}H^{16},HCl,$$

solide, isomérique avec le chlorhydrate de térébenthène.

M. Berthelot a décrit des combinaisons de bornéol avec les acides stéarique et butyrique. Tous ces composés caractérisent le bornéol comme alcool ou pseudoalcool monoatomique.

Il existe dans l'huile de garance (résidus de la distillation de l'alcool de garance) un bornéol identique par ses propriétés chimiques avec le camphre de Bornéo, mais qui dévie le plan de polarisation à gauche (Jeanjean).

———

Les huiles essentielles de cajeput et de coriandre renferment un principe oxygéné, isomérique avec le camphre de Bornéo.

CAMPHRE ORDINAIRE OU CAMPHRE DES LAURINÉES.

Le camphre a été importé en Europe au v° siècle par les Arabes. On le rencontre dans toutes les parties du *Laurus Camphora*, arbre de la Chine, du Japon et des îles de la Sonde. Pour préparer le camphre, on distille avec de l'eau le bois du *Laurus Camphora*, préalablement divisé en éclats. L'opération s'exécute dans des alambics en fer recouverts de chapiteaux que l'on remplit de paille de riz. Le camphre, entraîné par les vapeurs d'eau, vient se condenser dans la paille, sous forme de petits cristaux grisâtres. On expédie le camphre brut en Europe, où on le raffine, en le sublimant dans des matras de verre chauffés sur un bain de sable.

Le camphre prend aussi naissance par l'oxydation du bornéol (voir plus haut) par la fixation de l'oxygène sur le camphène $C^{20}H^{16}$, sous l'influence du noir de platine (page 612) [Berthelot], etc.

Propriétés. — Le camphre se présente en masses cristallines demi-transparentes. Son odeur est forte et aromatique; sa saveur chaude, amère et brûlante. Sa densité est égale à 1,0 à 0°; à 10°, elle est de 0,992. Il fond à 175° et bout sans altération à 214°. A la température ordinaire il possède une tension de vapeur suffisante pour qu'il se sublime spontanément dans les vases où on le conserve. Il forme dans ce cas des tables hexagonales.

Seul, il se réduit difficilement en poudre; mais la pulvérisation s'effectue aisément après qu'on l'a arrosé avec quelques gouttes d'alcool. Le camphre est très-peu soluble dans l'eau, qui n'en prend que $\frac{1}{1000}$ de son poids. Projeté en menus fragments à la surface de ce liquide, il y exécute des mouvements giratoires. Il se dissout dans l'alcool, dans l'éther, dans l'acide acétique, dans les huiles grasses et volatiles. La solution alcoolique dévie le plan de polarisation à droite; $[\alpha] = +47°4$ pour une longueur de 100 millimètres.

Le camphre est inflammable et brûle avec une flamme fuligineuse.

Lorsqu'on dirige sa vapeur sur de la chaux sodée, chauffée vers 300°, le camphre se convertit en acide campholique (Delalande).

$$C^{20}H^{16}O^2 + NaHO^2 = C^{20}H^{17}NaO^4.$$
Camphre.   Campholate sodique.

La potasse alcoolique le dédouble vers 180° en acide camphique et en bornéol (page 617).

Chauffé avec de l'acide phosphorique anhydre ou avec du chlorure de zinc, il perd de l'eau et se convertit en cymène.

Il absorbe le gaz chlorhydrique en produisant une huile que l'eau décompose instantanément en mettant le camphre en liberté.

L'acide azotique froid le dissout en formant une liqueur oléagineuse que l'eau décompose en précipitant le camphre.

Lorsqu'on soumet le camphre à l'ébullition avec l'acide azotique, il s'oxyde et forme de l'acide camphorique

$$C^{20}H^{16}O^2 + O^6 = C^{20}H^{16}O^8.$$
Camphre.   Acide camphorique.

Chauffé à 100° avec 2 molécules de perchlorure de phosphore, il se convertit en un composé chloré, solide $C^{20}H^{16}Cl^2$.

$$C^{20}H^{16}O^2 + PhCl^5 = PhO^2Cl^3 + C^{20}H^{16}Cl^2.$$
Camphre.   Perchlorure   Oxychlorure
de phosphore.   de phosphore.

Lorsqu'on le chauffe à 60° avec une seule molécule de perchlorure de phosphore, on obtient un composé $C^{20}H^{15}Cl$.

Action sur l'économie animale. — Le camphre est employé en médecine comme sédatif. Il ralentit d'abord la circulation. A dose très-élevée, il peut même déterminer des accidents de stupeur et de collapsus plus effrayants que dangereux. A l'effet sédatif succède parfois une action stimulante, surtout lorsque le camphre a été administré à haute dose.

Le camphre est réputé antiseptique. On le dit aussi antispasmodique. On l'administre sous diverses formes, soit à l'intérieur, soit pour l'usage externe. On le fume dans des tuyaux de plume ou de paille. Il est souvent prescrit en frictions contre les douleurs rhumatismales, les contusions, les entorses. L'eau-de-vie camphrée qu'on obtient en dissolvant 1 partie de camphre dans 40 parties d'alcool à 56° cent. est un remède populaire.

Indépendamment du camphre que nous venons de décrire, il existe un camphre lévogyre et un camphre inactif. Le premier se dépose de l'essence de matricaire (*Matricaria Parthenium*) lorsqu'on refroidit à — 5°. Le bornéol lévogyre (page 618) fournit de même un camphre lévogyre lorsqu'on le traite par l'acide azotique.

Les essences de plusieurs labiées telles que le romarin, la marjolaine, la lavande, la sauge, laissent souvent déposer une matière camphrée (Proust). Le camphre de lavande possède, d'après M. Dumas, la même composition que le camphre des laurinées, mais il est optiquement inactif (Biot).

ACIDE CAMPHOLIQUE.

$$C^{20}H^{18}O^4.$$

Delalande a obtenu cet acide en introduisant au fond d'un tube bouché du camphre, puis de la chaux sodée, fermant ensuite le tube à la lampe et faisant passer le camphre en vapeur sur la chaux sodée, chauffée de 300 à 400° (page 619).

Sous l'influence de cette température élevée et de la pression augmentée, les éléments du camphre se fixent sur la chaux sodée. En épuisant la masse par l'eau bouillante, on dissout du campholate de soude, dont l'acide chlorhydrique sépare l'acide campholique. Cet acide est solide, blanc, cristallisable, fusible à 80°. Il bout à 250°. Il est insoluble dans l'eau, soluble dans l'alcool et dans l'éther.

ACIDE CAMPHIQUE.
$$C^{20}H^{16}O^4.$$

Cet acide se forme en même temps que le bornéol lorsqu'on chauffe pendant longtemps le camphre à 100° avec une solution alcoolique de potasse (page 617). Vers 180° ou 200°, le dédoublement a lieu en quelques heures. On reprend la masse par l'eau, qui laisse le bornéol et dissout l'excès de potasse, ainsi que le camphate alcalin. On évapore la liqueur et on la sature par l'acide sulfurique faible. On sépare la plus grande partie du sulfate de potasse par cristallisation, et on épuise le résidu par l'alcool, qui dissout le camphate. On décompose ce sel par l'acide sulfurique, qui en sépare l'acide camphique sous forme d'une masse blanche, presque solide, insoluble dans l'eau, très-soluble dans l'alcool (Berthelot).

ACIDE CAMPHORIQUE.
$$C^{20}H^{16}O^8.$$

On prépare cet acide en faisant bouillir le camphre, dans une cornue munie d'un récipient, avec 8 à 10 fois son poids d'acide azotique concentré, et en cohobant fréquemment jusqu'à ce que tout soit dissous. On évapore la liqueur. L'acide camphorique cristallise par le refroidissement. On le dissout dans le carbonate de potasse, pour séparer une certaine quantité de camphre non décomposé; puis on précipite la solution concentrée par l'acide azotique. L'acide camphorique se dépose. On le purifie par cristallisation dans l'eau bouillante.

L'acide camphorique se présente en petits prismes rhomboïdaux qui sont sans odeur et qui possèdent une saveur acide faible. Il fond à 62°,5, et se sublime à une température élevée en se dédoublant en eau et en *anhydride camphorique* $C^{20}H^{14}O^6$.

Il est peu soluble dans l'eau froide et se dissout aisément dans l'eau bouillante, dans l'alcool et dans l'éther.

L'acide camphorique préparé avec le camphre des laurinées dévie le plan de polarisation à droite : c'est l'acide *dextrocamphorique* ou camphorique droit. On connaît un acide *lévocamphorique* ou camphorique gauche qui dévie le plan de polarisation à gauche. On l'obtient par l'oxydation du camphre lévogyre (page 620). Les pouvoirs rotatoires de ces deux acides (dissous dans l'alcool ou dans l'acide acétique) sont égaux et opposés; $[\alpha] = \pm 38°$ à 39°.

Lorsqu'on évapore une solution renfermant parties égales d'acide camphorique droit et d'acide camphorique gauche, on obtient un acide optiquement neutre, qu'on nomme l'acide *paracamphorique* (Chautard). Ces relations rappellent celles qui ont été découvertes par M. Pasteur entre les acides tartrique droit, tartrique gauche et paratartrique.

Lorsqu'on chauffe l'acide camphorique avec de l'acide phosphorique sirupeux à 195°, il se dégage de l'oxyde de carbone et il se forme deux carbures d'hydrogène, le *campholène* $C^{18}H^{16}$ bouillant à 123°, et le *camphyle* $C^{36}H^{30}$ qui bout à 250°.

Ingéré dans l'estomac, l'acide camphorique traverse l'économie sans altération.

C'est un acide bibasique. Le camphorate de chaux donne par la distillation sèche de la *phorone* (page 252).

$$C^{20}H^{14}Ca^2O^8 = Ca^2C^2O^6 + C^{18}H^{14}O^2.$$

Camphorate calcique.   Carbonate de chaux.   Phorone.

HUILES ESSENTIELLES.

Nous avons décrit, en traitant des combinaisons aromatiques, un grand nombre de composés organiques, hydrocarbures, aldéhydes, alcools, acides, etc., qu'on réunissait autrefois sous la dénomination générale d'*huiles essentielles ou d'essences*. On désignait sous ce nom des corps doués d'une odeur aromatique, d'une saveur âcre et forte, volatils et passant à la distillation avec les vapeurs aqueuses, peu ou point solubles dans l'eau, solubles dans l'alcool et dans l'éther, capables de dissoudre eux-mêmes des résines, des corps gras et même du phosphore et du soufre, et produisant sur le papier des taches passagères.

On divisait ces huiles essentielles en essences hydrocarbonées (essence de térébenthine, etc.,), en essences oxygénées (essence d'amandes amères, camphres, etc.,) et en essences sulfurées (essences d'ail, de moutarde, pages 198 et 199).

On a reconnu qu'un grand nombre d'entre elles étaient des mélanges ordinairement formés par des hydrocarbures tenant en dissolutions des principes oxygénés.

Ceux-ci se déposent quelquefois à l'état solide lorsqu'on abandonne les huiles à elles-mêmes ou qu'on les soumet au refroidissement. On nommait *stéaroptènes* ou *camphres* ces parties solides et en général les essences concrètes, et *élæoptènes* les parties qui demeuraient liquides.

La densité des huiles essentielles varie de 0,759 à 1,096. La plupart sont plus légères que l'eau, quelques-unes sont plus denses ; telles sont les essences de cannelle, de girofles, de sassafras.

Leur couleur varie : quelques-unes sont incolores, d'autres sont colorées en jaune plus ou moins foncé ; l'essence d'absinthe est verte, celle de camomille est d'un bleu foncé. En général elles se colorent à l'air ; quelques-unes absorbent de l'oxygène et se résinifient.

Préparation. — On prépare les huiles essentielles en soumettant les plantes ou les produits végétaux qui les renferment à la distillation avec de l'eau. Leur point d'ébullition est ordinairement situé bien au delà de 100° ; mais leur tension de vapeur, à cette température, est suffisante pour qu'elles soient entraînées avec les vapeurs aqueuses.

Le procédé le plus ordinaire consiste à soumettre les plantes à un courant de vapeur d'eau. Pour cela, on peut se servir d'un alambic ordinaire muni d'un bain-marie A (*fig.* 51).

Celui-ci est traversé par un courant de vapeur d'eau qui y est amené par le tube T, T′ T″. Le coude extérieur T de ce tube va s'adapter à la douille de la cucurbite dans laquelle on fait bouillir l'eau et qui représente, en quelque sorte, le générateur. Le tube T pénètre dans le bain-marie à la partie supérieure de celui-ci, là où il s'élève au-dessus de la cucurbite ; il descend ensuite le long de la paroi intérieure du bain-marie, se recourbe et vient s'ouvrir en T″ au milieu du fond. Les plantes sont introduites dans le bain-marie, et reposent sur un diaphragme (*fig.* 51) que l'on y descend et que l'on fixe au-dessus de l'ouverture T″ qui amène la vapeur.

L'appareil étant ainsi disposé, on recouvre le bain-ma-

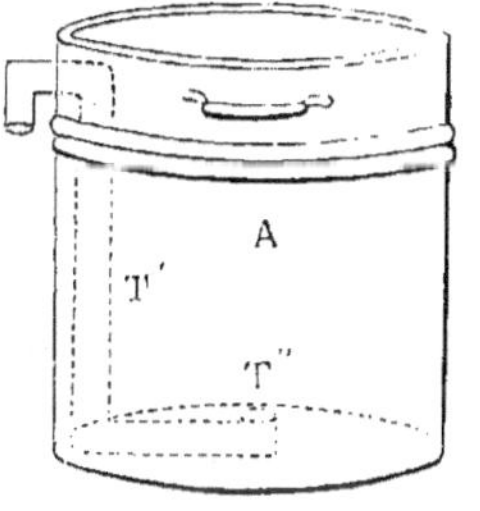

Fig. 51.

rie de son chapiteau, on adapte le serpentin et l'on procède à la distillation. Les vapeurs d'eau qui entraînent l'huile essentielle s'élèvent dans le chapiteau, et se condensent dans le serpentin ; l'eau condensée, ordinairement troublée par les gouttelettes de l'huile essentielle, est reçue dans un récipient particulier qu'on nomme *récipient florentin*. Il présente la forme d'une carafe ordinaire (*fig.* 52) au fond de laquelle vient s'adapter une tubulure qui monte le long de la carafe et se recourbe en col de cygne, de telle

Fig. 52.

sorte que la tangente à la courbure supérieure rencontre la carafe à quelque distance au-dessous du goulot. On comprend le but de cette ingénieuse disposition. L'eau et l'essence se rassemblent dans la carafe; l'essence, plus légère, surnage. A mesure que la distillation marche, le niveau du liquide s'élève non-seulement dans la carafe, mais encore dans la branche latérale; mais, sauf une petite quantité d'essence qui peut y pénétrer au commencement de l'opération, l'eau seule peut s'élever dans le col de cygne dès que le niveau de l'essence a dépassé, dans la carafe, l'orifice inférieur du tube recourbé. Le liquide continuant à s'élever dans les deux vases communiquants, il arrive un moment où l'eau déborde par le bec du col de cygne; le niveau demeure alors stationnaire, et l'eau seule s'écoule à mesure qu'elle arrive, tandis que l'essence, plus légère, s'accumule dans le col de la carafe.

On a modifié récemment la forme du récipient florentin, de

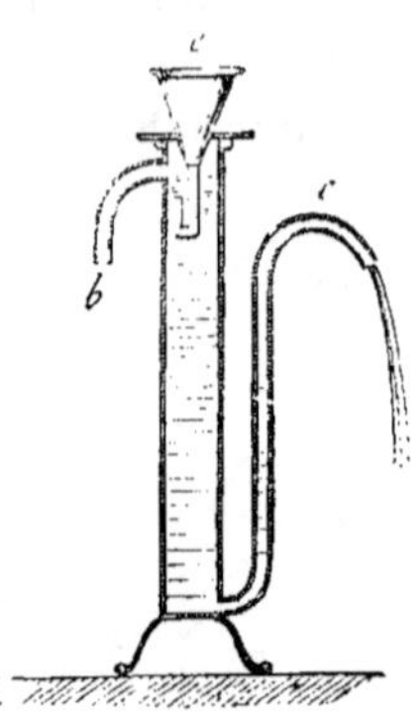

Fig. 53.

telle sorte que l'essence elle-même s'écoule, pendant la durée de l'opération, par un bec *b* pratiqué à la partie supérieure du récipient, comme le montre la *fig.* 53. L'eau s'écoule par le col de cygne *c*. L'eau et l'essence arrivent dans l'éprouvette par un entonnoir *e*.

Il est avantageux de se servir, pour distiller, d'une eau déjà saturée d'huile essentielle par une première opération. On augmente ainsi le rendement, peut-être aux dépens de la qualité; car on a remarqué que les huiles essentielles sont plus suaves quand on les a obtenues sans avoir recours aux anciens produits.

Quelquefois on emploie l'eau salée pour la distillation de certaines essences. Ainsi on prépare l'essence de cannelle en introduisant dans la cucurbite d'un alambic de l'eau salée et de la cannelle, et en distillant, après avoir fait macérer pendant deux jours. L'addition du sel marin a pour but de retarder le point d'ébullition de l'eau et de favoriser la volatilisation de l'essence.

Ajoutons que les essences plus denses que l'eau se rassemblent au fond du récipient florentin.

Nous avons déjà fait remarquer que les huiles essentielles contenues dans le zeste des Hespéridées se préparent par expression.

On fait un grand usage des huiles essentielles en parfumerie. On les emploie aussi en pharmacie. On les applique en frictions. Plus souvent on les associe au sucre sous forme d'élæo-saccharum, on les administre sous forme de sirops, on s'en sert pour aromatiser les pastilles et les tablettes. On nomme *alcoolats* des solutions alcooliques d'huiles essentielles ; on les obtient en distillant avec de l'alcool des végétaux chargés de principes aromamatiques.

Eaux distillées. — Les solutions aqueuses des huiles essentielles constituent *les eaux distillées*. Bien qu'elles soient peu chargées, elles possèdent généralement, à un degré assez prononcé, l'odeur de la plante ou de la substance aromatique qui a servi à leur préparation. On les obtient, comme produits accessoires de la fabrication des huiles essentielles. D'autres fois, on en fait l'objet d'une préparation spéciale. On a soin dans ce cas, de séparer, par un filtre de papier mouillé, l'huile volatile qui a passé avec l'eau. Le procédé qui sert à les obtenir est celui que nous avons décrit en traitant de la préparation des huiles essentielles. Quelquefois on se contente de distiller simplement les plantes avec de l'eau, en les plongeant au milieu de ce liquide, dans la cucurbite. Il est avantageux de les placer dans un seau percé de trous qui plonge dans l'eau de l'alambic.

Les eaux distillées qui ont été préparées à feu nu contractent une odeur peu agréable qui se mêle à leur arome propre. Cette odeur se perd à la longue.

Les eaux distillées s'altèrent rapidement, surtout lorsqu'elles sont exposées à la lumière. Elles perdent leur odeur, laissent déposer des flocons, et finissent par éprouver la putréfaction. Un des produits constants de cette décomposition est l'acide acétique. La formation de cet acide entraîne des inconvénients lorsqu'on se sert, pour le transport et la conservation des eaux distillées, d'*estagnons* en cuivre. Il se forme alors de l'acétate de cuivre qui se dissout dans l'eau distillée.

RÉSINES.

En attirant l'oxygène de l'air, beaucoup d'huiles essentielles s'épaississent et se convertissent en matières résineuses plus ou moins solides. Cette transformation paraît s'effectuer, dans les plantes mêmes, dans un grand nombre de cas : les corps qui en résultent sont les *résines*. Elles sont très-répandues dans le règne végétal. Elles renferment presque toujours des huiles essentielles, qui, en les liquéfiant, les font suinter à travers les tissus de la plante. Quelquefois on facilite leur sortie par des incisions faites à l'écorce. Ces sucs résineux se dessèchent lorsqu'ils sont exposés à l'air.

On nomme *résines sèches* les matières résineuses qui ne contiennent qu'une petite proportion d'huile essentielle; *térébenthines* les sucs résineux qui en contiennent assez pour conserver une certaine liquidité; *baumes* les matières résineuses chargées d'acide cinnamique ou d'acide benzoïque; enfin, on désigne sous le nom de *gommes-résines* des mélanges de résine et de gomme ou de mucilage.

Les résines naturelles constituent presque toujours des mélanges de plusieurs principes résineux qu'on a coutume de distinguer par les dénominations de *résine* α, *résine* β, *résine* γ, etc.

Lorsqu'elles ont été débarrassées par la distillation des huiles essentielles, elles sont solides, sèches, rudes au toucher, fusibles, insolubles dans l'eau, solubles dans l'alcool, surtout à chaud, solubles dans l'éther, sauf un petit nombre d'exceptions.

En ce qui concerne leur composition, les résines sont des corps ternaires. Elles sont riches en carbone et en hydrogène, et renferment peu d'oxygène.

Elles possèdent ordinairement le caractère d'acides faibles et se dissolvent dans les alcalis. Un grand nombre rougissent le tournesol lorsqu'elles sont dissoutes dans l'alcool, et décomposent le carbonate de soude à l'ébullition.

D'autres se montrent plus indifférentes, quelques-unes refusent même de se dissoudre dans les alcalis.

TÉRÉBENTHINES.

La térébenthine ordinaire s'écoule, sous forme d'un suc possédant la consistance du miel, d'entailles que l'on pratique au tronc de divers arbres de la famille des conifères.

Parmi les térébenthines commerciales nous citerons :

La *térébenthine de Venise*, qui est fournie par le mélèze (*Larix europœa*);

La *térébenthine de Bordeaux*, qui est fournie par le pin maritime (*Pinus maritima*);

La *térébenthine d'Alsace ou de Strasbourg*, qui provient du sapin (*Pinus picea, Abies pectinata*);

La *térébenthine de Boston*, qui provient du *Pinus australis*:

La *térébenthine d'Amérique* qui est fournie par le *Pinus Strobus*;

La *térébenthine de Chio ou de Chypre*, qui provient du *Pistacia Terebinthus* (Térébinthacées).

A ces térébenthines il faut ajouter :

Le *baume de la Mecque*, qui est fourni par les *Balsamodendron gileadense et opobalsamum* (Térébinthacées);

Le *baume de copahu*, qui est fourni par les *Copaifera officinalis et bijuga* (Légumineuses).

Les térébenthines des pins et des sapins sont formées d'essence et de résine en proportions variables. En les soumettant à la distillation avec de l'eau, on volatilise l'essence et l'on obtient un résidu de résine.

On sait que les diverses térébenthines ne fournissent pas des essences identiques.

On emploie les térébenthines en médecine. On préfère généralement, pour l'usage interne, la térébenthine du sapin, qui est la plus belle et qui possède une odeur moins désagréable que la térébenthine de Bordeaux. La partie la plus active de ces térébenthines est l'huile essentielle. La térébenthine cuite, qui n'en retient qu'une très-petite quantité, n'exerce qu'une faible action.

L'effet thérapeutique le plus marqué de la térébenthine consiste en une action spéciale sur les voies génito-urinaires.

Térébenthine du sapin. — Elle est limpide, d'une odeur suave de citron. Sa saveur est médiocrement âcre et amère. M. Cailliot en a retiré une résine neutre, cristallisable en prismes allongés, et que ce chimiste a désignée sous le nom d'*abiétine*.

Térébenthine de Bordeaux. — Elle est récoltée en abondance dans les départements de la Gironde et des Landes. Longtemps exposée à l'air, elle perd la plus grande partie de son essence, et constitue alors le produit désigné sous le nom de *galipot*. La résine, privée d'essence par la distillation, porte le nom de *colophane*. On rencontre dans cette résine plusieurs acides isomériques, qui paraissent s'être formés par l'oxydation de l'essence de térébenthine, avec élimination d'eau.

$$2C^{20}H^{16} + O^6 = C^{40}H^{30}O^4 + H^2O^2.$$
Térébenthène.   Acide pimarique
et isomères.

Ces acides, qui ont été principalement étudiés par Unverdorben et par Laurent, sont les acides *pimarique, pinique, sylvique*.

L'acide pimarique s'extrait du galipot. Il se présente en masses cristallines blanches. Il fond à 158°, et se sublime à partir de 170°. Il se dissout dans 13 parties d'alcool froid et dans 2 parties d'alcool bouillant. La solution alcoolique dévie le plan de polarisation à gauche.

Les acides pinique et sylvique existent dans la colophane. Le premier est amorphe, insoluble dans l'eau, soluble dans l'alcool et dans l'éther. Le second cristallise en prismes rhomboïdaux friables, doués d'un éclat vitreux. Il se dissout dans 10 parties d'alcool froid et dans $\frac{1}{5}$ de partie d'alcool bouillant. La solution alcoolique dévie le plan de polarisation à gauche.

Baume de copahu. — On l'obtient en pratiquant des incisions dans le tronc de divers arbres appartenant au genre *Copaïfera*. On l'importe du Brésil, de Cayenne et de la Colombie. Celui qui vient de ce dernier pays laisse déposer une résine cristallisée.

Le baume de copahu renferme une huile essentielle qu'on peut en séparer par distillation avec l'eau, une résine cristallisée et une résine amorphe et visqueuse. La résine cristallisée est l'acide *copahurique* $C^{40}H^{30}O^4$.

On fait un grand usage du baume de copahu dans le traitement du catarrhe de l'urètre.

BAUMES.

Parmi les baumes qui sont en usage en pharmacie, nous citerons les suivants :

Benjoin. — Le benjoin découle d'incisions que l'on pratique au tronc ou aux branches du *Styrax benzoin*, qui croît à Java, à Sumatra et dans la presqu'île de Malacca. Il constitue des masses sèches qui renferment des larmes blanches empâtées dans une résine rougeâtre. Il possède une odeur suave, analogue à celle de la vanille, une saveur aromatique, puis âcre. Il renferme, d'après Unverdorben et M. E. Kopp, plusieurs résines et de l'acide benzoïque. Dans quelques échantillons on a trouvé de l'acide cinnamique. On peut en séparer, par la distillation avec de l'eau, une huile qui renferme de l'alcool phénylique.

Styrax liquide. — Il est fourni par le *Liquidambar orientale*, arbre de l'Éthiopie et de l'Arabie. Il possède la consistance du miel, une odeur forte et aromatique, une couleur gris-brunâtre.

C'est un mélange de styrol (page 607), de styracine (page 606), de deux matières résineuses et d'acide cinnamique.

Baume du Pérou noir. — Il découle d'incisions que l'on pratique au tronc du *Myroxylon peruiferum*, arbre qui croît à San-Salvador. Il possède la consistance d'un sirop épais. Sa couleur est rouge brun foncé, sa saveur âcre et amère, son odeur balsamique. Il renferme du styrol, de l'acide cinnamique, de la styracine, de la cinnaméine (cinnamate de benzyle, page 606), et des résines. Le *baume de Pérou blanc*, de San-Sonate et de San-Salvador, est extrait des fruits du même arbre qui fournit le baume du Pérou. Il renferme une matière cristalline que M. Stenhouse a nommée *myroxycarpine*.

Baume de Tolu. — On l'extrait du *Myroxylon toluiferum* (Légumineuses). Il est solide et cassant à une basse température, et coule comme la poix quand la température s'élève. Sa couleur est rousse, sa saveur âcre et balsamique, son odeur très-suave. En le distillant avec de l'eau, on en sépare un carbure d'hydrogène $C^{20}H^{16}$, le tolène. Il renferme en outre de l'acide cinnamique, de la cinnaméine et diverses résines (E. Kopp). Par la distillation sèche, il donne du toluène $C^{14}H^8$ (H. Deville).

RÉSINES SÈCHES.

Parmi les produits naturels qu'on peut compter au nombre des résines sèches, nous citerons :

Le mastic, qui découle du *Pistacia Lentiscus* (Térébinthacées). Il est formé de grains jaunâtres, demi-transparents, et renferme deux résines et une petite quantité d'huile volatile (Johnston).

La sandaraque, qui provient du *Thuya articulata* (Conifères). Elle est en grains d'un jaune pâle, transparents, friables. Johnston admet qu'elle est formée par un mélange de trois résines.

Le copal, qui provient de divers arbres du genre *Hymenœa*. Cette résine forme des morceaux d'un jaune clair, transparents, très-durs. Elle est sans odeur et sans saveur, et présente une cassure conchoïde. Chauffée dans une cornue, elle donne une huile colorée qui renferme, entre autres produits, un carbure $C^{20}H^{16}$. Le résidu constitue une masse résineuse, brune et friable après le refroidissement. Ce dernier produit, dissous dans l'huile de lin, donne le vernis au copal.

La résine élémi. — Elle découle d'incisions que l'on fait dans l'écorce de l'*Amyris elemifera* et de l'*Amyris zeylonica* (Térébinthacées). Elle est d'un blanc jaunâtre mat, friable, et douée d'une odeur de térébenthine. Distillée avec l'eau, elle donne l'huile essentielle d'élémi. L'alcool froid en sépare deux résines, l'une très-soluble, amorphe, l'autre insoluble et cristallisable. Cette dernière se dissout dans l'alcool bouillant, et s'en dépose en cristaux par le refroidissement.

La laque. — Elle se produit par l'extravasation des sucs du *Croton lacciferum* (Euphorbiacées), et des *Ficus religiosa* et *indica* (Artocarpées), par suite de la piqûre du *Coccus lacca*, insecte de la famille des hémiptères.

Le Sang-dragon. — Il est fourni par le *Calamus Draco* (Palmiers), et par le *Pterocarpus Draco* (Légumineuses). Il est d'un brun rouge, sans odeur et sans saveur, friable, soluble dans l'alcool et dans l'éther.

Indépendamment des matières résineuses que nous venons de décrire sommairement, il en existe beaucoup d'autres. Un grand nombre de substances employées en médecine doivent leurs prinpales propriétés à la résine. Il en est ainsi du bois de gayac, du jalap, du turbith, etc.

La *résine de gayac* renferme, d'après M. Hlasiwetz, une résine acide et cristallisable, l'acide *gayarésinique* $C^{40}H^{26}O^8$. M. Thierry en a isolé un acide offrant une composition plus simple, soluble dans l'eau, l'alcool et l'éther. C'est l'acide *gayacique*, auquel MM. Deville et Pelletier attribuent la formule $C^{12}H^8O^6$. Il forme des aiguilles analogues à celles de l'acide benzoïque.

Quant à la matière résineuse qui existe dans le jalap, et qu'on a nommée *rhodéorétine*, elle n'est autre que la convolvuline, que nous avons décrite (page 521). C'est une glucoside. Il est possible que d'autres matières résineuses possèdent une constitution analogue.

On désigne sous le nom de *résines molles âcres* des principes résineux encore mal définis au point de vue chimique, et qui constituent les principes actifs de certains médicaments, tels que le *gingembre* (rhizome du *Zinziber officinale*), les *poivres*, le *piment*, la *racine de pyrèthre*, etc.

GOMMES-RÉSINES.

Elles résultent de l'évaporation spontanée au contact de l'air des sucs laiteux extraits par incision d'un grand nombre de plantes. Elles se dissolvent incomplètement, soit dans l'eau, soit dans l'alcool. L'eau leur enlève un principe gommeux et laisse la résine. Celle-ci est dissoute au contraire par l'alcool. Les gommes-résines fournies par la famille des Ombellifères offrent une grande analogie dans leur composition et dans leurs propriétés médicinales. On les emploie comme antispasmodiques.

Asa fœtida. — On l'obtient en Perse en incisant les racines du *Ferula Asa-fœtida*. Son odeur et sa saveur si désagréables sont dues à des huiles sulfurées (page 199). La résine qu'elle renferme possède une composition voisine de celle indiquée par la formule $C^{16}H^{26}O^{10}$ (Hlasiwetz).

Galbanum. — On l'extrait du *Bubon Galbanum*. On le trouve en larmes formant des masses agglutinées, d'un jaune verdâtre. Il est mou et adhère aux doigts. Son odeur est très-forte, sa saveur est âcre et amère. Il donne par la distillation avec de l'eau un hydrocarbure $C^{20}H^{16}$. Soumis à la distillation sèche, il fournit une huile d'un bleu verdâtre, qui laisse déposer au bout de quelque temps des cristaux d'*ombelliférone* $C^{18}H^4O^4$ (?) (Zwenger, Mœssmer). On obtient cette dernière substance en distillant ou en traitant par l'acide sulfurique concentré toutes les résines provenant des ombellifères. M. Hlasiwetz a signalé récemment, parmi les produits du dédoublement du galbanum par la potasse, un homologue de l'orcine, la *résorcine* $C^{12}H^6O^4$.

Gomme ammoniaque. — Elle s'écoule de la racine du *Heracleum gummiferum*, arbre qui croît dans le nord de la Perse et dans l'Arménie. Elle se présente sous forme de larmes jaunâtres, qui sont quelquefois agglomérées en une masse compacte et amygdaloïde. Son odeur est forte, sa saveur âcre et amère. La résine extraite par l'alcool est incolore, et possède une composition exprimée par la formule $C^{30}H^{25}O^8$ (?).

Sagapenum. — On suppose qu'il provient du *Ferula persica*. Il est en masses molles, d'une couleur jaune verdâtre, d'une odeur alliacée. Il donne par la distillation avec l'eau une huile volatile douée d'une odeur alliacée.

Opoponax. — On retire cette gomme-résine de l'*Opoponax Chironium* du Levant. Elle est en petites larmes de forme irrégulière, quelquefois agglomérées ; elle est rougeâtre à l'extérieur, jaune ou marbrée à l'intérieur, friable, douée d'une odeur aromatique.

Bdellium. — Celui qui vient d'Afrique est fourni par un arbre de la famille des Burséracées (*Heudelotia africana* ou *Balsamodendron africanum*). Il est en larmes arrondies, translucides, de couleur jaune sale. Son odeur est faible et aromatique ; sa saveur âcre et amère.

Encens ou Oliban. — On le dit fourni par le *Boswellia serrata*

(Burséracées). Le plus beau vient de l'Inde. Il est formé par des larmes arrondies, souvent soudées deux à deux, jaunâtres et douées d'une odeur aromatique.

Myrrhe. — Cette gomme-résine est fournie par le *Balsamodendron Myrrha* (Burséracées). Elle est en fragments lourds, friables, rouge brun. Son odeur est peu agréable; sa saveur est âcre et amère.

Gomme-gutte. — Elle s'écoule par des incisions des *Stalagmitis cambogioides*, arbre de l'île de Ceylan, et du *Cambogia Gutta*, qui fournit, à Malabar, une qualité inférieure.

Euphorbe. — Cette gomme-résine est le suc épaissi de divers Euphorbes qui croissent dans l'intérieur de l'Afrique, *Euphorbia officinalis*, *E. antiquorum*, *E. canariensis*. Elle est en larmes jaunâtres, translucides, friables. C'est une matière très-âcre, qui est employée comme épispastique. Elle renferme une résine cristallisable et une résine amorphe (Johnston).

Scammonée. — Elle est fournie par la racine du *Conrolvulus Scammonia*. C'est une gomme-résine légère, poreuse, friable, à cassure nette, grisâtre à l'extérieur, brune à l'intérieur, douée d'une odeur particulière. La scammonée renferme de la jalappine (page 522).

NAPHTALINE.

$C^{20}H^8$.

Ce corps a été découvert par Garden en 1820 dans le goudron de houille. Sa composition a été établie par Faraday. Ses propriétés et ses métamorphoses ont été principalement étudiées par Laurent.

La naphtaline est un produit très-fréquent de la distillation sèche des matières organiques; elle se forme surtout en abondance lorsque ces matières, ou les produits de leur décomposition, sont portées à une température très-élevée. Ainsi, il s'en produit de grandes quantités lorsque le goudron est dirigé à travers des tubes incandescents.

Th. de Saussure a signalé la naphtaline parmi les produits de décomposition des vapeurs d'alcool et d'acide acétique au rouge (page 145). M. Berthelot l'a obtenue en dirigeant sur du cuivre ou du fer incandescent un mélange sec de sulfure de carbone et d'hydrogène sulfuré.

On retire aujourd'hui de grandes quantités de naphtaline du goudron de houille. On la purifie par cristallisation dans l'alcool ou par sublimation.

La naphtaline se présente sous forme de tables rhomboïdales, lorsqu'elle a été sublimée ; elle se dépose en prismes de sa solution éthérée. Elle fond à 79°,2. Elle bout à 218° ; mais on peut la sublimer à une température inférieure. Elle est inflammable et brûle avec une flamme très-fuligineuse. Elle est insoluble dans l'eau, peu soluble dans l'alcool froid, assez soluble dans l'alcool bouillant, très-soluble dans l'éther.

L'acide azotique attaque la naphtaline en formant des dérivés nitrogénés, de l'acide phtalique (page 591), de l'acide nitrophtalique et de l'acide oxalique.

Le chlore et le brome exercent sur la naphtaline une double action ; ils s'y combinent directement en formant des chlorures ou des bromures de naphtaline ; ils engendrent de nombreux produits de substitution qui se combinent généralement avec un excès de chlore ou de brome.

L'acide sulfurique concentré dissout la naphtaline en formant deux acides conjugués, l'acide *sulfonaphtalique* $\begin{matrix}(S^2O^4)''\\(C^{20}H^7)'\\H\end{matrix}\Bigg\}O^4$, et

l'acide *disulfonaphtalique* $\begin{matrix}(S^2O^4\text{-}S^2O^4\text{-}C^{20}H^6)''\\H^2\end{matrix}\Bigg\}O^4$.

L'acide sulfurique anhydre se combine avec la naphtaline, avec élimination d'eau, en formant de la *sulfonaphtalide* (Berzelius).

$$S^2O^4,O^2 \ + \ 2C^{20}H^8 \ = \ S^2O^4\begin{Bmatrix}C^{20}H^7\\C^{20}H^7\end{Bmatrix} \ + \ H^2O^2.$$

Acide sulfurique
anhydre. Sulfonaphtalide.

Lorsqu'on mélange des solutions alcooliques chaudes de naphtaline et d'acide picrique, on obtient par le refroidissement des cristaux jaunes, combinaison peu stable de naphtaline et d'acide picrique (Fritzsche).

DÉRIVÉS CHLORÉS ET BROMÉS DE LA NAPHTALINE.

L'action du chlore et du brome sur la naphtaline a été étudiée par Laurent, qui a décrit, dans un travail classique, de nombreux dérivés chlorés et bromés de cette substance. Le chlore et le brome se combinent directement avec la naphtaline comme avec l'éthylène. Lorsqu'on chauffe les chlorures ou les bromures ainsi formés, ils perdent une ou plusieurs molécules d'acide chlorhydrique ou bromhydrique, et il se forme des naphtalines chlorées ou bromées, c'est-à-dire des corps dérivés de la napthtaline par substitution. Il est à remarquer, en outre, qu'un grand nombre de ces corps existent sous plusieurs modifications, circonstance qui complique leur histoire. Dans l'impossibilité où nous sommes de décrire tous ces composés, nous nous bornons à mentionner les plus importants.

Dichlorure de naphtaline $C^{20}H^8Cl^2$. C'est le premier produit de l'action du chlore sur la naphtaline. Huile jaunâtre plus dense que l'eau. Par des distillations répétées, ou par l'action de la potasse alcoolique, on lui enlève HCl, et on le convertit en *naphtaline monochlorée* $C^{20}H^7Cl$.

Tétrachlorure de naphtaline $C^{20}H^8Cl^4$. Produit de l'action prolongée du chlore sur la naphtaline. Il est solide et existe sous deux modifications. En le distillant ou en le chauffant avec de la potasse alcoolique, Laurent a obtenu la naphtaline bichlorée

$$C^{20}H^8Cl^4 \;=\; C^{20}H^6Cl^2 \;+\; 2HCl.$$

Tétrachlorure   Naphtaline
de naphtaline.   bichlorée.

Nous donnons ici la nomenclature et la composition des principaux dérivés chlorés de la naphtaline :

$C^{20}H^8Cl^2$	dichlorure de naphtaline,	$C^{20}H^7Cl$	naphtaline monochlorée,
$C^{20}H^8Cl^4$	tétrachlorure de naphtaline,	$C^{20}H^6Cl^2$	naphtaline dichlorée,
$C^{20}H^7Cl,Cl^4$	tétrachlorure de chloronaphtaline,	$C^{20}H^5Cl^3$	naphtaline trichlorée,
$C^{20}H^6Cl^2,Cl^4$	tétrachlorure de dichloronaphtaline,	$C^{20}H^4Cl^4$	naphtaline tétrachlorée,
$C^{20}Cl^8,Cl^2$	dichlorure de perchloronaphtaline.	$C^{20}H^2Cl^6$	naphtaline hexachlorée,
		$C^{20}Cl^8$	naphtaline perchlorée.

Le dichlorure de perchloronaphtaline est le *chlorure de carbone de Julin*. On lui avait attribué la formule C^4Cl^2. M. Berthelot a proposé la formule plus probable $C^{20}Cl^{10}$. Lorsqu'on fait passer les vapeurs de ce chlorure avec de l'hydrogène à travers un tube rempli de fragments de pierre ponce et chauffé au rouge, il se forme beaucoup de naphtaline, ce qui semble indiquer que le chlorure en question se rattache à la naphtaline. Il constitue de fines aiguilles soyeuses, qui se subliment déjà à 120°. Il fond et entre en ébullition entre 175 et 200°.

En réagissant sur la naphtaline, le brome forme principalement des produits de substitution analogues aux naphtalines chlorées que nous venons de mentionner.

Ces naphtalines bromées peuvent s'unir directement au chlore, de même que les naphtalines chlorées peuvent s'unir au brome. On obtient ainsi de nombreuses combinaisons, qui renferment à la fois du brome et du chlore, et qui ont été décrites par Laurent.

DÉRIVÉS NITROGÉNÉS DE LA NAPHTALINE.

Par l'action plus ou moins prolongée de l'acide azotique sur la naphtaline, on obtient des composés qui dérivent de ce carbure d'hydrogène, par la substitution de 1, 2 ou 3 groupes AzO^4 à 1, 2 ou 3 atomes d'hydrogène. Ces composés, qui ont été principalement étudiés par MM. Laurent et Marignac, sont les suivants :

Nitronaphtaline..... $C^{20}H^7(AzO^4)$ prismes rhomboïdaux, d'un jaune de soufre, friables, fusibles à 43°.

Dinitronaphtaline... $C^{20}H^6(AzO^4)^2$ prismes rhomboïdaux ou aiguilles jaunâtres, fusibles à 185°.

Trinitronaphtaline.. $C^{20}H^5(AzO^4)^3$ tables rhomboïdales jaune clair, fusibles à 210°. Existe sous plusieurs modifications.

Tétranitronaphtaline $C^{20}H^4(AzO^4)^4$ aiguilles longues, flexibles, minces, très-légères, fusibles à 20 ° (Lautemann et d'Aguiar).

NAPHTYLAMINE.

$$C^{20}H^9Az = \begin{matrix} (C^{20}H^7) \\ H \\ H \end{matrix} \Big\} Az.$$

M. Zinin a obtenu ce corps en 1842 en réduisant la nitronaphtaline par le sulfhydrate d'ammoniaque. Ce mode de formation est analogue à celui de l'aniline par l'action des agents réducteurs sur la nitrobenzine (page 542). On peut remplacer avec avantage le sulfhydrate d'ammoniaque par le fer et l'acide acétique (Béchamp).

$$\underset{\text{Nitronaphtaline.}}{C^{20}H^7(AzO^4)} + H^6 = H^2O^2 + \underset{\text{Naphtylamine.}}{(C^{20}H^7AzH^2).}$$

Propriétés. — La naphtylamine se présente sous forme de fines aiguilles incolores. Elle se sublime, à une douce chaleur, en longues aiguilles. Elle fond à 50° et bout sans altération à 300°. Son odeur est désagréable, sa saveur brûlante et amère. Elle est à peine soluble dans l'eau et se dissout aisément dans l'alcool et dans l'éther. Elle ne possède point une réaction alcaline, bien qu'elle neutralise parfaitement les acides, avec lesquels elle forme des sels bien définis, cristallisables. Exposés au contact de l'air, les sels de naphthylamine se colorent en violet, probablement en absorbant l'oxygène. La plupart des réactifs oxydants convertissent la naphtylamine et ses sels en un corps amorphe, insoluble, d'abord coloré en bleu d'azur, mais qui devient bientôt pourpre (Piria); c'est l'*oxynaphtylamine* $C^{20}H^9AzO^2$.

Lorsqu'on traite le chlorhydrate de naphtylamine par une solution d'azotite de potasse, il se dégage de l'azote, et il se précipite un

corps pulvérulent : celui-ci cède à l'alcool ou à l'éther une substance qui forme des cristaux semblables à ceux de la murexide.
Ce dernier corps est la *nitrosonaphtylamine* $C^{20}H^8(AzO^2)Az$. Il représente de la naphtylamine, dont un atome d'hydrogène a été
remplacé par une molécule de bioxyde d'azote. Il prend aussi naissance par l'action de l'hydrogène naissant sur la dinitronaphtaline

$$C^{20}H^6(AzO^4)^2 \; + \; 4H^2 \; = \; C^{20}H^8Az^2O^2 \; + \; 3H^2O^2.$$
$$\text{Dinitronaphtaline.} \qquad\qquad \text{Nitrosonaphtylamine.}$$

Les sels de naphtylamine se convertissent en *naphtalides* en perdant de l'eau.

Les naphtalides, analogues aux anilides, représentent des amides naphtylées, c'est-à-dire des amides dont 1 ou plusieurs atomes
d'hydrogène ont été remplacés par le radical monoatomique
naphtyle $(C^{20}H^7)'$ [voir page 549].

NAPHTYLÈNE-DIAMINE.

$$C^{20}H^{10}Az^2 = \left.\begin{matrix}(C^{20}H^6)'' \\ H^2 \\ H^2\end{matrix}\right\}Az^2.$$

En réduisant par le sulfhydrate d'ammoniaque la dinitronaphtaline, M. Zinin a obtenu la *naphtylène-diamine*

$$C^{20}H^6(AzO^4)^2 \; + \; 6H^2S^2 \; = \; C^{20}H^6(AzH^2)^2 \; + \; 4H^2O^2 \; + \; 6S^2.$$
$$\text{Dinitronaphtaline.} \qquad\qquad \text{Naphtylène-diamine.}$$

La diamine naphtylénique forme de longues aiguilles brillantes peu solubles dans l'eau, plus solubles dans l'alcool et dans
l'éther. Elle fond à 160° et bout au-dessus de 200°, en se décomposant partiellement. C'est une base diatomique et diacide, comme
la phénylène-diamine, à laquelle elle correspond (page 553).

ALIZARINE.

$$C^{20}H^6O^6 \; + \; 2H^2O^2.$$

L'alizarine, qui paraît se rattacher aux composés naphtaliques [1],
se retire de la garance en même temps que la purpurine. Elle a
été découverte par Robiquet et Colin, et a été l'objet d'un grand
nombre de travaux.

D'après M. Schunck, elle ne préexisterait pas dans la garance.
Celle-ci renfermerait une matière amère et incristallisable, le *ru-*

---

1. L'alizarine représente l'acide oxynaphtalique (Gerhardt). MM. Schützenberger
et Willm ont obtenu l'aldéhyde correspondante $C^{20}H^6O^4$ en faisant réagir l'acide
azoteux sur la naphtylamine.

bian, qui, sous l'influence des acides, des alcalis et des ferments, se dédoublerait en une matière sucrée fermentescible et en alizarine ou en d'autres matières colorantes.

M. Rochleder admet que le rubian n'est qu'un mélange impur, et que la garance renferme un principe cristallisable, *l'acide rubérythrique*, capable de se dédoubler en matière sucrée et en alizarine :

$$C^{44}H^{24}O^{24} + 3H^2O^2 = C^{20}H^6O^6 + 2C^{12}H^{12}O^{12}.$$

Acide rubérythrique.   Alizarine.   Glucose.

Préparation. — Parmi les procédés qui ont été indiqués pour la préparation de l'alizarine, nous nous bornons à donner le suivant, qui est dû à Runge. 2 kilogrammes de garance coupée en morceaux sont mis en digestion, pendant 12 heures, avec de l'eau, à une température de 11 à 16°. Ce lavage est répété 6 fois ; puis la garance ramollie est écrasée et soumise à l'ébullition pendant une heure avec 35 litres d'eau et 6 kilogrammes d'alun. La liqueur ayant été passée à travers une toile, le résidu est soumis au même traitement avec les mêmes quantités d'eau et d'alun. Les liqueurs réunies étant abandonnées à elles-mêmes pendant 4 jours, l'alizarine impure se dépose sous forme d'un précipité brun rouge et la liqueur, devenue claire et colorée en rose foncé, renferme la purpurine en dissolution.

Le précipité qui s'est déposé du sein de la solution d'alun est épuisé par l'acide chlorhydrique étendu et bouillant ; puis dissous dans l'alcool bouillant. Par l'évaporation, il se dépose de cette solution de l'alizarine renfermant encore de la purpurine. Celle-ci est extraite par une solution bouillante d'alun, et le résidu est dissous dans l'éther. L'alizarine s'en dépose à l'état de cristaux.

Propriétés. — Elle forme de longs prismes brillants jaune foncé. A peine soluble dans l'eau froide, elle se dissout un peu mieux dans l'eau bouillante. Elle est très-soluble dans l'alcool, dans l'éther et dans le sulfure de carbone. Ses solutions sont jaunes. A 100° elle perd son eau de cristallisation. A une température plus élevée, elle fond et se prend par le refroidissement en une masse cristalline d'un rouge brun. Entre 215 et 225°, elle se sublime en longues aiguilles brillantes d'un jaune d'or, rouges par réflexion. Elle se dissout dans l'acide sulfurique concentré avec une couleur rouge de sang. L'eau la précipite sans altération de cette solution.

L'acide azotique étendu et bouillant la convertit en acide oxalique et en acide phtalique.

L'alizarine forme des combinaisons avec les bases. Elle se dissout dans l'ammoniaque avec une couleur pourpre, dans les alcalis caustiques, en donnant une solution pourpre offrant des reflets bleus.

L'alizarine teint en rouge les étoffes mordancées avec de l'alumine, en violet, celles qui sont mordancées avec de l'oxyde ferrique.

PURPURINE.

$C^{18}H^6O^6$.

Ce corps constitue, comme l'alizarine, un des produits de décomposition des substances contenues dans la garance. Elle se forme, d'après MM. Wolff et Strecker, pendant la fermentation de ce produit. Elle se dissout aisément dans les solutions d'alun, dont on peut la précipiter par l'acide sulfurique étendu. Elle cristallise du sein de l'alcool faible en aiguilles orangées qui renferment de l'eau de cristallisation $(2C^{18}H^6O^6 + H^2O^2)$. Elle se dépose de l'alcool concentré en aiguilles rouges anhydres.

Lorsqu'on la chauffe elle fond d'abord, se sublime ensuite en aiguilles rouges. Elle est un peu plus soluble dans l'eau chaude que l'alizarine, et se dissout abondamment dans l'alcool et dans l'éther avec une couleur rouge. Avec l'acide sulfurique et l'acide azotique, elle se comporte comme l'alizarine. Une solution d'alun la dissout à l'ébullition avec une couleur rouge et ne la laisse point précipiter par le refroidissement, comme on le remarque pour l'alizarine.

―――――

Nous faisons suivre ici la description de quelques corps neutres qui offrent une certaine importance, en raison des applications médicales, mais dont la constitution n'est pas suffisamment connue pour qu'on puisse marquer leur place dans le système chimique. Quelques-uns de ces corps sont sans doute des alcools polyatomiques, ou des dérivés de ces alcools.

CRÉOSOTE.

$C^{16}H^{10}O^4$.

Ce corps a été découvert dans le goudron du bois de hêtre par M. Reichenbach. Il a été souvent confondu avec les alcools phénylique et cressylique.

On doit la connaissance de ses principales propriétés et de sa composition à M. Hlasiwetz, qui a rencontré la créosote et un

homologue de ce corps parmi les produits de la distillation de la
résine de gayac.

La créosote pure est un liquide parfaitement incolore, fortement
réfringent. Son odeur est agréable et rappelle celle du baume du
Pérou; sa saveur est brûlante et aromatique. Sa densité est égale
à 1,0894 à 13°. Au contact de l'air, la créosote se colore. Elle bout
à 219°. Elle est peu soluble dans l'eau et se dissout dans l'alcool,
l'éther, l'acide acétique, et dans les lessives alcalines. Elle réduit
l'azotate d'argent à chaud, en donnant un dépôt d'argent miroi-
tant. Une solution alcoolique de créosote, même très-étendue, colore le chlorure ferrique en vert.

Lorsqu'on l'agite avec une solution d'ammoniaque, la créosote
se concrète en une masse cristalline. Cette combinaison renferme
$C^{16}H^9(AzH^4)O^4,C^{16}H^{10}O^4$.

Il existe une combinaison potassique $C^{16}H^9KO^4,2H^2O^2$. Elle se précipite en cristaux lorsqu'on ajoute de la potasse alcoolique à une solution de créosote dans l'éther. En traitant ce composé potassique
par l'iodure d'éthyle, on obtient un composé éthylique $C^{16}H^9 C^4H^5)O^4$
qui constitue une huile neutre douée d'une odeur aromatique.

La créosote coagule immédiatement l'albumine.

Elle a été employée contre la carie des dents. On s'en sert aussi
comme hémostatique et comme antiseptique. On l'applique avec
succès au traitement de certains ulcères.

SANTONINE.

$C^{30}H^{18}O^6$.

Ce corps a été découvert par MM. Kaehler et Alms, et étudié par
Trommsdorff. On le retire du *Semen-contra*, qui constitue les
bourgeons floraux de divers *Artemisia*.

Préparation. — On fait bouillir 30 litres d'eau avec 10 kilogrammes de Semen-contra et 600 grammes de chaux caustique. Au
bout de quelque temps on passe à travers une toile; on fait bouillir de nouveau le résidu avec de l'eau; on réunit les liqueurs, on
les réduit par l'évaporation à 10 ou 12 litres et on y ajoute un
excès d'acide chlorhydrique : il se sépare une matière poisseuse
que l'on enlève. La santonine se dépose en cristaux. Au bout de
4 à 5 jours on décante, on lave le dépôt avec 1 litre d'eau chaude;
puis on le fait digérer avec 50 grammes d'ammoniaque liquide qui
dissout une matière résinoïde. On lave sur un linge avec de l'eau
froide; on reprend par 3 litres d'alcool fort, on fait bouillir avec
une petite quantité de charbon animal, et on filtre. La santonine

cristallise par le refroidissement. 1 kilogramme de Semen-contra d'Alep donne 14 grammes de santonine (Calloud).

Propriétés. — La santonine se dépose du sein de l'alcool en grands prismes incolores. L'eau l'abandonne sous forme de lamelles nacrées. Exposés à la lumière, ces cristaux se colorent en jaune. Cet effet a lieu très-rapidement lorsqu'on les soumet à l'insolation directe. La santonine est presque insipide. Elle est très-soluble dans l'alcool bouillant, assez soluble dans l'alcool froid, dans l'éther, dans le chloroforme. Elle exige, pour se dissoudre, 250 parties d'eau bouillante et 300 parties d'eau à 17°. Les cristaux jaunis par la lumière se dissolvent dans l'alcool avec une couleur jaune.

La santonine fond à 170° en répandant une odeur aromatique.

Lorsqu'on l'humecte avec la potasse et une petite quantité d'alcool, elle prend une teinte rouge fugace. L'acide sulfurique la colore en jaune et forme avec elle une solution rouge. L'acide azotique la dissout à chaud, l'oxyde et finit par la convertir en acide succinique.

La santonine est neutre. Elle forme des combinaisons peu stables avec les oxydes. Elle possède des propriétés vermifuges très-prononcées à la dose de 30 à 40 centigrammes.

ALOÏNE.

$$C^{34}H^{18}O^{14}.$$

' On nomme ainsi une matière cristalline qui existe dans l'aloès, et qui en constitue, d'après les frères Smith, le principe purgatif. On ne peut la retirer que de l'aloès des Barbades, qui provient, d'après M. Guibourt, des *Aloe vulgaris* et *sinuata*. Pour cela, cet aloès est broyé avec du sable et épuisé par l'eau froide. La liqueur est évaporée dans le vide en consistance sirupeuse, puis abandonnée pendant quelques jours dans un endroit froid. Elle se prend en une bouillie de petits cristaux grenus qu'on comprime entre du papier, et qu'on dissout ensuite dans l'eau à 65°. L'aloïne cristallise par le refroidissement. Elle se dépose du sein de l'alcool chaud en petites aiguilles jaunes. Sa saveur, d'abord douce, est ensuite très-amère. L'aloïne est à peine soluble à froid dans l'eau et dans l'alcool. Elle s'y dissout mieux à chaud. Chauffée à 100°, elle se convertit peu à peu en une résine brune. Elle fond à 150°. Elle se dissout dans les alcalis et les carbonates alcalins avec une couleur jaune. L'acide azotique bouillant la convertit en acide *chrysammique* $C^{14}H^2(AzO^4)^2O^4$ (Schunck).

Le même acide se forme aussi lorsqu'on fait bouillir l'aloès avec l'acide azotique.

D'après E. Robiquet et M. Vigla, l'action purgative de l'aloès résiderait non dans l'aloïne, mais dans les produits de sa transformation.

CANTHARIDINE.

$$C^{10}H^6O^4 \text{ ou } C^{20}H^{12}O^8.$$

Ce corps a été découvert par Robiquet en 1812 dans les cantharides (*Lytta vesicatoria* et *Lytta vittata*), dont il constitue le principe vésicant.

Pour le préparer, on introduit la poudre de cantharides dans un appareil de déplacement, et on l'épuise par l'éther, en ayant soin de rejeter les premières portions du liquide qui a passé et qui ne renferme que de l'huile. On distille la solution éthérée de cantharidine et on abandonne le résidu au repos. La cantharidine cristallise. On la purifie en la dissolvant dans l'alcool bouillant, avec addition de charbon animal.

Elle se présente sous forme de prismes quadrilatères ou de lamelles incolores, sans odeur et sans réaction sur les couleurs végétales. Elle est insoluble dans l'eau, peu soluble dans l'alcool froid, plus soluble dans l'alcool bouillant et dans l'éther. Ses meilleurs dissolvants sont l'acétone et le chloroforme. Elle se dissout aussi dans les huiles grasses, dans beaucoup d'huiles volatiles, et, à chaud, dans les acides azotique, acétique, sulfurique. L'eau la précipite de ces solutions acides. La cantharidine ne se volatilise pas avec les vapeurs aqueuses. Elle commence à se sublimer à 121°. Elle fond à 205° et se sublime alors rapidement en aiguilles fines.

Appliquée sur la peau, elle fait naître une inflammation vésiculaire. Aussi les cantharides sont-elles le vésicant le plus habituellement employé. A l'intérieur, la cantharidine agit comme un violent toxique. Indépendamment de l'action locale sur le tube digestif, elle détermine des accidents nerveux, un ralentissement de la circulation, de l'engourdissement, du délire et une vive excitation des organes génitaux.

PICROTOXINE.

$$C^{18}H^{10}O^8.$$

Ce corps a été découvert par M. Boullay dans la coque du Levant (fruits de l'*Anamirta Cocculus*), dont on peut l'extraire à l'aide de l'alcool. Elle forme des prismes quadrilatères incolores et brillants. Elle est très-amère. Elle se dissout dans environ 3 parties d'alcool bouillant, dans 25 parties d'eau bouillante et dans 150 parties d'eau froide. La solution alcoolique dévie le plan de polarisation à gauche. La picrotoxine fond lorsqu'on la chauffe, et se sublime à une température élevée. Elle réduit les solutions cupro-alcalines. L'acide azotique la convertit en acide oxalique.

La picrotoxine est un poison très-actif. Elle appartient à la classe des poisons tétaniques et son action se rapproche de celle de la strychnine, avec cette différence qu'elle ralentit notablement les mouvements du cœur et qu'elle détermine des vomissements et de la stupeur.

DIGITALINE.

Ce corps, qui a été découvert par MM. Homolle et Quevenne en 1851, constitue le principe actif de la digitale pourprée (*Digitalis purpurea*). Elle existe surtout en grande quantité dans les graines de cette plante. On la retire généralement des feuilles sèches. Après les avoir réduites en poudre, on les épuise par l'eau froide, on précipite la liqueur par le sous-acétate de plomb, on filtre; puis on débarrasse la solution de l'excès de plomb par le carbonate de soude, de la chaux par l'oxalate d'ammoniaque, de la magnésie par le phosphate de soude, et on précipite ensuite la digitaline par l'acide tannique. Le précipité est recueilli, exprimé entre des feuilles de papier non collé, puis trituré encore humide, avec $\frac{1}{3}$ de son poids de litharge porphyrisée; le tout est ensuite desséché à l'étuve, pulvérisé et épuisé par l'alcool concentré. La solution alcoolique est décolorée par le charbon animal, puis évaporée à une basse température. Le résidu est épuisé par l'eau froide, puis dissous une seconde fois dans l'alcool bouillant. Par l'évaporation à l'étuve, la digitaline se dépose sous forme de couches minces, légères, et, en partie, en flocons blanchâtres granulés. On la soumet à plusieurs reprises à des lavages à l'éther bouillant. Le produit qui reste après ces divers traitements ne paraît point homogène; car le chloroforme ne le dissout que partiellement et abandonne après l'évaporation une matière amorphe et d'apparence gommeuse beaucoup plus active que la poudre primitive (Homolle). La digitaline est incolore, inodore. Elle est douée d'une amertume excessive, mais lente à se prononcer, car elle est très-peu soluble dans l'eau. Elle se dissout dans l'alcool, elle est presque insoluble dans l'éther. Elle se dissout aussi dans les acides et donne.

par une ébullition prolongée, une liqueur qui réduit les solutions cupro-alcalines.

D'après M. Kosmann elle se dédouble par l'action des acides en une matière résineuse (digitalrétine) et en glucose.

$$\underset{\text{Digitaline.}}{C^{54}H^{44}O^{30}(?)} + 2H^2O^2 = \underset{\text{Digitalrétine.}}{C^{30}H^{24}O^{10}} + \underset{\text{Glucose.}}{2C^{12}H^{12}O^{12}}.$$

Une réaction caractéristique de la digitaline est la coloration verte qu'elle produit avec l'acide chlorhydrique concentré.

Action sur l'économie animale. — La digitaline est employée en médecine dans le traitement des maladies du cœur. On ne l'administre qu'à très-petites doses, sous forme de globules contenant 1 milligramme de digitaline et que l'on prescrit au nombre de 1 à 5. A la dose de 6 milligrammes elle peut déjà occasionner des accidents redoutables. Sur le derme dénudé elle produit une irritation douloureuse qui peut aller jusqu'à l'ulcération. A l'intérieur, son usage continu irrite l'estomac. Mais son caractère dominant est l'action spéciale et puissante qu'elle exerce sur le cœur, dont elle ralentit les mouvements. La digitaline est un poison musculaire. Il est à remarquer que les animaux supérieurs sont tués par le ralentissement et l'arrêt des mouvements du cœur, avant que le poison ait pu paralyser les autres muscles de l'économie ; mais chez les grenouilles on voit cette paralysie se déclarer après que le cœur a cessé de battre (Cl. Bernard).

ALCALOÏDES

Généralités. — On désigne sous ce nom des combinaisons azotées capables de s'unir aux acides, à la façon de l'ammoniaque, et de former avec eux des combinaisons définies qui constituent de véritables sels. Nous savons qu'un très-grand nombre de ces combinaisons ont pu être formées artificiellement et se rattachent directement à l'ammoniaque par la substitution de radicaux organiques à l'hydrogène de ce corps. Nous avons étudié ces ammoniaques composées (pages 201 et suivantes, 327 et 542), dont la constitution est parfaitement connue. Il n'en est pas ainsi des alcaloïdes naturels que l'on a découverts dans un grand nombre de plantes ou de produits végétaux et qui constituent souvent les principes actifs auxquels ces produits doivent leurs propriétés médicinales. Par analogie, on peut supposer que ces corps se rattachent à l'ammoniaque, comme les alcaloïdes artificiels ; mais en général leur constitution est trop complexe et leur étude trop peu avancée pour qu'on

puisse saisir la nature exacte de ces relations. Ceci s'applique surtout aux alcaloïdes naturels qui renferment de l'oxygène et qui
sont solides et fixes. Les alcaloïdes liquides et volatils, qui ne renferment que du carbone, de l'hydrogène et de l'azote, possèdent
une constitution moléculaire plus simple.

Sertürner reconnut en 1806 la nature basique d'un des principes cristallisables de l'opium. Sa découverte passa inaperçue
jusqu'en 1817, où il fit paraître un travail important sur la morphine. A partir de cette époque, les chimistes se sont livrés avec
ardeur à la recherche des principes basiques contenus dans les
végétaux, et la science s'est enrichie d'un nombre considérable
d'alcaloïdes, c'est-à-dire d'alcalis végétaux. Parmi les savants qui
ont le plus contribué à étendre la découverte de Sertürner, il faut
citer en première ligne MM. Pelletier et Caventou.

MM. Pelletier et Dumas ont fait connaître en 1823 la composition exacte d'un certain nombre d'alcaloïdes, et ces premiers travaux analytiques ont été complétés par ceux de MM. Regnault,
Liebig, Laurent.

Ainsi que nous l'avons fait remarquer, on distingue les alcaloïdes liquides et volatils, qui ne renferment que du carbone, de
l'hydrogène et de l'azote, des alcaloïdes solides et fixes, qui renferment les quatre éléments carbone, hydrogène, azote et oxygène.
Les méthodes propres à l'extraction de ces deux classes d'alcaloïdes varient suivant qu'elles s'appliquent à l'une ou à l'autre. En
général, on sépare les alcaloïdes volatils par distillation avec une
base minérale puissante, telle que la potasse et la soude, qui les
déplace. On extrait les alcaloïdes fixes des produits végétaux qui
les renferment, en traitant ces derniers par l'eau acidulée d'acide
sulfurique ou d'acide chlorhydrique. Ces acides puissants forment
avec l'alcali organique un sel qui entre en dissolution dans la
liqueur. Celle-ci est filtrée, puis précipitée par une base, telle que
l'ammoniaque, la chaux, la magnésie, quelquefois le carbonate de
soude. L'alcaloïde, généralement insoluble dans l'eau ou très-peu
soluble, se précipite et est repris par l'alcool, qui le dissout. La
solution alcoolique, convenablement décolorée par le charbon
animal, abandonne l'alcaloïde par l'évaporation dans un état plus
ou moins voisin de la pureté.

Les alcaloïdes liquides se rapprochent par leurs propriétés de
ceux que nous avons déjà étudiés, notamment de l'aniline
(page 542). Les bases organiques solides sont presque toutes incolores, cristallisables. Beaucoup d'entre elles sont doués d'une sa-

veur amère, et exercent sur l'économie une action énergique que nous étudierons plus loin. Elles sont insolubles ou peu solubles dans l'eau. Parmi les plus solubles, il faut citer la codéine et la narcéine. Leur vrai dissolvant est l'alcool. Quelques-unes sont solubles dans l'éther, telles sont la quinine, la codéine, la narcotine. D'autres sont insolubles ou très-peu solubles dans l'éther : il en est ainsi de la cinchonine et de la cinchonidine, de la morphine, de la narcéine, de la strychnine, de la brucine. La narcotine, la quinine, la strychnine, la brucine se dissolvent abondamment dans le chloroforme. Certains carbures d'hydrogène liquides et même des huiles grasses peuvent dissoudre les alcaloïdes.

Les alcaloïdes naturels exercent le pouvoir rotatoire. M. Bouchardat, qui a découvert ce fait important, donne les nombres suivants pour le pouvoir rotatoire spécifique (page 444) de quelques-uns d'entre eux :

	Dissolvant.	Température.	Pouvoir rotatoire spécifique.
Quinine	Alcool	22°	$[\alpha] = -126°,7$
Quinidine	Id.	?	$[\alpha] = -109°,5$
Cinchonine	Alcool étendu d'acide chlorhydrique	?	$[\alpha] = +190°,4$
Cinchonidine (d'après M. Pasteur)	Alcool	13°	$[\alpha] = -144°,61$
Morphine	Alcool étendu d'acide chlorhydrique	?	$[\alpha] = -88°,04$
Narcotine	Alcool	?	$[\alpha] = -130°,5$
Codéine	Id.	?	$[\alpha] = -118°,2$
Narcéine	Id.	?	$[\alpha] = -6°,7$
Strychnine	Id.	?	$[\alpha] = -132°,67$
Brucine	Id.	?	$[\alpha] = -61°,27$

La propriété la plus importante des alcaloïdes est de s'unir aux acides pour former des sels. Cette combinaison a lieu sans élimination d'eau ; c'est une simple addition de tous les éléments de l'alcaloïde à tous les éléments de l'acide, comme on le remarque avec l'ammoniaque ;

$$AzH^3 \quad + \quad HCl \quad = \quad AzH^3,HCl.$$
Chlorhydrate d'ammoniaque.

$$C^{34}H^{19}AzO^6 \quad + \quad HCl \quad = \quad C^{34}H^{19}AzO^6,HCl.$$
Morphine.   Chlorhydrate de morphine.

$$2AzH^3 \quad + \quad H^2S^2O^8 \quad = \quad 2AzH^3,H^2S^2O^8.$$
Sulfate d'ammoniaque.

$$2C^{34}H^{19}AzO^6 \quad + \quad H^2S^2O^4 \quad = \quad 2C^{34}H^{19}AzO^6,H^2S^2O^8.$$
Morphine.   Sulfate de morphine.

Quelques alcaloïdes, tels que la quinine, exigent pour se saturer deux molécules d'un acide monobasique : ils sont *diacides*. Il est à remarquer que ces alcaloïdes renferment 2 atomes d'azote. Ils paraissent donc dériver de deux molécules d'ammoniaque.

Voici une propriété caractéristique des alcaloïdes et qui marque bien leur analogie avec l'ammoniaque. Ils forment avec le chlorure de platine des combinaisons doubles semblables au chlorure double de platine et d'ammonium. Ces combinaisons bien définies sont tantôt insolubles, tantôt solubles et cristallisables. Elles sont généralement faciles à purifier et très-propres à établir le poids moléculaire et la composition des alcaloïdes. On connaît aussi des combinaisons semblables avec le chlorure d'or et le chlorure mercurique.

Parmi les autres propriétés générales des alcaloïdes nous noterons les suivantes :

Lorsqu'on les distille avec de la potasse, un grand nombre d'entre eux dégagent des bases volatiles telles que la méthylamine, la diméthylamine, la quinoléine, etc.

Ils sont précipités de leurs solutions par l'acide tannique, par l'acide phosphomolybdique.

Ils sont attaqués par le chlore et par le brome avec formation d'acide chlorhydrique ou bromhydrique et de produits de substitution.

L'iode s'y combine directement pour former des composés qui cristallisent le plus souvent. Lorsqu'on ajoute de la teinture d'iode, ou une solution d'iodure ioduré de potassium à une solution d'un alcaloïde dans l'alcool ou à une solution aqueuse d'un de ses sels, on voit se former un précipité brun.

Les iodures de méthyle et d'éthyle attaquent les alcaloïdes avec formation de composés méthylés et éthylés, comme on le remarque pour l'ammoniaque. Généralement, on ne parvient à introduire dans la molécule des bases organiques naturelles qu'un seul groupe alcoolique : il se forme un iodure qui, décomposé par l'oxyde d'argent et l'eau, donne une base soluble, fortement alcaline et possédant toutes les propriétés des bases ammoniées (page 203). D'après cela, il paraîtrait que la plupart des alcaloïdes naturels doivent être rangés au nombre des ammoniaques tertiaires (page 203).

ACTION DES ALCALOÏDES SUR L'ÉCONOMIE ANIMALE.

La plupart des alcaloïdes naturels exercent sur l'économie une action énergique dont la thérapeutique a su tirer un parti précieux. Tout le monde sait que la quinine et la morphine ont pris place parmi les médicaments les plus sûrs et les plus actifs et ont remplacé avec avantage, dans un grand nombre de cas, le quinquina et l'opium, dont l'administration était loin de présenter les mêmes avantages. C'est là un service important que la chimie a rendu à l'art de guérir.

Mais ces mêmes corps qui, à dose modérée, produisent des effets salutaires, peuvent devenir, à dose plus élevée, de redoutables poisons.

Un grand nombre d'entre eux exercent sur l'économie une action stupéfiante : ils dépriment et entravent l'action des centres nerveux, probablement en altérant la nutrition de ces organes.

L'action locale qu'ils exercent sur les tissus avec lesquels ils sont en contact est nulle ou insignifiante : ils n'agissent qu'après s'être répandus dans tout l'organisme par voie d'absorption. Les phénomènes de stupeur sont quelquefois précédés ou accompagnés d'une excitation plus ou moins grande, souvent passagère, et caractérisée par du délire, des hallucinations, des crampes, des convulsions.

Tels sont les poisons qu'on nomme *narcotiques*. Ils sont fort nombreux, et ils présentent dans leur mode d'action et dans les symptômes qui le révèlent des différences assez grandes pour qu'on soit autorisé à les partager en divers groupes. Toutefois, il serait prématuré, dans l'état actuel de la science, de tenter une classification rigoureuse de ces poisons. En conséquence, nous nous bornerons à citer divers types auxquels on peut rapporter, d'une manière approximative, les substances toxiques dont il s'agit.

1° *Morphine.* — Les alcaloïdes de l'opium, dont la morphine est le plus abondant et le plus important, sont considérés comme les poisons narcotiques par excellence. Ils paraissent agir principalement sur le cerveau et sur la moelle allongée. Ils produisent, à petite dose, de la somnolence, à dose élevée, de la stupeur, l'insensibilité, la paralysie, le coma. Mais, indépendamment de cette propriété soporifique ou stupéfiante, il faut noter quelques phénomènes d'excitation qui les précèdent ou les accompagnent, et qui se traduisent, lorsque la dose est peu considérable, par un état d'ivresse, plus rarement par des convulsions, comme cela a lieu par la narcéine, par exemple (Cl. Bernard).

2° *Strychnine.* — Elle paraît agir principalement sur la moelle épinière. Elle déprime et éteint l'action des nerfs sensitifs, et elle ne peut le faire qu'en excitant, d'une manière passagère mais terrible, les nerfs moteurs (Cl. Bernard). De là d'épouvantables convulsions qui reviennent par accès et qui laissent l'animal dans un coma profond. La strychnine est un *poison tétanique.*

3° *Atropine*. — C'est le principe actif de la belladone. Parmi les symptômes qui caractérisent l'empoisonnement par la belladone, et par quelques autres solanées vireuses, il faut noter une irritation du tube digestif, de la diarrhée ; puis, d'une manière spéciale. une dilatation énorme et l'immobilité de la pupille, des troubles de la vue portés jusqu'à la cécité la plus complète ; un délire sans fièvre, parfois gai, parfois furieux, accompagné d'illusions et d'hallucinations. Ces phénomènes sont suivis d'assoupissement ou alternent avec ce dernier.

4° *Nicotine*. — Elle produit des convulsions tétaniques. Mais à cette action sur le système nerveux, qui caractérise la nicotine comme poison narcotique, vient se joindre une action irritante prononcée. L'alcaloïde du tabac est caustique, et c'est un des rares poisons auxquels on puisse appliquer la qualification autrefois usitée de *narcotico-âcre*. Mais l'action locale qu'elle exerce est moins intense et moins funeste que l'action narcotique.

5° *Curarine*. — C'est le principe actif du *curare*. Elle agit d'une manière spéciale sur les nerfs moteurs, qu'elle tue. Elle paralyse et abolit en conséquence l'action musculaire. C'est un des poisons dont l'activité redoutable a été le mieux étudiée, grâce aux recherches de M. Cl. Bernard.

Indépendamment des poisons que nous venons de mentionner, il faut noter encore ceux qui exercent une action directe et spéciale sur le cœur, et, en général, sur les muscles, dont ils éteignent l'irritabilité. Parmi ces poisons musculaires, la digitaline tient le premier rang.

RECHERCHE DES ALCALOÏDES DANS LES CAS D'EMPOISONNEMENT.

On doit à M. Stas un procédé général propre à la recherche de tous les alcaloïdes dans les cas d'empoisonnement. Il est fondé sur la propriété que possèdent ces corps de former avec les acides des sels solubles dans l'eau et dans l'alcool, décomposables par les alcalis et même par les carbonates et les bicarbonates alcalins. L'alcaloïde, mis en liberté au sein d'une liqueur aqueuse, est enlevé à celle-ci par un grand excès d'éther : en effet, bien que certains alcaloïdes soient peu solubles dans l'éther, ils se dissolvent encore plus facilement dans ce véhicule que dans l'eau elle-même. Les bases organiques sont en général stables et résistent longtemps à la putréfaction lorsqu'ils sont mélangés avec des matières animales. Il en résulte que, dans un cas d'empoisonnement, on peut les trouver assez longtemps après la mort.

Voici comment M. Stas conseille d'opérer dans le cas où l'on cherche à constater la présence d'un alcaloïde, soit dans le tube digestif, soit dans le foie, les poumons, le cœur, soit dans les matières des vomissements :

Les organes coupés par morceaux, ou les matières suspectes, sont introduits dans un ballon avec le double de leur poids d'alcool très-concentré, auquel on ajoute de 5 décigrammes à 2 grammes d'acide tartrique. Le tout est chauffé de 70 à 75° au bain-marie. Après le refroidissement la liqueur alcoolique est filtrée, le dépôt est lavé avec de l'alcool concentré, et les liqueurs alcooliques réunies sont évaporées à une basse température. Le mieux est de vaporiser l'alcool dans le vide, au-dessus d'un vase renfermant de l'acide sulfurique. Si, pendant cette évaporation, il se déposait des matières insolubles, il faudrait les séparer par filtration à travers un filtre humecté d'eau, et évaporer de nouveau la liqueur dans le vide. Le résidu de cette évaporation est repris par l'alcool absolu, et la solution est évaporée de nouveau dans le vide.

L'extrait alcoolique et acide est ensuite dissous dans une petite quantité d'eau et la liqueur est sursaturée par du bicarbonate de soude, qu'on ajoute en poudre fine, par petites portions. Le liquide est ensuite introduit dans un flacon et agité vivement avec 4 ou 5 fois son volume d'éther. Une portion de la solution éthérée étant abandonnée à l'évaporation spontanée dans un verre de montre, il peut arriver, dans le cas où un alcaloïde a été dissous, ou qu'il reste dans le verre de montre une goutte d'un liquide épais, répandant une odeur forte à une douce chaleur, ou qu'il reste un résidu sec renfermant un alcaloïde solide.

La marche ultérieure de l'opération varie suivant que l'un ou l'autre cas s'est présenté.

1° Dans le cas où la petite portion de la solution éthérée a laissé un résidu liquide, on introduit 1 à 2 centimètres cubes de soude caustique dans le flacon, où l'on a agité avec de l'éther le liquide aqueux additionné de bicarbonate de soude. On agite de nouveau, et, après avoir décanté la liqueur éthérée, on reprend le résidu, à plusieurs reprises, par l'éther, en agitant fortement. Les liqueurs éthérées ayant été réunies, on y ajoute 1 à 2 centimètres cubes d'eau à laquelle on a ajouté $\frac{1}{4}$ d'acide sulfurique pur. On agite vivement, on laisse reposer, on décante l'éther et on lave à plusieurs reprises avec de l'éther la couche aqueuse qui s'est déposée. Celle-ci renferme le sulfate de la base volatile, sulfate tout à fait insoluble dans l'éther, dans le cas de la nicotine, de l'aniline, de la picoline, de la quinoléine; très-peu soluble dans le cas de la conicine. On sursature ensuite la solution aqueuse par de la soude caustique, on l'agite avec de l'éther, on décante celui-ci et on l'abandonne à l'évaporation spontanée. L'éther se volatilise avec l'ammoniaque qu'il peut renfermer, et l'alcaloïde reste dans un état de pureté suffisant pour pouvoir être caractérisé par ses propriétés.

2° Dans le cas où une portion de la solution éthérée a laissé, après l'évaporation, un résidu solide, elle peut renfermer une base fixe. Mais celle-ci peut aussi être contenue dans la liqueur aqueuse sous forme d'un sel non décomposable par le bicarbonate de soude. On ajoute alors à cette liqueur une petite quantité de soude caustique et on agite à plusieurs reprises avec de l'éther. On réunit les solutions éthérées et on les abandonne à l'évaporation spontanée. Elles laissent ordinairement un résidu laiteux, doué d'une odeur animale et d'une réaction alcaline. On le traite par une petite quantité d'acide sulfurique très-étendu. On décante la liqueur aqueuse, limpide, on la réduit par l'évaporation dans le vide aux trois quarts de son volume; puis on la mêle avec une solution concentrée de carbonate de potasse pur, on l'épuise par l'alcool absolu et on évapore la solution alcoolique : l'alcaloïde s'en sépare sous forme de cristaux.

D'après M. Otto, on peut modifier avantageusement le procédé pour la recherche des alcaloïdes solides en opérant comme il suit : Après avoir évaporé la solution éthérée de l'alcaloïde, on dissout le résidu dans l'eau aiguisée d'acide sulfurique, on lave la solution aqueuse à plusieurs reprises avec de l'éther, en l'agitant avec ce liquide, puis on y ajoute du carbonate de soude, et on l'agite avec une nouvelle quantité d'éther. Ce dernier dissout alors l'alcaloïde et l'abandonne, après l'évaporation, à l'état cristallisé. Il est à remarquer qu'après avoir ajouté le carbonate de soude, il faut agiter sur-le-champ la liqueur avec de l'éther; car la morphine ne se dissout plus dans ce véhicule lorsqu'elle a eu le temps de s'agréger en cristaux.

Divers chimistes ont tenté d'appliquer à la séparation des alcaloïdes les procédés de dialyse découverts et décrits par M. Graham et que nous ferons connaître dans le tome III de cet ouvrage. Les résultats obtenus, bien qu'ils soient dignes d'intérêt, ne nous paraissent point décisifs et ne permettent pas de recommander d'une manière définitive le procédé dont il s'agit.

Ajoutons que parmi les substances les plus toxiques, il en est quelques-unes qu'il est difficile ou impossible d'isoler et de caractériser d'une manière certaine à l'aide des méthodes aujourd'hui connues. Il en est ainsi de beaucoup de substances neutres ou alcalines, dont les caractères chimiques sont peu définis. Dans un grand nombre de cas, l'expert serait donc réduit à l'impuissance s'il ne pouvait invoquer les caractères organoleptiques de ces substances, et faire marcher de front les essais chimiques et l'expérimentation physiologique sur les animaux.

QUINOLÉINE.

$$C^{18}H^7Az.$$

Cette base, d'abord connue sous le nom de *leucoline*, a été découverte par Runge en 1834 dans le goudron de houille. Elle y existe avec d'autres alcaloïdes qui forment avec elle la série homologue suivante :

Quinoléine.......................... $C^{18}H^7Az$
Lépidine........................... $C^{20}H^9Az$
Cryptidine......................... $C^{22}H^{11}Az.$

Gerhardt l'a obtenue en distillant la quinine, la cinchonine et la strychnine avec l'hydrate de potasse. M. Hofmann a démontré l'identité de la base ainsi formée avec la leucoline de Runge.

La quinoléine constitue un liquide incolore, mobile, fortement réfringent. Son odeur est pénétrante et rappelle à la fois celle de l'essence d'amandes amères et celle de l'acide prussique; sa saveur est âcre et amère. Sa densité à 10° est égale à 1,081.

La quinoléine bout à 238°. A 0° elle dissout une certaine quantité d'eau qu'elle abandonne en partie à $+$ 15° en se troublant. Elle est peu soluble dans l'eau, et se dissout en toutes proportions dans l'alcool, l'éther, les huiles grasses et les huiles volatiles. Exposée au contact de l'air, elle brunit et se résinifie. Elle forme avec les acides des sels bien définis. La quinoléine fixe les éléments de l'iodure de méthyle ou d'éthyle, pour former l'iodure d'un ammonium quaternaire. Traité par l'eau et l'oxyde d'argent, celui-ci donne une base ammoniée. D'après cela, on peut admettre que la quinoléine constitue une base tertiaire de la forme $(C^{18}H^7)'''Az.$

PIPÉRIDINE.

$$C^{10}H^{11}Az.$$

Ce corps se forme par l'action des alcalis sur le pipérin. On distille ce dernier avec 2 1/2 à 3 parties de chaux sodée; on déshydrate le produit de la distillation sur la potasse caustique et on rectifie. La pipéridine passe à 106°. C'est un liquide limpide, incolore, d'une odeur à la fois poivrée et ammoniacale. Elle se dissout en toutes proportions dans l'eau et dans l'alcool. Elle possède une réaction fortement alcaline et neutralise parfaitement les acides. (Wertheim, Cahours).

La pipéridine renferme un seul atome d'hydrogène capable d'être remplacé par un groupe alcoolique (Cahours).

D'après cela, elle paraît être une base secondaire de la forme

$$\left.\begin{array}{c}(C^{10}H^{10})'' \\ H\end{array}\right\}Az.$$

Pipérin $C^{34}H^{19}AzO^6$. — Ce corps, qui a été découvert par Oerstedt en 1819, existe dans le poivre noir (*Piper nigrum*), dans le poivre long (*Piper longum*) et dans le poivre noir de l'Afrique occidentale (*Piper Clusii, Piper caudatum*).

Pour le préparer, on lave avec de l'eau froide le poivre grossièrement pulvérisé, puis on le fait digérer, à plusieurs reprises, avec de l'alcool. On réunit les liqueurs alcooliques et on les distille. On lave le résidu à l'eau froide, puis on le reprend par l'alcool en ajoutant de l'hydrate de chaux ($\frac{1}{16}$ du poids de poivre). La liqueur filtrée et convenablement concentrée laisse déposer le pipérin. Après l'avoir lavé à l'éther, on le fait cristalliser dans l'alcool, avec addition de charbon animal.

Le pipérin cristallise en prismes incolores, doués d'un éclat vitreux. Il est presque sans saveur, mais sa solution alcoolique possède une saveur piquante et poivrée. Il est peu soluble dans l'eau chaude et dans l'éther, très-soluble dans l'alcool, surtout à chaud. La solution alcoolique est neutre et optiquement inactive.

Le pipérin forme une combinaison peu stable avec l'acide chlorhydrique. L'acide sulfurique concentré le colore en rouge de sang.

Distillé avec de la chaux sodée, il donne de la pipéridine. La potasse alcoolique le dédouble en pipéridine et en un acide complexe qu'on a nommé *acide pipérique* (de Babo, Keller et Strecker).

$$\underset{\text{Pipérin.}}{C^{34}H^{19}AzO^6} \; + \; KHO^2 \; = \; \underset{\text{Pipéridine.}}{C^{10}H^{11}Az} \; + \; \underset{\substack{\text{Pipérate} \\ \text{de potassium.}}}{C^{24}H^9KO^8}.$$

L'acide pipérique $C^{24}H^{10}O^8$ cristallise en aiguilles fines, jaunâtres, à peine solubles dans l'eau, très-solubles dans l'alcool bouillant. Il est capable de fixer de l'hydrogène sous l'influence de l'amalgame de sodium et de l'eau et de se convertir en acide *hydropipé-rique* $C^{24}H^{12}O^8$ (Foster et Matthiessen).

CONICINE.

$C^{16}H^{15}Az$.

Ce corps se rencontre dans tous les organes de la grande ciguë (*Conium maculatum*). Il a été découvert en 1827 par Gisecke. MM. Planta et Kekulé ont montré que la conicine est souvent mélangée de méthylconicine.

Préparation. — On la retire des fruits de la ciguë, en les distillant avec de la soude après les avoir écrasés. L'opération s'effectue dans une grande cornue placée sur un bain de sable, ou dans un alambic. On arrête la distillation dès que le liquide qui passe n'est plus alcalin. On le neutralise par l'acide sulfurique étendu, on évapore en consistance sirupeuse, et on reprend le résidu par un mélange d'alcool et d'éther qui dissout le sulfate de conicine et laisse du sulfate d'ammoniaque. On retire l'éther et l'alcool par distillation, et on distille ensuite le sulfate de conicine avec une solution concentrée de soude. La conicine passe avec une certaine quantité d'eau qu'elle surnage. On la sépare, on la déshydrate sur des fragments de potasse caustique et on la rectifie dans un courant d'hydrogène, ou mieux dans le vide.

Propriétés. — La conicine constitue un liquide limpide, oléagineux, doué d'une odeur pénétrante nauséabonde, rappelant celle de la ciguë. Sa densité est égale à 0.88 ou 0,89. Elle émet des vapeurs à la température ordinaire, et lorsqu'on en approche une baguette imprégnée d'acide chlorhydrique, on voit apparaître des vapeurs blanches. Son point d'ébullition est situé vers 212°.

A une basse température, la conicine peut dissoudre son volume d'eau. Elle-même ne se dissout dans l'eau qu'en petite quantité et plus abondamment à froid qu'à chaud, de telle sorte qu'une solution saturée à froid se trouble lorsqu'on la chauffe. La conicine se dissout abondamment dans l'alcool, l'éther, les huiles grasses et les huiles volatiles.

La conicine possède une réaction fortement alcaline. Elle précipite un grand nombre d'oxydes métalliques de leurs solutions. Elle forme avec les acides des sels dont quelques-uns cristallisent. Le chlorhydrate $C^{16}H^{15}Az,HCl$ est en aiguilles incolores. Le sulfate est une masse gommeuse.

Au contact de l'air, elle brunit et se résinifie. Sous l'influence des réactifs oxydants, elle dégage de l'acide butyrique, circonstance qui semble y démontrer la présence de deux groupes (C^8H^7). On peut donc l'envisager comme une base secondaire de la forme

$$\left.\begin{array}{l}(C^8H^7)' \\ (C^8H^7)' \\ H\end{array}\right\}Az.$$

Elle renferme, en effet, un atome d'hydrogène capable d'être remplacé par un groupe alcoolique.

MM. Planta et Kekulé ont fait connaître une méthylconicine et une éthylconicine

$$\left.\begin{array}{l}(C^8H^7)' \\ (C^8H^7)' \\ (C^2H^3)'\end{array}\right\}Az \qquad \left.\begin{array}{l}(C^8H^7)' \\ (C^8H^7)' \\ (C^4H^5)'\end{array}\right\}Az.$$
$$\text{Méthylconicine.} \qquad\qquad \text{Éthylconicine.}$$

Ces bases tertiaires peuvent encore s'unir à l'iodure d'éthyle pour former des iodures d'ammoniums quaternaires.

Dans un travail récent, M. Wertheim attribue à la conicine la formule

$$\left.\begin{array}{l}(C^{16}H^{14})'' \\ H\end{array}\right\}Az.$$

Il l'envisage comme de l'ammoniaque dans laquelle 2 atomes d'hydrogène seraient remplacés par le radical diatomique conylène $(C^{16}H^{14})''$. Il est parvenu à isoler le conylène.

Action de la conicine sur l'économie. — La conicine est un poison narcotique. On l'a quelquefois rangée au nombre des narcotico-âcres; mais l'action irritante est nulle ou insignifiante. Vertiges, troubles de la vue, embarras de la langue, faiblesse croissante dans les muscles, peau froide et insensible, trouble de la respiration, ralentissement du pouls, face cyanosée, convulsions, paralysie, tels sont les principaux symptômes qui se manifestent après un empoisonnement par la conicine.

L'effet prédominant paraît être le trouble de la fonction respiratoire et une paralysie consécutive du cœur gauche (Schroff). Quant à la dose toxique, les indications varient. Christison admet que 10 centigrammes de conicine peuvent donner la mort. Orfila indique 50 centigrammes.

Conhydrine $C^{16}H^{17}AzO^2$. — Ce corps, qui représente de la conicine plus les éléments de l'eau $(C^{16}H^{15}Az + H^2O^2)$, existe, d'après M. Wertheim, dans les fleurs et dans les fruits de la grande ciguë, indépendamment de la conicine. Pour la préparer, on épuise les fruits par de l'eau aiguisée d'acide sulfurique, on sursature par la soude, on distille, on sature le liquide distillé par l'acide sulfurique, on évapore au bain-marie en consistance de sirop, on reprend par l'alcool absolu, on distille l'alcool, on ajoute au résidu de la potasse et l'on agite avec de l'éther. Les bases mises en liberté se dissolvent dans l'éther. On distille ce dernier au bain-marie et on chauffe graduellement le liquide dans un courant d'hydrogène. La conicine distille d'abord ; il passe ensuite de la conhydrine qui se concrète en lames cristallines dans le col de la cornue. On refroidit fortement ces cristaux et on les comprime entre des doubles de papier; enfin on les fait cristalliser dans l'éther.

La conhydrine constitue des lamelles cristallines, nacrées et irisées. Son odeur est analogue à celle de la conicine, mais plus faible. Son action toxique est moins énergique. La conhydrine est assez soluble dans l'eau. Elle est très-soluble dans l'alcool et dans l'éther. Elle fond à 120°,6, et commence à se sublimer au-dessous de 100°. Elle bout à 226°,3. Elle possède une réaction fortement alcaline. Chauffée à 200° avec de l'acide phosphorique anhydre, elle se dédouble en conicine et en eau.

NICOTINE.

$C^{20}H^{14}Az^2$.

Cet alcaloïde existe dans le tabac (*Nicotiana Tabacum*). Il a été découvert en 1828 par Reimann et Posselt. Les différents tabacs ne sont pas également riches en nicotine. Voici, d'après M. Schlœsing, les proportions de nicotine contenues dans les tabacs indigènes et dans quelques tabacs étrangers :

Le tabac du département du Lot renferme....	8,0	p. 100 de nicotine.
— du Nord.............	6,6	—
— du Pas-de-Calais....	4,9	—
— d'Alsace....................	3,2	—
— de Virginie..................	6,9	—
— du Maryland.................	2,3	—
— de la Havane................	2,0	—

Préparation. — On épuise le tabac par l'eau bouillante, on évapore les liqueurs au bain-marie en consistance sirupeuse; on mêle l'extrait encore chaud avec le double de son volume d'alcool ; on laisse reposer et l'on sépare le liquide alcoolique de la couche inférieure, très-épaisse, qui renferme beaucoup de malate de chaux. On distille l'alcool, on reprend de nouveau le résidu par l'alcool et on chasse celui-ci. On ajoute ensuite à l'extrait alcoolique une solution concentrée de potasse caustique et l'on agite avec de l'éther, qui dissout la nicotine mise en liberté. A la solution éthérée on ajoute quelques grammes d'acide oxalique. Cet acide détermine la séparation d'un dépôt sirupeux en se combinant avec l'alcaloïde. On lave ce dépôt avec l'éther, on le décompose par la potasse, et l'on reprend de nouveau par l'éther la nicotine mise en liberté. On distille l'éther au bain-marie ; on introduit le résidu dans une petite cornue tubulée, qu'on chauffe au bain d'huile, en même temps qu'on y fait arriver un courant d'hydrogène. On ne recueille que ce qui passe à 180°. C'est de la nicotine pure (Schlœsing).

Propriétés. — La nicotine constitue un liquide incolore, doué d'une odeur vireuse pénétrante. Elle ne se solidifie pas à — 10°. Elle dévie le plan de polarisation fortement à gauche. Exposée à l'air, elle se colore et finit par se résinifier. Elle bout entre 240° et 250°, non sans éprouver une décomposition partielle. A 100° elle répand des vapeurs blanches ; elle en émet assez à la température ordinaire pour qu'une baguette imprégnée d'acide chlorhydrique s'entoure de fumées blanches. Sa densité à 15° est égale à 1,027. Elle se dissout en toutes proportions dans l'eau, l'alcool et l'éther. Elle attire l'humidité de l'air.

Une solution aqueuse, même très-étendue de nicotine, prend une coloration jaunâtre, puis cramoisie, lorsqu'on la mélange avec de la teinture d'iode. Lorsqu'on mélange des solutions éthérées d'iode et de nicotine, on observe un dégagement de chaleur et la formation d'une masse cristalline de triiodonicotine.

La nicotine possède une forte réaction alcaline. Elle neutralise parfaitement les acides. Elle précipite les oxydes métalliques de leurs solutions. Elle est même capable de redissoudre avec une couleur bleue l'hydrate cuivrique récemment précipité. C'est une base diacide : elle exige pour se saturer 2 équivalents d'un acide monobasique. Le chlorhydrate de nicotine $C^{20}H^{14}Az^2,2HCl$ se forme lorsqu'on sature la nicotine pure par le gaz chlorhydrique. Il se prend dans le vide en filaments blancs très-déliquescents. Le chlore le convertit en une combinaison chlorée cristallisable, soluble dans l'eau, insoluble dans l'alcool.

La nicotine ne renferme point d'hydrogène remplaçable par un radical alcoolique. C'est une base tertiaire, et on peut représenter sa composition par la formule

$$\left.\begin{array}{l}(C^{10}H^7)''' \\ (C^{10}H^7)'''\end{array}\right\}Az^2.$$

Lorsqu'on la traite par les iodures de méthyle, d'éthyle, etc., elle fixe simplement 2 molécules de ces éthers iodhydriques (Planta et Kekulé) et se convertit en diiodures de la forme

$$\left.\begin{array}{l}(C^{10}H^7)''' \\ (C^{10}H^7)''' \\ 2(C^2H^3)'\end{array}\right\}Az^2,I^2 \qquad \left.\begin{array}{l}(C^{10}H^7)''' \\ (C^{10}H^7)''' \\ 2(C^4H^5)'\end{array}\right\}Az^2,I^2.$$

Iodure de méthylnicotine.   Iodure d'éthylnicotine.

Action de la nicotine sur l'économie animale. — La nicotine est un des poisons les plus terribles que l'on connaisse (page 648). En raison de sa causticité, elle irrite, enflamme, détruit les tissus sur lesquels elle est appliquée à l'état de pureté. Mais cette irritation locale n'est point comparable, dans ses effets, à l'action rapide et funeste que la nicotine exerce sur les centres nerveux, principalement sur la moelle allongée et sur la moelle épinière, action qui se manifeste surtout par des troubles des fonctions respiratoire et circulatoire, par de terribles convulsions, et finalement par la paralysie.

Les symptômes qui se déclarent à la suite de l'ingestion de la nicotine offrent quelque analogie avec ceux que détermine la conicine (page 634). Il faut noter, en outre, des accidents inflammatoires du côté du tube digestif, une gastro-entérite qui peut se révéler par des douleurs, des vomissements et de la diarrhée.

La nicotine étant très-soluble dans l'eau, son absorption est très-rapide et l'action sur le système nerveux se manifeste au bout de quelques instants. Lorsqu'on introduit une ou deux gouttes de nicotine dans la gueule d'un chien, l'animal est pris presque immédiatement de tremblement, il chancelle et tombe, le plus souvent, dit-on, sur le côté droit, quelquefois en poussant un cri. La respiration devient difficile. De violentes convulsions, avec renversement de la tête en arrière, ne tardent pas à se déclarer, et ces convulsions sont continues : elles laisse l'animal dans un état de paralysie auquel il ne tarde pas à succomber.

Le tabac lui-même peut déterminer des empoisonnements. On a vu quelquefois des accidents mortels survenir à la suite de l'administration imprudente de lavements de tabac.

D'après les observations de M. Melsens, la fumée de tabac renferme de la nicotine. Le léger narcotisme que produit cette fumée est donc dû à l'action de cet alcaloïde. Au reste, les avis sont partagés concernant l'influence que l'usage du tabac, si répandu aujourd'hui, exerce sur la santé : les uns admettent que cette habitude n'a aucune suite fâcheuse, d'autres lui attribuent une foule de maladies chroniques, prétendant que les fumeurs qui abusent du tabac atteignent rarement un âge avancé.

ALCALOÏDES DE L'OPIUM.

L'opium est le suc épaissi des capsules du pavot (*Papaver somniferum*). On l'obtient en incisant ces capsules de la base au sommet avec un instrument à cinq lames. Il en sort un suc laiteux,

qui se dessèche généralement du jour au lendemain en larmes.
On enlève celles-ci, on les réunit et on les façonne en pains de
diverses formes.

On cultive le pavot, depuis les temps les plus anciens, dans
l'Asie Mineure, la Perse, l'Inde, l'Égygte, pour en extraire l'opium.
Aujourd'hui on distingue dans le commerce les trois espèces
d'opium suivantes : opium de Smyrne, opium de Constantinople,
opium d'Égypte.

Opium de Smyrne. — Il est en masses molles, souvent défor-
mées, couvertes à l'extérieur de nombreuses semences de rumex.
A l'intérieur, sa couleur est fauve, mais la surface brunit à l'air.
Son odeur est forte et vireuse; sa saveur âcre et amère. Sa richesse en morphine est variable. Les bons opiums de Smyrne en
renferment de 10 à 15 pour cent, suivant leur état de dessiccation.

Opium de Constantinople. — On le trouve sous diverses formes,
tantôt en gros pains irréguliers, tantôt en pains plus petits, aplatis, couverts d'une feuille de pavot. Il est plus ferme que l'opium
de Smyrne et plus foncé. Sa richesse en opium varie de 7 à 11
pour cent.

Opium d'Égypte ou d'Alexandrie. — C'est l'opium le moins estimé. Il est en petits pains très-secs, très-aplatis, très-propres à
la surface. Sa couleur est brune; sa cassure nette et luisante;
son odeur très-faible. Il ne contient que de 3 à 6 pour cent
de morphine et à peu près autant de narcotine. Il est probable
qu'on y introduit, au moment de la préparation, une portion du
suc exprimé du pavot.

A ces opiums il faut ajouter :

L'*opium de l'Inde*, qui ne renferme que de 2, 3 à 5 pour cent
de morphine et de 4 à 6 pour cent de narcotine.

L'*opium de Perse*, qui renferme du miel, peu de morphine,
beaucoup de narcotine (Guibourt).

L'*opium indigène*, dont la fabrication a été l'objet de quelques
essais dans ces dernières années (Aubergier).

Les principes constituants de l'opium sont les suivants :

1° Des alcaloïdes, savoir :

$$
\begin{aligned}
&\text{la morphine} \dots\dots\dots\dots & C^{34}H^{19}AzO^{6} \\
&\text{la codéine} \dots\dots\dots\dots & C^{36}H^{21}AzO^{6} \\
&\text{la thébaïne} \dots\dots\dots\dots & C^{38}H^{21}AzO^{6} \\
&\text{la papavérine} \dots\dots\dots\dots & C^{40}H^{21}AzO^{8} \\
&\text{la narcotine} \dots\dots\dots\dots & C^{44}H^{23}AzO^{14} \\
&\text{la narcéine} \dots\dots\dots\dots & C^{46}H^{29}AzO^{18}
\end{aligned}
$$

2° Une substance neutre cristallisable, *la méconine* $C^{20}H^{10}O^8$, qui paraît jouer, d'après M. Berthelot, le rôle d'un alcool diatomique.

3° L'acide méconique (page 436). L'opium en renferme de 4 à 8 pour cent.

4° Un acide sirupeux, analogue à l'acide lactique et que M. Anderson a nommé *thébolactique*.

Ces deux acides sont combinés avec les alcaloïdes de l'opium.

5° Une matière gommeuse soluble dans l'eau.

6° Une matière résineuse, brune. Elle reste à l'état insoluble dans le marc d'opium, c'est-à-dire dans le résidu qu'on obtient en épuisant l'opium par l'eau. Elle paraît renfermer de l'azote. Elle se dissout dans l'alcool et dans les alcalis, même à froid.

7° De l'albumine végétale.

8° Divers principes peu connus et peu étudiés, tels que : une matière oléagineuse acide, un principe odorant et volatil, etc.

9° Des débris végétaux insolubles.

L'eau enlève à l'opium un peu moins de 50 pour cent de matériaux solubles. Il en résulte que l'extrait aqueux d'opium contient, à peu de chose près, un poids de morphine double de celui de l'opium.

La valeur de l'opium dépend de la quantité de morphine qu'il renferme. Parmi les procédés proposés pour titrer l'opium, c'est-à-dire pour déterminer sa richesse en morphine, nous indiquerons le suivant, qui est dû à M. Guillermond. On délaye 15 grammes d'opium dans 60 grammes d'alcool à 71° cent.; on passe sur un linge, on exprime et l'on reprend le marc par 50 grammes du même alcool. On introduit les solutions alcooliques dans un flacon à large ouverture, avec 4 grammes d'ammoniaque : au bout de 48 heures la morphine et la narcotine se sont déposées en cristaux. On recueille ces cristaux, on les lave à l'eau et on les épuise, après dessiccation, par l'éther ou par le chloroforme, qui dissout la narcotine.

L'alcool faible, d'où la morphine et la narcotine ont cristallisé, en laisse déposer une nouvelle quantité lorsqu'on l'abandonne à l'air pendant quelques jours : il faut en tenir compte.

Action de l'opium sur l'économie. — L'opium est un des médicaments les plus importants et les plus précieux. Il déprime la sensibilité nerveuse. A petite dose, il produit un sommeil tranquille, il agit comme calmant et sédatif. Mais, d'un autre côté, il possède aussi des propriétés excitantes : il stimule l'activité du cœur, il relève le pouls et produit une excitation des sens et des organes génitaux, un état d'ivresse, des hallucinations, un sommeil agité par des rêves. Ces propriétés expliquent les habitudes pernicieuses des mangeurs et des fumeurs d'opium.

A dose élevée, l'opium agit comme un poison narcotique. Il provoque, généralement une demi-heure après l'ingestion, des vertiges, de la pesanteur de tête, l'affaiblissement des forces. Quelquefois il se déclare des nausées et des vomissements bilieux. La sécrétion urinaire est diminuée ou même supprimée. Bientôt il survient un état de stupeur et de prostration, avec perte de la sensibilité et de la faculté d'exécuter des mouvements volontaires. Les malades tombent dans un assoupissement de plus en plus profond. Leurs yeux sont fermés ou à peine entr'ouverts ; presque toujours la pupille est fortement contractée ; la face pâle ou violacée ; la peau, souvent froide et marbrée, est couverte de sueur et peut devenir le siége d'éruptions diverses. Le pouls est plein, mais lent ; la respiration libre, mais singulièrement ralentie ; l'haleine exhale souvent une odeur d'opium. Quelques malades éprouvent de temps en temps de la roideur, mais il survient rarement des convulsions. Bientôt les traits s'altèrent, le pouls devient insensible, le refroidissement augmente, ainsi que le relâchement des muscles, et le malade succombe dans un coma profond, généralement 6 à 8 heures après l'ingestion du poison.

Dans l'extrême Orient, on observe souvent un empoisonnement chronique par l'opium, qui finit par amener la dyspepsie, l'amaigrissement, le tremblement des membres, une teinte jaunâtre, cachectique de la peau et un abrutissement complet.

La morphine, l'élément toxique le plus abondant de l'opium, est certainement le principal agent de ses propriétés thérapeutiques et toxiques. Néanmoins on ne saurait dire que la morphine exerce la même action que l'opium, pris en masse. Il résulte, en effet, des recherches de M. Claude Bernard que la codéine et surtout la thébaïne l'emportent de beaucoup sur la morphine par leurs propriétés toxiques. De là vient que l'extrait gommeux d'opium est relativement plus dangereux que la morphine.

De tous les alcaloïdes de l'opium, c'est la narcéine qui est le plus soporifique ; la morphine vient ensuite, et la codéine n'est qu'au troisième rang.

Nous avons fait remarquer que l'opium produit, quoique rarement, des convulsions chez l'homme [1]. Elles sont plus fréquentes

---

1. On dit que l'opium détermine fréquemment des convulsions et un délire furieux chez les individus de race malaise et chez les nègres.

chez les animaux, et surtout chez les animaux inférieurs. Les grenouilles empoisonnées par l'opium sont prises de tétanos. Or, il résulte des recherches de M. Cl. Bernard que la thébaïne possède au plus haut degré ces propriétés convulsivantes, comme il les appelle. Viennent ensuite la papavérine et la narcotine; la codéine et la morphine n'arrivent qu'au quatrième et au cinquième rang.

MORPHINE.

$C^{34}H^{19}AzO^6 + H^2O^2$.

La morphine a été découverte en 1805 par Sertürner, qui ne reconnut ses propriétés basiques qu'en 1817. Elle a été étudiée par Robiquet, Pelletier, M. Regnault, M. Liebig, et par d'autres chimistes.

Préparation. — 1° On coupe l'opium par tranches et on le fait macérer dans 7 à 8 fois son poids d'eau froide; au bout de vingt-quatre heures on le malaxe avec les mains pour bien le diviser, et le lendemain on passe avec expression. On répète ce traitement plusieurs fois jusqu'à ce que le marc ne cède plus rien à l'eau. On évapore les liqueurs aqueuses en consistance sirupeuse et on mêle l'extrait encore chaud avec un excès de carbonate de soude pulvérisé. Au bout de 24 heures, on recueille le précipité, on le lave d'abord à l'eau froide, puis à l'alcool froid; on l'épuise ensuite par l'acide acétique très-étendu, qu'on ajoute par portions, en ayant soin de n'en verser une nouvelle que lorsque la précédente a été neutralisée. On extrait ainsi la morphine du dépôt et on y laisse la narcotine. On filtre et on décolore la solution par le charbon animal, puis on la sursature par l'ammoniaque. La morphine se précipite. On la purifie par cristallisation dans l'alcool (Merck).

2° Le procédé suivant, que l'on doit à Robertson et à Gregory, est applicable à la fois à la préparation de la morphine et à celle de la codéine.

On épuise par l'eau froide 1 kilogramme d'opium, on ajoute à la liqueur 100 gr. de marbre porphyrisé et on l'évapore en consistance sirupeuse, dans un bain de vapeur, à la température de 65 à 75°. Après le refroidissement, on reprend la masse par 3 kilogr. d'eau et on sépare par le filtre le méconate de chaux. On réduit la liqueur par l'évaporation au quart de son volume, et on y ajoute ensuite, pendant qu'elle est encore chaude, 50 grammes de chlorure de calcium dissous dans 100 gr. d'eau, et 8 gr. d'acide chlorhydrique. On abandonne ce mélange à lui-même. Au bout de quinze jours, il est pris en une masse de cristaux imprégnée d'une eau-mère colorée. On exprime le dépôt dans un linge, on le délaye dans une petite quantité d'eau froide, puis on l'exprime de nouveau. On le dissout ensuite dans l'eau bouillante avec addition de charbon animal, et on le fait cristalliser. On obtient ainsi un mélange de chlorhydrate de morphine et de chlorhydrate de codéine. On le dissout dans l'eau et on ajoute de l'ammoniaque qui précipite la plus grande partie de la morphine, tandis que la codéine reste en dissolution. On recueille le dépôt sur un filtre et on évapore la liqueur filtrée, qui en laisse déposer une nouvelle quantité. Enfin on fait cristalliser la morphine dans l'alcool.

La morphine est souvent mélangée de narcotine. On peut extraire cette dernière au moyen de l'éther ou du chloroforme, qui la dissolvent. Un autre procédé de séparation consiste à dissoudre les deux bases dans l'acide chlorhydrique et à ajouter à la solution du sel marin, de manière à en saturer la liqueur. Celle-ci devient laiteuse, et la narcotine se sépare, au bout de quelques jours, en agglomérations cristallines. On précipite alors la morphine au moyen de l'ammoniaque.

Propriétés. — La morphine cristallise en prismes rhomboïdaux droits, courts, incolores, doués d'une saveur amère. Elle est à peine soluble dans l'eau froide et se dissout dans environ 500 parties d'eau bouillante, dans 40 parties d'alcool absolu froid, dans 24 à 30 parties d'alcool absolu bouillant, et plus facilement dans l'alcool d'une densité de 0,82. Elle est insoluble dans l'éther. Elle se dissout abondamment dans les alcalis fixes, assez bien dans l'eau de chaux, à peine dans l'ammoniaque.

Lorsqu'on la chauffe, elle fond, perd son eau de cristallisation et se prend par le refroidissement en une masse cristalline rayonnée.

La morphine exerce une action réductrice sur un certain nombre de corps. Lorsqu'on ajoute à une solution alcoolique de cette base une solution d'acide iodique, de l'iode est mis en liberté et colore la liqueur en brun ou en jaune. Le chlorure d'or colore les solutions de morphine en bleu par suite de la réduction du métal. L'azotate d'argent et le permanganate de potasse sont réduits de même. Lorsqu'on ajoute une petite quantité de morphine en poudre à une solution de chlorure ferrique ou de sulfate ferrique, ces sels sont réduits et la liqueur se colore en bleu. Cette dernière réaction est caractéristique.

L'acide azotique concentré colore la morphine en orangé. Cette coloration passe peu à peu au jaune. Lorsqu'on dirige un courant de chlore dans de l'eau tenant de la morphine en dissolution, la liqueur se colore d'abord en jaune orangé et laisse ensuite déposer des flocons jaunes.

Un mélange de parties égales d'iode et de morphine se dissout dans l'eau bouillante. Le liquide brun laisse déposer, par l'évaporation spontanée, de l'*iodomorphine* sous la forme d'une poudre rouge brun.

Lorsqu'on chauffe la morphine avec de la potasse à 200°, elle laisse dégager de la méthylamine.

Les iodures de méthyle et d'éthyle se combinent avec la morphine, lorsqu'on chauffe le mélange à 100°. Il se forme les iodures de méthylmorphonium ou d'éthylmorphonium

$$C^{34}H^{19}(C^2H^3)AzO^6,I \qquad\qquad C^{34}H^{19}(C^4H^5)AzO^6,I$$

Iodure de méthylmorphonium. Iodure d'éthylmorphonium.

Chlorhydrate de morphine $C^{34}H^{19}AzO^6,HCl + 3H^2O^2$. — La préparation de ce sel a déjà été indiquée (page 661). Il cristallise en aiguilles soyeuses, solubles dans une partie d'eau bouillante, dans 16 à 20 parties d'eau froide et très-soluble dans l'alcool. Le chlorure de platine forme dans la solution aqueuse un précipité jaune caséiforme qui renferme $C^{34}H^{19}AzO^6,HCl,PtCl^2$.

La morphine est généralement administrée sous forme de chlorhydrate. 100 parties de celui-ci correspondent à 80 parties de morphine cristallisée.

Sulfate de morphine $2C^{34}H^{19}AzO^6,H^2S^2O^8 + 5H^2O^2$. —On l'obtient en faisant dissoudre la morphine dans l'eau acidulée par l'acide sulfurique et en concentrant la liqueur. Il cristallise en aiguilles soyeuses réunies en faisceaux.

Acétate de morphine. — On prépare ce sel en triturant 2 parties de morphine avec une partie d'acide acétique. Le tout se prend bientôt en une masse que l'on abandonne à elle-même pendant vingt-quatre heures. On la divise ensuite et on la laisse sécher à l'air libre. Par l'évaporation spontanée de sa solution aqueuse, l'acétate de morphine cristallise en aiguilles. Il est peu stable et perd à la longue de l'acide acétique.

Action de la morphine sur l'économie animale. —Les sels de morphine sont des médicaments précieux. On les emploie comme sédatifs et calmants, et on les prescrit par centigrammes.

A dose élevée, la morphine et ses sels sont des poisons redoutables (page 660).

CODÉINE.

$$C^{36}H^{21}AzO^6 + H^2O^2.$$

Ce corps a été découvert par Robiquet en 1832. On l'obtient comme produit accessoire dans la préparation de la morphine, selon le procédé de Robertson et de Gregory. La codéine reste en solution dans les eaux-mères d'où la morphine a été précipitée par l'ammoniaque (page 662). On concentre ces eaux-mères au bain-marie de manière à chasser l'excès d'ammoniaque. Elles laissent encore déposer une petite quantité de morphine. On les précipite ensuite par la potasse qui déplace la codéine. On recueille le précipité, on le dissout dans l'acide chlorhydrique, on décolore la solution du chlorhydrate par le charbon animal, puis on la précipite par la potasse. On dissout enfin la codéine dans de l'éther aqueux et on la fait cristalliser par évaporation spontanée.

Propriétés. — La codéine se dépose de l'éther aqueux en gros cristaux appartenant au système rhombique et renfermant une molécule d'eau de cristallisation. L'éther anhydre la laisse déposer en octaèdres à base rectangulaire, anhydres, fusibles à 150°.

La codéine se dissout dans 80 parties d'eau à 15°. Elle est plus soluble dans l'eau bouillante. Chauffée avec une quantité d'eau insuffisante pour la dissoudre, elle fond en une masse oléagineuse. L'alcool et l'éther la dissolvent aisément. Sa solution alcoolique dévie le plan de polarisation à gauche. La potasse dissout à peine la codéine; l'ammoniaque la dissout aussi facilement que l'eau.

L'acide azotique, d'une densité de 1,06, la convertit à chaud en *nitrocodéine* $C^{36}H^{20}(AzO^4)AzO^6$. Lorsqu'on la fait digérer au bain de sable avec de l'acide sulfurique moyennement concentré, la codéine se transforme en codéine amorphe, que le carbonate de soude précipite de la liqueur acide.

Le chlore et le brome convertissent la codéine en produits de substitution. Lorsqu'on verse de l'eau saturée de brome sur de la codéine finement pulvérisée, celle-ci se dissout et se convertit en bromhydrate de bromocodéine. L'ammoniaque forme dans cette liqueur un précipité de *codéine monobromée* $C^{36}H^{20}BrAzO^6$. Lorsqu'on continue à ajouter du brome à la solution de bromhydrate de bromocodéine, il se forme bientôt un précipité jaune de bromhydrate de *codéine tribromée*. La *codéine diiodée* $C^{36}H^{19}I^2AzO^6$ se précipite sous forme d'une poudre cristalline lorsqu'on ajoute une solution aqueuse de chlorure d'iode à une solution concentrée de chlorhydrate de codéine.

Lorsqu'on mêle des solutions alcooliques concentrées de codéine et d'iode, il s'en dépose au bout de quelque temps des cristaux rouge de rubis par transparence, violets par réflexion et qui constituent une combinaison d'iode et de codéine $2C^{36}H^{21}AzO^6, +3I^2$.

Une solution alcoolique concentrée de codéine absorbe le cyanogène, en se colorant d'abord en jaune, puis en brun. La liqueur laisse déposer peu à peu des cristaux de cyanocodéine $C^{36}H^{21}AzO^6, Cy^2$.

Base énergique, la codéine ramène rapidement au bleu le papier de tournesol rouge.

Chlorhydrate de codéine $C^{36}H^{21}AzO^6, HCl + 2H^2O^2$. — Aiguilles courtes, réunies en faisceaux, solubles dans 20 parties d'eau froide. Le chlorure de platine précipite de la solution une poudre jaune qui devient cristalline au bout de quelque temps et qui renferme $C^{36}H^{21}AzO^6, HCl, PtCl^2 + 2H^2O^2$.

La codéine est employée en médecine.

On l'administre sous forme de sirop (33 centigrammes de codéine pour 100 grammes de sirop de sucre).

THÉBAINE.

$C^{38}H^{21}AzO^6$.

Cet alcaloïde, qui a été désigné aussi sous le nom de *paramorphine*, a été découvert par Pelletier. Il cristallise en lamelles d'un blanc d'argent, fusibles à 125°. Il est insoluble dans l'eau et dans les alcalis. Il est soluble dans l'alcool et dans l'éther. Sa saveur est âcre. C'est le plus toxique des alcaloïdes de l'opium (Cl. Bernard).

L'acide sulfurique concentré le colore en rouge. L'acide azotique concentré l'attaque déjà à froid, en formant une solution jaune.

PAPAVÉRINE.

$C^{40}H^{21}AzO^8$.

La papavérine a été découverte en 1848 par M. Merck et étudiée plus tard par M. Anderson. Elle cristallise en aiguilles blanches, confusément agglomérées, insolubles dans l'eau, peu solubles dans l'alcool et dans l'éther froids, plus solubles à chaud dans ces véhicules.

L'acide sulfurique concentré la colore en bleu foncé. L'acide azotique concentré la convertit en nitro-papavérine $C^{40}H^{20}(AzO^4)AzO^8$. L'eau de brome lui enlève de l'hydrogène et la transforme en bromhydrate bromopapavérine $C^{40}H^{20}BrAzO^8, HBr$. La papavérine forme des sels définis et cristallisables avec les acides chlorhydrique et azotique.

NARCOTINE.

$$C^{34}H^{23}AzO^{14}.$$

Derosne a découvert la narcotine en 1803. Elle a été longtemps désignée sous le nom de *sel de Derosne*. Trente ans plus tard, elle a été étudiée par Robiquet, Pelletier, et plus récemment par MM. Wœhler, Blyth et Anderson.

Préparation. — On peut retirer la narcotine du marc d'opium épuisé par l'eau. On le traite par l'acide chlorhydrique étendu, on filtre et on précipite la solution par le carbonate de soude. On dissout le précipité dans l'alcool, on décolore par le charbon animal et on filtre la liqueur bouillante. Par le refroidissement, la narcotine se dépose; on la purifie par plusieurs cristallisations dans l'alcool. Le procédé qui vient d'être décrit peut servir aussi à extraire la narcotine du dépôt des alcaloïdes, épuisé par l'acide acétique faible, selon le procédé de M. Merck (page 661). Ce dépôt renferme de la narcotine. Enfin on peut retirer directement la narcotine de l'opium en traitant celui-ci par l'éther. Elle se dépose à l'état cristallisé, par l'évaporation spontanée de la solution éthérée.

Propriétés. — La narcotine cristallise en prismes brillants et incolores ou en aiguilles réunies en faisceaux. Ces cristaux appartiennent au type du prisme rhomboïdal droit. Elle est insoluble dans l'eau froide et se dissout dans environ 7000 parties d'eau bouillante. Elle exige, pour se dissoudre, 300 parties d'alcool froid à 77 cent.; 128 parties du même alcool bouillant; 60 parties d'alcool absolu froid; 12 parties d'alcool absolu bouillant; 33 parties d'éther froid; 19 parties d'éther bouillant. Les solutions alcoolique et éthérée possèdent une saveur amère et dévient le plan de polarisation à gauche; neutralisées par les acides, elles le dévient à droite.

La narcotine fond à 170° et se solidifie de nouveau à 130° en une masse cristalline. Chauffée à 220°, elle dégage de l'ammoniaque et laisse un résidu d'acide hémipinique.

L'acide sulfurique concentré dissout la narcotine en formant une solution jaune. Lorsqu'il contient des traces d'acide azotique, il la colore en rouge de sang. Humectée avec l'acide azotique fumant, la narcotine se colore en rouge, se boursoufle, dégage des vapeurs rouges et finit par s'enflammer (Mialhe). L'acide azotique étendu la convertit, lorsqu'on chauffe à 49°, en produits d'oxydation, parmi lesquels nous signalerons la méconine, l'acide opianique, l'acide hémipinique et la cotarnine (Anderson). L'acide opianique et la cotarnine prennent aussi naissance lorsqu'on fait bouillir la solution chlorhydrique de narcotine avec le chlorure de platine (Blyth), ou la solution sulfurique avec le peroxyde de manganèse. MM. Mathiessen et Foster expriment ce dédoublement par l'équation suivante :

$$C^{44}H^{23}AzO^{14} \ + \ O^2 \ = \ C^{20}H^{10}O^{10} \ + \ C^{24}H^{13}AzO^6.$$
Narcotine.   Acide opianique.   Cotarnine.

Chauffée avec de l'hydrate de potasse à 220°, la narcotine dégage de l'ammoniaque, de la méthylamine, de la diméthylamine et de la triméthylamine. Lorsqu'on fait bouillir longtemps la narcotine avec de la potasse concentrée, elle se convertit en un corps oléagineux soluble dans l'eau et qui paraît constituer le sel de potasse d'un acide particulier, l'acide narcotique.

Le chlore convertit la narcotine, avec dégagement d'acide chlorhydrique, en une masse brun rougeâtre, amorphe, partiellement soluble dans l'eau avec une couleur verte.

La narcotine ne possède pas une réaction alcaline. Elle forme néanmoins, avec les acides, des combinaisons cristallisables; mais les solutions de ces sels se décomposent par l'évaporation.

Le *chlorhydrate de narcotine* se présente sous forme d'aiguilles fines, réunies en faisceaux, très-solubles dans l'eau, solubles dans l'alcool bouillant.

Cotarnine. — $C^{24}H^{13}AzO^6 + H^2O^2$. Ce produit de dédoublement de la narcotine a été découvert par M. Wœhler. Il prend naissance lorsqu'on traite la narcotine par des réactifs oxydants (voir plus haut), notamment par un mélange d'acide sulfurique et de peroxyde de manganèse. La cotarnine cristallise en aiguilles incolores, groupées en étoiles. Elle est peu soluble dans l'eau froide, plus soluble dans l'eau bouillante, et se dissout aisément dans l'alcool, dans l'éther et dans l'ammoniaque. Elle fond à 100° en perdant son eau de cristallisation. L'acide azotique concentré et bouillant la convertit en acide oxalique; l'acide azotique étendu en acide cotarnique et en azotate de méthylamine (Matthiessen et Foster).

$$C^{24}H^{13}AzO^6 \ + \ 2H^2O^2 \ + \ HAzO^6 \ = \ C^{22}H^{12}O^{10} \ + \ C^2H^5Az,HAzO^6.$$
Cotarnine.   Acide cotarnique.   Azotate
de méthylamine.

L'acide cotarnique est un acide bibasique.

D'après MM. Foster et Matthiessen, la cotarnine serait la mé-

thylcotarnimide, c'est-à-dire l'imide méthylée de l'acide cotarnique.

$$\begin{array}{ccc}
\left.\begin{array}{l}(C^{22}H^{10}O^6)'' \\ H^2\end{array}\right\}O & \left.\begin{array}{l}(C^{22}H^{10}O^6)'' \\ H\end{array}\right\}Az & \left.\begin{array}{l}(C^{22}H^{10}O^6)'' \\ (C^2H^3)'\end{array}\right\}Az. \\
\text{Acide cotarnique.} & \text{Cotarnimide.} & \text{Méthylcotarnimide} \\
 & & \text{(cotarnine).}
\end{array}$$

Méconine $C^{20}H^{10}O^8$. — Ce corps a été découvert par Dublanc,
en 1826, dans l'opium. M. Anderson l'a signalé parmi les produits d'oxydation de la narcotine par l'acide azotique faible.
La méconine cristallise en petites aiguilles brillantes, douées d'une
saveur amère, fusibles à 110°. A une température plus élevée, elle
se sublime en beaux cristaux. Chauffée sous l'eau, dans laquelle
elle est peu soluble, elle fond à 77°. Elle se dissout dans l'alcool,
l'éther et l'acide acétique. M. Berthelot l'envisage comme un alcool diatomique. Il a obtenu, en effet, des combinaisons de méconine avec les acides stéarique et benzoïque. L'acide sulfurique
concentré forme, avec la méconine, à froid, une solution incolore
qui devient pourpre lorsqu'on chauffe. La méconine et les acides
opianique et hémipinique forment la série suivante :

$$C^{20}H^{10}O^9 \quad \text{méconine,}$$
$$C^{20}H^{10}O^{10} \quad \text{acide opianique,}$$
$$C^{20}H^{10}O^{12} \quad \text{acide hémipinique.}$$

Acide opianique. — MM. Liebig et Wœhler ont découvert ce
corps en 1842, en chauffant la narcotine avec du peroxyde de
manganèse et de l'acide sulfurique étendu. M. Blyth l'a obtenu
par l'action d'une solution bouillante de chlorure de platine sur
la narcotine. M. Anderson l'a signalé parmi les produits d'oxydation de cette base par l'acide azotique étendu.

L'acide opianique forme de petites aiguilles fines concentriques,
douées d'une saveur amère peu prononcée et d'une faible réaction
acide. Il est peu soluble dans l'eau froide et se dissout aisément
dans l'eau bouillante, dans l'alcool et dans l'éther. Il fond à 140°
et ne peut pas être volatilisé sans décomposition. Par l'action prolongée du chlorure de platine, ou lorsqu'on le fait bouillir avec un
mélange d'acide azotique et de peroxyde de plomb, il se convertit
en acide hémipinique. L'acide sulfurique concentré le transforme
en une matière colorante qui se comporte comme l'alizarine.

$$\underset{\text{Alizarine.}}{C^{20}H^6O^6} = \underset{\text{Acide opianique.}}{C^{20}H^{10}O^{10}} - 2H^2O^2.$$

Lorsqu'on le chauffe avec un excès de potasse, l'acide opianique se dédouble en méconine et en acide hémipinique (Matthiessen et Foster.)

$$2C^{20}H^{10}O^{10} \;=\; C^{20}H^{10}O^8 \;+\; C^{20}H^{10}O^{12}.$$
Acide opianique.   Méconine.   Acide hémipinique.

Acide hémipinique. — $C^{20}H^{10}O^{12} + 2H^2O^2$. Cet acide a été découvert par M. Woehler. Il se forme par l'oxydation de la narcotine et de l'acide opianique. Il cristallise en prismes incolores ou en rhomboèdres aplatis. Il s'effleurit à l'air et perd son eau de cristallisation à 100°. Il fond à 180° et peut être sublimé entre deux verres de montre, comme l'acide benzoïque. Il est peu soluble dans l'eau froide, plus soluble dans l'alcool, très-soluble dans l'éther. Chauffé avec de l'acide iodhydrique, il se dédouble en acide carbohydroquinonique (page 431), iodure de méthyle et acide carbonique (Matthiessen et Foster).

$$C^{20}H^{10}O^{12} \;+\; 2HI \;=\; 2C^2H^3I \;+\; C^{14}H^6O^8 \;+\; C^2O^3.$$
Acide   Iodure   Acide
hémipinique.   de méthyle.   carbohydroquinonique.

NARCÉINE.

$C^{46}H^{29}AzO^{18}$.

La narcéine a été découverte par Pelletier. Elle forme des aiguilles fines, soyeuses, peu solubles dans l'eau froide, solubles dans l'eau bouillante et dans l'alcool, insolubles dans l'éther. Les solutions dévient le plan de polarisation à gauche. La narcéine fond à 92°. Elle se colore en jaune à 110°. L'acide sulfurique concentré la dissout à froid avec une couleur rouge, qui passe au vert lorsqu'on chauffe. L'acide azotique concentré la convertit en acide oxalique. L'iode s'y combine en formant une combinaison bleue qui est décomposée par l'eau bouillante et par les alcalis (Anderson).

Le *chlorhydrate de narcéine* $C^{46}H^{29}AzO^{18}$,HCl, forme des aiguilles groupées en faisceaux, très-solubles dans l'eau et dans l'alcool, douées d'une réaction acide.

ALCALOÏDES DES QUINQUINAS.

Le quinquina est arrivé en Europe en 1640, sous le nom de *Poudre de la comtesse* : la comtesse del Cinchon, femme du vice-roi du Pérou, avait été guérie d'une fièvre opiniâtre par cette écorce. La Condamine a décrit en 1738 le *Cinchona Condaminea*, un des arbres qui donnent le quinquina. Ces végétaux précieux croissent dans les Cordillières, à une altitude de 1,200 à 3,270 m., et dans une bande de territoire large de 12 à 18 lieues et qui s'étend sur une longueur de 800 lieues, de Caracas, dans le Venezuela, à Potosi, en Bolivie. Récemment, les Hollandais ont acclimaté le quinquina à Java et les Anglais l'ont transplanté dans l'Inde. Ces essais de culture, entrepris sur une large échelle, paraissent devoir donner des résultats satisfaisants.

Les quinquinas doivent leurs propriétés fébrifuges à plusieurs alcaloïdes, dont les principaux, la quinine et la cinchonine, ont été découverts en 1820 par MM. Pelletier et Caventou. Les écorces qui arrivent dans le commerce sous le nom de quinquinas sont loin d'avoir la même valeur : elles renferment des quantités variables de quinine et de cinchonine. M. Guibourt distingue, parmi les quinquinas du commerce, les cinq espèces suivantes :

Quinquinas gris. — Écorces roulées, médiocrement fibreuses, recouvertes de lichens grisâtres, plus astringentes qu'amères, renfermant beaucoup de cinchonine, peu ou point de quinine. Les principales variétés de quinquina gris sont : le quinquina *Loxa*, qui provient du *Cinchona Condaminea;* le quinquina *Huanuco* ou *Lima*, qui provient du *C. nitida;* le quinquina *Huamalies*, qui provient du *C. purpurea.*

Quinquinas jaunes. — Fragments volumineux, d'un jaune fauve, à texture fibreuse, doués d'une amertume prononcée, riches en quinine. Le quinquina jaune le plus estimé est connu sous le nom de quinquina *Calisaya* ou quinquina *jaune royal*. Il provient du *Cinchona Calisaya.*

Quinquinas rouges. — Fragments d'un rouge brun, à la fois amers et astringents, renfermant une proportion assez forte de quinine et de cinchonine. Le quinquina rouge provient du *Cinchona succirubra*. M. Weddell l'a attribué au *Cinchona ovata*, var. *erythrodermis.*

Les trois espèces de quinquina que nous venons de mentionner sont les vrais quinquinas officinaux. Ajoutons que, depuis un certain nombre d'années, il arrive dans le commerce des quinquinas de la Nouvelle-Grenade, parmi lesquels le *Pitayo* est très-estimé.

Quinquinas blancs. — Ils se distinguent par un épiderme naturellement blanc, uni, non fendillé, adhérent aux couches corticales. Ils renferment une petite quantité de cinchonine ou de cinchonidine. Le quinquina *Jaën* est un quinquina blanc.

Quinquinas faux. — Ils proviennent d'arbres étrangers au genre *Cinchona* et ne renferment ni quinine ni cinchonine. Parmi ces faux quinquinas nous citerons le quinquina *Piton*, qui provient de l'*Exostema floribundum*, et le quinquina *Caraïbo*, qui provient de l'*Exostema caraïbeum*.

MM. Bouchardat et Delondre ont indiqué, dans le tableau que nous donnons ici, la richesse approximative en quinine et en cinchonine des principaux quinquinas médicinaux.

Quinquinas. 1 kilogr. donne	Sulfate de quinine.	Sulfate de cinchonine
Calisaya jaune royal.....	30 à 32 gr.	6 à 8 gr.
Rouge vif...............	20 à 25	8 à 12
Rouge pâle	15 à 18	6 à 8
Orangé de Mutis	15 à 16	4 à 8
Huanuco	6	12
Loxa gris fin...........	2	10 à 12
Loxa Condaminea........	8	6

Les quinquinas renferment d'autres alcaloïdes, indépendamment de la quinine et de la cinchonine. On en a extrait la *quinidine*, isomérique avec la quinine, et la *cinchonidine*, isomérique avec la cinchonine. Tous ces corps cristallisent. Lorsqu'on chauffe les sulfates de ces alcaloïdes avec de l'acide sulfurique, on donne naissance à deux bases incristallisables, la *quinicine* et la *cinchonicine*, isomériques, la première avec la quinine et la quinidine, la seconde avec la cinchonine et la cinchonidine. D'après M. Pasteur, auquel on doit la découverte de ces faits, la quinicine et la cinchonicine ne sont point contenues dans les écorces fraîches de quinquina, mais elles peuvent se former lorsque ces écorces sont longtemps exposées au soleil, par suite d'une transformation isomérique des alcaloïdes naturels.

On connaît donc les 6 alcaloïdes suivants :

Cinchonine, cinchonidine, cinchonicine. $C^{40}H^{24}Az^2O^2$.
Quinine, quinidine, quinicine......... $C^{40}H^{24}Az^2O^4$.

On trouve dans le commerce, sous le nom de *quinoïdine*, un produit résineux que l'on précipite des dernières eaux-mères du sulfate de quinine. On peut en isoler de la quinidine et de la cinchonidine. M. Leers a rencontré dans la cinchonidine du commerce un alcaloïde qu'il nomme quinidine et auquel il assigne la composition $C^{36}H^{22}Az^2O^2$. Signalons encore la *cinchovatine* ou l'*aricine*, qu'on a retirée du quinquina d'Arica et du quinquina Jaën.

Indépendamment de ces alcaloïdes, les écorces de quinquina renferment divers autres principes essentiels, notamment de l'acide quinique (page 427) et de l'acide quinotannique (page 527). Un des produits du dédoublement de ce dernier acide est le rouge cinchonique signalé par MM. Pelletier et Caventou (page 527).

L'acide quinique existe dans tous les quinquinas vrais. Pour les reconnaître, M. Stenhouse propose d'y rechercher cet acide, en mettant à profit sa transformation en quinone, qu'il est facile de caractériser (page 429).

Il est plus sûr de déterminer, par un dosage direct, la quantité de quinine. Pour cela on peut employer le procédé proposé par MM. Glénard et Guillermond.

On mêle 10 grammes de poudre de quinquina avec un poids égal d'hydrate de chaux, et on épuise le mélange, dans un vase bouché, avec 100 grammes d'éther exempt d'eau et d'alcool. On filtre et on mêle 10 centimètres cubes de la solution éthérée avec un volume déterminé d'acide sulfurique titré (renfermant, en 10 centimètres cubes, 0,0302 d'acide monohydraté, quantité qui correspond à 0,2 grammes de quinine), de telle sorte que l'acide soit en excès. On détermine ensuite l'excès d'acide par un procédé volumétrique, et l'on connaît par différence la quantité d'acide qui a neutralisé la quinine. On en déduit la proportion de cette base.

QUININE.

$$C^{40}H^{24}Az^2O^4.$$

La quinine a été découverte, en 1820, par MM. Pelletier et Caventou. Sa composition centésimale a été établie par MM. Liebig et Regnault. M. Strecker a proposé la formule que nous avons donnée et qui est adoptée aujourd'hui.

Pour isoler la quinine, on ajoute de l'ammoniaque à une solution de sulfate de quinine. La quinine est déplacée sous forme d'un précipité caséeux, amorphe et friable après la dessiccation. Lorsqu'on abandonne ce précipité à lui-même, en l'humectant de temps en temps avec de l'eau, il prend une molécule d'eau et devient cristallin (Van Heijningen). On peut l'obtenir sous forme d'aiguilles fines, renfermant 3 molécules d'eau de cristallisation. Pour cela, on ajoute un excès d'ammoniaque à une solution étendue de sulfate de quinine et on abandonne la liqueur à elle-même.

La quinine est fort amère. Elle exige pour se dissoudre environ 350 parties d'eau froide, 400 parties d'eau bouillante, 2 parties d'alcool froid, 60 parties d'éther, 6 parties de chloroforme. Elle se dissout aussi dans les huiles grasses et dans les huiles volatiles. Sa solution alcoolique dévie le plan de polarisation à gauche (page 645).

La quinine cristallisée avec 3 molécules d'eau, fond à 120°, en perdant cette eau et en formant une huile qui se prend par le refroidissement en une masse résineuse. Chauffée sur une lame de platine, elle fond, se boursoufle, s'enflamme et brûle avec une flamme fuligineuse, en laissant un résidu de charbon.

Les acides azotique et sulfurique concentrés dissolvent la quinine sans la colorer. L'acide sulfurique fumant la dissout pareillement ; au bout de quelque temps, la solution n'est plus précipitée par l'ammoniaque : il s'est formé une combinaison conjuguée, l'*acide sulfoquinique* (Schützenberger).

Lorsqu'on fait bouillir une solution de sulfate de quinine avec de l'azotite de potasse, il se dégage de l'azote ; la liqueur refroidie donne avec l'ammoniaque un précipité grenu et cristallin d'*oxy-quinine* $C^{40}H^{24}Az^2O^6$ (Schützenberger).

Lorsqu'on dirige un courant de chlore dans de l'eau tenant de la quinine en suspension, on obtient une solution rouge, qui se décolore par l'action prolongée du chlore, en laissant précipiter une substance rouge.

Une solution de sulfate de quinine additionnée d'eau de chlore, puis d'un excès d'ammoniaque, prend une teinte verte. Cette dernière réaction, signalée par Brandes, est caractéristique. Lorsqu'on verse de l'eau de chlore sur du sulfate de quinine délayé dans l'eau, jusqu'à ce qu'il soit dissous, et qu'on ajoute à la liqueur jaune du ferrocyanure de potassium en poudre fine, la solution se colore d'abord en rose, puis en rouge foncé (Vogel). On met à profit ces réactions pour découvrir la quinine.

Lorsqu'on broie la quinine avec de l'iode, on obtient une substance brune, amorphe, combinaison de quinine et d'iode. Cette iodoquinine existe probablement dans le sulfate d'iodoquinine découvert par M. Herapath (voir page 677).

On connaît diverses bases dérivées de la quinine par substitution. Lorsqu'on mélange une solution éthérée de quinine avec de l'iodure de méthyle ou d'éthyle, on obtient un *iodure de méthyl-quinium* ou *d'éthylquinium*.

$$C^{40}H^{24}Az^2O^4 \quad + \quad C^2H^3I \quad = \quad C^{40}H^{24}(C^2H^3)Az^2O^4.I.$$
Quinine.   Iodure de méthylquinium.

L'iodure d'éthylquinium $C^{40}H^{24}(C^4H^5)Az^2O^4,I$ constitue des aiguilles incolores, soyeuses, très-amères. Sa solution aqueuse ne donne pas de précipité par la potasse ou l'ammoniaque. Traitée par l'oxyde d'argent, elle donne de l'iodure d'argent et une base fortement alcaline, l'*hydrate d'éthylquinium* (Strecker).

En traitant la quinine sèche par le chlorure de benzoyle, M. Schützenberger a obtenu un *chlorhydrate de benzoylquinine*

$C^{40}H^{23}(C^{14}H^{5}O^{2})Az^{2}O^{4}$,HCl; l'ammoniaque en précipite la benzoyl-quinine, sous forme d'un dépôt amorphe.

La quinine possède une réaction alcaline et neutralise parfaitement les acides. C'est une base diacide, c'est à-dire que pour se saturer, elle a besoin de se combiner avec deux molécules d'un acide monobasique ou avec une molécule d'un acide bibasique. Les sels de quinine sont moins solubles dans l'eau que ceux de cinchonine.

CHLORHYDRATES DE QUININE.

On obtient un *chlorhydrate neutre de quinine*, en dissolvant la quinine dans un excès d'acide chlorhydrique et faisant cristalliser la solution. Il n'est point stable; en effet, l'eau le décompose en lui enlevant de l'acide chlorhydrique et en laissant un sel basique.

La solution de ce chlorhydrate neutre $C^{40}H^{24}Az^{2}O^{4}$,2HCl donne avec le chlorure platinique un précipité jaunâtre, floconneux, qui devient orangé et cristallin par l'agitation et qui renferme

$$C^{40}H^{24}Az^{2}O^{4},2HCl,2PtCl^{2} + H^{2}O^{2}.$$

Le *chlorhydrate basique de quinine* $C^{40}H^{24}Az^{2}O^{4}$,HCl, + 3aq, se forme lorsqu'on dissout à chaud la quinine dans un léger excès d'acide chlorhydrique faible, et se dépose par le refroidissement de la liqueur en longues fibres soyeuses.

SULFATES DE QUININE.

On en connaît deux : un sulfate neutre qui possède une réaction acide et qu'on nomme souvent *sulfate acide*, et un sulfate basique qui est la préparation de quinine la plus employée en médecine.

Sulfate de quinine basique $2C^{40}H^{24}Az^{2}O^{4}$,$H^{2}S^{2}O^{8}$ + $7H^{2}O^{2}$. — On fait bouillir l'écorce de quinquina réduite en poudre grossière, avec 8 à 10 parties d'eau, additionnée de 12 pour 100 d'acide sulfurique concentré, ou mieux de 25 pour 100 d'acide chlorhydrique. Au bout d'une heure, on passe la décoction par une toile et on soumet le résidu à une seconde ou à une troisième ébullition avec de l'eau renfermant une quantité moindre d'acide. Quand les liqueurs sont refroidies, on y ajoute un lait de chaux par petites portions et en léger excès. On précipite ainsi non-seulement la quinine et la cinchonine, mais encore la matière colorante (rouge cinchonique) qui forme une combinaison insoluble avec la chaux. Ce dépôt quino-calcaire renferme en même temps l'excès de chaux et du sulfate de chaux, dans le cas où l'on a employé l'acide sulfurique. On le recueille sur une toile, on le laisse égoutter et on le soumet à une pression graduée. Les liqueurs qui ont passé donnent à la longue un nouveau dépôt. On dessèche le tourteau, puis on l'épuise par l'alcool, en vase clos et au bain-marie. La solution alcoolique, filtrée et concentrée par distillation, laisse déposer des cristaux de cinchonine par le refroidissement, dans le cas où l'on a traité une écorce riche en cinchonine. Les eaux-mères retiennent la quinine plus soluble. On les neutralise par l'acide sulfurique pour convertir les alcaloïdes en sulfates, puis on chasse l'alcool par distillation. La liqueur qui reste se prend en une masse de cristaux formée par du sulfate de quinine. On exprime les cristaux et on les purifie par une nouvelle cristallisation dans l'eau bouillante, avec addition de charbon animal. Les eaux-mères retiennent le sulfate de cinchonine avec une certaine quantité de sulfate de quinine. On les précipite par un excès de carbonate de soude, on convertit les alcaloïdes en sulfates, on traite la solution par le charbon animal et on la concentre. On obtient ainsi une nouvelle quantité de sulfate de quinine, qui est beaucoup moins soluble que le sulfate de cinchonine ; ce dernier reste dans l'eau-mère.

Nous venons de décrire le procédé classique de MM. Pelletier et Caventou pour l'extraction de la quinine. On lui a fait subir diverses modifications. D'abord on peut remplacer avantageusement la chaux par le carbonate de soude pour précipiter les bases organiques ; car la quinine se dissout en petite quantité dans l'eau de chaux et dans le chlorure de calcium.

Certains fabricants mélangent le quinquina en poudre avec la chaux et lavent le mélange avec de l'alcool bouillant. Après l'évaporation de l'alcool, la quinine reste à l'état impur. On la dissout dans l'acide sulfurique faible et on fait cristalliser le sulfate de quinine.

M. Thiboumery a proposé de substituer à l'alcool divers autres dissolvants de la quinine, tels que les huiles fixes ou les huiles volatiles, par exemple l'essence de térébenthine. On emploie aujourd'hui avec avantage les huiles lourdes qui proviennent de la distillation du goudron ou des pétroles, et qui sont si abondantes dans le commerce. Après avoir dissous les alcaloïdes dans ces huiles, on agite celles-ci avec de l'acide sulfurique faible qui leur enlève la quinine et la cinchonine. On obtient ainsi des sulfates que l'on fait cristalliser.

Propriétés. — Le sulfate de quinine se présente sous forme d'aiguilles minces longues, légèrement flexibles. Ces cristaux appartiennent au type du prisme rhomboïdal oblique.

Ils s'effleurissent à l'air.

Le sulfate de quinine est très-léger. Sa saveur est très-amère. Il exige, pour se dissoudre, 740 parties d'eau à 13° et environ 30 parties d'eau bouillante. La solution ramène au bleu le papier de tournesol rougi. Elle dévie le plan de polarisation à gauche (Bouchardat).

Le sulfate de quinine se dissout à la température ordinaire dans 60 parties d'alcool d'une densité de 0,85. Il est plus soluble dans 'alcool bouillant, presque insoluble dans l'éther.

Chauffé à 100°, il devient phosphorescent. A une température plus élevée, il fond.

Lorsqu'on le délaye dans l'eau et qu'on ajoute à la liqueur quelques gouttes d'acide sulfurique, le tout se dissout et la liqueur montre des reflets bleus.

On obtient un *sulfate d'iodoquinine* en ajoutant de la teinture d'iode à une solution de sulfate de quinine dans l'acide acétique chaud. Au bout de quelques heures, la liqueur laisse déposer de grandes lames minces qui présentent des reflets métalliques verts à la lumière réfléchie, et qui sont presque incolores par transparence. Lorsqu'on place deux de ces cristaux en croix, les deux lames superposées ne laissent presque pas passer de lumière : le sulfate d'iodoquinine se comporte, dans cette circonstance, comme la tourmaline. M. Herapath, qui a découvert ce corps et ses curieuses propriétés, lui a attribué la formule

$$C^{40}H^{24}Az^2O^4,I^2,H^2S^2O^8 + 5H^2O^2.$$

Sulfate de quinine neutre $C^{40}H^{24}Az^2O^4,H^2S^2O^8 + 7H^2O^2$. — Ce sel, qu'on nomme quelquefois sulfate de quinine acide, se distingue du sulfate basique par sa plus grande solubilité. Il prend naissance lorsqu'on dissout ce dernier dans l'acide sulfurique faible et qu'on fait cristalliser la solution. Il se présente ordinairement en petits prismes aiguillés. Pour l'obtenir en cristaux volumineux, on évapore sa solution dans l'étuve. Il se dépose alors sous forme de prismes rectangulaires terminés par une troncature ou par un pointement. Il se dissout dans 11 parties d'eau à 13° et dans 8 parties d'eau à 22°. A 100°, il fond dans son eau de cristallisation.

Essai du sulfate de quinine. — En raison de son prix élevé et de la grande consommation qu'on en fait, le sulfate de quinine a souvent donné lieu à des sophistications. On l'a mêlé avec du sulfate de chaux cristallisé, de l'acide borique, de la mannite, du sucre, de l'acide stéarique, de la salicine, de l'amidon, du sulfate de cinchonine ou de quinidine.

On découvre aisément les matières minérales en incinérant le sulfate, qui laisse, dans ce cas, un résidu plus ou moins notable.

Traité par l'eau acidulée avec l'acide sulfurique, le sulfate de quinine se dissout entièrement, en laissant l'acide gras ou l'amidon.

Pour trouver les matières solubles dans l'eau et neutres, telles que le sucre, la mannite, la gomme, la salicine, on ajoute à la solution de l'eau de baryte, qui précipite la quinine et l'acide sulfurique. On filtre, et après avoir enlevé l'excès de baryte par l'acide carbonique, on évapore la liqueur filtrée. Elle laisse les matières suspectes.

Pour découvrir le sulfate de cinchonine et le sulfate de quinidine dans le sulfate de quinine, on introduit un gramme de celui-ci au fond d'un tube bouché, on ajoute 10 centimètres cubes d'éther et 2 centimètres cubes d'ammoniaque liquide, puis on agite vivement. Si le sulfate de quinine est pur, l'éther et la solution aqueuse vont former, par le repos, deux couches distinctes et transparentes. S'il renferme du sulfate de cinchonine, cette base se rassemblera à la surface de la couche aqueuse sous forme de flocons plus ou moins abondants (Liebig). La quinidine demeure comme la cinchonine, seulement elle est un plus soluble dans l'éther et se dissoudrait si l'on augmentait la dose de ce dernier.

Ajoutons que le sulfate de quinine du commerce peut contenir, naturellement, et sans qu'il y ait fraude, jusqu'à 3 ½ pour cent de sulfate de cinchonine.

Emploi du sulfate de quinine en médecine. — Le sulfate de quinine est un précieux fébrifuge. On l'emploie, en général, contre les maladies qui offrent le type intermittent. 25 à 40 centigrammes suffisent pour couper l'accès dans le cas d'une fièvre intermittente bénigne. Pour combattre les fièvres pernicieuses des pays chauds, il faut élever la dose à 1, 2 et 3 grammes. On administre aussi le sulfate de quinine contre le rhumatisme articulaire, la goutte, certaines névroses. On le donne dans les fièvres typhoïdes pour combattre les accidents cérébraux.

Le moyen le plus sûr d'administrer le sulfate de quinine consiste à le faire prendre en solution. Pour cela, on le fait entrer, à l'état de sulfate basique, dans une potion et on ajoute pour le dissoudre quelques gouttes d'acide sulfurique étendu, ou d'eau de Rabel (alcool additionné d'acide sulfurique).

Action de la quinine et de ses sels sur l'économie. — A petite dose (15 à 30 centigr. de sulfate), la quinine et ses préparations déterminent des phénomènes d'excitation : elles activent la circulation et la respiration. Lorsque la dose est plus élevée, il se manifeste de la céphalalgie, de l'agitation, un état d'ivresse, un trouble marqué de la vue, des bourdonnements d'oreille et de la surdité.

A un degré plus avancé, il survient du délire, des mouvements convulsifs, une paralysie assez étendue. En même temps, il se manifeste des signes de congestion vers divers organes, notamment vers les poumons. Ces derniers symptômes sont attribués à une altération qu'éprouve le sang. Enfin, lorsque l'action du poison est portée à son plus haut degré, les forces sont anéanties; les malades, privés de sentiment et de mouvement, tombent dans le coma et peuvent succomber. Ceux qui échappent à la mort se rétablissent lentement; quelques-uns restent aveugles et sourds.

QUINIDINE.

$$C^{40}H^{24}Az^2O^4 + 2H^2O^2.$$

Lorsqu'on précipite par le carbonate de soude les dernières eaux-mères du sulfate de quinine, on obtient un dépôt brunâtre qui s'agglomère à une douce chaleur sous forme d'une masse résinoïde. Ce produit, déjà signalé comme basique et comme fébrifuge par Sertürner et par Henry et Delondre, porte le nom de *quinoïdine*. M. Liebig a démontré l'isomérie de cette substance avec la quinine. Van Heijningen l'a obtenue à l'état cristallisé. M. Pasteur a nommé *quinidine* le principe cristallisable isomérique avec la quinine, et a montré que la quinoïdine du commerce renferme quelquefois, indépendamment de la quinidine, de la cinchonidine.

Pour extraire la quinidine de la quinoïdine du commerce, on dissout celle-ci dans une quantité d'éther aussi petite que possible; on filtre la solution brune, on la décolore par le charbon animal, puis on y ajoute $\frac{1}{10}$ de son volume d'alcool à 90° cent., et on l'abandonne à elle-même. La quinidine se dépose en cristaux que l'on purifie par un lavage à l'alcool.

Elle cristallise du sein de sa solution éthérée chaude en gros prismes transparents, qui deviennent opaques à l'air sans se déformer. A 130°, elle perd toute son eau; à 160° elle fond. Elle se dissout dans 1,500 parties d'eau froide et dans 750 parties d'eau bouillante, dans 45 parties d'alcool absolu froid, dans 3,7 parties d'alcool bouillant, et dans 90 parties d'éther froid. La solution alcoolique dévie le plan de polarisation à droite.

La quinidine se colore en vert par le chlore et l'ammoniaque, comme la quinine elle-même. Elle neutralise parfaitement les acides, et forme avec eux des sels neutres et basiques. Elle est diacide.

Le chlorhydrate neutre de quinidine $C^{40}H^{24}Az^2O^4,2HCl$, se forme lorsqu'on dirige du gaz chlorhydrique sur de la quinidine sèche. On peut le faire cristalliser dans l'eau sans le décomposer. Il forme avec le chlorure platinique une combinaison double

$$C^{40}H^{24}Az^2O^4,2HCl,2PtCl^2 + 2H^2O^2,$$

qui perd son eau à 100°.

Le chlorhydrate basique de quinidine $C^{40}H^{24}Az^2O^4,HCl + H^2O^2$, forme des cristaux blancs transparents.

Il existe de même deux *sulfates de quinidine*. Le sulfate basique $2C^{40}H^{24}Az^2O^4,H^2S^2O^8 + 6H^2O^2$ ressemble au sulfate de quinine, mais présente un aspect plus lanugineux.

QUINICINE.

$C^{40}H^{24}Az^2O^4.$

Lorsqu'on chauffe pendant trois à quatre heures, de 120 à 130°, le sulfate de quinine humecté d'une petite quantité d'eau et d'acide sulfurique, il se convertit en sulfate de quinicine. La quinicine est précipitée de ce sulfate par l'ammoniaque, sous forme d'une masse résineuse demi-fluide, très-amère. Elle est presque insoluble dans l'eau et se dissout aisément dans l'alcool. Elle dévie le plan de polarisation faiblement à droite. Elle possède des propriétés fébrifuges.

CINCHONINE.

$C^{40}H^{24}Az^2O^2.$

La cinchonine a été découverte en même temps que la quinine par MM. Pelletier et Caventou. M. Regnault a établi sa composition. On l'obtient comme produit accessoire dans la préparation de la quinine (page 674).

La cinchonine se dépose du sein de sa solution alcoolique en prismes quadrilatères, brillants et incolores. Insoluble dans l'eau froide, elle exige pour se dissoudre 2500 parties d'eau bouillante, 30 parties d'alcool bouillant, 40 parties de chloroforme. Elle se dissout en petite quantité dans les huiles grasses et dans les huiles volatiles. Elle est à peine soluble dans l'éther. La solution alcoolique dévie le plan de polarisation à droite.

La cinchonine possède une saveur amère. Elle est fébrifuge, et son sulfate est employé comme tel dans quelques pays, notamment en Hollande. Toutefois il est moins actif que le sulfate de quinine. D'après M. Briquet, il faut augmenter la dose de sulfate de cinchonine d'un tiers comparativement à celle du sulfate de quinine.

La cinchonine fond à 165° et se prend par le refroidissement en une masse cristalline. Lorsqu'on la chauffe avec précaution au fond d'un tube bouché, elle se sublime, en partie, sous forme de cristaux laineux. Dans un courant d'hydrogène ou d'ammoniaque, on peut la sublimer en longs prismes brillants (Hlasiwetz).

La cinchonine ne se distingue de la quinine que par 2 équivalents d'oxygène. On a fait diverses tentatives pour l'oxyder et la convertir en quinine. En la traitant par l'acide azoteux, M. Schützenberger est parvenu à la convertir en une subtance isomérique avec la quinine $C^{40}H^{24}Az^2O^4$. Si les procédés à l'aide desquels on parvient à oxyder les acides acétique (page 272) et succinique (pages 387 et 388) étaient applicables aux alcaloïdes, l'oxycinchonine, c'est-à-dire la quinine ou un isomère de ce corps, devrait se former par l'action des alcalis ou de l'oxyde d'argent (en présence de l'eau) sur la cinchonine monochlorée ou la cinchonine monobromée.

$$C^{40}H^{23}BrAz^2O^2 \; + \; AgHO^2 \;^1 \; = \; C^{40}H^{23}(HO^2)Az^2O^2 \; + \; AgBr.$$

Cinchonine monobromée.   Oxycinchonine.

Malheureusement, ces dérivés monochloré ou monobromé sont difficiles à obtenir à l'état de pureté.

Lorsqu'on fait agir le chlore sur une solution chaude et concentrée de chlorhydrate de cinchonine, il s'en dépose une poudre lourde, cristalline de chlorhydrate de *cinchonine bichlorée*

$$C^{40}H^{22}Cl^2Az^2O^2,2HCl.$$

De la solution de ce sel dans l'eau bouillante, l'ammoniaque précipite de la cinchonine bichlorée, sous forme de flocons. Elle se dépose du sein de l'alcool bouillant en aiguilles microscopiques.

Lorsqu'on verse du brome sur du chlorhydrate de cinchonine humide, on obtient les chlorhydrates de cinchonine monobromée et de cinchonine bibromée. Le chlorhydrate de cinchonine, chauffé

---

1. Au lieu de AgO + HO.

avec un excès de brome et une petite quantité d'eau, se convertit en chlorhydrate de cinchonine bibromée. L'ammoniaque en sépare la *cinchonine bibromée*, qui cristallise en lamelles incolores, insolubles dans l'eau, peu solubles dans l'alcool bouillant. On peut l'obtenir aussi en octaèdres rectangulaires renfermant 1 molécule d'eau de cristallisation.

Lorsqu'on broie la cinchonine avec la moitié de son poids d'iode et qu'on dissout le produit dans l'alcool chaud, celui-ci laisse déposer, par l'évaporation spontanée, des lamelles jaune de safran d'*iodocinchonine* $2C^{40}H^{24}Az^2O^2,2I$.

Distillée avec de la potasse, la cinchonine donne de la quinoléine.

Elle ne se colore pas en vert avec le chlore et l'ammoniaque.

Elle possède une réaction alcaline et forme avec les acides des sels qui ressemblent aux sels de quinine, mais qui sont plus solubles dans l'eau et dans l'alcool.

Chlorhydrate neutre de cinchonine $C^{40}H^{24}Az^2O^2,2HCl.$ — On traite la cinchonine par un excès d'acide chlorhydrique et on dissout le produit dans l'alcool faible. Par l'évaporation, celui-ci laisse déposer des tables. Le chlorure de platine produit dans la solution de ce sel un précipité jaune clair, qui renferme $C^{40}H^{24}Az^2O^2,2HCl,2PtCl^2$.

Chlorhydrate de cinchonine basique $C^{40}H^{24}Az^2O^2,HCl.$ — En neutralisant exactement la cinchonine par l'acide chlorhydrique, on obtient ce sel, qui cristallise en prismes brillants fusibles au-dessous de 100°.

Sulfate neutre de cinchonine $C^{40}H^{24}Az^2O^2,H^2S^2O^3 + 3H^2O^2.$ — Ce sel se présente en cristaux octaédriques qui s'effleurissent dans l'air sec. Il se dissout dans 46 parties d'eau à 14°, dans 90 parties d'alcool froid à 85° cent. et dans 100 parties d'alcool absolu froid. Il est insoluble dans l'éther.

Sulfate de cinchonine basique $2C^{40}H^{24}Az^2O^2,H^2S^2O^3 + 2H^2O^2.$ — Il forme des prismes durs, doués d'un éclat vitreux, fusibles au-dessous de 100° et perdant leur eau de cristallisation à 120°.

Il se dissout dans 54 parties d'eau froide, dans 6,5 parties d'alcool froid à 80° cent., dans 11,5 parties d'alcool froid à 98° cent. Il est insoluble dans l'éther.

Lorsqu'on dissout du sulfate de cinchonine dans un mélange chaud d'alcool et d'acide acétique et qu'on y ajoute de la teinture d'iode, la liqueur laisse déposer de longues aiguilles de sulfate d'iodocinchonine. Ces cristaux sont pourpres par transparence, d'un bleu pourpre par réflexion (Herapath).

CINCHONIDINE.

$$C^{40}H^{24}Az^2O^2.$$

Cet alcaloïde se trouve dans la quinoïdine du commerce. Il reste, lorsqu'on épuise ce produit par l'alcool, dans la partie peu soluble. On dissout ce résidu dans l'acide sulfurique étendu d'eau ; on précipite la solution par l'ammoniaque ; on lave le précipité à l'eau et à l'alcool froid et on le dissout de nouveau dans l'acide sulfurique. L'ammoniaque précipite la cinchonidine de ce sulfate.

La cinchonidine se dépose du sein de l'alcool bouillant en cristaux anhydres fusibles à 150°. Lorsque ces cristaux sont mêlés à des cristaux de quinidine, ceux-ci s'effleurissent à l'air, tandis que les premiers demeurent transparents (Pasteur).

La cinchonidine est insoluble dans l'eau froide, à peine soluble dans l'eau bouillante. Elle se dissout dans 173 parties d'alcool froid, dans 43 parties d'alcool bouillant, dans 378 parties d'éther et dans 268 parties de chloroforme.

La solution alcoolique dévie le plan de polarisation à droite. Avec l'eau de chlore et l'ammoniaque, la cinchonidine ne donne point de coloration verte. Avec l'eau de chlore et le ferrocyanure de potassium, ajouté en poudre fine, elle donne une liqueur rouge qui devient verte par l'addition de l'ammoniaque.

La cinchonidine, retirée de la quinoïdine du commerce et qui est isomérique avec la quinine d'après M. Pasteur, a été désignée aussi sous le nom de β-cinchonine (Schwabe).

M. Winckler a décrit, sous le nom de cinchonidine, un alcaloïde qu'il a retiré en 1848 d'une écorce qui ressemblait au quinquina Huamalies (page 670) et du quinquina Maracaïbo. Cet alcaloïde a été étudié par M. Leers, qui lui attribue la formule $C^{36}H^{22}Az^2O^2$. Il se dépose par l'évaporation spontanée de sa solution alcoolique en prismes incolores, durs, friables, doués d'un éclat vitreux, fusibles à 175°. Il est moins amer que la quinine. Il se dissout dans 2180 parties d'eau à 17°, dans 1858 parties d'eau bouillante, dans 12 parties d'alcool d'une densité de 0,835, à 17°. 100 parties d'éther en dissolvent 0,7 parties à 17°. La solution alcoolique dévie le plan de polarisation à gauche.

CINCHONICINE.

$C^{40}H^{24}Az^2O^2$.

Cet isomère de la cinchonine et de la cinchonidine se forme lorsqu'on chauffe les sulfates de ces bases à 120 ou 130°. La cinchonicine est insoluble dans l'eau, soluble dans l'alcool, et se sépare de ses solutions sous forme d'une résine fluide. Elle dévie le plan de polarisation faiblement à droite (Pasteur).

ARICINE OU CINCHOVAT

$C^{46}H^{26}Az^2O^8$.

Cet alcaloïde a été découvert en 1829 par Pelletier et Corriol dans un quinquina blanc d'Arica. Mancini l'a rencontré dans le quinquina Jaën (page 670), et l'a nommé *cinchovatine*. M. Winckler a démontré l'identité de la cinchovatine et de l'aricine.

L'aricine se présente en cristaux prismatiques solubles dans l'alcool, peu solubles dans l'éther, à peine solubles dans l'eau, doués d'une saveur amère. Elle fond à 188°. L'acide azotique concentré la dissout en produisant une coloration d'un vert intense.

L'aricine possède une réaction alcaline et forme avec les acides des sels solubles et cristallisables.

ALCALOIDES DES STRYCHNOS.

MM. Pelletier et Caventou ont découvert deux alcaloïdes, la strychnine et la brucine, dans divers produits végétaux provenant de plantes appartenant au genre *Strychnos*. Ces produits sont :

La noix vomique (semences du *Strychnos nux vomica*);

L'écorce de fausse angusture, provenant du même arbre (elle contient principalement de la brucine);

La fève de Saint-Ignace (semences du *Strychnos Ignatii*);

Le bois de couleuvre (racines de divers Strychnos, notamment du *Strychnos colubrina;*

L'Upas tieuté, poison sagittaire dont se servent les naturels de Bornéo et qui est préparé avec l'écorce du *Strychnos Tieute*.

En 1854, M. Desnoix a retiré de la noix vomique un troisième alcaloïde, l'*igasurine*. M. Schützenberger suppose que ce dernier produit est un mélange de plusieurs bases qu'il a essayé de séparer les unes des autres.

Tous ces alcaloïdes sont combinés dans les Strychnos avec un acide encore peu connu et que MM. Pelletier et Caventou ont nommé *acide igasurique.*

Nous ne décrirons que la strychnine et la brucine.

STRYCHNINE.

$$C^{42}H^{22}Az^2O^4.$$

Préparation — On fait bouillir les noix vomiques avec de l'alcool faible, d'une densité de 0,94 ; on décante la liqueur et on fait sécher les graines dans un four, puis on les pulvérise. On épuise la poudre à plusieurs reprises par l'alcool bouillant ; on réunit toutes les liqueurs alcooliques et on sépare par distillation la plus grande partie de l'alcool. On précipite la liqueur restante par l'acétate de plomb qui en sépare la matière colorante, les acides et la matière grasse. On filtre et on débarrasse la liqueur filtrée de l'excès de plomb par l'hydrogène sulfuré. On l'évapore ensuite jusqu'à ce que son poids soit réduit à la moitié environ de celui de la noix vomique ; on y ajoute de la magnésie ($\frac{1}{18}$ du poids de la noix vomique), et on laisse reposer. Au bout de huit jours, on recueille le précipité, on le fait sécher et on l'épuise par l'alcool d'une densité de 0,83. Cette solution étant concentrée par distillation, la strychnine cristallise par le refroidissement, tandis que la plus grande partie de la brucine reste en dissolution.

Pour purifier la strychnine brute, on la dissout dans la plus petite quantité possible d'acide azotique étendu et on fait cristalliser. Il se dépose d'abord des aiguilles d'azotate de strychnine, plus tard des cristaux plus volumineux d'azotate de brucine. Pour isoler la strychnine, il ne reste qu'à décomposer la solution d'azotate de strychnine par l'ammoniaque et à dissoudre le précipité dans l'alcool bouillant, qui l'abandonne par le refroidissement.

D'après M. Wittstock, à qui l'on doit ce procédé, 1 kilogr. de noix vomique peut fournir 2 grammes d'azotate de strychnine et $2\frac{1}{2}$ grammes d'azotate de brucine.

La fève de Saint-Ignace renferme principalement de la strychnine et ne contient qu'une faible proportion de brucine.

Propriétés. — La strychnine cristallise en octaèdres à base rectangle, quelquefois en prismes quadrilatères terminés par des pyramides à quatre faces. Elle est incolore et sans odeur, mais d'une amertume excessive. Elle exige pour se dissoudre 6667 parties d'eau à 10° et 2500 parties d'eau bouillante. Elle est insoluble dans l'éther et dans les huiles grasses, à peine soluble dans l'alcool absolu. Elle se dissout aisément dans l'alcool ordinaire, dans le chloroforme et dans les huiles volatiles. La solution alcoolique dévie le plan de polarisation à gauche (Bouchardat).

La strychnine pure n'est pas colorée par l'acide azotique, mais lorsqu'elle renferme une trace de brucine, il se développe une coloration rouge. Lorsqu'on la chauffe avec l'acide azotique concentré, elle laisse dégager des vapeurs rouges et se convertit en une masse d'apparence résineuse. Celle-ci se dissout dans l'eau bouillante, qui laisse déposer, par le refroidissement, des mamelons jaunes d'azotate de nitrostrychnine. (Gerhardt).

Lorsqu'on fait bouillir une solution de sulfate de strychnine avec de l'azotite de potasse, il se dégage de l'azote; la liqueur donne avec l'ammoniaque un précipité jaune qui renferme, d'après M. Schützenberger, de l'oxystrychnine $C^{42}H^{28}Az^2O^{12}$ et de la bioxystrychnine $C^{42}H^{28}Az^2O^{14}$.

Lorsqu'on triture la strychnine avec l'acide sulfurique concentré, il se forme une solution incolore qui devient d'un bleu magnifique par l'addition d'une trace de bioxyde de plomb ou de bichromate de potasse. La couleur bleue passe rapidement au violet, puis au rouge et au jaune. Cette réaction est caractéristique pour la strychnine (Marchand, Otto).

Le chlore produit avec cet alcaloïde une réaction qu'on peut mettre à profit pour le découvrir. Dès qu'une bulle de chlore arrive dans une solution même très-étendue de strychnine, il se produit un nuage blanc qui s'étend dans toute la liqueur; celle-ci prend une réaction acide. Le corps blanc qui se sépare se dissout dans l'alcool et dans l'éther et cristallise en aiguilles fines. Il constitue probablement la *strychnine trichlorée* $C^{42}H^{19}Cl^3Az^2O^4$.

Lorsqu'on dirige un courant de chlore à travers une solution chaude de chlorhydrate de strychnine, il se dépose une substance résineuse et la liqueur se colore en rouge. L'ammoniaque en précipite de la *strychnine chlorée* $C^{42}H^{21}ClAz^2O^4$. Le brome se comporte de même avec une solution de chlorhydrate de strychnine. La *strychnine bromée* $C^{42}H^{21}BrAz^2O^4$ se dépose en aiguilles du sein de l'alcool. Son chlorhydrate cristallise en écailles nacrées (Laurent).

Lorsqu'on broie la strychnine, délayée dans l'eau, avec la moitié de son poids d'iode, il se forme de l'iodhydrate de strychnine soluble et de l'*iodostrychnine* $4C^{42}H^{22}Az^2O^4,6I$. Ce corps cristallise du sein de l'alcool en écailles d'un jaune d'or (Pelletier, Regnault).

Lorsqu'on distille la strychnine avec de l'hydrate de potasse, il se forme une petite quantité de quinoléine (page 651).

Les iodures de méthyle et d'éthyle se combinent énergiquement avec la strychnine. Il se forme les iodures de méthylstrychnium et d'éthylstrychnium (How).

$$C^{42}H^{22}(C^2H^3)Az^2O^4,I \quad - \quad C^{42}H^{22}(C^4H^5)Az^2O^4,I.$$

Iodure de méthylstrychnium.   Iodure d'éthylstrychnium.

Chlorhydrate de strychnine $C^{42}H^{22}Az^2O^4,HCl + 3$ aq. — Ce sel cristallise en prismes très-déliés ou en petites aiguilles groupées sous forme de mamelons. A 100° ou dans le vide, il perd son eau de cristallisation. Il est neutre au papier de tournesol, et plus soluble dans l'eau que le sulfate.

Sulfate de strychnine $2C^{42}H^{22}Az^2O^4,H^2S^2O^8 + 7H^2O^2$. — Ce sel cristallise en petits prismes rectangulaires, solubles dans moins de 10 parties d'eau froide, plus solubles dans l'eau bouillante. Il perd son eau dans le vide ou lorsqu'on le chauffe à 100°. Chauffé brusquement, il fond dans son eau de cristallisation et se dessèche ensuite. Il est doué d'une amertume excessive. Sa solution aqueuse dévie le plan de polarisation à gauche (Bouchardat).

Lorsqu'on dissout le sel précédent dans l'acide sulfurique étendu et qu'on évapore la solution, elle laisse déposer de longues aiguilles d'un sulfate acide $C^{42}H^{22}Az^2O^4,H^2S^2O^8$.

Azotate de strychnine $C^{42}H^{22}Az^2O^4,HAzO^6$. — On obtient ce sel en saturant la strychnine par l'acide azotique faible. Il cristallise en aiguilles réunies en faisceaux. Il est beaucoup plus soluble dans l'eau chaude que dans l'eau froide, peu soluble dans l'alcool, insoluble dans l'éther. Sa solution aqueuse dévie le plan de polarisation à gauche (Bouchardat).

ACTION DE LA STRYCHNINE SUR L'ÉCONOMIE ANIMALE.

La strychnine est un des poisons les plus terribles que l'on connaisse. C'est un poison tétanique (page 647). Elle agit à très-petite dose. L'ingestion de 10, de 5 et même de 2 centigrammes peut déterminer des accidents mortels (Christison, Pereira). Pour les enfants, la dose mortelle est probablement plus petite. Le chlorhydrate et le sulfate de strychnine sont absorbés rapidement, surtout lorsqu'ils sont appliqués sur le derme dénudé. L'upas ticuté (page 683) commence à agir au bout de 1 à 5 minutes, lorsque la flèche empoisonnée a produit une plaie saignante.

A la suite de l'introduction dans l'estomac d'un sel soluble de strychnine, les symptômes de l'empoisonnement commencent à se montrer généralement au bout d'un quart d'heure. Les malades sont pris d'abord d'un sentiment de dégoût; puis il survient des vertiges, de la roideur dans les muscles et en particulier dans ceux de la mâchoire. Bientôt un tremblement particulier agite tout le corps ; après quelques bâillements, les mâchoires se resserrent. Des secousses se déclarent, d'abord faibles, mais se transformant bientôt en convulsions tétaniques d'une violence terrible. Le tronc est roide et immobile, les muscles durs, la tête renversée en arrière, la face cyanosée, les battements du cœur et la respiration presque suspendus, la sensibilité presque abolie. Au bout de 1 à 2 minutes l'accès est terminé, et il survient une période de rémission pendant laquelle le pouls se relève, et la sensibilité revient ; mais ce calme est de courte durée. Après 2 à 15 minutes, il survient un nouvel accès quelquefois plus terrible que le premier. Et d'autres accès peuvent succéder à celui-ci, séparés par une sorte de repos qui n'est qu'un profond accablement.

Quelques malades succombent pendant un accès, d'autres tombent dans le collapsus et meurent dans cet état.

Les sels de strychnine sont employés en médecine, principalement pour combattre certaines paralysies. Ce sont des médicaments dangereux, qu'on ne doit prescrire qu'à très-petite dose, en commençant par 2 milligrammes.

BRUCINE.

$$C^{46}H^{26}Az^2O^8 + 4H^2O^2.$$

Préparation. — On retire la brucine des eaux-mères alcooliques d'où la strychnine s'est déposée (page 684). Après les avoir saturées par l'acide oxalique, on évapore. Il se dépose des cristaux d'oxalate de brucine. On les lave avec de l'alcool absolu refroidi à 0°. On les dissout ensuite dans l'eau et on précipite la brucine par la chaux ou par la magnésie. On reprend le dépôt par l'alcool et on abandonne la solution à l'évaporation spontanée.

Propriétés. — La brucine cristallise, par l'évaporation lente de sa solution dans l'alcool faible, en prismes rhomboïdaux obliques souvent assez gros. Par le refroidissement d'une solution dans l'eau bouillante, on l'obtient sous forme de lamelles feuilletées d'un blanc nacré.

Les cristaux de brucine s'effleurissent rapidement à l'air en perdant leur eau. Ils exigent pour se dissoudre environ 500 parties d'eau bouillante et 850 parties d'eau froide. La brucine est soluble dans l'alcool, insoluble dans l'éther et dans les huiles grasses, peu soluble dans les huiles volatiles. Sa solution alcoolique dévie le plan de polarisation à gauche.

688 CURARINE.

Lorsqu'on la distille avec de l'acide sulfurique étendu et du peroxyde de manganèse ou du bichromate de potasse, il passe une petite quantité d'esprit de bois (Baumert, Merck).

L'acide sulfurique concentré la colore d'abord en rose, puis en jaune et en jaune verdâtre.

Lorsqu'on l'arrose avec de l'acide azotique, elle se colore en rouge et dégage, à une douce chaleur, de l'acide carbonique et des vapeurs d'azotite de méthyle (Strecker). Il reste dans le résidu de l'acide oxalique et une substance qui cristallise en lamelles jaunes et que Laurent a nommée *cacothéline*. La réaction qui donne naissance à ces produits est exprimée par l'équation suivante :

$$C^{46}H^{26}Az^2O^8 + 5HAzO^6 = C^{40}H^{22}(AzO^4)^2Az^2O^{10} + C^2H^3,AzO^4 + C^4H^2O^8 + 2AzO^2 + 2H^2O^2.$$

Brucine.   Cacothéline.   Azotite de méthyle.   Acide oxalique.

Ajoutons que la coloration rouge de sang, développée par l'acide azotique, passe au violet par l'addition du chlorure stanneux.

Le chlore ne trouble point d'abord une solution de brucine, mais la colore ensuite en jaune, puis en rouge.

Une solution alcoolique de brome forme, dans une solution aqueuse de sulfate de brucine, un précipité résineux. Lorsqu'on ajoute de l'ammoniaque à la liqueur décantée, il s'en précipite de la *brucine monobromée* $C^{46}H^{25}BrAz^2O^8$. Celle-ci cristallise en aiguilles brunâtres du sein de l'alcool étendu et chaud.

La teinture d'iode détermine, dans une solution alcoolique de brucine, un précipité orangé d'*iodobrucine*, combinaison d'iode et de brucine.

La brucine agit sur l'économie comme la strychnine, mais d'une manière beaucoup moins violente. L'intensité relative de l'action de la brucine et de la strychnine serait de 1 : 12 d'après Magendie, de 1 : 24 d'après M. Andral.

Les sels de brucine sont pour la plupart cristallisables. Ils sont amers. Avec l'acide azotique ils se colorent en rouge, comme la brucine.

Le *chlorhydrate de brucine* $C^{46}H^{26}Az^2O^8,HCl$ forme de petites houppes cristallines assez solubles dans l'eau.

L'*azotate de brucine* $C^{46}H^{26}Az^2O^8,HAzO^6 + 2H^2O^2$ cristallise en prismes quadrilatères terminés par un biseau.

CURARINE.

Ce corps constitue le principe actif du *curare*, poison sagittaire redoutable dont se servent les sauvages des vallées de l'Orénoque et de l'Amazone (Roulin et Boussingault). Le curare constitue une masse noire, dure, résineuse. M. Preyer en a extrait récemment le principe actif à l'état cristallisé; c'est la curarine. Il lui attribue la formule $C^{20}H^{15}Az$.

Dans certaines contrées de l'Amérique équatoriale, dans les Guyanes hollandaise et anglaise, à Demerara, à Surinam, les naturels préparent un autre poison sagittaire, l'*urari* ou *wurara*, qui paraît encore plus actif que le curare. Une troisième substance toxique, de la même provenance, est le *tikunas* ou l'*urari sipo*. Tous ces poisons agissent comme le curare : ils tuent les nerfs moteurs (page 648). Les animaux succombent à une paralysie musculaire générale, sans tétanos ni convulsions. Au contraire, certains poisons sagittaires des Indes orientales, connus sous le nom d'*upas*, produisent de violentes convulsions, du trismus, du tétanos. Ainsi agit l'*upas tienté*, qui provient d'un *Strychnos* et qui renferme de la strychnine. Quant à l'*upas antiar*, qui provient de l'*Antiaris toxicaria* (Artocarpées), il paraît être un poison du cœur, comme la digitaline. Il renferme une matière cristalline neutre, l'*antiarine* $C^{28}H^{20}O^{10}$ (Mulder).

ATROPINE.

$C^{34}H^{23}AzO^{6}$.

Cet alcaloïde a été découvert en 1833 par MM. Geiger et Hesse et par M. Mein dans la belladone (*Atropa Belladonna*).

M. Planta a démontré l'identité de l'atropine et de la *daturine* qu'on a retirée de la pomme épineuse (*Datura Stramonium*).

Préparation. — L'atropine a été trouvée dans les racines, les feuilles et la tige de la belladone. On l'extrait généralement de la racine sèche. Pour cela, on la réduit en poudre et on la fait digérer pendant plusieurs jours avec de l'alcool, on passe avec expression et on ajoute à la teinture une quantité de chaux éteinte égale au vingtième du poids de la racine. Après 24 heures de contact, on filtre, on acidule légèrement la liqueur par l'acide sulfurique, on filtre de nouveau et on retire par distillation les deux tiers de l'alcool. On concentre le reste à une douce chaleur, et l'on ajoute une solution concentrée de carbonate de potasse jusqu'à ce que la liqueur commence à se troubler, et en évitant qu'elle ne devienne alcaline. Au bout de quelques heures, on sépare le précipité par le filtre, et on ajoute du carbonate de potasse tant qu'il forme un précipité. Le lendemain on recueille le dépôt sur un filtre, on l'exprime, on le fait sécher, puis on l'épuise par l'alcool à 96° cent.

On décolore la solution alcoolique par le charbon animal, on mêle la liqueur avec 5 à 6 fois son volume d'eau, et on l'abandonne dans un endroit froid et obscur. L'atropine s'en dépose au bout de 12 à 24 heures sous forme d'aigrettes cristallines.

Propriétés. — L'atropine cristallise en aiguilles déliées fusibles à 90°. Elle se dissout dans 300 parties d'eau froide, et presque en toutes proportions dans l'alcool. Elle est moins soluble dans l'éther. Elle fond à 90°. A 140° elle se volatilise partiellement, mais la plus grande partie se décompose.

L'atropine répand en brûlant l'odeur de l'acide benzoïque. Lorsqu'on la traite par le bichromate de potasse et l'acide sulfurique, il distille de l'hydrure de benzoyle et il se forme de l'acide benzoïque (Pfeiffer).

Abandonnés longtemps au contact de l'eau et de l'air, même à la température ordinaire, les cristaux d'atropine disparaissent et la liqueur prend une couleur jaune et devient incristallisable. La matière ainsi transformée est aussi vénéneuse que l'atropine.

Celle-ci possède une réaction fortement alcaline, et forme avec les acides des sels incristallisables (Planta). Leur solution donne avec les alcalis caustiques un précipité qui disparaît dans un excès de réactif.

L'atropine est un violent poison (page 648).

Le *sulfate d'atropine* se présente ordinairement sous forme d'une masse gommeuse. Pour le préparer, on dissout 10 parties d'atropine dans l'éther pur et anhydre; d'autre part on fait un mélange de 1 partie d'acide sulfurique et de 10 parties d'alcool. On verse goutte à goutte cette liqueur acide dans la solution éthérée d'atropine; le sulfate se dépose. Ce sel est très-employé en médecine, dans le traitement des maladies des yeux, pour produire la dilatation de la pupille.

HYOSCYAMINE.

On nomme ainsi le principe actif et vénéneux de la jusquiame (*Hyoscyamus niger*). Ce corps a été découvert par Brandes et examiné par Geiger. On le retire ordinairement des semences de la jusquiame.

L'hyoscyamine cristallise en aiguilles soyeuses groupées en étoiles. Elle fond à une douce chaleur et se volatilise, dit-on, en partie à une température plus élevée. Elle est assez soluble dans l'eau.

L'iode forme dans la solution aqueuse un précipité couleur de kermès. Les alcalis caustiques décomposent l'hyoscyamine à chaud en dégageant de l'ammoniaque. Elle possède une réaction alcaline. Elle est très-toxique et se rapproche de l'atropine par son action sur l'économie.

VÉRATRINE.

$C^{64}H^{52}Az^2O^{16}$.

Cet alcaloïde a été découvert, en 1818, presque simultanément par Meissner et par MM. Pelletier et Caventou. On le rencontre dans la cévadille (graines du *Veratrum Sabadilla*), dans la racine de l'ellébore blanc (*Veratrum album*). M. Merck l'a obtenu le premier à l'état cristallisé.

Préparation. — On épuise la cévadille en poudre par l'acide chlorhydrique faible, on évapore l'extrait en consistance sirupeuse, et on y ajoute de l'acide chlorhydrique, tant qu'il se forme un précipité. On filtre et on précipite la liqueur par la chaux. Le précipité étant épuisé par l'alcool bouillant, la vératrine se dissout avec d'autres substances. Après avoir chassé l'alcool, on reprend par l'acide acétique faible et on précipite la vératrine par l'ammoniaque. On la dissout ensuite dans l'éther, qui la laisse déposer, par l'évaporation spontanée, sous forme d'une poudre cristalline. On la reprend par l'alcool faible et on évapore la solution à une douce chaleur au bain-marie. La vératrine se dépose alors en cristaux mêlés d'une matière résineuse. On enlève celle-ci par des lavages à l'alcool froid et on dissout les cristaux dans la plus petite quantité possible d'alcool concentré. La solution, abandonnée à l'évaporation spontanée, laisse déposer la vératrine en cristaux souvent très-volumineux.

Propriétés. — Elle forme des prismes rhomboïdaux parfaitement transparents, mais qui s'effleurissent à l'air. Elle est très-soluble dans l'alcool et dans l'éther, insoluble dans l'eau bouillante. Sa saveur est d'une âcreté excessive. La plus petite quantité, portée sur la muqueuse nasale, produit des éternûments violents. La vératrine fond à 115°. Traitée par l'acide sulfurique concentré, elle se colore d'abord en jaune, puis en rouge cramoisi. L'acide azotique concentré la dissout en formant une liqueur violet foncé, à la surface de laquelle se forment des gouttelettes oléagineuses.

Prise à l'intérieur, la vératrine est très-toxique; à petite dose, elle produit des vomissements violents. L'action irritante qu'elle exerce sur le tube digestif est accompagnée de symptômes très-prononcés de narcotisme.

COLCHICINE.

Cet alcaloïde constitue le principe toxique du colchique (*Colchicum autumnale*). On le retire des graines de cette plante. La colchicine cristallise en aiguilles fines très-amères, assez solubles dans l'eau, très-solubles dans l'alcool et dans l'éther. Elle fond à une douce chaleur. L'acide sulfurique concentré la colore en jaune brunâtre ; l'acide azotique concentré, en violet ou en bleu. passant bientôt au vert et au jaune. Elle possède une réaction alcaline et forme, avec les acides, des sels dont quelques-uns cristallisent.

Lorsqu'on ajoute à une solution aqueuse de colchicine un léger excès d'acide chlorhydrique et qu'on concentre la liqueur, elle se colore en jaune. Au bout de quelques semaines, elle laisse déposer un corps neutre azoté, la *colchicéine* (Oberlin). Il est possible qu'il se forme en même temps de la glucose.

D'après M. Aschoff, la composition de la colchicine est exprimée par la formule $C^{46}H^{31}AzO^{22}$.

La colchicine agit à la manière des poisons âcres. Elle produit une violente irritation gastro-intestinale. Consécutivement il se déclare des phénomènes de narcotisme.

ÉMÉTINE.

Ce corps a été découvert en 1817 par Pelletier et Magendie dans la racine d'ipécacuanha (*Cephaelis Ipecacuanha*). Pour préparer l'émétine, on épuise l'ipécacuanha en poudre, d'abord par l'éther, puis par l'alcool. On ajoute de l'eau à l'extrait alcoolique, puis on le concentre, on le filtre et on le mêle avec de la magnésie, qui précipite l'émétine. On lave le dépôt par l'eau, puis on le reprend par l'alcool, on évapore la solution alcoolique et l'on dissout l'émétine dans l'acide sulfurique faible. Après avoir décoloré la solution par le charbon animal, on précipite l'émétine par l'ammoniaque.

On peut retirer l'émétine de l'extrait alcoolique d'ipécacuanha, en le faisant dissoudre dans cinq fois son poids d'eau distillée, filtrant et ajoutant à la solution 2 pour cent de potasse caustique et 15 pour cent de chloroforme. Après avoir agité, on sépare le chloroforme et on le distille. L'émétine reste à l'état impur. On la reprend par l'eau acidulée par l'acide sulfurique, on filtre, et on précipite par l'ammoniaque (Leprat).

L'émétine constitue une poudre jaunâtre, peu soluble dans l'eau froide, assez soluble dans l'eau bouillante, très-soluble dans l'alcool, à peine soluble dans l'éther. Elle commence à fondre à 50°. Elle possède une saveur faiblement amère. A la dose de quelques centigrammes, elle produit de violents vomissements.

SOLANINE.

$$C^{86}H^{71}AzO^{32}.$$

Ce corps a été découvert par Desfosses en 1821. Il se trouve dans divers organes de plantes appartenant au genre *Solanum*, dans les baies de la morelle (*Solanum nigrum*), de la douce-amère (*S. dulcamara*), de la pomme de terre (*S. tuberosum*) et surtout en grande abondance dans les rameaux étiolés de cette dernière plante.

Préparation. — Les rameaux étiolés de la pomme de terre, préalablement divisés, sont soumis à l'ébullition avec de l'eau faiblement acidulée par l'acide sulfurique. La liqueur exprimée est additionnée d'ammoniaque, et le précipité est recueilli au bout de quelque temps, séché et épuisé par l'alcool bouillant. La solanine se dépose par le refroidissement. Elle est purifiée par plusieurs cristallisations dans l'alcool. Pure, elle se dissout dans l'acide chlorhydrique froid, en formant une liqueur transparente.

Propriétés. — La solanine cristallise du sein de l'alcool en aiguilles fines soyeuses. Elle est à peine soluble dans l'eau et dans l'éther, peu soluble dans l'alcool froid, assez soluble dans l'alcool bouillant. Elle possède une saveur faiblement amère. Lorsqu'on la chauffe, elle se colore et fond à 235°. Bien qu'elle ne possède qu'une très-faible réaction alcaline, elle se dissout dans les acides et forme avec eux des sels définis. Elle en est précipitée par les alcalis sous forme gélatineuse. La solanine réduit les solutions d'or et d'argent. Lorsqu'on la soumet à l'ébullition avec les acides étendus, elle se dédouble en *solanidine* et en glucose (O. Gmelin, Zwenger et Kind).

$$C^{86}H^{71}AzO^{32} \; + \; 3H^2O^2 \; = \; C^{50}H^{41}AzO^2 \; + \; 3C^{12}H^{12}O^{12}.$$

Solanine.   Solanidine.   Glucose.

La solanidine cristallise en aiguilles fines soyeuses, fusibles au-dessus de 200°, très-solubles dans l'alcool et dans l'éther, à peine solubles dans l'eau bouillante. Elle possède une réaction alcaline un peu plus prononcée que celle de la solanine, et forme un chlorhydrate cristallisable en prismes.

ACONITINE.

On nomme ainsi le principe actif de l'aconit (*Aconitum Napellus*). Ce corps, entrevu par Brandes en 1819, a été étudié par MM. Geiger et Hesse, M. Morson, M. Planta, et plus récemment par M. Hottot. Ce dernier chimiste le retire des racines d'aconit par un procédé analogue à celui qui sert à la préparation de l'atropine (page 689). Il le décrit comme une poudre blanche, amorphe, très-légère, douée d'une saveur amère. L'aconitine fond à 120°. Elle est à peine soluble dans l'eau, très-soluble dans l'alcool, moins soluble dans l'éther. Elle est douée d'une réaction alcaline et forme avec les acides des sels incristallisables. On lui attribue la formule $C^{60}H^{47}AzO^{14}$. L'aconitine est un violent poison.

M. Morson a retiré de l'aconit une matière cristallisée qu'il considère comme le principe actif de cette plante. Telle n'est point l'opinion de M. Hottot, qui a démontré que l'aconitine amorphe est beaucoup plus active que les cristaux dont il s'agit. Ceux-ci constituent peut-être un autre principe immédiat de l'aconit. Ajoutons que M. Hübschmann a retiré de divers aconits une base pulvérulente, amère, qu'il a désignée sous le nom de *napelline*.

THÉOBROMINE.

$$C^{14}H^{8}Az^{4}O^{4}.$$

Ce corps a été découvert en 1841 par M. Woskresensky dans le cacao (*Theobroma Cacao*). Pour le préparer, on épuise ces graines par l'eau au bain-marie, on précipite la solution par l'acétate de plomb, et l'on fait passer dans la liqueur filtrée un courant d'hydrogène sulfuré. On sépare le sulfure de plomb par le filtre et l'on évapore la solution. Le résidu cède à l'alcool bouillant la théobromine, qui cristallise par le refroidissement. On la purifie par plusieurs cristallisations dans l'alcool.

Elle forme des cristaux microscopiques qui se subliment entre 290 et 295°. Elle est peu soluble dans l'eau, dans l'alcool et dans l'éther. Elle forme avec les acides des sels que l'eau décompose. D'après sa composition, la théobromine serait homologue avec la caféine.

$$C^{14}H^{8}Az^{4}O^{4} \quad \text{théobromine,}$$
$$C^{16}H^{10}Az^{4}O^{4} \quad \text{caféine.}$$

CAFÉINE OU THÉINE.

$C^{16}H^{10}Az^4O^4 + H^2O^2$.

La caféine a été extraite du café en 1821 par MM. Pelletier et Caventou, Robiquet et Runge. MM. Liebig et Pfaff et M. Wœhler ont établi sa composition. On l'a rencontrée dans divers produits végétaux, tels que

le guarana (fruits du *Paulinia sorbilis*) qui en renferme 5		pour cent,
le thé (*Thea sinensis*)................	—	2	—
le café (*Coffea arabica*)...............	—	0,8 à 1	—
les feuilles de café................	—	1.2	—
le thé du Paraguay (feuilles de l'*Ilex paragayensis*).....................	—	1,2	—

Préparation. — 1° On introduit 10 parties de café en poudre, mêlées avec 2 parties de chaux éteinte, dans un appareil de déplacement, et l'on épuise ce mélange par l'alcool; on distille la solution et on ajoute de l'eau au résidu. Il se forme une huile que l'on enlève. La liqueur aqueuse, convenablement concentrée, fournit des cristaux de caféine qu'on purifie par de nouvelles cristallisations dans l'eau chaude, avec addition de charbon animal (Versmann).

2° On épuise à plusieurs reprises du thé en poudre par l'alcool froid, on précipite la teinture par le sous-acétate de plomb, on filtre et on débarrasse la liqueur filtrée de l'excès de plomb par l'hydrogène sulfuré. On la réduit ensuite par l'évaporation au quart de son volume, on la neutralise par la potasse et on l'abandonne à la cristallisation (Herzog).

Propriétés. — La caféine forme de longues aiguilles incolores et légères. Elle perd son eau de cristallisation à 100°. Elle fond à 178°, et se sublime sans altération à une température plus élevée. Elle est peu soluble dans l'eau froide et se dissout aisément dans l'eau bouillante et dans l'alcool. Elle est très-peu soluble dans l'éther. Elle forme avec les acides des combinaisons définies. Soumise à l'ébullition avec la potasse concentrée, la caféine dégage de la méthylamine. Lorsqu'on la fait bouillir pendant quelques minutes avec de l'acide azotique fumant, qu'on évapore la liqueur jaune à siccité et qu'on humecte le résidu avec l'ammoniaque, il se développe une coloration pourpre, comme avec la murexide. La potasse fait disparaître cette coloration.

Lorsqu'on dirige un courant de chlore dans de la caféine délayée dans l'eau et qu'on concentre la solution, il s'en dépose d'abord des cristaux d'un acide $C^{24}H^{12}Az^4O^{14} + H^2O^2$ que M. Roch leder a nommé *amalique*. On obtient ensuite des flocons volumineux de caféine monochlorée. L'eau-mère sirupeuse fournit enfin des cristaux de *cholestrophane*. Ce dernier corps représente le parabanate diméthylique $\begin{Bmatrix} (C^2O^2)'' \\ (C^4O^4)'' \\ (C^2H^3)^2 \end{Bmatrix} Az^2$, et l'acide amalique peut être envisagé comme un dérivé méthylé de l'alloxantine. Ces réactions établissent donc des liens de parenté entre la caféine et les dérivés de l'acide urique, que nous étudierons dans le tome III de cet ouvrage.

FIN DU TOME II.

TABLE DES MATIÈRES

CONTENUES DANS LE TOME II

FIN DE LA TABLE DU TOME I.

Paris. — Typographie de PILLET fils aîné, rue des Grands-Augustins, 5.